The History of Mathematics: An Introduction

SEVENTH EDITION

수학의 역사-입문 상 하

David M. Burton 지음

허 민 옮김

McGraw Hill Education

KYOWOOSA 教友社

McGraw-Hill Education Korea

The History of Mathematics: An Introduction, 7th Edition.

1 2 3 4 5 6 7 8 9 10 KWS 20 13

Original: The History of Mathematics: An Introduction, 7th Edition. © 2011
By David Burton
ISBN 978-0-07-338315-6

This book is exclusively distributed by Kyowoo Publishing Company.

When ordering this title, please use ISBN 978-89-8172-961-5

Printed in Korea

수학의 역사-입문 상 하

| 상권 차례 |

| 하권 차례 |

| 지은이 머리말 |

수학의 역사에 대한 탁월한 논문과 연구서가 많이 있기 때문에, 또 다른 책을 쓸 이유가 거의 없다고 생각할 수 있을 것이다. 그런데 최근의 연구 대부분은 몹시 전문적인데, 수학자가 다른 수학자 또는 과학사학자를 위해 쓴 것이다. 이런 연구는 고매한 학식을 보여주고 흔히 명확하게 제시됐지만, 학부 강의에는 결코 적합하지 않다. [아마도 가장 두드러진 예외는 하워드 이브스(Howard Eves)의 인기 있는 설명서 ≪수학사 입문(An Introduction to the History of Mathematics)≫일 것이다.] 현대의 학부 교과서가 필요한데, 수학의 역사에 관심을 가진 일반 독자도 이해할 수 있어야 한다. 이 책에서 지은이는 수학이 지난 5000년 이상 동안 어떻게 발전했는지를 적절한 수준에서 충분히 설명하려고 노력했다. 수학은 가장 오래된 지적 도구의 하나이기 때문에, 수학에는 긴 이야기가 있는데, 놀라운 사람들과 뛰어난 업적들이 서로 뒤엉켜 조화를 이루고 있다. 이 책은 시대를 따라 서술하는데, 고대의 위대한 문명 사회에서 기원한 수학에서 출발해서 20세기 후반까지 진행한다. 현대에 대한 설명은 불가피하게 완전하지 못한데, 수학적 사실의 발견 속도가 급격히 빨라졌고 그 주제가 더욱 전문화됐기 때문이다.

수학 문화의 발전에 책임이 있는 사람들의 삶을 상당히 두드러지게 서술했다. 전기적 요소를 강조한 이유는, 지적인 삶에서 개인보다 더 중요한 것은 없으며 여기에서 인용한 수학자 대부분은 당대의 사람들보다 월등히 더 뛰어났다고 말할 수밖에 없기 때문이다. 그래서 그들은 당대를 대표하는 두드러진 인물로 살아남을 것이므로, 종종 멈추어서 그들이 살았던 사회적·문화적 체제를 고려하는 것이 필수적이이다. 특히, 수학 활동이 시대에 따라 나라에 따라 증대하고 쇠퇴하는 이유를 명확히 보여주려고 시도했다.

수학의 역사를 서술할 때는 진지한 수학을 그 속에 온전히 끼워 넣으려는 욕망과 가능한 한 쉽고 재미있게 읽을 수 있게 하려는 욕망 사이에서 어려움을 겪게 된다. 모든 수학 교과서는 우선적으로 가르치는 수학 내용을 중요시해야 한다고 믿고 있기 때문에, 수학에 중점을 두고 강조했다. 이에 따라 난이도가 다른 다양한 문제들을 책 전체를 통해 제시했다. 통상 이런 문제들은 특정한 시기의 역사적인 특징을 잘 보여주는데, 그 시기의 풀이 방법을 요구한다. 이런 문제는 이 책을 이루는 필수적인 부분이며, 이의 풀이 과정에서 역사뿐만 아니라 흥미로운 수학도 배울 수 있다. 이런 과제를 해결하는 데 필요한 수학 수준은 대학 3, 4학년 정도의 수학이다. 수학을 더 폭넓게 배운 독자는 많은 설명이 불필요하게 느껴질 텐데, 그렇지 못한 독자를 위해 양해해주기 바란다.

이 책의 제목이 가리키듯이, 이 책은 결코 백과사전을 지향하지 않는다. 이 책은 이 책이 다루는 방대한 시기에 나타난 중요한 수학 개념을 모두 제시하려고 하지 않는다. 필연적인 지면의 제한 때문에, 전체 내용을 똑같은 비중으로 다루지 못하고 불가피하게 일부 특출한 내용을 강조한다. 상당한 정도의 판단과 자제를 발휘해서 수학자들을 선택했고 그들의 업적으로 다루었다. 이것이 바로 모든 사람이 이런 선택에 만족하지는 않는 이유이다. 어떤 독자는 수학에서 잘 알려진 사람 일부가 누락된 것을 비난할 것이고, 어떤 독자는 그들이 좋아하는 주제를 불충분하게 취급한 것을 용납하지 않으려고 할 것이다. 그렇더라도 지은이가 따라간 경로는 수학이 서구 문명에서 주요한 문화적 힘을 발휘하는 위치를 차지하게 된 과정을 적절하게 설명해줄 것이다. 이 책이 독자로 하여금 수학에 대한 더욱 정교한 연구를 추구하도록 자극할 수 있을 것이라는 겸허한 희망으로 이 책을 출판했다.

수학의 역사와 같이 잘 발달된 분야를 섭렵하는 사람은 누구나 다른 학자의 도움을 많이 받게 된다. 각 장의 참고 문헌은 지은이가 필요한 사실을 확인하고 사용하는 데 어떠한 방법으로든지 도움을 준 문헌들의 목록 일부이다. 여기에 기록하지 않은 저자들에게도 엄청나게 큰 고마움을 표한다.

| 이 개정판의 새로운 점 |

이 책의 이전 개정판에 친숙한 독자는 제 7 판이 전반적으로 같은 구조와 내용을 유지하고 있음을 알 수 있을 것이다. 그런데도 제 7 판을 준비하면서 여러 가지 작은 사항과 함께 몇 가지 매우 중대한 사항을 개선할 수 있는 기회를 얻었다.

가장 두드러진 차이는 아메리카[미국] 수학을 강화해서 다룬 점이다. 이를테면 12.1절에 19세기 초의 아드레인(Robert Adrain)과 배네커(Benjamin Banneker)와 같은 인물의 노력을 포함시켰다. 어떤 시기에는 수학적 재능이 뛰어난 인물이 흔히 관측 천문학자가 됐기 때문에, 뉴컴(Simon Newcomb), 힐(George William Hill), 마이컬슨(Albert Michelson), 미첼(Maria Mitchell) 등도 자세히 설명했다. 책 뒷부분의 절들에서는 더 최근의 베블런(Oswald Veblen), 로버트 무어(Robert L. Moore), 쿠란트(Richard Courant), 페이트(Walter Feit) 등과 같은 수학자의 업적을 다루었다.

주목할 만한 또 다른 차이점은 이전의 개정판에 있었지만 그 동안 사망한 몇 명의 수학자에게 관심을 기울였다. 그런 사람 중에는 카르노(Lazar Carnot), 그라스만(Hermann Günter Grassmann), 콜모고로프(Andrei Kolmogorov), 번사이드(William Burnside), 에르되시(Paul Erdös) 등이 있다.

이런 수정과 함께, 일부 작은 변화도 있다. 전기를 최신으로 바꾸었고 수치적 정보를 개선했다. 더불어 이전의 개정판에 끼어있던 인쇄상의 오류와 역사적 오류를 교정했다.

| 사뢰는 말 |

너무 많아서 개별적으로 모두 언급할 수 없는데, 많은 벗과 동료 및 독자가 친절하게도 교정 사항을 보내주고 이 책을 풍요롭게 만들 수 있는 사항을 제안했다. 이런 모든 사람의 도움에 고마움을 표한다. 모든 권고 사항을 반영하지는 못했지만, 모두 고맙게 접수했고 개정판에 반영할지를 심각하게 고려했다.

특히, 다음 검토자의 조언이 제 7 판을 준비하는 데 큰 도움이 되었다.

Victor Akatsa, Chicago State University

Carl FitzGerald, The University of California, San Diego

Gary Shannon, California State University, Sacramento

Tomas Smotzer, Youngstown State University

John Stroyls, Georgia Southwestern State University

제 7 판을 준비하는 모든 과정에서 도움을 준 내 아내(Martha Becks Burton)에게 특별한 고마움을 표하고 싶다. 아내의 사려 깊은 지적으로 이 책을 상당히 많이 개선했다. 마지막으로, 제작 과정에서 끝없이 협조해준 맥그로힐(McGraw-Hill) 출판사 직원들에게 감사의 말을 전한다.

이런 큰 도움에도 아직도 남아있는 오류는 지은이에게 알려주십시오.

데이비드 버튼

| 옮긴이 머리말 |

이 ≪수학의 역사 - 입문≫은 데이비드 버튼(David M. Burton)의 ≪The History of Mathematics An Introduction≫을 빠짐없이 번역한 책이다. 이 책은 수학의 각 주제와 그 역사적 발전 과정을 일목요연하게 정리했을 뿐만 아니라, 그와 관련된 수학자와 시대 상황을 짧은 글 속에 명쾌하게 요약했다. 이에 따라 마치 완성도 높은 역사 소설을 읽는 느낌을 주기도 한다.

옮긴이는 이 책에서도 수학 용어의 선택에 유의했는데, 역사책이라는 점을 고려해서 우리 토박이말을 적극적으로 반영했고, 필요하면 새로운 용어도 과감하게 도입했다. 예를 들면 'fraction'은 'integer'와 상반되는 개념으로, 'common fraction(분수)'와 'decimal fraction(소수)'를 아우르는 말이다. 이런 'fraction'을 나타내는 우리의 수학 용어가 없기 때문에 이 책에서는 'fraction'은 '깨진 수'로 나타냈다. 그리고 이와 어울리도록 'integer'는 '옹근 수'로 나타냈다. 이에 따라 '정수 부분'은 '옹근 부분'으로 '소수 부분'은 '깨진 부분'으로 일컬었다. 또, 'decimal fraction(소수)'와 'prime number(소수)'를 구별하기 위해 후자는 '씨수'로 나타냈다. 이와 함께 'prime divisor(소인수)'는 '씨인수'로 나타냈다.

한편, 이 책에서는 'set(집합)'을 '모음'으로 나타냈는데, '모음곡' 또는 '모음집'의 용례를 참조했다. ['집합'의 대용으로 종종 쓰이는 '모임'은 국어사전에서와 같이 '집회' 또는 '회합'으로 쓰이는 것이 적절해 보인다.] 이에 따라 'set theory(모음 이론)' '부분 모음' '빈 모음(공집합)' '합 모음' '교 모음' 등을 사용했다. 또, 'collection (of sets)'은 '모둠'으로 나타냈다.

용어상의 혼란을 피하기 위해서 위의 내용은 해당하는 부분에서 다시 언급했고, 각 용어가 처음 나오는 경우에 '씨수[소수]', '결수[계수]'와 같은 방식으로 표현하기도 했다.

큰 수의 경우에 서구에서는 123,456,789와 천의 거듭제곱마다 반점(,)을 찍어 자신들의 명수법과 어울리게 한다. 현재 우리나라에서 초·중등학교 수학 교과서에는 이런 반점 표시를 하지 않고 있는데, 이 책에서는 우리의 명수법을 반영해서 1'2345'6789와 같이 만의 거듭제곱마다 어깻점(')을 찍어 읽기 쉽게 나타냈다.

이 책의 번역을 추천해주고 출판을 맡아준 교우사 오판근 사장과 관계자 여러분께 깊이 감사드린다.

옮긴이

제 1 장

고대의 수 체계와 수 기호

생각할 수 있는 것을 생각하는 것, 이것이 수학자의 목적이다.

–카이저(C. J. Keyser)

1.1 원시적인 세기

■ 수 감각

영어 단어 'mathematics(수학)'의 뿌리는 그리스 단어 'mathemata'인데, 이 단어는 고대의 문헌에서 가르치거나 연구하는 모든 주제를 가리키기 위해 매우 일반적으로 사용됐다. 학문이 발전하면서, 이 단어의 범위를 특별한 지식 분야로 한정하는 것이 편리하다는 사실이 밝혀졌다. 피타고라스 학파는 이 단어를 산술과 기하학을 가리키는 데 사용했다고 한다. 그 이전에 이런 주제 각각은 별도의 이름으로 불렸으며, 둘 모두를 아우르는 공통된 이름은 없었다. 피타고라스 학파가 이 이름을 사용한 사실은, 어쩌면 수학이 기원전 600년과 기원전 300년 사이의 고대 그리스에서 시작됐다는 견해에 대한 근거가 될 수 있을 것이다. 그러나 수학의 역사는 훨씬 뒤까지 거슬러 올라갈 수 있다. 3000 내지 4000년 전에 이미 고대 이집트와 바빌로니아에는 수학이라고 말해야 하는 상당한 규모의 지식 덩어리가 있었다. 수학은 양적 또는 공간적 성질의 문제(수, 크기, 순서, 형태 등)에 관한 연구와 관련된다는 넓은 관점을 취하면, 수학은 인간이 세상을 경험하던 초기부터 존재했던 활동이다. 모든 시대와 문화에는 자기 주변의 자연 세계의 형태를 이해하고 완전히 파악하려는 강력한 욕망을 가진 사람들이 있었다. 알렉산더 포프[1]의 말에 따르면, "이런 웅대한 미로에 설계도가 없을 수 없다."

수학은 수를 세고 기록하는 실용적인 문제에서 비롯됐다고 일반적으로 받아들이고 있다. 수 개념의 탄생이 헤아릴 수 없을 정도로 먼 시간의 장막 뒤에 깊숙이 가려있기 때문에, 초기 인류의 수 감각이 남아있는 흔적에 대해 생각하는 것은 간단치 않다. 약 2만 년 전 우리의 먼 조상들도 우리만큼 영리했을 텐데, 자신의 가축을 낱낱이 세거나 물물 교환할 물건을 기록하거나 지나간 날짜들은 표시할 필요성을 느꼈을 것이다. 그러나 이런 (사물의) 세기는 말로 하는 수 이름[수사] 및 써서 나타내는 수 기호[숫자]와 함께 서서히 진화했으며, 그 진화 단계에 대한 정확한 날짜를 정할 수는 없게 한다.

인류학자들은 수에 대한 어느 정도의 의식이 없는 문화는, 그것이 아무리 원시적인 문화일지라도, 거의 없었다고 말한다. 그렇지만 수에 대한 그런 의식은 하나와 둘을 구별하는 정도로 아주 초보적일 수 있다. 예를 들면, 오스트레일리아의 어떤 원주민 부족은 둘까지만 셌는데, 둘보다 큰 모든 수는 단순히 '많이'라고 불렀다. 아마존 강의 지류를 따라 살고 있는 남아메리카의 원주민들도 마찬가지로 수 이름이 빈약하다. 그들은 오스트레일리아 원주민보다 더 과감하게 나아가서 여섯까지 셀 수 있지만, 셋, 넷, 다섯, 여섯에 대한 독립적인 수 이름은 없다. 그들이 세는 어휘에서 셋은 '둘-하나', 넷은 '둘-둘' 등과 같이 계속된다.

---

1) [옮긴이] Alexander Pope(1688~1744), 잉글랜드의 시인 · 비평가.

비슷한 체계를 아프리카 남부의 수렵 부족인 부시맨도 사용하고 있다고 하는데, 그들은 단 두 개의 단어로 열(10 = 2 + 2 + 2 + 2 + 2)까지 센다. 열을 넘어서면, 서술하는 문구가 너무 길어진다. 이런 부족들은 이를테면 소 두 마리와 돼지 네 마리의 거래를 꺼리지만, 소 한 마리와 돼지 두 마리를 바꾼 다음에 둘째 소와 또 다른 돼지 두 마리를 바꾸는 데는 전혀 주저하지 않는다는 사실은 주목할 만하다.

수 개념을 가시적으로 표현하는 최초의 그리고 가장 즉각적인 기법은 부신하기(tallying)이다. 부신하기의 발상은 세려고 모은 물건들을 쉽게 이용할 수 있는 어떤 대상들의 모음과 짝을 지우는 것이다. 먼 선조의 경우에 그런 대상은 손가락, 조개껍데기, 돌 등이었다. 예를 들면, 양들을 좁은 통로로 한 마리씩 몰아 지나가게 하면서 그에 맞춰 조약돌을 한 개씩 떨어뜨려서 셀 수 있었다. 밤을 지내기 위해 양 떼를 모으면, 양을 모두 셀 때까지 조약돌을 한 무더기에서 다른 무더기로 옮겼다. 흔히 승리 또는 조약 또는 마을 건립에 즈음해서, 돌무더기 또는 돌기둥을 그곳에 있는 사람들의 수만큼의 돌로 세웠다.

단어 'tally'는 '베다, 자르다'를 뜻하는 프랑스 말의 동사 'tailler'에서 비롯되는데, 영어 단어 'tailor'도 이와 같다. 이 말의 뿌리는 '베다. 자르다'를 뜻하는 라틴 말 'taliare'에서 찾아볼 수 있다. 영어 단어 'write'의 뿌리를 '긁다' 또는 '눈금을 새기다'를 뜻하는 앵글로색슨 말 'writan'에서 찾아볼 수 있다는 사실도 흥미롭다.

말이나 손가락으로 나타낸 수는 결코 오래가지 못하지만, 손가락으로 세기는 써서 나타낸 숫자의 가시적인 속성을 지닌다. 센 결과를 기록으로 보존하기 위해서는 다른 표현 방법이 필요하다. 기록하려는 사건 또는 물건들과 적절하게 영구적인 어떤 재료 위에 나타낸 일련의 표시 사이의 대응을 만든다는 발상을 인류의 지적 발달로 인정해야 한다. 이때 한 개의 표시는 개별적인 각 항목을 나타낸다. 물질적인 대상을 모아서 세는 단계에서 하나의 대상에 나타낸 표시들의 모음으로 세는 단계로 바뀌기까지는 긴 세월이 걸렸는데, 이것은 추상적인 수 개념뿐만 아니라 문자에 의한 의사소통을 향한 발전이었다.

물건을 센 결과는 돌에 긁어서 자국을 남기거나 나뭇가지 또는 뼈 조각에 눈금을 새기거나 색이나 길이가 다른 줄에 매듭을 지어서 보존했다. 부신 표시의 개수가 너무 많아져서 시각화하기가 불가능해지면, 원시 사회의 사람들은 그것들을 쉽게 알아볼 수 있도록 무리지어 배열했는데, 이를테면 한쪽 손가락의 개수와 같이 5개의 무리로 배열할 수 있다. 처음에는 쌍으로 무리를 지었을 것으로 보이는데, 곧 이를 버리고 5 또는 10 또는 20개로 무리를 지었다. 조직적으로 무리를 지어 세는 것은 하나씩 세는 것에 비해 주목할 만한 진전이었다. 이를테면 다섯씩 세는 관행은 '다섯(5)'이라는 추상적 개념에 이르기 위한 일시적인 종류의 진전을 보여주는데, '다섯 손가락' 또는 '다섯 날[닷새]'과 같은 묘사적인 개념과 대비된다. 분명히, 이것은 세려고 하는 물건들로부터 수들을 분리하는 긴 여정에서 작고 미약한 단계였다.

■ 부신 표시로서의 눈금

어떤 표시들이 새겨진 뼈 인공 유물은 구석기 시대의 사람들이 기원전 3만 전에 이미 무리를 지어 부신하는 체계를 고안했음을 보여준다. 가장 인상적인 예는 1937년에 체코슬로바키아에서 발견된 어린 늑대의 정강이뼈다. 길이가 약 7인치인 이 뼈에는 깊게 새겨진 55개의 눈금이 있는데, 길이는 어느 정도 같은데, 다섯 개씩 무리 지어 배열되어 있다. (비슷하게 기록하는 표기법이 여전히 사용되고 있는데, 卌와 같이 다섯 개씩 묶도록 사선을 그린다. 작은 마을에서 투표 결과는 우리의 먼 조상이 고안한 이런 방식으로 여전히 세고 있다.) 이렇게 눈금이 새겨진 뼈는 사냥 기록으로 오랫동안 해석됐고, 뼈의 눈금은 잡은 동물의 개수를 나타낸다고 생각됐다. 그렇지만 최근의 이론은 고대 사람들의 이 최초의 기록을 시간에 관한 셈으로 고려했다. 1880년대 후반에 프랑스의 동굴 유적지에서 발견된 뼈에 있는 표시들은 달의 연속적인 위상에 포함된 날짜 수와 일치하는 되풀이되는 수들의 열에 따라 무리 지어져 있다. 이렇게 눈금이 새겨진 뼈들은 달력을 나타낸다고 주장할 수 있다.

부신에 사용된 구석기 시대의 늑대 뼈를 세 방향에서 본 모습. (*The Illustrated London News Picture Library*)

눈금이 새겨진 아주 매력적인 뼈가 (나일 강의 상수원

의 하나인) 에드워드 호숫가에 있는 이샹고(Ishango)에서 또다시 발굴됐다. 고고학과 지질학의 최고의 증거에 따르면 그 장소는 기원전 1'7500년으로 추정되는데, 정착한 농촌 사회가 나일 강 계곡에 처음 나타난 것보다 약 1'2000년 전이다.[2] 이 화석 조각은 어떤 방법으로 새기거나 문신하거나 어쩌면 적는 데 사용된 도구의 손잡이일 것이다. 이것에는 세 개의 명확한 열에 따라 배열된 새긴 눈금들의 무리를 포함하고 있다. 이 특이하고 불균형인 배합은 장식용으로 보이지 않는다. 한 열에 있는 무리들은 11, 21, 19, 9개의 새긴 눈금으로 이루어져 있다. 기초적인 양식은 $10+1$, $20+1$, $20-1$, $10-1$일 수 있다. 다른 열에 있는 새긴 눈금들은 여덟 개의 무리가 3, 6, 4, 8, 10, 5, 5, 7의 순서로 나타난다. 이런 배열은 중복 또는 2로 곱하는 개념을 제대로 알고 있었음을 나타내는 것으로 보인다. 마지막 열은 11, 13, 17, 19개의 개별적인 새긴 눈금으로 이루어진 네 개의 무리가 있다. 이 양식은 일부 권위자가 추론한 대로 씨수[소수][3]에 친숙함을 보여준다고 반드시 생각할 필요는 없으며, 단순히 우연일 수도 있다. $11+13+17+19=60$ 이고 $11+21+19+9=60$ 이기 때문에, 선사 시대의 아샹고 뼈에 있는 표시들은 달의 수치와 관계가 있고, 첫째와 둘째 열이 음력 두 달을 나타낸다고 주장할 수 있다.

부신 표시를 사용해서 센 것을 기록하는 방식은 선사 시대 근동 지역의 사람들 사이에서 두드러졌다. 고고학적 발굴을 통해 작은 찰흙[점토] 물체를 대단히 많이 찾아냈는데, 그것들은 더욱 오래 가도록 불로 구워 단단하게 만들어졌다. 이렇게 손으로 만든 인공물들은 여러 가지 기하학적 모양으로 나타나는데, 원판, 삼각형, 원뿔 모양이 가장 흔하다. 기원전 8000년경으로 추정되는 가장 오래된 것은 평평한 면에 여러 개의 평행선이 새겨져 있다. 종종, 뼈의 무딘 끝이나 바늘로 찰흙에 구멍을 뚫은 것과 같은 한 무리의 원형 자국이 있다. 이것들은 사람들이 처음으로 정착한 농촌 생활을 채택한 시기까지 거슬러 올라가기 때문에, 이런 물건들은 원시적인 셈 도구라고 생각된다. 그러므로 그것들은 '계수기' 또는 '토큰(token)'으로 알려지게 됐다. 거의 틀림없이 이런 모양은 서로 다른 상품을 나타냈을 것으로 보인다. 예를 들면, 특별한 형태의 계수기는 동물 떼의 마리 수를 나타내는 데 사용될 수 있었을 것이고, 반면에 다른 종류는 곡물의 양을 측정할 수 있었을 것이다. 수천 년이 지나면서 계수기는 더욱 복잡해졌는데, 표시도 다양해지고 새로운 모양도 나타났다. 결국, 16가지 형태의 주요한 계수기가 나왔다. 많은 것에는 작은 구멍이 뚫려 있는데, 보관을 위해 서로 끈으로 묶을 수 있었다. 정보를 기록하는 계수기 체계는 기원전 3000년경에 인기를 잃었고, 찰흙 판에 써서 기록하는 방식이 급속히 채택됐다.

서로 다른 시기와 장소에서 사용된 부신하기 방법은 막대에 눈금을 새기는 것과 관련이 있다. 이런 장치는 기록을 남기는 가장 초기의 형태 중 하나를 제공하지만, 이것의 용도는

---

2) [옮긴이] 이 책에서는 이를테면 수 123,456,789를 1'2345'6789와 같이 만의 거듭제곱마다 어깻점(')을 찍어 나타낸다.

3) [옮긴이] 이 책에서는 소수(decimal fraction)와 구별하기 위해 용어 '씨수'(prime number)를 사용한다.

결코 '원시 시대의 사람들'에게만 제한되지 않으며, 그 문제라면 먼 과거에 한정되지도 않는다. 브리튼[영국] 재무부가 기록을 위해 부신 막대를 약속 어음이나 환 어음으로 채택하면서 부신 막대는 최고 수준까지 발달했는데, 이것은 12세기부터 정부 기록에서 필수적인 부분을 형성했다. 이 경우에, 부신 막대는 길이가 6~9인치이고 두께가 1인치인 납작한 개암나무 조각이었다. 여러 가지 크기와 형태의 눈금이 부신 막대에 새겨져 있는데, 각 눈금은 지정된 액수의 돈을 나타낸다. 새긴 눈금의 너비가 그 값을 결정했다. 예를 들면, 1000파운드의 눈금은 손의 너비만큼 넓고, 100파운드는 엄지손가락의 굵기와 같으며, 20파운드는 새끼손가락의 굵기와 같다. 돈을 빌리면, 적절한 눈금을 새기고 각 부분에 눈금이 나타나도록 그 막대를 두 조각으로 나누었다. 빚을 진 사람이 한 조각을 보관하고 재무부가 다른 조각을 보관했다. 그러면 그 거래는 쉽게 확인할 수 있는데, 두 조각을 서로 붙여서 눈금이 일치하는지를 확인하면 된다. [그래서 "our accounts tallied.(우리의 말이 들어맞는다.)"라는 표현이 있다.] 짐작컨대, 두 조각이 일치할 때, 재무부는 자신의 조각을 태우거나 눈금을 잘라내어 매끄럽게 만들어서 파괴했지만, 빚을 진 사람의 조각은 미래의 기록을 위해 보관했다. 전통을 완고하게 고수해서 이렇게 나무를 이용한 회계 체계는, 은행 제도와 현대적인 표기법이 나타나서 이런 관행을 한물간 구식으로 만든 뒤에도 오랫동안 공식적으로 사용됐다. 이런 관행을 없애려고 의회의 법령이 제정됐는데, 1826년에 발효됐다. 1834년에 오랫동안 축적된 부신 막대들을 상원 의사당을 데우는 화로에서 태웠는데, 손을 쓸 수 없을 정도로 큰불로 커졌고 옛 하원 의사당을 파괴했다.

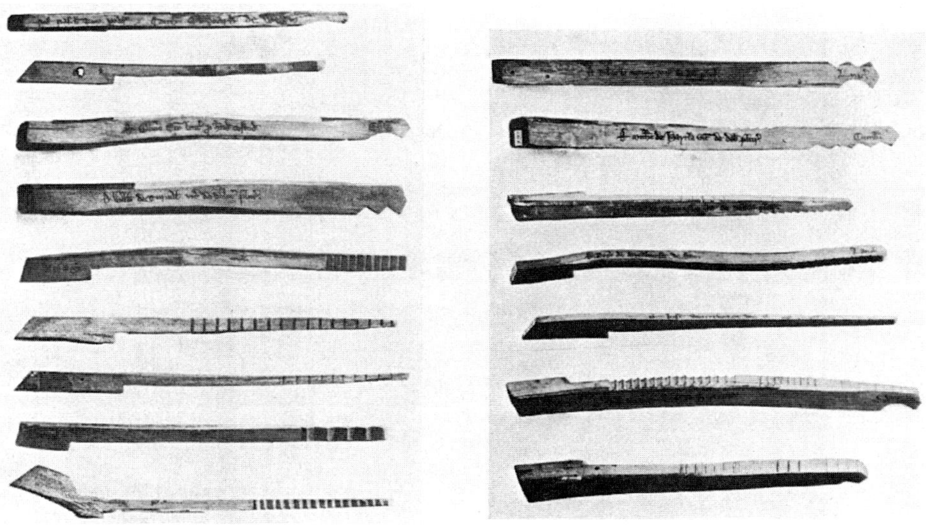

13세기 브리튼 재무부의 부신 막대 (*By courtesy of the Society of Antiquaries of London*)

영어는 이중 부신 막대의 특이한 속성에 주목했다. 예전에 어떤 사람이 잉글랜드 은행에 돈을 빌려주면, 그 양은 부신 막대에 새기고 그것을 쪼갰다. 은행이 보관한 조각은 'foil(박편)'이라 불렀고, 'stock(줄기, 주식)'이라 부른 다른 반쪽은 입금한 돈에 대한 영수증으로 그 돈을 빌려준 사람에게 주어졌다. 그래서 그는 'stockholder(주주, 줄기 소유주)'가 됐고 'bank stock(은행 주식)'을 소유했는데, 정부가 발행한 종이 돈과 같은 가치를 지녔다. 줄기(stock) 소유주가 줄기를 반납하면, 그 줄기는 세심하게 확인되고 은행이 소유한 박편(foil)과 비교됐다. 그들이 동의하면, 그 소유자의 줄기는 통화로 청산됐다. 그래서 송금액을 표시하고 그 보안을 위해 확인된 글로 쓴 증명서는 나중에 'check(수표)'로 불리게 됐다.

부신 막대를 이용한 채무·채권 관계의 기록은 유럽의 대부분의 나라에서 흔하게 시행됐으며, 매우 최근까지지도 계속됐다. 예를 들면 20세기 초까지도 스위스의 깊은 산속에서는 '소젖 막대'가 소를 소유한 농민들 사이에서 거래의 증거를 제공했다. 매일 우두머리 목동은 물푸레나무 막대를 옆면이 여섯 또는 일곱 개가 되도록 깎고, 붉은 분필을 칠해서 새긴 선이 선명하게 드러나도록 했다. 각 농부를 나타내는 개인적인 기호 아래에 그 목동은 그 농부의 소에서 나온 소젖과 버터 및 치즈의 양을 표시했다. 일요일에 예배가 끝난 뒤에 모든 당사자들이 만나서 셈을 마쳤다. 부신 막대, 특히 이중 부신은 1800년대에 들어와서도 오랫동안 법적으로 정당한 기록으로 인정받았다. 나폴레옹(1769~1821)이 1804년에 반포한 프랑스 최초의 현대적인 법률인 민법전에는 다음과 같은 조항이 있다.

> 그 줄기와 일치하는 부신 막대는, 이것을 만들거나 받은 사람들이 이런 방식으로 분명하게 말하는 데 익숙한 사람들 사이에서 계약의 힘을 지닌다.

부신을 실제로 만드는 방법이 아주 다양하기 때문에, 여기서 세세하게 설명하기는 불가능하다. 그러나 줄을 묶어서 매듭을 짓는 방법으로 날짜와 물체의 개수를 세는 과정은 매우 긴 전통을 지녔기 때문에 언급할 만한 가치가 있다. 이런 장치는 고대 그리스에서 흔히 사용됐고, 헤로도토스(Herodotus, 기원전 5세기)의 책에도 이에 대한 언급이 있다. 그는 그의 ≪역사≫에서 페르시아 왕 다리우스(Darius, 기원전 550~486)가 이오니아 사람들에게 달력으로 사용할 매듭이 있는 줄을 건네주었다고 다음과 같이 알려주고 있다.

> 그 왕은 60개의 매듭이 지어진 가죽 끈을 잡고서 이오니아 참주들을 모두 불러놓고는 그들에게 말했다. "이 매듭을 하루에 하나씩 풀어라. 이 매듭들이 없어지지 않은 마지막 날까지도 내가 돌아오지 않으면, 당신들의 주둔지를 떠나서 당신들의 집으로 돌아가라."

■ 페루의 키푸 : 수로서의 매듭

신세계, 곧 아메리카 대륙에서 수 끈은 페루 잉카 사람들의 키푸(quipu)라고 부른 매듭을 지은 줄이 아주 잘 예시한다. 그들은 원래 남아메리카 원주민 부족 또는 비슷한 부족들의 모둠으로, 안데스 산맥 중앙의 산악 지대에 살았었다. 그들은 점진적인 확장과 전쟁을 통해 거대한 제국을 다스렸는데, 그 제국은 현재의 에콰도르, 페루, 볼리비아, 칠레와 아르헨티나의 북부 등의 해안과 산악 지역으로 이루어졌었다. 잉카 제국은 공학 기술로 유명해졌는데, 돌로 거대한 규모의 사원과 공공 건물을 지었다. 놀라운 업적으로 제국의 멀리 떨어진 지역까지 연결하는 (1'4000마일에 달하는) 도로망과 다리의 건설을 들 수 있다. 평화롭던 잉카 제국에 에스파냐 정복의 공포가 1532년 초에 시작됐는데, 이때 180명의 정복자가 페루의 북부에 상륙했다. 그 해 말에 그 침략자들은 수도 쿠스코를 점령했고, 황제를 감금했다. 에스파냐 사람들은 그 사람들에게 다른 삶의 방식을 강요했는데, 약 40년 안에 잉카 문화는 파괴됐다.

에스파냐 정복자들이 16세기에 도착했을 때, 그들은 페루의 각 도시에 '매듭 공무원'이 있음을 관찰했는데, 이 키푸 관리자는 여러 가지 색의 가닥으로 이루어진 매듭과 고리를 이용한 복잡한 회계 방식을 유지하고 있었다. 오늘날 도시 회계 담당자와 다르지 않은 임무를 수행한 키푸 관리자는 그 도시의 땅 및 물건과 관련된 모든 공적인 거래를 기록했고, 그 끈들을 쿠스코의 중앙 정부에 제출했다. 키푸는 잉카 제국에서 중요했는데, 이런 매듭 이외에 이곳에서는 어떠한 글쓰기 방식도 개발되지 않았기 때문이다. 키푸는 주요한 굵은 끈 또는 가로대로 구성되는데, 이것에 길이와 색이 서로 다른 더 가는 끈들이 붙어있다. 통상 이런 끈들은 대걸레의 올들과 같이 늘어뜨렸다. 드리운 각 줄은 부신하는 특정한 항목을 표현했다. 예를 들면, 한 줄은 양의 마리수를 나타내고, 다른 줄은 염소, 또 다른 줄은 어린 양의 마리수를 나타낼 수 있다. 매듭 자체는 수를 표시하는데, 사용된 매듭의 형태와 그 줄에서의 특정한 위치에 따라 다른 값을 나타낸다. 십진법이 사용됐는데, 바닥에 가장 가까운 매듭이 일의 자리, 그 바로 위에 십의 자리, 그 위에 백의 자리의 숫자를 나타내는 매듭이 나타나며, 이와 같이 계속된다. 매듭이 없으면 영(0)을 나타낸다. 한 다발의 줄은 단 한 개의 주된 가닥인 합계하는 줄로 묶는데, 이것의 매듭들은 그 다발에 있는 총수를 알려준다. 키푸로 다양한 범위의 수치를 나타낼 수 있었기 때문에, 잉카는 글로 써서 나타내는 방법은 없었지만 믿을 수 없을 정도로 상세한 행정적인 기록을 유지할 수 있었다. 더욱 최근에 (1872년에) 세는 도구로서 매듭이 사용된 증거가 인도에서 나타났다. 글을 모르는 산탈(Santal) 사형 집행인은 서로 다른 네 가지 색의 줄로 매듭을 지어서 최근 인구 조사를 기록했다.

키푸를 완전히 이해하기 위해서는, 각 매듭이 가리키는 수치적인 값을 알아야 한다. 꼭 세 가지 형태의 매듭이 사용됐다. 8자 매듭은 1을 나타내고, 긴 매듭은 그 매듭에서 꼬인 횟수에 따라 2부터 9까지의 값 중 하나를 나타냈는데, 단일 매듭도 1을 가리킨다. 8자 매듭과 긴 매듭은 줄에서 가장 아래 (일의) 자리에만 나타나고, 다른 자리에는 단일 매듭들의 무리가 나타날 수 있다. 늘어뜨린 줄의 길이가 서로 같기 때문에, (값이 영인) 빈 자리는 인접한 줄들과 비교해서 나타날 것이다. 또, 8자 매듭 또는 긴 매듭이 다시 나타나는 것은 같은 줄에 다른 수를 기록하고 있음을 가리킬 것이다.

위로 올라가면서 잇따라 있는 자릿값들은 10의 잇따르는 거듭제곱들을 나타낸다는 사실을 상기하고, 어떤 특별한 줄에 '네 번 꼬인 긴 매듭, 두 개의 단일 매듭, 빈 자리, 일곱 개의 단일 매듭의 무리, 한 개의 단일 매듭'이 이 순서대로 포함되어 있다고 하자. 잉카 사람들에게 이런 배열은 다음 수를 나타냈을 것이다.

$$1'7024 = 4 + (2 \cdot 10) + (0 \cdot 10^2) + (7 \cdot 10^3) + (1 \cdot 10^4)$$

아메리카 대륙에서 자릿값 기수법 체계를 사용하는 또 다른 문화는 고대 마야였다. 마야 사람들은 멕시코 남부 및 오늘날의 과테말라, 엘살바도르, 온두라스를 포함하는 광대한 영역을 치지했었다. 마야 문명은 2000년 이상 존속했는데, 가장 번성했던 시기는 서기 300년과 900년 사이였다. 독특한 업적으로, 약 1000개의 상형 문자를 사용해서 정교하게 글을 쓰는 방법을 발달시켰다. 이 상형 문자들은 때로는 소리에 근거했고 때로는 뜻에 근거했다. 현존하는 대다수의 상형 문자는 여전히 판독되지 않고 있다. 서기 900년 뒤에 마야 문명은 갑작스럽게 쇠퇴하는 '대 붕괴'를 겪었는데, 사람들은 도시를 버리고 떠났다. 이런 파멸적인 대탈출은 영원한 수수께끼인데, 자연스런 재앙, 돌림병, 정복 전쟁 등과 같이 추측에 근거한 설명이 있다. 그래도 이렇게 남은 전통 문화는 1500년 뒤 곧 시작된 에스파냐 정복에 쉽게 무릎을 꿇지도 않았고 곧바로 굴복하지도 않았다. 정복되지 않은 마야의 마지막 왕국이 1597년에 멸망하기 전까지 거의 한 세기에 걸쳐 끈질기고 무자비한 싸움이 이어졌었다.

마야 달력은 1년이 365일로 이루어졌는데, 20일씩 18개월로 나뉘었으며, 5일의 잔여 기간이 있었다. 이에 따라 20에 근거한 셈 체계(이십진법)를 채택하게 됐다. 수들은 두 가지 꼴의 기호로 표현됐다. 사제 계급은 1부터 19까지의 수들을 나타내는 신들의 기괴한 얼굴을 나타내는 정교한 상형 문자를 사용했다. 이런 숫자를 사용해서 돌에 날짜를 새겼는데, 중요한 행사를 기리기 위함이었다. 보통 사람들은 똑같은 수들을 점과 선분으로 기록했는데, 여기서 수평인 짧은 선분은 5를 또 점은 1을 나타낸다. 특별한 모양으로 양식화된 조가

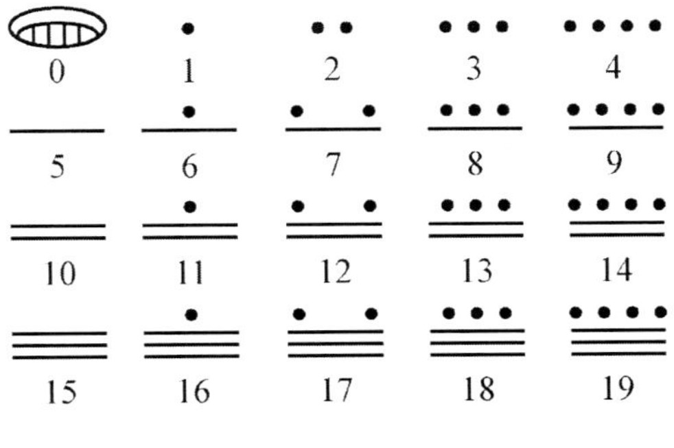

비가 있는데, 영(0)을 나타내는 기호로 사용됐다. 이것은 최초로 수 영(0)을 나타내는 데 사용됐다고 알려진 기호이다.

19보다 큰 수를 나타내는 기호들은 연직 열로 배열했는데, 위로 올라가면서 각 자리에는 20의 잇따른 거듭제곱을 곱했다. 곧, 1, 20, 400, 8000, 16'0000, …을 곱했다. 조가비가 있는 자리는 그곳에 선분과 점이 없음을 가리킨다. 특히, 수 20은 그런 열의 바닥에 있는 조가비와 둘째 자리에 있는 단 한 개의 점으로 표현했다. 이 체계로 기록한 수의 예로, 다음과 같이 기호들은 연직 대신에 수평으로 또 왼쪽에 더 작은 값을 나타내도록 배열하자.

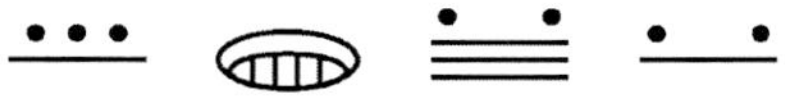

이 식은 수 6'2808을 나타내는데, 다음이 성립하기 때문이다.

$$6'2808 = 8 \cdot 1 + 0 \cdot 20 + 17 \cdot 400 + 7 \cdot 8000$$

마야의 기수법이 주로 달력 셈을 위해 발달했기 때문에, 그런 셈을 시행할 때는 작은 변형이 있었다. 이 열의 셋째 자리에 있는 기호에는 20 · 20 대신에 18 · 20을 곱했는데, 그 발상은 360이 400보다 1년의 길이에 더 근접하기 때문이었다. 그 다음에 각 자리의 자릿값은 그 앞의 20배씩 커진다. 곧, 자릿값은 1, 20, 360, 7200, 14'4000, …이다. 이렇게 조정하면, 위에서 언급한 기호들의 모임은 다음을 나타낸다.

$$5'6528 = 8 \cdot 1 + 0 \cdot 20 + 17 \cdot 360 + 7 \cdot 7200$$

긴 역사를 거치면서, 수치적 정보를 유지하고 전달하는 효율적인 방법을 고안하는 데 있어서의 발전은 분명히 원시 시대의 사람들이 유목 생활을 버린 뒤에야 일어났던 것으로 보인다. 인류가 사냥하고 채집할 때는 뼈 또는 돌에 새겨 나타낸 표시가 기록으로 남기는 데 적절했겠지만, 식량을 생산할 때는 완전히 새로운 형태의 수치적 표현이 필요했다. 게다가, 정보를 저장하는 방법으로 뼈에 새긴 표시들의 무리는 그것을 만든 사람 또는 가까운 친구나 친척만이 이해할 수 있었을 것이다. 그러므로 그 기록은 아주 멀리 떨어져서 격리되어 있는 사람들이 사용할 목적은 아니었을 것이다.

농작물, 특히 곡물의 계획적인 경작과 동물의 가축화는, 현재의 증거로 판단할 수 있는 한, 약 1만 년 전에 근동에서 시작됐다. 나중에 농업에서의 실험이 중국과 아메리카 대륙에서 일어났다. 널리 받아들여지는 역사에 따르면, 마지막 빙하 시대 말기의 기후 변화는 식량 생산과 정착촌 생활을 도입하는 데 대단히 중요한 자극을 주었다. 극판 얼음이 물러나면서, 강우대가 북쪽으로 움직였고, 이에 따라 근동의 많은 지역이 마르게 됐다. 그들이 주식으로 삼던 야생 음식과 사냥감이 점진적으로 부족해졌기 때문에, 그들은 생존 방식으로 농촌 생활을 해야만 했다. 수확물과 동물 떼를 세고, 땅을 측량하며, 곡물을 재배하기에 적절한 시기를 가르쳐주는 달력을 고안할 필요가 생겼다. 이런 단계에서도, 세는 방법에 대한 필요가 그다지 대단하지는 않았다. 그래서 부신 기법은 느리고 번거롭지만 여전히 일상적인 거래에 적절했다. 그런데 인구가 상당히 늘 가능성 때문에 더 안전한 식량 공급이 요구됐는데, 이는 더 큰 모음의 물체들을 헤아려함을 뜻했다. 어떤 기본적인 표시들을 반복해서 부신을 기록하는 방법은 불편한 수치적 표현이 됐는데, 쓰기에 지루하고 해석하기도 어려웠다. 마을, 사원, 궁정 임원들이 (오직 체계적인 과세 제도를 위해서만) 꼼꼼한 기록을 남기려는 욕망은 셈 결과를 영속적이거나 반영구적인 형태로 '고착'시키는 새롭고 좀 더 세련된 방법을 찾으려는 또 다른 자극을 제공했다.

이에 따라 나일, 티그리스・유프라테스, 인더스, 양쯔 강의 넓은 유역에서 약 6000년 전에 세력을 뻗힌 사회의 좀 더 복잡한 삶 속에서 수들을 나타내기 위한 특별한 기호가 최초로 등장했다. 이것들로부터 수학의 가장 초등적인 분야 몇 가지가 발생했는데, 큰 수들을 숫자의 형태로 써서 표현할 수 있게 하는 기호 체계는 셈과 측정을 위한 필수적인 전제 조건이기 때문이다. 수 기호를 실제로 엄청나게 많이 경험하면서 사람들은 특정한 추상적 원리들을 서서히 인식하게 됐다. 예를 들면, 기본적인 덧셈 연산에서 합은 더하는 수들의 순서에 의존하지 않는다는 사실이 발견됐다. 이런 발견들은 단 한 사람이나 단 하나의 문화의 노력일 수 없었지만, 매우 느린 자각 과정은 더욱 더 추상적인 사고 방법을 향해 움직였다.

여기서는 현재 수학 발달의 주류가 솟아나온 중요한 근동 (이집트와 바빌로니아) 문명의 기수법을 먼저 고려하겠다. 수사[수 이름]는 현존하는 이런 사람들의 초기의 문헌의 단어 형태 중에서 발견됐다. 실제로, 세려는 대상과 관련되지 않고 분리된 수에 대한 기호의 사용은 문명의 역사에서 거대한 전환점이었다. 이것은 인간의 최상의 지적 성취인 글 쓰는 방법의 진화에서 분명히 첫걸음 이상이었다. 수량의 기록이 사람의 말을 시각적인 기호로 나타내는 것보다 훨씬 더 쉽기 때문에, 이런 고대 문명 사회의 글로 쓰인 언어는 그 이전에 숫자로 쓰인 수 체계로부터 발전했다는 틀림없는 증거가 있다.

1.2 이집트와 그리스의 수 기록

■ ≪헤로도토스의 역사≫

우리가 알고 있는 한, 역사의 기록은 그리스의 발명품이었다. 고대 그리스의 역사학자 중에서 으뜸은 헤로도토스였다. 헤로도토스(Herodotus, 기원전 485?~430)는 할리카르나소스(Halicarnassus)에서 태어났는데, 이것은 소아시아 서남 해안에 있던 주로 그리스 사람들의 정착지였다. 그는 젊은 시절에 고향 도시에서 정치적 분쟁에 연루됐고 사모스 섬으로 그리고 그 다음에는 아테네로 망명해야만 했다. 이곳에서 헤로도토스는 여행을 시작했는데, 그의 느긋한 성격과 넓은 방문 지역은 그 여행이 여러 해 걸렸음을 알려준다. 그는 어쩌면 상인으로 세 번의 주요한 여행을 한 것으로 추정되는데, 자료를 모으고 자신의 느낌을 기록했다. 흑해에서 그는 서해안을 따라 항해해서 (현재 우크라이나에 있는) 드네프르 강(Dnieper River)의 어귀에 있던 그리스 공동체들까지 방문했고, 다음에는 남해안을 따라 카프카스(Caucasus) 산맥 기슭까지 항해했다. 소아시아에서 그는 현재의 시리아와 이라크를 가로질러 유프라테스 아래까지 어쩌면 바빌론까지 여행했다. 이집트에서 그는 나일 강을 따라 삼각주부터 아스완까지 올라갔고, 그 도중에 피라미드들을 탐사했다. 기원전 443년경에 헤로도토스는 이탈리아 남부 트리움(Thurium)의 시민이 됐는데, 이 도시는 아테네의 보호로 조성된 정착지였다. 트리움에서 그는 말년을 거의 전적으로 ≪헤로도토스의 역사≫를 집필하면서 보낸 것으로 보인다. 이 책은 그 이전 그리스의 어떠한 산문체 책보다 컸다. 역사가로서 헤로도토스의 명성은 그가 살아있었을 때도 높았었다. 책이 여러 권 있었던 것이 아니기 때문에, 다른 문학 작품과 같이 역사 책도 공개적이고 사적인 모임에서 크게 읽어야 했다. 헤로도토스는 그가 죽기 약 20년 전에 아테네에서 ≪역사≫의 작성된 부분을 청중 앞에게 낭독했고 청중을 감격시켰다. 전하는 이야기에 따르면 그의 책의 장점을 인정해서 선례가 없을 정도로 많은 공금을 주자는 투표가 이루어졌다고 한다.

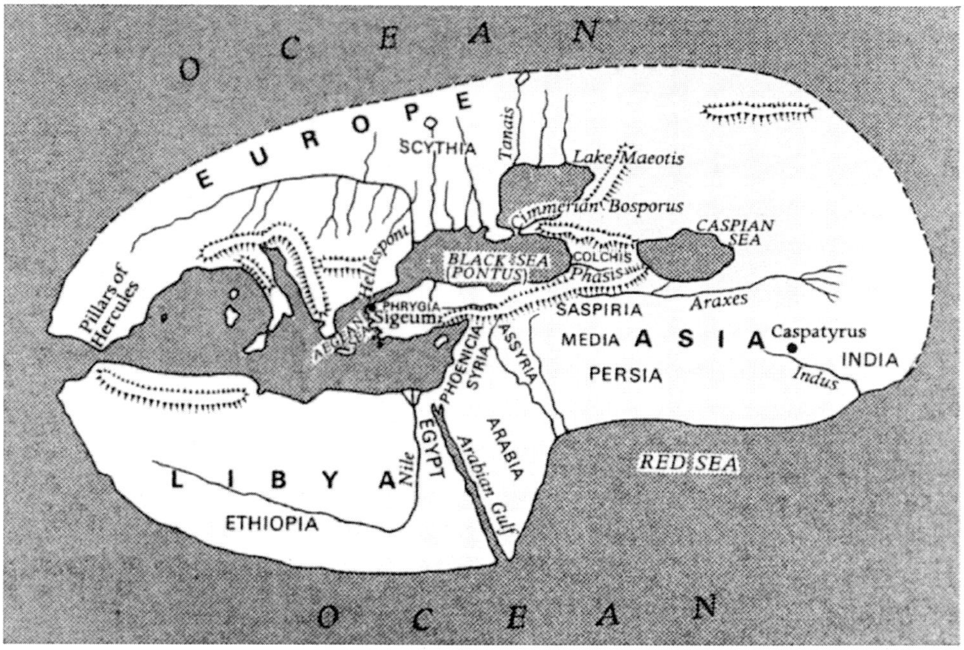

헤로도토스가 그린 살 수 있는 세계(*From* Stories from Herodotus *by B. Wilson and D. Miller. Reproduced by permission of Oxford University Press.*)

페르시아 전쟁 이야기는 ≪헤로도토스의 역사≫에서 연결 고리를 제공하지만, 이 책은 사건을 세심하게 기록한 단순한 연대기가 아니다. 헤로도토스는 사람과 관련된 거의 모든 내용에 흥미를 가졌고, 그의 ≪역사≫는 일상적인 삶의 모든 방식을 자세히 알려주는 방대한 창고이다. 그는 알려진 세계, 이의 다양한 민족, 그들의 땅과 도시, 그들이 했던 것과 무엇보다도 그렇게 한 이유 등에 대한 전반적인 내용을 자신의 동포 앞에 제시하려고 시도했다. (현대의 역사학자는 어쩌면 ≪역사≫를 역사 책이 아니라 사회학적이고 인류학적으로 쓸모 있는 자료를 포함한 안내서라고 설명할 것이다.) 헤로도토스가 마음속에 품었던 대로, 그의 ≪역사≫의 목표는 그로 하여금 그가 들은 모든 것을 말할 것을 요구했는데, 이 모든 것을 사실로 받아들일 필요는 없다. 그는 딱 잘라 말했다. "나의 과제는 사람들이 말하는 것을 기록하는 것이지, 그 모든 것을 믿는 것은 아니다. 그리고 이 원칙은 나의 모든 작업에 적용된다." 이에 따라 그가 어떤 사건에 대한 전통적인 설명을 제시하고 그 다음에 자신의 해석이나 다른 출처에서 얻은 모순되는 해석을 제시하고 있으며, 이에 따라 독자가 여러 설명 중에서 선택하도록 하고 있음을 발견하게 된다. 한 가지는 명확하다. 헤로도토스는 당시의 세계 상황을 과거의 변화 결과로 해석했고, 그런 변화를 설명할 수 있다고 생각했다. 그 이전에 산문을 쓴 어떠한 저자도 얻지 못한 명예로운 이름 '역사의 아버지'를 그가 얻게 만든 것은 바로 이런 시도였다.

헤로도토스는 노고를 아끼지 않고 이집트를 대단히 길게 서술했는데, 그가 만난 거의 모든 다른 어떠한 민족보다도 이집트에 대해 더 열광적이었던 것으로 보인다. 이집트를 방문한 대부분의 방문자와 마찬가지로, 그는 나일 강을 따른 지형과 극히 예외적인 기후의 속성을 명백하게 알고 있었다. "이집트에 대해 한 마디도 들어보지 못한 사람도 이집트를 보면 누구나 이집트가 나일 강의 선물로, 후천적으로 발달한 나라라는 사실을 깨달을 것이다." 이 유명한 문장은, 흔히 "이집트는 나일 강의 선물이다."와 같이 바뀌어, 이 나라의 중요한 지리학적 사실을 적절히 요약한다. 강력한 햇살과 비가 없는 날씨 속에서, 해마다 정기적으로 둑을 넘쳐흐르는 나일 강은 동아프리카의 산악 지대로부터 씻겨 내린 비옥한 세사를 침전시켰다. 강물이 도달하는 한계까지 농작물을 위한 기름진 들판과 동물을 위한 목초지가 펼쳐져 있었고, 황량한 사막의 경계를 넘어 모든 방향으로 뻗어나갔다. 이것이 바로 이집트 문명이라고 부르는 교양 있고 복합적인 사회가 발달한 환경이었다.

세계 최초의 문명 중에서 하나가 출현한 것은 본질적으로 정치적인 활동이었다. 기원전 3500년과 3100년 사이에 나일 강에 접하는 좁고 긴 땅에 붙어 있는 자급자족할 수 있는 농업 공동체들이 점진적으로 더 큰 단위들로 합쳐져서 결국 상 이집트와 하 이집트의 단 두 개의 왕국이 됐다. 그 뒤 기원전 3100년경에 두 영역은 메네스(Menes, 기원전 2925년경 활동)라는 이름의 통치자가 남쪽부터 군사적으로 정복해서 통일됐다. 알기 어려운 이 인물은 길게 이어진 파라오들의 맨 앞자리를 차지하면서 역사 속에 등장했다. 이집트는 자신을 고립시킨 사막이 외부로부터의 침략을 막아주었기 때문에, 고대 문명 중에서 가장 안정되고 가장 오랫동안 지속됐다. 그리스와 로마는 자신들의 패권을 백 년을 단위로 셌지만, 이집트는 천 년을 단위로 셌다. 질서 정연하게 이어진 32개의 왕조는 메네스에 의한 상·하 이집트의 통일부터 기원전 31년에 독사에 물려 죽은 클레오파트라까지 이어졌다. 고대 이집트의 절정이 지나고 오랜 세월이 지난 뒤에, 나폴레옹은 지친 참전 용사들에게 이집트의 과거의 영광을 열정적으로 역설할 수 있었다. 그는 기자의 대 피라미드의 그림자 속에 서서 외쳤다. "병사들이여, 40세기가 제군들을 굽어보고 있다."

■ 수의 상형 문자 표현

단 한 명의 지도자에 의한 이집트의 통일이 기정 사실로 굳어지자마자, 대규모의 강력한 행정 체계가 발달하기 시작했다. 인구 조사 실시, 세금 부과, 군대 유지 등이 시행됐는데, 이 모든 사업에는 비교적 큰 수의 셈이 요구됐다. (제2 왕조 시대의 어느 해는 '남북의 크고 작은 소 전체에 번호를 붙인 해'라는 이름이 붙었다.) 기원전 3500년에 이미 이집트에는 완전히 발달된 수 체계가 있었는데, 가끔 새로운 기호를 도입하면서 끝없이 계속해서 셀 수 있었다. 이것은 나르메르(Narmer) 왕의 지팡이 머리가 입증하는데, 이것은 고대 세계의 가장 주목할 만한 유물의 하나로, 현재 옥스퍼드 대학교 박물관에 있다. 왕조 시대가 시작될 즈음에, (일부 권위자들은 통일 이집트 국가의 최초의 통치자인 전설적인 메네스일 수 있다고 생각하는) 나르메르는 삼각주 서부에서 저항하는 리비아 사람들을 부득이 처벌해야 했다. 그는 히에라콘폴리스(Hierakonpolis)에 있는 사원에 훌륭한 점토암 팔레트(유명한 나르메르 팔레트)와 의식에서 사용하는 지팡이 머리를 맡겼는데, 두 가지 모두 그의 승리를 증언하는 장면을 담고 있다. 지팡이 머리는 그 왕의 성취에 대한 공식적인 기록을 영원히 보존했는데, 12만 명의 포로 및 40만 마리의 황소와 142만 2000마리의 염소를 잡았음을 자랑하는 그림이 새겨져 있기 때문이다.

초기 단계에서 매우 큰 수들을 기록한 또 다른 예는 ≪죽은 사람의 책(사자의 서)≫에 나타나는데, 이것은 종교적이고 주술적 문헌으로 주요한 목적은 죽은 사람이 죽은 뒤의 만족스러운 삶을 영위하도록 안내하는 것이다. 제1 왕조 시대로 추정되는 한 부분에는 [이집트의 신 누(Nu)가 말한] 다음과 같은 글이 있다. "나는 당신과 당신의 영혼을 위해 일하는데, 우리의 수는 모두 460만 1200이다."

처음 두 왕조의 파라오들 아래 이집트 정부와 관리가 극적으로 등장했는데, 이는 결코 글 쓰는 방법 없이 나타날 수 없었으며 그런 방법을 정교한 '신성 문자'인 상형 문자와 회계 필경사의 필기체 모두에서 찾아볼 수 있다. 상형 문자 체계는 그림 문자로, 각 문자는 구체적인 대상을 나타내는데, 많은 상황에서 그 의미를 여전히 알아볼 수 있다. 기자의 대 피라미드 근처에 있는 한 무덤에서 상형 문자로 나타낸 수 기호들이 발견됐는데, 여기서 수 1은

이 장면은 나르메르의 커다란 돌 지팡이 머리에 있는 것인데, 이것은 퀴벨(J. E. Quibell)이 1898년에 히에라콘폴리스에서 발견했다. 여기에는 나르메르가 전쟁에서 얻은 전리품, 곧 "소 40만 마리, 염소 142만 2000마리, 포로 12만 명"이 요약되어 있다. 나르메르가 전쟁에서 얻은 전리품을 알려주는 그의 돌 지팡이 머리에서 재생한 장면. (*From* The Dwellers on the Nile *by E. W. Budge, 1977. Dover Publications, N.Y.*)

연직으로 그은 한 획 또는 지팡이 그림으로 표현되고, 일종의 편자 또는 발뒤꿈치 기호 ∩는 열 개의 독립된 획을 대신하는 집단적인 기호로 사용되고 있다. 바꿔 말하면, 이집트의 수 체계는 십진법이었는데(영어의 'decimal'은 '열'을 나타내는 라틴 말 'decem'에서 나왔는데), 10의 거듭제곱으로 세는 방법을 이용했다. 10은 고대의 여러 민족 사이에서 수 체계의 밑으로 아주 흔히 발견되는데, 의심할 바 없이 사람에게는 열 개의 손가락이 있고 손가락으로 세는 습관이 있었기 때문일 것이다. 같은 이유에서, 숫자 1과 매우 비슷한 기호가 거의 모든 곳에서 수 '하나(일)'를 나타내는 데 사용됐다.

특별한 그림 문자들이 1000만까지의 10의 새로운 거듭제곱 각각에 사용됐는데, 100은 약간 굽은 밧줄, 1000은 연꽃, 1'0000은 곧추 세워 구부린 손가락, 10'0000은 올챙이, 100'0000은

1 10 100 1000 1'0000 10'0000 100'0000 1000'0000

매우 놀란 듯이 두 손을 위로 든 사람, 1000'0000은 종종 떠오르는 해라고 추측되는 기호로 나타낸다. 다른 수들은 (각 문자를 아홉 개까지 반복시키면서) 이런 기호들을 더하는 방법으로 사용해서 나타냈다. (곧, 기호들의 모음으로 표현된 수는 각 기호가 표현하는 수들의 합이다.) 통상, 오른쪽부터 왼쪽으로 쓰고 더 큰 단위의 수를 먼저 썼는데, 다른 것들도 중요한 순서로 나열했다. 예를 들어, 다음과 같이 썼다고 하자.

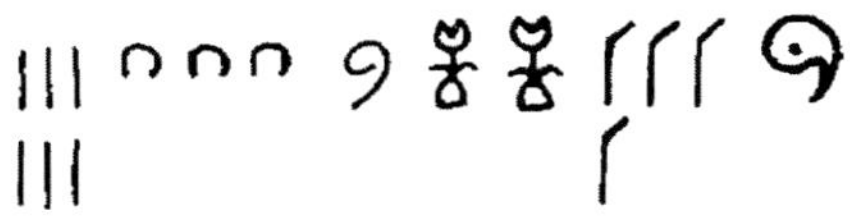

그러면 이것은 다음의 수를 나타낸다.

$$1 \cdot 10'0000 + 4 \cdot 1'0000 + 2 \cdot 1000 + 1 \cdot 100 + 3 \cdot 10 + 6 \cdot 1 = 14'2136$$

가끔, 큰 단위의 기호가 왼쪽에 쓰이기도 하는데, 이 경우에는 기호들은 수를 쓰기 시작하는 쪽으로 방향을 돌린다. 기호들을 두세 행으로 배열해서, 곧 하나는 다른 것의 위에 배열해서, 옆으로의 공간을 절약했다. 10의 각 거듭제곱을 다른 기호로 나타냈기 때문에, 표현된 수의 값은 그 무리 안에 있는 상형 문자들의 순서에 영향을 받지 않는다. 예를 들면, 다음은 모두 수 1232를 나타낸다. 그러므로 수를 나타내는 이집트의 방법은 '위치적 수 체계'가 아니다. 위치적 수 체계는 똑같은 기호가 수를 표현하는 식에서 그것이 차지하는 자리에 따라 값이 다르다.

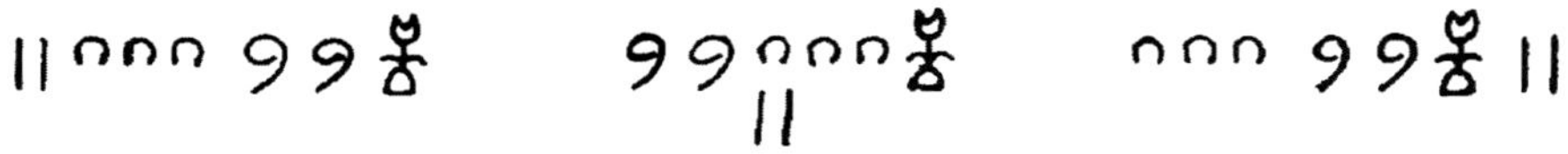

이집트 수 체계에서 덧셈과 뺄셈은 어려움을 거의 야기하지 않는다. 덧셈의 경우에는, 기호들을 모아서 똑같은 기호 10개를 그 다음으로 큰 기호 한 개와 바꾸면 충분하다. 다음은 이집트 사람들이 예를 들어 345와 678을 더했을 방법을 보여준다.

$$\begin{array}{r} 345 \\ 678 \\ \hline 1023 \end{array}$$

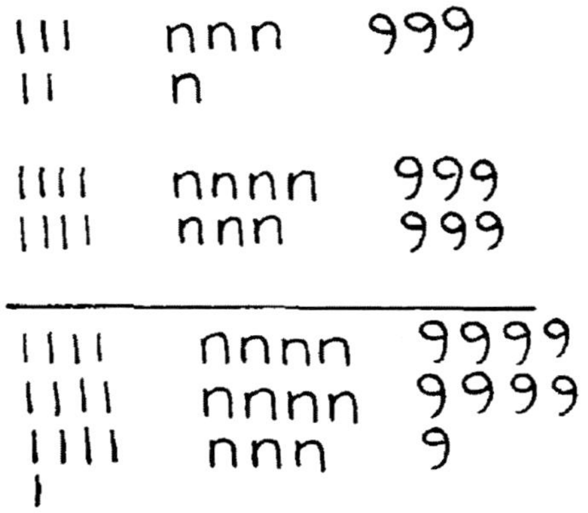

이것은 다음과 같이 바꿀 수 있다.

그리고 또다시 다음과 같이 바꿀 수 있다.

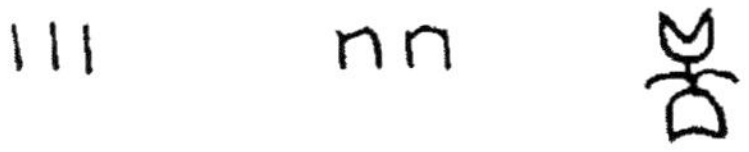

빨셈은 똑같은 과정을 거꾸로 시행한다. 때때로 '빌려오기'를 이용하는데, 여기서 큰 수를 나타내는 기호는 그 다음으로 작은 수를 나타내는 기호 10개로 바뀌는데, 이것은 다음 경우와 같이 더 작은 수를 충분히 뺄 수 있도록 하기 위함이다.

$$\begin{array}{r} 123 \\ -\ 45 \\ \hline 78 \end{array}$$

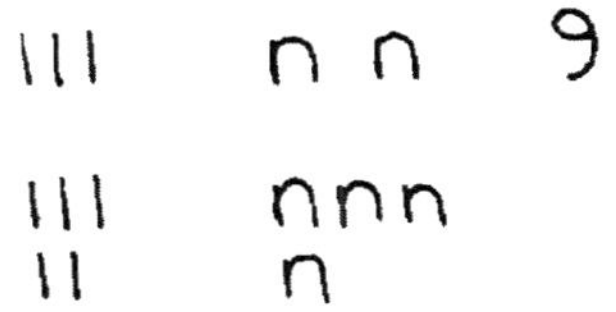

이것은 다음과 같이 바꿀 수 있다.

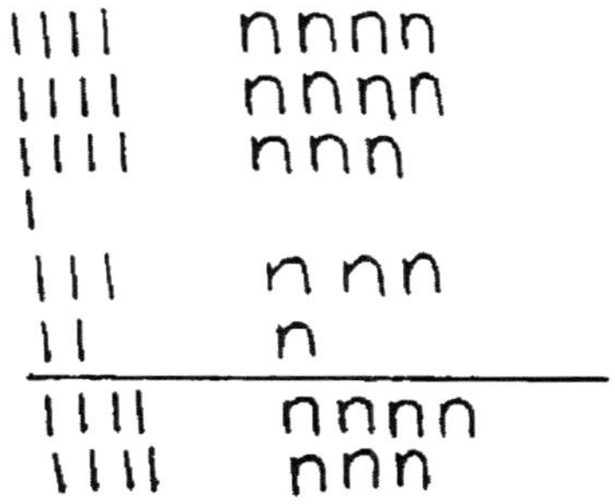

이집트 사람들은 수를 나타내는 기호를 가지고 있었지만, 산술 연산을 나타내는 보편적인 표기법은 없었다. (기원전 1650년경으로 추정되는) 유명한 린드 파피루스의 경우에, 그 필경사는 덧셈과 뺄셈을 각각 상형 문자 ⩘와 ⩘로 표현했는데, 이것들은 사람이 오고 가는 다리를 닮았다.

■ 이집트의 신관 문자 기수법

글쓰기를 돌 또는 금속에 새겨 나타내는 것으로 제한하는 한, 그 범위는 아주 중요하다고 생각되는 짧은 기록으로 제한됐다. 필요했던 것은 그 위에 쓸 수 있는 쉽게 입수할 수 있고 값싼 재료였다. 이집트 사람들은 이 문제를 파피루스의 발명으로 해결했다. 파피루스는 (나일 강 삼각주의 습지에 풍부하게 자라고 있던) 갈대 같은 식물인 파피루스 줄기를 길이를 따라 얇게 벗겨서 만들었다. 그렇게 벗긴 조각들을 판자 위에 나란히 배치해서 얇은 판을 형성하고, 그 위에 다른 조각들을 아래의 조각들과 수직이 되도록 한 층을 더 올린다. 이것들을 물에 흠뻑 적시고 나무망치로 두드린 다음에 햇볕에 말리면, 이 식물에서 나오는 천연 고무진이 그 조각들을 서로 붙인다. 그 다음에 글을 쓸 면은 조가비로 매끄럽게 긁어냈는데, 마무리된 면이 (통상 너비가 10 내지 18인치인데) 거친 갈색 포장지와 닮았다. 이집트 사람들은 이런 엷은 판들을 모서리끼리 서로 겹쳐 이어서 길이가 100피트에 달하는 긴 띠 모양을 만들 수 있었다. 이것은 사용하지 않을 때는 말아두었다. 그들은 붓과 같은 펜으로 썼고 잉크는 색이 있는 흙이나 숯을 나무에서 나는 고무진이나 물과 섞어서 만들었다. 파피루스의 내구성이라기보다는 이집트의 극히 건조한 날씨 덕분에 곰팡이를 방지했고, 그렇지 않았다면 불가능했을 상태의 두루마리를 상당히 많이 현재까지 보존됐다.

파피루스의 도입과 함께, 글쓰기를 간단히 하는 또 다른 단계들이 거의 불가피했다. 첫 단계는 주로 이집트의 사제들이 이루었는데, 그들은 펜과 잉크에 더 적합하고 더 빨리 쓸 수 있으며 그림에 덜 의존하는 글씨를 발달시켰다. 이른바 이런 '신관' 문자에서 기호는 필기체 또는 흘림체로 쓰였는데, 언뜻 보기에 그 형태는 예전의 상형 문자와 거의 닮지 않았다. 신관 문자를 우리가 손으로 쓰는 것에 비유한다면, 상형 문자는 인쇄된 글씨에 비유할 수 있다. 시간이 지나고 글쓰기가 널리 퍼짐에 따라서, 신관 문자도 너무 느리다고 밝혀졌고, '민용' 문자라고 부르는 일종의 속기용 글씨가 나타났다. 신관 문자는 민용 문자에 비하면 아주 쉽다. 민용 문자는 최악의 경우에 흘려 쓴 반점(콤마)이 줄지어 나타나는데, 각각은 완전히 다른 기호를 나타낸다.

이런 두 가지 글꼴들로 나타낸 수치적 표현은 모두 여전히 더하는 방법으로 시행하는데, 10의 거듭제곱에 근거한다. 그러나 상형 문자의 반복되는 원리는 같은 기호들의 모둠을 단 한 개의 표시로 표현하는 장치로 대체됐다. 이런 형태의 표기법을 '숫자화'라고 부를 수 있을 것이다. 예를 들면, 다섯은 다섯 개의 연직 획의 무리로 나타내지 않고 독특한 표시 >로 표현했다.

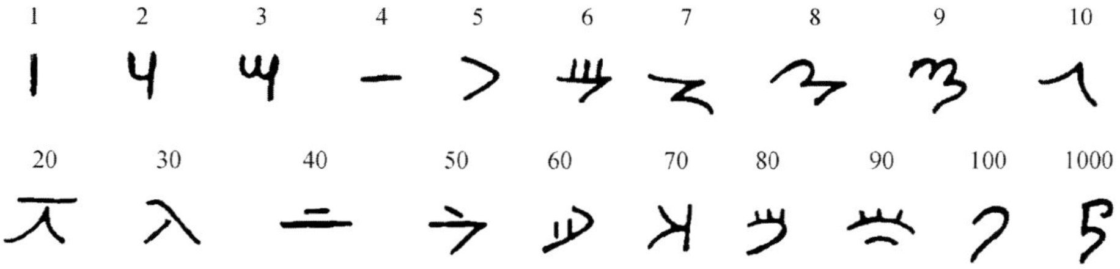

수를 표현하는 데 사용한 신관 문자 체계를 위에 나타냈다. 1, 10, 100, 1000에 대한 기호들은 근본적으로 그 이전에 사용된 상형 문제에 대한 축약이다. 상형 문자로 수 37은 다음과 같이 나타났다.

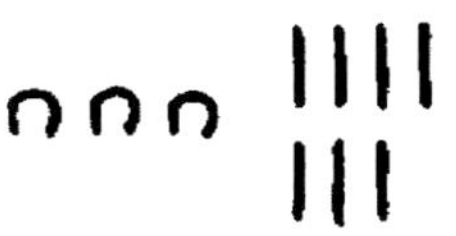

그러나 신관 문자로 이 수는 다음과 같이 덜 번거로운 꼴로 나타났다.

이런 표기를 위해 필요한 매우 많은 기호는 기억하는 데 큰 부담을 줬다. 그렇지만 이집트 필경사들은 의심할 바 없이 이것을 간결하고 빠르게 쓸 수 있어서 정당하다고 생각했을 것이다. 이 숫자화하는 발상은 기수법의 발달에서 결정적인 단계의 하나인데, 바빌로니아 사람들이 위치적 수 체계의 원리를 채택한 것과 견줄 만큼 중요했다.

■ 그리스의 알파벳 수 체계

기원전 5세기경에 이오니아의 그리스 사람들도 숫자화된 기수법을 발달시켰지만, 기억해야 할 기호들의 모음이 훨씬 더 컸다. 그들은 일상적인 그리스 알파벳 24자와 현재는 안 쓰이는 페니키아 글자 세 개를 사용해서 숫자를 만들었다. (그 페니키아 글자 세 개는 6을 나타내는 디감마 ϛ, 90을 나타내는 코파 ϙ, 900을 나타내는 삼피 ϡ이다.) 그 결과로 얻은 27개의 글자는 아래와 같이 사용했다. 처음 아홉 글자는 1부터 9까지의 수와 연관됐다. 그 다음 아홉 글자는 처음 아홉 개의 10의 배수를 표현했다. 마지막 아홉 글자는 처음 아홉 개의 100의 배수를 위해 사용됐다. 다음 표는 알파벳 글자들을 (특별한 꼴을 포함해서) 숫자로 사용하도록 배열하는 방법을 보여준다.

1 α	10 ι	100 ρ
2 β	20 κ	200 σ
3 γ	30 λ	300 τ
4 δ	40 μ	400 υ
5 ε	50 ν	500 ϕ
6 ϛ	60 ξ	600 χ
7 ζ	70 o	700 ψ
8 η	80 π	800 ω
9 θ	90 ϙ	900 ϡ

이오니아 수 체계는 여전히 더하는 방법을 사용했기 때문에, 1부터 999까지의 모든 수는 많아야 세 개의 기호로 표현할 수 있다. 그 원리는 다음과 같이 예시된다.

$$\psi\pi\delta = 700 + 80 + 4 = 784$$

더 큰 수들은 다음과 같은 방법을 사용했다. 적절한 단위 글자의 왼쪽 아래에 위치한 강세 부호는 해당하는 수에 1000을 곱해야 한다. 예를 들면 $_{,}\beta$는 2가 아니라 2000을 표현한다. 1'0000은 새로운 글자 M을 사용해서 나타냈는데, 이것은 ('만'을 나타내는) 단어 'myriad'의 머리글자이다. 1부터 9999까지의 수에 대한 기호 뒤에 또는 아래에 글자 M이 있으면, 그 수에 1'0000을 곱해야 한다. 예를 들면 다음과 같다.

$$\delta\text{M} \text{ 또는 } \overset{\delta}{\text{M}} = 4'0000,$$

$$\rho\nu\text{M} \text{ 또는 } \overset{\rho\nu}{\text{M}} = 150'0000$$

이런 관례에 따라, 그리스 사람들은 다음과 같이 썼다.

$$\tau\mu\varepsilon\text{M}\ {,}\beta\rho\mu\delta = 345'2144$$

더욱 더 큰 수를 표현하기 위해서, 1'0000의 거듭제곱들이 사용했는데, 만의 거듭 MM은 $(1'0000)^2$을 나타내고 이와 같이 계속했다.

기호들은 언제나 똑같은 순서로 배열했는데, 10의 가장 큰 배수는 왼쪽에 배치하고 가장 작은 배수는 오른쪽에 배치해서, 문맥이 명확할 때는 종종 강세 부호를 생략할 수 있었다. 다음과 같이 똑같은 글자를 일의 배수와 천의 배수를 위한 기호로 사용해서 가장 왼쪽의 글자는 자릿값을 지니고 있다.

$$\delta\sigma\lambda\delta = 4234$$

글자들의 수치적 의미와 언어에서의 일상적인 용도를 구별하기 위해서, 그리스 사람들은 그 글자들의 끝에 강세 부호를 붙이거나 연장된 선분을 위에 붙여 나타냈다. 예를 들어, 수 1085는 다음가 같이 나타날 수 있었다.

$${,}\alpha\pi\varepsilon' \quad \text{또는} \quad \overline{{,}\alpha\pi\varepsilon}$$

전반적으로 이 수 체계는 경제적으로 쓸 수 있었다. (900에 대한 그리스 알파벳 숫자는 단 한 개의 글자이지만, 이집트 사람들은 기호 𓍢를 아홉 번 나열해야 했다.) 그러나 많은 기호에 통달해야 했다.

그리스 알파벳 수 체계에서 곱셈은 각 인자에서 가장 큰 숫자끼리 곱한 다음에 부분적인 곱들의 합을 찾았다. 예를 들면 24×53은 다음과 같이 셈한다.

$$\begin{array}{r@{\qquad}rr}
\kappa\ \delta & 24 & \\
\nu\ \gamma & \times\ 53 & \\
\hline
{,}\alpha\ \xi & 1000 & 60 \\
\sigma\ \iota\beta & 200 & 12 \\
\hline
{,}\alpha\sigma\ o\beta & 1200 & 72 = 1272
\end{array}$$

두 개 이상의 글자로 이루어진 수들을 곱하는 발상은, 각 수를 단일 글자로 표현되는 수들의 합으로 쓰는 것이었다. 예를 들면, 그리스 사람들은 먼저 20×50(κ에 ν 곱하기)을 셈하고, 20×3(κ에 γ 곱하기)을 셈한 다음에, 4×50(δ에 ν 곱하기)을 셈하고, 마지막으로 4×3(δ에 γ 곱하기)을 셈한다. 그리스 곱셈이라고 부르는 이 방법은 다음과 같은 현대적인 셈에 대응한다.

$$\begin{aligned} 24 \times 53 &= (20+4)(50+3) \\ &= 20 \cdot 50 + 20 \cdot 3 + 4 \cdot 50 + 4 \cdot 3 \\ &= 1272 \end{aligned}$$

이런 곱들과 관련된 수치는 글자 곱에서는 분명하지 않은데, 이에 따라 공을 들여 만든 곱셈 표를 필요로 했다. 그리스 사람들은 27개의 기호를 다른 모든 것 각각과 곱해야 했으므로, 729개의 완전히 별개의 답을 기록해야만 했다. 이렇게 많은 기호들은 수 사이의 간단한 관계들을 숨기는 경향이 있는데, 0, 2, 4, 6, 8로 끝나는 수는 짝수로 인식할 수 있지만, 27개의 그리스 글자는 (강세 기호로 바뀔 수 있으므로) 모두 짝수를 나타낼 수도 있었다.

알파벳 기수법에 의해 부수적으로 나타나는 난점은, 일반 단어와 똑같은 기호들을 사용한 수 표현을 나란히 제시함으로써 '게마트리아(gematria)'라고 부르는 수 신비주의의 한 형태에 이른다는 것이다. 게마트리아에서 알파벳의 각 글자에 어떤 방법으로 수를 할당하면, 단어의 값은 그 글자들이 표현하는 수들의 합이 된다. 그래서 두 단어의 값이 같은 수이면 그것들은 어떤 방식으로든지 관련된다고 생각했다. 이것은 사람 이름에서 애매하게 그것의 개별적인 수를 끌어 대는 관행을 탄생시켰다. 가장 유명한 수는 666, 곧 성서의 <요한계시록>에서 언급된 '짐승의 수'이다. [이것은 네로(Nero Caesar, 37~68)을 언급하는 것으로 보이는데, 이 이름을 히브리 말로 나타냈을 때의 값이다.] 종교 개혁 시기에 가톨릭 신학자들이 좋아했던 심심풀이는 666이 이름 마르틴 루터(Martin Luther, 1483~1546)을 나타냄을 보여주는 알파벳 수 체계를 고안하는 것이었다. 이에 따라 그가 그리스도의 적이라는 주장을 옹호하는 것이었다. 루터도 같은 방식으로 응수했다. 그도 알파벳 수 체계를 만들었는데, 여기서 666은 교황의 통치가 지속될 기간이라고 예측했고 그것이 종말에 가까워졌음을 크게 기뻐했다. 레오 톨스토이(Leo Tolstoy, 1828~1910)의 ≪전쟁과 평화≫를 읽은 독자는 "L'Empereur Napoleon"을 짐승의 수와 같도록 만들 수 있음을 기억할 것이다.

초기의 신학 문헌에 나타난 수를 대체한 또 다른 예는 단어 '아멘'과 관련 있다. 이것은 그리스 말로 $\alpha\mu\eta\nu$인데, 각 글자의 수 값은 다음과 같고 합은 99이다.

$$\mathrm{A}(\alpha)=1, \quad \mathrm{M}(\mu)=40, \quad \mathrm{E}(\eta)=8, \quad \mathrm{N}(\nu)=50$$

이에 따라 예전에 인쇄된 많은 성서에서는 수 99가 기도문 뒤의 '아멘' 대신에 나타났다. 게마트리아의 흥미로운 예는 폼페이(Pompeii)의 다음 낙서에서도 찾아볼 수 있다. "나는 수가 545인 그녀를 사랑한다."

문제 1.2

1. 다음 수를 이집트의 상형 문자로 나타내라.

(a) 1492 (d) 7'0807

(b) 1999 (e) 12'3456

(c) 1'2321 (f) 304'0279

2. 다음 이집트 수를 현재의 수 체계로 써라.

(a) 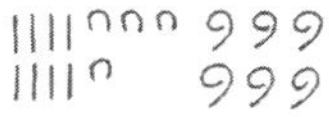

(b) 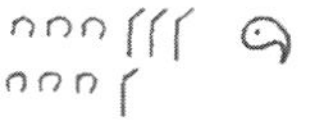

(c) 

(d) 

3. 다음의 지시된 연산을 시행하고, 답을 상형 문자로 나타내라.

(a)  를  에 더하라.

(b) 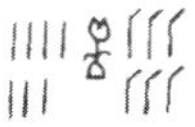 를  에 더하라.

(c) 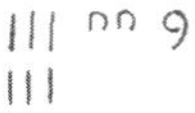 를 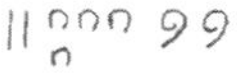 에서 빼라.

(d)  를  에서 빼라.

4. 다음 수에 ∩(10)을 곱하고 그 결과를 상형 문자로 나타내라.

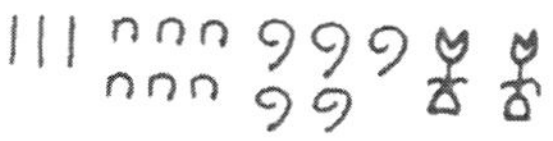

임의의 이집트 수에 10을 곱하는 간단한 법칙을 설명하라.

5. 다음 수에 대응한 이오니아 그리스 숫자를 써라.

(a) 396 (d) 2'4789

(b) 1492 (e) 12'3456

(c) 1999 (f) 123'4567

6. 다음 이오니아 그리스 숫자를 현재의 수 체계로 써라.

(a) ͵ασλδ (b) $\overset{\varepsilon}{\mathrm{M}}$ ͵εφνε

(c) ͵βα (d) θMMτM͵βχμδ

7. 다음 지시된 연산을 시행하라.

(a) $\nu\zeta$를 $\phi o \gamma$에 더하라.

(b) $\sigma\lambda\beta$를 ͵$\lambda\omega\pi\alpha$에 더하라.

(c) $\chi\mu\theta$를 ͵$\gamma\phi\iota\beta$에서 빼라.

(d) $\sigma\pi\varepsilon$에 δ를 곱하라.

8. 그리스 사람들이 기원전 450년부터 85년까지 사용한 또 다른 기수법은 '아티카(Attic)' 또는 '헤로디안(Herodianic)'체계라고 한다. [이 이름은 이것을 묘사한 2세기의 비잔틴 문법학자 헤로디안(Herodian)의 이름을 딴 것이다.] 이 체계에서 다음과 같이 5와 10의 거듭제곱들에 대한 단어들의 머리글자를 사용해서 해당하는 수를 표현했다.

Γ '다섯'을 뜻하는 'penta'의 머리글자

Δ '열'을 뜻하는 'deka'의 머리글자

H '백'을 뜻하는 'hekaton'의 머리글자

X '천'을 뜻하는 'kilo'의 머리글자

M '만'을 뜻하는 'myriad'의 머리글자

5를 나타내는 글자는 다른 글자들과 결합해서 다음과 같이 50, 500, 5000, 5'0000에 대한 중간 기호들을 얻었다.

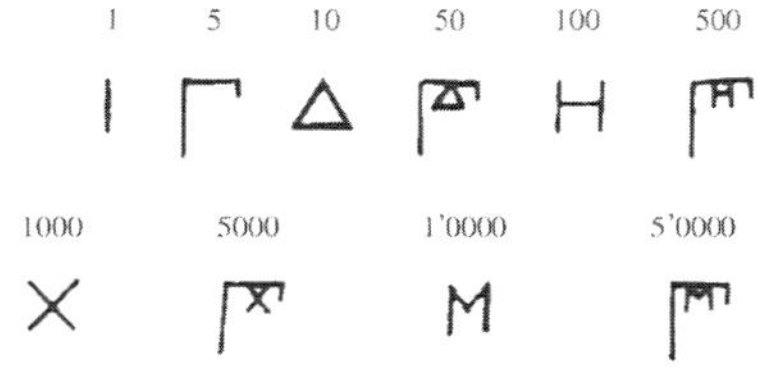

다른 수들은 더하는 방법에 기초해서 이루어지는데, 더 큰 단위가 작은 것 앞에 나온다. 그러므로 각 기호는 네 번을 초과해서 반복되지 않는다. 다음은 이런 기수법의 예이다.

M 𐅆 X 𐅄 ΔΔ III

$= 1'0000 + 5000 + 1000 + 50 + 20 + 3$
$= 1'6073$

다음에 대응하는 아티카의 그리스 숫자를 써라.

(a) 386 (d) 2'4789
(b) 1492 (e) 7'4802
(c) 1999 (f) 12'3456

9. 다음 아티카 그리스 숫자를 현재의 수 체계로 써라.

(a) XX𐅅HH𐅄ΓI
(b) M𐅆𐅅ΔΔΔΓIII
(c) XX𐅅HHHH𐅄ΔΔΓII
(d) 𐅅MMM𐅄ΔII

10. 다음 지시된 연산을 시행하고, 답을 아티카의 숫자로 나타내라.

(a) X𐅄ΔΓI를 HH𐅄ΔΔΔIIII에 더하라.
(b) 𐅅XXXXHHHΔΔI를 𐅅HH𐅄ΔΔ에 더하라.
(c) 𐅅H𐅄ΔΔΔII를 XXI에서 빼라.
(d) HΔII에 ΔΔΓ를 곱하라.

11. 로마 숫자는 여전히 시계 문자판과 기념물 등에 사용되고 있는데, 그리스의 아티카 체계의 본을 따라 만들어졌다. 5의 특정한 배수들과 함께 10의 거듭제곱인 수들을 나타내는 기호로 사용되는 문자들이 있다. 이렇게 값을 지닌 기본적인 기호는 다음과 같다.

I	V	X	L	C	D	M
1	5	10	50	100	500	1000

로마 기수법은 본질적으로 더하는 방법에 근거하고, 특정하게 빼고 곱하는 특징이 있다. 이 기호들은 왼쪽에서 오른쪽으로 가면서 값이 줄어들면, 다음의 예와 같이 이런 값들을 더한다.

$$\text{MDCCCXXVIII} = 1000 + 500 + 300 + 20 + 5 + 3 = 1828$$

4 및 9와 관련된 숫자는 뺄셈 원리를 사용해서 짧게 표현하는데, 작은 단위를 나타내는 글자를 더 큰 값을 나타내는 단위 앞에 위치시켜서 더 작은 값을 더 큰 값에서 빼도록 하고 있다. 예를 들면 다음과 같다.

$$\text{CDXCV} = (500 - 100) + (100 - 10) + 5 = 495$$

(이 방법은 위치적 기수법의 특징을 포함하는데, IV=4이지만 VI=6이기 때문이다.) 그렇지만 다음과 같은 명확한 규칙이 있다.

I는 V 또는 X 앞에만 올 수 있다.
X는 L 또는 C 앞에만 올 수 있다.
C는 D 또는 M 앞에만 올 수 있다.

큰 수에 대한 새로운 기호를 대신해서, 곱셈 장치가 도입됐다. 전체 기호 위에 그은 선분은 대응하는 수에 1000을 곱하고, 두 개의 선분은 1000^2으로 곱함을 뜻한다. 예를 들면 다음과 같다.

$$\overline{\text{XV}} = 1'5000, \quad \overline{\overline{\text{XV}}} = 1500'0000$$

다음에 대응하는 로마 숫자를 써라.

(a) 1492 (d) 7'4802
(b) 1066 (e) 12'3456
(c) 1999 (f) 304'0279

12. 다음 로마 숫자를 현재의 수 체계로 바꾸어라.

(a) CXXIV (d) DCCLXXXVII
(b) MDLXI (e) $\overline{\text{XIX}}$
(c) MDCCXLVIII (f) $\overline{\overline{\text{XC}}}\text{XXV}$

13. 다음 지시된 연산을 시행하고, 답을 로마 숫자로 나타내라.
   (a) CM을 XIX에 더하라.
   (b) MMCLXI를 MDCXX에 더하라.
   (c) XXIV를 XLVI에 더하라.
   (d) XXIII를 XXX에서 빼라.
   (e) CLXI를 CCLII에서 빼라.
   (f) XXXIV에 XVI를 곱하라.

1.3 바빌로니아의 수 기록

■ 바빌로니아의 쐐기 문자

이집트 이외에, 수학의 발달에 뚜렷한 영향을 끼친 고대의 또 다른 문화는 바빌로니아였다. 여기서 용어 '바빌로니아'는, 연대적인 제한 없이 쌍둥이 강 티그리스와 유프라테스 사이의 충적 평야를 수천 년 전에 차지했던 민족들을 언급하는 데 사용한다. 그리스 사람들은 이 땅을 '강들 사이의 땅'을 뜻하는 '메소포타미아(Mesopotamia)'라고 불렀다. 오늘날 이 지역 대부분은 현대 이라크의 일부이다. 그렇지만 티그리스와 유프라테스는 모두 터키에서 발원한다. 인류는 이 지역에서 (좀 더 특별히 페르시아 만 근처의 저지대 습지에서) 이집트에서와 거의 같은 시기(곧 기원전 3500년경) 또는 어쩌면 약간 더 이른 시기에 문명화의 문턱을 넘었다. 이집트를 둘러싼 사막이 외부의 침략으로부터 그 지역을 보호했지만, 티그리스·유프라테스 계곡의 열린 평야는 방어가 쉽지 않았다. 메소포타미아의 초기 역사는 주로 끊임없는 침략자들의 이야기인데, 이 땅의 풍요로움에 매료된 침략자들은 쇠퇴기의 전임자들을 정복하고 그들의 문화를 흡수한 다음에 부유하고 평온한 즐거움 속에 정착했다. 그들 스스로 그 뒤에 몰려드는 침략자들에 압도될 때까지 이렇게 지냈다.

기원전 3000년이 지나고 얼마 되지 않아서, 바빌로니아 사람들은 '그림 문자'로부터 글쓰기 체계를 개발했다. 그림 문자는 일종의 그림으로 상형 문자와 아주 비슷한 글쓰기 방식이다. 그런데 글 쓰는 데 사용한 재료는 그 자체로 특별한 제약을 주었는데, 그것은 곧 그림 문자가 그것이 나타내는 대상과의 유사성을 잃게 했다. 이집트 사람들이 펜과 잉크를 사용해서 기록을 남긴 반면에, 바빌로니아 사람들은 처음에 갈대를 사용했고 나중에는 끝이 세모꼴인 첨필을 사용했다. 그들은 이것으로 촉촉한 찰흙에 (긁는 것이 아니라) 눌러서 자국을 남겼다. 찰흙은 쉽게 말랐고, 이에 따라 문헌은 비교적 짧았고 한꺼번에 써야 했다. 그렇지만 화덕으로 굽거나 햇볕으로 단단하게 굳히면 거의 파괴할 수 없었다. (이에 비해서 중국의 방법은 나무껍질이나 대나무와 같이 매우 쉽게 썩는 재료에 글을 쓰는 방법을 택했기 때문에 초기에 성취한 문화를 영구적으로 보존할 증거를 남길 수 없었다.) 첨필의 날카로운 끝은 연직 획(|)을 만들고 아래 부분은 어느 정도 깊은 자국(▲)을 만들었다. 이에 따라 이것들을 합

친 효과는 쐐기 또는 못을 닮은 머리와 꼬리 도형( )이다. '쐐기'에 대한 라틴 말이 'cuneus'이기 때문에, 이런 결과로 얻은 글자체를 'cuneiform(쐐기 문자, 설형 문자)'라고 부르게 됐다.

쐐기 문자는 글 쓰는 매개물로 찰흙을 선택한 자연스러운 결과였다. 첨필로는 곡선을 그릴 수 없었는데, 이에 따라 모든 그림 기호는 서로 다른 방향의 쐐기로 이루어져야만 했다. 연직( )과 수평( ) 방향과 비스듬한 방향(또는)이 있다. 이런 세 가지 형태의 쐐기에 나중에 또 다른 쐐기가 추가됐다. 그것은 오른쪽으로 열린 꺾쇠괄호와 같은 모양( )이었는데, 첨필의 측면들을 찰흙 판에 기울여 잡아서 만들었다. 이런 네 가지 꼴의 쐐기로 모든 그림을 그려야 했는데, 손으로 다른 모양을 만들어내기는 너무 성가시거나 시간이 너무 많이 걸린다고 생각했기 때문이다. 이집트 문명이 거의 끝까지 그림 그리기로 유지했던 상형 문자와 달리, 쐐기 문자는 점진적으로 단순화되어 처음의 그림은 더 이상 분명하지 않았다. 바빌로니아 사람들이 해를 표현하는 예전의 원 에 가장 가까이 접근할 수 있었던 것은 인데, 이것은 나중에 더 압축되어 이 됐다. 마찬가지로, 물고기를 나타내는 기호는 에서 시작해서 로 끝났다. 쐐기 문자는 결국 초심자에게는 '젖은 모래에 있는 새 발자국과 같게' 보였다. 지난 두 세기 내에서야 현존하는 많은 쐐기 문자 문헌이 뜻하는 바를 누구나 알게 됐고, 실제로 그것이 글인지 아니면 단순한 장식인지를 구별하게 됐다.

■ 쐐기 문자 판독 : 그로테펜트와 롤린슨

메소포타미아에는 고고학적 정보를 확보할 수 있는 거대한 사원이나 기념물이 없었기 때문에(이 땅에는 건축용 돌이 거의 없는데), 고대 세계의 이 지역은 이집트보다 더 뒤에 발굴됐다. 적어도 40만 개의 바빌로니아 찰흙 판이 있는 것으로 어림되는데, 일반적으로 손의 크기와 비슷하고 여러 나라의 박물관에 흩여져 있다. 이 중에서 약 400개의 판 또는 판 조각이 수학적 내용을 포함하고 있는 것으로 확인됐다. 이것들에 대한 판독과 해석은 느리게 진행됐는데, 여러 가지 사투리와 수천 년에 걸친 언어의 자연스러운 변화 때문이었다.

판독을 위한 첫걸음은 도이칠란트 괴팅겐의 학교 교사인 게오르크 그로테펜트(Georg Friedrich Grotefend, 1775~1853)가 내디뎠는데, 잘 알려지지 않았던 그는 고대 그리스 말에는 정통했지만 동양 언어들은 전혀 몰랐다. 친구들과 술을 마시던 그로테펜트는 페르세폴리스(Persepolis)에 쐐기 문자로 새겨진 어떤 글을 판독할 수 있다는 것에 대해 내기를 했는데, 조건은 그 친구들이 이 주제에 대해 이미 출판된 문헌을 그에게 제공하는 것이었다. 그는 탁월한 추측으로 페르시아 쐐기 문자를 읽는 열쇠를 찾았다. 우세하게 배열된 글자들은 쐐기의 끝이 아래나 오른쪽을 향했고 넓은 쐐기에 의해 형성된 각이 일관되게 오른쪽으로 열려 있었다. 그는 이 언어의 글자가 알파벳[자모]이라고 가정했다. 그리고 그는 가장 자주 나타나는 글자들을 뽑아내기 시작했고 그것들이 모음이라고 가정했다. 가장 많이 되풀이되는 기호의 무리를 '왕'에 대한 단어를 표현한다고 가정했다. 이런 추정에 따라 그로테펜트는 제목 '왕들의 왕'과 이름 다리우스(Darius), 크세르크세스(Xerxes), 히스타스페스(Hystaspes)를 판독했다. 그 뒤에 그는 대단히 많은 개별적인 글자를 구별했고, 그 중에서 12개를 정확하게 읽을 수 있었다. 이에 따라 그로테펜트는 그것을 번역했는데, 많은 오류가 있었지만 그 내용에 대한 적절한 개념을 알려줬다. 1802년에 겨우 27세였던 그로테펜트는 자신의 연구 결과를 괴팅겐 과학원에 제출했다. (그로테펜트는 자신의 글을 낭독할 수 있는 허락은 받지 못했다.) 그러나 대학의 교수단에 속하지 않았고 직업이 동양학자도 아니었던 거의 알려지지 않은 이 학자의 업적은 학계로부터 비웃음만 당했다. 잘 알려지지 않은 출판물 속에 묻혀 버린 그로테펜트의 눈부신 발견은 잊혀졌고, 쐐기 문자는 몇 십 년 뒤에 새롭게 판독돼야 했다. 상형 문자를 처음 번역한 샹폴리옹(J. F. Champollion)은 국제적인 명성을 얻은 반면에 게오르크 그로테펜트는 거의 완전히 무시된 것은 변덕스러운 역사의 일면이다.

고대 세계에 대한 발견 중에서 헨리 롤린슨(Henry Creswicke Rawlinson, 1810~1895)이 베히스툰(Behistun)에 있는 돌 기념물에 새겨진 글을 복제한 것만큼 흥미로운 사건은 거의 없다. 동인도 회사의 육군 장교였던 롤린슨은 1835년 페르시아로 왕의 군대의 고문관으로 파견됐을 때, 쐐기 문자로 새겨진 글에 흥미를 갖게 됐다. 그는 페르시아 말을 배우고 이 나라를 광범위하게 여행하면서, 많은 유적지를 답사했다. 롤린슨은 곧 베히스툰에 관심을 갖게 됐는데, 그곳에는 우뚝 솟은 바위 절벽인 '신들의 산'이 고대에 바빌론으로 가는 대상들의 통로 위에 웅장하게 서 있다. 기원전 516년에 다리우스 황제는 그곳에 150피트×100피트에 달하는 특별히 마련한 면에 자신의 업적을 새겨서 영구적인 기념물을 만들게 했다. 고대 페르시아 말과 엘람 말 및 (바빌로니아 말인) 아카드 말 등 세 가지 말로 13개의 판에 모두 쐐기 문자를 사용해서 글을 새겼다. 페르시아 말로 쓴 다섯 개의 판 위에, 조각가들은 왕권을 주장하던 10명의 반군 지도자로부터 항복을 받고 있는 다리우스의 실물 크기의 모습을 돋을새김 했다.

베히스툰 돌을 어떤 사람은 메소포타미아의 로제타 돌(Rosetta Stone)이라고 불렀지만, 이렇게 부르는 것은 결코 적절하지 않다. 로제타 돌에 있는 그리스 문장은 샹폴리옹으로 하여금 알고 있는 것으로부터 모르는 것으로 나아가게 했지만, 베히스툰의 세 가지 말로 쓴 세 가지 문장은 모두 똑같이 모르는 쐐기 문자로 쓰여 있다. 그렇지만 고대 페르시아 말은 43개의 기호로 제한된 주요한 자모 글자가 있었는데 19세기 초부터 진지한 연구 대상이었다. 이 형태의 문헌을 결국 전체 쐐기 문자의 세계로 들어가는 열쇠를 제공했다.

처음 마주친 어려움은 돌에 새겨진 그 긴 문장을 복제하는 것이었다. 이것은 암벽 표면으로부터 400피트 위에 새겨져 있는데, 그 암벽 자체도 평지로부터 1700피트만큼 높이 솟아 있다. 조각가들이 일을 끝낸 뒤에 돌 계단을 부셔버렸기 때문에, 올라갈 방법이 없었다. 롤린슨은 그 문장에 도달하는 엄청나게 큰 사다리를 만들어야 했고, 때로는 거의 깎아지른 듯한 암벽의 앞에서 도르래 장치에 매달려 있어야 했다. 1837년 말까지 그는 페르시아 문헌

414줄의 약 절반을 복사했다. 그리고 35년 전에 그로테펜트가 혼자 힘으로 연구했던 것과 비슷한 방법을 사용해서 그는 처음 두 단락을 번역했다. 롤린슨의 목표는 베히스툰 돌에 새겨진 문장을 빠짐없이 옮기는 것이었지만, 불행하게도 1839년에 브리튼과 아프가니스탄 사이에 전쟁이 터졌다. 롤린슨은 아프가니스탄으로 가서 전시 근무를 하게 됐고, 그곳에서 그는 그 뒤 거의 2년 동안 포위되어 연락이 두절된 채로 있었다. 그는 1843년에 또다시 바그다드로 돌아갔는데, 이번에는 브리튼 영사로서 베히스툰 돌에 새겨진 문장의 나머지를 열심히 복사하고 판독하고 해석했다. 그 문헌 중에서 고대 페르시아 말로 된 부분에 대한 그의 완전한 번역문은 엘람 말로 된 263개 줄 전체에 대한 복사본과 함께 1846년에 출판됐다. 그 뒤에 그는 그 기념물에 쐐기 문자로 적힌 셋째 부류인 바빌로니아 말을 공략했는데, 그것은 엘람 판들을 걸치고 있는 큰 돌의 두 측면에 새겨 있었다. 롤린슨은 엄청난 생명의 위협을 무릅쓰고 112줄의 탁본을 뜬 종이를 확보했다. 정확한 이름이 많이 포함되어 있던 이미 번역된 페르시아 문헌의 도움을 받아서, 그는 246개의 글자 전체에 정확한 값들을 부여했다. 이런 연구를 통해 그는 바빌로니아 글쓰기의 중요한 특징인 '다음(polyphony)'의 원리를 발견했다. 다음의 원리는 똑같은 기호가 그 뒤에 나오는 모음에 따라서 서로 다른 자음 소리를 나타낼 수 있다는 원리이다. 롤린슨의 비상한 노력 덕분에, 쐐기 문자의 수수께끼가 풀렸고, 메소포타미아 문명의 방대한 기록이 이제 명백해졌다.

■ 바빌로니아 위치적 수 체계

19세기 후반기의 반세기 동안 철저한 연구를 통해, 바빌로니아 수학이 그동안 상상했던 것보다 훨씬 더 고도로 발달했었다는 사실이 명확해졌다. 바빌로니아 사람들은 고대 그리스 시대 이전에 부분적으로라도 위치적 수 체계를 사용했던 유일한 경우였다. 위치적 수 체계는 자릿값의 개념에 근거하는데, 여기서 한 기호의 값은 그것의 수치적 표현에서 차지하는 위치에 따라 다르다. 다른 수 체계보다 위치적 수 체계가 엄청나게 더 유리한 이유는, 한정된 기호들로 아무리 크거나 작은 수도 충분히 표현할 수 있다는 사실이다. 바빌로니아 수 체계는 십진법이 아니라 (60이 밑인) 육십진법이었다. 이에 따라 한 개의 '숫자'만큼 왼쪽으로 움직인 각 자리는 그 값이 60배로 커진다. 전체 수를 육십진법으로 표현했을 때, 마지막 공간은 1부터 59까지의 수를 위한 것이고, 마지막 직전 공간은 60의 배수를 위한 것이며, 다음에는 60^2의 배수를 위한 것이고, 이와 같이 계속된다. 예를 들면, 바빌로니아의 3 25 4는 다음 수를 나타낸다.

$$3 \cdot 60^2 + 25 \cdot 60 + 4 = 1'2304$$

이것은 (밑이 10인) 다음 수를 뜻하지 않는다.

$$3 \cdot 10^3 + 25 \cdot 10 + 4 = 3254$$

바빌로니아 사람들이 육십진법의 자릿값 기수법을 사용했다는 사실은, 브리튼의 지질학자 윌리엄 로프터스(William Kennett Loftus, 1821~1858)가 유프라테스 강 유역의 센케라(Senkerah)에서 1854년에 발견한 두 개의 찰흙 판에 의해 확인됐다. 함무라비 시대(기원전 2000년)까지 거슬러 올라갈 수 있는 이런 찰흙 판들은 1부터 59까지의 모든 자연수의 제곱과 32까지의 자연수의 세제곱을 제시한다. 제곱수들의 찰흙 판은 7^2, 곧 49까지는 쉽게 읽을 수 있다. 64를 찾을 수 있을 것으로 예상되는 곳에서 그 찰흙 판은 '1 4'를 제시한다. 뜻이 통하게 하려면 1이 60을 나타낸다고 해야만 한다. 8^2 다음에 9^2의 값은 '1 21'로 나열됐는데, 또다시 왼쪽 숫자는 60을 표현함을 뜻했다. 똑같은 방식이 그 뒤 그 찰흙 판 전체에서 마지막 항목인 '58 1'까지 이어졌는데, 이것은 다음을 뜻하지 않을 수 없다.

$$58\ 1 = 58 \cdot 60 + 1 = 3481 = 59^2$$

이집트의 상형 문자 기수법의 단점은 분명하다. 작은 수를 나타내는 경우에도 꽤 많은 기호가 필요할 수 있다. (999를 표현하기 위해서는 적어도 27개의 상형 문자가 요구됐다.) 그리고 10의 새로운 거듭제곱에 대해 새로운 기호를 고안해야만 했다. 이에 비해서 바빌로니아의 표기법은 두 가지 쐐기 문자만을 강조했다. 꼿꼿하게 선 단순한 쐐기 는 1의 값을 지녔고, 아홉 번까지 쓰일 수 있었다. 반면에, 옆으로 넓은 쐐기 는 10을 나타냈고, 다섯 번까지 쓰일 수 있었다. 이집트 사람들과 같은 방식으로 진행해서 바빌로니아 사람들은 이런 기호들을 결합시켜 다른 모든 수를 나타냈는데, 각각 필요한 만큼 나타낸다. 두 가지 기호를 모두 사용할 때, 다음과 같이 10을 나타내는 기호들은 1을 나타내는 기호들의 왼쪽에 나타났다.

기호들이 꽉 조여 있는 모둠 사이를 적절히 간격을 둔 것은 60의 작아지는 거듭제곱들과 대응했는데, 왼쪽부터 오른쪽으로 읽었다. 예를 들면, 다음은 $1 \cdot 60^3 + 28 \cdot 60^2 + 52 \cdot 60 + 20 = 31'9940$으로 해석할 수 있다.

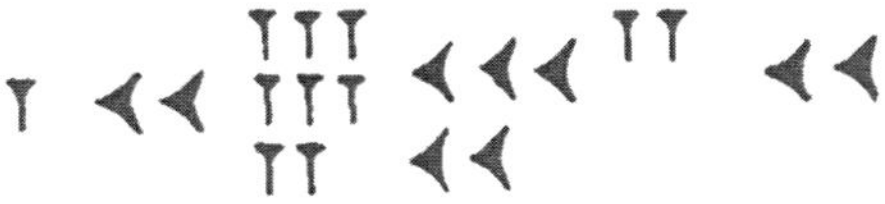

그런데 19는 10의 기호 한 개와 1의 기호 아홉 개를 써서 다음과 같이 표현된다.

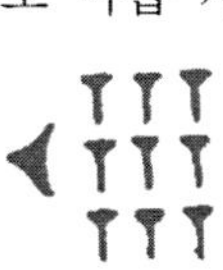

바빌로니아 사람들은 이 수 체계의 어색함을 빼는 기호 를 사용해서 완화했다. 이에

따라 위의 19와 같은 수는 다음과 같이 20－1 꼴로 나타냈다.

최초로 발달된 바빌로니아의 자릿값 기수법은 그 자체로 모순되는 해석에 이르렀는데, 영(0)에 대한 기호가 없었기 때문이다. 다음 두 수를 구별하는 방법이 없었다.

$$1 \cdot 60 + 24 = 84, \quad 1 \cdot 60^2 + 0 \cdot 60 + 24 = 3624$$

왜냐하면 이것들은 모두 쐐기 문자로 다음과 같이 표현됐기 때문이다.

문맥에 의존해야만 이런 모호함을 완화할 수 있었다. 육십진법에서 완전히 빠진 자리는 흔히 빈틈을 사용해서 나타냈지만, 이런 법칙은 엄격하게 적용되지 않았고 이에 따라 혼란이 발생할 수 있었다. 찰흙 판을 다시 복제한 사람은 빈 공간을 알아채지 못할 수 있고 그 숫자들을 서로 가까이 붙여 쓸 수 있었으며, 이에 따라 그 수의 값이 바뀔 수 있었다. (자릿값 기수법에서는 반드시 빈 공간의 존재를 명시해야 했는데, 이집트 사람들은 이런 문제와 마주치지 않았다.) 기원전 300년부터, 칸막이로 불린 자리 맞추개 역할을 맡은 다음과 같은 분리 기호가 도입되어, 수 안에서 두 숫자 사이의 빈 공간을 가리켰다.

 또는 

이와 함께 수 84는 3624와 쉽게 구별됐는데, 3624는 다음과 같이 표현됐기 때문이다.

이렇게 해도 혼란은 끝나지 않았는데, 칸막이는 수의 안쪽에만 사용됐고 수의 끝에 있는 자리가 없음을 가리키는 기호가 여전히 없었기 때문이었다. 서기 150년경에 알렉산드리아 천문학자 클라우디우스 프톨레마이오스(Claudius Ptolemy, 서기 100~170)는 ('아무것도 아닌 것'을 뜻하는 그리스 단어 '$o\upsilon\delta\varepsilon\nu$'의 머리글자 o인) '오미크론'을 현재의 영(0)과 같이 수의 안쪽뿐만 아니라 끝자리에도 사용하기 시작했다. 프톨레마이오스가 o를 다른 수들과 셈할 수 있는 하나의 수로 간주했다는 증거는 없다.

수의 끝에 영(0) 기호가 없다는 사실은 가장 작은 자리가 1의 배수인지 60 또는 60^2의 배수인지 아니면 심지어 $\frac{1}{60}$의 배수인지 판정할 방법이 없다. 기호 '2 24'(쐐기 문자로 )의 값은 다음일 수 있다.

$$2 \cdot 60 + 24 = 144$$

그러나 다른 해석도 가능한데, 이를테면 다음일 수 있다.

$$2 \cdot 60^2 + 24 \cdot 60 = 8640$$

또는 다음과 같은 분수를 뜻할 수도 있다.

$$2 + \frac{24}{60} = 2\tfrac{2}{5}$$

이에 따라 고대의 바빌로니아 사람들은 완벽한 위치적 수 체계를 결코 성취하지 못했다. 그들의 수치 표현은 숫자들의 상대적인 순서를 나타내고, 문맥을 통해서만 육십진법으로 나타낸 수의 크기를 결정했다. 밑이 매우 크기 때문에, 통상 어떤 값을 의도하는지가 명백했다. 이런 단점을 없애기 위해서, 쌍반점(;)을 사용해서 옹근 부분[정수 부분]과 깨진 부분[소수 부분]을 분리하고[4] 다른 모든 육십진법 자리들은 반점(,)으로 서로 분리하기로 하자. 이런 관례에 따라 25, 0, 3; 30과 25, 0; 3, 30은 각각 다음을 뜻할 것이다.

$$25 \cdot 60^2 + 0 \cdot 60 + 3 + \frac{30}{60} = 9'0003\frac{1}{2},$$

$$25 \cdot 60 + 0 + \frac{3}{60} + \frac{30}{60^2} = 1500\frac{7}{120}$$

쐐기 문자로 쓰인 원래의 문헌에는 쌍반점과 반점에 대응하는 장치가 전혀 없었다는 사실에 주목하자.

육십진법이 어떻게 비롯됐는지에 관한 문제가 오래 전에 제기됐고, 시간이 흐르면서 서로 다른 답들이 제안됐다. 서기 4세기의 주석자인 알렉산드리아의 테온(Theon)에 따르면, 60은 모든 수 중에서 가장 편리한데, 약수가 많은 수 중에서 이 수가 가장 작고 이에 따라 다루기가 가장 쉽기 때문이다. 테온의 지적은 60에는 많은 개수의 진약수, 곧 2, 3, 4, 5, 6, 10, 12, 15, 20이 있기 때문에 쓸모 있는 특정한 분수들을 간편하게 나타낼 수 있다는 사실을 뜻하는 것으로 보인다. 자연수 30, 20, 15는 다음과 같이 1/2, 1/3, 1/4를 나타낼 수 있다.

$$\frac{1}{2} = \frac{30}{60} = 0;30,$$

$$\frac{1}{3} = \frac{20}{60} = 0;20,$$

$$\frac{1}{4} = \frac{15}{60} = 0;15$$

육십진법으로 전개하면 '끝나지 않는 깨진 수'[무한 소수]는 '끝나는 깨진 수'[유한 소수]로 근접시켰는데, 이에 따라 모든 수는 옹근 수[정수]의 꼴로 표현됐다. 이에 따라 셈이 단순했

---

4) [옮긴이] 'fraction'은 'integer'에 대응되는 개념으로, 'common fraction(분수)'와 'decimal fraction(소수)'를 아우르는 개념이다. 이에 따라 이 책에서는 'fraction'은 '깨진 수'로 'integer'는 '옹근 수'로 나타낸다.

는데, 이집트 사람들을 이루지 못했던 것이었다. 이집트 사람들은 모든 분수를 분자가 1인 단위 분수들의 합으로 바꿨다.

다른 사람들은 육십진법에 '자연스러운' 기원을 부여했다. 그들의 이론에 따르면, 초기 바빌로니아 사람들은 1년을 360일로 셈했는데, 처음에는 큰 밑 360을 선택했다가 나중에 60으로 낮추었다고 한다. 아마도 가장 만족스러운 설명은, 이것이 십진법을 채택한 사람들과 육진법을 채택한 사람들 사이의 합병에서 발달했다는 것이다. 육진법은 2와 3 모두로 나누어떨어지는 장점이 있다. (십진법의 기원은 논리적이 아니라 해부학적이다. 인간에게는 자연스러운 셈 장치인 손가락과 발가락이 있다.)

이집트의 단위 분수에 의한 더하는 방법의 셈에 비해 바빌로니아의 자릿값 기수법의 장점은 대단히 명확하기 때문에, 이 방법은 천문학자 사이의 주요한 셈 도구가 됐다. 이 기수법이 프톨레마이오스의 뛰어난 연구서 ≪집대성(Megale Syntaxis)≫에서 충분히 활용됐음을 알 수 있다. 아랍 사람들은 나중에 이것에 신기한 이름 ≪알마게스트(Almagest)≫를 붙여 서구에 전달했다. ≪알마게스트≫는 그 이전의 천문학 책들을 완전히 압도했기 때문에, 니콜라우스 코페르니쿠스(Nicolaus Copernicus, 1473~1543) 시대까지 이것은 천문학에 관한 기본적인 교과서로 사용됐다. 프톨레마이오스는 그 책의 앞에 있는 한 장에서 "[이집트] 분수의 성가심"을 피하기 위해서 자신의 모든 셈을 육십진법으로 시행할 것이라고 선언했다.

■ 고대 중국에서의 글쓰기

초기 수학에 대한 우리의 연구는 대개 지중해 연안의 고대 사람들에게 제한되는데, 그리스 사람들 및 이들이 이집트 사람들과 비옥한 초승꼴 지대[5] 주민들로부터 얻은 혜택을 주로 고려한다. 그렇지만 극동의 문명 사회들에 대해서도 전반적인 논평이 요구되는데, 이중에서 가장 오래되고 가장 핵심적인 문명인 중국에 대해서는 특별히 언급해야 한다. 중국 문명은 고대 세계의 다른 강 유역 문명보다 더 오래되지는 않았지만, 그리스와 로마 문명보다는 훨씬 앞서 번성했었다. 기원전 15세기에 이미 중국 사람들은 뼈 조각에 천문학 현상을 지속적으로 기록했었는데, 그중에서 일부는 현존한다. 실제로, 중국 사람들은 기원전 1400년경까지 아홉 개의 기호를 사용한 위치적 기수법을 개발했었다.

고대 극동의 역사에 관한 믿을 만한 정보원이 부족해서 우리로서는 이에 접근할 길이 거의 완전히 봉쇄되어 있다. 인도에서 기원전의 것이라고 어느 정도 확실하게 말할 수 있는 수학 문헌은 전혀 존재하지 않는다. 그리고 중국 수학책 ≪구장산술(九章算術)≫과 관련시킬 수 있는 최초의 확고한 날짜는 기원전 150년이다.

근동과 극동에 관한 이용 가능한 정보원이 크게 차이가 나는 이유는 주로 날씨의 차이에서 찾는다. 이집트와 바빌로니아의 건조한 기후와 토양은 좀 더 습한 기후에서는 오래 전에

5) [옮긴이] Fertile Crescent, 나일 강과 티그리스 강과 페르시아 만을 연결하는 고대 농업 지대.

사라졌을 자료를 보존했는데, 그런 자료는 이런 사회가 먼 과거의 미개한 상태에서 완전한 문명을 꽃피운 시대까지 그 문화의 발전 과정을 추적할 수 있게 한다. 수학의 기원과 전파에 대해 이렇게 풍부한 정보를 제공해 주는 다른 지역은 없다. 헤로도토스는 그의 ≪역사≫에서 다음과 같이 썼다. "이 나라의 문명화된 지역에 살고 있던 이집트 사람들은 과거를 지속적으로 기록하는 그들의 관행으로 스스로를 (내가 경험한 어떠한 나라 중에서도) 최고의 역사학자로 만들었다."

중국의 날씨가 이집트와 같았다면, 의심할 바 없이 고대부터의 많은 기록이 보존됐을 것이고, 각각은 이전 세대의 지적인 삶에 대해 알려줬을 것이다. 그러나 고대 동아시아는 '대나무 문명'이었고, 대나무의 여러 가지 쓰임새 중에는 책 제작도 있었다. 가늘고 긴 대나무 조각을 사용했는데, 두 마디 사이의 부드러운 부분을 쪼갠 다음에 불 위에서 말리고 벗겨내어 마련했다. 대나무의 가늘고 긴 조각은 좁았기 때문에 글자들은 연직선을 따라 위에서 아래로 써서 배열해야 했는데, 이런 관행은 오늘날까지도 계속되고 있다. 대나무를 쪼개고 말리고 벗겨낸 가늘고 긴 조각들을 나란히 놓고 네 개의 끈으로 옆으로 묶어서 적절한 장소에 보관했다. 자연스럽게 묶은 끈은 쉽게 썩고 끊어졌는데, 이에 따라 조각들의 순서가 바뀌었고 그 문헌을 세심하게 읽어야만 순서를 다시 정할 수 있었다. (그 당시에 글쓰기에 사용된 또 다른 재료는 비단이었는데, 아마도 대나무 책이나 나무 판이 너무 무겁고 성가셨기 때문에 사용됐을 것이다.) 이런 고대의 책은 거의 대부분은 시간이 흐르면서 자연의 힘에 의해 돌이킬 수 없는 정도로 파괴됐다. 오늘날 접근할 수 있는 극소수는 작은 파편들로 전해지고 있다.

이집트와 바빌로니아보다 중국의 경우에 연대기적인 설명을 어렵게 만드는 또 다른 요인은, 책들이 궁궐이나 정부 도서관에 집중되는 경향이 있었고 이에 따라 왕조가 바뀌는 과정의 큰 혼란 속에 사라졌다는 사실이다. 기원전 221년에 폭군 진시황제(기원전 259?~210)가 중국을 통일했을 때, 그는 모든 학술 서적을 파괴하려고 했고 거의 성공했다. 다행스럽게도, 많은 책은 학자들이 비밀스런 장소에 숨기거나 기억을 통해 보존됐는데, 그들은 다음 왕조에서 그것들을 열심히 다시 만들었다. 그러나 이런 사건들 때문에 수학적 발견의 시기를 알아내기가 결코 쉽지 않게 됐다.

온 세계가 알고 있는 현대의 과학과 기술은 서 유럽에서 발생했는데, 갈릴레오의 삶이 결정적인 전환점을 만들었다. 그러나 유럽의 암흑 시대와 견줄 만한 상황을 전혀 경험하지 않은 중국은 1세기와 5세기 사이에 일반적으로 서구보다 훨씬 앞서 있었다. 르네상스의 후기 단계인 과학 혁명이 있는 뒤에야 유럽은 빠르게 앞지르기 시작했다. 중국은 쇄국 정책을 쓰기 전에는 참으로 많은 발명품과 기술적인 발견을 유럽으로 전달했는데, 유럽은 흔히 그것들이 비롯된 곳을 분명히 알지 못하고 받아들였다. 의심할 바 없이 중국의 가장 뛰어난 세 가지 발견은 화약, 자기 나침반, 종이와 인쇄술이었는데, 서구 문명과 실제로 전 세계의 문명을 바꿨다. 종이에 관한 이야기는 대단히 흥미로운데, 종이가 처음에 발견된 시기까지도 거의 확실히 알고 있다. 그 시기에 대한 일반적인 설명에 따르면, 서기 105년에 황실 작업장의 책임자였던 채륜(蔡倫, 50?~118)이 황제에게 가서 다음과 같이 말했다고 한다. "대나무 책은 아주 무겁고 비단은 매우 비싸기 때문에, 저는 나무껍질과 대나무 및 그물을 부순 조각들을 서로 섞는 방법을 찾았습니다. 그리고 저는 글쓰기에 적절한 매우 얇은 재료를 만들었습니다." 종이가 중국으로부터 유럽으로 전달되는 데는 1000년 이상이 걸렸는데, 900년경에 이집트에 처음 나타났고 1150년경에 에스파냐에 그 다음으로 나타났다.

중국에서 수학은 줄곧 관료적인 정부가 필요로 하는 실질적인 문제를 압도적으로 많이 고려했는데, 땅의 측정과 측량, 세금 부과, 운하와 제방의 건설, 곡물 창고의 크기 등을 다루었다. 중국 사람들이 이론적인 수학에서 상당한 진전을 이루었다는 오해는 1600년대 초에 베이징에 도착한 예수회 선교사들 때문에 생겼다. 그들은 가장 중요한 정부 부서의 하나로 산학관(算學館)이 있음을 알고는, 그것의 기능이 제국 전체에서 수학 연구를 장려하는 것이라고 생각했다. 실제로 이 부서는 달력을 만드는 교육을 받은 하급 관리들로 이루어졌다. 중국 역사 전체를 통해 수학의 가장 큰 중요성은 달력 제작에 있었는데, 주조한 동전의 발행과 상응하게 달력의 보급을 황제의 권리로 생각했기 때문이다. 농업 경제는 인공적인 관개가 대단히 중요했기 때문에, 장마철의 시작과 끝 및 눈이 녹고 이에 따라 강이 범람하는 시기를 미리 알려줄 필요가 있었다. 그러므로 사람들에게 정확한 달력을 제공할 수 있었던 사람은 대단히 중요하다고 주장할 수 있었다.

달력의 제정은 빈틈없이 방어해야 하는 특권이었기 때문에, 황제가 이에 대한 독자적인 연구를 불안하게 생각한 것은 놀랍지 않다. 이탈리아 예수회 선교사 마테오 리치(Matteo Ricci, 1552~1610)는 다음과 같이 썼다. "중국에서 수학의 연구는 금지되었는데, 황제의 허가 없이 이렇게 하면 사형에 처한다는 조건이 붙었다." 수학은 더 중요한 과학인 천문학의 하인으로 간주되어, 추상적인 개념에 대한 고찰이 배제되고 실용적인 성향을 지니게 됐다. 중국에서는 수학이 그 자체로는 거의 연구되지 않았다.

문제 1.3

1. 다음 수를 바빌로니아의 쐐기 문자 표기법으로 나타내라.

(a) 1000　(b) 1'0000　(c) 10'0000
(d) 1234　(e) 1'2345　(f) 12'3456

2. 다음 수를 현재의 수 체계로 나타내라.

(a) 

(b) 

(c) 

3. 분수 $\frac{1}{6}$, $\frac{1}{9}$, $\frac{1}{5}$, $\frac{1}{24}$, $\frac{1}{40}$, $\frac{5}{12}$를 육십진법으로 나타내라.

4. 다음 육십진법으로 나타낸 수를 현재의 수 체계로 바꿔라.

(a) 1, 23, 45　　(c) 0; 12, 3, 45
(b) 12; 3, 45　　(d) 1, 23; 45

5. 12, 3; 45, 6에 60을 곱하라. 육십진법으로 나타낸 임의의 수에 60을 곱하는 간단한 규칙을 설명하라. 그리고 60^2을 곱하는 규칙을 설명하라.

6. 기원전 1000년까지 거슬러 올라가는 중국의 대나무 또는 산대 수 체계는 대나무 막대들을 평평한 판에 늘어놓는 것에서 비롯됐다. 이 수 체계는 본질적으로 밑이 10인 자릿값 기수법인데, 영(0)을 넣어야 할 자리는 비워 둔다. 숫자 1, 2, 3, ⋯, 9를 나타내는 두 가지 기호들의 모음이 있는데, 자리를 번갈아가며 사용한다. 첫째 모음은 일, 백, 만의 자리에 사용한다.

	1	2	3	4	5	6	7	8	9
일, 백, 만	𝍠	𝍡	𝍢	𝍣	𝍤	𝍥	𝍦	𝍧	𝍨
십, 천, 십만	𝍩	𝍪	𝍫	𝍬	𝍭	𝍮	𝍯	𝍰	𝍱

예를 들면, 수 3'6278은 다음과 같이 쓸 수 있다.

𝍢𝍮𝍡𝍯𝍧

영(0)을 나타내는 동그란 기호 ○는 비교적 늦게 도입됐는데, 인쇄물로는 1200년대에 처음 나타났다. 다음 수를 중국의 산대 표기법으로 나타내라.

(a) 1492　　(d) 5'7942
(b) 1999　　(e) 12'3456
(c) 1606　　(f) 304'0279

7. 다음 수를 현재의 수 체계로 나타내라.

(a) 𝍮𝍥𝍮𝍥𝍮𝍥

(b) 𝍰𝍦𝍪𝍤

(c) 𝍩𝍡𝍫𝍢𝍪𝍠

(d) 𝍨𝍮𝍡𝍫〇𝍰𝍧

8. 𝍡𝍮𝍦𝍯𝍡에 10을 곱하고 그 결과를 중국의 산대 표기법으로 나타내라. 중국의 산대 숫자에 10을 곱하는 간단한 규칙을 설명하라. 그리고 10^2을 곱하는 규칙을 설명하라.

9. 다음 지시된 연산을 시행하라.

(a) 𝍬𝍥𝍯𝍧 + 𝍦𝍰𝍨

(b) 𝍫𝍡〇𝍥 − 𝍦𝍫𝍦

(c) 𝍢 − 𝍧 · 𝍦

10. 5세기 중국의 (붓을 이용한) 수 체계는 이집트의 상형 문자와 그리스의 알파벳 수 체계 모두의 가장 좋은 특징들 중 일부를 보여준다. 이것은 연직 방향으로 쓰고 10의 거듭제곱에 근거한 곱셈으로 무리 짓는 체계의 예이다. 이 체계에서는 다음과 같이 숫자 1, 2, 3, ⋯, 9를 나타내는 한자가 있어서 기호의 중복을 피했고, 10, 100, 1000, 1'0000, 10'0000에 대한 특별한 한자가 있다.

1	一
2	二
3	三
4	四
5	五
6	六
7	七
8	八
9	九

10	十
100	百
1000	千
1'0000	萬
10'0000	億

숫자들은 다음과 같이 위에서 아래로 쓴다.

五萬	(5×1'0000)
二千	(2×1000)
百	(100)
七十	(7×10)
四	(4)

이것은 다음 수를 나타낸다.

$$5 \cdot 1'0000 + 2 \cdot 1000 + 100 + 7 \cdot 10 + 4 = 5'2174$$

10의 어떤 거듭제곱이 한 개만 있는 경우에는 곱해주는 1을 생략함에 주목하자. 다음 수를 전통적인 중국 한자로 나타내라.

(a) 236 (d) 1066

(b) 1492 (e) 5'7942

(c) 1999 (f) 12'3456

11. 중국 한자로 나타낸 다음 수를 현재의 수 체계로 나타내라.

(a) 八十三

(b) 四百七十

(c) 二萬九千五

(d) 五千六百三十四

12. 다음 수에 10을 곱하고, 그 결과를 중국 한자로 나타내라.

五千二十四

13. 중앙 아메리카의 마야 원주민들은 주요한 밑으로 20을 사용한 위치적 수 체계를 발달시켰는데, 20 미만의 수는 (5에 근거해서) 덧셈으로 무리 짓는 기법을 사용한다. 1부터 19까지의 기호는 점들과 수평 선분들의 결합으로 표현되는데, 점은 1을 나타내고 각 선분은 5를 나타낸다. (9~10쪽 참고)

마야의 1년은 20일씩 18개월로 나누어지는데, 이것과 태양년 사이의 차이를 메우기 위해 5일의 휴일을 추가했다.

마야의 사제가 개발한 이 수 체계는 주로 달력 셈을 위해 계획됐기 때문에, 그들은 셋째 자리의 값을 20^2 대신에 $18 \cdot 20 = 360$을 사용했다. 셋째 자리 다음부터의 자릿값은 20을 곱해서, 자릿값이 다음과 같이 된다.

1, 20, 360, 7200, 14'4000, ⋯

숫자들은 연직으로 쓰는데, 더 큰 단위가 위에 있고 빈자리는 기호 로 나타낸다. 다음 수를 생각하자.

(2×14'4000)
(0×7200)
(16×360)
(7×20)
(11×1)

이것은 다음 수를 나타낸다.

$$2 \cdot 14'4000 + 0 \cdot 7200 + 16 \cdot 360 + 7 \cdot 20 + 11 = 29'0311$$

다음 수를 마야의 사제 기수법으로 나타내라.

(a) 1492 (d) 5'7942
(b) 1999 (e) 12'3456
(c) 1066 (f) 304'0279

14. 다음 마야의 사제 기수법으로 나타낸 수를 현재의 수 체계로 바꿔라.

(a) (b) (c)

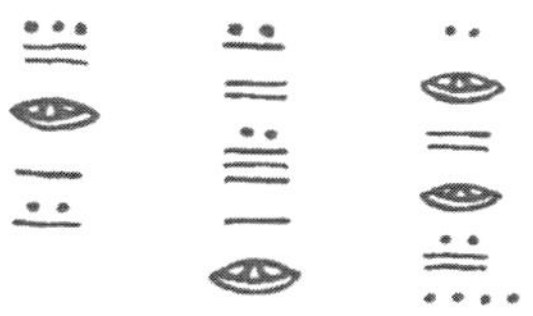

15. 다음에 지시된 연산을 시행하라.

(a)

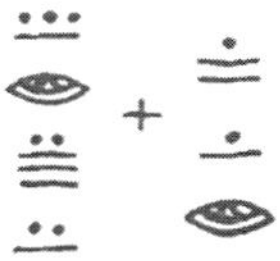

(b)

(c)

16. 다음 수에 (20)을 곱하고, 그 결과를 마야의 기수법으로 나타내라. 마야의 임의의 수에 20을 곱하는 간단한 규칙을 설명하라. 그리고 20^2을 곱하는 규칙을 설명하라.

17. 수 99'9999를 다음과 같이 나타내는 데 필요한 서로 다른 기호의 개수를 찾아라.

(a) 이집트의 상형 문자
(b) 바빌로니아의 쐐기 문자
(c) 이오니아 그리스의 알파벳 기수법
(d) 로마 기수법
(e) 중국의 산대 기수법
(f) 마야의 기수법

참고문헌

Ascher, Marcia. *Ethnomathematics, A Multicultural View of Mathematical Ideas.* Pacific Grove, Calif.: Brooks Cole, 1991.

_____. "Before the Conquest," *Mathematics Magazine* 65 (1992): 211-218.

Ascher, Marcia, and Ascher, Robert. *Code of the Quipu.* Ann Arbor, Mich.: University of Michigan Press, 1981. (Dover reprint, 1997)

_____. "Ethnomathematics." *History of Science* 24 (1986): 125-144.

Boyer, Carl. "Fundamental Steps in the Development of Numeration." *Isis* 35 (1944): 153-158.

_____. "Note on Egyptian Numeration." *Mathematics Teacher* 52 (1959): 127-129.

Chiera, E. *They Wrote on Clay: The Babylonian Tablets Speak Today.* Chicago: University of Chigago Press, 1938.

Cordrey, William. "Ancient Mathematics and the Development of Primitive Culture." *Mathematics Teacher* 32 (1939): 51-60.

Dantzig, Tobias. *Number: The Language of Science.* New York: Macmillan, 1939.

Friberg, Jöran. "A Remarkable Collection of Babylonian Mathematical Texts." *Notices of the American Mathematical Society* 55 (2008): 1076-1086.

Gerdes, Paulus. "On Mathematics in Sub-Saharan Africa." *Historia Mathematica* 23 (1996): 121-166.

Grundlach, Bernard. "A History of Numbers and Numerals." In *Historical Topics for the Mathematics Classroom.* Washington: National Council of Teachers of Mathematics, 1969.

Huylebrouck, Dirk. "The Bone that Began the Space

Odyssey." *Mathematical Intelligencer* 18, no. 4 (1996): 56-60.

Ifrah, George. *From One to Zero: A Universal History of Numbers.* Translated by Lowell Bair. New York: Viking, 1985.

Imhausen, Annette. "Ancient Egyptian Mathematics: New Perspective on Old Sources." *Mathematical Intelligencer* 28 (2007): 19-27.

Karpinski, Louis. *The History of Arithmetic.* Chicago: Rand McNally, 1925.

Katz, Victor, ed. *The Mathematics of Egypt, Mesopotamia, China, India, and Islam.* Princeton, N.J.: Princeton University Press, 2007.

Menniger, Karl. *Number Words and Number Symbols: A Cultural History of Numbers.* Cambridge, Mass.: M.I.T. Press, 1969. (Dover reprint, 1992).

Needham, Joseph. *Science and Civilization in China. Vol. 3, Mathematics and the Sciences of the Heavens and the Earth.* Cambridge: Cambridge University Press, 1959.

Ore, Oystein. *Number Theory and Its History.* New York: McGraw-Hill, 1948. (Dover reprint, 1988.)

Schmandt-Besserat, Denise. "The Earliest Precursor of Writing." *Scientific American* 238 (June 1978): 50-59.

_____. "Reckoning Before Writing." *Archaeology* 32 (May-June 1979): 23-31.

Scriba, Christopher. *The Concept of Number.* Mannheim: Bibliographisches Institut, 1968.

Seidenberg, A. "The Ritual Origin of Counting." *Archive for History of Exact Sciences* 2 (1962): 1-40.

_____. "The Origin of Mathematics." *Archive for History of Exact Sciences* 18 (1978): 301-342.

Smeltzer, Donald. *Man and Number.* New York: Emerson Book. 1958

Smith, David, and Ginsburg, Jekuthiel. *Numbers and Numerals.* Washington: National Council of Teachers of Mathematics, 1958.

Struik, Dirk. "Stone Age of Mathematics." *Scientific American* 179 (Dec. 1948): 44-49.

_____. "On Chinese Mathematics." *Mathematics Teacher* 56 (1963): 424-432.

Swetz, Frank. "The Evolution of Mathematics in Ancient China." *Mathematical Magazine* 52 (1979): 10-19.

Thureau-Dangin, F. "Sketch of the History of the Sexagesimal System." *Osiris* 7 (1939): 95-141.

Wilder, Raymond. "The Origin and Growth of Mathematical Concepts." *Bulletin of the American Mathematical Society* 59 (1953): 423-448.

_____. *The Evolution of Mathematical Concepts: An Elementary Study.* New York: Wiley, 1968.

Zaslavsky, Claudia. *Africa Counts: Number Patterns in African Culture.* Boston: Prindle, Weber & Schmidt, 1973.

제 2 장

고대 문명 사회의 수학

대부분의 과학에서 한 세대는 다른 세대가 쌓아올린 것을 허물고, 한 세대가 확립한 것을 다른 세대는 무효로 만든다. 수학에서만 각 세대는 예전의 구조물에 새로운 층을 쌓아올린다.

–헤르만 한켈(Hermann Hankel)

2.1 린드 파피루스

■ 이집트의 수학 파피루스

기껏해야 천문학을 제외하면, 수학은 가장 오래되고 가장 끊임없이 연구된 정밀 과학이다. 수학의 기원은 고대의 안개 속에 가려져 있다. 수학에서 모든 길은 그리스에 이른다는 말을 흔히 듣는다. 그러나 그리스 사람들 스스로는 수학의 기원에 대해 다른 생각들을 갖고 있었다. 그들이 선호한 기원은 아리스토텔레스(기원전 384~322)가 제시했는데, 그의 ≪형이상학≫에는 다음과 같이 쓰여 있다. "수학은 이집트의 근방에서 기원했는데, 그곳에는 여유가 있는 사제 계급이 있었기 때문이다." 이것은 부분적으로 옳은데, 수학에서 가장 극적인 발전은 지식 추구에 전념하는 유한 계급의 존재와 함께 동시에 발생했기 때문이다. 좀 더 세속적인 견해는 수학이 실질적인 필요로부터 발생했다는 것이다. 이집트 사람들은 일상적인 상업 거래, 정부의 세금 산정, 빌려준 돈에 대한 이자 셈하기, 임금 셈하기, 사용 가능한 달력의 제작 등에 통상적인 산술을 요구했다. 간단한 기하학적 법칙들을 적용해서 들판의 경계를 정하고 곡물 창고의 용적[들이]을 결정했다. 헤로도토스가 이집트를 나일 강의 선물이라고 부른 것과 같이, 기하학은 둘째 선물이라고 부를 수 있다. 왜냐하면 나일 계곡이 해마다 범람해서 과세를 위해 땅이 얼마만큼 늘어나고 줄어들었는지 결정할 필요가 있었기 때문이다. 이것은 그리스의 주석자 프로클로스(Proclus, 서기 410~485)의 견해인데, 그의 ≪유클리드의 원론 제 1 권 주석서≫는 다음과 같이 유클리드 기하학 이전에 관한 매우 귀중한 정보원이다.

> 대부분의 설명에 따르면 기하학은 이집트 사람들 사이에서 처음 발견됐고 그들이 땅을 측정하는 과정에서 비롯됐다. 기하학이 그들에게 필요했는데, 나일 강이 범람하면 그들의 부동산 사이의 경계가 없어졌기 때문이었다.

처음에는 실용적인 수학이 강조됐지만, 이 과목은 결국 그 자체에 대해 연구되기 시작했다. 대수학은 궁극적으로 셈 기술로부터 진화됐고, 이론적인 기하학은 땅의 측량과 함께 시작됐다.

대부분의 역사학자는 이집트의 고대 역사가 복구되기 시작한 시기를 나폴레옹 보나파르트(Napoleon Bonaparte)의 불행하게 끝난 1798년 침략으로 추정한다. 이 해 4월에 나폴레옹은 328척의 배에 3'8000명의 군인을 태우고 툴롱(Toulon)에서 출항했다. 그의 목표는 이집트를 장악하고 이에 따라 인도에 있는 브리튼의 부유한 재산에 이르는 육로를 위협하는 것이었다. 잉글랜드의 넬슨(Horatio Nelson, 1758~1805) 제독이 프랑스 군대가 알렉산드리아 근처에 상륙하고 한 달이 지난 뒤에 프랑스 선단의 많은 부분을 파괴했지만, 나폴레옹이 목포를 포기하고 서둘러 프랑스로 돌아가기 전까지 그는 12달 동안 전쟁을 끌고 나갔다.[1)]

그런데 프랑스의 군사적인 재앙은 학문적으로는 승리였는데, 나폴레옹은 원정군에 과학과 예술 위원단을 동반시켰다. 이 위원단은 수학자인 가스파르 몽주(Gaspard Monge, 1746~1818)와 장 밥티스트 푸리에(Jean-Baptiste Fourier, 1768~1830)를 포함해서 세심하게 선택된 167명의 학자로 이루어졌으며 고대와 현대 이집트의 삶에서의 모든 면을 포괄적으로 탐구하는 임무를 맡았다. 이 웅대한 계획은 세계의 지식 창고를 풍요롭게 했으며, 그 문화의 우월성에 대한 관심을 불러일으킴으로써 프랑스의 군사적 모험의 충격을 누그러뜨렸다.

브리튼은 그 위원단의 학자들을 포로로 잡았지만, 그들이 그곳에서 기록하고 그린 자료를 갖고 프랑스로 되돌아갈 수 있도록 관대하게 허락했다. 그들은 적절한 과정을 통해 ≪이집트 묘사(Déscription de l'Egypte)≫라는 제목의 진정으로 기념비적인 연구서를 출간했다. 이 책은 2절판으로 된 9권의 본문과 12권의 전면 삽화로 이루어졌는데, 25년 동안에 걸쳐 출판됐다. 본문 자체는 네 부로 나누어졌는데, 각각 고대 이집트의 문명, 기념물, 근대 이집트, 자연사와 관련된다. 그 전이나 그 이후에 외국에 대한 설명이 이렇게 완벽하고 대단히 빠르며 대단히 어려운 조건에서 이루어진 적은 없었다.

호화롭고 웅장한 도해를 넣은 삽화와 함께 ≪이집트 묘사≫는 고대 이집트의 풍요로움을 그리스와 로마의 유물에 친숙한 사회에 소개했다. 당시까지 알려진 어떠한 문명보다 더 오래되고 융성했던 문명이 갑작스럽게 드러남에 따라 유럽의 문화계와 학계는 이에 엄청난 관심을 쏟게 됐다. 대단히 큰 매력을 끌었던 것은, 이 고대 사회의 역사적 기록이 현대 언어로 누구도 번역할 수 없었던 문자 속에 있었다는 사실이었다. 나폴레옹의 군사 행동이 이집트의 과거를 이해하는 단서도 제공했는데, 그의 공병들이 로제타 돌(Rosetta Stone)을 발굴했고 이것이 상형 문자를 판독하는 데 중요할 수 있다는 사실을 인식했기 때문이다.

이집트의 초기 수학에 대한 우리의 지식 대부분은 두 개의 꽤 큰 파피루스에서 얻은 것이다. 각각 이전의 소유자의 이름을 따서 린드(Rhind) 파피루스와 골레니세프(Golenischev) 파피루스라 부른다. 후자는 종종 모스크바 파피루스라 하는데, 이것이 모스크바 조형 예술 박물관에 소장되어 있기 때문이다. 린드 파피루스는 스코틀랜드의 헨리 린드(A. Henry Rhind, 1833~1863)가 1858년에 이집트 룩소르(Luxor)에서 구입했고 그 뒤에 브리튼 박물관에 유증했다. 이 젊은 변호사는 건강이 나빠졌을 때, 날씨가 더 온화한 이집트를 방문했고 고고학자가 됐는데 테베(Thebes) 무덤들의 발굴을 집중적으로 다뤘다. 그 파피루스는 테베에서 라메세움[2] 근처의 붕괴된 작은 건물 안에서 발견됐다고 한다.

린드 파피루스는 기원전 1650년경에 아메스(Ahmes)라는 필경사가 신관 문자(hieratic script, 상형 문자를 펜과 잉크 사용에 더 적합하도록 만든 필기체 꼴)로 기록했다. 아메스는 그것이 제20 왕조(기원전 1849~1801)까지 거슬러 올라가는 그 이전의 문헌과 같다고 확언

1) [옮긴이] 나폴레옹이 프랑스로 돌아간 뒤에도 프랑스 군은 1801년 8월까지 이집트에 남아있었다.

2) [옮긴이] Ramesseum, 이집트 람세스 2세의 신전.

했다. 이 파피루스는 원래 길이가 거의 18피트이고 높이가 13인치인 단 한 개의 두루마리였는데, 브리튼 박물관에는 가운데 부분이 없어진 채 두 조각으로 나뉘어 도착했다. 아마도 이 파피루스는 이렇게 예민한 문서를 다루는 기술이 없는 누군가가 펼 때 부셔졌거나 이것을 찾아낸 사람이 두 명이었고 각자 일부씩 차지했었을 수도 있다. 어쨌든, 고고학에서 가끔 일어나는 우연한 사건의 하나가 있기 전까지, 이 파피루스의 결정적인 부분은 영원히 분실된 것으로 보였다. 린드가 이렇게 유명한 거래를 하고 약 4년 뒤에, 아메리카[미국]의 이집트학자 에드윈 스미스(Edwin Smith, 1822~1906)는 의학 파피루스라고 생각한 것을 샀다. 이 파피루스는 사기를 당한 물건으로 밝혀졌는데, 이것이 모조 두루마리에 다른 파피루스의 조각들을 붙여 만들어진 것이었기 때문이다. 스미스가 죽은 뒤에 그가 수집한 이집트 골동품들은 뉴욕 역사 학회에 기증됐는데, 부정하게 만들어진 그 두루마리는 린드 파피루스에 속한 것으로 1922년에 밝혀졌다. 그 빠진 부분이 브리튼 박물관에 보내지고 적절한 자리를 잡았을 때 린드 파피루스에 대한 판독이 완성됐다. 린드는 그 파피루스와 동시에 짧은 가죽 원고인 이집트 수학 가죽 두루마리도 또한 구입했다(71쪽 그림 참조). 그러나 그것은 매우 잘 부러지는 상태였기 때문에 60년 이상 동안 분석되지 않은 상태로 남아 있었다.

■ 판독의 열쇠 : 로제타 돌

로제타 돌에서 얻은 지식 때문에 린드 파피루스의 번역을 거의 즉각적으로 시작할 수 있었다. 검은 현무암을 윤이 나도록 연마한 이 돌 판은 나폴레옹 원정에서 가장 의미 있는 사건이었다. 이것은 1799년에 나일 강의 지류에 있는 로제타 근처에서 나폴레옹 군대의 장교들이 진지 구축을 위해 바닥을 파다가 발견했다. 로제타 돌은 삼단으로 이루어졌는데, 각 단에 다른 종류의 글씨가 새겨 있다. 그리스 문자가 하단에 있고 중단에 이집트의 민용 문자(신관 문자에서 생긴 글꼴)가 있으며 고대의 상형 문자가 부러진 상단에 있다. 그리스 문자를 읽은 방법은 결코 잊혀지지 않았지만, 상형 문자와 민용 문자를 읽는 방법은 결코 발견되지 않았다. 새겨진 그리스 문자로부터 다른 두 단에 똑같은 내용의 글이 새겨져 있다고 추론했고, 이에 따라 상형 문자들을 판독할 수 있는 세 가지 언어로 된 문헌을 갖게 됐다.

로제타 돌의 중요성을 프랑스 사람들은, 특히 나폴레옹은 즉시 인식했는데, 나폴레옹은 이것의 탁본을 떠서 유럽의 학자들에게 배포하라고 명령했다. 일반 대중의 관심이 대단히 강력했기 때문에 나폴레옹이 1801년에 이집트를 포기해야 했을 때, 항복 조약의 항목 중 하나는 그 돌을 브리튼에게 양도한다는 요구였다. 획득한 다른 모든 유물과 마찬가지로 로제타 돌은 브리튼 박물관에 소장됐다. 여기서 네 개의 석고 모형이 옥스퍼드·케임브리지·에든버러·더블린 대학교를 위해 만들어졌고 비교 분석을 통해 그에 대한 판독이 시작됐다. 판독이 상상했던 것보다 더 어렵다는 사실이 밝혀졌는데, 그 해결에 23년 동안 많은 학자의 집중적인 연구가 요구됐다.

로제타 돌, 똑같은 문장이 상형 문자, 민용 문자, 그리스 글자로 새겨 있다.(*Copyright British Museum*)

신비로운 로제타 돌의 마지막 장은 첫 장과 같이 프랑스 사람이 썼는데, 이번에는 장 프랑수아 샹폴리옹(Jean François Champollion, 1790~1832)이었다. 이집트의 연구와 관련된 모든 인물 중에서 가장 뛰어난 샹폴리옹은 어린 시절부터 고대 이집트의 문화를 부활하는 역할을 할 것이라는 징조가 있었다. 한 이야기에 따르면, 그는 11세 때 수학자 장 밥티스트 푸리에를 만났는데, 푸리에는 그에게 상형 문자가 들어있는 파피루스와 돌 판을 몇 개 보여줬다. 어느 누구도 그것을 읽을 수 없다고 말했지만, 그 소년은 "제가 나이가 들면 그것을 읽겠습니다."라고 단호하게 대답했다. 그 뒤로 샹폴리옹이 한 모든 일은 이집트학과 관련됐다. 그는 13세 때 동방의 세 가지 언어를 배웠고, 17세 때는 그르노블(Grenoble) 대학교의 교수단에 임명됐다. 1822년까지 그는 로제타 돌의 상형 문자 어휘를 편집했고, 상판을 완전히 판독했다.

오랜 시간이 지나면서 상형 문자는 완전한 단어들의 그림 체계로부터 알파벳 기호와 발음 기호를 포함하는 체계로 진화했었다. 로제타 돌에 상형 문자로 새겨진 글에는, '카르투슈'(cartouches, 영어 'cartridge'에 대응하는 프랑스 말)라 부르는 타원형 틀이 특정한 글자들 주위에 그려 있다. 샹폴리옹은 카르투슈로 둘러싼 기호가 그리스 문장에서 언급한 통치자 프톨레마이오스의 이름을 표현한다고 추론했다. 샹폴리옹은 또한 한 오벨리스크에 새겨진 문장의 복제본과 그 아래 받침대를 파일리(Philae) 섬에서 확보했다. 그 받침대에는 프톨레마이오스 5세(기원전 210?~180)와 왕비 클레오파트라 1세(기원전 204?~176, 유명하지만 불운한 그 클레오파트라가 아님)를 칭송하는 헌정사가 그리스 말로 적혀있었다. 상형 문자가 새겨진 오벨리스크 자체에는 두 개의 카르투슈가 서로 가까이 있는데, 이에 따라 이것들이 그들의 진짜 이름에 대한 이집트 표현을 나타낸다는 사실이 거의 확실해 보였다. 게다가, 그 중 한 개는 로제타 돌에서 찾은 카르투슈를 채운 것과 똑같은 상형 문자를 포함했다. 이런 비교 검토를 통해 샹폴리옹은 예비적인 판독을 충실히 할 수 있었다. 왕과 왕비의 이름으로부터 그는 개별적인 상형 문자와 그리스 문자 사이의 연관성을 확립했다. 풀리지 않던 상형 문자의 신비의 장막을 거둔 그 순간에, 오랫동안 끊임없는 노력으로 몹시 지쳐있던 샹폴리옹은 "나는 알아냈다!"고 외치고 실신해서 쓰러졌다는 말이 있다.

샹폴리옹은 평생 연구에 어울리는 최고의 작품으로 ≪상형 문자에 대한 이집트어 문법학(Grammaire Egyptienne en Encriture Hieroglyphique)≫을 썼는데, 그가 죽은 뒤인 1843년에 출판됐다. 이 책에서 그는 문법과 일반적인 판독 체계를 공식화했는데, 이것은 그 뒤 모든 이집트학자들이 연구할 때 근거로 삼는 초석이 됐다. 로제타 돌은 과거의 뛰어난 문명 중 하나를 이해하는 열쇠를 제공했다.

2.2 이집트의 산술

■ 고대 이집트의 곱셈

린드 파피루스는 대담한 전제로 시작한다. 이것의 내용은 "모든 것에 대한 철저한 연구,

존재하는 모든 것에 대한 통찰력, 모호한 모든 비밀에 관한 지식"과 관련이 있다. 읽어보면 이것이 수학 익힘 문제로 이루어진 실용적인 안내서이고, 그 '비밀'이 곱하고 나누는 방법이라는 사실이 곧 명확해진다. 그런데도 이것에 포함된 85개의 문제는 이집트 수학의 특성을 매우 명확하게 알려준다. 이집트 산술은 본질적으로 '덧셈적'인데, 곱셈과 나눗셈을 거듭된 덧셈으로 바꾸는 경향이 있다. 두 수의 곱셈은 두 수 중에서 하나를 거듭해서 두 배로 한 값들을 찾고 그 뒤에 이 중에서 적절한 값들을 더해서 곱을 얻는 과정으로 이루어진다. 예를 들어, 19와 71의 곱을 찾기 위해서, 곱하임수[피승수]를 71이라 가정하고 다음과 같이 거듭해서 두 배하자.

1	71
2	142
4	284
8	568
16	1136

여기서 거듭 두 배하는 과정을 멈추는데, 더 나아가면 19보다 큰 71의 곱수[승수]를 얻기 때문이다. $19 = 1 + 2 + 16$이므로, 이런 곱수들을 따라서 더해야 할 값들을 확인하자. 그러면 19를 71에 곱하는 문제는 다음과 같이 보일 것이다.

✓	1	71
✓	2	142
	4	284
	8	568
✓	16	1136
합	19	1349

표시한 수들의 건너편 오른쪽 열에 있는 수들을 더해서 이집트 수학자는 원하는 답 1349를 얻었을 것이다. 곧, 다음과 같이 얻었을 것이다.

$$1349 = 71 + 142 + 1136 = (1 + 2 + 16)71 = 19 \cdot 71$$

19를 곱하임수, 71을 곱수로 선택했다면, 이 과정은 다음과 같이 배열될 것이다.

✓	1	19
✓	2	38
✓	4	76
	8	152
	16	304
	32	608
✓	64	1216
합	71	1349

$71 = 1+2+4+64$이므로, 이런 수들과 19의 곱을 더해서 또다시 1349를 얻는다.

거듭 두 배하고 더해서 곱하는 방법은 실행 가능한데, 모든 자연수는 2의 서로 다른 거듭제곱의 합으로, 곧 수열 1, 2, 4, 8, 16, 32, …에 있는 항들의 합으로 표현할 수 있기 때문이다. 고대 이집트 사람들이 이 사실을 구체적으로 증명했을 것으로 보이지는 않지만, 수많은 예를 통해 이 사실을 확신했을 것이다. 거듭 두 배하고 거듭 반으로 하는 방법은 러시아 농부들이 사용했기 때문에 종종 러시아 곱셈이라고 부른다. 곱셈표를 외울 필요가 없다는 것이 이 방법의 명백한 장점이다.

이집트의 나눗셈은 곱셈을 거꾸로 시행하는 것으로 설명할 수 있는데, 나눗셈에서는 나눗수[제수]를 거듭 두 배해서 나뉨수[피제수]를 얻는다. 예를 들어, 91을 7로 나누는 것은 $7x = 91$을 만족시키는 수 x를 찾는 것이다. 이것은 7을 거듭 두 배해서 그 합이 91에 도달할 때까지 진행한다. 그 과정을 아래에 나타냈다.

	1	7	✓
	2	14	
	4	28	✓
	8	56	✓
합	13	91	

$7+28+56=91$이므로, 표시한 수들에 대응하는 2의 거듭제곱들을 더해서 원하는 몫 $1+4+8=13$을 찾는다. 이집트의 나눗셈 과정에는 새로운 연산이 나타나지 않는다는 교육적 장점이 있다.

나눗셈은 방금 제시한 예와 같이 언제나 단순하지는 않고, 깨진 수[분수 또는 소수]를 흔히 도입해야 한다. 이를테면 35를 8로 나누려면, 그 필경사는 나눗수 8을 거듭 두 배하기 시작해서 그 다음 두 배한 값이 나뉨수를 초과하는 지점까지 시행한다. 그 다음에 그는 나머지를 채우기 위해서 나눗수를 반으로 하는 과정을 시작할 것이다. 그러므로 그 셈은 다음과 같이 보일 것이다.

	1	8	
	2	16	
	4	32	✓
	$\frac{1}{2}$	4	
	$\frac{1}{4}$	2	✓
	$\frac{1}{8}$	1	✓
합	$4+\frac{1}{4}+\frac{1}{8}$	35	

16을 두 배하면 32가 되고, 부족한 값은 $35-32=3$이다. 먼저 8의 반을 택해서 4를 얻고, 4를 반으로 해서 2를 얻으며, 2를 반으로 해서 1에 도달한다. 3의 $\frac{1}{4}$과 $\frac{1}{8}$을 더하면 필요한 3을 얻는다. 그러므로 찾는 몫은 $4+\frac{1}{4}+\frac{1}{8}$이다.

또 다른 예로, 16을 3으로 나누는 과정은 다음과 같을 것이다.

	1	3	✓
	2	6	
	4	12	✓
	$\frac{2}{3}$	2	
	$\frac{1}{3}$	1	✓
합	$5+\frac{1}{3}$	16	

표시한 값에 대응하는 왼쪽 열에 있는 항목들의 합은 몫 $5+\frac{1}{3}$을 제공한다. 어떤 수의 $\frac{1}{3}$을 얻기 위해서 이집트 사람들이 먼저 그 수의 $\frac{2}{3}$를 찾은 다음에 그 결과의 반을 택했다는 사실이 특이하다. 이것은 린드 파피루스에 열 개 이상의 문제로 예시되어 있다.

그 이집트 수학자는 분수들을 셈할 필요가 있을 때, $\frac{2}{5}$와 같은 분수를 생각하지 않았기 때문에 여러 가지 어려움에 직면했다. 그의 셈 관행에서는 이른바 단위 분수, 곧 자연수 n에 대해 $1/n$ 꼴의 분수만을 이용했다. 이집트 사람들은 단위 분수를 분모에 나타나는 자연수에 대한 상형 문자 위에 가늘고 긴 타원을 위치시켜서 나타냈는데, 예를 들면 $\frac{1}{4}$은  로 쓰고 $\frac{1}{100}$은  로 썼다. 특별한 기호  로 나타내는 $\frac{2}{3}$를 제외하면, 다른 모든 분수는 분모가 서로 다른 단위 분수들의 합으로 분해해야만 했다. 예를 들면, $\frac{6}{7}$은 다음과 같이 표현했을 것이다.

$$\frac{6}{7}=\frac{1}{2}+\frac{1}{4}+\frac{1}{14}+\frac{1}{28}$$

$\frac{6}{7}$은 다음과 같은 꼴로도 나타낼 수 있다.

$$\frac{6}{7}=\frac{1}{7}+\frac{1}{7}+\frac{1}{7}+\frac{1}{7}+\frac{1}{7}+\frac{1}{7}$$

그러나 이집트 사람들은 이것을 터무니없고 분수의 표현에 허용된 원리와 모순이라고 생각했을 것이다. 그들의 눈에는 어느 것의 $\frac{1}{7}$이 될 수 있는 것은 단 한 개의 부분만이 있어야 했다. 그 고대의 필경사는 아마도 $\frac{6}{7}$과 동치인 단위 분수를 다음과 같이 6을 7로 나누는 전통적인 방법에 따라 찾았을 것이다.

	1	7	
	$\frac{1}{2}$	$3+\frac{1}{2}$	✓
	$\frac{1}{4}$	$1+\frac{1}{2}+\frac{1}{4}$	✓
	$\frac{1}{7}$	1	
	$\frac{1}{14}$	$\frac{1}{2}$	✓
	$\frac{1}{28}$	$\frac{1}{4}$	✓
합	$\frac{1}{2}+\frac{1}{4}+\frac{1}{14}+\frac{1}{28}$	6	

■ 단위 분수 표

이렇게 단위 분수들로 분해하는 작업을 용이하게 하기 위해서 필요한 참고할 만한 수표들이 틀림없이 많이 있었을 것이고, 간단한 경우는 틀림없이 암기했을 것이다. 린드 파피루스의 시작 부분에는 분자가 2이고 분모가 5와 101 사이의 홀수인 분수를 분해하기 위한 그런 표가 있다. 길이가 18피트는 이 두루마리 전체의 약 $\frac{1}{3}$을 차지하는 그 표는, 현재까지 전해지는 고대 이집트의 파피루스 가운데에서 찾아볼 수 있는 산술 표 중에서 가장 광범위하다. 아메스는 먼저 자신이 $2/n$의 어떤 분해를 선택했는지를 서술했다. 그 다음에 통상적인 곱셈으로 자신이 선택한 값이 정확함을 밝혔다. 그렇지만 어느 곳에도 그런 분해를 얻는데 사용한 기법을 알 수 있는 흔적을 찾아볼 수 없다.

분모가 3의 배수인 분수 $2/n$는 모두 다음과 같은 일반적인 규칙을 따른다.

$$\frac{2}{3k}=\frac{1}{2k}+\frac{1}{6k}$$

이런 항목의 전형적인 예로 ($k=5$인 경우의) $\frac{2}{15}$는 다음과 같이 분해된다.

$$\frac{2}{15}=\frac{1}{10}+\frac{1}{30}$$

$2/(3k)$ 꼴의 분수에 대한 표현을 제외하면, $2/n$ 수표의 나머지는 다음과 같다.

$\frac{2}{5}=\frac{1}{3}+\frac{1}{15}$	$\frac{2}{53}=\frac{1}{30}+\frac{1}{318}+\frac{1}{795}$
$\frac{2}{7}=\frac{1}{4}+\frac{1}{28}$	$\frac{2}{55}=\frac{1}{30}+\frac{1}{330}$
$\frac{2}{11}=\frac{1}{6}+\frac{1}{66}$	$\frac{2}{59}=\frac{1}{36}+\frac{1}{236}+\frac{1}{531}$
$\frac{2}{13}=\frac{1}{8}+\frac{1}{52}+\frac{1}{104}$	$\frac{2}{61}=\frac{1}{40}+\frac{1}{244}+\frac{1}{488}+\frac{1}{610}$
$\frac{2}{17}=\frac{1}{12}+\frac{1}{51}+\frac{1}{68}$	$\frac{2}{65}=\frac{1}{39}+\frac{1}{195}$
$\frac{2}{19}=\frac{1}{12}+\frac{1}{76}+\frac{1}{114}$	$\frac{2}{67}=\frac{1}{40}+\frac{1}{335}+\frac{1}{536}$

$\frac{2}{23}=\frac{1}{12}+\frac{1}{276}$

$\frac{2}{25}=\frac{1}{15}+\frac{1}{75}$

$\frac{2}{29}=\frac{1}{24}+\frac{1}{58}+\frac{1}{174}+\frac{1}{232}$

$\frac{2}{31}=\frac{1}{20}+\frac{1}{124}+\frac{1}{155}$

$\frac{2}{35}=\frac{1}{30}+\frac{1}{42}$

$\frac{2}{37}=\frac{1}{24}+\frac{1}{111}+\frac{1}{296}$

$\frac{2}{41}=\frac{1}{24}+\frac{1}{246}+\frac{1}{328}$

$\frac{2}{43}=\frac{1}{42}+\frac{1}{86}+\frac{1}{129}+\frac{1}{301}$

$\frac{2}{47}=\frac{1}{30}+\frac{1}{141}+\frac{1}{470}$

$\frac{2}{49}=\frac{1}{28}+\frac{1}{196}$

$\frac{2}{51}=\frac{1}{34}+\frac{1}{102}$

$\frac{2}{71}=\frac{1}{40}+\frac{1}{568}+\frac{1}{710}$

$\frac{2}{73}=\frac{1}{60}+\frac{1}{219}+\frac{1}{292}+\frac{1}{365}$

$\frac{2}{77}=\frac{1}{44}+\frac{1}{308}$

$\frac{2}{79}=\frac{1}{60}+\frac{1}{237}+\frac{1}{316}+\frac{1}{790}$

$\frac{2}{83}=\frac{1}{60}+\frac{1}{332}+\frac{1}{415}+\frac{1}{498}$

$\frac{2}{85}=\frac{1}{51}+\frac{1}{255}$

$\frac{2}{89}=\frac{1}{60}+\frac{1}{356}+\frac{1}{534}+\frac{1}{890}$

$\frac{2}{91}=\frac{1}{70}+\frac{1}{130}$

$\frac{2}{95}=\frac{1}{60}+\frac{1}{380}+\frac{1}{570}$

$\frac{2}{97}=\frac{1}{56}+\frac{1}{679}+\frac{1}{776}$

$\frac{2}{101}=\frac{1}{101}+\frac{1}{202}+\frac{1}{303}+\frac{1}{606}$

린드 파피루스의 번역이 처음 나타난 이래로, 수학자들은 아메스가 이 수표를 만들 때 사용한 방법이 무엇인지를 설명하려고 시도했다. 단위 분수들로 분해할 수 있는 많은 방법 중에서, $n=19$에 대해 다음을 선택한 이유는 무엇일까?

$$\frac{2}{19}=\frac{1}{12}+\frac{1}{76}+\frac{1}{114}$$

그리고 다음을 선택하지 않은 이유는 무엇일까?

$$\frac{2}{19}=\frac{1}{12}+\frac{1}{57}+\frac{1}{228}$$

그 수표의 모든 결과를 얻을 수 있는 명확한 규칙은 발견되지 않았다.

2를 101로 나눈 이 수표의 마지막 항목은 다음과 같이 표현되어 있다.

$$\frac{2}{101}=\frac{1}{101}+\frac{1}{202}+\frac{1}{303}+\frac{1}{606}$$

이것은 분모가 1000보다 작고 서로 다른 네 개 이하의 단위 분수로 $\frac{2}{101}$를 분해하는 유일한 방법이다. 그리고 다음과 같은 일반적인 공식의 특별한 경우이다.

$$\frac{2}{n}=\frac{1}{n}+\frac{1}{2n}+\frac{1}{3n}+\frac{1}{6n}$$

이 공식을 이용하면, 다음과 같이 전적으로 네 개의 항으로 이루어진 완전히 새로운 $2/n$ 수표를 만들 수 있다.

$$\frac{2}{3}=\frac{1}{3}+\frac{1}{6}+\frac{1}{9}+\frac{1}{18}, \qquad \frac{2}{5}=\frac{1}{5}+\frac{1}{10}+\frac{1}{15}+\frac{1}{30},$$

$$\frac{2}{7}=\frac{1}{7}+\frac{1}{14}+\frac{1}{21}+\frac{1}{42}, \qquad \frac{2}{9}=\frac{1}{9}+\frac{1}{18}+\frac{1}{27}+\frac{1}{54}$$

아메스는 이 사실을 알고 있었을 것으로 보이지만, (마지막 경우인 $\frac{2}{101}$를 제외하고) 이 수표에서 이런 값을 찾아볼 수 없는데, 다른 '더 간단한' 표현 방법이 매우 많이 있었기 때문이다. 현대의 관점에서 볼 때, 아메스는 그 목록을 작성할 때 다음과 같은 원리를 따른 것으로 보인다. 다음과 같은 점을 알 수 있다.

1. 작은 분모를 선호했는데, 1000보다 큰 것은 없다.
2. 단위 분수들이 더 적은 경우를 더 선호했는데, 네 개를 초과하는 것은 없다.
3. 짝수인 분모를 홀수인 것보다, 특히 첫째 항에서, 더 바람직하게 생각했다.
4. 분모가 작은 것이 더 앞에 나왔고, 분모가 같은 것은 없었다.
5. 작은 첫째 분모는, 다른 분모들이 작아진다면, 커질 수 있었다. (예를 들면 $\frac{2}{31}=\frac{1}{20}+\frac{1}{124}+\frac{1}{155}$을 $\frac{2}{31}=\frac{1}{18}+\frac{1}{186}+\frac{1}{279}$보다 선호했다.)

이런 수칙을 선택한 이유는, 심지어 이것들을 선택했는지조차 우리는 알아낼 수 없다.

보기 이런 분수들을 사용한 곱셈의 예로, $2+\frac{1}{4}$과 $1+\frac{1}{2}+\frac{1}{7}$의 곱을 찾아보자. $1+\frac{1}{2}+\frac{1}{7}$을 두 배하면 $3+\frac{2}{7}$가 되는데, 이집트 수학자들은 $3+\frac{1}{4}+\frac{1}{28}$로 썼을 것이다. 이 작업은 다음과 같이 진행할 수 있다.

	1	$1+\frac{1}{2}+\frac{1}{7}$
✓	2	$3+\frac{1}{4}+\frac{1}{28}$
	$\frac{1}{2}$	$\frac{1}{2}+\frac{1}{4}+\frac{1}{14}$
✓	$\frac{1}{4}$	$\frac{1}{4}+\frac{1}{8}+\frac{1}{28}$
합	$2+\frac{1}{4}$	$3+\frac{1}{2}+\frac{1}{8}+\frac{1}{14}$

□

그 수학자들은 단위 분수 $1/(2n)$의 두 배가 단위 분수 $1/n$임을 알고 있었으므로, 답은 $3+\frac{1}{2}+\frac{1}{8}+\frac{1}{14}$과 같이 나타났을 것이다.

보기 분수와 관련된 더 어려운 나눗셈을 알아보기 위해서, 린드 파피루스의 문제 33으로 나타나는 셈을 알아보자. 여기서 37을 $1+\frac{2}{3}+\frac{1}{2}+\frac{1}{7}$로 나누어야 한다. 이집트의 나눗셈을 위한 표준적인 꼴에서 셈은 다음과 같이 시작한다.

1	$1+\frac{2}{3}+\frac{1}{2}+\frac{1}{7}$
2	$4+\frac{1}{3}+\frac{1}{4}+\frac{1}{28}$
4	$8+\frac{2}{3}+\frac{1}{2}+\frac{1}{14}$
8	$18+\frac{1}{3}+\frac{1}{7}$
16	$36+\frac{2}{3}+\frac{1}{4}+\frac{1}{28}$

여기서 $\frac{2}{7}$에 대한 값을 $\frac{1}{4}+\frac{1}{28}$로 나타냈다. 그런데 합 $36+\frac{2}{3}+\frac{1}{4}+\frac{1}{28}$은 37과 가깝다. 얼마만큼 가까울까? 또는 아메스가 말한 대로, "무엇이 $\frac{2}{3}+\frac{1}{4}+\frac{1}{28}$을 1로 '완성'시키는가?" 현대적인 표기법으로, 다음을 만족시키는 분수 x를 얻을 필요가 있다.

$$\frac{2}{3}+\frac{1}{4}+\frac{1}{28}+x=1$$

또는 이 문제를 다른 방식으로 서술해서 다음을 만족시키는 분자 y를 찾아야 한다.

$$\frac{2}{3}+\frac{1}{4}+\frac{1}{28}+\frac{y}{84}=1$$

여기서 분모 84는 단순히 세 분모 3, 4, 28의 최소 공배수이다. 이 방정식의 양변에 84를 곱하면 $56+21+3+y=84$를 얻으므로, $y=4$이다. 따라서 1을 만들기 위해 $\frac{2}{3}+\frac{1}{4}+\frac{1}{28}$에 더해야 할 나머지는 $\frac{4}{84}$, 곧 $\frac{1}{21}$이다. 다음 단계는 원하는 $\frac{1}{21}$을 얻기 위해 $1+\frac{2}{3}+\frac{1}{2}+\frac{1}{7}$에 곱해야 할 양을 결정하는 것이다. 이것은 다음 방정식을 z에 대해 풀 것을 뜻한다.

$$z\left(1+\frac{2}{3}+\frac{1}{2}+\frac{1}{7}\right)=\frac{1}{21}$$

양변에 42를 곱하면 $97z=2$, 곧 $z=\frac{2}{97}$를 얻는데, 아메스는 이것이 $\frac{1}{56}+\frac{1}{679}+\frac{1}{776}$과 같음을 확인했다. 그러므로 전체 계산 과정은 다음과 같이 진행했을 것이다.

	1	$1+\frac{2}{3}+\frac{1}{2}+\frac{1}{7}$	
	2	$4+\frac{1}{3}+\frac{1}{4}+\frac{1}{28}$	
	4	$8+\frac{2}{3}+\frac{1}{2}+\frac{1}{14}$	
	8	$18+\frac{1}{3}+\frac{1}{7}$	
	16	$36+\frac{2}{3}+\frac{1}{4}+\frac{1}{28}$	✓
	$\frac{1}{56}+\frac{1}{679}+\frac{1}{776}$	$\frac{1}{21}$	✓
합	$16+\frac{1}{56}+\frac{1}{679}+\frac{1}{776}$	37	

37을 $1+\frac{2}{3}+\frac{1}{2}+\frac{1}{7}$로 나눈 결과는 $16+\frac{1}{56}+\frac{1}{679}+\frac{1}{776}$이다. □

■ 유비수의 표현

분자가 2가 아닌 분수를 단위 분수들의 합으로 전개하는 현대적인 방법이 여러 가지 있다. $\frac{9}{13}$를 이렇게 전개하려 한다고 하자. $9=1+4\cdot 2$이므로, 한 가지 과정은 $\frac{9}{13}$를 다음과 같이 바꿀 수 있을 것이다.

$$\frac{9}{13}=\frac{1}{13}+4\left(\frac{2}{13}\right)$$

분수 $\frac{2}{13}$는 $2/n$ 수표를 이용해서 바꿀 수 있는데, 반복 없이 단위 분수들의 합으로 다음과 같이 결과를 나타낼 수 있다.

$$\begin{aligned}\frac{9}{13}&=\frac{1}{13}+4\left(\frac{1}{8}+\frac{1}{52}+\frac{1}{104}\right)\\&=\frac{1}{13}+\frac{1}{2}+\frac{1}{13}+\frac{1}{26}\\&=\frac{2}{13}+\frac{1}{2}+\frac{1}{26}\\&=\left(\frac{1}{8}+\frac{1}{52}+\frac{1}{104}\right)+\frac{1}{2}+\frac{1}{26}\end{aligned}$$

그러므로 최종적인 답은 다음과 같을 것이다.

$$\frac{9}{13}=\frac{1}{2}+\frac{1}{8}+\frac{1}{26}+\frac{1}{52}+\frac{1}{104}$$

이 예가 성립하게 만드는 것은 세 분모 8, 52, 104가 모두 4의 배수라는 사실이다. 언제나 이렇게 아주 다행스러울 수는 없다.

여기서는 증명하지 않겠지만, 모든 양의 유비수[유리수][3]는 유한개의 서로 다른 단위 분수의 합으로 표현할 수 있다. 두 가지 체계적인 과정으로 이런 분해를 시행하겠다. 더 좋은 이름이 없기 때문에, 이것들을 '쪼갬 방법(splitting method)'과 '피보나치 방법(Fibonacci's method)'이라 부르겠다. 쪼갬 방법은 다음의 이른바 쪼갬 등식에 근거한다.

$$\frac{1}{n}=\frac{1}{n+1}+\frac{1}{n(n+1)}$$

이 등식은 한 개의 단위 분수를 두 개의 단위 분수의 합으로 바꿀 수 있게 한다. 예를 들면, $\frac{2}{19}$를 다루기 위해 먼저 다음과 같이 쓰자.

3) [옮긴이] 'rational number'를 유리수 대신에 '유비수'로, 'irrational number'를 무리수 대신에 '무비수'로 옮긴다.

$$\frac{2}{19}=\frac{1}{19}+\frac{1}{19}$$

그리고 두 분수 $\frac{1}{19}$ 중 하나를 $1/20+1/19\cdot 20$으로 쪼개어 다음을 얻는다.

$$\frac{2}{19}=\frac{1}{19}+\frac{1}{20}+\frac{1}{380}$$

또다시 $\frac{3}{5}$의 경우에 이 방법은 다음으로 시작한다.

$$\frac{3}{5}=\frac{1}{5}+\frac{1}{5}+\frac{1}{5}$$

그리고 마지막 두 단위 분수 각각을 $1/6+1/5\cdot 6$으로 쪼갠다. 그러면 다음과 같다.

$$\frac{3}{5}=\frac{1}{5}+\left(\frac{1}{6}+\frac{1}{30}\right)+\left(\frac{1}{6}+\frac{1}{30}\right)$$

이 시점에서 여러 가지 방법을 택할 수 있다. 자명한 단순화 $\frac{2}{6}=\frac{1}{3}$과 $\frac{2}{30}=\frac{1}{15}$을 생각하지 말고, $\frac{1}{6}$과 $\frac{1}{30}$을 각각 쪼개어 합 $\frac{1}{7}+\frac{1}{6\cdot 7}+\frac{1}{31}+\frac{1}{30\cdot 31}$로 만들면 다음과 같은 분해에 도달한다.

$$\frac{3}{5}=\frac{1}{5}+\frac{1}{6}+\frac{1}{30}+\frac{1}{7}+\frac{1}{42}+\frac{1}{31}+\frac{1}{930}$$

일반적으로 이 방법은 다음과 같다. 분수 m/n에서 시작해서 먼저 다음과 같이 쓰자.

$$\frac{m}{n}=\frac{1}{n}+\underbrace{\left(\frac{1}{n}+\cdots+\frac{1}{n}\right)}_{m-1\text{개 항}}$$

이제 쪼갬 등식을 사용해서 단위 분수 $1/n$ 중에서 $m-1$개를 다음으로 대체한다.

$$\frac{1}{n+1}+\frac{1}{n(n+1)}$$

그러면 다음을 얻는다.

$$\frac{m}{n}=\frac{1}{n}+\frac{1}{n+1}+\frac{1}{n(n+1)}+\left\{\underbrace{\left(\frac{1}{n+1}+\frac{1}{n(n+1)}\right)+\cdots+\left(\frac{1}{n+1}+\frac{1}{n(n+1)}\right)}_{m-2\text{개 항}}\right\}$$

이런 방식을 계속한다. 다음 단계에서 쪼갬 등식을 다음에 각각 적용한다.

$$\frac{1}{n+1},\quad \frac{1}{n(n+1)}$$

그러면 다음을 얻는다.

$$\frac{m}{n}=\frac{1}{n}+\frac{1}{n+1}+\frac{1}{n(n+1)}+\frac{1}{n+2}+\frac{1}{(n+1)(n+2)}+\frac{1}{n(n+1)+1}+\frac{1}{n(n+1)\{n(n+1)+1\}}+\cdots$$

단위 분수의 개수가 (이에 따라 반복의 가능성이) 단계마다 늘어나지만, 이런 과정이 결국 끝난다는 사실을 밝힐 수 있다.

고려하려고 하는 둘째 기법은 13세기 이탈리아의 수학자 피사의 레오나르도(Leonardo, 1170~1240)의 공적인데, 그의 아버지의 이름 피보나치(Fibonacci)로 더 잘 알려졌다. 1202년에 피보나치는 0과 1 사이의 임의의 유리수를 서로 다른 단위 분수의 합으로 표현하는 알고리즘을 발표했다. 이 알고리즘은 1880년에 제임스 실베스터(J. J. Sylvester, 1814~1897)가 다시 발견했고 더 깊이 고찰했다. 그 발상은 다음과 같다. 분수 a/b가 주어졌다고 하자. 여기서 $0 < a/b < 1$이다. 먼저 다음을 만족시키는 자연수 n_1을 찾는다.

$$\frac{1}{n_1} \leq \frac{a}{b} < \frac{1}{n_1 - 1}$$

또는 같은 말로, n_1을 $n_1 - 1 < b/a \leq n_1$이 성립하도록 결정하자. 이 부등식은 $n_1 a - a < b \leq n_1 a$가 되므로, $n_1 a - b < a$가 성립한다. a/b에서 $1/n_1$을 빼면 그 차는 다음과 같이 분수 a_1/b_1로 표현된다.

$$\frac{a}{b} - \frac{1}{n_1} = \frac{n_1 a - b}{b n_1} = \frac{a_1}{b_1}$$

그러므로 a/b를 다음과 같이 쓸 수 있다.

$$\frac{a}{b} = \frac{1}{n_1} + \frac{a_1}{b_1}$$

중요한 사실은 $a_1 = n_1 a - b < a$이다. 바꿔 말하면, 이 새로운 분수의 분자 a_1은 원래의 분수의 분자 a보다 작다.

$a_1 = 1$이면, 더 이상 할 것은 없다. 그렇지 않으면, 이 과정을 a_1/b_1이 a/b의 역할을 하도록 하고 반복하면 다음을 얻는다.

$$\frac{a}{b} = \frac{1}{n_1} + \frac{1}{n_2} + \frac{a_2}{b_2} \quad (\text{단, } a_2 < a_1)$$

잇따른 각 단계에서 나머지 분수의 분자는 작아진다. 그러므로 결국 $a_k = 1$인 분수 a_k/b_k에 도달한다. 왜냐하면 순감소하는 수열 $1 \leq a_k < a_{k-1} < \cdots < a_1 < a$는 끝없이 계속될 수 없기 때문이다. 그러므로 a/b에 대한 원하는 표현인 다음과 같은 단위 분수들의 합에 도달한다.

$$\frac{a}{b} = \frac{1}{n_1} + \frac{1}{n_2} + \cdots + \frac{1}{n_k} + \frac{1}{b_k}$$

피보나치 방법을 예시하는 몇 가지 예를 조사하자.

보기 $a/b = \frac{2}{19}$를 택하자. n_1을 찾기 위해서, $9 < \frac{19}{2} < 10$이고 이에 따라 $\frac{1}{10} < \frac{2}{19} < \frac{1}{9}$이며 $n_1 = 10$임을 확인하자. 빼면 다음을 얻는다.

$$\frac{2}{19} - \frac{1}{10} = \frac{20-19}{19 \cdot 10} = \frac{1}{190}$$

따라서 $\frac{2}{19}$를 $\frac{2}{19} = \frac{1}{10} + \frac{1}{190}$으로 표현할 수 있다. □

보기 좀 더 통찰력 있는 예로, 분수 $a/b = \frac{9}{13}$를 한 번 더 알아보자. 9로 13을 나누면, $1 < \frac{13}{9} < 2$를 얻고, $\frac{1}{2} < \frac{9}{13} < 1$에 도달한다. 그러므로 $n_1 = 2$이다. 이것은 $\frac{9}{13}$의 분해에서 첫째 단위 분수는 $\frac{1}{2}$임을 뜻한다. 그러면 다음을 얻는다.

$$\frac{9}{13} - \frac{1}{2} = \frac{18-13}{13 \cdot 2} = \frac{5}{26}, \quad 곧 \quad \frac{9}{13} = \frac{1}{2} + \frac{5}{26}$$

예상한 대로, 나머지 분수의 분자는 주어진 분수의 분자보다 작다. 곧, $5 < 9$이다. 이제 이 과정을 분수 $\frac{5}{26}$에 대해 반복하자. $5 < \frac{26}{5} < 6$이므로, $\frac{1}{6} < \frac{5}{26} < \frac{1}{5}$과 $n_2 = 6$을 얻는다. 산술을 시행하면 다음을 얻는다.

$$\frac{5}{26} - \frac{1}{6} = \frac{30-26}{26 \cdot 6} = \frac{4}{156} = \frac{1}{39}, \quad 곧 \quad \frac{5}{26} = \frac{1}{6} + \frac{1}{39}$$

부분적인 결과들을 합치면, $\frac{9}{13}$에 대한 다음과 같은 전개를 얻는다.

$$\frac{9}{13} = \frac{1}{2} + \frac{1}{6} + \frac{1}{39}$$ □

2.3 린드 파피루스의 네 문제

■ 임시 가정법

린드 파피루스에는 여러 개의 '완성' 문제가 포함되어 있다. 이런 문제는 통상 단위 분수들의 합으로 시작해서, 값 1을 얻기 위해 더해야 할 또 다른 단위 분수를 찾는다. 예를 들어 문제 22는 $\frac{2}{3} + \frac{1}{30}$을 완성시켜 합이 1이 되도록 하라고 요구한다. 현대적인 표기법으로 나타내면, 아메스는 먼저 다음 방정식을 만족시키는 편리한 수 N과 단위 분수 $1/n_1, \cdots, 1/n_k$을 선택해서 셈을 했다.

$$\left(\frac{2}{3}+\frac{1}{30}+\frac{1}{n_1}+\cdots+\frac{1}{n_k}\right)N=N$$

이렇게 하면 확장된 합이 1이 될 것이다. 편리하게 주어진 분모들의 공배수가 되도록 N을 30으로 택하고, 아메스는 다음 사실을 관찰했다.

$$\left(\frac{2}{3}+\frac{1}{30}\right)30=20+1=21$$

이것은 원하는 30보다 9만큼 작다. 그런데 다음이 성립한다.

$$\left(\frac{1}{5}+\frac{1}{10}\right)30=6+3=9$$

위의 두 등식을 더하면 다음을 얻는다.

$$\left(\frac{2}{3}+\frac{1}{30}+\frac{1}{5}+\frac{1}{10}\right)30=30$$

그러므로 원하는 완성은 다음과 같다.

$$\frac{2}{3}+\frac{1}{30}+\frac{1}{5}+\frac{1}{10}=1$$

린드 파피루스의 많은 공간을 채우고 있는 문제들은, 특정한 수의 사람 사이에서 빵 덩어리들을 똑같이 나누거나 맥주를 만드는 데 필요한 곡식의 양을 결정하는 것과 관련이 있다. 이런 문제들은 간단하고 한 개의 미지수에 관한 일차 방정식을 벗어나지 않는다. 예를 들어 문제 24는 다음과 같다. "어떤 양과 그것의 $\frac{1}{7}$을 더하면 19이다. 그 양은 얼마인가?" 오늘날 대수적 기호를 사용해서, x로 그 양을 나타내면 풀어야 할 방정식은 다음과 같다.

$$x+\frac{x}{7}=19 \quad \text{또는} \quad \frac{8x}{7}=19$$

아메스는 분수 $\frac{8}{7}$를 표기하는 방법이 없었지만, "8만큼 여러 번 곱해서 19가 되는 수에 7만큼 곱해야 올바른 답을 얻는다."고 추론했다. 아메스는 일차 방정식을 다루는 가장 오래되고 가장 보편적인 과정인 임시 가정법(method of false assumption) 또는 임시 위치법(method of false position)을 사용했다. 간략하게 말하면, 이 방법은 원하는 양에 대해 편리한 임의의 값을 가정하고 해당 문제의 연산을 시행해서 주어진 수와 비교할 수 있는 수를 셈한다. 셈해서 얻은 수에 대한 주어진 수의 비는 가정된 답에 대한 진짜 답의 비와 같다.

예를 들어, 방정식 $x+x/7=19$를 풀 때 임시로 $x=7$로 가정하자. (이 값은 $x/7$를 쉽게 셈할 수 있기 때문에 선택한다.) 그러면 이 방정식의 좌변은 $7+\frac{7}{7}=8$이 되는데, 원하는 답 19가 아니다. 8에 $\frac{19}{8}=2+\frac{1}{4}+\frac{1}{8}$을 곱해야 원하는 19를 얻기 때문에, x의 정확한 값은 임시 가정 7에 $2+\frac{1}{4}+\frac{1}{8}$을 곱해서 얻는다. 그 결과는 다음과 같다.

$$x = \left(2 + \frac{1}{4} + \frac{1}{8}\right)7 = 16 + \frac{1}{2} + \frac{1}{8}$$

실제로, 미지의 양에 임의의 편리한 값, 이를테면 $x = a$를 택할 수 있다. $a + a/7 = b$이고 $bc = 19$이면, $x = ac$는 방정식 $x + x/7 = 19$를 만족시킨다. 왜냐하면 다음을 쉽게 확인할 수 있기 때문이다.

$$ac + \frac{1}{7}ac = \left(a + \frac{a}{7}\right)c = bc = 19$$

위에서 이집트 사람들이 적어도 초등적인 형태로 중세 시대에 인기 있던 임시 가정법을 예견했음을 알아봤다. 이 방법을 아랍으로부터 배운 뒤에, 이것은 피보나치의 ≪산반의 책(Liver Abaci, 1202)≫부터 16세기의 산술 책까지 유럽 산술 책에서 중요한 주제가 됐다. 대수적 표기법이 발달함에 따라, 이 법칙은 상급 과정의 책에서는 사라졌다. 다음은 ≪산반의 책≫에 있는 예이다. 어떤 사람이 달걀을 1데나리우스에 7개씩 사서 1데나리우스에 5개씩 팔아서 19데나리우스의 이익을 얻었다. 문제 : 그는 얼마를 투자했는가? 대수학적으로, 이 문제는 다음 방정식으로 표현된다.

$$\frac{7x}{5} - x = 19$$

임시 가정 과정은 여기서 미지수에 대해 5를 가정한다. 그러면 $\frac{7}{5} \cdot 5 - 5 = 2$이다. 이 2는 피보나치의 말에 따르면, "19와 같을 것이다." (5의 찾는 수에 대한 비는 2의 19에 대한 비와 같다.) $2(\frac{19}{2}) = 19$이므로, 정확한 답은 다음과 같다.

$$x = 5\left(\frac{19}{2}\right) = 47\frac{1}{2}$$

피보나치가 미지수에 대해 가정한 수가 임의로 선택되지 않았음에 주목하자. 미지수의 곁수[계수]가 분수이면, 미지수에 대해 가정하는 수는 그 분수의 분모이다.

지금까지 한 가지를 추측하는 임시 가정법을 고려했다. 그러나 두 가지 시도가 필요하고 각각에 의한 오차를 알아보는 변형이 있었다. 종종 불리는 대로 이 번거로운 이중 임시 가정법은 다음과 같이 설명할 수 있다. 방정식 $ax + b = 0$를 풀기 위해서, g_1과 g_2를 x의 값에 대한 두 가지 추측이고 f_1과 f_2는 그에 대응하는 오차, 곧 $ag_1 + b$와 $ag_2 + b$라고 하자. 추측이 정확하면 이것은 0일 수 있다. 그러므로 다음이 성립한다.

$$ag_1 + b = f_1 \tag{1}$$

$$ag_2 + b = f_2 \tag{2}$$

서로 빼면, 분명히 다음이 성립한다.

$$a(g_1 - g_2) = f_1 - f_2 \tag{3}$$

방정식 (1)에 g_2를 곱하고 방정식 (2)에 g_1을 곱하면 다음과 같다.

$$ag_1g_2 + bg_2 = f_1g_2, \quad ag_2g_1 + bg_1 = f_2g_1$$

이 마지막 두 방정식을 빼면, 그 결과는 다음과 같다.

$$b(g_2 - g_1) = f_1g_2 - f_2g_1 \tag{4}$$

논증을 끝마치기 위해, 방정식 (4)를 방정식 (3)으로 나누면 다음을 얻는다.

$$-\frac{b}{a} = \frac{f_1g_2 - f_2g_1}{f_1 - f_2}$$

그런데 $x = -b/a$이므로, x의 값은 다음과 같이 찾을 수 있다.

$$x = \frac{f_1g_2 - f_2g_1}{f_1 - f_2}$$

요약하면, 식 $ax + b$에서 x에 대한 두 개의 임시 값을 가정했고, 이런 시도로부터 방정식 $ax + b = 0$에 대한 정확한 해를 얻을 수 있었다.4)

좀 더 자세히 하기 위해서, 구체적인 예로 다음 방정식을 관찰하자.

$$x + \frac{x}{7} = 19, \quad 곧 \quad x + \frac{x}{7} - 19 = 0$$

x의 값에 대한 두 가지 추측을 $g_1 = 7$과 $g_2 = 14$로 택하자. 그러면 다음을 얻는다.

$$7 + \frac{7}{7} - 19 = -11 = f_1, \qquad 14 + \frac{14}{7} - 19 = -3 = f_2$$

그러므로 x의 정확한 값은 다음과 같다.

$$x = \frac{f_1g_2 - f_2g_1}{f_1 - f_2} = \frac{(-11)14 - (-3)7}{(-11) - (-3)} = \frac{133}{8} = 16 + \frac{1}{2} + \frac{1}{8}$$

다루기 어려워 보이지만, 이 예스러운 법칙에는 어떤 간단한 요소가 있기 때문에, 1880년대까지도 사용된 사실도 놀랍지 않다. 로버트 레코드(Robert Recorde, 1510~1558)는 ≪산술의 기초(The Grounde of Artes)≫에 어려운 문제들을 제시한 다음에 임시 가정법으로 "어린이나 바보가 했을 뻔한" 뜻밖의 답으로부터 정확한 값을 찾아서 자신의 친구를 놀라게 했다고 썼다.

■ 진기한 문제

린드 파피루스로 되돌아가서, '수를 생각하는' 문제의 가장 오래된 예인 문제 28을 고려할 수 있다. 이 문제와 아메스의 풀이를 현대식으로 나타내고 명확하게 하는 몇 가지 세부

4) [옮긴이] 중국 산학에서는 이런 풀이 방법을 '영부족술'이라고 했다. 제5.5절 고대 중국의 ≪구장산술≫을 보라.

사항을 추가하자.

보기 수를 생각하고 그 수에 그것의 $\frac{2}{3}$를 더하자. 이 합에서 그 값의 $\frac{1}{3}$을 빼고, 당신의 답이 무엇인지 말하라. 그 답이 10이라고 가정하자. 그러면 이 10의 $\frac{1}{10}$을 빼면 9를 얻는다. 그러면 이것이 처음에 생각했던 그 수이다.

증명 원래 수가 9이면, $\frac{2}{3}$는 6이고 이것들을 더하면 15이다. 15의 $\frac{1}{3}$은 5이고, 이것을 빼면 10이 남는다. 이것이 당신이 하는 방법이다. □

여기서 아메스는 실제로 다음 대수적 등식을 간단한 예로 예시하고 있다.

$$\left(n+\frac{2n}{3}\right)-\frac{1}{3}\left(n+\frac{2n}{3}\right)-\frac{1}{10}\left\{\left(n+\frac{2n}{3}\right)-\frac{1}{3}\left(n+\frac{2n}{3}\right)\right\}=n$$

이 경우에 그는 $n=9$를 사용했다. 그는 '모호한 비밀'을 밝혀낸 다음에, 전통적인 끝맺음 문구 "이것이 당신이 하는 방법이다."를 추가했다.

문제 79는 극히 간결한데, 다음과 같이 진기한 자료를 포함하고 있다. 이것은 등비 급수의 합과 친숙함을 나타내는 것으로 보인다.

		집	7
		고양이	49
1	2801	쥐	343
2	5602	밀의 포기	2401
4	1'1204	헤카트(곡물의 양)	1'6807
합	1'9607	합	1'9607

이 잡다한 목록은 꽤 상상력을 유발시켰다. 일부 권위자는 이런 단어들을 7의 처음 다섯 개의 거듭제곱에 대한 상징적인 용어로 생각한다. 왜냐하면 오른쪽에서 실제로 덧셈으로 $7,\ 7^2,\ 7^3,\ 7^4,\ 7^5$을 더했기 때문이다. 왼쪽에서는 똑같은 급수의 합이 $7\cdot 2801$로 주어졌는데, 곱셈을 통상적인 거듭 두 배하는 방법을 시행했다. $2801=(7^5-1)/(7-1)$이므로, 다음 결과는 그 아래에 있는 등비 급수의 처음 n개 항의 합 S_n에 대한 현대적인 공식에 값을 대입한 것과 정확하게 일치한다.

$$7\cdot 2801=7\left(\frac{7^5-1}{7-1}\right)=7+7^2+7^3+7^4+7^5,$$

$$S_n=a+ar+ar^2+\cdots+ar^{n-1}=a\frac{r^n-1}{r-1}$$

(위의 문제에서 $a=r=7$이고 $n=5$이다.) 이런 공식을 또는 좀 더 간단한 경우라도 이집트 사람들이 알고 있었을까? 그렇다는 구체적인 증거는 없다. 이 문제의 의도에 대한 좀 더 그럴듯한 해석은 다음과 같을 것이다. "일곱 채의 집 각각에는 일곱 마리의 고양이가 있다. 각 고양이는 일곱 마리의 쥐를 잡아먹었다. 각 쥐는 일곱 포기의 밀을 먹을 것이다. 밀의 각 포기로는 일곱 헤카트의 곡물을 생산할 수 있다. 그것 때문에 얼마나 많은 곡물을 구했는가?" 또는 "집, 고양이, 쥐, 밀의 포기 수, 곡물의 헤카트 수 등 이 재산에 포함되어 있는 이런 모든 것을 합하면 얼마가 되느냐?"는 문제를 선호할 수 있다.

아메스로부터 약 3000년 뒤에 피보나치는 ≪산반의 책≫에 다음과 같이 또 다른 말로 7의 거듭제곱들에 관한 똑같은 급수를 포함시켰다.

> 로마로 가는 길에 일곱 명의 늙은 여자가 있다.
> 각 여자는 일곱 마리의 노새를 갖고 있다.
> 각 노새는 일곱 개의 부대를 운반한다.
> 각 부대에는 일곱 개의 빵 덩어리가 담겨 있다.
> 각 빵 덩어리는 일곱 개의 칼이 함께 있다.
> 각 칼은 일곱 개의 칼집 속에 있다.
> 전체는 얼마인가?

이 문제는 수 7과 함께 옛날 잉글랜드 어린이들의 동시를 생각나게 하는데, 한 가지 형태는 다음과 같다.

> 내가 성 이브스로 가고 있을 때
> 일곱 명의 부인과 함께 있는 한 남자를 만났다.
> 각 부인은 일곱 개의 부대를 갖고 있었다.
> 각 부대에는 일곱 마리의 고양이가 들어 있었다.
> 각 고양이는 일곱 마리의 새끼 고양이를 데리고 있었다.
> 새끼 고양이, 고양이, 부대, 부인,
> 얼마나 많이 성 이브스로 가고 있느냐?

여기에서도 또한 등비 급수의 합을 셈했음을 암시하지만, 첫째와 마지막 줄의 구체적인 자구에 변화가 있다. 이 놀라운 변형은 십중팔구 앵글로색슨의 기여로 보이지만, 똑같은 종류의 문제가 여러 세기를 지나면서 어떻게 그 자체로 영속화되고 있는지를 알아볼 수 있다.

린드 파피루스는 다음과 같은 기도로 끝을 맺는데, 농업 사회의 주요한 걱정거리를 표현한다. "해충과 쥐들을 잡고, 해로운 잡초를 없애자. 라(Ra) 신에게 더위와 바람과 많은 물에 대해 기도하자."

■ 응용 산술로서의 이집트 수학

현존하는 이집트 수학 문헌들을 전체적으로 관찰하면, 상업과 행정 업무와 관련된 그런 종류의 실질적인 문제들의 모음임을 알 수 있다. 셈 기술의 교육이 그런 문제들의 주요한 요소로 나타난다. 모든 것은 특별한 수들을 이용해서 서술되어 있는데, 적절하게 정리 또는 일반적인 절차 법칙이라고 말할 수 있는 흔적은 어디에서도 찾아볼 수 없다. 체계적인 수학에 대한 기준이 증명 개념의 존재라고 한다면, 고대 이집트 사람들은 스스로 '응용 산술'로 제한했다. 이집트 사람들이 비교적 원시적인 수준을 결코 벗어나지 못한 이유는 그들이 분자가 1인 분수만을 받아들이는 자연스럽지만 불행한 개념을 갖고 있었다는 사실이 아마도 가장 적절한 설명일 것이다. 이에 따라 가장 단순한 셈도 느리고 힘들었다. 기호 체계가 분자가 다른 분수의 사용을 방해했다거나 단위 분수만 사용한 것은 그들이 분수를 표현하는 데 사용한 기호 때문이라고 말하기는 어렵다. 분수의 조작은 언제나 이집트 수학에서 특별한 기술로 남았고, 수치적 과정을 방해하는 요인이었다는 것이 가장 적절한 설명일 수 있다.

[나일 강 북부의 도시 아크민(Akhmin)에서 발견되어 그 도시의 이름으로 불리고 있는] 아크민 파피루스가 입증하듯이, 필경사 아메스의 방법이 여러 세기 뒤에도 여전히 유행한 것으로 보인다. 서기 500년과 800년 사이의 어느 시점에 그리스 말로 쓰인 이 문헌은 린드

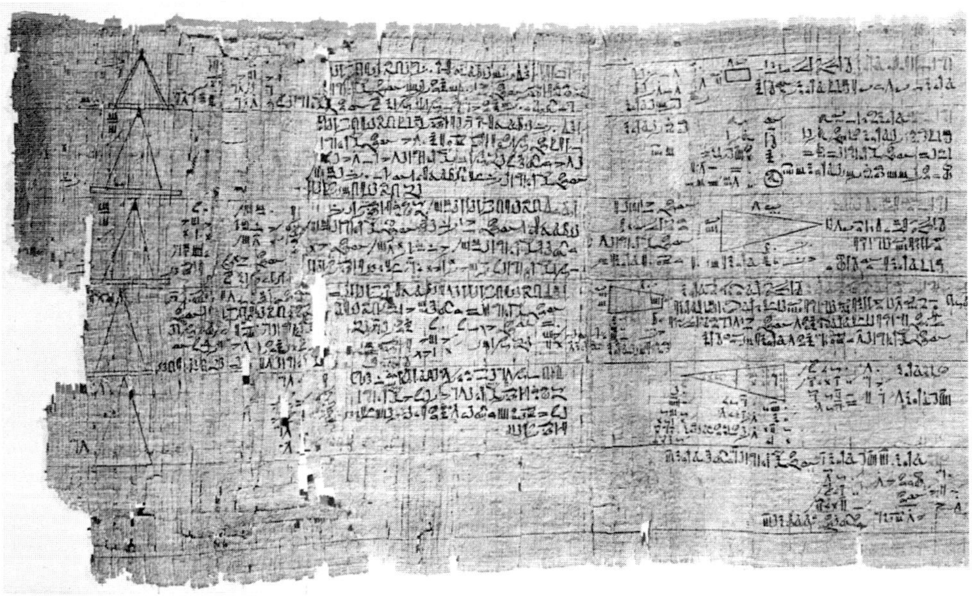

린드 파피루스의 일부(*Copyright British Museum*)

파피루스와 아주 닮았다. 이의 저자는 고대의 전임자 아메스와 같이 단위 분수들로 분해된 분수 표를 제시했다. 이집트 수학이 2000년 이상 동안 놀랄 만큼 똑같은 채로 남아있던 이유는 무엇일까? 어쩌면 이집트 사람들은 그들의 발견을 성스러운 책으로 진술했고, 후세는 그 방법이나 결과의 수정을 이단으로 생각했을 수 있다. 어떻게 설명하더라도, 아메스의 수학적 성과는 그의 조상과 그의 후예의 성과였다.

문제 2.3

1. 이집트의 거듭 두 배하는 방법을 이용해서 다음 곱을 찾아라.

(a) $18 \cdot 25$　　(b) $26 \cdot 33$

(c) $85 \cdot 21$　　(d) $105 \cdot 59$

2. 이집트의 방식대로 다음 몫을 찾아라.

(a) $184 \div 8$

(b) $19 \div 8$

(c) $47 \div 9$

(d) $1060 \div 12$

(e) $61 \div 8$

3. 이집트의 곱셈 방법을 이용해서 다음 곱을 셈하라.

(a) $(11+\frac{1}{2}+\frac{1}{8})37$

(b) $(1+\frac{1}{2}+\frac{1}{4})(9+\frac{1}{2}+\frac{1}{4})$

(c) $(2+\frac{1}{4})(1+\frac{1}{2}+\frac{1}{4})$

4. (a) $\frac{1}{14}$과 $1+\frac{1}{2}+\frac{1}{4}$의 곱은 $\frac{1}{8}$과 같음을 보여라. (린드 파피루스의 문제 12)

(b) $\frac{1}{32}+\frac{1}{224}$과 $1+\frac{1}{2}+\frac{1}{4}$의 곱은 $\frac{1}{16}$과 같음을 보여라. (린드 파피루스의 문제 15)

5. 린드 파피루스의 문제 30은 독자에게 그것의 $\frac{2}{3}+\frac{1}{10}$이 10이 되는 양을 찾게 한다. 이것을 이집트 사람들이 한 것과 같이 하는데, 먼저 다음을 확인하라.

$$13(\tfrac{2}{3}+\tfrac{1}{10})=9+\tfrac{29}{30}$$

그리고 $\frac{2}{3}+\frac{1}{10}$에 얼마를 곱하면 $\frac{1}{30}$이 되는지 결정하라.

6. (a) 다음이 성립함을 보여라.

$$\frac{2}{n}=\frac{1}{3}\frac{1}{n}+\frac{5}{3}\frac{1}{n}$$

그러므로 $2/n$는 n이 5의 배수일 때 단위 분수들의 합으로 표현할 수 있다.

(b) (a)의 결과를 이용해서 린드 파피루스에 있는 대로 $\frac{2}{25}$, $\frac{2}{65}$, $\frac{2}{85}$를 단위 분수들의 합으로 표현하라.

7. (a) 다음이 성립함을 보여라.

$$\frac{2}{n}=\frac{1}{2}\frac{1}{n}+\frac{3}{2}\frac{1}{n}$$

그러므로 $2/n$는 n이 3의 배수일 때 단위 분수들의 합으로 표현할 수 있다.

(b) (a)의 결과를 이용해서 $\frac{2}{21}$, $\frac{2}{75}$, $\frac{2}{91}$를 단위 분수들의 합으로 표현하라.

8. 수 $k=(m+n)/2$에 대해 다음이 성립함을 보여라.

$$\frac{2}{mn} = \frac{1}{m}\frac{1}{k} + \frac{1}{n}\frac{1}{k}$$

이 관계를 이용해서 린드 파피루스에 있는 대로 $\frac{2}{7}$, $\frac{2}{35}$, $\frac{2}{91}$를 단위 분수들의 합으로 표현하라.

9. 다음이 성립함을 보여라.

$$\frac{2}{n} = \frac{1}{n} + \frac{1}{2n} + \frac{1}{3n} + \frac{1}{6n}$$

이 사실을 이용해서 린드 파피루스에 있는 대로 $\frac{2}{101}$를 단위 분수들의 합으로 표현하라.

10. n이 7의 배수라고 가정하자. 문제 6(a)의 공식과 비슷하게, $2/n$를 단위 분수들의 합으로 표현하는 공식을 찾아라.

11. $2/n$ 수표를 사용해서, $\frac{13}{15}$, $\frac{9}{49}$, $\frac{19}{35}$를 중복 없이 단위 분수들의 합으로 표현하라.

12. $\frac{3}{7}$, $\frac{4}{15}$, $\frac{7}{29}$을 (a) 쪼갬 등식과 (b) 피보나치 방법을 사용해서 서로 다른 단위 분수들의 합으로 표현하라.

13. n이 $m+1$을 나누어떨어뜨리면, 분수 n/m은 언제나 두 개의 단위 분수의 합으로 표현할 수 있음을 보여라. 이 사실을 특정한 예로 예시하라.

14. $\frac{9}{13}$를 쪼갬 등식을 사용해서 서로 다른 단위 분수들의 합으로 전개하라.

15. $\frac{2}{5}$를 적어도 여섯 개의 단위 분수들의 합으로 나타내라. $\frac{2}{3}$에 대해서도 똑같이 하라.

16. 피보나치 방법을 사용해서 $\frac{2}{11}$와 $\frac{2}{17}$를 서로 다른 단위 분수들의 합으로 표현하라.

17. n이 홀수일 때 $2/n$를 단위 분수들의 합으로 나타내는 한 가지 방법은 다음과 같이 진행한다. 주어진 자연수 m에 대해 $2/n = 2m/(nm)$으로 놓자. nm의 약수 중에서 그 합이 $2m$과 같은 모음을 선택할 수 있으면, 그 약수들이 분자이고 nm이 분모인 분수들을 생각하자. 그러면 그 결과는 $2/n$의 단위 분수 분해이다. 이를테면 $\frac{2}{19}$에 대해, $m = 12$라 하면 $\frac{2}{19} = \frac{24}{228}$를 얻는다. 228의 약수 1, 2, 3, 4, 6, 12, 19, ⋯ 중에서 다음과 같이 합이 24인 약수들의 모음을 찾을 수 있다.

$$\begin{aligned} 24 &= 1+4+19 = 2+3+19 \\ &= 2+4+6+12 \\ &= 1+2+3+6+12 \end{aligned}$$

이것들을 이용하면, 다음을 얻는다.

$$\frac{2}{19} = \frac{1}{228} + \frac{4}{228} + \frac{19}{228} = \frac{1}{228} + \frac{1}{57} + \frac{1}{12},$$

$$\frac{2}{19} = \frac{2}{228} + \frac{3}{228} + \frac{19}{228} = \frac{1}{114} + \frac{1}{76} + \frac{1}{12},$$

$$\begin{aligned} \frac{2}{19} &= \frac{2}{228} + \frac{4}{228} + \frac{6}{228} + \frac{12}{228} \\ &= \frac{1}{114} + \frac{1}{57} + \frac{1}{38} + \frac{1}{19}, \end{aligned}$$

$$\begin{aligned} \frac{2}{19} &= \frac{1}{228} + \frac{2}{228} + \frac{3}{228} + \frac{6}{228} + \frac{12}{228} \\ &= \frac{1}{228} + \frac{1}{114} + \frac{1}{76} + \frac{1}{38} + \frac{1}{19} \end{aligned}$$

이 기법을 이용해서 $\frac{2}{15}$와 $\frac{2}{43}$의 단위 분수 전개를 얻어라. [**귀띔**: 각각 $m = 4$와 $m = 12$를 택하자.]

18. $2/n$를 단위 분수들의 합으로 나타내는 다음과 같은 문제 17의 변형을 고려하자. 자연수 N을 그 합이 $2N-n$인 약수들의 모음이 있는 것을 선택하자. 곧, 다음과 같은 N을 선택하자.

$$N = d_1 M_1 = d_2 M_2 = d_3 M_3,$$
$$2N = n + d_1 + d_2 + d_3$$

그러면 다음이 성립한다.

$$2=\frac{n}{N}+\frac{d_1}{N}+\frac{d_2}{N}+\frac{d_3}{N}$$
$$=\frac{n}{N}+\frac{1}{M_1}+\frac{1}{M_2}+\frac{1}{M_3}$$

그러므로 $2/n$를 다음과 같이 분해할 수 있다.

$$\frac{2}{n}=\frac{1}{N}+\frac{1}{M_1n}+\frac{1}{M_2n}+\frac{1}{M_3n}$$

$\frac{2}{19}$인 경우에 $N=18$을 택할 수 있는데, 이 때 다음이 성립한다.

$$18=2\cdot 9=6\cdot 3=9\cdot 2,$$
$$2\cdot 18=19+2+6+9$$

이런 관계들을 이용하면, 다음을 얻는다.

$$\frac{2}{19}=\frac{1}{18}+\frac{1}{171}+\frac{1}{57}+\frac{1}{38}$$

이 기법을 사용해서 $\frac{2}{15}$와 $\frac{2}{43}$의 단위 분수 전개를 얻어라. [**귀띔**: $N=12$와 $N=36$을 택하자.]

19. 린드 파피루스의 문제 3~6은 실용적인 네 문제를 묘사한다. 곧, 6, 7, 8, 9개의 빵을 10명이 똑같이 나누어 갖는다. 각 문제를 임시 가정법으로 풀고, 그 답을 단위 분수들로 표현하라.

20. 린드 파피루스의 문제 25, 26, 27은 다음과 같다.

문제 25. 어떤 양과 그것의 $\frac{1}{2}$을 더하면 16이 된다, 그 양은 얼마인가?

문제 26. 어떤 양과 그것의 $\frac{1}{4}$을 더하면 15가 된다, 그 양은 얼마인가?

문제 27. 어떤 양과 그것의 $\frac{1}{5}$을 더하면 21이 된다, 그 양은 얼마인가?

위의 각 문제를 임시 가정법으로 풀고, 그 답을 단위 분수들로 표현하라.

21. 린드 파피루스의 문제 31은 다음과 같다. 어떤 양과 그것의 $\frac{2}{3}$ 및 그것의 $\frac{1}{2}$과 그것의 $\frac{1}{7}$을 모두 더하면 33이 된다. 그 양은 얼마인가? 현대적인 표기법을 사용하면, 이것은 다음 방정식의 풀이를 요구한다.

$$x+\frac{2x}{3}+\frac{x}{2}+\frac{x}{7}=33$$

아메스의 다음 답이 정확함을 보여라.

$$x=14+\frac{1}{4}+\frac{1}{56}+\frac{1}{97}+\frac{1}{194}+\frac{1}{388}+\frac{1}{679}+\frac{1}{776}$$

[**귀띔**: $x=\dfrac{42\cdot 33}{97}=14+\dfrac{28}{97}$]

22. 린드 파피루스의 문제 32는 다음과 같다. 어떤 양과 그것의 $\frac{1}{3}$ 및 그것의 $\frac{1}{4}$의 합은 2가 된다. 그 양은 얼마인가? 답을 이집트 방식으로 나타내라.

23. 린드 파피루스의 문제 70은 100을 $7+\frac{1}{2}+\frac{1}{4}+\frac{1}{8}$로 나눈 몫을 찾는다. 이 문제를 풀어라. [**귀띔**: 이 셈의 어떤 시점에서 $7+\frac{1}{2}+\frac{1}{4}+\frac{1}{8}$의 $\frac{2}{3}$를 취한다. 또, 관계 $8(7+\frac{1}{2}+\frac{1}{4}+\frac{1}{8})=63$이 성립하므로 $\frac{2}{63}(7+\frac{1}{2}+\frac{1}{4}+\frac{1}{8})=\frac{1}{4}$임에 주목하자.]

24. 린드 파피루스의 문제 40은 항이 5개인 등차 수열을 고려한다. 이것은 다음과 같다. 100개의 빵을 다섯 명이 나누는데, 가장 많이 받는 세 명의 몫의 합은 가장 적게 받는 두 명의 몫의 합의 일곱 배이다.

(a) 이 문제를 현대적인 기법으로 풀어라.

(b) 임시 가정법을 사용해서, 그 필경사는 공차가 $5+\frac{1}{2}$이고 가장 작은 몫이 1이라고 가정했다. (그러므로 다섯 몫은 1, $6+\frac{1}{2}$, 12, $17+\frac{1}{2}$, 23이다.) 이 가정들로부터 정확한 답을 얻어라.

2.4 이집트의 기하학

■ 원의 넓이 어림하기

기하학의 기원에 대해 일반적으로 받아들여지고 있는 설명은 기하학이 고대 이집트에서 발생했는데, 나일 강이 해마다 범람해서 세금 부과를 위해 부동산의 크기를 다시 측량할 필요가 있었다는 것이다. 실제로, '땅'과 '측량'을 뜻하는 그리스의 두 단어의 합성어인 용어 '기하학(geometry)'은 땅을 측량하려는 필요성에서 발생한 과목을 가리키는 것으로 보인다. 그리스의 역사학자 헤로도토스는 나일 강을 기원전 460~455년에 방문했는데, 최초의 체계적인 기하학적 관찰이 이루어진 과정을 다음과 같이 묘사했다.

> 그들은 또한 이 왕[세소스트리스(Sesostris, 기원전 1928년 죽음)]이 땅을 모든 이집트 사람들 사이에서 나누어서 각자 똑같은 크기의 네모꼴의 땅을 갖고 수익을 올리도록 했으며 해마다 세금을 부과했다고 말했다. 그러나 강물에 땅의 일부가 쓸려가 버린 사람은 그에게 가서 일어난 일을 알려야만 했다. 그러면 그는 감독관을 보내어 그 땅이 얼마만큼 작아졌는지를 측량하게 했는데, 부과된 전체 세금에 비례해서 소유주가 남은 것에 따라 지불할 수 있게 하기 위함이었다. 이런 방식으로 기하학이 비롯됐다고 나는 생각된다.

기하학 발달의 첫 단계에 대해 궁극적으로 채택된 견해가 무엇이더라도, 아주 적더라도 생산 가능한 비옥한 땅을 경작하는 것이 관심사였던 시골에서 땅의 측량은 더욱더 중요해졌었다고 가정하는 것이 안전하게 느껴진다. 이집트 사람들이 수학에서 얻은 주목할 만한 결과 중에서 일부는 틀림없이 이것 때문이라고 생각해야 한다.

측량하는 과제는 그리스 사람들이 나중에 '밧줄 펴는 사람' 또는 '밧줄 죄는 사람'이라 부른 전문가들이 시행했는데, 그들의 주요한 도구가 분명히 같은 간격의 매듭 또는 표시가 있는 밧줄이었기 때문이다. 그리스 철학자 데모크리토스(Democritus, 기원전 460~370)는 기원전 420년에 쓴 글에서 당시에 이집트 측량사들이 여전히 뛰어난 기하학자 중에서도 높이 평가받고 있었는데, 자신과 거의 같은 정도의 기술을 가지고 있었다고 증언했다. 그는 "증명과 함께 평면 도형의 작도에서는 나를 능가할 수 있는 사람은 없었는데, 이집트 사람 가운데 이른바 밧줄 펴는 사람도 그럴 수 없었다."고 자랑스럽게 뽐냈다.

약 4000년 전의 이집트 기하학자들은 무엇을 사용했을까? 우리에게 전해지는 수학적 파피루스들에는 이론적인 유도는 전혀 없지만 대부분의 친숙한 평면 도형과 공간 도형의 넓이와 부피를 결정하기 위한 처방전과 같은 규칙들에 대한 여러 가지 구체적인 예를 포함하고 있다. 그런 셈 규칙들은 오로지 경험적인 결과, 곧 오랫동안 시행착오의 경험과 관찰로 누적된 사실들이라고 인식해야만 한다. 이집트 사람들은 측량과 관련된 쓸모 있는 사실들을 찾았는데, 그와 같은 사실들을 연역적 추론 과정으로 밝히지는 않았다. 그런 공식 중에서 일부는 단지 근사적으로 정확했지만, 그들은 일상 생활의 실제적인 요구는 충분히 충족시킬 수 있는 결과를 제시했다.

에드푸(Edfu)의 호루스(Horus) 신전에는 헌정된 내용을 새긴 기원전 100년경의 뛰어난 글이 있는데, 그 신전에 기증된 많은 사각형 들판이 언급되어 있다. 각 사각형 들판의 넓이는 두 쌍의 대변의 평균의 곱을 택해서, 곧 다음 공식을 사용해서 얻었다.

$$A = \frac{1}{4}(a+c)(b+d)$$

여기서 a, b, c, d는 잇따른 변들의 길이이다. 이 공식은 명백하게 부정확하다. 이것은 들판이 거의 직사각형일 때만 꽤 정확한 답을 준다. 흥미로운 점은 사각형의 넓이에 대한 이와 똑같은 잘못된 공식이 고대 바빌로니아에서 그보다 3000년 전에 이미 나타났었다는 사실이다.

린드 파피루스에서 기하학적 문제는 41번부터 60번까지 나타나는데, 주로 사각 기둥과 원기둥 모양의 곡물 창고에 저장된 곡물의 양과 관계가 있다. 이차원 기하학에서 이집트 사람들이 이룬 최고의 업적은 아마도 원의 넓이를 찾는 그들의 방법일 텐데, 이것은 문제 50에 나타난다.

> 지름이 9케트(keht)인 동그란 들판의 예. 이것의 넓이는 얼마인가? 지름의 $\frac{1}{9}$, 곧 1을 버리자. 나머지는 8이다. 8에 8을 곱하면 64가 된다. 따라서 이 땅의 넓이는 64세타트(setat)이다.

그러므로 원의 넓이를 찾는 아메스의 과정은 다음과 같이 간단히 서술할 수 있다. "지름에서 이것의 $\frac{1}{9}$을 빼고, 나머지를 제곱한다." 이것을 현대적인 기호로 나타내면, 그 원의 지름의 길이를 d로 나타낼 때 다음 공식과 같다.

$$A = \left(d - \frac{d}{9}\right)^2 = \left(\frac{8d}{9}\right)^2$$

이것을 원의 넓이에 대한 실제의 공식 $\pi d^2/4$와 비교하면 다음과 같다.

$$\frac{\pi d^2}{4} = \left(\frac{8d}{9}\right)^2$$

그러면 원의 지름에 대한 둘레의 비율, 곧 원주율로 사용한 다음 이집트의 값을 얻는다.

$$\pi = 4\left(\frac{8}{9}\right)^2 = 3.1605\cdots$$

이것은 $3\frac{1}{7}$과 매우 비슷한데, 이 값은 실질적인 목적으로는 충분히 적절하다.

고대 바빌로니아 시기(기원전 약 1800~1600)에 원의 둘레는 지름의 세 배를 취해서 찾았다. 이것을 πd와 같게 놓으면, 그들의 셈은 π의 값으로 3을 사용한 것과 동치임을 알 수 있다. 히브리 사람들도 구약 성서에서 똑같은 값을 사용했는데, 이를테면 <열왕기상> 7 : 23에는 솔로몬 신전에 있던 욕조의 크기가 설명되어 있다. 이 절은 기원전 650년경에 쓰였는데, 기원전 900년까지 거슬러 올라가는 신전의 기록에서 얻을 수 있었다. 그 내용은 다음과 같다. "그 다음 그는 바다모형을 둥글게 만들었다. 한 가장자리에서 다른 가장자리까지 지름이 십 척, 높이는 오 척이었다. 줄로 그 둘레를 한 바퀴 돌리면, 삼십 척이 되었다." 1936년 프랑스의 고고학 원정대가 수사(Susa)에서 발견한 쐐기 문자 찰흙 판은 (그에 대한 번역이 1950년에 출판됐는데) 바빌로니아 저자가 π의 값으로 3; 7, 30, 곧 $3\frac{1}{8}$을 채택했음을 나타내는 것으로 보인다. 적어도 이것은 이집트 사람들이 발견한 어림값만큼 좋다.

원의 넓이에 대한 공식 $A = (8d/9)^2$을 얻은 방법을 알려주는 직접적인 정보는 없지만, 린드 파피루스의 문제 48에서 귀띔을 얻을 수 있다. 이 문제에서는, 저자가 설명하려고 하는 통상적인 문장이 도형으로 대체되어 있는데, 개략적으로 그렸지만 정사각형과 꼭짓점에 있는 네 개의 삼각형을 매우 강력하게 암시한다. 그 그림의 중간에는 9를 나타내는 민용 문자가 있다.

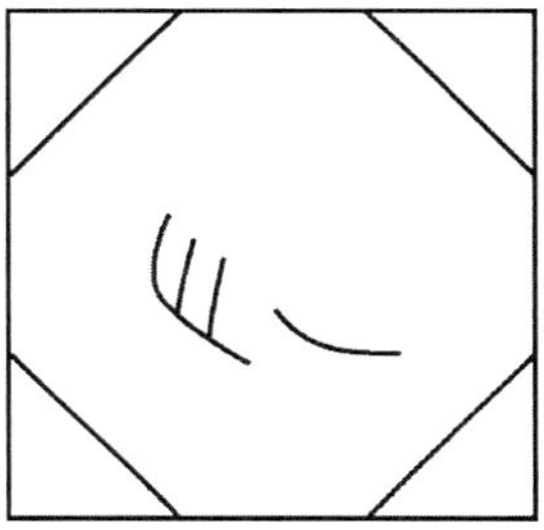

그래서 그 저자는 변이 9단위인 정사각형에서 각 변을 삼등분하고 네 꼭짓점에서 이등변 삼각형을 잘라내어 (각 삼각형의 넓이는 $\frac{9}{2}$제곱 단위인데) 팔각형을 형성했던 것으로 보인다. 아메스는 이 팔각형의 넓이가 그 정사각형에 내접하는 원의 넓이와 거의 같다고 결론을 내릴 수 있었는데, 그 내접하는 원의 일부는 그 팔각형의 밖에 놓이고 일부는 그 안에 놓이며 이런 부분들이 거의 같아 보이기 때문이다.

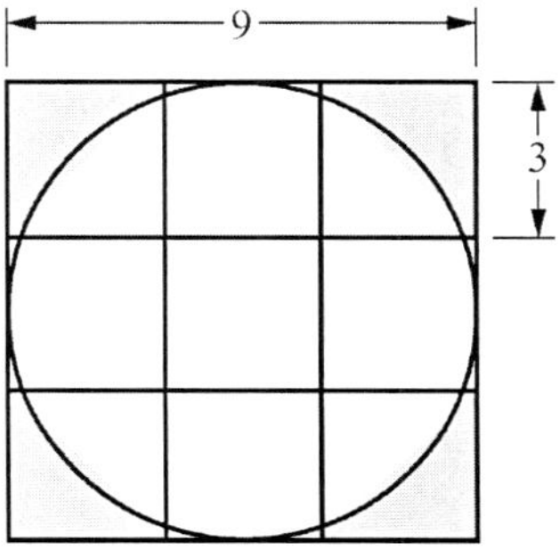

그런데 그 팔각형의 넓이는 원래의 정사각형의 넓이로부터 네 개의 구석에서 잘라낸 네 개의 이등변 삼각형의 넓이를 뺀 값과 같다. 곧, 다음과 같다.

$$A = 9^2 - 4\left(\frac{9}{2}\right) = 63$$

이것은 식 $(8d/9)^2$에서 $d = 9$를 택해서 얻은 값과 거의 비슷하다. 그러므로 넓이 공식 $A = (8d/9)^2$은 정사각형에 내접하는 원에 대한 첫째 어림으로 팔각형을 생각해서 얻었을 것이라고 설명할 수 있다.

린드 파피루스의 문제 52는 (끝이 잘린 삼각형으로 묘사된) 비스듬한 두 변이 거의 같은 사다리꼴의 넓이를 찾으라고 한다. 여기서 평행인 두 변의 길이는 6과 4이고 비스듬한 변의 길이는 20이다.

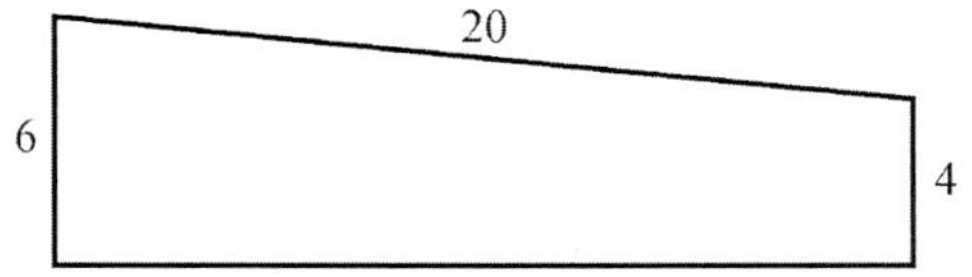

그 셈은 다음 공식으로 이용해서 이루어졌다.

$$A = \frac{1}{2}(b + b')h$$

이 파피루스의 저자는 사다리꼴의 넓이가 평행인 두 변의 길이의 합의 반과 비스듬한 변의 길이의 곱이라고 생각했을까? 아니면 비스듬한 변이 평행인 두 변과 수직이라고 생각했을까? 후자의 경우에 그는 정확했다. 개략적인 밑그림에 불과한 이 그림은 부정확하게 그렸는데, 겉보기에 같게 보이는 두 변 중 하나가 실제로 평행인 두 변과 수직이라고 생각하지 않을 수 없을 것으로 보인다.

■ 뿔대의 부피

모스크바 파피루스에는 겨우 25개의 문제가 있지만, 이 중에서 하나는 고대 기하학의 걸작이 포함되어 있다. 문제 14는 기원전 1850년경의 이집트 사람들이 정사각뿔대(끝이 잘린 정사각뿔 또는 절두체)의 부피에 대한 정확한 공식을 익히 알고 있었음을 보여준다. 현대의 표기법으로 그것은 다음과 같다.

$$V = \frac{h}{3}(a^2 + ab + b^2)$$

여기서 h는 높이고 a와 b는 각각 정사각형의 윗면과 밑면의 한 모서리의 길이다.

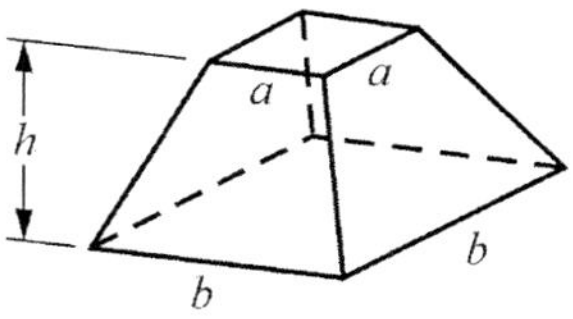

문제 14에는 다음과 같이 등변 사다리꼴로 보이는 그림이 함께 있다.

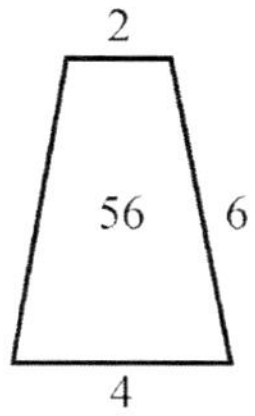

그렇지만 셈은 정사각뿔대를 의도했음을 보여준다. 이와 관련된 정확한 문장은 다음과 같을 것이다.

> 정사각뿔대를 셈하는 예. 당신에게 연직 높이가 6, 밑면의 모서리가 4, 윗면의 모서리가 2인 상단부가 잘린 피라미드가 주어져 있다. 당신은 4를 제곱해서 16을 얻는다. 당신은 4를 두 배해서 8을 얻는다. 당신은 2를 제곱해서 4를 얻는다. 당신은 16, 8, 4를 더해서 28을 얻는다. 당신은 6의 $\frac{1}{3}$을 택해서 2를 얻는다. 당신은 28을 두 배해서 56을 얻는다. 보라, 이것은 56이다. 당신은 이것이 옳음을 발견할 것이다.

이 풀이가 일반적인 정리가 아니라 특별한 경우를 다루고 있지만, 그래도 이것은 대단히 놀랍다. 일부 수학사학자들은 이 업적을 이집트의 가장 큰 피라미드라고 칭찬했다.

이집트 사람들이 정사각뿔의 부피에 대한 공식을 익히 알고 있었고 그 공식이 다음과 같이 정확한 것이라고 일반적으로 생각하고 있다.

$$V = \frac{h}{3}a^2$$

삼각형의 넓이에 대한 공식 $A = \frac{1}{2}bh$에서 유추해서 이집트 사람들은 정사각뿔의 부피가 ha^2의 상수 배라고 추측할 수 있었다. 그들이 상수를 1/3로 추측했다고 가정할 수도 있다. 그렇지만 다음 공식은 쉽게 추측할 수 없다.

$$V = \frac{h}{3}(a^2 + ab + b^2)$$

이것은 일종의 기하학적 분석 또는 $V = (h/3)a^2$로부터 대수학을 통해서만 얻을 수 있다. 그렇지만 그들이 정사각뿔대에 대한 공식을 그들이 입수할 수 있던 소재로부터 유도할 수 있던 방법으로 재구성하는 것은 쉬운 일이 아니다.

■ 대 피라미드에 관한 고찰

이집트 수학에 대한 모든 조사에는 기자에 있는 대 피라미드에 대한 간략한 언급이 포함되어야 한다. 대 피라미드는 그리스 사람들이 케오프스(Cheops)라고 부른 쿠푸(Khufu, 기원전 2680년경 활동) 왕이 기원전 2600년경에 세웠다. 이것은 기하학적 형태에 대한 올바른 인식과 상당히 발달한 토목 공학의 기술을 보여주는 기념비적인 증거를 제공한다. 매우 뛰어난 사회・행정적 조직 능력은 말할 것도 없다. 헤로도토스에 따르면, 대 피라미드를 해마다 40만 명의 노동자가 동원되어 30년 동안 만들었다고 한다. 10만 명씩 네 무리로 나누어 세 달씩 고용했다. (계산에 따르면, 이 피라미드에서 3'6000명을 넘는 사람은 다른 사람의 움직임을 방해하지 않고 동시에 일할 수 없다.) 여러 마일 떨어져 있는 석회석 채석장까지 길을 건설하는 데 10년이 걸렸고, 그 길 위에서 평균 2.5톤에 달하고 모든 방향으로 3피트에 이르는 230만 개의 돌덩어리를 끌고 갔다. 이런 덩어리들은 매우 완벽하게 들어맞아서 그 사이로 칼날도 끼워 넣을 수 없다.

오랫동안 사람들을 감동시킨 것은 대 피라미드의 미적 특징이 아니라 그 크기이다. 이것은 고대의 가장 큰 건축물이고 그 동안 세운 가장 큰 건축물의 하나이다. 이것이 온전했을 때, 높이는 481.2피트였고(꼭대기 31피트가 현재 사라졌다) 네 면은 지면과 약 51°51′의 각을 이루고 기울여져 있었으며 밑면은 13에이커를 차지했었다. 이 넓이는 피렌체와 밀라노의 대성당들, 로마의 성 베드로 대성당, 런던의 세인트폴 대성당과 웨스트민스터 사원의 밑면을 모두 합친 것과 같다. 더욱 놀라운 사실은 이 모든 것과 관련된 정확도이다. 밑면은 거의 완벽한 정사각형인데, 네 모서리 중 어느 것도 평균 길이 755.78피트에서 4.5피트 이상 벗어나지 않는다. 쿠푸의 건축가들은 천체 중 하나를 사용해서 피라미드의 면들이 나침반의 기본 방위와 거의 정확하게 (오차가 1°미만으로) 같은 방향을 향하게 할 수 있었다.

대 피라미드는 현재까지도 모험적인 사람들이 아주 무모한 추측을 하도록 만들었다. 이런 피라미드 신비주의자들은 (또는 종종 무자비하게 그들을 부르는 대로 '피라미디엇'[5]들은) 고대의 건축가들이 온갖 종류의 형이상학적 의도와 비밀스런 지식을 갖고 있었다고 생각한다. 이들이 주장하는 특이한 내용 중에는 피라미드가 밑면 둘레의 반을 높이로 나누면 정확하게 π와 같도록 건설됐다는 말이 있다. 실제로 다음과 같이 그 두 값의 차는 겨우 0.00036…이다.

$$\pi = 3.1415926\cdots, \qquad \frac{2(755.78)}{481.2} = 3.14123\cdots$$

그렇지만 이런 작은 차는 단순한 우연이고 어떠한 수학적 법칙에 근거하지 않았다.

5) [옮긴이] pyramidiot, 'pyramid(피라미드)'와 'idiot(바보)'의 합성어로 보임.

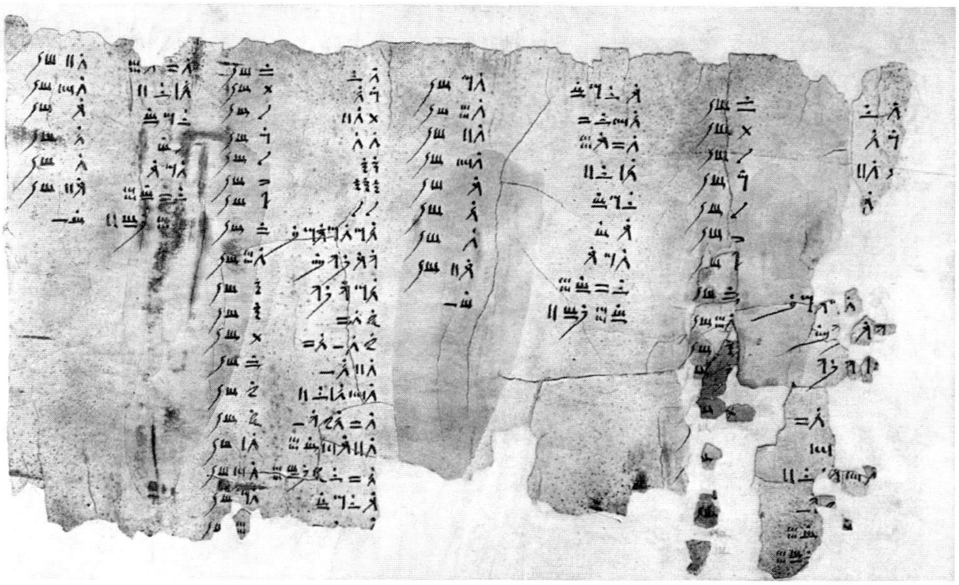

$\frac{1}{9}+\frac{1}{19}=\frac{1}{6}$과 같은 분수 사이의 간단한 관계를 포함한 수학 가죽 두루마리의 일부 (*Courtesy British Museum*)

최근의 문헌에 몰래 끼어들어온 허구에 따르면, 이집트 사제들이 헤로도토스에게 대 피라미드의 크기는 각 (삼각형) 면의 넓이가 각 변의 길이가 피라미드의 높이와 같은 정사각형의 넓이와 같도록 결정됐다고 말했다고 한다. 밑면의 한 모서리의 길이는 $2b$이고 삼각형 면의 높이는 a이며 피라미드의 높이는 h라 하면, 헤로도토스의 관계는 다음 식으로 표현된다.

$$h^2 = \frac{1}{2}(2b \cdot a) = ab$$

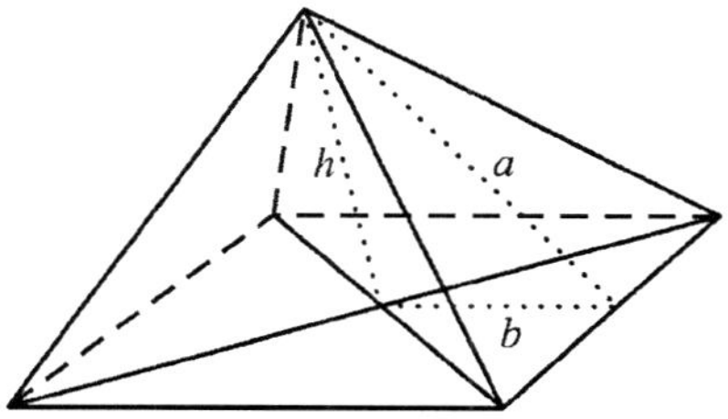

피타고라스 정리에 따라서, a는 직각을 낀 두 변의 길이가 b와 h인 직각 삼각형의 빗변의 길이이므로 $h^2+b^2=a^2$ 또는 $h^2=a^2-b^2$이 성립한다. h^2에 대한 두 식을 같게 놓으면

다음을 얻는다.

$$a^2 - b^2 = ab$$

양변을 a^2으로 나누면, 이 마지막 등식은 다음과 같이 된다.

$$1 - \left(\frac{b}{a}\right)^2 = \frac{b}{a} \quad \text{또는} \quad \left(\frac{b}{a}\right)^2 + \left(\frac{b}{a}\right) = 1$$

그런데 이차 방정식 $x^2 + x = 1$의 양수 근은 $x = \frac{1}{2}(\sqrt{5} - 1)$이다. 그러므로 다음과 같은 비율을 얻는다.

$$\frac{b}{a} = \frac{1}{2}(\sqrt{5} - 1) = 0.6180339\cdots$$

이것은 '황금 비율'의 역수로, 수학과 그 응용에서 그 중요성이 여러 번 입증된 값이다.

피라미드 건축가들은 얼마나 성공적으로 황금 비율을 성취했는가? (그렇다면, 이것이 실제로 그들의 목적이었을까?) 대 피라미드에서 취한 구체적인 측정값으로 확인하면 다음을 알 수 있다.

$$a = \sqrt{h^2 + b^2} = \sqrt{(481.2)^2 + (377.89)^2} = 611.85$$

그러므로 다음 값을 얻는다.

$$\frac{b}{a} = 0.61762\cdots$$

이집트 사람들이 대 피라미드를 건설하기 위한 이론적 기초로 황금 비율을 의도적으로 사용했다는 이론은 존 테일러(John Taylor, 1781~1864)라는 사람이 1859년에 출판한 ≪대 피라미드, 왜 건설됐고 누가 건설했는가?(The Great Pyramid, Why Was It Built and Who Built It?)≫에서 처음 세운 것으로 보인다. 테일러는 이 피라미드를 잇따라 방문한 사람들이 보고한 측정값들을 모으고 비교하면서 30년을 보냈다. 그는 이 피라미드의 축적 모형을 여러 개 만들었지만, 그것을 직접 본 적은 없었다. 헤로도토스의 ≪역사≫에 있는 그것의 크기에 관한 유일한 문장은 "이것의 밑면은 정사각형이고 각 모서리가 800피트이며 그 높이는 같다."이기 때문에, 테일러의 주장을 정당화하기 위해서는 맹신이 요구될 것이다. 게다가, 헤로도토스가 기록한 크기는 그 자체로 완전히 틀렸다.

절대적인 진리로 흔히 받아들여지는 또 다른 이론은 대 피라미드의 전체 넓이를 황금 비율에 이르는 방식으로 표현할 수 있다는 것이다. 곧, 밑면의 넓이 대 삼각형 면들의 넓이의 합의 비율은 이 합 대 면들과 밑면의 넓이의 합의 비율과 같다는 것이다. 네 개의 삼각형 면의 넓이의 합은 $4 \cdot \frac{1}{2}(2ba)$이고 밑면의 넓이는 $(2b)^2$이므로, 그 주장은 다음과 같은 주장으로 환원된다.

$$\frac{4b^2}{4ab} = \frac{4ab}{4ab+4b^2}$$

동치인 꼴로 나타내면 다음과 같다.

$$\frac{b}{a} = \frac{a}{a+b}$$

a에 대해 앞에서 셈한 값을 사용하면, 다음을 얻는다.

$$\frac{a}{a+b} = \frac{611.85}{989.74} = 0.61819 \cdots$$

그러므로 두 몫 b/a와 $a/(a+b)$는 거의 같다. 이것이 우연인지 계획적인지는 추측의 문제이다.

터무니없는 이론이 몇 가지 더 있다. 예를 들면, 어떤 사람은 이집트 사람들이 피라미드를 사막의 모래가 움직여서 나일 강 유역의 경작 지역을 덮지 못하도록 제방으로 세웠다고 주장한다. 중세에 인기 있던 믿음은 피라미드가 곡물 창고로 히브리 포로들이 풍년에 곡물을 저장하기 위해 건설했다는 것이었다. 이 전설은 베네치아의 성 마르코 성당의 모자이크로 보존됐는데, 서기 1250년경에 만들어졌다. 요셉의 이야기를 그림으로 묘사한 부분에서 그의 형제는 피라미드에서 곡식 다발들을 나르기 위해 보내졌다. 이런 추측이 1864년에 좀 더 과학적인 모습을 띠기 시작했는데, 이 해에 높이 평가받던 한 천문학 교수[스코틀랜드의 왕립 천문대장 찰스 스미스(Charles Piazzi Smyth, 1819~1900)]는 자신의 관점에서 대 피라미드를 위한 측정 단위를 고안했다. 그는 이것을 피라미드 인치라고 불렀고 1.001인치와 같았다. 이 신비로운 '피라미드 인치'를 사용해서 내부 통로와 방의 울퉁불퉁하고 갈라진 벽을 따라 측정해서, 그는 대 피라미드가 신에 의해 예언의 도구로, 이른바 돌로 된 성서로 설계됐다는 결론을 내렸다. [브리튼의 이집트학자 플린더스 페트리(Flinders Petrie, 1853~1942)는 한 피라미드 광신자가 자신의 이론에 그 치수를 일치시키기 위해 융기된 부분의 돌을 몰래 깎아내는 장면을 목격했다고 기록했다.] 그 전달 내용을 읽는 방법을 안다면, 피라미드에서 인류의 역사와 미래에 관한 온갖 종류의 정보를 알아낼 수 있을 것이다. 대 홍수, 예수의 탄생, 제 1 차 세계 대전의 시작과 끝 등도 이에 포함될 것이다. 스미스가 제 1 차 세계 대전의 시작을 1913년으로 추정했을 때, 그를 믿는 사람들은 기쁨에 넘쳐서 그가 '겨우 1년만큼' 실수를 범했다고 지적했다. 스미스와 그의 추종자들은 대 피라미드의 측정값들 속에 숨어 있는 '비밀'들에 관한 공상적이고 과장된 이론들을 제시했다. 제 1 차 세계 대전의 날짜를 거의 예언할 뻔했음에도 불구하고, 열정적인 많은 추측은 허튼 소리로 묵살됐다.

피라미드를 건설한 사람들이 이 기하학에 대한 상당한 지식을 소유했다고 확신할 수는 있지만, 그 시기의 수학은 이상하게도 거의 전해지지 않았다. 두 개의 주요한 수학적 파피루스는, 비록 시대가 다르지만, 기원전 2000~1750년의 시기의 수학을 대표한다고 말할 수 있을 것이다. 모든 것을 되새겨볼 때, 이집트 기하학이 결코 직관적인 단계를 뛰어넘어 발전하지 못했다고 결론을 내리게 된다. 그 단계에서는 실체적인 대상의 측정이 주요한 고려 사항이었다. 그 시기의 기하학에는 연역적인 구조가 없었는데, 이론적인 결과도 없었고 절차에 대한 일반적인 법칙도 없었다. 그 기하학은 건설 및 측정과 실질적인 관계가 있는 문제에 대한 셈 결과를 주었을 뿐인데, 때로는 어림값이었다.

문제 2.4

1. 린드 파피루스에 있는 다음 기하학 문제를 풀어라.

(a) **문제 41.** 지름이 9큐빗이고 높이가 10 큐빗인 원기둥 모양의 곡물 창고. 이것에 들어갈 곡물의 양은 얼마인가? [**귀띔** : π에 대한 이집트 값 $4\left(\frac{8}{9}\right)^2$을 사용해서 아메스의 답을 찾아라.]

(b) **문제 51.** 삼각형 모양의 땅의 예. 당신에게 말했다고 가정하자. 변이 10케트이고 밑변이 4케트인 삼각형의 넓이는 얼마인가? [**귀띔** : 그 파피루스에 함께 있는 그림은 분명히 직각 삼각형을 의도하고 있다.]

(c) **문제 58.** 피라미드(정사각뿔)의 높이는 $93\frac{1}{3}$큐빗이고 그 밑면의 모서리는 140 큐빗일 때, 이것의 세케드(seked)는 얼마인가? [**귀띔** : 밑변이 s이고 높이가 h인 이등변 삼각형의 세케드는 $s/2h$, 곧 삼각법의 코탄젠트임을 알고 있다. 이 문제에서 세케드는 기자에 있는 제2 피라미드의 측면의 기울기와 관련됐다.]

2. (a) 바빌로니아 사람들은 일반적으로 원의 넓이를 그 원의 둘레의 제곱의 $\frac{1}{12}$과 같게 택해서 결정했다. 이것은 $\pi=3$로 놓은 것과 같음을 보여라.

(b) 1936년에 발굴된 바빌로니아 찰흙 판에는 좀 더 정확하게 넓이를 결정할 필요가 있을 때는 $\frac{1}{12}$에 0; 57, 36, 곧 $\frac{24}{25}$를 곱했다. 이 교정 인자에 의해 π에 대한 어떤 값을 얻는가?

3. 아르키메데스(기원전 287?~212)는 그의 책 ≪원의 측정≫에 다음과 같이 썼다. 원의 넓이는 그 지름의 제곱의 14분의 11이다. 이 기하학적 법칙은 π에 대한 값 $\frac{22}{7}$에 이름을 보여라.

4. 인도의 6세기 수학자 아리아바타(Aryabhata)는 원의 넓이를 다음과 같은 과정으로 찾았다. 둘레의 반에 지름의 반을 곱하면 원의 둘레이다. 이 법칙은 얼마나 정확한가?

5. 바빌로니아 사람들도 또한 정사각뿔대의 부피에 대한 다음과 같은 공식을 알고 있었다.

$$V=h\left\{\left(\frac{a+b}{2}\right)^2+\frac{1}{3}\left(\frac{a-b}{2}\right)^2\right\}$$

여기서 h는 높이고 a와 b는 각각 정사각형 윗면과 밑면의 한 모서리의 길이다. 이 공식이 모스크바 파피루스의 공식으로 환원됨을 보여라.

6. 어떤 바빌로니아 찰흙 판에서 원뿔대의 부피에 대한 다음과 같은 (잘못된) 공식이 발견됐다.

$$V=\frac{3}{2}h(r^2+R^2)$$

여기서 h는 높이고 r과 R은 두 밑면의 반지름이다. $h=6$, $r=4$, $R=2$를 택하고, 바빌로니아 결과를 다음의 정확한 공식으로 얻은 결과와 비교하라.

$$V=\frac{1}{3}\pi h(R^2+rR+r^2)$$

7. 알렉산드리아의 헤론(Heron, 서기 75년경)은 원뿔대의 부피를 다음과 같은 공식과 동치인 것을 사용해서 찾았다.

$$V=\frac{1}{4}\pi h(r+R)^2$$

여기서 h는 높이고 r과 R은 두 밑면의 반지름이다. $\frac{22}{7}$를 π의 값으로 택하면, $h=6$, $r=4$, $R=2$에 대해 헤론이 얻었을 답은 무엇인가?

8. 모스크바 파피루스의 문제 10의 본문은 몇 가지 점에서 판독이 불가능하지만, 다음과 동치인 공식을 사용해서 셈하고 있다.

$$S=\left(1-\frac{1}{9}\right)^2(2d)d$$

이것은 지름이 $d=4.5$인 반구 모양의 바구니의 겉넓이를 찾기 위해 계획된 것으로 보인다. $4\left(\frac{8}{9}\right)^2$을 π와 같게 놓으면, 이것은 반구의 넓이에 대한 정확한 공식 $\pi d^2/2$이 됨을 보여라.

9. (a) 두 변과 그 사이의 각을 이용한 삼각형의 넓이 공식 $A=\frac{1}{2}xy\sin\theta$에서 출발하고, 아래의 그림을 사용해서 사각형의 넓이에 대한 다음 공식을 유도하라.

$$A=\tfrac{1}{4}(ad\sin A+ab\sin B+bc\sin C+cd\sin D)$$

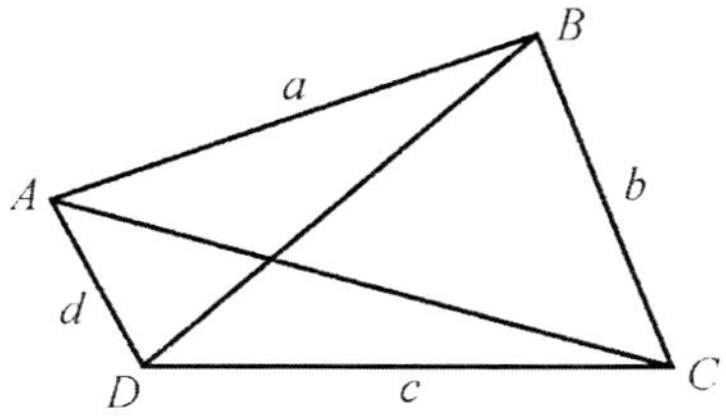

(b) A가 (a)에서 사각형의 넓이를 나타낼 때, 다음이 성립함을 보여라.

$$A\le\frac{(a+c)(b+d)}{4}$$

등호가 성립하기 위한 필요 충분 조건은 이 사각형이 직사각형임을 보여라. 그러므로 사각형의 넓이에 대한 고대의 이 규칙은 직사각형이 아닌 모든 사각형의 넓이를 실제보다 크게 셈하고, 이에 따라 세금 사정인들은 이것이 사각형의 넓이를 결코 적게 어림하지 않는다는 사실을 의심하게 된 뒤에도 오랫동안 이 간편한 공식을 계속해서 사용했었다.

10. (a) 주어진 두 변의 길이가 a와 b인 모든 삼각형의 넓이 중에서 이 변들이 직각을 이루는 삼각형의 넓이가 최대임을 증명하라.

(b) 다음은 임의의 사각형의 넓이를 알려주는 또 다른 공식이다.

$$A^2=(S-a)(S-b)(S-c)(S-d)-T$$

여기서 $S=\frac{1}{2}(a+b+c+d)$는 둘레의 반이고 T는 다음과 같다.

$$T=abcd\cos^2(A+C)/2$$

여기서 A와 C는 사각형의 한 쌍의 대각이다. 주어진 값 a, b, c, d에 대응하는 최대의 넓이는 두 각 A와 C가 (이에 따라 B와 D가 또한) 보각인 경우임을 보여라.

11. [최초로 알려진 소행성 케레스(Ceres)를 발견한 주제페 피아치(Giuseppe Piazzi, 1746~1826)가 대부로 그의 이름을 딴] 찰스 피아치 스미스(Charles Piazzi Smyth)는 대 피라미드를 측정할 때, 왕비의 묘실에서 길이가 185 피라미드 인치인 틈새를 발견했다. 이 크기를 이용해서 스미스가 그의 책 ≪대 피라미드의 우리 유산(Our Inheritance in the Great Pyramid)≫에서 주장한 다음 내용의 정확성을 밝혀라.

(a) 이 웅장한 틈새의 길이에 10π를 곱하면 대 피라미드의 높이와 같다.

(b) 10과 왕비의 묘실 북쪽 벽의 높이(182.4 피라미드 인치)의 곱을 웅장한 틈새의 길이로 나눈 값의 제곱근은 π이다. 곧, 다음이 성립한다.

$$\pi = \sqrt{\frac{10(182.4)}{185}}$$

2.5 바빌로니아의 수학

■ 역수 표

메소포타미아에서 처음에는 수메르 사람, 다음에는 아카드 사람과 다른 사람들에 의해 발달한 수학에 대해 우리가 알고 있는 사실 대부분은 비교적 새로운 것이다. 이 주제는 마치 한 민족이 창안한 것처럼 바빌로니아 수학이라고 부른다. 지금까지는 이집트 사람들의 업적을 크게 강조했다. 한동안 브리튼 박물관과 루브르 해외 박물관 및 아메리카에서 예일·컬럼비아·펜실베이니아 대학교의 많은 바빌로니아 소장품에는 특이한 형태의 쐐기 문자 찰흙 판으로 판독되지 않은 것이 많이 포함되어 있었다는 사실이 알려졌었다. 1930년대에 결실을 거둔 오토 노이게바우어(Otto Neugebauer, 1899~1990)는 철저한 연구를 통해 이것들이 수학적 수표와 문헌이라는 사실을 밝혔고, 이에 따라 그것의 내용을 '읽기' 위한 열쇠가 발견됐다. 주로 이 학자의 판독과 번역 및 해석을 통해, 바빌로니아 사람들이 고대 수학의 발달에 기여한 바가 완전히 새로운 각광을 받았다.

바빌로니아 수학을 고찰하는 것은 이집트 수학을 고찰하는 것보다 훨씬 더 불편하다. 찰흙 판을 이용한 바빌로니아의 글쓰기 방식은 긴 연구서를 편집할 수 없도록 만들었기 때문에, 바빌로니아 기록 중에서 린드 파피루스와 견줄 만한 것은 없다. 그런데도 수백 개의 수학적 찰흙 판이 복구됐는데, 많은 것은 아주 좋은 상태로 보존됐다. 이것들 중 대다수(약 3분의 2)는 '고대 바빌로니아' 시대, 곧 개략적으로 기원전 1800~1600년의 시기에 속한다고 한다. 이 풍부한 원 자료의 보고를 통해 어쩌면 특정한 기하학적 법칙을 제외하면, 수학에서 바빌로니아 사람들이 이집트 사람들을 훨씬 더 앞질렀었다는 사실을 이제 알게 됐다. 번역된 대부분의 찰흙 판에 명학하게 나타나듯이 바빌로니아 수학도 또한 확고하게 경험에 뿌리를 두고 있지만, 그 내용은 좀 더 이론적인 표현을 지향하는 경향이 있는 것으로 보인다. (바빌로니아 사람들은 여러 가지 발견에서, 가장 명백하게는 피타고라스 정리에서 우선권을 주장할 수 있다. 그런데 이 정리는 통상 그 뒤의 피타고라스 학파의 공적으로 돌리고 있다.) 바빌로니아 사람들이 발전을 이룬 열쇠는 그들의 놀랍도록 손쉬운 수 체계였던 것으로 보인다. 탁월한 육십진법 기수법은 깨진 수[분수 또는 소수]를 옹근 수[정수]와 같이 손쉽게 셈할 수 있게 했고, 고도로 발달된 대수학에 이르게 했다. 이것이 이집트 사람들에게는 불가능했는데, 그들에게 분수와 관련된 모든 연산에는 많은 단위 분수가 포함됐고, 이에 따라 모든 나눗셈은 어려운 문제가 됐다.

뛰어난 기수법 때문에 힘들고 단조로운 셈에서 해방된 바빌로니아 사람들은 산술 수표를 끊임없이 편집했는데, 일부는 복잡도와 규모에서 탁월했다. 많은 수표가 1부터 50까지의 자연수의 제곱과 세제곱, 이런 수들의 제곱근과 세제곱근을 알려준다. 현재 베를린 박물관에 있는 한 수표는 $n = 1, 2, \cdots, 20, 30, 40, 50$에 대한 n^2과 n^3뿐만 아니라 합 $n^2 + n^3$의 목록도 제시하고 있다. 이것은 $x^3 + x^2 = a$ 꼴로 줄인 삼차 방정식을 푸는 데 사용했을 것으로 추측된다. 또 다른 큰 무리의 수표는 역수를 다루고 있다. 그런 표의 표준적인 구성 방식은 통상 다음과 같이 수치들의 두 열을 포함한다.

4	15
5	12
6	10
8	7; 30
9	6; 40
10	6
12	5
15	4
16	3; 45
18	3; 20

여기서 각 수들의 쌍의 곱은 언제나 60이다. 곧, 각 쌍은 왼쪽에 있는 수와 오른쪽에 있는 그 수의 육십진 역수로 이루어진다. 이런 수표에는 틀림없이 빈틈이 있는데, 7, 11, 13, 14 등과 다른 몇 개의 수가 빠져있다. 이유는 바빌로니아 사람들이 유한한 육십진 소수만을 이해할 수 있었고 그런 '불규칙한' 수들의 역수는 끝이 나지 않는 육십진 무한 소수이기 때문이었다. 예를 들면, $\frac{1}{7}$에 대한 육십진 전개에는 다음과 같이 8, 34, 17의 마디가 끝없이 되풀이된다.

$$\tfrac{1}{7} = 0;\ 8,\ 34,\ 17,\ 8,\ 34,\ 17,\ \cdots$$

(유사한 상황이 십진법 체계에서도 발생하는데, 이를테면 역수 $\frac{1}{11} = 0.090909\cdots$를 십진법으로 전개하면 무한 소수가 된다.) 7과 같이 불규칙한 수가 첫째 열에 나타나면 7은 나누어지지 않는다는 문장이 있고, 어림값이 주어진다. 기원전 2500년의 수메르 찰흙 판은 수 5, 20, 0, 0을 7로 나눌 것을 요구한다. 그 셈은 다음과 같이 제시되어 있다.

$$(5,\ 20,\ 0,\ 0)(0;\ 8,\ 34,\ 17,\ 8) = 45,\ 42,\ 51;\ 22,\ 40$$

여기서 5, 20, 0, 0에 7의 역수를 넷째 자리까지 어림한 값을 곱했다. 그 뒤의 수표는 다음과 같이 $\frac{1}{7}$의 크기에 대한 상계와 하계를 제시한 것으로 보인다.

$$8, 34, 16, 59 < \tfrac{1}{7} < 8, 34, 18$$

루브르 박물관에 있는 기원전 350년으로 추정되는 찰흙 판에서 몇 가지 역수 표의 범위를 상상할 수 있는데, 그 수표는 한 자리부터 열일곱 자리까지의 나눗수와 한 자리부터 열네 자리까지의 역수의 252개의 항목으로 이루어져 있다. 이 수표는 두 수 n과 n'의 목록인데, 여기서 곱 nn'은 1과 같거나 60의 다른 거듭제곱과 같다. 특별한 예로서, 한 줄에는 다음 값이 포함되어 있다.

2, 59, 21, 40, 48, 54　　20, 4, 16, 22, 28, 44, 14, 57, 40, 4, 56, 17, 46, 40

이것은 다음과 같은 곱을 표현한다고 생각할 수 있다.

$$\begin{gathered}(2\cdot 60^5 + 59\cdot 60^4 + 21\cdot 60^3 + 40\cdot 60^2 + 48\cdot 60 + 54)\\ \times(20\cdot 60^{13} + 4\cdot 60^{12} + \cdots + 46\cdot 60 + 40) = 60^{19}\end{gathered}$$

이런 규모의 셈이 그 당시의 천문학 연구에서 필요했던 것으로 보인다.

앞에서 암시한 대로, 바빌로니아 사람들은 나눗셈을 이집트 사람들의 까다로운 거듭 두 배하기 방법으로 시행하지 않았다. 그 대신에 그들은 a를 b로 나누는 것을 a에 b의 역수를 곱하는 것으로 해석했다. 곧, $a/b = a(1/b)$로 해석했다. 그들은 나눗수의 역수를 수표 또는 셈으로 찾은 뒤에, 그것에 나뉨수를 곱하면 됐다. 이를 위해서 바빌로니아 필경사들은 그들이 마음대로 사용할 수 있는 곱셈 표를 갖고 있었는데, 거의 언제나 특정한 수에 1, 2, 3, …, 18, 19, 20과 다음에 30, 40, 50을 잇따라 곱한 곱을 알려준다. 기원전 1500년경의 한 찰흙 판에는 7, 10, 12½, 16, 24의 수표가 있는데, 각각에 대해 앞에 나열한 값들을 곱하고 있다. 그러므로 이를테면 7을 2로 나누는 과정은 다음과 같이 7에 2의 역수를 곱할 것이다.

$$7(0;\ 30) = 0;\ 210 = 3;\ 30$$

이것은 물론 $3\frac{1}{2}$에 대한 육십진 기수법이다.

■ 바빌로니아의 이차 방정식 취급

수표 찰흙 판과 달리, 대수학적 문제와 기하학적 문제를 다룬 판도 있다. 이런 것들은 일반적으로 밀접하게 관련된 수치적 문제들을 대응하는 셈 및 답과 함께 잇따라 제시한다. 본문은 흔히 "이런 것이 과정이다."라는 말로 끝난다. 일반적인 법칙을 제시하는 것은 없지만, 문제들을 다룬 일관된 방법은 (이집트 사람들과 달리) 바빌로니아 사람들이 수학에 어느 정도 이론적으로 접근했다는 사실을 시사한다. 문제들은 측량이나 부기에 관한 전문 지식이 아니라 지적 훈련으로 보이며, 수치적 관계에 대한 이론적인 관심을 보여준다.

기원전 2000년경의 바빌로니아 사람들이 이차 방정식을 푸는 우리의 공식에 친숙해 있음을 보여주는 스무 개 정도의 찰흙 판이 있다. 이것은 다음 문제를 포함하고 있는 고대 바빌로니아 문장이 잘 예시한다.

> 나는 정사각형의 넓이와 변의 3분의 2를 더했는데, 이것은 0; 35이다. 이 정사각형의 변은 얼마인가?

이런 문제들은 흔히 길이(또는 변) 및 너비와 같은 단어를 문자 x와 y로 바꾸어 현재의 표기법으로 번역할 수 있다. 현대적인 표기법으로 이 문제의 내용을 다음과 같이 나타낼 수 있다.

$$x^2 + \frac{2}{3}x = \frac{35}{60}$$

자세한 풀이 과정은 이 문헌에 다음과 같이 말로 된 지시로 설명되어 있다.

> [x 의] 곁수인 1을 택하라. 1의 3분의 2는 0; 40이다. 이의 반인 0; 20에 0; 20을 곱하고, 이것[그 결과]을 0; 35에 곱하고 [그 결과] 0; 41, 40의 제곱근으로 0; 50을 얻는다. 그 자체로 곱했던 0; 20으로 0; 50에서 빼면, 0; 30은 그 정사각형[의 변]이다.

현대적인 대수적 표기법으로 바꾸면, 이런 단계들은 다음을 알려준다.

$$\begin{aligned} x &= \sqrt{\left(\frac{0;\,40}{2}\right)^2 + 0;\,35} - \frac{0;\,40}{2} \\ &= \sqrt{0;\,6,\,40 + 0;\,35} - 0;\,20 \\ &= \sqrt{0;\,41,\,40} - 0;\,20 \\ &= 0;\,50 - 0;\,20 = 0;\,30 \end{aligned}$$

이에 따라 바빌로니아의 지시는 이차 방정식 $x^2 + ax = b$를 풀기 위한 다음과 같은 친숙한 법칙과 동치인 공식을 사용한 것과 같다.

16개의 문제와 풀이를 포함한 고대 바빌로니아 쐐기 문자 교과서 (*Copyright British Museum*)

$$x = \sqrt{\left(\frac{a}{2}\right)^2 + b} - \frac{a}{2}$$

바빌로니아의 수학자들은 모든 이차 방정식을 풀 수 있는 '근의 공식'을 갖고 있지 않았지만, 이런 구체적인 예에 있는 지시가 매우 체계적이므로 그들이 일반적인 과정을 예시하려고 의도했음을 어느 정도 확신할 수 있다.

역사적으로는, 이차 방정식 대신에 직사각형에 대해 말하는 것이 더 적절할 수 있는데, 이런 방정식을 탄생시킨 것이 직사각형에 관한 문제였기 때문이다. 고대 세계에서는 평면도형의 넓이가 그것의 둘레에 따라 전적으로 결정된다는 오류가 널리 퍼져 있었다. 사람들은 같은 길이의 둘레는 언제나 같은 넓이를 둘러싼다고 믿었다. 군 지휘관들은 적 병사의 수를 그들 진영의 둘레에 따라 어림했고, 뱃사람들은 섬의 크기를 그것을 한 바퀴 도는 데 걸리는 시간으로 어림했다. 그리스의 역사학자 폴리비우스(Polybius, 기원전 207?~125)는 당시에 공동 사회의 부도덕한 구성원들은 동료 구성원들을 그들이 스스로 선택한 것보다 (넓이는 더 작지만) 둘레가 더 큰 땅을 줌으로써 속였다고 기록했다. 이런 방식으로 그들은 이기적이지 않고 관대하다는 명성을 얻었지만, 실제로는 지나친 이익을 챙겼다.

분명히 고대에 직사각형의 둘레와 그 넓이 사이의 관계를 체계적으로 고찰했다. 고대 바빌로니아 수학의 전형적인 문제는 다음과 같다. "직사각형의 둘레의 반 $x+y=a$와 넓이 $xy=b$가 주어졌을 때, 길이 x와 너비 y를 찾아라." 그들을 어떻게 풀이를 시작했을까? 짐작할 수밖에 없는데, 이 시기의 수학 문헌 속에서 이런 결과에 도달한 방법을 알려주는 분명한 지적이 전혀 없기 때문이다. 바빌로니아 수학자들은 경험주의자이자 관찰자였는데, 정연한 방식으로 사실들을 제시한 찰흙 판들을 이용했다. 십중팔구, 그들은 둘레를 일정하게 고정했을 때 넓이로 취할 수 있는 서로 다른 값들에 대한 표를 틀림없이 작성했을 것이다. 이에 따라 둘레의 반이 $x+y=a=20$인 직사각형에 대해 이런 결과로 얻은 넓이를 z가 수 0부터 9까지의 수 중 하나일 때 다음의 변화를 표로 나타냈을 것이다.

$$x = \frac{a}{2} + z, \quad y = \frac{a}{2} - z$$

이 수들이 보여주는 내용은 z가 커짐에 따라 넓이가 줄어들고 차 $(a/2)^2 - b$는 언제나 z의 제곱과 같다는 사실이다. 곧, 다음이 성립한다.

$$\left(\frac{a}{2}\right)^2 - b = z^2$$

이 시점에서 분명히 바빌로니아 사람들은 이 과정을 뒤집어서 $(a/2)^2 - b$의 값으로부터 z를 확인할 수 있다는 사실을 이해하기 시작했을 것이다. 이에 따라 다음을 얻는다.

$$z = \sqrt{\left(\frac{a}{2}\right)^2 - b}$$

	$x=\frac{a}{2}+z$	$y=\frac{a}{2}-z$	$b=xy$	$\left(\frac{a}{2}\right)^2-b$
$z=0$	10	10	100	0
$z=1$	11	9	99	1^2
$z=2$	12	8	96	2^2
$z=3$	13	7	91	3^2
$z=4$	14	6	84	4^2
$z=5$	15	5	75	5^2
$z=6$	16	4	64	6^2
$z=7$	17	3	51	7^2
$z=8$	18	2	36	8^2
$z=9$	19	1	19	9^2

그리고 결과적으로 모르는 양은 다음과 같다.

$$x=\frac{a}{2}+\sqrt{\left(\frac{a}{2}\right)^2-b}\,,\quad y=\frac{a}{2}-\sqrt{\left(\frac{a}{2}\right)^2-b}$$

맨 처음에 이런 결론들은 구체적인 결과들에 대한 관찰을 통해 경험적으로 확립됐다. 논리적인 고찰도 없었고 증명된 정리들로부터의 어떠한 연역적 추론도 없었다. 고대의 접근 방법에 대해 말할 수 있는 최선은 인내가 탁월함을 대신했다는 점이다. 나중에 바빌로니아 사람들은 합 $x+y=a$가 주어지면 더 큰 값, 이를테면 x는 $a/2$를 특정한 양 z만큼 초과한다는 사실을 인식했다. $x+y$가 고정되어 있으므로 x는 y가 줄어든 만큼 커질 수 있다. 그러므로 다음의 합은 a이다.

$$x=\frac{a}{2}+z,\quad y=\frac{a}{2}-z$$

이런 값들은 방정식 $xy=b$에 대입하면 다음과 같다.

$$\left(\frac{a}{2}+z\right)\left(\frac{a}{2}-z\right)=b$$

그러므로 다음이 성립한다.

$$\left(\frac{a}{2}\right)^2-z^2=b$$

이에 따라 다음을 얻는다.

$$z^2=\left(\frac{a}{2}\right)^2-b$$

그러므로 다음이 성립한다.

$$z = \sqrt{\left(\frac{a}{2}\right)^2 - b}$$

음수 근을 무시했는데, 이것은 근대까지도 일상적이었다. 찾은 z의 값을 이용하면 다음과 같이 x와 y를 얻을 수 있다.

$$x = \frac{a}{2} + \sqrt{\left(\frac{a}{2}\right)^2 - b}\ , \quad y = \frac{a}{2} - \sqrt{\left(\frac{a}{2}\right)^2 - b}$$

이 접근 방법을 전형적인 예로 설명할 수 있다. 예일 바빌로니아 소장품에 있는 쐐기 문자 찰흙 판에서는 다음 연립 방정식의 해를 (특별한 수로) 찾는다.

$$x + y = \frac{13}{2}, \quad xy = \frac{15}{2}$$

방금 설명한 바빌로니아의 방법은 x와 y를 $\frac{13}{4}$에 보정할 z를 더하고 뺄 필요가 있다. 곧, 다음과 같이 놓는다.

$$x = \frac{13}{4} + z, \quad y = \frac{13}{4} - z$$

그러므로 첫째 방정식은 다음이 성립하기 때문에 성립한다.

$$x + y = \left(\frac{13}{4} + z\right) + \left(\frac{13}{4} - z\right) = 2\left(\frac{13}{4}\right) = \frac{13}{2}$$

그리고 둘째 방정식 $xy = \dfrac{15}{2}$는 다음과 같이 된다.

$$\left(\frac{13}{4} + z\right)\left(\frac{13}{4} - z\right) = \frac{15}{2}$$

이것은 다음과 같이 된다.

$$\frac{169}{16} - z^2 = \frac{15}{2}, \text{ 곧 } \quad z^2 = \frac{169}{16} - \frac{15}{2} = \frac{49}{16}$$

그러므로 $z = \frac{7}{4}$이고, 곧 다음을 찾는다.

$$x = \frac{13}{4} + \frac{7}{4} = 5, \quad y = \frac{13}{4} - \frac{7}{4} = \frac{3}{2}$$

처음에 $x + y$ 대신에 차 $x - y$가 주어져도, 똑같은 발상을 사용할 수 있다. 유사하게 진행해서, 바빌로니아 사람들은 다음 연립 방정식을 풀었을 것이다.

$$x - y = a, \quad xy = b$$

이를 위해 먼저 다음과 같이 놓자.

$$x = z + \frac{a}{2}, \quad y = z - \frac{a}{2}$$

이것으로부터 해는 다음과 같다.

$$x = \sqrt{\left(\frac{a}{2}\right)^2 + b} + \frac{a}{2}, \quad y = \sqrt{\left(\frac{a}{2}\right)^2 + b} - \frac{a}{2}$$

더 복잡한 대수 문제는 다양한 장치를 통해 다음과 같은 기본적인 연립 방정식으로 바꿨다.

$$x \pm y = a, \quad xy = b$$

이것을 표준형이라 부르겠다. 예를 들면, 하나의 찰흙 판에는 다음과 수치적으로 동치인 문제가 실려 있다.

$$x + y = \frac{35}{6}, \quad x + y + xy = 14$$

x와 y의 값은 각각 $\frac{7}{2}$과 $\frac{7}{3}$이지만, 이 해를 찾는 방법은 주어져 있지 않다. 이것은 아마도 둘째 방정식으로부터 첫째 방정식을 빼서 다음을 얻었을 것이다.

$$xy = x + y + xy - (x + y) = 14 - \frac{35}{6} = \frac{49}{6}$$

그러므로 이 문제는 다음 연립 방정식을 푸는 것과 같다.

$$x + y = \frac{35}{6}, \quad xy = \frac{49}{6}$$

그리고 앞에서 논의한 과정에 의해 다음을 얻는다.

$$x = \frac{35}{12} + \frac{7}{12} = \frac{7}{2}, \quad y = \frac{35}{12} - \frac{7}{12} = \frac{7}{3}$$

■ 바빌로니아의 특징적인 두 문제

바빌로니아 문제의 표준형은 조건 $xy = b$는 고정시키고 둘째 방정식은 변화시켜서 도달한 x와 y에 관한 좀 더 정교한 식으로 이루어졌다. 이것은 다른 찰흙 판에서 입증되는데, 현재의 표기법으로 다음의 풀이를 요구한다.

$$xy = 600, \quad (x + y)^2 + 120(x - y) = 3700$$

분명히 바빌로니아 사람들은 등식 $(x + y)^2 = (x - y)^2 + 4xy$를 알고 있었는데, 이것을 이용하면 $(x + y)^2$을 $(x - y)^2 + 2400$을 바꿀 수 있었다. 이렇게 치환하면, 둘째 방정식은 다음과 같이 $x - y$에 관한 이차 방정식이 된다.

$$(x-y)^2+120(x-y)=1300$$

이차 방정식에 대한 그들의 근의 공식을 활용하면 다음과 같은 $x-y$의 값을 얻는다.

$$x-y=\sqrt{\left(\frac{120}{2}\right)^2+1300}-\frac{120}{2}=\sqrt{4900}-60=70-60=10$$

그러므로 바빌로니아 수학자는 다음 연립 방정식을 풀 필요가 있었을 것이다.

$$x-y=10,\quad xy=600$$

이것의 풀이는 어렵지 않다. 실제로, $x=z+5$와 $y=z-5$로 놓고 통상적인 방법을 이용하면 해 $x=30$, $y=20$을 얻는다.

바빌로니아 사람들은 $x^2+ax=b$와 $x^2=ax+b$ 꼴의 이차 방정식에 대해 알고 있었는데, 다음과 같은 각각의 해를 많은 예에서 알기 쉽고 분명하게 가르쳤다.

$$x=\sqrt{\left(\frac{a}{2}\right)^2+b}-\frac{a}{2},\quad x=\sqrt{\left(\frac{a}{2}\right)^2+b}+\frac{a}{2}$$

해 x의 음수 값을 얻게 하는 음의 제곱근은 언제나 무시했다. 바빌로니아 수학에서 이차 방정식의 음수 근이 인정받은 경우는 결코 없다. $x^2+b=ax$ 꼴의 이차 방정식도 잘 알려져 있었지만, 온갖 기발한 장치를 통해 연립 방정식 $x+y=a$, $xy=b$로 변환했다. 바빌로니아 사람들은 경험에 따라 $x^2+b=ax$에는 서로 다른 두 근 $x=a/2+\sqrt{(a/2)^2-b}$ 와 $x=a/2-\sqrt{(a/2)^2-b}$ 가 존재한다는 사실을 알았다. 그러나 하나의 같은 양에 대해 두 개의 값이 존재한다는 사실은 바빌로니아 사람들에게 논리적으로 불합리하게 보였음에 틀림없었고, 기어코 회피해야 할 대상이었다.

예일 대학교의 찰흙 판들에는 비슷한 문제가 수백 개 포함되어 있는데(한 판에만 200개의 문제가 있는데), 풀이 없이 조직적인 순서에 따라 배열되어 있다. 단지 몇 개의 찰흙 판만이 보존됐는데, 이에 따라 원래의 전체에는 수천 개의 문제가 있었음에 틀림없다. 한 가지 경우에 해에 대한 연립 방정식은 다음과 같다.

$$xy=600,\quad \frac{1}{2}(x+y)^2-60(x-y)=-100$$

이것은 오른쪽에 음수가 있는 보기 드문 예이다. 뺄셈을 지시하는 경우와 구별되게 그 자체로 나타난 음수의 개념은 유럽에서는 2500년 뒤에도 통용되지 않았다.

바빌로니아 수학의 대수학적 특성을 예시하는 마지막 예로, 통상적인 측량 막대로 크기를 모르는 갈대를 사용해서 직사각형 땅의 길이와 너비를 재는 문제를 고려하자. 찰흙 판을 번역하면 다음과 같다.

> 나는 갈대를 가지고 있다. 나는 이의 크기를 알지 못한다. 이것으로부터 1큐빗을 잘라내고, 그 길이를 따라 60배를 걸어간다. 나는 잘라낸 것을 복구하고, 다음에 그 너비를 따라 30배를 걸어간다. 그 넓이는 6, 15이다. 갈대의 원래 길이는 얼마인가?

당시에 땅의 길이를 재는 공통 단위는 닌다(ninda)인데, 이는 12큐빗(cubit)이다. 그러므로 $\frac{1}{12}$닌다를 크기를 모르는 막대로부터 잘라냈다. 원래의 막대의 크기를 x라고 가정하면, 땅의 길이는 $60(x-\frac{1}{12})$인데, 땅은 자른 막대의 60배만큼 길기 때문이다. 1큐빗을 막대에 되돌리면, 땅의 너비는 복구한 완전한 막대의 길이의 30배, 곧 $30x$이다. 땅의 넓이는 375이므로, 다음이 성립한다.

$$30x \cdot 60\left(x-\frac{1}{12}\right)=375$$

이것으로부터 다음 이차 방정식을 얻는다.

$$1800x^2=150x+375$$

이 방정식의 양변에 1800을 곱해서, 찰흙 판의 저자는 다음을 얻었을 것이다.

$$(1800x)^2=150(1800x)+1800 \cdot 375$$

이것은 $1800x$에 관한 이차 방정식이다. 그러므로 $y=1800x$로 놓으면 다음을 얻는다.

$$y^2=150y+1800 \cdot 375$$

쐐기 문자로 쓰인 지시 사항은 $y^2=ay+b$의 근에 대한 다음과 같은 친숙한 공식에 대입하는 것과 동치이다.

$$y=\sqrt{\left(\frac{a}{2}\right)^2+b}+\frac{a}{2}$$

현재 문제의 수들에 이 규칙을 적용하면 다음을 얻는다.

$$y=\sqrt{75^2+(1800)(375)}+75=825+75=900$$

이것에서 $x=\frac{1}{2}$닌다가 결정된다.

문제 2.5

1. 분수 $\frac{19}{15}$, $\frac{5}{3}$, $\frac{10}{9}$을 다음 방법으로 육십진 기수법으로 나타내라.
   (a) 분모의 역수를 찾은 다음에 분자를 곱하는 바빌로니아 방법
   (b) 분자와 분모에 60을 곱하고 간단히 하는 방법

2. 예일 대학교 바빌로니아 소장품에 있는 한 찰흙 판에는 다음과 같은 글이 있다.

   돌을 찾았는데 그 무게는 재지 않았다. $\frac{1}{7}$을 더하고 $\frac{1}{11}$을 더한 뒤에, 무게를 쟀는데, [결과는] 1미나였다. 원래 그 돌의 무게는 얼마인가? 원래의 무게는 $\frac{2}{3}$미나 8셰켈 $22\frac{1}{2}$세이다.

   단위 사이의 관계 '1미나=60셰켈'과 '1셰켈=180세'를 사용해서 위에 제시한 풀이를 밝혀라. [**귀띔**: 원래 돌의 무게를 x라 하면 $(x+x/7)+\frac{1}{11}(x+x/7)=60$셰켈이 성립한다.]

3. 다음 바빌로니아 문제의 답을 찾아라.

   은 반지가 두 개 있는데, 첫째 반지의 $\frac{1}{7}$과 둘째 반지의 $\frac{1}{11}$이 깨졌고, 그 깨진 것의 무게가 1셰켈이다. $\frac{1}{7}$이 깨진 첫째의 무게는 $\frac{1}{11}$이 깨진 둘째의 무게와 같다. 원래 반지들의 무게는 얼마인가? [**귀띔**: 두 반지의 무게 x와 y에 관한 다음 연립 방정식을 생각하자.

   $$\frac{x}{7}+\frac{y}{11}=1, \quad \frac{6x}{7}=\frac{10y}{11}]$$

4. 기원전 1700년의 전형적인 바빌로니아 문제는 둘레의 반과 넓이가 주어진 직사각형의 변의 길이를 찾는다. 곧, $x+y=a$, $xy=b$ 꼴의 연립 방정식을 푼다. 특별한 연립 방정식 $x+y=10$, $xy=16$의 해를 찾아라. [**귀띔**: 바빌로니아 사람들은 등식 $(x-y)^2=(x+y)^2-4xy$를 사용해서 $x-y$를 찾았을 것이다.]

5. 다음과 같은 바빌로니아 문제가 있다.

   직사각형의 넓이에 길이가 너비를 초과한 양을 더하면 120이 된다. 게다가, 길이와 너비의 합은 24이다. 이 직사각형의 크기를 찾아라.

   [**귀띔**: 이 문제는 두 방정식 $xy+x-y=120$과 $x+y=24$의 꼴로 나타낼 수 있다. $y=z-2$로 치환하면, 이 연립 방정식은 $x+z=26$, $xz=144$가 된다.]

6. 바빌로니아의 과정을 사용해서, 다음 연립 방정식을 풀어라.
   (a) $x-y=6$, $xy=16$
   (b) $x-y=4$, $xy=21$
   (c) $x+y=8$, $xy=15$

7. 바빌로니아 찰흙 판에 다음 문제가 풀려 있다.

   $$x+y=27, \quad xy+(x-y)=183$$

   먼저 $z=y+2$로 놓고 연립 방정식 $x+z=29$, $xz=210$을 얻어서 이 문제를 풀어라.

8. 브리튼 박물관에 있는 한 찰흙 판에는 다음 문제가 풀려 있다.

> 길이에 [12배를 하면] 깊이가 된다. 상자는 비어 있다. 이것의 부피에 단면을 더하면, 1; 10을 얻는다. 그리고 길이는 0; 30이다. 너비는 얼마인가?

이 문제를 풀기 위해서 x, y, z를 차례로 길이, 너비, 깊이라고 하면, 다음이 성립한다.

$$z = 12x, \quad xyz + xy = 1;10, \quad x = 0;30$$

9. 바빌로니아 수학에서 이차 방정식에 대한 고전적인 예를 브리튼 박물관에 있는 한 찰흙 판에서 찾아볼 수 있는데, 다음과 같다.

> 내 정사각형의 넓이의 11배에 그 변의 7배를 더하면 6; 15를 얻는다. 7과 11로 셈하라.

정사각형의 변의 길이에 대한 그 필경사의 답 0; 30을 찾아라. [**귀띔**: "7과 11로 셈하라."는 지시는 단순히 $11x^2 + 7x = 6;15$를 뜻한다. 이 방정식이 양변에 11을 곱하면 이것은 $11x$에 관한 이차 방정식이 된다.]

10. 알렉산드리아의 헤론은 이차 방정식 $\frac{11}{14}x^2 + \frac{22}{7}x + x = 212$를 양변에 $11 \cdot 14$를 곱해서 풀었다. 헤론의 셈을 시행해서 x를 얻어라.

11. 고대 바빌로니아의 다음과 같은 문장이 있다.

> 나의 두 정사각형의 넓이를 더하면 [결과는] 25.25이다. 둘째 정사각형[의 변]은 첫째의 변의 $\frac{2}{3}$에 5를 더한 것이다.

두 정사각형의 변의 길이를 각각 찾아라.

12. $n = 1$부터 $n = 10$까지의 $n^3 + n^2$의 값에 대한 수표를 만들고, 이 수표를 사용해서 삼차 방정식 $144x^3 + 12x^2 = 48$을 풀어라. [**귀띔**: 주어진 방정식에 12를 곱하라.]

13. 다음 바빌로니아 문제를 귀띔에 제시한 과정을 사용해서 풀어라.

(a) $x = 30$, $xy - (x-y)^2 = 500$ [**귀띔**: 첫째 식의 제곱에서 둘째 식을 빼서 $x - y$에 관한 이차 방정식을 얻어라. 이 이차 방정식을 풀어서 $x - y = a$, $xy = b$ 꼴의 연립 방정식을 얻어라.]

(b) $x + y = 50$, $x^2 + y^2 + (x-y)^2 = 1400$ [**귀띔**: 둘째 식의 두 배에서 첫째 식의 제곱을 빼서 $x - y$에 관한 이차 방정식을 얻어라.]

(c) $xy = 600$, $(x+y)^2 + 600(x-y) = 3100$ [**귀띔**: 공식 $(x+y)^2 = (x-y)^2 + 4xy$을 이용하면 $x - y$에 관한 이차 방정식을 얻는다.]

(d) $xy = 600$, $20(x+y) - (x-y)^2 = 900$ [**귀띔**: 공식 $(x-y)^2 = (x+y)^2 - 4xy$을 이용하면 $x - y$에 관한 이차 방정식을 얻는다.]

(e) $xy = 600$, $x^2 + y^2 = 1300$ [**귀띔**: 첫째 방정식을 제곱해서 $u = x^2$과 $v = y^2$에 관한 연립 방정식을 얻어라.]

(f) $x - y = 10$, $x^2 + y^2 = 1300$ [**귀띔**: 둘째 방정식으로부터 첫째 방정식의 제곱을 빼라.]

2.6 플림프턴 322

■ 수 삼조에 관한 찰흙 판

수학의 역사에서 또 다른 이상한 점은 바빌로니아 찰흙 판 플림프턴 322[컬럼비아 대학교의 플림프턴(G. A. Plimpton) 소장품에서 목록 번호 322]가 노이게바우어와 작스(A. J. Sachs)에 의해 1945년에 판독됐을 때 드러났다. 이 찰흙 판은 고대 바빌로니아 시대에 만들어졌는데, 기원전 1900년과 1600년 사이의 어느 시기로 추정된다. 이 특이한 무리의 수치들에 대한 분석을 통해, 바빌로니아 사람들이 이른바 피타고라스 정리를 피타고라스가 태어나기 1000년 이상 전에 알고 있었다는 사실을 조금의 의혹도 남기지 않고 밝혀주었다. 직각삼각형의 세 변의 길이 사이의 관계를 알려주는 피타고라스의 결과가 간결하게 공식 $x^2+y^2=z^2$으로 표현된다는 사실을 상기하자.

문제의 문헌 플림프턴 322에는 큰 찰흙 판의 오른쪽 부분에 몇 개의 열이 있다. 왼쪽의 깨진 부분에서 명백히 알 수 있듯이, 이 찰흙 판은 원래 더 컸었다. 갈라진 틈에 있는 현대적인 접착제는 다른 부분이 이 찰흙 판이 발굴된 뒤에 분실됐음을 뜻한다. 이 찰흙 판은 오른쪽 모서리의 중간 부근의 깊은 홈과 왼쪽 위의 구석에 있는 벗겨진 부분으로 더욱 손상됐다. 다음 목록은 그 내용을 전달한다.

119	169	1
3367	4825 (11521)	2
4601	6649	3
12709	18541	4
65	97	5
319	481	6
2291	3541	7
799	1249	8
481 (541)	769	9
4961	8161	10
45	75	11
1679	2929	12
161 (25921)	289	13
1771	3229	14
56	106 (53)	15

세 열의 수가 보존되고 있는데, 각각 제목이 붙어있다. 마지막 열은 그저 수 1, 2, ⋯, 15를

포함하는데, 그런 줄들이 나열되고 있음을 나타낸다. 앞에 있는 두 열이 더 흥미로운데, '너비'와 '맞모금'으로 번역되는 단어가 제목으로 붙어있다. 이것들이 변의 길이가 자연수인 직각 삼각형의 직각을 낀 한 변과 빗변을 형성한다는 사실을 어렵지 않게 밝힐 수 있다. 바꿔 말하면, 가운데 열에 있는 수를 제곱하고 그에 대응하는 첫째 열에 있는 수의 제곱을 빼면 그 결과는 제곱수이다. 예를 들면, 첫째 행에는 다음 등식이 들어있다.

$$(169)^2 - (119)^2 = (120)^2$$

이 문헌에는 몇 가지 오류가 있는데, 위의 목록에서 찰흙 판에 있는 원래의 기록은 수정된 수치의 오른쪽에 있는 괄호 속에 나타냈다. 아홉째 줄에 481 대신에 541이 나타났는데, 의심할 바 없이 필경사의 실수이다. 육십진 기수법으로 541은 9, 1로 쓰고 481은 8, 1로 쓰기 때문이다. 열셋째 줄의 경우에 필경사는 161 대신에 그 수의 제곱을 썼고, 마지막 줄에는 정확한 값의 반이 나타난다. 둘째 줄에는 설명할 수 없는 오류가 남아있다.

바빌로니아 사람들이 방정식 $x^2+y^2=z^2$을 만족시키는 세 수 x, y, z를 어떻게 유도했는지를 자연스럽게 묻게 된다. 플림프턴 322에 포함된 수들은 매우 크기 때문에 단순히 추측으로 얻을 수 없었을 것이다. 시행착오 방법을 사용한다면, 이런 경우보다 앞서 더 간단한 풀이를 많이 발견했을 것이다. 바빌로니아 사람들이 피타고라스 방정식을 푸는 분명히 알 수 있는 방법을 알고 있었다면, 그것은 무엇일까? 단서는 넷째 열에 있는데, 이 열은 불완전하고 플림프턴 찰흙 판의 깨진 왼쪽 모서리를 따라 있다. 이 열에는 z^2/x^2의 값들의 목록을 포함하고 있는데, 이것은 관계식 $x^2+y^2=z^2$을 다음과 같이 바꾸었음을 암시한다.

$$\left(\frac{z}{x}\right)^2 - \left(\frac{y}{x}\right)^2 = 1$$

$\alpha = z/x$이고 $\beta = y/x$라 하면, 이것은 다음과 같이 된다.

$$\alpha^2 - \beta^2 = 1$$

그러면 문제는 변들의 길이가 유비수[유리수] 1, α, β이고 $\alpha^2-\beta^2=1$을 만족시키는 직각 삼각형을 구성하는 문제가 된다. 그런데 결정적인 단계는 이 마지막 등식을 다음과 같이 표현할 수 있음을 알아채는 것이다.

$$(\alpha-\beta)(\alpha+\beta) = 1$$

고려하는 모든 수는 유비수이므로, 곱이 1인 두 수는 서로 역수이다. 곧, 한 수는 m/n이고 다른 수는 n/m인데, 여기서 m과 n은 자연수이다. 다음과 같이 놓자.

$$\alpha - \beta = \frac{m}{n}, \quad \alpha + \beta = \frac{n}{m}$$

그러면 더해서 다음을 얻는다.

바빌로니아 찰흙 판 플림프톤 322.(*By courtesy of Columbia University*)

$$\alpha = \frac{1}{2}\left(\frac{m}{n} + \frac{n}{m}\right)$$

그리고 빼서 다음을 얻는다.

$$\beta = \frac{1}{2}\left(\frac{m}{n} - \frac{n}{m}\right)$$

결론적으로 다음을 얻는다.

$$\alpha = \frac{m^2 + n^2}{2mn}, \quad \beta = \frac{m^2 - n^2}{2mn} \tag{1}$$

그런데 $y = \beta x$이고 $z = \alpha x$이다. 자연수 해를 얻기 위해서 $x = 2mn$이라 하면, 다음과 같이 된다.

$$x = 2mn, \quad y = m^2 - n^2, \quad z = m^2 + n^2$$

이것은 변의 길이가 자연수인 직각 삼각형을 찾는 잘 알려진 공식으로, 그리스 시대에 디오판토스(Diophantus, 서기 250년경)가 사용했다. 그는 고대 말기의 가장 독창적인 수학자였다.

이런 공식에 도달하기 위해서는 분수들을 더하고 빼는 능력 이외에 기본적인 결과로 다음과 같은 대수학적 등식이 요구된다.

$$\alpha^2-\beta^2=(\alpha+\beta)(\alpha-\beta)$$

이것은 아래에 있는 것과 같은 그림을 생각해서 찾아낼 수 있었을 것이다. 어둡게 나타낸 영역 $\alpha^2-\beta^2$은 그림에 나타낸 대로 쪼개고 다음에 다시 배열할 수 있다. 곧, 변들의 길이가 $\alpha+\beta$와 $\alpha-\beta$인 직사각형으로 배열할 수 있다. 그러므로 $\alpha^2-\beta^2=(\alpha+\beta)(\alpha-\beta)$를 얻는다.

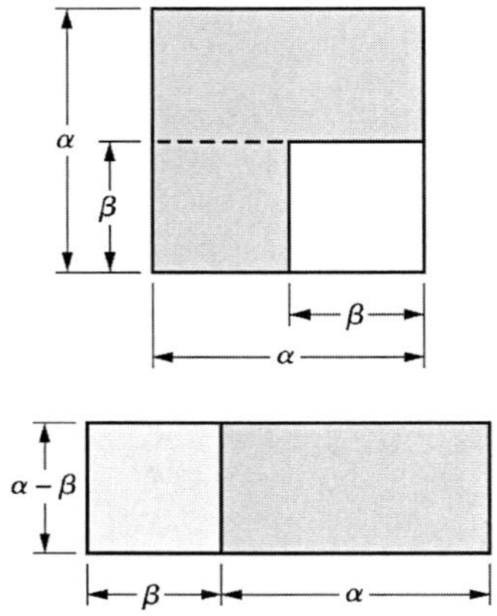

아래의 표는 플림프턴 322에 있는 해를 얻게 하는 m과 n의 값들을 알려준다. 예를 들면, 공식 (1)에서 $m=12$와 $n=5$를 택하면 다음에 도달한다.

$$x=120,\ y=119,\ z=169$$

뒤의 두 수는 그 찰흙 판의 첫째 줄에 있는 항목들이다. 유일한 예외는 열한째 줄에 있다. 여기서 $m=2$와 $n=1$을 택하면 $x=4$, $y=3$, $z=5$를 얻는데, 목록에 나열된 값들을 얻

m	n	$x=2mn$	$y=m^2-n^2$	$z=m^2+n^2$
$2^2\cdot 3$	5	120	119	169
2^6	3^3	3456	3367	4825
$3\cdot 5^2$	2^5	4800	4601	6649
5^3	$2\cdot 3^3$	13500	12709	18541
3^2	2^2	72	65	97
$2^2\cdot 5$	3^2	360	319	481
$2\cdot 3^3$	5^2	2700	2291	3541
2^5	$3\cdot 5$	960	799	1249
5^2	$2^2\cdot 3$	600	481	769
3^4	$2^3\cdot 5$	6480	4961	8161
예외		60	45	75
$2^4\cdot 3$	5^2	2400	1679	2929
$3\cdot 5$	2^3	240	161	289
$2\cdot 5^2$	3^3	2700	1771	3229
3^2	5	90	56	106

정사각형과 그 맞모금을 보여주는 예일 대학교 바빌로니아 소장품에 있는 찰흙 판. (*Yale Babylonian Collection, Yale University*)

으려면 각각에 15를 곱해야 한다. 그 표를 조사할 때 나타나는 한 가지 흥미로운 점은 m과 n이 언제나 2, 3, 5의 거듭제곱의 곱으로 인수 분해된다는 사실이다.

이 수표 처음 두 열을 이루는 m과 n의 목록은 그 역수가 모두 육십진법으로 유한하게 전개되는 것들이다. $1/N$이 다음과 같이 유한하게 전개된다고 하자.

$$\frac{1}{N} = \frac{a_1}{60} + \frac{a_2}{60^2} + \cdots + \frac{a_k}{60^k}$$

그러면 이것은 $1/N = a/60^k$으로 나타낼 수 있는데, 이에 따라 $60^k = aN$이다. 이에 따라 N에 포함되는 씨인수[소인수]는 60^k에 이에 따라 60에 포함되는 씨인수뿐이다. 그런데 60은 $60 = 2^2 \cdot 3 \cdot 5$로 분해되므로, N에 포함될 수 있는 씨인수는 2, 3, 5이다. 곧, 적절한 어깨 수[지수] α, β, γ에 대해 $N = 2^\alpha \cdot 3^\beta \cdot 5^\gamma$이다.[6)]

플림프턴 찰흙 판에 있는 z의 값들은 $z = m^2 + n^2$을 직접 셈한 것이 아니라 이와 동치인 다음 공식을 셈한 것이라는 견해가 있었다.

$$z = (m+n)^2 - 2mn$$

이 견해는 그 찰흙 판의 둘째 줄에 있는 필경사의 오류에 대한 아주 흥미로운 설명을 제공한다. (이것은 $m = 2^6 = 64$이고 $n = 3^3 = 27$인 경우이다.) 제시된 공식을 사용하면, 저자는 두 번의 실수를 저질렀을 것이다. 첫째는 항 $2mn$을 빼야 할 것을 더했을 수 있다. 그리

6) [옮긴이] 소수(decimal fraction)와 구별하기 위해 이 책에서는 소수(prime nuber)는 '씨수'로 나타내고 이에 따라 소인수(prime divisor)는 '씨인수'로 나타낸다. 지수(exponent)는 '어깨 수'로 나타낸다.

고 이 항 자체를 셈할 때 2 · 64 · 27로 써야 할 것을 2 · 60 · 27로 썼을 것이다. 이것은 다음과 같은 부정확한 값을 만든다.

$$z=(64+27)^2+3240=8281+3240=11521$$

정확한 값은 다음과 같다.

$$z=(64+27)^2-3456=8281-3456=4825$$

■ 바빌로니아의 피타고라스 정리 사용

과거 바빌로니아의 가장 인상적인 보물 중 일부가 수사(Susa)에서 발굴됐다. 수사는 고대 엘람(Elam)의 수도였는데, 이 나라는 바빌로니아와 국경을 접하고 있었고 자주 적대적이었다. 수사는 남부 메소포타미아의 다른 어떠한 지역보다 거의 연속적으로 그리고 오랫동안 발굴됐다. 이것의 특정한 모양이 없는 흙더미를 브리튼의 고고학자 윌리엄 로프터스가 확인했는데, 이 학자는 1854년에 자신의 일꾼들을 가라앉은 첫째 도랑에서 지휘했다. 그러나 진정한 대규모의 발굴은 1884년에 프랑스의 고고학 사절단에 의해 처음 시작됐다. 1902년에 그 사절단은 수사의 성채에서 인류의 역사에서 중요한 획기적인 사건의 하나인 왕 함무라비 1세(기원전 1750년경)의 법전을 발견했다. 이 법전은 잘 연마된 검은 섬록암 기둥에 새겨져 있었다. 이것은 전리품으로 바빌론에서 수사로 옮겨놓은 것이었다. 현재의 기준으로 판단하면, 이 285개 조항에는 가장 계몽된 판결과 가장 잔혹한 벌이 기이하게 혼재되어 있다. 이것들은 '맞대응' 원칙을 강조했는데, 이에 따르면 벌은 나쁜 짓과 같아야 한다. "그 사람이 귀족의 눈을 다치게 했으면, 그의 눈도 다치게 해야 한다." 함무라비를 통상 최초의 입법자라고 부르지만, 최근에 그 이전 수메르의 여러 법령들이 있었다는 사실이 발견됐다.

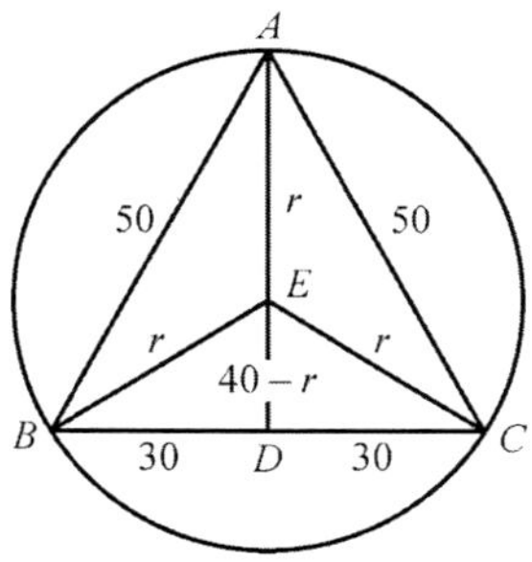

수학적으로 더 흥미로운 찰흙 판 더미가 1936년에 수사에서 프랑스 사람들에 의해 발견됐다. 이것들은 바빌로니아에서 피타고라스 정리를 사용한 가장 오래된 예의 일부를 제공한다. 한 찰흙 판에서는 세 변의 길이가 50, 50, 60인 이등변 삼각형에 외접하는 원의 반지름 r을 셈하고 있다.

풀이는 다음과 같다. 피타고라스 정리는 $AD=40$을 얻기 위해 삼각형 ADB와 관련해서 처음으로 사용된다. $r = AE$이므로, $ED = 40 - r$이다. 피타고라스 정리는 삼각형 EDB에 두 번째로 적용되어, 다음 식이 유도된다.

$$r^2 = 30^2 + (40 - r)^2$$

이것을 풀면, $r = \frac{2500}{80}$, 곧 $r = 31;15$를 얻는다.

고대 바빌로니아의 또 다른 찰흙 판에는 다음과 같은 문제가 있다.

> 길이가 0;30인 기둥[이 벽에 기대어 수직으로 서 있다.] 위쪽 끝이 거리 0;6만큼 미끄러졌다. 아래쪽 끝은 [벽으로부터] 얼마나 많이 움직였는가?

답은 피타고라스 정리의 도움으로 정확하게 찾는다.

■ 카이로 수학 파피루스

최근까지도, 고대 이집트 사람들이 [일반적인 피타고라스 정리의 정당성에 친숙한 것은 고사하고라도] 피타고라스 정리의 단 한 가지 경우라도 알고 있는지에 대해 학문적인 견해가 달랐다. 4000년 전에 이미 이집트 사람들이 측량사(harpedonaptae)를 훈련시켰다는 사실은 잘 알려져 있다. 그들의 주요한 측량 도구는 늘린 밧줄이었다. 고대 이집트의 거대한 구조물에서 기초의 정확한 방향과 기본 방위가 같다는 사실 때문에 일부 역사학자는 이런 '밧줄 펴는 사람'들이 밧줄을 사용해서 두 곳에 매듭을 져서 3 : 4 : 5의 비를 만들어 직각을 작도할 수 있었다고 추측하게 했다. 밧줄의 두 끝을 묶어 매듭을 지고 세 개의 매듭을 팽팽히 당기면 그 밧줄은 직각 삼각형의 모양을 취할 것이다. 그렇지만 이런 접근 방법이 오늘날 간단하게 보일지라도, 이것이 구체적으로 시행됐음을 확인시켜주는 고대부터 전해지는 기록은 없다.

이른바 카이로 수학 파피루스가 1938년에 발굴되고 1962년에 처음 검토됐는데, 기원전 300년의 이집트 사람들은 (3, 4, 5) 삼각형이 직각 삼각형이라는 사실을 알고 있었을 뿐만 아니라 (5, 12, 13)과 (20, 21, 29) 삼각형도 이런 성질을 만족시킨다는 사실도 알고 있었음을 결정적으로 확립했다. 고대 프톨레마이오스 왕조 시대로 추정되는 이 파피루스에는 수학적 성격의 문제 40개가 포함되어 있는데, 이 중에서 7개는 피타고라스 정리만을 배타적으로 다루고 있다. 예를 들어, 한 문제는 다음과 같이 번역된다. "길이가 10큐빗인 사다리의 다리가 벽으로부터 6큐빗만큼 떨어져 있다. 이것은 얼마의 높이까지 도달하는가?"

두 문제가 특히 흥미로운데, 이집트의 수학적 기법이 린드 파피루스의 시대보다 더 발전했음을 밝혀주기 때문이다. 이 문제들은 넓이가 60제곱 큐빗이고 맞모금이 각각 13큐빗과 15큐빗인 직사각형들을 고려한다. 예를 들어 이 중에서 첫째 문제를 현대적인 표기법으로 나타내면, 다음과 같은 연립 방정식을 얻는다.

$$x^2 + y^2 = 169, \quad xy = 60$$

그 필경사의 풀이 방법은 방정식 $x^2+y^2=169$에 $2xy=120$을 더하고 빼면 다음을 얻는 것과 같다.

$$(x+y)^2=289, \quad (x-y)^2=49$$

또는 동치로 다음과 같다.

$$x+y=17, \quad x-y=7$$

이것으로부터 $2y=10$, 곧 $y=5$를 찾고, 그 결과로 $x=17-5=12$를 찾는다.

둘째 문제는 다음과 같다.

$$x^2+y^2=225, \quad xy=60$$

345와 105의 제곱근을 찾는 것 이외에, 이것은 첫째 문제의 풀이와 비슷하다. 완전 제곱이 아닌 수의 제곱근을 어림하는 방법이 여러 가지 있었다. 이 경우에 필경사는 일반적으로 아르키메데스(Archimedes, 기원전 287~212)의 공적으로 돌리고 바빌로니아 문헌에서도 찾아볼 수 있는 다음과 같은 공식을 사용했다.

$$\sqrt{a^2+b} \approx a+\frac{b}{2a}$$

그 필경사가 도달한 어림값은 다음과 같다.

$$\sqrt{345}=\sqrt{18^2+21} \approx 18+\frac{21}{36}=18+\frac{1}{2}+\frac{1}{12},$$

$$\sqrt{105}=\sqrt{10^2+5} \approx 10+\frac{5}{20}=10+\frac{1}{4}$$

바빌로니아 사람들은 '정사각형 더하기 변'으로 알려진 과정을 통해 아르키메데스의 공식과 동치인 기하학적 관계에 도달했다. $\sqrt{N}$을 얻기 위한 첫째 단계는 넓이 a^2이 N보다 작지만 근접한 정사각형을 형성하는 것이다. 차 $b=N-a^2$은 두 변의 길이가 a와 b/a인 직사각형의 넓이로 봤다. 그리고 다음과 같이 이 직사각형을 이등분했고, 이것의 조각들을 그 정사각형의 인접한 모서리들을 따라 붙였다.

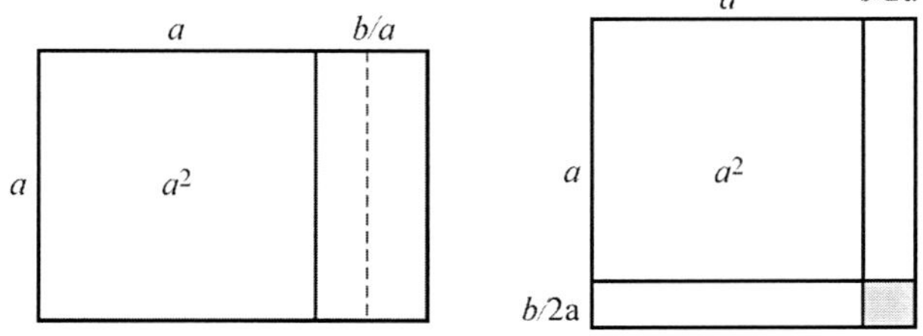

검게 나타낸 빠진 구석을 무시하면, 이렇게 만든 형태는 정사각형으로 해석할 수 있다. 새

로운 정사각형의 변은 $a+b/2a$이므로, 이에 따라 $a^2+b \approx (a+b/2a)^2$이 성립하는데, 그러면 $\sqrt{N}$에 대한 아르키메데스의 어림 식에 도달한다.

제곱근을 찾는 바빌로니아 찰흙 판 중에서 기원전 2000년경의 한 찰흙 판은 두 변의 길이가 0; 40과 0; 10인 직사각형의 맞모금을 찾는다. 문제를 제기한 뒤에, 그 필경사는 다음과 같은 지시 사항을 제시한다.

> 밑변 0; 10을 제곱해서, 0; 01, 40을 얻는다. 높이 0; 40의 역수를 취해서 [그 결과는 1; 30인데] 0; 01, 40에 곱한다. 0; 02, 30을 얻을 것이다. 이것의 반을 택한다. 이 0; 01, 15를 0; 40에 더한다. 그러면 0; 41, 15를 얻을 것인데, 이것이 맞모금이다.

대수학적인 식으로 표현하면, 위에서 시행된 셈은 다음과 같다.

$$d=\sqrt{(0;40)^2+(0;10)^2}=0;40+\frac{1}{2}\left(\frac{1}{0;40}\right)(0;10)^2=0;41,15$$

이것은 다음과 같은 어림 식의 특별한 경우임을 알 수 있다.

$$d=\sqrt{a^2+b^2}\approx a+\frac{b^2}{2a}$$

문제 2.6

1. 바빌로니아의 한 찰흙 판에 다음과 같은 문제가 있다. 주어진 원의 둘레가 60단위이고 그 원의 현의 중점으로부터 둘레까지의 거리가 2단위일 때, 그 현의 길이를 찾아라. 이 문제를 풀 때, $\pi=3$을 택한다.

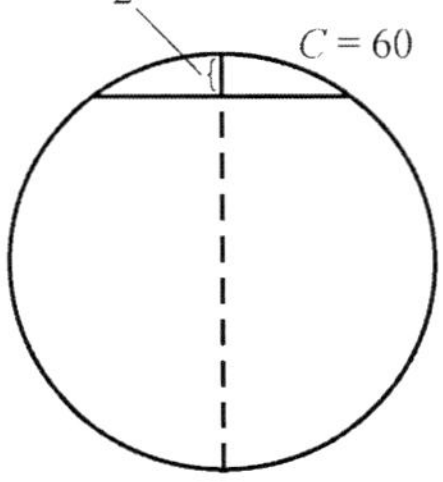

2. 고대 바빌로니아의 한 찰흙 판에서는 변의 길이가 30단위이고 두 밑변의 길이가 14와 50단위인 등변 사다리꼴의 넓이를 찾고 있다. 이 문제를 풀어라.

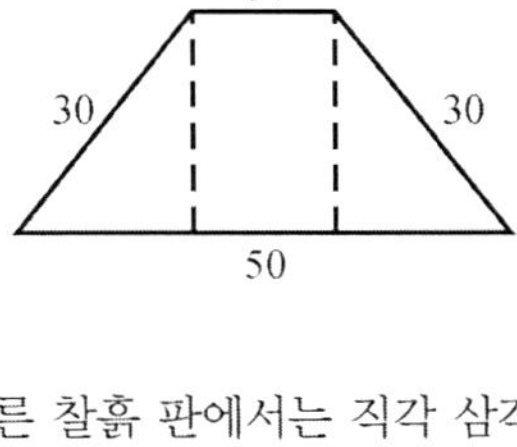

3. 또 다른 찰흙 판에서는 직각 삼각형에서 직각을 낀 한 변의 길이가 50단위다, 직각을 낀 다른 변과 평행이고 그 변으로부터 20단위 떨어져 있는 선을 그려서 얻은 직각 사다리꼴의 넓이가 5, 20=320단위이다. 그 사다

리꼴의 두 밑변의 길이를 찾아라. [**귀띔**: 원래 삼각형의 넓이를 A라 하면, $320+15y=A=25x$, $\frac{1}{2}(x+y)20=320$이 성립한다.]

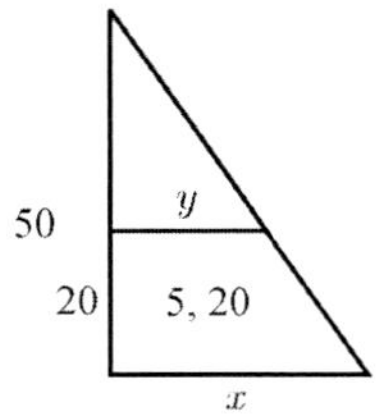

4. 비슷한 문제로, 직각을 낀 한 변의 길이가 30단위인 직각 삼각형을 그 변에 평행인 선을 그려서 두 부분으로 나눈다. 그 결과로 얻은 직각 사다리꼴의 넓이는 위쪽 삼각형의 넓이보다 7, 0=420만큼 크고, 위쪽 삼각형의 높이 y와 사다리꼴의 높이 사이의 차는 20이다. x가 이 사다리꼴의 윗변의 길이이면, 위의 내용은 두 관계식 $\frac{1}{2}z(x+30)=\frac{1}{2}xy+420$과 $y-z=20$으로 표현된다.

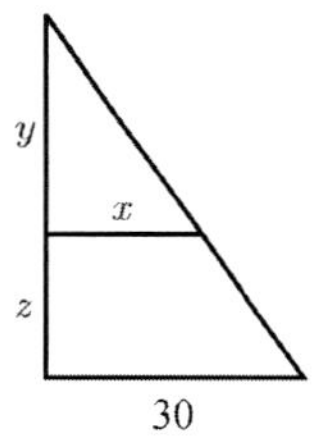

이 문제는 미지의 양 x, y, z의 값을 찾기를 바란다. [**귀띔**: 닮음 삼각형의 성질에 의해 $y/(y+z)=x/30$가 성립한다.]

5. 고대 바빌로니아의 또 다른 문제는 등변 사다리꼴의 변의 길이를 찾고 있는데, 그 넓이는 150이고, 두 밑변의 길이의 차는 5이며(곧, $b_1-b_2=5$이며) 같은 변의 길이는 두 밑변의 길이의 합의 3분의 2보다 10만큼 크다(곧, $s_1=s_2=\frac{2}{3}(b_1+b_2)+10$이다).

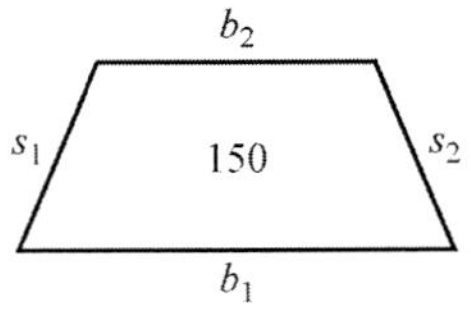

이 문제를 사다리꼴의 넓이에 대한 바빌로니아의 부정확한 다음 공식을 이용해서 풀어라.

$$A=\frac{b_1+b_2}{2}\frac{s_1+s_2}{2}$$

6. 기원전 2000년경의 한 바빌로니아 찰흙 판에서는 두 변의 길이가 40과 10단위인 직사각형의 맞모금 d를 셈하는 두 가지 방법을 제시하고 있다. 첫째 방법은 (구체적인 수로) 다음과 같은 어림 식에 이른다.

$$d\approx a+\frac{2ab^2}{3600}$$

여기서 a는 긴 변이고 b는 짧은 변의 길이다. 둘째 방법은 다음 어림 식에 도달한다.

$$d\approx a+\frac{b^2}{2a}$$

$\sqrt{1700}$에 대한 이런 어림값의 정확성을 각각의 답을 제곱해서 확인하라.

7. $b>0$일 때 a는 $\sqrt{a^2+b}$ 보다 작고 $a+b/a$는 더 크므로, 바빌로니아 수학자는 흔히 이 두 값의 평균을 취해서 $\sqrt{a^2+b}$를 어림했다. 곧, 다음과 같이 했다.

$$\sqrt{a^2+b}\approx\frac{1}{2}\left\{a+\left(a+\frac{b}{a}\right)\right\}$$
$$=a+\frac{b}{2a}\quad(0<b<a^2)$$

이 공식을 이용해서 $\sqrt{2}$, $\sqrt{5}$, $\sqrt{17}$에 대한 유비수 어림값을 얻어라. [**귀띔**: 첫째 경우에 $a=\frac{4}{3}$와 $b=\frac{2}{9}$를 대입하고, 둘째 경우에는 $a=2$와 $b=1$을 대입하자.]

8. 알렉산드리아의 헤론은 제곱이 아닌 수의 제곱근에 더 가까운 어림값을 찾는 되풀이 과정을 얻었다. 그의 책 ≪측정론(Metrica, 최근인 1896년에야 콘스탄티노플에서 11 또는 12 세기로 추정되는 원고로 발견됨)≫에서, 그는 다음과 같은 규칙을 단순히 서술했다. A는 제곱이 아닌 수이고 a^2이 이에 가장 가까운 완전 제곱수이면, 이에 따라 $A = a^2 \pm b$이면, $\sqrt{A}$에 대한 첫째 어림값 x_1은 a와 A/a의 평균이다. 곧, 다음과 같다.

$$x_1 = \frac{1}{2}\left(a + \frac{A}{a}\right)$$

이 수를 이용해서 더 정확한 다음 어림값 x_2를 얻을 수 있다.

$$x_2 = \frac{1}{2}\left(x_1 + \frac{A}{x_1}\right)$$

그리고 이 과정은 원하는 만큼 많이 되풀이할 수 있다.

(a) 헤론이 자신의 방법을 설명하는 데 사용한 수, 곧 720과 63의 제곱근에 대한 어림값을 두 어림을 통해 찾아라.

(b) 헤론의 첫째 어림이 (바빌로니아 방법의 일반화인) 다음과 같은 아르키메데스의 공식과 동치임을 보여라.

$$\sqrt{a^2 \pm b} \approx a \pm \frac{b}{2a}$$

참고 문헌

Aaboe, Asgar. *Episodes from the Early History of Mathematics*. (New Mathematical Library, No. 13) New York: Random House, 1964.

Archibald, Raymond C. "Babylonian Mathematics." *Science* 70 (1929): 66-67.

____. "Mathematics Before the Greeks." *Science* 71 (1930): 109-121.

____. "Babylonian Mathematics." *Isis* 26 (1936): 63-81.

____. "Babylonian Mathematics with Special Reference to Recent Discoveries." *Mathematics Teacher* 29 (1936): 209-219.

Botts, Truman. "Problem Solving in Mathematics: Every Positive Number is a Sum of Unit Fractions." *Mathematics Teacher* 58 (1965): 596-600.

Brattonb, Fred. *A History of Egyptian Archaeology*. New York: Thomas Y. Crowell, 1968.

Bruckheimer, M., and Salomon, Y. "Some Comments on R. J. Gillings' Analysis of the $2/n$-Table in the Rhind Papyrus." *Historia Mathematica* 4 (1977): 445-452.

Buck, R. Creighton. "Sherlock Holmes in Babylon." *American Mathematical Monthly* 87 (1980): 335-345.

Budge, E. A. Wallis. *The Rosetta Stone*. Rev. ed. London: Harrison and Sons, 1950.

Chace, A. B. *The Rhind Mathematical Papyrus* Reston, Va.: National Coubcil of Teachers of Mathematics, 1979.

Fowler, David, and Robson, Eleanor. "Square Root Approximation in Old Babylonian Mathematics," *Historia Mathematica* 25 (1998): 366-378.

Gandz, Solomon. "The Babylonian Table of Reciprocals," *Isis* 25 (1936): 426-431.

____. "Studies in Babylonian Mathematics I: Indeterminate Analysis in Babylonian Mathematics." *Osiris* 8 (1938): 12-40.

____. "Studies in Babylonian Mathematics II: Conflicting Interpretations of Babylonian Mathematics." *Isis* 31 (1939-40): 405-425.

____. "Studies in Babylonian Mathematics III: Isoperimetric Problems and the Origin of the Quadratic Equation." *Isis* 32 (1940): 103-115.

Gillings, Richard J. "'Think-of-a-Number' Problems

28, 29 of the Rhind Mathematical Papyrus." *Mathematics Teacher* 54 (1961): 97-100.

____. "Problems 1-6 of the Rhind Mathematical Papyrus." *Mathematics Teacher* 55 (1962): 61-69.

____. "The Volume of a Truncated Pyramid in Ancient Egyptian Papyri." *Mathematics Teacher* 57 (1964): 552-555.

____. "The Remarkable Mental Arithmetic of the Egyptian Scribes." *Mathematics Teacher* 59 (1966): 372-381, 476-484.

____. *Mathematics in the Time of the Pharaohs.* Cambridge, Mass.: M.I.T. Press, 1972. (Dover reprint 1982)

____. "The Recto of the Rhind Mathematical Papyrus: How Did the Ancient Egyptian Scribe Prepare It?" *Archive for History of Exact Sciences* 12 (1974): 291-298.

____. "The Mathematics of Ancient Egypt." In *The Dictionary of Scientific Biography.* Vol. 15. New York: Charles Scribner (1978): 681-705.

Herodotus. *The History of Herodotus.* Translated by George Rawlinson. London: Everymans Library, 1927.

Hirsch, Harriet. "The Rhind Papyrus." In *Historical Topics for the Mathematical Classroom.* Washinton, D.C.: National Council of Teachers of Mathematics, 1969.

Jones, Phillip. "Recent Discoveries in Babylonian Mathematics I: Zero, Pi and Polygons." *Mathematics Teacher* 50 (1957): 162-165.

____. "Recent Discoveries in Babylonian Mathematics II: The Oldest Known Problem Text." *Mathematics Teacher* 50 (1957): 442-444.

____. "Recent Discoveries in Babylonian Mathematics III: Trapezoids and Quadratics." *Mathematics Teacher* 50 (1957): 570-571.

Karpinski, Louis. "Algebraical Discoveries Among the Egyptians and Babylonians." *American Mathematical Monthly* 24 (1917): 257-265.

Miller, G. A. "A Few Theorems Relating to the Rhind Mathematical Papyrus." *American Mathematical Monthly* 38 (1931): 194-197.

Neugebauer, Otto. *The Exact Sciences in Antiquity.* 2nd ed. Providence: Brown University Press, 1957. (Dover reprint, 1969.)

Newman, James. "The Rhind Papyrus." *Scientific American* 187 (August 1952): 24-27.

Parkinson, Richard. *Cracking Codes: The Rosetta Stone and Decipherment.* Berkeley, Calif.: University of California Press, 1999.

Robins, Gary, and Shute, Charles. *The Rhind Mathematical Papyrus: An Ancient Egyptian Text.* New York: Dover, 1990.

Robson, Eleanor. "Neither Sherlock Holmes nor Babylonian: A Reassesment of Plimpton 322." *Historia Mathematica* 28 (2001): 167-206.

____. "Words and Pictures: New Light on Plimpton 322." *American Mathematical Monthly* 109 (2002): 105-120.

Seidenberg, A. "The Ritual Origin of Geometry." *Archive for History of Exact Sciences* 1 (1962): 488-527.

____. "The Area of a Semi-Circle." *Archive for History of Exact Sciences* 9 (1972): 171-211.

Smeur, A. J. E. M. "On the Value Equivalent to π in Ancient Mathematical Text: A New Interpretation." *Archive for History of Exact Sciences* 6 (1970): 249-270.

Tompkins, Peter. *Secrets of the Great Pyramid.* New York: Harper & Row, 1971

Van der Waerden, B. L. *Science Awakening.* Translated by Arnold Dresden. Groningen: Noordhoff, 1954.

Wohlgemuth, Bernhart. "Egyptian Fractions." *Journal of Recreational Mathematics* 5 (1992): 55-58.

제 3 장

그리스 수학의 태동

정사각형의 맞모금이 그 변과 같은 단위로 잴 수 없다는 사실을 모르는 사람의 이름은 기억할 가치도 없다.

–플라톤(Plato)

3.1 탈레스의 기하학적 발견

■ 그리스와 에게 해 영역

그리스 사람들은 수학을 하나의 학문 분야로 만들었는데, 경험적인 셈 법칙들의 다양한 모임을 질서 있고 체계적인 통일체로 변형시켰다. 그리스 사람들은 분명히 동방의 축적된 지식을 전승받았지만, 자신들의 노력을 통해 수학을 더욱 심오하고 (일상적인 삶의 용도로부터 더 멀어졌다는 의미에서) 더욱 추상적으로 만들었으며, 그에 앞선 어떠한 것보다 더 합리적으로 만들었다. 고대 바빌로니아와 이집트에서 수학은 즉각적인 실용적 활용이나 특권 계급인 필경사들에게 적합한 특별한 지식의 일부로서 주로 도구로 개발됐다. 반면에, 그리스 수학은 감식 전문가를 위한 독립된 지적인 주제였던 것으로 보인다. 그리스 사람들의 추상적인 사고 습관은 그 이전의 사상가들과 구별됐다. 그들의 관심사는 삼각형의 밭이 아니라 '삼각형'이었으며, '삼각형임'과 관련된 특징이었다. 이렇게 추상적인 개념을 선호하는 예는 수 $\sqrt{2}$ 에 대한 다른 문명 사회에서의 태도에서 찾아볼 수 있다. 바빌로니아 사람들은 이 수를 아주 정확하게 어림했지만, 그리스 사람들은 이것이 무비수[무리수]임을 증명했다. 지식을 그 자체를 위해 탐구한다는 개념은 그 이전의 동방 문명 사회에서는 완전히 낯선 것이었다. 이에 따라 그리스 사람들은 수학에 추론을 적용함으로써 이 주제의 본질을 완전히 바꿨다. 플라톤이 자신의 아카데메이아 정문에 새긴 문장 "기하학을 모르는 자는 이곳에 들어오지 마라."는 괴짜의 경고가 아니라, 오히려 탐구 정신과 엄격한 논리를 통해 정연한 우주에서 인간의 위치를 이해할 수 있다는 그리스 사람들의 신념에 대한 찬사였다.

모든 역사는 기록된 자료에 근거한다. 이집트와 바빌로니아 수학에 관한 증거 자료는 흔히 매우 정확하지만, 그리스 수학의 초기 발달을 명확하게 보여줄 수 있는 일차 자료는 빈약하다. 그리스에서는 이집트에서 입수할 수 있던 파피루스도 없었고 바빌로니아에서 이용한 찰흙도 없었다. 그렇게 기록된 '책'은 거의 없을 수밖에 없다. 그리고 시간이 흐르고 자연의 맹위로 원 자료는 거의 남아있지 않다. 결론적으로, 그리스의 초기 역사는 신화와 전설 및 의심스런 일화로 이루어져 있는데, 이런 것들도 고려하는 사건보다 몇 세기 뒤에 살았던 작가들에 의해 보존됐다. 우리는 원 자료에서 떨어져 나온 조각과 여러 번 복제된 문헌에 의존하고 있다. 복제 담당자가 그 이전의 문헌에서 모호한 부분을 세심하게 채웠겠지만, 복제 담당자가 자신의 상상력을 얼마만큼 발휘했는지 그리고 실제로 복제 담당자가 원전을 얼마나 잘 이해했는지 결코 확신할 수 없다.

그리스 사람들은 현재 위치하고 있는 유럽 남동쪽의 구석에만 언제나 제한되어 살지 않았다. 이집트 사람들은 자기들끼리 살았지만, 그리스 사람들은 대단한 여행가였다. 그들은 기원전 11세기부터 9세기까지 소아시아 해안과 앞바다의 섬들에 집단 정착지를 만들었는데, 그 뒤에는 그리스 본토에서 대규모의 이주가 이루어졌다. 기원전 8세기 중반경에는 그리스 도시들이 지중해 연안에 그물과 같이 뻗어있었는데, 흑해의 동쪽 끝과 같이 먼 곳까지도 정착지가 분산되어 있었다. 기원전 650년경에 이르러, 그리스 사람들이 주요한 확장 배출구는 남부 이탈리아와 시칠리아였다. 그 곳에서 번영한 많은 정착지는 그 지역 전체를 '그리스 서부'라는 이름을 얻게 했다.[1] 그 이전에 소아시아로의 이주는 발칸 반도의 많은 부분을 도리스 사람들이 정복한 결과일 수 있지만, 모국의 경제적 고통과 정치적 불안이 바다로 뻗어나가게 만든 새로운 동기였다. 인구 증가는 토지 소유에 위기를 초래했고, 이와 동시에 심각한 식량 부족을 야기했다. 이런 모든 이주는 고국에 불만족스런 부류의 사람들에게 탈출구를 제공했을 뿐만 아니라 해외 시장을 건설하고 예술과 문학 및 과학에 대한 실질적인 기초를 닦게 했다. 그리스 문화는 확장된 그리스에서 시작됐지만, 오래지 않아 반도의 그리스는 '대 그리스'의 일부에 불과하게 됐다. 기원전 800년경에 고대 지중해 세계 전체에서 말과 관습이 대체적으로 통일되어 있었다.

기원전 8세기부터 6세기까지 에게 해 밖에서 이루어진 집단 정착지 건설의 물결은 이성과 이와 동반된 문화적 발달을 전파하기 위한 엄청난 돌파구를 열었다. 역사학자들은 이 현상을 그리스의 기적(Greek miracle)이라 불렀다. 그리스의 기적은 단순하지 않고 이중적인데, 먼저 그 성과의 비할 데 없는 신속함과 다양함 및 우수함이고 다음은 그 가치를 이질적인 문명 사회에 전파하고 강제하는 데 성공했다는 사실이다. 이에 따라 정착지들은 그리스 문화를 '야만인'의 세계에 흘러 들어가게 만든 수로와 같은 역할을 했고, 그 이전의 이집트와 바빌로니아 문화가 그리스로 흘러 들어가게 했다. 주목할 만한 사실은, 그리스의 초기 수학이 모두 소아시아와 이탈리아 남부 및 아프리카에 있는 정착지로부터 왔으며 그리스 본토에서 나오지 않았다는 점이다. 이것은 마치 더 발달된 사회의 곁에 사는 얼마 안 되는 그리스 주민이 이런 접촉을 통해 번득이는 지혜를 터득하고 이와 함께 그들이 축적한 지식에 접근하게 된 것과 같았다. 그리스가 빌린 모든 것 중에서 가장 결정적인 것은 간편한 페니키아 알파벳을 사용한 글쓰기 기술이었다. 페니키아 알파벳의 각 기호는 하나의 자음을 나타냈으며, 모음을 위한 기호는 없었다. 페니키아 알파벳에는 그리스 사람들이 필요로 하는 것보다 더 많은 자음 기호가 있었다. 이에 따라 그리스 사람들은 자신들이 필요한 자음 기호를 선택하고 개조하기 시작했다. 그 뒤에 그들은 남은 기호들에 모음 값을 할당했는데, 그들이 필요한 경우에만 새로운 기호를 추가했다. (예를 들면, 페니키아 알파벳에서 자음 값을 나타내는 α 는 그리스 알파벳에서 모음 A를 나타내는 기호가 됐다.) 다른 문제로, 그리스 도시 국가들은 서로 경쟁하면서 알파벳을 다듬었는데, 10가지에 달하는 서로 다른 형태가 있었다. 이런 국소적인 알파벳의 하나인 이오니아 알파벳이 점진적으로 패권을 차지했고, 기원전 403년에 아테네가 이를 공식적으로 채택한 뒤에 이것은 그리스의 나머지

---

1) [옮긴이] Magna Graecia 마그나 그라에키아, 이탈리아 남부에 있던 고대 그리스의 정착 도시군(群).

세계로 급속하게 퍼졌다. 알파벳을 이용한 글쓰기의 채택이 보통 교육과 같은 것을 시작하게 하지는 않았지만, 쉽게 배울 수 있었기 때문에 [읽기와 쓰기가 사제 계급의 소유물이었던] 그 이전의 문명 사회에서 퍼졌던 것보다 더 널리 지식을 보급할 수 있게 했다. (페니키아 상인들은 결국 이 새로운 도구를 지중해 세계 전체에 퍼뜨렸지만, 이집트와 바빌로니아 지식 계급은 알파벳을 경멸했다. 아마도 그들은 전문가에게 신비로운 즐거움을 주는 복잡한 표의 문자를 평생을 바쳐 배웠기 때문일 것이다.)

값비싼 금속으로 만든 화폐가 기원전 700년경에 소아시아의 그리스 도시들에서 발명됐는데, 이는 거래를 활발하게 하고 농업뿐만 아니라 동산(動産)에 근거한 금융 경제를 탄생시켰다. 이렇게 새로운 금융 경제는 부의 축적을 가능하게 함으로써 유한 계급을 형성하게 만들었고 이로부터 지적인 귀족이 나타날 수 있었다. 아리스토텔레스는 ≪형이상학≫을 쓰면서 지식의 발달에서 실용적이지 않은 활동이 매우 중요하다는 사실을 다음과 같이 인식했다.

> 모든 발명품이 고안됐을 때, 삶의 즐거움과 필요성을 고려하지 않는 과학은 여유를 갖기 시작한 사람들이 있던 지역에서 처음 발달됐다. 이것이 바로 이집트에서 수학이 유래한 이유인데, 그곳에는 성직자 계급이 여유를 즐길 수 있었기 때문이다.

대부분의 고대 문명 사회에서는 통상 성직자들인 교육받은 정예들은 공동체의 활동을 지도했다. 사제들이 (고대 바빌로니아에서와 같이) 스스로 지배하거나 (이집트에서와 같이) 단순히 섬기는 일을 하더라도, 글쓰기와 수학을 그들의 특별한 기술의 일부로 생각했다. 이집트의 관료 조직에서 지식인은 대단한 특권과 잠재력을 지닌 자리를 차지했다. 그리스 역사학자 폴리비우스는 "이집트 사제들은 지도자의 지위와 존경을 받았는데, 당대 사람들을 지식 면에서 능가했기 때문이다."라고 지적했다. 동방의 지식은 전문가만이 공유한 신비였는데, 시민을 위한 것은 아니었다. 유능하고 야심찬 사람은 교육을 통해 자신의 운명을 개선할 기회가 있었더라도, 그런 희망은 거의 실현되지 않았다. 이는 마치 나폴레옹의 병사 중에 육군 원수가 된 경우가 거의 없는 것과 같았다. 이에 비해서 그리스의 교육은 훨씬 더 비전문가인 애호가를 양성하는 방향을 취했다. 아마도 이런 차이점은 지식을 자신들만을 위해 독점할 수 있는 강력한 사제 집단이 그리스에 없었기 때문일 것이다. 그리고 사람들에게 복종을 요구하는 신성한 글과 엄격한 교리가 없었기 때문일 것이다. 어쨌든 그리스 최초의 지식인들은 지배 계급에서 나오지 않았고, 직업이 장사이고 취미로 배우는 실무자 중에서 나왔다.

지형이 그리스의 정치 형태를 형성했다. 이집트와 바빌로니아에서는 큰 집단을 한 명의 지배자에게 복종시키기가 쉬웠다. 그러나 모든 지역이 산과 바다로 이웃과 분리되어 있던 그리스에서 절대 군주에 의한 중앙 통제는 불가능했다. 산악으로 이루어진 장벽이 침략을 막기에 충분하지는 않았지만, 한 국가가 다른 국가에 합병되는 것을 막기에는 충분했다. 애국적인 충성은 아테네, 코린트, 테베, 스파르타와 같이 자신이 태어난 도시에 제한됐으며, 그리스 전체를 향한 것은 아니었다. 엄청난 위급 상황에서 그리스 도시 국가들은 집단적으로 행동해야 했는데, 뭉치지 않으면 망할 것임을 알았기 때문이다. 기원전 6세기 말과 5세기 초 페르시아가 침략하는 시기에 그들은 전투력을 집결시켜서 마라톤에서 다리우스를 쳐부쉈고(기원전 490년), 테르모필레에서 300명의 스파르타 병사가 지연 작전을 편 뒤에 살라미스에서 크세르크세스(기원전 519?~465)를 물리쳤다(기원전 480년). 이런 모든 경우에도 연합은 성공적이지 못했고 오래 가지도 못했는데, 매번 승리한 뒤에 도시 국가들은 즉시 사이가 틀어지고 긴 국지전으로 스스로 피폐해졌기 때문이다. 정치적 연합의 결핍은 필연적인 결과를 초래했다. 종말은, 마케도니아의 필리포스 2세(Philip II, 기원전 382~336)가 기원전 338년에 카이로네이아에서 그리스 연합군을 제압하고 스파르타를 제외한 그리스 도시 국가 전체의 우두머리로 스스로 나섰을 때 나타났다. 필리포스는 2년 뒤에 죽었고, 권력은 그의 아들 알렉산드로스 대왕(Alexander the Great, 기원전 356~323)에게 넘어갔는데, 그 이전의 어떠한 지도자도 하지 못한 업적을 성취했다. 그는 그리스를 통일했고 그리스 문화를 당시에 알려진 세계의 끝까지 전달했다. 기원전 323년 알렉산드로스가 32세로 죽을 당시에 그는 2백만 제곱 마일이 넘는 점령지를 통치했었다. 그러나 지배자가 바뀌어도 그리스 사람들과 그리스 문화는 사라지지 않았다. 그 뒤 알렉산드로스 대왕의 시대부터 기원전 1세기까지는 학자들이 헬레니즘 시대라고 부른 역사에서 눈부신 시기였다.

■ 논증 기하학의 여명 : 밀레토스의 탈레스

그리스 수학의 발흥은 시기적으로 기원전 6세기에 그리스 문명의 전반적인 개화와 일치한다. ('그리스 문명'은 통상 철기 시대에서 시작해서 기원전 5세기와 4세기에 가장 찬란하게 번성한 문화를 가리킨다.) 피타고라스 학파와 함께 그다지 대단하지는 않게 시작된 수 이론과 기하학은 빠르게 발달해서 고대 그리스 수학은 고대의 위대한 기하학자들인 유클리드, 아르키메데스, 아폴로니오스의 연구를 통해 절정에 도달했다. 그 뒤에 발견된 내용은 덜 매력적이었다. 그렇지만 프톨레마이오스, 파포스, 디오판토스와 같은 대단한 이름은 이따금 기억할 만한 업적을 증언한다. 이런 선구적인 공헌자들은 초등 수학을 철저히 연구해 버렸기 때문에 16세기까지 그리스 수학이라 부르는 것을 넘어선 의미 있는 발전이 거의 이루어지지 않을 정도였다. 여전히 매우 놀라운 사실은 정말로 거의 모든 생산적인 연구가 기원전 350년부터 200년까지의 비교적 짧은 시기에 이루어졌다는 점이고, 과거의 에게 해 세계가 아니라 프톨레마이오스 왕조 치하의 알렉산드리아에 있던 그리스 이주자에 의해 이루어졌다는 점이다.

전통적으로 특정한 수학적 발견과 연관시키는 최초의 인물은 밀레토스의 탈레스(Thales

of Miletus, 기원전 625?~547)와 사모스의 피타고라스(Pythagoras of Samos, 기원전 580?~500)이다. 탈레스는 페니키아 혈통으로 이오니아의 도시 밀레토스에서 태어났는데, 당시 그리스 정착지가 소아시아 해안에서 번성할 때였다. 그는 인생의 전반기를 상인으로 보냈는데, 여행 중에 이집트 사람들로부터 기하학을 배우고 바빌로니아 사람들로부터는 천문학을 배웠다는 말이 있다. 후세로부터 존경받는 동포로서 탈레스는 고대 그리스의 '칠 현인'[2] 중 첫째로 알려졌는데, 수학자로서는 유일하게 이런 명예를 얻었다. 일반적으로, 이런 사람들은 학자라기보다는 정치력과 철학적·도덕적 지혜로 명성을 얻었다. 탈레스는 "너 자신을 알라."는 격언을 만들었다고 하는데, 자신이 본 것 중에서 가장 이상한 것이 무엇이었느냐는 질문에 '늙은 폭군'이라고 대답했다고 한다.

탈레스에 대한 고대의 평가는 일관되게 그가 과학 못지않게 정치와 상업에서도 대단히 능숙했다고 한다. 그의 영리함을 들려주는 흥미로운 일화가 많이 있는데, 일부는 진지하고 일부는 공상적이다. 아리스토텔레스에 따르면, 어떤 경우에 올리브 나무가 열매를 맺지 않고 몇 년이 흐른 뒤에 탈레스는 천문학 지식을 활용해서 다음 해에는 기후 조건이 유리할 것이라고 예측했다. 뜻밖의 풍성한 수확을 예상한 그는 밀레토스 전역에서 올리브 착유기를 모두 사들였다. 수확의 계절이 다가왔을 때, 착유기를 확보하고 있던 탈레스는 그것들을 자신의 조건에 따라 빌려주고 많은 돈을 벌 수 있었다. 다른 사람에 따르면, 철학자들은 원한다면 부자가 되는 것이 쉽다는 점을 입증한 탈레스는 자신의 올리브 기름을 적절한 가격에 팔았다고 한다.

인기 있는 또 다른 이야기는 이솝(Aesop, 기원전 6세기)이 들려주었다. 언제가 탈레스의 노새 중 한 마리는 판매할 소금을 지고 가다가 개울에서 구르면 짐의 내용물이 녹는다는 사실을 우연히 알게 됐다. 그리고 그 뒤 짐을 지고 갈 때마다 그 짐승은 고의로 똑같이 굴렀다. 탈레스는 노새의 안장에 다는 주머니를 소금 대신에 해면(스펀지)으로 채우는 처방으로 그 버릇을 고쳤다. 진실이 아니더라도, 이것은 플라톤이 들려준 다음과 같은 재미있는 이야기보다 분명히 더 잘 꾸며졌고 더 잘 어울린다. 플라톤에 따르면, 탈레스는 어느 날 밤, 밖으로 나가서 별을 관찰했다. 그는 별들을 골똘히 관찰하다가 개골창에 빠지고 말았다. 이에 한 노파는 그에게 "당신 발 밑에 있는 것도 볼 수 없으면서 어떻게 하늘에 나타나는 현상을 알아내려고 했느냐?"라고 소리치면서 주의를 주었다고 한다. 현실에 어두운 학자의 본성을 예시하는 이 일화는 고대에 흔히 인용됐다.

앞에서 알아본 대로, 이집트의 수학은 근본적으로 도구였는데, 실질적인 용도에 따라 조잡하게 형성됐다. 그리스 지식인들은 이 풍부한 소재를 완전히 포착했고 이것으로부터 공통된 원리들을 정제해냈으며, 이와 동시에 새로운 사실을 많이 발견했다. 일반적으로 탈레

2) [옮긴이] 고대 그리스에서 기원전 7~6세기에 활동했던 일곱 명의 뛰어난 사상가와 위정자의 전설적인 호칭. 일반적으로 클레오불로스, 페리안드로스, 피타코스, 비아스, 탈레스, 케일론, 솔로몬을 일컬음.

스는 어떤 주장을 옹호하는 실험과 직관 대신에 연역적 추론에 근거한 논리적 증명을 사용한 최초의 인물로 알려지고 있다. 프로클로스(Proclus, 450년경)는 ≪유클리드의 원론 제 1권 주석서≫에서 다음과 같이 분명하게 말했다.

> 탈레스는 이집트에 들어가서 그 지식[기하학]을 그리스로 가져온 최초의 인물이었다. 그는 많은 명제를 스스로 발견했고 다른 많은 것의 기초를 이루는 원리들을 후계자들에게 알려줬는데, 어떤 경우에는 그의 방법이 더 일반적이었고 어떤 경우에는 더 실증적이었다.

현대적으로 나타내면, 헤로도토스와 프로클로스와 같은 그리스 역사학자들이 탈레스의 수학적 업적이라고 말한 내용을 받아들이면 다음과 같은 기하학적 명제는 틀림없이 그의 공적이다.

- 반원에 내접하는 각은 직각이다.
- 원은 그것의 지름으로 이등분된다.
- 이등변 삼각형의 두 밑각은 서로 같다.
- 교차하는 두 직선에 의해 이루어지는 두 맞꼭지각은 서로 같다.
- 닮은 두 삼각형에서 변들의 길이는 서로 비례한다.
- 두 삼각형에서 한 변과 두 끝각이 각각 같으면 합동이다.

이집트와 그리스 수학을 연결하는 선이 있기 때문에 위에 나열한 모든 사실은 이집트 사람들도 잘 알고 있었을 것이다. 그들에게 이런 명제들은 관련 없는 상태로 있었지만, 그리스 사람들에게 이것들은 기하학에서 놀라운 발전의 시작이었다. 전통적인 역사에서는 이런 경우에 이런 '기적'을 이룬 사람을 찾으려고 한다. 그래서 탈레스는 전통적으로 기하학의 아버지 또는 최초의 수학자로 불린다. 어떤 명제들이 그의 직접적인 공적인지는 분명하지 않지만, 탈레스가 기하학의 합리적인 구조, 아마도 연역적 방법에 어느 정도 공헌한 사실은 명백해 보인다. 엄밀한 증명에 의한 정리들의 정연한 전개는 완전히 새로웠고 그 뒤 그리스 수학의 특징적인 양상이됐기 때문이다.

■ 기하학을 이용한 측정

탈레스가 이집트에 관심을 가진 사실을 보여주는 몇 가지 이야기가 있다. 전설에 따르면, 이집트에 머물 때 그의 가장 눈부신 공적은 대 피라미드의 높이를 그림자를 이용해서 간접적으로 측정한 사실이었다. 이 이야기는 두 가지 형태가 있는데, 하나는 매우 단순한 측정 방법을 묘사하고 다른 것은 좀 더 복잡하다. 가장 먼저 나온 형태에 따르면, 탈레스는 사람의 그림자 길이가 그 사람의 키와 같은 시각에 피라미드의 그림자 길이를 관찰했다고 한다. 플루타르코스(Plutarch, 서기 46?~120)는 ≪콘비비움(Convivium, 연회)≫을 저술할 때 이 이야기를 다음과 같이 더욱 그럴 듯하게 만들었다.

> 비록 그[이집트 왕]가 다른 것들에 대해 당신[탈레스]을 칭찬했지만, 그는 당신이 피라미드의 높이를 어떠한 어려움도 없이 어떠한 도구도 없이 측정한 방법을 특히 좋아했다. 왜냐하면 피라미드가 드리운 그림자의 끝에 단순히 당신의 지팡이를 세우고 햇빛의 영향으로 두 개의 삼각형을 형성하고 이에 따라 지팡이의 길이에 대한 피라미드의 높이의 비는 각각의 그림자의 비와 같다는 사실을 보였기 때문이다.

이 두 가지 형태의 이야기는 모두 똑같은 기하학적 명제, 곧 닮은 삼각형들의 변들은 서로 비례한다는 사실에 의존한다. 두 개의 닮은 삼각형을 마음속으로 생각한 탈레스는 다음과 같이 지팡이의 길이 h'에 대한 피라미드의 높이 h 의 비는 지팡이를 연직으로 세웠을 때 이의 그림자 길이 s'에 대한 피라미드의 그림자 길이 s 의 비와 같다고 주장했다.

$$\frac{h}{h'} = \frac{s}{s'}$$

탈레스는 대 피라미드의 밑면의 각 모서리가 756피트이고 자신의 지팡이가 6피트라는 사실을 이미 알고 있었다. 이제 피라미드의 그림자 길이(피라미드 그림자의 끝부터 밑면의 중심까지의 거리)와 지팡이의 그림자 길이를 재면 충분하다. 피라미드의 그림자 끝부터 밑면의 모서리까지 342피트였고, 지팡이의 그림자는 9피트였다.

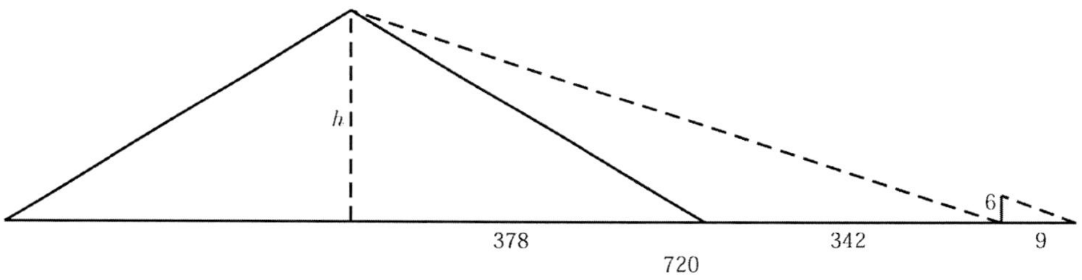

이제 탈레스는 필요한 길이를 모두 얻었는데, 비례식에서 세 개의 항을 알면 나머지 한 항을 알 수 있기 때문이었다. 대 피라미드의 높이는 다음과 같았다.

$$h = \frac{sh'}{s'} = \frac{(378+342)\cdot 6}{9} = \frac{2}{3}\cdot 720 = 480(\text{피트})$$

탈레스가 기하학을 실용적으로 응용했다는 또 다른 예로 해안으로부터 바다에 있는 배까지의 거리를 결정한 방법이 있다. 이런 목적을 위해 그가 기하학의 지식을 사용한 방법은 단지 추측에 불과하다. 프로클로스에 따르면, 탈레스는 삼각형에서 한 변과 두 끝각이 알려지면 그 삼각형이 결정된다고 주장하는 합동 정리를 사용했다. 가장 그럴듯한 가정은 탈레스가 (높이가 이를테면 h 인) 망루 꼭대기에서 배를 관찰하면서 두 개의 닮은 직각 삼각형의 변 사이의 비례를 이용했다고 한다. 직각을 형성하는 두 개의 다리가 있는 간단한 기구만 있으면 충분한데, 배를 바라보는 시선이 지면과 평행인 다리를 지나는 점 E를 표시할 수 있을 것이다. 그러면 닮은 두 삼각형 ACB와 DCE를 얻을 것이다.

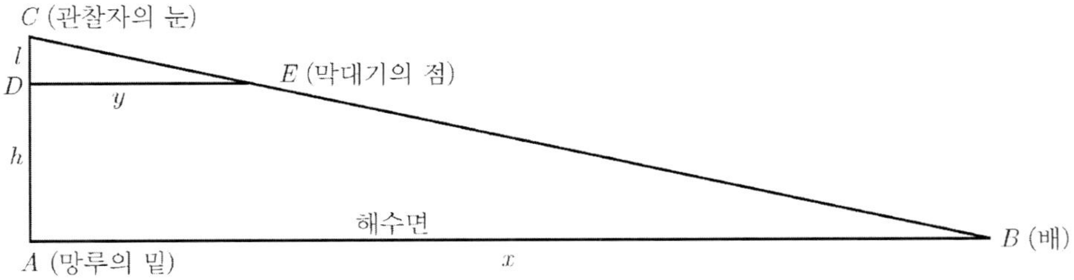

x가 배까지의 알려고 하는 거리이면, 닮은 삼각형의 성질에 의해 다음이 성립한다.

$$\frac{x}{y} = \frac{l+h}{l}, \quad \text{곧} \quad x = \frac{y(h+l)}{l}$$

이런 접근 방법에 반대하는 유일한 이유는, 프로클로스가 암시한 대로, 이것이 대응하는 한 변과 두 끝각이 각각 같은 두 삼각형과 관련된 정리에 의존하지 않는다는 사실이다.

가능성 있는 또 다른 접근 방법은, 해안 A부터 배 B까지의 거리 x를 찾기 위해 A를 지나고 AB에 수직인 직선에 임의의 거리 AC를 표시하고 이의 중점 D를 정하는 것이다. C를 지나고 AC에 수직인 직선 CE를 (AB와 반대 방향으로) 그리고 B와 D를 지나는 직선과 점 E에서 만난다고 하자. 분명히, CE는 AB와 길이가 같고, CE의 길이는 잴 수 있으므로 AB를 알게 된다. 이런 추정은 다른 반대에 부딪친다. 배까지의 거리를 알아내기 위해 관찰자는 땅 위에 거대한 삼각형을 그리고 측정해야 한다는 점을 거의 받아들일 수 없다. 이런 과제는 너무 불편해서 탈레스의 발견에서 실용적인 가치를 찾아볼 수 없게 한다.

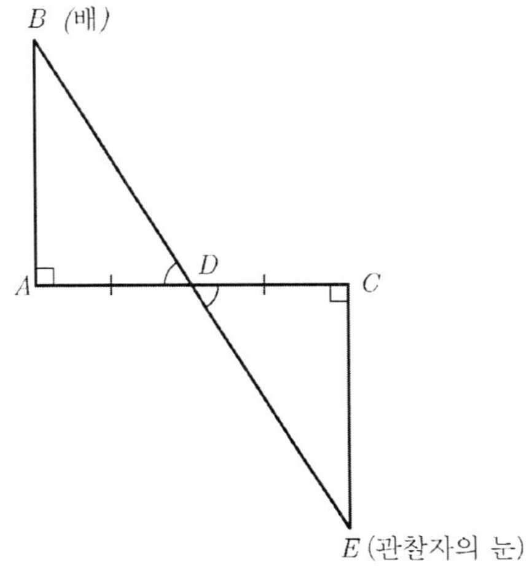

삼각형 ECD를 삼각형 BAD와 합동이 아니라 이와 닮고 작게 만들었을 가능성이 더 높다.

탈레스는 당시에 수학자보다는 천문학자로 더 유명했다. 종종 반복해서 인용되는 전설은 그가 기원전 585년에 발생한 일식을 예측해서 당대의 그리스 사람들을 놀라게 했다는 이야기이다. 헤로도토스의 기록에 따르면, 그 사건은 메디아 왕국과 리디아 왕국 사이의 전쟁 중에 발생했는데, 낮이 밤으로 바뀌자 전투는 중단됐다. 전쟁 중인 왕들은 대단히 두려워해서 영구적인 평화 조약을 체결했다. 과학자로서 탈레스의 명성이 주로 이 업적에 의존하지만, 이 이야기를 신뢰하기는 거의 불가능하다. 당시의 천문학 기록은 이와 같이 정확한 예측이 가능할 만큼 자세하지 않았다. 탈레스는 월식의 주기에 대해 어느 정도 알고 있었을 수는 있다. 바빌로니아 사람들은 이에 대해 이미 알고 있었다. 그러나 그가 일식이 일어난 해를 예측했다는 이야기는 운 좋은 추측이었을 것이다. 그를 '현인'으로 알고 있었던 당시의 사람들은 이런 놀라운 현상을 보고는 탈레스라면 분명히 이를 예측할 수 있었을 것이라고 생각했을 것이라는 설명이 오히려 그럴듯하다.

탈레스는 책이나 문서와 같이 글로 쓴 기록을 전혀 남기지 않았지만, 기하학의 논리적 발달에 대한 선구적인 공헌으로 수학자 사이에서 높이 평가받고 있다. 그는 피타고라스를 가르쳤을 가능성도 있다. 탈레스는 어린 피타고라스의 천재성을 알아채고 자신이 알고 있던 모든 것을 가르쳤다는 이야기도 있다.

3.2 피타고라스 학파의 수학

■ 피타고라스와 추종자들

추상적인 수에 대한 연구는 기원전 6세기 그리스에서 피타고라스와 피타고라스 학파가 시작했다. 피타고라스의 삶에 대해 알 수 있는 사실을 얼마 안 되는데, 확실하게 말할 수 있는 것은 거의 없다. 우리에게 전달된 이런 단편적인 정보는, 그의 여행과 초자연적인 힘 및 가르침에 관한 우화를 지어내기 위해 다른 사람들과 경쟁했던 초기의 작가들로부터 나왔다. 최선의 어림에 따르면, 피타고라스는 기원전 580년과 569년 사이에 에게 해의 사모스 섬에서 태어났다. 그는 페니키아와 이집트에서 배우기 위해 18세에 이미 사모스를 영원히 떠났는데, 이런 여행을 동쪽으로 연장해서 바빌로니아까지 방문했던 것으로 보인다. 믿기 어려운 정보에 따르면, 이집트가 기원전 525년에 페르시아 왕 캄비세스(Cambyses, 기원전 522년 죽음)에 의해 점령당했을 때, 피타고라스는 이집트의 다른 포로와 함께 바빌로니아로 이송됐다고 한다. 그렇지만 다른 권위자에 따르면, 그는 자발적으로 캄비세스를 따라갔다고 한다. 피타고라스는 오랫동안 방랑한 뒤에 (50세 정도 됐을 때) 다시 나타났는 데, 학

피타고라스
(Pythagoras, 기원전 580?~500)

(*The Bettmann Archive*)

교를 세우기에 알맞은 장소를 찾았다. 고향 사모스에서 강력한 폭군 폴리크라테스(Polycrates, 기원전 522년에 죽음)에 의해 추출당한 그는 서쪽을 향해 가서 마침내 크로토나(Crotona)에 정착했다. 이곳은 남부 이탈리아에 있던 고대 그리스의 번창한 도리스 정착지였다.

학교 창설은 그리스 세계에서 드문 일이 아니었다. 피타고라스 학교의 독특한 양상은 이것이 정치적이고 철학적이며 종교적인 목표를 동시에 추구했다는 점이다. 약 300명의 젊은 귀족으로 이루어진 이 공동체는 남학생 사교 클럽이나 비밀 결사와 같은 성격을 띠었다. 모든 재산을 함께 공유한 밀접하게 결합된 교단이었다. 이 학교는 그 구성원의 식단과 생활 방식을 엄격하게 규정하고 공통된 교육 방법을 엄격하게 규정하려고 노력했다. 학생들은 네 가지 마테마타(mathemata), 곧 연구 과제인 (계산과 대조되는 수 이론의 의미에서) 산술, 음악, 기하학, 천문학에 전념했다. 이 네 가지 지식 분야는 중세에 '사학과(quadrivium)'로 알려졌는데, 이에 말의 사용과 관련된 논리학, 문법, 수사학의 '삼학과(trivium)'가 나중에 추가됐다. 이 일곱 가지 교양 과목(liberal arts)은 지식인을 위한 필수적이고 적절한 과정으로 여겨지게 됐다.

피타고라스는 자신의 강의를 듣는 학생들을 두 등급, 곧 acousticus(청강생)와 mathematicus(수학자)로 나누었다. 피타고라스의 목소리를 장막 뒤에서 말없이 순종하면서 3년 동안 청강한 학생은 중추 세력으로 진입할 수 있는데, 이런 구성원에게는 이 학교의 주요한 정책과 원칙을 알려줬다. 여성은 규정에 의해 공공 모임에 참석할 수 없었지만, 스승의 강의는 들을 수 있었다. mathematicus(수학자)로 선발된 부류에 적어도 28명의 여성이 있었다는 말도 있다. 피타고라스는 거의 60세가 됐을 때, 그의 제자인 테아노(Theano, 기원전 6세기)와 결혼했다. 그녀는 대단히 유능한 수학자로, 그의 여생에 영감을 주었을 뿐만 아니라 그가 죽은 뒤에도 그의 사상 체계를 널리 알렸다. (이에 반해서 테아노는 피타고라스의 딸이라는 말이 있고, 매우 재능이 있는 제자일 뿐이며 결코 부인은 아니라는 말도 있다.)

피타고라스는 자신의 견해를 입으로만 전달하는 동방의 스승들의 전통을 따랐다. 그는 자신이 가르친 내용을 글로 남기지 않은 것으로 보인다. 게다가, 이 공동체의 구성원들은 스승이 가르친 내용이나 스승이 가르친 결과로 다른 형제가 발견한 내용을 외부인에게 공개하지 않을 의무가 있었다. 전설에 따르면, 수다스러운 한 제자는 피타고라스가 열거한 정다면체들의 모음에 정십이면체를 추가했다고 공개적으로 자랑했다는 이유로, 신들의 처벌로 난파선에 수장됐다고 한다. 피타고라스 공동체의 구성원이 맹세하는 상징은 '테트락튀스(tetractys)' 또는 신성한 사중성인데, 이것은 네 개의 원소인 불, 물, 공기, 흙을 나타낸다고 한다. 테트락튀스는 10개의 점으로 이루어진 정삼각형에 의해 기하학적으로 표현되고 수 $1+2+3+4=10$에 의해 산술적으로 표현됐다.

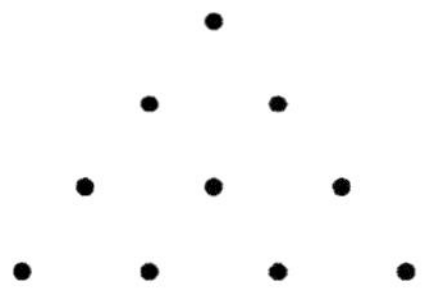

그리스 작가이자 풍자가인 루치안(Lucian, 120~180)에 따르면, 피타고라스가 어떤 사람에게 셀 것을 요구했다. 그가 4에 이르자, 피타고라스가 가로막고 말했다. "이제 알겠는가? 자네가 4로 생각한 것은 10인데, 이는 완벽한 삼각형이고 우리의 맹세이다."

당시의 신비로운 종교 단체들과 같이, 피타고라스 학파는 이상한 입회식, 의식, 금기가 있었다. 예를 들면, 그들은 콩을 먹지 않고 포도주를 마시지 않았으며 바닥에 떨어진 것은 어느 것이고 집어 들지 않았고 불을 쇠꼬챙이로 휘젓지 않았다. 이런 신기한 금기에 덧붙여, 그들은 선한 삶을 고집했는데, 특히 우정을 강조했다. 다몬(Damon)과 피티아스(Pythias) 이야기는 피타고라스의 학설에서 나온다. [왕에 대한 반역죄로 사형 선고를 받은 피티아스는 주변 정리할 수 있는 휴가를 얻었는데, 다몬이 그가 돌아오지 않으면 자신의 목숨을 내놓겠다고 약속했기 때문이다.] 오각 별 모양(pentagram)은 이 조직의 회원들이 서로를 알아볼 수 있는 기호로 사용됐다. 피타고라스 학파의 한 사람이 여행 중에 병에 걸렸는데, 인정 많은 여관 주인의 간호에도 불구하고 살아날 수 없었다는 이야기가 있다. 그는 죽기 전에 판자에 오각 별 모양을 그리고 그 주인에게 그것을 밖에 걸어달라고 간청했다. 그 뒤 얼마의 시간이 지나자 또 다른 피타고라스 학파가 지나가다가 그 기호를 알아보고 여관 주인의 말을 들은 뒤에 후하게 보답했다.

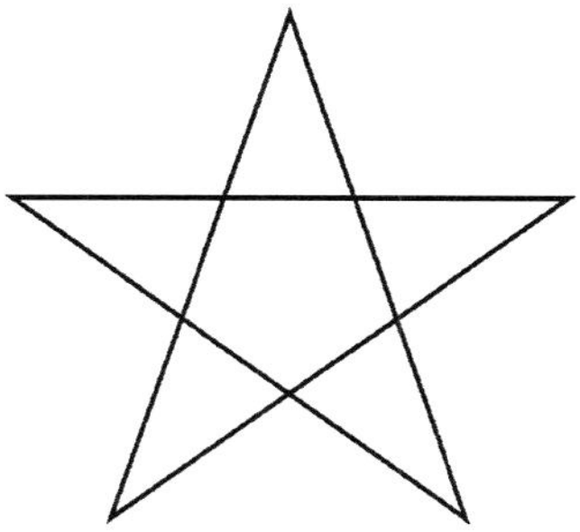

피타고라스 학파는 영혼이 몸으로부터 일시적으로 또는 영원히 빠져나올 수 있고, 다른 사람이나 동물로 윤회할 수 있다고 생각했다. 영혼이 윤회한다는 이런 신념의 결과로, 도살된 동물에 친구가 살고 있을 수 있기 때문에 그들은 고기를 먹지 않았다. 피타고라스 학파는 신들의 선물을 제외하고는 어느 것이나 죽이려 하지 않았으며, 모직은 동물의 털로 만들기 때문에 모직 옷도 입으려 하지 않았다. 한 이야기에 따르면, 어떤 사람이 개를 마구 때리고 있는 장면을 목격하고는 "그만 때리십시오. 이 개에는 내 친구의 영혼이 살고 있는데, 그의 목소리로 이를 알 수 있기 때문입니다."

피타고라스의 죽음에 대한 설명은 한 가지가 아니다. 분명한 사실로 정치적 견해가 점차로 다른 교리들에 추가됐는데, 얼마 동안 독재적인 피타고라스 학파가 크로토나의 지방 정부와 남부 이탈리아의 다른 그리스 도시들을 지배하는 데 성공했다. 기원전 500년경에, 격렬하게 봉기한 민중이 피타고라스 학파의 회합 장소를 포위하고 불을 질렀다. 참석자 중에서 적은 수의 사람만이 살아남았다. 몇 가지 설명에 따르면, 피타고라스 자신은 그 불지옥 속에서 죽었다고 한다. 극적인 감각을 지닌 사람들은, 피타고라스의 제자들이 불을 가로질러 몸으로 다리를 만들어 스승이 광분한 군중을 피할 수 있었다고 주장한다. 이런 이야기에 따르면, 그는 근방의 메타폰툼(Metapontum)으로 피신했지만, 그 뒤 도피 중에 신성한 콩밭에 도달했는데, 그 식물을 짓밟는 것보다 적의 손에 죽음을 당하는 편을 택했다고 한다. 피타고라스가 죽은 뒤에, 그 학파의 많은 회원은 그리스 본토로 이주했고, 일부는 얼마 동안 그곳에 남았지만 기원전 4세기 중엽까지는 모두 이탈리아를 떠났다. 피타고라스 학파의 정치적 영향력은 사라졌지만, 그들은 철학적이고 수학적인 결사로 몇 세기 동안 오랫동안 존속했다. 마지막까지, 이 줄어드는 망명 집단은 비밀 결사를 유지했는데, 글로 기록을 남기지 않았고 뛰어난 자제력을 보였으며 모든 발견을 스승의 공적으로 돌렸다.

피타고라스 학파를 다른 학파들과 분리하는 것은 바로 "지식은 가장 위대한 정화이다."라는 그들의 철학이었는데, 그들에게 지식은 수학이었다. 그 전이나 그 뒤로, 수학이 피타고라스 학파와 같이 삶과 종교에서 필수적인 부분이었던 적은 없었다. 그들 체제의 핵심을 차지하는 믿음에 따르면, 자연 현상의 기저에는 어떤 종류의 영향을 미치는 실재가 존재하고 이런 최고 설계자의 의지를 통해 우주가 창조됐으며 우리를 둘러싼 세계의 표면적인 다양성과 혼란 속에는 이성으로 발견할 수 있는 근본적인 단순성과 안정이 존재한다. 그들은 물질적이거나 정신적인 모든 것에는 그것에 할당된 수와 형태가 부여된다는 이론을 세웠는데, 보편적인 명제는 "모든 것은 수이다."였다. (여기서 '수'는 자연수를 뜻했다.) 이 모든 이야기는 수학의 도움 없이는 우주에서 작동하는 지배적인 원리에 대한 합리적인 이해가 불가능할 것이라는 개념에서 절정에 도달했다. 아리스토텔레스는 ≪형이상학≫에서 다음과 같이 썼다.

> 피타고라스 학파는 … 수학에 몰두했다. 그들은 최초로 이 연구를 제기했으며, 이렇게 제기함으로써 이의 원리가 모든 것의 원리라고 생각했다.

어떤 연대기 작가는 피타고라스 자신에 대해 "그는 산술 연구에 최상의 중요성을 부여한 것으로 보이는데, 산술을 상업적인 용도의 영역에서 빼내어 발전시켰다."고 말했다.

'수'가 실제로 모든 것의 원인이라는 피타고라스 학파의 원리를 가장 잘 예시했던 것은 음악이었다. 전통적으로, 진동하는 현이 내는 음이 현의 길이에 따라 결정되고, 특히 듣기 좋은 화음은 한 현이 다른 현의 길이의 두 배이고 장력이 같은 두 현을 뜯었을 때 나온다는 사실을 피타고라스가 발견했다고 한다. 현대적인 용어로 두 음의 차이는 1옥타브(또는 8도 음정)이다. 비슷하게, 한 현이 다른 현보다 길이가 반만큼 더 길면, 짧은 현은 긴 현이 내는 음보다 '5도' 높은 음을 낸다. 반면에, 한 현이 다른 현보다 길이가 3분의 1만큼 더 길면, '4도' 음정이 난다. 한 음이 다른 음보다 4도 높다. 결론적으로, 가장 아름다운 화음들은 자연수 사이의 가장 간단한 비들, 이를테면 2 : 1, 3 : 2, 4 : 3에 대응한다. (네 수 1, 2, 3, 4는 피타고라스의 유명한 테트라튁스에서 소중히 다루었다.)

천문학에 대한 피타고라스의 견해도 이런 화음 원리의 확장으로 생각할 수 있다. 피타고라스는 해와 달을 포함해서 당시에 알려진 일곱 개의 행성이 각각의 수정같이 투명한 구면에서 지구 둘레를 돈다고 생각했다. 이렇게 거대한 구면이 공간에서 아무런 소리도 내지 않고 끝없이 도는 것이 분명히 불가능하기 때문에, 각 행성은 중심으로부터의 거리에 비례하는 특정한 소리를 내야했다. 전체 체계는 천상의 음악을 창조했는데, 모든 사람 중에서 피타고라스만이 그것을 들을 수 있었다. 이 이론이 '천체의 음악'이라는 발상의 기초였는데, 중세 천문학의 고찰에서도 계속해서 나타나는 개념이었다.

피타고라스의 학설은 우주론과 수 신비주의의 신기한 혼합이었는데, 물질적이거나 정신적인 모든 것에 확정적인 자연수를 부여하는 일종의 초수비학이었다. 피타고라스 학파의 글에서 찾아볼 수 있듯이, 1은 이성을 나타내는데, 이성만이 일관된 진리 체계를 만들어낼 수 있기 때문이었다. 2는 여성을 나타내고 3은 남성을 나타냈다. 4는 정의를 나타내는 피타고라스의 상징이었는데, 같은 것들로 만들어진 최초의 수였기 때문이었다. 2와 3의 합으로 이루어진

5는 결혼과 동일시됐다. 6은 창조의 수였고, 이와 같이 계속됐다. 첫 짝수 이후의 모든 짝수는 다른 수들로 분리할 수 있는데, 이에 따라 번식할 수 있어서 여성스럽고 세속적이라고 생각했다. 그리고 일반적으로 약간 덜 높게 간주했다. 그리고 피타고라스 학파는 남자가 대부분인 사회였기 때문에, 첫째 홀수 다음의 홀수들을 남성적이고 신성한 수로 분류했다.

'사물'에 대한 모형으로 수에 대한 이런 고찰은 오늘날 억지스럽고 공상적으로 생각되지만, 고대 그리스의 지식인들은 대개 이 철학에 빠져 있었고, 지적 호기심을 가졌기 때문에 이들이 사고 체계로서의 수학을 위한 기초를 닦았던 바로 그 사람들이었다는 사실을 상기해야 한다. 피타고라스와 그 추종자들에게 수학은 주로 목표에 도달하는 수단이었는데, 인간 정신이 선함과 아름다움에 대한 신비로운 사색을 통해 고귀해지는 것이 그 목표였다. 알렉산드리아 학교가 창설된 뒤에야, 수학은 실용적인 응용과 독립적으로 그 자체를 위해 연구되는 지적 활동으로 만들어지는 새로운 단계에 진입했다.

피타고라스 학파는 처음에 수 자체를 그것이 나타내는 사물보다 덜 연구했지만, 그럼에도 불구하고 모든 종류의 새로운 산술 성질을 알아내기에 이르렀다.

■ 니코마코스의 ≪산술 입문≫

우리에게 전해진 피타고라스와 그의 가까운 후계자들의 산술을 가장 완벽하게 설명한 내용은 게라사의 니코마코스(Nicomachus of Gerasa, 서기 100년경)의 ≪산술 입문(Introductio Arithmeticae)≫에 담겨 있다. 니코마코스는 새롭고 중요한 수학 결과를 발견하지는 못했지만, 그의 ≪산술 입문≫은 산술을 기하학과 독립적으로 다룬 최초의 체계적인 연구로 주목받는다. 내용은 유클리드(Euclid, 기원전 300년경) ≪원론≫ 제 7, 8, 9 권의 수 이론적인 책들의 내용과 매우 비슷하지만, 접근 방법은 다르다. 유클리드는 수를 문자가 붙은 선분으로 나타냈는데, 이런 방법을 이용하면 수에 특정한 값을 부여하지 않고도 일반적인 수를 다룰 수 있었다. 그렇지만 니코마코스는 수를 명확한 값을 지닌 문자로 표현했는데, 이에 따라 모든 종류의 우회적인 방법을 이용해서 분명치 않은 수들을 구별했다. 유클리드는 언제나 자신의 명제에 대한 증명을 제시했지만, 니코마코스의 책에는 이런 것이 전혀 없었다. 종종, 니코마코스는 단순히 일반적인 결과를 말하고 그에 대한 구체적인 예를 제시했다. 어떤 경우에는 일반적인 결과를 특별한 예들로부터 추측하도록 그대로 제시하기도 했다.

유클리드는 니코마코스의 철학적 성향(또는 좀 더 정확하게 피타고라스의 성향)을 취하지 않았으며, 좀 더 엄밀한 과학적 수준을 유지했다. 니코마코스의 책이 이렇게 된 이유는, 그가 창조적인 수학자가 아니었기 때문이고 그가 이 책을 당대의 중요한 발견을 초심자에게 알려주는 대중적인 산술 책으로 만들려고 계획했기 때문이다.

독창적인 내용이 없고 수학적으로는 부족해도 니코마코스의 ≪산술 입문≫은 이것이 쓰인 때부터 1500년대까지 라틴 서구(Latin West)에서 유력한 교과서가 됐다. 아랍 세계도

9세기에 사비트- 이븐- 쿠라(Thâbit- ibn- Qurrah)가 번역한 ≪산술 입문≫을 통해 그리스 산술에 친숙해졌다. 사실, 니코마코스 책의 영향은 고대에 나타난 개정본이나 주석서의 개수와 함께 이것을 이용한 저자의 수로도 판정할 수 있다. 2세기의 그리스 작가 루치안이 셈을 잘 하는 어떤 사람을 최고로 칭찬하기 위해 "너는 게라사의 니코마코스와 같이 셈한다."와 같이 말했다는 사실은 이 책의 명성을 보여주는 예이다.

기원전 450년경에 그리스 사람들은 수를 나타내기 위해 알파벳 기수법을 채택했다. 그리스 알파벳의 처음 아홉 글자는 처음 아홉 자연수와 연결됐고, 다음 아홉 글자는 10의 배수 처음 아홉 개를 나타내며, 마지막 아홉 글자는 100의 배수 처음 아홉 개를 나타내는 데 사용됐다. (이에 필요한 27개의 숫자를 얻기 위해서 오늘날 그리스 알파벳에서는 찾아볼 수 없는 세 개의 옛날 글자를 사용했다.) 초기의 피타고라스 학파가 어떤 기호를 사용해서 수를 나타냈을 것으로 보이지 않기 때문에, 그들은 틀림없이 모래밭에 늘어놓은 조약돌이나 특정한 기하학적 규칙에 따라 찍은 점과 같이 순전히 시각적인 방식으로 수를 생각했을 것이다. 이에 따라 수들은 점들의 배열로 만든 모양에 따라 삼각수, 평방수(또는 정사각수), 오각수 등으로 분류됐다. 기하학적 형태로 나타낼 수 있는 수를 오늘날 도형수 또는 다각수라고 부르는데, 니코마코스는 ≪산술 입문≫에서 이런 수들을 고려했다. 피타고라스 자신은 적어도 삼각수와 친숙했으며 평방수와도 잘 알고 있었을 것으로 보이는데, 다른 다각수는 피타고라스 학파의 그 뒤 구성원들이 다루었다.

네 수 1, 3, 6, 10은 삼각수의 예인데, 이런 각 수는 다음과 같이 정삼각형에 고르게 배열할 수 있는 점들의 개수이기 때문이다.

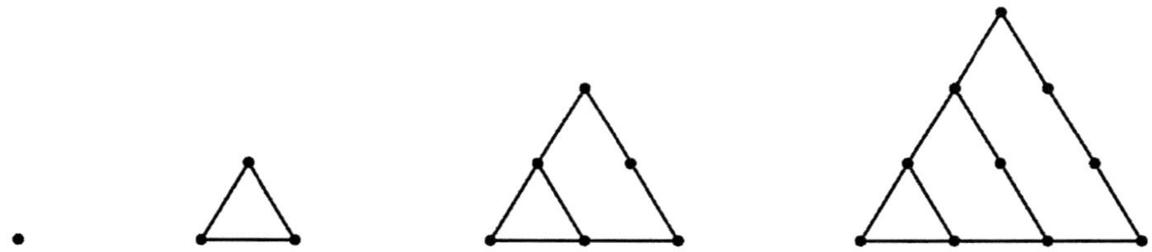

$t_1 = 1$ $t_2 = 3$ $t_3 = 6$ $t_4 = 10$

비슷하게, 네 수 1, 4, 9, 16은 평방수(또는 정사각수)라고 하는데, 각 수는 다음과 같이 정사각형으로 묘사된 점들을 나타내기 때문이다.

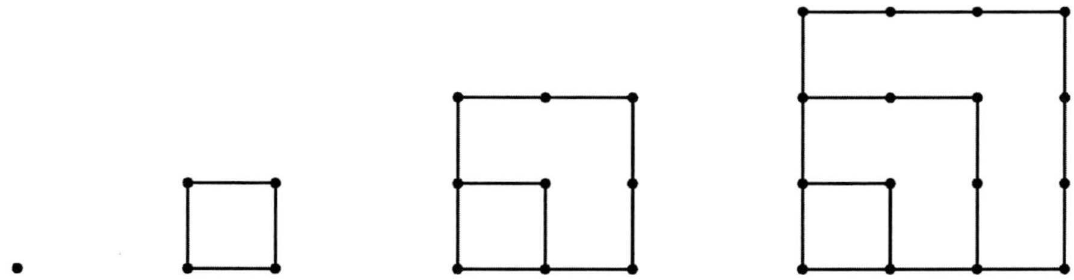

$s_1 = 1$ $s_2 = 4$ $s_3 = 9$ $s_4 = 16$

이런 배열에서 수 이론의 몇 가지 놀라운 법칙을 찾아낼 수 있다. 예를 들면, 잇따른 두 삼각수의 합은 언제나 평방수와 같은데, 이것의 '변'은 두 삼각수 중에서 더 큰 '변'과 같다. 이 사실은 다음 그림과 같이 점들을 빗금으로 분리하고 점들의 개수를 세서 기하학적으로 확인할 수 있다. 이것은 대수학적 논법으로 이 결과를 증명하는 것만큼 쉽다.

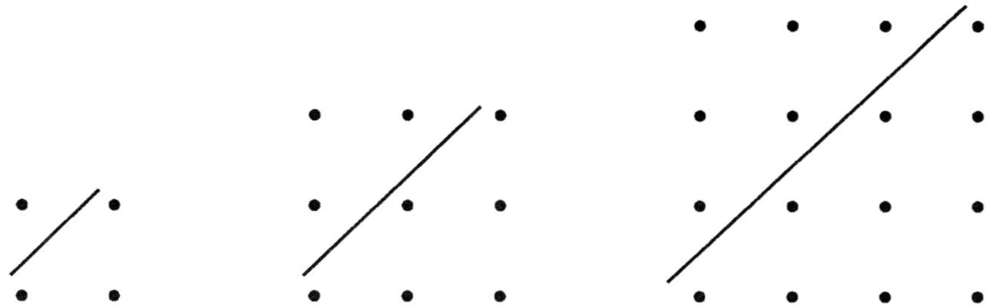

$s_2 = t_1 + t_2$ $s_3 = t_2 + t_3$ $s_4 = t_3 + t_4$

그렇지만 먼저 삼각수들이 형성된 방식에 주목해야 한다. 새로운 각 삼각수는 직전의 삼각수에 직전의 행에 더했던 것보다 한 개 더 많은 점을 포함하는 행을 추가해서 얻는다. 그러므로 n째 삼각수를 t_n으로 나타내면, 다음이 성립한다.

$$\begin{aligned} t_n &= t_{n-1} + n \\ &= t_{n-2} + (n-1) + n \\ &\vdots \\ &= t_1 + 2 + 3 + \cdots + (n-1) + n \\ &= 1 + 2 + 3 + \cdots + (n-1) + n \end{aligned}$$

이제, 모두 t_n을 나타내는 (곧, 점들의 n개의 행으로 이루어진) 두 개의 삼각수를 이어 붙여서 두 변이 n개와 $n+1$개의 점으로 이루어진 직사각형 배열을 만들자. 예를 들어 $n=5$이면, 다음과 같은 그림을 얻는다.

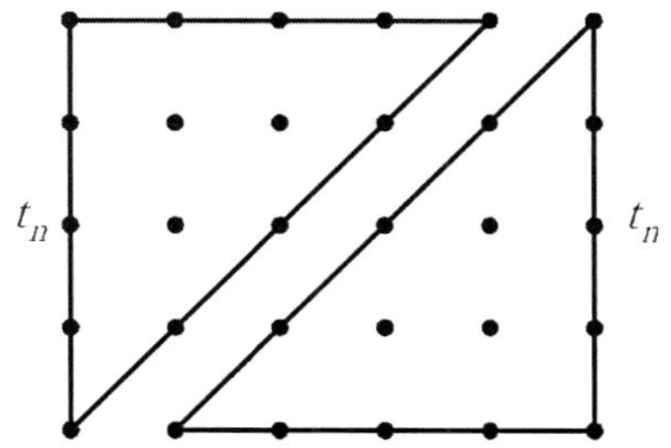

분명히, 이런 배열에는 $n(n+1)$개의 점이 있고, 이에 따라 다음이 성립한다.

$$2t_n = n(n+1)$$

곧, 다음을 얻는다.

$$t_n = \frac{n(n+1)}{2}$$

이 공식을 이용할 수 있으므로, n째 평방수 s_n은 잇따른 두 삼각수의 합이라는 사실을 쉽게 알 수 있다. 왜냐하면 다음이 성립하기 때문이다.

$$s_n = n^2 = \frac{n(n+1)}{2} + \frac{(n-1)n}{2} = t_n + t_{n-1}$$

이런 개별적인 사실을 모으면, 처음 n개의 자연수의 합에 대한 다음 공식을 덤으로 얻는다.

$$1+2+3+\cdots+n = \frac{n(n+1)}{2}$$

마찬가지로, 처음 n개의 홀수의 합에 대한 공식도 찾을 수 있다. 적절한 출발점은 한 변이 n개의 점으로 이루어진 평방수를 다음 그림과 같이 한 변이 $n-1$개의 점으로 이루어진 작은 평방수와 L자 모양의 가장자리[그노몬(gnomon)]로 분할할 수 있다는 관찰이다.

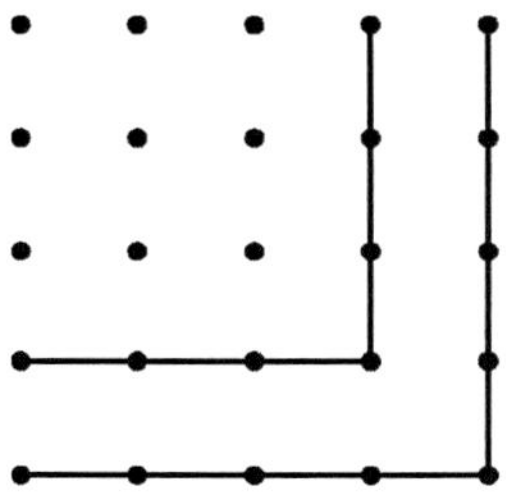

이런 분할을 반복하면, 다음 그림에서 분명히 알 수 있듯이 잇따라 뭄기는 평방수 사이의 차는 홀수의 열을 만든다. 그러므로 다음을 얻는다.

$$1+3+5+\cdots+(2n-1) = n^2$$

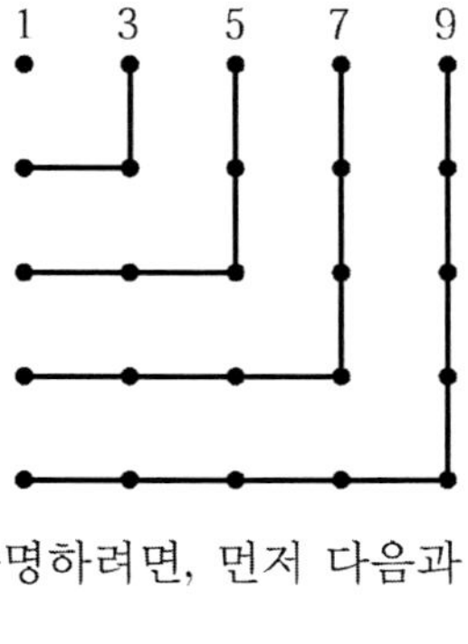

피타고라스 학파는 이 결과를 증명하려면, 먼저 다음과 같은 n개의 등식을 생각했을 것이다.

$$
\begin{aligned}
1^2 \qquad &= 1, \\
2^2 - 1^2 &= 3, \\
3^2 - 2^2 &= 5, \\
4^2 - 3^2 &= 7, \\
&\vdots \\
n^2 - (n-1)^2 &= 2n-1
\end{aligned}
$$

이런 등식들을 더하면 다음을 얻는다.

$$1^2 + (2^2 - 1^2) + (3^2 - 2^2) + \cdots + \{n^2 - (n-1)^2\} = 1 + 3 + 5 + \cdots + (2n-1)$$

이것은 다음과 같이 줄어든다.

$$n^2 = 1 + 3 + 5 + \cdots + (2n-1)$$

■ 도형수 이론

피타고라스 학파는 도형수 이론이 후세의 최고 학자들의 관심을 끌 것이라고 예상하지 못했을 것이다. 1665년에 수학자이자 철학자인 블레즈 파스칼(Blaise Pascal, 1623~1662)은 ≪도형수 개론≫을 썼다. 그는 이 책에서 모든 자연수는 세 개 이하의 삼각수의 합이라고 주장했다. 예를 들면 다음과 같다.

$$16 = 6 + 10, \qquad 39 = 3 + 15 + 21,$$
$$25 = 1 + 3 + 21, \quad 150 = 6 + 66 + 78$$

이 놀라운 결과는 1636년에 피에르 드 페르마(Pierre de Fermat, 1601~1665)가 마랭 메르센(Marin Mersenne, 1588~1648)에게 보낸 편지에서 추측했었고, 1801년에 카를 가우스(Carl F. Gauss, 1777~1855)가 처음을 증명했다.

또 다른 흥미로운 규칙성은 다음 등식들에서 관찰할 수 있다.

$$
\begin{aligned}
1^3 &= 1 = t_1^2 \\
1^3 + 2^3 &= 9 = t_2^2, \\
1^3 + 2^3 + 3^3 &= 36 = t_3^2, \\
1^3 + 2^3 + 3^3 + 4^3 &= 100 = t_4^2
\end{aligned}
$$

여기까지 우변은 모두 삼각수의 제곱이다. 이런 규칙성은 처음 n개의 세제곱수의 합은 n째 삼각수의 제곱과 같다고 추측하게 된다. 형식적인 증명을 위해, 먼저 다음과 같이 대수적 등식을 이용해서 세제곱을 얻을 수 있음을 관찰하자.

$$\{k(k-1)+1\} + \{k(k-1)+3\} + \{k(k-1)+5\} + \cdots + \{k(k-1)+(2k-1)\} = k^3$$

이 공식에서 잇따라 $k = 1, 2, 3, \cdots, n$을 택하면 다음과 같은 등식을 얻는다.

$$\begin{aligned} 1 &= 1^3, \\ 3+5 &= 2^3, \\ 7+9+11 &= 3^3. \\ 13+15+17+19 &= 4^3, \\ &\vdots \\ \{n(n-1)+1\}+\{n(n-1)+3\}+\cdots+\{n(n-1)+(2n-1)\} &= n^3 \end{aligned}$$

이런 n개의 등식을 모두 더하면, 다음을 얻는다.

$$1+3+5+7+9+\cdots+\{n(n-1)+(2n-1)\} = 1^3+2^3+3^3+\cdots+n^3$$

여기서 좌변은 잇따른 홀수들로 이루어져 있다. 좌변에 나타나는 항들을 셈할 수 있어야 성공한다. 이를 위해, 마지막 항을 다음과 같이 나타내자.

$$n(n-1)+(2n-1) = n^2+n-1 = 2\cdot\frac{n(n+1)}{2}-1$$

그러므로 문제의 식은 1부터 $2\{n(n+1)/2\}-1$까지 모두 $n(n+1)/2$개의 홀수 전체의 합과 관련된다. 처음 $n(n+1)/2$개의 홀수 전체의 합이 $\{n(n+1)/2\}^2$이라는 사실을 이미 증명했다. 그러므로 다음이 밝혀진다.

$$1^3+2^3+3^3+\cdots+n^3 = \left\{\frac{n(n+1)}{2}\right\}^2 = t_n^2$$

세제곱수와 삼각수를 관련짓는 이 뜻밖의 등식이 등장한 것은 1세기까지 거슬러 올라가는데, 통상 니코마코스 자신의 공적으로 돌린다.

처음 n개의 자연수의 제곱의 합에 대한 공식을 찾기 위해서는 약간 더 노력해야 한다. 먼저, $n=4$인 경우에 대한 기하학적 논법을 제시하는데, 임의의 자연수 n인 경우로 일반화할 수 있는 논거를 사용한다. 다음과 같이 서로 인접한 1^2, 2^2, 3^2, 4^2개의 점을 포함하는 정사각형 배열을 만들어 시작한다.

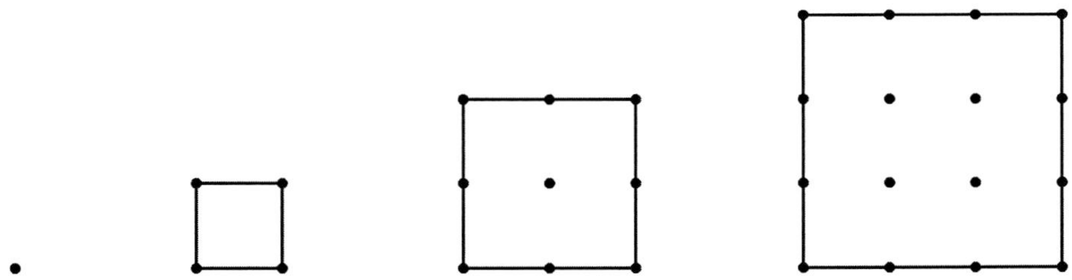

다음으로 각각 1, 3, 6, 10개의 점으로 이루어진 수평 행을 추가해서 너비가 $1+2+3+4$이고 높이가 $4+1$인 직사각형을 형성하자. 이것은 다음과 같이 기하학적인 모양으로 나타난다.

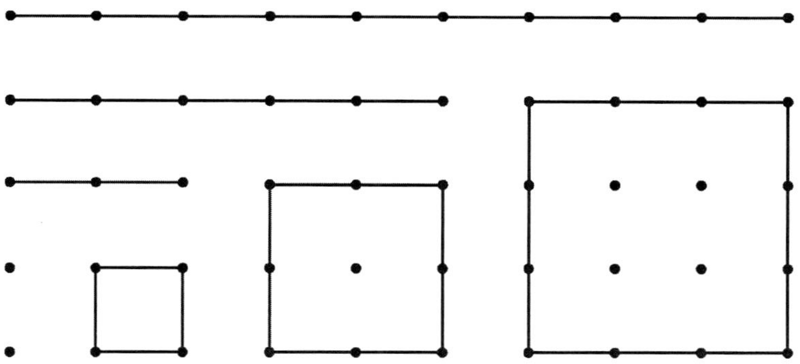

정사각형들과 행들에 있는 점들을 세면, 다음이 성립함을 분명히 알 수 있다.

$$(1^2+2^2+3^2+4^2)+(1+3+6+10)=(1+2+3+4)(4+1)$$

따라서 다음이 성립한다.

$$1^2+2^2+3^2+4^2=10\cdot 5-20=30=\frac{4\cdot 5\cdot 9}{6}$$

비슷한 방법으로 임의의 n에 대해 다음에 대한 공식을 얻을 수 있다.

$$1^2+2^2+3^2+\cdots+n^2$$

단순히 1^2, 2^2, 3^2, $\cdots$, n^2개의 점들에 대한 정사각형 배열들을 나란히 배치하고, 가장 짧은 행을 바닥에 놓는 것으로 시작해서 점들의 n개의 행을 추가해서 다음과 같이 직사각형을 얻는다.

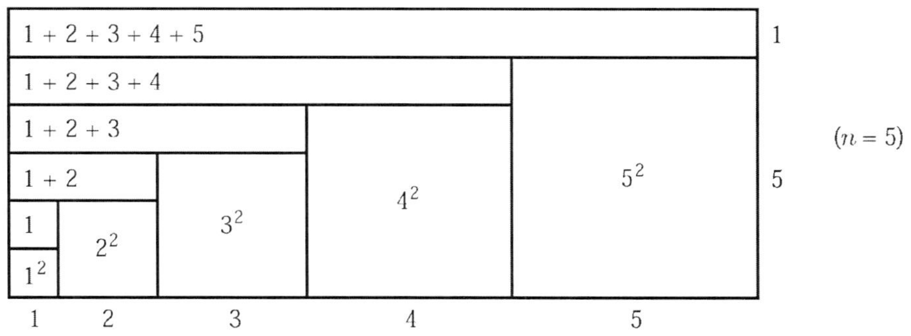

이 직사각형의 너비와 높이는 $1+2+3+\cdots+n$과 $n+1$이므로, 이에는 모두 다음과 같은 개수의 점이 포함된다.

$$(1+2+3+\cdots+n)(n+1)$$

이것이 찾고자 하는 등식의 한 변이다. 다른 변을 위해 잇따른 정사각형과 행에 있는 점들의 개수를 더하면 다음과 같은 합에 도달한다.

$$(1^2+2^2+3^2+\cdots+n^2)+\{1+(1+2)+(1+2+3)+\cdots+(1+2+3+\cdots+n)\}$$
$$=(1+2+3+\cdots+n)(n+1)$$

$S=1^2+2^2+3^2+\cdots+n^2$이라 하면, 위의 식은 다음과 같이 된다.

$$S+\{1+(1+2)+(1+2+3)+\cdots+(1+2+3+\cdots+n)\}=(1+2+3+\cdots+n)(n+1)$$

위의 식은 처음 k개의 자연수의 합이 $k(k+1)/2$이라는 사실을 이용해서 간단히 할 수 있다. 적절하게 대입하면 다음을 얻는다.

$$S+\left\{\frac{1\cdot 2}{2}+\frac{2\cdot 3}{2}+\frac{3\cdot 4}{2}+\cdots+\frac{n(n+1)}{2}\right\}=\frac{n(n+1)^2}{2}$$

이것을 다음과 같이 쓸 수 있다.

$$S+\frac{1}{2}\{1(1+1)+2(2+1)+3(3+1)+\cdots+n(n+1)\}=\frac{n(n+1)^2}{2}$$

이것은 다음과 같다.

$$S+\frac{1}{2}\{(1^2+2^2+3^2+\cdots+n^2)+(1+2+3+\cdots+n)\}=\frac{n(n+1)^2}{2}$$

그러므로 다음이 성립한다.

$$S+\frac{1}{2}\left\{S+\frac{n(n+1)}{2}\right\}=\frac{n(n+1)^2}{2}$$

이제 S에 대해 푸는 문제가 된다.

$$\frac{3}{2}S=\frac{n(n+1)^2}{2}-\frac{n(n+1)}{4}=\frac{n(n+1)(2n+1)}{4}$$

이에 따라 다음을 얻는다.

$$S=\frac{n(n+1)(2n+1)}{6}$$

대체로, 처음 n개의 평방수의 합은 n에 관한 간단한 식으로 나타난다. 곧, 다음과 같다.

$$1^2+2^2+3^2+\cdots+n^2=\frac{n(n+1)(2n+1)}{6}$$

13세기 수학자 피보나치가 제시한 이 마지막 결과에 대한 매우 독창적인 증명은 다음 등식으로부터 나온다.

$$k(k+1)(2k+1)=(k-1)k(2k-1)+6k^2$$

이 공식에 $k=1,\ 2,\ 3,\ \cdots,\ n$을 차례로 대입하면, 다음 등식들을 얻는다.

$$\begin{aligned}
&1 \cdot 2 \cdot 3 = 6 \cdot 1^2, \\
&2 \cdot 3 \cdot 5 = 1 \cdot 2 \cdot 3 + 6 \cdot 2^2, \\
&3 \cdot 4 \cdot 7 = 2 \cdot 3 \cdot 5 + 6 \cdot 3^2, \\
&\vdots \\
&(n-1)n(2n-1) = (n-2)(n-1)(2n-3) + 6(n-1)^2, \\
&n(n+1)(2n+1) = (n-1)n(2n-1) + 6n^2
\end{aligned}$$

중요한 점은 잇따르는 등식의 좌변과 우변에 같은 항이 나타난다는 사실이다. 이런 n 개의 등식을 더하고 같은 항들을 소거하면, 다음을 쉽게 보일 수 있다.

$$n(n+1)(2n+1) = 6(1^2 + 2^2 + 3^2 + \cdots + n^2)$$

이것으로 원하는 결론을 얻는다.

■ 제논의 역설

크로토나로부터 그리 멀지 않은 곳에 엘레아 학파가 있었다. 엘레아 학파는 모든 자연 현상을 자연수를 이용해서 어떤 방식으로든지 나타낼 수 있다는 피타고라스 학파의 신조에 도전한 철학 운동을 폈다. 이 경쟁 학파의 이름은 남부 이탈리아의 서부 해안에 있는 엘레아(Elea)에 있던 그리스 정착지에서 유래했는데, 이 학파의 가장 유명한 구성원은 제논(Zeno, 기원전 450년경)이었다. 플라톤이 주장한 내용을 제외하면 제논의 삶은 거의 알려지지 않았다. 플라톤의 주장에 따르면, 제논은 거의 40세였을 때 아테네로 갔고 그곳에서 젊은 소크라테스를 만났다. 분명히 제논은 원래 피타고라스 학파였으며, 피타고라스와 같이 그도 고향 도시의 정치에 적극적으로 참여했다. 그를 제거하려고 작정한 엘레아의 폭군에 의해 고문을 당하고 죽임을 당했다는 전설이 널리 퍼져 있다.

제논은 오늘날 운동의 실제에 관한 네 가지 역설로 기억되고 있다. 이 역설은 아리스토텔레스가 그의 ≪물리학≫에 기록해서 보존했다. 이런 역설에서 제논은 시간과 공간의 '무한 가분성(infinite divisibility)'의 개념으로부터 나온 논리적 모순을 지적했다. 가장 흔히 이용되는 역설은 아킬레스와 거북에 관한 것이다. 이에 따르면, 그리스에서 가장 빠르게 달리는 아킬레스는 앞에서 출발한 거북을 따라잡을 수 없다. 왜냐하면 아킬레스가 거북이 출발한 지점에 도달하면 거북은 다른 지점으로 이동했기 때문이다. 아킬레스가 그 지점에 도달하면 거북은 약간 더 앞에 있을 것이다. 이런 과정이 끝없이 이어지므로, 아킬레스는 느리게 걷는 거북보다 더 빨리 달리지만, 앞서 있는 거북을 따라잡을 수 없다.

제논의 주장이 당대 사람들을 어리둥절하게 만들었지만, 만족스러운 설명에는 현재 친숙한 발상인 '수렴하는 무한 급수'의 개념이 포함되어 있다. 이 역설은 부분적으로 무수히 많은 더 짧아지는 거리(와 마찬가지로 짧아지는 경과 시간)의 합은 반드시 무한대라는 오해에 근거하고 있다. 그러나 무한 급수의 합이 유한일 수 있다. 아킬레스는 느린 거북보다 10배만큼 빨리 달리고, 거북이 처음에 100미터 앞서 있다고 하자. 이를테면 아킬레스는 1초마다 10미터씩 달린다고 하자. 이제 그가 달린 거리를 생각하자. 연속적으로 100미터, 10미터, 1미터, 1/10미터 등이 된다. 느린 거북을 따라잡기 위해 아르키메데스가 달려야할 거리의 미터 수는 다음과 같다.

$$100+10+1+\frac{1}{10}+\frac{1}{100}+\cdots$$

이것은 수렴하는 무한 급수를 형성하는데, 그 합은 $111\frac{1}{9}$미터이다. 같은 시간(곧, $11\frac{1}{9}$초 동안)에, 거북이 걸은 거리는 등비 급수 $10+1+\frac{1}{10}+\frac{1}{100}+\cdots$의 합인 $11\frac{1}{9}$미터이다. 이에 따라 아킬레스가 $111\frac{1}{9}$미터를 달렸을 때 거북과 정확하게 같은 지점에 있고, 그 뒤에는 거북을 앞선다.

물론, 제논은 아킬레스가 거북과의 경주에서 이긴다는 사실을 완벽하게 알고 있었다. 그러나 그는 공간과 시간의 본질에 대한 대립되는 이론에 관심을 끌게 하고 싶었다. [견유학파 디오게네스(Diogenes the Cynic, 기원전 412?~323)가 단순히 일어나서 걸음으로써 아테네에서 강의하고 있던 제논의 주장을 논박했다는 일화가 흔히 인용되고 있다. 그렇지만 제논과 디오게네스가 같은 시기에 살지 않았기 때문에, 이 이야기는 참일 수 없다.] 엘레아의 수학 철학자들은 공간과 시간이 불가분의 작은 부분들로는 쪼갤 수 없는 분리되지 않는 전체, 곧 연속체(continuum)라고 생각했다. 이것은 선이 작은 구슬 또는 '수치적 원자'와 같은 점들의 열로 이루어져 있고 시간도 마찬가지로 일련의 이산적인 순간들로 구성되어 있다는 피타고라스의 발상과 상충됐다. 제논은 그 뒤 그리스의 수학적 사고의 흐름에 어느 정도 기여했다. 왜냐하면 본질적으로 그의 유명한 역설들은 기하학에 대한 무한 과정의 응용과 관련됐기 때문이다. 그리스 기하학자들은 이에 대해 명확하게 답변할 수 없었기 때문에, 무한의 개념과 관련된 방법을 수학에 사용하지 못했고, 그리스의 수학 전통에 '무한의 공포'를 낳게 했다.

문제 3.2

1. 플루타르코스(서기 100년경)는 삼각수에 8을 곱한 다음에 1을 더하면 그 결과는 평방수라고 서술했다. 이 사실을 증명하고 이를 t_2인 경우에 기하학적으로 예시하라.

2. 3의 임의의 홀수 배수의 제곱은 두 삼각수

의 차임을, 좀 더 명확하게 다음이 성립함을 증명하라.

$$\{3(2n+1)\}^2 = t_{9n+4} - t_{3n+1}$$

3. t_n이 삼각수이면 $9t_n+1$도 삼각수임을 증명하라.

4. 다음 수를 세 개 이하의 삼각수의 합으로 나타내라.

(a) 56 (b) 69 (c) 185 (d) 287

5. $n \geq 1$에 대해 다음 공식이 성립함을 밝혀라.

$$(2n+1)^2 = (4t_n+1)^2 - (4t_n)^2$$

6. 두 수 1225와 4'1616은 평방수이자 삼각수임을 밝혀라. [**귀띔**: 다음을 만족시키는 n을 찾자.

$$t_n = \frac{n(n+1)}{2} = 1225$$

이것은 이차 방정식 $n^2+n-2450=0$을 푸는 것과 동치이다.]

7. 길쭉한(oblong) 수는 열보다 행이 한 개 더 많은 직사각형 배열에 있는 점들의 개수를 뜻한다. 처음 몇 개의 길쭉한 수는 다음과 같다.

$o_1=2$ $o_2=6$ $o_3=12$ $o_4=20$

일반적으로 n째 길쭉한 수는 $o_n = n(n+1)$이다. 다음을 대수적으로 증명하고, 또 기하학적으로 증명하라.

(a) $o_n = 2+4+6+\cdots+2n$

(b) 길쭉한 수는 두 개의 같은 삼각수의 합이다.

(c) $o_n + n^2 = t_{2n}$

(d) $o_n - n^2 = n$

(e) $n^2 + 2o_n + (n+1)^2 = (2n+1)^2$

(f) $o_n = 1+2+3+\cdots+n+(n+1)$
$+(n-1)+(n-2)+\cdots+3+2$

8. 1872년에 앙리 르베그(Henri Lebesgue, 1875~1941)는 (1) 모든 자연수는 (필요하면 0^2을 포함해서) 한 개의 평방수와 두 개의 삼각수의 합이고 (2) 모든 자연수는 두 개의 평방수와 한 개의 삼각수의 합이라는 사실을 증명했다. 자연수 9, 44, 81, 100의 경우에 대해 이 사실들을 확인하라.

9. 1부터 n까지의 자연수를 다음과 같이 두 행으로 나열하자.

1	2	3	$\cdots$	$n-1$	n
n	$n-1$	$n-2$	$\cdots$	2	1

n개의 연직 열을 더해서 얻은 합은 두 개의 수평 행을 더해서 얻은 합과 같게 놓으면, 잘 알려진 어떤 공식을 얻는가?

10. 임의의 자연수 n에 대한 다음 등식을 유도하라.

$$\{n(n-1)+1\}+\{n(n-1)+3\}+\cdots$$
$$+\{n(n-1)+(2n-1)\} = n^3$$

11. 임의의 자연수 n에 대해 다음을 증명하라.

(a) $1+2+3+\cdots+(n-1)+n+$
$(n-1)+\cdots+3+2+1 = n^2$

(b) $\dfrac{1}{1\cdot 2}+\dfrac{1}{2\cdot 3}+\dfrac{1}{3\cdot 4}+\cdots$
$+\dfrac{1}{n(n+1)} = \dfrac{n}{n+1}$

[**귀띔**: 다음 쪼갬 등식을 생각하자.

$$\frac{1}{k}-\frac{1}{k+1} = \frac{1}{k(k+1)}$$

이를 이용해서 좌변을 다시 쓰자.]

(c) $1\cdot 2+2\cdot 3+3\cdot 4+\cdots+n(n+1)$
$= \dfrac{n(n+1)(n+2)}{3}$

[**귀띔**: 등식 $k(k+1)=k^2+k$를 이용하고 평방수들을 모아라.]

(d) $\frac{1}{1\cdot 3}+\frac{1}{3\cdot 5}+\frac{1}{5\cdot 7}+\cdots+\frac{1}{(2n-1)(2n+1)}=\frac{n}{2n+1}$

[**귀띔**: 다음 등식을 이용하자.

$$\frac{1}{(2k-1)(2k+1)}=\frac{1}{2}\left(\frac{1}{2k-1}-\frac{1}{2k+1}\right)$$

(e) $1^3+3^3+5^3+\cdots+(2n-1)^3=n^2(2n^2-1)$

[**귀띔**: 다음 등식의 좌변을 홀수와 짝수 항으로 분리하고 홀수 세제곱수들의 합에 대해 풀어라.

$$1^3+2^3+3^3+\cdots+(2n)^3=\left\{\frac{(2n)(2n+1)}{2}\right\}^2$$]

12. (a) 유한 등차 수열의 합은 가장 작은 항과 가장 큰 항의 산술 평균과 항의 개수의 곱임을 증명하라. 곧, 다음이 성립함을 증명하라.

$$(a+d)+(a+2d)+(a+3d)+\cdots+(a+nd)=n\left\{\frac{(a+d)+(a+nd)}{2}\right\}$$

(b) (a)의 결과를 이용해서 다음 두 등식이 성립함을 확인하라.

$$1+4+7+\cdots+(3n-2)=\frac{n(3n-1)}{2},$$

$$1+3+5+\cdots+(2n-1)=n^2$$

13. 자연수 n에 대한 다음 등식은 1세기에 이미 알려졌다.

$$(1+2+3+\cdots+n)^2=1^3+2^3+3^3+\cdots+n^3$$

이를 유도하라.

14. 인도 수학자 아리아바타(Aryabhata, 500년경)가 제시한 삼각수들의 합에 대한 다음 공식을 증명하라.

$$t_1+t_2+t_3+\cdots+t_n=\frac{n(n+1)(n+2)}{6}$$

[**귀띔**: 좌변에 있는 항들을 두 개씩 짝지우고 $t_{k-1}+t_k$를 k^2으로 바꾸자. n이 홀수인 경우와 짝수인 경우를 생각하자.]

15. 아르키메데스(Archimedes, 기원전 287~212)도 평방수들의 합에 대한 다음 공식을 유도했다.

$$1^2+2^2+3^2+\cdots+n^2=\frac{n(n+1)(2n+1)}{6}$$

그의 증명에 대한 다음의 개략적인 설명에서 빠진 자세한 내용을 보완하라. 다음 공식에서 k에 잇따른 값 1, 2, 3, $\cdots$, $n-1$을 대입하자.

$$n^2=\{k+(n-k)\}^2=k^2+2k(n-k)+(n-k)^2$$

이렇게 해서 얻은 $n-1$개의 등식과 등식 $2n^2=2n^2$을 더하면 다음 등식을 얻는다.

(*) $(n+1)n^2=2(1^2+2^2+3^2+\cdots+n^2)+2\{1(n-1)+2(n-2)+3(n-3)+\cdots+(n-1)1\}$

그 뒤에 다음 공식에 $k=1, 2, 3, \cdots, n$을 대입한다.

$$k^2=k+2\{1+2+3+\cdots+(k-1)\}$$

그리고 n개의 등식을 더해서 다음을 얻는다.

(**) $1^2+2^2+3^2+\cdots+n^2=(1+2+3+\cdots+n)+2\{1(n-1)+2(n-2)+3(n-3)+\cdots+(n-1)1\}$

원하는 결과는 (*)과 (**)을 결합하면 얻는다.

16. 사면체수는 삼각수들로 이루어진 삼각뿔에 있는 점들의 개수이다. 밑면이 모서리의 길이가 n인 삼각형이면, 이 삼각뿔은 삼각형들을 포개어 형성하는데, 각 삼각형의 모서리의 길이는 앞의 모서리보다 1만큼 작다.

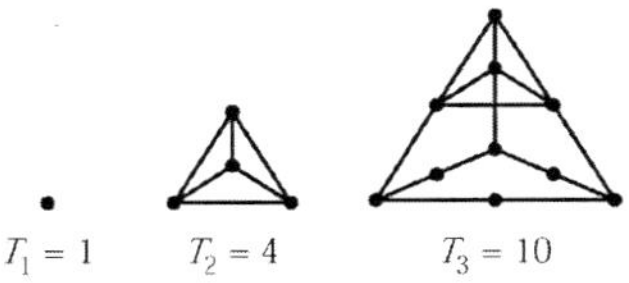

일반적으로 n째 사면체수 T_n은 다음 공식으로 주어진다.

$$T_n = t_1 + t_2 + t_3 + \cdots + t_n$$

여기서 t_k는 k째 삼각수이다. 다음을 증명하라.

$$T_n = \frac{n(n+1)(n+2)}{2} = \frac{n+1}{6}(2t_n + n)$$

[**귀띔**: 문제 14를 보라.]

17. 다음 사실을 이용해서 처음 n개의 자연수의 제곱의 합에 대한 공식을 유도하라.

$1^2 = 1 = T_1$,

$1^2 + 2^2 = 5 = 3 + 2 \cdot 1 = t_2 + 2T_1$,

$1^2 + 2^2 + 3^2 = 14 = 6 + 2 \cdot 4 = t_3 + 2T_2$,

$1^2 + 2^2 + 3^2 + 4^2 = 30 = 10 + 2 \cdot 10$
$= t_4 + 2T_3$,

$1^2 + 2^2 + 3^2 + 4^2 + 5^2 = 55 = 15 + 2 \cdot 20$
$= t_5 + 2T_4$

여기서 t_k는 k째 삼각수이고 T_k는 k째 사면체수이다.

3.3 피타고라스 문제

■ 피타고라스 정리의 기하학적 증명

전통적으로 이른바 피타고라스 정리를 위대한 스승 피타고라스 자신의 업적이라고 누구나 생각하지만, 바빌로니아 사람들이 적어도 1000년 전에 특정한 삼각형들에 대해 이 결과를 알고 있었음을 앞에서 알아봤다. 이 정리는 "직각 삼각형의 빗변에 올린 정사각형의 넓이는 나머지 두 변에 올린 두 정사각형의 넓이의 합과 같다."고 주장한다. 이 정리를 피타고라스의 공적으로 돌린 그리스의 많은 작가 중에서 그와 500년 내에 살았던 사람이 전혀 없기 때문에, 그 스승 또는 그의 직계 제자 중 한 사람이 직각 삼각형의 이런 특성을 처음으로 엄밀하게 증명했다는 일반적인 믿음을 입증하는 확실한 증거는 거의 없다. 게다가, 피타고라스가 이 정리를 발견했을 때 그 영감에 대한 고마움의 표시로 뮤즈의 신들[3]에게 황소 100마리를 바쳤다고 끊임없이 되풀이되는 이야기도 믿기 어렵다. 왜냐하면 피타고라스 학파의 의식에서는 피가 흐르는 어떠한 희생도 금지했기 때문이다. 확실한 사실은 피타고라

3) [옮긴이] Muses, 학예 · 시가 · 음악 · 무용을 관장하는 아홉 여신

스가 설립한 이 학교는 그의 이름이 붙은 이 유명한 결과와 직접적으로 관련된 문제들에 관심을 불러일으키는 데 크게 이바지했다는 점이다.

그리스 사람들이 처음에 피타고라스 정리를 증명했다는 방법에 대해서도 여전히 더 큰 의혹이 남아 있다. 유클리드의 ≪원론≫ 제 2 권에 있는 방법이 사용됐다면, 아마도 다음과 비슷한 분할 형태의 증명이었을 것이다. 변이 $a+b$인 큰 정사각형을 변이 각각 a와 b인 두 개의 작은 정사각형과 두 변이 a와 b인 두 개의 똑같은 직사각형으로 나눈다. 두 직사각형은 각각 맞모금 c를 그어서 두 개의 똑같은 직각 삼각형으로 분리할 수 있다. 네 개의 직각 삼각형은 아래의 둘째 그림에 나타낸 대로 변이 $a+b$인 또 다른 정사각형 안에 배열할 수 있다.

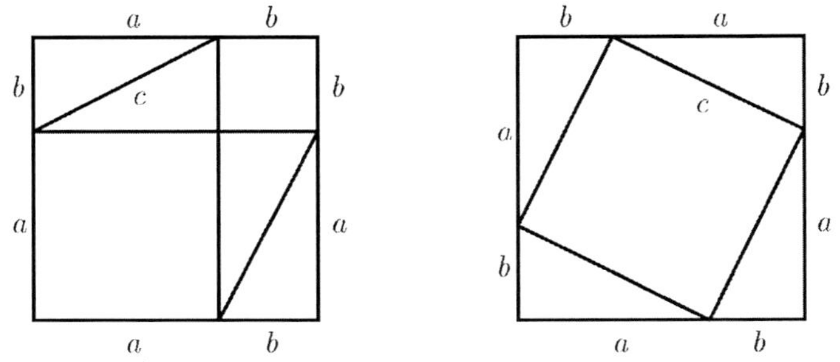

이제 똑같은 정사각형의 넓이를 두 가지 방법으로 나타낼 수 있다. 한 가지 방법은 두 개의 정사각형과 두 개의 직사각형의 넓이의 합으로 다음과 같이 나타낸다.

$$(a+b)^2 = a^2 + b^2 + 2ab$$

다른 방법은 한 개의 정사각형과 네 개의 삼각형의 합으로 다음과 같이 나타낸다.

$$(a+b)^2 = c^2 + 4\left(\frac{ab}{2}\right)$$

각 그림에서 큰 정사각형으로부터 네 개의 삼각형을 제거하면, 그 결과로 얻는 넓이는 서로 같다. 곧, $c^2 = a^2 + b^2$을 얻는다. 따라서 c에 올린 정사각형의 넓이는 a와 b에 올린 두 정사각형의 넓이의 합과 같다.

넓이의 합에 의한 증명은 매우 단순해서 더 이전에 그리고 다른 문명 사회와 독립적으로 이루어질 수 있었다. (그렇지만 피타고라스 정리에 대한 기록은 고대 이집트의 현존하는 어떠한 문헌에도 나타나지 않았다.) 실제로, 그리스와 바빌로니아 문명권으로부터 모두 실질적으로 고립되어 성장한 당대의 중국 문명권에는 방금 인용한 증명보다 더 깔끔하고 어쩌면 훨씬 더 오래된 증명이 있었다. 이것은 형식적인 수학 이론을 포함하고 있는 현존하는 가장 오래된 중국 문헌인 ≪주비산경(周髀算經)≫에서 찾아볼 수 있다. 이 책의 연대를 알아내기는 어렵다. 천문학적 증거에 따라 가장 오래된 부분들은 기원전 600년까지 거슬러 올라가지만, 이것은 처음에 저술된 뒤에 상당히 바뀌었을 것이라고 믿는 이유가 충분히 있다. 이 책과 관련시킬 수 있는 최초의 확실한 연대는 ≪구장산술(九章算術)≫에 대한 연대보다 한 세기 이상 뒤이다. ≪주비산경≫에 있는 한 그림은 피타고라스 정리에 대한 가장 오래된 증명을 표현한다.

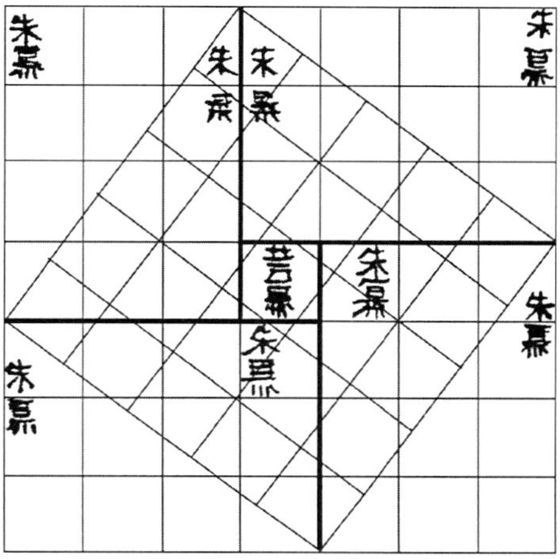

이 그림의 영감을 받은 증명은 간결하고 정밀함으로 크게 존경을 받았는데, 나중에 인도 수학자 바스카라(Bhaskara, 1114~1185?)의 ≪비자가니타(Vijaganita, 제곱근 셈)≫에서도 찾아볼 수 있다. 바스카라는 빗변 c를 한 변으로 하는 정사각형에 직각 삼각형을 네 번 그렸는데, 이에 따라 그 가운데에는 한 변의 길이가 직각 삼각형의 빗변이 아닌 두 변 사이의 차와 같은 정사각형이 남는다. 다음에 이 마지막 정사각형과 네 개의 삼각형을 재배열해서 두 개의 직사각형을 만들 수 있는데, 각 변의 길이는 직각 삼각형의 빗변이 아닌 두 변에 대응한다. 바스카라는 더 이상의 말을 추가하지 않고 '보라'고 말했다.

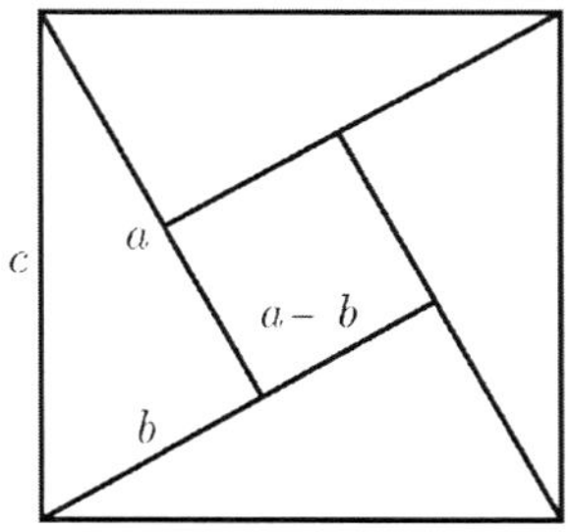

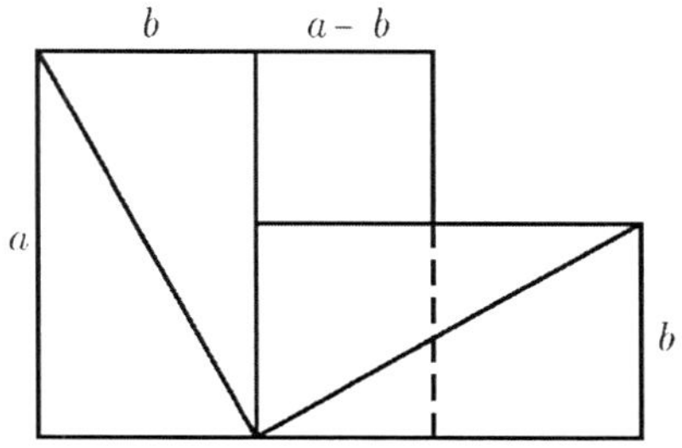

■ 피타고라스 방정식의 초기 풀이

직각 삼각형의 변들의 길이가 수로 표현할 수 있는 법칙으로 연결되어 있다는 기하학적 발견은 자연스럽게 그에 대응하는 산술 문제를 유도했는데, 이것을 피타고라스 문제라고 부르겠다. 수 이론에서 가장 오래된 문제의 하나인 이 문제는 모든 변의 길이가 자연수인 직각 삼각형을 모두 찾을 것을 요구한다. 곧, 다음과 같은 피타고라스 방정식의 모든 자연수 해를 찾으라고 한다.

$$x^2+y^2=z^2$$

이 방정식을 만족시키는 세 자연수의 순서조 (x, y, z)를 피타고라스 삼조라고 한다.

고대부터 전해지는 이야기에 따르면, 임의의 자연수 n에 대해 다음과 같이 표현되는 이 문제에 대한 부분적인 풀이를 피타고라스 자신이 찾았다고 한다.

$$x=2n+1, \quad y=2n^2+2n, \quad z=2n^2+2n+1$$

이런 경우에는 예외라기보다는 대개 법칙이 더 적절한데, 그의 이름이 붙은 것에 손쉽게 의혹을 가질 수 있다.

피타고라스는 아마도 다음과 같이 작은 제곱수로부터 그 다음 제곱수를 만드는 규칙에 따라 이런 해에 도달했을 것이다.

$$(2k-1)+(k-1)^2=k^2 \tag{1}$$

전략은 $2k-1$이 완전 제곱이라고 가정하는 것이었다. (이런 경우는 무수히 많이 나타나는데, 이를테면 $k=5$이면 $2k-1=3^2$이다.) $2k-1=m^2$이라 하고 k에 대해 풀면 다음을 얻는다.

$$k=\frac{m^2+1}{2}, \quad k-1=\frac{m^2-1}{2}$$

이런 값들을 (1)에 대입하면, 다음과 같다.

$$m^2+\left(\frac{m^2-1}{2}\right)^2=\left(\frac{m^2+1}{2}\right)^2$$

그러므로 다음은 임의의 홀수 $m>1$에 대해 피타고라스 방정식을 만족시킨다. ($m^2=2k-1$이 홀수이므로, m은 반드시 홀수이다.)

$$x=m, \qquad y=\frac{m^2-1}{2}, \quad z=\frac{m^2+1}{2} \tag{2}$$

자연수 n에 대해 $m=2n+1$일 때, (2)에 있는 수들은 다음과 같이 된다.

$$x=2n+1, \quad y=2n^2+2n, \quad z=2n^2+2n+1 \tag{3}$$

이것이 피타고라스의 결과이다. (3)으로부터 얻을 수 있는 피타고라스 삼조 중 몇 가지를 다음 표에 제시한다.

n	x	y	z
1	3	4	5
2	5	12	13
3	7	24	25
4	9	40	41
5	11	60	61

쉽게 알 수 있듯이, 피타고라스의 풀이는 매우 특수한 직각 삼각형을 만드는데, 빗변의 길이는 직각을 낀 긴 변의 길이보다 1만큼 더 크다.

그리스의 철학자 플라톤의 업적으로 돌리는 또 다른 특별한 풀이로 다음과 같이 빗변과 다른 한 변의 길이의 차가 2인 경우가 있다.

$$x = 2n, \qquad y = n^2 - 1, \qquad z = n^2 + 1 \tag{4}$$

다른 것과 같이, 이 공식도 관계식 (1)을 이용해서 얻을 수 있다. 그런데 이번에는 그것을 다음과 같이 두 번 적용한다.

$$(k+1)^2 = k^2 + (2k+1) = \{(k-1)^2 + (2k-1)\} + 2k + 1 = (k-1)^2 + 4k$$

k에 n^2을 대입해서 $4k$를 제곱수로 만들면, 다음과 같은 플라톤의 공식에 도달한다.

$$(2n)^2 + (n^2-1)^2 = (n^2+1)^2$$

식 (4)로부터 피타고라스 삼조 (8, 15, 17)을 얻을 수 있는데, 이것은 피타고라스의 공식 (3)으로는 얻을 수 없다.

앞에서 언급한 어느 규칙도 모든 피타고라스 삼조를 알려주지는 못한다. 유클리드가 ≪원론≫을 저술하기 전까지는 피타고라스 문제에 대한 완전한 풀이가 나타나지 않았었다. ≪원론≫ 제 10 권에는 다음과 같은 취지의 기하학적 표현이 있다.

$$x = 2mn, \quad y = m^2 - n^2, \quad z = m^2 + n^2 \tag{5}$$

여기서 m과 n은 자연수이고 $m > n$이다.

디오판토스(Diophantus, 서기 3세기)도 ≪산수론≫에서 식 (5)에 있는 공식에 따라 두 수 m과 n의 '도움을 받아' 직각 삼각형을 얻을 수 있다고 서술했다. 디오판토스는 다음과 같이 추론해서 이런 공식에 도달한 것으로 보인다. 방정식 $x^2 + y^2 = z^2$에 다음과 같이 $y = kx - z$를 대입하는데, 여기서 k는 임의의 유비수[유리수]이다.

$$z^2 - x^2 = y^2 = (kx - z)^2 = k^2x^2 - 2kxz + z^2$$

그러면 다음을 얻는다.

$$-x^2 = k^2x^2 - 2kxz, \quad \text{곧} \; -x = k^2x - 2kz$$

이 방정식을 x에 대해 풀면 다음과 같다.

$$x = \frac{2k}{k^2+1}z$$

이에 따라 다음을 얻는다.

$$y = kx - z = \frac{k^2-1}{k^2+1}z$$

그런데 두 자연수 m과 n에 대해 $k = m/n$이므로($m > n$이라 해도 무방한데), 다음이 성립한다.

$$x = \frac{2mn}{m^2+n^2}z, \quad y = \frac{m^2-n^2}{m^2+n^2}z$$

$z = m^2 + n^2$으로 놓고 자연수 해를 얻으면, 즉시 다음을 얻는다.

$$x = 2mn, \quad y = m^2 - n^2, \quad z = m^2 + n^2$$

이 공식으로 정의된 x, y, z는 피타고라스 방정식을 만족시킨다는 사실은 위의 논법에 의해 분명하다. 임의의 피타고라스 삼조가 필연적으로 이런 꼴이라는 사실을 보이는 역 방향의 문제는 훨씬 더 어렵다. 이에 대한 최초의 자세한 증명은 10세기경에 아랍 수학자들의 연구에 나타났다.

■ 같은 단위를 잴 수 없는 양들의 위기

수 개념의 발달에 피타고라스 학파가 끼친 영향 중에서 가장 중요한 성과는 '무비수[무리수]'의 발견이었다. 피타고라스 학파는 임의의 두 선분에는 공통 측정 단위가 있다고 직관적으로 생각했다. 곧, 주어진 두 선분에서 출발하면, 제3의 선분을 찾을 수 있는데, 이것은 매우 작을 수 있지만, 주어진 선분 각각을 이것의 자연수 배로 나타낼 수 있다. 이에 따라 원래 두 선분의 길이의 비율을 자연수의 비율, 곧 유비수로 표현할 수 있다는 결론을 얻는다. (유비수는 두 옹근 수의 비율 a/b로 정의한다는 사실을 상기하자. 여기서 $b \neq 0$이다.) 자연수를 사용해서 표현할 수 없는 어떤 비율이 존재한다는 사실의 발견이 가져온 엄청나게 충격적인 영향을 상상할 수 있다. 이 사실을 누가 처음 밝혔는지 또는 이것이 산술적 또는 기하학적 방법으로 이루어졌는지는 영원히 의문으로 남을 것이다.

현재까지 알려진 같은 단위로 잴 수 없는 선분들을 다루는 가장 오래된 증명은 본질적으로 $\sqrt{2}$가 무비수라는 현대적인 증명에 해당한다. 이것은 정사각형의 맞모금과 그 변이 같은 단위로 잴 수 없다는 사실에 대한 증명인데, 유클리드의 ≪원론≫ 제 10 권에서 찾아볼 수 있다. 그렇지만 아리스토텔레스의 책 중 하나에서 언급된 내용 때문에 이 증명은 유클리드 시대보다 훨씬 이전에 알려졌었다는 사실은 분명하다. 가장 고전적인 논증으로, 간접 증명 방법이다. 곧, 원하는 결론의 부정을 가정하고 그 가정으로부터 모순을 유도한다.

다음과 같이 추론한다. 정사각형 $ABCD$의 맞모금 AC와 변 AB의 공통 측정 단위 δ가 있으면, 다음을 만족시키는 두 자연수 m과 n이 존재한다.

$$AC = m\delta, \quad AB = n\delta$$

두 선분의 길이의 비율은 다음과 같다.

$$\frac{AC}{AB} = \frac{m}{n}$$

문제를 더 단순히 하기 위해서, m과 n의 공약수를 모두 소거했다고 가정하자. 그리고 다음과 같이 놓자.

$$\frac{(AC)^2}{(AB)^2} = \frac{m^2}{n^2}$$

피타고라스 정리를 삼각형 ABC에 적용하면 $(AC)^2 = 2(AB)^2$을 얻으므로, 위의 식은 다음과 같이 된다.

$$2 = \frac{m^2}{n^2}$$

곧, $2n^2 = m^2$을 얻는다. 이제 이런 상황이 나타날 수 없음을 보이는 것이 과제이다.

여기서 $2n^2$은 2의 배수이므로 짝수이다. 그러므로 m^2은 짝수이다. m 자신은 어떤가? 임의의 홀수의 제곱은 홀수이므로, m이 홀수이면 m^2도 홀수이다. 따라서 m은 짝수이다. $m = 2k$라고 하자. 식 $m^2 = 2n^2$에 이 값을 대입하고 정리하면 다음을 얻는다.

$$2k^2 = n^2$$

위와 비슷한 논법으로 n이 짝수라는 결론을 얻을 수 있다. 그러면 m과 n은 모두 짝수이다. (곧, 각각 2의 배수이다.) 이것은 공약수가 없다는 처음의 가정에 모순이다.

피타고라스 학파가 $\sqrt{2}$의 수치적 값을 처음으로 고려한 것은 아니었다. 현재 예일 바빌로니아 소장품인 오래된 점토판에는 아래에 나타낸 바와 같이 맞모금이 표시된 정사각형 그림이 포함되어 있다.

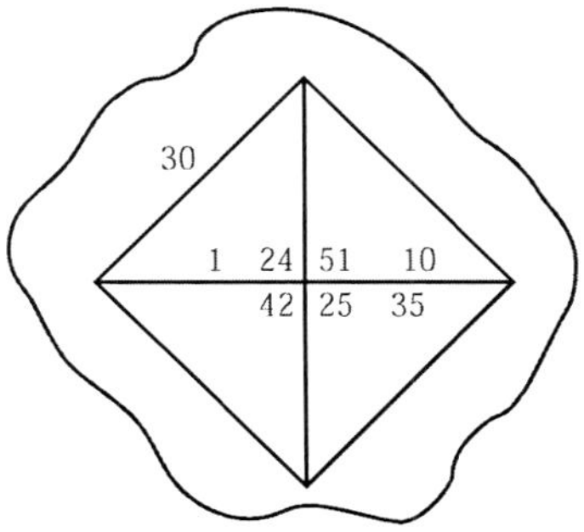

육십진법에서 수 1; 24, 51, 10은 다음과 같다.

$$1+\frac{24}{60}+\frac{51}{60^2}+\frac{10}{60^3}$$

이것을 십진법으로 나타내면 1.414213이다. 이것이 친숙하게 느껴질 텐데, 이것이 $\sqrt{2}=1.414213562\cdots$와 매우 가깝기 때문이다. 그림에 있는 다른 수의 뜻은 1; 24, 51, 10에 30을 곱하면 명확해진다. 그 결과는 42; 25, 35인데, 변의 길이가 30인 정사각형의 맞모금의 길이다. 그러므로 바빌로니아 사람들은 정사각형의 맞모금이 그 변의 길이의 $\sqrt{2}$배라는 사실을 알았을 뿐만 아니라, $\sqrt{2}$를 정확하게 어림하는 산술적인 기법도 알고 있었을 것으로 보인다.

■ 테온의 변의 수와 맞모금의 수

스미르나의 테온(Theon of Smyrna, 130년경)은 $\sqrt{2}$를 유비수로 더욱 더 가까이 어림하는 과정을 고안했다. 그 셈은 '변의 수'와 '맞모금의 수'에 대응하는 두 개의 수열과 관련된다. 두 개의 수에서 시작하는데, 첫째 변이라 부르고 x_1로 나타내는 수와 첫째 맞모금이라 부르고 y_1로 나타내는 수이다. 둘째 변 x_2와 둘째 맞모금 y_2는 첫째 수들로 형성하고, 셋째 변 x_3과 셋째 맞모금 y_3은 둘째 수들로 형성하며, 다음과 같은 방식으로 계속된다.

$$\begin{aligned} x_2 &= x_1+y_1, & y_2 &= 2x_1+y_1, \\ x_3 &= x_2+y_2, & y_3 &= 2x_2+y_2, \\ &\vdots & &\vdots \end{aligned}$$

일반적으로, x_n과 y_n은 직전의 변과 맞모금의 수로부터 다음과 같은 공식으로 얻는다.

$$x_n = x_{n-1}+y_{n-1}, \quad y_n = 2x_{n-1}+y_{n-1}$$

처음 값으로 $x_1=y_1=1$을 택하면, 다음을 얻는다.

$$\begin{aligned} x_2 &= 1+1=2, & y_2 &= 2\cdot 1+1=3, \\ x_3 &= 2+3=5, & y_3 &= 2\cdot 2+3=7, \\ x_4 &= 5+7=12, & y_4 &= 2\cdot 5+7=17, \\ &\vdots & &\vdots \end{aligned}$$

'변의 수'와 '맞모금의 수'라는 이름은 다음과 같이 이런 연관된 수들의 몫 y_n/x_n이 정사각형의 변의 길이에 대한 맞모금의 길이의 비율에 가까워진다는 사실을 암시한다.

$$\frac{y_1}{x_1}=1, \qquad \frac{y_2}{x_2}=\frac{3}{2}, \qquad \frac{y_3}{x_3}=\frac{7}{5}, \qquad \frac{y_4}{x_4}=\frac{17}{12}, \qquad \cdots$$

이것은 다음 관계로부터 나온다.

$$y_n^2 = 2x_n^2 \pm 1 \tag{1}$$

왜냐하면 이것이 참이면 이 관계로부터 다음이 유도되기 때문이다.

$$\left(\frac{y_n}{x_n}\right)^2 = 2 \pm \left(\frac{1}{x_n}\right)^2$$

$(1/x_n)^2$의 값은 n의 값을 충분히 크게 택함으로써 원하는 만큼 작게 할 수 있으므로, 다음 비는 큰 n에 대해 어떤 고정된 수에 가까워진다.

$$\frac{y_n}{x_n} = \sqrt{2 \pm \frac{1}{x_n^2}}$$

고정된 '극한'이 $\sqrt{2}$ 임을 보일 수 있다. $n=4$인 경우를 생각해서 이것이 성립하는 방식을 알 수 있다. 이때 다음을 얻는다.

$$\begin{aligned}\left(\frac{y_4}{x_4}\right)^2 &= \left(\frac{17}{12}\right)^2 \\ &= \frac{289}{144} \\ &= \frac{288}{144} + \frac{1}{144} = 2 + \left(\frac{1}{12}\right)^2\end{aligned}$$

그러므로 다음이 성립한다.

$$\frac{y_4}{x_4} = \sqrt{2 + \left(\frac{1}{12}\right)^2}$$

비율 y_4/x_4는 $\sqrt{2}$ 의 참값과의 차가 1%의 $\frac{1}{7}$보다 작다.

그런데 $y_n^2 - 2x_n^2 = \pm 1$로 쓸 수 있는 조건 (1)은 다음과 같은 대수적 등식을 사용해서 정당화할 수 있다.

$$(2x+y)^2 - 2(x+y)^2 = 2x^2 - y^2 \tag{2}$$

$x = x_0$과 $y = y_0$이 방정식 $y^2 - 2x^2 = \pm 1$을 만족시키는 임의의 두 수이면, $x = x_0 + y_0$과 $y = 2x_0 + y_0$도 해임을 주장한다. 왜냐하면 (2)에 의해 다음이 성립하기 때문이다.

$$\begin{aligned}y^2 - 2x^2 &= (2x_0 + y_0)^2 - 2(x_0 + y_0)^2 \\ &= -(y_0^2 - 2x_0^2) = -(\pm 1) = \mp 1\end{aligned}$$

그러므로 $y^2 - 2x^2 = \pm 1$의 한 해를 알면, 등식 (2)를 사용해서 무수히 많은 해를 찾을 수 있다.

현 상황에서 변의 수와 맞모금의 수를 형성하는 방법에 의해 $y_n^2 = 2x_n^2 \pm 1$이 n의 어떤 값에 대해 성립하게 되면 이것은 $n+1$에 대해서도 반드시 성립하지만 부호는 바뀐다는 사실을 뜻한다. $x_1 = y_1 = 1$로 놓으면, $y_n^2 = 2x_n^2 \pm 1$이 $n = 1$일 때 성립함을 알고 있으므로, 이 방정식은 그 뒤 n의 모든 값에 대해 정당하다. 결론적으로, (1)은 모든 자연수 n에 대해 정확하게 성립하는 등식이다.

다음과 같은 질문이 자연스럽게 제기된다. 변의 수와 맞모금의 수의 개념을 사용해서 임의의 제곱근에 대한 유비수 어림값을 얻을 수 있는가? 테온의 원래 형성 규칙은 다음과 같았다.

$$x_n = x_{n-1} + y_{n-1}, \qquad y_n = 2x_{n-1} + y_{n-1} \qquad (n \geq 2)$$

둘째 식에 있는 2에 (제곱수가 아닌) 자연수 a를 대입하고 다음과 같이 전개한다.

$$\begin{aligned}
x_2 &= x_1 + y_1, & y_2 &= ax_1 + y_1, \\
x_3 &= x_2 + y_2, & y_3 &= ax_2 + y_2, \\
x_4 &= x_3 + y_3, & y_4 &= ax_3 + y_3, \\
&\vdots & &\vdots \\
x_n &= x_{n-1} + y_{n-1}, & y_n &= ax_{n-1} + y_{n-1}, \\
&\vdots & &\vdots
\end{aligned}$$

다음을 확인하자.

$$y_n^2 = (ax_{n-1} + y_{n-1})^2 = a^2x_{n-1}^2 + 2ax_{n-1}y_{n-1} + y_{n-1}^2,$$

$$ax_n^2 = a(x_{n-1} + y_{n-1})^2 = ax_{n-1}^2 + 2ax_{n-1}y_{n-1} + ay_{n-1}^2,$$

그리고 변끼리 빼서 다음을 얻자.

$$\begin{aligned}
y_n^2 - ax_n^2 &= (a^2 - a)x_{n-1}^2 + (1-a)y_{n-1}^2 \\
&= (1-a)(y_{n-1}^2 - ax_{n-1}^2)
\end{aligned}$$

이 관계의 중요성은 $y_n^2 - ax_n^2$을 똑같은 꼴로 표현하지만 n이 $n-1$으로 바뀌었다는 데 있다. 그 다음 식을 얻기 위해 이런 변환을 반복하면, 분명히 다음과 같은 일련의 등식에 도달한다.

$$\begin{aligned}
y_n^2 - ax_n^2 &= (1-a)(y_{n-1}^2 - ax_{n-1}^2) \\
&= (1-a)^2(y_{n-2}^2 - ax_{n-2}^2) \\
&= (1-a)^3(y_{n-3}^2 - ax_{n-3}^2) \\
&\vdots \\
&= (1-a)^{n-1}(y_1^2 - ax_1^2)
\end{aligned}$$

결과적으로 다음을 얻는다.

$$\left(\frac{y_n}{x_n}\right)^2 = a + \frac{(1-a)^{n-1}(y_1^2 - ax_1^2)}{x_n^2} \qquad (n \geq 2)$$

이것으로부터 n의 값이 커짐에 따라 우변은 0에 가까워지므로 y_n/x_n의 값은 무비수 $\sqrt{a}$에 더욱더 가까워진다고 결론을 내릴 수 있다.

예를 들어 $\sqrt{3}$인 경우, 곧 $a=3$인 경우를 생각하자. $x_1 = 1$과 $y_1 = 2$를 처음 변의 수와 맞모금의 수로 택하면, 앞서 말한 공식은 다음과 같이 된다.

$$\left(\frac{y_n}{x_n}\right)^2 = 3 + \frac{(-2)^{n-1}}{x_n^2} \qquad (n \geq 2)$$

$\sqrt{3}$에 대한 잇따른 유비수 어림값은 다음과 같다.

$$\frac{y_1}{x_1} = \frac{2}{1}, \quad \frac{y_2}{x_2} = \frac{5}{3}, \quad \frac{y_3}{x_3} = \frac{7}{4}, \quad \frac{y_4}{x_4} = \frac{19}{11}, \quad \frac{y_5}{x_5} = \frac{26}{15}, \quad \cdots$$

위 주제의 변형은 다음과 같은 대수적 등식에서 출발해서 얻을 수 있다.

$$(y^2 + 3x^2)^2 - 3(2xy)^2 = (y^2 - 3x^2)^2 \tag{3}$$

다음 방정식의 한 해 $x = x_0$, $y = y_0$을 알고 있다고 하자.

$$y^2 - 3x^2 = 1$$

그러면 식 (3)은 둘째 해를 단순히 $x = 2x_0y_0$, $y = y_0^2 + 3x_0^2$으로 놓음으로써 찾을 수 있음을 지적한다. 실제로, 대입하면 다음이 성립한다.

$$\begin{aligned} y^2 - 3x^2 &= (y_0^2 + 3x_0^2)^2 - 3(2x_0y_0)^2 \\ &= (y_0^2 - 3x_0^2)^2 = 1^2 = 1 \end{aligned}$$

그러므로 한 개의 해로부터 $y^2 - 3x^2 = 1$의 해들을 생성하는 과정을 얻는다. 형성 규칙은 다음과 같다.

$$x_n = 2x_{n-1}y_{n-1}, \qquad y_n = y_{n-1}^2 + 3x_{n-1}^2$$

이것을 이용해서 이전의 해 x_{n-1}, y_{n-1}로부터 새로운 해 x_n, y_n을 유도할 수 있다. x_n, y_n은 다음을 만족시킨다.

$$y_n^2 - 3x_n^2 = 1$$

이는 다음과 같다.

$$\left(\frac{y_n}{x_n}\right)^2 = 3 + \frac{1}{x_n^2}$$

그러므로 $(y_n/x_n)^2$의 잇따른 값들은 점점 더 3에 가까워진다. 곧, 수열 y_n/x_n은 $\sqrt{3}$에 대한 (어떤 의미에서) '매우 좋은' 유비수 어림값을 제공한다.

. 분명히 방정식 $y^2-3x^2=1$에는 적어도 하나의 자연수 해, 곧 $x_1=1$, $y_1=2$가 있다. 그러면 다음도 해임을 알 수 있다.

$$x_2 = 2x_1y_1 = 2 \cdot 1 \cdot 2 = 4,$$

$$y_2 = y_1^2 + 3x_1^2 = 2^2 + 3 \cdot 1^2 = 7$$

그러므로 새로운 해가 주어진 해로부터 생성된다. 그 다음 해는 다음과 같다.

$$x_3 = 2x_2y_2 = 2 \cdot 4 \cdot 7 = 56,$$

$$y_3 = y_2^2 + 3x_2^2 = 7^2 + 3 \cdot 4^2 = 97$$

이와 같이 계속된다. 거의 끝났는데, 무비수 $\sqrt{3}$에 대한 유비수 어림값의 수열이 다음과 같기 때문이다.

$$\frac{y_1}{x_1}=\frac{2}{1}, \quad \frac{y_2}{x_2}=\frac{7}{4}, \quad \frac{y_3}{x_3}=\frac{97}{56}, \quad \frac{y_4}{x_4}=\frac{1'8817}{1'0864}, \quad \cdots$$

이제 정사각형의 변과 맞모금이 같은 단위로 잴 수 없음을 엄밀하게 기하학적으로 증명하는 방법을 알아보자. 앞에서 제시한 것보다 분명히 더 오래된 이 논법은 유클리드의 ≪원론≫에서 찾아볼 수 있는 논법에 그 참뜻이 있다. 기초적인 발상은 임의의 정사각형에 대해 더욱더 작은 정사각형들의 열을 만들 수 있음을 보이는 것이다.

정사각형 $ABCD$에서 중심이 A이고 반지름이 AB인 호 BE를 그려서 맞모금 $AC=d_1$에 변 $AB=s_1$을 표시하자. 이제 d_1에 수선 EF를 그리는데, F는 BC와 만나는 점이다. 한 가지 합동 정리에 의해 두 삼각형 BAF와 FAE가 합동임을 쉽게 증명할 수 있다. 이에 따라 $FB=FE$가 성립하는데, 대응하는 변들이기 때문이다. 게다가 $\triangle CEF$는 직각 이등변 삼각형이므로, 직각을 낀 두 변 CE와 FE는 서로 같다.

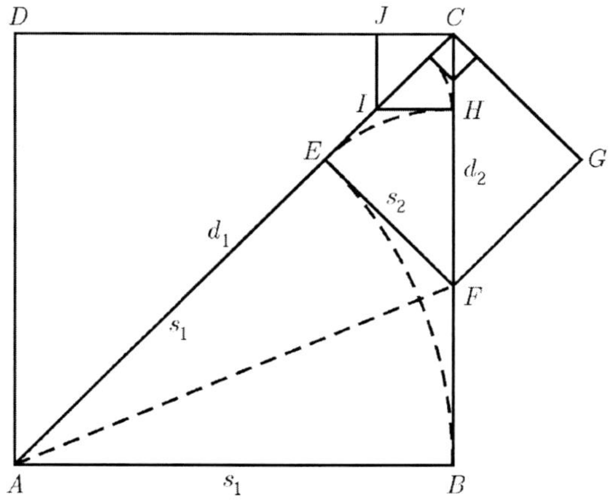

다음으로, 변이 $s_2 = CE = d_1 - s_1$이고 맞모금이 $d_2 = CB - FB = s_1 - s_2$인 정사각형 $CEFG$를 작도한다. 변 $s_2 = FE$를 맞모금 $FC = d_2$에 표시해서, CH를 결정하는데, 이는 셋째 정사각형의 변인 s_3으로 사용한다. 이 셋째 정사각형에서 $s_3 = d_2 - s_2$이고 맞모금이 $d_3 = CE - EI = s_2 - s_3$임을 알 수 있다. 이 과정을 뒤풀이해서 반복할 수 있고, 변과 맞모금이 다음 관계를 만족시키는 더 작은 정사각형을 잇따라 얻는다.

$$s_n = d_{n-1} - s_{n-1}, \qquad d_n = s_{n-1} - s_n$$

기하학적인 예비 작업을 마쳤는데, 원래 정사각형의 맞모금과 변이 같은 단위로 잴 수 있다고 가정하고 이것이 불가능한 상황에 도달함을 보이자. 이 두 길이를 같은 단위를 잴 수 있다면, 공통 측정 단위 δ가 존재해서 적당한 두 자연수 M_1과 N_1에 대해 다음이 성립한다.

$$s_1 = M_1\delta, \qquad d_1 = N_1\delta$$

그러면 다음이 성립한다.

$$s_2 = d_1 - s_1 = (N_1 - M_1)\delta = M_2\delta,$$
$$d_2 = s_1 - s_2 = (M_1 - M_2)\delta = N_2\delta$$

여기서 $M_2 < M_1$이고 $N_2 < N_1$이다. 이 논법을 반복하면 다음을 얻는다.

$$1 \le \cdots < M_3 < M_2 < M_1, \qquad 1 \le \cdots < N_3 < N_2 < N_1$$

그러면 모순에 이른다. M_1과 N_1보다 작은 자연수가 유한개뿐이므로, 이 두 수열은 유한 번의 단계 뒤에 끝나야 한다. 이것은 정사각형들을 끝없이 작도할 수 있다는 발상과 모순된다.

■ 크니도스의 에우독소스

무비수의 발견은 피타고라스 학파를 엄청나게 실망시켰다. 왜냐하면 수가 만물의 본질이라는 그들 철학의 타당성이 도전을 받았기 때문이다. 이 논리적 추문은 그들로 하여금 이 사실을 극비에 부치기로 서약하게 만들었다. 실제로, 그들의 단호한 의지는 이런 새로운 존재에 붙인 이름 '말로 표현할 수 없는 것'으로 입증된다. [그리스 사람들은 '단어' 또는 '말'을 뜻하는 용어 logos(로고스)를 두 자연수의 비율을 나타내는 데 사용했다. 그러므로 같은 단위로 잴 수 없는 길이를 alogos로 나타낼 때는 이 용어에 이중적인 뜻이 있는데, '비율이 아님' 또는 '말해서는 안 됨'을 의미한다.] 무비수가 존재함을 알고 있는 것은 지니기에 위험한 비밀이었다. 널리 퍼진 전설에 따르면, 피타고라스 학파 중에서 말로 표현할 수 없는 이것을 외부에 발설한 첫 사람은 배에서 떠밀어 익사시켰다고 한다.

수학의 기초에서의 이 위기를 해결하는 과제는 크니도스의 에우독소스(Eudoxus of Cnidos, 기원전 408~355)의 몫이 됐다. 그의 가장 큰 공헌은 같은 단위로 잴 수 있는 수량뿐만 아니라 같은 단위로 잴 수 없는 수량에도 적용할 수 있는 수정된 비율 이론이었다. 모든 것은 크기들의 비에 대한 정교한 정의에 근거했다. 그렇지만 크기 자체는 정의하지 않은 채로 남겼다. 이에 따라 무비수를 수로 정의하는 문제는 완전히 회피했다. 에우독소스의 접근 방법의 즉각적인 효과는 수학을 기하학자의 손에 밀어 넣은 것이었다. 순수하게 산술적인 무비수 이론이 없었기 때문에, 수 개념이 최고라는 생각을 폐기했다. 기하학은 수의 학문보다 더 보편적인 학설의 위치를 차지했고, 그 뒤 2000년 동안 모든 엄밀한 수학적 추론의 기초로 사용됐다.

같은 단위로 잴 수 없는 기하학적 수량의 존재는 수학의 기초를 완전히 재구성할 필요성을 제기했고, 논리적 엄밀성에 더 큰 관심을 갖게 했다. 이것은 어마어마한 과제였는데, 기원전 4세기의 가장 저명한 수학자들인 테오도로스, 테아이테토스, 아르키타스, 에우독소스 등이 이를 위해 최선의 노력을 기울였다. 키레네의 테오도로스(Theodorus of Cyrene, 기원전 470년에 태어남)는 위대한 철학자 플라톤의 수학 개인 지도 교사였는데, $\sqrt{3}$, $\sqrt{5}$, $\sqrt{6}$, $\sqrt{7}$, $\sqrt{8}$, $\sqrt{10}$, $\sqrt{11}$, $\sqrt{12}$, $\sqrt{13}$, $\sqrt{14}$, $\sqrt{15}$, $\sqrt{17}$로 표현된 정사각형의 변들은 단위 길이와 같은 단위로 잴 수 없다는 사실을 기하학적으로 증명했다고 한다. 곧, 그는 3부터 17까지 제곱수가 아닌 자연수의 제곱근이 무비수임을 증명했다. 플라톤은 "그가 17에서 어떤 이유에선지 멈췄다."고 썼다. 아테네의 테아이테토스(Theaetus of Athens, 기원전 415?~369)는 테오도로스의 제자였고 아테네에 있던 플라톤 학교의 구성원이었는데, 이 결과를 확장해서 제곱수가 아닌 임의의 자연수의 제곱근은 무비수라는 사실을 밝혔다. 플라톤 자신은 유비수가 두 무비수의 합일 수 있다는 사실을 보임으로써 이 이론에 기여했다. 피타고라스가 죽은 뒤에 남부 이탈리아에 남아있던 몇 안 되는 피타고라스 학파의 한 사람인 타렌툼의 아르키타스(Archytas of Tarentum, 기원전 428~347)는 원기둥의 기하학을 처음으로 연구했다는 평을 얻었는데, 그 과정에서 비스듬한 단면인 타원의 성질을 몇 가지 발견했다. 그는 또한 원기둥의 단면을 이용해서 '정육면체의 배적' 문제에 대한 독창적인 해법을 고안했다.

아르키메데스 이전의 그리스 수학자 중에서 가장 뛰어난 사람은 아마도 에우독소스일 것이다. 흑해 연안에 있는 크니도스에서 기원전 408년경에 태어난 그는 23세에 타렌툼에서 아르키타스로부터 기하학을 배우기 시작했고, 몇 달 동안 아테네에서 플라톤으로부터 철학을 배웠다. 아테네에서 살 수 없을 정도로 가난했던 에우독소스는 그가 처음에 상륙했던 항구 도시인 피레우스(Piraeus)의 값싼 집에서 하숙을 했고, 매일 플라톤의 아카데메이아까지 2마일을 걸어 다녔다. 나중에 그는 이집트를 여행했는데, 그곳에 16개월 동안 머물렀다. 그 뒤 그는 교습으로 생활비를 벌었는데, 소아시아 서북부에 있는 시지쿠스(Cyzicus)에 학교를 세웠고 많은 학생을 끌어 모았다. 에우독소스는 40세경에 아테네를 둘째로 방문했는데, 자신의 제자들을 상당히 많이 동반했다. 그곳에서 그는 또 다른 학교를 설립했는데, 한 동안 플라톤의 학교와 경쟁했다. 에우독소스의 명성은 일반적인 비율 이론과 (선분을 외중비, 곧 황금 비율로 나누는) 황금 분할의 연구에 추가한 여러 가지 결과 및 실진법(착출법, method of exhaustion)이라 부르는 과정의 발견 등 세 가지에 근거한다. 에우독소스가 제안한 과정은 나중에 아르키메데스가 개선해서 곡선으로 둘러싸인 영역의 넓이, 곡면의 넓이, 부피 등을 결정하는 강력한 도구가 됐는데, 이것은 적분법의 중요한 전조였다.

이 시기에 그리스 수학은 명확한 공리에 근거해서 연역적으로 조직되기 시작했다. 이의 최종적인 공리적 형태는 유클리드가 기원전 300년경에 저술한 13권의 책 ≪원론≫에 제시됐다. 유클리드는 ≪원론≫을 그 이전 3세기 동안에 이루어진 선임자들의 경험과 업적에 근거해서 편집했다. 테아이테토스가 높은 수준에서 정교하게 분류한 무비수가 ≪원론≫ 제 10 권의 주제였지만, 이것을 논리적 주제로 가지런히 정돈한 공적은 유클리드의 몫이었다. 에우독소스의 비율 이론은 실제로는 실수 이론인데, 제 5 권에 포함됐다. 그리고 제 2 권은 피타고라스 학파의 산술을 주로 기하학적으로 설명했는데, 여기서 유클리드는 수를 선분으로 표현했다. 이것은 그 이전의 피타고라스 학파가 선호했던 그림과 같은 점들로 수를 나타내는 방법을 대체한 것이었다.

문제 3.3

1. (a) 다음 공식이 성립함을 밝혀라.

$$ab+\left(\frac{a-b}{2}\right)^2=\left(\frac{a+b}{2}\right)^2$$

(b) $a=2n^2$과 $b=2$가 피타고라스 삼조에 대한 플라톤의 공식을 만들어냄을 보이고, $a=(2n+1)^2$과 $b=1$은 피타고라스 자신의 공식을 만들어냄을 보여라.

2. 모든 변의 길이가 자연수인 직각 삼각형 중에서 넓이가 둘레의 길이와 같은 것을 모두 찾아라. [**귀띔**: 두 방정식 $x^2+y^2=z^2$과 $x+y+z=\frac{1}{2}xy$에서 $(x-4)(y-4)=8$을 유도하라.]

3. 3 이상의 자연수 n에 대해 한 변의 길이가 n인 피타고라스 삼조를 찾아라. [**귀띔**: n이 홀수이면 다음 삼조를 생각하자.

$$\left(n,\ \frac{1}{2}(n^2-1),\ \frac{1}{2}(n^2+1)\right)$$

그리고 n이 짝수이면 다음 삼조를 생각하자.

$$\left(n,\ \frac{n^2}{4}-1,\ \frac{n^2}{4}+1\right)$$]

4. 잇따른 자연수로 이루어진 피타고라스 삼조는 (3, 4, 5)가 유일함을 밝혀라. [**귀띔**: 피타고라스 삼조 $(x,\ x+1,\ x+2)$를 생각하고 $x=3$임을 보여라.]

5. (a) 피타고라스 삼조 $(x,\ y,\ z)$ 중에서 x와 y가 잇따른 자연수인 것이 무수히 많이

존재함을 밝혀라. [**귀띔**: $(x,\ x+1,\ z)$ 가 피타고라스 삼조이면, $(3x+2z+1,\ 3x+2z+2,\ 4x+3z+2)$도 피타고라스 삼조이다.]

(b) $(x,\ x+1,\ z)$ 꼴의 피타고라스 삼조를 다섯 개 찾아라.

6. 테온의 변의 수에 대한 맞모금의 수의 몫 y_n/x_n의 열을 생각하자.

(a) 이 열의 첫째, 셋째, 다섯째 항은 점점 더 커지는 반면에 둘째, 넷째, 여섯째 항은 점점 더 작아짐을 밝혀라.

(b) 처음 여섯 항에 대해 각 항의 제곱과 2 사이의 차를 셈하라. 각 단계에서 $(y_n/x_n)^2$은 2에 더 가까워지는데, 교대로 크고 작은 값을 취한다. 그러므로 $\sqrt{y_n/x_n}$은 $\sqrt{2}$에 가까워진다.

7. 다음 규칙에 따라 두 개의 수열을 형성한다고 하자.

$$x_1 = 2, \qquad y_1 = 3,$$
$$x_n = 3x_{n-1} + 2y_{n-1},$$
$$y_n = 4x_{n-1} + 3y_{n-1} \quad (n \geq 2)$$

(a) 위의 각 수열에서 처음 다섯 항을 나열하라.

(b) 다음이 성립함을 보여라.

$$y_n^2 - 2x_n^2 = y_{n-1}^2 - 2x_{n-1}^2$$

그러므로 다음이 성립한다.

$$y_n^2 - 2x_n^2 = y_1^2 - 2x_1^2 = 1$$

(c) (b)로부터 y_n/x_n의 잇따른 값들이 점점 더 $\sqrt{2}$에 가까워진다는 결론을 얻어라.

8. 다음과 같은 규칙으로 정의된 수열을 생각하자.

$$x_1 = 2,$$
$$x_n = \frac{1}{2}\left(x_{n-1} + \frac{2}{x_{n-1}}\right) \quad (n \geq 2)$$

(a) 이 수열의 처음 네 항을 소수로 나타내라.

(b) n의 값이 커짐에 따라 항 x_n의 값이 수 L에 수렴한다고 가정하면, $L = \sqrt{2}$임을 보여라. [**귀띔**: 수 L은 $L = \frac{1}{2}(L + 2/L)$을 만족시킨다.]

9. $\sqrt{3}$과 $\sqrt{2}$가 무비수임을 증명하라. 먼저 각각 유비수라고 가정하고 모순이 나타날 때까지 추론하라.

10. 변의 수와 맞모금의 수에 대한 테온의 정의에서 2를 3으로 바꾸어, 2 이상의 자연수 n에 대해 형성 규칙을 다음과 같이 만들어라.

$$x_n = x_{n-1} + y_{n-1}, \quad y_n = 3x_{n-1} + y_{n-1}$$

(a) $x_1 = 1$과 $y_1 = 2$에서 출발해서, 이 결과로 얻는 두 수열 각각에서 처음 여섯 항을 나열하라.

(b) n의 몇 개의 값에 대해 y_n/x_n을 기약분수로 나타내면 다음이 성립함을 확인하라.

$$y_n^2 - 3x_n^2 = 1 \text{ 또는 } -2$$

(c) (b)의 관계가 모든 n에 대해 성립한다고 가정하면, 잇따른 비율 y_n/x_n이 $\sqrt{3}$에 가까워짐을 보여라.

(d) y_n/x_n의 처음 여섯 값을 적어서, $\sqrt{3}$의 어림값을 찾아라.

11. 아르키메데스(기원전 287~212)는 그의 책 ≪원의 측정≫에서 증명 없이 다음 부등식을 제시했다.

$$\frac{1351}{780} > \sqrt{3} > \frac{265}{153}$$

(a) 왼쪽의 한계에 이르는 가능성 있는 설명으로 먼저 다음의 (i)를 보이고 다음에 (ii)를 보여라.

$$\text{i) } 26-\frac{1}{52}=\sqrt{26^2-1+\left(\frac{1}{52}\right)^2}$$
$$>\sqrt{26^2-1}$$
$$\text{ii) } \frac{1351}{780}=\frac{1}{15}\left(26-\frac{1}{52}\right)$$
$$>\frac{1}{15}\sqrt{26^2-1}=\sqrt{3}$$

(b) 비슷한 방법으로 $\frac{1}{52}$을 $\frac{1}{51}$로 바꾸어 오른쪽의 한계를 얻어라.

12. $\sqrt{3}$을 $\frac{5}{3}$로 어림할 수 있으므로, 미지수 x에 대해 $\sqrt{3}=\left(\frac{5}{3}+\frac{1}{x}\right)$과 같이 놓을 수 있다.

(a) 이 식의 양변을 제곱하고 $1/x^2$을 무시해서 얻은 x에 관한 일차 방정식을 풀어서 $\sqrt{3}$에 대한 둘째 어림값을 얻어라.
(b) 이 과정을 한 번 더 반복해서 셋째 어림값을 찾아라.

13. (a) 완전 제곱수가 아닌 자연수 n에 대해 a^2을 n에 가장 가까운 (n보다 클 수도 있고 작을 수도 있는) 제곱수라 하고 $n=a^2\pm b$라고 하자. 이때 다음이 성립함을 증명하라.

$$a\pm\frac{b}{2a\pm 1}<\sqrt{n}<a\pm\frac{b}{2a}$$

(b) (a)의 결과를 이용해서, $\sqrt{50}$, $\sqrt{63}$, $\sqrt{75}$를 유비수로 어림하라.

14. 문제 13의 부등식을 이용해서, $\sqrt{3}$에 대한 아르키메데스의 한계를 얻어라. [**귀띔** : $a=26$과 $b=1$을 택하자.]

15. 피타고라스 정리에 대한 표준적인 증명은 각 C가 직각인 직각 삼각형 ABC에서 출발한 다음에, C에서 빗변 AB에 수선 CD를 내린다.

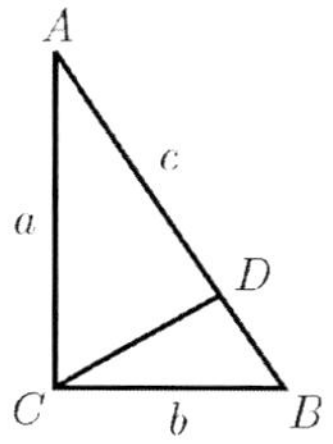

(a) 두 삼각형 ACD와 CBD는 모두 삼각형 ABC와 닮은 도형임을 증명하라.
(b) 직각을 낀 두 변의 길이가 a와 b이고 빗변의 길이가 c인 삼각형 ABC에 대해 닮은 삼각형의 닮음비를 이용해서 $a^2+b^2=c^2$이 성립함을 밝혀라.

16. 피타고라스 정리에 대한 또 다른 증명을 위해, 직각을 낀 두 변의 길이가 a와 b이고 빗변의 길이가 c인 (각 C가 직각인) 삼각형 ABC를 생각하자. 변 BC의 연장선에 있는 점 D를 $\triangle BAD$가 직각 삼각형이 되도록 선택하자.

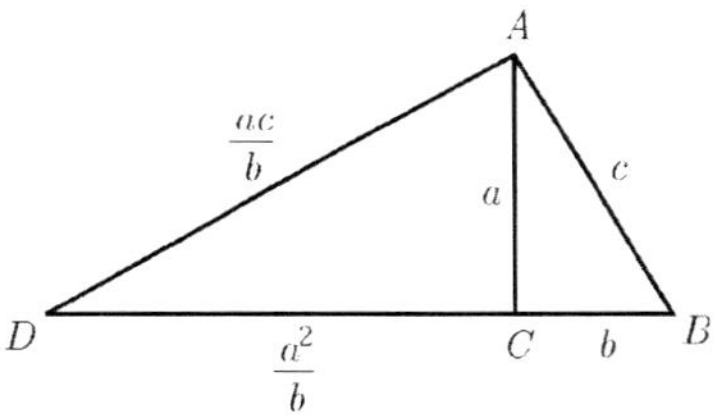

(a) 닮은 두 삼각형 ABC와 DBA로부터 $AD=ac/b$이고 $DC=a^2/b$이 성립함을 보여라.
(b) 삼각형 ABD의 넓이를 두 삼각형 ABC와 ACD의 넓이와 비교해서 $a^2+b^2=c^2$이 성립함을 밝혀라.

17. 가필드(James Garfield)는 아메리카 합중국의 대통령이 되기 몇 년 전에 피타고라스 정리에 대한 독창적인 증명을 고안했다. 이 증명은 1876년에 ≪뉴잉글랜드 교육 잡지(New England Journal of Education)≫

에 게재됐다. 가필드는 직각 삼각형 ABC에서 출발해서 다음 그림에 나타낸 대로 합동인 삼각형 EAD를 위치시켰다. 다음에 그는 선분 EB를 그어서 사변형 $EBCD$를 만들었다. 이 사변형의 넓이와 세 삼각형 ABC, EAD, EBA의 넓이를 비교해서 $a^2+b^2=c^2$이 성립함을 밝혀라.

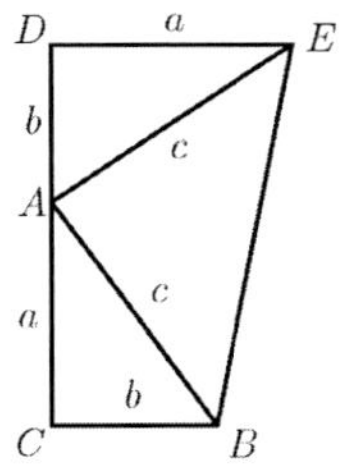

18. 피타고라스 학파는 $a<b$일 때 a와 b의 조화 평균을 다음을 만족시키는 수 h로 정의했다.

$$\frac{h-a}{b-h}=\frac{a}{b}$$

예를 들면, 6과 12의 조화 평균은 8인데, 다음이 성립하기 때문이다.

$$\frac{8-6}{12-8}=\frac{6}{12}$$

h가 a와 b의 조화 평균이기 위한 필요충분 조건은 h가 다음 중 어느 하나를 만족시키는 경우임을 증명하라.

(a) $\frac{1}{a}-\frac{1}{h}=\frac{1}{h}-\frac{1}{b}$

(b) $h=\frac{2ab}{a+b}$

19. 파포스(Pappus, 320년경)는 ≪수학집성≫에서 두 선분 OA와 OB의 조화 평균을 다음과 같이 작도했다. B에서 선분 OB에 수선을 세우고 $BC=BD$를 표시한 다음에, A에서 선분 OB에 수선을 세우고 OC와 점 E에서 만난다고 하자. 선분 ED를 그리고 선분 OB와 점 H에서 만난다고 하자. $h=OH$가 $a=OA$와 $b=OB$의 원하는 조화 평균임을 증명하라. [**귀띔**: 닮은 두 삼각형 OAE와 OBC 및 닮은 두 삼각형 HAE와 HBD로부터 $a/b=AH/HB$를 유도하라.]

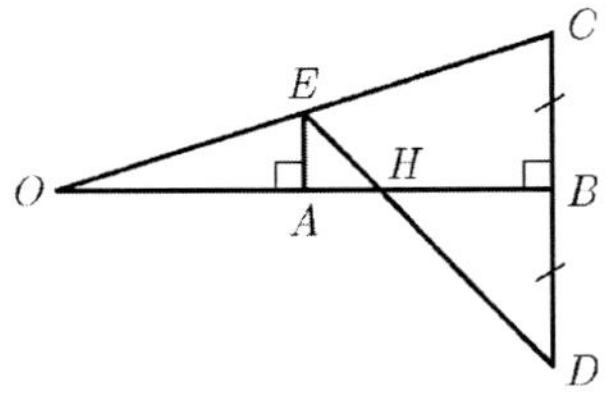

20. 두 수 a와 b의 산술 평균과 조화 평균 사이의 다음과 같은 '완전한 비율'을 밝혀라.

$$\frac{a}{(a+b)/2}=\frac{2ab/(a+b)}{b}$$

21. 주어진 선분을 서로 같지 않은 두 부분으로 나누는데, 큰 부분에 대한 전체 선분의 비가 작은 부분에 대한 큰 부분의 비가 같을 때, 이를 황금 분할이라고 한다. 선분 AB의 황금 분할에 대한 고전적인 자와 컴퍼스 작도는 다음과 같다. B에서 선분 AB에 수선 BC를 그와 같은 길이로 세운다. M은 선분 AB의 중점이고 MC를 반지름으로 해서 반원을 그리고 선분 AB의 연장선과 두 점 D와 E에서 만난다고 하자. 그러면 선분 AB에 표시한 선분 BE가 제공하는 점 P에 의해 선분 AB는 황금 분할된다.

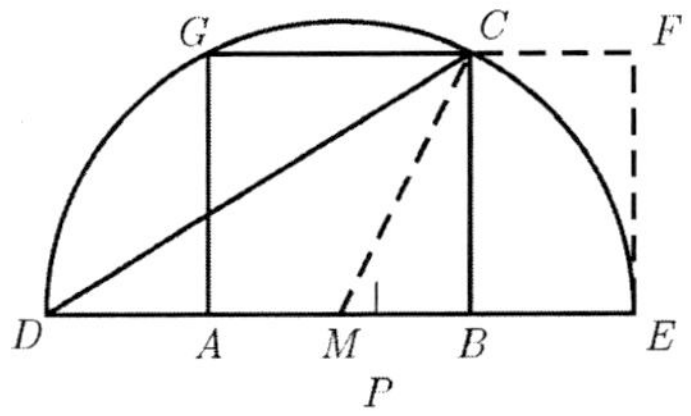

(a) $\triangle DBC$와 $\triangle CBE$는 서로 닮은 도형

이고, 이에 따라 $DB/BC = BC/BE$가 성립함을 보여라.

(b) (a)의 등식의 양변에서 1을 빼고 $AB/AP = AP/PB$라는 결론을 얻어라.

(c) (b)에 있는 공통의 비의 값이 $(\sqrt{5}+1)/2$임을 증명하라. 이것이 '황금 비율'이다. [**귀띔**: PB를 $AB-AP$로 바꾸어 $AB^2 - AB \cdot AP - AP^2 = 0$임을 확인하자. 이 방정식을 AP^2으로 나누어 비 AB/AP에 관한 이차 방정식을 얻어라.]

(d) 황금 직사각형은 두 변 사이의 비율이 $(\sqrt{5}+1)/2$인 직사각형이다. (황금 직사각형은 눈을 즐겁게 하는 규격이고, 파르테논과 다른 그리스 신전의 정면 설계에 이용됐다.) 두 직사각형 $AEFG$와 $BEFC$가 모두 황금 직사각형임을 밝혀라.

22. 플라톤에게 수학을 가르쳤던 키레네의 테오도로스(기원전 400년경)는 임의의 자연수 n에 대해 길이가 $\sqrt{n}$인 선분을 작도하는 방법을 보였다. 다음을 증명하라.

(a) 주어진 홀수 n에 대해 $\sqrt{n}$은 직각을 낀 한 변이 $(n-1)/2$이고 빗변이 $(n+1)/2$인 직각 삼각형에서 직각을 낀 또 다른 변의 길이다.

(b) 주어진 짝수 n에 대해 $\sqrt{n}$은 직각을 낀 한 변이 $n-1$이고 빗변이 $n+1$인 직각 삼각형에서 직각을 낀 또 다른 변의 길이의 반이다.

23. 테오도로스는 $\sqrt{n}\,(2 \le n \le 17)$을 또한 아래와 같이 소용돌이 모양의 그림을 작도해서 얻었다는 이야기도 있다. 이 그림은 공통 꼭짓점이 있는 일련의 직각 삼각형으로 이루어지는데, 각 삼각형에서 공통 꼭짓점의 대변의 길이는 1이다. 이 열에서 n째 삼각형의 빗변의 길이가 $\sqrt{n+1}$임을 보여라. (테오도로스가 $\sqrt{17}$에서 멈춘 이유는, $\sqrt{18}$을 작도해야 하는 그 다음 단계에서 그림은 처음에 출발한 축을 다시 지나가야 하기 때문이었다.)

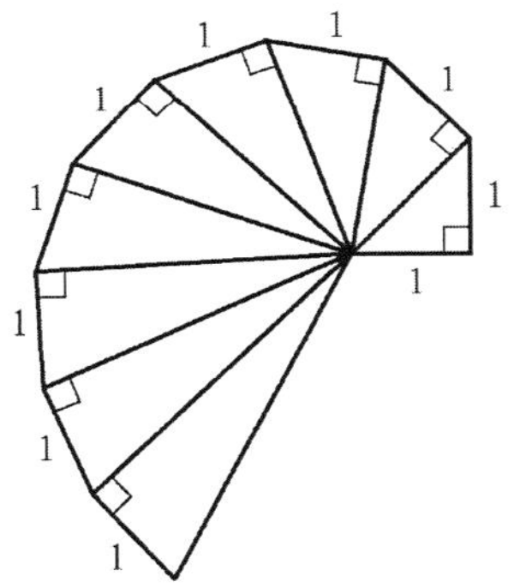

3.4 고대의 세 가지 작도 문제

■ 히포크라테스와 원의 구적

기원전 5세기의 후반기를 지배했던 수학자는 키오스의 히포크라테스(Hippocrates of Chios, 기원전 460 ~380)였다. [당대의 더 유명한 사람인 그리스 의학의 아버지인 코스의 히포크라테스(Hippocrates of Cos)와 구별해야 한다.] 탈레스와 같이 히포크라테스는 상인으로 삶을 시작해서 교사를 끝을 맺었다. 그런데 탈레스보다 영리하지 못해서, 히포크라테스는 돈을 빼앗겼다. 그가 비잔티움 세관의 세금 징수원에게 사기를 당했는지 아니면 그의 배가 공해상에서 아테네의 해적으로부터 노략질을 당했는지는 설명에 따라 다르다. 어쨌든 재산을 잃은 히포크라테스는 아테네로 가서 범죄자들을 재판소에 고소했다. 부득이 그곳에 오랫동안 (아마도 기원전 450년부터 430년까지) 머물러야 했던 그는 여러 철학자의 강연을 들었다. 피타고라스 학파가 당시 아테네에 정착했다는 충분한 이유가 있는데, 이에 따라 그는 그들의 영향을 받을 수 있었다. 그렇지만 그에게 공식적인 의미에서 피타고라스 학파의 스승은 없었다. 결국 히포크라테스는 기하학에 대단히 능숙해져서 공공연히 수학 교습을 하고 수업료를 받았는데, 이렇게 해서 경제적으로 독립할 수 있었던 최초의 사람 중 하나가 됐다. 누가 말한 대로, 피타고라스 학파의 어떤 사람이 자신이 알고 있던 산술과 기하학을 그에게 가르쳤다면, 당시의 기준으로 그는 수학의 비밀을 대가를 지불하는 사람에게 팔아버림으로써 그들의 신뢰를 저버린 것이었다. (좀 더 너그럽게 해석한다면 히포크라테스의 불운에 가슴 아파한 피타고라스 학파가 그에게 그들의 기하학을 가르치고 돈을 벌 수 있도록 허락했을 것이다.) 아리스토텔레스는 다음과 같이 히포크라테스에 대해 무정하게 말했다. "잘 알고 있듯이, 한 가지 면에서 어리석은 사람이 결코 모든 면에서도 어리석은 것은 아니다. 그런데 히포크라테스는 유능한 기하학자이지만, 다른 면에서는 어리석고 상식이 없는 것으로 보인다." 실제로 그리스 사람들은 순진하게 자신의 재산을 빼앗기는 사람을 바보로 본 것으로 보인다.

기원전 5세기 중반에 이르러 대단히 많은 기하학적 정리가 밝혀졌기 때문에, 증명을 강화하고 이 모든 내용을 적절한 논리적 순서에 따라 정리할 필요성이 점점 더 커졌다. 프로클로스는 히포크라테스가 기하학의 원론(기본 원리)에 근거해서 책을 편집했던 방법을 말했는데, 더 잘 알려진 유클리드의 ≪원론≫을 한 세기 이상 앞선 시기였다. 그렇지만 기하학에 대한 이 최초의 책은 흔적도 찾아볼 수 없다. (사실, 기원전 5세기의 수학 문헌 중에서 전해지는 것은 없다.) 히포크라테스의 책이 중요한 전통을 세웠겠지만, 선구적인 연구의 결함을 지녔을 것이고, 유클리드의 ≪원론≫ 때문에 더 이상 쓸모가 없어졌을 것이다. 히포크라테스는 현재 친숙해진 양식인 기하학을 명제들의 사슬로 제시하는 방법, 곧 다른 명제들을 그 이전의 명제들에 근거해서 유도할 수 있는 방식을 고안했다. 다른 혁신적인 사항 중에서도 그는 알파벳의 글자를 사용해서 기하학적 도형에 있는 점과 선을 표시하는 방법을 도입했다.

히포크라테스가 아테네에 도착했을 때, 원의 구적과 정육면체의 배적 및 일반적인 각의 삼등분 등 세 가지 특별한 문제[4]가 이미 기하학자들의 관심을 끌고 있었다. 이런 문제들은 수학의 역사에서 획기적인 사건으로 남았는데, 대대로 아마추어와 학자 모두를 자극하고 매료시키는 원천이었다.

4) [옮긴이] 삼대 작도 (불능) 문제라고 한다.

히포크라테스의 명성이 주로 근거하는 업적은 이 문제 중에서 첫째인 원의 구적과 관계 있다. 때로는 '원을 정사각형으로 만들기'로 불리는 이 문제는 다음과 같이 간단하게 서술할 수 있다. "주어진 원과 넓이가 같은 정사각형을 작도할 수 있는가?" 이 문제는 처음에 보이는 것보다 훨씬 더 어려운데, 중요한 요소가 정사각형을 작도하는 방법이기 때문이다. 전설에 의하면, 플라톤(Plato, 기원전 429~348)은 이 과제를 자와 컴퍼스만으로 시행해야 한다고 역설했다고 한다. 이 방법에서 각 도구는 다음과 같이 특정한 한 가지 조작을 위해 사용해야 한다고 가정한다.

1. 자로는 주어진 두 점을 지나는 선을 그릴 수 있다.
2. 컴퍼스로는 주어진 중심과 반지름의 원을 그릴 수 있다.

이 두 가지 도구를 다른 방식으로 사용할 수 없다. 특히, 이런 도구로 거리를 옮기는 데 사용할 수 없는데, 이에 따라 어떻게 해서든지 자에는 눈금을 새기거나 표시를 해서는 안 되고, 컴퍼스는 어느 끝이라도 종이에서 떼면 접히는 것으로 간주해야 한다. 어떤 점 또는 선이 자와 컴퍼스로 작도 가능하다고 말할 수 있는 경우는, 이 두 도구를 정해진 방법으로 유한 번만 사용해서 주어진 기하학적 양으로부터 만들어낼 수 있을 때이다.

그리스 기하학자들과 그 뒤 다른 기하학자들의 정력적인 노력에도 불구하고, 원의 구적 문제는 작도에 대한 그리스의 엄밀한 의미에서는 풀리지 않은 채로 남았다. 이런 시도가 헛되다는 사실이 19세기에 밝혀졌는데, 이때에 이르러 드디어 수학자들은 자와 컴퍼스만으로는 원의 구적이 불가능함을 증명할 수 있었다. 밝혀진 대로, 이런 제한된 도구를 사용한 작도 가능성 판정법은 기하학이 아니라 대수학의 발상을 이용하며, 고대나 중세에 알려지지 않은 개념들과 관련된다. 원의 구적은 길이가 원의 반지름의 $\sqrt{\pi}$ 배인 선분의 작도와 동치이다. 그러므로 $\sqrt{\pi}$ 가 작도 가능한 길이가 아님을 보일 수 있으면, 그리스 사람들이 규정한 방법으로는 이런 선분을 작도 불가능하다는 사실이 증명된다. 이 논거는 전적으로 수 π의 초월적 성질에 달려있다. 곧, π는 결수[계수]가 유비수인 임의의 다항 방정식의 근이 아니라는 사실에 근거한다. [π의 초월성은 1882년에 페르디난트 폰 린데만(Ferdinand von Lindemann, 1852~1939)의 길고 난해한 증명에 의해 밝혀졌다.]

초기의 연구자들도 이미 허용된 도구가 원의 구적 문제를 풀기에 불충분하다고 틀림없이 짐작했을 것이다. 왜냐하면 그들은 단순히 원 및 직선과 관련된 작도를 찾는 데 실패했을 때 특별한 고등 곡선이 이미 그려져 있다고 가정했기 때문이다. 이런 경우에 그들은 성공적이었다. 히포크라테스와 거의 같은 시대의 사람인 엘리스의 히피아스(Hippias of Elis, 기원전 425년경)는 분명히 원의 구적 문제를 풀기 위한 목적으로 구적 곡선(quadratrix)이라고 부르는 새로운 곡선을 고안했다. 그의 해법은 완벽하게 합법적이지만, 플라톤이 정한 제한

플라톤
(Plato, 기원전 429~348)

(*The Bettmann Archive*)

을 만족시키지 못했다. 히피아스가 그 곡선을 그릴 수 있는 움직이는 장치를 고안했다는 말을 들은 플라톤은 그 해법이 기하학적이 아니라 기계적이라는 이유에서 그것을 거부했다. 플루타르코스는 (≪유쾌한 질문들(Convivial Questions)≫에서) 플라톤이 다음과 같이 말했다고 서술했다. "이렇게 하면 모든 좋은 기하학은 무시되고 파괴되는데, 이것은 감각의 일로 환원되고 영원한 사고의 이미지 가운데에서 솟구치는 것을 방해하기 때문이다."

히포크라테스는 원의 구적을 시도하면서 넓이가 정사각형과 같은 곡선으로 둘러싸인 특정한 평면 영역들이 존재한다는 사실을 발견하게 됐다. 좀 더 명확하게 말하면, [달꼴(lune)은 반지름이 서로 다른 두 원의 호로 둘러싸인 달 모양의 도형인데] 두 개의 달꼴을 그리면 그 넓이의 합은 직각 삼각형의 넓이와 같다는 사실을 보였다. 이것은 다음과 같이 얻었다. 그는 직각 이등변 삼각형 ABC에서 출발해서 다음 그림과 같이 세 변을 각각 지름으로 하는 반원 세 개를 작도했다.

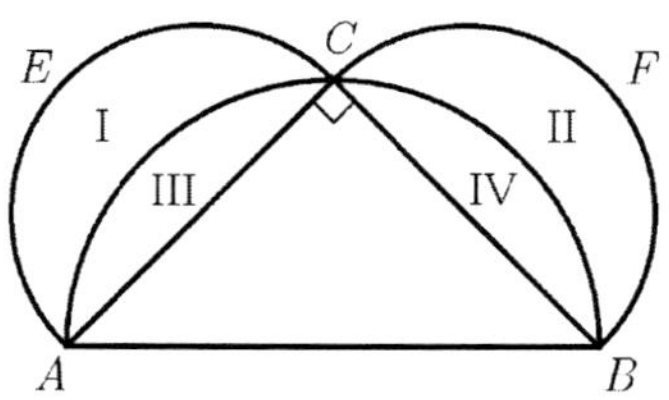

히포크라테스는 두 원의 넓이가 그 지름의 길이의 제곱에 비례한다는 사실을 분명히 알고 있었다. 그러므로 다음이 성립한다.

$$\frac{AB\text{가 지름인 반원의 넓이}}{AC\text{가 지름인 반원의 넓이}} = \frac{AB^2}{AC^2}$$

이 비율은 2와 같다. 왜냐하면 피타고라스 정리에 의해 삼각형 ABC에서 $AB^2 = AC^2 + CB^2 = 2AC^2$이 성립하기 때문이다. 그러므로 AB가 지름인 반원의 넓이는 AC가 지름인 반원의 넓이의 두 배이다. 이에 따라 히포크라테스는 두 개의 작은 반원의 넓이의 합이 큰 원의 넓이와 같다는 결론을 얻었다. 다음 단계는 공통으로 들어있는 두 영역 III과 IV를 빼는 것이었다. 그러면 그림에 나타낸 대로, 남은 넓이, 곧 두 달꼴의 넓이 I과 II의 합은 삼각형 ABC의 넓이와 같다. 그런데 삼각형 ABC의 넓이는 $\frac{1}{2}(AC \cdot BC) = \frac{1}{2}AC^2$이므로, 다음이 성립한다.

$$(\text{달꼴 I의 넓이}) + (\text{달꼴 II의 넓이}) = \tfrac{1}{2}AC^2$$

이를 다른 방식으로 나타내면, 달꼴 I의 넓이는 삼각형 ABC의 넓이의 반과 같다.

$$(\text{달꼴 I의 넓이}) = \frac{1}{2}\left(\frac{1}{2}AC^2\right) = \left(\frac{AC}{2}\right)^2$$

그러므로 '달꼴을 정사각형으로 만들기'를 해결했다. 그러므로 히포크라테스는 수학에서 정확한 구적이 가능한 최초의 곡선 영역을 제시했다.

히포크라테스는 달꼴의 구적이 가능함을 보인 다음에, 비슷한 방법으로 원을 정사각형으로 만들려고 시도했다. 이를 위해 그는 등변 사다리꼴 $ABCD$를 택했는데, 원의 지름과 이 원에 내접하는 정육각형의 반에 있는 잇따른 세 변으로 형성했다. 육각형의 세 변 AB, BC, CD 각각을 지름으로 하는 세 개의 반원과 원래 원의 반지름 OD를 지름으로 하는 반원을 그렸다. 히포크라테스는 사다리꼴 $ABCD$의 넓이가 세 개의 달꼴 I, II, III의 넓이 및 지름이 OD인 반원의 넓이의 합과 같다는 사실을 증명했다.

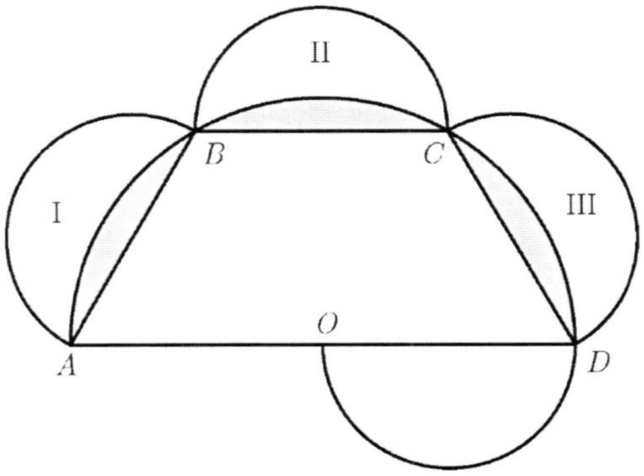

각 지름의 제곱은 대응하는 반원의 넓이와 비례하므로, 다음이 성립한다.

$$\frac{OD\text{가 지름인 반원의 넓이}}{AD\text{가 지름인 반원의 넓이}} = \frac{OD^2}{AD^2} = \frac{OD^2}{(2AD)^2} = \frac{1}{4}$$

세 변 AB, BC, CD 각각은 반지름 OD와 같으므로, 작은 반원 각각의 넓이는 큰 반원의 넓이의 $\frac{1}{4}$이다. 이 사실을 이용하면, 지름이 AD인 반원의 넓이는 이 네 반원, 곧 정육각형의 반에 있는 세 변이 각각 지름인 세 반원과 OD를 지름으로 하는 반원의 넓이의 합과 같다는 결론을 얻는다. 이런 넓이에 공통으로 들어있는 부분(더 정확히 말하면, 육면체와 반원의 둘레 사이의 놓인 어둡게 나타낸 부분)을 없애면, 나머지 부분끼리 넓이가 같다. 바꿔 말하면, 세 달꼴 I, II, III과 지름이 OD인 반원의 넓이의 합은 사다리꼴 $ABCD$의 넓이와 같다.

(사다리꼴 $ABCD$의 넓이)=(달꼴 I의 넓이)+(달꼴 II의 넓이)
+(달꼴 III의 넓이)+(지름이 OD인 반원의 넓이)

만약 이 합으로부터 세 개의 달꼴과 넓이가 같은 세 개의 정사각형을 뺄 수 있다면, 지름이 OD인 반원의 넓이와 같은 직사각형을 작도할 수 있을 것이다. 그러면 이런 직사각형의 두 배는 지름이 OD인 원의 넓이와 같을 것이다. 임의의 직사각형은 넓이가 같은 정사각형으로 전환할 수 있으므로, 원을 정사각형으로 만들 수 있을 것이다.

달꼴에 대한 히포크라테스의 연구는 6세기의 주석자 심플리키우스(Simplicius, 530년경 활동)의 저술을 통해 보존됐는데, 원래 만들어진 대로 우리에게 전달된 (알렉산드리아 시대 전의) 고대 그리스 수학의 꽤 큰 유일한 일부이다. 심플리키우스에 따르면, 히포크라테스는 위에서 설명한 논법에 의해 원의 구적을 얻는 데 실제로 성공했다고 믿었다. 말할 필요도 없이, 그는 원의 구적 문제를 풀지 못했다.

모든 달꼴을 구적할 수 있다는 가정이 잘못이다. 히포크라테스 자신이 고려한 특별한 경우에 대해서만 이것이 가능하다는 사실이 밝혀졌다. 그가 내접하는 이등변 삼각형의 변에 올린 달꼴에 대해 증명한 사실은 내접하는 반-육각형의 변에 올린 달꼴에 대해 반드시 참이 아닐 수 있다. 실제로, 가장 유능한 기하학자의 한 사람인 히포크라테스가 이런 실수를 저질렀을 것으로 보이지 않는다. 그는 적절한 때에 이런 달꼴 구적이 원의 구적에 이를 것이라고 기대했을 것이다. 그래서 주석자의 편에서 히포크라테스가 그렇게 하지 않고 원을 구적했다고 주장했다고 생각하는 실수로 저질렀을 것으로 보인다.

■ 정육면체의 배적

당시의 기하학자들의 관심을 끈 또 다른 유명한 작도 문제는 정육면체의 배적, 다시 말하면 부피가 주어진 정육면체의 두 배인 정육면체의 모서리를 작도하는 문제였다. 배적 문제가 정확하게 어떻게 유래했는지는 추측의 문제이다. 어쩌면 정사각형의 배적에 성공했던 초기의 피타고라스 학파까지 거슬러 올라갈 수 있다. 곧, 주어진 정사각형의 맞모금을 한 변으로 하는 정사각형을 작도하면, 새로운 정사각형의 넓이는 정확하게 원래 정사각형의 넓이의 두 배이다. 이런 성취 뒤에, 이 문제를 삼차원으로 확장하는 것으로 매우 자연스러웠을 것이다.

그런데 더 낭만적인 이야기가 전해지고 있다. 가장 널리 알려진 이야기에 따르면, 아테네 사람들은 그들의 도시에 엄청난 고통을 안겨주고 그들의 지도자 페리클레스를 죽게 한 대단히 치명적인 돌림병을 완화하기 위해 그들이 해야 할 일을 알아보기 위해서 기원전 430년에 델로스 섬에서 신탁을 받았다. 신탁은 당시의 아폴로 제단의 크기를 두 배로 하라고 답변했다. 제단은 정육면체 모양이었기 때문에, 정육면체를 배적하는 것이 문제였다. 경솔한 사람들은 모서리의 길이가 그 제단의 두 배인 제단을 건설했다. 전설에 따르면, 이를 보고 분개한 신은 돌림병을 그 전보다 더 악화시켰다. 잘못된 이유가 밝혀졌을 때, 시민 대표단은 플라톤에게 가서 이 문제를 문의했다. 플라톤은 그들에게 "신이 이 신탁을 준 이유는 크기가 두 배인 제단을 원한 것이 아니라, 이런 과제를 그리스 사람들에게 제시함으로써 그리스 사람들이 수학을 무시하고 기하학을 경멸한 점을 책망하기 위해서였다."고 말했다. 돌림병이 실제로 약화됐는지 아니면 자연스럽게 사라졌는지는 알려지지 않았지만, 신탁의 답변 때문에 정육면체의 배적 문제는 흔히 '델로스의 문제(Delian problem)'로 인용된다.

역사는 분명치 않은데, 이 주제에 대해 적어도 두 가지 이상의 전설이 있다. 또 다른 이야기로, 시인 에우리피데스(Euripides, 기원전 485~406)는 현재는 사라진 그의 비극 작품에서 델로스의 문제를 언급했다. 그의 이야기에 따르면, 이 문제는 미노스(Minos) 왕으로부터 유래하는데, 이 왕은 아들 글라우코스(Glaucus)의 무덤을 세우고 싶었다고 한다. 설계된 규격이 왕가의 기념물로는 너무 품위가 없다고 생각한 왕은 "너무 작은 공간을 둘러쌓았다. 아름다운 (정육면체의) 모양은 바꾸지 말고 이를 빨리 두 배로 만들어라."라고 소리쳤다. 이런 설명 각각에서, 이 문제는 건축의 어려움에서 기원했던 것으로 보인다.

여기에서도 배적 문제의 풀이에서 최초의 실질적인 진전이 히포크라테스에 의해 이루어졌다. 그는 주어진 선분과 길이가 이의 두 배인 선분 사이에 있는 두 개의 비례 중항을 찾는 문제로 바꿀 수 있다는 사실을 보였다. (곧, 주어진 두 선분 사이에 두 개의 선분을 끼워 넣어 네 선분이 등비 수열을 이루게 한다.) 현대적인 표기법으로, a와 $2a$가 주어진 두 선분이고 x와 y가 이것들 사이에 끼워 넣을 수 있는 비례 중항[연비례 중항]이면, 네 길이 a, x, y, $2a$가 등비 수열을 이룬다. 곧, 다음이 성립한다.

$$\frac{a}{x} = \frac{x}{y} = \frac{y}{2a}$$

처음 두 비율로부터 $x^2 = ay$가 성립한다. 둘째 비율의 쌍으로부터 $y^2 = 2ax$를 얻는다. 이 두 식을 다음과 같이 결합할 수 있다.

$$x^4 = a^2y^2 = 2a^3x$$

곧, 다음이 성립한다.

$$x^3 = 2a^3$$

다시 말하면, 모서리가 x인 정육면체의 부피는 모서리가 a인 주어진 정육면체의 부피의 두 배가 된다.

플라톤이 기하학에서 제한한 도구인 자와 컴퍼스만을 사용한 작도로 이런 비례 중항들을 찾는 데 히포크라테스는 성공하지 못했다. 그렇지만 공간 기하학의 문제를 평면 기하학의 문제로 바꾼 것은 그 자체로 중요한 업적이었다. 이때부터 정육면체의 배적 문제는 언제나 다음과 같이 히포크라테스가 서술한 꼴의 공략이 됐다. "주어진 두 선분 사이에 있는 두 개의 비례 중항을 어떻게 찾을 수 있는가?"

■ 각의 삼등분

히포크라테스는 세 가지 유명한 작도 문제 중에서 두 개를 진전시켰지만, 각의 삼등분 문제에서는 진척을 이루지 못했다. 자와 컴퍼스만을 이용한 각의 이등분은 가장 간단한 기하학적 작도에 속하기 때문에, 고대의 연구자가 비슷한 제한에서 각의 삼등분이 불가능하다고 밝혀질 것이라고 생각할 이유는 전혀 없었다. 특별한 경우인 직각 POQ의 삼등분은 다음과 같다. 점 O를 중심으로 임의의 반지름의 원을 그려서 각의 두 변과 각각 점 A와 점 B에서 만난다고 하자. 이제 점 B가 중심이고 점 O를 지나는 원을 그린다. 두 원은 두 점에서 만나는데, 그 중 한 점 C는 각 POQ의 내부에 있다.

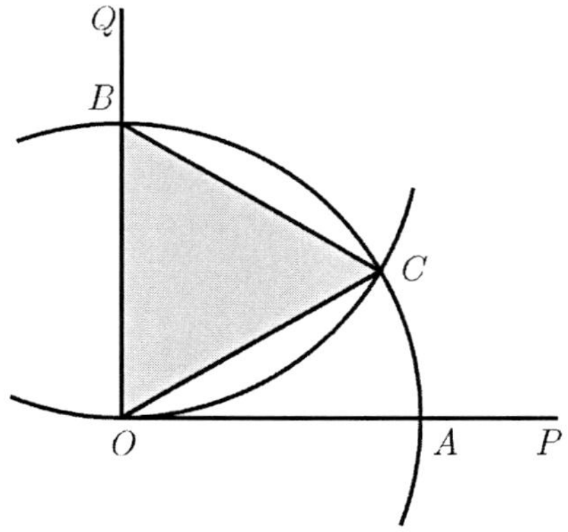

삼각형 BOC는 정삼각형이고 이에 따라 세 내각의 크기는 같다. 이에 따라 $\angle COB = 60°$이다. 그러므로 다음이 성립한다.

$$\angle COA = 90° - 60° = 30° = \frac{1}{3} \cdot 90°$$

이에 따라 반직선 OC는 이 직각을 삼등분한다.

2000년 동안 수학자들은 임의의 각을 삼등분하려고 헛되게 노력했다. 1837년에 파리에 있는 에콜 폴리테크니크의 피에르 방첼(Pierre Laurent Wantzel, 1814~1848)은 자와 컴퍼스만으로 임의로 주어진 각의 삼등분이 불가능함을 최초로 엄밀하게 증명한 논문을 발표했다. 조제프 리우빌(Joseph Liouville, 1809~1882)의 ≪수학 잡지(Journal de Mathématique)≫에 게재된 같은 논문에서 방첼은 특정한 방법으로 정육면체의 배적이 헛되다는 사실도 밝혔다. 이런 결론의 열쇠는 두 개의 기하학적 문제를 방정식 이론의 문제로 바꾸는 것이었다. 방첼은 곁수[계수]가 유비수인 다항 방정식의 해를 자와 컴퍼스만 사용해서 기하학적으로 작도할 수 있는 간단한 대수적 판정법을 얻었다. 고전적인 삼등분과 배적의 기하학적 문제는 방첼의 조건을 만족시키지 못하는 삼차 방정식에 이르고, 이에 따라 대응하는 작도를 시행할 수 없다.

그리스 사람들이 부과한 제약을 완화하면, 각을 삼등분하는 방법이 여러 가지 존재한다. 이 문제에 대한 가장 간단한 해법은 자에 표시를 할 수 있게 허용하는 것이다. 특정한 조건을 만족시키는 표시된 자를 회전시키는 다음 기법은 아르키메데스가 고안했다. 각 POQ를 삼등분한다고 하자. 꼭짓점 O를 중심으로 반지름이 임의의 r인 원을 그리고, 변 OP와 점 A에서 만나고 변 OQ와 점 B에서 만난다고 하자. 이제 자에 거리 r을 표시하자. 자를 이동시키면, 점 B를 지나는 직선 중에서 길이가 r인 선분의 두 끝점이 (C에서) 원과 (D에서) 지름의 연장선 AOA'에 놓이는 특정한 위치를 찾을 수 있다. 이제 자를 사용해서 세 점 B, C, D를 지나는 직선을 그린다.

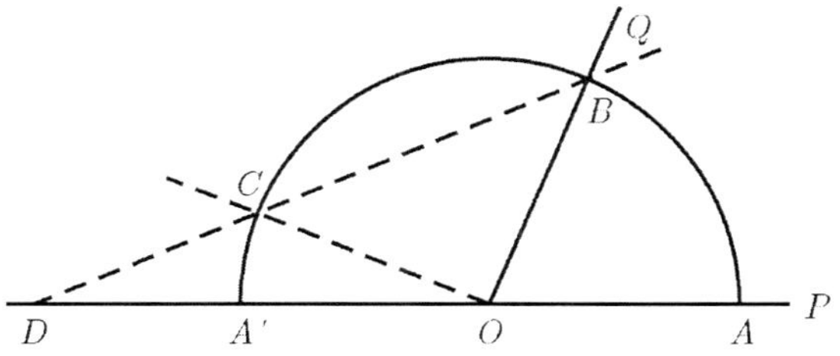

이런 예비적인 작업을 마치면, 각 ODC가 각 AOB의 $\frac{1}{3}$임을 보일 수 있다. 먼저 작도에 의해 $CD = OC = r$이므로, 삼각형 ODC는 이등변 삼각형임을 관찰하자. 그러므로 $\angle COD = \angle ODC$이다. 삼각형의 외각은 인접하지 않은 두 내각의 합과 같으므로, 삼각형 COD에서 다음이 성립한다.

$$\angle OCB = \angle COD + \angle ODC = 2\angle ODC$$

또, 이등변 삼각형 OCB에서 $\angle OCB = \angle OBC$가 성립한다. 외각 정리를 (이번에는 삼각형 ODB에) 적용하면, 다음 등식을 얻는다.

$$\angle AOB = \angle ODB + \angle OBC = \angle ODC + \angle OBC$$

위의 관찰 결과들을 결합하면 다음을 얻는다.

$$\begin{aligned}\angle AOB &= \angle ODC + \angle OBC \\ &= \angle ODC + \angle OCB \\ &= \angle ODC + 2\angle ODC = 3\angle ODC\end{aligned}$$

이에 따라 우리의 목적이 달성된다. 여기서 자와 컴퍼스 작도의 통상적인 규칙을 지키지 않았다는 사실을 강조할 필요가 있는데, 자에 표시를 했기 때문이다. 곧, 두 점 C와 D는 자를 적절한 위치로 이동시켜서 CD가 r이 되도록 결정했다.

문제 3.4

1. 달꼴의 넓이를 원의 넓이로 바꿀 수 있다는 히포크라테스의 논법에 대한 변형을 얻기 위해, 정사각형 $ABCD$에서 출발해서 이의 맞모금이 지름인 반원을 그리자. 점 D가 중심이고 반지름이 AD인 원호를 A부터 C까지 그리자. 그림에 어둡게 나타낸 달꼴의 넓이가 삼각형 ABC의 넓이와 같음을 증명하라. [**귀띔**: (현과 그 현에 대한 호 사이의 영역인) 닮은 활꼴들의 넓이는 그 현들의 길이의 제곱에 비례한다. 이 사실을 닮은 활꼴 I과 II에 적용하자.]

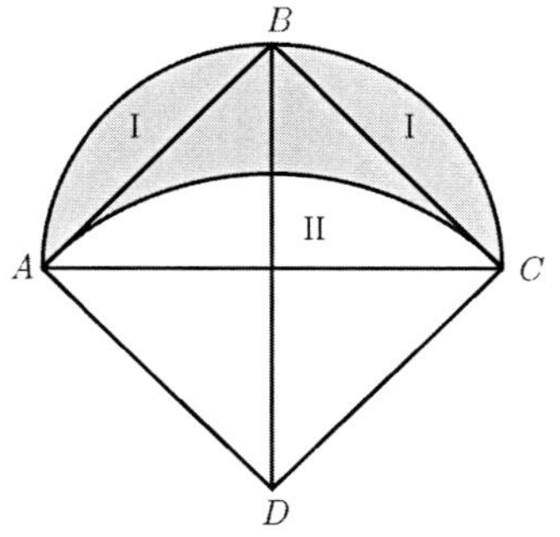

2. 연비례 중항 문제에 대한 다음 해법을 흔히 플라톤의 공적이라고 하는데, 기계적인 작도에 대한 그의 반대 견해에 비추어볼 때는 그럴 것 같지 않다. (아래 그림과 같이) 직각을 낀 변 BC를 공유하는 두 직각 삼각형 ABC와 BCD를 생각하자. 두 빗변 AC와 BD가 점 P에서 직교하고, $AP=a$와 $DP=2a$이 성립하다고 하자. $x=BP$와 $y=CP$가 a와 $2a$ 사이의 연비례 중항임을, 곧 다음이 성립함을 증명하라.

$$\frac{a}{x}=\frac{x}{y}=\frac{y}{2a}$$

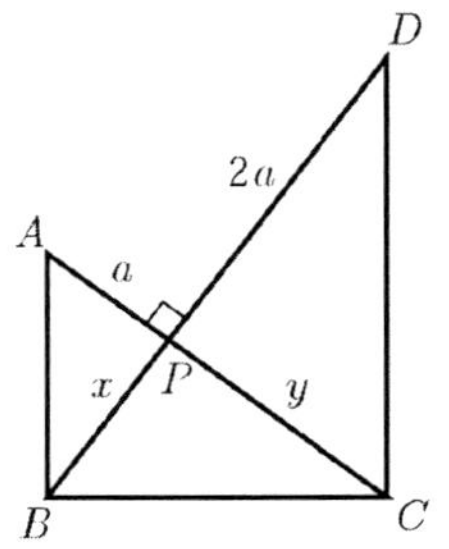

[**귀띔**: 두 평행선이 제3의 직선과 교차하면 엇각은 서로 같다. 이에 따라 세 삼각형 APB, CPB, DPC는 서로 닮은 도형이라는 결론을 얻어라.]

3. 아폴로니오스(Apollonius, 기원전 225년경)는 길이가 a와 $2a$인 두 선분 사이에 두 개의 비례 중항을 끼워 넣는 문제를 풀었다. 그는 먼저 직사각형 $ABCD$를 그렸는데, $AB=a$이고 $AD=2a$이며 두 맞모금의 교점을 E라고 하자. 다음에 그는 점 E를 중심으로 원으로 그리는데, 두 변 AB의 연장선과 점 P에서 만나고 변 AD의 연장선과 점 Q에서 만나며 세 점 P, C, Q가 같은 직선에 있도록 했다. (아폴로니오스는 이 마지막 단계를 시행할 수 있는 기계 장치를 발명했다고 한다.) 이런 그림에서 다음이 성립함을 증명하라.

(a) 세 삼각형 PAQ, PBC, CDQ는 서로 닮은 도형이고, 이에 따라 다음이 성립한다.

$$\frac{a}{x}=\frac{y}{2a}=\frac{a+y}{2a+x}$$

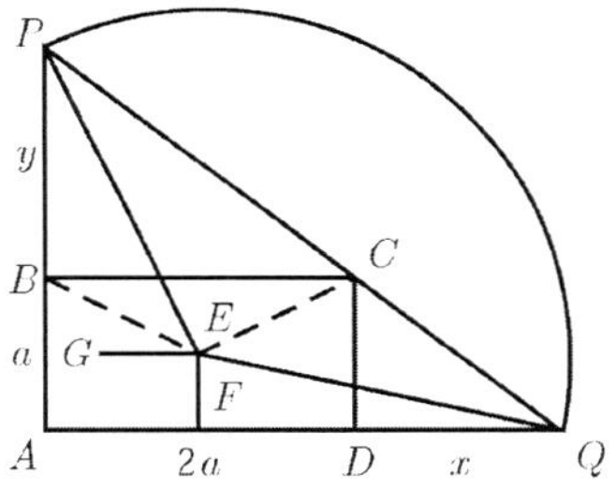

(b) 두 삼각형 EFQ와 EGP는 직각 삼각형이고 빗변의 길이는 서로 같다. 곧, 다음이 성립한다.

$$(a+x)^2+\left(\frac{a}{2}\right)^2=a^2+\left(\frac{a}{2}+y\right)^2$$

또는

$$(2a+x)x=(a+y)y$$

(c) 두 변 $DQ=x$와 $BP=y$는 a와 $2a$ 사이의 두 비례 중항이다. 곧, 다음이 성립한다.

$$\frac{a}{x}=\frac{x}{y}=\frac{y}{2a}$$

4. 알렉산드로스 대왕의 스승인 그리스 수학자 메나이크모스(Menaechmus, 기원전 350년경)는 배적 문제에 대한 순수하게 이론적인 해법을 얻었는데, 특별한 '원뿔 곡선'의 교점을 찾는 것에 근거했다. 모서리가 a인 정육면체를 배적하기 위해서, 그는 꼭짓점이 서로 같고 축이 수직인 두 개의 포물선을 그렸는데, 한 포물선의 통경(latus rectum, 이차 곡선의 초점을 지나 축에 수직인 현의 길이)은 a이고 다른 포물선의 통경은 $2a$가 되도록 한다. 두 포물선의 교점의 x 좌표는 조건 $x^3=2a^3$을 만족시킴을 증명하라. 이에 따라 찾는 정육면체의 모서리 x를 얻는다.

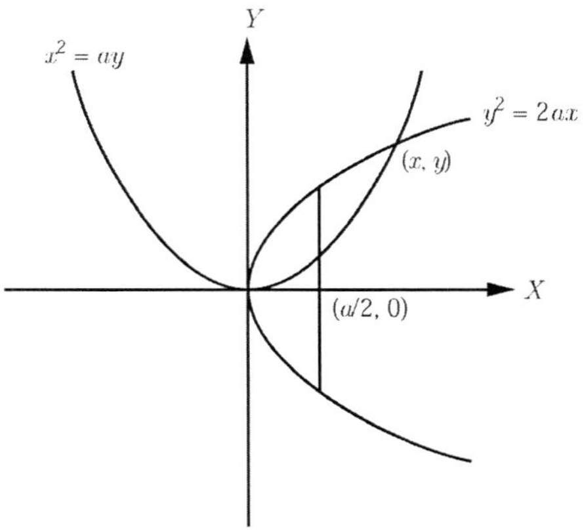

5. 주어진 각의 삼등분은 니코메데스(Nicomedes, 기원전 240년경)가 제시한 작도로 얻을 수도 있다. $\angle AOB$가 주어진 각이라고 하자. 점 B를 지나고 $\angle AOB$의 다른 변에 평행인 선 BD를 그리고, 또 다른 변에 내린 수선의 발을 C라 하자. 이제 자에 길이 $a=2OB$를 표시하고, 이 자를 이동시켜서 점 O를 지나게 하고 길이가 a인 선분의

두 끝점 P와 Q가 각각 BC와 BD에 있도록 한다. 곧, $PQ=a$이다.

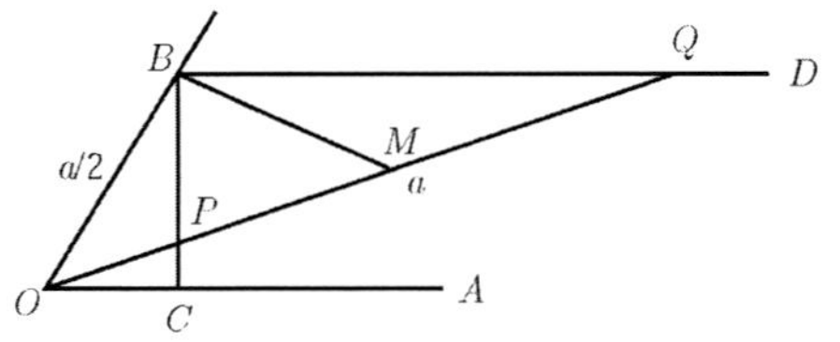

다음을 밝혀라.

(a) M이 PQ의 중점이면, $\angle MOB=\angle BMO$이다. [**귀띔**: 직각 삼각형의 빗변의 중점과 세 꼭짓점까지의 거리는 모두 같다.]

(b) 외각 정리를 삼각형 BMQ에 적용하면, $\angle BMP=\angle MBQ+\angle MQB$를 얻는다.

(c) $\angle AOQ=\angle BQO$

(d) $\angle AOB=\angle AOQ+\angle QOB$
$=3\angle BQO$

6. 니코메데스는 정육면체의 배적 문제를 아폴로니오스와 같은 논법으로 해결했다. 먼저 직사각형 $ABCD$를 그렸는데, $AB=a$이고 $AD=2a$이다. 두 변 AD와 AB의 중점을 각각 M과 N이라 하고, 두 선분 CM과 BA의 연장선이 점 G에서 만난다고 하자. 점 N에서 변 AB에 세운 수선에 점 F를 $FB=a$가 성립하도록 택하자. 이제 점 B를 지나고 선분 FG에 평행인 선 BH를 긋고, 변 AB의 연장선에 있는 점 P를 선분 FP를 그었을 때 $HP=a$가 되도록 선택한다. [이 마지막 단계를 성취하기 위해서 니코메데스는 나사선(conchoid)이라 부르는 특별한 평면 곡선을 고안했고 이를 그릴 수 있는 장치도 발명했다.] 선분 PC를 연장해서 변 AD의 연장선과 Q에서 만난다고 하자.

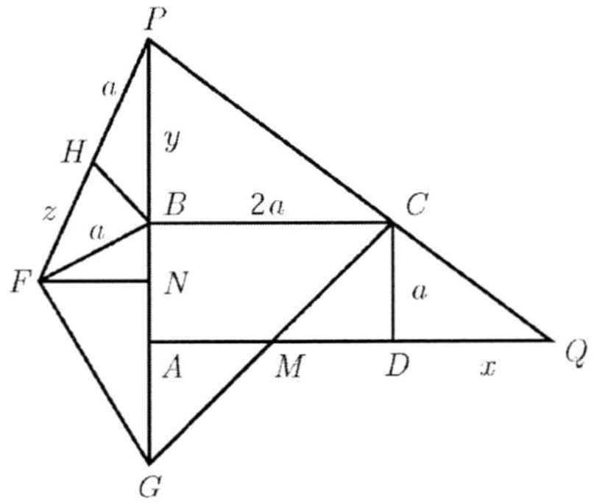

다음이 성립함을 증명하라.

(a) 세 삼각형은 PAQ, PBC, CDQ는 서로 닮은 도형이고, 이에 따라 다음이 성립한다.

$$\frac{a}{x}=\frac{y}{2a}=\frac{a+y}{2a+x}$$

(b) 두 삼각형 PBH와 PGF는 서로 닮은 도형이고, 이에 따라 다음이 성립한다.

$$\frac{a}{y}=\frac{z+a}{y+2a}$$

곧, $a/z=y/2a$이므로 $z=x$이다.

(c) 두 삼각형 FNB와 FNP에 공동인 변 FN이 있고, 이에 따라 다음이 성립한다.

$$a^2-\left(\frac{a}{2}\right)^2=(x+a)^2-\left(y+\frac{a}{2}\right)^2$$

또는

$$\frac{x}{y}=\frac{y+a}{x+2a}$$

(d) $DQ=x$와 $BP=y$는 a와 $2a$ 사이의 두 비례 중항이다. 곧, 다음이 성립한다.

$$\frac{a}{x}=\frac{x}{y}=\frac{y}{2a}$$

7. 뉴턴(Isaac Newton, 1642~1727)은 정육면체의 배적을 위한 다음과 같은 작도를 제안했다. 주어진 선분 AB에 수선 BR을 세

우고, 반직선 BT를 $\angle ABT=120°$가 성립하도록 그리자. 반직선 BT에 있는 점 D를 선분 AD를 그려서 직선 BR과의 교점 C에 대해 $CD=AB$가 성립하도록 한다.

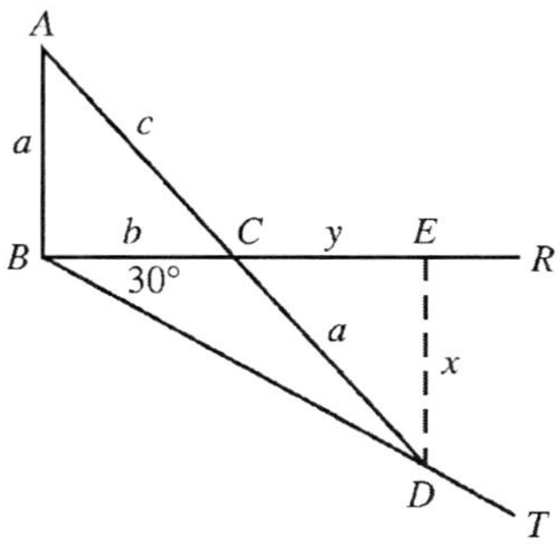

점 D에서 직선 BR에 내린 수선의 발을 E라 할 때 다음이 성립함을 밝혀라.

(a) 두 삼각형은 ABC와 DEC는 서로 닮은 도형이고, 이에 따라 다음이 성립한다.

$$\frac{a}{x}=\frac{b}{y}=\frac{c}{a}$$

(b) $$\frac{1}{\sqrt{3}}=\tan 30°=\frac{DE}{BE}$$
$$=\frac{x}{b+y}=\frac{a^2}{ab+bc}$$

(c) 마지막 등식을 제곱하고 $b^2=c^2-a^2$을 대입한 결과는 다음과 같다.

$$c^3(2a+c)=2a^3(2a+c)$$

(d) $c^3=2a^3$이므로, 변 AC의 세제곱은 변 AB의 세제곱의 두 배이다,

8. 주어진 세 선분의 길이 a, b, c에 비례하는 넷째 항을 찾기 위해서, 먼저 점 O에서 뻗어나가는 서로 다른 두 반직선(사선)을 그린다. 각 사선에 길이가 a와 c인 두 선분 OA와 OC를 표시하고 두 점 A와 C를 연결해서 삼각형을 그리자. 길이가 a인 선분이 표시된 사선에 길이가 b인 선분 AB를 표시하자, 마지막으로 점 B를 지나고 앞에서 그린 삼각형의 변 AC에 평행인 선을 그려서 다른 사선과 점 D에서 만난다고 하자. 선분 CD의 길이가 x이면, x가 다음 비례식을 만족시킴을 보여라.

$$\frac{a}{b}=\frac{c}{x}$$

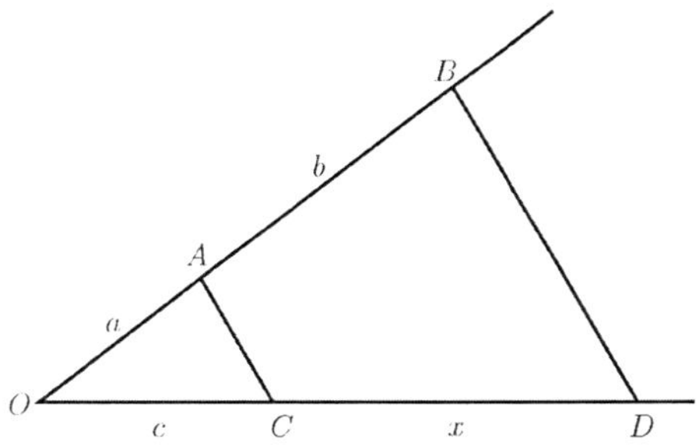

3.5 히피아스의 구적 곡선

■ 소피스트들의 발흥

통상 구적 곡선(quadratrix)이라 부르는 곡선은 엘리스의 히피아스(Hippias of Elis, 기원전 460년경 태어남)가 각을 삼등분하기 위해 고안했다. 이 곡선은 그 뒤에 원의 구적에 사용되어 이런 이름이 붙게 됐다. 히피아스는 당대의 히포크라테스와 마찬가지로 최초로 돈을 벌기 위해 가르친 이른바 소피스트의 한 사람이었다. 단어 'tyrant'와 매우 비슷하게 단

어 'sophist'는 원래 경멸적인 뜻을 지니지 않았었지만, 곧 그렇게 바뀌었다. 이 단어는 처음에 '현인'을 뜻했는데, 그 뒤에 건전하다기보다는 교묘하고 허울만 그럴 듯하게 추론하는 사람을 함축하게 됐다.

소피스트는 떠돌아다니며 가르쳤는데, 통상 소아시아나 에게 해의 섬 출신으로 광범위한 여행을 통해 지식과 경험을 획득했다. 피타고라스의 제자들은 지식을 나누어주고 사례를 받는 것을 금기시했지만, 전통에 덜 구애받은 소피스트들은 그런 것을 거리껴하지 않았다. 기원전 5세기 중반이 조금 지난 뒤에 몇 명의 이런 떠돌이 강사가 아테네에 도착해서 자신들의 상품을 팔았는데, 일부는 평판이 좋았고 일부는 노골적인 사기꾼이었다. 부유한 아테네 사람 사이에는 재능을 팔 수 있는 시장이 이미 형성되어 있었고, 이곳에서의 성공은 그리스, 시칠리아, 이탈리아 전역에서의 명성을 보장했다.

소피스트들은 모든 지식에 관심을 가졌지만, 그들의 중심 주제는 변론술이었다. 그들은 어느 주제에 대해서도 학생들이 논리적인 형식으로 명료하고 설득력 있게 말하고 어떠한 질문에 대해서도 성공적으로 방어하도록 가르칠 수 있다고 공언했다. 이에 따라 청렴함보다는 영리함을 훈련하는 데 몰두했다. 반대자들은 소피스트들이 젊은이에게 "검은 것을 희다고 증명하고 나쁜 것이 더 좋게 보이도록 만들라."고 가르친다고 비난했다. 그들에 대한 비난에도 불구하고 그들의 수요가 매우 컸다. 교육에 대한 그들의 상업주의와 과장된 주장은 결국 플라톤을 포함한 많은 사람들이 그들에게 등을 돌리게 만들었고, 용어 '소피스트'에 현재와 같은 뜻을 지니게 했다.

히피아스의 삶과 성격에 대해 우리가 알고 있는 대부분의 사실은 플라톤의 두 개의 대화에서 얻은 것이다. 여기에서 소피스트들은 혹평을 받았는데 공정한 평가로 보기 어렵다. 히피아스의 이름을 따서 제목을 붙인 플라톤의 대화에서, 히피아스는 오만하고 뽐내는 어릿광대로 묘사됐다. 그는 당대의 어떠한 소피스트 두 명이 번 것을 합친 것보다 더 많은 돈을 벌었는데, 트라키아 아브데라 태생의 유명한 프로타고라스(Protagoras of Abdera in Thrace, 기원전 585?~501)와의 경쟁에도 불구하고 시칠리아 순회 강연에서 엄청난 액수의 돈을 벌었다고 한다. 그가 스파르타에서 강연료를 받지 못했고 그곳의 젊은이를 가르치도록 초청받지 못했다면, 그것은 단지 스파르타가 법으로 외국인이 가르치는 것을 금지했기 때문이라는 그의 주장도 또다시 자세히 말했다. 히피아스는 펠로폰네소스 반도의 북서쪽 구석에 있는 작은 도시 국가인 엘리스 태생인데, 그곳의 주민들은 올림피아 평원에서 4년마다 열렸던 시합을 진행하는 책임을 맡았다.

플라톤의 글에서, 히피아스는 지난 올림피아드 축제에 방문했을 때 자신이 걸쳤던 모든 것은 자신의 의복뿐만 아니라 인장을 새긴 반지와 오일 통 및 신발도 모두 자신이 직접 만들었다고 뽐냈다. 그는 자신의 고유한 방식으로 만든 서사시와 비극 작품 및 온갖 종류의 산문을 지니고 다니며, 음악과 문학 및 기억술에 대해 강의할 준비가 되어있었다고 한다.

히피아스가 광범위한 지식을 쌓은 비밀은 그의 비범한 기억력 때문으로 보인다. 예를 들어 그는 잇따라 50명의 이름을 들으면, 그 이름들은 똑같은 순서로 정확하게 되뇔 수 있었다. 두 대화편 ≪대 히피아스(Hippias Major)≫와 ≪소 히피아스(Hippias Minor)≫는 서투른 풍자이기 때문에 믿을 만한 충실한 묘사는 아니겠지만, 분명히 당대의 사람들이 히피아스를 알아본 그의 기행을 충분히 기록했을 것이다.

■ 엘리스의 히피아스

히피아스의 수학적 공적이라고 할 수 있는 다른 내용을 알지 못하지만, 그의 명성은 구적 곡선의 고안에 확고하게 근거한다. 이것은 전통적인 필수 도구인 자와 컴퍼스로 그릴 수 없고 점을 하나씩 찍어서 그려야 하는 최초의 곡선의 예였다. 구적 곡선은 다음과 같이 이중 운동으로 묘사된다.

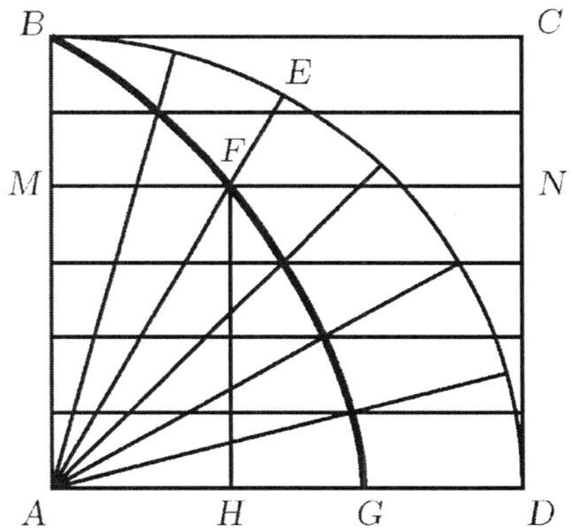

점 A를 중심으로 선분 AE를 위치 AB로부터 위치 AD까지 일정한 속력으로 시계 방향으로 회전시키자. 그러므로 사분원 BED가 그려진다. 반지름 AE가 초기 위치 AB를 떠나는 것과 동시에 선분 MN이 변 BC를 떠나서 변 AD를 향해 일정한 속력으로 내려가는데, 언제나 AD와 평행인 상태를 유지한다. 두 운동은 AE와 MN이 궁극적인 위치인 AD에 똑같은 순간에 도착하도록 시간이 정해져 있다. 이제, 동시에 움직이고 있는 임의의 주어진 순간에 회전하는 반지름과 움직이는 선분은 한 점에서 만날 것이다. (F가 전형적인 점이다.) 이런 교점의 자취가 구적 곡선이다. FH가 변 AD와 수직이면, 구적 곡선의 성질은 다음과 같다.

$$\frac{\angle BAD}{\angle EAD} = \frac{AB}{FH} = \frac{\text{호 } BED}{\text{호 } ED}$$

이 정의에 따라 변 AD에서 이 구적 곡선의 점이 실제로 정해지지 않는다는 사실에 주목할 가치가 있다. 회전하는 반지름과 움직이는 선분이 함께 운동을 마친다면, 이것들은 모두

AD와 일치하므로 단 한 점에서 교차하지 않는다. AD에 있는 구적 곡선의 점, 곧 점 G는 극한으로만 정할 수 있다.

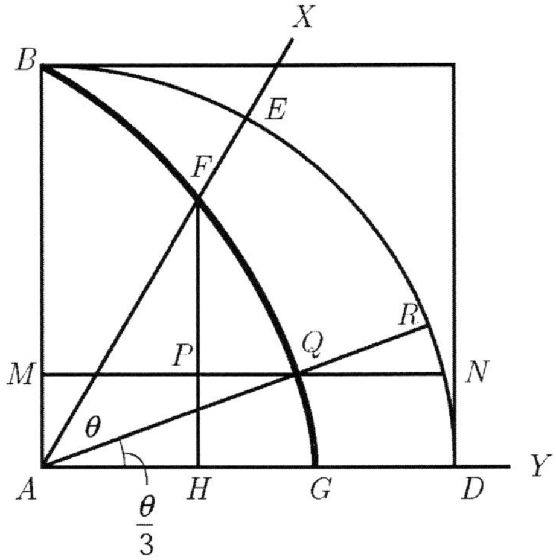

구적 곡선을 사용해서 각을 삼등분하는 방법을 쉽게 알아보기 위해서, 주어진 각을 $\angle XAY$라고 하자. 이 각을 구적 곡선을 만든 원의 중심에 위치시키고, 변 XA가 구적 곡선과 점 F에서 만난다고 하자. 점 F에서 AD에 내린 수선의 발을 H라 하고 FH를 삼등분하자. 삼등분점 P를 지나고 AD에 평행인 MN을 그리는데, 구적 곡선과 Q에서 만난다고 하자. 선분 AQ를 그리고 이를 연장하면 사분원과 점 R에서 만난다고 하자. 그러면 $\angle DAR$이 찾는 각이다. 구적 곡선의 정의에 의해, 다음이 쉽게 증명된다.

$$\frac{\angle DAR}{\angle DAE} = \frac{PH}{FH} = \frac{\frac{1}{3}FH}{FH} = \frac{1}{3}$$

결론적으로 $\angle DAR = \frac{1}{3}\angle DAE = \frac{1}{3}\angle XAY$이다.

구적 곡선을 이용해서 주어진 원과 넓이가 같은 정사각형을 찾는 문제는 좀 더 복잡한데, 히피아스에게 명확하지 않았을 가능성이 있다. 파포스(Pappus)는 그의 거대한 개요서 ≪수학 집성≫에 다음과 같이 썼다.

> 원의 구적의 경우에 디노스트라투스와 니코메데스 및 좀 더 최근의 다른 몇 명의 기하학자들은 이런 성질로부터 그 이름이 붙은 특정한 곡선을 사용했다. 왜냐하면 그들이 이것을 '정사각형 성형[구적 곡선]'이라 불렀기 때문이다.

그러므로 이 곡선을 히피아스의 공으로 돌리지 않고 있다. 디노스트라투스(Dinostratus, 기원전 350년경)에 대해 말하자면, 이 구절에 드러난 것 이외에 그의 연구 결과가 알려진 것은 전혀 없다. 이것은 그리스 수학과 그 종사자에 대한 증거가 부족함을 상기시켜 줄 것이다. 보편적인 의견은 없지만, 히피아스는 통상 구적 곡선을 각을 삼등분하는 도구로 고안했고, 디노스트라투스는 이를 원의 구적에 처음으로 적용한 사람으로 인정받고 있다.

파포스가 전해준 원의 구적에 대한 디노스트라투스의 해법은 구적 곡선이 선분 AD와 만나는 점 G의 위치를 찾아낼 것을 요구한다. G를 찾을 수 있다고 가정하면, 파포스의 명제는 그가 밝힌 대로 다음과 같다.

$$\frac{\text{호 } BED}{AB}=\frac{AB}{AG}$$

이것은 이중 귀류법으로 증명하는데, 그리스 수학에서 유클리드가 대단히 광범위하게 사용한 간접 증명법의 최초의 예 중 하나를 보여준다.

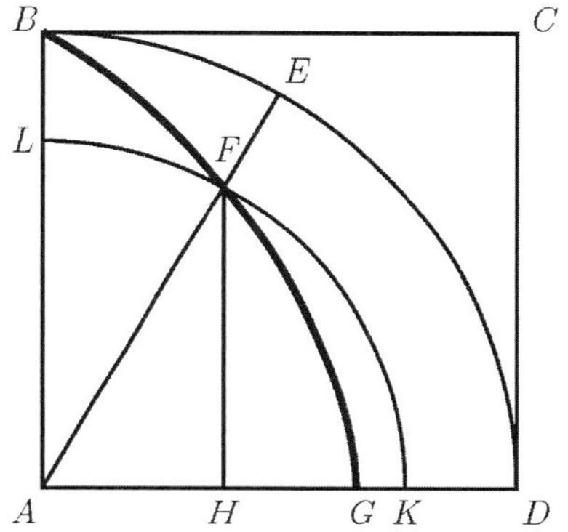

(호 BED)$/AB$가 AB/AG와 같지 않다면, AB/AK와 반드시 같은데, 여기서 $AK>AG$이거나 $AK<AG$이다. 먼저 $AK>AG$라고 가정하자. A가 중심이고 AK가 반지름인 사분원 KFL을 그리는데, F는 구적 곡선과 만나는 점이고 L은 변 AB와 만나는 점이다. 선분 AF를 그리고 이를 연장하면 사분원 BED와 점 E에서 만난다고 하자. 또, F에서 AD에 내린 수선의 발을 H라 하자. 원호의 길이는 반지름의 길이에 비례하므로 다음이 성립한다.

$$\frac{\text{호 } BED}{\text{호 } KFL}=\frac{AB}{AK}$$

그리고 가정이 옳다면 다음이 성립해야 한다.

$$\frac{\text{호 } BED}{AB}=\frac{AB}{AK}$$

이에 따라 $AB=$ 호 KFL이 성립한다. 그런데 구적 곡선을 정의하는 성질에 의해 다음을 알 수 있다.

$$\frac{AB}{FH} = \frac{\text{호 } BED}{\text{호 } ED} = \frac{\text{호 } KFL}{\text{호 } FK}$$

그리고 방금 $AB =$ 호 KFL을 증명했다. 따라서 마지막 관계식은 $FH =$ 호 FK임을 알려준다. 그러나 이는 터무니없는데, 수선은 F부터 AD까지의 임의의 곡선 또는 임의의 선분보다 짧기 때문이다. 그러므로 $AK > AG$일 가능성은 없다. $AK < AG$이면, 같은 방법으로 모순에 도달한다. 그러므로 $AK = AG$와 (호 BED)$/AB = AB/AG$가 성립한다.

방금 설명한 구적 문제는 사분원의 구적이고, 파포스는 이것으로부터 원과 넓이가 같은 정사각형에 도달할 수 있다고 당연히 받아들였다. 원을 구적하기 위해서는 유클리드의 ≪원론≫ 제 2 권 정리 14 "주어진 직선 도형과 넓이가 같은 정사각형 작도하기"를 사용해야 한다. 구적 곡선을 사용하면, 다음과 같이 길이가 s인 선분을 얻을 수 있다.

$$\frac{C/4}{r} = \frac{r}{s}$$

여기서 C는 원의 둘레이다. 길이 s를 얻을 수 있으면, r, r, s에 대한 넷째 비인 선분을 작도할 수 있다. (3.4절의 문제 8을 보라.) 이 결과로 얻은 선분의 길이는 사분원의 길이 $q = C/4$일 것이다. 원의 넓이 A는 그 반지름과 둘레의 길이의 곱의 반이므로, 다음을 얻는다.

$$A = \frac{1}{2}rC = 2r\left(\frac{C}{4}\right) = 2rq$$

한 변이 $2r$이고 다른 변이 q인 직사각형의 넓이는 A와 같다. 이 직사각형과 넓이가 같은 정사각형은 반원을 이용해서 쉽게 작도할 수 있다. 이것은 찾는 정사각형의 변 x를 다음과 같이 두 선분 $2r$과 q의 비례 중항으로 택하는 것과 같다.

$$\frac{2r}{x} = \frac{x}{q}$$

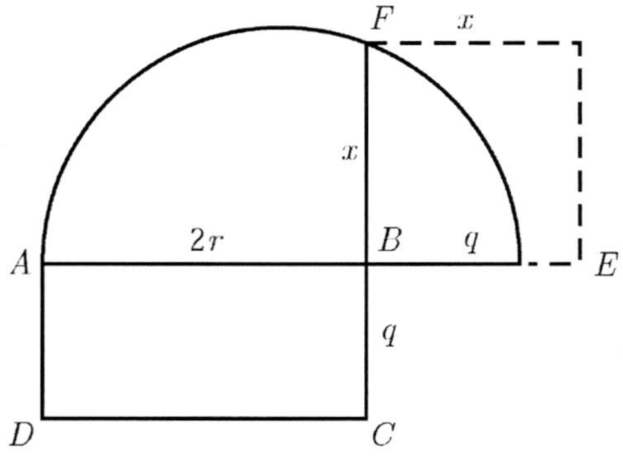

■ 아카데메이아의 숲 : 플라톤의 아카데메이아

대부분의 소피스트는 영구적인 거처가 없었다. 그들은 강연 장소를 빌리고, 교습비를 받은 다음에는 떠났다. 그러나 기원전 4세기 초에 많은 소피스트는 떠돌이 관행을 버리고 아테네에 정착했다. 이 도시는 학문으로 명성을 얻기 시작했고, 가깝고 먼 곳으로부터 학생을 끌어들였다. 적어도 플라톤의 ≪대화편≫에 나오는 히피아스의 말에 따르면, 아테네는 '그리스 지혜의 핵심 본부'가 됐다.

아테네에 신설된 학교 중에서 가장 유명한 것은 플라톤의 아카메데이아였다. 이곳에서 아리스토텔레스도 배웠다. 소크라테스의 제자인 플라톤(Plato, 기원전 429~348)은 그의 스승이 독약을 마시고 처형된 뒤에 아테네를 떠나는 것이 적절하다고 판단했다. 그는 십여 년 동안 지중해 세계를 여행했는데, 이집트, 시칠리아, 남부 이탈리아 등을 방문했다. 이탈리아에서 플라톤은 피타고라스 학파의 신조에 친숙하게 됐는데, 이것이 수학의 보편적 가치에 대해 그가 공감한 이유를 일부 설명할 수 있다. 그는 그리스로 되돌아가는 길에 선장에 의해 노예로 팔렸는데, 그의 친구들이 곧바로 몸값을 지불해줬다. 플라톤은 기원전 387년경에 고향으로 되돌아가서 철학자로 정착했다. 플라톤은 아테네 교외의 숲에 학교를 세웠는데, 어떤 점에서는 유럽 고등 학문 기관의 정신적 원형이 됐다. 그 땅은 원래 영웅 아카데모스(Academos)의 소유였기 때문에, 이것을 아카데메이아의 숲이라 불렀다. 그리고 이에 따라 철학 학교는 아카데메이아[아카데미]로 불렸다. 당시의 유행에 따라, 아카데메이아를 뮤즈의 아홉 여신을 숭배하는 종교 조직으로 만듦으로써 법적으로 인정을 받았다. 이에 따라 이런 신들에게 바치는 예배당이 있었다. 이 아카데메이아는 900년 동안 그리스 지식의 중심이었는데, 서기 529년 그리스도교 황제 유스티니아누스[5] 1세는 이곳을 이교도와 왜곡된 지식을 조장하는 장소라는 이유로 영원히 폐쇄했다.

수학이 현재 차지하고 있는 고등 교육에서의 위치에 오른 것은 바로 플라톤을 통해서였다. 그는 수학의 학습이 최적의 정신 수양을 제공하고 이에 따라 철학자들에게 그리고 이상 국가를 지배하려는 사람들에게 필수적이라고 확신했다. 그는 아카데메이아에 들어오려는 사람은 기하학을 잘 알고 있기를 기대했기 때문에, 정문 위에 "기하학으로 모르는 자는 이곳을 들어오지 마라."는 경고문을 새겨놓았다. 플라톤의 후계자로 그 아카데메이아에서 가르치고 있던 한 사람은 기하학을 모르는 응모자를 돌려보내면서 "떠나시오. 당신은 철학을 이해하지 못했으니까."라고 말했다고 한다. 이 이야기의 진위 여부와 관계없이, 과학자의 추상적인 개념을 가르치는 것을 얕잡아 본 소피스트들과 비교해서 플라톤은 수학을 이 아카데메이아의 교육 과정에서 특별히 대우했다. 그의 견해에 따르면, 산술 훈련의 중요성은

5) [옮긴이] 유스티니아누스 1세(Justinian, 483~565), 동로마 제국의 황제, 재위 527~565.

플라톤의 아카데메이아를 묘사한 폼페이의 모자이크. (*The Bettmann Archive*)

"산술은 매우 크고 고상한 효과가 있으며, 우리의 정신이 추상적인 수에 대해 사고하게 만든다."라는 점이었다. 수학의 장점에 대해 말하면서 그는 물론 순수 수학의 정당성을 드러냈다. 이에 비해 그는 수학의 실용적인 쓰임새는 중요하지 않다고 생각했다. 플라톤의 '응용 수학'에 대한 혐오감은 그가 기하학에서 기계 장치의 사용을 극도로 반대하는 지경에 이르게 했다. 그는 이 주제를 자와 컴퍼스만으로 그릴 수 있는 도형으로 제한했다.

플라톤은 수학자라기보다는 원래 철학자였다. 수학에 관한 한, 그가 수학에 독창적으로 기여한 바는 전혀 알려지지 않았지만, 다른 연구자들을 안내하고 격려했던 사람으로 그는 당대의 어떠한 사람이 할 수 있던 것보다 더 큰 역할을 했다. 그리스의 주석자 프로클로스

에 따르면,

> 플라톤은 … 일반적인 수학이 그리고 특별히 기하학이 크게 발전하도록 했는데, 잘 알려진 대로 그는 자신의 저술을 수학적 담화로 채웠고 모든 경우에 수학과 철학 사이의 놀라운 관련성을 피력할 정도로 수학에 열의를 보였기 때문이다.

기원전 4세기 중반에 나타난 대부분의 수학적 발전은 플라톤의 친구와 제자들이 성취한 것이었다. 프로클로스는 당시에 수학에 공헌한 사람들의 이름을 나열한 뒤에, "이 모든 사람은 아카데메이아에 자주 들렀고, 공동으로 연구를 진행했다."고 썼다. 플라톤의 그림자는 증명과 추론의 방법론에 더 큰 관심을 돌리게 한 데서도 찾아볼 수 있다. 정밀한 정의가 만들어졌고, 가정이 명확하게 설정됐으며, 논리적 엄밀성이 요구됐다. 이 집단의 유산은 유클리드의 ≪원론≫에서 놀라운 수학의 체계화에 이르는 길을 닦았다.

기원전 300년경, 플라톤의 아카데메이아는 경쟁자를 맞았는데, 프톨레마이오스 1세가 교육과 연구를 위해 알렉산드리아에 세운 박물관이 그것이었다. 대부분의 재능 있는 수학자와 과학자는 아테네를 떠나서 알렉산드리아로 자리를 옮겼다. 수학의 중심지는 이동했다. 그러나 유스티니아누스 황제가 정통적인 믿음만을 가르칠 수 있다는 칙령을 내리고 아테네의 철학 학교들을 금지하기 전까지, 플라톤 아카데메이아의 직계 후예들은 철학에서 이의 탁월한 지위는 유지했다. 에드워드 기번(Edward Gibbon, 1737~1794)은 ≪로마 제곡의 쇠망사(The History of the Decline and Fall of the Roman Empire)≫에서 유스티니아누스의 529년 법령 제정을 고전 고대의 종말을 알리는 사건과 이교도의 지식에 대한 그리스도교의 무지의 승리로 봤다.

> 고트족의 무기는 새로운 종교의 설립보다 아테네의 학교들에게 치명적이지 못했다. 새로운 종교의 사제는 이성의 발휘를 필요 없게 했고 모든 문제를 신념으로 해결했으며, 영원한 불꽃을 믿지 않거나 회의하는 사람을 비난했다. … 유스티니아누스의 칙령이 아테네 학교들의 영구적인 침묵을 강요할 때까지는. … 애정을 듬뿍 담아 불린 대로 황금 사슬은 계속됐다.

529년 이후, 플라톤이 세운 고등 학문 기관은 그리스 교육 도구로서의 임무를 중단했다.

문제 3.5

1. 사분원의 구적에 대한 디노스트라우스의 증명을 $AK < AG$라 가정하면 모순에 이름을 보여서 완성하라. [**귀띔**: 다음 그림에서 (호 PK) $= FK$가 모순임을 보여라.]

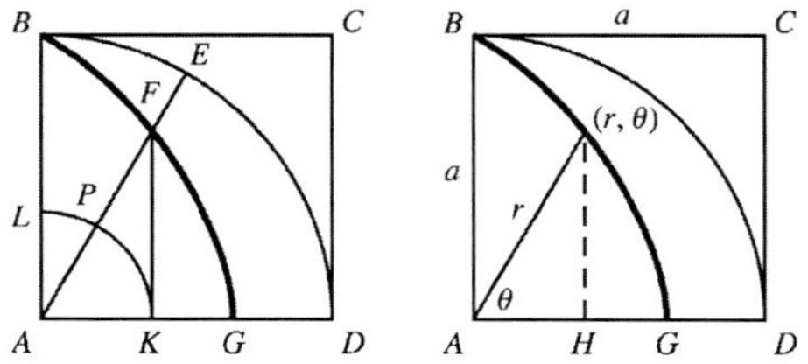

2. (a) 현대적인 극 좌표에서 구적 곡선의 방정식이 다음과 같음을 보여라

$$r = \frac{2a\theta}{\pi \sin \theta}$$

여기서 θ는 동경 벡터와 변 AD가 만드는 각이고 r은 동경 벡터의 길이며 a는 정사각형 $ABCD$의 한 변의 길이다.

(b) $AG = \lim_{\theta \to 0} r$이 존재함을, 실제로 $AG = 2a/\pi$임을 밝혀라.

3. 유클리드의 ≪원론≫ 제 2 권 정리 14에서는 작도 문제 "주어진 직사각형과 (넓이가) 같은 장사각형을 작도하라."를 풀고 있다. 아래 그림에서 $ABCD$는 주어진 직사각형이고 선분 AE는 반원의 지름이며 $BFGH$는 정사각형이면, 정사각형은 직사각형과 넓이가 같음을 증명하라.

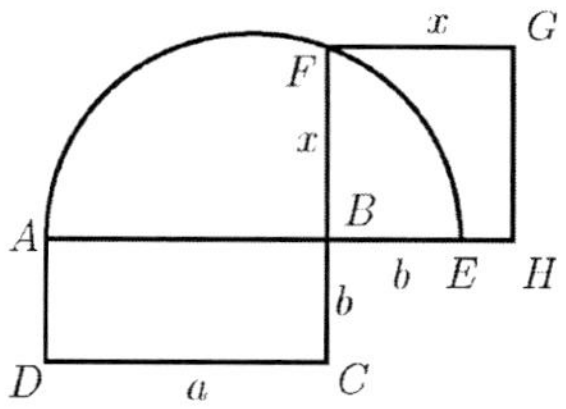

4. 길이가 원 둘레의 $\frac{1}{4}$과 같은 선분을 찾은 디노스트라투스가 (아르키메데스가 ≪원의 측정≫에서 서술한) 다음 정리를 사용해서 원의 구적을 도운 방법을 보여라. "임의의 원의 넓이는 높이가 그 원의 반지름과 같고 밑변이 둘레와 같은 직각 삼각형의 넓이와 같다."

5. 아래 그림에 나타낸 도끼 모양의 도구를 사용해서 삼등분 문제를 풀 수 있다. ($PQ = QR = RS$이고 PTR은 지름이 PR인 반원이며 UR은 PS와 수직이다.) $\angle AOB$가 삼등분하려는 각이면, 도끼를 각에 올려놓는데, S는 OA에 있고 선분 UR은 O를 지나며 지름이 PR인 반원은 T에서 OB와 접한다. 세 삼각형 OTQ, ORQ, ORS는 모두 합동이고, 이에 따라 $\angle ROA$는 $\angle AOB$의 3분의 1임을 증명하라.

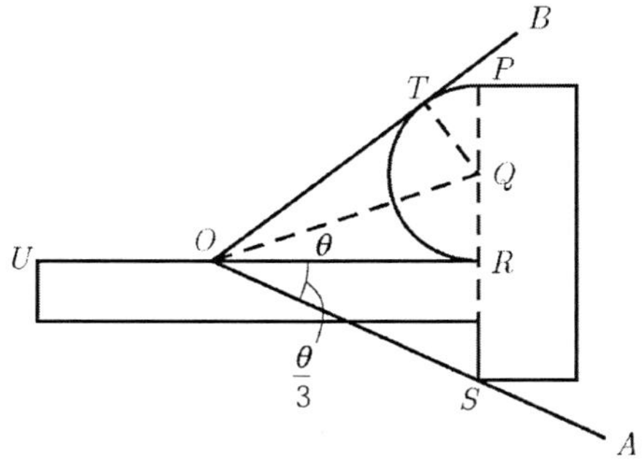

6. 달팽이선(limaçon, '달팽이'를 뜻하는 라틴 단어 'limax'에서 유래함)은 에티엔 파스칼(Etienne Pascal, 1588~1640)이 발견했는데, 이 사람은 더 유명한 블레즈 파스칼(Blaise Pascal)의 아버지이다. 이 곡선은 중심이 (1, 0)이고 반지름이 1인 원 C에 근거한다.

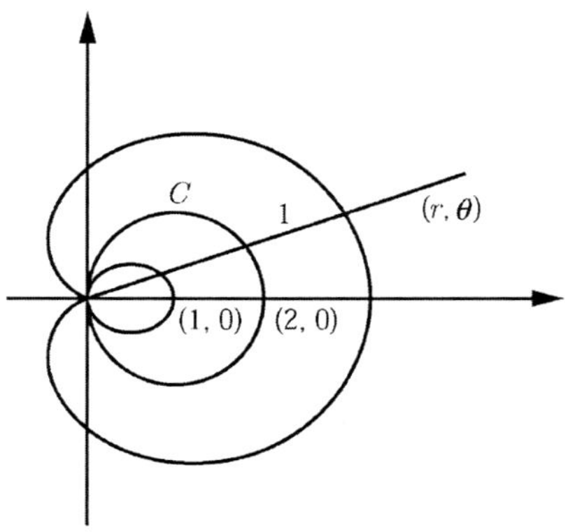

왜냐하면 이것은 원 C로부터 원점을 지나는 직선을 따라 측정한 거리가 언제나 C

의 반지름인 1로 일정한 점 전체의 집합으로 정의되기 때문이다. 극 좌표로 달팽이선의 방정식이 $r=1+2\cos\theta$이고, 이에 따라 직교 좌표로는 $(x^2+y^2-2x)^2=x^2+y^2$임을 증명하라. [**귀띔**: 원 C의 극 방정식은 $r=2\cos\theta$이다.]

7. 달팽이선은 다른 목적을 위해 고안됐지만, 나중에 임의의 각을 삼등분하는 방법을 제공한다는 사실이 밝혀졌다. $\angle ABC$는 중심이 $B=(0,\ 1)$이고 반지름이 1인 원의 임의의 중심각이라고 하자. 이 원에 대한 달팽이선을 그리고 BA의 연장선이 달팽이선과 점 D에서 만난다고 하자. 그림에 나타낸 대로, 원점 O와 D를 지나는 직선이 이 원과 E에서 만난다고 하자. 각 BDE는 각 ABC의 3분의 1임을 증명하라. [**귀띔**: $\angle ABC = \angle BOD + \angle BDO = \angle BEO + \angle BDE = \angle BDE + \angle EBD + \angle BDE = 3\angle BDE$]

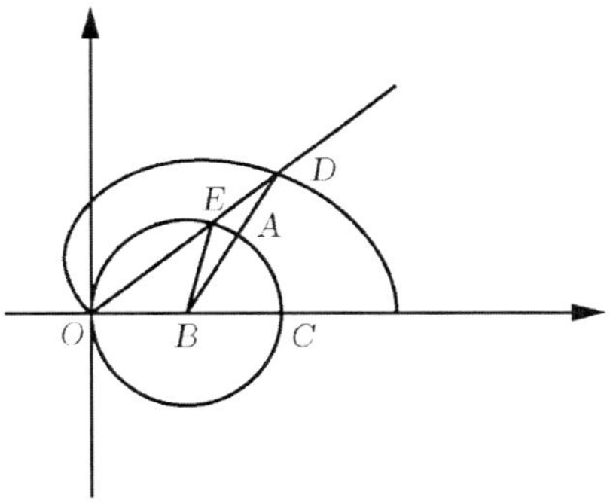

참고 문헌

Africa, Thomas W. *Science and the State in Greece and Rome*. New York: Wiley, 1968.

Allman, George. *Greek Geometry from Thales to Euclid*. Dublin University Press, 1889.

Anderson, Clifford. *The Fertile Crescent*. Fort Lauderdale, Fla: Sylvester Press, 1968.

Anglin, W., and Lambek. *The Heritage of Thales*. New York: Springer-Verlag, 1995.

Cajori, Florian. "The Purpose of Zeno's Arguments on Motion," *Isis* 3(1920-21): 7-20.

Clagett, Marshall. *Greek Science in Antiquity*. Freeport, N.Y.: Books for Libraries Press, 1971.

Cohen, Morris, and Drabkin, I. E. *A Source Book in Greek Science*. Cambridge, Mass.: Harvard University Press, 1966.

Cumo, S. *Ancient Mathematics*. New York: Routledge, 2001.

Dantzig, Tobias. *The Bequest of the Greeks*. New York: Charles Scribner's, 1955.

Dickson, Leonard E. "On the Trisection of an Angle and the Construction of Polygons of 7 and 9 Sides," *American Mathematical Monthly* 21 (1914): 259-262.

Fowler, D. H. "Ratio in Early Greek Mathematics," *Bulletin (New Series) of the American Mathematical Society* 1 (1979): 807-847.

____. *The Mathematics of Plato's Academy: A New Reconstruction*. 2nd ed. Oxford: Clarendon Press, 1998.

Friedrichs, K. O. *From Pythagoras to Einstein* (New Mathematical Library, No. 16). New York: Random House, 1965.

Gould, S. H. "The Method of Archimedes." *American Mathematical Monthly* 62 (1955): 473-476.

Gow, James *A Short History of Greek Mathematics*. New York: Chelsea, 1968. Reprint.

Heath, Thomas. A *History of Greek Mathematics*. 2 vols. New York: Oxford University Press, 1921.

____. A *Manual of Greek Mathematics*. New York: Oxford University Press, 1931. (Dover reprint, 1963)

Jones, Phillip. "Irrationals and Incommensurables I: Their Discovery and 'Logical Scandal'." *Mathematics Teacher* 49 (1956): 123-127.

____. "Irrationals and Incommensurables II: The Irrationality of $\sqrt{2}$ and Approximations to It." *Mathematics Teacher* 49 (1956): 187-191.

Klein, Jacob. *Greek Mathematical Thought and the Origin of Algebra.* Translated by Eva Brann. Cambridge, Mass.: M.I.T. Press, 1968. (Dover reprint, 1992)

Knorr, Wilbur. *The Ancient Tradition of Geometric Problem.* Boston: Birkhauser, 1986.

Lloyd, G. E. R. *Greek Science After Aristotle.* London: Chatto and Windus, 1973.

Loomis, Elisha Scott. *The Pythagorean Proposition.* 2nd ed. Washinton: National Council of Teachers of Mathematics, 1968.

Mahoney, Michael. "Another Look of Greek Geometrical Analysis." *Archive for History of Exact Sciences* 5 (1968): 318-348.

Maziarz, Edward, and Greenwood, Thomas. *Greek Mathematical Philosophy.* Cambridge, Mass.: M.I.T. Press, 1968.

Reidweg, Christoph. *Pythagoras: His Life, Teaching and Influence.* Ithaca, N.Y.: Cornell University Press, 2005.

Salmon, Wesley, ed. *Zeno's Paradoxes.* New York: Bobbs-Merrill, 1970.

Sarton, George. A *History of Science: Ancient Science Through the Golden Age of Greece.* New York: W. W. Norton, 1970.

Sierpinski, Waclaw. *Pythagorean Triangles* (Scripta Mathematica Studies Number Nine). Translated by A. Sharma. New York: Yeshiva University, 1962.

Stapleton, H. E. "Ancient and Modern Aspects of Pythagoreanism," *Osiris* 13 (1958): 12-53.

Strohmeier, John, and Westbrook, Peter. *Divine Harmony: The Life and Teachings of Pythagoras.* Berkeley, Calif.: Berkeley Hills Books, 1999.

Szabo, Arpad. *The Beginnings of Greek Mathematics.* Dordrecht, Holland: D. Reidel, 1978.

Taton, Rene. *Ancient and Medieval Science: From the Beginning to 1450.* Translated by A. J. Pomeranos. New York: Basic Books, 1963.

Thomas, Ivor, ed. *Selections Illustrating the History of Greek Mathematics.* 2 vols. Cambridge, Mass.: Harvard University Press, 1939-1941.

Vedova, G. C. "Note on Theon of Smyrna." *American Mathematical Monthly* 58 (1951): 675-683.

Veljan, Darko. "The 2500-Year-Old Pythagorean Problem." *Mathematics Magazine* 73 (2000): 259-272.

Weaver, James H. "The Duplication Problem." *American Mathematical Monthly* 23 (1916): 106-113.

Zhmud, Leonid. "Pythagoras as a Mathematician." *Historia Mathematica* 16 (1989): 249-268.

제 4 장

알렉산드리아 학파: 유클리드

적은 개수의 원리에서 출발해서 다른 것은 이용하지 않고 대단히 많은 것을 이루어낼 수 있다는 사실이 바로 기하학의 자랑이다.

–아이작 뉴턴(Isaac Newton)

4.1 유클리드와 ≪원론≫

■ 학문의 중심: 박물관

기원전 4세기 말에 이르러, 수학 활동의 장이 그리스에서 이집트로 이동했다. 기원전 338년에 마케도니아의 필리포스(Philip of Macedonia, 기원전 382~336)가 카에로네아(Chaeronea) 전투에서 승리한 뒤에 그리스에서 자유는 사라졌고 이 나라에서 생산적인 재능은 쇠약해졌다. 2년 뒤에 필리포스는 불만을 품은 귀족에 의해 살해되고, 20세의 그 아들 알렉산드로스가 승계했다. 알렉산드로스 대왕(Alexander the Great, 기원전 356~323)은 기원전 334년부터 33세로 죽은 323년까지 12년 내에 당시에 알려진 세계의 대부분을 정복했다. 그의 군사들은 주로 그리스 사람들이었기 때문에, 그는 근동의 넓은 지역에 그리스 문화를 퍼뜨렸다. 이에 따라 역사의 새로운 장이 뒤이었는데, 이를 헬레니즘 시대라고 하며 로마 제국이 설립될 때까지 3세기 동안 지속됐다.

알렉산드로스가 이집트에 세운 거대한 기념물은 바로 그의 이름을 간직한 도시 알렉산드리아(Alexaudria)였다. 알렉산드로스는 지중해 동부를 따라 남하하면서 페니키아 항구 도시들을 점령하고 파괴하면서 승리의 행진을 계속하다가, 나일 강 하구의 가장 서쪽 근처에서 [마케도니아의 티레(Tyre)와 같은] 새로운 해상 도시를 세울 가능성을 재빨리 알아챘다. 그러나 그는 터를 잡은 것 이외에는 더 이상 할 수 없었는데, 곧바로 페르시아를 정복하기 위해 떠나야했기 때문이다. 통상적인 이야기에 따르면, 거리를 표시할 백악(분필)이 없었던 알렉산드로스는 그 대신에 식당에 있던 보리를 사용했다. 이것은 좋은 생각으로 보였지만, 곡식을 뿌리자마자 나일 강 삼각주에서 날아온 거대한 새떼가 곡식을 곧바로 먹어치웠다. 이를 불길한 징조라고 생각해서 불안해진 알렉산드로스는 점쟁이와 상의했다. 점쟁이는 신들이 이 새 도시가 번창하고 풍요로워질 것임을 실제로 보여주는 징조라는 결론을 내렸다.

알렉산드로스가 죽자, 그의 주요 부하 장군 중 한 사람인 프톨레마이오스 1세(Ptolemy Ⅰ, 기원전 364?~283)가 이집트의 통치자가 됐고 알렉산드리아의 토대를 완성했다. 이 도시는 최상의 항구와 1200척의 배가 접안할 수 있는 부두 시설을 갖춘 이점이 있었고, 이에 따라 지체 시간이 가장 짧은 세계의 무역 중심이 됐고 아시아와 아프리카 및 유럽을 상업적으로 연결하는 지점이 됐다. 알렉산드리아는 곧 아테네를 무색하게 했고 능가했다. 아테네의 지위는 빈곤한 작은 지방 도시로 추락했다. 알렉산드리아는 거의 천년 동안 헬레니즘 문화의 중심이었고 프톨레마이오스 왕조의 후반기에 시민이 백만에 이루는 거대한 도시로 성장했다. 알렉산드리아는 서기 641년에 아랍 사람들에게 약탈당하고 969년에는 카이로가 설립됐으며 희망봉을 도는 항로가 발견된 뒤에 서서히 시들어갔다. 나폴레옹이 원정할 때에 이르러서는 이 도시의 주민이 겨우 4000명 정도로 줄어들었다.

초기의 프톨레마이오스 왕들은 알렉산드리아를 지중해 동부 지역 전체에서 지적 활동의 중심지로 만들려고 매진했다. 그들은 이른바 박물관[Museum, 뮤즈(Muse)들의 의자]에 거대한 학문의 중심지를 만들었는데, 이것은 현대 대학의 선구자였다. 과학자, 시인, 예술가, 작가 등 당대의 지도적인 지식인들이 프톨레마이오스 왕들의 특별한 초청을 받고 알렉산드리아로 몰려들었다. 왕들은 학자들이 원하는 만큼 오래 머물 수 있도록 환대했다. 박물관에서 그들은 여유롭게 자신의 학문을 추구하고 가장 훌륭한 도서관을 이용하며 그곳에 거주하는 다른 전문가들과 이런 저런 문제에 대해 논의하는 기회를 가졌다. 이 구성원들은 공짜 식사와 면세 혜택 이외에도 봉급을 받았는데, 유일한 요구 조건은 교대로 정기적인 강연을 하는 것이었다. 박물관의 이런 구성원들은 왕이 지불하는 경비로 강의실에서는 토론하고 가로수가 늘어선 통로를 산책하며 거대한 식당에서 함께 식사를 하면서 호화로운 여건에서 살았다. 이런 풍요로움을 만끽한 시인 테오크리토스(Theocritus, 기원전 270년경)는 프톨레마이오스를 "자유인이 가질 수 있는 최고의 급여 제공자"라고 칭송했다. 또 다른 현인인 칼키스의 크테시비우스(Ctesibius of Chalcis)는 철학으로부터 무엇을 얻었느냐는 질문에 거침없이 "공짜 식사"라고 대답했다.

박물관은 프톨레마이오스 왕조의 영광의 기념물로 건설됐고 말할 필요도 없이 왕이 후원했지만, 과학의 역사에서 획기적인 사건이었다. 이것은 교육보다는 학문을 연구하고 추구하는 기관으로 설립됐고, 두 세기 동안 학자와 과학자들이 이집트로 떼 지어 몰려들게 했다. 절정기에 이 기관에는 수백 명의 전문가가 있었는데, 이들이 있었기에 그 뒤 자신의 재능을 계발하려는 학생들이 많이 몰려들었다. 당시의 한 시인이 이 박물관을 경멸적으로 학자들이 하찮은 논증에 매달리면서 살찌는 새장이라고 불렀지만, 과학자와 수학자는 주목할 만한 성공을 거두었다. 실제로, 수학의 역사에서 생산성이라는 면에서 기원전 300년과 100년 사이의 약 200년의 시기와 견줄 수 있는 유일한 기간은 케플러부터 가우스까지의 시기(1600~1850)라는 관찰 결과를 흔히 볼 수 있다.

학자는 책 없이는 살 수 없으므로, 우선 문헌을 모아야 한다. 충분히 모였을 때 이를 보관할 건물이 필요했다. 박물관과 거의 동시에 그 옆에는 거대한 알렉산드리아 도서관이 건립됐는데, 당시에 존재하는 그리스 문헌을 가장 많이 소장했다. 물론 이것보다 앞서 도서관들이 있었지만, 프톨레마이오스 왕조에 속한 도서관만큼의 자원을 소장한 것은 없었다. 문헌은 공식적으로 전 세계를 통해 찾았으며, 대리인들은 구입하려고 열정적으로 노력했는데, 오래된 문헌을 구입할 수 없는 경우에는 그것을 빌려서 복사하는 임무를 위임받았다. 알렉산드리아를 방문한 사람은 필수적으로 도서관에 없는 책은 모두 내놓아야했다. 값을 매길 수 없을 정도로 매우 귀중한 문헌을 확보하기 위해 이루어진 고압적인 방법에 대한 이야기가 많이 있다. 한 이야기에 따르면, 프톨레마이오스 3세(기원전 221년 죽음)는 아테네로부터 작가 아이스킬로스(Aeschylus), 소포클레스(Sophocles), 에우리피데스(Euripides)의 공인된 문서들이 포함된 국가 소유의 두루마리들을 빌렸다. 이 귀중한 책들의 반환을 보장하기 위한 보증금을 맡겨야 했지만, 프톨레마이오스는 원래의 두루마리를 간직하고 복사본을 반환했다. (말할 필요도 없이 그는 보증금을 몰수당했다.) 숙달된 필경사들은 책 목록을 작성했고, 상태가 나쁜 문헌은 수정·편집했으며, 그리스의 새로운 세대가 쉽게 이해할 수 없는 과거의 저작물은 알기 쉽게 했다.

고대 세계에 알렉산드리아 도서관의 경쟁 상대가 전혀 없었던 것은 아니다. 가장 유명한 상대는 서부 소아시아에 있던 도시인 페르가몬(Pergamon)에 있었다. 시샘이 많은 프톨레마이오스 왕조는 페르가몬이 귀중한 문헌을 확보하지 못하도록 이집트에서 파피루스의 수출을 금지했다는 이야기가 있다. 고대의 저자들은 수에 무심했고 도서관의 크기를 흔히 과장했다. 어떤 설명에 따르면, 카이사르 시대(기원전 48년)에 그 도서관에 소장된 주요한 두루마리가 30만 또는 심지어 50만 개에 달했다고 한다. 별도의 20만 개의 두루마리는 부속 건물인 세라페움(Serapeum)에 보관했다고 한다. 이런 소장품 중 일부는 개인 도서관들을 구입해서 얻었는데, 전설에 따르면 이 중에는 아리스토텔레스의 도서관도 있다. 아리스토텔레스가 죽은 뒤에 그의 개인적인 원고들은 한 수집가의 손에 들어갔는데, 그는 페르가몬에 있는 도서관에 몰수당할 것으로 두려워해서 모든 문헌을 동굴에 감췄다고 한다. 두루마리는 곤충과 습기에 의해 심하게 훼손됐고, 알렉산드리아의 필경사들이 문헌을 복원하면서 오류를 매우 많이 저질러서 도서관에 이미 소장됐던 아리스토텔레스의 원래 문헌과 거의 일치하지 않았다.

■ 유클리드의 삶과 저술

알렉산드리아 박물관은 서기 641년에 망각 속으로 사라지기 전에, 수 세기 동안 수학의 발달 방향을 결정한 걸출한 학자를 많이 배출했는데, 유클리드, 아르키메데스, 에라토스테네스, 아폴로니오스, 파포스, 클라우디우스 프톨레마이오스, 디오판토스 등이 바로 그들이다. 이 중에서 유클리드(Euclid, 기원전 300년경 활동)[1]는 특별한 부류에 속한다. 후대 사람들은 그를 ≪기하학 원론≫의 저자로 알고 있는데, 이것은 현재까지 온전히 전달된 그리스의 가장 오래된 수학 연구서이다. ≪원론≫은 당시에 얻을 수 있던 가장 중요한 수학적 사실들을 편찬한 것으로, 13부 또는 그것들이 불리는 대로 13권으로 편성됐다. (기하학에 대한 체계적인 설명서는 이미 기원전 5세기에 그리스에서 나타났지만, 보존된 것은 전혀 없다. 모두 유클리드의 ≪원론≫으로 대체됐기 때문이다.) 많은 내용은 그 이전의 자료에서 뽑았지만, 정리들을 아주 훌륭하게 논리적으로 배열하고 증명을 전개한 데서 저자의 천재성이 들어난다. 유클리드는 개별적으로 발견된 사실들을 처음에 나열한 공준과 정의 및 공리들에 근거해서 단 한 개의 연역적인 체계로 통합시켰다.

---

1) [옮긴이] 유클리드는 영어식 이름이고, 그리스 이름은 *Ευκλείδης*(에우클레이데스)이다.

유클리드
(Euclid, 기원전 300년경)

(*Smithsonian Institution*)

서구 세계의 사고와 교육에서 유클리드의 ≪원론≫보다 더 중요한 책은 거의 없었다. 성서를 제외하고 이 책보다 더 널리 유포되고 연구된 책은 거의 없다. 20세기 동안 처음 여섯 권은 학생들에게 통상적인 기하학 입문서였다. ≪원론≫은 1482년에 처음으로 인쇄된 뒤에 천 판 이상 출판됐다. 그리고 인쇄되기 전에도 필사본이 유럽에서 수학 교육의 큰 부분을 지배했다. 불행하게도, 실제로 유클리드의 시대에 있었던 책은 전해지지 않는다. 1800년대까지 대부분의 라틴 말과 영어판은, 원래의 책이 저술되고 약 700년이 지난 뒤에, 알렉산드리아의 테온(Theon of Alexandria, 365년경)이 작성한 그리스 말 개정판에 궁극적으로 근거했다. 그런데 나폴레옹이 파리로 가져간 바티칸 필사본이 테온의 필사본보다 더 오래됐다는 사실이 1808년에 밝혀졌다. 이것으로 학자들은 명확한 교재의 모습을 재건할 수 있었다.

유클리드의 명성은 고대나 현재 모두 거의 ≪원론≫에만 의존하지만, 그는 매우 다양한 주제에 대해 적어도 10권의 다른 책을 쓴 저자였다. 유클리드의 그리스 말 교재 ≪자료(Data)≫는 95개의 익힘 문제로 이루어졌고 ≪원론≫을 모두 배운 학생을 위해 쓰인 것으로 보이는데, ≪원론≫ 이외에 순수 기하학에 대해 그가 쓴 현존하는 유일한 책이다. 연구서 ≪원뿔 곡선론≫은 똑같은 주제에 대한 아폴로니오스의 책 중에서 처음 네 권의 기초를 형성했는데, 돌이킬 수 없는 상태로 분실됐다. [그리스 수학에서 용어 'porism'은 '따름 정리'를 뜻하는데] ≪부정 명제론(Porisms)≫이라 부르는 세 권으로 이루어진 그의 책도 분실됐다. 이 책의 분실이 가장 슬픈데, 이것은 분명히 고등 기하학에 관한 책으로 해석 기하학에 대응하는 고대의 연구로 보이기 때문이다.

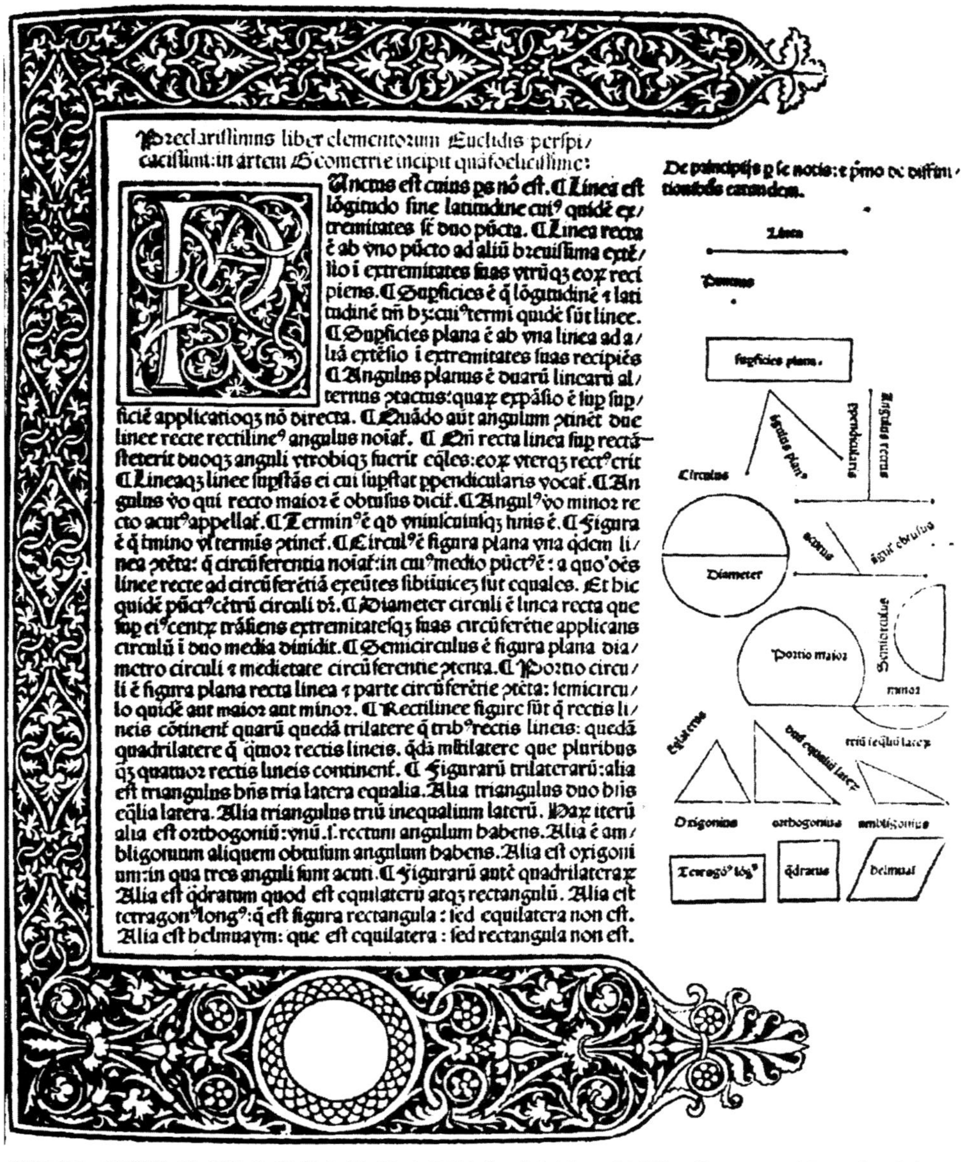

Preclarissimus liber elementorum Euclidis perspi/
cacissimi: in artem Geometrie incipit quãfoelicissime:

Punctus est cuius ps nõ est. ℂ Linea est lõgitudo sine latitudine cui⁹ quidẽ ex/ tremitates sũt duo pũcta. ℂ Linea recta ẽ ab vno pũcto ad aliũ breuissima extẽ/ sio i extremitates suas vtrũq3 eorꝫ reci piens. ℂ Supficies ẽ q̃ lõgitudinẽ ꝛ lati tudinẽ tm̃ hꝫ: cui⁹ termi quidẽ sũt linee. ℂ Supficies plana ẽ ab vna linea ad a/ liã extẽsio i extremitates suas recipiẽs ℂ Angulus planus ẽ duarũ linearũ al/ ternus ɔtactus: quarꝫ expãsio ẽ sup sup/ ficiẽ applicatioq3 nõ directa. ℂ Quãdo aũt angulum ɔtinẽt due linee recte rectiline⁹ angulus noiaẽ. ℂ Qñ recta linea sup rectã steterit duoq3 anguli vtrobiq3 fuerit eq̃les: eorꝫ vterq3 rect⁹ erit ℂ Lineaq3 linee supstãs ei cui supstat ppendicularis vocaẽ. ℂ An gulus vo qui recto maior ẽ obtusus dicẽ. ℂ Angul⁹ vo minor re cto acut⁹ appellaẽ. ℂ Termin⁹ ẽ qd vniuscuiusq3 finis ẽ. ℂ Figura ẽ q̃ tmino vl termis ɔtineẽ. ℂ Circul⁹ ẽ figura plana vna q̃dem li/ nea ɔtẽta: q̃ circũferentia noiaẽ: in cu⁹ medio pũct⁹ ẽ: a quo oẽs linee recte ad circũferẽtiã exeũtes sibiinuicẽ sũt equales. Et hic quidẽ pũct⁹ cẽtrũ circuli dẽ. ℂ Diameter circuli ẽ linea recta que sup ei⁹ centꝫ trãsiens extremitatesq3 suas circũferẽtie applicans circulũ i duo media diuidit. ℂ Semicirculus ẽ figura plana dia/ metro circuli ꝛ medietate circũferentie ɔtenta. ℂ Portio circu/ li ẽ figura plana recta linea ꝛ parte circũferẽtie ɔtẽta: semicircu/ lo quidẽ aut maior aut minor. ℂ Rectilinee figure sũt q̃ rectis li/ neis cõtinent quarũ quedã trilatere q̃ trib⁹ rectis lineis: quedã quadrilatere q̃ q̃tuor rectis lineis. q̃dã mltilatere que pluribus q̃3 quattuor rectis lineis continent. ℂ Figurarũ trilaterarũ: alia est triangulus hñs tria latera equalia. Alia triangulus duo hñs eq̃lia latera. Alia triangulus triũ inequalium laterũ. Harꝫ iterũ alia est orthogoniũ: vnũ. s. rectum angulum habens. Alia ẽ am/ bligonium aliquem obtusum angulum habens. Alia est oxigoni um: in qua tres anguli sunt acuti. ℂ Figurarũ autẽ quadrilaterarꝫ Alia est q̃dratum quod est equilaterũ atq3 rectangulũ. Alia est tetragon⁹ long⁹: q̃ est figura rectangula: sed equilatera non est. Alia est helmuaym: que est equilatera: sed rectangula non est.

유클리드 ≪원론≫의 최초의 인쇄본 한 쪽. 1482년에 라틴 말로 출판됨. (*Courtesy of Burnday Library*)

고대 그리스의 다른 위대한 수학자에 대해서와 마찬가지로, 유클리드의 사생활에 대해 알려지는 사실은 놀라울 만큼 거의 없다. 유클리드가 알렉산드리아에 학교를 세우고 가르친 사실은 분명하지만, 이것 이외에 더 이상 알려진 바는 없다. 주석자 프로클로스에 따르면, 유클리드는 프톨레마이오스 1세 때 살았다. 이것은 그가 기원전 3세기 전반기에 활동했다는 사실을 알려준다. 그가 아테네에서 플라톤의 학생으로 수학 교육을 받았을 가능성도 있다. 이 사람의 성격을 어느 정도 보여주는 두 가지 일화가 전해지고 있다. ≪원론≫에 대한 주석서를 쓴 프로클로스는 프톨레마이오스 왕이 그에게 기하학을 ≪원론≫에 있는 것보다 더 짧은 방법으로 배울 수 있는지를 물은 적이 있고, 이에 대해 그는 "기하학에는 왕도가 없다."고, 이에 따라 수학은 사람을 가리지 않는다고 대답했다는 이야기를 들려줬다. 다른 이야기는 유클리드로부터 기하학을 배우기 시작한 젊은이에 관한 것인데, 그 젊은이는 첫째 정리를 배운 뒤에 "그런데 이런 것들을 배워서 저는 무엇을 얻을 수 있습니까?"라고 물었다고 한다. 지식은 그 자체로 습득할 가치가 있다고 주장한 뒤에, 유클리드는 하인을 불러서 "이 사람은 배운 것으로부터 이익을 얻어야 하니, 동전 하나를 줘라."라고 말했다고 한다. 이런 질책은 피타고라스 학파의 격언을 채택한 것으로 보이는데, 그 격언은 "도형과 함께 (지식에서) 앞으로 나아가자. 도형에서 동전을 바라지 말자."로 거칠게 번역된다.

4.2 유클리드 기하학

■ 기하학에 대한 유클리드의 기초

2000년 이상 동안 유클리드는 그리스 정신의 가장 훌륭한 창작품인 그리스 기하학의 명예로운 대변인이었다. 그의 시대 이후로, ≪원론≫ 또는 이의 일부에 대한 학습은 교양 교육의 필수였다. 세대를 거치면서 이 책은 논리의 진수이자 절정으로 생각됐고, 이의 학습은 정밀한 추론 능력을 계발하는 최상의 방법으로 간주됐다. 에이브러햄 링컨(Abraham Lincoln, 1809~1865)은 여전히 아등바등하는 변호사였던 40세 때 오로지 자신의 정신 훈련을 위해 유클리드의 처음 여섯 권을 통달했다. ≪원론≫이 현대적인 교과서로 대체되기 시작한 것은 100년도 되지 않는데, 이런 교과서는 논리적인 순서, 정리의 증명, 응용 등에서 차이가 나지만 실질적인 내용은 거의 다르지 않다. [최초의 실질적인 교육적 개선은 아드리앵마리 르장드르(Adrien-Marie Legendre, 1752~1833)에 의해 이루어졌는데, 그는 인기 있던 ≪기하학 원론(Eléments de Géométrie)≫에서 유클리드의 정리들을 재배열하고 간단히 했다. 이 책은 1794년에 초판이 발간됐고 1823년에 제12판까지 출판됐다.] 그렇지만 유클리드의 책은 대체로 순수 수학에서 최상의 본보기로 남아있다.

≪원론≫의 내용이 단 한 사람의 노력일 수 없다는 사실은 지적 과정에 친숙한 사람은 누구나 알 수 있다. 불행하게도, 유클리드의 업적은 그보다 이전 사람들의 업적을 아주 가려버려서, 그런 사람들의 예비적인 연구보다 얼마나 더 앞섰는지를 확인할 수 없다. ≪원론≫에서 밝힌 정리 중에서 유클리드 자신이 발견한 것은 있다손 치더라도 매우 적다. 유클리드

의 탁월함은 독창적인 내용의 기여라기보다는 독립적인 사실들의 거대한 모음을 그리스 기하학과 수 이론의 명확한 처리 방법으로 조직한 완벽한 재능에 있었다. 특별한 공리들의 선택과 정리들의 배열 및 증명의 엄밀성은 그의 개인적인 몫이다. 하나의 결과는 다른 결과로부터 엄밀한 논리적 순서에 따라 불필요한 것이 거의 없는 최소한의 가정을 이용해서 유도된다. 고대 세계에서 ≪원론≫의 명망이 엄청나게 커서 이의 저자는 이름으로는 거의 언급되지 않았고 오히려 "≪원론≫의 저자"라는 직함 또는 때로는 간단히 '그 기하학자'로 불렸다.

유클리드는 순환 논리를 피하고 출발점을 제공하기 위해서는 반드시 그 주제의 본질에 관한 어떤 사실들은 증명 없이 가정해야 한다는 사실을 알고 있었다. '공리(axiom)' 또는 '공준(postulate)'이라 부르는 이렇게 가정된 정리로부터 다른 모든 것을 논리적 결론으로 유도해야 한다. 전통적인 쓰임새에서 공준은 '자명한 진리'로 봤다. 의심이 좀 더 많은 현재의 견해에서 공준은 그 진위 여부를 따지지 않고 추상적으로 공식화되고 추론을 위한 기초로서 더 이상의 정당화 없이 받아들이는 임의의 정리이다. 공준은 어떤 의미에서는 모든 연역을 진행시킬 수 있는 '놀이의 규칙'이며, 정리들의 전체 모음이 근거하는 기초이다.

유클리드는 탈레스 시대부터 축적된 그리스의 기하학적 지식 전체 체계를 특별히 기하학적인 속성의 다섯 개의 공준과 모든 수학에 대해 성립한다는 다섯 개의 공리 위에 세우려고 시도했다. 그는 나중에 공리를 공통 개념(common notion)이라 불렀다. (처음 세 공준은 작도 공준인데, 우리가 그릴 수 있도록 허용된 것을 주장한다.) 다음에 그는 이런 10개의 가정으로부터 465개의 정리의 논리적 사슬을 유도했는데, 이것들을 증명된 한 정리로부터 다른 정리로 정돈된 열을 따라 디딤돌과 같이 사용했다. 현명하게 선택된 매우 적은 개수의 공리로부터 대단히 많은 것을 얻을 수 있다는 사실은 경이롭다.

갑자기 그리고 도입하는 말도 없이, ≪원론≫ 제 1 권은 정의 23개로 시작한다. 여기에는 이를테면 점("부분이 없는 것")과 선("폭이 없는것")의 정의가 포함되어 있다. 이 정의들의 목록은 "평행선들은 같은 평면에 있고 양 방향으로 끝없이 연장되지만 어느 방향에서도 서로 만나지 않는 직선들이다."로 끝을 맺는다. 이것들은 현대적인 의미에서 용어의 정의로 받아들이지는 않으며, 오히려 논술에서 사용된 개념에 대한 소박한 묘사로 생각한다. 이것들은 어떤 점에서는 모호하며 도움이 되지 않지만, 그런데도 특정한 직관적인 심상을 얻기에 충분하다. '원의 둘레'와 같이 사용된 몇 개의 기술적인 용어는 전혀 정의되지 않았고, 반면에 '마름모'와 같은 일부 용어는 정의에 포함됐지만 그 책에서 전혀 사용되지 않았다. 평행선을 정의한 유클리드가 '평행 사변형'을 공식적으로 정의하지 않는 것은 신기하다.

그 뒤에 유클리드는 ≪원론≫에서 증명이 근거한 10가지 추론 원칙을 제시했는데, 다음과 같은 방법으로 소개했다.

- **공준**

다음을 공준으로 삼는다.

1. 임의의 점부터 임의의 다른 점까지 직선을 그릴 수 있다.
2. 선분을 양 방향으로 연속적으로 하나의 직선으로 연장할 수 있다.
3. 임의로 중심과 거리로 원을 그릴 수 있다.
4. 모든 직각은 서로 같다.
5. 두 직선이 한 직선과 만나서 같은 쪽에 있는 내각들의 합이 평각보다 작을 때, 그 두 직선을 끝없이 연장하면 내각들의 합이 평각보다 작은 쪽에서 두 직선은 만난다.

- **공통 개념**

1. 같은 것과 같은 것들은 서로 같다.
2. 같은 것들을 같은 것들에 더하면, 합들은 서로 같다.
3. 같은 것들을 같은 것들에서 빼면, 나머지들은 서로 같다.
4. 서로 일치하는 것들은 서로 같다.
5. 전체는 그 부분보다 더 크다.

유클리드의 평행선 공준으로 더 잘 알려진 제5공준은 수학의 역사에서 가장 유명하고 논란이 많은 명제가 됐다. 이것의 주장에 따라, 두 직선 l과 l'이 횡단선 t와 만나서 생기는 두 각 a와 b의 합이 평각보다 작으면, l과 l'은 이런 각들이 놓여있는 t의 그 쪽에서 만난다. 이 공준의 주목할 만한 점은 이것이 직선 전체에 관한 긍정적인 명제를 진술하는데, 이것은 우리가 경험할 수 없고 관찰 가능한 범위를 벗어난 영역에 관해 진술한다는 사실이다.

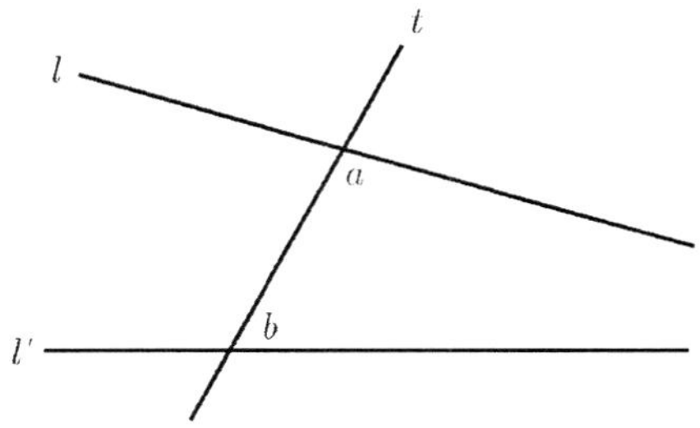

기하학자들은 평행선 공준에 불안했지만 이것의 내용이 수학적 사실이라는 점은 의심하지 않았다. 그들은 단지 이것이 짧지 않고 간단하지 않으며 자명하지 않다는 점에 이의를 제기했는데, 공준이라면 당연히 이래야 했기 때문이다. 이것이 복잡하기 때문에 이것은 가정이 아니라 정리여야 할 것이라고 생각됐다. 평행선 공준은 실제로 유클리드의 제1권 정리 27의 역인데, 이에 따라 이것은 증명 가능해야 한다고 생각됐다. 유클리드도 제5공준에 전적으로 만족하지 않았었다는 의견도 있다. 그는 이 공준 없이는 더 이상 나아갈 수 없을 때까지 이의 응용을 연기했는데, 이 공준을 앞에서 사용하면 일부 증명은 간단히 할 수 있었다.

≪원론≫이 나타난 순간부터 거의 19세기까지 수학자들은 평행선 공준을 처음 네 공준으로부터 유도하려고 시도했는데, 이 네 공준이면 유클리드 기하학을 완전히 전개하는 데 충분하다고 믿었기 때문이다. '공준'을 '정리'로 지위를 바꾸겠다고 시도한 유명한 주장들은 모두 실패로 끝났는데, 각 시도는 그 공준 자체와 동치인 어떤 숨겨진 가정에 의존했기 때문이다. 이런 노력은 주된 목적에 관한 한 헛된 일이었지만, 비유클리드 기하학의 발견에 이르게 했다. 비유클리드 기하학에서는 평행선 공준을 제외한 나머지 모든 유클리드의 공리가 성립하고 평행선 공준에 근거한 정리를 제외한 나머지 모든 유클리드의 정리가 참이다. 유클리드가 수학의 천재임을 알려주는 표시는, 제 5 공준이 형식적인 증명 없이 가정으로 받아들여야 하는 명확한 명제라고 그가 인색했던 사실이다.

2000년 이상 동안 자세한 정밀 조사를 통해 유클리드가 설명한 기하학에서 많은 결함이 드러났다. 그의 정의 대부분은 한 가지 또는 그 이상의 이유에서 비판을 받았다. 유클리드가 논설의 출발을 위해 가정해야 할 명제들의 모음의 필요성을 인식한 반면에, 무정의 용어들의 필요성을 인식하지 못한 사실은 신기하다. 결국 정의는 한 단어의 뜻을 다른 더 간단한 단어들 또는 이미 뜻이 명확한 단어들을 이용해서 설명하는 것이다. 이런 단어들도 차례가 되면 그보다 더 간단한 단어들로 정의해야 한다. 분명히 논리적 체계에서 정의의 과정을 거꾸로 끝없이 계속할 수 없다. 이런 악순환을 피하는 유일한 방법은 어떤 용어는 정의하지 않은 상태로 남기는 것이다.

유클리드는 실수로 그가 사용한 전문적인 어휘 전체를 정의하려고 시도했다. 이에 따라 그는 불가피하게 일부 이상하고 불만족스러운 정의를 내렸다. 점과 선이 무엇인지를 말하지 않고, "점은 부분이 없는 것이다."와 "선은 폭이 없는 것이다."와 같이 오히려 그것들이 아닌 것을 말했다. (그렇다면 '부분'과 '폭'은 무엇인가?) '점'과 '선'의 개념은 기하학에서 매우 기초적인 개념이다. 이것들을 묘사하고 설명할 수는 있겠지만, 이것들보다 더 간단한 개념을 만족스럽게 정의할 수는 없다. 독립적인 체계에서는 어디엔가 출발점이 있어야 하므로, 이것들은 엄밀한 정의 없이 받아들여야 한다.

아마도 ≪원론≫의 저자에 대해서 제기된 가장 큰 반대는 처참할 정도로 불충분한 공리일 것이다. 그는 형식적으로 어떤 것들을 공준으로 정했지만, 자신의 연구를 위해 마찬가지로 필요한 다른 것들에 대해서는 언급하지 않았다. 유클리드는 점과 선이 존재한다거나 두 점을 잇는 선분이 유일하다는 명제를 서술하지 않은 명백한 누락 이외에도, 나중에 연역에 사용했지만 공준으로 인정하지 않았고 그것들로부터 유도할 수 없는 특정한 가정들을 묵시적으로 만들었다. 유클리드의 증명 중에서 아주 적은 몇 개는 그림을 이용한 추론에 근거했는데, 그는 종종 시각적인 증거에 오도됐다. 이것은 바로 (정리라기보다 문제로 보이는) 그의 첫 정리에 사용된 논증이 예시한다. 이것은 주어진 선분을 변으로 하는 정삼각형에 대한 친숙한 작도와 관련된다.

정리 1

선분 AB에 대해 이 선분을 하나의 변으로 하는 정삼각형이 존재한다.

증명 공준 3을 사용해서, 중심이 A이고 반지름이 AB이며 점 B를 지나는 원을 그린다. 이제, 중심이 B이고 반지름이 AB이면 점 A를 지나는 원을 그린다. 두 원이 서로 만나는 점 C에서 두 선분 CA와 CB를 그리면(공준 1에 의해 가능한데), 삼각형 ABC가 형성된다. $AC = AB$이고 $BC = AB$임을 알 수 있는데, 이것들이 같은 원의 반지름이기 때문이다. 그러므로 공통 개념 1에 따라 $AB = BC = AC$이고, 삼각형 ABC는 정삼각형이다.

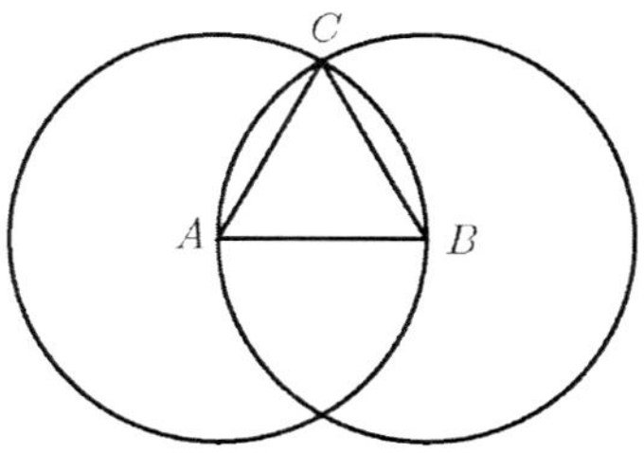

■

이 모든 증명에는 문제점이 단 한 가지 있다. 공간적인 직관에 의해, 두 원은 어떤 점 C에서 교차하고 어떻게 해서든지 서로 빠져 나가지 않을 것이라고 확실하게 생각하게 된다. 그러나 공리적 이론을 전개하기 위해서는 직관에 의존하지 않는 추론 체계를 명확하게 제시해야 한다. 작도한 두 원이 교차하지 않는다면 이 정리 전체는 실패인데, 불행하게도 이 두 원이 교차함을 보장하는 유클리드의 공준은 어디에도 없다. 이런 상황을 바로 잡기 위해서는 선과 원의 '연속성'을 보장하는 공준을 추가해야 한다. 나중에 수학자들은 다음과 같이 이런 빈틈을 만족스럽게 채웠다.

> 원(또는 선)의 한 점이 다른 원의 내부에 있고 또 한 점이 그 다른 원의 외부에 있으면, 이 원(또는 선)은 그 다른 원과 두 점에서 만난다.

이런 단순한 공준의 서술에도 ≪원론≫에 명시적으로 나타나지 않는 '내부'와 '외부'라는 개념이 관련된다. 기하학이 논리적 완벽성을 성취하려면, 이런 용어들의 뜻과 이런 것들을 결정하는 공리에 상당한 관심을 기울여야 한다.

19세기의 마지막 25년 동안, 많은 수학자는 오랫동안 친숙했던 유클리드 기하학의 모든 정리를 증명하는 데 필요한 완전한 공준들의 모음을 얻으려고 시도했다. 곧, 그들은 유클리드가 직관적으로 남긴 개념들에 형식과 명확함을 줄 수 있는 추가적인 공준을 제공하려고 했다. 현대에 기하학에 대한 단연코 가장 영향력 있는 연구는 도이칠란트의 저명한 수학자 다비트 힐베르트(David Hilbert, 1862~1943)에 의해 이루어졌다. 힐베르트는 오랜 연구 경력을 통해 여러 수학 분야를 연구했는데, 기하학에 관한 주요 연구서 ≪기하학의 기초(Grundlagen der Geometrie≫는 1899년에 출판했다. 이 책에서 그는 유클리드 기하학을 21개의 공준에 근거해서 전개했는데, 이런 공준은 여섯 개의 무정의 용어와 관련된다. 이것은 유클리드의 무정의 용어가 없는 다섯 개의 공준과 비교해 봐야 한다.

■ ≪원론≫ 제 1권

≪원론≫ 제 1권에 있는 48개의 정리는 주로 직선, 삼각형, 평행 사변형의 성질을 다루는데, 오늘날 초등 평면 기하학이라 부르는 것이다. 이런 내용 중 많은 것은 평면과 입체 기하학에 대한 중등학교의 전통적인 교육 과정을 마친 학생은 잘 알고 있다. 여기서 이 모든 결과를 자세히 조사하지 않겠지만, 정리 4는 눈여겨볼만하다. 이 정리를 변-각-변 정리[2)]라고 부르는데, 이것에는 친숙한 삼각형의 합동 조건, 곧 두 삼각형에서 대응하는 두 변과 그 끼인 각이 각각 합동인 두 삼각형은 서로 합동이라는 조건이 포함되어 있다. 유클리드가 '같다'고 말한 것을 여기서는 '합동'이라고 표현한다. 그가 두 각이 (또는 이 문제의 경우에는 두 선분이) '같다'고 말할 때, 그는 이것들을 일치하게 할 수 있음을 뜻했다. 우리의 목적을 위해, 합동인 대상들은 모양과 크기가 같은 것으로 생각하면 충분하다.

유클리드는 변-각-변 정리를 두 삼각형의 나머지 부분들이 들어맞도록 한 삼각형을 다른 삼각형에 포개어 증명했다. 아마도 공통 개념 4에 의해 정당화됐을 그의 논증은 대체로 다음과 같이 진행됐다. 주어진 $\triangle ABC$와 $\triangle A'B'C'$에 대해 $AB = A'B'$이고 $\angle A = \angle A'$이며 $AC = A'C'$이면, 점 A는 점 A' 위에 변 AB는 변 $A'B'$ 위에 위치시키자. $AB = A'B'$이므로 점 B는 점 B' 위에 놓여야 한다. $\angle A = \angle A'$이므로 변 AC는 변 $A'C'$과 같은 방향이고, AC와 $A'C'$의 길이가 같으므로 점 C는 점 C' 위에 놓인다. 이제 B와 B'이 일치하고 C와 C'이 일치하므로, 이것들을 서로 이은 두 선분 BC와 $B'C'$도 일치한다. 두 삼각형은 모든 면에서 일치하므로, 서로 합동이다.

이런 '포갬(중첩)의 원리(principle of superposition)'는 줄이나 나무로 만든 물질적인 삼각형을 다루는 데 충분히 합당해보일 수 있지만, 개념적인 실재를 다루는 경우에 이의 타당성은 의문시됐다. 개념적인 실재의 성질이 존재하는 이유는 공준으로 정했기 때문이다. 실제

2) [옮긴이] 'SAS 합동 정리'라고도 한다.

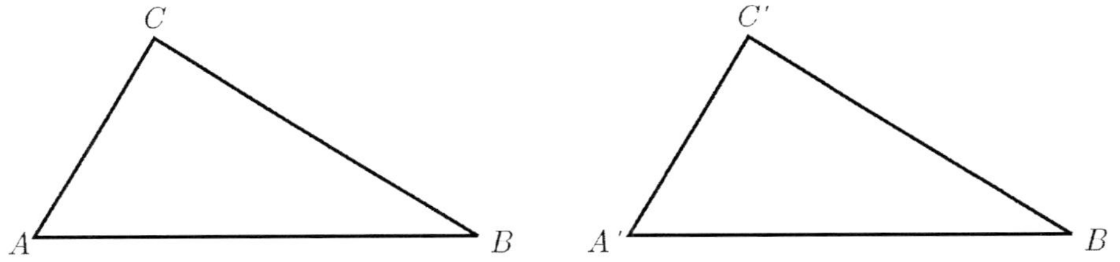

로, 잉글랜드의 저명한 논리학자 버트런드 러셀(Bertrand Russell, 1872~1970)은 분명한 어조로 포갬(중첩)에 대해 '허튼 소리 투성이'라고 말했다. 주된 비판 내용은, 두 변과 그 끼인 각이 일정한 상태로 유지된다는 사실만 알고 있을 때, 삼각형을 그 내부 구조를 바꾸지 않고 여기저기로 이동시킬 수 있다는 가정에서 이것들[두 변과 그 끼인 각]이 삼각형의 단단함을 결정한다고 실제로 가정하고 있다는 사실이다. 그러므로 모양 또는 크기의 변화 없이 이동시킬 수 있음을 공준으로 가정할 때, 실제로 합동 자체를 공준으로 가정하고 있는 것이다. 그러므로 유클리드의 증명은 추론의 악순환(순환 논리)이다. 유클리드는 합동을 증명할 때 포갬을 마지못해 사용했고 이에 따라 ≪원론≫에 드물게 나타나는데, 더 좋은 방법이 없기 때문에 이것을 사용하지 않을 수 없었다는 추측이 있었다. 오늘날 수학자들은 변-각-변 정리를 하나의 공리로 택하고 다음에 이로부터 다른 합동 정리를 유도함으로써, 이런 어려움을 피하고 있다. 어쨌든, 합동 문제에 대한 유클리드의 접근 방법은 논리적으로 불완전했다.

아마도 제 1 권의 앞에 있는 정리 중에서 가장 유명한 것은 정리 5인데, 이것은 "이등변 삼각형에서 두 밑각은 서로 합동이다."라고 말한다. (여기서 밑각은 합동인 두 변의 대각을 뜻한다.) 이 정리는 종종 중세의 대학에서 유클리드 교육의 한계를 나타냈다. 이것은 중세에 '멍청이들의 도피'를 뜻하는 'elefuga'로 불려서 역사적으로 흥미로운데, 이 시점에서 학생은 통상 기하학을 포기했기 때문이다. 정리 5에 대해 흔히 사용된 또 다른 이름은 'pons asinorum'인데, '바보들의 다리' 또는 '나귀들의 다리'를 뜻하는 라틴 어구이다. 그렇지만 이런 명칭의 정확한 뜻에 대한 견해는 일치하지 않는다. 이런 이름은 기하학을 배우는 가엾은 학생들이 이 정리로부터 겪는 어려움을 시사했는데, 이것을 뛰어넘어 나아갈 수 없는 학생은 틀림없이 바보였을 것이다. 좀 더 관대하게 해석하면, 유클리드의 증명에 동반된 그림이 가파른 육교를 닮았기 때문에 말은 그 비탈길을 올라갈 수 없지만 나귀와 같이 발걸음이 흔들리지 않는 동물은 올라갈 수 있다. 아마도 실수하지 않는 학생은 기하학의 이 단계를 뛰어넘어 앞으로 나아갈 수 있을 것이다. 여기에 정리 5에 대한 간략한 증명이 있다. 주장하는 내용은 삼각형 ABC에서 $AB = AC$이면 $\angle ABC = \angle ACB$이라는 것이다. 이것의 정당성을 입증하기 위해서, 두 변 AB와 AC의 연장선에 있는 두 점 F와 G를 $AF = AG$가 성립하도록 선택하자. 그러면 두 삼각형 AFC와 AGB는 변-각-변 정리에 의해 서로 합동일 것이다. 실제로 이 두 삼각형에서 각 A는 공통이고 $AC = AB$이며 $AF = AG$이다.

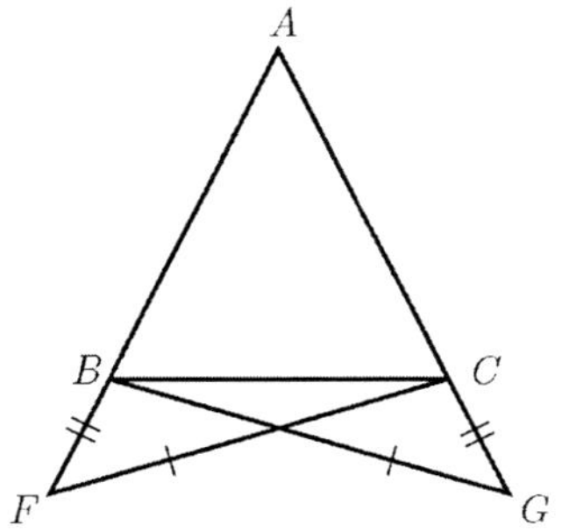

합동인 삼각형의 정의에 의해, 대응하는 모든 부분이 서로 같으므로 $FC=GB$, $\angle ACF=\angle ABG$, $\angle AFC=\angle AGB$이다. 다음이 성립함도 주목할 필요가 있다.

$$FB=AF-AB=AG-AC=GC$$

이에 따라 두 삼각형 BFC와 CGB는 (변-각-변 정리에 의해) 서로 합동이므로, 대응하는 각들은 서로 같다. 곧, $\angle BCF=\angle CBG$이다. 이 등식은 $\angle ABG=\angle ACF$라는 사실과 함께 다음을 알려준다.

$$\angle ABG-\angle CBG=\angle ACF-\angle BCF$$

곧, $\angle ABC=\angle ACB$가 성립한다.

다행스럽게도, 이 정리에 대한 [알렉산드리아의 파포스(서기 300년)가 제시했다고 하는] 훨씬 더 간단한 증명이 있는데, 보조선이 전혀 필요 없다. 변-각-변 정리의 어디에서도 두 삼각형이 별개이기를 요구하고 있지 않는다는 관찰이 적절해 보인다. 자세한 내용은 다음과 같다. 주어진 이등변 삼각형 ABC에서 $AB=AC$라 하고, 이를 두 가지 방법으로 생각하는데, 한 가지 방법은 삼각형 ABC이고 다른 방법은 삼각형 ACB이다. 그러면 $\triangle ABC$와 $\triangle ACB$에서 세 꼭짓점 A, B, C는 차례로 세 꼭짓점 A, C, B와 대응한다. 이런 대응에서 $AB=AC$이고 $AC=AB$이며 $\angle BAC=\angle CAB$이다. 그러므로 두 변과 그 끼인 각은 대응하는 각각의 부분과 합동이고, 이에 따라 두 삼각형은 서로 합동이다. 이것은 한 삼각형의 모든 부분이 다른 삼각형의 대응하는 부분과 같음을 뜻한다. 특히, $\angle ABC=\angle ACB$가 성립하는데, 이것이 증명하려고 했던 것이다.

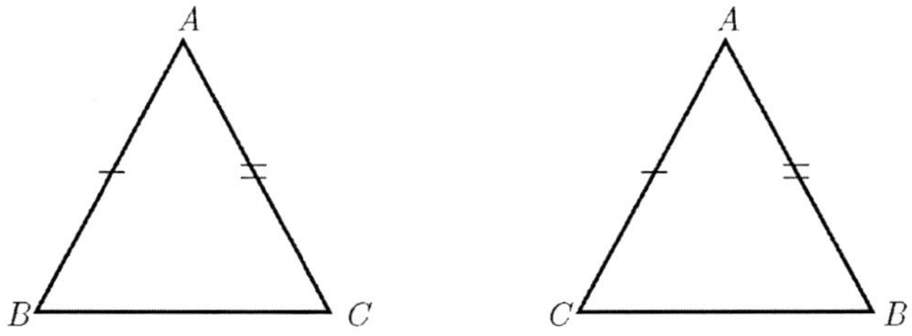

Liber I. 11

lem, sub æqualibus rectis lineis contentum, & basim BC basi EF æqualem habebunt; eritque triangulum BAC triangulo EDF æquale, ac reliqui anguli B, C reliquis angulis E, F æquales erunt, uterque utrique, sub quibus æqualia latera subtenduntur.

Si punctum D puncto A applicetur, & recta DE rectæ AB superponatur, cadet punctum E in B, quia DE[a] = AB. Item recta DF cadet in AC, quia ang. A[a] = D. Quinetiam punctum E puncto C coincidet, quia AC[a] = DF. Ergò rectæ EF, BC, cùm eosdem habeant terminos, [b] congruent, & proinde æquales sunt. Quare triangula BAC, EDF; & anguli B, E; itémq; anguli C, F etiam congruunt, & æquantur. Quod erat Demonstrandum.

a *hyp.*
b 14. *ax.*

PROP. V.

Isoscelium triangulorum ABC qui ad basim sunt anguli ABC, ACB inter se sunt æquales: Et productis æqualibus rectis lineis AB, AC qui sub base sunt anguli CBD, BCE inter se æquales erunt.

[a] Accipe AF = AD, & junge CD, ac BF.

Quoniam in triangulis ACD, ABF, sunt AB[c] = AC, & AF[d] = AD, angulúsq; A communis, [e] erit ang. ABF = ACD; & ang. AFB[e] = ADC, & bas. BF[e] = DC; item FC[f] = DB. ergò in triangulis BFC, BDC [g] erit ang. FCB = DBC. Q.E.D. Item ideo ang. FBC = DCB. atqui ang. ABF[h] = ACD. ergò ang. ABC[k] = ACB. Q.E.D.

a 3. 1.
b 1. post.
c *hyp.*
d *constr.*
e 4. 1.
f 3 *ax.*
g 4. 1.
h *pr.*
k 3. *ax.*

Corollarium.

Hinc, Omne triangulum æquilaterum est quoq; æquiangulum.

PROP.

이등변 삼각형의 두 밑각이 서로 같다는 유클리드의 증명. 유클리드 ≪원론≫에 대한 배로의 편찬본(1665). (*From* An Introduction to the History of Mathematics, 6/E *copyright* ⓒ*1990 by Saunders College Publishing, a division of Holt, Rinehart and Winston, Inc., reprinted by permission of the publisher*)

유클리드가 기하학을 전개하면서 찾은 삼각형에 관한 매우 쓸모 있는 결과 한 가지는 외각 정리이다. 이 정리는 실제로 유클리드의 모든 공리를 한데 모은 것인데, 거의 모든 공리가 이것의 증명에 사용되기 때문이다.

정리 16

삼각형의 변 중 하나를 연장하면, 외각은 다른 모든 내대각보다 더 크다.

증명 ABC는 임의의 삼각형이라 하고, C를 지나서 뻗는 변 BC의 연장선에 있는 임의의 점 D를 선택하자. AC의 중점을 E라 하고, 선분 BE를 점 F까지 연장해서 $BE=EF$가 성립한다고 하자. $AE=EC$이고 $BE=EF$이며 (정리 15에 의해 맞꼭지각들은 서로 같기 때문에) $\angle AEB=\angle FEC$이므로, 변-각-변 정리에 의해 두 삼각형 AEB와 FEC는 서로 합동이다. 이에 따라 $\angle BAE=\angle FCE$이다. 그런데 전체는 그것의 어떠한 부분보다 크다는 공통 개념 5에 의해, $\angle DCA>\angle FCE$가 성립한다. 따라서 외각 $\angle DCA$는 이 삼각형의 내대각인 $\angle BAE$보다 더 크다.

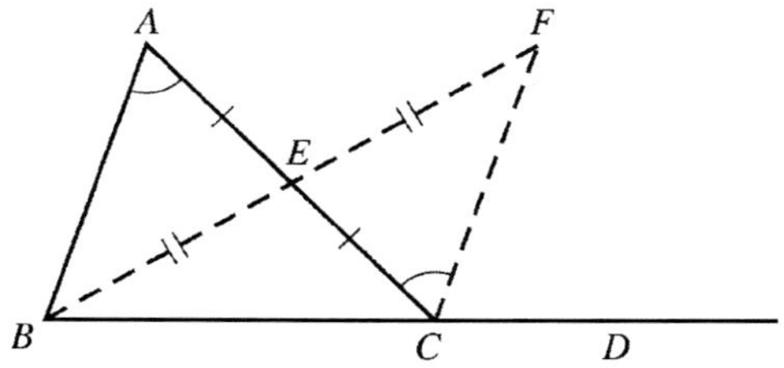

마찬가지로, 변 AC를 점 G까지 연장하면 $\angle GCB>\angle ABC$임을 보일 수 있다. $\angle GCB$와 $\angle DCA$는 맞꼭지각이므로(이에 따라 서로 같으므로), 외각 $\angle DCA$는 또 다른 내대각은 $\angle ABC$보다 더 크다.

중점의 존재를 먼저 밝혀야 한다는 사실 이외에도, 이 증명의 주요한 결함은 선분 BE를 연장하면 점 F가 언제나 각 DCA의 '내부'에 있다고 유클리드가 그림으로부터 가정한 것이었다. 공준에 근거해서 그는 그림에서 분명하듯이 이런 결론을 정당화할 수 있는 것이 전혀 없다고 당연히 추정한다. 이렇게 하지 않고 그림을 굽은 구면에 그리면, BE를 이것의 길이만큼 F까지 연장했을 때 점 F가 구면의 가장 먼 쪽에서 있게 되고 BF는 매우 길어서 F가 각 DCA의 '외부'에 있을 수 있다. 그러면 $\angle DCA>\angle FCE$를 얻는 것이 아니라, 반대의 부등식이 성립한다.

근본적인 어려움은 유클리드가 이른바 증명을 구성할 때 선이 무한하다고 당연시 했다는 사실이다. 이런 점에서 결정적인 공준인 공준 2는 단순히 선을 연속적으로 연장할 수 있다고 주장한다. 이것은 끝이 없거나 경계가 없을 수 있지만, 필연적으로 선이 무한대임을 의미하지는 않는다. 구면에서는 (그 구면과 중심이 같은 원인) 대원이 선의 역할을 하는데, 주어진 점에서 뻗어나간 선은 결국 그 점으로 되돌아간다. 유클리드는 이런 가능성을 생각

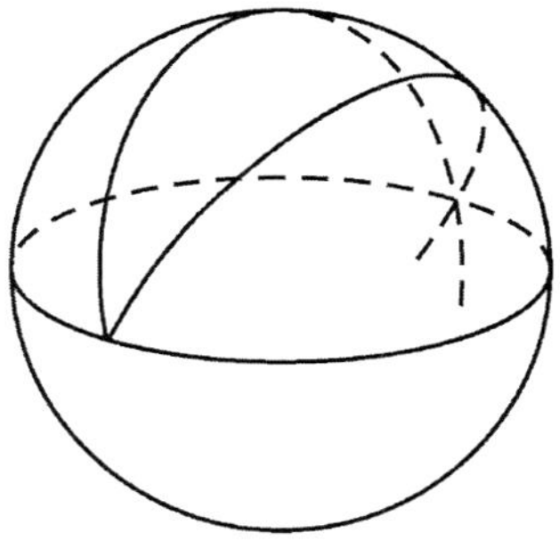

하지 않았기 때문에, 분명히 공준 2에 근거해서 진행하는 데 아무런 걱정이 없었다.

≪원론≫의 처음 26개의 정리는 합동인 삼각형과 이등변 삼각형 및 수선의 작도에 관한 정리들을 전개한다. 이런 결과 중에서 외각 정리 및 삼각형의 두 변의 합은 나머지 한 변보다 크다는 사실도 찾아볼 수 있다. 이 주제는 아주 오래된 자료에 주로 근거한다. 정리 27에서 시작해서 성격이 명확하게 바뀐다. 여기서 유클리드는 평행선 이론을 도입했지만, 여전히 평행선 공준을 사용하지 않았다.

유클리드는 두 선이 교차하지 않으면, 곧 두 선 모두에 놓여있는 점이 없으면 평행이라고 정의했다. 유클리드는 평행선들의 존재를 증명하기 위해 외각 정리를 사용할 수 있었지만, 그는 그렇게 하지 않았다. (그렇지 않으면 그는 평행선들이 실제로 존재한다는 취지의 공준을 추가할 수 있었다.) 이것이 가능함을 보이기 위해서, l은 임의의 선이라 하고, l에 있는 서로 다른 두 점 A와 B 각각에서 l에 대한 수선을 세우자. (정리 11에 의해 이렇게 할 수 있다.) 이 두 수선이 점 C에서 만나면, 삼각형 ABC의 B에서의 외각과 A에서의 내대각이 (모두 직각이므로) 서로 같을 것이다. 그러면 정리 16에 위배되므로, l에 대한 두 수선은 만날 수 없다. 곧, 평행이다.

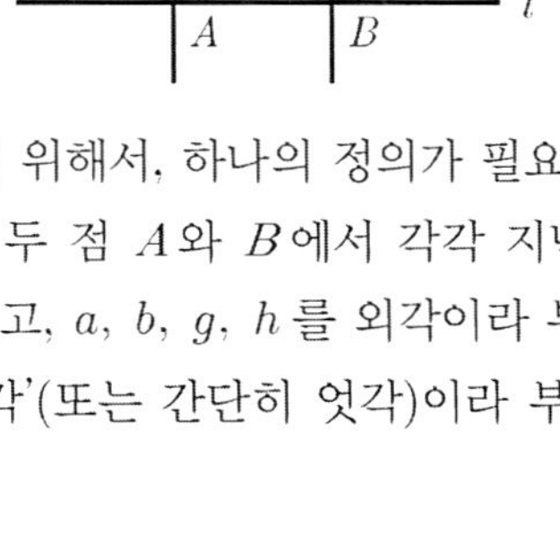

다음 정리를 명확히 설명하기 위해서, 하나의 정의가 필요하다. ('횡단선'이라 부르는) 선 t가 두 선 l과 l'을 서로 다른 두 점 A와 B에서 각각 지난다고 하자. 아래 그림에서 네 각 c, d, e, f를 내각이라 부르고, a, b, g, h를 외각이라 부른다. 두 각 c와 e(그리고 두 각 d와 f)의 쌍을 통상 '내엇각'(또는 간단히 엇각)이라 부르고, 두 각 b와 h(그리고 두

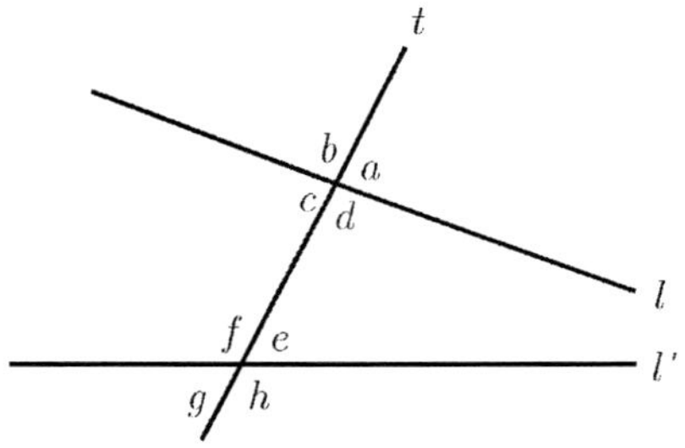

각 a와 g)의 쌍을 '외엇각'이라 부른다. 이 여덟 개의 각을 네 쌍의 동위각으로도 무리 지을 수 있는데, 두 각 a와 e는 동위각의 쌍을 이루고, 마찬가지로 b와 f의 쌍, c와 g의 쌍, d와 h의 쌍도 그렇다.

이런 용어를 이용해서 또 다른 정리를 생각하자.

정리 27

두 선이 하나의 횡단선과 만나서 합동인 내엇각의 쌍이 형성되면, 그 두 선은 평행이다.

증명 아래 그림과 같이 횡단선 t가 두 선 l과 l'을 두 점 A와 B에서 각각 지나서, 내엇각의 쌍 $\angle b$와 $\angle c$를 형성하는데 이것들이 서로 같다고 하자. 모순을 얻기 위해서, 두 선 l과 l'이 평행이 아니라고 가정하자. 그러면 이 두 선은 점 C에서 만나는데, 이것은 t의 오른쪽에 있어서 삼각형 ABC를 형성한다. 이때 외각(이 경우에 $\angle b$)은 삼각형 ABC의 내대각(곧, $\angle c$)과 합동이라고 결론지을 수 있다. 그런데 삼각형의 외각은 언제나 내대각 각각보다 크기 때문에, 이런 결론은 불가능하다. 따라서 l과 l'은 평행이다.

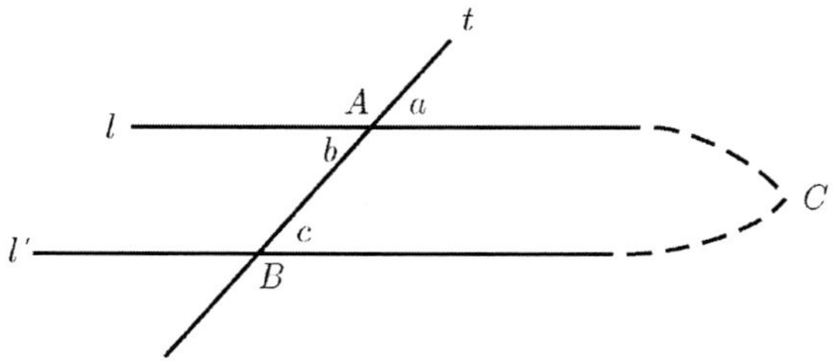

정리 27에 따라, 두 선이 같은 선에 수직이면 그 두 선은 평행이다. 이 사실로부터 주어진 선 l에 있지 않은 임의의 점 P를 지나고 l에 평행인 선 l'이 존재한다는 사실을 밝히는 것은 쉬운 문제이다. 이를 위해서는 P에서 선 l에 수선을 내리고 그 발을 Q라 하고(정리

12에 의해 이것은 가능한데), P에서 PQ에 수직인 선 l'을 세우면(정리 11에 의해 이런 작도가 가능한데) 충분하다. l과 l'의 공통 수선이 있으므로, 이것들은 평행인데, l'은 P를 지난다.

정리 27의 변형에 불과한 정리 28은 지나치고, 다음으로 유클리드의 정리 29를 조사하자. 이 정리는 앞에 있는 두 정리의 역을 서술한다. 이 시점까지 모든 결과는 평행선 공준을 참조하지 않고 얻었다. 이 결과들은 우리의 말에 따라 평행선 공준과 독립이고, 제 5 공준을 없애거나 나머지 공준 및 공통 개념과 양립할 수 있는 다른 공준으로 바꾸어도 여전히 타당하다. 정리 29를 증명하기 위해서는 처음으로 평행선 공준을 반드시 사용해야 한다.

정리 29

두 평행선에 횡단선을 내리면, 내엇각들은 서로 합동이고 동위각들은 서로 합동이며 횡단선의 같은 쪽에 있는 내각들의 합은 평각과 합동이다.

증명 선들과 각들을 다음 그림과 같이 표시했다고 하자. $\angle a$와 $\angle b$가 서로 보각이므로 $\angle a$와 $\angle b$의 합은 평각이다. (이것은 정리 13의 내용이다.) 만약 $\angle a > \angle c$이면, $\angle a + \angle b > \angle c + \angle b$이고 $\angle b + \angle c$는 평각보다 작을 것이다.

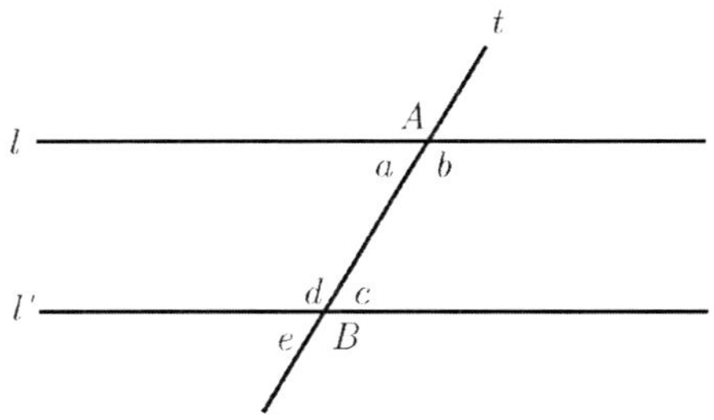

그러면 공준 5에 의해, l과 l'은 t의 오른쪽에서 반드시 만난다. 그런데 이것은 l과 l'이 평행이라는 사실과 모순이다. 그러므로 $\angle a > \angle c$는 성립할 수 없고, 이에 따라 $\angle a \leq \angle c$가 성립한다. 부등식 $\angle a < \angle c$가 성립한다고 가정할 때 비슷한 모순이 나타난다. 따라서 $\angle a = \angle c$이다. $\angle c$와 $\angle e$가 맞꼭지각이므로 서로 같고 이에 따라 $\angle a = \angle e$이다. 마지막으로, 합 $\angle a + \angle b$가 평각과 같고 $\angle a = \angle c$임을 관찰하자. 그러므로 두 내각 $\angle b$와 $\angle c$의 합 $\angle b + \angle c$는 평각과 같다. ■

두 정리 27과 29는 모두 모순에 의해 증명했는데, 이것을 때때로 귀류법 증명이라고 한다. 이것은 결론을 받아들이지 않으면 불합리하거나 불가능한 결과가 반드시 뒤따른다는 사실을 보이는 과정으로 이루어진 중요한 추론 형식이다. 모순을 낳는 요소는 정리에 따라 다르다. 정리 27에서는 외각 정리에 모순된 결과를 얻었고, 반면에 정리 29의 경우에 모순을 낳는 것은 평행선 공준이다.

이런 발상을 더 진척시켜서, 또 다른 중요한 결과인 정리 30을 관찰하자.

정리 30

같은 선에 평행인 두 선은 서로 평행이다.

증명 두 선 l과 l'은 각각 선 k와 평행이라고 가정하자. l은 l'과도 평행이라고 주장한다. 아래 그림에 표시한 대로, 이런 선들이 횡단선 t와 만난다고 하자. t가 두 평행선 l과 k를 지나므로, 정리 29에 의해 두 각 a와 b는 서로 같다. 마찬가지로, t는 k와 l'을 지나므로 두 각 b와 c는 서로 같다. 그러면 $\angle a = \angle c$이다. (이것은 공통 개념 1이다.) 이것들은 내엇각이므로, 정리 27에 의해 분명히 l과 l'은 평행이다.

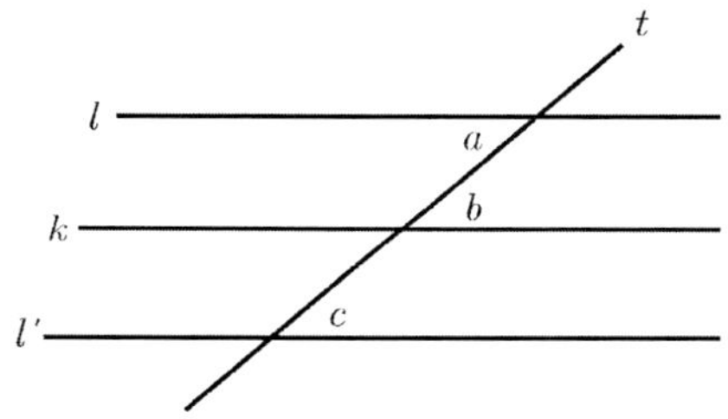

■

정리 30에 의해, 주어진 선 l에 있지 않은 점 P를 지나면서 l과 평행인 선은 두 개 이상일 수 없다. 이 사실은 다음과 같이 증명한다. P를 지나고 l과 평행인 서로 다른 선이 두 개 있으면, 정리 30에 의해 이 두 선은 서로 평행이다. 평행의 뜻에 의해, 이 선들이 P에서 교차한다는 사실은 모순이다.

평행선 문제를 일시적으로 떠나기 전에 마지막으로 중요한 점을 강조해야 한다. 유클리드는 평행선이 존재함을 알기 위해서 또는 더 중요하게 주어진 선에 있지 않은 점을 지나면서 그 선과 평행인 선을 작도할 수 있다는 사실을 알기 위해서 평행선 공준을 필요로 하지 않았다. 공준 5의 주요한 효과는 주어진 선에 있지 않은 점을 지나면서 그 선과 평행인 선이 단 한 개 존재함을 보장한다.

제 1권 전체에서, 유클리드는 그의 마지막 목표에 도달할 때까지 논리적 사슬에 따라 정리들을 전개했다. 평행선에 관한 연구는 삼각형의 세 내각의 합이 평각과 합동이라는 결과에서 정점에 이른다. 이에 대한 증명은 정리 29에 의존하는데, 이에 따라 묵시적으로 평행선 공준과 관련된다. 유클리드 기하학에서 평행선의 성질뿐만 아니라 이 공준으로부터 직간접적으로 유래한 유명한 결과들이 매우 많다는 사실에 놀라게 된다.

정리 32

임의의 삼각형에서 세 내각의 합은 평각과 같다.

증명 세 내각이 a, b, c 인 주어진 삼각형 ABC에서, 변 AB를 점 D까지 연장하고 점 B를 지나고 변 AC와 평행인 선 l을 그리자.

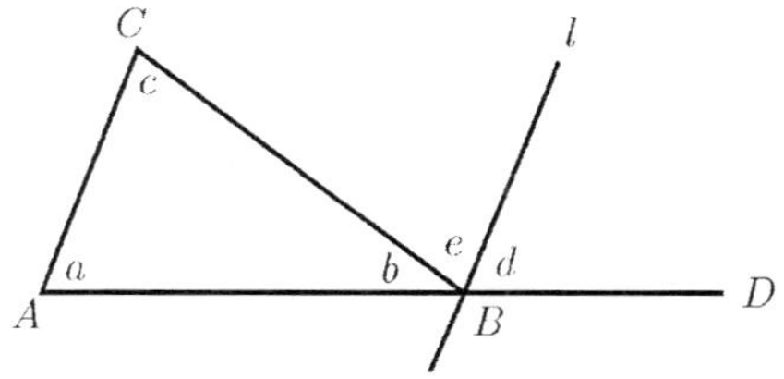

그러면 $\angle c = \angle e$ 인데, 이것들은 l과 AC가 BC와 형성하는 내엇각이기 때문이다. 마찬가지로, 정리 29는 $\angle a = \angle d$가 성립함을 보장한다. 그런데 합 $\angle b + \angle e + \angle d$는 평각과 같으므로(이것은 정리 13의 내용인데), 삼각형 ABC의 세 내각의 합은 평각과 같다. ■

■ 피타고라스 정리에 대한 유클리드의 증명

제 1권은 피타고라스 정리와 그 역에 대한 매우 기발한 증명이 있는 두 정리 47과 48로 끝을 맺는다. ≪원론≫에 있는 정리와 증명 중에서 유클리드 자신이 발견한 것이 거의 없지만, 피타고라스 정리에 대한 이 증명은 통상 유클리드의 공으로 여긴다. 프로클로스는 다음과 같이 썼다. "나는 ≪원론≫의 저자를 존경하는데, 그가 이 정리를 매우 명확하게 증명했을 뿐만 아니라 제 6 권에서는 더 일반적인 정리를 반박할 수 없는 논법을 이용해서 설명했기 때문이다." 겉보기에 이것은 제 1권의 끝에 있는 증명이 유클리드 자신의 것임을 시사한다. 일부 저자는 이 증명을 에우독소스가 처음으로 제기했다고 주장하는데, 에우독소스는 유클리드보다 적어도 한 세 대 앞서고, 비율 이론을 닮은 삼각형들의 변들에 적용한 형태에는 탈레스의 표시가 붙어있다.

정리 47에 있는 피타고라스 정리의 증명은 제 1 권의 내용만 관련된다. 추론이 인위적이고 복잡하다는 느낌 때문에 도이칠란트 철학자 아르투르 쇼펜하우어(Arthur Schopenhauer,

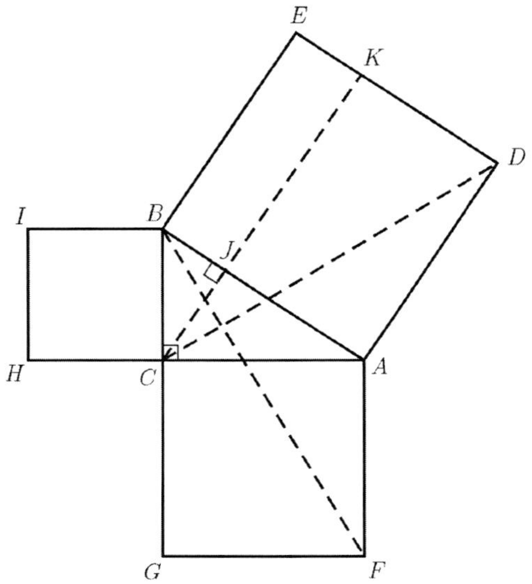

1788~1860)는 이것은 증명이 아니라 '쥐덫'이라는 경멸적인 지적과 함께 이 논증을 묵살했다. 그래서 유클리드의 증명에 붙은 많은 이름 가운데 이는 드물지 않게 '쥐덫 증명'으로 불린다.

여기에 있는 그림은 유클리드의 증명을 예시한다. 주어진 직각 삼각형 ABC에서 각 C는 직각이고 각 변에 정사각형을 올리자. 다음으로, C에서 AB와 DE에 수선을 내려서, 각 변과 두 점 J와 K에서 각각 만난다고 하자. 직사각형 $AJKD$의 넓이는 다음과 같이 삼각형 CAD의 두 배인데, 두 도형의 밑변은 AD이고 높이는 AJ이기 때문이다.

$$\square AJKD = 2\triangle CAD \quad (1)$$

같은 방법으로, 아래에 있는 정사각형 $AFJC$와 삼각형 FAB의 밑변 AF가 똑같고 높이 AC가 똑같기 때문에, 다음과 같이 이 정사각형의 넓이는 삼각형의 두 배이다.

$$\square AFGC = 2\triangle FAB \quad (2)$$

두 삼각형 CAD와 FAB는 ($AC = AF$이고 $\angle CAD = \angle CAB + \angle DAB = \angle CAB + \angle CAF = \angle FAB$이며 $AD = AB$이므로) 변-각-변 정리에 의해 합동임을 알 수 있다. 그러므로 넓이가 서로 같다. 곧, 다음과 같다.

$$\triangle CAD = \triangle FAB \quad (3)$$

두 관계 (1)과 (2)를 합치면, 다음과 같은 결론을 얻는다.

$$\square AJKD = \square AFGC \quad (4)$$

정확하게 똑같은 이유에서, 직사각형 $BEKJ$와 정사각형 $BCHI$의 넓이는 서로 같다.

$$\square BEKJ = \square BCHI \quad (5)$$

그런데 그림에서 알 수 있듯이, 빗변에 올린 정사각형의 넓이는 두 직사각형 $AJKD$와 $BEKJ$의 넓이의 합과 같다. 곧, 다음이 성립한다.

$$\square ABED = \square AJKD + \square BEKJ = \square AFGC + \square BCHI \tag{6}$$

그리고 표기법을 바꾸면 다음 정리를 얻는다.

$$AB^2 = AC^2 + CB^2$$

≪원론≫에는 피타고라스 정리에 뒤이어 그 역 "삼각형 ABC에서 변 중에서 하나(이를테면 BC)에 올린 정사각형의 넓이가 다른 두 변에 세운 두 정사각형의 넓이의 합과 같으면, 이런 다른 두 변에 끼인 각은 직각이다."의 증명이 곧바로 나온다. 증명을 위해, 유클리드는 주어진 삼각형과 합동인 직각 삼각형을 작도했다. 구체적으로 말하면, 이 과정은 AC에 수직인 선분 AD를 그리는데 AB와 길이를 같게 한다.

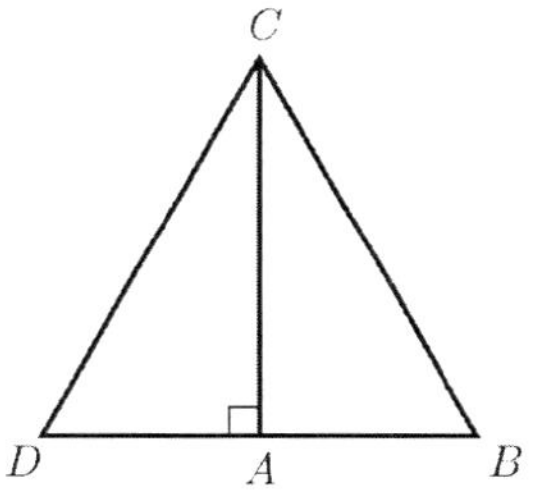

가정에 의해 $AC^2 + AB^2 = BC^2$이고, ($\triangle CAD$에 적용한 대로) 피타고라스 정리에 의해 $AD^2 + AC^2 = CD^2$이 성립한다. $AD = AB$이므로, 이에 따라 $BC^2 = CD^2$이고 $BC = CD$이다. 이에 따라 두 삼각형 CAD와 CAB는 서로 합동인데, 대응하는 변들이 합동이기 때문이다. 그러므로 $\angle CAB = \angle CAD$는 직각이다.

피타고라스 정리에 대한 유클리드의 닮음 증명(제6권의 정리 31)은 연기해야 했는데, ≪원론≫의 구상에 따라 제5권과 6권에서 자세히 설명할 비율 이론을 필요로 했기 때문이다. 이것은 직각 삼각형의 특성인 다음 성질에 의존한다. "직각이 있는 꼭짓점 C에서 빗변에 내린 수선은 삼각형 ABC를 두 개의 닮은 직각 삼각형 ADC와 BDC로 나눈다." 이렇게 형성한 새로운 직각 삼각형 각각과 원래의 직각 삼각형의 각들이 서로 같으므로, 서로 닮은 도형이다. 예를 들면 두 직각 삼각형 ABC와 ADC에서 $\angle A = \angle A$인데 두 삼각형에 공통이기 때문이고, $\angle ACB = \angle ADC$인데 모두 직각이기 때문이다. 임의의 삼각형에서 세 내각의 크기의 합은 평각과 같으므로, $\angle B = \angle ACD$도 분명히 성립한다.

유클리드 기하학에서 닮은 삼각형들의 대응하는 변들이 비례한다는 사실이 증명되므로, 다음이 성립한다.

$$\frac{c}{a} = \frac{a}{x}, \qquad \frac{c}{b} = \frac{b}{y}$$

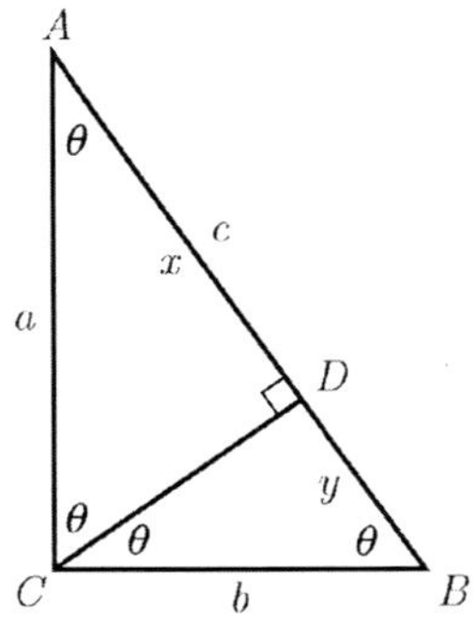

이런 비례 관계에 의해 다음을 얻는다.

$$a^2 = cx, \qquad b^2 = cy$$

그리고 이 두 식을 변끼리 더하면 다음을 얻는다.

$$a^2 + b^2 = cx + cy = c(x+y) = c^2$$

≪원론≫이 수학적 추론의 완벽한 본보기가 아니라는 예들을 모을 수 있다. 비판적인 고찰은 이것의 논리적 구조에서의 수많은 결함을 드러낸다. 유클리드의 목적이 기하학을 의심할 여지없는 기초 위에 세우는 것이었다면, 그의 시도가 실패했다는 것은 진실이다. 그러나 이것이 이 연구를 하찮게 만들지 못한다. 이것은 엄청난 성취였으며, 공리적 수학을 제대로 시작한 거대한 발걸음이었다. 이의 기초 중 일부는 강화할 필요가 있겠지만, 유클리드의 ≪원론≫은 여전히 원대한 연구이고, 배울 만한 가치가 충분하다. 토머스 히스(Thomas Heath, 1861~1940)는 다음과 같이 썼다. "이 책에 있는 모든 결함은 이것이 나타난 시기를 감안하면 사실 대단치 않으며, 이 놀라운 책은 모든 시대에 가장 위대한 수학 교과서이고 앞으로도 그럴 것이다."

■ 제 2권의 기하학적 대수학

≪원론≫ 제 2권은 기하학적 대수학[기하 대수학]에 관한 연구서라고 부를 수 있는데, 이것은 본질적으로 대수학적이지만 논의 방법은 기하학적이기 때문이다. 대수학적 문제가 전적으로 기하학적 언어로 표현되고, 기하학적 방법으로 풀린다. 적절한 대수학적 기호 체계가 전혀 없었기 때문에, 유클리드는 수를 선분으로 나타내야할 필요성을 느꼈다.

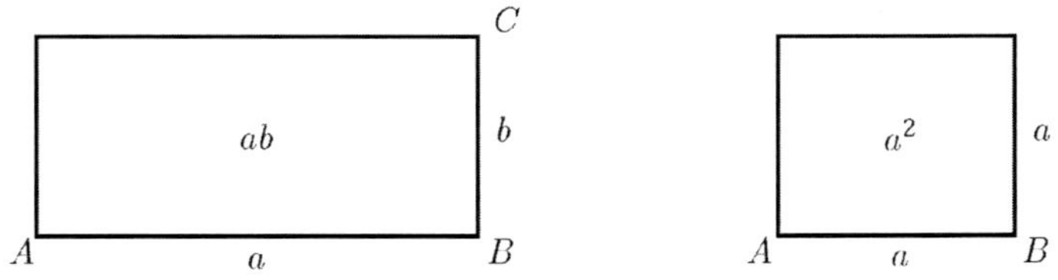

그러므로 두 수의 곱 ab는 (이렇게 쓴 대로) 두 변의 길이가 두 수 a와 b인 직사각형의 넓이로 생각한다. 유클리드는 이 곱을 "$AB=a$와 $BC=b$로 에워싸인 직사각형"이라고 불렀다. a^2 대신에 그는 "AB에 올린 정사각형"이라 말했다. 유클리드는 다양한 대수적 등식을 복잡한 경우에도 순수하게 기하학적인 꼴로 표현했다. 예를 들어 다음 등식을 생각하자.

$$(a+b)^2 = a^2 + 2ab + b^2$$

이것은 다음과 같이 그림으로 나타냈다.

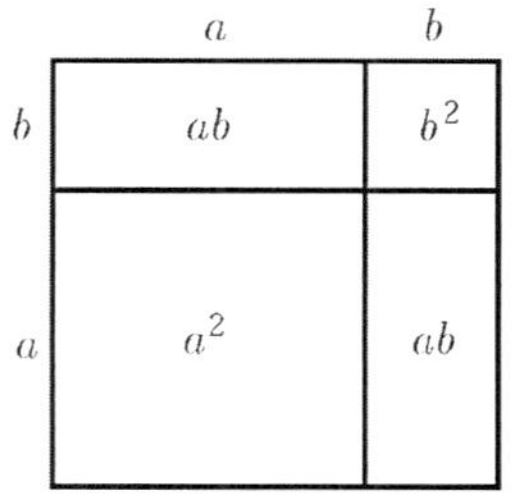

그리고 이것을 제 2 권 정리 4에서 다음과 같이 기묘하게 표현했다. "선분을 임의로 (두 부분 a와 b로) 나누면, 전체에 올린 정사각형은 두 부분에 올린 두 정사각형과 그 부분들로 에워싸인 직사각형의 두 배와 같다."

유클리드 시대에 이르러, 그리스의 기하학적 대수학은 모르는 수량과 관련된 간단한 방정식을 푸는 데 활용할 수 있는 단계까지 발달하는 지경에 도달했다. 방정식은 기하학적으로 해석되고 작도의 방법으로 풀렸다. 이런 작도에 대한 답은 선분인데, 이것의 길이는 모르는 값에 대응했다. 예를 들면, 일차 방정식 $ax=bc$는 두 넓이 ax와 bc 사이의 등식으로 생각했다. 이에 따라 그리스 사람들은 이 방정식을 풀 때, 먼저 두 변이 $AB=b$와 $BC=c$인 직사각형을 작도하고 다음에 AB의 연장선에 $AE=a$를 작도했다. 선분 ED를 D를 지나 연장해서 BC의 연장선과 점 F에서 만난다고 하고, 직사각형 $EBFH$를 완성하자. 분명히 $KH=CF$가 찾는 양 x인데, 직사각형 $KDGH$의 넓이(곧 ax)는 직사각형 $ABCD$의 넓이(곧 bc)와 같기 때문이다. 이 사실은 넓이가 같은 두 삼각형 EHF와 EBF에서 똑같은 작은 삼각형들을 없애서 확인할 수 있다.

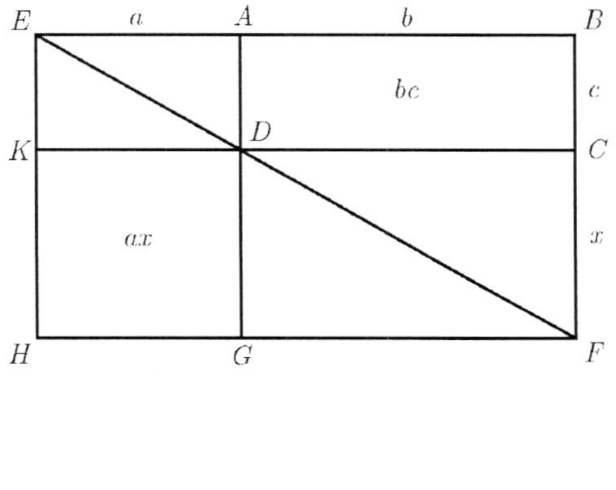

이차 방정식의 경우에, 유클리드는 이차 방정식들을 다음 중 하나와 기하학적으로 동치인 꼴로 바꾸었다.

$$x(x+a)=b^2, \qquad x(x-a)=b^2, \qquad x(a-x)=b^2$$

그 다음에 이것들을 넓이에 대한 정리들을 적용해서 풀었다. 유클리드가 이런 기법을 처음으로 상세히 설명했던 사람이 아닌데, 프로클로스의 ≪주석서≫에 "이런 것들은 아주 오래됐는데 피타고라스 학파의 신 뮤즈의 발견이다."라는 말이 있기 때문이다.

넓이를 적용하는 방법은 유클리드의 연구에서 기본적이었는데, 엄밀하게 말하면 넓이의 적용이라기보다는 도형의 작도였다. 가장 간단한 경우에, 모르는 x가 높이인 직사각형을 그 밑변이 주어진 선분 AB에 놓이지만 그 직사각형의 넓이가 지정된 값 R을 정사각형 x^2만큼 초과하거나 R보다 정사각형 x^2만큼 작도록 작도하는 과정으로 이루어진다.

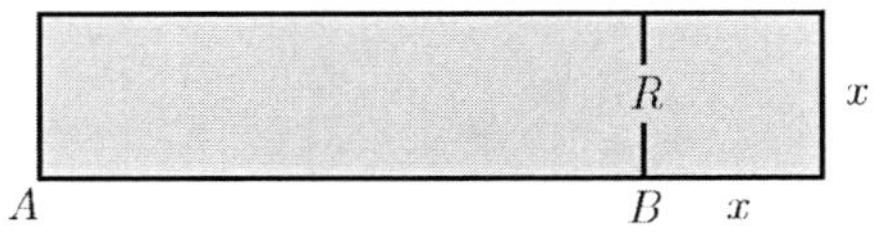

유클리드가 이 방법을 실제로 사용한 방법을 알아보자. ≪원론≫ 제 2 권 정리 5는 다음과 같은 이차 방정식의 풀이 방법을 가르치기 위해 고안됐다.

$$x^2+b^2=ax \qquad (a>2b)$$

이 과정은 특이한 기하학적 외관 속에 숨겨 있는데, 그리스 사람들은 그 결과들을 기하학적으로 표현했다. 이에 따르면 주어진 선분 $AB=a$에 넓이가 b^2으로 알려진 직사각형 $AQFG$를 적용하는데, 이것은 (전체 선분 AB에 올린 직사각형으로부터) 넓이가 x^2인 정사각형이 차지한 만큼 짧은 곳에 그려야 한다. 간단하게 말하면, 이것은 아래와 도형의 작도를 요구한다.

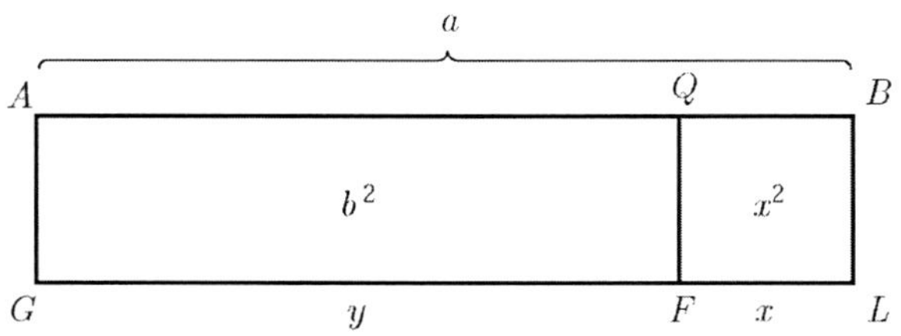

적용된 직사각형은 밑변으로 y에 올린 것이고 '부족한' 정사각형은 변으로 x에 올렸다고 가정하자. 그러면 선분 AB의 길이는 $x+y=a$이고 적용된 직사각형은 $xy=b^2$에 대응한다. (이것이 고대 바빌로니아 대수학 문제와 같음을 알 것이다.) 게다가, 다음이 성립한다.

$$x^2+b^2=\square ABLG=ax$$

그러므로 이 '넓이의 적용'은 방정식 $x^2+b^2=ax$의 풀이와 기하학적으로 동치이다.

이차 방정식에서 명시한 넓이가 x^2인 정사각형을 어떻게 만들 수 있을까? 이에 대한 답은 유클리드의 제 6 권 정리 28의 작도 정리에서 찾을 수 있는데 이는 다음과 같다. 주어진 선분 AB에 대해 이 선분을 따라 넓이가 주어진 b^2과 같은 직사각형을 작도하는데, 이 직사각형은 다른 직사각형(또는 정사각형)이 차지한 만큼 AB보다 짧다고 가정한다. 선분 $AB=a$의 중점 P에서 길이가 b인 수선 PE를 세우라는 지시를 받는다. 다음에 E가 중심이고 반지름이 $a/2$인 호를 그려서 AB와 점 Q에서 만난다고 하자. 그러면 선분 QB의 길이는 이차 방정식 $x^2+b^2=ax$의 해와 같다. 왜냐하면 $(AQ)(QB)=(PE)^2$임을 증명할 수 있고, QB를 x와 같다고 놓으면 이것은 $(a-x)x=b^2$라는 정리와 같기 때문이다.

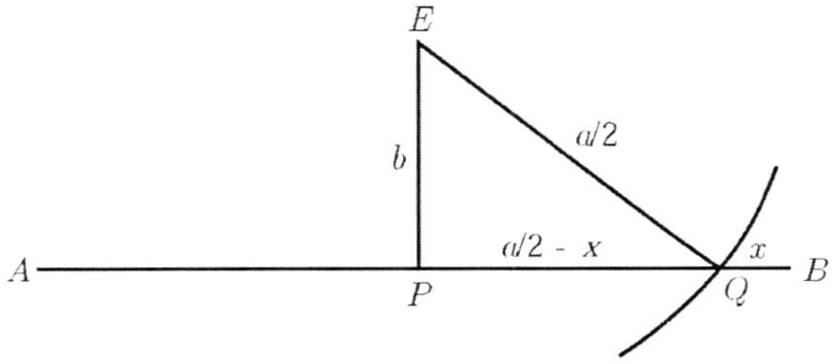

$(AQ)(QB)=(PE)^2$임을 기하학적으로 밝히기 위해서, 너비가 $BL=QB$인 직사각형 $ABLG$를 작도하고 변이 각각 PB와 QB인 두 정사각형 $PBDC$와 $QBLF$를 완성하자. 이런 목적을 위해 유클리드가 사용한 그림을 아래에 나타냈다. 넓이에 대한 여러 가지 정리로부터 다음이 성립함을 보일 수 있다.

$$\begin{aligned}\square AQFG+\square HFKC &= (\square APHG+\square PQFH)+\square HFKC\\ &= \square PBLH+\square FLDK+\square HFKC\\ &= (PB)^2\end{aligned}$$

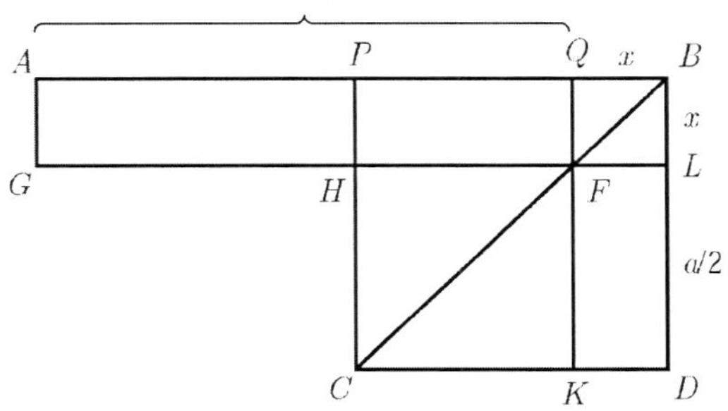

직사각형 $AQFG$의 넓이는 $(AQ)(QF)=(AQ)(QB)$이고 $\square HFKC=(PQ)^2$이므로, 다음을 얻는다.

$$(AQ)(QB)+(PQ)^2=(PB)^2$$

물론, 이 모든 것은 기하학적 언어로 표현됐다. 유클리드가 이것을 제 2 권의 정리 5에 나타낸 대로, 선분을 같은 부분들과 같지 않은 부분들로 나누면, 전체의 같지 않은 부분들로 에워싸인 직사각형과 분할된 점들 사이의 선분에 올린 정사각형의 합은 절반에 올린 정사각형과 같다.

이제 논증을 완성하기 위해 필요한 것은 피타고라스 정리를 이용하는 것이다. 이에 따라 다음을 직접 얻는다.

$$(AQ)(QB)=(PB)^2-(PQ)^2=(PE)^2$$

곧, 적절하게 대입하면 $(a-x)x=b^2$을 얻는다. 결론: $AB=a$는 두 개의 선분 AQ와 QB로 나누는데, 선분 QB의 길이가 $x^2+b^2=ax$를 만족시키는 수 x이다.

같은 정신에 따라, 제 2 권의 정리 6은 다음과 같은 이차 방정식을 풀 수 있게 한다.

$$x^2+ax=b^2$$

또는 다른 방법으로 나타내면 방정식 $(x+a)x=b^2$을 풀 수 있게 한다. 넓이의 적용에 의한 풀이 방법은 다음과 같을 것이다. 주어진 선분 $AB=a$에 넓이가 b^2으로 알려진 직사각형 $AQKF$를 적용하는데, (전체 선분 AB에 올린 직사각형보다) 정사각형 x^2만큼 초과하는 방식으로 만든다. 이것은 아래와 같은 도형의 작도를 요구한다. 적용된 직사각형을 밑변으로 선분 $AQ=y$에 올리면, 다음이 성립한다.

$$y-x=a, \qquad xy=b^2$$

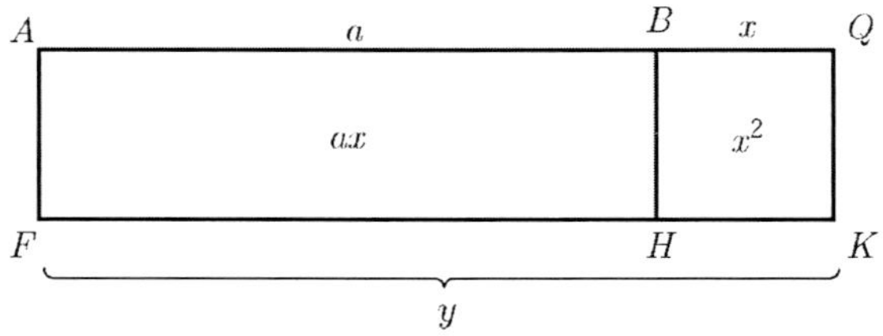

유클리드가 가르치고 싶었던 것은 또 다른 바빌로니아 문제의 기하학적 해법에 불과하다.

넓이가 b^2과 같고 한 변이 선분 AB를 포함하는 직사각형 $AQKF$를 얻기 위해서, 유클리드가 제 6 권(정리 29)에서 설명한 작도를 이용하겠다. $AB=a$의 끝점 B에서 길이가 b인 수선 BE를 세우자. 그리고 AB의 중점 P가 중심이고 반지름이 PE인 호를 그려서 AB의 연장선과 점 Q에서 만난다고 하자.

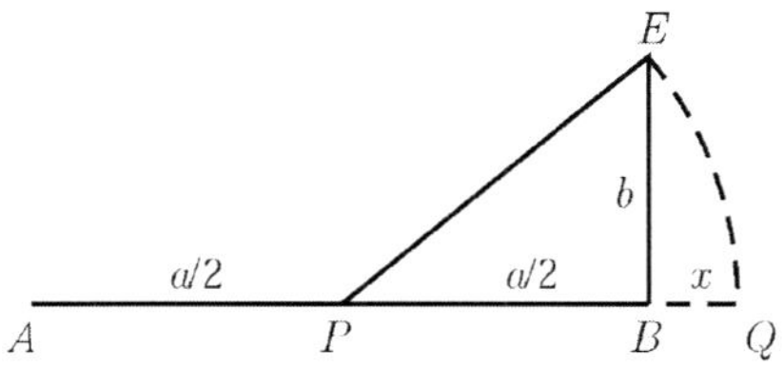

두 변이 AQ와 BQ인 직사각형의 넓이가 BE에 올린 정사각형과 같다고, 곧 다음이 성립한다고 주장한다.

$$(AQ)(BQ) = (BE)^2$$

유클리드가 증명을 위해 제시한 그림은 아래와 같은데, 여기서 두 사각형 $PQDC$와 $BQKH$는 각각 두 변 PQ와 BQ에 올린 정사각형이다.

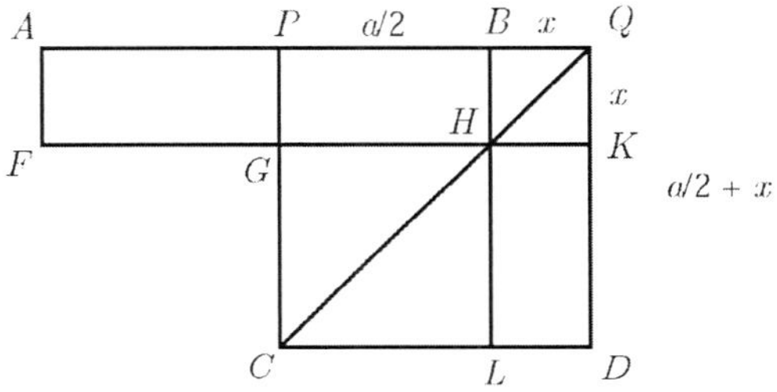

넓이에 대해 분명히 다음이 성립한다.

$$\begin{aligned} \square AQKF + \square GHLC &= (\square APGF + \square PQKG) + \square GHLC \\ &= \square HKLD + \square PQKG + \square GHLC \\ &= (PQ)^2 \end{aligned}$$

직사각형 $AQKF$의 넓이는 $(AQ)(QK) = (AQ)(BQ)$와 같고 사각형 $GHLC$는 한 변이 PB인 정사각형이므로, 위의 식을 다음과 같이 나타낼 수 있다.

$$(AQ)(BQ) + (PB)^2 = (PQ)^2$$

유클리드는 이 모든 상황을 정리 6에서 다루기 어려운 장황한 기하학적 용어로 다음과 같이 번역했다. "선분을 이등분하고 임의의 점까지 연장하면, 전체(와 연장된 선분으)로 에워싸인 직사각형과 이등분된 절반에 올린 정사각형의 합은 절반과 연장된 선분으로 이루어진 선분에 올린 정사각형과 같다."

이 점에서 피타고라스 정리가 또다시 구조하려고 나서는데, 마지막으로 쓴 방정식이 다음과 같이 되기 때문이다.

$$(AQ)(BQ) = (PQ)^2 - (PB)^2 = (BE)^2 = b^2$$

$AB = a$와 $BQ = x$를 대입하기만 하면, 선분 BQ의 길이는 다음 방정식을 만족시키는 찾

는 값임을 알 수 있다.

$$(x+a)x = b^2$$

$a=b$인 특별한 경우는 유명한 천문학자 요하네스 케플러(Johannes Kepler, 1571~1630)가 '기하학의 두 보석 중의 하나'라고 부른 것을 도입하는 기회를 제공한다. (다른 하나는 피타고라스 정리이다.) 왜냐하면 방정식 $(x+a)x=a^2$의 풀이에 사용된 작도는 주어진 선분을 이른바 '황금 분할'하는 것과 같기 때문이다. 수학적 표현으로 바꾸면, 황금 분할은 선분 $AB=a$를 점 C에서 나누어 큰 부분 $CB=x$에 대한 전체 선분의 비가 작은 부분 $AC=a-x$에 대한 CB의 비가 같도록 하는 것이다. 달리 말하면, 이것은 다음과 같은 관계식을 제공한다.

$$\frac{a}{x} = \frac{x}{a-x} \qquad (x > a-x)$$

이것은 또다시 앞에서 언급한 이차 방정식 $(x+a)x=a^2$을 유도하는데, 이의 양수 근은 다음과 같다.

$$x = \tfrac{1}{2}a(\sqrt{5}-1)$$

$a=1$일 때의 값 $x=\frac{1}{2}(\sqrt{5}-1)$은 '황금 비율'의 역수, 곧 $0.6180339\cdots$이다.

선분 $AB=a$의 황금 분할에 대한 유클리드의 작도를 검토하자. AB의 끝점 B에서 길이가 a인 수선 BE를 세운다. AB의 중점 P가 중심이고 반지름이 PE인 호를 그려서 AB의 연장선과 점 Q에서 만난다고 하자. 점 B가 중심이고 반지름이 BQ인 호를 그려서 AB와 점 C에서 만난다고 하자. 점 C가 선분 AB를 찾는 비율로 분할한다.

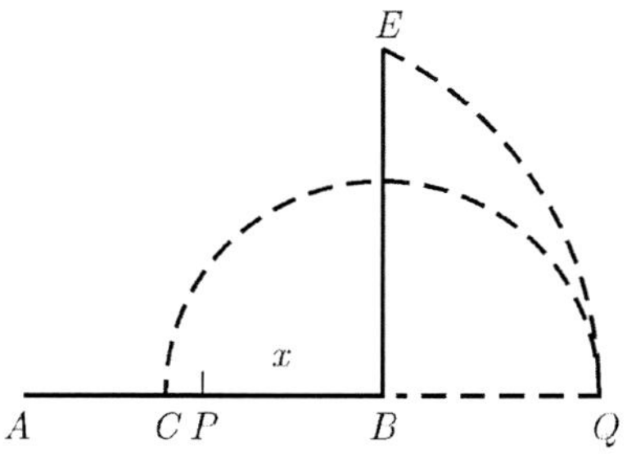

■ 정오각형의 작도

고전 수학의 역사 중 많은 부분은 황금 분할의 개념을 중심으로 쓸 수 있다. 이것은 ≪원론≫ 제 4 권에 원에 정오각형을 (전통적인 도구인 자와 컴퍼스를 사용해서) 내접시키는 것과 관련해서 또다시 나타난다. 정오각형은 모든 변의 길이가 서로 같고 모든 내각의 크기가 서로 같은 볼록 다각형이다. 정n각형이 원에 내접할 때, 인접한 두 꼭짓점에 그린 두 반지름으로 형성된 중심각의 크기는 $360°/n$이다. 그리스 사람들은 변의 개수가 3, 4, 5, 6, 15인 정다각형을 원에 내접시키는 문제와 내접시킬 수 있는 정다각형의 변의 개수가 두 배인 경우의 문제를 해결할 수 있었다. 그들이 실패한 첫째 경우는 정칠각형이었다.

정오각형의 작도와 원의 오등분 및 $360°/5 = 72°$인 각의 작도 문제는 서로 동치이다. 이에 대한 해는 제 4 권의 두 정리 10과 11에 있다. 유클리드는 두 밑각의 크기 각각이 나머지 각의 크기의 두 배인 이등변 삼각형의 작도에 근거했다. 이에 따라 꼭지각은 36°이고 두 밑각은 각각 72°인 이등변 삼각형을 얻는데, 이렇게 하면 정오각형과 정십각형을 모두 작도할 수 있다.

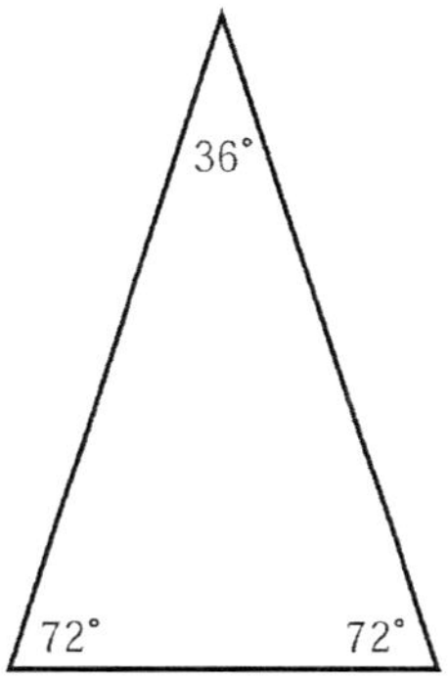

정오각형과 정십각형을 작도하는 그리스의 방법을 따라서, 다음과 같이 진행할 수 있다. 원의 반지름으로 임의의 선분 $AB = a$를 선택하고, 이차 방정식 $(x+a)x = a^2$을 풀어서 길이가 $x = \frac{1}{2}a(\sqrt{5}-1)$인 선분을 얻는다. 이것은 AB를 점 C로 황금 분할로 나누고 $x = AC$로 놓는 것과 같다. 곧 알아보겠지만, x는 내접하는 정십각형의 변이 된다. 또는 같은 말로 x는 반지름이 $AB = a$인 원에서 현으로 정확하게 10번 나아갈 수 있게 한다. 이를 확인하기 위해서, 이등변 삼각형 ABD를 작도하는데, 이것의 두 변은 원의 반지름 $AB = AD$이고 밑변 BD는 길이가 x인 선분이다. 또 선분 CD를 표시한다. 조건 $a/x = x/(a-x)$ 때문에, 다음을 얻는다.

$$\frac{AB}{AC} = \frac{AC}{CB}$$

또는 $AB = AD$이고 $AC = DB$이므로, 다음을 얻는다.

$$\frac{AD}{DB} = \frac{DB}{CB}$$

지적해야 할 또 다른 사항은 이등분 삼각형의 밑각으로서 $\angle ADB = \angle ABD$이라는 사실인데, 이것은 그림에 α로 표시했다. 이 모든 사실의 결과는 두 삼각형 ADB와 CBD가 서로 닮은 도형이라는 사실인데, 대응하는 변들의 두 쌍의 비가 서로 같고 그 끼인 각이

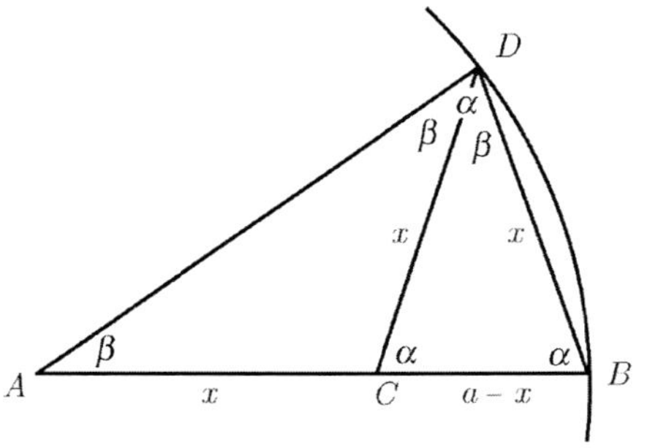

서로 같기 때문이다. 그러므로 $\angle DAB$와 $\angle CDB$는 서로 같은데, 이것들은 닮은 삼각형에서 대응하는 각들이기 때문이다. (이것을 β로 나타냈다.) 각의 크기를 약간 셈하면, $\angle DCB = \angle DBC$임을 알 수 있는데, 이에 따라 $CD = DB = x$이다. 실제로 더 많은 내용이 참인데, $\angle ADC$는 $\angle BAD$와 같다. 이것들은 각각 이등변 삼각형 ACD의 밑각이기 때문이다.

일상적인 작업을 벗어나서, 이제 종합할 준비를 마쳤다. 삼각형 DAB의 내각의 합은 평각이므로, 다음과 같이 결론을 내릴 수 있다.

$$\begin{aligned} 180° &= \angle DAB + \angle ADB + \angle DBA \\ &= \beta + \alpha + \alpha \\ &= \beta + 2\beta + 2\beta \end{aligned}$$

이에 따라 다음 결과를 얻는다.

$$\beta = \frac{180°}{5} = 36°$$

선분 BD는 중심각 36°에 대한 현이고, 이에 따라 내접하는 정십각형의 한 변이고 반지름이 AB인 원 안에서 현으로 10번 나아갈 수 있다. 정오각형은 하나씩 건너뛰어 꼭짓점을 선택해서 그릴 수 있다.

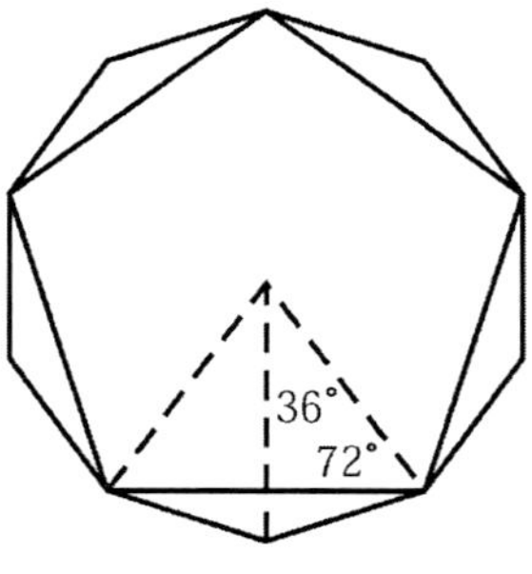

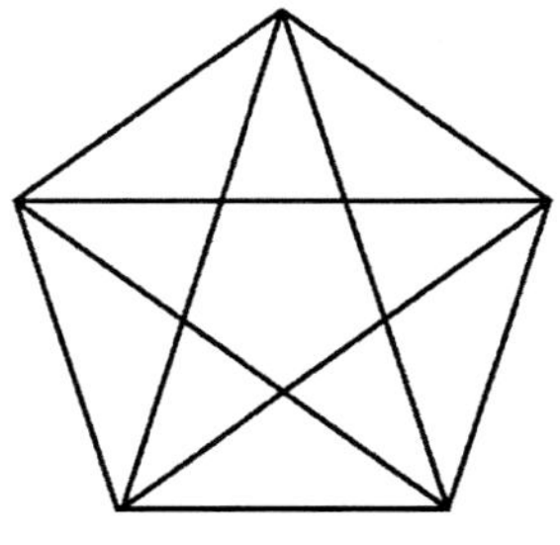

정오각형은 고대 피타고라스 학파의 특별한 관심을 끌었는데, 이것의 맞모금들이 오각별 모양을 형성했기 때문이다. 이것은 그 학파를 인식하는 표식이었다. 정오각형을 작도하는 유클리드의 방법은 피타고라스 또는 그 직계 제자들도 알고 있었을 가능성이 높지만, 그들의 수학 지식이 어느 정도였는지를 알려주는 말은 모호할 뿐이다. 알려진 바는, 에우독소스(Eudoxus, 기원전 370년경)가 황금 분할을 뜻하는 '분할'에 관해 플라톤이 고안했던 것에 대단히 많은 수의 정리를 추가했다고 프로클로스가 기록했다는 사실뿐이다. (프로클로스는 그리스 기하학의 역사에 관한 정보를 알려준 책을 썼다.) 이것은 선분을 그렇게 나누는 것에 그런 이름이 붙은 최초의 언급이다.

주제에서 약간 벗어날 수 있는 기회를 활용했으므로, 이제 이번 절의 주제로 되돌아가자. 자연수로 표현할 수 없는 특정한 기하학적 크기가 존재한다는 인식이 '모든 것은 수이다.'라는 피타고라스 학파의 신조를 뿌리째 흔들었다는 사실을 앞에서 알아봤다. 이것은 $x^2=2$와 같이 간단한 방정식의 해가 그들의 (유비)수의 영역에 존재하지 않음을 뜻했다. 이 궁지는 대수학에 기하학의 옷을 입혀서 해결했다. 수를 선분으로 표현했고, 기하학적 작도가 대수적 연산을 대신했다. 예를 들면 (두 수의) 곱은 직사각형의 넓이에 대응했다. 기하학의 엄청난 응용 가능성이 밝혀지자, 기하학적 논증이 모든 엄밀한 수학의 기초가 됐다.

유클리드 ≪원론≫ 제 2 권의 선분과 넓이에 관한 이론인 기하학적 대수학은 기하학을 통해 무비수에 대처하려는 그리스 사람들의 시도의 정점이었다. 이 책은 겉으로는 기하학에 속하는 것으로 보이는 정리들로 이루어져 있지만, 그 내용은 온전히 대수학적이다. 특히, 이차 문제를 다룬 방법은 다음과 같은 방정식 중 하나로 환원된다.

$$x(x+a)=b^2,\quad x(a-x)=b^2,\quad x(x-a)=b^2$$

그리고 이것들은 '넓이의 적용'의 도움으로 기하학적으로 풀린다. 그러므로 근은 선분으로 나타난다. 넓이에 의한 개별적인 풀이는 불편하고 복잡한 평면 도형의 작도와 관련되지만, 이런 풀이는 그 이전의 바빌로니아의 대수적 셈과 정확하게 똑같은 규칙을 따른다. ≪원론≫의 기하학적 대수학은 바빌로니아로부터 상속받은 지식을 기하학적인 꼴로 바꾼 것에 불과하다. 주요한 차이점은, 바빌로니아의 셈법은 제곱근을 정확하게 찾을 수 있는 경우에만 이차 방정식의 해를 알려주는 반면에(그렇지 않으면 간편한 어림값을 받아들이는데), 그리스의 기하학적 대수학은 언제나 답을 제시한다는 사실이다. 이때, 답으로 선분을 만드는데, 선분이 무비수를 표현할 수도 있다.

그리스 사람들은 자연수 이론을 제외한 모든 수학을 기하학으로 구현함으로써, 무비수의 어려움을 숨겼다고 말할 수 있다. 그들은 기하학적 대수학의 번거로운 기법을 사용해서 이차 방정식을 풀 수는 있었지만, 무비수의 존재는 가정하지 않았다. 까다롭고 장황하며 위압적인 그림을 동반한 기하학적 대수학은 본질적으로 생경한 외관으로 대수학의 발전을 수세기 동안 지연시켰다. 왜냐하면 일차와 이차 방정식은 기하학적 대수학의 언어로 명확하게 표현할 수 있겠지만, 고차 방정식을 고려하는 것이 사실상 거의 불가능했기 때문이다. 수학을 숭배한 피타고라스 학파 사람들의 신앙심 깊은 논쟁이 수학의 성장에 심대하게 해로운 효과를 끼쳤다는 것은 역설적이다.

세월이 흘러 그리스의 기하학적 대수학이 형식적인 기호 언어로 번역된 뒤에야, 대수적 셈은 기하학으로부터 만족스러울 정도로 분리됐다. 역사적으로, 산술과 대수학의 연산들을 '기호화'하려는 체계적인 시도는 비교적 최근에 나타난 현상으로, 16세기 수학의 결정적인 공헌이었다. 1500년대에 이르러, 음의 유비수와 영이 실제적인 셈에서 통상적으로 사용됐지만, 수학자들은 여전히 무비수에 대한 명확한 개념을 정립하지 못했다. 예를 들면, 도이칠란트의 대수학자 미하엘 슈티펠(Michael Stifel, 1486~1567)은 1544년에 출판된 ≪산술백과(Arithmetica Integra)≫에서 다음과 같이 주장했다.

> 우리는 그것들이 진정한 수라고 생각하고 주장하도록 강요받으며, 그것들을 사용해서 얻은 결과들에 의해 그렇다고 강요받는다. 반면에 … 무한수가 수가 아닌 것과 똑같이, 그렇게 무비수는 참된 수가 아니다. 그렇지만 일종의 무한한 구름 속에 숨겨져 있다.

무비수가 온당한지에 대한 의혹은 'numerus surdus(알아들을 수 없는 수)'라는 오명으로 표현됐다. 이 문구는 라틴어 'surdus(귀가 먹은 또는 말을 못하는)'에서 왔는데, 이것은 그리스말 'alogos(무비수, 비율로 나타낼 수 없는 수)'를 아랍 말로 번역한 것을 라틴 말로 번역한 것이다. 미하엘 슈티펠과 같은 수학자들은 실용주의적인 입장에서 무비수를 무비판적으로 조작했는데, 1800년대 후반까지도 명확한 뜻 또는 본질에 대해 진지하게 탐구하지 않았다. 그 뒤 실수 체계의 논리적 구조에 대한 문제는 정면으로 직시했다. 드디어 리하르트 데데킨트(Richard Dedekind, 1831~1916)는 ≪연속성과 무비수(Continuity and Irrational Numbers, 1872)≫라는 제목의 획기적인 시론에서 무비수 이론을 논리적 기초 위에 확립했으며, 관계없는 기하학의 영향으로부터 해방시켰다.

문제 4.2

* 문제 1~10은 유클리드의 ≪원론≫ 제1권에 있는 정리들을 다룬다. 각 경우에 지시된 결과를 증명하라.

1. 정리 6. 한 삼각형의 두 각이 서로 합동이면, 이런 두 각의 대변들은 서로 합동이다. [**귀띔**: 삼각형 ABC에서 $\angle CAB = \angle CBA$라 하자. $AC \neq BC$이면, 이를테면 $AC > BC$이면, AC에 있는 점 D를 $AD = BC$가 성립하도록 선택하자.]

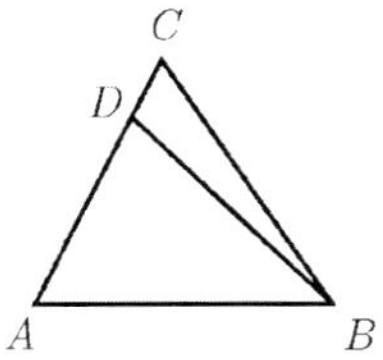

2. 정리 15. 두 선이 서로 만나서 생기는 맞꼭지각은 서로 같다. [**귀띔**: 선에 있는 점에서 반직선(사선)을 그리면, 이렇게 형성된 한 쌍의 보각의 합은 평각과 같다고 말하는 정리 13을 사용하자.]

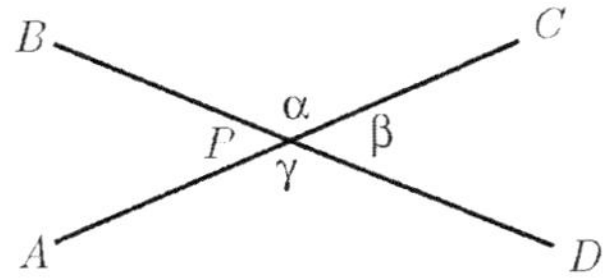

3. 정리 17. 삼각형에서 임의의 두 내각의 합은 평각보다 작다. [**귀띔**: $\triangle ABC$에서 변 BC를 점 D까지 연장하고, 외각 정리를 사용하자.]

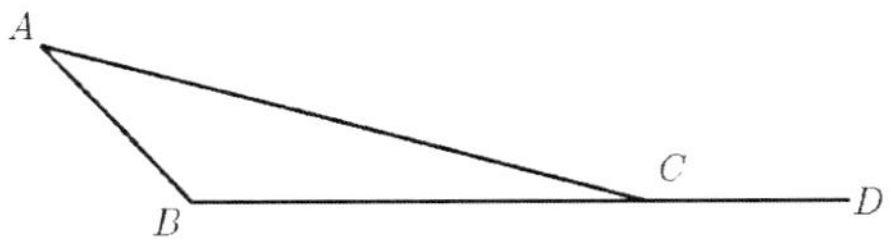

4. 정리 18. 삼각형에서 한 변이 둘째 변보다 더 크면, 첫째 변의 대각은 둘째 변의 대각보다 크다. [**귀띔**: $\triangle ABC$에서 $AC > AB$이면, AC에 있는 점 D를 $AD = AB$가 성립하도록 선택하고, $\angle ADB$가 $\triangle BCD$의 외각이라는 사실을 이용하자.]

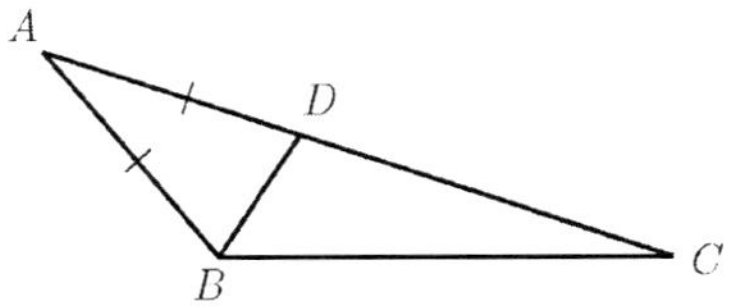

5. 정리 26. 한 삼각형의 한 변과 두 끝각이 다른 삼각형의 한 변과 두 끝각이 각각 합동이면, 두 삼각형은 서로 합동이다. [**귀띔**: $\triangle ABC$와 $\triangle DEF$에서 $BC = EF$, $\angle B = \angle E$, $\angle C = \angle F$라고 하자. $AB \neq DE$이면, 이를테면 $AB > DE$이면, AB에 있는 점 G를 $BG = ED$가 성립하도록 선택하자.]

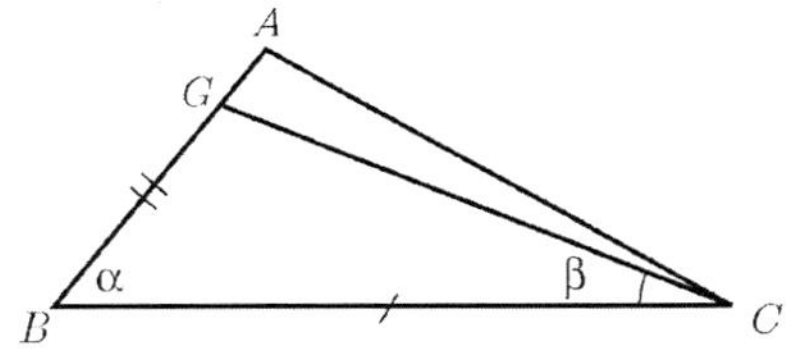

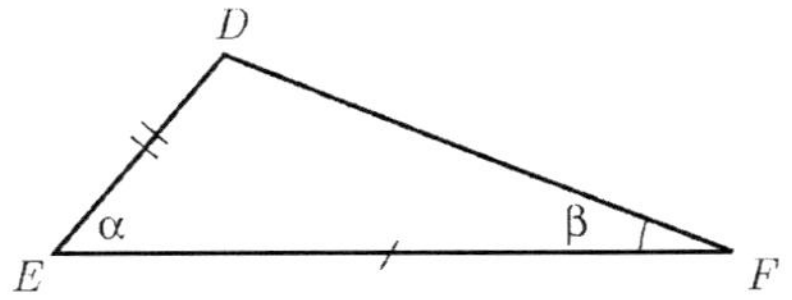

6. 정리 28. 두 선이 셋째 선(횡단선)과 교차해서 이 횡단선의 같은 쪽에 있는 두 내각의 합이 평각과 같으면, 그 두 선은 서로 평행이다. [**귀띔**: 이 문제에 대한 다음 그림에서 $\alpha + \beta = 180°$라고 하자. 정리 13을 사용하자.]

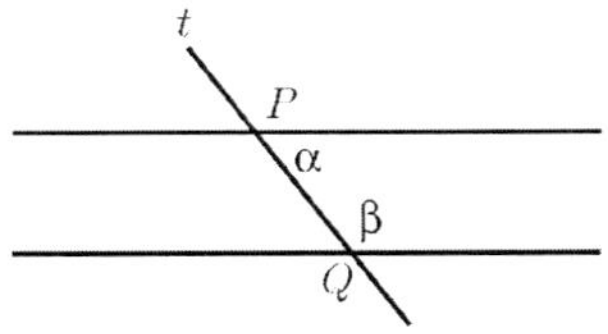

7. 정리 33. 사변형의 두 대변이 서로 같고 평행이면, 다른 두 변도 서로 같고 평행이다. [**귀띔**: 아래 삼각형에 나타낸 대로, $AB = DC$이고 AB와 DC는 서로 평행이라고 가정하자. $\triangle ABC$는 $\triangle ADC$와 합동임을 보이자.]

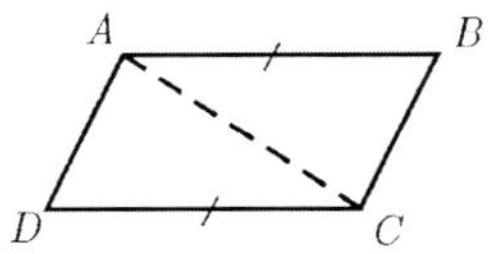

8. 정리 35. 밑변이 서로 같고 똑같은 평행선 사이에 놓여 있는 두 평행 사변형의 넓이는 서로 같다.

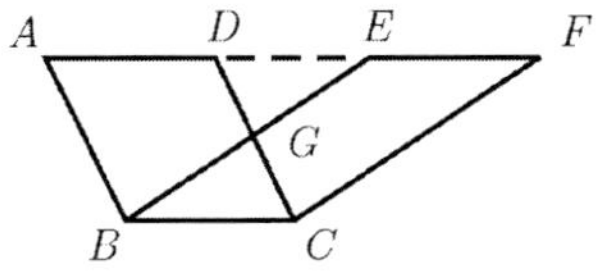

[**귀띔**: 그림에서 $ABCD$와 $BCFE$는 평행 사변형이고, AD와 EF는 BC에 평행인 선에 놓여 있다고 하자. $\triangle ABE$는 $\triangle DCF$와 합동임을 보이자.]

9. 정리 37. 밑변이 서로 같고 똑같은 평행선 사이에 놓여 있는 두 삼각형의 넓이는 서로 같다.

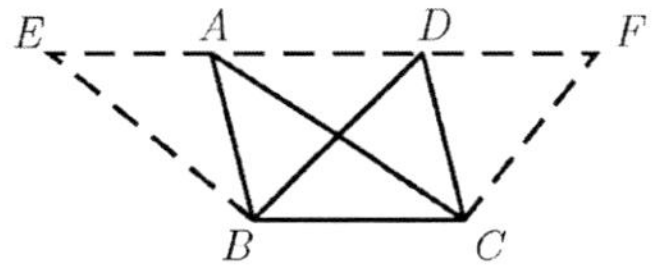

[**귀띔**: 위의 그림에서 ABC와 DBC는 AD가 BC에 평행인 삼각형이라고 하자. 두 평행 사변형 $EBCA$와 $FCBD$를 생각하자.]

10. 정리 41. 평행 사변형과 삼각형의 밑변이 서로 같고 똑같은 평행선 사이에 놓여 있으면, 평행 사변형[의 넓이]는 삼각형[의 넓이]의 두 배이다.

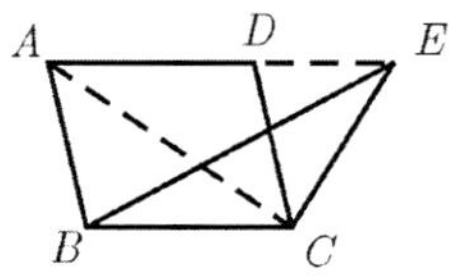

[**귀띔**: 위의 그림에서 $ABCD$는 평행 사변형이고 EBC는 삼각형이며, AD와 E는 BC의 평행선에 놓여 있다고 하자.]

11. 파포스(320년경)는 ≪수학 집성≫에서 다음과 같은 피타고라스 정리의 일반화를 제시했는데, 이것은 직각 삼각형이거나 그렇지 않은 모든 삼각형에 적용된다.

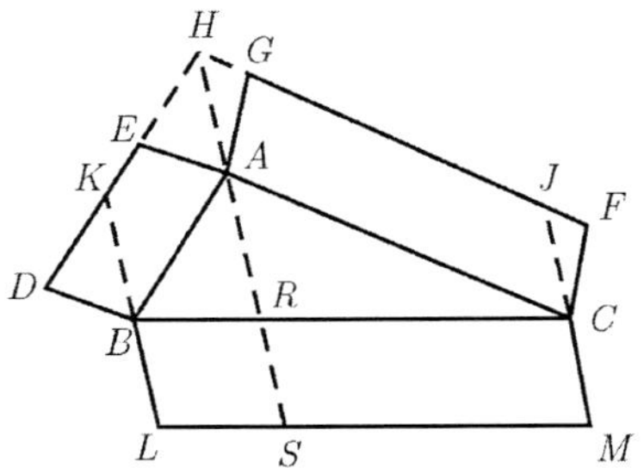

ABC는 임의의 삼각형이고 $ABDE$와 $ACFG$는 임의의 평행 사변형으로 AB와 AC에 밖으로 그렸다고 하자. DE와 FG를 연장하면 점 H에서 만난다고 하고, BL을 HA와 같고 평행이 되도록 그리자. 그러면 (넓이로) 다음이 성립한다.

$$\square BLMC = \square ABDE + \square ACFG$$

파포스의 정리를 증명하라, [**귀띔**: 먼저 HA, BL, MC를 차례로 LM, DE, FG와 만날 때까지 연장하자. 이제, 정리 35를 두 평행 사변형 $ABDE$와 $ABKH$에 적용하고, 또 두 평행 사변형 $ACFG$와 $ACJH$에 적용하자.]

12. 그리스 사람들은 자연수 n에 대해 길이가 $\sqrt{n}$인 선분을 다음과 같이 작도했다. 먼저 n을 $n \cdot 1$로 쓰고, 다음에 $AB=n$과 $BC=1$을 그리자. AC가 지름인 반원을 그리자. B에서 AC의 수선 BD를 올리고, 반원과 점 D에서 만난다고 하자. 닮은 삼각형을 이용해서, BD의 길이가 $\sqrt{n}$임을 증명하라.

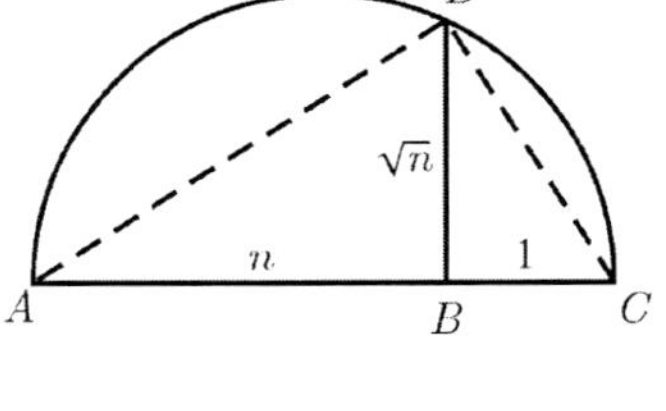

4.3 유클리드의 수 이론

■ 나누어떨어지는 성질

유클리드의 탁월한 책의 제목을 ≪기하학 원론≫이라고 하지만, 이 책의 주제는 현재 중등학교 기하학으로 생각하는 것을 훨씬 벗어나서 확장된다. ≪원론≫의 세 권(곧 제 7, 8, 9 권)은 모두 102개의 정리를 포함하고 있는데, 그리스 사람들이 생각한 산술만을 다루고 있다. 곧, 이것들은 '자연수' 또는 '양의 옹근 수[정수][3]'라고 부르는 것들의 본질과 성질을 주로 다루고 있다. 유클리드는 그 이전에 형성된 기초에 근거해서 쌓아올렸는데, 이런 산술책의 내용 중 많은 것은 피타고라스 학파까지 거슬러 올라갈 수 있기 때문이다. 또다시 이런 전체에 논리적 순서를 부여한 것은 틀림없이 그의 공적일 것이다. 이런 결과 중에서 많은 것은 오래 전부터 알려졌었지만, 언제나 엄밀하게 증명됐던 것은 아니다. 수 이론에 대해 그 이전에 쓰였을 수도 있는 책이 현재 없기 때문에, 어떤 증명이 유클리드에게 전해진 것이고 어떤 증명이 유클리드 자신의 발견인지를 전혀 분간할 수 없다.

유클리드는 나누어떨어지는 성질[가분성]과 관련된 문제에 특히 관심을 가졌는데, 씨수[소수][4]의 역할을 적절하게 강조했다. 수 이론에 관한 마지막 책인 제 9 권에서 중요한 정리를 많이 찾아볼 수 있다. 이 중에서 가장 유명한 것은 정리 20인데, "씨수들은 임의로 선정된 씨수의 크기보다 더 많이 있다."고 주장한다. 이 내용은 씨수가 무수히 많다는 그 유명한 주장이다. 정리 14에는 오늘날 산술의 기본 정리라고 부르는 것의 진수가 포함되어 있다. 곧, 1보다 큰 임의의 자연수는 씨수들의 곱으로 정확하게 한 가지 방법으로 나타낼 수 있다. 정리 35는 등비수열의 합을 찾는 공식을 유도하고 있다. 그리고 그 다음 제 9 권의 마지막 정리는 '완전수'를 형성하는 기준을 밝히고 있다. (이 명칭은 의심할 바 없이 피타고라스 학파의 것이다.)

유클리드에게는 대수적 기호 체계가 없었기 때문에, 임의의 수는 한 개의 문자가 표시된 선분 또는 두 개의 문자가 양 끝에 표시된 선분으로 표현해야만 했다. 현대의 기호를 이용하지 못하고 말의 형태로 나타낸 그의 증명은 기하학을 사용하지 않았다. 제 7, 8, 9 권에서 기하학적 도형이 전혀 사용되지 않았는데, 실제로 필요하지도 않았다. 유클리드가 두 수의 곱과 세 수의 곱을 지칭하기 위해 '평면 수'나 '입체 수'와 같은 용어를 채택했지만, 이 책 전체에서 이런 수들은 직사각형이나 입체가 아니라 선분으로 표현됐다.

제 7권은 이런 산술적인 책 세 권에 사용할 여러 가지 정의로 시작하는데, 씨수와 합성수의 정의도 이에 포함되어 있다. 유클리드가 이런 수들을 선분으로 나타냈지만, 여기서는 현대적인 표기법과 용어를 사용하겠다.

---

3) [옮긴이] 이 책에서는 용어 '옹근 수'(integer)를 사용한다.

4) [옮긴이] 이 책에서는 용어 '씨수'(prime nuber)와 '씨인수'(prime divisor)를 사용한다.

정의

옹근 수 b가 옹근 수 $a(\neq 0)$로 나누어떨어진다고 하고 기호 $a \mid b$로 나타내는 것은, 적당한 옹근 수 c가 존재해서 $b = ac$가 성립하는 경우이다. b가 a로 나누어떨어지지 않을 때 $a \nmid b$로 나타낸다.

이에 따라 $39 = 13 \cdot 3$이므로, 39는 13으로 나누어떨어진다. 옹근 수 c 중에서 명제 $10 = 3c$를 참으로 만드는 것이 없으므로, 10은 3으로 나누어떨어지지 않는다.

나누어떨어지는 관계 $a \mid b$를 표현하는 다른 용어가 있다. a는 b를 나누어떨어뜨린다 또는 a는 b의 '약수'이다 또는 a는 b의 '인수'이다 또는 b는 a의 '배수'이다라고 할 수 있다. 그곳에 제시된 정의에서 나눗수 a에 대한 제한에 주목하자. 기호 $a \mid b$를 사용할 때는 언제나 a는 0이 아닌 것으로 이해해야 한다. 유클리드는 언제나 수를 선분으로 나타냈기 때문에, 그는 '…는 …의 약수이다' 또는 '…는 …의 배수이다'와 같은 문구를 사용하지 않았다. 그 대신에 그는 이것들을 각각 '측정한다' 또는 '측정된다'로 나타냈다. 유클리드에게 b가 다른 수 a로 측정된다는 것은 어떤 제3의 수 c에 대해 $b = ac$가 성립하는 경우였다.

선분으로 수를 나타낸 유클리드는 음수를 결코 고려할 수 없었다. 그러나 현대적인 관점에서 옹근 수의 약수는 언제나 쌍으로 나타난다. a가 b의 약수이면 $-a$도 b의 약수이다. 실제로 $b = ac$이면 $b = (-a)(-c)$가 성립한다. 주어진 옹근 수의 약수를 모두 찾기 위해서는, 양의 약수를 찾은 다음에 그것의 반수(덧셈에 관한 역원)를 추가하면 충분하다. 이런 이유에서, 여기서는 양의 약수만을 생각하겠다. (유클리드는 다른 이유에서 이렇게 했다.)

약수의 개념과 관련된 몇 가지 간단한 사실을 나열하는 것이 쓸모 있을 것이다. 세 옹근 수 a, b, c에 대해 다음이 성립한다.

1. $a \mid 0$, $1 \mid a$, $a \mid a$
2. $a \mid 1$이기 위한 필요 충분 조건은 $a = \pm 1$이다.
3. $a \mid b$이고 $c \mid d$이면, $ac \mid bd$이다.
4. $a \mid b$이고 $b \mid c$이면, $a \mid c$이다.
5. $a \mid b$이고 $b \mid a$이기 위한 필요 충분 조건은 $a = \pm b$이다.
6. $a \mid b$이고 $a \mid c$이면, 임의의 두 옹근 수 x와 y에 대해 $a \mid (bx + cy)$이다.

여기서는 명제 6을 증명하고, 나머지에 대한 증명은 문제로 남긴다. 두 관계 $a \mid b$와 $a \mid c$는 적당한 두 옹근 수 r과 s가 존재해서 $b = ar$과 $c = as$가 성립함을 보장한다. 그러면 임의로 선택한 두 옹근 수 x와 y에 대해 다음이 성립한다.

$$bx+cy=arx+asy=a(rs+sy)$$

$rs+sy$는 그 자체로 옹근 수이므로, 마지막에 적은 식에 의해 $a \mid (bx+cy)$가 성립하는데, 이는 여기서 원하던 바이다.

두 옹근 수 x와 y에 대해 $bx+cy$ 꼴의 식을 b와 c의 일차 결합이라 부르면 편리하다. $b+c$와 $b-c$는 모두 b와 c의 일차 결합이다. (첫째에서는 $x=y=1$을 택하고 둘째에서는 $x=1$과 $y=-1$을 택한다.) 그러므로 명제 6의 특별한 경우로, $a \mid b$이고 $a \mid c$이면, $a \mid (b+c)$와 $a \mid (b-c)$가 성립함을 알 수 있다.

1보다 큰 자연수들을 씨수와 합성수로 분류하는 것은 수 이론에서 매우 중요하다. 산술의 기본 정리 때문에, 옹근 수의 많은 중요한 성질을 씨수의 성질로부터 유도할 수 있다. 명제 1은 1보다 큰 임의의 자연수 a는 ± 1과 $\pm a$로 나누어떨어진다는 사실을 보여주는데, 흔히 이런 약수를 자명한 약수(improper divisor)라고 부른다. a에 자명한 약수만 있을 때, a를 씨수라고 한다. 이것을 약간 다르게 다음과 같이 정의한다.

정의

1보다 큰 자연수 p의 양의 약수가 1과 p뿐일 때, p를 씨수라고 한다. 1보다 크고 씨수가 아닌 자연수를 합성수라고 한다.

처음 10개의 자연수 중에서 2, 3, 5, 7은 모두 씨수이고, 4, 6, 8, 9, 10은 합성수이다. 자연수 2는 유일한 짝수인 씨수이고, 정의에 의해 수 1은 씨수도 아니고 합성수도 아니라는 점에서 특이하다. 유클리드의 말을 예시하기 위해서, 씨수를 정의하는 다음과 같은 그의 방법을 기록한다. "씨수는 단위(곧, 1)만으로 측정되는 수이다."

종종 임의의 두 수의 공통 인수가 있는지 그리고 있다면 어떤 것이 있는지를 알면 흥미롭다.

정의

a와 b가 임의의 옹근 수일 때, 옹근 수 d에 대해 $d \mid a$이고 $d \mid b$이면 d를 a와 b의 공약수라고 한다.

1은 모든 옹근 수의 약수이므로, 1은 a와 b의 공약수이다. 그러므로 임의의 옹근 수의 쌍에는 적어도 한 개의 양의 공약수가 있다. 실제로, a와 b가 0이 아니면, 유한개의 양의 공약수가 존재한다. 이런 것 중에서, 가장 큰 것을 a와 b의 '최대 공약수'라 하고, 기호 $\gcd(a,\ b)$로 나타낸다.

보기 12의 양의 약수는 1, 2, 3, 4, 6, 12이고, 30의 양의 약수는 1, 2, 3, 5, 6, 10, 15, 30이다. 그러므로 12와 30의 양의 공약수는 1, 2, 3, 6이다. 이런 옹근 수 중에서 6이 가장 크므로, $\gcd(12, 30) = 6$이다.

■ 유클리드 알고리즘

두 옹근 수의 최대 공약수를 얻기 위해서, 언제나 위의 보기에서와 같이 진행해서 양의 약수를 모두 나열하고 공약수 중에서 가장 큰 것을 뽑으면 된다. 그런데 이런 과정은 큰 수들의 경우에는 번거롭다. 좀 더 효율적인 과정이 ≪원론≫ 제 7 권의 앞 부분에 제시되어 있다. 이 방법은 유클리드보다 적어도 한 세기 앞서 나타났다는 역사적인 증거가 있지만, 오늘날 이것을 '유클리드 알고리즘'이라는 이름을 부르고 있다.

유클리드의 방법은 매우 기초적이어서 흔히 당연한 것으로 받아들이는 어떤 결과에 의존한다. 개략적으로 말하면, 다음 정리는 옹근 수 a를 자연수 b로 나눌 때 나머지가 b보다 작게 할 수 있다는 사실을 주장한다. 이 사실에 대한 정확한 서술은 다음과 같다.

나눗셈 정리

옹근 수 a와 자연수 b에 대해 다음을 만족시키는 유일한 옹근 수 q와 r이 존재한다.

$$a = qb + r \quad (0 \le r < b)$$

두 옹근 수 q와 r을 각각 a를 b로 나누었을 때의 '몫'과 '나머지'라고 한다. 나눗셈 정리를 증명 없이 받아들이고, b가 a의 약수이기 위한 필요 충분 조건은 a를 b로 나누었을 때의 나머지가 0이라는 사실에 주목하자.

나눗셈 정리를 확인하기 위해서, $b = 7$을 택하자. a로 $1, -2, 28, -59$를 택하면, 다음과 같은 식을 얻는다.

$$\begin{aligned} 1 &= 0 \cdot 7 + 1, \\ -2 &= (-1) \cdot 7 + 5, \\ 28 &= 4 \cdot 7 + 0, \\ -59 &= (-9) \cdot 7 + 4 \end{aligned}$$

여기서의 목적은 나눗셈 정리라기보다는 이것을 활용해서 최대 공약수를 찾는 방법에 관심을 집중하는 것이다. 이를 위해서, a와 b는 옹근 수이고 이것들의 최대 공약수를 찾으려고 한다고 하자. $a \ge b > 0$으로 가정해도 일반성을 잃지 않는다. 첫째 단계는 a와 b에 나눗셈을 적용해서 다음을 얻는 것이다.

$$a = q_1 b + r_1 \quad (0 \le r_1 < b)$$

$r_1 = 0$이면, $b \mid a$이고 또 $b \mid b$이므로, $\gcd(a,\ b) = b$이다. $r_1 \ne 0$이면, b를 r_1로 나누어 다음을 만족시키는 두 옹근 수 q_2와 r_2를 얻는다.

$$b = q_2 r_1 + r_2 \quad (0 \le r_2 < r_1)$$

$r_2 = 0$이면, 여기서 멈춘다. 그렇지 않으면, 앞에서와 같이 진행해서 r_1을 r_2로 나누어 다음을 얻는다.

$$r_1 = q_3 r_2 + r_3 \quad (0 \le r_3 < r_2)$$

이런 나눗셈을 나머지로 0이 나타날 때까지 계속해서, 이를테면 $(n+1)$단계에서 r_{n-1}이 r_n으로 나누어떨어진다고 하자. 감소 수열 $b > r_1 > r_2 > \cdots \ge 0$에는 b보다 많은 항이 포함될 수 없으므로, 0인 나머지가 조만간에 반드시 나타난다.

이 결과는 다음과 같은 연립 방정식이다.

$$\begin{aligned}
a &= q_1 b + r_1 && (0 < r_1 < b),\\
b &= q_2 r_1 + r_2 && (0 < r_2 < r_1),\\
r_1 &= q_3 r_2 + r_3 && (0 < r_3 < r_2),\\
&\ \vdots \\
r_{n-3} &= q_{n-1} r_{n-2} + r_{n-1} && (0 < r_{n-1} < r_{n-2}),\\
r_{n-2} &= q_n r_{n-1} + r_n && (0 < r_n < r_{n-1}),\\
r_{n-1} &= q_{n+1} r_n + 0
\end{aligned}$$

이 알고리즘에 나타나는 0이 아닌 마지막 나머지 r_n이 $\gcd(a,\ b)$임을 밝히자. 위의 연립 방정식에서 마지막 방정식에 의해 $r_n \mid r_{n-1}$이다. 그 직전 방정식에 의해 $r_n \mid r_{n-2}$이다. 왜냐하면 r_{n-2}는 r_n과 r_{n-1}의 일차 결합인데, 이것들은 모두 r_n으로 나누어떨어지기 때문이다. 이런 방정식들을 거꾸로 올라가면서 셈하면, r_n이 그 이전의 나머지 r_k들을 모두 나누어떨어뜨린다는 사실을 알 수 있다. 마지막으로 $r_n \mid b$이고 첫째 방정식 $a = q_1 b + r_1$에서 $r_n \mid a$를 얻는다. 따라서 r_n은 a와 b의 양의 공약수이다.

다음으로 d가 a와 b의 임의의 양의 공약수라고 하자. 첫째 방정식은 $d \mid r_1$이 성립함을 알려준다. 나열된 방정식을 따라 아래로 내려가면, d가 r_2, r_3, $\cdots$을 나누어떨어뜨리고 결국에는 r_n을 나누어떨어뜨린다는 사실이 분명해진다. 그런데 $d \mid r_n$이고 d와 r_n이 모두 자연수이므로, $d \le r_n$이 성립한다. 결론적으로 r_n은 a와 b의 공약수 중에서 가장 크다. 곧, $\gcd(a,\ b) = r_n$이다.

여기에 언급할 만한 중요한 사실이 또 있다. 곧, $\gcd(a,\ b)$를 두 옹근 수 a와 b의 일차 결합으로 언제나 표현할 수 있다. 이 사실을 밝히기 위해서, 유클리드 알고리즘을 거꾸로 생각하자. 이 알고리즘에 나타나는 방정식 중 끝에서 둘째 방정식에서 출발하면, r_n을 다음과 같이 r_{n-1}과 r_{n-2}의 일차 결합으로 나타내자.

$$r_n = r_{n-2} - q_n r_{n-1}$$

이제 이 알고리즘에서 그 앞의 방정식을 r_{n-1}에 대해 풀고 대입하면 다음을 얻는다.

$$\begin{aligned} r_n &= r_{n-2} - q_n(r_{n-3} - q_{n-1}r_{n-2}) \\ &= (1 + q_n q_{n-1})r_{n-2} + (-q_n)r_{n-3} \end{aligned}$$

이것은 r_{n-1}을 없애고, r_n을 r_{n-2}와 r_{n-3}의 일차 결합으로 나타낸다. 이 연립 방정식을 따라 거꾸로 계속 나아가면, 나머지 $r_{n-1},\ r_{n-2},\ \cdots,\ r_2,\ r_1$을 차례로 없애고, $r_n = \gcd(a,\ b)$가 a와 b의 일차 결합으로 표현되는 단계까지 도달한다.

요약하면, 여기서 얻은 사실은 다음과 같다.

정리

어느 것도 0이 아닌 두 옹근 수 a와 b에 대해 두 옹근 수 x와 y가 존재해서 $\gcd(a,\ b) = ax + by$가 성립한다.

보기 예를 들어 $\gcd(1'2378,\ 3054)$를 셈해서, 구체적인 경우에 유클리드 알고리즘을 실행하는 방법을 알아보자. 나눗셈 알고리즘을 적절히 적용해서 다음과 같은 등식을 얻자.

$$\begin{aligned} 1'2378 &= 4 \cdot 3054 + 162, \\ 3054 &= 18 \cdot 162 + 138, \\ 162 &= 1 \cdot 138 + 24, \\ 138 &= 5 \cdot 24 + 18, \\ 24 &= 1 \cdot 18 + 6, \\ 18 &= 3 \cdot 6 + 0 \end{aligned}$$

앞의 논의에 따라, 위에서 0이 아닌 마지막 나머지, 곧 옹근 수 6이 1'2378과 3054의 최대 공약수이다.

$$6 = \gcd(1'2378,\ 3054)$$

6을 1'2378과 3054의 일차 결합으로 나타내기 위해서, 위에 나열된 등식 중에서 마지막에서 둘째 것에서 출발해서 다음과 같이 나머지 18, 24, 138, 162을 잇따라 없애자.

$$\begin{aligned}6 &= 24 - 18 \\ &= 24 - (138 - 5 \cdot 24) \\ &= 6 \cdot 24 - 138 \\ &= 6(162 - 138) - 138 \\ &= 6 \cdot 162 - 7 \cdot 138 \\ &= 6 \cdot 162 - 7(3054 - 18 \cdot 162) \\ &= 132 \cdot 162 - 7 \cdot 3054 \\ &= 132(1'2378 - 4 \cdot 3054) - 7 \cdot 3054 \\ &= 132 \cdot 1'2378 + (-535) \cdot 3054\end{aligned}$$

그러므로 $x = 132$와 $y = -535$에 대해 다음을 얻는다.

$$6 = \gcd(1'2378,\ 3054) = 1'2378x + 3054y$$

이것이 6을 1'2378과 3054의 일차 결합으로 나타내는 유일한 방법이 아니라는 사실을 지적할 필요가 있다. 가능한 여러 가지 경우 중에서, $3054 \cdot 1'2378$을 더하고 빼서 다음을 얻을 수 있다.

$$\begin{aligned}6 &= (132 + 3054) \cdot 1'2378 + (-535 - 1'2378) \cdot 3054 \\ &= 3186 \cdot 1'2378 + (-1'2913) \cdot 3054\end{aligned}$$ □

1과 -1이 주어진 두 옹근 수의 쌍의 유일한 공약수일 수 있는데, 이런 경우에 $\gcd(a,\ b) = 1$이다. 예를 들면, 다음과 같다.

$$\gcd(2,\ 5) = \gcd(9,\ 16) = \gcd(27,\ 35) = 1$$

이런 상황은 흔히 나타나기 때문에, 정의로 내세우기에 충분하다.

정의

두 옹근 수 a와 b에 대해 $\gcd(a,\ b) = 1$일 때, a와 b는 서로 소라고 한다.

두 옹근 수 중에 씨수가 아닌 것이 있어도 그 두 옹근 수의 쌍이 서로 소일 수 있다는 사실을 강조해야 한다. 반면에, p가 씨수일 때, $\gcd(a,\ p) = 1$이기 위한 필요 충분 조건은 $p \nmid a$이다. p의 유일한 양의 약수가 1과 p이므로 $\gcd(a,\ p) = 1$ 또는 $\gcd(a,\ p) = p$이기 때문에, 이것은 참이다. $\gcd(a,\ p) = p$는 $p \mid a$일 때 성립한다.

다음 정리는 서로 소인 옹근 수들을 일차 결합으로 묘사한다.

정리

a와 b는 어느 것도 0이 아닌 옹근 수라고 하자. 그러면 a와 b가 서로 소이기 위한 필요 충분 조건은 적당한 두 옹근 수 x와 y가 존재해서 $ax+by=1$가 성립하는 경우이다.

증명 a와 b가 서로 소이면, $\gcd(a, b)=1$이고 이에 따라 마지막 정리에 의해 적당한 두 옹근 수 x와 y가 존재해서 $1=ax+by$가 성립한다. 역으로, 적당한 x와 y에 대해 $1=ax+by$가 존재하고, $d=\gcd(a, b)$라고 가정하자. $d \mid a$이고 $d \mid b$이므로, $d \mid (ax+by)$, 곧 $d \mid 1$이 성립한다. d가 자연수이므로, 이 마지막 나누어떨어지는 조건에 의해 $d=1$이어야 하는데, 이것이 여기서 찾는 결론이다.

이 결과는 특정한 상황에서 유용한 다음과 같은 사실을 관찰할 수 있게 한다.

따름 정리 1

$\gcd(a, b)=d$이면, $\gcd(a/d, b/d)=1$이다.

증명 제대로 증명을 시작하기 전에, a/d와 b/d가 분수로 보이지만, d가 a와 b 모두의 약수이므로 실제로는 옹근 수라는 사실을 확인해야 한다. $\gcd(a, b)=d$이므로, 적당한 두 옹근 수 x와 y가 존재해서 $d=ax+by$가 성립한다. 이 식의 양변을 d로 나누면, 다음과 같은 식을 얻는다.

$$1=(a/d)x+(b/d)y$$

a/d와 b/d가 옹근 수이므로, 위의 정리를 정당하게 사용할 수 있다. 결론적으로, a/d와 b/d는 서로 소이다.

위의 따름 정리를 예시하기 위해서, $\gcd(12, 30)=6$이고, 예상한 대로 다음이 성립함을 확인하자.

$$\gcd(12/6, 30/6)=\gcd(2, 5)=1$$

$a \mid c$이고 $b \mid c$일 때 추가적인 조건이 없으면 $ab \mid c$가 성립하지 않을 수 있다. 예를 들면, $6 \mid 24$이고 $8 \mid 24$이지만, 분명히 $6 \cdot 8 \nmid 24$이다. 물론 만약 6과 8이 서로 소라면, 이 상황은 바뀔 것이다. 이에 따라 다음과 같은 따름 정리를 얻는다.

따름 정리 2

$a \mid c$이고 $b \mid c$이며 $\gcd(a,\ b) = 1$이면, $ab \mid c$이다.

증명 $a \mid c$이고 $b \mid c$이므로, 적당한 두 옹근 수 r과 s가 존재해서 $c = ar = bs$가 성립한다. 또, 조건 $\gcd(a,\ b) = 1$에 따라 적절한 x와 y가 존재해서 $1 = ax + by$가 성립한다. 이 마지막 식에 c를 곱하면 다음을 얻는다.

$$c = c \cdot 1 = c(ax + by) = acx + bcy$$

이제 우변에 적절하게 대입하면, 다음이 성립한다.

$$c = a(bs)x + b(ar)y = ab(sx + ry)$$

또는 나눗셈으로 나타내면 $ab \mid c$이 성립한다. ■

유클리드의 ≪원론≫ 제 7 권 정리 24는 매우 약해 보이지만, 수 이론에서 기본적으로 중요하다. 현대적인 표기법으로 다음과 같이 서술할 수 있다.

유클리드의 보조 정리

$a \mid bc$이고 $\gcd(a,\ b) = 1$이면, $a \mid c$이다.

증명 또다시 적절한 x와 y에 대해 $1 = ax + by$로 적고 시작하자. 이 식에 c를 곱하면 다음을 얻는다.

$$c = 1 \cdot c = (ax + by)c = acx + bcy$$

$a \mid ac$이고 $a \mid bc$이므로, $a \mid (acx + bcy)$인데 이는 $a \mid c$로 다시 쓸 수 있다. ■

a와 b가 서로 소가 아니면, 유클리드의 보조 정리는 성립하지 않을 수 있다. 예를 들면, $12 \mid 9 \cdot 8$이지만 $12 \nmid 9$이고 $12 \nmid 8$이다.

■ 산술의 기본 정리

'유일 인수 분해 정리'라고도 부르는 산술의 기본 정리에 따르면, 1보다 큰 임의의 자연수는 씨수의 곱으로 나타낼 수 있는데, 이 곱은 인수가 나타나는 순서를 제외하면 유일하다. 이 정리의 발견을 종종 유클리드의 공적으로 돌리지만, 분명한 사실은 가우스가 ≪산술 연구(Disquisitiones Arithmeticae)≫에서 이것을 주요하게 다룬 1801년까지 이것은 명확하게 서술된 적이 없다. 유클리드 자신이 이 결과에 가장 가까이 접근한 것은 다음과 같은 제 9권의 정리 14였다. "어떤 수가 씨수들로 측정되는 것 중에서 가장 작으면, 이것을 원래 측정한 씨수들을 제외한 다른 어떠한 씨수로도 측정되지 않는다." 유클리드는 인수의 개수가 명시되지 않은 곱을 형성할 수 없었기 때문에 그는 산술의 기본 정리를 '발견'할 수 없었다고 일부 권위 있는 연구자들이 주장한다. 이 정리는 특정한 표현의 존재를 주장하며 그리스 사람들은 초등 기하학으로 작도할 수 없는 것은 어떤 대상의 존재를 상상할 수 없었다고 단언하는 연구자들도 있다.

모든 수는 씨수이거나 산술의 기본 정리에 의해 유일한 씨인수(소인수)들로 그리고 다른 씨인수 없이 분해할 수 있기 때문에, 씨수들은 다른 모든 옹근 수를 만들 수 있는 '건축용 벽돌' 곧 구성 요소로 쓰일 수 있다. 이에 따라 씨수는 대대로 수학자들의 호기심을 변함없이 북돋웠고, 자연수의 열에서 씨수의 분포와 관련된 놀라운 정리가 많이 증명됐지만 훨씬 더 놀라운 결과가 증명되지 않은 채로 남아 있다. 이런 미해결 문제들을 수학 전체에서 풀리지 않고 있는 뛰어난 문제 가운데에서 찾아볼 수 있다.

먼저 주목할 만한 간단한 사실을 설명하기 위해서, 씨수 3은 자연수 36의 약수임을 확인하자. 36을 다음과 같은 곱으로 쓸 수 있다.

$$6 \cdot 6, \qquad 9 \cdot 4, \qquad 12 \cdot 3, \qquad 18 \cdot 2$$

그리고 각 경우에 3은 곱에 나타난 인수 중에서 적어도 하나의 약수이다. 이것은 전형적인 일반적 상황인데, 이 결과를 다음과 같이 명확하게 서술할 수 있다.

정리

p가 씨수이고 $p \mid ab$이면, $p \mid a$ 또는 $p \mid b$이다.

증명 $p \mid a$이면 더 이상 증명할 것이 없으므로, $p \nmid a$라고 가정하자. p의 양의 약수(그러므로 $\gcd(a, p)$의 값에 대한 후보)는 1과 p뿐이므로, $\gcd(a, p) = 1$이다. 유클리드의 보조 정리에 따라 $p \mid b$이다. ■

이 정리를 인수가 세 개 이상인 곱으로 확장된다. 이 결과를 증명 없이 서술한다.

따름 정리

p가 씨수이고 $p \mid a_1 a_2 \cdots a_n$이면, 적당한 k $(1 \le k \le n)$에 대해 $p \mid a_k$이다.

다음으로 임의의 합성수는 씨수로 나누어떨어짐을 보이자(제 7 권 정리 31). 합성수 n에 대해 적당한 옹근 수 d가 존재해서 두 조건 $d \mid n$과 $1 < d < n$을 만족시킨다. 이런 옹근 수 d 전체 중에서 가장 작은 p를 선택하자. 그러면 p는 반드시 씨수이다. 그렇지 않으면, 이것의 약수 q가 존재해서 $1 < q < p$가 성립할 것이다. 그런데 $q \mid p$이고 $p \mid n$이므로 $q \mid n$이 성립하는데, 이것은 p를 가장 작은 약수로 선택했다는 사실과 모순이다. 그러므로 적당한 씨수 p가 존재해서 $p \mid n$이 성립한다.

이런 예비 작업을 통해, 산술의 기본 정리에 도달한다. 앞에서 지적한 대로, 이 정리는 1보다 큰 자연수를 본질적으로 한 가지 방법으로 씨수들로 분해할 수 있음을 주장한다. 모호한 말 '본질적으로'는 12의 씨인수 분해로 표현 $2 \cdot 3 \cdot 2$를 $2 \cdot 2 \cdot 3$과 다르게 생각하지 않음을 뜻한다. 이것을 다음과 같이 명확하게 공식화한다.

산술의 기본 정리

1보다 큰 임의의 자연수 n은 씨수이거나 씨수들의 곱으로 표현할 수 있다. 이 표현은 인수가 나타나는 순서를 제외하면 유일하다.

증명 n은 씨수이거나 합성수이다. 첫째 경우에는 증명할 것이 없다. n이 합성수이면, 앞에서 밝힌 대로 n의 씨수인 약수, 곧 씨인수가 있다. 그러므로 n을 $n = p_1 n_1$로 쓸 수 있는데, 여기서 p_1은 씨수이고 $1 < n_1 < n$이다. n_1이 씨수이면, 찾는 표현을 얻는다. 이렇지 않은 경우에는 이 논법을 반복해서 둘째 씨수 p_2가 존재해서 $n_1 = p_2 n_2$가 성립한다. 곧, 다음이 성립한다.

$$n = p_1 p_2 n_2 \quad (1 < n_2 < n_1)$$

n_2가 씨수이면, 더 이상 나아갈 필요가 없다. 그렇지 않으면, 씨수 p_3에 대해 $n_2 = p_3 n_3$이 성립한다. 곧, 다음과 같다.

$$n = p_1 p_2 p_3 n_3 \quad (1 < n_3 < n_2)$$

다음과 같은 감소 수열은 끝없이 이어질 수 없다.

$$n > n_1 > n_2 > \cdots > 1$$

그러므로 유한번의 단계 뒤에 n_k는 씨수, 이를테면 p_k라 하자. 그러면 다음과 같은 씨인수 분해에 도달한다.

$$n = p_1 p_2 \cdots p_k$$

증명의 둘째 부분, 곧 씨인수 분해의 유일성은 좀 더 어렵다. 이를 위해서, 자연수 n이 다음과 같이 두 가지 방법으로 씨수들의 곱으로 표현된다고 가정하자.

$$n = p_1 p_2 \cdots p_r = q_1 q_2 \cdots q_s \quad (r \le s)$$

여기서 p_i와 q_j는 모두 씨수이고 커지는 순서로 썼다고 하자. 곧, 다음과 같다고 하자.

$$p_1 \le p_2 \le \cdots \le p_r, \quad q_1 \le q_2 \le \cdots \le q_s$$

$p_1 \mid q_1 q_2 \cdots q_s$이므로, k의 어떤 값에 대해 $p_1 \mid q_k$임을 알 수 있다. q_k는 씨수이므로, 약수는 1과 자신뿐이다. p_1은 1보다 크므로, $p_1 = q_k$라는 결론을 얻는다. 그러면 반드시 $p_1 \ge q_1$이 성립한다. 완전히 똑같은 논법으로 (이번에는 p_1 대신에 q_1에서 출발하면) $q_1 \ge p_1$을 얻는다. 그러므로 $p_1 = q_1$이다. 이 공통인 인수를 없애면, 다음을 얻는다.

$$p_2 p_3 \cdots p_r = q_2 q_3 \cdots q_s$$

이제 위의 과정을 되풀이하면 $p_2 = q_2$를 얻는다. 또다시 없애면 다음을 알 수 있다.

$$p_3 p_4 \cdots p_r = q_3 q_4 \cdots q_s$$

이런 방식을 계속 진행하자. 만약 부등식 $r < s$가 성립하면, 결국 다음과 같은 등식에 도달할 것이다.

$$1 = q_{r+1} q_{r+2} \cdots q_s$$

그런데 각각 $q_j > 1$이므로, 이는 불가능하다. 따라서 $r = s$이고 다음이 성립한다.

$$p_1 = q_1, \quad p_2 = q_2, \quad \cdots, \quad p_r = q_r$$

이렇게 두 가지 씨인수 분해는 일치하고, 증명이 끝난다.

물론, ($360 = 2 \cdot 2 \cdot 2 \cdot 3 \cdot 3 \cdot 5$의 경우와 같이) 주어진 자연수 n의 씨인수 분해에서 몇 개의 씨인수는 되풀이될 수 있다. 같은 씨인수를 모으고 단 한 개의 인자로 바꾸면, n을 다음과 같이 이른바 표준형으로 나타낼 수 있다.

$$n = p_1^{k_1} p_2^{k_2} \cdots p_r^{k_k}$$

여기서 각 k_i는 자연수이고 각 p_i는 씨수로 $p_1 < p_2 < \cdots < p_r$이다.

이를 예시하자. 옹근 수 360의 표준형은 $360 = 2^3 \cdot 3^2 \cdot 5$이다. 다음과 같은 예도 있다.

$$4725 = 3^3 \cdot 5^2 \cdot 7, \qquad 1'7640 = 2^3 \cdot 3^2 \cdot 5 \cdot 7^2$$

$\sqrt{2}$가 무비수(무리수)라는 또 다른 증명을 제시하지 않을 수 없는데, 이번에는 산술의 기본 정리를 사용한다.

정리

수 $\sqrt{2}$ 는 무비수이다.

증명 역으로 $\sqrt{2}$ 는 유비수(유리수)라 가정하고, 서로 소인 두 옹근 수 a와 b에 대해 $\sqrt{2}=a/b$라 하자. 양변을 제곱하면 $a^2=2b^2$을 얻는데, 이에 따라 $b \mid a^2$이 성립한다. $b>1$이므로, 산술의 기본 정리에 의해, 적당한 씨수 p가 존재해서 $p \mid b$가 성립한다. $p \mid b$이고 $b \mid a^2$이므로, $p \mid a^2$이 성립한다. 그러면 $p \mid a$가 성립하고 이에 따라 $\gcd(a,\ b) \geq p$가 성립한다. 그러므로 $b=1$이 아니면, 모순에 이른다. $b=1$이면, $a^2=2$인데, 이는 불가능하다. (제곱해서 2가 되는 자연수가 없음을 기꺼이 받아들일 것이다.) $\sqrt{2}$ 가 유비수라는 원래의 가정은 유지할 수 없다. 그러므로 이는 반드시 무비수이다. ■

■ 씨수의 무한성

여기에 이르면, 어쩌면 다음과 같이 물을 것이다. 가장 큰 씨수가 존재하는가? 아니면 씨수들이 끝없이 나타날 것인가? 이에 대한 답은 유클리드가 ≪원론≫에서 (제 9 권 정리 20으로) 제시한 아주 기발하지만 매우 간단한 증명에서 찾아볼 수 있다. 일반적인 말로, 그가 밝힌 것은 각 씨수에 대해 그보다 더 큰 또 다른 씨수를 찾을 수 있다는 사실이다. 구체적인 자세한 내용은 다음과 같다. 증명은 유클리드의 것이지만, 용어와 기호는 그의 것이 아니다.

정리

씨수가 무수히 많이 있다.

증명 씨수 2, 3, 5, 7, 11, ⋯을 커지는 순서로 나열하자. 임의의 특정한 씨수 p에 대해 다음 수를 생각하자.

$$N=(2\cdot 3\cdot 5\cdot 7\cdot 11\cdots p)+1$$

곧, 2부터 p까지의 모든 씨수를 곱하고, 이 곱에 1을 더하자. $N>1$이므로, 산술의 기본 정리에 의해 N이 어떤 씨수 q로 나누어떨어진다는 사실을 결론을 얻을 수 있다. 그러나 씨수 2, 3, 5, ⋯, p 중에서 어느 것도 N을 나누어떨어뜨릴 수 없다. 왜냐하면 q가 이런 씨수 중 하나이면, 두 관계 $q \mid 2\cdot 3\cdot 5\cdots p$와 $q \mid N$을 결합하면 $q \mid (N-2\cdot 3\cdot 5\cdots p)$, 곧 $q \mid 1$을 얻는다. 옹근 수 1의 유일한 양의 약수는 1뿐이고,

$q > 1$이므로, 이는 분명히 모순이다. 따라서 p보다 더 큰 새로운 씨수 q가 존재한다. ■

유클리드의 증명은 p보다 더 큰 어떤 씨수의 존재를 보여준다. 그러나 그의 증명이 지시한 방법을 사용할 때 p의 바로 다음 씨수에 반드시 도달하지는 않는다. 예를 들면, 이 과정에 따르면 다음과 같이 13 다음에는 씨수로 59를 얻는다.

$$N = (2 \cdot 3 \cdot 5 \cdot 7 \cdot 11 \cdot 13) + 1 = 3'0031 = 59 \cdot 509$$

흔히, 고려하는 씨수 p와 증명이 제시한 방법으로 얻은 씨수 사이에는 훨씬 더 많은 씨수가 있다.

주어진 특정한 자연수에 대해 이것이 씨수인지 합성수인지를 어떻게 결정할 수 있을까? 이것이 합성수라면, 자명하지 않은 약수를 어떻게 찾을 수 있을까? 가장 자명한 접근 방법은 문제의 자연수를 그보다 작은 각 자연수로 잇따라 나누어보는 것이다. (1을 제외하고) 어느 것도 약수가 아니면, 그 자연수는 틀림없이 씨수이다. 이 방법은 매우 단순하지만, 실용적으로 쓸모 있다고 할 수 없다. 왜냐하면 큰 셈을 두려워하지 않는 사람도, 이 작업량은 엄두도 못 낼 정도로 클 수 있기 때문이다.

합성수의 어떤 성질을 이용하면 필요한 셈을 현저히 줄여줄 수 있다. 자연수 $a > 1$가 합성수이면, $a = bc$와 같이 쓸 수 있는데, 여기서 $1 < b < a$이고 $1 < c < a$이다. $b \leq c$라고 가정하면, $b^2 \leq bc = a$이 성립하고 이에 따라 $b \leq \sqrt{a}$이다. $b > 1$이므로, b의 씨인수 p가 적어도 한 개 존재한다. 그러면 $p \leq b \leq \sqrt{a}$가 성립한다. 게다가, $p \mid b$이고 $b \mid a$이므로, $p \mid a$가 성립한다. 요점은 다음과 같이 단순하다. 합성수 a에는 언제나 $\sqrt{a}$ 이하의 씨인수 p가 언제나 존재한다.

따라서 특정한 자연수 $a > 1$가 씨수인지 합성수인지를 판정하려면, $\sqrt{a}$보다 크지 않은 씨수들로 a를 나누어보면 충분하다. (물론, $\sqrt{a}$ 이하의 씨수를 모두 알고 있다고 가정한다.) 자연수 $a = 509$를 생각해서 이 방법을 명확히 하자. $22 < \sqrt{509} < 23$이므로, 가능성 있는 약수로 22보다 씨수들, 곧 2, 3, 5, 7, 11, 13, 17, 19를 시험해보면 충분하다. 509를 이것들로 차례로 나누어보면, 어느 것도 509의 약수가 아님을 알 수 있다. 결론적으로, 509는 씨수이다.

보기 앞에서 말한 기법은 $a = 2093$과 같이 표준형의 자연수를 결정하는 실질적인 방법을 제공한다. $45 < \sqrt{2093} < 46$이므로, 씨수 2, 3, 5, 7, 11, 13, 17, 19, 23, 29, 31, 37, 41, 43을 조사하면 충분하다. 시도해보면, 이런 씨수 중에서 2093을 처음으로 나누는 것이 7이고 이에 따라 $2093 = 7 \cdot 299$임을 알 수 있다. 자연수 299의 경우에는 $17 < \sqrt{299} < 18$이므로 18보다 작은 일곱 개의 씨수 2, 3, 5, 7, 11, 13, 17을 생각한

다. 299의 가장 작은 씨인수는 13이고, 필요한 나눗셈을 시행하면, $299 = 13 \cdot 23$을 얻는다. 그런데 23은 그 자체로 씨수이므로, 2093의 씨인수는 정확하게 7, 13, 23의 세 개다. 곧, 다음과 같이 씨인수 분해된다.

$$2093 = 7 \cdot 13 \cdot 23$$ □

문제 4.3

1. 주어진 세 옹근 수 a, b, c에 대해 다음을 밝혀라.
   (a) $a \mid b$이면, $a \mid bc$이다.
   (b) $a \mid b$이고 $a \mid c$이면, $a^2 \mid bc$이다.
   (c) $c \neq 0$일 때, $a \mid b$이기 위한 필요 충분 조건은 $ac \mid bc$이다.
   (d) $a \mid (a+b)$이면, $a \mid b$이다.
   (e) $a \mid b$이고 $c \mid d$이면, $ac \mid bd$이다.

2. $a \mid b$이면, $(-a) \mid b$와 $a \mid (-b)$ 및 $(-a) \mid (-b)$가 성립함을 보여라.

3. 임의의 자연수 n에 대해 서로 다른 n가지 방법으로 두 개의 홀수인 씨수의 합으로 표현할 수 있는 짝수인 자연수 a가 존재함을 보일 수 있다. 세 자연수 66, 96, 108을 차례로 여섯 가지, 일곱 가지, 여덟 가지 방법으로 두 씨수의 합으로 나타낼 수 있음을 확인하라.

4. 라그랑주의 추측(1775년)에 따르면, 5보다 큰 홀수인 모든 자연수는 적당한 두 씨수 p와 q에 대해 합 $p+2q$로 나타낼 수 있다. 이 추측이 75까지의 그런 모든 자연수에 대해 성립함을 밝혀라.

5. 다음 추측이 거짓임을 보여주는 예를 찾아라. 모든 자연수는 $p+a^2$ 꼴로 나타낼 수 있다. 여기서 p는 씨수이고(그렇지 않으면 1이고) $a \geq 0$이다.

6. n^3-1 꼴의 씨수는 7뿐임을 증명하라. [**귀띔**: n^3-1을 $(n-1)(n^2+n+1)$로 인수분해하라.]

7. 세 개가 씨수인 네 개의 잇따른 홀수인 자연수의 모음을 찾고, 네 개가 씨수인 다섯 개의 홀수인 자연수의 모음을 찾아라.

8. 완전한 답은 알려지지 않았지만, 6의 양의 배수는 두 씨수의 차로 나타낼 수 있을 것으로 보인다. 90까지 이 추측을 확인하라.

9. 작은 것부터 나열된 씨수들 2, 3, 5, 7, ⋯을 생각하자. 어떤 추측에 따르면, 3부터 시작해서, 하나의 씨수를 건너뛰어 나타나는 씨수들은 그보다 작은 씨수들(과 1)의 합과 차로 이루어진다고 한다. 이때 각 수가 한 번 나타난다. 예를 들면, 다음과 같다.

$$3 = 1+2, \quad 7 = 1-2+3+5,$$
$$13 = 1+2-3-5+7+11$$
$$= -1+2+3+5-7+11$$

이것이 19, 29, 37, 43에 대해서도 성립함을 보여라.

10. 다음 명제가 참임을 밝혀라.

(a) 임의의 옹근 수의 제곱은 $4n$ 또는 $4n+1$ 꼴이다.

(b) 임의의 홀수인 옹근 수의 제곱은 $8n+1$ 꼴이다. [**귀띔**: 임의의 홀수인 옹근 수는 $4k+1$ 또는 $4k+3$ 꼴이다.]

(c) 2 또는 3으로 나누어떨어지지 않는 임의의 옹근 수 제곱은 $12n+1$ 꼴이다. [**귀띔**: 나눗셈 정리에 의해, 옹근 수는 $6k$, $6k+1$, $6k+2$, $6k+3$, $6k+4$, $6k+5$ 꼴 중 하나이다.]

11. 임의의 옹근 수 a에 대해, $2 \mid a(a+1)$과 $3 \mid a(a+1)(a+2)$가 성립함을 보여라.

12. a가 3으로 나누어떨어지지 않는 옹근 수이면 $3 \mid (a^2-1)$이 성립함을 증명하라.

13. 잇따른 두 제곱수의 차는 2로 나누어떨어지지 않음을 밝혀라. 곧, 임의의 a에 대해 $(a+1)^2-a^2$은 2로 나누어떨어지지 않음을 보여라.

14. 자연수 a에 대해 $\gcd(a, 0)=a$이고 $\gcd(a, 1)=1$이며 $\gcd(a, a)=a$임을 보여라.

15. $\gcd(143, 277)$과 $\gcd(136, 232)$ 및 $\gcd(272, 1479)$를 찾아라.

16. 유클리드 알고리즘을 사용해서, 다음을 만족시키는 두 옹근 수 x와 y를 찾아라.

(a) $\gcd(56, 72)=56x+72y$

(b) $\gcd(24, 138)=24x+138y$

(c) $\gcd(119, 272)=119x+272y$

(d) $\gcd(1769, 2378)=1769x+2378y$

17. 임의의 잇따른 두 옹근 수는 서로 소임을, 곧 임의의 옹근 수 a에 대해 $\gcd(a, a+1)=1$임을 증명하라.

18. 임의의 잇따른 세 옹근 수의 곱은 6으로 나누어떨어지고, 임의의 잇따른 네 옹근 수의 곱은 24로 나누어떨어진다는 사실을 밝혀라.

19. p가 씨수이고 $p \mid a^n$이면, $p^n \mid a^n$임을 보여라.

20. (a) 40!의 약수인 씨수를 모두 찾아라.

$[40! = 1 \cdot 2 \cdot 3 \cdots 40$이다.$]$

(b) 세 자연수 1234, 1'0140, 3'6000의 씨인수 분해를 찾아라.

21. (a) $5=2^2+1$과 같이 2의 거듭제곱보다 1만큼 큰 씨수가 무수히 많은지 밝혀지지 않았다. 이런 씨수를 두 개 더 찾아라.

(b) $3=2^2-1$과 같이 2의 거듭제곱보다 1만큼 작은 씨수가 무수히 많은지도 마찬가지로 밝혀지지 않았다. 이런 씨수를 네 개 더 찾아라.

22. $3p+1$이 완전 제곱수인 씨수 p는 $p=5$뿐임을 증명하라. [**귀띔**: $3p+1=a^2$이면, $3p=a^2-1=(a+1)(a-1)$이다.]

23. 모든 짝수인 자연수는 두 개의 잇따른 씨수의 차로 무수히 많은 방법으로 나타낼 수 있다고 추측됐다. 예를 들면 다음과 같다.

$$4=11-7=17-13=23-19$$
$$=47-43=131-127=\cdots$$

자연수 6을 두 개의 잇따른 씨수의 차로 10가지 방법으로 나타내라.

24. 자연수 701이 씨수인지 아닌지를 $\sqrt{701}$ 이하의 모든 씨수로 나누어보고 판정하라. 자연수 1009에 대해서도 똑같이 하라.

25. 임의의 씨수 p에 대해 $\sqrt{p}$가 무비수임을 증명하라.

26. 나눗셈 정리를 사용해서, 2와 3 이외의 모든 씨수는 $6n+1$ 또는 $6n+5$ 꼴임을 보여라.

4.4 에라토스테네스, 알렉산드리아의 현인

■ 에라토스테네스의 체

수 이론에 관한 연구가 의미 있게 보존된 알렉산드리아의 또 다른 수학자는 에라토스테네스(Eratosthenes, 기원전 276~194)이다. 에라토스테네스는 키레네에서 태어났는데, 이곳은 이집트의 바로 서쪽에 있던 그리스 정착지로 프톨레마이오스 왕조의 지배를 받고 있었다. 에라스토테네스는 활동적인 시기 대부분을 알렉산드리아에서 보냈는데, 젊은 시절 한 때 아테네의 플라톤의 학교에서 배웠다. 그는 약 30세 때 프톨레마이오스 3세의 초청으로 알렉산드리아를 방문했는데, 왕의 아들과 후계자들을 개인 지도했다. 나중에 에라토스테네스는 그리스 세계에서 최고의 명망 있는 자리인 도서관장이 됐으며, 그의 남은 삶 40년 동안 그 자리를 지켰다. 그는 말년에 시력을 잃었는데, 더 이상 책을 읽을 수 없게 되자 살려는 의욕을 버렸고 음식을 거부해서 굶어 죽었다고 한다.

에라토스테네스는 당대 최고의 학자로 인정받았으며, 의심할 바 없이 고대에 학식이 가장 높은 사람에 속했다. 엄청나게 다양한 분야의 저자였던 그는 (단지 일부의 조각과 요약만이 남아있는) 지리학, 철학, 역사, 천문학, 수학, 문학 비평에 관한 책을 썼다. 에라토스테네스는 그가 관심을 둔 엄청난 범위에 비추어 볼 때 의미를 알 수 있는 두 가지 별명을 갖고 있었다. 그의 다양한 업적을 기리기 위해 그의 친구들은 오종 경기의 챔피언, 곧 스스로 모든 것을 시도한 사람에게 붙여주는 호칭인 '펜타티스'(Pentathis) 또는 '펜타슬루스'(Pentathlus)로 불렀다. 그를 깎아내리려는 사람들은 에라토스테네스가 너무 많은 전문 분야를 연구해서 어느 한 분야에서도 당대에 최고가 되지 못했다고 생각했다. 그런 사람들은 그를 '베타'(Beta, 그리스 알파벳의 둘째 글자)라는 별명을 붙였는데, 에라토스테네스가 적어도 둘째의 자리를 차지했지만 그는 어느 분야에서도 첫째가 아님을 넌지시 비췄다. 둘째 별명에 대한 좀 더 친절한 설명은, 박물관에서 특정한 강의실은 글자로 표시됐는데 에라토스테네스가 가르친 강의실에는 이 글자가 붙어 있었다는 것이다.

에라토스테네스를 많은 분야에서 둘째 등급으로 간주할 수 있겠지만, 그는 지리학과 수학에서는 결코 베타가 아니다. 세 권으로 이루어진 그의 ≪지리학(Geographica≫은, 현재 일부조각을 제외하고 전해지지 않지만, 견실한 수학에 근거해서 지리학을 연구한 최초의 과학적 시도였다. 이 책에서 그는 구 모양의 지구에 대한 논거를 제시했고, 알려진 세계에

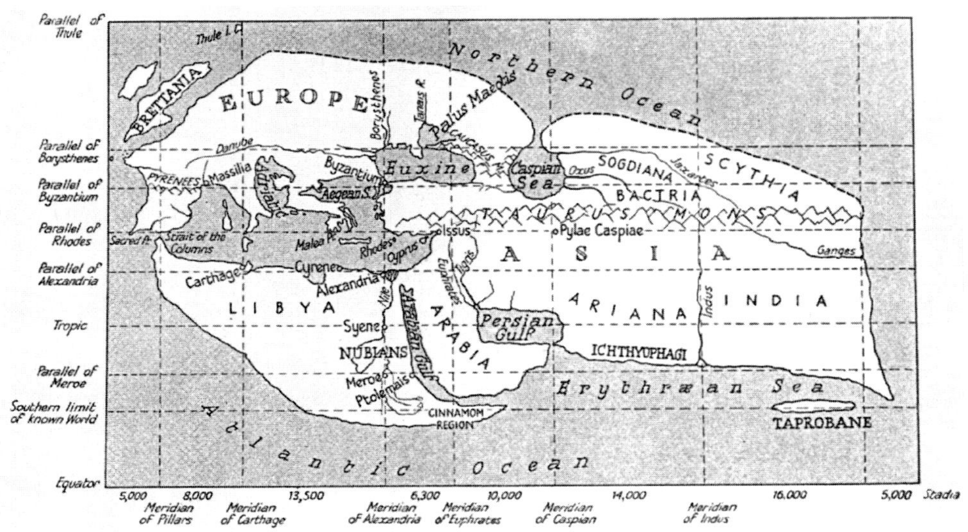

에라토스테네스가 그린 사람이 사는 세계 (*From* A Short History of Scientific Ideas *by Charles Singer. Reproduced by permission of Oxford University Press.*)

서 여러 대륙의 위치를 묘사했다. 지구에서 사람이 많이 사는 지역에 대한 에라토스테네스의 실제의 지도 제작은 소문과 사색에 근거했지만, 당시까지 나타난 세계 지도 중에서 가장 정밀했고 최초로 경도의 자오선들과 위도의 평행선(위도선)들의 기준선 망을 사용했다. 그는 사람이 사는 대륙을 북구에 완전히 위치하는 것으로 간주했고, 연결된 바다로 에워쌌다. 에라토스테네스는 다음과 같은 관찰에서 세계를 한 바퀴 항해하는 것에 대해 최초로 언급했다. "대서양이 그렇게 막대하게 크지 않다면, 이베리아(에스파냐)에서 하나의 위도선을 따라 항해해서 인도까지 갈 수 있을 것이다." 에라토스테네스는 고대의 가장 큰 도서관의 우두머리로서 방대한 양의 자료를 축적해서 자신의 ≪지리학≫을 수세기 동안 최상의 권위를 지니게 했다. 지구의 8000지점에 대한 경도와 위도를 부여했고, 이와 함께 여러 지역 사이의 거리를 어림했다.

에라토스테네스는 수학자로서의 주요한 업적으로 정육면체의 배적에 관한 유명한 델로스섬 문제에 대한 풀이를 제시했고, 씨수를 찾는 방법을 고안했다. '메솔라비움(mesolabium, 가운데 입술)'이라 부르는 평균 찾기 도구인 배적을 얻게 하는 기계 장치는 직사각형의 틀로 이루어지는데, 세 개의 판에 있는 이 미끄럼틀의 너비와 높이가 같은 (맞모금이 표시된) 세 개의 직사각형 판은 서로 독립적으로 움직이면서 서로 겹칠 수 있다. 직사각형 판들의 원래의 위치가 아래 그림과 같다고 하자. 여기서 AP와 FQ는 이 틀의 변들이고 $ARGF$, $RSHG$, $STIH$는 이 틀의 판들이다.

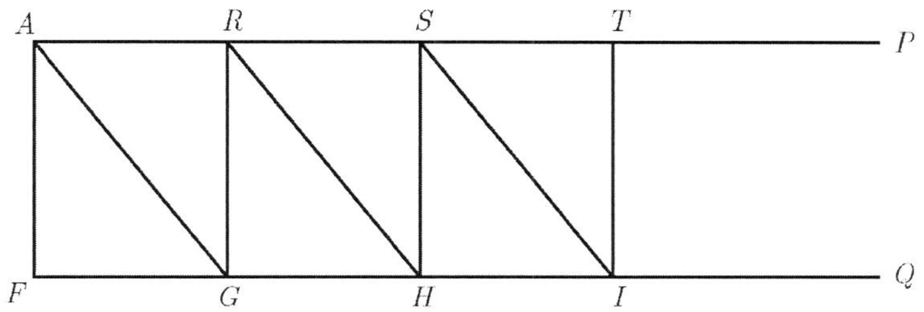

첫째 판은 고정된 상태로 있고 둘째 판은 첫째 판 밑으로 미끄러져 들어가고 셋째 판은 둘째 판 밑으로 미끄러져 들어가서 네 점 A, B, C, D가 한 직선을 이루는 위치에 있다고 하자.

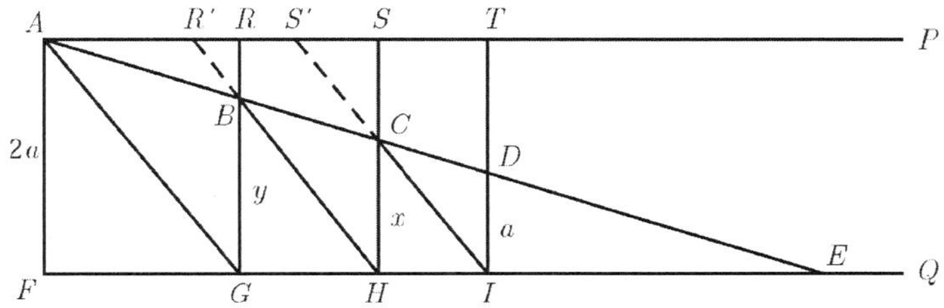

그러면 그 결과는 위의 그림과 같을 것이다. 한 직선을 이루는 네 점 A, B, C, D를 지나는 직선을 그려서 변 FQ와 점 E에서 만난다고 하자. 그러면 닮은 삼각형 이론으로부터 다음을 얻는다.

$$\frac{HE}{GE} = \frac{BE}{AE} = \frac{GE}{FE}$$

한편 다음도 얻는다.

$$\frac{BG}{AF} = \frac{GE}{FE}, \qquad \frac{CH}{BG} = \frac{HE}{GE}$$

여러 가지 관계를 결합하면, 다음이 성립함을 알 수 있다.

$$\frac{CH}{BG} = \frac{BG}{AF}$$

비슷한 이유에서 다음을 얻는다.

$$\frac{DI}{CH} = \frac{CH}{BG}$$

그러므로 DI, CH, BG, AF는 연비례 관계에 있다. $DI = a$, $AF = 2a$, $CH = x$, $BG = y$로 놓으면, 다음을 얻는다.

$$\frac{a}{x} = \frac{x}{y} = \frac{y}{2a}$$

이것은 x와 y가 여기서 찾고 있는 두 길이 a와 $2a$ 사이의 비례 중항이라는 결론을 분명히 한다. 달리 말하면, a가 주어진 정육면체의 모서리의 길이이면, 모서리의 길이가 x인 정육면체의 부피는 원래 정육면체의 두 배이다.

에라토스테네스는 델로스섬 문제를 푸는 이 장치를 대단히 자랑스럽게 생각해서, 그가 프톨레마이오스 3세를 위해 세운 기념비에 이 증명을 새겨 넣었고, 평균 찾기 도구를 청동으로 주조하게 했다. 에라토스테네스가 왕에게 고마움을 표하고 기쁘게 하는 최선의 방법이 난해한 수학 문제의 해법을 그에게 바치는 것이었다니, 이보다 더 기이한 행동이 있을 수 있을까? 물론, 기계적인 해법은 자와 컴퍼스 작도만큼 '순수'할 수는 없고, 플라톤의 원리에 상반됐다.

자연수 $a > 1$가 씨수 $p \leq \sqrt{a}$로 나누어떨어지지 않으면, a 자체는 씨수라는 사실을 알아봤다. 에라토스테네스는 주어진 자연수 n보다 작은 모든 씨수를 찾기 위해, 이 사실을 에라토스테네스의 체라 부르는 기발한 방법의 기초로 사용했다. 이 체계는 2부터 n까지의 자연수들을 커지는 순서로 적을 필요가 있는데, 씨수 $p \leq \sqrt{n}$의 모든 배수 $2p$, $3p$, $4p$, …를 지워서 모든 합성수를 체계적으로 없앤다. '체'를 통해 아래로 떨어지지 않는 목록에 남아있는 자연수들은 씨수이다.

이 방법을 적용하는 방법을 알아보기 위해서, 100 이하의 씨수를 모두 찾는다고 하자. 2가 씨수이므로, 먼저 2를 제외하고 모든 짝수를 줄을 그어 지우다. 남은 자연수 중에서 첫째인 3은 반드시 씨수이다. 3을 남기고, 3의 더 큰 배수를 모두 줄로 그어 지우자. 그러면 6, 9, 12, …가 제거된다. 제거되지 않은 3 뒤의 가장 작은 자연수는 5이다. 5는 2와 3으로 나누어떨어지지 않으므로(그렇지 않다면 이미 지워졌을 텐데), 이것도 씨수이다. 5보다 큰 5의 배수는 합성수이므로, 다음으로 5는 유지하고 10, 15, 20, …을 없앤다. 이제 살아남은 최초의 자연수 7은 씨수인데, 이것은 이보다 앞에 있는 유일한 씨수들인 2, 3, 5로 나누어떨어지지 않는다. $\sqrt{100} = 10$보다 작은 씨수 중에서 가장 큰 씨수 7보다 큰 7의 배수를 제거하면, 수열 2, 3, 4, …, 100에 있는 합성수는 모두 체를 빠져 나간다. 아직 남아있는 자연수들, 구체적으로 말하면 2, 3, 5, 7, 11, 13, 17, 19, 23, 29, 31, 37, 41, 43, 47, 53, 59, 61, 67, 71, 73, 79, 83, 89, 97은 100 이하의 씨수 전체이다.

다음 쪽의 표는 체로 거른 결과를 보여준다. 2의 배수는 \로 지웠고, 3의 배수는 /로 지웠으며, 5의 배수는 ―로 지웠고, 7의 배수는 ~로 지웠다.

■ 지구의 측정

오늘날 에라토스테네스는 지구의 둘레를 셈하는 실용적인 방법을 고안한 것으로 가장 잘 기억되고 있다. 그가 고대에 이렇게 어림한 최초 인물도 아니고 마지막도 아니지만, 그 이전의 어느 어림값보다 훨씬 더 정확했다. 에라토스테네스의 업적에서 특출한 점은 그 단순

	2	3	~~4~~	5	~~6~~	7	~~8~~	~~9~~	~~10~~
11	~~12~~	13	~~14~~	~~15~~	~~16~~	17	~~18~~	19	~~20~~
~~21~~	~~22~~	23	~~24~~	~~25~~	~~26~~	~~27~~	~~28~~	29	~~30~~
31	~~32~~	~~33~~	~~34~~	~~35~~	~~36~~	37	~~38~~	~~39~~	~~40~~
41	~~42~~	43	~~44~~	~~45~~	~~46~~	47	~~48~~	~~49~~	~~50~~
~~51~~	~~52~~	53	~~54~~	~~55~~	~~56~~	~~57~~	~~58~~	59	~~60~~
61	~~62~~	~~63~~	~~64~~	~~65~~	~~66~~	67	~~68~~	~~69~~	~~70~~
71	~~72~~	73	~~74~~	~~75~~	~~76~~	~~77~~	~~78~~	79	~~80~~
~~81~~	~~82~~	83	~~84~~	~~85~~	~~86~~	~~87~~	~~88~~	89	~~90~~
~~91~~	~~92~~	~~93~~	~~94~~	~~95~~	~~96~~	97	~~98~~	~~99~~	~~100~~

성에 있다. 그의 과정은 알렉산드리아와 (오늘날 아스완이라 부르는) 시에네를 지나는 대원의 호의 길이에 대한 어림에 근거했다. 두 도시에는 특별한 장점이 있었다. 두 도시는 똑같은 자오선에 있다고 생각했다. 그리고 두 도시 사이의 거리는 똑같은 보폭으로 걷고 걸음 수를 세도록 훈련받은 측량사(bematistes)가 측정했는데, 5000스타디움으로 밝혀졌다. 또, 여행자들은 하지에 시에네에서 정오에 태양이 똑바로 세운 막대기에 그림자를 드리우지 않는다는 신기한 사실을 지적했다. 이것은 시에네가 북회귀선[5] 바로 아래에 있거나 적어도 그 근처에 있음을 뜻했다. 전하는 이야기에 따르면, 에라스토텔레스는 회귀선의 위치를 깊은 우물에 있는 물을 관찰해서 확인했다고 한다. 하지의 정오에 바닥은 햇빛으로 완전히 환하게 빛나고 있었고, 우물의 가장자리는 아래에 있는 물에 그림자를 전혀 드리우지 않았다.

태양은 지구로부터 아주 먼 거리에 있기 때문에, 햇빛은 지구에 평행선으로 따라 비춘다고 간주할 수 있다. 에라토스테네스는 하지의 정오에 태양이 바로 머리 위에 있으므로 시에네의 우물을 지나는 선을 연장하면 지구의 중심을 지난다고 주장했다. 같은 시각에 알렉산드리아에서 태양이 드리운 그림자는 천정으로부터 태양의 각 위치가 $\alpha = 7°\ 12'$, 곧 $360°$의 50분의 1임을 알려줬다. 에라토스테네스는 이런 측정을 할 때 그 중심에서 그림자를 드리우는 연직 바늘이 있는 반구 모양의 오목한 그릇으로 이루어진 해시계를 분명히 사용했다. 태양의 방향과 높이는 오목한 안쪽에 그린 선들과 태양의 그림자를 관찰해서 읽었다. 이제 해시계의 연직 바늘을 지나서 그린 상상의 선은 지구의 중심을 지날 것이고, 시에네에서 우물을 지나는 선과 각을 형성할 것이다. 이 중심각은 두 평행선을 지나는 횡단선이 형성하는 엇각이 서로 같다고 주장하는 정리에 따라서 α와 같을 것이다. 간단히 말하면, 광선이 해시계의 바늘과 이루는 각은 알렉산드리아와 시에네를 연결하는 호에 대한 중심각은 서로 같을 것이다.

5) [옮긴이] 북위 23°27′의 위도선, 하지선이라고도 함.

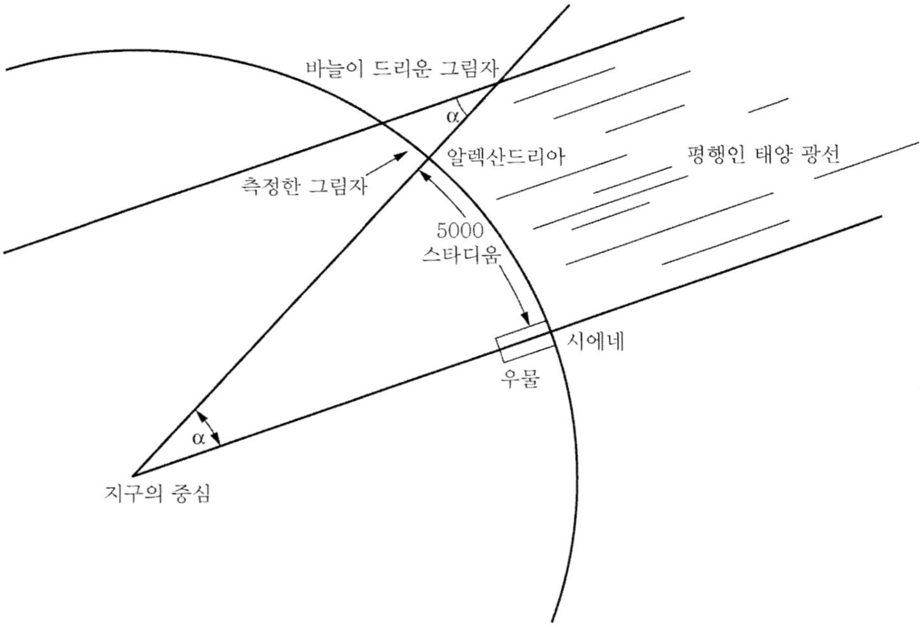

알렉산드리아의 해시계, 시에네의 우물, 지구의 중심, 시에네에서 똑바로 위로 태양의 중심이 모두 같은 평면에 있다고 가정하고, 에라토스테네스는 다음과 같이 추론했다.

$$\frac{\alpha}{360°} = \frac{5000}{\text{지구의 둘레}} \quad (\text{단, } \alpha = \frac{360°}{50})$$

이 등식에는 단 한 개의 미지의 양(지구의 둘레)가 있다. 이에 따라 지구의 전체 둘레 50×5000스타디움, 곧 25'0000스타디움을 얻었다. 현재 우리는 알 수 없는 어떤 이유에서(어쩌면 알렉산드리아와 시에네 사이의 거리의 측정에 있는 오차를 해소하기 위해서), 그는 이 수치에 추가로 2000을 더해서 찾는 둘레가 25'2000스타디움이라고 결론지었다. 불행하게도, 거리를 측정하는 데 사용한 스타디움이 두 가지 이상 있었다. 에라토스테네스가 516.73피트의 이집트 스타디움을 사용했다고 가정하면, 25'2000스타디움은 믿을 수 없을 정도로 훌륭한 값 2'4662마일이 된다. 이것은 참값에 겨우 245마일이 부족할 뿐이다. 고대 세계는 분명히 에라토스테네스의 측정을 최적의 값으로 받아들였다. 로마의 박물학자 플리니우스(Pliny, 서기 23~79)는 이것은 매우 절묘하고 대담한 위업이었기 때문에 이 수치를 받아들이지 않는 것은 부끄러울 것이라고 말했고, 이를 신의 승인이라고 기록하기도 했다.

그렇지만 이렇게 정밀한 어림값은 어느 정도 우연이라고 간주해야 할 것이다. 그 방법은 이론적으로 견실하지만, 답의 정확성은 기본적인 자료를 결정할 수 있는 정밀도에 따라 결정됐을 것이다. 위도의 차에 대한 원의 50분의 1이라는 수치는 진실에 가깝지만, 시에네가 바로 회귀선에 있지는 않고 알렉산드리아는 같은 자오선에 있지도 않으며(시에네 서쪽으로 약 3°

떨어져 있으며) 두 도시 사이의 직선 거리는 5000이 아니라 4530스타디움이다. 이것은 매우 큰 문제는 아닌데, 에라토스테네스의 업적은 그의 방법에 놓여있기 때문이다. 알렉산드리아 시대에 그리스 수학에서 '이류 선수'로 간주됐던 사람이 이것에서는 천재의 손길을 보여줬다.

■ 프톨레마이오스의 ≪알마게스트≫

알렉산드리아에 대한 논의에서는 반드시 천문학에서 이루어진 발전을 고려해야 한다. 천문학은 수학에 완전히 의존하는 과학 분야이다. 14세기 동안 태양계의 청사진으로 인정받은 것은 알렉산드리아의 클라우디우스 프톨레마이오스(Claudius Ptolemy, 서기 100~170)의 것이었다. 프톨레마이오스가 천문학에 대해 한 것은 유클리드가 기하학에 대해 한 것과 같다. 그는 독창적인 천재성으로 훌륭하게 통합하고 설명하는 능력을 발휘해서, 전임자들의 연구를 '역사적인 흥밋거리'로 만들었고 살아남을 가능성을 거의 없앴다. 그의 뛰어난 연구서 ≪수학 대계(Syntaxis Mathematica)≫[6] 또는 아랍 세계와 중세 유럽에 알려진 대로 ≪알마게스트(Almagest)≫는 코페르니쿠스의 ≪천체의 회전에 대해(1543)≫가 출판되기 전까지 천문학에서 최상의 권위를 유지했다. 프톨레마이오스가 이집트에서 태어났고 그의 수많은 천문학적 관찰이 서기 127과 151년 사이에 아마도 박물관에서 이루어졌을 것이라는 점을 제외하면, 그의 삶 대부분에 대해 알려진 바는 없다.

프톨레마이오스의 걸작에 대한 이름 자체도 기이한 역사를 지니고 있다. 그리스 사람들은 이것을 ≪Megale Syntaxis(대집성)≫라 불렀다. 그 뒤 그리스 말을 아랍 말로 번역한 사람들은 이에 대한 감탄 또는 부주의로 아랍어의 관사 'al'과 최상급 'magiste'를 결합해서 만든 말 'almagisti'(최고)를 만들었는데, 그 뒤 이의 이름은 라틴 말 Almagestum과 구어체 Almagest로 영원히 불리고 있다.

프톨레마이오스는 지구를 우주의 고정된 요지부동의 중심으로 생각했고 그 둘레로 행성들이 동심원을 그리며 돈다고 생각했던 그리스 철학자들의 긴 대열에서 끝 부분에 나타났다. 지구가 천체의 중심이 아닌 다른 어떤 곳에 있다는 주장은 우주에서 인간의 최상의 지위를 부정하는 것이었으며 신에게 인간의 일이 다른 행성의 일보다 더 중요하지 않다고 믿는 것이었다. 사모스의 유명한 아리스타르코스(Aristarchus, 280년경 활동)와 같은 일부 천문학자는 지구와 행성이 모두 고정된 태양의 둘레를 공전한다는 태양 중심 가설을 제시했지만, 여러 가지 이유로 거부됐다. 지구가 발 밑에서 고정되어 있는 것으로 보인다거나 가벼운 물체가 공중으로 날아가지 않는다거나 위로 똑바로 쏘아올린 발사체가 서쪽으로 먼 곳에 떨어지지 않는다는 사실을 천문학에서 가르칠 필요도 없었다. 아르키메데스는 지구가 움직인다면 별들로부터 이것의 거리가 변할 것인데 이것은 분명히 그렇지 않다고 좀 더 과학적인 주장을 내세웠다.

---

6) [옮긴이] ≪천문학 대집성(Megale Syntaxis tes Astoronomias)≫이라고도 한다.

클라우디우스 프톨레마이오스
(Claudius Ptolemy, 145년경)

(*The Bettmann Archive*)

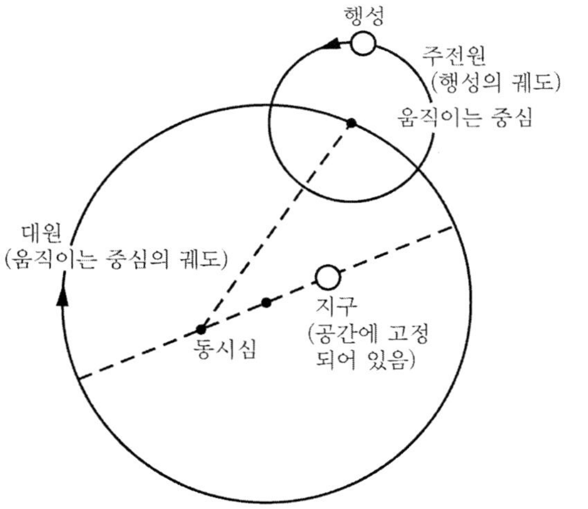

원의 아름다움과 완벽성에 대한 피타고라스 학파의 선입관 때문에, 태양과 행성의 운동은 원형이어야만 했다. 그렇지만 원형 궤도에서 이것들의 일탈은 관찰할 수 있을 정도로 충분히 컸고 설명이 요구됐다. 천체 운동을 원형 움직임의 결합으로 설명하기 위해서 그리스 천문학자 아폴로니오스는 기발한 주전원(epicycle) 체계를 고안했는데, 주전원은 다른 원의 둘레에 중심이 있는 작은 원이다. 주전원 체계에서, 각 행성은 '대원(deferent, 지구를 둘러싼 가상의 원)'이라 부르는 큰 원을 따라 지구 둘레를 돈다. 이 원은 행성의 진정한 경로를 표현하지 않지만, 행성이 따라 도는 작은 원들인 주전원의 중심의 경로이다. 이런 발상을 자신의 축적된 관찰 결과로 합리화한 클라우디우스 프톨레마이오스는 기이한 태양 운동을 제안했다. 아인슈타인의 상대성 이론이 현대의 사람들에게 복잡하게 느껴지는 정도로, ≪알마게스트≫에 설명한 그의 체계는 당대의 사람들에게 복잡하게 느껴졌을 것이다.

프톨레마이오스는 지구를 행성의 대원을 나타내는 주된 원 안에 중심이 아닌 점에 위치시켰고 주전원의 중심이 대원의 중심이 아니라 상쇄하는 점을 중심으로 일정한 속력으로 움직이게 했다. 이 상쇄하는 점은 균등하게 하는 점으로 '동시심(대심, equant)'이라 부르는데, 원의 중심 반대편에서 지구로부터 같은 거리에 놓여있다. 동시심은 주목할 만한 발명으로, 프톨레마이오스가 원을 이용해서 행성 운동의 중요한 양상을 설명할 수 있게 했을 뿐만 아니라 2세기에 입수 가능한 관측 자료와 일치시킬 수 있게 했다. (행성의) 운동은 대원이 지구의 관측자와 가까이 있을 때 가장 빠르고 반대쪽 점에 있을 때 가장 느리게 나타나는 것은 자명했다. 그리고 이것은 태양이 때로는 지구에 가깝고 따로는 멀어지는 이유를 설명했다.

프톨레마이오스 체계의 주요한 결함은 지구가 우주의 중심이라는 잘못된 전제에 놓여 있었다. 그러나 태양 중심 이론은 무시되지 않았다. 프톨레마이오스는 이 이론을 반박하는 데 한두 줄을 사용했는데, 그렇게 함으로써 여러 세대를 거치면서 이에 대해 숙고하도록 보존했고 코페르니쿠스가 이를 전개할 수 있도록 했다. 코페르니쿠스는 여전히 주전원으로 괴롭힘을 당했는데, 이 문제는 케플러가 행성이 피타고라스의 이상적인 원이 아니라 타원 궤도를 따라 움직인다는 사실을 관찰한(1609년) 뒤에야 해결됐다. 케플러가 이렇게 급진적으로 전통을 깨부수자마자 모든 것이 딱 맞아떨어졌다.

■ 프톨레마이오스의 ≪지리학 사전≫

≪알마게스트≫와 같이 그 뒤 수세기 동안 큰 영향을 끼친 프톨레마이오스의 책은 ≪지리학 사전(Geographike Syntaxis)≫이었다. 여덟 권으로 이루어진 이 책은 당시에 알려진 살 수 있는 세계, 곧 유럽 대륙과 아시아 및 아프리카에 대한 지리학적 지식을 요약하려고 시도했다. ≪지리학≫에는 지도 모음집이 덧붙여 있었는데, 종합적인 세계 지도와 각 지역을 자세하게 보여주는 26개의 지도로 이루어져 있다. 프톨레마이오스는 지구의 굽은 표면을 평면에 표현하는 나름대로의 방법을 개발했다. 그는 지구의 둘레를 360부분 또는 나중에 불린 대로 360도로 나누었고, 표면을 자오선과 위선의 그물로 덮었다. 임의의 본초 자오선으로 프톨레마이오스는 행운의 섬(Fortunate Islands, 카나리아 제도)의 가장 서쪽을 지나는 선을 선택했지만, 그가 생각한 대륙으로부터 이 섬 사이의 거리는 약 7°만큼 차이가

났다. 그는 이 세계 지도에서 평면에 지구의 자오선과 위선을 곡선으로 나타냄으로써 지구의 외곽을 재현하려고 했다. 여기서 자오선들은 극에 수렴하도록 했다. 더 작은 지역의 지도의 경우에는 단순히 직사각형 격자를 고려해도 충분했다.

프톨레마이오스 지도를 얼핏 봐도 알려진 세계에 대한 약간 잘못된 모습을 보여줌을 알 수 있을 것이다. 행운의 섬을 지나는 본초 자오선부터 중국의 도시 세라(Sera)까지의 거리는 180°를 이루는데(실제로는 126°인데), 이 결과 서유럽의 서쪽 끝부터 동쪽 아시아까지의 거리가 실제보다 훨씬 작다. 프톨레마이오스는 인도가 반도 모양임을 몰랐고, 이에 따라 그는 아시아의 남부 해안선을 완전히 왜곡시켰고 스리랑카 섬을 실제 크기의 14배로 과장했다. 그는 중국 대륙이 남쪽으로 아주 멀리까지 뻗은 다음에 서쪽으로 뻗어서 아프리카의 동쪽 해안과 연결된다고 생각한 것으로 보인다. 이에 따라 인도양은 육지로 둘러싸인 바다로 만들었다. 프톨레마이오스 지도가 왜곡된 이유는 부분적으로 지구의 둘레에 대한 에라토스테네스의 어림값을 거부하고 덜 적절한 어림값 18'0000스타디움을 채택했기 때문이었다. 이 값은 너무 작은데, 거의 5000마일 또는 정확한 거리의 약 4분의 1만큼 작다.

≪지리학≫의 주요 부분은 지역별로 정리한 약 8000곳에 대한 철저한 지명 사전인데, 설정된 경도와 위도를 함께 제시했다. 프톨레마이오스는 이런 좌표가 천문학적 관측에 근거했다는 인상을 주었지만, 그는 주로 로마의 도로 여행 일정표(제국의 도로에서 숙박 장소들에 대한 공식적 목록과 그 사이의 거리) 및 알렉산드리아를 방문한 여행자와 상인들에 의존했다. 그가 이런 개략적인 자료를 이용했기 때문에, 지중해의 잘 알려진 영역을 벗어난 많은 장소의 위치가 극도로 부정확한 사실은 놀랍지 않다. 예를 들면, 파리를 루아르(Loire) 강어귀의 반대편에 표시했다. 그러나 프톨레마이오스는 나일 강을 적도보다 약간 남쪽에 있는 두 호수(빅토리아 호수와 알버트 호수)로부터 흘러나온 두 강으로 이루어졌다고 묘사할 때는 놀라울 만큼 진실에 가까웠다. 이 지리학적 사실은 19세기까지도 확정되지 않았었다.

프톨레마이오스의 지리학 연구는 ≪알마게스트≫보다 훨씬 뒤에 서유럽에 영향을 끼쳤다. 이것은 1409년에 라틴 말로 번역됐는데, 아랍 말 문헌이 아니라 콘스탄티노플에서 가져간 그리스 말 문헌이 이용됐다. 1475년에 처음으로 인쇄됐지만, 그 문헌에 포함된 좌표를 이용해서 중세의 지도 제작자가 그린 지도가 첨부된 최초의 인쇄본은 1478년에 로마에서 발간됐다. 라틴 판 ≪지리학≫은 대단한 존경을 받았는데, 부분적으로는 저자가 세계를 수세기 동안 알려졌던 것과 비슷하게 표현했기 때문이고 부분적으로는 그가 위치를 결정하는 엄밀한 수학적 방법을 사용했다는 잘못된 믿음 때문이었다. 게다가, 15세기 초의 학자들은 프톨레마이오스를 비판할 수 있는 믿을 만한 판단 기준을 갖고 있지 않았다. 이런 정보에 근거한 지도는 많은 오류에도 불구하고 그 전에 접할 수 있던 것보다 엄청나게 더 월등했고 당시의 해도가 통상적으로 포함하지 않는 많은 지역을 다뤘다.

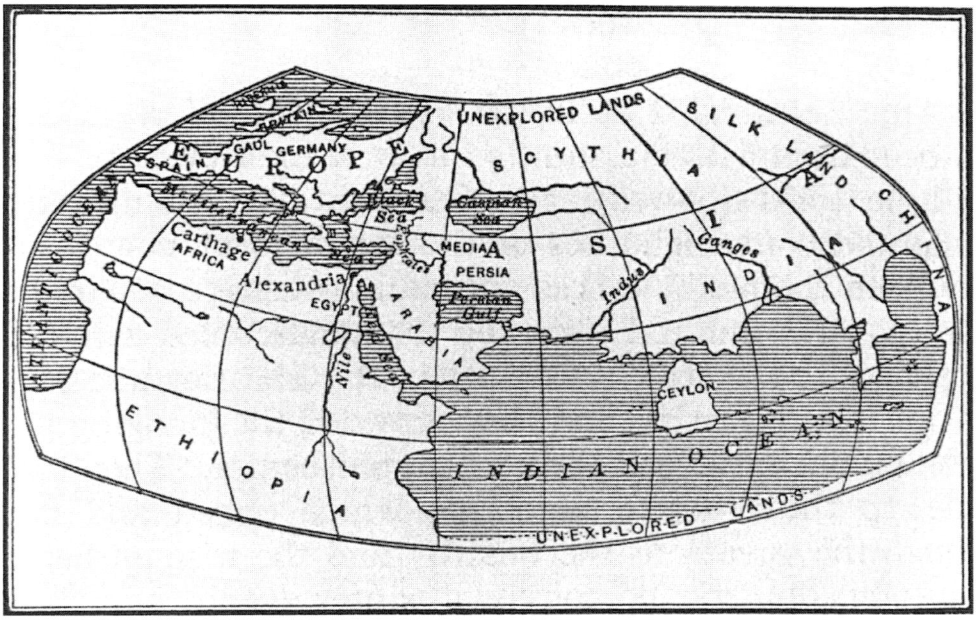

프톨레마이오스에 따른 살 수 있는 세계 (*From* Ancient Times *by James Henry Breasted,* ⓒ*1916 by James Henry Breasted. Reproduced by permission of Ginn and Company*)

프톨레마이오스가 유럽과 아시아 사이의 거리를 위도에서 약 50°만큼 축소한 것은 크리스토퍼 콜럼버스(Christopher Columbus, 1451~1506)로 하여금 그가 대서양을 서쪽으로 가로질러 항해해서 쉽게 동양에 도달할 수 있다는 믿음을 더욱 확고하게 만들었다. 어쩌면 그가 발견을 위해 대 항해에 나서도록 유도했을 수도 있다. 실제로, 콜럼버스는 그가 처음을 본 땅이 인도 동남쪽의 외진 섬이라는 확신 속에 죽었다. 그리고 이렇게 잘못된 생각은 아메리카 대륙의 원주민에게 붙인 이름 '인디언' 속에 영원히 남아 있다.

문제 4.4

1. 프톨레마이오스는 ≪알마게스트≫에서 오늘날 '프톨레마이오스의 정리'라고 부르는 다음과 같은 기하학적 결과를 증명했다.

$ABCD$가 원에 내접하는 (볼록) 사각형이면, 두 맞모금의 곱은 두 쌍의 대변의 두 곱의 합과 같다. 기호로 나타내면 다음과 같다.

$$AC \cdot BD = AB \cdot CD + BC \cdot AD$$

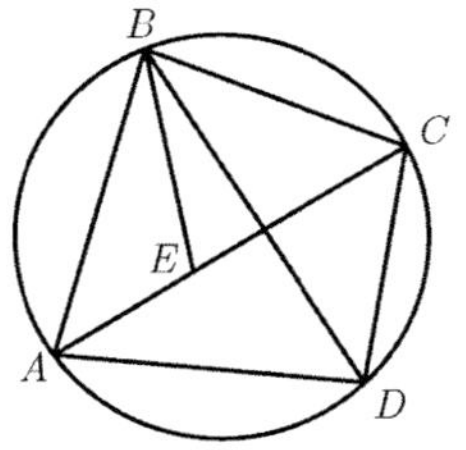

BE를 $\angle ABE = \angle DBC$가 성립하도록 그리고, 프톨레마이오스의 정리에 대한 다음과 같은 정리를 자세히 완성하라.

(a) 두 삼각형 ABE와 DBC는 서로 닮은 도형이다. 그러므로 다음이 성립한다.

$$\frac{AB}{BD} = \frac{AE}{CD}$$

(b) $\angle ABD = \angle ABE + \angle EBD$
$= \angle DBC + \angle EBD = \angle EBC$

(c) 두 삼각형 ABD와 EBC는 서로 닮은 도형이다. 그러므로 다음이 성립한다.

$$\frac{AD}{EC} = \frac{BD}{BC}$$

(d) $AB \cdot CD = AE \cdot BD$와 $BC \cdot AD = EC \cdot BD$를 더한 결과는 다음과 같다.

$$AC \cdot BD = AB \cdot CD + BC \cdot AD$$

2. 다음 그림과 같이 AB와 AC는 지름 AD의 끝점 A에서 끝나는 한 원의 두 현이고 $AB < AC$라 하자.

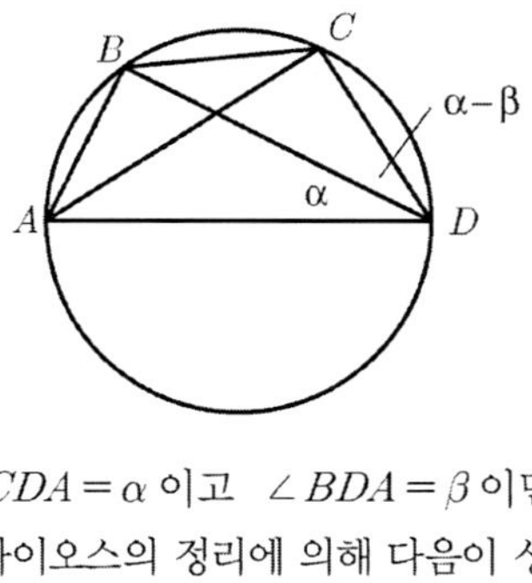

$\angle CDA = \alpha$이고 $\angle BDA = \beta$이면, 프톨레마이오스의 정리에 의해 다음이 성립한다.

$$\frac{BC}{AD} = \sin\alpha\cos\beta - \cos\alpha\sin\beta$$

이 결과는 $\sin(\alpha - \beta)$에 대한 삼각 공식을 연상시킨다.

3. 프톨레마이오스의 정리를 이용해서, 점 P가 정삼각형 ABC의 외접원의 호 AB에 놓여있으면 $PC = PA + PB$가 성립함을 증명하라.

4. 그리스의 다른 기하학자들과 같이 프톨레마이오스는 사인 대신에 중심각에 대한 현을 사용했다. 사인은 훨씬 더 뒤인 5세기경에 인도의 천문학자들이 고안했다. ≪알마게스트≫ 제1권에는 반지름이 60인 원의 중심각이 $\frac{1}{2}°$부터 180°까지 $\frac{1}{2}°$씩 커질 때 이에 대응하는 현의 길이를 알려주는 표가 포함되어 있다.

(a) 중심각 2α에 대응하는 현의 길이에 대한 프톨레마이오스의 값 chord 2α와 α의 사인 사이에 성립하는 다음 관계를 유도하라.

$$\text{chord } 2\alpha = 120\sin\alpha$$

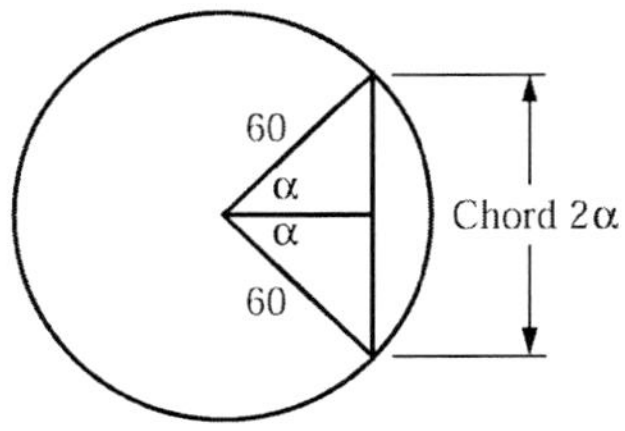

(b) 프톨레마이오스의 값 chord $1° = 1;2,50$과 내접하는 정360각형을 사용해서 원의 둘레에 대한 어림값을 찾아서, π에 대한 그의 어림값을 찾아라.

[**귀띔**: $\pi = \dfrac{\text{원의 둘레}}{\text{지름}} \approx \dfrac{(360\,\text{chord}\,1°)}{\text{지름}}$]

(c) 프톨레마이오스의 값 chord $120° = 103;55,23$과 $\sqrt{3} = 2\sin 60°$라는 사

실을 이용해서, $\sqrt{3}$에 대한 그의 어림값을 찾아라.

5. 세 변의 길이가 a, b, c인 삼각형의 넓이 K에 대한 다음 공식에 대한 아래 증명에서 빠진 자세한 내용을 채워라.

$$K=\sqrt{s(s-a)(s-b)(s-c)},$$

$$s=\frac{1}{2}(a+b+c)$$

(이 공식은 헤론의 ≪측정론≫에 나타나고, 증명은 그의 ≪경위의(經緯儀, Dioptra)≫에서 밝혔다. 아랍의 전통에 따라서, 이 결과는 그 이전에 아르키메데스에게 알려져 있었는데, 아르키메데스는 의심할 바 없이 이의 증명을 알고 있었다.)

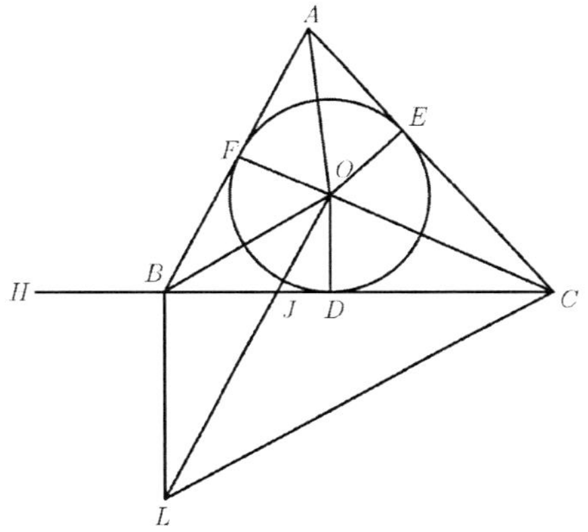

삼각형 ABC에 중심이 O인 원이 내접하는데, 이 원과 세 변 BC, AC, AB는 차례로 세 점 D, E, F에서 접한다. 선분 CB를 H까지 연장해서 $HB=AF$가 성립한다고 하자. 그리고 OC에 수직인 선 OL을 그려서 BC와 J에서 만나고, B에서 올린 BC의 수선과 L에서 만난다고 하자. 그러면 다음이 성립한다.

(a) $K=\frac{1}{2}(BC)(OD)+\frac{1}{2}(AC)(OE)$
$+\frac{1}{2}(AB)(OF)$
$=s(OD)=(HC)(OD)$

(b) $\angle CLB+\angle BOC=180°$이고
$\angle BOC+\angle AOF=180°$이면,
$\angle CLB=\angle AOF$이다.

(c) 두 삼각형 AOF와 CLB는 서로 닮은 도형이고, 이에 따라 다음을 얻는다.

$$\frac{BC}{BH}=\frac{BC}{AF}=\frac{BL}{OF}=\frac{BL}{OD}=\frac{BJ}{JD}$$

(d) $\frac{BC}{BH}+1=\frac{BJ}{JD}+1$이면, $\frac{CH}{BH}=\frac{BD}{JD}$이다.

(e) $\frac{(CH)^2}{CH\cdot HB}=\frac{BD\cdot CD}{JD\cdot CD}=\frac{BD\cdot CD}{(OD)^2}$

(f) $K^2=(CH)^2(OD)^2$
$=CH\cdot HB\cdot BD\cdot DC$
$=s(s-a)(s-b)(s-c)$

여기서 $a=BC$, $b=AC$, $c=AB$이다.

6. 인도의 수학자 브라마굽타(600년경)는 원에 내접하는 사각형의 넓이 K에 대한 다음 공식을 발견했다.

$$K=\sqrt{(s-a)(s-b)(s-c)(s-d)}$$

여기서 a, b, c, d는 사변형의 네 변의 길이이고 $s=\frac{1}{2}(a+b+c+d)$는 둘레의 반이다. 헤론의 공식이 브라마굽타의 공식의 특별한 경우임을 증명하라.

7. 네 변의 길이가 a, b, c, d인 사변형이 한 원에 내접하고 다른 원에 외접하면, 이의 넓이 K는 다음과 같이 주어짐을 보여라.

$$K=\sqrt{abcd}$$

[**귀띔**: 원의 밖에서 그 원에 그은 두 접선의 길이는 같다는 사실을 이용해서 $s=a+c=b+d$라는 결론을 얻자. 이제 브라마굽타의 공식을 적용하자.]

8. 브라마굽타가 발견한 다음 결과를 밝혀라. 원에 내접하는 사변형의 두 맞모금이 점 P에서 직교하면, P를 지나고 사변형의 한

변과 수직인 임의의 직선은 그 대변을 이등분한다.

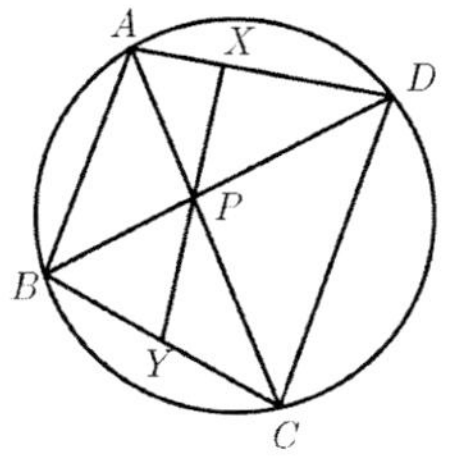

[**귀띔**: XY가 BC에 수직이면, 다음이 성립한다.

$$\angle DPX = \angle BPY = \angle PCY = \angle ACB$$
$$= \angle ADB = \angle XDP$$

그러므로 삼각형 XPD는 이등변 삼각형이다. 마찬가지로 XPA는 이등변 삼각형이다.]

4.5 아르키메데스

■ 고대 세계의 천재

아르키메데스(Archimedes, 기원전 287?~212)의 연구는 알렉산드리아 수학의 전형이다. 아르키메데스는 고대의 가장 뛰어난 창조적인 천재로 간주되는데, 에라토스테네스와 동년배였다. 그의 삶에 대해 알고 있는 자세한 내용은 거의 없지만, 그의 이름이 붙어있는 상상 속에나 나올 것 같은 이야기가 몇 가지 있다. 아르키메데스는 천문학자 피디아스(Phidias)의 아들이었는데, 시칠리아 남동 해안에 있던 그리스 사람들의 정착지인 시라쿠사에서 태어났다. 당시 시라쿠사는 그리스 세계에서 가장 큰 도시였다. 플루타르코스에 따르면, 아르키메데스는 시칠리아를 통치했던 히에론 2세(Hieron II, 기원전 307?~216)와 같은 왕족 출신이라고 한다. 역사학자 폴리비오스에 따르면, 히에론 2세는 개화된 독재자로 54년 동안 군림하면서 "단 한 사람의 시민도 죽이지 않고 추방하지도 않았으며 해치지 않았는데, 참으로 이것은 그 어느 것보다도 더 놀라운 일이다." 아르키메데스는 거의 확실하게 이집트를 방문했을 것이고, 알렉산드리아의 박물관에 있는 몇 명의 학자와 정기적으로 편지를 주고받았기 때문에 그는 이 그리스 과학의 중심지에서 연구했을 것이다. 그렇지만 그는 자신의 활동적인 시기 대부분을 시라쿠사에서 보냈는데, 이곳에서 히에론의 보호와 후원 속에 그는 연구와 실험에 전적으로 몰두했다. 아르키메데스는 수학에 관한 저술과 기계 발명 및 제2차 포에니 전쟁 기간(기원전 218~201)에 고향을 방어하기 위해 시행한 눈부신 책략으로 고대에 대단히 큰 명성을 얻었다. 로마 군대에 의해 시라쿠사가 무너진 뒤에 일어난 무자비한 살육 과정에서 그가 죽었다는 사실은 충분히 입증된다.

아르키메데스는 이론적 지식과 함께 뛰어난 기계 조작 기술을 발휘해서 일련의 기발한 장치를 고안했다. 이 중에서 가장 유명한 것은 아르키메데스 스크루인데, 일부 지역에서 아직도 사용되고 있는 물 펌프이다. 아르키메데스는 분명히 이것을 이집트를 방문하는 기간에 수로의 물을 두렁 너머의 들판으로 올려서 물을 대기 위한 목적으로 발명했을 것이다. 이것은 그 뒤에 광산에서 물을 뿜어내고 배의 짐칸에서 물을 뽑아낼 때 사용됐다. 이 단순하고 쓸모 있는 정치는 양쪽 끝이 열린 긴 원통과 그 안에 들어있는 길이가 원통과 같은 금속으로 만든 연속 나사 또는 소용돌이 모양의 부품으로 이루어져 있다. 이 원통의 아래쪽 끝을 고정된 물에 기울여 넣고 끼워 넣은 소용돌이 모양의 부품을 돌리면, 물은 위로 올라가서 원통의 위쪽 끝을 통해 흘러 나간다.

아르키메데스가 공학자로서의 재능을 발휘한 여러 가지 이야기가 오늘날까지도 전해지고 있는데, 자연스럽게 그의 기계적인 발명품들이 꽤 전문적인 그의 수학적 업적들보다 사람들의 마음을 더 크게 움직였기 때문이다. 한 가지 아주 잘 알려진 전설은 큰 배를 물에 띄운 그의 위업에 관한 것이다. 아르키메데스가 지레와 톱니바퀴 및 도르래를 이용해서 움직일 수 있었던 엄청난 무게에 깜짝 놀란 히에론 왕에게, 아르키메데스는 이용할 수 있는 고정된 받침점이 있다면 다음과 같이 모든 것을 움직일 수 있다고 뽐냈다는 이야기가 있다. “나에게 서 있을 장소만 주면, 지구도 움직이겠다.” 히에론은 아르키메데스에게 그 말을 실현해 보라고 요청했고, 그의 신하들이 겪었던 경험으로 배가 대단히 무거워서 통상적인 방법으로는 건선대로부터 물에 띄울 수 없었던 어려운 상황을 지적했다. 아르키메데스는 지레와 도르래의 조합을 고안했는데, (플루타르코스의 기록에 따르면) 그는 혼자 “먼 곳에 앉아서 힘들이지 않고 겹도르래의 끝만 한 손으로 조용히 잡고 끌어당기자 배는 마치 물 위에서 움직이듯이 부드럽고 안전하게 끌려 나갔다.” 프로클로스도 똑같은 이야기를 전했는데, 여기서는 히에론 자신이 도르래를 작동하고 놀라움에 다음과 같이 소리쳤다고 한다. “오늘부터 앞으로는 아르키메데스가 무슨 말을 하든지 그를 믿겠다.”

아르키메데스는 기계를 다루는 뛰어난 재주에도 불구하고 실용적인 필요와 관련된 발견을 ‘기하학의 흥겨운 기분 전환’ 정도로 생각했고 이것보다는 이론적인 연구를 훨씬 더 중요하게 여겼다. 플루타르코스는 ≪마르켈루스 전기≫에서 다음과 같이 썼다.

> 이런 발명을 통해 그는 다른 어떠한 기인보다도 더 큰 명성을 얻었지만, 그는 이런 주제에 대해 글을 써서 후세에 남길 생각이 없었다. 그는 쓸모와 이익을 직접적으로 추구하는 기계에 관한 일과 모든 종류의 기술을 저속하고 비열하다고 생각했고, 일상적인 삶의 요구들로 뒤섞여서 더럽혀지지 않은 아름다움과 절묘함이 있는 그런 고찰에 자신의 모든 열망을 쏟아 부었다.

아르키메데스는 자신의 지식을 실용적으로 활용하는 것에 큰 관심이 없었지만, 그는 존경하는 친구이자 후원자인 히에론 왕은 통상 기꺼이 도왔고 문제를 해결해줬다. 가장 잘 알려진 이야기의 하나는 그가 황금 왕관의 순도를 성공적으로 판정한 방법을 알려준다. 시라쿠사의 권력을 쥔 히에론은 신들에게 바친 제물로 만든 순금 왕관을 갖고 있었다고 한다.

완성된 금관의 무게는 금 세공인에게 맡긴 금의 무게와 똑같았다. 그런데 히에론은 세공인이 금의 일부를 빼돌리고 같은 무게의 은으로 대체했다고 의심했다. 히에론은 이 의혹을 밝혀낼 수 없었기 때문에 아르키메데스에게 의뢰했다. 이야기에 따르면, 이 위대한 과학자는 그 도시의 공중 목욕탕에 있을 때 이 문제를 해결하는 방법을 갑자기 깨달았다고 한다. 그는 욕조에 들어가서 몸을 물 속으로 더 깊이 넣으면 더 많은 물이 욕조 위로 넘쳐나간다. 그래서 만약 금 세공인이 실제로 금과 은을 합쳐서 왕관의 질을 떨어뜨렸다면, 금관을 물 속에 담그면 그 금관과 무게가 같은 양의 금을 물 속에 담갔을 때보다 더 많이 물이 넘칠 것이라는 생각이 그에게 떠올랐다. 왜냐하면 순금의 밀도가 순금과 더 가벼운 은의 합금의 밀도보다 더 높기 때문이다. 로마의 건축가 비트루비우스(Vitruvius, 기원전 1세기)는 이런 해법의 가치를 깨달은 아르키메데스에 대해 다음과 같은 이야기를 전했다.

> 그 즉시 기쁨에 넘쳐 어쩔 줄 몰라 하면서 … 욕조를 뛰쳐나와 벌거벗은 채로 집까지 뛰어가면서, 커다란 목소리로 자신이 찾고자 했던 것을 찾았다고 소리쳤다. 그는 뛰어가면서, 그리스 말로 "유레카, 유레카!(Eureka, eureka. 나는 발견했다, 나는 발견했다.)"를 되풀이해서 외쳤다.

여기서 주장하는 대로 아르키메데스가 실제로 시라쿠사 거리를 벌거벗고 서둘러 갔는지는 추측의 문제이지만, 보통 사람들은 이런 이야기를 기꺼이 믿는데, 위대한 사람을 우스꽝스럽게 만들기 때문이다.

고대 세계에서 아르키메데스의 가장 큰 명성은 로마에 대항해서 그가 도시 방어에 적극적으로 참여한 과정에서 나왔다. 기원전 3세기에 로마와 아프리카 도시 국가 카르타고는 참혹한 포에니 전쟁 속에 휘말렸다. 로마의 입장에서는 적대적인 세력이 시칠리아를 장악하면 명백히 이탈리아 남부에 대한 그들의 지배력이 위협을 받을 공산이 컸다. 히에론 왕이 살아있을 때는 시라쿠사는 로마의 충실한 동맹으로 남아있었다. 그러나 기원전 215년에 히에론이 죽고 겨우 15세의 그의 손자가 왕위를 승계했는데, 그는 카르타고에 비밀리에 고용된 신하들의 영향 속에 빠지고 말았다. 마르켈루스(Marcellus, 기원전 266~208)라는 이름의 거칠고 민첩한 장군의 지휘를 받은 로마 군대는 시칠리아 전체에 대한 지배력을 확보하려고 시라쿠사를 땅과 바다로 공격했다. 지리적으로 그 장소는 자연적인 요새였고, 당시 75세의 늙은이였던 아르키메데스는 직접 방어 작전을 지휘했다.

이 유명한 포위 작전은 플루타르코스가 ≪마르켈루스 전기≫에서 생생하게 기록했다. 그는 아르키메데스가 자신의 공학적 기량을 발휘해서 기발한 전쟁 병기들을 만든 방법과 이것들로 로마 군대에 입힌 엄청난 손실에 대해 알려줬다. 도시 성벽은 원하는 거리까지 돌과 화살 등을 빗발치게 날려 보내는 일련의 강력한 투석기와 석궁으로 더욱 요새화됐고, 이에 따라 적은 어떠한 거리에 있더라도 언제나 공격을 받았다. 바다로부터의 공격은 성벽으로부터 거대한 돌 또는 납덩어리를 갤리선의 선체 외판을 뚫고 아래로 떨어뜨리는 장치에 의

시라쿠사 포위 작전 중에 죽은 아르키메데스 (*The Bettmann Archive.*)

해 격퇴됐다. 기중기는 쇠갈고리로 뱃머리를 잡아서 물 위로 들어 올리고 높은 곳에서 고물(배의 뒷부분)을 먼저 떨어뜨렸다. 플루타르코스는 로마 병사들은 절망적인 공포에 쌓여서 진격하기를 거부했다고 썼다.

> 그들은 성벽 너머 걸어둔 줄이나 나무 조각만 보고도, 아르키메데스가 또다시 자신들을 말살하기 위해 새로운 병기를 발명했다고 소리치면서 달아났다.

그러나 아르키메데스가 거대한 오목 거울을 사용해서 햇빛을 적의 배에 집중시켜서 불을 질렀다는 이야기는, 나중에 많은 작가가 되풀이해서 기록했지만, 참이 아닐 가능성이 높다. (그렇지만 그런 장치는 514년에 콘스탄티노플을 방어할 때 사용됐다.) 로마 군대는 2년 동안의 포위 공격 뒤에 일시적으로 후퇴했는데, 과신한 시라쿠사는 경계를 게을리 했다. 방어하던 사람들은 종교 축제로 잔치를 벌였고 마음껏 마셨을 때, 도시 안에 있던 로마 동조자들은 적을 성벽의 약한 지점을 통해 안내했다. 마르켈루스는 아르키메데스의 생명과 집을 보호해야 한다고 장교들에게 분명하게 명령을 내렸다. 그러나 장교들이 그 위대한 과학자의 소재를 파악하기 전에, 그는 병졸에 의해 살해당했다.

아르키메데스가 죽음을 맞이한 과정을 설명한 이야기가 여러 가지 있다. 전통적인 이야기에 따르면, 아르키메데스는 기하학적 문제에 몰두해 있었는데, 모래판에 도형을 그리고 연구하고 있었다. 접근한 로마 병사의 그림자가 그의 그림 위에 드리우자, 흥분한 과학자는 "내 원들을 가리지 말라!"고 소리쳤다. 이런 명령에 모욕을 느낀 그 병사는 칼을 뽑아 앙갚음했다. 다른 이야기에 따르면, 빛나는 놋쇠로 만든 아르키메데스의 천문학 계기가 실제로 금으로 만들어져 있다고 생각한 약탈자에 의해 그가 살해당했다고 한다.

마르켈루스는 아르키메데스의 죽음을 몹시 안타깝게 생각했고, 그의 명예를 위해 공들인 기념비를 세웠다. 아르키메데스는 직원기둥에 내접하는 구의 그림을 자신의 무덤에 새겨 달라는 소원을 친구들에게 말했었다. 이 그림은 그가 두 입체 사이의 관계를 발견한 사실을 기리기 위한 것이었다. (구의 부피는 외접하는 원기둥 부피의 3분의 2이다.) 로마 사람들은 그의 무덤을 만들 때 이 소원을 들어줬다. 수세기 뒤에 로마의 웅변가 키케로(Cicero, 기원전 106~43)는 이런 그림을 통해 그 기념비를 확인했다. 그는 시라쿠사 사람들이 잊고 있던 이것을 폐허 상태에서 찾아낸 방법을 ≪투스쿨라나룸 담론(Tuscalan Disputations)≫에서 설명했는데, 다음과 같이 다시 인용할 만하다.

> 나는 재무관이었을 때[기원전 75년] 그의 무덤을 찾았는데, 시라쿠사 사람들은 이에 대해 모르고 있었다. 그들은 그것의 존재를 완전히 부정했기 때문이다. 나는 그것이 검은 딸기나무와 가시나무 덤불로 에워싸이고 덮여 있는 것을 찾았다. … 낫을 들여보낸 노예들은 그 장소를 벗겨내고 깨끗이 했다. 그에 이르는 길이 만들어졌을 때, 우리는 우리를 마주보고 있는 받침대에 접근했다. 약 반이 닳아 없어진 짧은 운문은 분명히 경구였다. 이렇게 아르피눔(Arpinum)의 한 사람[키케로]이 그 기념비를 밝혀내지 않았다면, 그리스의 가장 웅장한 도시의 하나였으며 한 때 거대한 학문의 중심지였던 이 도시는 이의 가장 눈부신 시민의 기념물을 몰랐을 것이다.

그 뒤 그 무덤은 사라졌고, 정확한 위치는 알려지지 않고 있다.7)

■ π의 값 어림

아르키메데스의 주요한 책 중에서 몇 가지의 내용만 조사해도 그가 연구한 주제들의 범위가 넓고 그가 이런 주제들을 놀라운 창의력으로 다루었음을 충분히 알 수 있다. 현재까지 전해지는 10가지 책은 콘스탄티노플에 있던 비잔틴 수학자들이 보존했다. 그들은 6세기와 10세기 사이에 아르키메데스의 흩어져있던 문헌을 모으고 복제본을 만드는 것을 목표로 삼았다. 이런 문헌들은 원래의 모습을 많이 잃었는데, 시칠리아 도리스 방언이 아티카[Attica, 아테네] 그리스 말로 바뀌는 언어적인 변환도 겪었다. 유클리드의 ≪원론≫과 달리, 아르키메데스에게 불후의 명성을 안겨준 책들은 결코 고대에 인기가 있지 않았다. 유클리드는 당

7) [옮긴이] 그 기념비는 1965년 시라쿠사에서 새 호텔의 기초 공사를 위해 땅을 파던 중에 다시 발견됐다.

시에 존재했던 소재를 가다듬어 교육 받은 학생은 누구나 이해할 수 있는 체계적인 연구서를 만들었지만, 아르키메데스는 당시의 가장 뛰어난 수학자들을 대상으로 제한된 범위의 소책자를 만드는 것을 목표로 삼았다. 여러 세기 뒤에 플루타르코스가 기록한 대로, "모든 기하학에서 이보다 더 어렵고 더 복잡한 문제를 찾을 수 없고 더 단순하고 명쾌한 설명을 찾을 수 없다."

먼저 자신이 얻은 결과를 서술해서 다른 수학자들에게 보내면서 스스로 그 증명을 찾아보라고 요구하는 것이 아르키메데스의 습관이었다. 그 결과를 옹호하는 증거를 포함한 완전한 논문은 그 뒤에 제시했다. 그는 자신이 거짓이라고 알고 있는 정리들을 말하는 것을 부끄럽게 생각하지 않았는데, "결코 증명은 제시하지 않으면서 모든 것을 발견했다고 주장하는 허영심이 강한 수학자들이 현혹되어 불가능한 것을 발견했다고 말할 수 있도록" 하기 위함이었다.

아르키메데스는 자신의 모든 수학적 업적 중에서 ≪구와 원기둥에 대해≫에 포함된 내용을 가장 자랑스럽게 생각한 것으로 보인다. 두 권으로 이루어지고 모두 53개의 정리가 있는 이 책은 발견한 주요한 결과들을 알리는 편지 형식의 머리말로 시작한다. 아르키메데스는 그 결과들을 전문 수학자가 증명을 찾아내고 그 가치를 판단할 수 있도록 먼저 발표한다고 지적했다. 언급하기 위해 뽑은 정리 중에는 다음이 포함되어 있다.

1. 구의 겉넓이는 그 구의 대원의 넓이의 네 배이다. [곧, $S = 4\pi r^2$ 이다.]
2. 구에 대해 높이가 그 구의 지름과 같은 외접하는 원기둥이 있으면, 그 원기둥의 부피는 그 구의 부피의 3분의 2이고, 외접하는 원기둥의 두 밑면을 포함한 겉넓이는 그 구의 겉넓이의 3분의 2이다.

그 뒤에 몇 개의 정의와 가정이 뒤따른다. 다섯 개의 가정 중에는 아르키메데스 자신이 에우독소스의 공적이라고 돌린 성질인 유명한 정리가 있다. 이것은 오늘날 통상 아르키메데스의 공준이라 하는데, "길이가 다른 두 선분 중에서 짧은 선분을 유한 번 거듭 더하면 긴 선분보다 커진다."고 주장한다. 아르키메데스는 이것을 사용해서 위의 결과들을 유도했고, 곡선이나 곡면으로 둘러싸인 도형들의 넓이 및 부피와 관련된 다른 많은 결과도 유도했다.

≪구와 원기둥에 대해≫ 제 2 권에서는 제 1 권에서 제시한 몇 개의 문제와 정리를 다루었다. 아르키메데스는 구의 일부인 구대에 대해 연구하면서 삼차 방정식의 풀이에 직면했다. 이것은 그리스 기하학의 탁월한 문제의 하나를 제기한 제 2 권 정리 4에 나타나는데, 구를 지나는 평면으로 잘린 구대들의 부피가 주어진 비가 되도록 하는 것이다.

이 문제를 다음과 같이 분석할 수 있다. 주어진 구의 지름이 $2r$이라고 하자. 이 지름과 수직으로 만나는 평면 중에서 구가 나누어진 두 구대의 부피가 주어진 비, 이를테면 m/n이 되도록 하는 평면을 찾아야 한다. 반지름이 r인 구에서 잘라낸 높이가 h인 구대의 부피는 공식 $V=\pi h^2(r-h/3)$로 주어지므로, 다음이 성립해야 한다.

$$\frac{h^2(3r-h)}{k^2(3r-k)}=\frac{m}{n}$$

관계 $h+k=2r$로 k를 없애면, 다음을 얻는다.

$$nh^2(3r-h)=m(2r-h)^2(r+h)=m(h^3-3h^2r+4r^3)$$

이것은 h를 포함하는 일차 항이 빠진 다음 삼차 방정식과 같다.

$$(m+n)h^3-3r(m+n)h^2+4mr^3=0$$

이것을 다음과 같이 쓸 수 있다.

$$\frac{3r-h}{mr/(m+n)}=\frac{4r^2}{h^2}$$

그리고 아르키메데스는 이것을 좀 더 일반적인 다음 방정식의 특별한 경우로 다뤘다.

$$\frac{a-x}{b}=\frac{c^2}{x^2}$$

아르키메데스는 이 방정식에 대한 완전한 해법을 제공하고 이를 특별한 경우에 손쉽게 적용하겠다고 약속했다. 그러나 이런 설명이 빠졌거나 아니면 그 문헌에서 이 부분이 분실됐다. 자세한 내용은 수세기 뒤에 어떤 원고의 조각에서 발견됐는데, 이 원고는 아르키메데스가 사용한 시칠리아 도리스 방언으로 쓰여 있기 때문에 통상 그의 것이라고 생각하고 있다. 복원된 해법은 기하학자 메나이크모스가 델로스 섬 문제를 해결하려고 시도했던 것과 매우 비슷하게 원뿔 곡선들의 교점을 찾는 방법으로 진행한다. 그러면 다음과 같은 두 방정식을 얻는다.

$$x^2=\left(\frac{c^2}{a}\right)y,\quad (a-x)y=ab$$

두 방정식은 각각 포물선과 쌍곡선을 나타낸다. 이 두 원뿔 곡선의 교점들은 $x^2(a-x)=bc^2$에 대한 해를 제공할 것이다. 그 조각에서는 $bc^2=4a^3/27$이면 이 곡선들이 $x=2a/3$인 점에서 접하고, $bc^2<4a^3/27$이면 해가 두 개라는 사실도 증명하고 있다. 알렉산드리아의 디오판토스가 서기 3세기 전반기에 다룬 간단한 삼차 방정식을 제외하면, 아르키메데스 이후 삼차 방정식에 대한 관심은 사라졌고, 유럽 수학에서 1000년 이상 다시 나타나지 않았다.

중세에 알려진 아르키메데스의 책 중에서 가장 인기 있고 라틴 말로 가장 먼저 번역된 것은 ≪원의 측정≫이었다. 더 긴 책의 일부일 수도 있겠지만, 이 짧은 논문은 단 세 개의 정리로 이루어져 있다. 첫째 정리의 목적은 원의 둘레를 알기만 하면 원의 넓이를 즉시 셈할 수 있다는 사실을 보이는 것이다.

정리 1

원의 넓이는 직각을 낀 한 변이 그 원의 반지름과 같고 다른 한 변이 그 원의 둘레와 같은 직각 삼각형의 넓이와 같다.

(증명이 포함된) 다음 정리는 원의 둘레가 지름의 $\frac{22}{7}$이면, 그 원의 넓이 대 그 지름의 제곱의 비는 11 대 14라는 사실을 밝힌다. 아르키메데스는 원래 이것을 정리 3 앞에 놓을 수 없었는데, 이 어림값은 그 정리의 결과에 의존하기 때문이다.

정리 2

원의 넓이 대 그 지름의 제곱의 비는 11 대 14와 매우 비슷하다.

증명 지름이 AB인 원을 택하고 정사각형 $CDEF$가 이에 외접한다고 하자. 변 CD를 연장해서 DG는 CD의 두 배이고 GH는 CD의 $\frac{1}{7}$이라 하자. 두 삼각형 ACG와 ACD의 넓이의 비는 $21:7$이고, 두 삼각형 ACD와 AGH의 넓이의 비는 $7:1$이며, 두 삼각형 ACH와 ACD의 넓이의 비는 $22:7$이다. 그런데 정사각형 $CDEF$는 삼각형 ACD의 네 배이므로, 두 삼각형 ACH와 정사각형 $CDEF$의 넓이의 비는 $22:28$, 곧 $11:14$이다. 삼각형 ACH와 원의 넓이는 서로 같은데, AC는 반지름과 같고 CH는 둘레와 같기 때문이다. (정리 3에서 둘레가 지름의 $\frac{22}{7}$와 매우 비슷하다는 사실을 밝힐 것이다.) 그러므로 이 원과 정사각형 $CDEF$의 넓이의 비는 $11:14$와 매우 비슷하다.

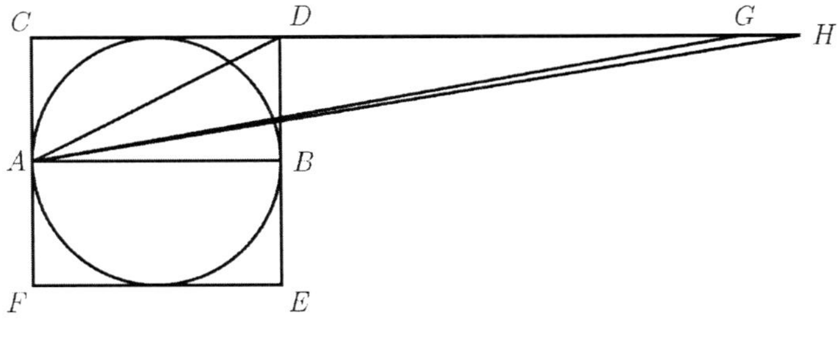

≪원의 측정≫에서 가장 중요한 정리는 π의 수치적 값에 대한 아르키메데스의 어림값을 포함하고 있다. 아르키메데스는 이를 π라고 부르지 않았다. 원의 지름에 대한 둘레의 비율

을 나타내는 기호 π는 아르키메데스를 포함해서 그리스의 다른 어떠한 수학도 사용하지 않았다. 이것은 잉글랜드의 잘 알려지지 않은 작가 윌리엄 존스(William Jones, 1675~1749)가 그의 ≪수학 새 입문(Synopsis Palmariorum Matheseos)≫를 통해 1706년에 도입했다. 초보자를 위한 이 책에서 존스는 지름에 대한 원주의 비율을 소수 100째 자리까지 정확하게 제시했다. 분명히 π가 둘레를 뜻하는 그리스어 $\pi\varepsilon\rho\iota\varphi\acute{\varepsilon}\rho\varepsilon\iota\alpha$의 머리글자이기 때문에, 레온하르트 오일러(Leonhard Euler, 1707~1783)가 유명한 ≪무한 해석 입문(Introductio in Analysin Infinitorum, 1748)≫에서 문자 π를 이런 원주율을 나타내는 기호로 명확하게 채택해서 사용한 뒤에야 이렇게 통용됐다.

π의 값을 얻기 위해 아르키메데스가 취한 접근 방법은 다음과 같은 사실에 근거했다. 원의 둘레는 내접하고 외접하는 정n각형 사이에 놓여있고, n의 값이 커짐에 따라 두 다각형의 둘레와 원의 둘레 사이의 차는 더욱 더 작아진다. 이런 꼴의 논증을 그 뒤 '실진법(착출법, method of exhaustion)'이라 불렀는데, 이의 이용자가 기진맥진해지기 때문이 아니라 다각형들과 원 사이의 영역의 차가 점진적으로 소진되기 때문이다. 이것은 원을 변의 개수를 끝없이 늘림에 따라 내접(또는 외접)하는 다각형의 극한으로 생각하는 것과 같지만, 극한에 직접 다가가는 길은 없다. 이 그리스 수학자는 이 과정을 무한 번의 단계로 계속되는 것으로 생각하지 않았다. 그는 이 단계를 유한 번만 시행하면 원하는 만큼의 정확도를 얻는다고 생각했다.

π에 대한 적절한 어림값을 셈할 때, 아르키메데스는 원의 안과 밖으로 변이 6, 12, 24, 48, 96개인 정다각형을 내접시키고 외접시켰다. 이런 정다각형의 선택은 자연스러웠다. 모든 정다각형 중에서 육각형을 가장 쉽게 내접시킬 수 있다. 원 둘레에 있는 임의의 점에서 출발해서 그 원의 반지름과 같은 길이의 현을 잇따라 표시하기만 하면 여섯 개의 꼭짓점 A, B, C, D, E, F를 얻는다. A, B, C, D, E, F에서 이 원의 접선을 그리면 또 다른 정육각형을 얻는데, 이는 원에 외접한다. 내접하는 정육각형으로부터 이의 각 변에 대응하는 호를 이등분하면 이렇게 추가된 점과 원래의 꼭짓점으로 내접하는 정12각형을 작도할 수 있다. 이런 방법을 계속해서 호를 되풀이해서 이등분함으로써 아르키메데스는 정육각형으로부터 변이 12, 24, 48, 96개인 정다각형을 얻었다.

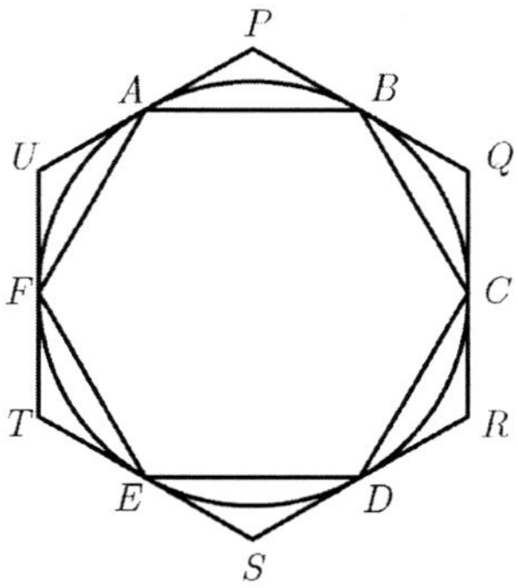

p_n과 P_n이 각각 내접하고 외접하는 정n각형의 둘레를 나타내고 C는 원의 둘레를 나타내면, 다음이 성립한다.

$$p_6 < p_{12} < p_{24} < p_{48} < p_{96} < \cdots < p_n < C$$
$$< P_n < \cdots < P_{96} < P_{48} < P_{24} < P_{12} < P_6$$

두 열은 모두 갇힌[유계] 단조 열이므로, 각각 극한이 존재한다. 그리고 극한들이 같은 값 C임을 증명할 수 있다. 게다가, 다음과 같이 P_{2n}은 p_n과 P_n의 조화 평균이고 p_{2n}은 p_n과 P_{2n}의 기하 평균이다.

$$P_{2n} = \frac{2p_nP_n}{p_n+P_n}, \qquad p_{2n} = \sqrt{p_nP_{2n}}$$

원의 지름이 d이면 둘레 $p_6 = 3d$와 $P_6 = 2\sqrt{3}\,d$에서 출발하고 이런 점화 관계를 이용하면 잇따라 P_{2n}과 p_{2n}을 셈해서 아르키메데스가 도달한 두 값 P_{96}과 p_{96}을 찾을 수 있다. 아르키메데스는 더 이상의 설명 없이 다음 부등식이 알려져 있다고 가정했다.

$$\frac{265}{153} < \sqrt{3} < \frac{1351}{780}$$

그리고 다음을 얻었다.

$$\left(3+\frac{10}{71}\right)d < \frac{96\cdot 66}{2017\frac{1}{4}}d < p_{96}, \qquad P_{96} < \frac{96\cdot 153}{4673\frac{1}{2}} < \left(3+\frac{10}{70}\right)d$$

이에 따라 마지막 결과는 다음과 같았다.

$$3\frac{10}{71} < \pi < 3\frac{1}{7}$$

아르키메데스의 셈 결과는 다음 정리로 표현됐다.

정리 3

임의의 원의 둘레는 이의 지름의 세 배를 그 지름의 $\frac{1}{7}$배보다 작지만 $\frac{10}{71}$배보다 큰 부분만큼 초과한다.

어림값 $\frac{22}{7}$를 흔히 아르키메데스의 π 값이라고 부른다. $\frac{22}{7}\approx 3.1429$는 π의 참값보다 0.2%만큼 더 크고 일상적인 셈을 위해 단순하기 때문에, 고대에 대부분의 목적에 사용하는 데 충분히 좋았다. 아르키메데스는 이론적으로 변이 192개 또는 384개인 정다각형을 사용해서 π에 더 가까운 어림값을 제시할 수 있었지만, 그렇잖아도 그리스의 어설픈 알파벳 기수법 때문에 어렵던 산술이 엄두도 못 낼 정도로 어려워졌다.

과학사학자들은 고대 사회에서 원주율 π에 대한 어림값을 얻으려는 시도에 상당한 관심을 기울인다. 아마도 그런 결과의 커지는 정확도가 당시 그 문명 사회의 수학적 기량에 대한 측도를 제공하기 때문인 것으로 보인다. 고대 중국은 당대의 서구 사회보다 산술 셈에서 상당히 더 발전했었는데, 이에 따라 π에 대한 대단히 정확한 값을 얻었던 것은 놀랍지 않다. 기원전에 유래한 문헌에서는 π에 대한 어림값으로 통상 3을 사용했지만, 1세기부터 중국 수학자들은 더 좋은 어림값을 찾았다. 유흠(劉歆, 23년경)은 3.1547을 채택했고, 장형(張衡, 78~139)은 값이 약 3.1622인 $\sqrt{10}$ 또는 값이 약 3.1724인 분수 92/29를 사용했다.

다각형을 둘러싸는 원의 지름에 대한 내접하는 정다각형의 둘레의 비를 택해서, 3세기 수학자들은 더 정확한 어림값을 얻었다. 유휘(劉徽, 250년경)는 ≪구장산술≫의 주석에서 384각형을 이용해서 π에 대한 다음과 같은 한계를 유도했다.

$$3.141024 < \pi < 3.142904$$

그리고 3072각형을 사용해서 π에 대해 그의 가장 정확한 값 3.14159를 찾았다. 5세기에 뛰어난 수학자이자 천문학자인 조충지(祖沖之, 430~501)는 이 방법을 개선해서 다음을 얻었다.

$$3.1415926 < \pi < 3.1415927$$

이것으로부터 π에 대한 약률(約率, 대강의 값)로 분수 22/7를 얻었고 밀률(密率, 정밀한 값)로 분수 355/113를 얻었다. 이것은 π의 값을 소수 여섯째 자리까지 정확하게 알려준다. 서구 세계에서 이에 상응하는 유비수 어림값은 16세기에야 나타났는데, 네덜란드의 요새 공학자 아드리안 안토니준(Adriaan Anthonizoon, 1527~1607)은 비 355/133을 다시 유도했다. 사실, 355/113은 매우 좋은 유리수 어림값으로, 5'2163/1'6604에 이르기까지 이것보다 더 정확한 것은 없다. 지칠 줄 모르는 루돌프 판 코일렌(Ludolph van Ceulen, 1540~1610)은 변이 2^{62}개인 다각형에 아르키메데스의 방법을 적용해서 π의 값을 35자리까지 정확하게 찾았다. (이 셈 결과를 매우 놀랍게 생각해서, 그의 미망인은 이 '루돌프 수' 35자리를 모두 그의 묘비에 새겼다.) 이 값은 둘레의 방법으로 π의 값을 어림하는 주요한 마지막 시도의 하나였는데, 그 뒤에는 미분 적분학의 기법이 지배했다.

■ ≪모래알을 세는 사람≫

아르키메데스의 ≪모래알을 세는 사람≫은 셈과 관련된 또 다른 종류의 업적이었다. 이 책에는 1억을 초과하는 수들을 나타내는 새로운 기수법이 포함되어 있는데, 당시까지 그리스 수학에서는 이런 수들을 나타내는 문자가 개발되어 있지 않았다. 아르키메데스는 현대식으로 10^8인 1억을 단위로 세는 방법을 고안했고, 이런 수들을 크기에 따라 순서를 정하기 위해 어깨 수[지수]를 사용했다. 그는 자신의 체제가 엄청나게 큰 수들을 적절하게 나타낸다는 사실을 밝히기 위해서, 항성들의 구면, 곧 천구로 둘러싸인 유한한 우주에 담을 수 있는 모래알을 세기 시작했다. (당대의 다른 천문학자와 마찬가지로, 아르키메데스는 우주를 구로 생각했는데, 그 중심은 움직이지 않는 지구이고 반지름은 지구와 태양 사이의 거리와 같다고 믿었다.)

아르키메데스는 우주의 규모에 대한 적절한 한계를 주기 위해서, 천체의 크기에 대한 그 이전의 특정한 견해들을 이용했다. 그 이전의 대부분의 천문학자와 마찬가지로, 그는 지구의 지름은 달의 지름보다 크지만 태양의 지름보다 작고, 태양의 지름은 달의 지름의 30배라고 가정했다. (인자 30은 전통적인 어림값 20을 편리하게 과장한 값이었다.) 태양, 달, 지구의 지름을 D에 아래 첨자를 붙여 나타내면, 이 가정은 다음과 같다.

$$D_{\text{태양}} = 30\, D_{\text{달}} < 30\, D_{\text{지구}}$$

아르키메데스는 기발한 기하학적 논법으로 지름이 $D_{\text{우주}}$인 원에 내접하는 정1000각형의 둘레는 $3\, D_{\text{우주}}$보다 크고 $1000\, D_{\text{태양}}$보다 작다고 증명했다. 그러므로 다음이 성립한다.

$$3\, D_{\text{우주}} < 1000\, D_{\text{태양}} < 3'0000\, D_{\text{지구}}$$

그는 지구의 둘레를 당시에 통용된 값인 30'0000스타디움으로 택했지만, 신중을 기하려고 10의 인자를 곱해서 다음과 같다고 가정했다.

$$D_{\text{지구}} < 100'0000\,\text{스타디움}$$

아르키메데스는 이런 가정으로부터 태양까지와 같은 거리인 우주의 지름에 대해 다음이 성립한다고 결론지었다.

$$D_{\text{우주}} < 10^{10}\,\text{스타디움}$$

아르키메데스는 뽐내기 위해서, 다음으로 모래알이 미세하지만 명확한 크기가 있다고 가정했다. 모래알의 크기를 더 작게 어림해서 그는 양귀비 씨앗 한 개가 차지하는 공간을 채우는 데 모래알 1'0000개가 필요하고 양귀비 씨앗 40개를 한 줄로 나열하면 손가락 너비(약 3/4인치)를 넘을 것이라고 제안했다. 이에 따라 지름이 손가락 너비인 구에는 ($V = \frac{1}{6}\pi D^3 < D^3$을 이용해서) 양귀비 씨앗이 많아야 6'4000개 들어갈 것이고, 이에 따라 모래알이 많아야 6억 4천 만 개 들어가는데, 어쨌든 10억 개보다 더 많이는 들어가지 않는다. 1스타디움을 손가락 너비의 $1'0000 = 10^4$배보다 작다고 택해서 지름이 1스타디움인 구에 들어가는 모래알의 개수가 $10^9(10^4)^3 = 10^{21}$보다 작다고 아르키메데스는 셈했다. 지름이 10^{10}인 구에 들어가는 모래알의 개수에 대한 안전한 상계는 $10^{21}(10^{10})^3 = 10^{51}$이었는데, 아르키메데스의 이것을 "수들의 일곱째 순서의 1천 배"라고 말했다.

방금 언급한 수치는 '전통적인 우주'를 채우는 데 필요한 모래알의 개수를 알려준다. 아르키메데스는 자신의 방법이 의심할 여지없이 실질적임을 보이기 위해서, 지구가 태양 주위를 공전하고 태양이 우주의 중심이라는 (종종 고대의 코페르니쿠스라고 부르는) 사모스의 아리스타코스의 관점도 언급했다. 그는 아리스타코스가 ≪해와 달의 크기와 거리에 대해≫에 제시한 크기의 우주에는 10^{63}개 미만의 모래알이 들어갈 공간밖에 없다는 사실을 보였다. 아르키메데스는 자신의 논의를 다음과 같은 말로 끝마쳤다.

> 이런 것들이 수학을 배우지 않은 수많은 사람들에게는 믿겨지지 않을 것이다. 그러나 이것에 친숙하고 태양, 지구, 달, 전체 우주의 거리와 크기를 숙고한 사람들에게 이 증명은 설득력이 있을 것이다.

연구서 ≪소용돌이선에 대해≫에는 오늘날 아르키메데스의 소용돌이선이라고 적절하게 부르고 있는 곡선의 성질을 다룬 28개의 정리가 포함되어 있다. 이를 고안한 그는 이를 다음과 같은 말로 설명했다.

> 한쪽 끝이 고정된 직선[반직선]이 평면에서 일정한 속력으로 회전해서 출발했던 위치로 돌아가고, 직선이 회전하는 것과 동시에 한 점이 그 직선의 고정된 끝점에서 출발해서 그 직선을 따라 일정한 속력으로 움직이면, 그 점은 평면에 소용돌이선을 그린다.

현대적인 극 좌표로, 반직선이 처음의 위치로부터 회전한 각 θ와 동경 벡터의 길이 r을 연결하는 방정식은 $r = a\theta$인데, 여기서 $a > 0$는 상수이다. O는 고정된 끝점이고 OA는 회전하는 반직선이며 점 P는 O에서 출발해서 OA를 따라 움직인다고 하자. $OP = r$이고 $\angle AOP = \theta$이면, 아르키메데스의 소용돌이선은 특징적인 성질은 r/θ이 상수이기를 요구한다.

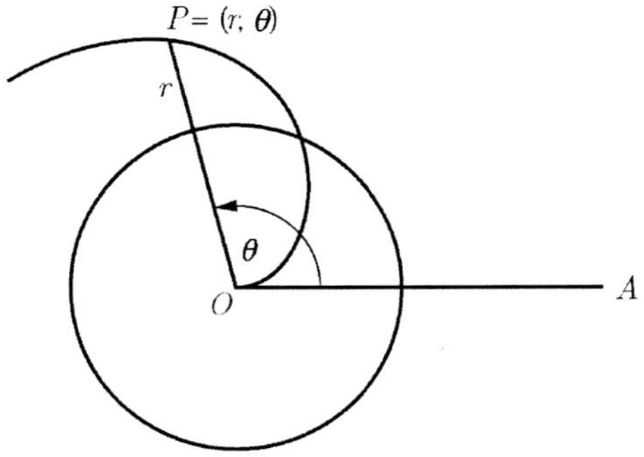

현대 수학자의 관점에서 볼 때, 어쩌면 아르키메데스의 가장 뛰어난 수학적 업적은 그리고 분명히 가장 매력적인 결과 중 하나는 ($0 \le \theta \le 2\pi$에 대응하는) 소용돌이선의 첫째 고리와 고정된 선으로 둘러싸인 영역에 대한 그의 셈이다. 그가 쓴 대로, "한 번 완전히 회전한 뒤에 소용돌이선과 원래의 선으로 둘러싸인 영역은 고정된 끝점이 중심이고 한 번 회전했을 때 움직이는 점이 원래의 직선에서 나아간 부분이 반지름인 원의 3분의 1과 같다."

이것은 현대적인 공식 $A=\frac{1}{3}\pi(2\pi a)^2$과 같다. 오늘날 이런 종류의 문제는 적분법을 사용해서 쉽게 해결할 수 있다. 아르키메데스는 그 대신에 실진법[또는 착출법]을 사용했다. 그는 소용돌이선을 수없이 많은 같은 부분으로 나누고, 내접하고 외접하는 부채꼴들을 만든 다음에, 그것들의 넓이를 더했다.

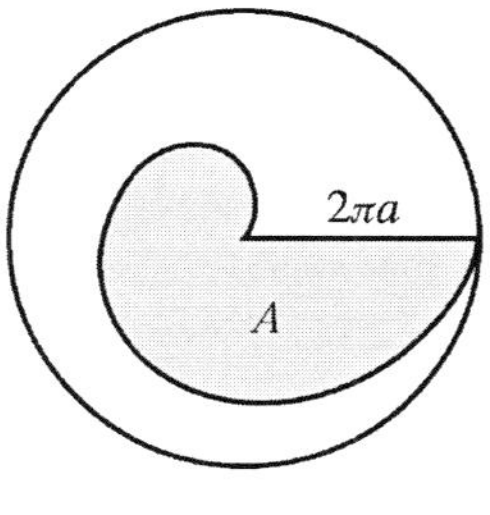

실진법은 전통적으로 크니도스의 에우독소스의 공적으로 돌린다. 그렇지만 유클리드와 아르키메데스가 이를 가장 흔히 그리고 대단히 이롭게 사용했다. 이 방법은 ≪원론≫ 제 12 권에서 주역을 맡고 있는데, 원의 넓이는 그 지름의 제곱에 비례하며 밑면이 삼각형이고 높이가 같은 뿔대의 부피는 그 밑면의 넓이에 비례한다는 사실을 증명하는 데 이용됐다. 아르키메데스는 그 뒤에 이 기법을 활용해서 곡선으로 둘러싸인 평면 도형의 넓이와 곡면으로 둘러싸인 입체의 부피를 찾았다. 이 방법은 아르키메데스의 연구에서 두 가지 주요한 꼴로 등장한다. 한 가지 꼴은 넓이 또는 부피를 찾으려는 기하학적 도형을 두 개의 다른 도형 사이에 에워싸는 데 있는데, 이 두 도형의 넓이 또는 부피를 셈할 수 있고 서로 다른 것에 한없이 가까워짐을 보일 수 있다. 다른 접근 방법의 진수는 넓이 또는 부피가 요구되는 도형 안에 적절하게 선택한 도형들을 내접시키는 것이다. 그 다음에 어떤 방법으로 내접하는 도형들의 넓이 또는 부피를 이것들과 셈하려는 양 사이의 차가 임의로 작게 될 때까지 증가시킨다. '실진법'이라는 용어는 고대 그리스 사람들이 이런 과정을 묘사하는 데 사용하지 않았고, 예수회 수학자 그레구아르 드 생-빈센트(Grégoire de Saint-Vincent, 1584~1667)가 그의 ≪원과 원뿔 곡선의 기하학적 연구(Opus Geometricum, 1647)≫에서 도입했다.

■ 포물 활꼴의 구적

아르키메데스는 ≪포물선의 구적≫에서 실진법을 사용해서 포물선에 임의의 현을 그려서 형성한 활꼴의 넓이를 찾았다. 아르키메데스는 포물 활꼴의 넓이를 이에 내접하고 밑변과 높이가 각각 같은 삼각형으로 '소진'시킨다. ('포물 활꼴의 높이'는 현으로부터 포물선에 있는 점 중에서 그 점에서의 접선이 현과 평행인 것까지의 거리를 뜻한다.) 이 내접하는 삼각형의 다른 두 변은 각각 새로운 포물 활꼴을 이루고, 각각에 똑같은 방식으로 또 다른 삼각형을 내접시키는데, 삼각형들의 열의 합으로 내접하는 다각형을 원하는 만큼 만들 때까지 이 과정을 계속할 수 있다. 이런 방법으로 아르키메데스는 이런 현으로 잘린 활꼴의 넓이는 처음에 구성한 삼각형의 넓이의 $\frac{4}{3}$과 같다는 사실을 밝혔다.

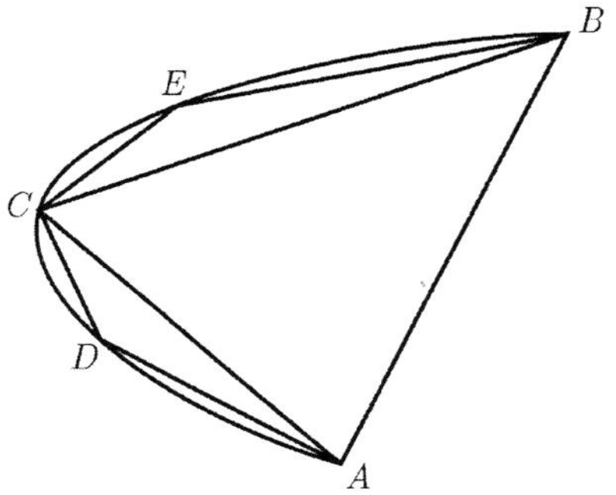

아르키메데스의 논법은 넓이 또는 부피를 실진법으로 결정하는 그의 일반적인 방법의 전형적인 예이다. 그러므로 이것을 좀 더 자세히 살펴볼 필요가 있다. 현 AB로 둘러싸인 포물 활꼴에서 아르키메데스는 AB가 밑변이고 셋째 꼭짓점이 C인 삼각형 ABC를 구성했다, C에서 이 포물선에 대한 접선은 현 AB와 평행이다. (C는 밑변 AB로부터 수직 거리가 가장 큰 이 곡선에 있는 점이라는 사실이 증명된다.) 삼각형 ABC의 넓이를 $\triangle$로 나타내자. 두 현 AC와 CB로 잘린 더 작은 두 활꼴 각각에 아르키메데스는 마찬가지로 두 삼각형 ADC와 CEB를 내접시켰다. 포물선의 성질로부터, 그는 새로운 두 삼각형 각각의 넓이는 $\frac{1}{8}\triangle$과 같다는 사실을 증명했다. 그러므로 두 삼각형 ADC와 CEB의 합은 $\frac{1}{4}\triangle$이다. 다음으로, 새로운 네 현 AD, DC, CE, EB가 각각 밑변이고 포물선에 꼭짓점이 있는 네 개의 삼각형을 만든다. 이 네 삼각형 각각의 넓이는 삼각형 ADC의 $\frac{1}{8}$과 같다. 곧 $\frac{1}{8^2}\triangle$이다. 그러므로 네 삼각형은 내접하는 도형의 넓이를 $\frac{1}{4^2}\triangle$만큼 증가시킨다. 이와 같이 계속해서, 아르키메데스는 원래의 삼각형 ABC에 점점 더 많은 개수의 삼각형을 추가해서 다각형들의 열을 얻었다. 이런 n째 다각형의 넓이는 다음과 같다.

$$\triangle\left(1+\frac{1}{4}+\frac{1}{4^2}+\frac{1}{4^3}+\cdots+\frac{1}{4^n}\right)$$

이것은 공비가 $\frac{1}{4}$인 유한 등비 수열이고, 그 합은 다음과 같다.

$$\triangle\left[\frac{4}{3}-\frac{1}{3}\left(\frac{1}{4}\right)^n\right]$$

이 값은 원하는 넓이에 점점 더 가까워진다. 여기에서 현대 수학자는 극한 개념을 사용해서 포물 활꼴의 넓이가 $\frac{4}{3}\triangle$이라고 결론을 내릴 것이다. 그러나 이런 개념을 나타내는 기호를 모르던 아르키메데스는 그 대신에 다각형들이 포물 활꼴을 소진시키면 그 넓이가 $\frac{4}{3}\triangle$보다 클 수도 없고 작을 수도 없음을 이중 귀류법으로 증명했다.

1906년에 아르키메데스가 그리스 말로 쓴 또 다른 문헌이 콘스탄티노플에 있는 한 수도원의 도서관에서 아주 우연히 발견됐다. 덴마크 문헌학자 요한 하이베르크(Johan Ludvig Heiberg, 1854~1928)는 그것으로부터 원래 수학적 내용이 담겨 있던 것으로 보이는 10세기 양피지 원고에 대한 기록(원래의 글 일부 또는 전체를 지우고 다시 쓴 고대 문서)을 얻었다. 12세기와 14세기 사이의 어느 시기에 수도사들이 이전의 원고를 씻어 지워서 기도문 모음집을 위한 공간을 확보했는데, 양피지가 고가였기 때문에 이는 드물지 않은 관행이었다. 다행스럽게도, 지운 내용 대부분은 돋보기로 판독할 수 있었다. 이 원고는 아르키메데스의 많은 논문의 조각들을 포함했는데, 그 논문들은 충분히 널리 유포되어 다른 곳에서도 보존될 수 있었다. 이것에는 ≪방법론≫이라 부르는 거의 알려지지 않았던 유일하게 살아남은 사본이 포함되어 있었다. 역사학자들은 헤론을 포함한 고대의 작자들의 암시를 통해 ≪방법론≫의 존재를 알고 있었지만, 이것이 돌이킬 수 없게 분실됐다고 믿었었다. 에라토스테네스에게 보낸 편지인 이것은 아르키메데스가 그 전에 증명 없이 제시한 특정한 수학적 결과들을 상기시켰고, 이어서 이런 결과들과 다른 많은 결론에 도달하는 데 사용된 방법을 에라토스테네스에게 이해시켰다. 아르키메데스는 현대적인 적분법의 관점을 예견했는데, 면은 무수히 많은 평행선들로 '이루어져 있고' 회전체는 원들로 '채워져 있는' 것으로 고려할 수 있다고 주장했다. 그러나 아르키메데스는 이런 직관적인 추론을 증명으로 간주하지 않았고, 실진법에 의한 엄밀한 증명을 위한 예비적인 고찰 정도로만 생각했다. 이런 독창적인 방법으로 그는 수많은 회전체의 겉넓이, 부피, 무게 중심 등을 찾았다. 이런 업적은 놀랍게도 적분법에서 나중에 발견된 결과들을 예견했지만, 미분 적분학에서 나타난 개념을 아르키메데스의 공으로 돌리지 않도록 주의해야 한다. 왜냐하면 미분 적분학의 핵심에 놓여 있는 극한 개념은 그의 논법과는 전적으로 이질적이었기 때문이다.

≪방법론≫의 머리말에서 아르키메데스는 말했다. "나는 여기서 설명한 방법을 이용해서 아직 우리의 몫으로 밝혀지지 않은 다른 정리들을 찾을 수 있는 사람이 현 세대뿐만 아니라 미래 세대에도 있을 것이라고 생각한다." 불행하게도, 자신의 연구를 이어갈 후계자들을 찾을 수 있다는 그의 소망은 실현되지 않은 채로 남아 있었다. 아르키메데스 시대 이후에, 그리스 수학은 그 경향이 바뀌었다. 그리고 뉴턴과 라이프니츠가 고전적인 실진법을 발전시켜 미분 적분학을 구성하는 원리들을 전개하는 과제를 맡을 때까지 18세기 이상이 지나야 했다.

■ 페르가의 아폴로니오스 : ≪원뿔 곡선론≫

기원전 300년과 200년 사이의 시기에 활동한 세 명의 위대한 기하학자 중에서 마지막은 아폴로니오스(Apollonius, 기원전 262~190?)인데, 아르키메데스보다 뒤 세대였다. 아폴로니오스는 소아시아의 남동 해안에 가까운 그리스 도시 페르가(Perga)에서 태어났다. 그는 젊은 시절에 알렉산드리아로 가서, 어쩌면 박물관에서 유클리드의 후계자와 연구했을 것으로 보이는데, 그곳에 여러 해 머물면서 강의하고 그의 유명한 ≪원뿔 곡선론≫ 초고를 작성했다. 그 뒤에 아폴로니오스는 페르가몬으로 갔는데, 그곳에는 알렉산드리아를 본 따서 새로 세운 대학과 도서관이 있었다. 그는 그곳에 있는 동안 페르가몬의 기하학자 에우데모스(Eudemus)와 친해졌는데, 그 뒤 ≪원뿔 곡선론≫의 처음 세 권을 그에게 헌정했다.

아폴로니오스는 11종의 책을 썼는데, 이 중에서 단 두 개만이 보존됐고, ≪원뿔 곡선론≫으로 특별히 유명해졌다. 이 책은 389개나 되는 많은 정리를 포함하고 있는데, 이것들을 여덟 권으로 구성했다. 처음 네 권은 그리스 말 원전으로 보존됐고, 다음 세 권은 아랍 말 번역본으로 보존됐는데, 마지막 권은 분실됐다. 우리가 '원뿔 곡선'이라 부르는 세 가지 곡선에 대한 연구는 아폴로니오스에게 새로운 주제가 아니었지만, 그는 친숙한 이름인 'parabola(포물선)' 'hyperbola(쌍곡선)' 'ellipse(타원)'을 도입했다. 프로클로스의 ≪주석서≫에 따르면, 에우독소스의 제자이며 플라톤 아카데메이아의 회원인 메나이크모스가 이런 곡선들을 기원전 350년경에 발견했다. ≪원뿔 곡선론≫의 처음 네 권은 그 이전에 발표된 많은 내용을 개선하고 체계적으로 설명했고, 나머지는 독창적인 내용을 다뤘다. 원뿔 곡선 이론에 대한 아폴로니오스의 취급 방법은 대단히 존경을 받아서, 고대에 위대한 기하학자라는 칭호를 얻은 사람은 유클리드가 아니라 그였다.

아폴로니오스는 원뿔을 원을 가로지르고 이 원을 포함하는 평면에 있지 않은 고정된 점을 지나는 선이 회전하면서 생성되는 것으로 정의했다. 직원뿔은 그것의 축이 그 원을 포함하는 원에 수직인 원뿔이다.

아폴로니오스보다 앞서, 기하학자들은 원뿔 곡선을 꼭지각에 따라 구별하는 세 가지 형태의 직원뿔에서 발생하는 것으로 다루었다. 그들은 이런 각 원뿔을 생성하는 직선에 수직인 평면으로 잘랐다. 원뿔의 꼭지각이 직각, 둔각, 예각인지에 따라서 차례로 포물선, 쌍곡선, 타원을 얻는다. 그 이전의 연구가들은 이런 곡선들을 차례로 직각 원뿔의 단면, 둔각 원뿔의 단면, 예각 원뿔의 단면이라 불렀다. 유클리드와 아르키메데스 모두 이 주제를 이런 관점에서 접근했다. 아폴로니오스의 결정적인 업적은 이 세 가지 곡선을 임의의 원뿔에서 교차하는 평면이 생성하는 직선과 만나는 경사도를 단순히 바꾸어 얻을 수 있다는 사실을 밝힌 것이었다.

유클리드가 선호한 '넓이의 적용' 방법을 이용해서, 아폴로니오스는 원뿔 곡선의 직교 방정식에 대응하는 기하학적 대상을 유도했다. 예를 들어 포물선의 경우를 생각하자. A가 꼭짓점이고 직선 AB가 대칭축이라고 하자. P는 포물선에 있는 임의의 점이고 Q는 P에서 AB에 내린 수선의 발이라고 하자. 이제 A에서 AB에 수직인 직선 l을 세우자. l에 이 원뿔 곡선의 통경과 길이가 같은 선분 AR을 표시하자. (통경은 포물선의 초점 F를 지나고 축 AB에 수직인 현이다.)

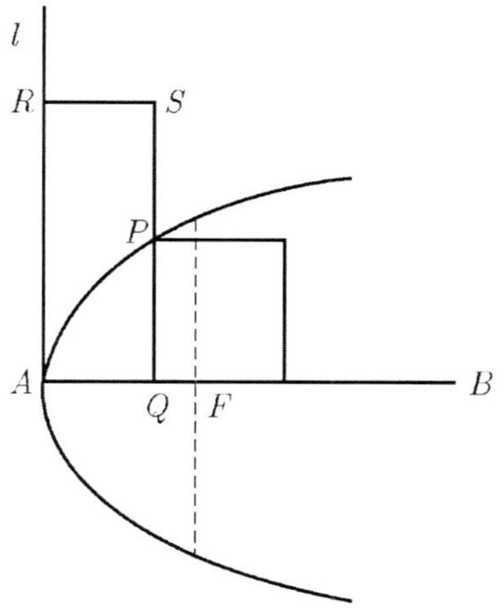

아폴로니오스는 넓이가 $(PQ)^2$이고 한 변이 AR이며 다른 한 변이 AQ인 직사각형을 기하학적으로 작도할 수 있었다. 이것으로부터 그는 다음과 같이 포물선의 방정식을 정의했다.

$$(PQ)^2 = (AR)(AQ)$$

이 표현은 두 선분 AQ와 PQ를 각각 x와 y로 지시하고 일정한 길이 AR을 p로 나타내어 대수적으로 공식화할 수 있다. 그러면 포물선에 대한 현대적인 방정식 $y^2 = px$를 얻는다.

오늘날 포물선은 통상 고정된 점(초점)과 고정된 직선(준선)으로부터 같은 거리에 있는 점 전체의 자취로 정의한다. 에둘러 가리키는 경우를 제외하면, 아폴로니오스는 원뿔 곡선의 초점에 이름을 붙인 적이 결코 없다. (이 명칭은 케플러가 1604년에 수학적 용어로 도입했다.) 그리고 그의 글에서 준선의 개념을 언급한 적도 없다.

아폴로니오스는 또한 광학과 천문학, 특히 행성 이론에서 중요한 성과를 거뒀다고 믿고 있다. 그는 엡실론이라는 별명을 얻었다는 이야기가 있는데, 그리스 글자 ϵ은 그가 상당히 연구한 달의 초승달 모양과 비슷하다. 고대의 한 저자는 아폴로니오스가 지구로부터 달까지의 거리를 5백만 스타디움, 약 60만 마일로 판정했다고 말했다. 그런데 이 수치가 두 배 반 정도로 너무 크기 때문에 믿기 힘들다. [니케아의 천문학자 히파르코스(Hipparchus, 기원전 190?~120)는 달까지의 거리를 지구 지름의 $60\frac{1}{2}$배인 24'2000마일로 셈했는데, 이것은 현대적인 수치 23'9770마일과 아주 가깝다.] 화성의 궤도가 비대칭이라는 사실을 설명하기 위해서 아폴로니오스는 전통을 깨뜨리고 이것의 분명한 원형 궤도의 중심이 지구가 아니라 지구에서 아주 멀리 떨어져 있는 어떤 점이라고 주장했다. 그의 추측은 케플러의 연구를 앞선 것인데, 케플러는 화성이 태양 주위를 타원 경로로 공전한다는 사실을 밝혔다.

아폴로니오스는 분실된 연구서 ≪접촉에 대해≫에서 그가 제기한 유명한 기하학적 문제로 종종 기억되고 있다. 오늘날 아폴로니오스의 문제라고 하는 이것은 다음과 같다. "주어진 세

원 모두와 접하는 넷째 원을 작도하라." 프랑수아 비에타(François Viète, 1540~1603)가 1600년에 ≪접촉에 대해≫의 내용을 복원했을 때, 이 원 문제는 17세기의 뛰어난 많은 수학자들의 활동의 초점이 됐다.

문제 4.5

1. 아르키메데스의 ≪구와 원기둥에 대해≫ 제 1 권에 있는 다음 결과들을 밝혀라.

(a) 문제 13. 임의의 직원기둥에서 밑면을 제외한 겉넓이는 기둥의 높이와 기둥의 밑면의 지름의 기하 평균이 반지름인 원의 넓이와 같다.

(b) 문제 14. 임의의 직원뿔에서 밑면을 제외한 옆넓이는 원뿔의 모선과 그 원뿔 밑면의 반지름의 기하 평균이 반지름인 원의 넓이와 같다.

(c) 문제 15. 임의의 직원뿔의 옆넓이 대 이의 밑면의 넓이에 대한 비는 원뿔의 모선 대 이의 밑면의 반지름의 비와 같다.

(d) 문제 33. 임의의 구의 겉넓이는 그 구의 대원의 넓이의 네 배와 같다.

(e) 문제 34. 임의의 구의 부피는 밑면이 그 구의 대원과 같고 높이가 그 구의 반지름과 같은 원뿔 부피의 네 배와 같다.

2. 구가 직원기둥에 내접하는데 기둥의 높이가 구의 지름과 같을 때, 다음이 성립함을 증명하라.

(a) 원기둥의 부피는 구의 부피의 $\frac{3}{2}$이다.

(b) 밑면을 포함한 원기둥의 겉넓이는 구의 겉넓이의 $\frac{3}{2}$이다.

3. 다음과 같은 아르키메데스의 '꺾인 현의 정리'를 증명하라. 두 선분 AB와 BC가 원의 꺾인 현을 이루고(단, $BC > AB$) M이 호 ABC의 중점이며 M에서 긴 현에 내린 수선의 발을 F라 하면, F는 꺾인 현의 중점이다. [**귀띔** : 현 BC를 D까지 연장해서 $FD = FC$가 성립하도록 하면, $\triangle MBA$는 $\triangle MBD$와 합동이다.]

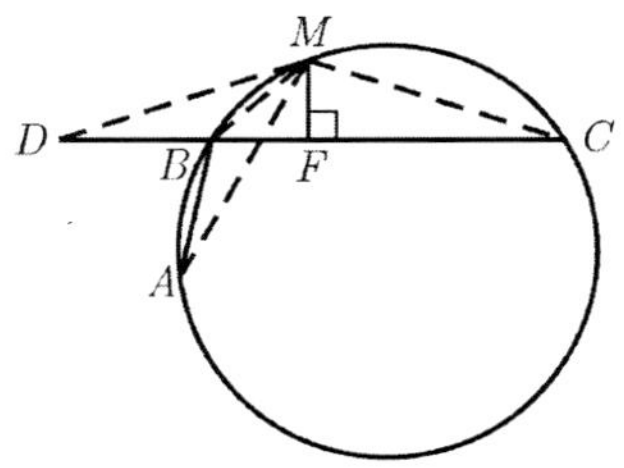

4. 원에 내접하는 정$2n$각형의 둘레의 길이를 그 원에 내접하는 정n각형의 둘레의 길이로 나타내는 공식을 다음과 같은 과정으로 찾아라. $PR = S_n$을 반지름이 1인 원에 내접하는 정n각형의 변이라고 하자. 원의 중심 O를 지나고 PR에 수직인 반지름이 PR을 T에서 이등분하고 원과 Q에서 만난다고 하자. 그러면 $PQ = QR = S_{2n}$은 내접하는 정$2n$각형의 변이다. 다음을 증명하라.

(a) $OT^2 = OR^2 - TR^2 = 1 - \frac{S_n^2}{4}$

(b) $QT^2 = (1 - OT)^2 = \left(1 - \frac{\sqrt{4 - S_n^2}}{2}\right)^2$

(c) $S_{2n}^2 = QT^2 + TR^2 = 2 - \sqrt{4 - S_n^2}$

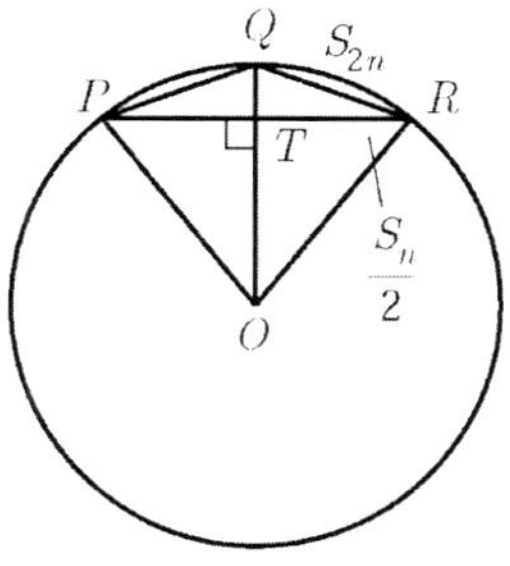

5. 반지름이 1인 원에 내접하는 정다각형들에 대해서, $S_6 = 1$을 사용해서 다음 결론을 얻어라.

$S_{12} = \sqrt{2 - \sqrt{3}}$,

$S_{24} = \sqrt{2 - \sqrt{2 + \sqrt{3}}}$,

$S_{48} = \sqrt{2 - \sqrt{2 + \sqrt{2 + \sqrt{3}}}}$,

$S_{96} = \sqrt{2 - \sqrt{2 + \sqrt{2 + \sqrt{2 + \sqrt{3}}}}}$

그러므로 $\pi \approx 48 S_{96} \approx 3.14103 \approx \frac{22}{7}$인데, 이것은 아르키메데스가 찾은 값이다.

6. 아르키메데스는 (아랍 말 번역본으로만 전해진 13개의 기하학적 정리의 모음집인) ≪보조 정리집≫에서 그 형태 때문에 아르벨로스(arbelos) 또는 '구두장이의 칼'이라 부르는 다음과 같은 도형을 도입했다.

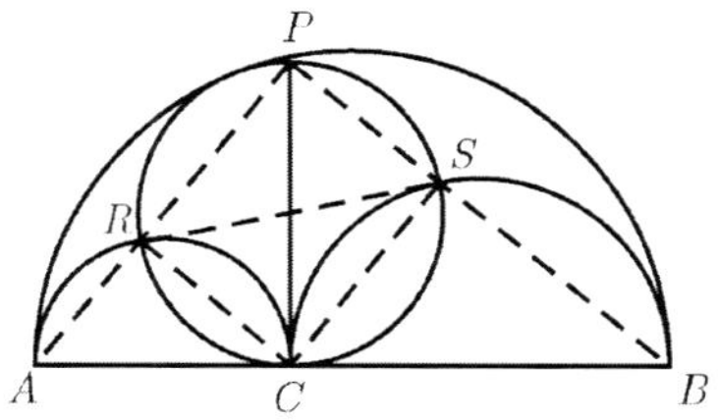

선분 AB를 점 C로 두 부분으로 나누고 AB의 한 쪽에 지름이 AB, AC, CB인 세 반원을 그리면, 세 반원으로 둘러싸인 영역을 구두장이의 칼이라고 한다. C에서 AB에 수선을 세워 반원과 점 P에서 만나면, 구두장이의 칼의 넓이는 지름이 PC인 원의 넓이와 같다는 사실을 증명하라.

[**귀띔**: $AB^2 = AC^2 + BC^2 + 2AC \cdot BC$
$= AC^2 + BC^2 + \cdots + 2PC^2$]

7. 구두장이의 칼에서 작은 두 원의 공통 외접선이 이 원들과 R과 S에서 접하면, RS와 PC는 서로를 이등분하고 네 점 R, S, P, C는 지름이 PC인 원에 놓여 있다는 사실을 증명하라.

8. ≪보조 정리집≫에는 '소금 그릇(salinon)'이라 부르는 기하학적 도형이 포함되어 있다. 반원의 지름 AB에 $AC = DB$를 택하자. 그리고 지름이 AC와 DB인 두 반원을 주어진 반원과 AB의 같은 쪽에 그린다. 지름이 CD인 반원을 주어진 반원과 다른 쪽에 그린다. 이 반원들로 둘러싸인 영역이 소금 그릇이다. PQ가 이 도형의 대칭 선분이면, 소금 그릇의 넓이는 지름이 PQ인 원의 넓이와 같음을 증명하라.

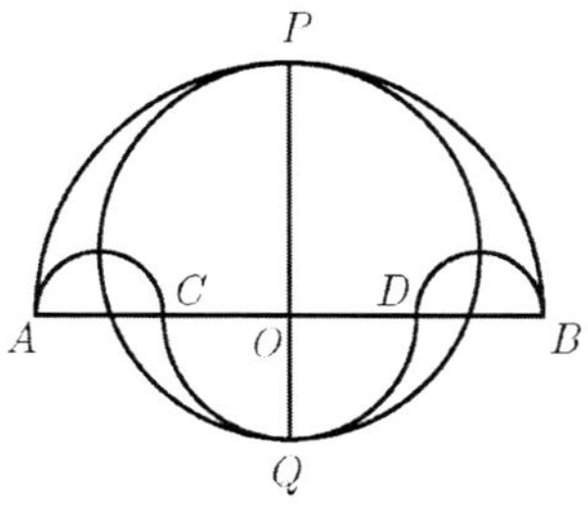

9. 미분 적분학의 기법을 사용해서 소용돌이선 $r = a\theta$가 처음으로 한 바퀴를 완전히 돌 때 생기는 곡선과 원래의 직선으로 둘러싸인 도형의 넓이는 '첫째 원'(곧, 반지름이 $2\pi a$인 원)의 넓이의 $\frac{1}{3}$과 같음을 보여라.

10. 히피아스의 구적 곡선과 같이, 아르키메데스의 소용돌이선을 사용하면 각을 삼등분하고 원과 넓이가 같은 정사각형을 작도할 수 있다. 주어진 소용돌이선에 삼등분하려는 각을 위치시키는데, 각의 꼭짓점과 시초선을 각각 소용돌이선의 시점과 회전하는 반직선의 처음 위치인 OA와 일치시킨다. 이 각의 동경이 소용돌이선과 점 P에서 만난다고 하자. 선분 OP를 두 점 Q와 R로 삼등분하고, 중심이 O이고 반지름이 OQ와 OR인 원을 각각 그린다. 이런 원들이 소용돌이선과 두 점 U와 V에서 각각 만나면, 두 반직선 OU와 OV가 $\angle AOP$를 삼등분한다는 사실을 증명하라.

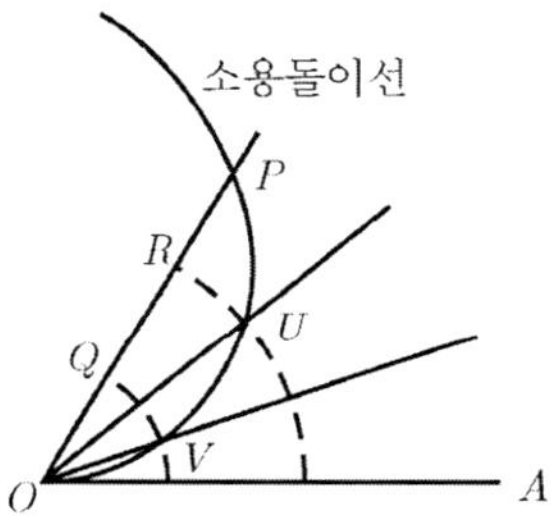

11. 원의 구적 문제는 아르키메데스의 소용돌이선을 이용해서 기발하게 해결할 수 있다. 중심이 O이고 반지름이 a인 원이 주어지면, 시점이 O이고 극 방정식이 $r=a\theta$인 소용돌이선을 그린다. 회전하는 반직선이 처음의 위치 OA와 수직인 위치까지 회전하면, 선분 OP의 길이는 원의 둘레의 $\frac{1}{4}$과 같다. 이것이 원의 구적 문제를 해결하는 방법을 보여라.

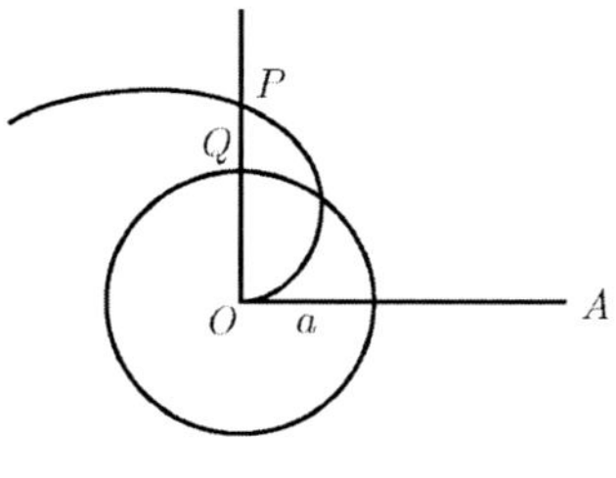

12. OA가 처음 반직선이고 A가 소용돌이선이 처음 한 바퀴 돌았을 때의 끝점일 때, A에서 이 소용돌이선의 접선을 그리면, 점 O에서 OA의 수선은 이 접선과 어떤 점 B에서 만난다. 선분 OB의 길이는 반지름이 OA인 원의 둘레와 같다는 사실을 밝혀라. [**귀띔**: A에서의 접선의 기울기는 2π이다.]

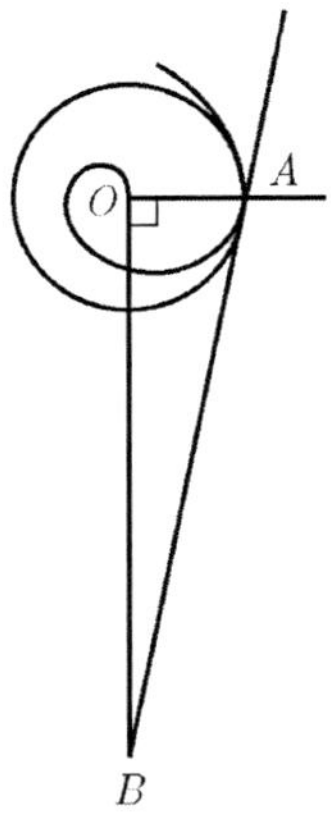

참고문헌

Archibald, Raymond C. "The First Translation of Euclid's *Elements* into English and Its Source." *American Mathematical Monthly* 57 (1950): 443-452.

Archimedes. "The Sand Reckoner." In *The World of Mathematics*, vol. 1, J. W. Newman, ed. New York: Simon & Schuster, 1956.

Artmann, Benno. *Euclid - The Creation of Mathematics.* New Yor: Springer-Verlag, 1998.

Bose, D. M., ed., A *Concise History of Science in India.* New Delhi: Indian National Science Academy, 1971.

Clagett, Marshall. *Archimedes in the Middle Ages.* Madison: University of Wisconsin Press, 1964.

Collison, Mary. "The Unique Factorization Theorem: From Euclid to Gauss." *Mathematics Magazine* 53 (1980): 96-100.

Daus, Paul. "Why and How We Should Correct the Mistakes in Euclid." *Mathematics Teacher* 53 (1960): 576-581.

Davis, Harold T. *Alexandria, the Golden City.* 2 vols. Evanston: Principia Press of Illinois, 1957.

Dijksterhuis, E. J. *Archimedes.* New York: Humanities Press, 1957.

Diller, Aubrey. "The Ancient Measurement of the Earth." *Isis* 40 (1939): 6-9.

Durant, Will. *The Story of Civilization.* Vol. 2. *The Life of Greece.* New York: Simon & Schuster, 1939.

Eells, Walter C. "Greek Methods of Solving Quadratic Equations." *American Mathematical Monthly* 18 (1911): 3-14.

Erhardt, Erika von, and Erhardt, Rudolf von, "Archimedes' Sand-Reckoner." *Isis* 33 (1942): 578-602.

Fisher, Irene. "How Far Is It from Here to There?" *Mathematics Teacher* 58 (1965): 123-130.

____. "The Shape and Size of the Earth." *Mathematics Teacher* 60 (1967): 508-516.

Ganz, Solomon. "The Origin and Development of the Quadratic Equations in Babylonian, Greek and Early Arabic Algebra." *Osiris* 3 (1938): 405-557.

Gould, S. H. "The Method of Archimedes." *American Mathematical Monthly* 62 (1955): 264-277.

Grattan-Guinness, Ivor. "Numbers, Magnitudes, Ratios and Proportions in Euclid's *Elements*: How Did He Handle Them?" *Historia Mathematica* 24 (1996): 355-375.

Heath, Thomas. *The Works of Archimedes.* Cambridge: Cambridge University Press, 1897. (Dover reprint, 1953).

____. *The Thirteen Books of Euclid's Elements.* 3 vols. Cambridge: Cambridge University Press, 1908. (Dover reprint, 1956).

Huxley, G. L. *Anthemius of Tralles: A Study in Latter Greek Geometry.* Watertown, Mass.: Eaton Press, 1959.

Ibn Lablān, Kūshyār. *Principles of Hindu Reckoning.* Madison: University of Wisconsin Press, 1966.

Joseph, George. *The Crest of the Peacock: Non-European Roots of Mathematics.* London: Tauris, 1991.

Knorr, Wilbur. *The Evolution of the Euclidean Elements.* Dordrecht, Holland: D. Reidel, 1975.

____. "Problems in the Interpretation of Greek Number Theory: Euclid and the Fundamental Theorem of Arithmetic." *Studies in the History and Philosophy of Science* 7 (1976): 353-368.

____. "Archimedes and the Measurement of the Circle: A New Interpretation." *Archive for History of Exact Sciences* 15 (1976): 115-140.

____. "Archimedes' Lost Treatise of the Centers of Gravity of Solids." *Mathematics Intelligencer* 1, no. 2 (1978): 102-109.

____. *The Ancient Traditions in Geometric Problems.* Boston: Birkhauser, 1986.

Langer, R.E. "Alexandria - Shrine of Mathematics." *American Mathematical Monthly* 48 (1941): 109-125.

Lynch, John. *Aristotle's School: A Study of a Greek Educational Institution.* Berkeley: University of California Press, 1972.

Meder, A. E., Jr. "What Is Wrong with Euclid?" *Mathematics Teacher* 51 (1958): 578-584.

Neugebauer, Otto. "Archimedes and Aristarchus." *Isis* 34 (1942): 251-263.

Pixley, Loren. "Archimedes." *Mathematics Teacher* 58 (1965): 634-636.

Proclus. *A Commentary on the First Book of Euclid's Elements.* Translated by Glenn Morrow. Princeton, N.J.: Princeton University Press, 1970.

Sarton, George. *A History of Science : Hellenistic Science and Culture in the Last Three Centuries B.C.* New York: W. W. Norton, 1970.

Stein, Sherman. *Archimedes : What Did He Do Besides Cry Eureka?* Washington, D.C.: Mathematical Association of America, 1999.

Vardi, Ilan. "Archimedes' Cattle Problem." *American Mathematical Monthly* 105 (1998): 305-319.

제 5 장

그리스 수학의 황혼: 디오판토스

우리가 수학이라는 나침반과 경험이라는 시금석을 이용할 수 없다면 …… 분명히 우리는 단 한 걸음도 앞으로 나아갈 수 없다.

–볼테르(Voltaire)

5.1 알렉산드리아 수학의 쇠퇴

■ 황금 시대의 퇴조

기원전 3세기 말에 이르러 그리스 수학의 황금 시대는 종말을 고했다. 그 다음 세기가 지남에 따라, 이집트에서 정치적 갈등과 무법 상태는 알렉산드리아 박물관에서의 독창적인 과학적 연구와 학문을 더욱더 질식시켰다. 기원전 146년의 권력 투쟁에서 승리한 프톨레마이오스 7세(기원전 144년에 죽음)는 (예술과 과학에 대한 전임자들의 전향적 정책을 무시하고) 자신에게 충성하지 않았던 모든 과학자와 학자를 이집트에서 추방했다. 이에 따른 알렉산드리아의 손실은 나머지 지중해 세계를 풍요롭게 만들었는데, 알렉산드리아에서 추방된 학자들이 정착한 지역의 학문은 눈에 띄게 자극을 받았다. 나우크라티스의 아테나이오스(Athenaeus of Naucratis, 서기 200년경 활동)에 따르면,

> 왕은 많은 알렉산드리아 사람을 유배시켰는데, 유배지의 섬과 도시들은 언어학자, 철학자. 수학자, 음악가, 화가, 의사, 기타 전문가들과 이와 가까운 형제들로 채워졌다. 가난에 찌든 망명자들은 그들이 알고 있던 것을 다른 많은 사람들에게 가르쳤다.

디오판토스가 한 번 더 박물관의 명성을 되찾을 때까지, 알렉산드리아는 자신이 한때 차지했었던 동방의 지도적인 학문의 중심지라는 최고의 자리를 누리지 못했다.

기원전 마지막 두 세기 동안 로마의 힘은 한결같이 꾸준히 커졌다. 로마가 이탈리아 반도를 벗어나 확장하기 시작했을 때, 먼저 지중해 유역의 서쪽 반을 장악했다. 시라쿠사는 수학자 아르키메데스가 고안한 기발한 전쟁 병기로 방어했지만 기원전 212년에 포위 작전에 함락됐고, 카르타고는 기원전 202년에 함락됐다. 그리고 기원전 200년이 지나자 로마의 군대는 동쪽 방향의 그리스와 소아시아로 향했다. 그리스 본토는 기원전 146년에 정복됐고, 기원전 64년까지 메소포타미아는 로마 군단에 함락됐다. 기원전 44년 3월 15일, 브루투스(Brutus)와 카시우스(Cassius)를 포함한 음모 가담자들의 단검이 율리우스 카이사르(Julius Caesar, 기원전 100~44)의 통치를 갑자기 끝냈다. 카이사르가 죽은 뒤에 로마 세계의 서부 지역은 카이사르의 조카의 아들인 [나중에 아우구스투스(Augustus)라는 경칭을 얻은] 옥타비아누스(Octavian, 기원전 64~서기 14)가 지배했다. 동부 지역은 마르쿠스 안토니우스(Marcus Antonius, 기원전 82~30)가 이집트 여왕 클레오파트라(Cleopatra, 기원전 69~30)와 공동으로 지배했다. 안토니우스와의 불가피한 충돌에서 옥타비아누스의 장군 마르쿠스 아그리파(Marcus Vipsanius Agrippa, 기원전 63~12)는 기원전 31년에 그리스 서해안에 있는 악티움(Actium)에서의 해전에서 결정적으로 승리했다. 그 다음 해 안토니우스와 클레오파트라의 자살로 프톨레마이오스 왕조는 끝이 났다. 옥타비아누스는 이집트를 로마 시민의

영토로 병합시키는 일만 남았다.

기원전 30년 8월 1일 옥타비아누스는 의기양양하게 알렉산드리아에 입성했다. 그는 알렉산드로스 대왕의 무덤을 방문해서, 존경심을 표시하기 위해서 유리 관 위에 금관을 올려놓고 꽃을 뿌렸다. 그 앞에 몸을 누이고 있는 마케도니아 왕은 겨우 32년 동안 살았었다. 당시 32세였던 옥타비아누스는 유프라테스부터 스코틀랜드까지 다뉴브부터 사하라까지 뻗은 세계 국가의 유일한 지배자였다.

클레오파트라가 죽은 뒤에 이집트의 지위는 로마 제국의 한 속주로 추락했다. 옥타비아누스 통치 기간에 로마 제국은 이탈리아와 함께 다양한 크기와 중요성을 지닌 30개 이상의 속주로 이루어졌었다. 이집트는 특이한 종류의 로마 속주였는데, 황제의 개인적인 거대한 영지와 같았다. 이집트는 해마다 알렉산드리아에서 선단에 곡물을 실어 출항시켰는데, 이탈리아가 1년 중 넉 달 동안 소비하기에 충분한 곡식을 보낼 수 있었다. 이집트의 야심찬 식민지 총독이 로마 자체를 굶주리게 할 수 있었기 때문에, 옥타비아누스는 원로원 의원의 손아귀에 이런 유혹을 남기는 것이 위험할 수 있다고 판단했다. 이에 따라 그는 모든 전통에 반해서 이 땅을 알렉산드리아와 이집트의 사령관이라는 칭호가 붙은 군 지휘관을 통해 직접 다스리기로 결정했다. 게다가, 그는 황제의 특별 허가 없이는 어떠한 원로원 의원도 이 새로운 속주에 발을 들여놓지 못하도록 규정했다.

로마의 통치가 시작된 뒤에 알렉산드리아는 평온한 시기를 맞았고, 이때 이 도시는 상당한 번영을 누렸다. 이 도시는 로마 제국에서 둘째로 컸고, 여전히 지중해에서 가장 큰 항구였는데, 서쪽과 북쪽으로는 이탈리아, 그리스, 소아시아까지 그리고 동쪽으로는 인도까지 이어지는 활발한 교역을 펼쳤다. 충분히 정당하게 에드워드 기번은 여섯 권으로 이루어진 ≪로마 제국 쇠망사, 1776)≫에서 다음과 같이 말할 수 있었다. "세계 역사에서 인류의 상태가 가장 행복하고 부유한 시기를 찾으라고 한다면, 주저 없이 도미티아누스(Domitian)가 죽은 뒤부터 코모두스(Commodus)가 즉위하기 전까지의 시기(서기 96~180)라고 말할 것이다." 로마는 절정기에 지중해 사람들에게 팍스 로마나(Pax Romana, 로마의 지배에 의한 평화)의 축복을 가져다주었기 때문인데, 이 항구적인 평화는 그 이전에 결코 볼 수 없을 정도로 대단히 넓은 지역에서 이루어졌고 그 뒤에 또다시 볼 수 없었다. 불행하게도 알렉산드리아에서는 시간이 지남에 따라 이런 안도감이 거의 존재하지 않았다. 로마가 통치한 이집트의 역사는 부재지주에 의한 근시안적인 착취로 이루어진 안타까운 기록의 점철인데, 이에 따라 불가피하게 경제적인 고통과 실패 및 국내 불안으로 이어졌다. 알렉산드리아 주민은 그리스 사람, 그리스도교 신자, 유태인, 이집트 원주민 등 서로 다른 문화와 인종 집단으로 뒤섞여 있었는데, 다른 집단에 의해 한 집단이 예속되지 않고는 한 사회에서 함께 살 수 없다는 사실이 점점 더 분명해졌다. 서기 200년까지 이 도시는 제멋대로 구는 거대한 무리들의 횡포 속에 괴롭힘을 당했는데, 이들은 사소한 일에도 불만을 터뜨렸고 걸핏하면 싸우면서 소동을 부리고 살해를 일삼았다. 비교적 안정됐던 프톨레마이오스 왕조 300년 뒤에 거리 폭동과 정치적 혼란의 시기가 뒤이었는데, 이 시기에 알렉산드리아의 찬란했던 학문과 상업은 서서히 그렇지만 확실하게 나빠졌다.

그리스 수학이 약화되기 시작한 시기와 이유에 대한 문제는 논란이 많고 동시에 복잡하다. 역사 연구에서 경계선을 정하는 것은 언제나 아주 위험하지만, 로마의 지배 아래 수학적 활동과 독창성이 전반적으로 줄어들었다고 말해도 무방하다. 지중해의 새로운 주인은 현실적이고 실용적이었는데, 이들은 광범위한 이론적 연구를 하려는 어떠한 의향도 소질도 결코 보여주지 않았다. 로마 문명과 그리스 문명은 기원전 750년부터 서기 450년까지 거의 같은 시기에 함께 존재했지만, 주목할 만한 로마 수학자는 나타나지 않았다. 로마 사람들의 주요한 관심사는 인상적인 건설토목 공사인 고가교, 다리, 오늘날까지도 남아있는 도로, 공공 건축, 육지 측량 등에 산술과 기하학을 활용하는 것이었다. 로마 공학자들마저도 그들이 필요로 하는 적은 양의 수학을 그것의 기저를 이루는 이론을 전혀 파악하지도 않은 채로 응용할 뿐이었다. 예를 들면 아그리파는 제국을 측량하려는 카이사르의 계획을 실행할 때, 알렉산드리아의 전문가들을 불러서 측량을 실시해야만 했다. 키케로의 태도는 로마 지식인들이 이론적 지식을 경멸하는 경향을 예시한다. 그는 ≪투스쿨라나룸 담론(Tuscalan Disputation)≫에서 다음과 같이 기록했다.

> 그리스 사람들은 기하학자에게 최고의 명예를 안겨주었다. 이에 따라 수학보다 더 눈부시게 발전한 것은 없었다. 그러나 우리는 이 기법의 한계를 측량과 세기에서의 유용성으로 제한했다.

알렉산드리아 수학이 로마의 무시와 함께 즉각적으로 나빠졌다고 결론을 내리거나, 지적 정체는 특별한 분야들을 연구하는 뛰어난 개인들이 일시적으로 저지할 수 없다고 결론을 내리는 것은 잘못일 것이다. 이따금씩 부흥한 적이 있었는데, 이를테면 250~350년의 시기에는 디오판토스와 파포스가 특출한 재능을 발휘해서 당대를 그리스 수학의 '은 시대'를 만드는 데 성공했다. 그러나 로마 세계에서 문화적 관심사는 이 시기에 이르러 수학으로부터 아주 완전히 멀어졌기 때문에 이들의 눈부신 연구는 아주 적고 일시적인 흥미를 불러일으키는 것에 불과했다.

■ 그리스도교의 확산

로마 제국이 설립된 뒤 곧, 새로운 운동이 알렉산드리아에서 전개됐는데, 이는 제국의 다른 많은 지역에서도 일어났다. 이 운동은 그리스 학문의 종말을 가속화했는데, 바로 그리스도교의 성장이었다. 이 새로운 종교는 팔레스타인의 유대교 안에서 한 종파로 시작됐고, 산발적이지만 되풀이되는 제국의 탄압에도 불구하고 로마 세계 전체로 퍼졌는데, 마침내 제국의 종교로 공식적인 승인을 받았다. 정권의 적인 위치에서 황제에게 종속되어 보조금을 받는 국교의 위치로 상황이 역전되어 유럽과 지중해 세계의 미래를 완전히 바꾸었다.

처음에 그리스도교도는 황제의 신격을 완고하게 거부하는 로마 국가의 단순한 골칫거리였던 것으로 보이는데, 그 운동은 거의 방해를 받지 않고 전개할 수 있다는 허락을 받았다. 2세기와 3세기에 로마 제국이 내부의 위기와 외부로부터의 빈번한 침략으로 몹시 시달리고 있을 때, 그리스도교는 이런 재앙의 책임으로 비난받는 희생양이 됐다. 당시의 신부였던 터툴리안(Tertulian, 160?~230)은 다음과 같이 말했다.

> 티베르 강이 벽에 부딪쳐도, 나일 강물이 들판에 도달하지 않아도, 하늘이 비를 그치지 않아도, 땅이 마구 흔들려도, 기근에 휩싸여도, 돌림병이 돌아도, 즉시 외침 소리가 들린다. "그리스도교도들을 사자들에게!"

249~250년에 게르만 족이 변경 방어선을 잠깐 뚫었을 때(그리고 268년에 잠시 동안 아테네를 차지했을 때도), 황제는 모든 시민이 로마 국가의 전통적인 신들을 숭배해서 이런 고통의 시기에 신의 도움을 얻으라는 명령을 내렸다. 그리스도교도는 불가피하게 희생을 치르지 않을 수 없었다. 그 결과로 그들에 대한 무지막지한 일련의 폭력이 급격하게 증가했다. 그리스도교도들은 여전히 상대적으로 적었고 세력이 약했는데, 그리스 말을 사용하는 제국의 동부에서는 전체 인구의 3분의 1 이상을 차지하지 않았고 라틴 말을 사용하는 서부에서는 주민의 10분 1보다 적은 수를 차지했다. 억압이 더 긴 기간 동안 지속됐다면, 그리스도교 운동의 증가는 둔화되거나 중지될 수도 있었을 것이다. 그때의 사정으로는 대부분의 황제들은 절망적인 시기에는 희생양을 찾는 것보다 파벌들을 달래는 것이 더 좋다고 생각했다. 디오클레티아누스(Diocletian, 245?~313) 황제가 303년에 일으킨 대 박해와 같이 가장 오래 지속되고 광범위한 박해의 경우도 거의 전적으로 제국의 동부에 국한됐는데, 유럽 속주에서는 8년, 북아프리카와 아시아에서는 10년 동안 지속됐다.

4세기에는 로마 황제가 개종하고 그 뒤 그리스도교는 제국 전체의 유일한 공식 종교로 선포됐다. 대 박해의 주요한 선동자 중 한 명인 갈레리우스(Galerius) 황제는 311년에 죽었는데, 생명이 위태로울 정도로 아플 때 뉘우쳤다. 그는 그리스도교의 신이 자신에게 벌을 준다고 확신했고, 모든 종교를 승인한다는 칙령을 내렸다. 이 칙령은 격렬한 박해를 중지시켰을 뿐만 아니라 처음으로 그리스도교를 합법적인 종교로 만들었다. 312년에 즉위한 콘스탄티누스 대제(Constantine the Great, 272~337)는 더 나아갔는데, 그는 개인적으로 그리스도교 신앙을 충실히 지킨 최초의 황제가 됐다. 말년에 콘스탄티누스는 그가 이탈리아를 정복하기 전의 어느 시기에 알프스 산을 넘고 있었을 때 하늘에서 불타는 십자가를 봤는데 "이 표시로 너는 물리칠 것이다."라는 말도 들었다는 경험을 이야기했다. 로마 외곽의 밀비아 다리 전투에서 승리하기 전 날 그는 꿈속에서 그의 군대의 방패에 그리스도교의 어떤 상징을 표시하려고 했다는 이야기도 있다. 콘스탄티누스가 그리스도교를 인기 있는 종교로 만들었지만, 그는 신하 중 대다수가 비그리스도교도라는 사실을 인식했고 자신의 종교를 유일하게 공인된 종교로 만들려고 시도하지 않았다. 당시의 많은 그리스도교도와 마찬가지로, 콘스탄티누스는 임종의 자리에서야 영세를 받았는데, 아마도 더 이상 죄를 짓지 않을 수 있었기 때문일 것이다. 독실한 그리스도교도인 테오도시우스 1세(Theodosius I, 347~395) 황제는 392년에 제국 내에 있는 모든 비그리스도교 사원의 문을 닫게 만든 법령을 반포했고, 모든 종류의 비그리스도교 의식을 치르지 못하게 했는데 집에서 개인적으로 시행하는 것도 금지했다. 테오도시우스는 395년에 죽을 때 공식적으로 그리스도교도 황제였다.

4세기에 이르러, 그리스 수학적 사고의 위대한 날들은 지나갔다. 학자들은 자신들의 지적인 관심과 정력을 신학 문제에 관한 논쟁으로 돌리기 시작했다. 초기 그리스도교 정신은 과학적 탐구의 정신은 아니었는데, 교리는 논리적으로 증명할 수 없었기 때문이다. 그리스도교는 영혼의 신비를 좇아 내부를 살피지, 자연의 신비를 좇아 외부를 살피지 않는다. 4세기의 두드러진 그리스도교 사상가 대부분은 자연 과학과 수학을 비웃었고, 성서를 모든 지식의 원천으로 홍보했다. 성 아우구스티누스(Saint Augustine, 354~430)가 취한 입장인 "성서의 말들은 전체 인류의 지적 능력보다 더 권위가 있다."는 말은 이성보다 계시를 더 선호했던 시대를 상징적으로 보여준다. 분명히 진리가 신의 계시에 따라 결정된다는 개념을 그리스도교만이 가지지 않았다. 그런데도 당시에 성공한 이 새로운 종교는 이교도 과학자와 학자들에 대한 적대적인 분위기를 더욱더 키웠다. 과거에는 그리스도교도가 박해를 받았지만, 이제 그들은 한때 자신들에게 가해졌던 금지의 덫을 이교도들에게 씌웠다. 불행하게도 그리스의 모든 학문은 그리스도교가 아닌 이교도의 신앙과 동일시됐고, 알렉산드리아의 폭도는 이교도 사원과 마찬가지로 도서관을 약탈할 때도 로마 황제의 격려를 받을 수 있었다. 이성[합리]주의를 거부하는 입장이 커지는 상황에서 고대 지식의 파괴는 대다수의 시민에게 그다지 중요하지 않은 일이었다. 무지의 바다에 이성의 섬으로 남아있던 알렉산드리아 박물관은 결국 종말을 고했다.

■ 콘스탄티노플, 그리스 지식의 피신처

그 뒤 몇 세기는 전반적으로 로마 제국에게 불행한 시기였다. 내전이 계속됐는데, 한 사람이 정권을 탈취하고 황제임을 주장하면 또 다른 사람이 나타나 정권을 탈취했다. 이렇게 정권 탈취에 성공한 사람 중에서 10년 이상 정권을 유지한 경우가 거의 없었다. 단 한 명의 황제가 제국의 모든 곳에서 발생하는 외부의 침략과 내부의 왕위 찬탈 시도를 동시에 처리할 수 있을 정도로 충분히 강력할 수는 없었다. 이에 따라 콘스탄티누스는 330년에 예전의 비잔티움 자리에 새로운 그리스도교 수도를 세워야만 했다. 그는 이 도시를 콘스탄티노플이라고 이름을 바꿨는데, 이 이름은 1930년까지 유지됐다가 1930년부터 이스탄불로 불리고 있다. 330년 뒤에 제국은 동로마와 서로마로 거의 영원히 분리됐다. 5세기에 서로마 국가는 침입한 게르만 족의 맹공, 이른바 야만인의 침공에 의해 붕괴됐다. 처음에 브리튼 섬이 침입한 색슨 족에게 괴멸됐다. 다음에 반달 족 및 이와 같은 혈통의 부족들이 골 지방을 유린했고, 에스파냐로 들어갔다. 마지막으로 서고트 족과 뒤이어 아틸라가 이끈 훈 족이 이탈리아를 약탈했다. 이 시기에 로마 주교가 대표하는 교회는 영원한 도시의 수호자로서 황제를 대신했다. 교황은 452년과 455년 두 번 야만인 수장과 협상하기 위해서 로마를 나갔고 수도를 파괴하지 말아달라고 애원해야 했다. 대부분의 역사학자는 476년을 서로마 제국의 상징적인 종말로 생각한다. 왜냐하면 당시에 (이제 완전히 게르만 족이 장악한) 제국의 군대는 자신의 장군 중에서 한 명을 선출해서 황제로 삼았고, 이탈리아에서 게르만 족의 왕이라는 칭호로 다스렸다. 사실, 제국의 조종을 알리는 소리는 여러 해 전부터 들렸다. 제국과 황제에 대한 충성심은 눈에 띄게 줄었고, 5세기에는 서로마 제국를 구하려는 사람은 거의 없었다.

콘스탄티노플 주변의 동부 영토는 이런 침략을 거의 모면했는데, 서로마 제국이 게르만 족의 수중에 들어간 뒤에도 거의 천 년 동안 고립된 채 독립을 유지했다. 유럽이 야만적인 행동과 전반적인 문맹으로 온통 뒤덮여 있을 때, 그리스 학문의 불꽃은 동로마 제국, 곧 비잔틴 제국에서 존속했다. 틀림없이 과학과 수학은 제국의 한쪽 반은 다른 반과 마찬가지로 휴면 상태에 있었다. 그러나 알렉산드리아 전통의 지식은 동로마에서 결코 완전히 사라지지 않았다. 비잔틴 학자들은 스스로 독창적인 연구를 시도하지 않았지만, 고대의 연구서들을 보존하고 복제본을 만드는 데 적극적이었다. 서유럽이 그리스 문명의 보물에 다시 정통해지는 기회를 얻기까지는 8세기가 지나야했다. 비잔틴 복제 담당자들이 없었다면, 고대의 과학 문헌과 문학작품 대부분은 영원히 사라졌을 것이다. 문예 부흥(르네상스)은 결코 없었을 것이다.

5.2 ≪산수론≫

■ 디오판토스의 수 이론

무비수가 발견된 뒤부터 그리스 수학은 순수하게 산술적 접근 방법에서 벗어난 상태에서 발전했다. 모든 대수적 문제는, 그것이 간단한 방정식의 풀이인 경우에도 어설프고 경직된 기하학적 형태로 제시됐다. 파포스 바로 다음인 고대의 마지막 위대한 수학자 디오판토스와 함께 대수학은 해방을 맞았다.

디오판토스의 사생활에 대해 아는 것은 그가 250년경에 알렉산드리아에 살았다는 사실을 제외하면 실질적으로 아무것도 없다. 디오판토스의 책들은 그리스 말로 쓰였고 그가 이론적 추상화에서 그리스의 천재로 나타나지만, 그는 그리스로 귀화한 바빌로니아 사람일 가능성이 높다. 그의 생애에 관한 구체적인 정보는 다음과 같은 의미의 (분명히 4세기에

지식의 사원 목판화로, 칠학과(교양 과목)로부터 페테르 롬바르(Peter Lombard)의 신학으로의 점진적 이행을 보여준다. (*From* Margarita Philosophica *(1508) of Gregor Reich.*)

쓰인) 경구투의 문제에 담긴 문구에서 찾아볼 수 있다. “그는 인생의 $\frac{1}{6}$을 어린이로 살았고 $\frac{1}{12}$이 더 지난 뒤에 수염이 났으며 $\frac{1}{7}$이 더 지난 뒤에 결혼했다. 그리고 5년 뒤에 그의 아들을 낳았는데, 그 아들은 아버지 나이의 반을 살았고 그 아버지는 아들이 죽고 4년이 지난 뒤에 죽었다." 디오판토스가 죽었을 때의 나이를 x로 놓으면, 다음 방정식을 얻는다.

$$\frac{1}{6}x+\frac{1}{12}x+\frac{1}{7}x+5+\frac{1}{2}+4=x$$

그래서 그는 틀림없이 $x=84$의 나이까지 살았었겠지만, 그것이 어느 해인지 심지어 어느 세기인지도 확실하지 않다.

디오판토스의 명성이 근거하고 있는 뛰어난 연구는 ≪산수론(Arithmetica)≫인데, 이 책은 대수학만을 다룬 최초의 전문 서적이라고 말할 수 있다. 원래의 13권 중에서 단지 6권만이 보존됐다. 누락된 책들은 분명히 매우 초기에 없어졌고 10세기 이전일 가능성이 높은데, 아랍 사람들이 이런 것들을 보유했었다는 어떠한 징조도 없기 때문이다. 디오판토스의 책이라고 하는 다른 것들에 대해서는 제목 이외에 아는 것이 거의 없다. 다각수에 대한 소책자의 일부가 전해지고 있고, ≪산수론≫은 ≪부정 명제론(Porisms)≫이라 부르는 정리 모음집이 있음을 암시하고 있지만, 이것은 완전히 분실됐다.

린드 파피루스와 같이, ≪산수론≫은 전체적으로 189개의 개별적인 문제의 모음집으로 답이 함께 제시되어 있다. 분명한 목적은 특정한 문제의 풀이 방법을 가르치는 것인데, 주어진 조건을 만족시키는 유비수를 찾으라고 요구하고 있다. 먼저, 표기법에 대해 말하자. 디오판토스 이전에, 대수학은 수사적이었다. 곧, 어떠한 종류의 기호도 약어도 사용하지 않고 말로 나타낸 논증으로 결론에 도달한다. 디오판토스의 주요한 공헌 중 하나는 대수학의 '축약'이었다. 이것이 불리는 대로 '축약 대수학'은 우리가 알고 있는 추상적인 기호라기보다는 많이 사용되는 수량과 연산을 나타내기 위한 속기에 더 가깝다. 디오판토스는 미지수, 6차까지의 미지수의 잇따른 거듭제곱, 등호, 뺄셈, 역수에 대한 속기를 위한 축약된 약어를 사용했다.

현재의 관례적인 x 대신에, 그는 미지수를 기호 ς로 나타냈다. 이것은 '수'를 나타내는 그리스 단어인 arithmos의 처음 두 글자 $\alpha\rho$의 결합일 것이다. 미지수의 제곱은 '거듭제곱'을 뜻하는 단어 dunamis의 처음 두 글자인 Δ^{Υ}로 나타냈다. 마찬가지로, K^{Υ}로 미지수의 세제곱을 나타냈는데, 이것은 '정육면체'를 뜻하는 그리스 단어 kubos에서 나왔다. 그는 고차 거듭제곱들을 다음과 같이 축약시킨 기호를 사용했다.

(제곱-제곱을 위한) $\Delta^{\Upsilon}\Delta$는 x^4을 가리키고,
(제곱-세제곱을 위한) ΔK^{Υ}는 x^5을 가리키며,
(세제곱-세제곱을 위한) KK^{Υ}는 x^6을 가리킨다.

디오판토스는 여섯제곱을 넘어 더 이상 나아가지 않았는데, 문제를 풀 때 그런 고차 거듭제곱을 사용한 경우가 없었기 때문이다.

뺄셈 기호는 ⋔이었는데, ψ가 뒤집힌 것과 같았다. 그리고 ι는 방정식의 양변을 연결하는 등호의 역할을 했다. 덧셈 기호는 없었고, 항들을 나란히 병렬로 배치해서 덧셈을 나타냈다. 디오판토스의 기호 체계에서 미지수의 서로 다른 거듭제곱의 곁수[계수]는 그 거듭제곱 기호 뒤에 통상적인 숫자로 나타냈다.

$$\mathrm{K}^{\Upsilon}35\text{는 } 35x^3\text{을 뜻한다.}$$

(혼란을 피하기 위해서, 여기서는 아라비아 숫자를 사용했다. 디오판토스는 $35x^3$을 $\mathrm{K}^{\Upsilon}\lambda\varepsilon$로 썼을 텐데, 여기서 $\lambda\varepsilon$는 35를 뜻한다.) 덧셈에 상수항이 있으면, 이를 나타내는 숫자 앞에 M을 써서 나타냈다. 이것은 '단위'를 뜻한 그리스 단어 monades의 축약이다.

$$\mathrm{K}^{\Upsilon}35\mathrm{M}12\text{는 } 35x^3+12\text{을 뜻한다.}$$

디오판토스는 덧셈 기호를 사용하지 않았기 때문에, 서로 다른 기호가 있고 항이 여러 개 있는 식은 음수 항을 모두 뺄셈 기호 뒤에 위치시켜야 했다. 예를 들면, 식 x^3-5x^2+8x-2는 다음과 같이 나타냈을 것이다.

$$\mathrm{K}^{\Upsilon}1\,\varsigma 8 ⋔ \Delta^{\Upsilon}5\mathrm{M}2$$

≪산수론≫에 있는 대부분의 문제는 여러 가지 미지의 양의 결정을 요구하기 때문에, 디오판토스는 표기법의 심각한 장애를 겪으면서 연구했다. ς 이외에 미지수를 나타내는 다른 기호가 없었기 때문에 그는 모든 문제를 아무리 복잡하더라도 미지수가 한 개인 방정식으로 바꾸어야만 했다. 그는 다른 미지의 양을 이 한 개의 기호로 표현하거나, 그것에 문제의 조건과 일치하는 임의의 값을 할당했다. 이런 다른 미지의 양을 소거하는 모든 작업은 실제의 풀이를 위한 예비 과정으로 미리 이루어졌다.

디오판토스는 양의 유비수 해만을 인정했기 때문에, 한 개의 해를 찾는 것으로 만족했다. (해가 옹근 수[정수]인지 유비수인지는 그에게 차이가 없었다.) 디오판토스는 음의 수량에 대한 개념이 없었지만, 연산으로 뺄셈은 허용했다. 그래서 제 5 권 문제 2에서 방정식 $4x+20=4$가 '터무니없다'는 그의 설명을 찾아볼 수 있다. 이유는 이것이 '불가능한' 해 $x=-4$에 이르기 때문이었다. 그가 말한 대로, "이 4는 20보다 큰 어떤 수이어야 한다." 그의 해법이 경우에 따라 다르고, 체계적인 이론에 대한 그의 연구를 찾아볼 수 없다는 사실을 알아볼 것이다. 각 문제는 그 자체의 특별한 기법을 요구했는데, 이런 기법은 가장 밀접하게 관련된 문제에도 적용할 수 없는 경우가 흔하다.

■ ≪산수론≫의 문제

이제 ≪산수론≫의 전형적인 문제 몇 개를 알아보는데, 현대적인 표기법으로 나타내겠다. 이것들은 디오판토스의 방법이 기발함을 보여줄 텐데, 이 연구를 다른 어떠한 방법으로 요약한 것보다 더 많은 것을 알려줄 것이다.

1. 제 1 권 문제 17. 네 개의 수를 찾는데, 이 중에서 임의의 세 개를 더하면 그 합이 주어진 네 수 중에서 하나가 된다. 주어진 합은 20, 22, 24, 27이라 하자.

x를 네 수 전체의 합이라고 하자. 그러면 그 수들은 바로 $x-20$, $x-22$, $x-24$, $x-27$이다. [예를 들어, $(1)+(2)+(3)=20$일 때, 이 등식의 양변에 (4)를 양변에 더하면 $x=(1)+(2)+(3)+(4)=20+(4)$, 곧 $(4)=x-20$이다.] 이에 따라 다음이 성립한다.

$$x=(x-20)+(x-22)+(x-24)+(x-27)$$

그러므로 $3x=93$, 곧 $x=31$이다. 따라서 찾는 네 수는 11, 9, 7, 4이다.

2. 제 2 권 문제 8. 주어진 제곱수, 이를테면 16을 두 제곱수의 합으로 나누어라.

찾는 제곱수 중에서 하나를 x^2이라 하자, 그러면 $16-x^2$은 어떤 제곱수와 같아야 한다. 여기서 디오판토스는 완전 제곱수의 특별한 경우를 선택하는 것에 만족했는데, 이 경우에는 수 $(2x-4)^2$을 선택했고, 이에 따라 다음을 얻는다.

$$16-x^2=(2x-4)^2$$

디오판토스가 $(2x-4)^2$을 선택한 이유는 위의 방정식에서 상수항들을 없애기 위함이다. 그는 $(3x-4)^2$을 선택할 수도 있었을 것이다. 이 결과로 얻는 방정식은 다음과 같다.

$$5x^2=16x$$

이의 (양수) 해는 $x=\frac{16}{3}$이다. 따라서 제곱수 하나는 $\frac{256}{25}$이고 다른 제곱수는 $16-\frac{256}{25}=\frac{144}{25}$일 것이다.

3. 제 2 권 문제 20. 두 수를 찾는데, 각각의 제곱을 다른 수에 더하면 제곱수가 된다.

디오판토스는 두 수를 x와 $2x+1$로 선택했다. 이 두 수를 이용하면, 첫째 수의 제곱과 둘째 수의 합은 x의 값과 무관하게 다음과 같이 자동적으로 제곱수가 된다.

$$x^2+(2x+1)=(x+1)^2$$

둘째 수의 제곱과 첫째 수의 합은 다음과 같다.

$$(2x+1)^2+x=4x^2+5x+1$$

이 식을 제곱으로 만들기 위해서, 디오판토스는 이것이 $(2x-2)^2$과 같다고 가정했다. 이렇게 하면 x에 관한 일차 방정식을 얻는데, 이것은 $(2x-2)^2$ 대신에 $(2x-3)^2$이나 $(2x-4)^2$을 이용해도 이렇게 될 수 있다. 다음이 성립한다.

$$4x^2+5x+1=(2x-2)^2=4x^2-8x+4$$

이에 따라 $13x=3$, 곧 $x=\frac{3}{13}$을 얻는다. 찾는 두 수는 $\frac{3}{13}$과 $\frac{19}{13}$이다.

4. 제 2 권 문제 13. 한 수를 찾는데, 이것으로부터 주어진 두 수, 이를테면 6과 7을 각각 빼면, 나머지는 모두 제곱수이다.

그 수를 x라고 하면, 이 문제는 $x-6$과 $x-7$을 모두 제곱수로 만드는 것이다. 다음과 같이 놓자.

$$x-6=a^2, \quad x-7=b^2$$

여기서 디오판토스의 연구에서 다음 대수적 등식을 사용하는 '방법'에 가까이 접근해 있었음을 알 수 있다.

$$a^2-b^2=(a+b)(a-b)$$

차 $a^2-b^2=(x-6)-(x-7)=1$을 적절하게 선택한 두 개의 인자로 분해하는데, 이것으로부터 a와 b를 얻을 수 있다. 두 인자로 2와 $\frac{1}{2}$을 택하고 다음과 같이 놓자.

$$a+b=2, \quad a-b=\tfrac{1}{2}$$

그러면 $a=\frac{5}{4}$이고 $b=\frac{3}{4}$이다. 이에 따라 다음이 성립한다.

$$x-6=\tfrac{25}{16}, \quad x-7=\tfrac{9}{16}$$

그러므로 $x=\frac{121}{16}$이 찾는 수이다.

5. 제 3 권 문제 17. 두 수를 찾는데, 이것들의 곱을 각 수에 더하거나 그 합에 더하면 제곱수이다.

문제의 수들을 x와 $4x-1$이라고 하자. 그러면 다음이 성립한다.

$$x(4x-1)+x=4x^2=(2x)^2$$

그러므로 한 조건은 즉시 만족된다. 그런데 다음 두 식도 각각 제곱이어야 한다.

$$x(4x-1)+(4x-1)+x=4x^2+4x-1,$$
$$x(4x-1)+(4x-1)=4x^2+3x-1$$

디오판토스의 풀이 방법은 또다시 다음 등식의 사용에 의존한다.

$$a^2-b^2=(a+b)(a-b)$$

이제는 $4x^2+4x-1$과 $4x^2+3x-1$의 차, 곧 x를 택하고 두 인자 $4x$와 $\frac{1}{4}$로 분해한 다음에, 다음과 같이 한 인자는 $a+b$와 같게 놓고 다른 인자는 $a-b$와 같게 놓는다.

$$a+b=4x, \quad a-b=\tfrac{1}{4}$$

그러면 $a=\frac{1}{2}(4x+\frac{1}{4})$과 $b=\frac{1}{2}(4x-\frac{1}{4})$이 성립한다. 그러므로 다음을 얻는다.

$$4x^2+4x-1=\{\tfrac{1}{2}(4x+\tfrac{1}{4})\}^2,$$

$$4x^2+3x-1=\{\tfrac{1}{2}(4x-\tfrac{1}{4})\}^2$$

각 방정식으로부터 값 $x=\frac{65}{224}$에 도달한다. 따라서 두 수는 $\frac{65}{224}$와 $\frac{36}{224}$이다.

6. 제 3 권 문제 21. 주어진 수, 이를테면 20을 두 부분으로 나누고 제곱수를 찾는데, 각 부분에 이 제곱수를 더한 합이 제곱수가 된다.

(1)과 (2)를 20의 두 부분이라 하고, 다음을 더할 제곱수로 택하자.

$$x^2+2x+1=(x+1)^2$$

그러면 문제의 조건은 다음 두 식이 각각 제곱이기를 요구한다.

$$(1)+(x^2+2x+1),$$
$$(2)+(x^2+2x+1)$$

디오판토스는 x^2+2x+1을 $2x+3$과 $4x+8$에 더하면 다음과 같이 각각 완전 제곱이 된다는 사실을 관찰했다.

$$(2x+3)+(x^2+2x+1)=(x+2)^2,$$
$$(4x+8)+(x^2+2x+1)=(x+3)^2$$

20의 두 부분으로 $2x+3$과 $4x+8$로 택하면 $6x+11=20$이므로, $x=\frac{3}{2}$이다. 이에 따라 20의 두 부분은 6과 14이고, 더하는 제곱수는 $\frac{25}{4}$이다.

여기에 두 가지 가능성이 있다. 디오판토스가 더해야 할 제곱수를 x^2이라 부르고 다음 관계를 이용했다고 하자.

$$(4x+4)+x^2=(x+2)^2,$$
$$(6x+9)+x^2=(x+3)^2$$

그러면 찾는 20의 두 부분은 $\frac{68}{10}$과 $\frac{132}{10}$일 것이다.

7. 제 6 권 문제 19. 직각 삼각형을 찾는데, 이의 넓이를 직각을 낀 각 변에 더하면 제곱수이고 이의 둘레는 세제곱수이다.

피타고라스의 공으로 돌리는 직각 삼각형에 관한 공식을 이용해서, 디오판토스는 세 변을 다음과 같이 놓았다.

$$2x+1,\quad 2x^2+2x,\quad 2x^2+2x+1$$

그러면 이 삼각형의 둘레는 다음과 같다.

$$4x^2+6x+2=2(2x+1)(x+1)$$

이차식을 세제곱으로 만들기는 어려운데, 디오판토스는 둘레를 나타내는 식에 있는 인자 $x+1$에 주목하고, 각 변을 $x+1$로 나누어 얻은 세 변이 다음과 같은 삼각형을 고려했다.

$$\frac{2x+1}{x+1}, \quad 2x, \quad \frac{2x^2+2x+1}{x+1}$$

이 새로운 삼각형의 둘레는 $2(2x+1)$이고 넓이는 $(2x^2+x)/(x+1)$일 것이다. 넓이를 $(2x+1)/(x+1)$에 더하면 다음을 얻는다.

$$\frac{2x^2+x}{x+1}+\frac{2x+1}{x+1}=\frac{(2x+1)(x+1)}{x+1}=2x+1$$

이 문제는 x를 $2x+1$이 제곱수이고 $2(2x+1)$이 세제곱수가 되도록, 곧 제곱수의 두 배가 세제곱수가 되도록 정하기를 요구한다. 자명한 선택은 $2(2x+1)=8$, 곧 $x=\frac{3}{2}$인데, 이에 따라 삼각형의 세 변은 $\frac{8}{5}$, 3, $\frac{17}{5}$이다.

5.3 그리스, 인도, 중국에서의 디오판토스 방정식

■ 아르키메데스의 소떼 문제

디오판토스가 최초로 2차 부정 방정식 문제를 제기하고 해결한 것은 아니다. 산술 문제를 시와 같은 모습으로 제기하는 것은 그보다 오래 전부터 내려온 통상적인 형태의 수학적 오락이었다. 이런 문제 중에서 (지나치게 큰 수에 도달한다는 의미에서) 가장 어려운 문제는 아마도 유명한 '소떼 문제'일 것이다. 이 문제는 아르키메데스가 에라토스테네스에게 보낸 편지에 나타나는데(이것은 그 편지의 제목에서 알 수 있는데), "이런 문제에 관심을 가진 알렉산드리아 사람들이 풀어야 한다."는 말이 있다. 본질적으로 이 문제는 "트리나키아(Thrinacia, 시칠리아) 섬에서 풀을 뜯어먹는 태양신의 소떼의 마리수"를 셈하는 것이다. 이 표현은 호머의 ≪오디세이(Odyssey)≫ 제12권에 있는 것과 비슷하게 보이는데, 그곳에는 다음과 같은 구절이 나타난다. "다음에 당신은 트리니키아 섬에 도착할 것인데, 그곳에서 태양신의 대단히 많은 소와 살찐 양들이 풀을 뜯어 먹고 있다."

소떼 문제는 네 가지 색깔의 황소와 암소의 마리수를 찾아야 하는데, 이에 따라 미지수가 8개이다. 이 문제의 첫째 부분에서는 일곱 개의 간단한 일차 방정식이 미지수들을 연결한다. 둘째 부분이 이 문제를 더욱 복잡하게 만드는데, 미지수 중에서 특정한 둘의 합은 완전제곱수이어야 하고 또 다른 특정한 둘의 합은 삼각수이어야 한다. 명확히 하기 위해서, W, X, Y, Z가 차례로 흰・검은・점박이・갈색 황소의 마리수를 나타내고, w, x, y, z가 차례로 대응하는 색의 암소의 마리수를 나타내면, 황소의 마리수 사이의 관계는 다음과 같다.

$$W = \frac{5}{6}X + Z, \quad X = \frac{9}{20}Y + Z, \quad Y = \frac{13}{42}W + Z$$

암소의 마리수 사이의 관계는 다음과 같다.

$$w = \frac{7}{12}(X + x), \quad x = \frac{9}{20}(Y + y), \quad y = \frac{11}{30}(Z + z), \quad z = \frac{13}{42}(W + w)$$

또 $W+X$는 제곱수이고 $Y+Z$는 삼각수이다. 단 한 개의 방정식으로 줄이면, 이 문제는 다음 방정식의 풀이와 관련된다.

$$x^2 - 472'9494\,y^2 = 1$$

여기서 y는 9314의 배수이다. 이 문제는 나중에 펠(Pell)의 방정식이라 부르는 것으로 이어졌다. 이 이름은 잉글랜드 수학자 존 펠(John Pell, 1611~1685)이 이 풀이 방법의 창시자라고 오일러가 오해했기 때문에 붙여졌는데, 사실 이 방법은 역시 잉글랜드의 윌리엄 브룬커(William Brouncker, 1620?~1694)의 연구 결과였다. 이런 역사적인 오류는 오래 전에 밝혀졌지만, 펠의 이름은 이 방정식과 끊을 수 없을 정도로 확고하게 붙어있다.

많은 사람이 소떼 문제를 해결하려고 시도했지만, 아홉 가지 조건을 만족시키는 데 필요한 거대한 수 때문에 그런 시도는 좌절됐다. 1880년에 암토르(A. Amthor)의 논문이 발표되기 전까지는 중요한 진전이 없었다. 암토르는 $\sqrt{472'9494}$ 를 연분수로 전개해서, 소의 마리수가 776 ⋯ 로 시작되는데, 여기서 ⋯ 는 각 자리의 숫자를 모르는 20'6542자리 수라는 결론을 얻었다. 1889년에 측량사이자 토목 공학자인 벨(A. H. Bell)은 암토르의 결과를 표현하는 데 필요한 정확한 숫자들을 결정하는 과제에 도전했다. 벨은 일리노이 주 힐스버러에 있던 힐스버러 수학 클럽(Hillsboro Mathematics Club)을 설립했던 다른 두 사람과 함께 거의 4년 동안 셈해서, 가장 큰 자리의 32개의 숫자와 가장 작은 자리의 12개의 숫자라고 확신한 결과를 열거했다. 아르키메데스 문제에 대한 최초의 완전한 해는 1965년에 윌리엄스(H. C. Williams), 저먼(R. A. German), 자른케(C. R. Zarnke)가 셈틀을 사용해서 찾았다. 그들은 '태양신의 소떼'의 전체 마리수가 20'6545자리의 거대한 수이고, 벨이 셈한 처음 30자리 숫자와 마지막 12자리 숫자가 정확하다는 사실을 확인했다.

이 답의 크기를 더 정확하게 알아보려면, 이 수를 인쇄하는 데 필요한 공간을 생각하면 된다. 15개의 숫자를 인쇄하는 데 1인치의 공간이 필요하다면, 이 수 전체는 $\frac{1}{5}$마일 이상이 걸릴 것이다. 이렇게 얻은 값이 너무 크기 때문에, 넓이가 7백만 에이커인 시칠리아 섬에는 이 모든 소떼를 몰아넣을 수 없다. 게다가 암소 한 마리에 황소 1397마리의 비율을 이루고 있어서 이런 소떼 관리가 대단히 어려울 것으로 보인다.

아르키메데스가 매우 큰 수에 대해 숙고했음을 알아봤는데, 그는 ≪모래알을 세는 사람≫에서 자신의 수 체계를 사용하면 우주와 크기가 같은 구를 채우는 데 필요한 모래알의 개수를 표현할 수 있음을 증명하려고 시도했다. 그러나 소떼 문제의 조건을 만족시키는 값의 크기와 이 문제에 내재하는 엄청난 어려움 때문에, 시라쿠사의 이 유명한 기하학자를 포함해서 알렉산드리아의 수학자들이 이 해의 근처라도 접근했다고 생각하기 어렵다. 그들은 관련된 방정식들을 나열하고는 이 문제를 그대로 두었을 것이다.

■ 인도의 초기 수학

기하학적 중요성 때문에, 피타고라스 방정식 $x^2+y^2=z^2$이 개념적으로 더 간단한 일차 방정식 $ax+by=c$보다 더 먼저 관심을 끌었었다는 사실은 놀랍지 않다. 여기서 a, b, c는 값을 알고 있는 옹근 수[정수]이다. 이런 일차 방정식을 푸는 데 필요한 이론은 유클리드의 ≪원론≫에서 찾아볼 수 있지만, 그 뒤 그리스 저자들의 현존하는 책에는 나타나지 않는다. 아마도 디오판토스는 이 방정식을 너무 자명하게 생각해서 ≪산수론≫에 포함시키지 않았을 것이다. 그의 문제 대부분은 일차 또는 이차의 항에 관한 식을 제곱수나 세제곱수로 만드는 것과 관련된다. 일반적인 방법으로 부정 방정식 $ax+by=c$를 해결하려는 가장 이른 시도는 인도에서 나타났는데, 약 5세기에 시작됐고 인도의 수학자 아리아바타(Aryabhata, 476~550), 브라마굽타(Bramagupta, 600년경), 마하비라(Mahavira, 850년경), 바스카라(Bhaskara, 1114~1185)의 연구에서 찾아볼 수 있다.

알렉산드로스의 인도 침략 및 인도의 내부와 경계에 세워진 그리스 왕국들은 아시아와 지중해 세계 사이에서 지식의 소통을 엄청나게 자극했다. 인도 수학은 초기 단계에서 그리스 사람들에 의해 직접적인 영향을 받았고 자극을 받았으며 그 뒤의 시기에는 중국의 전통에 의해 영향을 받은 것으로 보인다. 인도 사람 스스로가 발전시킨 방법이 무엇인지를 알아보려는 전반적인 문제는 상당한 정도로 추측의 대상이다. 처음에 그들의 수학은 천문학의 부산물로 발달했고, 이에 따라 우리에게 전해진 상당히 많은 부분이 천문학 책의 몇 개의 장으로 나타나는 것은 우연이 아니다. 실제로, 독립된 수학 문헌은 없는 것으로 보인다. 대수적 기호가 없었기 때문에, 문제들을 운문과 화려한 문체로 표현했다. 이것은 독자들을 즐겁게 하고 유혹했으며 동시에 쉽게 기억할 수 있도록 했다. 논증을 거의 강조하지 않았기 때문에, 종종 예시하는 그림과 함께 저자의 '보라'는 언급만 나타난다.

400년부터 1200년까지의 시기에 인도 사람들은 기하학을 제외하고 그리스 수학보다 우월한 수학 체계를 발달시켰다. 수학에 공헌한 사람 중에서 저명한 천문학자 아리아바타는 등차 수열과 등비 수열의 합을 고찰했고 제 1 사분면에 있는 각의 사인표를 만들었으며 이차 방정식과 일차 부정 방정식의 풀이를 시도했다. 책 ≪아리아바티아≫에서 그는 다음과 같이 π의 값을 셈했다.

> 4을 100에 더하고 8로 곱한 다음에 6'2000을 더한다. 그 결과는 지름이 2'0000인 원의 둘레와 거의 같다. 이 규칙에 의해 지름에 대한 둘레의 관계가 주어진다.

다시 말하면, 다음과 같은데, 놀랄 만큼 정확한 어림값이다.

$$\pi = \frac{\text{둘레}}{\text{지름}} \approx \frac{8(100+4)+6'2000}{2'0000} = \frac{6'2832}{2'0000} = 3.1416$$

아리아바타보다 한 세기 이상 뒤에 살았던 브라마굽타는 주로 이 유명한 선임자의 연구에 근거해서 연구했다. 그렇지만 'π의 훌륭한 값'으로 $\sqrt{10}$를 택한 그의 선택은 어느 정도 후퇴였다. 그는 [현재의 '음(negative)'과 동치인 용어의] 음수를 도입했고 이차 방정식의 두 근을 얻는 만족스러운 법칙을 개발했는데, 한 근이 음수인 경우에도 적용됐다. 브라마굽타는 또한 네 변의 길이가 $a,\ b,\ c,\ d$이고 둘레의 반이 s인 원에 내접하는 사각형의 넓이에 대한 공식 $A = \sqrt{(s-a)(s-b)(s-c)(s-d)}$도 제시했다.

아리아바타와 브라마굽타의 가장 영구적인 공헌은 디오판토스가 선호했던 주제인 부정 방정식에 대한 연구였다. 그들은 디오판토스의 문제 중에서 많은 것을 반복했지만, 접근 방법은 달랐다. 디오판토스는 방정식을 유비수에서 풀려고 했지만, 인도 수학자들은 해로 자연수만을 허용했다. 오늘날 디오판토스를 기리기 위해서, 미지수가 한 개 이상 있고 미지수에 대한 옹근 수 값을 찾는 방정식을 디오판토스 방정식이라고 한다. 이 용어는 약간 오해를 일으키는데, 이것이 특별한 방정식을 고려하고 있음을 의미하는 것으로 보이지만 중요한 점은 찾는 해의 속성이기 때문이다.

아리아바타는 분명히 일차 디오판토스 방정식 $ax+by=c$의 해를 찾는 방법을 알고 있었지만, 브라마굽타가 처음으로 가능한 옹근 수 해 전체를 얻었다. 이런 점에서 그는 부정 방정식의 한 특수 해를 찾는 것으로 만족했던 디오판토스를 앞질렀다.

이런 방정식을 풀 수 있기 위한 조건은 서술하기 쉽다. 디오판토스 방정식 $ax+by=c$의 해가 존재하기 위한 필요 충분 조건은 $d=\gcd(a,\ b)$에 대해 $d \mid c$인 경우이다. 이런 경우에 두 옹근 수 r과 s가 존재해서 $a=dr$과 $b=ds$가 성립한다. $ax+by=c$의 해가 존재하면, 적절한 x_0과 y_0에 대해 $ax_0+by_0=c$가 성립하므로 다음을 얻는다.

$$c = ax_0 + by_0 = drx_0 + dsy_0 = d(rx_0 + sy_0)$$

이것은 단순히 $d \mid c$임을 말한다. 역으로, $d \mid c$, 곧 $c=dt$라고 가정하자. 그러면 두 옹근 수 x_0과 y_0이 존재해서 $d=ax_0+by_0$이 성립한다. 이 관계식에 t를 곱하면 다음을 얻는다.

$$c = dt = (ax_0 + by_0)t = a(tx_0) + b(ty_0)$$

그러므로 디오판토스 방정식 $ax+by=c$의 특수 해로 $x=tx_0$과 $y=ty_0$이 존재한다. 이것은 다음 정리의 일부를 증명한다.

정리

디오판토스 방정식 $ax+by=c$의 해가 존재하기 위한 필요 충분 조건은 $d=\gcd(a,\ b)$에 대해 $d\mid c$인 경우이다. x_0과 y_0이 이 방정식의 특수 해이면, 다른 모든 해는 적당한 옹근 수 t에 대해 다음과 같이 주어진다.

$$x=x_0+\frac{b}{d}t,\qquad y=y_0-\frac{a}{d}t$$

증명 이 정리의 둘째 부분을 증명하기 위해서, 주어진 방정식의 한 해 x_0과 y_0이 주어졌다고 가정하자. x'과 y'이 다른 임의의 해이면, 다음이 성립한다.

$$ax_0+by_0=c=ax'+by'$$

이것은 다음과 동치이다.

$$a(x'-x_0)=b(y_0-y')$$

두 옹근 수 r과 s가 존재해서 $a=dr$과 $b=ds$ 및 다음이 성립한다.

$$\gcd(r,\ s)=\gcd\left(\frac{a}{d},\ \frac{b}{d}\right)=1$$

이런 값들을 마지막에 쓴 방정식에 대입하고 공통 인자 d를 소거하면 다음을 얻는다.

$$r(x'-x_0)=s(y_0-y')$$

상황은 이제 다음과 같다. 서로 소인 r과 s에 대해 $r\mid s(y_0-y')$이 성립한다. 유클리드의 보조 정리에 의해 $r\mid(y_0-y')$이 성립한다. 곧, 적당한 옹근 수 t에 대해 $y_0-y'=rt$이다. 이를 대입하면, 다음을 얻는다.

$$x'-x_0=st$$

이것으로부터 다음과 같은 공식을 얻는다.

$$x'=x_0+st=x_0+\frac{b}{d}t,\qquad y'=y_0-rt=y_0-\frac{a}{d}t$$

옹근 수 t의 선택과 무관하게 이 값들이 디오판토스 방정식을 만족시킨다는 사실을 다음과 같이 쉽게 확인할 수 있다.

$$\begin{aligned}ax'+by'&=a\left(x_0+\frac{b}{d}t\right)+b\left(y_0-\frac{a}{d}t\right)\\&=(ax_0+by_0)+\left(\frac{ab}{d}-\frac{ab}{d}\right)t\\&=c+0\cdot t=c\end{aligned}$$

그러므로 주어진 방정식의 해가 무수히 많은데, t의 각 옹근 수 값에 대해 한 개의 해가 있다.

바스카라는 12세기 인도의 지도적인 수학자였다. 그의 가장 유명한 연구는 1150년에 쓴 ≪시단타 슈로마니(Siddhanta Siromani, 천문학 체계의 머리 장신구)≫이다. 이 내용은 1587년 이의 아랍 말 번역본을 통해 서유럽에 알려졌다. ≪시단타 슈로마니≫는 네 부분으로 이루어졌는데, 처음 두 부분은 <릴라바티(Lilavati, 아름다움)>와 <비자가니타(Vijaganita, 제곱근 풀이)>로 각각 산술과 대수학을 다룬다. 첫째 부분은 바스카라의 딸 이름을 딴 것인데, 많은 기발한 문제는 그녀에게 제기한 문제의 형식을 취하고 있다. 예를 들면, 다음과 같다.

> 벌떼의 5분의 1은 카다바 덤불에서 쉬고 있고, 3분의 1은 실린다 덤불에 쉬고 있다. 이런 두 수 사이의 차의 3분의 1은 쿠타자에 있고, 단 한 마리의 벌이 재스민과 판담의 향기에 끌려서 산들바람에 날아가 버렸다. 아름다운 아가씨, 그곳에 벌이 몇 마리 있는지 말해주겠니?

바스카라는 수학자에 못지않게 점성가로 유명했다. 전설이 있는데, 그의 딸 릴라바티가 결코 딸이 결혼할 수 없다고 점성가들이 예언했지만, 그는 딸이 결혼할 수 있는 행운의 날짜와 시각을 셈했다고 한다. 결혼을 위한 바로 그 시각이 다가오고 있을 때, 그 어린 소녀는 물시계 위로 몸을 구부렸는데, 모르는 사이에 결혼에 쓰는 머리 수건에 있던 진주 하나가 떨어져서 물의 흐름은 막아버렸다. 그래서 행운의 순간이 지나갔고, 다른 시각은 분명히 불운할 것이라는 예언이 있었으므로, 릴라바티는 결코 결혼하지 않았다. 불행한 딸을 위로하기 위해서, 바스카라는 그녀의 이름을 "마지막 순간까지 살아남을" 책 제목으로 정했다.

바스카라의 시대에 인도의 수학은 순전히 실용적인 기능에서 진화되어 나온 지 오래 됐고, 문제들은 흔히 즐거움을 위해 단순하게 제시됐다. 다음은 ≪릴라바티≫에 있는 전형적인 문제이다.

> 221에 어떤 수를 곱하고 이 곱에 65를 더한 합은 195로 나누면 다 없어질 때 [곧, 나머지가 0일 때] 그 곱수가 무엇인지 수학자여 빨리 말하라.

현재의 표기법으로 이 문제는 일차 디오판토스 방정식 $221y + 65 = 195x$ 또는 다음을 만족시키는 두 옹근 수 x와 y를 찾는 것과 같다.

$$195x - 221y = 65$$

$\gcd(195,\ 221)$을 찾기 위해서 유클리드 알고리즘을 적용하면, 다음을 찾는다.

$$221 = 1 \cdot 195 + 26,$$
$$195 = 7 \cdot 26 + 13,$$
$$26 = 2 \cdot 13$$

그러므로 $\gcd(195,\ 221) = 13$이다. $13 \mid 65$이므로, 이 방정식의 해가 존재한다. 13을 195와 221의 일차 결합으로 나타내기 위해서, 다음과 같이 위의 셈을 거꾸로 시행한다.

$$\begin{aligned} 13 &= 195 - 7 \cdot 16 \\ &= 195 - 7(221 - 195) \\ &= 8 \cdot 195 + (-7) \cdot 221 \end{aligned}$$

이 관계식에 5를 곱하면, 다음을 얻는다.

$$65 = 40 \cdot 195 + (-35) \cdot 221$$

그러면 $x = 40$과 $y = 35$는 문제의 디오판토스 방정식의 한 해이다. 다른 모든 해는 임의의 옹근 수 t에 대해 다음과 같이 표현된다.

$$x = 40 + \left(\tfrac{-221}{13}\right)t = 40 - 17t,$$
$$y = 35 - \left(\tfrac{195}{13}\right)t = 35 - 15t$$

≪릴라바티≫에서 바스카라는 x와 y에 대한 값 6과 5에 각각 도달했고, 해가 많이 있다고 지적했다. 그는 $x = 57$과 $y = 50$도 만족시킨다고 덧붙였다.

■ 중국의 백계 문제

이 당시에 인도와 중국 수학 사이에 친밀한 관계가 있었다는 증거가 있지만, 어디에서 먼저 시작됐는지에 관한 논쟁은 남아있다. 중국 학자들의 대수적 능력은 아리아바타와 같은 시기의 장구건(張丘建, 6세기)의 ≪산경(算經)≫의 내용이 증언한다. 이 정교한 연구서에는 부정 방정식에서 (다른 여러 사회에 전파됐다는 의미에서) 가장 유명한 문제의 하나인 '백계(百鷄)' 문제가 포함되어 있다. 마하비라와 바스카라의 책에도 나타나는 이 문제는 다음과 같다.

> 수탉은 한 마리에 5전, 암탉은 한 마리에 3전, 병아리는 세 마리에 1전이다. 100전을 가지고 100마리의 닭을 살 때, 수탉, 암탉, 병아리를 각각 몇 마리씩인가?

방정식으로 나타내면, 이 문제는 (수탉의 수가 x, 암탉의 수가 y, 병아리의 수가 z일 때) 다음과 같이 쓸 수 있다.

$$5x + 3y + \frac{1}{3}z = 100, \quad x + y + z = 100$$

미지수 중에서 하나를 제거하면, 미지수가 두 개인 일차 디오판토스 방정식에 도달하는데, 이것은 방금 논의한 것과 같다. 특히, $z = 100 - x - y$이므로, 다음을 얻는다.

$$5x + 3y + \frac{1}{3}(100 - x - y) = 100, \quad \text{곧} \quad 7x + 4y = 100$$

이 방정식의 일반 해는 $x = 4t$, $y = 25 - 7t$인데, 이에 따라 $z = 75 + 3t$이다. 여기서 t는 임의의 옹근 수이다. 장구건 자신은 다음과 같은 몇 가지 답을 제시했다.

$$x = 4, \quad y = 18, \quad z = 78;$$
$$x = 8, \quad y = 11, \quad z = 81;$$
$$x = 12, \quad y = 4, \quad z = 84$$

조금 더 노력하면 모든 자연수 해를 찾는다. 이를 위해 t는 다음 연립 부등식을 만족시키도록 선택해야 한다.

$$4t > 0, \quad 25 - 7t > 0, \quad 75 + 3t > 0$$

마지막 두 부등식은 조건 $-25 < t < 3\frac{4}{7}$와 동치이다. t의 값이 자연수이어야 하므로, $t = 1, 2, 3$이라는 결론을 얻는데, 이것은 장구건이 얻은 것과 정확하게 같다.

연립 일차 디오판토스 방정식과 관련된 단어 알아맞히기 형태의 문제는 역사가 깊은데, 이미 1세기의 중국 문헌에 나타난다. '나머지 정리'의 가장 오래된 예에서 손자(孫子, 250년경)는 다음과 같이 물었다.

> 물건이 몇 개 있는데, 그 개수는 모른다. 다만, 3개씩 세면 2개가 남고 5개씩 세면 3개가 남고 7개씩 세면 2개가 남는다고. 이 물건의 개수는 얼마인가?

그러므로 세 옹근 수 x, y, z에 대해 다음 세 방정식을 모두 만족시키는 옹근 수 N을 찾아야 한다.

$$N = 3x + 2, \quad N = 5y + 2, \quad N = 7z + 2$$

첫째 방정식 $N - 3x = 2$에 대해 앞에서 알아본 이론을 적용하면 임의의 옹근 수 t에 대해 다음을 얻는다.

$$N = 8 - 3t, \quad x = 2 - t$$

N의 이 값을 둘째 방정식에 대입하면, 다음 관계를 얻는다.

$$5y + 3t = 5$$

여기서 이것의 일반 해는 임의의 옹근 수 s에 대해 다음과 같다.

$$y = -5 + 3s, \quad t = 10 - 5s$$

그러면 N은 다음과 같은 꼴이 된다.

$$N = 8 - 3t = 8 - 3(10 - 5s) = -22 + 15s$$

이 N을 마지막 방정식에 대입하면, 다음을 얻는다.

$$7z - 15s = -24$$

그러므로 임의의 옹근 수 r에 대해 다음과 같이 된다.

$$z = 48 - 15r, \quad s = 24 - 7r$$

결국 다음을 얻는다.

$$N = -22 + 15s = -22 + 15(24 - 7r) = 338 - 105r$$

모두 합치면, 임의의 옹근 수 r에 대해 $N = 338 - 105r$이 연립 디오판토스 방정식의 해를 제공한다. 이 부정 방정식의 해가 무수히 많다는 사실을 손자는 몰랐던 것으로 보이는데, 그가 제시한 값은 $N = 23$뿐이기 때문이다. 실제로, 그가 일반적인 해법을 알고 있었는지는 전혀 확실하지 않다.

결론적으로, 인도 사람들이 부정 이차 방정식, 특히 (이름을 잘못 붙인) 펠의 방정식 $x^2 = 1 + ay^2$과 좀 더 일반적으로 $x^2 = c + ay^2$을 풀기 위해 상당히 많은 노력을 쏟았었다는 사실을 언급한다. 여기서 a는 제곱수가 아니다. 디오판토스는 ≪산수론≫에서 문제를 풀 때 이 방정식의 특별한 경우에 종종 도달했다. 예를 들면, 제 2 권 문제 28에서 그는 $x = 3y - 4$로 택해서 $9 + 9y^2$을 제곱 x^2과 같게 만들었다. 브라마굽타가 방정식 $x^2 = 1 + ay^2$을 논의했지만, 우리가 알고 있는 한 바스카라가 이의 해를 처음으로 얻었다. 브라마굽타는 방정식 $x^2 = 1 + 92y^2$을 1년 안에 풀 수 있는 사람은 훌륭한 수학자라고 말했다. 그렇다면 당시에 그는 어쨌든 유능한 산술의 달인이었는데, $x = 1151$과 $y = 120$이 자연수 중에서 가장 작은 해이기 때문이다. 바스카라는 ≪릴라바티≫에서 다섯 가지 경우 $a = 8, 11, 32, 61, 67$에 대한 $x^2 = 1 + ay^2$의 특별 해를 찾았다. 예를 들면, $x^2 = 1 + 61y^2$의 경우에 주어진 다음 답은 가장 작은 자연수 해이다.

$$x = 17'7631'9049, \quad y = 2261'5390$$

브라마굽타가 발견한 법칙을 사용하면, 한 해로부터 무수히 많은 옹근 수 해를 쉽게 얻을 수 있다. 그 방법은 다음과 같다. p와 q가 $x^2 = 1 + ay^2$을 만족시키는 x와 y의 값의 모음이고 p'과 q'이 그런 또 다른 모음이면, $x = pp' + aqq'$과 $y = pq' + p'q$는 또 다른 해를 제공한다. 그러므로 $x^2 = 1 + 8y^2$의 해 $x = 17$과 $y = 6$은 이 방정식을 만족시키는 또 다른 쌍 $x = 577$과 $y = 204$를 제공한다.

문제 5.3

※ 디오판토스의 ≪산수론≫에 있는 다음 문제 1~12를 풀어라.

1. 제 1 권 문제 16. 세 수를 찾는데, 이 중에서 임의의 두 수를 더하면 그 합은 주어진 세 수 중에서 하나이다. 주어진 합이 20, 30, 40이라고 하자.

2. 제 1 권 문제 18. 세 수를 찾는데, 임의의 쌍의 합은 셋째 수는 주어진 양만큼 크다. 주어진 초과량을 20, 30, 40이라고 하자. [**귀띔**: 세 수 전체의 합을 $2x$라 하자. 수 (3)을 등식 $(1)+(2)=(3)+20$의 양변에 더하면 $(3)=x-10$을 얻는다. (1)과 (2)에 대한 비슷한 식을 얻어라.]

3. 제 1 권 문제 27. 두 수를 찾는데, 그 합과 곱이 주어진 수들이다. 그 합은 20이고 곱은 96이라고 하자. [**귀띔**: 두 수를 $10+x$와 $10-x$라 하자. 그러면 한 조건은 이미 만족된다.]

4. 제 1 권 문제 28. 두 수를 찾는데, 그 합 및 제곱들의 합이 주어진 수들이다. 합은 20이고 제곱들의 합은 208이라고 하자.

5. 제 2 권 문제 10. 두 제곱수를 찾는데, 그 차는 주어진 수이다. 주어진 차를 60이라고 하자. [**귀띔**: 두 제곱수 중 하나는 x^2이고 다른 것은 $(x+a)^2$으로 택하자. 여기서 옹근 수 a는 a^2이 60보다 크지 않도록 선택한다.]

6. 제 2 권 문제 12. 한 수를 찾는데, 주어진 두 수(이를테면 9와 21)에서 뺀 두 차는 모두 제곱수이다. [**귀띔**: 찾는 수를 $9-x^2$이라 하자. 그러면 조건 하나는 자동적으로 성립한다.]

7. 제 2 권 문제 22. 두 수를 찾는데, 각각의 제곱을 두 수의 합에 더하면 제곱수이다. [**귀띔**: 두 수를 x와 $x+1$로 택하면 한 조건은 만족된다.]

8. 제 3 권 문제 12. 세 수를 찾는데, 임의의 두 수의 곱을 셋째 수에 더하면 제곱수이다. [**귀띔**: 세 수를 x, $x+6$, 9라고 하면, 한 조건은 만족된다.]

9. 제 3 권 문제 14. 세 수를 찾는데, 임의의 두 수의 곱을 셋째 수의 제곱에 더하면 제곱수이다. [**귀띔**: 세 수를 x, $4x+4$, 1이라 하면, 두 조건이 만족된다.]

10. 제 4 권 문제 2. 두 수를 찾는데, 그것들의 차 및 그 세제곱들의 차는 주어진 수들이다. 그 차는 6이고 세제곱의 차는 504라고 하자. [**귀띔**: 두 수를 $x+3$과 $x-3$이라 하자.]

11. 제 4 권 문제 26. 두 수를 찾는데, 그 곱을 어느 수에 더해도 세제곱수이다. [**귀띔**: 두 수를 $8x$와 x^2-1이라 하면, $8x(x^2-1)+8x=(2x)^3$이므로 한 조건은 성립한다.]

12. 제 6 권 문제 1. 직각 삼각형을 찾는데, 빗변에서 각 변을 빼면 세제곱수이다. [**귀띔**: 세 변이 x^2-4, $4x$, x^2+4인 삼각형을 생각하자.]

13. 다음 중에서 풀 수 없는 디오판토스 방정식을 찾아라.

(a) $6x+51y=22$

(b) $33x+14y=115$

(c) $14x+35y=93$

14. 다음 디오판토스 방정식의 옹근 수 해를 모두 찾아라.

(a) $56x+72y=40$

(b) $24x+138y=18$

(c) $221x+35y=11$

15. 다음 디오판토스 방정식의 자연수 해를 모두 찾아라.

(a) $18x+5y=48$

(b) $123x+57y=30$

(c) $123x+360y=99$

16. 요크의 앨퀸(775). 곡물 100부셸을 100명에게 나누어주는데, 남자 한 명은 3부셸, 여자 한 명은 2부셸, 어린이 한 명은 $\frac{1}{2}$부셸을 받는다. 남자, 여자, 어린이는 각각 몇 명인가?

17. 바하비라(850). 같은 개수의 플랜틴 과일 63더미와 낱개로 7개가 더 있다. 이것들은 23명의 여행객에게 똑같이 나주어 주었다. 각 더미에 있는 과일은 몇 개인가? [**귀띔**: 디오판토스 방정식 $63x+7=23y$를 생각하자.]

18. 엄공(嚴恭, 1372). 동전이 여러 개 있는데, 줄 77개를 만들면 50개의 동전이 부족하다. 그러나 줄 78개를 만들면 꼭 알맞다. 동전은 몇 개인가? [**귀띔**: N이 동전의 개수이면, 두 옹근 수 x와 y에 대해 $N=77x-50=78y$가 성립한다.]

19. 크리스토프 루돌프(1526). 남자, 여자, 어린이의 명수를 찾는데, 모두 20명이고, 남자 한 명이 동전 3개, 여자 한 명이 동전 2개, 어린이 한 명이 동전 $\frac{1}{2}$개를 내면 동전은 모두 20개이다.

20. 오일러(1770). 100을 두 수의 합으로 나타내는데, 하나는 7의 배수이고 다른 하나는 11의 배수이다.

21. 바스카라(1150). 6으로 나누면 나머지가 5이고, 5로 나누면 나머지가 4이며, 4로 나누면 나머지가 3이고, 3으로 나누면 나머지가 2인 수를 찾아라.

22. 피보나치(1202). 2, 3, 4, 5, 6으로 나누면 나머지가 차례로 1, 2, 3, 4, 5인 7의 배수를 찾아라.

23. 레기오몬타누스(1436~1476). 10, 13, 17로 나누면 나머지가 차례로 3, 11, 15인 수를 찾아라.

5.4 후대의 주석자들

■ 파포스의 ≪수학 집성≫

디오판토스의 시대에 이르러 그리스 수학은 마지막 단계에 도달한다. 알렉산드리아 학파는 이름만 수백 년 이상 더 존속했지만, 창조적인 학문의 시대는 지나갔다. 디오판토스의 뒤를 이은 사람들은 그 전에 있었던 책에 대한 주석으로 주로 알려지고 있다. 그렇지만 이 시기의 수학자 중에서 몇 명의 이름은 특별히 언급할 필요가 있다. 가장 유명한 사람으로 뛰어난 기하학자들의 긴 명단에서 마지막은 알렉산드리아의 파포스(Pappus, 320년경 활동)이다. 500년 앞서 활약했던 아르키메데스나 아폴로니오스나 유클리드와 같은 반열에는 결코 올려놓을 수 없지만, 파포스는 당대의 사람들보다 훨씬 높은 곳에 있었다.

그의 명성이 근거하고 있는 뛰어난 연구서는 ≪수학 집성≫인데, 원래의 여덟 권 중에서 제1권과 제2권의 일부는 분실됐다. 파포스의 다른 책 중에서는 한 개만이 보존됐는데, 그것은 프톨레마이오스의 ≪알마게스트≫에 대한 그의 주석 중 단편적인 부분이다. 파포스가 살았던 시기를 꽤 정확하게 확인할 수 있는데, 파포스는 ≪알마게스트≫에 대한 주석에서 320년에 일어난 일식을 언급했고 그것을 최근에 본 일식인 것처럼 말했기 때문이다. (485년 아테네에서 죽은) 프로클로스는 ≪유클리드의 원론 제1권 주석서≫에서 파포스를 여러 번 인용했는데, 이에 따라 파포스가 4세기 전반기에 활약했다고 추론하는 것이 합리적으로 보인다.

파포스의 ≪수학 집성≫은 당시의 기하학적 지식을 정리하려는 의도로 쓰였다. 이 책에는 비율, 입체 기하학, 고차 평면 곡선 등에 관한 온갖 종류의 정리들과 (당시에 수학의 일부로 간주된) 역학에 관한 내용도 포함되어 있다. ≪수학 집성≫의 목적은 과거의 뛰어난 수학 연구서의 내용을 요약하고 대안적인 다양한 증명과 추가적인 보조 정리들을 통해 모호한 구절을 명확하게 하는 것이었다. 파포스는 이전의 연구서에 대한 단순한 설명에 만족하지 않고, 여러 가지 점에서 선임자들의 결과들을 확장하고 일반화했다. 예를 들면 제4권의 첫째 명제에는 빗변의 제곱에 관한 피타고라스 정리에 대한 파포스의 일반화가 포함되어 있다. 파포스 자신은 뛰어난 공헌을 많이했다. 이런 것 중 하나는 히피아스의 구적곡선을 밑면이 아르키메데스의 소용돌이선인 직원기둥과 회전체 원뿔의 교선으로 얻을 수 있다는 사실에 대한 발견이었다. 그의 정리 중에서 가장 뛰어난 것은 평면 영역을 축에 대해 회전시켜 얻는 일반적인 회전체에 관한 다음과 같은 결과이다. "회전체의 부피는 회전하는 평면 영역의 넓이와 그 무게 중심이 움직인 거리의 곱과 같다."

≪수학 집성≫ 제4권의 일부는 고대의 세 가지 작도 문제인 원의 구적, 정육면체의 배적, 각의 삼등분을 다루고 있다. 파포스는 고대의 여러 기하학자의 '해법'을 다시 서술한 뒤에, 다음과 같이 이 문제들이 '평면 문제'에도 속하지 않고 자와 컴퍼스로 해결할 수 있는 문제들에도 속하지 않기 때문에, 실질적으로 그리스 사람들이 공식화한 조건에서는 이 문제들을 해결하는 것이 불가능하다고 서술했다.

> 예전의 기하학자들은 앞에서 말한 각에 관한 문제를 평면의 방법으로 해결하려고 시도할 때는 이것이 본질적으로 입체적인 것이기 때문에 그렇게 할 수 없었다. 왜냐하면 그들은 원뿔 곡선과 친숙하지 않았고 이런 이유에서 어찌할 수 없었기 때문이다.

19세기에 그리스 기하학의 이 세 가지 유명한 문제는 플라톤의 조건에서는 작도가 불가능하다는 형식적인 증명으로 결말이 났다.

파포스의 ≪수학 집성≫은 알렉산드리아 학파의 그 이전의 고전과 같은 등급은 아니지만, 하마터면 잃을 뻔 했던 수학의 일부에 대한 매우 귀중한 기록이다. 현존하는 그리스의 모든 책 중에서 ≪수학 집성≫은 고대 기하학자들의 분실된 연구서, 특히 유클리드와 아폴로니오스의 분실된 책에 대한 정보를 가장 풍부하게 알려준다. 고대 저자들의 많은 결과는 파포스가 기록한 형태로만 알 수 있다. 파포스는 그리스 사람들의 전통적인 기하학에 대한 관심을 불러일으키려고 시도했지만, 이 책은 결코 효과적으로 되살려내지 못했고 실제로는 강한 호기심을 중단시켰다.

■ 히파티아, 최초의 여성 수학자

4세기 로마 황제들이 그리스도교로 개종한 불행한 결과는 박해받는 대상이 이제 이교도, 여기서는 비그리스도교도로 바뀌었다는 사실이다. 그리스 신전들을 파괴하라는 명령이 떨어졌을 때, 세라피스[1] 신전에 세워진 엄청난 도서관은 30만 두루마리의 원고를 보관하고 있었는데, 광신도들의 야만적인 파괴의 희생양이 됐다. 이에 따라 수세기 동안 천재들이 아주 어렵게 모은 기록이 경솔하게 사라졌다. 그리스도교 폭도들은 '이교도 과학'을 횃불로 뿌리째 뽑아 버리는 데 만족하지 않고, 박물관의 많은 학자를 알렉산드리아 거리에서 살해했다. 알렉산드리아의 테온의 딸이자 제자였으며 최초의 뛰어난 여성 수학자인 히파티아의 운명이 바로 이와 같았다.

히파티아(Hypatia, 370~415)는 수학, 의학, 철학에서 뛰어났으며, 디오판토스의 ≪산수론≫의 처음 여섯 권에 대한 주석서와 함께 아폴로니오스의 ≪원뿔 곡선론≫에 관한 연구서를 썼다는 이야기가 있다. 그녀는 아버지로부터 클라우디우스 프톨레마이오스의 천문학적 발견에 대한 지식을 배웠고, 이 위대한 천문학자의 ≪알마게스트≫를 편집했다. 그녀는 또한 신플라톤주의 철학 학파의 명백한 지도자였으며, 그리스도교에 반대하는 마지막 시도에 참가했다. 옛 문화의 살아있는 상징으로서 그녀는 알렉산드리아의 정치를 장악하려는 다툼에서 노리개가 될 운명에 있었다.

히파티아는 박물관에서 수학과 철학을 강의했는데, 그의 강의는 많은 저명한 청중을 유혹했다. 청중 중에는 키레네의 철학자 시네시우스(Synesius of Cyrene, 370?~413)가 있었는데, 그는 나중에 프톨레마이스(Ptolemais)의 주교가 됐다. 현재까지 전해진 시네시우스의 편지들에서 그는 언제나 히파티아를 극찬했으며, 그녀를 '어머니, 자매, 숭배하는 스승'이라 불렀고 그녀의 학식과 선행을 모두 칭찬했다. 시네시우스를 포함한 다른 그리스도교들의 도움에도 불구하고 그리스도교 지도자들은 히파티아의 신플라톤주의 철학을 이단으로 간

1) [옮긴이] Serapis, 프톨레마이오스 왕조 시대의 이집트에서 융합 정책에 의해 만들어진 명계(冥界)의 신.

주했다. 그녀의 위치는 이 도시의 로마 총독인 오레스테스(Orestes, 476년에 죽음)와의 친분 때문에 더욱 위태로워졌는데, 오레스테스는 알렉산드리아 주교인 키릴(Cyril, 375?~444)에 대한 유일한 대항 세력이었다. 키릴의 추종자들은 히파티아가 많은 군중을 자신의 강의실에 끌어 모았고, 그곳에서 학문이라는 구실 아래 이교도의 신앙을 설파하고 있으며 게다가 오레스테스에 대한 그녀의 영향력이 총독과 키릴 사이의 화해를 저해하는 유일한 요소라는 소문을 퍼뜨렸다. 히파티아가 어느 날 강의를 끝내고 되돌아갈 때, 광신도 무리가 그녀를 길거리에서 불러 세웠고 날카로운 굴 껍데기로 깊이 베어버렸으며 마침내 갈기갈기 찢어버렸다. 그리고 그녀의 유해는 불속에 던져졌다. 히파티아의 죽음과 함께, 그리스 수학의 길고 영광스러운 역사는 끝이 났다.

이슬람교도[회교도]들이 641년에 박물관을 점령하기 훨씬 전에 박물관과 그 도서관의 매우 큰 부분이 그리스도교들에 의해 약탈당한 것으로 보이지만, 이슬람교도들은 이때 당시까지 남아있던 책들을 불태워버렸다. 도서관에 먼지를 뒤집어쓰고 있는 책 더미에 당혹스러워한 아랍 군정 장관은 이 문제에 대해 메카에 조언을 구했다는 말이 있다. 그리스도교 저자 바르 헤브라에우스(Bar Hebraeus, 1226~1286)에 따르면 다음과 같은 답신이 왔다고 한다. "원고에 코란에 있는 내용이 포함되어 있으면, 이런 경우에 우리는 그것을 읽을 필요가 없다. 그렇지 않고 원고에 코란에 반하는 내용이 포함되어 있으면, 이 경우에 우리는 그것을 읽어서는 안 된다." 어느 경우에도 파괴가 결정됐다. 도서관의 내용물은 약 4000개에 달하는 공중목욕탕에 분배됐고, 그 뒤 6개월 동안 불쏘시개로 사용됐다. 이 이야기는 진실에 근거할 수 있지만, 그 뒤 도서관은 과거의 망령일 뿐이었다. 카이사르가 기원전 48년에 알렉산드리아를 포위했을 때 대단히 많은 양의 원고가 파괴됐던 것으로 보인다. 바다가 봉쇄당하는 것을 두려워한 카이사르는 사람을 보내 무방비 상태로 항만에 있던 이집트 함선에 불을 붙였다고 한다. 큰불이 부두와 창고로 번졌고, 통제할 수 있기 전에 원래의 도서관 건물을 전소시켰다. 마르쿠스 안토니우스가 페르가몬 도서관에 있던 20만 권을 클레오파트라에게 선물로 주었을 때 손실의 일부는 회복됐다.

디오판토스의 후계자들은 주로 그 이전 학자들의 책을 번역하고 주석한 것으로 언급된다. 한 주석자 다음에 또 다른 주석자가 더 많은 독자를 확보했을 책을 썼던 전임자들의 책을 수박 겉핥기식으로 다룸에 따라 알렉산드리아 수학의 전통은 더욱 희박해져 갔다. 학문이 전반적으로 쇠퇴할 때 독창성이 흔히 기만적인 지식에 무너졌는데, 자료를 제대로 알지 못하고 무분별하게 도용하거나 그리스 연구서들을 겉핥기식으로 옮기면서 원전을 곡해했다. 분명히, 황금 시대의 수학을 어느 정도 알고 있음을 보여주는 훌륭한 주석자들이 있었는데, 그 중에서 프로클로스(Proclus, 410~485)와 보이티우스(Boethius, 475?~524)가 가장 유명하다. 그들의 책은 그리스 수학이 최고의 순간에 있었을 때를 어렴풋이 보여 주지만, 고대와 중세의 학문 사이의 고리를 제공한다.

예전의 산술과 새로운 산술 사이의 시합으로 보여주는 목판화인데, 인도·아라비아 숫자를 사용하는 보이티우스(왼쪽)와 여전히 산반으로 셈하는 피타고라스(오른쪽)를 상징적으로 보여준다. (*From* Margarita Philosophica *(1508) of Gregor Reisch.*)

프로클로스는 어린 시절에 알렉산드리아에서 교육을 받았지만, 삶의 대부분을 아테네에서 보냈고 그곳에서 플라톤 아카데메이아의 책임자였다. 그의 저작물은 철학과 신학부터 수학과 물리학 및 천문학을 거쳐 문학 비평과 시까지 그 범위와 양이 엄청났다. 프로클로스는 그리스 수학이 시작되고 족히 1000년이 지난 뒤에 살았지만, 그 뒤에 완전히 사라진 수많은 역사적인 연구서와 비판적인 연구서를 그는 이용할 수 있었다. 분실되어 대단히 안타까운 역사적인 연구서는 아리스토텔레스의 제자 에우데모스(Eudemus, 370년경)의 뛰어난 ≪그리스 기하학≫이다. 다행스럽게도 프로클로스는 ≪유클리드의 원론 제 1 권 주석서≫에 넣은 (<에우데모스 요약>이라 부르는) 간략한 개요로 보존됐다. 이 역사는 단편적인 형태이지만 매우 유용한데, 탈레스부터 유클리드까지의 그리스 기하학에 대한 우리의 주요한 정보원이다.

■ 로마 수학 : 보이티우스와 카시오도루스

이론적인 수학의 발달을 추적하는 데 관심을 가진 사람들에게 로마 시대는 이상하게도 흥미가 없다. 로마 사람들은 예술, 문학, 법학 등에서는 대단히 특출했지만, 그리스 과학에 어떤 것을 추가하는 것은 고사하고 이에 통달하려는 어떠한 의향도 보이지 않았다. 초기 교회가 지하 묘지에서 밖으로 나갔을 때, 사람들은 수학에 대해서는 덜 논의했고 구원에 대해 더 논의했다. 성서와 교부들의 저술을 이해하는 데 필요한 모든 종류의 학문은 유용하게 간주됐다. (중세 학교에서 7개) 교양 과목 중 삼학과는 그리스도교 교육 체제에서 인정받았는데, 삼학과 중에서 문법과 수사학에 대한 연구는 논리학에 쏟은 것보다 훨씬 더 많은 관심을 끌었다. 이렇게 이론적인 연구에 관심이 부족해진 이유의 하나는, 고대의 많은 과학적 지식이 남아있던 그리스 말에 대한 지식이 라틴 말을 하는 서구에서 서서히 사라졌다는 사실이다.

아마도 당시에 입수할 수 있었던 그리스 책에 흥미를 가진 로마의 주석자 중에서 가장 잘 알려진 사람은 아니키우스 보이티우스(Anicius Boethius, 475?~524)일 것이다. 기억하기 쉽게 '마지막 로마 사람이고 최초의 스콜라 철학자'로 특징짓는 보이티우스는 고대와 중세의 가교 역할을 한다. 그는 원로원 계급의 부유하고 걸출한 집안에서 태어났고 당시의 불안한 시기에도 최고의 교육을 받았다. 보이티우스가 교육 받은 장소에 대해 학자들 사이에 의견이 갈리는데, 일부는 아테네라 하고 일부는 알렉산드리아라고 주장한다. 보이티우스는 젊은 시절에 로마 행정 조직에 들어갔다. 493년부터 이탈리아를 지배한 동고트족 왕 테오도리크(Theodoric, 454?~526)는 통치를 위해 예전의 로마 상류 계급의 경험이 필요했다. 보이티우스는 책임이 있는 여러 자리를 역임했고, 522년에는 실질적으로 왕의 국무총리 역할을 하는 자리(Master of the Offices)에 올라서 정치 권력의 최고점에 도달했다. 그 뒤 곧 보이티우스는 테오도리크의 총애를 잃었고, 반역 행위로 비난을 받았다. 현재는 부당하다고 널리 받아들이고 있는데, 공식적인 죄목은 테오도리크를 끌어내리려는 모의를 위해 비잔틴 황제 유스티니아누스와 서신 왕래를 했다는 것이었다. 보이티우스는 감옥에서 처형을 기다리면서 서양 철학의 고전 중 하나인 ≪철학의 위안≫을 썼다.

보이티우스는 당시 과학의 애처로운 상태를 인식하고 자신의 그리스 말 구사 능력을 발휘해서, 당시의 학자들에게 사학과(산술, 기하학, 음악, 천문학)의 모든 주제에 관한 교재들을 제공하려는 야심찬 계획을 그 전에 착수했었다. 그의 기하학은 ≪원론≫ 제 1, 3, 4 권에서 뽑은 정의와 (증명 없이) 정리를 서술한 것에 불과한데, 여기에 다양한 실용적인 응용을 추가했다. 보이티우스의 인기 있던 책 ≪산술(De Institutione Arithmetica)≫은 실제로 니코마코스의 ≪산술 입문≫을 알기 쉽게 바꾸어 쓴 것으로 번역에 가깝다. 보이티우스는 가끔 원전에 일부 내용을 추가하고 일부를 압축했지만, 실제로 새로운 것을 기여하지는 않았다. 그는 전문 수학자가 아니었는데, 니코마코스를 벗어나서 라틴 주석자들의 방식을 따라서 자신의 고유한 재능을 보여주려고 노력했다. 그러나 당시에 수학적 지식이 매우 부족했기 때문에 중세 시대에 형식적인 산술 원리가 알려진 것은 주로 보이티우스를 통해서였다. 그의 ≪산술≫은 1000년 이상 동안 수도원 학교에서 이 과목에 대한 권위 있는 교과서였다. (의심할 바 없이 교회가 그를 순교자로 선언한 것이 역시 도움이 됐다.) 실제로, 1521년에 파리에서 인쇄된 보이티우스의 ≪산술≫이 현재까지 알려진 마지막 판이다. 그 사이에 그리스 동구에서는 그리스의 걸작들이 보존되고 열광적으로 연구되며 세대마다 다시 복제됐다. 15세기에 라틴 서구에서 원래의 교재가 다시 발견된 뒤에, 보이티우스는 한때 얻었던 엄청난 명성만큼이나 짙은 어둠 속으로 잊혀졌다.

카시오도루스(Magnus Aurelius Cassiodorus, 480?~575)는 보이티우스의 나이 어린 친구이고 그렇게 뛰어난 학자는 아니었지만, 고대의 유산을 보존하는 데 더 크게 이바지했다. 보이티우스와 같이 그는 로마 귀족이었고 테오도리크의 치하에서 높은 지위에 올랐다. 카시오도로스는 공직 생활에서 은퇴하고 비바리움(Vivarium)에 있던 자신의 사유지로 돌아가서 거대한 수도원을 설립했는데, 이것을 그리스도교 지식과 학문의 중심지로 만들려고 의도적으로 노력했다. 이것은 최초로 교육을 목적으로 한 수도원 기관이었다. 이것에는 연구할 고전 교재를 라틴 말로 번역하기 위한 기록실도 포함됐다. 복제본을 만들어 자신의 도서관에 보존하거나 시설이 덜 갖추어진 다른 수도원으로 보냈다. 카시오도루스는 자신의 수도사들을 교육하고 다른 사람들을 쉽게 가르치기 위해서 ≪성학 및 세속적 제학 강요(Institutiones divinarum et soecularu lectionum)≫라는 책을 편찬했다. 이 책의 대부분은 성서와 교부들의 책을 다뤘지만, 일곱 교양 과목 각각을 간략하게 논의했다. 이 원시적인 교과서가 초기 중세 시대에 교회 학교의 교육 과정의 기초로 활용됐다.

문제 5.4

1. 삼차 방정식 $ax^3+bx^2+cx+d=0$의 곁수 a, b, c, d는 옹근 수이다.

(a) 이 방정식의 유비수 근 r/s이 존재하고 r과 s가 서로 소이면, r은 d를 나누어떨어뜨리고 s는 a를 나누어떨어뜨림을 증명하라. [**귀띔**: $x=r/s$를 방정식에 대입하고 분수를 없애고 오일러의 보조 정리를 사용하자.]

(b) $a=1$이면 이 방정식의 모든 유비수 근은 반드시 옹근 수이고 상수항 d를 나누어떨어뜨림을 보여라.

2. 다음 삼차 방정식의 유비수 근을 찾아라.

(a) $2x^3-5x^2-2x+15=0$

(b) $32x^3-6x-1=0$

(c) $6x^3-x^2-4x-1=0$

(d) $x^3-7x^2+20x-24=0$

(e) $x^3-2x^2+7x+2=0$

3. 실수 r이 작도 가능하다고 하는 것은, 단위 길이의 주어진 선분으로부터 자와 컴퍼스를 사용해서 작도할 수 있는 길이가 $|r|$인 선분이 존재하는 경우이다. (자와 컴퍼스를 사용한 작도와 순수하게 유비수이거나 제곱근인 실수를 포함하는 대수적 연산 사이에 일대일 대응이 존재하므로, 이것은 다음과 같이 해석된다. 실수 r이 작도 가능하다는 것은, 이것을 0과 1로부터 유한 번의 덧셈, 뺄셈, 곱셈, 나눗셈, 제곱근 풀이를 통해 셈할 수 있는 경우이다.) 다음은 잘 알려진 정리이다. 다음 삼차 방정식의 근으로 작도 가능한 실수가 있다고 하자.

$$ax^3+bx^2+cx+d=0$$

(단, a, b, c, d는 옹근 수이고 $a\neq 0$이다.)

그러면 유비수 근이 존재한다. 부피가 주어진 정육면체의 두 배인 정육면체의 모서리를 자와 컴퍼스로 작도 불가능함을 보여라. [**귀띔**: 원래 정육면체의 모서리의 길이가 1이면, 찾는 정육면체의 모서리의 길이는 $x^3-2=0$을 만족시켜야 한다. 이 방정식의 근은 작도 가능하지 않음을 보여라.]

4. 각 α(곧, 크기가 α인 각) 및 두 수 $\sin\alpha$와 $\cos\alpha$ 사이의 관계는 다음 그림이 보여준다.

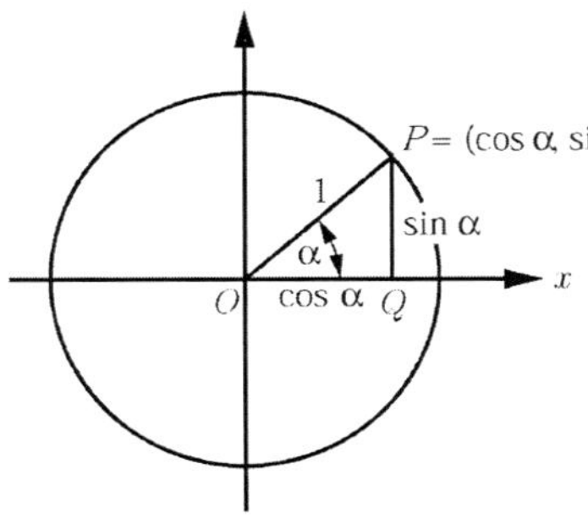

각 α를 자와 컴퍼스로 작도 가능하기 위한 필요 충분 조건은 $\sin\alpha$ 또는 $\cos\alpha$가 작도 가능한 실수인 경우임을 증명하라.

5. 자와 컴퍼스만으로 각 60°를 삼등분할 수 없음을 밝혀라. [**귀띔**: 각 60°를 삼등분할 수 있기 위한 필요 충분 조건은 각 20°를 작도할 수 있는 경우이다. 다음 삼각 등식을 생각하자.

$$\cos 3\alpha = 4\cos^3\alpha - 3\cos\alpha$$

이것을 $\alpha=20°$에 적용하면 다음을 얻는다.

$$\tfrac{1}{2} = 4\cos^3 20° - 3\cos 20°$$

$x=\cos 20°$라 하면, 이것은 삼차 방정식 $8x^3-6x-1=0$으로 쓸 수 있다.]

6. (a) 삼각 등식 $\cos 3\alpha = 4\cos^3\alpha - 3\cos\alpha$를 이용해서, 각 90°를 자와 컴퍼스만으로 작도할 수 있음을 보여라.

(b) 삼각 등식 $\sin 3\alpha = 3\sin\alpha - 4\sin^3\alpha$를 이용해서 각 30°를 삼등분할 수 없음을 보여라.

5.5 근동과 극동에서의 수학

■ 알콰리즈미의 대수학

7세기에 아랍 세력이 융성하게 된 직접적인 원인은 모하메드(Mohammed, 570~632)의 가르침에 근거한 새로운 믿음인 이슬람교[회교]의 출현이었다. 종교적 열정으로 통합된 아라비아 반도의 사막 부족들은 거의 저항을 받지 않고 지중해 세계를 관통해서 재빠르게 퍼져갔다. 역사적인 도시 다마스쿠스는 635년에 아랍의 손에 떨어졌고, 예루살렘은 637년에 들어갔다. 이집트는 639년과 642년 사이에 정복됐다. 아랍 사람들은 서쪽으로 나아가서 지브롤터 해협을 건넜고(711년), 에스파냐를 거슬러 올라가서 프랑스를 푸아티에(Poitiers)까지 쳐들어갔다. 이러는 동안에 아랍 군대는 다른 방향도 휩쓸어서 시리아와 페르시아를 거쳐 인도 북부까지 도달했다. 모하메드가 죽고 100년이 지난 뒤에 그의 추종자들은 로마가 한때 지배했던 영역의 반을 또다시 지배했다. 에스파냐를 제외한 그리스도교 유럽만이 그들을 막았다.

칼리프(곧, '후계자')라 부르는 이 새로운 제국의 통치자들은 다마스쿠스(Damascus)에서 다스렸다. 그렇지만 762년에 티그리스 강 연안으로 바그다드(Baghdad)라는 예전 페르시아의 이름을 간직한 지역에 새로운 수도를 세우기고 결정했다. 바그다드는 곧 상업과 문화의 거대한 중심지가 됐고, 9세기에 80만의 인구를 뽐냈는데, 이에 따라 콘스탄티노플보다 더 커졌다. 아랍 말은 세계의 큰 부분에서 배우는 말이 됐는데, 모든 이슬람교도는 성스러운 코란을 읽기 위해 이 말을 알 필요가 있었다. 그리고 아랍 말로 쓰인 모든 것은 이전에 그리스 책들이 받았던 신망을 얻었다.

그리스의 지적 유산은 아랍 사람들이 지배하게 된 땅의 가장 중요한 보물이었으며, 아랍 학자들의 주요한 과제는 그 유산의 흡수였다. 이를 위해서 칼리프 알마문(al-Ma'mûn, 786~833)은 유명한 '지혜의 집'을 건립했는데, 이것은 알렉산드리아의 박물관과 같은 종류의 학술원이었다. 그리스 문헌을 획득하기 위해 치열하고 정열적으로 노력했는데, 비잔틴 황제로부터 유클리드의 ≪원론≫을 확보하기 위해 콘스탄티노플로 특사를 파견할 정도였다. 그리스 문헌은 지혜의 집에 있던 번역자 집단에 의해 아랍 말로 번역됐고, 학자들이 사용할 수 있도록 그곳의 도서관에 소장됐다. 10세기 초에 이르러, 실질적으로 그리스의 과학과 철학 문헌 전체가 아랍 말로 기록됐다. 이런 고전적인 유산과 아랍 사람들이 개선하고 확장한 문헌은 결국 라틴 서구로 들어갔다.

아랍 수학자 중에서 가장 걸출한 사람은 알콰리즈미(Moḥammad ibn Mûsâ al-Khowârizmî, 780?~850)였는데, 칼리프 알마문의 우정과 후원을 누렸다. 궁정 천문학자였던 그는 분명히 지혜의 집과 초기에 관련된 학자 중 한 명이었을 것이다. 유럽 사람들이 인도 숫자와 수학에 대한 대수적 접근 방법에 친숙하게 된 것은 주로 그의 연구를 통해서인데, 두 권의 책으로 이루어진 그의 연구는 하나는 산술이고 다른 하나는 대수학에 관한 것이다. 알콰리즈미의 삶에 관해 알려진 자세한 사항은 거의 없다. 몇 가지 출처에 근거한, 그와 후임 칼리프가 관련된 한 가지 이야기가 있다. 알콰리즈미는 심각하게 앓고 있던 칼리프의 침대 옆으로 불려갔고 별점을 쳐야 했다. 그 결과 알콰리즈미는 환자가 50년을 더 살 운명이라고 장담했지만, 불행하게도 그는 10일만에 죽었다.

알콰리즈미는 ≪인도 셈에 따른 덧셈과 뺄셈의 책≫과 같은 제목의 산술에 관한 작은 연구서를 편찬했다. 이것은 인도의 십진 기수법의 용도를 설명하는 아랍 최초의 책이다. 알콰리즈미는 수를 적는 데 사용되는 '아홉 글자'(곧, 1부터 9까지의 숫자에 대한 기호)만을 언급했지만, 그는 다음과 같이 영을 활용했다.

> [뺄셈에서] 남는 것이 없을 때, 그 자리가 비어있지 않도록 작은 원을 적어놓지만, 반드시 원이 차지해야 한다.

처음에 아랍 말로 쓰인 이 책은 전해지지 않고 있다. 단지 12세기 초에 세비야의 요하네스(John of Seville, Latin: Johannes Hispalensis, 1140년경)가 라틴 말로 번역한 ≪인도 숫자에 관한 알고리트미(Algoritmi de numero Indorum≫를 통해서만 전해지고 있다. 이것이 유럽의 수학적 사고에 끼친 영향이 매우 컸기 때문에 이 새로운 숫자는 인도에서 유래했음에도 불구하고 '아라비아'라고 잘못된 이름이 붙였다. 1857년에 라틴 번역서 한 권이 케임브리지 대학교 도서관에서 발견됐다. 이것은 문구 "Dixit Algoritmi," 곧 "알콰리즈미는 이렇게 말했다."로 시작된다.

서유럽 사람들은 알콰리즈미의 연구를 통해 대수학에 대해 처음으로 알게 됐다. 대수적 기법에 관한 그의 지식이 디오판토스로부터 유래한 것으로 보이지 않는데, 디오판토스의 ≪산수론≫은 10세기 말에야 번역됐기 때문이다. 게다가 디오판토스의 대수학은 성격이 완전히 다른데, 이것은 주로 수 이론에 관한 것이었다.

용어 'algebra(대수학)'는 알콰리즈미의 연구서 ≪Hisâb al-jabr w'al muqâbalah≫의 제목 중 일부인 'al-jabr'를 유럽식으로 변형한 것이다. 분명히 이 제목은 '재결합과 축소의 학문'을 뜻한다. 이 용어들은 아랍 사람들이 방정식을 풀 때 사용한 두 가지 주요한 연산을 언급한다. '재결합'은 방정식의 한 변에서 다른 변으로 부호를 바꾸어 이항하는 것을 말하고, '축소'는 방정식의 같은 변에 있는 동류항들을 한 개의 항으로 결합하거나 다른 변에 있는 동류

항들을 소거하는 것을 말한다. 예를 들면, (현재의 표기법으로) 방정식 $6x^2-4x+1=5x^2+3$에서 '재결합'에 따라 다음을 얻는다.

$$6x^2+1=5x^2+4x+3$$

그리고 '축소'에 따라 다음을 얻는다.

$$x^2=4x+2$$

12세기에 이 책은 라틴 말로 ≪Liber Algebrae et Almucabola≫라는 제목으로 번역됐는데, 이것이 궁극적으로 방정식의 풀이를 다루는 수학의 분야에 이 이름을 붙였다. 알콰리즈미의 영향은 그의 이름을 라틴 말로 변형한 'algorism'(또는 'algorithm')이 오랫동안 인도·아라비아 숫자들을 셈하는 기법을 뜻했다는 사실에도 반영되어 있다. 오늘날 이것은 일련의 확립된 법칙에 따라서 셈하는 임의의 방법을 가리키는 데 사용되고 있다.

아랍 단어 'jabr'에 대한 전통적인 설명은 이것이 '부러진 뼈의 접합'(그러므로 '복원' 또는 '재결합')을 뜻한다는 것이다. 무어 사람들이 중세에 에스파냐에 도달했을 때, 그들은 단어 'algebra'를 그곳에서 'algebrista'의 꼴로 도입했는데, 이것은 '접골사'를 뜻하게 됐다. 에스파냐에서 한때 이발관 입구 위에 적혀 있는 'Algebrista y Sangradoe'('접골과 방혈')라는 말을 드물지 않게 볼 수 있었다. 최근까지도 이발사들은 주업과 함께 부업으로 기술이 덜 요구되는 의료 행위를 여러 가지 시행했다.

알콰리즈미에 대해 말할 때, 그가 개인적으로 대수학의 고안자임을 뜻하지 않는다. 왜냐하면 수학의 어떠한 분야도 한 개인의 연구를 통해 생겨나고 완전히 성장하지 않기 때문이다. 그는 그의 책을 통해 이 방법을 후대에 보존함으로써 옛 페르시아 학파를 대표할 뿐이다. 이 초기의 아랍 대수학은 여전히 원시적인 수사적 단계, 곧 수학적 기호가 전혀 없는 단계에 있었다. 이 단계에서 셈은 말을 통해 시행됐다. (수들도 기호로 표현되지 않고 말로 쓰였다.) 대수적으로 진행하는 법칙은 마치 신의 계시와 같이 선언됐는데, 독자는 광신자와 같이 이를 받아들이고 따라야만 했다. 근거와 증명이 제시될 때는 기하학적 논증으로 표현됐다. 유클리드의 ≪원론≫에 영감을 받은 아랍 사람들은 논증이 기하학적이어야 확신할 수 있다고 믿은 것으로 보인다.

알콰리즈미는 이차 방정식을 다룰 때, 이것을 다음과 같이 양의 곁수[계수]만을 허용하는 세 가지 기본적인 꼴로 나누었다.

$$x^2+ax=b, \tag{1}$$

$$x^2+b=ax, \tag{2}$$

$$x^2=ax+b \tag{3}$$

(음의 수량이 홀로 나타나는 것을 아랍 수학자들은 여전히 받아들이지 않았다.) 모든 문제

는 이런 표준형으로 바꾸고 아주 적은 개수의 일반적인 법칙에 따라 풀었다.

알콰리즈미는 이차 방정식을 푸는 자신의 대수적 법칙들이 정확함을 보여주는 기하학적 논증을 방정식 $x^2+10x=39$에 대한 그의 논의로 예시할 수 있다. 그는 이 문제를 두 가지의 서로 다른 방법으로 풀었다. 이 방정식은 그 뒤 아랍과 그리스도교도 교재에 '수세기 동안의 대수학을 관통하는 금줄과 같이' 이어지면서 자주 다시 나타났다. 주어진 $x^2+10x=39$에 대해 x^2을 나타내는 한 변의 길이가 x인 정사각형 $ABCD$를 작도한다. 이제 $10x$를 x^2에 붙여야 한다. 이를 위해 $10x$를 네 부분으로 나누는데, 각 부분은 넓이가 $(\frac{10}{4})x$인 직사각형으로 나타내고 이 네 직사각형을 앞에서 작도한 정사각형의 네 변에 붙인다.

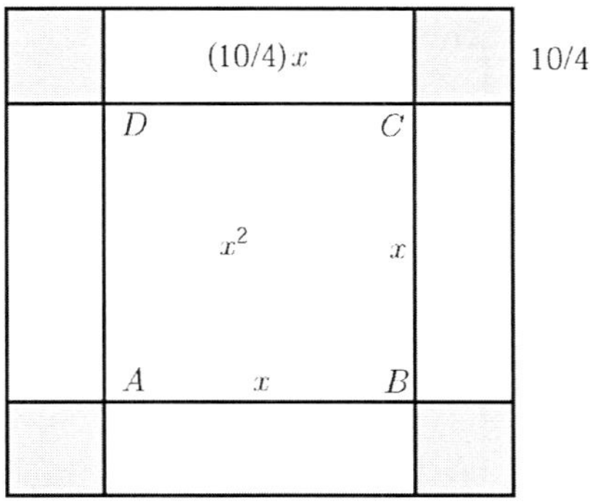

그러면 $x^2+10x=x^2+4(\frac{10}{4})x$를 나타내는 그림을 얻는다. 한 변의 길이가 $x+\frac{10}{2}$인 더 큰 정사각형으로 만들려면, 각 구석에 작은 정사각형 네 개를 추가해야 하는데, 이런 정사각형 각각의 넓이는 $(\frac{10}{4})^2$과 같다. 곧, 정사각형을 '완성하기' 위해서 또는 완전 제곱식을 만들기 위해 $4(\frac{10}{4})^2=(\frac{10}{2})^2$을 더한다. 그러므로 다음을 얻는다.

$$\left(x+\frac{10}{2}\right)^2=(x^2+10x)+4\left(\frac{10}{4}\right)^2=39+\left(\frac{10}{2}\right)^2=39+25=64$$

그러므로 이 정사각형의 한 변의 길이는 $x+\frac{10}{2}=8$이어야 하는데, 이것에서 $x=3$을 찾는다.

일반적인 상황에서 이차 방정식 $x^2+px=q$는 넓이가 $(p/4)^2$인 네 개의 작은 정사각형을 x^2+px를 나타내는 그림에 추가해서 다음을 얻음으로써 정사각형을 완성하는 방법으로 풀 수 있다.

$$\left(x+\frac{p}{2}\right)^2=x^2+px+4\left(\frac{p}{4}\right)^2=q+\left(\frac{p}{2}\right)^2$$

이에 따라 다음 해에 도달한다.

$$x = \sqrt{\left(\frac{p}{2}\right)^2 + q} - \frac{p}{2}$$

$x^2 + 10x = 39$를 푸는 알콰리즈미의 둘째 방법은 한 변의 길이가 x인 정사각형 한 개와 두 개의 직사각형으로 이루어진 도형에서 출발하는데, 여기서 두 직사각형 각각의 길이는 x이고 너비는 $\frac{10}{2}$이다. 각 직사각형의 넓이가 $x\left(\frac{10}{2}\right)$이므로, 전체 도형의 넓이는 $x^2 + 2\left(\frac{10}{2}\right)x$이다. 이 도형이 정사각형을 형성하도록 완성하기 위해서는, 넓이가 $\left(\frac{10}{2}\right)^2$인 새로운 정사각형을 추가해야 한다. 완성된 정사각형의 넓이는 $\left(x + \frac{10}{2}\right)^2$이고, 이에 따라 다음이 성립한다.

$$\left(x + \frac{10}{2}\right)^2 = x^2 + 2\left(\frac{10}{2}\right)x + \left(\frac{10}{2}\right)^2 = 64$$

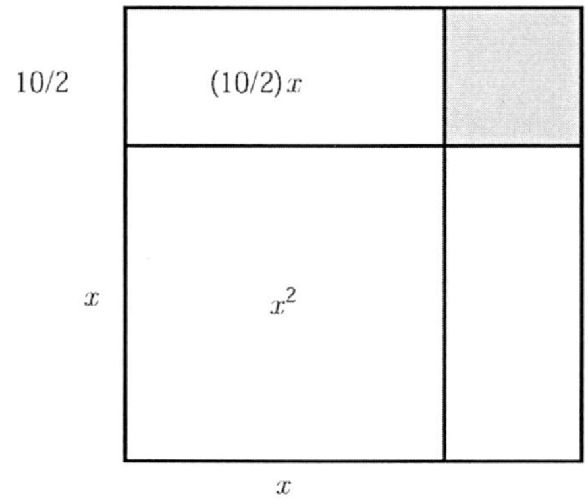

그러므로 이 정사각형의 한 변의 길이는 $x + \frac{10}{2} = 8$이므로, 미지수의 값은 $x = 3$이다.

이런 방법으로 일반적인 방정식 $x^2 + px = q$를 풀 때, 한 변의 길이가 $p/2$인 정사각형을 $x^2 + 2(p/2)x$를 나타내는 그림에 추가해서 다음을 만든다.

$$\left(x + \frac{p}{2}\right)^2 = x^2 + 2\left(\frac{p}{2}\right)x + \left(\frac{p}{2}\right)^2 = q + \left(\frac{p}{2}\right)^2$$

이에 따라 앞에서와 같이 다음 해에 도달한다.

$$x = \sqrt{\left(\frac{p}{2}\right)^2 + q} - \frac{p}{2}$$

이차 방정식의 해를 찾을 때, 기하학은 유클리드의 ≪원론≫에서 보편적으로 받아들인 것임을 알아봤다. 대수적 내용이 기하학적 언어로 표현됐다. 그렇지만 알콰라즈미의 연구와 함께 이런 제한이 없어지기 시작했음을 알 수 있는데, 여기서 기하학적 설명은 새롭게 힘을 가진 대수적 추론에 대해 보조적이기 때문이다. 개별적인 문제를 풀기 위한 바빌로니아의 예전의 기발한 기교와 방법은 마침내 알콰리즈미가 이차 방정식들을 표준형으로 축소하는 과정의 일부에서 보이는데, 각 표준형은 자체의 법칙에 따라 풀린다. 알콰리즈미의 연구에서, 우리는 고대의 수학적 관행으로부터 개선되고 좀 더 일반적인 방법으로의 확실한 진전과 진화를 알 수 있다.

이 시기의 아랍 수학자들은 그리스의 지식을 서유럽으로 전달했을 뿐만 아니라 그들 자신의 영속적인 공헌도 했다. 실제로, 그들은 수학에서 많은 기본적인 개념들을 수정하고 재구성했다. 예를 들면, 아랍 사람들은 이차 방정식의 무비수 근을 인식했다. 이전에 그리스 사람들은 이를 무시했었다.

아랍 사람들은 이차 방정식의 두 근의 존재를 인식했지만(유클리드와 바빌로니아 사람들은 결코 이러지 못했는데), 양수 근만을 제시했다. 그들은 방정식에 대한 음수 근의 실재성을 인식하지 못했다. 음수 근에 대한 정확한 발상은 양수와 같은 수학적 지위를 가진 독립된 실체로서의 음수에 대한 인정을 뜻한다. 이런 이해는 좀 더 최근에 발생했다. 알콰리즈미를 포함한 다른 아랍 대수학자들의 연구에서는 음수를 일관되게 회피했다. 양수 근과 마찬가지로 음수 근의 존재와 정당성은 인도 수학자 바스카라(1114년 생)가 처음으로 확언했다. 유럽 사람들은 음수 근을 16 또는 17세기에야 인정했다.

■ 아부 카밀과 사비트 이븐 쿠라

흔히 '이집트의 셈꾼'으로 불리는 아부 카밀(Abû Kâmil, 850?~930)은 대수학에서 둘째로 뛰어난 아랍 저자였다. 그가 분명히 이집트 혈통이고 알콰리즈미보다 나중의 시기에 책을 썼다는 사실 이외에 그의 삶과 활동에 대해 알려진 바는 거의 없다. 초기의 이슬람 대수학자들이 일상적으로 사용한 제목을 지닌 그의 ≪대수학 책(Kitâb fil-jabr w'al muqâbalah)≫은 본질적으로 알콰리즈미의 연구에 대한 상세한 주석이다. 일부는 이런 이유에서 일부는 이 책 자체의 장점 때문에, 이 책은 이슬람 세계에서 폭넓은 인기를 누렸다. 아부 카밀의 ≪대수학 책≫은 알콰리즈미의 책보다 대수학에 관한 훨씬 더 광범위한 연구서로 69개의 문제를 포함하고 있는데, 그의 유명한 전임자의 40문제와 비교된다.

주석서이기 때문에 예상할 수 있듯이, 아부 카밀은 알콰리즈미가 설명한 많은 문제를 그대로 온전하게 다시 소개했다. 동시에 그는 알콰리즈미가 제시했던 해법에 또 다른 해법을 주저하지 않고 추가했다. ≪대수학 책≫의 문제 8에서 이 사실을 확인할 수 있다. 아부 카밀의 표현대로, 서술하면 다음과 같다. "10을 두 부분으로 나누는데, 각 부분을 다른 것으로 나누었을 때 그 합은 $4\frac{1}{4}$이다." 현재의 표기법으로 나타내면, 이 문제는 다음 두 방정식을 만족시키는 두 수를 찾는 것과 같다.

$$x+y=10, \qquad \frac{x}{y}+\frac{y}{x}=4\frac{1}{4}$$

대수적으로 다음 등식이 성립한다.

$$\frac{x}{y}+\frac{y}{x}=\frac{x^2+y^2}{xy}$$

이 등식을 이용해서 둘째 방정식을 다음과 같이 바꿀 수 있다.

$$x^2+y^2=4\frac{1}{4}xy$$

아부 카밀은 먼저 이 문제를 알콰리즈미와 같은 방법으로 풀었다. 곧, 그는 $y=10-x$를 위의 방정식에 대입해서 다음과 같은 이차 방정식의 표준형을 얻었다.

$$6\frac{1}{4}x^2+100=62\frac{1}{2}x$$

그리고 해 $x=2$를 얻었다. 그러므로 대응하는 y의 값은 8이다. 다음에 아부 카밀은 자신의 해법을 제시했다. 이것은 다음과 같이 새로운 미지수 z를 도입하는 예전의 바빌로니아 과정과 관련된다.

$$x=5-z, \quad y=5+z$$

이런 값들을 대입하면 방정식 $x^2+y^2=4\frac{1}{4}xy$는 다음과 같이 된다.

$$50+2z^2=4\frac{1}{4}(25-z^2)$$

이것은 $z^2=9$가 된다. 이것에서 $z=3$을 얻고, 이에 따라 찾으려는 값은 다음과 같다.

$$x=5-3=2, \quad y=5+3=8$$

아부 카밀은 아주 독특한 거듭제곱근 셈법을 개발했다. 그는 현재와 같은 기호를 사용하지 않았지만 제곱근의 덧셈과 뺄셈을 다음과 같은 등식을 이용해서 처리했다.

$$\sqrt{a}\pm\sqrt{b}=\sqrt{a+b\pm2\sqrt{ab}}$$

알콰리즈미의 책과 마찬가지로, ≪대수학 책≫도 완전히 수사적이었는데, 모든 셈은 (종종 아주 복잡했지만) 말로 설명했다. 예를 들면, 4의 제곱근을 9의 제곱근으로부터 빼는 법칙을 다음과 같이 나타냈다.

> 4의 제곱근을 9의 제곱근으로부터 9의 제곱근에서 남는 것이 한 수의 제곱근일 때까지 빼려면, 9를 4에 더해서 13을 얻는다. 이를 간직한다. 다음에 9에 4를 곱해서 36을 얻는다. 이의 제곱근의 두 배를 택해서 12를 얻는다. 이것을 간직했던 수로부터 뺀다. 하나가 남는다. 제곱근은 1이다. 이것은 9의 제곱근에서 4의 제곱근을 뺀 값이다.

이것은 다음과 같이 쓸 수 있는 것을 말로 표현한 것이다.

$$\sqrt{9}-\sqrt{4}=\sqrt{9+4-2\sqrt{9\cdot4}}=1$$

아부 카밀이 그 이전의 저자들에 비해 두드러지게 진전한 것은 미해결 방정식에 무비수 곁수[계수]를 사용한 것이었다. 딱 들어맞는 사례가 ≪대수학 책≫의 문제 53이다. 이 문제에서 그는 다음을 만족시키는 수를 요구했다. "3의 제곱근을 이것에 더하고 2의 제곱근을 이것에 더하면, 두 합의 곱은 20이다." 이것은 오늘날 다음과 같이 쓸 수 있다.

$$(x+\sqrt{3})(x+\sqrt{2})=20$$

이것은 다음과 같은 이차 방정식이 된다.

$$x^2+\sqrt{6}+\sqrt{3x^2}+\sqrt{2x^2}=20$$

아부 카밀은 다음과 같은 정확한 값을 제시했다.

$$x=\sqrt{21\frac{1}{4}-\sqrt{6}+\sqrt{1\frac{1}{2}}}-\sqrt{\frac{3}{4}}-\sqrt{\frac{1}{2}}$$

어떤 이차 방정식에 대한 무비수 해의 도입은 알콰리즈미의 기초적인 연구로부터 벗어난 또 다른 점이다.

아부 카밀의 ≪대수학 책≫은 피보나치로 더 잘 알려진 이탈리아 피사의 레오나르도의 연구에 끼친 영향을 통해 서유럽에서 수학의 발달에서 특별히 중요한 위치를 차지한다. 피보나치가 ≪산반의 책(1202)≫을 썼을 때, 그는 이 아랍 저자에게 매우 크게 의존했는데, ≪대수학 책≫에서 약 29개의 문제를 거의 바꾸지 않거나 전혀 바꾸지 않고 다시 사용했다. 피보나치가 빌려 썼지만, 그를 표절자로 간주해서는 안 된다. 아부 카밀의 방법은 당시에 매우 잘 알려져 있었기 때문에, 모든 수학자는 마음 놓고 그의 결과들을 공유 재산으로 사용했다.

아랍 수학의 초기 역사에서 또 다른 저명한 학자는 사비트 이븐 쿠라(Thâbit ibn Qurra, 836?~901)이다. 그는 다양한 재능과 소양을 지닌 수학자였는데, 뛰어난 물리학자이자 능숙한 번역가이며 거의 150권에 가까운 많은 책을 쓴 작가였다. 사비트의 타고난 언어 능력은 젊은 시절에 환전상을 했던 결과일 수 있는데, 이에 따라 대량의 그리스 수학 책들을 아주 훌륭하게 번역할 수 있었다. 이런 번역 중에는 아폴로니오스의 ≪원뿔 곡선론≫, 니코마코스의 ≪산술 입문≫, 아르키메데스의 ≪원의 측정≫과 ≪구와 원기둥에 대해≫가 포함되어 있다. 유클리드는 아랍 사람들로부터 큰 존경을 받았는데, ≪원론≫은 그리스 말로부터 번역된 최초의 책 중 하나였다. 요약본이 800년경에 나타났고, 완전한 번역본 두 가지가 10세기 전에 나타났다. 이런 완전한 번역본 중 하나는 사비트가 철저하게 검토했는데, 이것은 ≪원론≫을 아랍 말로 가장 충실하게 번역한 것으로 결국 12세기에 크레모나의 제라르도(Gerardo of Cremona, 1114~1187)의 라틴 말 번안을 통해 서유럽으로 가게 됐다.

사비트의 ≪우애수 결정에 관한 책≫은 피타고라스의 의미에서 이해한 수의 연구에 관한 것이다. 이 책은 통상 아랍 말로 쓰인 완벽하게 독창적인 최초의 수학으로 간주된다. 이 책에는 10개의 명제가 포함되어 있는데, 그 중 하나는 우애수의 쌍을 만드는 것이다. (우애수의 쌍은 각 수의 진약수들의 합이 다른 수와 같은 두 수이다.) 니코마코스는 ≪산술 입문≫에서 그런 수들을 언급했지만, 어떠한 이론도 유도하지는 못했다.

사비트의 놀라운 법칙은 다음과 같다. $p=3\cdot 2^n-1$, $q=3\cdot 2^{n-1}-1$, $r=9\cdot 2^{2n-1}-1$이 모두 씨수이면, $M=2^n pq$와 $N=2^n r$은 우애수의 쌍을 형성한다. 예를 들어 $n=2$라 하면 $p=11$, $q=5$, $r=71$이므로, $220=2^2\cdot 5\cdot 11$과 $284=2^2\cdot 71$은 우애수의 쌍이다. 이를 알아보기 위해서, 220의 진약수들의 합이 다음과 같음을 확인하자.

$$1+2+4+5+10+11+20+22+44+55+110=284$$

한편 284의 진약수들의 합은 다음과 같다.

$$1+2+4+71+142=220$$

사비트는 기하학에 대한 공헌으로 임의의 삼각형에 적용할 수 있는 피타고라스 정리의 일반화를 제시했다. 삼각형 ABC의 꼭짓점 A를 지나는 두 직선이 변 BC와 각각 B'과 C'에서 만나는데, $\angle AC'B'$과 $\angle AB'C'$은 모두 $\angle A$와 같다고 하자. 그러면 사비트에 따라 다음이 성립한다.

$$AB^2+AC^2=(BC)(BB'+CC')$$

그는 유클리드의 ≪원론≫의 도움을 받으면 증명을 얻을 수 있다는 말 이외의 어떠한 증명도 없이 이를 서술했다. 이른바 코사인 법칙(유클리드 제 2 권의 두 정리 12와 13)에 근거한 풀이는 다음과 같다.

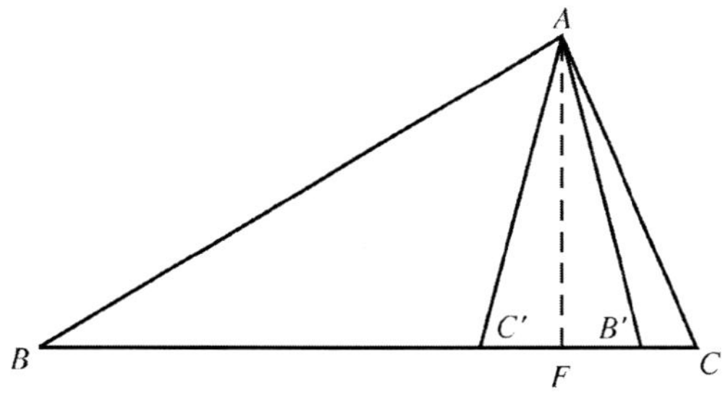

$\angle A=\angle C'=\angle B'$이므로, 다음이 성립한다.

$$\begin{aligned}AB^2+AC^2&=BC^2+2(AB)(AC)(\cos A)\\&=BC^2+(AB)(AC)(\cos C'+\cos B')\\&=BC^2+(AB)(AC)\left(\frac{FC'}{AC'}+\frac{FB'}{AB'}\right)\\&=BC^2+(AB)(AC)\left(\frac{FC'+FB'}{AB'}\right)\end{aligned}$$

그런데 $\triangle ABC$와 $\triangle AB'B$가 닮은 도형이므로, $AB/AB' = BC/AC$이고 다음이 성립한다.

$$\begin{aligned} AB^2 + AC^2 &= BC^2 + (BC)(FC' + FB') \\ &= (BC)(BC + C'B') = (BC)(BB' + CC') \end{aligned}$$

사비트는 또한 피타고라스 정리 자체에 대한 완전히 독창적인 분할 증명을 여러 가지 제시했다. 그는 자신의 접근 방법을 축소와 합성의 방법 또는 좀 더 정확하게 삼각형으로의 변형과 병치에 의한 재배열이라고 불렀다. 아래 그림은 그런 하나의 증명을 보여준다.

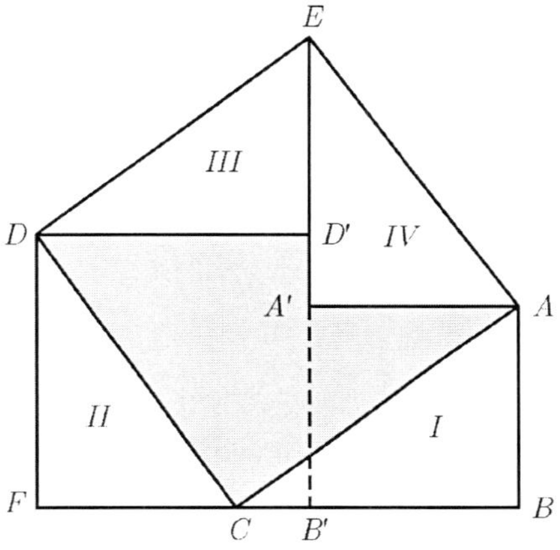

주어진 직각 삼각형 ABC에서 출발해서 직각을 낀 두 변에 두 정사각형 $AA'B'B$와 $DFB'D'$을 작도한다. 또 빗변에 정사각형 $ACDE$를 작도한다. 처음 두 정사각형 $AA'B'B$와 $DFB'D'$을 위의 그림에 어둡게 나타낸 영역 S에 두 삼각형 I과 II를 추가해서 얻을 수 있다. 마찬가지로, 정사각형 $ACDE$도 어둡게 나타낸 똑같은 영역에 두 삼각형 III과 IV를 추가해서 얻는다. 그런데 네 삼각형을 모두 합동이므로, 다음과 같이 처음 두 정사각형의 합은 셋째 정사각형과 같다.

$$\square AA'B'B + \square DFB'D' = I + II + S = III + IV + S = \square ACDE$$

수학에 대해 사비트가 쓴 책 중에는 ≪포물선이라 부르는 원뿔 곡선의 측정에 관한 책≫이 있다. 이 책에서 포물 활꼴의 넓이를 이것의 밑변의 길이와 높이의 곱의 3분의 2로 결정했다. 여기에는 밑변의 길이가 홀수인 자연수들의 합에 정비례하는 내접하는 삼각형들과 관련되기 때문에, 사비트는 공식 $1+3+5+7+\cdots+(2n-1)=n^2$을 확인했다. 그의 많은 책 중에서 또 다른 책인 ≪유클리드의 유명한 공준에 대한 증명≫에서 그는 유클리드의 평행선 공준을 나머지 네 공준으로 증명하려고 시도했다. 여기서 그는 두 밑각이 직각이고 이런 각들 사이에 있지 않은 두 변의 길이가 서로 같은 사변형을 처음으로 도입했다. 이 도형이 나중에 비유클리드 기하학의 발달 과정에 등장했을 때, 18세기 이탈리아의 기하학자 지오바니 사케리(Giovanni Saccheri, 1667~1733)를 기려서 사케리 사변형으로 불리게 됐다. 사비트는 위에 있는 나머지 두 각도 모두 직각이라고 주장했다.

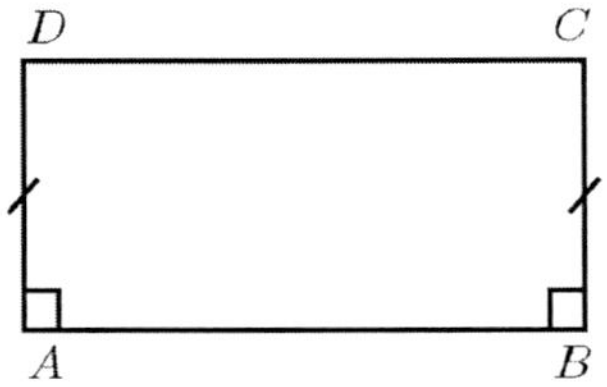

그는 각 D가 예각이면 CB는 DA보다 짧을 것이고 각 D가 둔각이면 CB는 DA보다 클 것이라고 추론했다. 이런 모순에 따라 각 D는 직각이어야 한다. 마찬가지 논법을 각 C에 적용한다.

사비트는 바그다드에 살면서 이곳에 신설된 천문대에서 천문학에 관한 연구서를 많이 썼다. 그는 프톨레마이오스의 ≪알마게스트≫에 있는 오차와 오류에 관심을 기울인 최초의 사람에 속한다. 특히 귀찮은 문제는 프톨레마이오스의 유용한 장치인 동시심[2)]이었는데, 이것은 행성이 그 궤도에서 속력을 높이거나 낮추도록 하게 한다.

10세기 말에 활동했던 유명한 수학자는 알카라지(Abû Bakr al-Karajî, 또는 때때로 불린 대로 al-Karkhî, 1029년에 죽음)이다. 그가 1000년경에 바그다드에 살았다는 사실 이외에 그의 삶에 대해 알려진 바는 거의 없다. ≪al-Fakhrî(놀라움)≫라는 제목의 알카라지의 주요한 연구서는 이름이 그와 같은 지방 통치자에게 헌정됐다. 이 연구의 중요성은 다항식의 대수학을 최초로 자세하게 설명했다는 사실에 있다. 알카라지는 "단항식은 무한하다."는 관점을 피력하면서, 두 열 $\{x,\ x^2,\ x^3,\ \cdots\}$과 $\{1/x,\ 1/x^2,\ 1/x^3,\ \cdots\}$의 성질을 연구했다. 각 거듭제곱은 그 앞 단항식에 x 또는 $1/x$을 곱해서 얻는데, 이를테면 $x^2 \cdot x = x^3$이고 $1/x^2 \cdot 1/x = 1/x^3$이다. 그러면 통상적인 산술 연산은 다항식들에 확대 적용된다. 곱셈의 경우에, 이것은 현대적인 어깨 수[지수] 법칙 $x^m \cdot x^n = x^{m+n}$과 동치인 내용을 수사적으로 표현할 것을 요구했다.

알카라지는 이항 전개에 관한 몇 가지 결과를 포함시켰다. 그는 $(a+b)^3$과 $(a+b)^4$의 전개를 형성하는 곁수[계수]들의 규칙성을 관찰한 뒤에 식 $(a+b)^n = \sum_{k=0}^{n} C_n^k a^{n-k} b^k$에 나타나는 C_n^k를 지배하는 법칙, 곧 $C_n^k = C_{n-1}^{n-k} C_{n-1}^k$ 을 매우 놀랍게 유도했다. 이런 곁수들의 값은 삼각형 모양의 표에 배열했는데, 이것은 17세기 유럽에 산술 삼각형 또는 파스칼의 삼각형으로 알려지게 됐다.

2) [옮긴이] equant point, 등각속도점, 그곳에서 관찰하면 행성들이 일정한 원운동을 하는 듯이 보이게 된다는 공간 속의 가상적인 점.

알카라지는 또한 처음 n개의 제곱수와 세제곱수의 합에 관한 문제도 다뤘는데, 자신의 결과를 다음과 같은 꼴로 표현했다.

$$1^2+2^2+3^2+\cdots+n^2=\left(\frac{2n}{3}+\frac{1}{3}\right)(1+2+3+\cdots+n),$$

$$1^3+2^3+3^3+\cdots+n^3=(1+2+3+\cdots+n)^2$$

후임자인 알사마왈(al-Samawa'l, 1180년경)은 우변이 각각 $(1/6)n(n+1)(2n+1)$과 $(1/4)(n(n+1))^2$과 같다는 사실을 보여서 이 두 등식을 개선했다. 알 카라지는 $n=10$인 특별한 경우만을 증명했지만, 그 증명은 임의의 경우에 적용된다.

세제곱수의 합에 대한 알카라지의 논법을 생각하자. 이것은 초기에 사용된 순환 추론(recursive reasoning)을 예시한다. 그는 한 변의 길이가 $1+2+3+\cdots+10$인 정사각형에서 출발하는데, 이것은 아래 그림과 같이 분할한다.

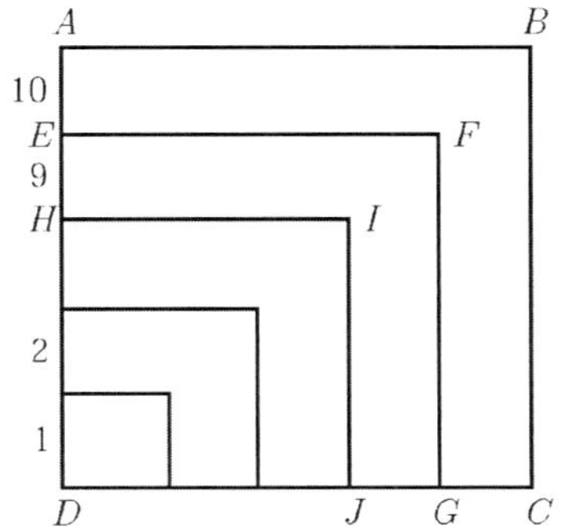

L자 모양의 영역 $ABCGFE$는 두 개의 합동인 직사각형과 한 개의 정사각형으로 이루어진 것으로 볼 수 있다. 이에 따라 이의 넓이는 다음과 같다.

$$2\cdot 10(1+2+3+\cdots+9)+10^2$$

또는 간단히 하면 $9\cdot 10^2+10^2=10^3$과 같다. 똑같은 논법을 다음의 L자 모양의 영역 $EFGJIH$에 적용하면 이의 넓이는 다음과 같다.

$$2\cdot 9(1+2+3+\cdots+8)+9^2=8\cdot 9^2+9^2=9^3$$

이 과정을 계속해서 구석에 있는 정사각형에 도달하는데, 그 넓이는 1^3이다. 그런데 전체 정사각형의 넓이는 이런 조각들의 넓이의 합과 같은데, 이것은 $1^3+2^3+3^3+\cdots+10^3$과 같다.

■ 오마르 카얌

11세기 후반기에 공격적인 새로운 세력이 페르시아로 진격했다. 이슬람 셀주크투르크족은 1055년에 바그다드를 점령했고, 그 제국의 동부 지역에서 칼리프들의 정치적 통치를 종식시켰다. 종교적으로 편협한 투르크족의 지배를 받으면서 바그다드는 중요한 지적 중심으로서의 지위를 서서히 잃어갔다. 그러나 학문은 여전히 칼리프가 다스리는 서부에서 번성했는데, 특히 코르도바, 톨레도, 세비야 등과 같은 도시에서 그랬다.

바그다드에 남아있던 학자인 우마르 알카야미(Umar al- Khayyâmî) 또는 더 잘 알려진 대로 오마르 캬얌(Omar Khayyam, 1048~1123)은 이슬람 세계 밖에서는 그의 수학적 업적보다는 그의 시로 더 유명하다. 그가 감각의 즐거움을 찬미한 ≪루바이야트(Rubaiyat)≫는 수백 번 간행됐다. 그의 책 중에서 가장 영향력이 컸던 것은 완전한 제목이 ≪재결합과 축소 문제의 증명에 관한 연구서≫인데, 이 대수학 주제를 상당히 발전시켰다. 알콰리즈미는 일차와 이차 방정식을 다룬 반면에, 카얌은 교차하는 원뿔 곡선을 사용해서 모든 종류의 삼차 방정식의 해를 구성했다. 그는 또한 ≪유클리드 책의 전제에 있는 어려운 점에 대한 해설≫을 편찬했는데, 이는 평행선 이론과 관련이 있다. 카얌은 유클리드의 제 5 공준을 진실로 받아들였지만, 이것을 증명이 요구되는 다른 많은 정리보다 덜 자명하다고 생각했다. 그는 '수렴하는' 직선들이 교차한다는 자신이 생각하기에 더 직관적인 원리로부터 평행선 공준을 유도하려고 시도했다.

바그다드에 있는 천문대(829년)와 같이 웅장한 천문대들이 설립되고 그리스의 천문학 문헌들이 유입되면서, 아랍 수학자들은 천문학에도 흥미를 갖게 됐다. 그들은 셈 기술을 발휘해서 모스크(이슬람 사원)의 방향을 메카[3]를 향하도록 하는 데 필요한 정밀한 천문학 표를 제공했다. 카얌은 천문학에 크게 공헌한 사람에 속한다. 1079년경에 그는 축제와 단식을 적절한 시기에 지킬 수 있도록 하기 위해 페르시아 달력을 개정하는 일을 부탁받았다. 이에 따라 연구해서 잘라리 달력(Jalalian calendar)이라 부르는 놀라운 결과를 얻었는데, 이것은 매우 정확해서 5000년마다 하루만 수정하면 된다. (현재의 그레고리력은 3330년의 기간에 하루 이하의 오차가 난다.) 카얌은 과학 분야에서 여러 가지 업적을 남긴 뒤에 시와 철학을 시작했다. ≪루바이아트≫의 쾌락주의적인 시에서 명백하게 알 수 있듯이 그의 자유로운 사고는 신앙심이 없다는 비난을 받게 만들었다. 그의 천문대를 지원했던 궁정 보조금이 중단됐고, 천문대는 문을 닫아야만 했다. 카얌은 무신론자라는 비난을 해소하기 위해서 나중에 메카로 순례 여행을 떠났다.

카얌은 양수 근이 있는 모든 형태의 삼차 방정식을 최초로 푼 수학자라고 주장했다. 그는 음수를 결수[계수]로 인정하지 않았기 때문에, x 또는 x^2으로 나누어 일차 또는 이차 방정식으로 줄일 수 없는 서로 다른 14가지 형태의 삼차 방정식을 고려해야 했다. 각 경우에 해에 대한 기하학적 증명을 제시했다. 방정식 $x^3+qx=r$에 대한 카얌의 풀이 과정을 예시하자. 그는 이 방정식을 $x^3+b^2x=b^2c$로 썼다.

3) [옮긴이] Mecca, 사우디아라비아에 있는 도시로 이슬람 최고의 성지. 예언자 마호메트의 탄생지.

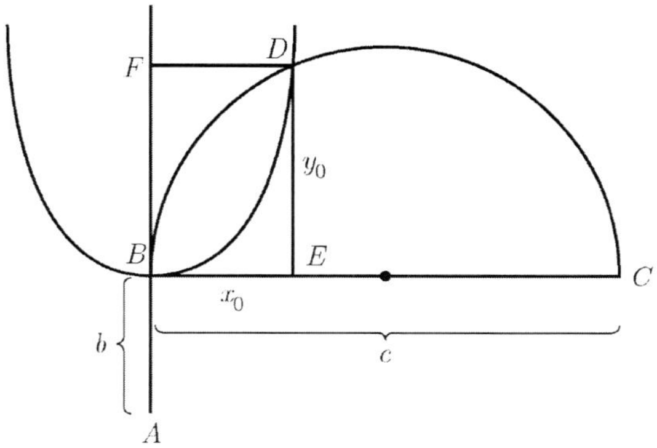

카얌은 그림을 참조해서 선분 AB의 길이를 b로 택했다. 그리고 AB에 수직이고 길이가 c인 선분 BC를 그렸다. 다음에 그는 꼭짓점이 B이고 축이 BF이며 매개 변수가 b인 포물선을 작도했다. 현재의 표기법으로 이 포물선의 방정식은 $x^2 = by$이다. 이제 BC가 지름인 반원을 그린다. 이의 방정식은 다음과 같다.

$$\left(x - \frac{c}{2}\right)^2 + y^2 = \left(\frac{c}{2}\right)^2, \quad \text{곧 } x(x-c) + y^2 = 0$$

이 반원은 포물선과 점 D에서 만나는데, 이 점의 가로 좌표, 곧 x좌표는 주어진 삼차 방정식의 근이 된다. 기하학적으로 이 근은 선분 BE로 표현되는데, 여기서 E는 D에서 BC에 내린 수선의 발로 결정된다.

이를 대수학적으로 알아보기 위해서, 점 D의 좌표를 $(x_0,\ y_0)$이라고 하자. D가 포물선에 있으므로, $x_0^2 = by_0$이고 이에 따라 $x_0^4 = b^2y_0^2$이다. D는 또한 반원에 있으므로 $y_0^2 = x_0(c - x_0)$이다. 이 두 방정식을 결합하면 다음을 얻는다.

$$x_0^4 = b^2y_0^2 = b^2x_0(c - x_0)$$

곧, $x_0^3 = b^2(c - x_0)$이다. 그러므로 x_0은 삼차 방정식 $x^3 + b^2x = b^2c$를 만족시킨다.

카얌은 14가지 각각을 다루면서 어떤 삼차 방정식에는 두 개의 양수 근이 있다는 사실을 알게 됐다. 이것은 관련된 원뿔 곡선들이 교차하는 방식에 따라 결정된다. 대담했던 그는 음수 근과 중근을 무시했다. 그는 또한 $x^3 + qx = px^2 + r$ 꼴의 방정식(구체적인 예로 $x^3 + 11x = 6x^2 + 6$)과 같은 방정식에서 세 개의 근이 나타날 수 있다는 사실을 찾아내지 못했다. 카얌은 또한 일반적인 삼차 방정식의 대수학적 해법을 찾을 수 없다고 잘못된 결론을 내렸다. 그러나 이것이 삼차 방정식의 기하학적 이론을 정복한 그의 가치를 손상시킬 수 없다. 이 이론은 아랍 수학에서 가장 성공적인 업적으로 간주할 수 있다.

서유럽은 이런 수학적 성과를 물려받았고, 잊혀질 뻔했다가 아랍 번역가들에 의해 보존된 고대 그리스의 많은 유산도 상속받았다. 아랍 문명의 다른 면과 같이 학문은 12세기와 13세기의 십자군 전쟁의 충격으로부터 결코 완전히 회복되지 않았다. 십자군 전쟁은 적어도 그리스도교 국가들로 하여금 자신보다 훨씬 더 우월한 문화가 있음을 알게 했다. 이슬람이 대단한 활력과 독창성을 발휘한 시기가 지나갔을 때, 아랍의 과학과 철학 연구서에 대한 라틴 말 번역이 충실하게 진행됐다. 이런 라틴 말 번역은 서유럽의 지적 부활의 기초를 제공했다.

■ 천문학자 알투시와 알카시

하늘에 대한 세심한 관찰은 이슬람 수학 활동의 주요한 초점이었는데, 부분적으로는 진정한 과학적 흥미 때문이지만 주로 종교 행사를 규칙적으로 시행하기 위해서였다. 하루 다섯 번(동틀녘, 한낮, 오후, 해질녘, 밤) 기도하는 현지 시각을 태양의 방향과 높이에 따라 셈했다. 게다가, 아랍의 태음력은 1년이 12달로 이루어져서 태양년보다 약 11일이 짧았고 각 달은 새로운 초승달이 저녁 하늘에 처음 나타날 때 시작됐다. 이렇게 자동적으로 결정되는 사건을 정확하게 판정하기 위해서는 엄밀하게 시간을 기록한 표를 작성할 필요가 있었다. 개인적으로 과학에 관심을 가졌던 칼리프 알마문은 다마스쿠스에 천문대를 세웠다. 그 뒤 곧 829년에 훨씬 더 큰 천문대를 바그다드에 세웠다. 알콰리즈미와 사비트 이븐 쿠라와 같이 천문학에 큰 관심을 가졌던 많은 수학자는 그런 곳에서 많은 시간을 보내면서 프톨레마이오스의 행성 모형에 나타나는 오차와 오류를 바로잡았다. 알마문의 천문학자들은 다마스쿠스와 바그다드에서 동시에 관찰한 결과를 이용해서 프톨레마이오스의 ≪알마게스트≫에 있는 천문학 수표를 개정했다. 결국 그들 자신의 수표로 프톨레마이오스의 수표를 대체했다.

그 뒤 몇 세기가 지나면서 아랍의 천문학 활동은 쇠퇴하고 부활하는 시기를 겪었다. 많은 천문대는 짧은 기간만 존속했는데, 흔히 후원자의 죽음이나 종교 당국의 반대 때문에 사라졌다. 13세기와 15세기에 두 개의 주요한 이슬람 천문대가 부활됐다.

수학자이자 천문학자인 알투시(Nasîr al-Dîn al-Tûsî, 1201~1274)는 13세기 중반에 활약했는데, 이슬람 역사에서 가장 혼란스러운 시기 중 하나였다. 13세기 초에 몽골 정복자 칭기즈칸(1162?~1227)은 중앙아시아를 휩쓸고 동유럽까지 들어갔다. 1227년 그가 죽은 뒤에 그의 방대한 영토는 그의 아들과 손자들이 나누어 가졌다. 그의 한 손자인 훌라구칸(1217?~1265)은 그 뒤 1256년에 페르시아 북부에서 일어난 반란을 진압하는 과제를 맡았다. 13세기 중반에 존경받는 학자였던 알투시는 괄시받던 한 비밀 암살 결사단의 두목인 그의 후원자의 산악 요새에 피신했다. 아마도 그는 이것이 진격해오는 몽골에 앞서 안전을 보장해줄 수 있는 유일한 집단이라고 생각했을 것이다. 당대의 많은 사람들은 알투시를 기회주의자로 믿었는데, 그 요새가 훌라구칸에 무너졌을 때 그는 방어 시설 정보를 넘겨줬다는 이야기를 흔히 들을 수 있었다. 훌라구칸이 1258년에 바그다드를 약탈하러 들어갔고 이에 따라 칼리프의 통치를 영원히 끝마쳤다. 그 뒤에 그는 다마스쿠스를 1260년에 정복했다.

바그다드가 함락된 뒤, 알투시는 곧 변절해서 훌라구칸의 과학 고문이 됐다. 점성술에 심취한 이 새로운 통치자는 그에게 이란에 속하게 된 서북부 구석에 가까운 마라가(Maragha)에 (여전히 보존되고 있는) 웅장한 천문대를 건설하도록 했다. 가장 유명한 천문학자들이 멀게는 에스파냐와 중국으로부터 초빙되어 알투시의 지휘 아래 연구했다. 그들이 사용한 도구는 크기와 질 모두에서 놀라웠다. 12년 동안의 관찰과 셈으로부터 얻은 주요한 성과는 1271년에 편찬한 새로운 정밀한 천문학 수표들이었다. 마라가 천문학자들은 또한 프톨레마이오스와 다른 행성 운동 이론을 전개했는데, 이는 그 뒤 코페르니쿠스의 뛰어난 연구와 수학적으로 비슷했다. 3년 뒤(1274년)에 알투시는 바그다드를 여행하다가 죽었다. 그의 죽음과 함께 마라가의 창조적인 시기도 끝났다. 그렇지만 천문 관측은 그 다음 세기까지 계속됐다.

알투시는 수많은 천문학 책들로 가장 잘 알려져 있지만, 그는 대단히 넓은 범위의 학문 분야에서 많은 주제를 직접 연구한 학자였다. 그는 논리학, 철학, 윤리학, 산술, 삼각법 등과 같은 주제에 대해 다양한 연구서를 썼다. 그는 유클리드의 ≪원론≫, 아폴로니오스의 ≪원뿔 곡선론≫, 프톨레마이오스의 ≪알마게스트≫에 대한 대단히 개선된 번역서를 출판했다. 알투시는 프톨레마이오스를 그대로 따르지 않았는데, 주전원 이론이 궤도의 중심에 관한 행성의 고른 원 운동을 적절하게 설명할 수 없다고 문제를 제기했다. 기하학에서 알투시는 유클리드의 제 5 공준을 다음과 같은 논법을 사용해서 증명하려고 시도했다. 두 직선 AB와 CD를 고려하는데, 이것들은 CD에 잇따라 세운 세 수선 EF와 GH 및 IJ는 AB와 B의 방향에서 서로 다른 예각으로 만난다고 하자.

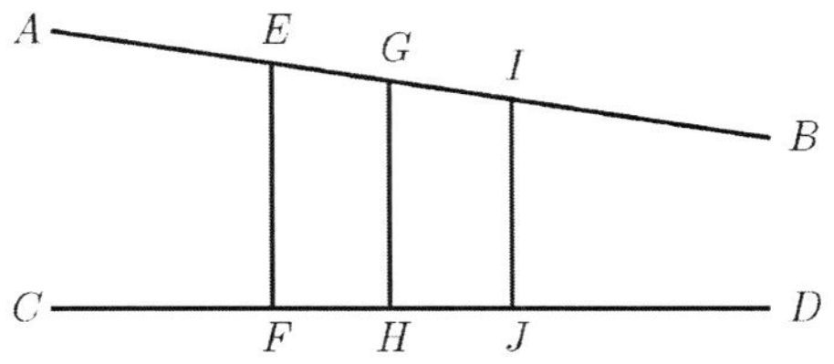

AB와 CD가 B와 D의 방향에서 만나지 않으면, 수선 IJ는 GH보다 끝없이 더 작아지고 EF는 끝없이 커질 것이다.

마라가 천문대가 설립되고 약 150년이 지난 뒤에 천문학적 활동이 다시 짧게 부활했는데, 또다시 정복자의 손자가 후원한 결과였다. 칭기즈칸으로부터 유래한 몽골 혈통이라고 주장한 타타르 사람인 티무르(Tamerlane, Temur the Lame, 1336?~1405)는 소아시아에서 페르시아부터 인도 서부까지의 광범위한 영역을 지배했다. 그의 수도는 현재 우즈베키스탄에 있는 사마르칸트(Samarkand)에 위치했다. 이 도시는 1500년대 후반까지 학문과 과학의 중심이었다. 여기서 티무르의 손자 울루그 베그(Ulugh Beg, 1347~1449)는 그 자신이 천문학자이자 학문의 후원자였는데 1420년에 천문대를 창설했다. 이 3층짜리 건물에는 당시에 확보할 수 있었던 가장 우수한 장비가 설치됐다. 천문대 옆의 도랑에는 반지름이 130피트인 거대한 육분의[4]가 설치됐는데, 원의 6분의 1이 넘는 천체들의 고도를 매우 정확하게 측정할 수 있었다.

페르시아 수학자 알카시(Ghiyath al-Din al-Kashî, 1429년에 죽음)는 사마르칸트로 소환되어 새로운 천문대의 책임자가 됐다. 그의 지휘 아래, 이곳은 천문학뿐만 아니라 거의 모든 과학 분야를 가르치는 고등 학술 기관이 됐다. 알카시는 자신의 노력으로 호에서 1분 간격으로 사인과 탄젠트에 대한 더욱 정확한 수표를 작성했고, 이와 함께 해와 달의 세로 방향의 움직임을 셈했다. 그는 또한 새로운 관찰에 근거해서 프톨레마이오스의 항성 목록을 개정했는데, 1000개가 넘는 별에 대한 더욱 정확한 위치를 제시했다. 산술, 대수학, 측정에 관한 그의 연구서 ≪셈하는 사람의 열쇠≫는 울루그 베그에게 헌정됐다.

알카시는 ≪원의 둘레에 대한 연구서≫에서 소수의 용도에 대해 자세히 설명했다. 그는 다음과 같이 π를 소수 16째 자리까지 정확하게 나타냈다.

$$\pi = 3.1415926535897932 4$$

이것은 그 이전의 모든 셈을 훨씬 더 넘어섰으며, 네덜란드 사람 루돌프 판 코일렌이 π를 소수 35째 자리까지 셈했던 16세기까지 가장 정확한 값이었다. 알카시는 또한 ≪산술의 열쇠≫와 ≪현과 사인에 관한 연구서≫를 포함해서 그의 천문학적 연구로부터 나온 몇 가지 책을 저술했다.

13세기가 지나면서, 일반적인 과학적 탐구는 아랍 세계 전체에서 시들기 시작했다. 당대의 학문적 고찰은 종교적이고 철학적이며 법적인 연구에 더욱 집중됐다. 그 옹호자들은 '외래 과학'을 의심하기 시작했고, 이런 과학의 공헌이 이슬람 문화에서 쓸모없다고 생각했다. 울루그 베그는 1449년에 살해됐고, 그의 죽음과 함께 과학 연구는 마지막 위대한 옹호자를 잃었다. 그 다음 세기 초에 그의 천문대는 광신도들에 의해 돌무더기로 바뀌었고, 자연의 비밀을 캐던 이의 구성원들은 생명을 부지하기 위해 피신했다. 이 천문대의 구체적인 위치는 알려지지 않은 채로 있다고, 1908년에야 다시 발견됐다. 이렇게 환경이 바뀐 주요한 결과는, 서유럽에서는 16세기와 17세기에 현대적인 과학 혁명을 경험한 반면에, 동쪽 이슬람 세계에서는 이에 비견할 만한 창조적인 돌파구가 결코 나타나지 않았다는 사실이다.

4) [옮긴이] 六分儀, sextant, 각도와 거리를 정확하게 재는 데 쓰이는 광학 기계.

■ **고대 중국의 ≪구장산술≫**

고대에 그리스 수학자들은 기하학에 대한 독특하고 비범한 재능을 보였는데, 이 시기에 기하학을 추상적인 연역적 체계로 전개한 문명 사회는 전혀 없었다. 예를 들면, 중국의 수학자들은 기하학적 문제에 관심을 가졌지만, 언제나 경험적이고 비논증적인 방법이었다. 고대 중국 수학 입문서에서 찾아볼 수 있는 내용은 일상생활과 관련된 문제와 온갖 형태의 넓이 및 다양한 용기와 둑의 부피에 대한 셈과 관련된 문제가 전부이다. 중국 수학은 극히 대수적이었으며, 이에 따라 기하학적 도형들은 수치적 정보를 대수적인 꼴로 바꾸는 데만 사용됐다.

수학적 내용이 포함된 가장 오래된 중국 책은 ≪주비산경(周髀算經)≫이다. 이것의 주요한 관심사는 천문학의 셈인데, 제목에 있는 단어 '비(髀, gnomon)'는 해시계와 비슷한 L자 모양의 도구를 언급하는데, 이는 고도와 거리를 측정하는 데 사용된다. 이 책이 쓰인 시기는 불명확하다. 현재까지 전해진 판본은 기원전 300년경에 쓰인 것으로 보이지만, 어떤 부분은 수백 년 더 오래된 어떤 책에 근거하고 있는 것으로 보인다. 일부 전문가는 이 책에 포함된 수학적 지식은 기원전 1000년까지 거슬러 올라갈 수 있다고 추측한다.

이 책에서 가장 오래된 부분으로 보이는 시작 부분에는 직각 삼각형의 성질에 대한 논의가 있다. 동반된 그림은 고대 중국 사람들이 직각 삼각형에서 직각을 낀 변들과 빗변 사이의 수학적 관계를 완전히 이해하고 있음을 드러내는데, 피타고라스의 시대보다 훨씬 더 앞서 있었다.

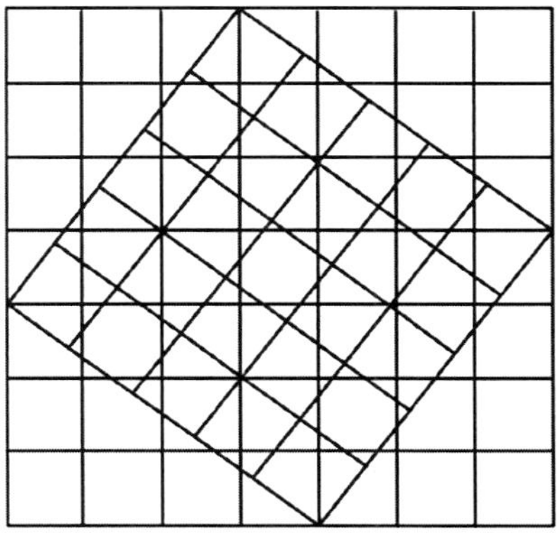

피타고라스 성질의 유도는 3-4-5 직각 삼각형의 경우만 제시되어 있지만, 이것이 임의의 직각 삼각형에 대해 정당하다는 사실은 분명하다. 당시의 전형적인 방식에 따라, 이 구절은 두 사람, 이 경우에는 군주와 대신 사이의 긴 대화의 형식을 취하고 있다. 이와 똑같은 도형을 이용한 바스카라의 극히 간단한 증명은 한 개의 정사각형을 네 개의 합동인 직각 삼각형과 작은 정사각형으로 나누고 이 조각들을 다시 배열해서 두 개의 정사각형의 넓이로 표현했다.

≪구장산술(九章算術)≫은 중국의 수학 전통이 시작되는 출발점이었다. 현존하는 가장 오래된 산술 교과서로 그 이전 ≪주비산경≫의 신비적인 우주론을 분명히 피하고 있다. ≪구장산술≫의 기원과 쓰인 시기는 알려지지 않았다. 이것이 수세기 동안 많은 수학자들의 공동의 노력을 나타내고 있음을 알고 있다. 유클리드가 ≪원론≫을 만들고 있던 것과 거의 같은 시기에 처음으로 책으로 편찬된 원본들은 기원전 213년의 유명한 분서갱유로 파괴됐다. 이것의 조각들이 나중에 복원됐고 정돈됐으며 많은 수학자들이 확대해서 이 책은 최종적인 형태를 갖추게 됐다. 오늘날까지 보존된 이 책은 서기 263년에 유휘(劉徽, 250년경)가 주석을 단 것이다. 유휘는 문제 각각을 이론적으로 입증했으며, 동시에 자신이 추가한 내용으로 이 자료를 광범위하게 확장하고 풍부하게 만들었다.

중국의 수학적 사고에 끼친 영향이란 점에서 볼 때, ≪구장산술≫에 대한 유휘의 주석은 고대의 모든 연구 중에서 가장 중요하다. 실제로 그 뒤의 수학 책들은 개념과 용어 모두에서 이 책의 흔적을 간직하고 있다. 중국 수학은 대수학적 조작과 문제 풀이에서의 숙달을 지향했기 때문에, 이미 유효한 과정을 바꾸려는 의욕이 거의 없었다. 이것은 ≪구장산술≫이 장수한 이유를 일부 설명한다.

7세기에 정부가 ≪구장산술≫을 공무원 임용 시험을 준비하는 학생들을 위한 표준적인 교수요목으로 대학 전체에서 사용하도록 법령으로 포고해서 이 책은 널리 유포됐다. 이 책은 1084년에 인쇄본이 나타났을 때 가장 일찍 인쇄된 교과서의 하나가 됐는데, 각 쪽 전체를 하나의 널빤지에 새기는 목판 기법으로 제작됐다. (목판 인쇄술로 제작된 가장 오래된 책으로 알려진 것은 868년에 새겨진 불교의 ≪금강경≫이다. 불경 전체는 972년과 983년 사이에 인쇄됐는데, 13만 개의 두 쪽짜리 널빤지에 조각해야 했다.)

제목이 가리키듯이, ≪구장산술≫은 뚜렷하게 구분된 아홉 개의 장으로 이루어져 있는데, 모두 246개의 문제와 풀이가 있다. 이것은 3세기 중반까지 중국에서 축적된 수학적 지식을 체계적으로 조직했다는 점에서 ≪원론≫과 비유할 수 있다. ≪구장산술≫은 그리스 방식의 이론적인 연구를 지향하지 않았고, 국가를 운영하는 공무원들이 마주칠 것으로 보이는 문제들을 다룬 실용적인 안내서를 의도했다. 이를테면 농경지의 측량, 도랑과 수로의 건설, 곡창의 용량, 교환 비율, 식량의 징세 등과 관련된 문제를 다뤘다. 이에 따라 각 장은 <방전>, <쇠분>, <균수>와 같은 제목이 붙었다.

앞의 장들에서는 직사각형, 삼각형, 사다리꼴, 활꼴 등의 넓이와 구, 원기둥, 각뿔, 원뿔과 같이 친숙한 입체의 부피를 얻는 (일부는 정확하지만 일부는 그렇지 않은) 셈 법칙을 알려준다. 예를 들면, 원의 넓이는 지름 d에 대해 $\frac{3}{4}d^2$으로 주어졌다. 이 결과는 π의 값을 3으로 택하면 정확할 것이다. 이집트 사람들도 알고 있던 각뿔대의 부피에 대한 정확한 공식이 나타난다. 산대를 사용해서 제곱근과 세제곱근을 찾는 자세한 과정과 설명이 있다. 분수들의 산술에도 특별한 관심을 기울였는데, 공통 분모 찾기를 강조했다. 한 장에서는 임시 위치법으로 미지수 한 개에 관한 일차 방정식의 풀이를 다루고 있다.

≪구장산술≫에서 네 문제를 인용하자. 매우 다양한 이 문제들은 이 책에서 다룬 주제의 폭을 암시할 수 있다. 제 1 장 <방전>의 다음 문제 32는 셈에서 π를 3을 택한다.

> 원 모양의 밭이 있는데, 둘레는 181보이고 지름은 $60\frac{1}{3}$보이다. 이 밭의 넓이를 찾아라.

제 3 장 <쇠분>의 다음 문제 4는 등차 수열의 합을 찾는 것과 관련된다.

> 베를 짜는 여자가 있는데, 매일 전 날보다 같은 만큼 더 짠다. 첫째 날 5자를 짜고 한 달에 9필 3장을 짰다. 매일 더 짠 길이를 찾아라.5)

제 7 장 <영부족>의 다음 문제 1은 두 개의 일차 방정식의 풀이를 요구한다.

> 몇 명이 함께 물건을 사려고 한다. 한 사람이 8씩 내면 3이 남고, 한 사람이 7씩 내면 4가 부족하다. 사람 수와 물건의 값을 찾아라.

피타고라스 정리의 활용인 제 9 장 <구고>의 다음 문제 13은 고대 인도의 수학 문헌에도 나타난다.

> 높이가 10자인 대나무가 있다. 꺾여서 끝이 땅에 닿았는데, 밑동으로부터의 거리가 3자이다. 꺾인 높이는 얼마인가?

제 3 장에서는 흔히 삼수법 또는 비례법이라 부르는 것도 다루고 있음을 언급해야 한다. 이 유용한 과정은 상업 거래에서 높게 평가받았는데, 나중에 고대 인도 수학에도 나타난다. 이것은 비례식에서 넷째 항을 찾기를, 곧 방정식 $a/b = c/x$를 x에 대해 풀기를 요구한다. 예를 들면 제 3 장 문제 30은 다음과 같다.

> 1000전을 빌릴 때 한 달 이자는 30전이다. 이제 750전을 빌리고 9일 만에 갚았다. 이자는 얼마인가?

고대의 다른 문명 사회의 수학자와 마찬가지로, 중국의 수학자들은 원의 지름에 대한 둘레의 비율, 곧 π의 값을 가능한 한 정확하게 셈하려고 시도했다. 3세기의 가장 좋은 어림값은 왕번(王蕃, 219~257)이 얻은 $\pi = 142/45$, 곧 3.1555이었다. 유휘는 <방전>의 주석에서 아르키메데스가 사용했던 것과 비슷한 접근 방법을 통해 더욱 정확한 값을 얻을 수 있게 했다. '할원술'이라는 그의 새로운 방법은 내접하는 다각형의 둘레를 셈해서 원의 둘레를 결정했다. 반면에 아르키메데스는 내접하고 외접하는 다각형을 모두 사용했다.

---

5) [옮긴이] ≪구장산술≫의 문제는 실제로 다음과 같다. "베를 잘 짜는 여자가 있는데, 매일 전 날보다 같은 만큼 더 짜서 닷새 동안 5자를 짰다. 매일 얼마씩 짰는가?"

유휘는 먼저 반지름이 r인 원에 정육각형을 내접시켰다. 각 변의 길이 S_6은 r과 같다. 다음으로 육각형을 정십이각형으로 대체했고, 한 변의 길이를 S_{12}로 나타냈다.

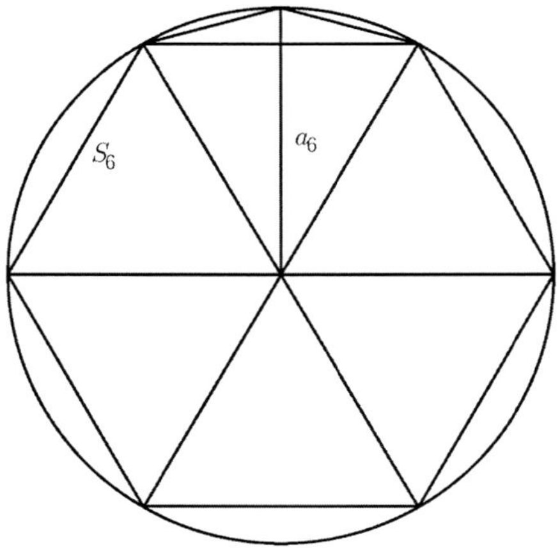

a_6이 원의 중심으로부터 정육각형의 변에 내린 수선의 길이이면, $a_6^2 = r^2 - (S_6/2)^2$이고 이에 따라 다음이 성립한다.

$$S_{12} = \sqrt{\left(\frac{S_6}{2}\right)^2 + (r - a_6)^2}$$

이런 과정을 계속해서, S_n이 내접하는 정n각형의 한 변의 길이를 나타내고, A_n은 이의 넓이를 나타낸다고 하자. 그러면 S_{2n}의 값은 S_n이 알려지면 다음 공식을 이용해서 얻을 수 있다.

$$S_{2n} = \sqrt{\left(\frac{S_n}{2}\right)^2 + (r - a_n)^2}$$

A_{2n}을 이루는 $2n$개의 삼각형 각각은 밑변이 r이고 높이가 $S_n/2$이며, 이에 따라 넓이가 $rS_n/4$인 것으로 생각할 수 있다. 결과적으로, 원의 넓이 A는 $A_{2n} = rnS_n/2$으로 어림할 수 있다. 유휘는 내접하는 다각형의 변의 개수를 연속적으로 두 배해서, 192각형까지 도달했다. 그는 반지름 $r = 10$을 택해서 다음 값을 유도했다.

$$S_6 = 10, \quad S_{12} = 5.17638, \quad S_{24} = 2.61052,$$
$$S_{48} = 1.30806, \quad S_{96} = 0.65438$$

이에 따라 A는 다음으로 어림했다.

$$A_{192} = \frac{1}{2} 96 \cdot 10(0.65438) = 314.1024$$

$\pi = A/100$이므로, 이 셈의 결과는 π를 소수 여섯째 자리까지 어림한 것이다. 유휘는 넓이 사이의 다음 부등식을 이용했다.

$$A_{2n} < A < A_n + 2(A_{2n} - A_n)$$

유휘는 계속해서 π가 3.141024와 3.142704 사이에 놓여 있다고 판정했다. 나중에 그는 내접하는 3072각형을 사용해서 π에 대한 더 정확한 값인 3.14159를 얻었다.

200년 뒤, 유명한 수학자 · 천문학자 조충지(祖沖之, 430~501)는 아들의 도움을 받아서 $3.1415926 < \pi < 3.1415927$의 한계로 표현된 π의 값에 도달했다.

소수 일곱째 자리까지 정확한 이 값은 유휘의 방법을 정1'2288각형에 적용해서 유도했다. 14세기에 조우흠(趙友欽)은 더욱 인내심을 발휘해서 1'6382각형에 적용해서 $\pi \approx 3.1415926$을 얻었는데, 이는 조충지의 셈이 정확함을 확인한 것에 불과했다. 중국에서 얻은 이런 정확도에 유럽은 16세기 말까지도 도달하지 못했다.

중국 수학자들은 기원전 200년에 이미 주어진 수의 제곱근과 심지어 세제곱근을 얻는 과정을 개발했다. ≪구장산술≫의 제 4 장 <소광>에는 넓이가 알려진 정사각형의 변의 길이를 찾는 문제가 몇 개 있다. 예를 들면, 문제 12는 다음과 같다. "넓이가 5'5225[제곱]보인 정사각형이 있다. 이 정사각형의 변은 얼마인가?" 제곱근 풀이 방법은 근본적으로 다음 대수적 등식을 사용하는 것이다.

$$(a+b+c)^2 = a^2 + (2a+b)b + \{2(a+b)+c\}c$$

제시된 문제에서는 $a = 200,\ b = 30,\ c = 5$이므로 $\sqrt{5'5225} = 235$이다.

유휘는 앞서 말한 대수적 등식을 임의의 수의 제곱근에 사용할 수 있는 기하학적 논법으로 설명했다. 이것은 넓이가 $N = 5'5225$인 정사각형을 특정한 방식으로 나누는 것과 관계있다. $\sqrt{N} = d_1 d_2 d_3$에서 가장 큰 자리의 숫자 d_1을 찾기 위해, $S_1^2 \leq N = 5'5225$를 만족시키는 변 $S_1 = d_1 \cdot 10^2$을 지닌 가장 큰 정사각형을 찾는다. 분명히 $d_1 = 2$이다.

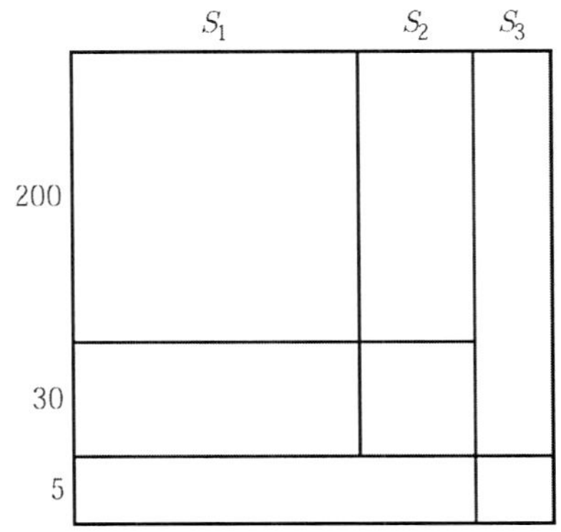

(왼쪽 위의 구석에 있는) 정사각형 S_1^2을 N으로부터 제거하면, 넓이 1'5225가 남는다. 둘째 자리의 숫자 d_2는 다음 성질을 만족시키는 가장 큰 값 $S_2 = d_2 \cdot 10$을 선택해서 찾는다.

$$2S_1S_2 + S_2^2 \leq N - S_1^2 = 1'5225$$

그러므로 $d_2 = 3$이다. 식 $2S_1S_2 + S_2^2 = 1'2900$이 안쪽에 포함된 정사각형의 두 변을 따라 너비가 S_2인 L자 모양 영역의 넓이를 나타냄을 알 수 있다. 이 넓이도 N에서 제거하면, 남은 것은 모두 2325이다. 마지막으로 숫자 d_3은 다음을 만족시키는 가장 큰 값 $S_3 = d_3 \cdot 1$이다.

$$2(S_1 + S_2)S_3 + S_3^2 \leq 2325$$

여기서 $d_3 = 5$이다. 이 마지막이 나타내는 넓이(너비가 S_3인 또 다른 L자 모양 영역의 넓이)를 N에서 제거하면, 남는 것이 없다. 따라서 $\sqrt{5'5225} = 235$이다.

제곱근 풀이가 언제나 자연수에 도달하지는 않지만, 이 과정을 계속해서 (이름도 없는 작은 수들인) 소수 아래 자리의 숫자들을 찾을 수 있다. 이런 현상이 나타날 때, 중국 사람들은 공식 $\sqrt{N} = \left(\sqrt{N10^{2k}}\right)/10^k$에 의지해서 대단히 정확한 값을 얻었다. 예를 들면 $\sqrt{10'5625}$는 다음을 대체했을 것이다.

$$\frac{1}{100}\sqrt{10'5625} = \frac{325}{100} = 3.25$$

언급할 만한 가치가 있는 ≪구장산술≫의 또 다른 문제가 있는데, 이것은 오랫동안 수많은 수학 책에 나타났기 때문이다. 제 9 장의 문제 16은 다음과 같다.

> 구(직각을 낀 짧은 변)가 6이고 고(직각을 낀 긴 변)가 8인 직각 삼각형에 대해 이 삼각형에 내접할 수 있는 가장 큰 원을 찾아라.

함께 있는 그림은 풀이 방법이 삼각형을 이루는 영역들, 곧 작은 네 개의 직각 삼각형과 한 개의 정사각형의 넓이와 합과 관계있음을 시사한다.

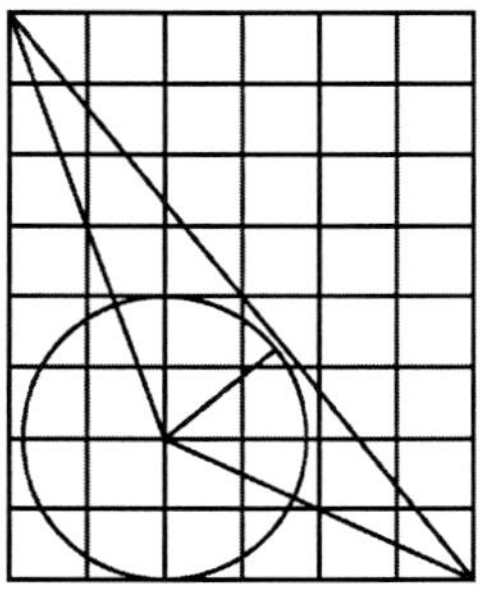

그런데 후세 수학자들은 주어진 삼각형의 중심과 이것의 꼭짓점들을 연결해서 얻은 세 개의 삼각형을 이용하면 이 문제를 더 쉽게 처리할 수 있다는 사실을 발견했다. 이에 따라 다음과 같은 등식을 직접 얻는다.

$$\frac{1}{2}xy = \frac{1}{2}rx + \frac{1}{2}ry + \frac{1}{2}rz$$

이를 풀면 다음과 같이 구하는 원의 지름을 얻는다.

$$d = 2r = \frac{2xy}{x+y+z}$$

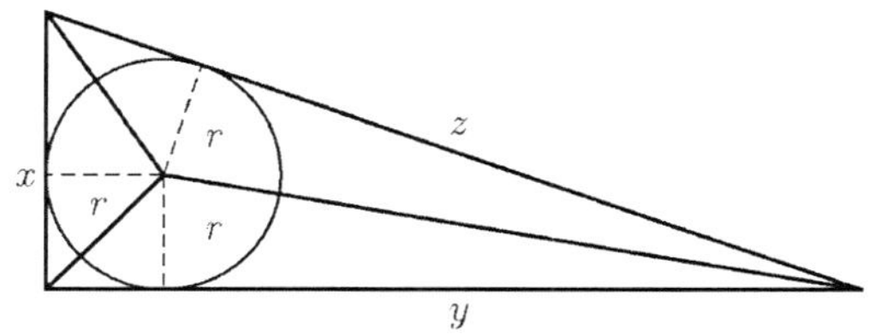

≪구장산술≫은 연립 일차 방정식을 푸는 체계적인 방법이 있음을 보여주는 최초의 증거를 제공한다. 그 방법은 제 8 장 <방정>의 18개의 문제에 나타나는데, 이를 '네모로 배열하고 셈하는 방법'이라 부른다. 일반적인 과정에 대한 일부 발상은 다음과 같은 첫째 문제에서 얻을 수 있다.

> 세 등급의 벼가 있다. 탈곡한 뒤에, 상등벼 3단 중등벼 2단 하등벼 1단에서 벼가 39말이 나고, 상등벼 2단 중등벼 3단 하등벼 1단에서 벼가 34말이 나며, 상등벼 1단 중등벼 2단 하등벼 3단에서 벼가 26말이 난다. 각 등급의 벼 1단에서는 벼가 몇 말이 나는가?

이 문제의 관계들은 다음과 같이 세 미지수 x, y, z에 관한 세 개의 일차 방정식으로 이루어진 연립 방정식과 같다.

$$\begin{aligned} 3x+2y+\ \ z &= 39, \\ 2x+3y+\ \ z &= 34, \\ x+2y+3z &= 26 \end{aligned}$$

이런 방정식은 이런 방식으로 쓰이지 않았고, 미지수의 결수[계수]와 상수항들을 산판에 산대로 다음과 같은 배열로 나타냈다.

$$\begin{array}{ccc} 1 & 2 & 3 \\ 2 & 3 & 2 \\ 3 & 1 & 1 \\ 26 & 34 & 39 \end{array}$$

적절한 곱셈과 뺄셈을 시행해서, 이 배열에서 결수들을 없애서 다음과 같은 배열을 얻는다.

$$\begin{array}{ccc} 0 & 0 & 3 \\ 0 & 5 & 2 \\ 36 & 1 & 1 \\ 99 & 24 & 39 \end{array}$$

이 마지막 배열은 연립 방정식 $36z=99$, $5z+1=24$, $3x+2y+z=39$로 나타낼 수 있다. 이 연립 방정식에서 차례로 값 $z=2\frac{3}{4}$, $y=4\frac{1}{4}$, $x=9\frac{1}{4}$을 쉽게 셈할 수 있다.

이런 배열의 셈을 시행하는 과정에서 배열 내에 음수가 나타날 수 있다. 음수를 최초로 받아들여 사용한 중국 사람들은 산판에서 붉은 산대를 사용해서 음수를 나타냈고 반면에 검은 산대로는 양수를 나타냈다. 영인 결수는 산판에서 빈 공간으로 나타냈다.

산대를 사용한 셈은 산대 기수법을 유도했는데, 산판에 배열된 산대의 배열 규칙에서 나온 기호를 사용한다. 영이 아닌 아홉 개의 숫자 각각은 연직과 수평으로 배치한 표시로 두 가지 기호로 나타냈다. 각 수 안에서 숫자를 나타내는 기호는 그 숫자의 자릿값에 따라 교대로 나타난다.

자릿값	1	2	3	4	5	6	7	8	9
일, 백, 만, …	𝍠	𝍡	𝍢	𝍣	𝍤	𝍥	𝍦	𝍧	𝍨
십, 천, …	𝍩	𝍪	𝍫	𝍬	𝍭	𝍮	𝍯	𝍰	𝍱

빈 자리는 현재 0을 넣는 곳을 나타냈는데, 95071과 같은 수는 𝍨 𝍭 　 𝍯 𝍠 로 표현했다. 그 뒤에 영을 타나내는 원 기호가 도입됐다. 산대 기수법은 일상적인 셈에서 계속해서 사용됐는데, 16세기 또는 17세기에 결국 사라졌다.

유휘는 ≪구장산술≫에 주석을 붙인 것과 별도로, 짧은 책 ≪해도산경(海島算經)≫도 썼다. 이것은 실용적인 문제 아홉 개만을 포함한 측량에 관한 연구서인데, 직각 삼각형의 성질을 다룬 ≪구장산술≫의 마지막 장을 보완하기 위한 목적으로 보인다. 7세기에 이르러 이것은 ≪구장산술≫에서 분리되어 독립된 책이 됐다. ≪해도산경≫에 있는 문제들은 긴 장대들과 이것에 수직으로 고정된 조준간을 사용해서 접근할 수 없는 지점까지의 거리를 측정하는 것과 관련된다. 바닷가에서 바다에 있는 배까지의 거리를 찾는 탈레스의 방법과 다르게, 유휘의 문제들은 통상 두 번의 관측을 요구하는데, 때로는 세 번 또는 네 번의 관측을 요구한다. ≪해도산경≫이라는 이름은 거의 틀림없이 이 책의 첫째 문제로부터 나온 것으로 보이는데, 이 문제는 다음과 같이 '지금 측량하려는 바다의 섬을 보라보고 있다'는 말로 시작한다.

지금 측량하려는 바다의 섬을 바라보고 있다. 높이가 똑같이 30자인 두 개의 푯말을 세우는데, 앞과 뒤의 푯말 사이는 1000보[1보=6자]이고, 뒤의 푯말과 앞의 푯말은 [섬의 봉우리와 더불어] 서로 한 직선을 이룬다. 앞의 푯말부터 123보 물러나서 눈을 땅에 붙이고 섬의 봉우리를 바라보니 푯말의 꼭대기와 서로 가지런하다. 뒤의 푯말로부터 127보 물러나서 눈을 땅에 붙이고 섬의 봉우리를 보니 역시 푯말의 꼭대기와 서로 가지런하다. 섬의 높이 및 [앞의] 푯말과의 거리는 각각 얼마인가?

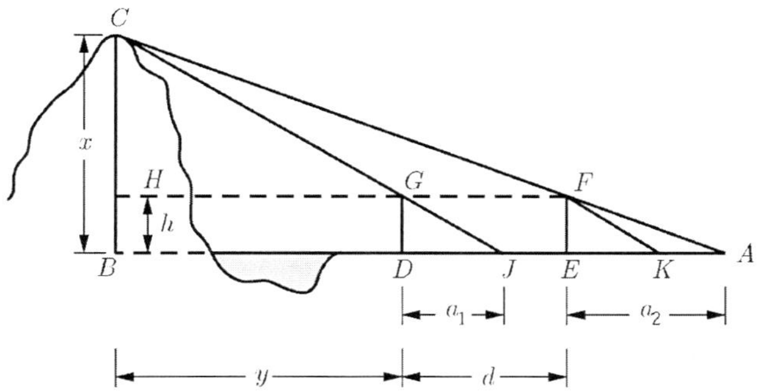

찾으려는 미지의 양을 셈하기 위해 주어진 규칙은 닮은 삼각형들의 대응하는 변들이 비례한다는 사실과 관련된다. 문제는 기하학적이지만, 풀이는 대수학적이다. 현재의 표기법을 사용하면, 유휘가 설명한 풀이 과정은 다음과 같다. $EK = DJ$라 하자. FK는 GJ와 평행이라고 하자. 두 삼각형 CHG와 FEK가 닮은꼴이고 두 삼각형 CGF와 FKA가 닮은꼴이므로, 다음 비례식이 성립한다.

$$\frac{CH}{FE} = \frac{HG}{EK} = \frac{CG}{FK} = \frac{GF}{AK}$$

이제 $CB = x$, $BD = y$, $DE = d$, $GD = FE = h$, $DJ = EK = a_1$, $EA = a_2$이라 하면, 위의 비례식은 다음과 같이 된다.

$$\frac{x-h}{h} = \frac{y}{a_1} = \frac{d}{a_2 - a_1}$$

이것으로부터 다음과 같이 원하는 거리를 얻는다.

$$x = \frac{hd}{a_2 - a_1} + h = 1255(\text{보}), \quad y = \frac{a_1 d}{a_2 - a_1} = 3^{\cdot}0750(\text{보})$$

≪해도산경≫에 있는 다른 여덟 개의 문제도 거리 측량을 다루는데, 풀이는 언제나 닮은 직각 삼각형의 성질에 근거한다.

■ 그 뒤 중국의 수학 연구

13세기는 중국 전통 수학의 발달에서 절정기로 간주한다. 수학이 활발하게 성장했던 시기인데, 이때에 독창적이고 풍부한 발상이 뿌리를 내렸다. 그렇지만 너무 빨리 잊혀졌다. 가장 유명한 수학자들이 반드시 정부 관료는 아니었고, 오히려 방랑하는 교사 또는 속세를 떠나 은둔한 학자인 경우가 더 흔했다. 관료주의적 제약에 방해받지 않고 이들은 실용적인 응용의 속박을 벗어나서 새로운 수준의 추상화로 옮겨갔다. 놀랍게도 이런 수학적인 자각은 중국 제국이 대단히 불안정한 시기에 만개했다. 13세기 초반에 중국은 칭기즈칸의 몽골 군대의 최초의 습격을 경험하기 시작했는데, 1279년까지 나라 전체가 그의 통제 아래 들어갔다. 몽골은 그 힘을 다른 방향으로 확장시켜서 인더스 강기슭까지 휩쓸었고 바그다드를 괴멸시켰으며 서쪽으로는 헝가리와 폴란드의 일부까지 도달했다. 이런 과정에서 그들은 역사상 가장 광대한 제국을 건설했다.

이 시기의 지도적인 인물 중 한 사람으로 진구소(秦九韶, 1202?∼1261)가 있는데, 이 사람은 유명한 ≪수서구장(數書九章)≫을 1247년에 출판했다. 머리말에서 그는 떠돌아다니는 어떤 스승으로부터 수학을 배웠다고 언급했지만, 그 스승의 이름을 제시하지는 않았다. 젊은 시절에 군인이었던 그는 관료 집단에 들어가서 두 지방의 최고 관리가 됐다. 그는 성격이 고약했는데, 마음에 안 드는 사람들을 독살시켰다는 이야기가 있으며 뇌물 수수와 부패 때문에 최고 관리 자리 하나에서 물러났다.

음수 개념이 유럽에서 15세기에 받아들여지기 훨씬 전에 중국의 저자들은 이에 친숙했었다. 산판에서 친숙한 색깔들을 사용해서 진구소는 음수는 붉은 활자로 인쇄하고 양수는 검은 활자로 인쇄하는 전통을 세웠다. ≪수서구장≫은 영을 나타내는 동그란 기호를 포함한 현존하는 가장 오래된 중국 수학 책일 뿐만 아니라 3차보다 큰 고차의 수치적인 방정식이 나타나는 최초의 책이다. 이것은 다음 방정식으로 예시된다.

$$-x^4 + 73'6200x^2 - 406'4256'0000 = 0$$

진구소의 모든 방정식에서 그렇듯이, 상수항은 음수로 택했다.

의심할 바 없이 중요한 ≪구장산술≫에 영향을 받아서, 13세기의 중국 수학자들은 기하학보다는 대수학을 선호하는 경향이 있었는데, 더욱 어려운 방정식을 유도하는 도구로 그림 같은 기하학적 상황을 이용했다. 양수 근에만 관심을 제한했는데, 아마도 중국의 방정식이 언제나 구체적인 상황으로부터 나왔기 때문으로 보인다. 다음은 ≪수서구장≫의 한 문제이다.

> 둥근 성이 있는데, 그 둘레와 지름을 알지 못한다. 네 문 가운데 열려있는 북문 밖으로 3리 되는 곳에 높이 솟은 나무가 있다. 남문을 나오자마자 방향을 꺾어 동쪽으로 9리를 가면 그 나무가 보인다. 성의 둘레와 지름이 각각 얼마인지 알고자 한다.

진구소는 성의 지름을 x^2으로 택해서, 다음과 같은 십차 방정식을 얻었다.

$$x^{10} + 15x^8 + 72x^6 - 864x^4 - 1'1664x^2 - 3'4992 = 0$$

미지의 지름은 9리로 밝혀진다.

이 시기의 두드러진 수학자 중에는 이야(李冶, 1192~1279)가 있다. 그는 1230년에 과거 시험에 합격했고, 중국 북부의 한 도시의 최고 관리로 임명받았다. 그러나 그 지방이 1234년에 몽골의 맹공으로 무너졌을 때, 그는 관료로 출세할 야망을 버리고 수학 연구에 몰두했다. 그 결과가 1248년에 쓴 ≪측원해경(測圓海鏡)≫과 뒤이어 1259년에 나온 ≪익고연단(益古演段)≫이다. 칭기즈칸의 손자인 대단한 쿠빌라이칸(1215~1294)이 1260년에 보위에 올랐을 때, 이야에게 정부 고문을 맡아달라고 부탁했다. 그러나 그는 1년도 안 되어 사임했는데, 늙은 나이와 나쁜 건강을 핑계로 삼았다.

≪익고연단≫은 11세기의 책 ≪익고집(益古集)≫을 수정하고 설명한 책인데, 이 11세기의 책 자체도 그 이전에 유래한 내용을 모은 것이다. 64개의 문제로 이루어진 이것의 핵심 주제는 원, 정사각형, 직사각형, 사다리꼴에 대한 창의적인 기하학적 형상으로부터 유도된 이차 방정식의 구성이다. 예를 들어 문제 8은 다음과 같다.

> 정사각형 모양의 들판 가운데 원 모양의 연못이 있고, 연못 밖의 넓이는 3300제곱보이다. 정사각형과 원의 둘레의 합이 300보라는 사실만 알려져 있다. 정사각형과 원의 둘레를 찾아라.

이야는 원 모양 연못의 지름을 미지수로 택했다. (이를 x라 하자.) 고대의 원주율 $\pi = 3$을 사용하면 연못의 둘레는 $3x$이고, 정사각형 들판의 둘레 $300 - 3x$를 얻는다. 이제 $(300 - 3x)^2$은 원래 정사각형 들판 넓이의 16배일 것이고, $16(3x^2/4) = 12x^2$은 원 모양 연못 넓이의 16배이다. 차 $(300 - 3x)^2 - 12x^2$은 연못 밖의 넓이의 16배를 나타내므로, 다음이 성립한다.

$$(300 - 3x)^2 - 12x^2 = 16 \cdot 3300 = 5'2800$$

이로부터 $3'7200 - 1800x - 3x^2 = 0$을 얻는다. 연못의 지름 x는 20이다. 그러므로 정사각형 들판과 원 모양 연못의 둘레는 각각 240보와 60보이다.

중국 수학 표기법에 이야가 독창적으로 공헌한 것은 음수 양을 문제의 수의 마지막 숫자에 비스듬한 선을 그어 나타낸 점이었다. 예를 들면, -8643은 으로 나타날 것이다. 이것은 그 전의 붉은 색과 검은 색 표기법을 개선한 것이었는데, 곧 인쇄물에서 받아들인 표기법이 됐다. 다항 방정식을 나타낼 때, 이야는 겯수[계수]를 수평으로 나열하고 상수항은 가장 위에 배치하고 나머지는 그 아래 위치시켰다. 예를 들면, 이차 방정식 $24x^2 - 70x + 1600 = 0$은 다음과 같이 나타냈다.

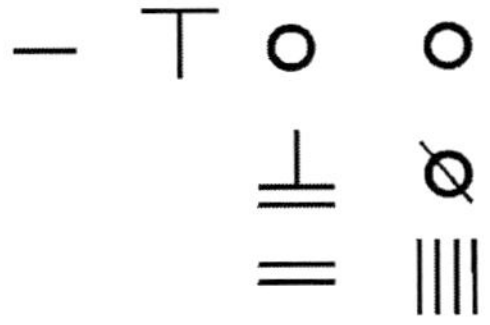

이렇게 세로로 나타내는 방식은 의심할 바 없이 셈이 실제로 이루어진 산판에 산대를 실제로 배열한 모양을 종이에 옮긴 것이었다.

13세기의 저명한 수학자의 마지막인 주세걸(朱世傑, 1280~1303에 활동)은 1299년에 ≪산학계몽(算學啓蒙)≫과 4년 뒤에 ≪사원옥감(四元玉鑑)≫ 등 두 가지 책을 썼다. 그의 삶에 대해서는 둘째 책의 머리말에 있듯이 그가 20년 이상 중국을 널리 여행했으며 수학을 가르치면서 생계를 유지했다는 사실만을 알고 있다. 그의 ≪산학계몽≫은 본질적으로 초보자를 위한 교과서이다. 이것은 중국에서 언젠가 사라졌지만, 1433년에 한국과 나중에 (1658년에) 일본에서 인쇄되어 다시 나타났는데, 이를 널리 연구해서 일본 수학 발달에 크게 영향을 끼쳤다.

≪사원옥감≫은 여덟째 거듭제곱까지 이항식 $(x+1)^n$의 전개에 나타나는 계수들을 보여주는 그림으로 시작한다. 이 삼각형 배열은 나중에 서양에서는 '파스칼의 삼각형'으로 알려지게 됐다. 그의 전임자들과 같이 주세걸은 고차의 수치적인 방정식을 다뤘는데, 심지어 14차까지 생각했다. 많은 방정식은 1819년에 호너(William Horner, 1786~1837)가 다시 발견했으며 요즘은 호너의 방법이라고 알려진 과정으로 풀었다. 주세걸은 방정식 $x^2+252x-5292=0$을 다룰 때 먼저 시행착오로 근이 19와 20 사이에 있음을 발견하고 치환 $y=x-19$으로 바꾸어 이 방정식의 근을 19만큼 이동시켰다. 새로운 방정식 $y^2+290y-143=0$의 근은 반드시 0과 1 사이에 있게 되고, 주세걸은 $143/(1+290)$으로 어림한다. 원래 방정식의 근이 둘째 방정식의 근보다 19만큼 크기 때문에, 그는 $x=19+143/(1+290)$을 마지막 어림 근으로 택했다.

이 책에서는 삼각형, 사각뿔, 원뿔 등을 형성하도록 배열된 공들의 더미에 있는 개수에 대한 법칙도 찾아볼 수 있다. 여기서 논의된 여러 가지 급수 중에는 다음과 같은 것이 있다.

$$1+2+3+4+\cdots+n=\frac{n(n+1)}{2},$$

$$1+3+6+10+\cdots+\frac{n(n+1)}{2}=\frac{n(n+1)(n+2)}{6},$$

$$1+4+10+20+\cdots+\frac{n(n+1)(n+2)}{6}=\frac{n(n+1)(n+2)(n+3)}{24},$$

$$1^2+2^2+3^2+4^2+\cdots+n^2=\frac{n(n+1)(2n+1)}{6}$$

정당화 과정 없이 결과를 제시하는 중국의 전통에 따라서, 이런 법칙에 대한 이론적인 증명은 제시되지 않았다.

중국의 수학 활동은 14세기 이후로는 심각하게 하락했고, 과거의 성과는 거의 완전히 잊혀졌다. 이것이 산판과 주판을 고수해서 적절한 기호 체계가 없었기 때문인지, 아니면 이전 작가들이 셈과 방법의 여러 단계를 기록하지 않았기 때문인지는 명확하지 않다. 중국에 유입되어 번역된 유럽 책들이 중국 사람들에게 자신들의 수학 전통에 대해 일시적인 관심을 불러일으켰지만, 새로운 결과는 거의 출현하지 않았다.

서구 수학은 16세기 말에 유럽 선교사, 특히 예수회 선교사를 통해 중국으로 들어갔다. 중국에 처음으로 들어간 예수회 선교사 중 한 사람이 이탈리아의 마테오 리치(Matteo Ricci, 1552~1610)인데, 그는 콜레지오 로마노(Collegio Romano)에서 크리스토프 클라비우스(Christoph Clavius, 1537~1612)로부터 수학과 천문학 교육을 제대로 받았었다. 처음에 리치는 1583년에 중국 남부에 정착했고 약 20년 뒤에는 베이징의 궁정에서 살 수 있는 허가를 받았는데, 이곳에서 죽을 때까지 머물렀다. 그는 중국의 의상과 풍습을 받아들이고 중국말을 거의 완벽하게 통달해서 많은 유력한 학자-관리로부터 존경을 받았다.

예수회의 선교 전략은 유럽의 지식을 더 분명하게 '그리스도교'의 지식으로 인정하도록 만드는 것이었다. 이것은 이런 지식에 흥미를 가진 사람이 그 종교에 집착하도록 만드는 것과 같았다. 이렇게 뚜렷한 종교적 목적이 있었지만, 당시 유럽이 중국을 앞섰던 학문 분야인 서구의 수학과 천문학을 중국 학자들은 대단히 열성적으로 받아들였다. 궁정에서 리치의 영향력은 다른 예수회 선교사들이 궁정 천문대에서 공식적인 자리를 얻을 수 있게 했다. 이 기관에서 그들은 중국의 전통적인 달력을 수정하고 개정했다.

박식한 개종자들의 도움을 받아서 리치는 다수의 유럽 수학 책을 번역했다. 가장 의미 있는 것은 유클리드 ≪원론≫의 처음 여섯 권을 중국어로 번역한 것인데, 1601년에 클라비우스의 ≪유클리드의 원론(Euclidis Elementorum, 1574)≫을 번역했다. ≪기하학 최초의 교과서(A First Textbook in Geometry)≫라는 제목 아래 표지에 그리스도의 초상이 실려 있었다. 이 책에 상응하는 중국의 수학 전통은 없었는데, 중국 사람들은 그리스 사람들과 같이 기하학의 이론적인 면에 관심을 기울이지 않았다. 아마도 형식적인 논리 체계가 없었기 때문일 수 있다. 앞에서 알아본 대로, 중국 사람들은 직각 삼각형에 근거한 기하학적 문제에 관심을 가졌지만, 언제나 실용적인 문제를 풀려고 노력했다. 리치는 또한 그리스도교로 개종한 학자 이지조(李之藻)에게 클라비우스의 ≪실용 산술 개론(Epitome Arithmeticae Practicae)≫을 받아쓰게 했는데, 이지조는 이 책을 1614년에 ≪동문산지(同文算指)≫라는 제목으로 출판했다. 이 책에는 당시에 중국에서는 주판에서 이루어지던 초등적인 연산들에 대한 알고리즘이 포함되어 있다.

지리학의 역사에서 리치의 지위는 1584년, 1589년, 1602년에 나타난 그의 세계 지도가 확실하게 보장했다. 이 중에서 처음 두 개는 단순히 중국식으로 나타낸 유럽 지도에 불과하지만, (베이징에서 중국의 얇은 종이 위에 목판으로 인쇄된) 1602년의 유명한 지도는 중국이 중심에 위치하도록 특별히 제작됐고, 정부 조직의 인정을 받았다. 이것은 처음으로 중국 사람들에게 바다와 육지의 상대적인 위치에 대한 완전한 개념을 심어줬다. 그 전에는 서구가 중국 사람들에게 알려지지 않았었다

불가피하게, 외래의 개념과 방법에 대한 중국 사람들의 반발이 있었다. 서구에 반대하는 학자들은 한편에서는 예수회의 수학적 기여를 폄하하려고 시도했고 다른 한편에서는 토착적인 수학의 느린 발전이 문제가 없음을 주장하려고 시도했다. ≪주비산경≫과 ≪구장산술≫에 모든 수학의 기본 원리가 포함되어 있는 것으로 생각하고 특별한 관심을 쏟았다. 이런 관점에서 이런 고대의 문헌을 무시하면 중국 수학의 완전한 개화는 불가능했다. 이런 개화는 크게 성공한 서양 수학을 포함하는 것이었다. 이런 방식으로 중국 유물에 대한 숭배는 유럽 수학의 일부를 부분적으로 수용하는 길을 열었다. 한 중국 전통주의 수학자는 π의 값으로 3.16을 선택했는데, "이것의 정확성은 고대의 권위자들의 값과 일치한다."고 주장했다. '오랑캐 방식'에 대한 적대감은 여러 세기 동안 계속되어, 중국 수학이 매우 최근까지도 약화되는 불가피한 결과를 낳았다. 측량, 달력 제작, 천문 관측 등을 통해 제국의 필요에 부응하는 것을 벗어난 수학은 중요하게 고려되지 않았다. 르네상스 시대의 유럽에서와 같이, 수학 자체를 위해 새로운 결과를 발견하도록 하는 자극은 중국에서는 나타나지 않았다.

문제 5.5

1. 다음 이차 방정식을 완전 제곱을 이용하는 아랍의 방법으로 풀어라.

(a) $x^2+8x=9$

(b) $x^2+10x=144$

(c) $x^2+12x=64$

(d) $3x^2+10x=32$ [**귀띔**: 양변에 3을 곱하고 $y=3x$로 놓자.]

2. 알콰리즈미의 ≪대수학≫에서 뽑은 다음 문제에서 미지의 양을 찾아라.

(a) 한 양의 3분의 1에 1을 더한 것에 그 양의 4분의 1에 1을 더한 것을 곱하면 20이 된다. [**귀띔**: x가 그 양이면, $(x/3+1)(x/4+1)=20$이다.]

(b) 한 양의 3분의 1에 그 양의 4분의 1을 곱하면, 그 양 자체에 24를 더한 값이 된다.

(c) 10을 한 양과 나머지 부분으로 나누는데, 두 부분의 제곱의 합이 58이 된다.

3. ≪대수학≫에 나타나는 다음 두 방정식을 풀어라.

(a) $(10-x)^2+x^2+(10-x)-x=54$

(b) $\dfrac{10-x}{x}+\dfrac{x}{10-x}=\dfrac{13}{6}$

4. 사비트의 법칙을 이용해서 우애수의 또 다른 쌍을 얻어라.

5. 1866년에 이탈리아의 16세 소년인 니콜로 파가니니(Nicolo Paganini)는 둘째로 작은 우애수의 쌍 $1184=2^5 \cdot 37$과 $1210=2 \cdot 5 \cdot 11^2$을 발견했다. 이 쌍이 실제로 우애수의 쌍이지만 사비트의 법칙으로 얻을 수 없음을 확인하라.

6. 사비트는 아래 도형의 넓이를 서로 다른 두 가지 방법으로 셈해서 피타고라스 정리를 증명했다. (각 방법은 세 개의 삼각형과 관련된다.) 자세한 내용을 보완하라.

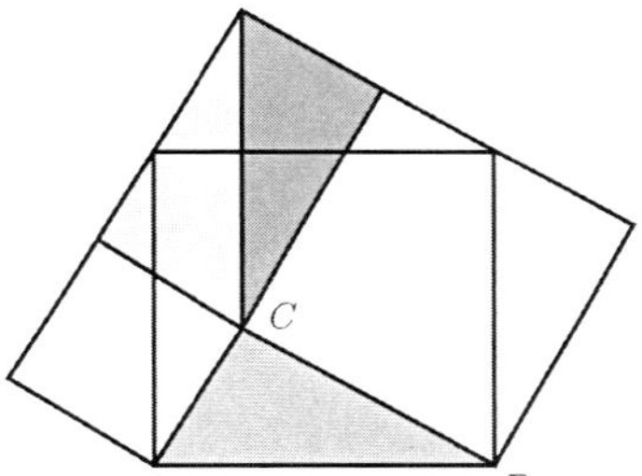

7. (a) 삼차 방정식 $x^3+b^2c=b^2x$를 포물선 $x^2=by$와 쌍곡선 $y^2+cy=x^2$의 교점을 찾아서 풀 수 있음을 밝혀라.
   (b) 삼차 방정식 $x^3+c=ax^2$를 포물선 $y^2+cx=ac$와 직교 쌍곡선 $xy=c$의 교점을 찾아서 풀 수 있음을 밝혀라.

8. 카얌이 삼차 방정식 $x^3+b^2x+c^3=ax^2$의 기하학적 해법을 유도한 과정은 다음과 같다. 두 선분 AB와 BC의 길이를 각각 c^3/b^2과 a로 택한다. B에서 올린 AC의 수선은 AC가 지름인 반원과 D에서 만난다. BD에 길이가 b와 같은 BE를 표시하고 E를 지나고 AC와 평행인 EF를 그린다. BC에 있는 점 G를 $(BG)(ED)=(BE)(AB)$가 성립하도록 정하고, 직사각형 $DBGH$를 완성한다. H를 지나면서 EF와 ED의 연장선이 점근선인 직교 쌍곡선을 그리고, 반원과 J에서 만난다고 하자. J를 지나고 DE와 평행인 선이 EF와 K에서 만나고, BC와는 L에서 만난다고 하자. GH는 EF와 M에서 만난다고 하자.

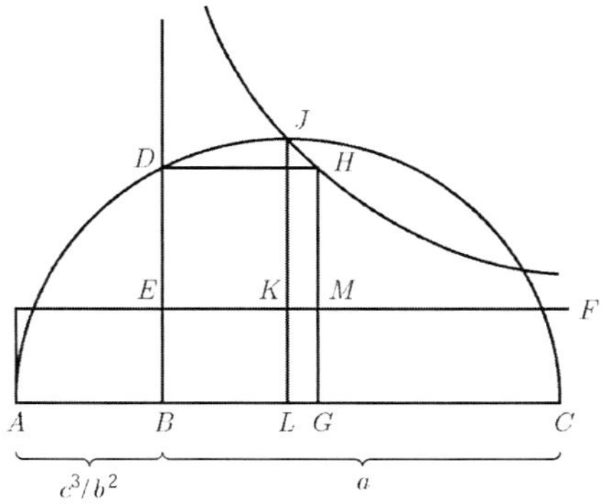

BL이 이 삼차 방정식의 해임을 보이기 위해서, 다음 주장이 정확함을 밝혀라.

(a) $(EK)(KJ)=(EM)(MH)=(BG)(ED)=(BE)(AB)$ [**귀띔**: J와 H는 쌍곡선에 있다.]

(b) $(BL)(LJ)=(EK)(BE+KJ)$
$=(BE)(EK+AB)=(BE)(AL)$

(c) $\dfrac{LJ}{LC}=\dfrac{AL}{JL}$ [**귀띔**: 두 삼각형 AJL과 CJL은 닮았다.]

(d) $\dfrac{(BE)^2}{(BL)^2}=\dfrac{(JL)^2}{(AL)^2}=\dfrac{LC}{AL}$

(e) $(BE)^2(BL+AB)$
$=(BL)^2(BC-BL)$

(f) $(BL)^3+b^2(BL)+c^3=a(BL)^2$

※ 다음 다섯 문제는 아부 카밀의 ≪대수학 책≫에서 뽑은 것이다.

9. 문제 15. 10디나르가 일단의 사람들 사이에게 똑같이 나누어지는데, 6명을 더 추가하면 40디나르가 이 사람들 사이에서 똑같이

나누어지고 각 사람은 이전과 같은 만큼씩 받는다. 원래 있던 사람들의 수를 찾아라.

10. 문제 19. 어떤 수의 제곱근의 3배에 그 수와 그 수의 제곱근의 3배의 차의 제곱근의 4배를 더하면 20과 같을 때, 그 수를 찾아라. [**귀띔**: 방정식 $3\sqrt{x}+4\sqrt{x-3\sqrt{x}}=20$에, $x=y^2$으로 놓고 $20-3y=4\sqrt{y^2-3y}$를 얻어라. 그리고 양변을 제곱하라.]

11. 문제 26. 10을 두 부분으로 나누는데, 이런 부분 중에서 어떤 하나를 다른 것으로 나누고 그 몫에 그것의 분자를 곱한 결과는 9가 되도록 하라.

12. 문제 54. 어떤 수에 7을 더하고 그 합에 그 수의 3배의 제곱근을 곱한 결과가 그 수의 10배가 될 때, 그 수를 찾아라. [**귀띔**: 방정식 $(x+7)\sqrt{3x}=10x$를 풀기 위해서, $x=\frac{1}{3}y^2$으로 놓자. 그러면 $y^2+21=10y$를 얻는다.]

13. 문제 66. 10을 두 부분으로 쪼개는데, 50을 한 부분으로 나누고 40을 다른 부분으로 나누어 얻은 두 몫을 곱한 결과가 125가 되도록 하라. [**귀띔**: 대수학적으로 풀 연립방정식은 $x+y=10$과 $\frac{50}{x}\cdot\frac{40}{y}=125$이다.]

14. 두 제곱근의 차에 대한 아부 카밀의 공식을 사용해서 $\sqrt{18}-\sqrt{8}=\sqrt{2}$임을 보여라. 그리고 식 $\sqrt{18}+\sqrt{8}$을 단 한 개의 제곱근으로 표현하라.

15. ≪구장산술≫의 마지막 장에 있는 다음 문제들을 풀어라.

(a) 지금 정사각형의 [성벽으로 둘러싸인] 마을이 있는데, 각 변은 200보이다. 각 변의 가운데에 문이 나 있고, 동문을 나와서 15보 되는 곳에 나무가 있다. 남문을 나와서 몇 보를 가면 그 나무가 보이는가?

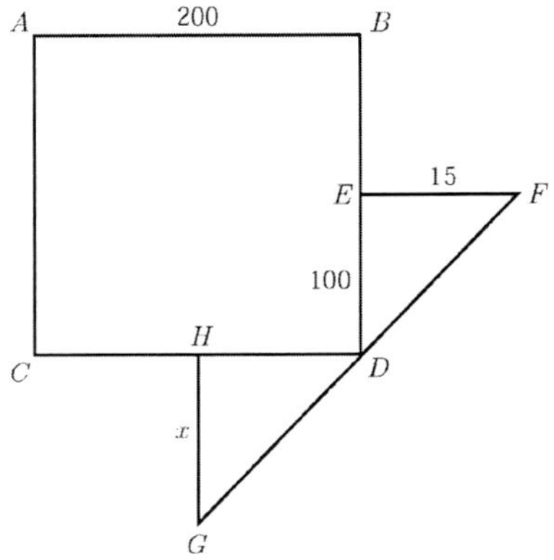

(b) 지금 정사각형의 [성벽으로 둘러싸인] 마을이 있는데, 그 크기는 알지 못한다. 각 변의 가운데에 문이 나 있고, 북문을 나와서 20보 되는 곳에 나무가 있다. 남문에서 14보 나와서 방향을 바꿔 서쪽으로 1775보 가면 그 나무가 보인다. 마을의 한 변은 얼마인가?

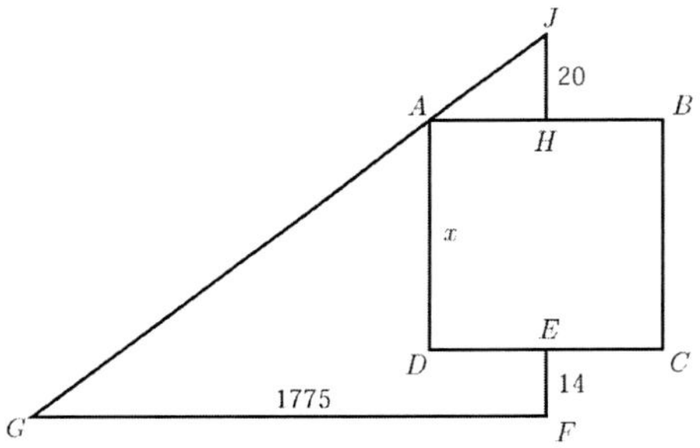

16. ≪구장산술≫의 제 7 장에서 찾은 다음 두 문제를 풀어라.

(a) 몇 명의 사람이 함께 몇 마리의 닭을 사려고 한다. 각 사람이 9문씩 내면 11문이 남고, 각 사람이 6문씩 내면 16문이 부족하다. 사람의 수와 닭들의 값을 찾

아라. [**귀띔** : p가 값이고 n이 사람 수이면, $9n=p+11$이고 $6n=p-16$이다.]

(b) 지금 금괴 9매와 은괴 11매가 있는데, 두 무더기의 무게는 서로 같다. 각 무더기에서 한 매씩을 빼내어 다른 무더기에 넣으면, 주로 금괴를 포함한 무더기는 주로 은괴를 포함한 무더기보다 무게가 13온스 덜 나간다. 금괴와 은괴 한 매의 무게를 각각 찾아라.

17. 현대적인 수학 용어로 나타낸 ≪해도산경≫에 있는 다음 문제를 풀어라.

지금 남쪽의 정사각형 마을을 바라보고 있는데, 그 크기는 알지 못한다. 동서 방향으로 d보의 거리를 두고 두 개의 푯말을 가지런히 세우고, 이것들을 사람 눈높이의 줄로 연결한다. 동쪽 푯말과 마을의 동남쪽 모퉁이 및 동북쪽 모퉁이가 일렬로 가지런하게 한다. 동쪽 푯말에서 북쪽으로 a_1보 물러나서 멀리 마을의 서북쪽 모퉁이를 바라보면, 동쪽 끝에서의 입삭이 b자이다. [곧, 시선은 줄의 동쪽 끝으로부터 b자만큼 들어간 지점을 지난다.] 또 북쪽으로 푯말에서 a_2자 물러서서 마을의 서북쪽 모퉁이를 똑바로 바라보면, 서쪽 푯말과 더불어 서로 가지런히 합치된다. 마을의 한 변 및 마을과 푯말 사이의 거리는 얼마인가?

마을 성벽의 길이가 다음과 같음을 보여라.

$$x=\frac{(a_2-a_1)b}{\dfrac{ba_2}{d}-a_1}$$

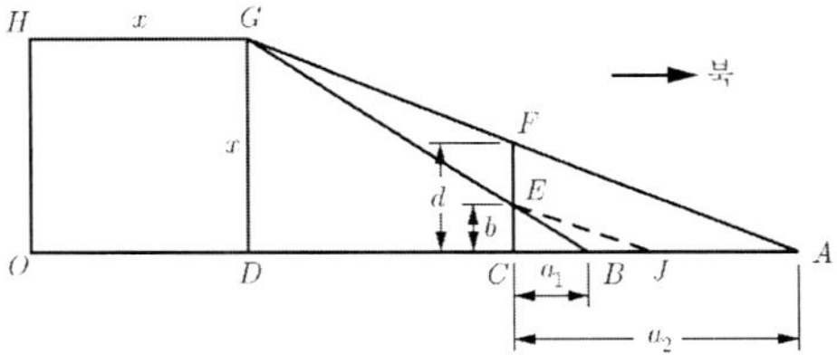

[**귀띔** : 두 푯말을 C와 F지점에 세운다. EJ를 GA에 평행이도록 작도한다. 두 삼각형 FCA와 ECJ가 닮은꼴이므로 $a_1+JB=JC=(AC)(EC)/FC$가 성립한다. 이제 두 삼각형 GBA와 EBJ가 닮은꼴이고 두 삼각형 GDB와 ECB가 닮은꼴이므로, 다음을 얻는다.

$$\frac{AB}{JB}=\frac{BG}{BE}=\frac{GD}{EC}$$

그러므로 $x=GD=(AB)(EC)/JB$이다.]

18. 다음 중국 문제(약 400년)의 해를 얻어라. 세 자매가 있는데, 첫째는 5일마다 집에 오고, 둘째는 4일마다 오며, 셋째는 3일마다 온다. 세 자매는 며칠만에 모두 함께 만나는가?

19. ≪익고연단≫에 있는 다음 두 문제를 풀어라.

(a) 정사각형 모양의 들판 가운데 원 모양의 연못이 있고, 연못 밖의 넓이는 3300제곱보이다. 연못은 들판의 모서리로부터 20보 떨어져 있다. 들판의 모서리와 연못의 지름을 찾아라. [**귀띔** : 미지수 x를 연못의 지름이라 하자. 그러면 $(x+40)^2$은 연못을 포함한 정사각형의 넓이를 나타낸다.]

(a) 원 모양의 들판 가운데 직사각형 모양의 연못이 있고, 연못 밖의 넓이는 7300제곱보이다. 연못은 길이와 너비의 합은 들판의 지름보다 55보만큼 짧고, 길이와 너비 사이의 차는 35보이다. 연못의 모서리들과 들판의 지름을 찾아라. [**귀띔** : 미지수 x를 들판의 지름이라 하고, $x^2+55x-1'5500=0$임을 보이자.]

20. ≪수서구장≫에서 한 것과 같이 다음 단계를 시행해서 방정식 $x^2-7'1824=0$의 근을 찾아라.

(a) 200을 처음 어림값으로 택하고 변환 $y=x-200$를 통해 근을 200만큼 줄이자.

(b) 변환된 방정식의 근에 대한 어림값으로 60을 택하고, 둘째 치환 $z=y-60$을 시행하자.

(c) 시행 착오로, 셋째 방정식의 자연수 근을 찾고, 이를 이용해서 원하는 근 x를 얻어라.

21. 앞의 문제에 있는 과정을 이용해서 방정식 $x^3-186'0867=0$의 근의 위치를 찾아라.

참고문헌

Ang, Tian Se, and Swetz, Frank. "A Chinese Mathematical Classic of the Third Century: The Sea Island Mathematical Manual of Liu Hui." *Historia Mathematica* 13 (1986): 99-117.

Arndt, A. B. "Al-Khowârizmî." *Mathematics Teacher* 76 (1983): 668-670.

Bashimakova, Isabella. *Diophantus and Diophantine Equations*. Translated by Abe Shenitzer. Washington, D.C.: Mathematical Association of America, 1997.

Bashimakova, Isabella, and Smirnova, Galina. "The Birth of Literal Algebra." *American Mathematical Monthly* 106 (1999): 57-66.

____. *The Beginnings and Evolution of Algebra*. Translated by Abe Shenitzer. Washington, D.C.: Mathematical Association of America, 1997

Berggren, J. L. *Episodes in the Mathematics of Medieval Islam*. New York: Springer-Verlag, 1986.

Cantor, Norman. *Medieval History: The Life and Death of a Civilization*. 2nd ed. London: Macmillan, 1970.

Cumo, Serafina. *Pappus of Alexandria and the Mathematics of Late Antiquity*. Cambridge: Cambridge University Press, 2000.

Davis, Harold T. *Alexandria, the Golden City*. 2 vols. Evanston: Principia Press of Illinois, 1957.

Deakin, Michael. "Hypatia and Her Mathematics." *American Mathematical Monthly* 101 (1994): 234-243.

____. *Hypatia of Alexandria*. Amherst, N.Y.: Prometheus Books, 2007.

Dzilelska, Maria. *Hypatia of Alexandria*. Cambridge, Mass.: Harvard University Press, 1995.

Eves, Howard. "Omar Khayyam's Solution of Cubic Equations." *Mathematics Teacher* 51 (1958): 285-286.

Ganz, Solomon. "The Sources of Al-Khowârizmî's Algebra." *Osiris* 1 (1936): 264-277.

Gibbon, Edward. *The Decline and Fall of Roman Empire*. 3 vols. New York: Modern Library (Random House), 1977.

Heath, Thomas. *Diophantus of Alexandria: A Study in the History of Greek Algebra*. 2nd ed. New York: Cambridge University Press, 1910. (Dover reprint, 1964).

Hughes, Barnabas. "Rhetoric, Anyone?" *Mathematics Teacher* 63 (1970): 267-270.

Ibn Lablān, Kūshyār. *Principles of Hindu Reckoning*. Madison: University of Wisconsin Press, 1966.

Jones, Phillip. "From Ancient China 'til Today." *Mathematics Teacher* 49 (1956): 607-610.

Joseph, George. *The Crest of the Peacock: Non-European Roots of Mathematics* London: Tauris, 1991.

Kangshen, S., Crossley, J., and Lun, A., eds. *The Nine Chapters on the Mathematical Art*. Oxford: Oxford University Press. 2000.

Karpinski, Louis. "The Algebra of Abû Kâmil." *American Mathematical Monthly* 21 (1914): 37-47.

Katz, Victor. "Ideas of Calculus in Islam and India." *Mathematics Magazine* 68 (1995): 163-174.

Kingsley, Charles. *Hypatia, or New Foes with Old Faces*. Chicago: W. B. Conkley, 1853.

Lam, Lay-Yong. "The Conceptual Origins of Our Number System and the Symbolic Form of Algebra." *Archive for History for the Exact Sciences* 36 (1986): 183-195.

____. "Jiu Zhang Suanshu (Nine Chapters on the Mathematical Art): An Overview." *Archive for History for the Exact Sciences* 47 (1994): 1-51.

Lam, Lay-Yong, and Ang, Tian-Se. "Li Ye and His *Yi Gu Yan Duan* (Old Mathematics in Expanded Sections)." *Archive for History for the Exact Sciences* 29 (1984): 237-264.

____. *Fleeting Footsteps: Tracing the Conception of Arithmetic and Algebra in Ancient China*. Singapore: World Scientific, 1992.

Levey, Martin. *The Algebra of Abû Kâmil*. Madison: University of Wisconsin Press, 1966.

Li, Tan, and Shiran, Du. *Chinese Mathematics: A Concise History*. Translated by John Crossley and Anthony Lun. Oxford: Clarendon Press, 1987.

Martzloff, J. C. *The History of Chines Mathematics*. Translated by S. Wilson. New York: Springer-Verlag, 1994.

Parshall, Karen. "The Art of Algebra from al-Khowârizmî to Vièta: a Study in the Natural Selection of Ideas." *History of Science* 26 (1988): 129-159.

Sayili, Aydin. "Thâbit ibn Qurra's Generalization of the Pythagorean Theorem." *Isis* 51 (1960): 35-37.

Schrader, Dorothy. "*De Arithmetica, Book I*, of Boethius." *Mathematics Teacher* 61 (1968): 615-628.

Shloming, Robert. "Thâbit ibn Qurra and the Pythagorean Theorem." *Mathematics Teacher* 63 (1970): 519-528.

Stahl, W. H. *Roman Science: Origin, Development and Influence to the Late Middle Ages*. Madison: University of Wisconsin Press. 1962.

Straffin, Phillip, Jr. "Liu Hui and the First Golden Age of Chinese Mathematics." *Mathematics Magazine* 71 (1998): 163-181.

Struik, Dirk J. "On Ancient Chinese Mathematics." *Mathematics Teacher* 56 (1963): 424-432.

____. "Omar Khayyam, Mathematician." *Mathematics Teacher* 51 (1958): 280-284.

Swetz, Frank. "The Evolution of Mathematics in Ancient China." *Mathematics Teacher* 52 (1979): 10-19.

____. "Right Triangle Concepts in Ancient China: From Application to Theory." *History of Science* 21 (1993): 421-439.

____. *The Sea Island Mathematical Manual: Surveying and Mathematics in Ancient China*. University Park: Pennsylvania State University, 1992.

____. "The Volume of a Sphere: A Chinese Derivation." *Mathematics Teacher* 88 (1995): 142-145.

Swetz, Frank, and Kao, T. I. *Was Pythagoras Chinese? An Examination of the Right*

Triangle Theory in Ancient China. Reston, Va.: National Council of Teachers of Mathematics, 1977.

Swift, J. D. "Diophantus of Alexandria." *American Mathematical Monthly* 63 (1956): 163-170.

Yan, Lǐ, and Shírân, Dù. *Chinese Mathematics, A Concise History*. Translated by Crossley, J., and Lun, A. Oxford: Oxford University Press, 1987.

제 6 장

최초의 자각: 피보나치

대수학은 관대하다. 대수학은 그것에 요구하는 것보다 흔히 더 많은 것을 준다.

–달랑베르(D'Alembert)

6.1 학문의 쇠퇴와 부활

■ 카롤링거 왕조의 앞선 르네상스

서유럽에서 야만인의 침략을 받은 5세기부터 11세기까지를 흔히 암흑 시대라고 부르는데, 수학은 저조한 상태였다. 로마의 문화와 사상이 6세기 초반에도 없어지지 않고 지속됐는데, 적어도 이탈리아와 골의 남부와 같은 특정한 지역에서는 라틴 말이 여전히 사용됐다. 그러나 천 년 동안 지중해 세계에서 융성했던 그 문명은 7세기 초에 이르러 거의 아무것도 남지 않았다. 이것이 유럽의 암흑 시대에서도 가장 어두운 시기였다. 이 시기는 지적으로 완전히 정체된 시기였는데, 수학만큼이나 과학과 철학에서도 그랬다. 무지의 어두움이 유럽의 대단히 많은 부분에 내려앉기 시작하면서, 그리스도교 교회는 지적 삶의 유일한 보호자가 됐는데, 미약한 학문의 불꽃이 남아있던 몇 안 되는 수도원의 회랑에서 보존했다.

이 시기에 교회의 역할을 아무리 크게 강조해도 지나치지 않다. 왜냐하면 로마 제국이 서구에서 무너지면서, 교회는 폐허 속에서 유일하게 안정된 기관으로 떠올랐기 때문이다. 교회만이 다가오는 새로운 사회가 절실하게 필요로 했던 지도력을 발휘할 수 있는 조직과 조직에 대한 헌신 및 교육받은 사람이 있었다. 교회가 곧바로 학문의 공급자와 관리자의 지위에 들어가지는 못했지만, 오래 지나지 않아 교회는 글을 읽고 쓸 줄 아는 성직자를 공급하기 위해서도 스스로 교육에 관심을 가져야만 했다. 지방 자치 제도로서 로마 제국과 함께 암흑 시대의 끝에 이르러 거의 완전히 그리고 철저하게 사라졌었던 수도원 학교 체계가 결국 서서히 발생했다.

초기의 수도원 학교가 이상적인 학문의 중심이라고는 말할 수 없다. 이런 학교의 근본적인 목적은 교회의 지도자를 육성하는 것이었고, 그곳에서의 지적 삶은 고대의 위대한 저자들보다는 그리스도교 교부들의 연구에 의해 더 많이 영향을 받았다. 그래서 그런 학교에서는 교회의 관심과 교리에 의해 정해진 한계 내에서 초보적인 라틴 말을 읽고 쓰는 가장 기본적인 내용과 성서 문헌들의 간략한 설명을 가르쳤다. 고대 비그리스도교 저자들에 대한 의혹으로 초기 그리스도교 시대에 학문을 쇠퇴하게 만들었던 불신이 여전히 남아있었다. 도덕과 관련되거나 문법적인 요소를 예시하는 발췌의 꼴을 제외하고는, 세속적인 책들은 더 이상 읽히지 않았다. 라틴 문헌마저도 그와 관련된 개념보다는 쓸모 있는 라틴 말을 쓰기 위해 학생을 가르치는 도구로서 연구됐다.

그러나 로마 세계의 지적 유산은 가장 어두운 시대의 무관심에도 불구하고 모두 살아남았다. 옛 문헌의 내용은 이 시기에 복제됐기 때문에 나중까지 보존됐고, 다른 많은 문헌은 수도원의 필경사들이 서로 다른 지역에서 복제했기 때문에 더 잘 알려졌다. 필경사는 자신이 복제하는 고전 문헌의 깊은 의미를 제대로 이해하지는 못했지만, 고대 세계의 라틴 문헌으로 가치 있는 거의 모든 것을 보존했다. 그들은 파괴되지 않고 남아 있던 고전 문헌을 구제함으로써, 고대 문화를 소멸시키지 않고 보존했으며 유럽 문명 속에서 출현할 수 있도록 만든 전달자가 됐다.

어떤 왕들은 암흑 시대에 교육적인 일을 해서 교회가 한 것 다음으로 중요한 역할을 했다. 8세기 말의 짧은 기간과 9세기 전체를 통해 유럽은 우호적인 상황과 특출한 개인들의 노력이 결합되어 지적 힘이 놀랍게 부활하는 장면을 목격했다. 통상 카롤링거 왕조의 르네상스(Carolingian Renaissance)라고 부르는 이런 학문의 부활은 프랑크 족 왕인 샤를마뉴(742~814)[1] 궁정에서 유래하고 집중적으로 나타났다. 800년 성탄절에 샤를마뉴가 성베드로 대성당에서 무릎을 꿇고 기도하고 있을 때 갑자기 교황이 그의 머리에 금관을 씌워주고 신성 로마 황제라고 환호했다. 이런 환호를 충분히 받을 만했는데, 샤를마뉴가 유럽에서 가장 힘 있는 통치자였을 뿐만 아니라 사실상 유일한 통치자였기 때문이다. 그의 영토는 현재의 프랑스, 도이칠란트 서부, 오스트리아 일부, 남쪽으로 로마까지의 이탈리아를 아울렀다.

샤를마뉴는 통치 초기에 성직자들과 자신의 정부에서 일하는 공무원들의 비참할 정도로 무지한 상태를 해소하기 위해 과감한 개혁이 필요하다는 사실을 깨달았다. 이런 개혁과 재건을 위해서는 새로운 교육 과정과 새로운 교육 체계가 필요하고 중요해졌다. 이에 따라 샤를마뉴는 당시에 가장 저명한 학자로 잉글랜드 사람인 요크의 앨퀸(Alcuin of York, 732?~804)을 초빙해서 자신의 교육 고문관으로 삼았다. 앨퀸은 샤를마뉴가 자신에게 맡긴 과제를 탁월하고 성공적으로 완수했다. 그는 789년경에 왕국 전체의 모든 수녀원과 수도원에는 자체의 학교를 운영해야 한다는 법령을 제정했다. 그리고 교육 과정의 확고한 부분으로 일곱 교양 과목을 가르치도록 했는데, 이것들은 사학과(산술, 기하학, 천문학, 음악)과 삼학과(문법, 수사학, 논리학)로 나누어졌다. 앨퀸은 이런 과목 각각에 대한 초등적인 교과서를 써서 이런 과목들을 가르치는 방법도 지시했다.

학문의 부활을 위한 필요 조건으로 책을 널리 배포해야 했기 때문에, 그는 열정적으로 문헌을 찾았다. 특사를 아일랜드, 에스파냐, 이탈리아 등으로 파견해서, 학생들이 사용하도록 복제할 수 있는 교재를 찾아오게 했다. 그는 또한 쉽게 쓰고 읽을 수 있는 균형이 잘 잡히고 둥글며 읽기가 아주 쉬운 글씨체를 도입해서 글쓰기 방식을 장려했다. 이것을 '카롤링거 왕조의 소문자(Carolingian minuscule)'로 알려졌는데, 이의 장점이 대단히 커서 15세기의 이탈리아 인쇄업자들은 거의 모두 이를 채택했다. 이것은 오늘날 인쇄된 알파벳의 원천이다. 앨퀸의 감독 아래, 아헨(Aachen)에 있던 궁전 학교는 유명한 궁전 예절 교육 기관에서 진정한 학문 기관으로 완전히 바뀌었다. 전통에 따라 왕도 그곳의 수업에 참여했는데, 왕족 모두와 젊은 귀족들을 동반했다. 그는 교회와 국가에서 높은 지위에 올랐다. 796년에 앨퀸은 궁전에서 은퇴하고, 투르(Tours)에 있는 생 마르탱(St. Martin)의 유명한 수도원 원

1) [옮긴이] Charlemagne, 서로마 제국 황제 재위 800~814.

장이 됐는데, 그곳에서 계속해서 가르쳤고 문헌을 수집했다.

여전히 글을 읽고 쓸 줄 아는 기초적인 능력을 키우기 위해 발버둥치고 있던 당시의 사회에서 수학은 상대적으로 꼭 필요한 것이 아니었다. 이에 따라 강력한 수학에 기반을 둔 사학과라는 이름 아래 출범한 학문은 샤를마뉴의 학교들에서 손쉽게 무시당했다. 실제로, 삼학과 내에서도 문법과 수사학을 논리학보다 훨씬 더 큰 관심 속에 연구했다. 이에 따라 9세기의 '작은 르네상스'가 뚜렷하게 교육적인 발전을 야기했지만, 서유럽에서 수학적 분위기가 눈에 띄게 바뀌지는 않았다. 유클리드의 ≪원론≫도 서구의 도서관에는 없었고, 이에 따라 당시에 기하학에서 권위 있는 표준은 보이티우스였는데, 그의 결점은 이미 지적했다. 실용적인 면에서, 교회력을 셈하는 데 필요한 산술 연산을 넘어선 내용은 가르치지 않았고, 가장 강조하는 문제는 부활절 및 기타 유명한 축일을 정확하게 확정하는 것이었다. 앨퀸의 공으로 돌리는 책인 ≪젊은 마음을 연마하기 위한 명제들≫은 산술에 관한 53개의 수수께끼를 제시했다. 일부는 공들인 셈을 통해 풀 수 있지만, 많은 것은 수학적 독창력을 요구한다. 가장 잘 알려진 수수께끼는 세 명의 남자와 이들의 여동생인 세 명의 여자가 단 두 사람만 탈 수 있는 배를 이용해서 강을 건너는 문제인데, 안전을 위해 각 여자는 그의 오빠 이외에는 누구와도 함께 탈 수 없다.

카롤링거 왕조에 의한 부활은 오래가지 못했는데, 샤를마뉴가 유럽의 정치적 분열 문제를 해결한 것으로 보였던 바로 그 시기에 급기야 야만인들의 침략의 물결이 서유럽에 쏟아져 들어갔기 때문이다. 9세기에 10세기에 바이킹은 북쪽에서. 마자르 사람들은 동쪽에서, 사라센 사람들은 남쪽에서 프랑크 왕국의 바닷가와 평원 및 강의 기슭을 통해 동시에 약탈하러 들어갔다. 내부적으로는 왕위 계승 문제로 약화되고 이런 새로운 침략자들로부터 괴롭힘을 당해서, 카롤링거 제국은 쪼개졌는데, 각 조각은 그 뒤 프랑스, 도이칠란트, 이탈리아로 별개의 나라가 됐다. 이런 세 가지 침략 중에서, 바이킹에 의한 공격이 가장 끈질기고 가장 심각했다. 200년 동안 북쪽에서 온 이 사람들은 서유럽 전체를 혼란 상태에 빠뜨렸고, 해안지역을 초토화시켰다. 강력한 정부는 이런 적을 약화시키거나 물리쳐야 했지만, 서유럽에서 발흥하던 나라들은 모든 점에서 여전히 약했고 약탈자들에 대처할 능력이 전혀 없었다.

그리스도교 유럽이 카롤링거 제국 아래 정치적 통일을 이루지 못하고 실패했어도, 문화적 독립체로 발달하기 시작하자마자 곧 완전히 야만 상태로 다시 돌아갔음을 뜻하지 않는다. 일반적으로 샤를마뉴가 창안한 교육 체제는 이런 고통의 시기에도 계속해서 기능했고, 이에 따라 학문을 고이 간직한 중심지가 언제나 남아있었다. 어떤 수도원 학교의 실패 때문에 발생한 손실은 다른 곳에서의 새로운 노력으로 끊임없이 대체됐다. 7세기의 학문의 소멸과 같은 위험한 상태를 유럽은 결코 다시 직면하지 않을 것이다.

11세기에 서서히 발흥해서 새롭게 명성을 얻은 과학과 수학은 또 다르게 탈바꿈한 학교 자체의 변화와 상응했다. 카롤링거 유럽의 수도원과 궁정 학교는 9세기에 학문의 부흥을 위한 지적인 무대였다. 여기서의 모든 교육은 성서와 다른 성스러운 문헌에 대한 더 나은 이해가 목적이었다. 어쨌든 수도원 학교는 예측할 수 없고 고르지 못한 사람들로 채워졌는데, 결코 사회의 큰 부분을 가르치려는 의도가 없었다. 그 대신에 당대의 으뜸가는 교사와 학생들이 유명한 대성당 학교에 매력을 느낌에 따라 교육의 방향이 바뀌었다. 쾰른(Cologne), 투르(Tours), 리에주(Liege), 샤르트르(Chartres), 랭스(Reims), 파리(Paris) 등에 이런 학교가 있었다. 그렇지만 시간이 지나면서 대성당 학교는 그곳을 다니고 싶어 했던 많은 사람에게 적절하지 못하다고 밝혀지는 것은 불가피했다. 그런 학교의 구성원이 아니었던 교사는 인근에 정착했고, 관계 당국의 허가를 받고 교회의 제한된 지식 세계에서는 찾아볼 수 없던 주제에 대해 강의했다. 처음에는 개별 지도 방식이 지배적이었다. 곧, 교사는 교육에 대한 대가로 수업료를 받았다. 학생들은 이 교사에서 저 교사로 마음대로 옮겨 다녔으며, 학생 확보를 위한 치열한 경쟁이 자주 발생했다. 개별적인 교사 주위에 무리지어 모인 학생들의 이런 초기의 모임들이 13세기와 14세기에 대학의 설립을 위한 길을 닦았다. 아랍과 그리스 과학 문헌의 라틴 판 번역본들이 점점 더 증가하면서 교육 과정은 완전히 바뀌었고, 이런 학습 체계에서 논리학과 수학이 가장 중요한 자리를 차지함에 따라 삼학과의 중요성은 꾸준히 줄어들었다. 그러나 학문의 본질과 사회적 성격 모두에서 일어난 이런 급진적인 변화는 우리의 이야기를 어느 정도 앞서 간다. 왜냐하면 11세기에 가까운 장래의 학문은 서양이 아니라 동양에 놓여 있었는데, 커지는 아랍 문명의 광채가 유럽의 계속되고 있던 지적 어두움에 빛을 비출 것이기 때문이다.

■ 아랍 학문의 서구로의 전파

지중해 세계에 마지막으로 남아있던 통일체는 지대한 영향을 끼친 사람들의 두 가지 움직임 때문에 파괴됐다. 첫째는 라인 강과 도나우 강을 넘어 계속해서 밀어닥친 게르만 족이고, 둘째는 아랍 세계에서 종교적으로 새롭게 뭉친 이슬람교의 발흥이었다. 이슬람의 확장은 정확하게 100년 동안 발생했는데, 632년 모하메드가 죽은 때부터 732년 투르 전투까지이다. 이때 아랍 군대는 프랑스의 바로 심장부를 관통했는데, 이를 (샤를마뉴의 할아버지인) 샤를 마르텔(Charles Martel, 688?~741)이 저지했다. 투르에서의 패배로 아랍 군대는 더 이상 북쪽으로 진격하지 않았고, 에스파냐 전체를 지배하는 것으로 만족해야 했다. 아랍 군대는 에스파냐에 상륙한 해(711년)에, 콘스탄티노플 성문도 난타했지만 덜 성공적이었다. 비잔틴 제국의 수도는 15세기까지 아랍의 맹공을 견뎌냈는데, 이에 따라 이슬람교도들이 발칸 반도를 통해 라틴 유럽을 정복하지 못하도록 막았다. 아랍 정벌의 결과로, 지중해 유역에는 날카롭게 대립된 세 가지 문명이 나타났는데, 비잔틴과 라틴 유럽 및 이슬람 제국이었다.

지중해의 남부와 동부 해안을 휩쓴 아랍 사람들은 학문이라고 부를 만한 것을 전혀 지니고 다니지 않았다. 그들의 예술과 마찬가지로 과학과 철학은 그들이 정복한 지역에서 나왔다. 새로운 개념을 흡수하는 데 열심이었던 아랍 사람들은 과거의 문헌들을 모으기 시작했다. 이런 문헌이 충분히 많이 다시 만들어졌었기 때문에 로마 제국의 붕괴에 따라 일어난 많은 전쟁에도 살아남았고 고대 학문에 대한 초기 그리스도교도들의 관심 부족에도 불구하고 살아남을 수 있었다. 이에 따라 아랍 사람들은 아리스토텔레스, 유클리드, 아르키메데스, 프톨레마이오스의 생각을 접했다. 대를 이어 아랍 필경사들이 충실하게 찾아낸 그리스의 과학을 그들의 말로 부지런히 번역함으로써, 아랍 사람들은 유럽에 영구적인 편의를 제공했다. 10세기에 서구 그리스도교 나라들에 알려지게 된 그리스의 과학과 수학 문헌 거의 대부분은 아랍 책들을 통해 얻은 것이었다. 아랍에서 유클리드 ≪원론≫의 완전한 판은 800년경에 확보되고 번역됐다. 그리고 탁월하고 거의 신성한 책이 된 프톨레마이오스의 ≪수학 대계≫는 827년에 ≪알마게스트≫라고 일반적으로 받아들여진 이름으로 아랍에서 나타났다. 고대 후기의 축적된 유산을 서둘러 습득했던 아랍 사람들은 고대 그리스의 많은 책을 보존했는데, 그렇지 않았다면 라틴 말을 하는 서구에서 되돌릴 수 없을 정도로 완전히 분실될 뻔 했다. 다른 어떠한 것보다도 이것이 학문의 발달에 이슬람 세계가 이바지한 가장 크고 영구적인 공헌이었다.

아랍 사람들은 그리스 지식의 광범위한 기초 위에 페르시아와 인도의 중요한 내용을 추가해서 과학적이고 철학적인 사고의 틀을 확립했는데, 이것은 그들을 당대의 위대한 학자로 만들었다. 동부 이슬람교도들이 세운 새로운 수도인 바그다드는 여러 세기 동안 가장 큰 학문의 중심지 중 하나가 됐는데, 서구 그리스도교 나라에 있던 모든 도시를 능가했다. 바그다드에는 엄청난 규모의 도서관, 교육과 연구를 위한 (지혜의 집이라고 부른) 학술원, 과거의 고전 문헌을 택해서 정확한 아랍 말로 옮길 수 있는 다수의 번역가가 있었다. 9세기와 10세기에 수학은 거의 오로지 아랍의 과학으로 간주됐는데, 영속화된 용어인 'algebra(대수학)'와 'Arabic numerals(아라비아 숫자)'가 이를 예시한다.

그렇지만 이슬람교 학자들은 독창적인 공헌을 했다기보다는 페르시아와 인도에서 나타난 수학의 발달을 널리 퍼뜨렸다는 말이 더 정확하다. 인도 수학은 그리스 수학의 영향과 독립적으로 발전했는데, 기하학을 선호했던 그리스 사람들과 달리 인도 사람들은 산술과 대수학에 의욕적인 관심을 가졌다. 지극히 중요한 영(0)을 도입한 이른바 아라비아 숫자들은 아랍 사람들이 동쪽에서 빌린 가장 의미 있는 수학적 발상이었다. 이런 '새로운 산술'이 라틴 세계의 산술에 비해 엄청난 개선이라는 사실은 로마 숫자만을 사용해서 더하고 나누고 곱하고 나누어보려고 시도한 사람은 누구나 잘 알 수 있을 것이다. 아랍 수학자들은 또한 천문학적 목적으로 삼각법을 개발했는데, 프톨레마이오스와 알렉산드리아 사람들이 사용한 '각의 현' 대신에 현재 우리가 삼각 함수라고 부르는 비율들을 사용했다. (각의 현은 반지름이 60이고 그 주어진 중심각에 대한 현의 길이이다.)

아랍의 학문이 서구에 전달된 길은 (그리스도교 십자군이 1099년에 예루살렘을 정복한)

지중해 동부가 아니라 에스파냐와 시칠리아를 통해서였다. 과학적 전통은 나중에 이슬람 세계의 동부가 아니라 서부에서 확립됐다. 무어 사람들(한때 모리타니아라고 불린 북아프리카 지역에 살던 서부 이슬람교도들)은 8세기 초에 에스파냐로 넘어갔는데, 아랍 세계의 문화 자원을 함께 가져갔다. 600개의 이슬람 사원이 있고 60만 권이 넘는 책을 소장한 도서관이 있던 코르도바(Cordoba)는 8세기의 중반에 이슬람 제국 서부의 지적 중심지로 떠올랐는데, 동부의 바그다드에 상응했다. 그리스의 과학 문헌은 이슬람 세계를 통해 서쪽으로 옮겨졌고, 9세기에 에스파냐에 도착했다. 그리스도교 유럽에서 가장 박식한 사람들이 그리스 문헌들을 간접적으로 발췌한 것들을 (때로는 명확했지만 혼란스러운 설명이 훨씬 더 많았는데) 많은 노력을 기울여 연구하고 있을 때, 코르도바, 톨레도(Toledo), 세빌랴(Seville, 세비야), 그라나다(Granada)에 있던 무어 사람들의 거대한 학교의 학생들은 원전을 빈틈없이 지키고 있었다.

샤를마뉴가 교육에 준 자극은 시간이 지남에 따라 힘을 잃었지만, 유럽에서 학문이 11세기와 12세기에 더 크게 부활할 때까지 학문을 지속시키기에는 충분했다. 1050년부터 1250년까지의 두 세기는 대단한 지적 자극과 사회적 활력이 넘치던 시기였다. 그리스도교 세계는 증가된 인구로 커지고 새로운 봉건 제도로 보강됐으며 십자군 전쟁의 이상으로 고무됐는데, 모든 방향에서 뻗어나가서 피레네 산맥을 넘어 무어 사람들이 지배하고 있던 에스파냐로 들어갔고, 비잔틴 제국과 팔레스타인으로 들어갔다. 위로부터 인공적으로 부과된 카롤링거 르네상스와 달리, 12세기의 르네상스는 대단히 변화된 물적 조건과 함께 자발적으로 자라났다. 유럽 사람들이 상속받은 지식에 새로운 것을 추가하기 시작함에 따라서, 학문에 대한 열정은 이전의 지적 정체 상태를 대체했다. 서구 학자의 당면 과제는 지식이 있는 위치를 찾아내고 노력해서 그것에 접근해서 얻어내는 것이었다. 이것은 흔히 어려운 모험이었는데, 고통이 따랐으며 멀고 위험한 지역을 여행하고 어쩌면 신앙도 포기해야 했다. 십자군 전쟁을 통해 알게 된 대로 이슬람교도들이 엄청난 지식을 소유하고 있다는 사실은 유럽을 들뜨게 만들었고, 이런 새로운 정보원을 이용하기 위해서 학자들은 그리스도교와 이슬람교 문명 사이의 접촉이 가장 밀접한 장소로 여행을 떠났다.

아랍의 자료가 라틴 서구로 전달된 가장 자명한 접촉 지점은 에스파냐 반도였다. 에스파냐로 들어가는 문은 그리스도교도들이 1085년에 톨레도를 되찾은 뒤에 다시 열렸다. 서구의 연구자들이 이 학문의 중심지로 떼 지어 몰려 들어갔고, 아랍 사람들이 물려준 과학을 열심히 배웠다. 고대의 걸작이 아랍 말 속에 숨어 있다는 사실이 알려지자마자 열정적인 많은 학자는 그것에 접속하기 시작했고 그것을 라틴 말로 번역했다. (라틴 말은 서구에서 전문적이고 지적인 주제를 전달하는 전용 도구가 됐고 18세기까지 학술 언어였다는 사실을 상기할 필요가 있다.) 아랍 사람들이 기여해서 증가된, 고대 과학을 11세기와 12세기에 되찾은 것은 유럽의 지적 역사에서 전환점이 됐다.

톨레도에서는 아랍의 과학 책들을 번역하는 정규 학교들이 등장했고, 이런 지식을 갈망했던 사람들이 많은 지역에서 찾아갔다. 톨레도가 지적 정보를 교환하는 유일한 도시는 아니었다. 이탈리아 남부와 시칠리아의 노르만 왕국과 같은 전체 지역은 그들의 개방적인 성격 때문에 개념과 문제를 교환하는 토론의 장이 됐다. 번역 작업은 극히 어려웠다. 먼저, 아랍 문헌을 크게 읽었고, 다음에 히브리 말이나 통용되는 에스파냐 말로 옮겼다. 마지막으로 그리스도교도 번역가가 이를 라틴 말로 바꿨다. 이런 과정은 빠르지도 않았고 오류나 오해가 없을 수 없었다. 특히, 복잡한 과학적인 연구서의 경우에는 더욱 그랬다. 게다가, 중세 라틴 말은 전문 용어가 적절하게 갖추어지지 않았고, 이에 따라 아랍 말에서 그런 용어의 뜻을 번역가 스스로도 불완전하게 알고 있었다. 완전히 다른 두 가지 언어를 매개 수단을 통해 이루어진 라틴 번역은 기껏해야 글자 그대로의 직역이었고 적당히 정확했다. 최악의 경우에는, 중세의 연구가들에게 마지막으로 도달한 형태는 누적된 오류와 함께 그리스 원전과 겨우 약간 닮았을 뿐이었다.

■ 선구적인 번역가 : 제라르도와 애덜라드

12세기 후반기에 아랍 문헌을 선구적으로 번역한 사람들 중에서 가장 부지런히 그리고 가장 많이 번역한 크레모나의 제라르도(Gerardo of Cremona, 1114~1187)의 연구가 나타났다. 그는 이탈리아에서 모든 예술 분야를 연구했지만, 천문학에도 특별한 관심을 가졌다. 프톨레마이오스의 연구를 접할 수 없었던 제라르도는 톨레도에 접근해서 토박이 그리스도교 교사로부터 아랍 말을 배웠다. 그곳에서 그는 천문학에 관한 프톨레마이오스의 뛰어난 연구서 ≪알마게스트≫를 라틴 말로 번역했다. 아마도 새로운 아라비아 숫자를 사용했을 것이다. 제라르도는 아랍 말로 된 과학 책을 번역하는 데 여생을 바쳤는데, 그의 손을 거쳐 서유럽으로 들어간 아랍 과학이 다른 어떠한 경로를 통한 것보다 많았다고 한다. 그는 최소한 90가지 아랍 문헌을 온전하게 라틴 말로 번역하는 공적을 세웠는데, 이 중에는 아르키메데스의 ≪원의 측정≫, 아폴로니오스의 ≪원뿔 곡선론≫, 알콰리즈미의 대수학에 관한 책 등이 포함되어 있다. (언제부턴가 제라르도가 유클리드의 ≪원론≫을 번역했다는 이야기가 있었는데, 1901년에야 바티칸 도서관에 소장된 제 10~13 권이 처음으로 발견됐다.) 중세 시대에 수학 활동의 방향과 범위는 거의 대부분 이런 번역에 근거했다.

또 다른 선구적인 번역가는 잉글랜드의 수도사인 바스의 애덜라드(Adelard of Bath, 1090~1150)였는데, 이 사람은 자신이 들은 지식을 찾기 위해 에스파냐, 이탈리아 남부, 시칠리아, 그리스, 시리아, 팔레스타인 등 멀리까지 넓은 지역을 여행했다. 애덜라드는 이슬람교 학자로 변장하고 (1120년경) 코르도바에서 열린 강연에 참여했고 성공적으로 아랍 말로 된 유클리드의 ≪원론≫을 확보했는데, 그 뒤에 이것을 번역했다. 이런 방식으로 그는 알렉산드리아의 위대한 학자의 기하학을 처음으로 서유럽에 알렸다. 애덜라드보다 150년

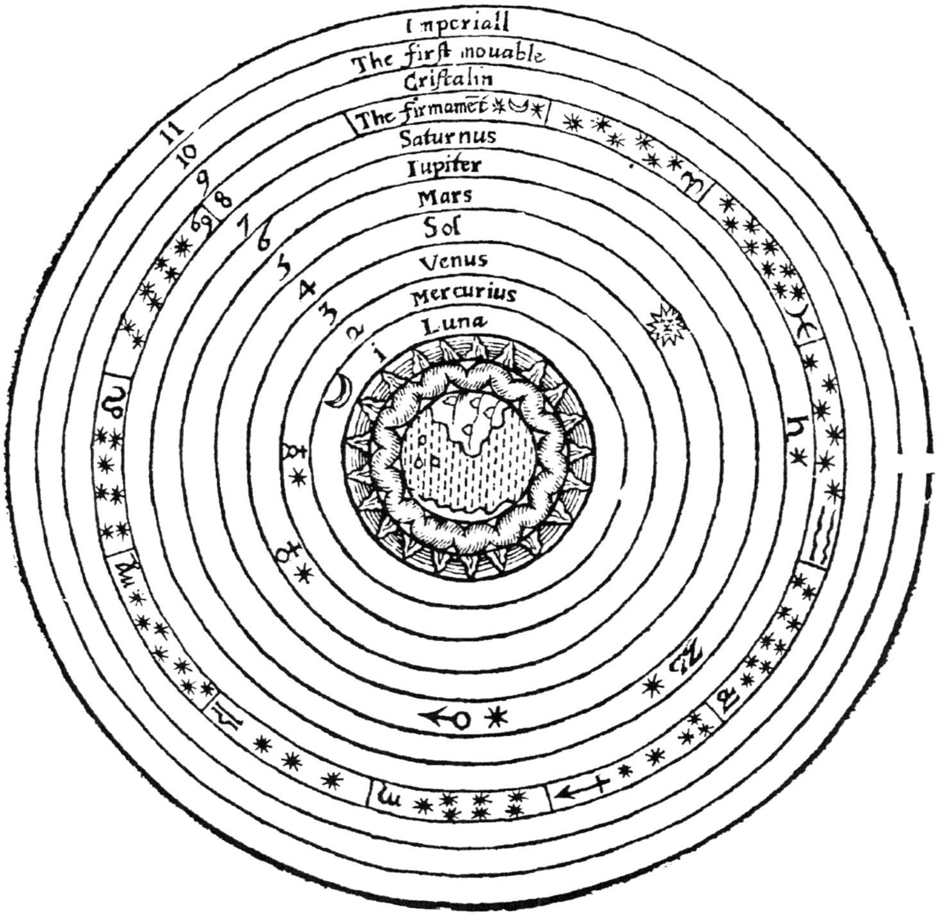

지구가 중심임을 보여주는 코페르니쿠스 이전의 우주. 블라그레이브(John Blagrave, 1561?~1611)의 ≪수학적 보석(*The Mathematical Jewel*)≫. (*Courtesy of Theatrum Orbis Terrarum Ltd.*)

뒤에, 요하네스 캄파누스(Johannes Campanus, 1296년에 죽음)는 새로운 번역서를 냈는데, 이것이 매우 명확하고 완전했기 때문에 그 이전에 나온 라틴 말 번역서들을 몰아냈다. 그 뒤에 이전의 책들보다 그리스 말 원전에 더 가까운 책이 나왔지만, 당시로서는 아직 먼 곳에 있었다. 캄파누스의 번역서는 유클리드의 ≪원론≫이 최초로 인쇄될 때 사용됐다. 이 책은 1482년에 출판됐는데, 인쇄물로 나타난 최초의 중요한 수학 책이었다. (그때까지 고대와 당시의 저자들의 책이 나날이 인쇄됐지만, 그림을 조판하기가 어려웠기 때문에 수학 책이 거의 또는 전혀 나타나지 않았었다.)

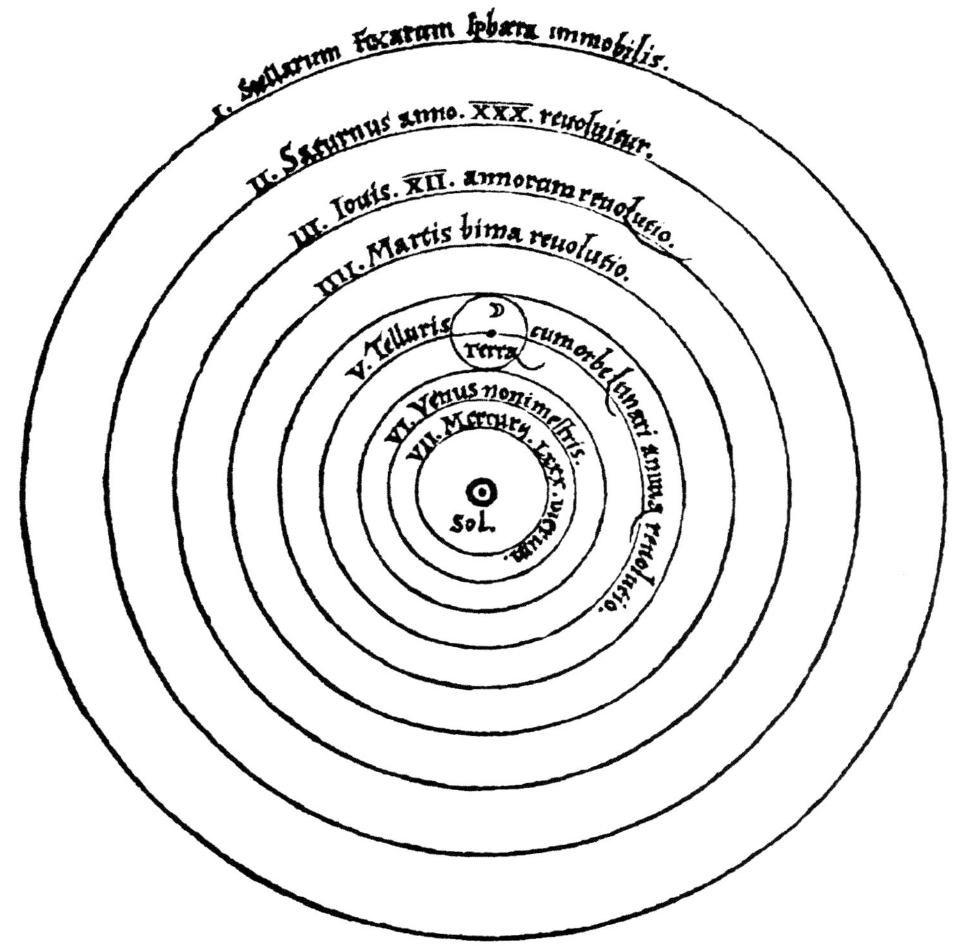

태양이 중심인 코페르니쿠스의 우주. 코페르니쿠스의 ≪천체의 회전에 대해(*De Revolutionibus Orbium Coelestium*, 1543)≫. (*By courtesy of Editions Culture et Civilisation.*)

12세기 말에 아랍 말 책들의 번역서가 유럽으로 급류처럼 마구 쏟아져 들어갔으며, 13세기에는 많은 그리스 말 책들도 번역됐다. 아랍으로부터 얻은 모든 책 중에서 '새로운 아리스토텔레스'의 철학, 곧 아리스토텔레스의 과학 책들은 가장 소중하게 여겨졌는데, 그 이전에는 라틴 말로는 접근할 수 없었다. 아리스토텔레스의 ≪물리학≫, ≪형이상학≫, ≪새로운 논리학≫(논리학에 관한 네 권의 고급 연구서)이 번역되고 유포되기 시작했다. 이런 저작들은 사색적인 철학과 과학을 향한 교육적 관심을 높이는 데 크게 기여했는데, 이에 불만을 가졌던 성직자이자 학자인 솔즈버리의 요하네스(John of Salisbury, 1115~1180)는 젊은 시절에 이 역사와 시를 선호하게 됐다. 1210년에 파리 대학교에서는 아리스토텔레스를 가르치는 것을 금지했는데, 위반하는 교수는 제명한다는 조건이 붙었다.

과학의 새로운 언어였던 아랍 말은 이 시기에 그리스 말보다 더 큰 위세를 떨쳤다. 게다가, 아랍 말을 하는 것이 그리스 말을 하는 것보다 더 쉽게 접근할 수 있었는데, 그리스 말에 대한 지식은 라틴 말을 쓰는 서유럽에서 서서히 사라졌었다. 이에 따라 그리스 책들을 원래의 그리스 말이 아니라 아랍 말로 된 책으로부터 번역하는 것이 관례였다. 시칠리아가 (아랍 사람들이 902년부터 1091년까지 지배한 뒤에) 노르만족에 정복됐을 때, 이곳은 원래의 그리스 고전들이 유럽으로 들어갈 수 있는 통로가 됐다. 이 지역에는 여전히 아랍 말을 하는 인구가 상당히 많았고 콘스탄티노플과의 교역 관계를 단절한 적이 없었기 때문에, 아랍과 그리스 및 라틴 학자들 사이에서 지식을 교환할 수 있는 대단히 좋은 조건에 있었다. 이에 따라 시칠리아에서는 아랍 말을 번역한 것뿐만 아니라 그리스 말을 직접 번역한 최초의 책도 일부 나타났다. 프톨레마이오스의 ≪알마게스트≫가 시칠리아에서 1163년에 그리스 말로부터 라틴 말로 처음으로 번역됐는데, 이 책은 이보다 약 12년 전에 크레모나의 제라르도가 톨레도에서 아랍 말로부터 번역했었다. 불행하게도, 그리스 말로부터 번역한 이 책은 유통되지 않았고, 유럽에서는 15세기까지도 아랍 말로부터 번역한 책만이 입수 가능했다.

이렇게 분투하는 번역가들은 거의 또는 전혀 보상을 받지 못했고, 거의 예외 없이 명성도 거의 또는 전혀 얻지 못했다. 번역 작업을 하게 된 유일한 동기는 진리와 지식에 대한 헌신이었다. 그러나 그들은 대단한 위업을 달성했는데, 그리스의 과학과 철학을 서유럽에서 부활시켰고 이에 아랍의 매우 소중한 수학과 의학을 추가했다. 유럽 사람들이 그 이전에는 이런 자료를 결코 접할 수 없었는데, 이오니아의 철학자들과 아리스토텔레스부터 알렉산드리아의 수학자들과 프톨레마이오스까지 고대의 방대한 과학적이고 수학적인 지식 덩어리가 라틴 말로는 전혀 번역된 적이 없었다. 후기 로마 제국은 그리스 말에 대한 연구를 포기했었는데, 이 안에는 고대 지식의 많은 걸작이 남아있었고, 샤를마뉴의 학자들은 라틴과 그리스도교 고전을 구하는 데 전념했었다. 그리스 문화의 원천에 의지할 수 없게 되자 지식과 사고는 궁핍해졌다. 그러나 1200년대 중반에 아랍 학문에서 가치 있는 모든 것이 라틴 말 번역을 통해 유럽으로 전달됐을 때, 서구 학자들은 그리스 사고의 견고한 기반 위에 다시 서게 됐다. 유럽의 지식인들이 다시 깨어나기 전에 아랍의 학문과 창조력이 쇠퇴하지 않았던 것은 천만 다행이었다. 학문이 제대로 부활하기 시작하고 진정한 르네상스가 1400년대에 일어났을 때, 이슬람은 그 대단한 힘을 다 써버렸다. 그러나 그 뒤 서유럽은 그 이전 세대로부터 물려받은 지적 유산을 받아들일 태세를 갖췄다.

6.2 ≪산반의 책≫과 ≪제곱의 책≫

■ 인도 · 아라비아 숫자

중세 시대에 가장 뛰어난 수학자는 피사의 레오나르도(Leonardo of Pisa)였는데, 피보나치(Fibonacci, '보나치의 아들'을 뜻하는 filius Bonaccio의 축약)라는 별명으로 더 잘 알려졌다. 서구의 수학적 르네상스가 그로부터 시작됐다고 해도 과언이 아니다. 피보나치는 1175년경에 피사에서 태어났고, 그의 아버지가 세관의 책임자로 있던 북아프리카에서 교육을 받았다. 그는 젊은 시절에 지중해 연안의 나라들을 광범위하게 여행했고, 서로 다른 나라의 상업 거래에서 사용되는 산술 체계를 관찰하고 분석했다. 그는 자신의 나라에서 여전히 사용하고 있던 어설픈 로마 체계에 비해 위치 기수법과 숫자 영이 있는 인도 · 아라비아 십진법 체계의 엄청난 장점을 곧바로 인식했다. 피보나치는 1202년에 피사로 돌아가서 유명한 ≪산반의 책(Liber Abaci)≫을 썼는데, 이 책에서 그는 "라틴 민족이 더 이상 이런 지식에 부족함이 없도록" 이 새로운 체계의 장점을 설명했다. 첫 장은 다음과 같은 문장으로 시작한다.

> 다음과 같이 아홉 개의 인도 숫자가 있다.
>
> 9 8 7 6 5 4 3 2 1
>
> 이 아홉 숫자와 이 기호 0을 사용하면, 아래에서 밝히듯이 어떠한 수도 쓸 수 있다.

그리스도교 유럽이 아라비아 숫자에 친숙하게 된 것은 주로 1228년에 출간된 이 책의 제 2판을 통해서였다.

아라비아 숫자들이 유럽 사람들에게 전혀 새로운 것은 아니었다. 제라르도는 이 체계를 반세기 전에 에스파냐에서 가져갔다. 그렇지만 그 전에 출판된 어떠한 책도 모든 방면에서 전통적인 로마 숫자보다 아라비아 숫자가 우월함을 풍부한 예를 통해 보여주지 못했다. ≪산반의 책≫은 아랍의 많은 과학을 포함해서 피보나치 시대의 거의 모든 산술 지식을 구체적으로 담았고, 이런 모든 소재를 독창적으로 해석했다. 중세 시대의 수학적 걸작으로서 이 책은 그 뒤 여러 세기 동안 본보기와 정보원으로 남았다. (≪산반의 책≫은 필사본으로 널리 유포됐지만, 신기하게도 1857년에야 이탈리아에서 인쇄됐고 영어로는 2002년에야 번역됐다.)

현재의 수 체계를 인도 · 아라비아 수 체계라고 언급하지만, 이것의 유래는 모호하고 논란의 여지가 충분히 있다. 가장 널리 받아들여지고 있는 정설은 이것이 3세기경에 인도에서 유래해서 8세기에 바그다드로 전달됐고 결국 무어 사람들의 에스파냐를 통해 서유럽으로 건너갔다는 이론이다.

기록된 수 기호들은 서력 기원이 시작되기 전에 인도에 나타났다. 보존된 최초의 예 중 하나는 봄베이(Bombay) 근처의 나나 가트(Nana Ghat)라고 부르는 언덕에 있는 동굴의 벽에 새겨진 기록에서 찾을 수 있다. 올바르게 해석했다면, 이것들에는 다음이 포함된다.

1 2 4? 6 7 9 (기원전 3세기)

다음으로 중요한 숫자의 흔적은 인도 나시크(Nasik)에 조각된 비문에 나타난다. 서기 2세기의 이런 브라미(Brahmi) 숫자들은 다음과 같이 처음 아홉 개의 기호로 된 숫자를 사용한 체계를 형성한다.

1 2 3 4 5 6 7 8 9

(브라미 숫자, 2세기)

영(0)이 있는 위치 기수법이 5세기에, 그렇지 않다면 한 세기 전에 인도에 알려졌다는 역사적 증거가 있다. (영을 나타내는 기호의 형태는 단순한 점에서 작은 원으로 변했다는 사실은 명확하다.) 8세기에 사용된 숫자들은 '데바나가리(Devanagari)' 곧 '성스러운' 숫자라고 불렸고, 그 모양은 근본적으로 다음과 같았다.

1 2 3 4 5 6 7 8 9

(데바나가리 숫자, 8세기)

이런 숫자들이 아랍에 언제 그리고 어떻게 도달했는지에 대한 문제는 결코 만족스럽게 해결되지 않았다. 아랍이 팽창하던 초기에 일반 법령은 아랍 말과 함께 그리스 말로도 기록됐는데, 그리스 말이 근동에서 널리 쓰였기 때문이다. 통치하는 칼리프는 자신의 말을 장려하기 위해서 706년에 아랍 말에 이익이 되도록 그리스 말의 사용을 금지하는 법을 통과시켰다. 그렇지만 그리스 알파벳 체계는 수를 쓰는 데 사용할 수 있다고 법령으로 포고했다. 이것은 인도 기호가 다마스쿠스의 칼리프의 자리까지는 침투하지 못했음을 알려준다. 800년경에 이 체계는 분명히 아랍 세계에 알려졌다. 수학자 알콰리즈미는 인도 수의 쓰임새를 설명하는 작은 책을 준비했는데, 이에는 자리지기(place holder)로서의 영의 쓰임새가 포함되어 있다.

인도 숫자들의 겉모습은 인도로부터 전달되는 과정에서 일련의 변화를 겪었는데, 아랍 사람들은 여러 가지 형태 중에서 손으로 쓰기에 가장 적합한 것을 선택했다. 서부 아랍 사람들인 무어 사람들이 최종적으로 채택한 기호는 이른바 고바(Gobar) 숫자인데, 이것은 '먼지'를 뜻하는 아랍 말이다. 이런 특이한 이름은 아랍 학생들의 전통에서 붙여졌는데, 필기용지가 없던 그들은 검은 찰흙 판에 흰 먼지를 뿌리고 첨필로 셈했다. 고바 숫자가 인도 숫자보다 현대적인 숫자에 훨씬 더 가깝게 보일 것이다.

1 2 3 4 5 6 7 8 9

(서부 아랍 고바 숫자, 10세기)

이런 초기의 서부 아랍 숫자들이 보이티우스의 ≪기하학≫ 10세기 판에 나타난다. 이런 숫자들이 이 책의 일관된 숫자 표기 방법과 다르기 때문에, 아마도 이것들은 원래의 책에는 없었는데 나중에 복제하는 사람들이 끼워 넣었을 가능성이 높다.

오늘날의 표기법에 더 가까워짐에 따라서, 인도·아라비아 숫자들을 포함하는 것으로 알려진 분명히 가장 오래된 유럽 문헌은 967년에 에스파냐에서 쓰인 ≪코덱스 비질라누스(Codex Vigilanus)≫이다. 여기에 사용된 아홉 숫자는 다음과 같다.

1 2 3 4 5 6 7 8 9

(에스파냐, 976년)

흥미로운 점은 인도 수 기호들이 여러 문명 세계를 오랫동안 거치면서도 형태가 놀랍도록 변하지 않고 남았다는 사실이다. (6, 7, 9의 모양을 보라.)

처음에 이 새로운 숫자들의 확산에 대한 완강한 저항이 있었다. 1299년에 피렌체 시는 상인들이 아라비아 숫자를 부기에 사용하는 것을 금지하는 조례를 발령했는데, 상인들에게 로마 숫자를 사용하거나 수치적 형용사를 완전히 써내려가라고 명령했다. 이 법령은 아마도 특정한 숫자들은 형태가 매우 다양하고 현재 사용하는 것과 아주 달랐으며 이에 따라 모호하고 오해를 일으키며 노골적으로 사기를 칠 수 있었기 때문일 것이다. 0은 아무런 어려움 없이 6이나 9로 바꿀 수 있지만, 로마 숫자는 위조가 그렇게 쉽지 않다. 여기에 숫자 영(0)이 보통 사람들의 마음에 주었던 혼란과 불안감을 더하고(아무것도 아닌 것을 뜻하는 기호를 이해할 수 있을까?) 셈이 끝난 뒤에 버릴 수 있을 정도로 값싼 종이쪽지의 부족을 생각하면, 아라비아 숫자가 일반적으로 사용되는 데 긴 세월이 걸린 이유를 쉽게 알 수 있다.

몇 세기가 더 걸렸지만, 아라비아 숫자들은 결국 이겨냈다. 주판이나 산반으로 셈하고 그 결과를 로마 숫자로 기재하는 것은 너무 느린 과정이었다. 최종적으로 승리한 정확한 날짜는 정할 수 없다. 이탈리아 밖에서는 회계 장부를 1550년까지도 로마 숫자로 작성했고, 더욱 보수적인 수도원과 대학에서는 100년은 더 오래 이렇게 했다. 1450년에 인쇄된 책이 등장한 뒤에, 아라비아 숫자의 형태가 표준화됐다. 실제로, 인쇄술이 글꼴을 정착시키는 영향력이 대단히 커서 오늘날의 숫자는 본질적으로 15세기의 숫자가 같은 모습이다.

■ 피보나치의 ≪제곱의 책≫

피보나치는 또 다른 중요한 책인 ≪제곱의 책(Liber Quadratorum)≫을 편찬했다. ≪산반의 책≫에는 몇 안 되는 디오판토스 문제가 실려 있지만, ≪제곱의 책≫은 온전히 이차 디오판토스 방정식에 충당됐다. 피보나치는 헌정사에서 자신이 프리드리히 2세[2]의 궁정에 출두해서 프리드리히의 수행원 중 한 사람인 팔레르모의 존(John of Palermo, 1230년경)이 그 때 피보나치의 수학 솜씨를 시험하기 위해 몇 가지 문제를 제시했다는 이야기를 썼다. 한 문제에서는 어떤 수를 찾아야 했는데, 이 수의 제곱을 5만큼 크게 하거나 작게 한 결과가 또다시 제곱수이어야 한다. 이 문제는 팔레르모의 존이 창안한 것이 아니고 아랍 저자들이 고찰했던 것이라는 사실을 말해야 한다. 피보나치는 분명히 이에 친숙했을 것이다. 피보나치는 다음과 같이 정확한 답, 곧 $\frac{41}{12}$을 제시했다.

$$\left(\frac{41}{12}\right)^2 + 5 = \left(\frac{49}{12}\right)^2, \qquad \left(\frac{41}{12}\right)^2 - 5 = \left(\frac{31}{12}\right)^2$$

피보나치는 이 문제 및 이와 관련된 문제들을 고려해서 ≪제곱의 책(1225)≫을 쓰게 됐다.

이 뛰어난 책의 내용을 알아보기 위해서 이것의 전형적인 문제 하나를 생각하자, 미지수 x, u, v에 관한 다음 연립 방정식의 유비수 해를 찾아보자.

$$x^2 + x = u^2,$$
$$x^2 - x = v^2$$

해는 등차 수열을 이루는 세 개의 임의의 제곱수 a^2, b^2, c^2을 택하고 공차를 d로 놓고 얻을 수 있다. 그러면 다음이 성립한다.

2) [옮긴이] Friedrich II, 1194~1250, 시칠리아 왕(프리드리히 1세, 재위 1198~1250), 이탈리아 왕(1212~1260), 도이칠란트 왕(1212~1220), 신성 로마 제국 황제(1220~1250), 예루살렘 왕(1225~1228)

피사의 레오나르도(Leonardo of Pisa)
=피보나치(Fibonacci, 1175?~1250)

(By courtesy of Columbia University, David Eugene Smith Collection.)

$$a^2 = b^2 - d, \quad c^2 = b^2 + d$$

피보나치는 x에 값 b^2/d을 대입해서 이 문제에 대한 해를 제시했다. 다음이 성립하기 때문이다.

$$x^2 + x = \frac{b^4}{d^2} + \frac{b^2}{d} = \frac{b^2(b^2+d)}{d^2} = \frac{b^2c^2}{d^2} = \left(\frac{bc}{d}\right)^2,$$

$$x^2 - x = \frac{b^4}{d^2} - \frac{b^2}{d} = \frac{b^2(b^2-d)}{d^2} = \frac{b^2a^2}{d^2} = \left(\frac{ba}{d}\right)^2$$

가장 간단한 예는 $a^2 = 1$, $b^2 = 25$, $c^2 = 49$일 것이다. (여기서 공차는 24이다.) 그리고 이것이 바로 피보나치가 제시했던 것이다. 이것으로부터 다음과 같이 해 $x = \frac{25}{24}$를 얻는다.

$$x^2 + x = \left(\frac{35}{24}\right)^2, \quad x^2 - x = \left(\frac{5}{24}\right)^2$$

그러나 디오판토스 해석학에서 진짜 문제는 단 한 개가 아니라 모든 해를 찾는 것이라는 사실이 피보나치에게는 결코 떠오르지 않았던 것으로 보인다.

피보나치의 활동을 조사해 보면, 그를 그리스도교 서구에서 수학을 부활시킨 선구자로 봐야하는 이유를 알게 된다. 수학 내용에서 그의 책은 아랍 전임자들의 연구를 능가하지 못했다. 피보나치는 다른 사람의 연구 결과를 맹목적으로 모방하지 않고 고대의 지식을 새롭게 고려했으며 독자적으로 이를 발전시켰다. 그의 증명 중에서 많은 것은 독창적이었으며, 어떤 경우에는 그의 결과도 독창적이었다.

피보나치의 연구는 창의적인 천재성과 수학에 대한 그 이전 작가들의 심오한 지식의 결합을 보여준다. 피보나치의 능력을 보여주는 결정적인 예는 유클리드가 ≪원론≫ 제 10 권에서 제시한 무비수의 분류가 모든 무비수를 포함하지 않는다는 그의 관찰이었다. 이것은 ≪꽃(Flos)≫이라는 제목의 작은 연구서에 나타난다. 프리드리히 2세에게 보낸 ≪꽃≫은 1224년경 피사에서 그 황제의 면전에서 벌어진 수학 논쟁에 자극을 받아 썼다. 이것은 15개의 부정 방정식에 대한 분석인데, 팔레르모의 존이 제기한 세 문제 중에서 두 개가 포함되어 있다. 피보나치는 자신에게 제시된 둘째 도전 문제는 어떤 수의 세제곱과 그것의 제곱의 두 배 및 그것의 10배의 합이 20이 되는 값을 찾는 것이었다. 바꿔 말하면 이 문제는 다음 방정식을 푸는 것이다.

$$x^3 + 2x^2 + 10x = 20$$

그리스 시대이래 유럽에서 삼차 방정식이 처음으로 언급된 것이 공개적인 수학 시험이었다는 사실이 특히 흥미로운데, (곧 알아보겠지만) 일반적인 삼차 방정식의 해법은 또 다른 문제 풀이 시합과 관련해서 나타났기 때문이다.

위에서 언급한 특별한 삼차 방정식을 다음과 같은 꼴로 쓸 수 있다.

$$10\left(x + \frac{x^2}{5} + \frac{x^3}{10}\right) = 20$$

그러므로 이것의 임의의 해 x는 다음을 만족시켜야 한다.

$$x + \frac{x^2}{5} + \frac{x^3}{10} = 2$$

x가 유비수일 수 없음을 보이기 위해서 여기서 피보나치의 논법을 사용하는데, 이는 본질적으로 다음과 같았다. 반대로, x가 유비수라고 가정하자. 곧, $x = a/b$이고 $\gcd(a,\ b) = 1$이라 하자. 다음 식은 b^3이 (결국 b가) $10b^2 + 2ab + a^2$을 나누어떨어뜨리지 않으면 옹근수가 될 수 있다.

$$\frac{a}{b} + \frac{a^2}{5b^2} + \frac{a^3}{10b^3} = \frac{a(10b^2 + 2ab + a^2)}{10b^3}$$

그런데 이것은 b가 다음 차를 나누어떨어뜨림을 뜻한다.

$$(10b^2 + 2ab + a^2) - (10b^2 + 2ab) = a^2$$

이것은 b가 a를 나누어떨어뜨린다는 결론에 이른다. 이것은 $\gcd(a,\ b) = 1$이라는 조건에 모순된다. 그러므로 주어진 삼차 방정식의 유비수 근은 존재하지 않는다.

피보나치는 그 다음에 각각의 경우를 확인해서 이 방정식의 해가 다음과 같은 유클리드의 무비수 중 어느 하나로 표현할 수 없다는 사실을 증명했다.

$$a \pm \sqrt{b}, \qquad \sqrt{a} \pm \sqrt{b}, \qquad \sqrt{a \pm \sqrt{b}}, \qquad \sqrt{\sqrt{a} \pm \sqrt{b}}$$

여기서 a와 b는 유비수를 나타낸다. 그러므로 이런 수를 자와 컴퍼스만으로 작도할 수 없다. 이것은 그리스 사람들의 기하학적 대수학을 사용해서 작도할 수 있는 것보다 더 많은 것이 수 체계에 있다는 사실을 최초로 지적했다. 피보나치는 원하는 근의 정확한 어림값을 찾는 것으로 만족했다. 그는 이것을 다음과 같이 간단히 육십진법으로 제시했다.

$$x = 1;\ 22,\ 7,\ 42,\ 33,\ 4,\ 40$$

이 값을 십진법으로 나타내면 $1.3688081075\cdots$이다. 이것은 삼차 방정식의 유일한 실수근에 대한 아홉 자리까지 정확한 놀라운 어림값이었다. 그리고 이것은 그 뒤 300년 동안 유럽에서 존재했던 대수 방정식의 무비수 근에 대한 가장 정확한 어림값이었다. 그러나 이 결과를 얻은 방법은 알려지지 않았다. 피보나치는 정보원을 결코 밝히지 않았지만, 그가 이 해를 여행 중에 알았을 것이라는 가능성을 배제할 수 없다. 똑같은 문제가 페르시아의 뛰어난 시인이자 수학자인 오마르 캬얌의 대수학 책에 나타난다. 이 책에서 이 방정식은 원과 쌍곡선의 교점을 통해 기하학적으로 풀렸다.

피보나치는 그 이전의 아랍 수학자들과 같이 이차 방정식이 두 개의 값에 의해 만족될 수 있다는 사실을 알고 있었다. 그러나 그는 습관적으로 음수를 해에서 배제했다. 그렇지만 그는 ≪꽃≫에서 한 걸음 앞으로 나아갔는데, 그 책에서 그는 금융 문제에서 음수를 이익 대신에 손실을 나타내는 것으로 해석했다.

브라마굽타(600년경)와 바스카라(1150년경)는 분수를 나타낼 때, 분모 위에 분자를 위치시키는 방법을 사용했는데, 두 수를 분리하는 어떠한 선도 없었다. 아랍 사람들은 처음에 이런 인도 표기법을 그대로 따라 했지만, 나중에 두 수 사이에 수평 선분을 끼워 넣어 이를 개선했다. 피보나치는 ≪산반의 책≫에서 아랍의 관례를 따랐다. 그는 습관적으로 섞인 수(mixed number)는 깨진 부분을 옹근 부분 앞에 넣었고, 병렬로 배치해서 덧셈을 나타났다. 피보나치는 그가 '계단 분수(fractiones in gradibus)'라고 부른 일종의 오르는 연분수를 도입했다. 예를 들면, 그가 $\frac{7\ \ 1}{10\ 10}8$로 나타낸 수는 다음을 뜻했다.

$$8 + \frac{1}{10} + \frac{7}{10 \cdot 10}$$

같은 방식으로 식 $\frac{1\ \ 5\ \ 7}{2\ \ 6\ \ 10}$은 다음을 나타낸다.

$$\frac{7}{10} + \frac{5}{10 \cdot 6} + \frac{1}{10 \cdot 6 \cdot 2}$$

수를 오른쪽부터 왼쪽으로 나타내는 그의 버릇은 아랍 사람들의 영향이었다.

■ 조르다누스 데 네모레의 연구

피보나치와 같은 시대의 중요한 인물은 (재능은 떨어지지만) 조르다누스 데 네모레(Jordanus de Nemore 또는 Jordanus Nemorarius, 1225년경)였다. 그의 삶이나 심지어 그의 신원마저 정확한 사실은 거의 알려지지 않았다. 그의 이름은 1250년경에 편찬된 도서 목록인 ≪Biblionomia≫에 네 번 나타나므로, 그가 13세기 전반기에 책을 썼다고 가정하는 것이 온당하다. 조르다누스의 것이라고 하는 원고에는 종종 여백에 "툴루즈 학생들의 교육을 위해서는 충분한 말이다."라는 기록이 있다. 이에 따라 그는 1229년에 설립된 툴루즈 대학교에서 강의했을 가능성이 있다.

이런 추측 이외에 조르다누스는 그가 쓴 책만을 통해 알려지고 있다. 이런 여섯 권은 오로지 수학 연구서인데, 산술(수 이론), 대수학, 천문학을 다루고 있다. 특히 그의 ≪삼각법에 대해(De Triangulus)≫는 유클리드의 정리들에 대한 엄밀한 (종종 새로운) 증명을 제시함으로써 중세 기하학의 최고 수준을 나타낸다. 증명은 주로 아랍 문헌에서 끌어냈는데, 아랍 문헌은 그 자체로 그리스 수학 문헌에 근거했었다. 지적할 만한 내용으로 조르다누스가 각을 삼등분하는 고전적인 문제에 대해 제시한 세 가지 증명과 주어진 두 선분 사이의 연비례 중항을 찾는 두 가지 작도 방법 및 삼각형의 넓이에 대한 헤론의 공식의 증명이 있다. 헤론의 공식에서 삼각형의 넓이는 변들의 길이로 표현된다. (곧, s가 둘레의 반일 때, $A=\sqrt{s(s-a)(s-b)(s-c)}$ 이다.)

조르다누스의 연구 중에서 가장 크고 가장 독창적인 책은 ≪수 이론에 대해(De Numeris Datis)≫이다. 이것은 고급 대수학 교재인데, 알콰리즈미와 아부 카밀의 아랍 연구서들을 보완하고 있다. 115개의 문제가 네 권에 나누어져 있는데, 이차 방정식, 연립 방정식, 비례 방정식의 발달된 내용을 알려준다. 왜냐하면 대부분의 내용을 다른 곳에 나타나지 않기 때문이다. ≪수 이론에 대해≫는 완전히 수사적인데, 알파벳의 문자들을 사용해서 일반적인 수를 표현했다. 통상 구성 방식은 문제에 대한 형식적인 서술과 대개 일련의 지시로 나타나는 증명 및 특별한 수치적인 예로 이루어진다. 예에 나타나는 수들은 번거로운 로마 숫자로 쓰였다. 다음과 같은 제 4 권의 정리 6은 조르다누스의 접근 방법을 예시한다.

> 두 수의 비율과 그것들의 제곱의 합이 주어지면, 그 두 수 각각을 알 수 있다. [증명] x와 y의 비율이 주어졌다고 하자. d가 x의 제곱이고 c는 y의 제곱이라고 하자. 그리고 $d+c$가 주어졌다고 하자. 그러면 c에 대한 d의 비율은 x와 y의 비율의 제곱이다. 그러므로 앞의 비율을 알 수 있다. 이에 따라 d와 c를 알 수 있다.

이것은 현대적인 대수적 표기법으로 다음과 같이 나타낼 수 있다. $x/y=a$와 $x^2+y^2=b$

가 주어지고 $x^2 = d$이며 $y^2 = c$라면, $d/c = x^2/y^2 = a^2$이다. 그런데 $x^2 + y^2 = b$이므로 $((d/c)+1)y^2 = b$이고, 이에 따라 $y = \sqrt{b/(a^2+1)}$ 을 얻는다. 조르다누스는 이렇게 증명을 제시한 뒤에, $x/y = 2$이고 $x^2 + y^2 = 500$인 예를 제시했다. 그의 규칙에 따라 해 $y = \sqrt{500/(2^2+1)} = 10$과 이에 따라 $x = 20$을 얻었다.

또 다른 문제는 다음과 같다. 주어진 수의 두 부분의 제곱의 합을 그것들의 차에 더한 값이 알려지면, 그 두 부분을 알 수 있다. 현대적인 표기법으로 두 방정식은 $x + y = a$와 $x^2 + y^2 + x - y = b$이다. 여기서 조르다누스의 예는 $x + y = 10$과 $x^2 + y^2 + x - y = 62$이고, 해는 $x = 7$과 $y = 3$이다. 그 책의 유일한 삼차 방정식은 마지막 명제에 다음과 같이 나타난다. $a/x^2 = b$이고 $a^2/x = c$이면 $x^3 = c/b^2$이다.

알파벳의 문자들을 사용해서 기지의 양과 함께 미지의 양을 일관되게 나타낸 최초의 서구 수학자인 조르다누스는 대수적 기호의 진화를 앞당겼다. 그러나 이런 관행을 그 뒤의 대수학 저자들은 간과했고, 약 350년이 지난 뒤에야 프랑수아 비에타가 조르다누스의 문자 체계를 통해 얻을 수 있는 편리함을 깨달았다.

유럽 중세 시대의 수학에서 중심적인 두 인물인 피보나치와 조르다누스는 그 뒤 두 세기 동안 눈에 띄는 후임자를 갖지 못했다. 수학에 대한 연구가 이런 이른바 불모의 시기에도 완전히 폐기되지는 않았지만, 이 과목은 영속적인 중요성을 지닌 결과를 내지 못한 재능이 덜한 사람들의 손에 있었다. 이런 많은 사람에게 수학은 교회와 관련된 활동에 부과된 단순한 곁가지였다. 잉글랜드에는 토머스 브래드워딘(Thomas Bradwardine, 1290~1349)이 있었는데, 캔터베리 대주교(영국 국교회의 수장)가 됐는데, 겨우 한 달도 지나지 않아서 돌림병으로 쓰러졌다. 프랑스의 니콜 오렘(Nicole Oresme, 1323~1382)은 직업이 파리의 교수에서 브르타뉴의 주교가 됐다. 도이칠란트의 니콜라스 쿠사(Nicholas Cusa, 1401~1465)는 교황 니콜라스 5세(Nicholas V)에 의해 추기경으로 임명받았다. 이 시기에 수학은 실용적인 응용과 관계를 맺었으며, 이에 따라 강력한 상업 도시들은 인도·아라비아 숫자 및 이와 어울리는 새로운 산술을 더욱 많이 사용하도록 촉진했다. 반면에 피보나치와 조르다누스가 조장한 좀 더 발전된 대수학은 시들해졌다. 신학과 형이상학에 더욱 기운 당대의 서구 학자들은 수학을 배우는 데 필요한 노력을 기울이려고 하지 않았다. 곧 알아보듯이, 피보나치와 조르다누스의 발상은 르네상스라고 불릴 시기에 이탈리아 대수학자들이 부활시켰을 때 제2의 삶을 누렸다.

문제 6.2

※ 다음의 처음 세 문제는 피보나치의 ≪산반의 책≫에 나타난다.

1. 두 마리 새가 50피트 떨어져 있는 두 탑의 꼭대기로부터 날기 시작하는데, 한 탑의 높이는 30피트이고 다른 탑의 높이는 40피트이다. 두 새는 같은 시각에 출발해서 같은 속력으로 날아서 두 탑의 바닥 사이에 있는 분수대에 동시에 도달한다. 분수대는 각 탑으로부터 얼마큼씩 떨어져 있는가?

2. 한 상인이 루카에서 사업을 벌려 그의 돈을 두 배로 만든 다음에 은화 12데나리를 썼다. 그곳을 떠나 피렌체로 가서 다시 그의 돈을 두 배로 만든 다음에 12데나리를 썼다. 피사로 귀향한 그는 또다시 그의 돈을 두 배로 만든 다음에 12데나리를 썼는데, 아무것도 남지 않았다. 그는 처음에 얼마를 갖고 있었나?

3. 얼마씩의 은화를 갖고 있던 세 사람이 23데나리가 들어있는 지갑을 발견했다. 첫째 사람이 둘째 사람에게 "내가 이 지갑을 가지면, 나는 네가 가진 것의 두 배가 된다."라고 말했다. 둘째 사람은 셋째 사람에게 "내가 이 지갑을 가지면, 나는 네가 가진 것의 세 배가 된다."고 말했다. 셋째 사람은 둘째 사람에게 "내가 이 지갑을 가지면, 나는 네가 가진 것의 네 배를 가진다."고 말했다. 각 사람은 얼마씩 가지고 있었는가?

※ 다음 세 문제는 피보나치의 ≪제곱의 책≫에서 발췌했다.

4. 주어진 세 개의 잇따른 홀수의 제곱에 대해, 가장 큰 제곱수가 가운데 제곱수를 초과하는 양은 가운데 제곱수가 가장 작은 제곱수를 초과하는 양보다 8만큼 더 큼을 보여라.

5. x와 y를 자연수라고 가정하자.

(a) $4xy(x+y)(x-y)$ 꼴의 수 중에서 5로 나누어떨어지고 몫이 제곱수인 것을 찾아라.

(b) $x+y$가 짝수이면 곱 $xy(x+y)(x-y)$는 24로 나누어떨어지고, 제한이 없을 때 $4xy(x-y)(x+y)$는 24로 나누어떨어짐을 증명하라. [**귀띔**: 임의의 자연수를 $3k$, $3k+1$, $3k+2$ 꼴로 나타내어 $3 \mid xy(x+y)(x-y)$임을 보여라. 마찬가지로 임의의 자연수를 $8k$, $8k+1$, $\cdots$, $8k+7$ 꼴로 나타내어 $8 \mid xy(x-y)(x+y)$임을 보이자.]

6. (a) 제곱수 중에서 그것의 제곱근의 두 배를 그것에 더하거나 그것에서 빼면 또 다른 제곱수를 얻는 것을 찾아라. 바꿔 말하면, 다음과 같은 꼴의 문제를 유비수로 풀어라.

$$x^2+2x=u^2, \quad x^2-2x=v^2$$

(b) 첫째와 둘째 제곱수의 합 및 모든 세 제곱수의 합이 제곱수가 되는 세 개의 제곱수를 찾아라. 바꿔 말하면, 다음과 같은 꼴의 문제를 유비수로 풀어라.

$$x^2+y^2=u^2, \quad x^2+y^2+z^2=v^2$$

[**귀띔**: x와 y는 서로 소인 두 옹근 수로 x^2+y^2이 제곱수, 곧 $x^2+y^2=u^2$이라고 하자. 다음 등식을 생각하자.

$$u^2+\left(\frac{u^2-1}{2}\right)^2=\left(\frac{u^2+1}{2}\right)^2]$$

7. 피보나치는 잇따른 두 자연수의 합이 제곱수이면[곧, 어떤 u에 대해 $n+(n-1)=u^2$이면], 더 큰 자연수의 제곱은 영이 아닌 두 제곱수의 합과 같음을 증명했다. 이 결과를 밝히고 수치적 예를 몇 가지 제시하라.

8. 다음 대수적 등식이 ≪제곱의 책≫에 나타난다.

$$\begin{aligned}&(a^2+b^2)(c^2+d^2)\\&=(ac+bd)^2+(ad-bc)^2\\&=(ad+bc)^2+(ac-bd)^2\end{aligned}$$

이 등식을 밝히고, 이를 사용해서 자연수 $481=13\cdot37$을 두 가지 서로 다른 방법으로 두 제곱수의 합으로 나타내라.

9. (a) 주어진 두 유비수 a와 b에 대해, 다음을 만족시키는 두 유비수 x와 y를 찾아라.

$$a^2+b^2=x^2+y^2$$

[**귀띔**: 임의의 두 자연수 c와 d를 c^2+d^2이 제곱수가 되도록 택하자. 이제 $(a^2+b^2)(c^2+d^2)$을 두 제곱수의 합으로 나타내라.]

(b) $61=5^2+6^2$을 두 유비수의 제곱의 합으로 나타내어 (a)를 예시하라.

10. 팔레르모의 존이 피보나치에게 제시했던 시합 문제의 하나인 다음 문제를 풀어라. 세 사람이 한 더미의 돈을 가지고 있는데, 그들의 몫은 각각 전체의 $\frac{1}{2}$, $\frac{1}{3}$, $\frac{1}{6}$이다. 각자는 돈더미에 아무것도 남은 것이 없을 때까지 얼마씩을 가져간다. 가져갔던 돈 중에서 첫째 사람은 $\frac{1}{2}$, 둘째 사람은 $\frac{1}{3}$, 셋째 사람은 $\frac{1}{6}$을 되돌려 놓는다. 이렇게 되돌아온 돈을 이번에는 세 사람이 똑같이 나누면, 각자는 원래 할당된 몫을 갖게 된다. 원래의 돈더미에는 얼마의 돈이 있었으며 각자는 얼마씩을 할당받았는가?"

[**귀띔**: 원래의 돈 전체를 t라 하고, 돈더미에 남아있던 돈을 똑같이 나누었을 때 각자가 받은 돈을 u라고 하자. 그리고 각자가 가져갔던 돈을 x, y, z라고 하자. 그러면 다음이 성립한다.

$$u=\frac{1}{3}\left(\frac{x}{2}+\frac{y}{3}+\frac{z}{6}\right),$$

$$\frac{x}{2}+u=\frac{t}{2},$$

$$\frac{2y}{3}+u=\frac{t}{3},$$

$$\frac{5z}{6}+u=\frac{t}{6}$$

이를 풀면 $47u=7t$를 얻는다.]

11. 프랑스의 유명한 학자인 젤베르 도리아크(Gerbert d'Aurillac, 940~1003)는 나중에 교황 실베스테르 2세(Silvester II)로 선출됐는데, 당시에 몹시 어렵다고 생각했던 다음 문제를 풀었다. 빗변 a와 넓이 b^2이 주어질 때, 직각 삼각형의 변들의 길이를 결정하라. 카이로 파피루스(95쪽을 보라)에서 사용한 기법을 이용해서 젤베르의 답 $\frac{1}{2}(\sqrt{a^2+4b^2}\pm\sqrt{a^2-4b^2})$을 얻어라.

12. 젤베르는 그의 ≪기하학≫에서 한 변의 길이가 s인 정삼각형의 넓이를 $3s^2/7$으로 결정했다. $\sqrt{3}$의 값을 $\frac{12}{7}$로 택해서, 그가 이런 결과에 도달했음을 보여라.

13. 조르다누스가 그의 ≪삼각법에 대해≫에서 설명한 작도를 이용하면, 각을 삼등분할 수 있다. $\angle POQ$를 주어진 각이라고

하자. 이것의 꼭짓점을 중심으로 하고 반지름이 임의의 r인 원을 그려서 PO와 A에서 만나고 QO와 B에서 만난다고 하자. O를 지나고 OB에 수직인 반지름 OC를 그리자, 그리고 현 AD를 그리는데, OC와 점 E에서 만나고 $DE=r$이 성립하도록 한다. 마지막으로 점 O를 지나고 DA와 평행인 직선 OF를 그린다.

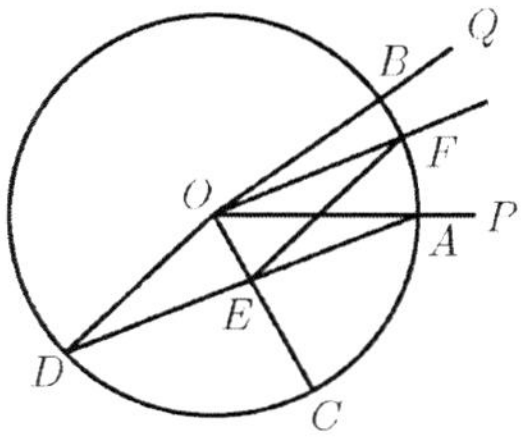

$\angle FOB$가 $\angle POQ$의 $\frac{1}{3}$임을 보이기 위해서, 다음의 명제들이 참임을 밝히자.

(a) $OFED$는 평행 사변형이고, 이에 따라 OFE는 이등변 삼각형이다.

(b) $\angle OAD = \angle ODA = \angle OFE = \angle FOA = \alpha$

(c) 삼각형 OFE의 세 내각의 합은 다음과 같다.

$$2(90° - \angle AOB + \alpha) + \alpha = 180°,$$

곧 $\alpha = (2/3)\angle AOB$이다.

※ 문제 14~17은 조르다누스의 ≪수 이론에 대해≫에서 찾았다.

14. 제 1 권 문제 28. 다음 연립 방정식을 풀어라.

$$x+y=a, \quad \frac{c}{x}+\frac{c}{y}=b$$

예를 들어 10의 두 부분 각각으로 40을 나누어 더한 합이 25이면, 각 부분은 무엇인가? [**귀띔**: $xy=(ca)/b$임을 확인하자.]

15. 제 1 권 문제 15. 다음을 만족시키는 x와 y를 얻어라.

$$x+y=a, \quad x^2+y^2+x-y=b$$

예를 들어 10의 부분들의 제곱의 합은 그 부분들의 차만큼 키운 값이 62와 같으면, 각 부분은 무엇인가? [**귀띔**: 먼저 $(x-y)^2+2(x-y)=2b-a^2$임을 보여라.]

16. 제 2 권 문제 22. 다음 연립 방정식의 해를 찾아라.

$$x+y=a, \quad \frac{x+c}{y}=b$$

예를 들어, 12를 두 부분으로 나누는데 첫째 부분을 2만큼 키우면 둘째 부분의 $\frac{3}{4}$이면, 각 부분은 얼마인가?

17. 제 2 권 문제 16. x와 y에 관한 다음 연립 방정식을 풀어라.

$$\frac{a}{x}=\frac{y}{b}, \quad \frac{x}{y}=c$$

예를 들어, 주어진 비례식의 첫째와 넷째 항은 18과 2이고 둘째와 셋째 항의 비율이 4와 같으면, 둘째와 셋째 항은 무엇인가?

6.3 피보나치 수열

■ ≪산반의 책≫의 토끼 문제

오늘날 피보나치가 주로 기억되는 것은 역설적이게도 프랑스의 19세기 수 이론학자 에두

아르 뤼카(Edouard Lucas, 1842~1891)가 어떤 수열에 그의 이름을 붙였기 때문이다. 그 수열은 ≪산반의 책≫에 있는 어떤 하찮은 문제에서 나타났다. 피보나치는 한 쌍의 토끼로부터 태어난 새끼들의 마리수를 다루는 다음과 같은 문제를 제기했다.

> 한 사람이 벽으로 완전히 둘러싸인 어떤 장소에 한 쌍의 토끼를 넣었다. 한 쌍의 토끼는 매달 새로운 한 쌍 새끼를 낳고 이런 새로운 한 쌍의 토끼로는 둘째 달부터 이와 같은 방식으로 새끼를 낳는다면, 처음 한 쌍의 토끼로부터 1년 동안 몇 쌍의 토끼가 되는가?

어떠한 토끼도 죽지 않고, 첫째 달에 한 쌍이 태어난다고 가정하면, 첫째 달에 두 쌍의 토끼가 있게 된다. 둘째 달에 원래의 쌍은 또 다른 한 쌍을 낳는다. 한 달 뒤에 원래의 쌍과 처음 태어난 쌍이 새로운 쌍들을 낳으므로, 두 쌍의 다 자란 토끼와 어린 세 쌍이 있게 된다. 이와 같이 계속되므로, 이 수치를 표로 나타내면 다음과 같다.

토끼 집단의 성장

달	다 자라 쌍	어린 쌍	전체
1	1	1	2
2	2	1	3
3	3	2	5
4	5	3	8
5	8	5	13
6	13	8	21
7	21	13	34
8	34	21	55
9	55	34	89
10	89	55	144
11	144	89	233
12	233	144	377

기억할 점은 각 달에 어린 쌍은 자라서 다 자란 쌍이 되어서 새로운 '다 자란 쌍'은 이전의 다 자란 쌍에 이전에 '어린 쌍'을 더한 값이 된다는 사실이다. 지난 달에 다 자란 각 쌍은 어린 쌍을 낳으므로, 새로운 어린 쌍은 이전의 다 자란 쌍과 같다.

끝없이 계속해서 얻은 다음 수열을 피보나치 수열이라고 한다.

$$1,\ 1,\ 2,\ 3,\ 5,\ 8,\ 13,\ 21,\ 34,\ 55,\ 89,\ 144,\ 233,\ 377,\ \cdots$$

그리고 각 항을 피보나치 수라고 한다. F_n을 n째 피보나치 수라고 하면, 이 놀라운 수열을 다음과 같이 쓸 수 있다.

$$2 = 1 + 1 \quad \text{또는} \quad F_3 = F_1 + F_2,$$
$$3 = 1 + 2 \quad \text{또는} \quad F_4 = F_2 + F_3,$$

$$5 = 2 + 3 \quad 또는 \quad F_5 = F_3 + F_4,$$
$$8 = 3 + 5 \quad 또는 \quad F_6 = F_4 + F_5,$$
$$\vdots \qquad\qquad \vdots$$

일반적으로, 이 정보로부터 다음과 같은 규칙을 쉽게 알아낼 수 있다.

$$F_1 = F_2 = 1, \quad F_n = F_{n-2} + F_{n-1} \quad (n \geq 3)$$

곧, 이 수열에서 (셋째 항부터) 각 항은 직전 두 항의 합이다. 이와 같이 어떤 항 이후의 각 항을 직전 항들의 일차 결합으로 표현할 수 있는 수열을 '되풀이 수열(recursuve sequence)'이라고 한다. 피보나치 수열은 수학 연구에 나타난 최초의 되풀이 수열 중 하나이다. 피보나치 자신이 이 수열의 되풀이되는 속성을 알고 있었겠지만, 수학적 표기법이 충분히 발달된 뒤인 1634년에야 알베르 지라르(Albert Girard, 1593~1632)는 그가 죽은 뒤에 출판된 책 ≪브뤼즈 시몬 스테빈의 산술에 대해(L'Arithmetique de Simon Stevin de Bruges)≫에서 이 공식을 썼다.

피보나치 수열에서 인접한 두 항이 서로 소라는 사실은 눈치 챘을 것이다. 아래에서 이 사실을 밝히겠다.

정리

두 개의 인접한 피보나치 수 F_n과 F_{n+1}의 공약수 d는 1보다 크지 않다.

증명 $d > 1$가 F_n과 F_{n+1}을 나누어떨어뜨린다고 가정하자. 그러면 이것들의 차 $F_{n+1} - F_n = F_{n-1}$도 d로 나누어떨어진다. 이 사실과 공식 $F_n - F_{n-1} = F_{n-2}$으로부터 $d \mid F_{n-2}$라고 결론을 내릴 수 있다. 이렇게 거꾸로 나아가면, F_{n-3}, F_{n-4}, …와 최종적으로 F_1이 모두 d로 나누어떨어진다는 사실을 보일 수 있다. 그런데 $F_1 = 1$이므로, 이것은 분명히 임의의 $d > 1$로는 나누어떨어지지 않는다. 이 모순은 우리의 가정이 잘못되었음을 보여주므로, 이에 따라 위의 정리가 증명된다. ■

$F_3 = 2$, $F_5 = 5$, $F_7 = 13$, $F_{11} = 89$는 모두 씨수[소수]이므로, 씨수 $n > 2$에 대해 F_n이 씨수라고 추측할 수 있을 것이다. 이 추측은 초기 단계에서 성립하지 않는데, 약간의 셈으로 다음을 보일 수 있다.

$$F_{19} = 4181 = 37 \cdot 113$$

어느 F_n이 씨수인지를 예측하는 장치가 알려지지 않았을 뿐만 아니라, 씨수인 피보나치

수가 무수히 많은지도 알려지지 않았다.

긍정적인 면에서, 임의의 씨수 p에 대해 p로 나누어떨어지는 피보나치 수들이 무수히 많이 존재하고 피보나치 수열에서 서로 같은 거리만큼씩 떨어져 있음을 증명할 수 있다. 예를 들면, 피보나치 수열에서 3은 항의 번호가 4의 배수인 항, 5는 항의 번호가 5의 배수인 항, 7은 항의 번호가 8의 배수인 항을 나누어떨어뜨린다.

앞에서 알아본 대로, 유클리드 알고리즘에 의해 두 자연수의 최대 공약수는 유한 번의 나눗셈으로 찾을 수 있다. 자연수들을 적절히 선택하면, 필요한 나눗셈의 수를 임의로 크게 할 수 있다. 정확한 결과는 다음과 같다. $n > 0$에 대해, 적당한 두 자연수 a와 b가 존재해서 유클리드 알고리즘으로 $\gcd(a, b)$를 셈하는 데 정확하게 n번의 나눗셈이 필요하다.

위의 주장을 밝히기 위해서, $a = F_{n+2}$와 $b = F_{n+1}$로 택하자. $\gcd(F_{n+2}, F_{n+1})$을 얻기 위한 유클리드 알고리즘은 다음과 같은 일련의 방정식을 유도한다.

$$\begin{aligned} F_{n+2} &= 1 \cdot F_{n+1} + F_n, \\ F_{n+1} &= 1 \cdot F_n + F_{n-1}, \\ &\vdots \\ F_4 &= 1 \cdot F_3 + F_2, \\ F_3 &= 2 \cdot F_2 + 0 \end{aligned}$$

분명히, 필요한 나눗셈의 수는 n이다. 예를 들어 유클리드 알고리즘으로 두 수 $F_8 = 21$과 $F_7 = 13$의 최대 공약수를 찾으려면, 다음과 같이 여섯 번의 나눗셈이 필요하다.

$$\begin{aligned} 21 &= 1 \cdot 13 + 8, \\ 13 &= 1 \cdot 8 + 5, \\ 8 &= 1 \cdot 5 + 3, \\ 5 &= 1 \cdot 3 + 2, \\ 3 &= 1 \cdot 2 + 1, \\ 2 &= 2 \cdot 1 + 0 \end{aligned}$$

의심할 바 없이, F_{n+2}와 F_{n+1}에 대한 유클리드 알고리즘에 나타나는 영이 아닌 마지막 나머지는 $\gcd(F_{n+2}, F_{n+1})$의 값을 제공한다는 사실을 알고 있을 것이다. 그러므로 다음을 얻는다.

$$\gcd(F_{n+2}, F_{n+1}) = 1$$

이것은 인접한 피보나치 수들이 서로 소라는 사실을 다시 보여준다.

■ 피보나치 수들의 몇 가지 성질

피보나치 수들은 쉽게 유도할 수 있는 많은 성질을 만족시킨다. 아주 단순한 성질의 하나로, 에두아르 뤼카가 발견한 처음 n개의 피보나치 수의 합은 $F_{n+2}-1$과 같다는 성질이 있다. 예를 들면, 처음 여덟 개의 피보나치 수를 서로 더하면 다음을 얻는다.

$$1+1+2+3+5+8+13+21=54=55-1$$

여기서 $55=F_{10}$이다.

일반적인 상황의 전형적인 결과인 이것은 다음과 같은 관계로부터 얻는다.

$$\begin{aligned} F_1 &= F_3 - F_2, \\ F_2 &= F_4 - F_3, \\ F_3 &= F_5 - F_4, \\ &\vdots \\ F_{n-1} &= F_{n+1} - F_n, \\ F_n &= F_{n+2} - F_{n+1} \end{aligned}$$

이런 방정식들을 변끼리 더하면, 좌변에서 처음 n개의 피보나치 수의 합을 얻고 우변에서는 한 쌍씩 없어져서 $F_{n+2}-F_2$만 남는다. 결론적으로 다음을 얻는다.

$$F_1+F_2+F_3+\cdots+F_n=F_{n+2}-F_2=F_{n+2}-1$$

또 다른 흥미로운 피보나치 성질은 다음과 같은 등식이다.

$$F_n^2=F_{n-1}F_{n+1}+(-1)^{n-1} \quad (n\geq 2) \tag{1}$$

마지막 항은 마지막 1의 앞에 붙은 부호가 교대로 바뀜을 뜻한다. 이것은 이를테면 $n=6$과 $n=7$을 택해서 예시할 수 있다.

$$\begin{aligned} F_6^2 &= 8^2 = 5\cdot 13-1=F_5F_7-1, \\ F_7^2 &= 13^2 = 8\cdot 21+1=F_6F_8+1 \end{aligned}$$

등식 (1)을 밝히기 위해서, 다음 방정식에서 출발하자.

$$\begin{aligned} F_n^2-F_{n-1}F_{n+1} &= F_n(F_{n-1}+F_{n-2})-F_{n-1}F_{n+1} \\ &= (F_n-F_{n+1})F_{n-1}+F_nF_{n-2} \end{aligned}$$

피보나치 수열을 형성하는 규칙에 따라 $F_{n+1}=F_n+F_{n-1}$이므로, 괄호 안의 식을 $-F_{n-1}$로 바꾸면 다음을 얻는다.

$$F_n^2-F_{n-1}F_{n+1}=(-1)(F_{n-1}^2-F_nF_{n-2})$$

이 등식의 우변은 처음의 부호를 제외하면 아래 첨자를 1씩 줄이면 좌변과 똑같다. 완전히 똑같은 논법으로 $F_{n-1}^2 - F_nF_{n-2}$가 $(-1)(F_{n-2}^2 - F_{n-1}F_{n-3})$과 같음을 보일 수 있다. 그러므로 다음을 얻는다.

$$F_n^2 - F_{n-1}F_{n+1} = (-1)^2(F_{n-2}^2 - F_{n-1}F_{n-3})$$

이런 $n-2$단계 뒤에, 결국 다음 결과에 도달한다.

$$\begin{aligned} F_n^2 - F_{n-1}F_{n+1} &= (-1)^{n-2}(F_2^2 - F_3F_1) \\ &= (-1)^{n-2}(1^2 - 2 \cdot 1) \\ &= (-1)^{n-2}(-1) \\ &= (-1)^{n-1} \end{aligned}$$

이것은 우리가 증명하려고 했던 결과이다.

k가 자연수일 때, $n=2k$에 대해 관계식 (1)은 다음과 같이 된다.'

$$F_{2k}^2 = F_{2k-1}F_{2k+1} - 1 \tag{2}$$

이 등식은 8×8 정사각형을 조각으로 나눈 다음에 5×13 직사각형을 형성하도록 다시 짜맞출 수 있다는 잘 알려진 기하학적 속임수의 근거가 된다. 이를 성취하기 위해서, 아래 왼쪽 그림에 나타낸 대로 정사각형을 네 조각으로 나눈 다음에 이것들을 오른쪽에 나타낸 대로 다시 배열한다.

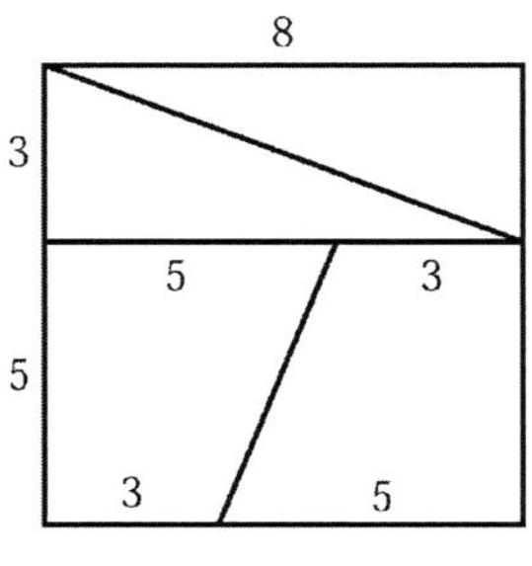

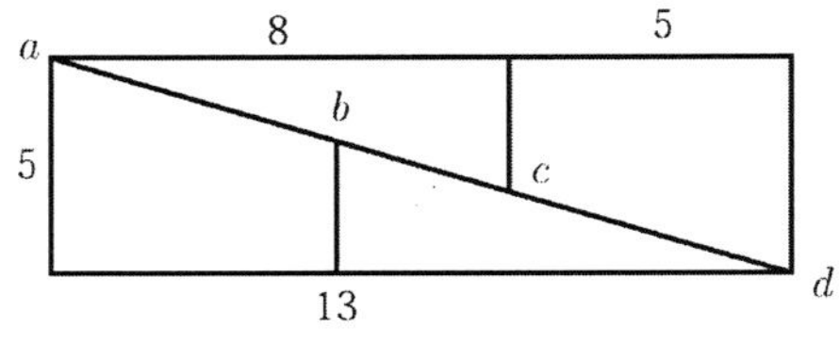

정사각형의 넓이는 $8^2 = 64$이다. 반면에 부분을 이루는 조각들이 똑같은 것으로 보이는 직사각형의 넓이는 $5 \cdot 13 = 65$인데, 이에 따라 넓이가 1제곱 단위만큼 커진 것으로 보인다. 이 수수께끼는 쉽게 설명할 수 있다. 네 점 a, b, c, d는 직사각형의 맞모금에 모두 있지 않고, 대신에 평행 사변형의 꼭짓점을 이루는데, 이것의 넓이가 바로 커진 1제곱 단위이다.

이런 구성을 변의 길이가 피보나치 수 F_{2k}와 같은 임의의 정사각형을 이용해서 얻을 수 있다. 정사각형을 아래 그림과 같이 분할한 다음에, 이 조각들을 다시 결합시켜 직사각형을 형성할 수 있는데, 그 안에 얇은 평행 사변형 모양의 가느다란 홈이 있다. (아래 그림은 이것을 과장한 것이다.)

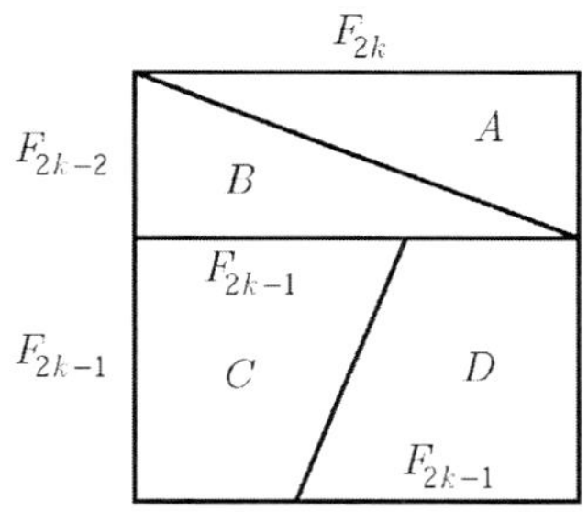

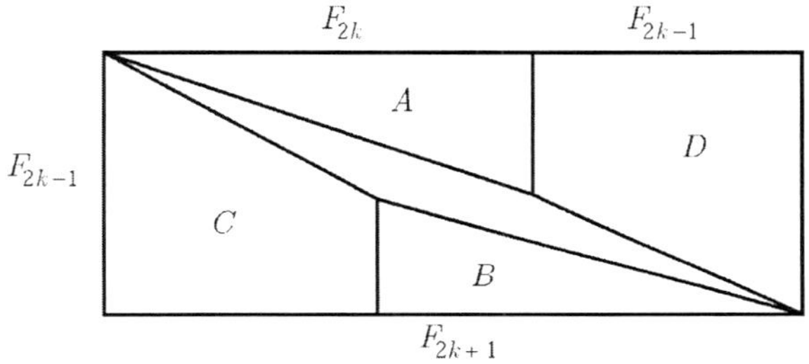

등식 $F_{2k-1}F_{2k+1} - 1 = F_{2k}^2$ 을 직사각형의 넓이에서 평행 사변형의 넓이를 빼면 정확하게 원래의 정사각형의 넓이와 같다는 주장으로 해석할 수 있다. 평행 사변형의 높이, 곧 가느다란 홈의 가장 넓은 지점에서의 너비가 다음과 같음을 보일 수 있다.

$$\frac{1}{\sqrt{F_{2k}^2 + F_{2k-1}^2}}$$

F_{2k}가 충분히 크면(이를테면 $F_{2k} = 144$이면 이에 따라 $F_{2k-2} = 55$이면), 홈은 매우 가늘기 때문에 맨눈으로는 거의 식별할 수 없다.

여기는 피보나치 수들과 그리스 사람들이 부른 '황금 비율(golden ratio)' 사이의 놀라운 관계를 조사하는 편리한 자리이다. 인접한 피보나치 수들의 비율로 다음과 같이 수열을 형성하자.

$$u_n = \frac{F_{n+1}}{F_n} \quad (n \geq 1)$$

처음 몇 개의 항은 다음과 같다.

$$u_1 = \frac{1}{1} = 1, \qquad u_5 = \frac{8}{5} = 1.60,$$

$$u_2 = \frac{2}{1} = 2, \qquad u_6 = \frac{13}{8} = 1.625,$$

$$u_3 = \frac{3}{2} = 1.5, \qquad u_7 = \frac{21}{13} = 1.615,$$

$$u_4 = \frac{5}{3} = 1.66\cdots, \quad u_8 = \frac{34}{21} = 1.619\cdots$$

첨자가 커짐에 따라, 이 수열은 1.61과 1.62 사이의 어떤 수에 가까워지는 것으로 보인다. 극한 값이 실제로 존재한다고 가정하자. 이를 α라 하자. 임의의 $n \geq 1$에 대해 다음이 성립한다.

$$\frac{F_{n+1}}{F_n} = \frac{F_n + F_{n-1}}{F_n} = 1 + \frac{F_{n-1}}{F_n}$$

u_n의 정의에 따라 다음과 같이 나타낼 수 있다.

$$u_n = 1 + \frac{1}{u_{n-1}}$$

n이 커짐에 따라, 위의 등식에서 좌변과 우변은 각각 α와 $1/\alpha$에 점점 더 가까워진다. 이에 따라 전체적으로 이 방정식은 다음에 가까워진다.

$$\alpha = 1 + \frac{1}{\alpha}, \quad 곧 \quad \alpha^2 - \alpha - 1 = 0$$

이 이차 방정식의 유일한 양수 근은 다음과 같이 이른바 황금 비율이다.

$$\alpha = \frac{1}{2}(1 + \sqrt{5}) = 1.618033989\cdots$$

그러므로 인접한 피보나치 수들의 비율들의 수열은 황금 비율에 대한 어림값을 제공하는데, 더 멀리 나아감에 따라 어림값은 더욱더 정확해진다.

문제 6.3

1. 각 자연수는 피보나치 수들의 합으로 나타낼 수 있음을 밝힐 수 있다, 이때 각 피보나치 수는 많아야 한 번 택한다. 예를 들면 다음과 같다.

$$5 = F_3 + F_4,$$
$$6 = F_1 + F_3 + F_4,$$
$$7 = F_1 + F_2 + F_3 + F_4,$$

네 자연수 50, 75, 100, 125를 이런 식으로 나타내라.

2. (a) 첨자가 홀수인 처음 n개의 피보나치 수의 합은 다음 공식으로 주어짐을 보여라.

$$F_1+F_3+F_5+\cdots+F_{2n-1}=F_{2n}$$

[**귀띔**: 등식 $F_1=F_2$, $F_3=F_4-F_2$, $F_5=F_6-F_4$, …을 더하자.]

(b) 첨자가 짝수인 처음 n개의 피보나치 수의 합은 다음 공식으로 주어짐을 보여라.

$$F_2+F_4+F_6+\cdots+F_{2n}=F_{2n+1}-1$$

[**귀띔**: (a)와 다음 등식을 사용하자.

$$F_1+F_2+F_3+\cdots+F_{2n}=F_{2n+2}-1]$$

(c) 피보나치 수들의 교대 합에 대한 다음 공식을 얻어라.

$$F_1-F_2+F_3-F_4+\cdots+(-1)^{n+1}F_n =(-1)^{n+1}F_{n-1}+1$$

3. 2도 5도 아닌 임의의 씨수 p에 대해 F_{p-1} 또는 F_{p+1}이 p로 나누어떨어진다는 사실이 알려져 있다. 이 사실은 네 씨수 7, 11, 13, 17인 경우에 대해 확인하라.

4. 공식 $F_{n+1}F_{n-1}-F_n^2=(-1)^n$으로부터 인접한 피보나치 수들이 서로 소라는 결론을 얻어라.

5. 두 피보나치 수의 최대 공약수는 또다시 피보나치 수라는 사실을 증명할 수 있다. 특히, 다음이 성립한다.

$$\gcd(F_n,\ F_m)=F_d \quad [\text{단, } d=\gcd(n,\ m)]$$

이 등식을 $\gcd(F_9,\ F_{12})$와 $\gcd(F_{15},\ F_{20})$인 경우에 성립함을 밝혀라.

6. 문제 5를 사용해서 $n>2$에 대해 $F_n \mid F_m$이기 위한 필요 충분 조건은 $n \mid m$인 경우임을 증명하라.

7. 다음 주장을 밝혀라.

(a) $2 \mid F_n$(곧, F_n이 짝수)이기 위한 필요 충분 조건은 $3 \mid n$이다.

(b) $3 \mid F_n$이기 위한 필요 충분 조건은 $4 \mid n$이다.

(c) $4 \mid F_n$이기 위한 필요 충분 조건은 $6 \mid n$이다.

(d) $5 \mid F_n$이기 위한 필요 충분 조건은 $5 \mid n$이다.

[**귀띔**: 이 모든 주장은 앞의 문제를 필요로 한다.]

8. 처음 n개의 피보나치 수의 제곱의 합은 다음 공식으로 주어짐을 보여라.

$$F_1^2+F_2^2+F_3^2+\cdots+F_n^2=F_nF_{n+1}$$

[**귀띔**: $F_n^2=F_n(F_{n+1}-F_{n-1})=F_nF_{n+1}-F_nF_{n-1}$임에 주목하자.]

6.4 피보나치와 피타고라스 문제

■ 피타고라스 수 삼조

제 3.3 절에서 세 변의 길이가 자연수인 모든 직각 삼각형을 찾는 고대의 문제인 이른바 피타고라스 문제를 언급했다. 수 이론적인 관점에서, 이 문제는 방정식 $x^2+y^2=z^2$을 만족시키는 자연수의 순서조 $(x,\ y,\ z)$ 전체를 알려주는 공식을 결정하는 것과 같다. 세 자연수

x, y, z의 순서조를 피타고라스 삼조라고 한다. (기하학적 말로 표현된) 유클리드의 ≪원론≫과 디오판토스의 ≪산수론≫은 모두 원하는 만큼 많은 피타고라스 삼조를 만들 수 있는 규칙을 알려준다. 임의의 자연수의 쌍 s와 t를 선택하고, 다음과 같이 놓자.

$$x = 2st, \quad y = s^2 - t^2, \quad z = s^2 + t^2$$

모든 피타고라스 삼조가 이런 공식으로 얻을 수 있다는 사실을 보이는 것은 그 뒤의 아랍 수학자들에게 남겨졌는데, 이 결과를 여행 경험이 풍부한 피보나치는 입수할 수 있었다.

피보나치의 논법을 알아보기 전에, 몇 가지 사실을 관찰하자. 먼저, (x, y, z)가 피타고라스 삼조이고 k가 임의의 자연수이면, 각 항에 k를 곱해서 얻은 (kx, ky, kz)도 피타고라스 삼조이다. 왜냐하면 관계 $x^2 + y^2 = z^2$이 성립하면 $k^2x^2 + k^2y^2 = k^2z^2$ 또는 똑같이 $(kx)^2 + (ky)^2 = (kz)^2$이 성립하기 때문이다. 그러므로 삼조 $(3, 4, 5)$로부터 삼조 $(6, 8, 10)$, $(9, 12, 15)$, $(12, 16, 20)$을 포함해서 무수히 많은 삼조를 얻을 수 있다. 그런데 이런 것은 삼조 $(3, 4, 5)$와 본질적으로 다르지 않다. 그러므로 기본적인 피타고라스 삼조, 곧 적절한 자연수를 다른 삼조에 곱해서 얻을 수 없는 피타고라스 삼조가 더 흥미롭다. 이를 원시 피타고라스 삼조라고 한다.

정의

(x, y, z)가 피타고라스 삼조이고 세 수 x, y, z의 공약수 d가 1보다 크지 않을 때, 이를 원시 피타고라스 삼조라고 한다.

삼조 $(3, 4, 5)$, $(5, 12, 13)$, $(8, 15, 17)$은 원시 피타고라스 삼조의 예이고, $(10, 24, 26)$은 원시 피타고라스 삼조가 아니다.

원시 피타고라스 삼조 (x, y, z)의 정의에 따라서, 세 수 모두의 (1이 아닌) 공약수는 없다. 실제로, 훨씬 더 많은 사실이 있다. 세 자연수 x, y, z 중에서 어느 두 수의 공약수도 1보다 크지 않다. 약간 다르게 표현하면, 세 자연수 x, y, z는 쌍마다 서로 소이다. 이를 알아보기 위해서 $\gcd(x, y) = d > 1$이라고 하자. 산술의 기본 정리에 의해, 적당한 소수 p가 존재해서 $p \mid d$이다. $d \mid x$이고 $d \mid y$이므로, $p \mid x$이고 $p \mid y$이며, 이에 따라 $p \mid x^2$이고 $p \mid y^2$이다. 그러면 $p \mid (x^2 + y^2)$, 곧 $p \mid z^2$이다. 유클리드의 보조 정리에 따라 $p \mid z$를 얻는다. 이 모든 것은 p가 세 자연수 x, y, z의 공약수임을 뜻하는데, 이는 (x, y, z)가 원시 피타고라스 삼조라는 사실과 모순이다. 이런 모순은 $d > 1$이라는 가정 때문에 나타났으므로, $d = 1$이라고 결론을 내려야 한다. 마찬가지로, $\gcd(y, z) = 1$이고 $\gcd(x, z) = 1$임을 밝힐 수 있다.

다음은 원시 피타고라스 삼조의 또 다른 성질이다.

보조 정리

$(x,\ y,\ z)$가 원시 피타고라스 삼조이면, 두 자연수 x와 y 중에서 하나는 짝수이고 다른 하나는 홀수이다.

증명 마지막 단락의 결과에 의해 x와 y가 모두 짝수일 수 없다. 그러므로 이 두 수가 모두 홀수일 수 없음을 보이면 충분하다. 잘 알고 있듯이, 홀수는 옹근 수 n에 대해 $2n+1$ 꼴로 나타낼 수 있다. 그러므로 x와 y가 홀수이면, 적당한 h와 k가 존재해서 다음과 같이 넣을 수 있다.

$$x = 2h+1, \quad y = 2k+1$$

그러면 다음을 얻는다.

$$\begin{aligned} z^2 = x^2 + y^2 &= (2h+1)^2 + (2k+1)^2 \\ &= 4h^2 + 4h + 1 + 4k^2 + 4k + 1 \\ &= 4(h^2 + h + k^2 + k) + 2 = 4m + 2 \end{aligned}$$

z^2이 $4m+2 = 2(2m+1)$ 꼴이므로, 이는 짝수이다. 이에 따라 z는 짝수이다. (z는 홀수일 수 없는데, 홀수의 제곱은 홀수이기 때문이다.) 그러나 임의의 짝수의 제곱은 4로 나누어떨어지는데, $4m+2$는 4로 나누어떨어지지 않는다. 이런 상황은 불가능하므로, x와 y는 모두 홀수일 수 없다.

이 보조 정리에 따라서, 모든 값이 씨수인 원시 피타고라스 삼조 $(x,\ y,\ z)$는 존재하지 않는다. (스스로 증명해 보자.) x와 y 중에서 하나와 z가 씨수인 원시 피타고라스 삼조는 존재하는데, 예를 들면 (3, 4, 5), (11, 60, 61), (19, 180, 181)은 그런 삼조이다. 이런 삼조가 무수히 많이 존재하는지는 알려지지 않고 있다.

원시 피타고라스 삼조 $(x,\ y,\ z)$에서 x와 y 중에서 정확하게 하나는 짝수이다. 앞으로 이런 삼조를 x는 짝수이고 y는 홀수로 나타내겠다. 이에 따라 z는 홀수이어야 한다. (그렇지 않으면, $\gcd(x,\ z) \geq 2$이다.)

일상적인 셈에 방해를 받지 않기 위해서, 모든 원시 피타고라스 삼조를 직접적인 방식으로 설명할 수 있다.

정리

$(x,\ y,\ z)$가 원시 피타고라스 삼조이기 위한 필요 충분 조건은 다음을 만족시키는 서로 소인 두 자연수 $s > t$가 존재하는 것이다.

$$x = 2st, \quad y = s^2 - t^2, \quad z = s^2 + t^2$$

여기서 s와 t 중에서 하나는 짝수이다 다른 하나는 홀수이다.

증명 출발을 위해 $(x,\ y,\ z)$를 원시 피타고라스 삼조라고 하자. x는 짝수이고 y와 z는 홀수라는 데 동의했고, 이에 따라 $z+y$와 $z-y$는 짝수이다. $z+y=2u$이고 $z-y=2v$라고 하자. 이제 $x^2+y^2=z^2$을 다음과 같이 다시 쓸 수 있다.

$$x^2 = z^2 - y^2 = (z+y)(z-y)$$

그러므로 4로 나누면 다음을 얻는다.

$$\left(\frac{x}{2}\right)^2 = \left(\frac{z+y}{2}\right)\left(\frac{z-y}{2}\right) = uv$$

u와 v가 서로 소임을 확인하자. 왜냐하면 $\gcd(u,\ v) = d > 1$이면 $d \mid (u-v)$이고 $d \mid (u+v)$인데, 이는 $d \mid y$와 $d \mid z$와 동치이다. 이것은 $\gcd(y,\ z)=1$이라는 조건에 위배된다.

서로 소인 두 자연수의 곱이 어떤 자연수의 제곱이면, 그 각각이 완전 제곱수라는 사실을 증명할 수 있다. 이 사실을 받아들이면, u와 v가 각각 완전 제곱수라는 결론을 얻는다. 명확히 하기 위해서 다음과 같이 나타내자.

$$u = s^2, \quad v = t^2$$

여기서 s와 t는 자연수이다. u와 v의 이런 값들을 대입한 결과는 다음과 같다.

$$\begin{aligned} z &= u+v = s^2+t^2, \\ y &= u-v = s^2-t^2, \\ x^2 &= 4uv = 4s^2t^2 \end{aligned}$$

마지막 경우는 $x=2st$이다. s와 t의 임의의 공약수는 y와 z를 나누어떨어뜨리므로, $\gcd(y,\ z)=1$이라는 관계로부터 $\gcd(s,\ t)=1$을 얻는다. 이제 s와 t가 모두 짝수이거나 모두 홀수이면, y와 z는 모두 짝수가 되는 불가능한 상황에 이른다는 사실을 관찰하면 충분하다. 그러므로 s와 t 중에서 정확하게 하나는 짝수이고 다른 하나는 홀수이다.

이 정리의 조건을 만족시키는 임의의 삼조 $(x,\ y,\ z)$가 피타고라스 삼조라는 사실을 쉽게 보일 수 있다. 왜냐하면 $x = 2st$, $y = s^2 - t^2$, $z = s^2 + t^2$이면, 다음 등식이 성립하기 때문이다.

$$\begin{aligned} x^2 + y^2 &= (2st)^2 + (s^2 - t^2)^2 \\ &= 4s^2t^2 + s^4 - 2s^2t^2 + t^4 \\ &= s^4 + 2s^2t^2 + t^4 = (s^2 + t^2)^2 = z^2 \end{aligned}$$

다음으로 삼조 (x, y, z)가 원시임을 보이자. 반대로 x, y, z의 공약수 $d > 1$가 존재한다고 가정하고, 모순이 나타날 때까지 추론하자. d의 임의의 씨인수 p를 생각하자. 먼저 $p \neq 2$임을 확인하자. 왜냐하면 이것이 홀수 z를 나누어떨어뜨리기 때문이다. (s와 t 중에서 하나는 홀수이고 다른 하나는 짝수이다. 그러므로 $s^2 + t^2 = z$는 반드시 홀수이다.) $p \mid y$이고 $p \mid z$이므로, $p \mid (z + y)$이고 $p \mid (z - y)$이다. 또는 달리 말하면, $p \mid 2s^2$이고 $p \mid 2t^2$이다. 그러면 $p \mid s$이고 $p \mid t$인데, 이것은 $\gcd(s, t) = 1$과 모순된다. 결론적으로 $d = 1$이고 (x, y, z)는 원시 피타고라스 삼조이다.

원시 피타고라스 삼조를 생성하는 방법, 곧 다음과 같은 공식을 이용하는 방법이 있다.

$$x = 2st, \quad y = s^2 - t^2, \quad z = s^2 + t^2$$

그리고 위의 정리는 모든 원시 피타고라스 삼조는 이와 같이 얻을 수 있다는 사실을 알려준다. 다음 표는 s와 t의 작은 값으로부터 얻은 몇 개의 원시 피타고라스 삼조를 나열하고 있다. $s = 2, 3, 4, \cdots, 7$의 각 값에 대해 s와 서로 소이고 s보다 작으며 s가 홀수이면 짝수인 t의 값들을 취한다.

s	t	x	y	z
2	1	4	3	5
3	2	12	5	13
4	1	8	15	17
4	3	24	7	25
5	2	20	21	29
5	4	40	9	41
6	1	12	35	37
6	5	60	11	61
7	2	28	45	53
7	4	56	33	65
7	6	84	13	85

이 표 또는 좀 더 확장된 표로부터, $(x,\ y,\ z)$가 원시 피타고라스 삼조이면 x와 y 중에서 정확하게 한 개가 3으로 나누어떨어진다고 생각할 수 있을 것이다. 이것이 실제로 사실임을 보이자. 원시 피타고라스 삼조의 하나로서 x, y, z는 적절한 s와 t에 대해 자연수 다음과 같이 쓸 수 있다.

$$x = 2st, \quad y = s^2 - t^2, \quad z = s^2 + t^2$$

임의의 자연수의 제곱은 $3k$ 또는 $3k+1$ 꼴이라는 사실을 상기하자. s^2이나 t^2이 $3k$ 꼴이면(곧, $3 \mid s^2$ 또는 $3 \mid t^2$이면), $3 \mid s$ 또는 $3 \mid t$이다. 각 경우에 $3 \mid x$인데, 더 이상 증명할 것이 없다. 그러므로 s^2과 t^2이 모두 $3k+1$ 꼴이라고 가정하면 충분하다. 명확히 하기 위해 $s^2 = 3k+1$이고 $t^2 = 3h+1$이라 하자. 대입하면, 다음을 얻는다.

$$y = s^2 - t^2 = (3k+1) - (3h+1) = 3(k-h)$$

이것은 단순히 $3 \mid y$라는 사실을 뜻한다. 모두 합치면, 위에서 증명한 내용은 다음과 같다.

정리

원시 피타고라스 삼조 $(x,\ y,\ z)$에서 x 또는 y는 3으로 나누어 떨어진다.

피보나치가 풀었던 유명한 시합 문제 중에서 다른 것을 알아보자. 이것은 수 x 중에서 x^2+5와 x^2-5가 모두 어떤 유비수의 제곱, 다음이 성립하는 것을 찾는 것과 동치이다.

$$x^2 + 5 = a^2, \qquad x^2 - 5 = b^2 \tag{1}$$

이의 해가 결국 원시 피타고라스 삼조의 일반적인 꼴을 아는 것에 의존한다는 사실을 알아볼 것이다.

해는 유비수 중에서 찾고 있으므로, x, a, b를 다음과 같이 분모가 공통인 분수라고 하자.

$$x = \frac{x_1}{d}, \quad a = \frac{a_1}{d}, \quad b = \frac{b_1}{d}$$

■ 피보나치의 경쟁 시합 문제

이런 값들을 식 (1)에 대입하고 분모를 없애면 다음을 얻는다.

$$x_1^2 + 5d^2 = a_1^2, \qquad x_1^2 - 5d^2 = b_1^2 \tag{2}$$

둘째 식을 첫째 식으로부터 빼면, 다음을 얻는다.

$$10d^2 = a_1^2 - b_1^2 = (a_1 + b_1)(a_1 - b_1)$$

좌변이 짝수이므로, a_1과 b_1은 모두 짝수이거나 모두 홀수이다. 각 경우에 $a_1 - b_1$을 짝의 옹근 수이므로, $a_1 - b_1 = 2k$라 하자. 그러면 $a_1 + b_1 = 5d^2/k$을 추론할 수 있다. 이제 마지막 두 방정식을 연립해서 a_1과 b_1에 대해 풀면 다음을 얻는다.

$$a_1 = \frac{5d^2}{2k} + k, \qquad b_1 = \frac{5d^2}{2k} - k$$

이 두 식을 식 (2)에 대입하면 다음 식에 도달한다.

$$x_1^2 + 5d^2 = \left(\frac{5d^2}{2k} + k\right)^2 = \left(\frac{5d^2}{2k}\right)^2 + 5d^2 + k^2,$$

$$x_1^2 - 5d^2 = \left(\frac{5d^2}{2k} - k\right)^2 = \left(\frac{5d^2}{2k}\right)^2 - 5d^2 + k^2$$

이것들을 서로 더하면 다음과 같은 단 한 개의 조건을 얻는다.

$$k^2 + \left(\frac{5d^2}{2k}\right)^2 = x_1^2$$

요점은 정확하게, 세 수 k, $5d^2/2k$, x_1이 피타고라스 삼조를 형성한다는 사실이다. 보통 이런 것들은 반드시 어떤 원시 피타고라스 삼조로부터 나오므로, 적당한 m, n, t에 대해 다음과 같이 쓸 수 있다.

$$k = (2mn)t, \quad \frac{5d^2}{2k} = (m^2 - n^2)t, \quad x_1 = (m^2 + n^2)t$$

k를 없애기 위해서, 이런 식 중에서 처음 두 식의 곱을 찾자. 그 결과는 다음과 같다.

$$5d^2 = 4mn(m^2 - n^2)t^2$$

이 식의 우변이 어떤 완전 제곱수의 5배가 되도록 하는 두 자연수 m과 n의 값을 찾고 있다. 첫 시도로 온당하게 $m = 5$로 놓으면, 조건은 다음과 같이 된다.

$$d^2 = 4n(5^2 - n^2)t^2$$

분명히 우변은 $n = 4$일 때 다음과 같이 완전 제곱이 된다.

$$d^2 = 4 \cdot 4(5^2 - 4^2)t^2 = 16 \cdot 9t^2 = (12t)^2$$

m과 n에 대한 이 값들로부터 다음을 얻는다.

$$x_1 = (m^2 + n^2)t = (5^2 + 4^2)t = 41t$$

이런 결과들을 합치면, 피보나치의 시합 문제에 대한 해로 다음을 얻는다.

$$x = \frac{x_1}{d} = \frac{41t}{12t} = \frac{41}{12}$$

참고문헌

Boussard, Jacques. *The Civilization of Charlemagne.* Translated by Francis Partridge. New York: World University Library (McGraw-Hill), 1968.

Duckett, E. S. *Alcuin, Friend of Charlemagne.* New York: Macmillan, 1951.

Gandz, Solomon. "The Origin of Ghubār Numerals." *Isis* 16 (1931): 393-424.

Gies, Joseph, and Gies, Frances. *Leonard of Pisa and the New Mathematics of the Middle Ages.* New York: Thomas Y. Crowell, 1969.

Grimm, Richard. "The Autobiography of Leonardo Pisano." *Fibonacci Quarterly* 11 (1973): 99-104.

Hill, G. F. *The Development of Arabic Numerals in Europe.* Oxford: Oxford University Press, 1915.

Hoggatt, V. E., Jr. *Fibonacci and Lucas Numbers. Boston:* Houghton Mifflin, 1969.

Hoyrup, Jens. "Jordanus de Nemore, 13th Century Mathematical Innovator." *Archive for History of Exact Sciences* 37 (1988): 307-363.

Hughes, Bernard. *Jordanus de Nemore: De Numeris Datis.* Berkeley: University of California Press, 1981.

Mahoney, Michael. "Mathematics." In *Science in the Middle Ages.* Edited by David Lindberg. Chicago: University of Chicago Press, 1978.

McClenon, R. B. "Leonardo of Pisa and His *Liber Quadratorum.*" *American Mathematical Monthly* 26 (1919): 1-8.

Pisano, Leonardo (Fibobacci). *The Book of Squares.* Translated by L. E. Signer. Orlando, Fla.: Academic Press, 1987.

Sigler, L. E. *Fibonacci's Liber Abaci: A Translation into Modern English.* New York: Springer-Verlag, 2002.

Smith, D. E., and Karpinski, L. C. *The Hindu-Arabic Numerals.* Boston: Ginn, 1911.

Sullivan, J. W. N. *The History of Mathematics in Europe from the Fall of Greek Science to the Rise of the Conception of Mathematical Rigor.* New York: Oxford University Press, 1925.

Vorobyov, N. *The Fibonacci Numbers.* Boston: D.C. Heath, 1963.

Weinberg, Joseph. "The Disputation Between Leonardo of Pisa and John of Palermo." *Scripta Mathematica* 3 (1935): 279-281.

West, Andrew. *Alcuin and the Rise of the Christian Schools.* New York: Charles Scribner's Sons, 1901.

제 7 장

수학의 르네상스: 카르다노와 타르탈리아

수학 문제는 우리를 유혹하기 위해서는 어려워야 하지만, 우리의 노력을 헛되게 만들지 않기 위해서 완전히 접근할 수 없을 정도가 돼서는 안 된다.–다비트 힐베르트(David Hilbert)

7.1 14세기와 15세기의 유럽

■ 이탈리아의 르네상스

13세기를 중세 유럽의 최고점으로 볼 수 있다면, 14세기는 최저점일 것이다. 13세기에는 미래에 대한 풍요로운 전망이 있었지만, 다음 14세기에는 로마의 몰락에 뒤이은 시기와 거의 같은 정도로 암울하게 만든 많은 사건이 동시에 발생했다. 불행의 원인은 요한 계시록의 전형적인 파멸의 네 기수인 기근, 돌림병, 전쟁, 죽음이었다. 14세기는 일련의 엄청난 폭우로 시작됐는데, 매우 지속적이고 광범위해서 당시의 연대기 기록자들은 이것을 창세기의 대홍수와 비교했다. 날씨는 더욱 습해졌을 뿐만 아니라 상당히 더 추어져서 소빙하기로 불렸다. 이렇게 나쁜 기후가 겹친 결과는 형편없는 수확량과 이에 동반된 기근이었다. 이에 따라 사망률이 도시마다 놀랄 만큼 증가했는데, 일부 도시에서는 6개월 동안 주민의 10%가 죽었다. 영양실조를 겪은 사람들은 병에 대한 저항력이 부족했다. 굶주림으로 약해진 사람들에게 더 심각한 재앙인 흑사병이 덮쳤다. 흑사병은 선 페스트였다. 이것은 시궁쥐에 의해(특히 시궁쥐에 기생하는 벼룩에 의해) 퍼졌는데, 중세 도시의 혼잡하고 더러운 환경에서 쉽게 확산됐다. 이 돌림병은 1347년에 흑해의 중심에 있는 항구 도시인 크리미아(Crimea)를 경유한 이탈리아 배를 통해 지중해에 전달됐다. (크리미아는 대상 경로의 가장 큰 종착지였기 때문에, 이 돌림병의 씨앗이 중국으로부터 전달됐을 가능성이 있다.) 그 뒤 이 병은 서유럽을 통해 거대한 원으로 그리며 휩쓸고 다녔는데, 프랑스는 1348년에 덮쳤고 1년 뒤에는 잉글랜드를 쓰러뜨렸다. 의학 지식은 절망적으로 불충분했고, 이런 공격에 저항할 방법이 전혀 없었다. 흑사병은 최악의 상태에서 3년 동안 맹위를 떨쳤는데, 최악의 상태가 지난 뒤에도 약화된 상태로 12년 또는 15년 주기로 17세기 말까지 다시 발병했다. 1665년의 런던 대 역병이 잉글랜드에서 발생한 마지막 경우였다. 믿을 만한 인구 동태 통계가 없었기 때문에, 엄청난 사망률을 확실하게 어림할 방법이 없다. 파리에서는 매일 800명 이상이 죽었다는 말이 있고, 아비뇽에서는 1'0000명이 처음 6주 동안 단 한 개의 거대한 무덤에 묻혔다고 한다. 우리가 알고 있는 몇 가지 수치에 따르면, 일부 도시에서는 주민의 절반이 그리고 일반적으로 약 3분의 1이 사라졌다는 사실을 알 수 있는데, 어떤 지역은 주민이 완전히 사라졌다. 프랑스 몽펠리에(Montpellier)에서는 너무 많은 사람이 죽어서 마을 신부들은 이탈리아와 같이 먼 곳으로부터 사람을 불러들여야 했다. 특히 질병에 시달리는 마을에 남을 필요가 있는 직업을 가진 사람들은 큰 위험을 각오해야 했는데, 사회 질서를 유지하려고 노력한 공무원, 죽어가는 사람을 도와주고 위로해주려고 머문 의사와 성직자, 자신의 연구를 계속한 학자들이 그런 사람들이었다. 이런 사람들도 대단히 많이 죽었는데, 타고난 재능을 가진 이런 지도층을 잃은 사회는 그 뒤 수십 년 동안 불안정한 상태로 흔들렸다.

전쟁의 포연이 이 슬픈 세기 전체에 드리워 있었다. 이런 전쟁 중에서 가장 유명한 것은 1338년부터 1452년까지 이어진 백년 전쟁이라고 부르는 프랑스에 대한 잉글랜드의 일련의 침략이었다. 어느 쪽이 영구적인 승리를 거두기 전까지 여러 세대를 거치면서 오랫동안 계속됐다. 이 전쟁 중에 잠시 동안의 평화도 편안하지 않았다. 수천 명의 병사는 무기를 내려놓지 않았고, 그 대신에 방랑하는 도적떼인 용병 무리를 형성해서 시골 지역을 약탈했고 몸값을 받으려고 사람들을 납치했다. 이렇게 지겨운 고통에 시골 소작인들과 도시 빈민들의 봉기가 더해졌다. 몹시 사나운 반란이 1323~1328년에 플랑드르[1], 1358년에 프랑스 북부[자크리(Jacquerie)의 난이 유명한데, 다른 모든 순수한 농민봉기에 이 이름이 붙게 했다], 1381년의 농민반란과 함께 잉글랜드에서 발생했다.

14세기의 사람들은 미래를 끝없이 이어지는 재난과 절망과 좌절로 바라봤는데, 어디에서나 자신감과 희망을 압도했다. 당시의 암울한 분위기는 '죽음의 춤(Dance Macabre)'으로 보존되고 있는데, 이것은 공개적인 설교 중에 실제로 공연된 말없는 춤이었다. 여기서 모든 신분의 인물은 자신의 틀림없는 미래인 시체를 마주친다.

그러나 서구 문명을 위태롭게 만든 최후의 파멸은 나타나지 않았다. 대략 1450년에 이르러 전쟁과 돌림병 및 기근의 재앙이 점점 줄어들었고, 이에 따라 인구가 늘어나서 1300년 이후의 손실을 보충했고 도시들이 급속히 커지기 시작했다. 사회 질서를 되찾을 수만 있다면, 또다시 번영할 수 있었다. 서유럽의 대다수의 사람들은 강력한 군주제의 재앙이 정부의 약화보다 덜 두렵고, 폭동이 왕의 폭압보다 더 위험하다고 확신하게 됐다. 이에 따라 두 세기 동안의 혼돈 뒤에, 프랑스의 루이 11세(1461), 에스파냐의 페르디난트와 이사벨라(1477), 잉글랜드의 헨리 7세(1485)[2] 등 '새로운 군주들'의 출현으로 정치적인 안정은 회복됐다. 이런 강력한 민족 국가들의 발흥은 봉건 제도의 종말을 고했고, 새로운 유럽 문명을 쌓을 수 있는 견고한 기반을 제공했다.

오랫동안 침체됐던 경제가 극적인 인구 증가의 자극을 받아 살아나면서, 서유럽은 많은 이에게 놀라운 부활로 여겨지는 경제 회복이 이루어졌다. 유럽 사람들은 질서와 안정 및 번영을 되찾는 데 성공했을 뿐만 아니라 그들의 문학과 예술적 시야를 엄청나게 늘린 일련의 사업도 시작했다. 후세에게 이런 인류 지성의 회복은 르네상스로 알려졌다. 이 용어는 19세기의 뛰어난 역사학자 야코프 부르크하르트(Jacob Burkhardt, 1818~1897)가 남긴 것인데, 그는 ≪이탈리아 르네상스 문명사(1860)≫에서 이탈리아 르네상스의 개념을 문명사에서 뚜렷이 구별되는 시기로 대중화시켰고, 앞선 시대 및 알프스 북쪽의 당대의 문화와 분명하게 차별화했다. 최근에 '르네상스'의 전체 개념은 문화적으로 더 큰 업적은 12세기에

---

1) [옮긴이] Flanders, 벨기에, 네덜란드 남부, 프랑스 북부에 걸친 중세의 나라.

2) [옮긴이] Louis XI(1423~1483, 재위 1461~1483), Ferdinand II(1452~1516)와 Isabella I(1451~1504) [재위 1477~1504], Henry VII(1457~1509, 재위 1485~1509)

성취됐다고 주장하는 사람들에 의해 의심을 받고 있다. 오늘날 르네상스의 성격과 원인 및 심지어 이의 지리학적 또는 연대기적인 경계에 대한 보편적으로 일치된 의견은 더 이상 존재하지 않는다. 본질적으로 르네상스를 무시할 수는 없다. 왜냐하면 농지 보유와 거의 전적으로 농업 경제에 근거해서 설립된 중세 문명은, 분명히 알아볼 수 있을 정도의 다른 어떤 것으로 바뀌지 않고는 팽창하는 도시 인구를 흡수하고 거래에 기초한 금융 경제를 수용하면서 끝없이 계속될 수는 없었기 때문이다. 그러므로 상황에 따라서 르네상스라는 용어를 현재 통용되고 있는 의미 중 어느 것으로나 사용하겠다. 즉, 고전[그리스 · 로마] 문화에 대한 숭배와 함께 문학과 예술의 대단한 부활의 의미로 사용하거나, 대체로 봉건적이고 그리스도교적인 문화로부터 두드러지게 세속적이고 도시에 익숙한 속인의 민족 문화로의 결정적인 변화가 발생했던 그 이행 시기(약 1350~1550)로 사용하겠다.

문화 부활이 이탈리아에서 처음으로 이루어지고 성장한 이유는 의미할 바 없이 이탈리아가 전쟁과 경제적 혼란의 영향을 북쪽의 나라들보다는 덜 심각하게 받았기 때문이다. (이탈리아는 작은 전쟁을 많이 겪었지만 극심한 물리적 충돌은 없었다.) 15세기 초에 봉건 제도가 이탈리아 중부와 북부에서 사라졌고, 정치적으로 독립된 도시 국가들의 활발한 도시 사회가 탄생했다. 이런 번성한 부유한 영토 국가들의 지식인과 예술가들은 위태로운 중세 문화의 전통을 개선하거나 대체하기를 바랐는데, 자신들이 과거의 고대 그리스와 로마에서 세속적이고 개인주의적인 사회를 위한 본보기를 발견했다고 생각했다. 로마가 몰락한 뒤로는 알려지지 않았던 고대 그리스와 로마의 세련된 문화가 맹렬히 피어났다. 이런 '고전[그리스 · 로마] 문화의 부활'이 르네상스의 특징적인 성격 중 하나였으며 문명을 변화시키는 주요한 힘 중 하나였다.

두 가지 사건이 고대로부터 전달된 문헌에 관심을 집중시키는 데 도움이 됐는데, 하나는 1453년에 콘스탄티노플이 투르크족에게 함락된 것이고 다른 하나는 1450년경 요하네스 구텐베르크(Johann Gutenberg, 1390?~1468)가 금속 활자를 이용한 인쇄술을 발견한 것이었다. 아랍 사람들이 이집트를 예속시키기 오래 전에 알렉산드리아에서 피신한 학자들은 자신의 책을 갖고 콘스탄티노플로 갔고, 그 요새 도시를 원래 그리스 말로 된 고전 문헌을 간직한 주요한 안식처로 만들었다. 1453년 5월 29일에, 오스만투르크족은 이 거대한 도시를 점령했다. 콘스탄티노플은 오랫동안 투르크 영역 안에서 소수 민족 거주지에 불과했지만, 이의 함락은 모든 그리스도교도들을 깜짝 놀라게 했다. 이 비잔틴 제국의 최종적인 붕괴는 많은 그리스 학자들이 비축했던 고대 그리스의 값진 문헌을 들고 이탈리아 땅으로 도피하게 만들었다. 그때까지 아랍 번역을 통해 간접적으로 알고 있던 그리스의 많은 귀중한 지식을 이제 원전을 통해 연구할 수 있게 됐다.

■ 인공적인 글쓰기 : 인쇄술의 발명

인쇄술의 발명은 지식의 전달과 보급을 혁신시켰고, 이에 따라 광범위한 독자가 새롭게 얻은 지식에 접근할 수 있게 했다. 손으로 쓴 책들은 드물고 비쌌는데, 이에 따라 필연적으로 부자와 후원을 받는 학자들이 독점했다. 일반인들이 입수할 수 있던 적은 수의 책은 가져 갈 수 없도록 묶여 있어야 했고, 분실을 막기 위한 또 다른 보호 수단으로, 훔치거나 훼손하거나 심지어 손을 씻지 않고 접근하는 모든 사람을 저주하는 비방의 글이 많이 쓰여 있었다. 책은 단 한 권이 아니라 수백 또는 심지어 수천 권으로 발행하게 됐을 때, 문자와 지식의 세계는 웬만큼 사는 계층의 사람들에게 모든 곳에서 열렸다.

활자 인쇄의 중요성을 장황하게 논할 필요는 없다. 그러나 최초의 인쇄기들이 15세기 초에 르네상스 이탈리아가 아니라 중세 도이칠란트에서 만들어졌고, 이탈리아 학자들은 오랫동안 이 새로운 방법을 경시했다는 사실은 강조해야 한다. 게다가, 인쇄술의 발명을 자극한 것은 종교적인 문헌을 더 빠르고 싸게 만들려는 전형적으로 중세적인 욕망이었다. 구텐베르크 전에 인쇄가 있었지만, 구텐베르크의 성서는 분명히 새로운 날을 예고했다.

유럽에서 최초의 인쇄 형식은, 어쩌면 최초로 종이에 인쇄한 형식은 14세기의 후반 수십 년 동안에 놀이용 카드의 (조각된 나무 조각의 잉크를 옮기는) 목판 인쇄였다. 목판 인쇄로 만든 많은 책 중에서 일부는 상당한 인기를 얻었다. 가장 잘 알려진 것은 ≪가난한 사람의 성서≫였는데, 최소의 글이 새겨진 종교적인 그림들로 이루어진 40쪽짜리 책으로, 교육받지 못한 사람들에게 성서를 가르치는 것이 주된 목표였다. 이에 따라 15세기에 나타난 것은 실제로 인쇄술의 발명이 아니라, 각 글자에 대해 별도의 금속 활자를 사용한다는 개념이었다. 물론, 아마 섬유로 만든 종이는 이 새로운 발견을 널리 알리는 데 공헌했다. 비싼 양피지만을 인쇄에 사용할 수 있었다면, 값싼 복제 방법이 거의 이용되지 않았을 것이다.

여기서, 잠시 본론에서 벗어나겠다. 8세기에 이슬람이 진군함에 따라 동서가 결국 분리됐을 때, 서구는 이집트의 파피루스를 더 이상 확보할 수 없었다. 이에 따라 수도원 학자들은 동물의 가죽, 통상 양 가죽이나 염소 가죽으로 만든 양피지에 글을 썼다. 양피지는 필경사가 사용할 수 있기까지는 더딘 과정을 통해 만들어졌는데, 가죽을 잿물에 흠뻑 담가서 유기물질을 녹여 없애고 이를 틀에서 늘린 다음에 속돌로 문질러 부드럽게 하며 마지막으로 가죽을 납작하게 누르고 알맞은 크기로 자르는 단계를 거쳐야 했다. 양피지는 파피루스에 비해 많은 장점이 있었다. 양피지는 눅눅해지지 않았고, 쓰인 글이 더 이상 필요하지 않으면 긁어낸 다음에 그 면에 다시 쓸 수 있었다. 그렇더라도 양피지는 비싸기 때문에, 인쇄하기 위한 더 싼 재료가 없으면 인쇄술의 발명은 그렇게 쓸모 있고 중요하지 않았을 것이다.

삼, 나무껍질, 물고기 그물, 헝겊 등으로 만든 종이는 중국 왕조 기록에서 따르면 105년에 처음 사용된 것으로 조심스럽게 추정되지만, 대부분의 발견과 마찬가지로 이 발견도 아마 서서히 진행됐을 것이다. 종이 제조의 비밀은 8세기에 사마르칸트에서 아랍 사람들에게 잡힌 중국 포로가 가르쳐줬다. 그 뒤 500년 동안 종이 제조는 아랍 사람들이 독점했는데, 에스파냐에 있던 무어 사람들을 통해 그리스도교 정복자에게 전달됐다. 14세기가 열렸을 때도 종이는 여전히 유럽에서 매우 보기 힘든 자료였는데, 다마스쿠스에서 수입됐고 이탈리아에 신설된 몇 개의 공장에서 모습을 드러냈다. 14세기 말에 이르러, 종이는 이탈리아, 에스파냐, 프랑스, 도이칠란트 남부 등에서 제조됐고, 부자를 제외한 모든 사람들의 표준적인 글쓰기 자료로 양피지를 거의 대체했다. 구텐베르크의 유명한 성서는 매우 초기에 양피지에 인쇄된 적은 수의 책 중 하나였는데, 한 권의 성서를 만드는 데 300마리의 양 가죽이 필요했다는 말이 있다.

주물 활자로 인쇄하는 '신성한 기술'은 발명되자마자 도깨비불처럼 급속하게 유럽 중부와 서부로 퍼져나갔고, 이에 따라 15세기 말에는 1500에 달하는 인쇄업자의 이름이 알려졌다. 1500년 이전에 이런 모든 인쇄업자가 제작한 책의 수를 정확하게 알아내기는 불가능하다. (1501년 이전에 활판 인쇄되어 현존하는 책인) 초기 간행본의 다양한 목록에서 수집한 제목에 따르면, 약 3'0000 종의 인쇄물이 나타났다. 각 인쇄물이 약 300권씩 적은 부수로 발간됐다고 가정하면, 1500년까지 유럽에서 (소책자를 포함해서) 거의 9백만 권의 책이 있었는데, 과거의 복구할 수 없는 구전 지식을 그 때까지 모두 담고 있던 몇 만 권이 필사본과 대조된다.

최초로 인쇄된 책 중에 수학과 관련된 것은 거의 없다. 레기오몬타누스의 ≪삼각형에 대해≫와 같이 15세기 중반에 쓰인 많은 수학 책이 훨씬 뒤까지도 인쇄되지 않았다. 초기 인쇄업자들이 선호한 주요한 품목은 (라틴 말과 속된 말 모두로 여러 판본이 나타난) 성서, 명상록, 여러 가지 종류의 종교적인 소책자 등이었다. 인쇄된 수학 책은 독창적인 것이 아니었고, 13세기와 14세기의 뛰어난 수학자들의 수준에서는 훨씬 못 미쳤다. 최초로 인기 있던 교과서는 ≪트레비소 산술(Treviso Arithmetic)≫인데, 베네치아의 북쪽으로 그렇게 멀지 않은 곳에 있는 중요한 상업 도시인 트레비소(Treviso)에서 1478년에 출판됐다. 근본적으로 일상적인 셈을 시행하는 규칙의 나열인 이 책은 상업에 종사하려고 준비하는 젊은 이들의 요청에 따라 썼다고 익명의 저자는 주장했다. ≪트레비소 산술≫은 그 내용이라기보다는 주목할 만한 움직임을 시작하게 만들었다는 점에서 의미가 있었다. 15세기가 끝날 때까지 이탈리아에서만 200종이 넘는 수학 책이 출판됐다. 노바라(Novara)의 캄파누스가 라틴 말로 주석을 단 유클리드의 ≪원론≫이 1482년에 베네치아에서, 그리고 1491년에 비첸차(Vicenza)에서 또다시 출판됐다. 캄파노스는 아랍 말에 능숙하지 못했기 때문에, 이 판에는 수많은 오류와 세련되지 못한 어휘가 포함되어 있다. 1505년에 잠베르티(Bartlomeo Zamberti)는 되찾은 그리스 문헌을 연구해서 새로운 번역서를 발간했다.

되찾은 그리스 원전들을 활용한 초기의 유럽 학자 중에는 수학자이자 천문학자인 요하네스 뮐러(Johannes Müller, 1436~1476)가 있다. 이 사람은 그의 고향인 쾨니히스베르크의 라틴 이름인 레기오몬타누스(Regiomontanus)로 더 잘 알려져 있다. 당시에 가장 뛰어난 과학자였던 레기오몬타누스는 확보할 수 있던 고전들을 활발하게 번역해서 출판했는데, 이에는 프톨레마이오스의 천문학 연구서 ≪알마게스트≫도 포함되어 있다. 이런 연구의 성과는 그의 가장 뛰어난 출판물인 ≪모든 종류의 삼각형에 대해(De Triangulis Omnimodis)≫에 나타났다. 이 연구는 1464년에 끝났지만, 1533년에야 인쇄됐다. 삼각법은 그리스와 아랍 사람들의 손을 거치면서 상당히 발달한 몇 안 되는 수학 분야 중 하나였다. ≪삼각형에 대해≫에서 레기오몬타누스는 그런 선구자들의 연구를 체계적으로 요약한 다음에, 평면 및 구면 삼각형과 관련된 모든 종류의 문제를 풀었다. 삼각 함수로 사인과 코사인만 도입했지만, 나중에 레기오몬타누스는 탄젠트표를 셈했다. 사실상 ≪삼각형에 대해≫는 삼각법을 천문학과 독립적인 수학의 별도의 분야로 확립했다.

달력 개정이 당시에 더욱 관심을 끌었는데, 특히 부활절 산정에 관심이 컸다. 니케아 공의회(서기 325년)는 부활절은 춘분이 지난 뒤 첫째 보름달 다음의 첫째 일요일에 올려야한다고 규정했고, 미래의 모든 해에 3월 21일을 봄의 첫째 날인 춘분 날로 정했다. 율리우스 카이사르(Julius Caesar, 기원전 100~44)가 도입한 로마력 또는 율리우스력은 1년을 365$\frac{1}{4}$일로 정해서 4년마다 윤년이 있었다. 이것은 충분히 정확하지 않은데, (지구가 태양 주위의 궤도를 한 바퀴 도는 데 거리는 시간인) 태양년은 약 365.2422일이다. 이 작은 오차는 부활절이 128년마다 태양을 기준으로 하루씩 멀어짐을 뜻했다.

레기오몬타누스는 뉘른베르크 시에 천문대를 설치하고 개인적인 인쇄소를 만들었다. 그는 1472년에 두 가지 달력을 출판했는데, 하나는 라틴 말로 다른 하나는 도이치 말로 간행했다. 각 달력에는 1475년부터 1531년까지 그리스도교의 부활절 날짜가 첨부되어 있었지만, 라틴 말 달력에는 레기오몬타누스가 천문 관측을 통해 셈한 차이가 있는 날짜들의 모음도 포함되어 있었다. 활자로 인쇄된 가장 오래된 예에 속하는 그의 달력은 대단한 인기를 끌었는데, 판매량과 수많은 중판이 이를 입증한다. 1475년에 레기오몬타누스는 교황 섹스투스 4세(Sextus IV)의 초청으로 로마로 가서 달력을 천문학적 사건들과 일치하도록 조정하는 데 조언했다. 그는 그 뒤 곧 죽었는데, 갑작스러웠고 약간 의문점이 있었다. 그가 적들에 의해 독살됐다고 하는 사람도 있는데, 티베르 강이 범람한 뒤에 맹렬히 퍼진 돌림병으로 희생됐을 가능성이 더 높다.

레기오몬타누스가 죽은 뒤에 달력 개정은 잊혀졌고, 그레고리우스 13세(Gregorius XIII, 1502~1585)가 재위하기 전까지는 긴요하다고 다시 고려되지 않았다. 그레고리우스는 1552년에 많은 수학자와 천문학자 및 고위 성직자를 모아서 드디어 교회가 셈한 부활절 날짜의 결함을 바로잡았다. 예수회 수학자 크리스토프 클라비우스(Christoph Clavius, 1537~1612)는 필요한 셈을 시행하는 책임을 맡았다. 이를 위해 그는 에라스무스 라인홀트(Erasmus Reinhold, 1511~1553)의 ≪프루테니케 수표(Tabulae Prutenicae, 1551)≫에 의존했다. 이 수표의 이름은 라이홀트의 후원자인 프로이센 공작의 이름을 딴 것이다. 이것은 당시에 입수할 수 있던 다른 어떠한 천문학 수표보다 훨씬 월등했는데, 코페르니쿠스가 그의 ≪천체의 회전에 대해≫에서 그 전에 제시한 관찰 결과를 자유롭게 사용했다.

XXVI.

Data area trianguli cum eo, quod sub duobus lateribus continetur rectangulo, angulus quem basis respicit, aut cognitus emerget, aut cū angulo cognito duobus rectis æquipollebit.

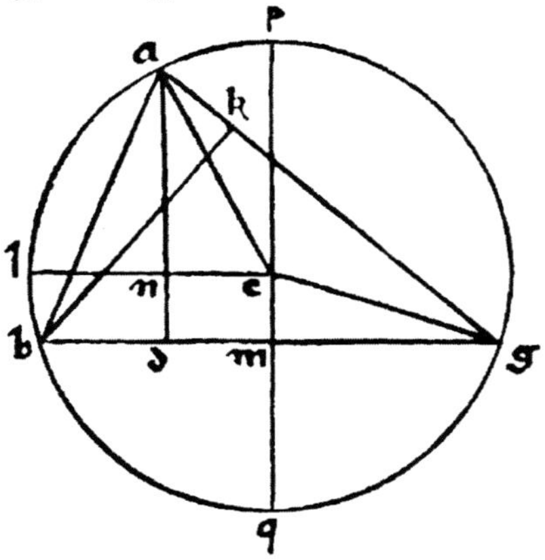

Resumptis figurationibus præcedētis, si perpendicularis b k uersus lineā a g ꝑcedens, extra triangulum ceciderit, erit per ea, quæ in præcedenti commemorauimus, proportio b k ad b a nota, & ideo per primi huius angulum b a k notum accipiemus, sic angulus b a g cum angulo b a k noto duobus rectis æquiualebūt. Si uero perpendicularis b k intra triangulum ceciderit, quemadmodū in tertia figuratione præcedentis cernitur, erit ut prius a b ad b k notā habens proportionē, & ideo angulus b a k siue b a g notus concludetur. At si perpendicularis b k coinciderit lateri a b, necesse est angulum b a g fuisse rectum, & ideo cognitum, quod quidem accidit, quando area trianguli propositi æquatur ei, quod sub duobus lateribus eius continetur rectangulo.

삼각형의 넓이: 레기오몬타누스의 ≪모든 종류의 삼각형에 대해(1533년 판)≫ (*From* A Short History of Mathematics *by Vera Sanford. Reproduced by permission of the publisher, Houghton Mifflin Company.*)

유럽 대부분의 가톨릭 국가에서 사용된 그레고리력이라 부른 새로운 달력은 1582년부터 10일을 빼버리도록 정했다. 이것은 그 해 10월 4일 다음 날이 10월 15일이 되도록 해서 즉시 시행됐다. 동시에, 클라비우스는 윤년을 정하는 방법도 개정했다. 곧, 윤년은 연수가 4로 나누어지는 해이지만 100의 배수인 해는 제외시켰고, 400으로 나누어지는 해는 윤년으로 삼았다. 이 포고령이 로마에서 나왔기 때문에, 성공회의 잉글랜드와 이의 통치 지역에서는 이런 변화를 거부했다. 잉글랜드가 1752년에 결국 그레고리력을 채택했을 때, 시골 지역에서는 '잃어버린 날들'을 되돌려달라고 요구하는 사람들의 폭동이 일어났다.

이 새로운 삼각법 지식이 1400년대 후반의 대 항해 시대에 끼친 영향을 가늠하기가 불가능하지는 않지만 어렵다. 한때, 역사학자들은 포르투갈 항해사들이 아프리카 해안을 따라 적도 남쪽으로 대담하게 넘어갈 때 레기오몬타누스의 책력인 ≪천문력(Ephemerides Astronomicae)≫에 있는 태양 적위[3] 수표를 사용했다고 생각했다. 그러나 이 책의 초판(1474)에는 그런 수표가 포함되지 않은 것으로 보인다. 알려진 바는 콜럼버스가 신세계로 네 번 항해할 때 이 ≪천문력≫을 가지고 다녔다고 한다. 레기오몬타누스가 1504년 2월 29일에 개기 월식을 예

3) [옮긴이] 太陽 赤緯, 천구 상의 천체의 위치를 나타내는 적도 좌표에서의 태양의 위도.

측한 사실을 읽은 콜럼버스는 이 지식을 이용해서 원주민들을 놀라게 해서 자신의 배에 식량을 가져오게 했다고 한다.

레기오몬타누스의 시대는 또한 루카 파촐리(Luca Pacioli, 1445~1514)의 시대이기도 했다. 이 사람은 프란체스코회의 수사로 통상 보르가의 루카 수사(Fra Luca di Borga)라고 불렸다. 이 시대의 많은 학자는 어떤 주어진 분야에서 알려진 모든 정보를 한 권의 큰 책 속에 함께 담으려는 강박 관념을 느꼈다. 모든 관심사와 흥밋거리에 대한 체계적인 개요서 또는 '전서(summa)'가 있었다. 1494년에 베네치아에서 출판된 루카 파촐리의 ≪산술, 기하, 비례 및 비율 전서(Summa de Arithmetica Geometrica Proportioni et Proportionalita)≫는 그 시기에 가장 영향력이 컸던 수학 책이었다. 피보나치의 ≪산반의 책≫ 뒤에 나타난 최초의 포괄적인 연구서인 이것에는 피보나치의 책에서 찾아볼 수 없는 내용은 거의 포함하지 않았다. 이것은 유럽 수학이 거의 300년 동안 거의 발전하지 못했음을 보여준다. 그러나 중세 시대부터 전해진 주요한 수학적 사실에 대한 백과 사전과 같은 설명서였던 이 책은 당시 대학에서 가르치던 내용을 훨씬 더 넘어섰다. 이탈리아 말로 부주의하게 쓰인 이 책은 (어쩌면 복식 부기 기법에 대한 저자의 설명 때문에) 널리 유포됐다는 점에서 역사적으로 유명하다.

■ 거대한 대학교의 설립

당시에 설립된 대학교들이 지식의 함양과 보급에서 중요해졌다. 라틴 'universitas'는 원래 'communitas'와 단순한 동의어였는데, 이것은 의견을 교환하기 위해 느슨하게 연결된 개인들의 모임을 나타내는 일반적인 단어였다. 처음에 유일한 교육 중심지는 수도원이었다. 수도원의 주된 기능은 지적인 공헌이 아니라 종교적인 공헌이었고, 외부인을 가르치려고 하지 않았다. 수도원은 문헌을 추가했다기보다는 보존했다. 교육을 받으려는 일반인의 수가 늘어나면서, 주교의 대성당에 부속된 학교는 학문의 중심지로 유명해졌다. 대성당 학교는 '세속적인 성직자'의 지위에 오르고 속세에서 벗어나지 않고 속세에서 교회의 일을 하려는 사람들에게 주로 개방됐다. 이런 학교는 주교의 부업으로 번창했는데, 지역 교사들의 명성에 영향을 받기 쉬웠다. 특정한 성격의 사람들이 오고감에 따라 빛을 내기도 하고 시들기도 했다.

대성당 학교는 물론 지식이 자유롭게 전달되는 통로는 거의 아니었다. 그러므로 대학교들이 형식적으로 시작되기 오래 전에, 교회와 관련되지는 않았지만 여전히 주교로부터 가르칠 수 있는 허가를 필요로 했던 한두 명의 개별적인 스승 주위에 일단의 학생들이 모였다. 탁월한 교사는 유명한 인물이 됐고, 학생들은 자신의 고향까지 이름이 알려진 몇 명의 유명한 학자를 좇아서 이 마을과 저 마을을 여행했다. 피에르 아벨라르(Peter Abelard, 1079~1142)라는 사람은 유럽 전역에서 학생들을 끌어들여 파리에 있는 자신의 강의실을

Ad illustrissimũ Principem Gui. Ubaldus Urbini

파촐리의 ≪전서(1523년 판)≫ 제1 쪽. (*From* Rara Arithmetica, *by David Eugene Smith, published by Chelsea Publishing Co., 1970.*)

뭄비게 할 정도로 유명했다고 한다. 그의 제자 중에서 20명은 나중에 추기경이 됐고, 50명 이상이 주교가 됐다. 종종 듣는 이야기에 따르면. 아벨라르의 종교적인 글이 교회로부터 비난을 받았을 때 프랑스 왕은 갑자기 아벨라르가 자신의 땅에서 가르치는 것을 금지했다고 한다. 이 소식을 들은 아벨라르는 나무 위로 올라갔고 그의 학생들은 그의 말을 들으려고 그 아래에 몰려들었다. 그 뒤 왕이 공중에서 가르치는 것을 금지하자, 아벨라르는 배 위에서 강연하기 시작했다. 이렇게 되자 왕은 수그러들었다. 아벨라르는 특히 중요한데, 교사로서 그의 탁월함은 고등 학문의 중심지로서 노트르담에 있던 대성당 학교를 널리 알렸고 이에 따라 파리 대학교를 창설하는 길을 열었기 때문이다.

12세기와 13세기에 대학교들의 성장은 그 이전의 대성당 학교와 수도원 학교가 만족시켜줄 수 없었던 요구에 따른 자연스러운 결과였다. (의학 및 특히 법학과 같이) 두드러지게 전문적인 가치가 있으면서 저명한 전문가의 지도 아래 오랫동안 배워야 습득할 수 있는 세속적인 지식으로 발전하고 있던 학문 분야는 대학교를 필수적인 기관으로 만들기 시작했다. 대성당 학교로 유명해진 중심지에 살고 있던 학생들은 자신들의 행동을 규제하고 (많은 학생들은 그 지역이 고향이 아니기 때문에) 지역 주민들의 착취로부터 스스로 보호하며 법적 권리를 확보하기 위해서 조직화할 필요성을 느끼기 시작했다. 이에 따라 자발적 단체에 속한 학생들은 당시의 상인이나 기술자들과 같이 자치적인 길드를 형성했고 결국 왕 또는 교황의 인가서를 통해 법적 승인을 얻었다. 볼로냐(1158년), 파리(1200년), 파도바(1222년), 옥스퍼드(1214년), 케임브리지(1231년)의 대학교들은 모두 그 출발점을 이 시기로 추적할 수 있다. 이런 초기의 대학교들은 이것들이 나중에 변화된 모습과 거의 닮지 않았으며, 도시에 따라 대학교 사이에 엄청난 차이가 있었다. 15세기가 돼서야 대학교들은 영구적인 건물을 확보했다. 그 이전에 교수들은 자신의 숙소 또는 빌린 방에서 강의했고, 총회는 교회나 수도원 복도에서 이루어졌다. 저명한 학자를 확보하기 위한 경쟁은 점차로 계약을 통해 봉급을 지불하는 단계에 이르렀는데, 1180년에 이미 볼로냐는 지방 정부의 기금에서 몇 명의 교수에게 봉급을 지불했다. 그렇지만 교수를 선택하는 권리는 학생의 권한으로 남았다. 학생들은 교양 과목을 가르치는 스승에게 개별적으로 대가를 지불했는데, 가르치는 기술은 다른 장인들의 기술과 같았기 때문이었다. 반면에 (신학은 '정신적인 선물'이었는데) 신학 교수는 미리 수업료를 정하는 것이 금지됐지만, 강의가 끝난 뒤에 기부금을 받을 수 있었다.

파리와 볼로냐는 영향력이 큰 '어머니와 같은' 대학교였는데, 그 뒤 두 세기 동안 유럽의 모든 지역에서 발생한 후발 대학교들에게 본보기의 역할을 했다. 이탈리아와 남부 프랑스의 대학교들은 볼로냐 대학교의 양식을 따랐고, 반면에 유럽 북부의 대학교들은 본보기로 파리 대학교를 관찰했다. 두 대학교는 모두 가르치는 똑같은 방법들을 발전시켰고 똑같은 학위들을 수여했지만, 서로 다른 학문을 강조했고 서로 다르게 조직됐다. 이탈리아에서 세속적인 관리 정부의 등장은 법률 연구를 높은 공직에 오르고 벌이가 좋은 자리에 고용되는 돌파구로 만들었다. 이에 따라 볼로냐 대학교에서는 언제나 법학이 우세했고, 신학과 철학에는 거의 관심을 두지 않았다. 이런 과목들을 선호하는 학생들은 파리 대학교로 갔는데,

그곳에서 교회법은 부차적이었고 민법은 전혀 가르치지 않았다. 북부에서 교육은 여전히 어느 곳에서나 교회의 손아귀에 있었는데, 이에 따라 그리스도교적인 학문이 파리 대학교에서는 우세했고 교회 관계자들이 대학교 행정에서 큰 몫을 차지한 것은 당연했다. 볼로냐 대학교는 학생 길드들의 연합체였는데, 이런 길드들은 (가르칠 수 있는 자격증이었던 학위 수여를 제외한) 모든 학사 업무를 통제했다. 파리 대학교의 조직 체계는 이와 반대였는데, 대학교 관리는 스승들의 손에 있었다. 이렇게 차이가 나는 이유는 학생들의 나이의 차이에서 찾을 수 있다. 볼로냐 대학교에서 '돈이 벌리는 학문'인 법학에 관심을 가진 많은 학생은 이미 고위 공직에 있던 성인이었다. 파리 대학교에서 가장 큰 학부인 교양 학부에 속한 학생들은 (12세 또는 14세 학생도 있었는데) 너무 어리고 너무 가난해서 이와 비슷한 방식으로 자기 주장을 펼 수 없었다.

역사에서 다른 어떠한 시기에도 거의 볼 수 없었을 정도로 교육이 존경을 받던 이 시대에 대학교들은 학문의 관리자로서 엄청난 특권을 누렸다. 도시의 상거래, 인구, 명성 등은 대학교의 존재 여부에 따라 결정됐고, 이에 따라 대학교가 없던 도시들은 설립된 소재지에서 분리 독립할 수 있던 대학교의 유치에 기꺼이 비용을 부담했다. 중세의 대학교들은 영구적인 건물이 없었고 공동 재산이 거의 없었는데, 이에 따라 학생들의 입장에서는 불만족스러운 어떤 이유가 있으면 다른 도시로 이주하는 것은 간단한 문제였다. 스승들은 생계를 빈약한 수업료에 완전히 의존했기 때문에, 학생들을 따라가는 것 이외에 다른 선택의 여지가 없었다. (예를 들면, 케임브리지는 1209년에 옥스퍼드로부터의 이주 때문에 대학교의 지위로 올라갔다.)

학생들은 경쟁 관계에 있는 도시로 철수할 수 있다는 강력한 위협 수단을 이용해서 많은 특권을 얻었는데, 자신들의 구성원에 대한 거의 모든 민사 재판과 형사 재판권을 직접 행사할 수 있는 권리도 포함됐다. 1321년 볼로냐에서 분리 독립하겠다는 위협은, 문제가 된 치안 판사를 공개적으로 태형에 처하고 시에서 대학교에 부속 교회당을 세워준다는 조건으로 취소됐다. 고집 센 교수들을 무자비하게 거부해서 도시 당국의 권위를 꺾은 학생들은 교육의 모든 단계를 규정하는 일련의 학칙을 실시하게 했다. 각 교수는 미리 정해진 최소의 업무로 특정한 수의 강의를 제공해야 했는데, 태만하거나 상세히 설명해야 할 어려운 내용을 피하면 벌금을 물어야 했다. 학생 총장의 허락 없이는 도시를 떠날 수 없었으며, 자신의 결혼도 쉬는 날에만 허용됐다. 장기적으로 볼 때 결국, 학생 집단의 힘은 이의 실패의 원인이었다. 지방 정부 당국이 학생들의 비위를 맞추고 지역 대학교의 명성을 유지하기 위해 교수의 봉급을 지불하기 시작함에 따라, 정부가 서서히 교수들의 임명과 감독에 대한 책무를 얻게 됐다.

학문적인 기초가 전통적인 삼학과(문법, 논리학, 수사학)와 사학과(산술, 음악, 기하학, 천문학)의 일곱 과목으로 이루어졌기 때문에, 겉으로는 수학이 중요하게 보였다. 그렇지만 사학과는 거의 주목을 끌지 못했는데, 표면적인 이유는 이런 과목이 실용적으로 응용됐기 때문이었다. 파리・옥스퍼드・케임브리지 대학교는 의도적으로 모든 기술적인 교육을 막았고, 대학교 교육은 전문적이 아니라 보편적이어야 한다는 입장을 유지했다. 실제의 이유는 과학보다는 신학과 철학에서 더 쉽게 탁월함을 성취할 수 있었기 때문으로 보인다. 1336년에 수학에 대한 관심을 고취시키려는 노력의 일환으로, 파리 대학교에서는 '몇 개의 수학 책'에 대한 강의에 참여하지 않은 학생은 졸업할 수 없다는 학칙이 통과됐다. 또, 1452년 이후에는 파리 대학교의 문학 석사 학위 후보자는 유클리드 ≪원론≫의 처음 여섯 권을 읽었다고 선서해야 했다. 르네상스는 수학에서도 다른 학문 분야 못지않게 획기적인 사건으로 밝혀졌지만, 대학 교육 과정은 계속해서 과학 교육보다는 문학 교육을 더 많이 제공했다.

■ 고대 그리스・로마 지식에 대한 갈망

14세기에 상업이 부활하고 도시 생활이 증가해서 중세 문화를 서서히 바꿈에 따라, 이의 기반을 강화하거나 어떤 새로운 것으로 대체하려는 노력이 많이 이루어졌다. 그 이전 시기의 봉건적인 전통이나 그리스도교의 전통이 적절하지 않다고 밝혀졌을 때, 이탈리아 도시국가의 지식인들은 마음에 드는 문명을 찾기 위해 더 먼 과거를 관찰했다. 대부분의 라틴 저자들은 그리고 나중에 발견되지만 그리스 저자들은 자신들과 다르지 않은 도시의 세속적이고 개인주의적인 사회에 대해 썼었다. 이탈리아 학자들은 고대 그리스・로마의 문헌에 대한 연구에 정열적인 열의로 몰두했는데, 그것들을 당대의 입장에서 해석했다. 이런 '고대 그리스・로마에 대한 숭배'의 기저에는 고대 그리스와 로마 모두가 완벽한 본보기를 제공하고 이를 통해 모든 문명 사회를 판정할 수 있다는 믿음이 깔려 있었다. 그리고 그 문헌에서 모든 정치적이고 사회적이며 윤리적인 문제에 대한 새로운 해답을 찾을 수 있다고 믿었다. 제자리에 있지 않거나 잊혀진 원고들에 대한 체계적이고 놀랍도록 성공적인 조사가 시작됐는데, 그 중에서 많은 것은 여기저기 흩어진 조각 몇 개만이 존재했다. 유럽의 한쪽 끝에서 다른 쪽까지 학자들은 모든 도시와 수도원에 있는 예전의 도서관들을 샅샅이 뒤졌다. 그들은 발굴한 보물들을 모으고 복제해서 (처음에는 손으로 인쇄업이 발달한 뒤에는 인쇄물로) 확산시키는 일을 시작했다.

원고들을 편집해서, 중세의 복제 담당자들이 저지른 많은 오류를 깨끗이 없애고 모든 쪽을 정확한 꼴로 확실하게 해야 했다. 애서가들은 문법과 어휘를 수집하고 고대 문헌에 대한 안내서와 주석서를 편찬했다. 권위적인 글을 다루면서 비판적으로 판단하는 전통이 생겼는데, 교회가 지식을 독점할 때는 전적으로 불가능한 발전이었다. 이것은 교육받은 사람의 관심이 과학적인 탐구로 바뀌었을 때 대단히 큰 가치가 있었다.

고대 문화에 대한 르네상스의 갈망은 장서를 수집하는 유행을 더욱 크게 부추겼다. 추기경, 정부, 상업계는 책들을 수집하려고 서로 경쟁했는데, 이런 열정은 사회의 모든 분야로

스며들었다. 르네상스 사람들은 그 할아버지들이 성지의 유물을 흠모했듯이 원고들을 공경했다. (일종의 우월 의식이 부유한 소유자 사이에 존재했는데, 자신의 소장품에 인쇄물이 없다는 것을 뽐냈다.) 이 시기에 로마의 바티칸 도서관은 주로 교황 니콜라스 5세(Nicholas V, 1395~1455) 덕분에 발달했는데, 그는 교황으로 등극하기 전에 코시모 데 메디치[4]의 사서였다. 바티칸 도서관이 당시에 실제로 상당했다고 말할 수는 없는데, 다양한 상태로 수선된 겨우 350권의 책이 있었을 뿐이다. 니콜라스는 유럽 전체로 대리인들을 보내서 원고를 수집하게 했는데, 그 대리인은 원고를 넘겨주기를 거부하는 사람을 파문시킬 권한이 있었다. 동시에, 로마에서 가장 뛰어난 일부 학자들은 그리스 문헌을 라틴 말로 번역하는 작업에 종사했다. 니콜라스가 죽을 당시에 그 도서관은 5000권이 넘는 책을 소장했고, 이탈리아에서 가장 훌륭한 도서관의 하나가 됐다. 교회의 역사와 교리에 관한 책을 모으고 보존하는 것이 주요한 목적이었지만, 세속적인 책도 점점 더 많이 소장하게 됐다. 당시의 작가인 베스파시아노 다 비스티치(Vespasiano da Bisticci)는 약간 과장되게 다음과 같이 말했다. "프톨레마이오스 시대 이후 함께 모인 모든 종류의 책의 수가 이것의 반만큼 된 적도 없었다."

한동안, 르네상스 사람들은 예전의 어떤 것을 부활시키려는 의도가 새로운 어떤 것을 창조하려는 의도보다 훨씬 더 컸고, 과거로 돌아가려는 의도가 미래로 전진하려는 의도보다 큰 것으로 보였다. 모든 일시적인 유행과 같이, 고대의 삶에 대한 이런 찬미는 이에 대한 일부 헌신적인 추종자에 의해 어리석은 극단까지 치달았다. 고대 그리스 식으로 '아카데미'라고 부르는 문학 클럽들이 형성됐는데, 이런 데서는 고전적인 주제에 관한 글을 읽었고 그 다음에는 논의하고 토론했다. 그리스 말이 이런 모임의 언어였고, 회원들은 그리스 이름을 사용했다. 고대의 풍습을 흉내 내어 성공한 시인은 월계관을 머리에 썼다. 느끼고 생각하며 쓰는 고대의 방식이 일부 학자에게 준 매력이 대단히 강력해서 그들은 그리스 또는 로마 사람인 척하는 습관에 빠졌다. 심지어 이교도의 종교 의식을 부활시키려는 움직임마저 있었다. 이런 지나친 행동에도 불구하고 15세기 르네상스의 이탈리아 사람들은 보존된 그리스 문헌 유산 전체를 되살리고 이를 모두 편집했으며 마지막으로 전부를 인쇄함으로써 미래의 세대에게 매우 귀중한 공헌을 했다. 고대 그리스 문헌에 대한 지식이 중세 동안 서구에서 거의 사라졌다는 사실을 상기하면 이런 성과는 훨씬 더 감동적이다. 고대 그리스의 산문과 운문이 서구 학문의 주류 속으로 다시 들어감에 따라, 보편적인 인류 문화를 지향하는 교육의 이상적인 목표가 발전했다. 학문에 대한 이런 새로운 태도는, 직전 세기들을 지배했던 순전히 실용적이거나 전문적인 교육 목적과 눈에 띄게 구별되기 때문에, 완전히 새로운 경험을 얻게 했다.

고전을 위한 이런 모든 활동은 대학에 직접적으로 영향을 끼쳤고, 서서히 지배적인 교육과정을 인문학으로 탈바꿈시켰다. 용어 '인문학(humanities)'은 단순히 고대 라틴 문구 'studia

4) [옮긴이] Cosimo de Medici, 1389~1464, 메디치가의 주인,

humanaitis'의 번역인데, 르네상스 시기에는 고대 그리스와 로마의 고전에 대한 연구에 근거한 학과목(문법, 수사학, 시, 역사, 도덕학)들로 명확하게 규정된 모음을 뜻하는 데 사용됐다. 르네상스 시기의 인문학은 중세 시대에 칠학과라는 다른 이름으로 불린 일곱 교양 과목이 아니었다. 왜냐하면 인문학에는 사학과의 수학 과목들이 빠졌을 뿐만 아니라 논리학이 빠졌고, 삼학과에 가장 잘 포함되는 세 과목, 곧 시, 역사, 도덕학이 추가됐다. 이렇게 르네상스 사상사들은 일종의 고전적인 교육 과정을 창안했는데, 이 모든 변형이 대학의 큰 줄기 중 하나가 됐고 19세기와 20세기에 과학, 현대 언어, 사회 과학에 밀려나기 전까지 그 자리를 지켰다.

전통적인 과목들이 붕괴하려는 또 다른 조짐은 의도적이고 계획적인 새로운 교육적 본보기, 곧 신사의 창조였다. 신사가 되기 위한 훈련은 고전적인 글을 읽고 품위 있는 몸가짐을 하며 적절한 복장을 하고 음악과 미술 및 문학예술에 대한 안목을 갖출 수 있는 교육을 요구했다. 대학에서는 거의 말과 관련된 학문이 부상하는 분위기였는데, 읽기와 쓰기 및 문학 작품의 언어와 문체에 대한 엄밀한 분석을 뜻하는 문법과 설득하고 유창하게 말하는 기술인 수사학에 주로 의존했다. 우아한 라틴 말은 공문서에서 필수적인 것으로 간주됐고, 그 뒤 키케로식의 장중하고 단아한 말씨는 사교 도구로 생각됐다. 고대에 대한 면밀한 연구와 모방이 이런 품격을 얻는 데 필수적이었다.

르네상스에서 그리스의 부활이 중세 선구자들의 부활과 구별되는 것은, 단순히 그리스가 일반적인 교육 과정의 일부가 된 것이 아니라 모든 관심의 초점이 그리스 문헌의 문학과 역사의 걸작에 집중됐다는 사실이다. 신사다운 특성을 형성시켜주는 인문학의 학문적 가치를 강조함으로써 르네상스 교육자들은 경험과 직접적인 관찰로부터 얻은 지식을 경시했고 심지어 의문을 제기했다. 그 결과로 문헌 연구의 범위를 벗어나고 게다가 이런 문인들의 미적 감각에 어긋나는 자연 과학과 수학에 대한 연구는 방해를 받았다. 전반적으로 르네상스 운동이 과학에서는 상대적으로 거의 진전을 이루지 못했지만, 그럼에도 불구하고 중세 학자들이 갖고 있던 것보다 더 많은 고대의 지식을 되찾음으로써 1600년대에 과학 혁명에 이르는 길을 간접적으로 열었다. 유클리드와 프톨레마이오스 및 심지어 아르키메데스의 많은 연구가 중세에 알려졌지만, 디오판토스 및 파포스와 같은 저자의 고급 저서들은 르네상스 기간에 처음으로 번역됐다. 1600년대에 이르러 보존된 그리스 수학의 거의 모든 문헌을 이런 주제에 흥미를 가진 사람들이 쉽게 접근할 수 있었다. 그 결과로 1500년 중반부터 분명하게 유럽의 세련된 수학의 수준이 급격하고 뚜렷하게 증가했다.

7.2 학자들의 다툼

■ 대수적 전통의 부활 : 로버트 레코드

르네상스는 문학, 미술, 건축에서의 성취와 견줄만한 뛰어난 수학을 거의 만들어내지 못했다. 일반적으로 당시에 통용되는 수학 지식의 수준이 낮았기 때문에, 모든 지적 발전에 걸림돌이 됐다. 수학이 대부분의 대학교 교육 과정에 포함되어 있었지만, 매우 소극적으로 유지됐다. 실제로, 1400년대 후반에 볼로냐 대학교는 수학 교육을 적절하게 조직한 거의 유일한 곳이었는데, 이곳에서도 수학은 주로 천문학의 곁가지로 나타났다. 대학교에 수학을 가르치는 교수 자리는 거의 없었고, 르네상스 인문학의 교사이거나 학자이거나 후원자를 겸하지 않으면 어떠한 수학자도 학계로부터 존경을 받을 수 없었다.

레기오몬타누스는 수학과 인문학을 결합하는 본보기를 세웠다. 그는 빈 대학교에서 고대의 라틴 시인 베르길리우스(Virgil), 유베날니스(Juvenal), 호라티우스(Horace)[5]에 대해 열정적으로 강의했는데, 천문학이나 수학에 관한 강의보다 더 많은 청중을 끌었다. 그는 로마를 방문했을 때, ≪알마게스트≫와 그 다음으로 아폴로니오스의 ≪원뿔 곡선론≫을 좀 더 이해하기 쉽게 번역하기 위해 그리스 말을 배우면서도 세네카(Seneca)[6]의 비극을 복제했다. 레기오몬타누스는 그리스의 전통에 대부분의 사람이 접근할 수 있도록 하기 위해서, 새로운 인쇄 기술의 열렬한 지지자가 됐으며, 심지어 자신의 집에 인쇄기를 설치하고 자신과 다른 사람들의 원고를 출판했다. 레기오몬타누스에서 시작해서, 수학자들은 인쇄술의 힘을 곧바로 알아챘다. 수학을 부활시키기 위해서 원고와 번역서를 빠르게 보급하기 위한 야심찬 인쇄 계획을 되풀이해서 세웠었다.

수학은 고대 그리스의 문헌을 발굴하고 번역하며 유포하려는 인문학자들의 열정으로부터, 거의 광신적인 열의로부터 엄청난 이득을 봤다. 인문학자들의 주요 관심사는 고전 문학에 있었지만, 그들은 고대 그리스와 로마의 모든 지식을 자신의 분야로 생각했고, 수학 책도 문학 책과 마찬가지로 되찾아야 할 것으로 소중히 여겼다. 이런 원고 수집자들은 거의 완벽한 그리스 수학 문헌 전체를 이탈리아에서 모으는 역할을 했다. 중세의 학자는 일반적으로 유클리드, 프톨레마이오스, 종종 아르키메데스에 국한해서 모두 아랍 말을 번역하는데 집중했다. 15세기에 이르러, 전형적인 소장품에는 앞에서 말한 저자들의 라틴 말과 그리스 말로 된 책들뿐만 아니라 디오판토스, 아폴로니오스, 파포스, 프로클로스의 책들이 포함되어 있었다. 당대의 많은 르네상스 사람들과 같이 수학자는 고대 사람들이 했었던 것에

5) [옮긴이] Publius Vergilius Maro, 기원전 70년~기원전 19년, 고대 로마 최대의 시인, Decimus Junius Juvenalis, 60?~140, 고대 로마의 풍자 시인, Quintus Horatius Flaccus, 기원전 65~기원전 8, 고대 로마의 시인.

6) [옮긴이] Lucius Annaeus Seneca, 기원전 4~서기 65, 로마의 철학자, 정치가, 연설가, 비극작가.

대한 이해를 넘어서서 더 많은 것을 시도하려고 거의 하지 않았다. 분명히 이것이 그들이 알 수 있었던 최대였다. 이런 노력의 많은 부분은 헛됐지만, 원전으로 다시 돌아간 것은 지적 발전을 위한 첫걸음이었다. 다음 단계로, 문헌의 딱딱한 글자를 넘어서서 그리스 사람들이 정확하게 예측하지 못한 새로운 개념과 결과를 발전시키는 것은 단순한 시간 문제였다. 게다가, 어떤 주석자가 생각해서 아랍 말로 바꾸어 표현된 저자의 뜻을 읽는 것보다 직접 저자, 이를테면 유클리드를 직접 읽는 것이 훨씬 더 좋았다.

1500년에 이르러 상황이 급격히 바뀌었다. 새로 번역된 책들을 완전히 흡수했고 고대를 되돌아보는 데 만족하지 못한 학자들은 그리스 사람들이 갖고 있던 수학적 지식을 넘어설 준비를 마쳤다. 1500년대 초에 이탈리아 대수학자들이 고대 그리스 사람들과 아랍 사람들이 빠뜨렸던 삼차 방정식을 푸는 방법을 밝힌 것은 엄청나게 놀랍고 대단히 기쁜 일이었다. (그렇지만 대수학에서 가장 중요한 발전으로 밝혀진 것은 더 좋은 표기법의 도입이었다.) 산술에서, 발달하는 상업과 금융에 대한 관심은 십진법 소수와 로그의 사용과 같은 셈 방법의 개선을 자극했다. 삼각법은 항해와 측량 및 공병학에서 이의 용도가 커졌는데, 천문학에서 벗어나서 수학의 독립된 분야로서의 지위를 획득하기 시작했다. 정교한 천문 관측 도구는 더 확장된 삼각 함수표의 셈을 필요로 했다. 도이칠란트 사람의 부지런함과 참을성을 보여주는 불후의 업적으로, 일반적으로 레티쿠스(Rheticus)로 불리는 게오르크 요아힘(Georg Joachim, 1514~1576)은 사인 함수표를 10초 간격으로 소수 15자리까지 셈했다. 기하학에서만 발전이 덜 나타났다. 르네상스 기하학자들은 유클리드의 ≪원론≫에서 찾은 초등 성질들을 자신들의 활동을 위한 유일한 본보기로 받아들였고, 그리스에서 기원했다고 할 수 없는 발달은 무시했다.

수학자들은 새롭게 발견한 사실들을 쉽게 만들어서 상인들에게는 이익을 셈하는 방법을 가르치고 지도 제작자에게는 구면을 평면에 사영하는 과정의 기초를 이루는 원리를 보여주는 등 보통 사람들을 도와줄 수 있기를 간절히 바랐다. 16세기에도 이해하기 어려운 간단한 산술과 기하학 규칙들이 있었는데, 긴 나눗셈(장제법)은 시행하는 데 정말로 긴 시간이 필요했다. 그래서 1500년대 중반에는 쉽고 간단한 말로 쓰인 초등적인 교육을 위한 책이 점점 더 많이 나타났다. 이런 실용적인 교과서들은 새로운 내용을 전혀 포함하지 않았지만 더욱 늘어난 일반인에게 수학을 보급하는 데는 중요했다. 대다수는 라틴 말로 쓰였는데, 제 나라 말로 쓰인 책도 꽤 많이 나타났다. 괜찮은 예가 잉글랜드 수학자 레코드(Robert Recorde, 1510~1558)의 책들인데, 29판까지 간행된 인기 있던 산술 교과서인 ≪산술의 기초(The Grounde of Artes, 1542≫, ≪원론≫의 요약이 포함된 기하학 책인 ≪지식의 오솔길(The Pathewaie of Knowledge, 1551≫, 대수학에 관한 ≪지혜의 숫돌(The Whetstone of Witte, 1557)≫이 있다. 도이칠란트에서는 대수학에 관한 책이 대단히 많아져서, 이 과목은 유럽에서 오랫동안 'cossic art(미지수 기술)'라고 알려졌는데, 이 표현은 '미지수'를 나타내는 도이치 말인 [글자 뜻대로 '(사물을 나타내는) 것(thing)'을 뜻하는] 'coss'에서 나왔다. 교과서를 쉬운 말로 집필하는 경향을 통해, 수학은 직업 교육을 위해 전문가를 훈련하는 것만이 아니라 모든 교양 있는 사람을 위한 교육에서 더욱 중요해졌다.

레코드는 잉글랜드 수학 저자 집단의 창시자라는 말을 듣지만, 그가 잉글랜드에서 처음으로 인쇄된 수학 교과서를 저술한 사람도 아니었고 최초로 영어로 책을 쓴 사람도 아니었다. 성직자 톤스톨(Cuthbert Tonstall, 1474~1559)은 주로 이탈리아 원전에 근거해서 라틴말로 ≪De Arte Supputandi, 1522, 잉글랜드에서 최초로 인쇄된 산술 책≫를 출판했는데, 같은 해에 그는 런던의 주교가 됐다. 그리고 익명의 저자가 영어로 쓴 ≪펜과 계수기로 셈하는 방법을 배우기 위한 입문서(An Introduction for to Lerne to Recken with Pen and the Counters)≫가 1537년에 나타났다. 그럼에도 불구하고, 레코드의 일련의 책들은 가장 큰 인기를 누렸고, 16세기와 17세기에 셀 수 없이 많이 인쇄됐다.

레코드는 옥스퍼드 대학교에서 배웠고, 그 뒤 1545년에 케임브리지 대학교에서 의학 박사 학위를 받았다. 그는 런던에서 의사로 개업하기 전에 두 대학 도시 모두에서 수학 개인 교습을 했다. 그가 왕 에드워드 6세(Edward VI)와 왕비 메리(Mary)의 주치의였다는 말이 있다. 1551년경에 그는 아일랜드에서 은광과 화폐 감독관으로 임명됐다. 레코드의 큰 행운은 일시적으로 보이는데, 몇 년 뒤에 감옥에서 죽었기 때문이다. 그가 투옥된 이유는 알려지지 않았지만, 행정 관청에서 그의 행위와 관련됐을 가능성이 높다,

레코드의 ≪지식의 성(Castle of Knowledge, 1556)≫은 학생과 스승 사이의 대화체로 쓰인 천문학에 관한 책인데, 지구가 움직인다는 코페르니쿠스의 전제를 잉글랜드에서 처음으로 논의한 내용을 포함하고 있어서 마찬가지로 주목할 만하다. 아마도 조롱을 당하거나 더욱 나쁘게는 종교적 박해를 받는 것을 피하려고 자신의 의견을 조심스럽고 애매하게 나타냈다. 젊은 학생이 코페르니쿠스의 생각을 '헛된 공상'이라고 말했을 때, 그 스승은 "너는 너무 젊다. … 너는 네가 잘 이해하지 못하는 어떠한 것도 비난하지 않는 것이 최선이다."라고 응대했다.

번거로운 축약된 표기법의 부담으로 허우적거리던 대수학자들은 대수적 글쓰기를 좀 더 효율적이고 간결하게 할 수 있는 기호 체계를 도입하기 시작했는데, 이것은 활판 인쇄의 요구에도 더 적합했다. 이런 개선 작업은 간헐적으로 나타났으며, 일관성도 결여되어 있었는데, 통상적인 산술 연산의 경우에도 그렇다. (현재의 나눗셈 기호 ÷도 흔히 뺄셈을 나타내는 데 사용됐다.) 또, 서로 다른 나라에서 서로 다른 기호가 제시됐으며, 시도된 뒤에 흔히 버려졌다. 이탈리아 대수학자들은 새로운 표기법을 느리게 채택했는데, 'plus(플러스)'와 'minus(마이너스)'를 머리글자 p와 m으로 나타내기를 좋아했다. 이 시기에 전통에 덜 예속된 도이칠란트 사람들은 친숙한 수학 기호 $+$와 $-$를 채택했다. 대수학에서 연산을 위한 기호의 발달이 빠르게 진행됐지만, 방정식에서 언급되는 수량들은 여전히 일반적인 문자

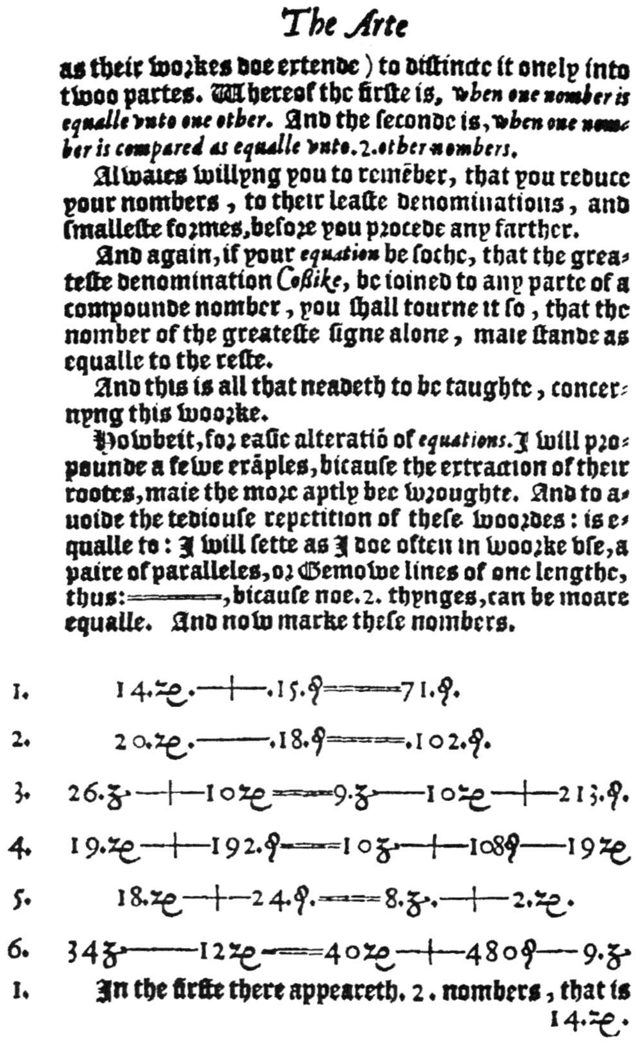

The Arte

as their woorkes doe extende) to distincte it onely into twoo partes. Whereof the firste is, *when one nomber is equalle vnto one other.* And the seconde is, *when one nomber is compared as equalle vnto .2. other nombers.*

Alwaies willyng you to remēber, that you reduce your nombers, to their leaste denominations, and smalleste formes, before you procede any farther.

And again, if your *equation* be soche, that the greateste denomination *Cossike*, be ioined to any parte of a compounde nomber, you shall tourne it so, that the nomber of the greateste signe alone, maie stande as equalle to the reste.

And this is all that neadeth to be taughte, concernyng this woorke.

Howbeit, for easie alteratiō of *equations*. I will propounde a fewe exāples, bicause the extraction of their rootes, maie the more aptly bee wroughte. And to auoide the tediouse repetition of these woordes: is equalle to: I will sette as I doe often in woorke vse, a paire of paralleles, or Gemowe lines of one lengthe, thus: ═══════, bicause noe .2. thynges, can be moare equalle. And now marke these nombers.

1. 14.ze.—+—.15.ϕ═════71.ϕ.
2. 20.ze.———.18.ϕ═════.102.ϕ.
3. 26.ʒ—+—10ze═════9.ʒ———10ze—+—213.ϕ.
4. 19.ze—+—192.ϕ═════10ʒ—+—108ϕ———19ze
5. 18.ze—+—24.ϕ.═════8.ʒ.—+—2.ze.
6. 34ʒ———12ze═════40ze—+—480ϕ———9.ʒ

1. In the firste there appeareth. 2. nombers, that is 14.ze.

레코드의 ≪지혜의 숫돌, 1557≫의 한 쪽. (*Courtesy of Theatrum Orbis Terrarum Ltd.*)

대신에 구체적인 수로 표현됐다. 그 결과, 이를테면 이차 방정식을 완벽하게 취급할 수 없었다. 그 대신에 풀이 방법을 설명했으며 많은 특별한 경우에 대해 직접적인 해는 제시했는데, 각각은 적절하게 선택된 특별한 수치가 결수[계수]인 방정식으로 예시됐다.

구체적인 예만을 다루어야 하는 불가피한 상황으로부터 대수학을 해방시킨 것은 주로 프랑스의 뛰어난 수학자 수랑수아 비에타(François Vièta, 1540~1603)의 업적이었는데, 그는 자음을 사용해서 아는 수량을 나타냈고 모음을 사용해서 모르는 수량을 나타내기 시작했다. 이 발상은 간편한 표기법뿐만 아니라 수학적 사고의 추상화에서 결정적인 변화를 나타냈다. $3x^2+5x+10=0$과 같이 다양하지만 특정한 예로부터 일반적인 $ax^2+bx+c=0$으로 이동함으로써, 이런 방정식 전체를 한꺼번에 고려할 수 있었으며, 이에 따라 추상적인 방정식의 풀이는 모든 특별한 방정식을 단번에 처리해 버린다.

■ 이탈리아 대수학자 : 파촐리, 델 페로, 타르탈리아

1500년대의 이탈리아 수학은 델 페로, 타르탈리아, 카르다노, 페라리, 봄벨리 등의 이름으로 요약할 수 있다. 처음 네 사람이 공동으로 성취한 업적은 삼차와 사차 방정식의 풀이 및 이에 따라 함축적으로 일반적인 방정식에 대한 더 깊은 이해였다. 이 공적은 아마도 약 3000년 이전의 바빌로니아 사람들의 업적 이래 대수학에서 가장 큰 공헌이었을 것이다. 삼차 방정식은 르네상스의 사람들에게 결코 특이한 것이 아니었는데, 고대부터 삼차 방정식을 풀려는 시도가 있었다. 정육면체의 배적 문제, 곧 델로스 섬 문제는 그리스 사람들 사이에서 매우 유명했었다는 사실을 알아봤다. 이 문제는 a와 $2a$ 사이의 두 개의 비례 중항을 찾는 문제, 곧 다음을 푸는 문제와 다르지 않다.

$$\frac{a}{x}=\frac{x}{y}=\frac{y}{2a}$$

이것은 실질적으로 삼차 방정식 $x^3=2a^3$의 풀이를 요구한다. 또 다른 주목할 만한 삼차 방정식은 디오판토스의 ≪산수론≫에서 제 6 권의 다음 문제 17과의 관계에서 접하게 된다.

> 직각 삼각형을 찾는데, 그 넓이를 빗변에 더하면 제곱수가 되고 그 둘레는 세제곱수이다.

디오판토스가 이 문제를 설정한 방법에 따라 삼차 방정식 $x^3+x=4x^2+4$를 얻는다. 해를 얻은 방법은 알 수 없는데, 그는 단순히 x는 4로 밝혀진다고 말했다. 아마도 그는 이 방정식을 $x(x^2+1)=4(x^2+1)$로 바꿨고 이것이 $x=4$로 만족됨을 알게 됐을 것이다. 아랍 저자들은 특별한 삼차 방정식들에 대한 해를 제시했지만, 많은 경우는 풀 수 없다고 믿었던 것으로 보인다. 시인 오마르 카얌(1100년경)의 수학자로서의 명성은 양수 근이 있는 임의 형태의 삼차 방정식을 처음으로 다루었다는 그의 주장에 일부 근거하고 있다. 팔레르모의 존은 시합에서 피보나치에게 도전 문제의 하나로 방정식 $x^3+2x^2+10x=20$의 풀이를 제시했다. 피보나치는 유비수 해가 존재할 수 없음을 기하학적으로 보였지만, 근에 대한 어림값을 제시했다. 그 뒤 수백 년 동안 수학자들은 이차 방정식을 근의 공식을 사용해서 푸는 것과 똑같은 방식으로 삼차 방정식을 푸는 데 사용할 수 있는 '삼차 방정식의 근의 공식'을 찾았다. 이런 공식을 최종적으로 찾아내는 명예는 1500년대에 볼로냐에 있던 이탈리아 수학 학파가 차지했다.

루카 파촐리
(Fra Luca Pacioli, 1445?~1514)

(*The Bettmann Archive*)

15세기에 가장 완전하고 자세한 수학 연구서는 루카 파촐리의 ≪산술, 기하, 비례 및 비율 전서(1494)≫였는데, 이 책의 저자는 뻔뻔스럽게도 그 이전 저자들의 책을 베꼈다. (결국 요약본인) ≪전서≫의 주요한 공헌은 당시의 수학적 지식의 경계를 설정했고, 이에 따라 수학의 르네상스를 위한 일종의 계획표를 제공했다는 데 있다. 파촐리는 삼차 방정식의 풀이는 원의 구적 문제만큼 불가능하다는 주장으로 ≪전서≫를 마무리했다. 이것은 일부 수학자들이 이에 대한 흥미를 잃게 만들었지만, 다른 사람들은 이를 시도하도록 유도했다. 16세기의 처음 10년 또는 20년 안에 볼로냐 대학교의 스키피오네 델 페로(Scipione del Ferro, 1465~1526)는 p와 q가 양수인 특별한 경우의 삼차 방정식 $x^3+px=q$를 풀어서 파촐리의 예측을 산산이 부셔버렸다. 르네상스 대수학에서 최초의 뛰어난 업적인 이 풀이를 파촐리는 개인적으로 자극했는데, 그는 1501~1502년에 볼로냐 대학교에서 강의했고 그의 동료 중에 델 페로가 있었기 때문이다. (교황 니콜라스 5세는 1450년에 이 대학교의 전반적인 개편을 선포했고, 수리 과학 분야에 네 자리를 할당했다. 1500년에 이곳에는 수학을 가르치는 교수가 동시에 8명이 있었다.)

당시에는 수학적 발견을 개인 소유물로 생각하는 것이 관행이었고, 방법도 증명도 밝히지 않아서 다른 사람이 비슷한 문제에 적용하지 못하게 했다. 이것은 학자로서의 명성이 주로 공개적인 시합에 근거했기 때문이다. 상대가 접근할 수 없는 문제를 제시함으로써 즉시 금전적인 상을 얻을 수 있었을 뿐만 아니라, 이런 도전의 결과는 대학 교수직 임명에도 영향을 미쳤다. 그 당시에 대학 교수직은 임시직이었고 입증된 성과에 근거해서 갱신이 좌우됐다. (과학 잡지의 출판이 일상화됨에 따라, 학자로서 인정을 받는 최선의 길은 이렇게 비밀을 유지하려는 태도로부터 결과를 발표하는 것이라는 관점으로 서서히 바뀌었다.) 어쨌든, 델 페로는 다른 경쟁자가 유리하게 될 것을 꺼려서 자신의 풀이 방법을 결코 출판하지 않았고, 몇 명의 가까운 친구에게만 이 비밀을 알려주었는데, 그 중에는 그의 제자이

니콜로 타르탈리아
(Nicolo Tartaglia, 1500?~1557)

(Source: ORE, OYSTEIN; CARDANO. ©1953 Princeton University Press, 1981 Renewed. Reprinted by permission of Princeton University Press)

자 후계자인 안토니오 피오레(Antonio Maria Fiore, 1506년경)가 있었다. 이런 거래는 가장 유명한 수학 논쟁의 하나에 이르게 됐는데, 이것은 1535년에 베네치아에서 열린 문제 풀이 시합에서 기원했는데, 이 시합에서 피오레는 니콜로 타르탈리아에게 여러 가지 삼차 방정식을 풀자고 도전했다.

대수학의 전통을 복원한 가장 중요한 전문가의 한 사람인 니콜로 타르탈리아(Nicolo Tartaglia, 1500~1557)는 영향력이 가장 미약한 사람에 속하기도 했다. 실제의 성은 폰타나(Fontana)였던 니콜로 타르탈리아는 이탈리아 북부 브레시아(Brescia)에서 태어났다. 프랑스가 1512년에 브레시아를 약탈할 때, 많은 주민은 그 지방의 대성당으로 피신했다. 그렇지만 병사들은 대성당의 성역을 침범했고, 주민들을 학살했다. 소년 니콜로의 아버지는 잔인하게 학살됐고 그 자신은 군도에 턱과 입천장이 갈라지는 심각한 상처를 입고 거의 죽은 상태로 남아 있었다. 그의 어머니가 아들을 찾아냈고 자신이 알고 있는 최선의 방법으로 상처를 치료했지만, 그는 말하는 데 장애를 받았고, 이에 따라 잔인한 별명 타르탈리아(말더듬이)가 붙었다. 그는 말년에 이 별명을 그가 발표한 문헌에 공식적으로 사용했다. 그는 수염을 길게 길러서 끔찍한 흉터를 감췄지만, 말을 더듬는 장애는 결코 극복할 수 없었다.

타르탈리아는 어린 시절에 지독하게 가난했지만, 스스로 배우기로 결심했다. 그의 홀어머니는 그가 글쓰기 스승의 개인 지도를 받을 수 있을 정도의 적은 돈을 모았다. 그 돈은 15일 뒤에 동났지만, 그 소년은 글씨 익힘책을 훔쳤고 이를 사용해서 그 뒤에 읽고 쓰는 방법을 배웠다. 종이를 살 돈이 없던 타르탈리아는 묘지에 있는 비석을 석판으로 사용해서 연습했다고 한다. 비상한 능력을 가진 그는 결국 수학에 단단히 능숙해져서 베로나와 베네치아에서 수학을 가르쳐서 생계를 꾸려나갔다. 군도로 얼굴이 흉측한 꼴이 된 타르탈리아는 수학을 대포 사격에 응용한 선구적인 연구서 ≪새로운 과학(Nova Scientia, 1537)≫을 통해 궁극적으로 군도를 구식 무기로 만드는 데 공헌했다는 사실은 역설적이다. 타르탈리아의 '새로운 과학'은 물론 탄도학이었다. 그가 전개한 이론은 완전히 잘못된 경우도 흔히 있었지만, 그는 처음으로 이른바 포병의 경험과 대비되는 이론적인 논의를 제시했다. 갈릴레이를 예견하듯이, 타르탈리아는 무게가 서로 다른 두 물체가 같은 시간에 같은 거리만큼 자유 낙하한다고 가르쳤다.

타르탈리아는 어린 시절의 불행한 경험을 통해 의심이 많은 성격을 지니게 된 것으로 보인다. 독학한 그는 자신의 특권을 지키려고 했고, 자신의 지적인 자격 인증을 확실히 하려고 끊임없이 노력했다. 그는 의도적이거나 아니면 단순히 문헌을 몰랐기 때문에 다른 사람의 발견을 자신의 것이라고 주장하는 버릇이 있었다. 통상 파스칼의 공적으로 돌리는 '산술 삼각형'이 이런 예에 속한다. 산술 삼각형이 이미 인쇄물로 나타났지만, 타르탈리아는 이것이 자신의 발견이라고 주장했다. 타르탈리아는 고전 교육을 받지 못했기 때문에 자신이 인문학자로서 불리하다고 느낀 것으로 보인다. 그래선지 그는 파촐리의 ≪전서≫를 대체하려는 의도로 쓴 ≪수와 측정에 관한 일반론(General Trattato di Numeri et Misure≫의 머리말을 키케로와 프톨레마이오스의 인용문으로 장식했다.

1530년에 타르탈리아는 한 친구로부터 다음과 같은 두 문제를 받았다.

1. 수 중에서 그것의 세제곱을 그것의 제곱의 세 배에 더하면 5가 되는 것을 찾아라. 곧, 방정식 $x^3+3x^2=5$를 만족시키는 x의 값을 찾아라.
2. 세 수 중에서 둘째 수는 첫째 수보다 2만큼 크고 셋째 수는 둘째 수보다 2만큼 크며 세 수의 곱은 1000인 세 수를 찾아라. 곧, 방정식 $x(x+2)(x+4)=1000$ 또는 동치로 $x^3+6x^2+8x=1000$을 풀어라.

얼마 동안 타르탈리아는 이 문제들을 풀 수 없었는데, 1535년에 드디어 이것들을 해결할 수 있었다. 그리고 $x^3+px^2=q$ 꼴의 모든 방정식을 풀 수 있다고 공표했다. 타르탈리아의 주장이 허세하고 믿은 피오레는 그에게 공개적인 문제 풀이 시합을 갖자고 도전했다. 각 참가자는 30문제를 제시하기로 했고, 50일 안에 더 많은 문제를 푼 사람이 이기는 것으로 했다. 타르탈리아는 경쟁자가 어떤 꼴의 삼차 방정식에 대한 해법을 죽은 스승으로부터 물려받았다는 사실을 알게 됐고, 일반적인 과정을 찾으려고 미친 듯이 연구했다. 그는 약속한 날 직전에 이차 항이 없는 삼차 방정식을 푸는 방법을 고안했다. 이에 따라 타르탈리아는 두 가지 꼴의 삼차 방정식을 다루는 방법을 알고 시합에 들어간 반면에, 경쟁자는 한 가지 방법만을 준비했다. 타르탈리아는 두 시간 안에 자기에게 제시된 30문제를 답을 알고 있던

지롤라모 카르다노
(Girolamo Cardano, 1501~1576)

(*Princeton University Press*)

$x^3+px=q$ 꼴의 특별한 방정식으로 바꾸었다. 그 자신이 피오레에게 제시한 문제 중에서, 피오레는 한 가지 꼴은 해결할 수 없었다. (대부분은 $x^3+px^2=q$ 꼴의 방정식이 되는 것이었다.)

■ 카르다노, 비열한 수학자

통상 카르단(Cardan)으로 알려진 지롤라모 카르다노(Girolamo Cardano, 1501~1576)가 이제 화면에 등장한다. 카르다노의 삶은 당시의 기준으로도 개탄스러웠다. 그는 한 아들이 아내를 독살한 죄로 처형당하는 장면을 목격했다. 그는 똑같은 죄를 저지르려고 하는 둘째 아들의 두 귀를 개인적으로 삭둑 잘라버렸다. 그는 그리스도의 별점을 발표한 뒤에 이단으로 투옥됐다. 대개 그는 집중적인 연구와 흥청망청 방탕한 생활에 시간을 나누어 썼다. 그러나 카르다노는 악행과 함께 다양한 관심사로 볼 때 진정한 르네상스 사람이었다. 그는 의사, 철학자, 수학자, 점성가, 비술 애호가, 다작의 작가였다.

카르다노는 젊은 시절을 주로 도박에 몰두하며 천박하게 보낸 뒤에, 파비아 대학교에서 배우기 시작했고 1525년에 파도바 대학교에서 의학 박사 학위를 받고 학업을 마쳤다. 그는 표면적으로는 사생아라는 이유에서 그러나 십중팔구 도박꾼이라는 악평 때문에 밀라노에 있던 의과 대학에 응모해도 번번이 모두 거절당했다. 그가 처음으로 발표한 연구 <통용되고 있는 나쁜 의술에 대해(De Malo Recentiorum Medicorum Medendi Usu Libellus)>가 밀라노의 의사들을 조롱한 것은 놀랍지 않다. 카르다노는 50세가 됐을 때, 유럽의 의사 중에서 베살리우스[7] 다음의 둘째 자리에 올랐으며, 유명 인사들을 치료하기 위해 널리 여행했다. 그의 명성이 대단했기 때문에, 스코틀랜드의 대주교도 그의 환자에 속했다. 그 대주교는 폐결핵을 앓고 있는 것으로 보였다. 카르다노는 특수한 방법을 이용하면 그 질환을 치료할 수 있다고 주장하고는(나중에 거짓이라고 인정했는데), 그 대주교를 치료하기 위해 에든버러로 여행했다. 환자에게도 그리고 카르다노의 명성에도 다행스럽게도, 그는 천식을 앓고 있었다. 카르다노는 돌아가는 길에 런던을 들렀는데, 어린 왕 에드워드 6세(Edward VI, 1537~1553)의 접대를 받았고 그의 별점을 쳐주어야 했다. 오래 살고 풍요로운 미래를 맞을 것이라는 기분 좋은 예언을 했지만, 그 소년이 그 뒤 곧 죽었을 때 대단히 난처한 상황에 몰리게 됐다. 여러 시기에 카르다노는 밀라노, 파비아, 볼로냐에 있는 대학교의 수학 교수를 역임했는데, 각 자리는 그의 이름과 관련된 어떤 새로운 추문 때문에 물러났다. 그는 공개적인 강의 및 책의 저술과 출판이 금지된 뒤에 마지막으로 로마에 정착했는데, 이곳에서 어떤 이상한 이유에서 그는 교황의 궁정에 속한 점성가로서 상당한 연금을 받았다. 카르다노는 여러 가지 해석에 따라서 자신이 어떤 특정한 날에 죽을 것이라고 예언했는데, 그 예언이 진짜임을 증명하기 위해서 부득이 자살한 것으로 보인다.

타르탈리아와 피오레 사이의 수학 시합에 관한 이야기가 드디어 밀라노에 있던 카르다노에게도 알려졌을 때, 카르다노는 타르탈리아에게 삼차 방정식의 해법을 간청했다. 그리고 그 결과를 타르탈리아의 이름으로 곧 나올 책 ≪실용 일반 산술(Practica Arithmeticae Generalis, 1539)≫에 싣자고 제안했다. 타르탈리아는 적당한 시기에 자신이 대수학에 관한 강연을 책으로 낼 것이라는 이유에서 이를 거부했다. 어떤 공식의 발견자가 되는 것과 자신의 이름으로 독창적인 연구에 관한 전문 서적을 내는 것은 같을 수 없다. 역사가 인용하는 것은 각주의 언급이 아니라 책일 것이다. 그 비밀을 배우기를 희망한 카르다노는 타르탈리아에게 자신을 방문해달라고 초청했다. 많은 애원과 아첨을 받고 타르탈리아는 카르다노가 그 해법을 비밀로 유지하겠다는 약속을 받고, 어쩌면 맹세를 받고 그것을 알려줬다. 그런데 타르탈리아가 삼차 방정식의 근의 공식을 처음으로 발견한 사람이 아니라는 소문이 돌기 시작했고, 1543년에 카르다노는 그런 이야기를 확인하기 위해 볼로냐를 여행했다. 그는 델 페로가 사후에 남긴 논문을 조사한 뒤에, 델 페로가 돌파구를 만든 사람이라고 결론을 내렸다. 카르다노는 더 이상 타르탈리아에게 한 약속을 지킬 필요가 없다고 생각했고, 카르다노의 책 ≪위대한 셈법(Ars Magna)≫을 1545년에 출판했을 때 그 공식과 증명 방법을 완전히 공개했다. 카르다노는 (그 책의 세 곳에서) 특별한 삼차 방정식 $x^3+px=q$의 해법을 그의 '친구' 타르탈리아로부터 얻었다고 솔직하게 인정했지만, 자신이 얻은 공식의 정확성은 자기 스스로 증명했다고 주장했다. 엄숙한 맹세를 명백히 파기한 것에 분노하고 자신의 기념

7) [옮긴이] Andreas Vesalius, 1514~1564, 벨기에의 해부학자, 근대 해부학의 창시자.

비적인 연구에 대한 보상을 빼앗겼다고 생각한 타르탈리아는 카르다노를 거짓말쟁이라고 비난했다. 이에 따라 과학의 역사에서 가장 격렬한 다툼이 시작됐고, 가장 저속한 수준에서 서로 욕하고 비방했다.

7.3 카르다노 : ≪위대한 셈법≫

■ 카르다노의 삼차 방정식 풀이

카르다노는 폭넓은 주제에 대해 썼는데, 수학, 점성술, 음악, 철학, 의학 등이 이에 포함된다. 그가 죽었을 때, 이미 131권의 책이 출판됐었고 111권의 책이 원고 상태로 있었다. 그는 불만족스러운 170권의 원고는 태워버렸다고 주장했었다. 그의 저술은 1494년의 파촐리의 책에 주로 근거한 수치적 셈에 관한 책 ≪실용 산술(1539)≫부터 대단히 부끄러운 폭로도 서슴지 않았던 자서전 ≪나의 삶에 관한 책(Liver de Vita Propria, 1575)≫까지 퍼져있다. 카르다노의 서양장기, 주사위, 카드 놀이에 대한 열정은 ≪우연의 놀이에 관한 책(Liber de Ludo Aleae)≫을 저술하도록 만들었다. 이 책은 그가 죽은 뒤에 발견된 원고 중에 있었으며 1663년에 출판됐는데, 통상 확률 이론을 출범시키는 공적을 세웠다고 하는 페르마와 파스칼보다 50년 이상 앞서서 이 책은 확률 이론의 기초를 세웠다. 이 책에서 그는 속이는 방법도 알려주는데, 틀림없이 개인적 경험에서 얻은 지식일 것이다. 카르다노의 삶에서 진기한 운명의 반전 중 하나는, 그에게 시간과 돈과 평판을 잃게 만든 과도한 노름이 수학사에 이름을 올리게 만들었다는 사실이다.

영구적인 중요성을 지닌 ≪위대한 셈법≫은 수학과 다른 분야에 대한 카르다노의 모든 책 중에서 틀림없이 으뜸이다. 1545년에 처음으로 인쇄된 이 책은 오늘날 대수 방정식에 관한 교과서로 분류될 것이다. 카르다노가 단순한 표절자가 아니라 상당한 정도의 정직한 노력도 기울였다는 사실은 아주 명백하다. 음수가 아랍의 문헌을 통해 유럽에 알려졌지만, 대부분의 서구 대수학자들은 음수를 진정한 수로 받아들이지 않았고 방정식은 양수 항들만 나타나도록 쓰는 것을 선호했다. 그래서 당시에는 한 가지 삼차 방정식이 아니라, 등호의 같은 변과 다른 변에 나타나는 다양한 항에 따라서 13가지 삼차 방정식이 있었다. 타르탈리아는 카르다노에게 $x^3 + px = q$ 에 대한 공식을 알려줄 때, 삼차 방정식이 취할 수 있는 모든 꼴에 대한 해법을 자동적으로 제공하지는 않았다. 카르다노는 다른 경우들을 처리할 수 있도록 타르탈리아의 발견을 확장해야만 했다. 각 경우에 별개의 법칙을 고안하고 제공했다.

그때까지 서구 수학자들은 방정식의 양수 근만 제한적으로 고려했다. 카르다노는 음수 근을 호의적으로 배려한 최초의 인물이지만, 음수 근을 '가공'이라 불렀다. 그리고 그는 삼차 방정식에 세 개의 근이 있을 수 있다는 사실을 알아낸 최초의 인물이다. 카르다노의 논의에서 또 다른 놀라운 점은 현재 복소수 또는 (나중에 네이피어가 실수의 유령이라 부른) 허수라 부르는 것의 존재를 명백히 인식했다는 사실이다. 카르다노는 한 가지 경우를 제외하고 이런 수들을 ≪위대한 셈법≫에서 다루지 않았다. 예외적인 경우는 10을 두 부분으로 나누어 그 곱이 40이 되도록 하는 문제를 다룰 때 나타난다. 그는 이차 방정식 $x(10-x)=40$의 해로 두 근 $5+\sqrt{-15}$와 $5-\sqrt{-15}$를 얻었고, 그 뒤에 다음과 같이 썼다. "정신적인 고뇌는 제쳐두고, $5+\sqrt{-15}$에 $5-\sqrt{-15}$를 곱하면 $25-(-15)$가 되므로, 그 곱은 40이다." 카르다노는 이런 해를 어쩔 수 없이 받아들여야 한다고 느꼈지만, 서둘러 이에 대한 해석이 존재하지 않는다는 사실을 덧붙였다. "이렇게 대수적으로 교묘하게 진행했는데, 이의 종말은 미묘한 만큼 이는 쓸모없다." 그러나 단순히 의미 없다고 적음으로써 이에 상징적 의미를 부여했고, 이에 따라 카르다노는 이 상황에 관심을 기울였다는 평가를 받을 자격이 있다.

카르다노가 ≪위대한 셈법≫에서 도입한 혁신 중에는 삼차 방정식을 이차항이 없는 것으로 바꾸는 기법이었다. 다음 방정식에서 출발하자.

$$x^3+ax^2+bx+c=0$$

$x=y-a/3$로 치환하는 것이 여기서 필요한 전부이다. 이 새로운 미지수에 의해 주어진 방정식은 다음과 같이 된다.

$$\begin{aligned}0&=\left(y-\frac{a}{3}\right)^3+a\left(y-\frac{a}{3}\right)^2+b\left(y-\frac{a}{3}\right)+c\\&=\left\{y^3-3y^2\left(\frac{a}{3}\right)+3y\left(\frac{a}{3}\right)^2-\left(\frac{a}{3}\right)^3\right\}\\&\quad+a\left\{y^2-2y\left(\frac{a}{3}\right)+\left(\frac{a}{3}\right)^2\right\}+b\left(y-\frac{a}{3}\right)^3+c\\&=y^3+\left(b-\frac{a^2}{3}\right)y+\left(\frac{2a^3}{27}-\frac{ab}{3}+c\right)\end{aligned}$$

다음과 같이 놓자.

$$p=b-\frac{a^2}{3},\quad q=-\left(\frac{2a^3}{27}-\frac{ab}{3}+c\right)$$

그러면 마지막 방정식을 다음과 같이 쓸 수 있다.

$$y^3+py=q$$

이것이 바로 삼차 방정식의 줄인 꼴(reduced form)이다. 이것에는 y^2에 관한 항이 없지만, 결수[계수]들은 임의적이다.[8)]

카르다노는 삼차 방정식 $x^3+20x=6x^2+33$을 이렇게 줄이는 방법으로 풀었다. 치환 $x=y-(-6)/3=y+2$으로 이 방정식은 다음과 같이 변환된다.

$$(y^3+6y^2+12y+8)+20(y+2)=6(y^2+4y+4)+33$$

간단히 하면 다음과 같다.

$$y^3+8y=9$$

이 마지막 방정식에는 자명한 해 $y=1$이 있다. 그러므로 $x=y+2=3$은 원래의 삼차 방정식을 만족시킨다.

이제 카르다노가 줄인 삼차 방정식의 일반적인 해법에 도달한 방법을 조사하자. 르네상스는 그리스 수학에 최고의 존경을 표했던 시기이므로, 그의 증명이 (카르다노 스스로 강조했듯이 유클리드의 추론을 모방한) 기하학적 논법에 근거했다는 사실을 충분히 예상할 수 있을 것이다. 다음 삼차 방정식을 생각하자.

$$x^3+px=q \quad (p>0,\ q>0) \tag{1}$$

기하학적이지만 이를 다루는 기법은 다음 대수적 등식을 사용하는 것과 동치이다.

$$(a-b)^3+3ab(a-b)=a^3-b^3 \tag{2}$$

a와 b를 $3ab=p$이고 $a^3-b^3=q$를 만족시키도록 선택하면, 등식 (2)는 다음과 같이 된다.

$$(a-b)^3+p(a-b)=q$$

그러면 $x=a-b$가 방정식 (1)의 해를 제공한다는 사실이 밝혀진다. 그러므로 문제는 a와 b에 대한 다음 연립 방정식을 푸는 것과 관련된다.

$$a^3-b^3=q, \quad ab=\frac{p}{3}$$

이를 위해 첫째 방정식은 제곱하고 둘째 방정식은 세제곱하면 다음을 얻는다.

$$a^6-2a^3b^3+b^6=q^2, \quad 4a^3b^3=\frac{4p^3}{27}$$

두 방정식을 더하면 다음이 성립한다.

$$(a^3+b^3)^2=a^6+2a^3b^3+b^6=q^2+\frac{4p^3}{27}$$

곧, 다음을 얻는다.

$$a^3+b^3=\sqrt{q^2+\frac{4p^3}{27}}$$

8) [옮긴이] $f(y)=y^3+py-q$라 하면, $f'(y)=2y^2+p>0$이므로, $y^3+py=q$에는 근이 양수 한 개뿐이다.

이제, 다음 연립 방정식을 풀자.

$$a^3-b^3=q, \quad a^3+b^3=\sqrt{q^2+\frac{4p^3}{27}}$$

그러면 a^3과 b^3을 결정할 수 있는데, 그 결과는 다음과 같다.

$$a^3=\frac{1}{2}\left(q+\sqrt{q^2+\frac{4p^3}{27}}\right)=\frac{q}{2}+\sqrt{\frac{q^2}{4}+\frac{p^3}{27}},$$

$$b^3=\frac{1}{2}\left(-q+\sqrt{q^2+\frac{4p^3}{27}}\right)=-\frac{q}{2}+\sqrt{\frac{q^2}{4}+\frac{p^3}{27}}$$

그러므로 다음을 얻는다.

$$a=\sqrt[3]{\frac{q}{2}+\sqrt{\frac{q^2}{4}+\frac{p^3}{27}}}, \quad b=\sqrt[3]{-\frac{q}{2}+\sqrt{\frac{q^2}{4}+\frac{p^3}{27}}}$$

따라서 결론적으로 다음을 얻는다.

$$x=a-b=\sqrt[3]{\frac{q}{2}+\sqrt{\frac{q^2}{4}+\frac{p^3}{27}}}-\sqrt[3]{-\frac{q}{2}+\sqrt{\frac{q^2}{4}+\frac{p^3}{27}}}$$

타르탈리아가 두려워한 대로, 이 마지막 공식은 그 뒤 줄곧 삼차 방정식의 해에 대한 카르다노의 공식으로 불리고 있다. 16세기에 대수학에 주요한 공헌을 한 수학자는 거의 잊혀졌지만, 그의 발견은 악당의 이름으로 불리고 있다.

카르다노는 자신의 방법을 다음 방정식을 풀어서 예시했다.

$$x^3+6x=20$$

이 경우에 $p=6$이고 $q=20$이므로, $p^3/27=8$이고 $q^2/4=100$이다. 그러므로 공식에 따라 다음을 얻는다.

$$x=\sqrt[3]{\sqrt{108}+10}-\sqrt[3]{\sqrt{108}-10}$$

앞에서 지적한 대로, 카르다노는 방정식 형태들의 공들인 목록을 다루어야 했는데, 음의 결수[계수]를 허락하지 않았기 때문에 이렇게 했다. 다음 방정식을 생각하자.

$$x^3=px+q \quad (p>0,\ q>0)$$

그는 다음 등식에 대응하는 기하학적 논법을 사용했다.

$$(a+b)^3=a^3+b^3+3ab(a+b)$$

그리고 다음 해를 얻었다.

$$x=\sqrt[3]{\frac{q}{2}+\sqrt{\frac{q^2}{4}-\frac{p^3}{27}}}+\sqrt[3]{\frac{q}{2}-\sqrt{\frac{q^2}{4}-\frac{p^3}{27}}}$$

이 마지막 공식과 관련된 어려운 점이 있는데, 카르다노도 이를 관찰했지만 해결할 수 없었다. $(q/2)^2 < (p/3)^3$일 때, 이 공식은 불가피하게 음수의 제곱근에 도달한다. 곧, $\sqrt{q^2/4 - p^3/27}$은 '허수'가 된다.

예를 들어, 다음과 같은 역사적인 방정식을 생각하자.

$$x^3 = 15x + 4$$

이 방정식은 볼로냐의 16세기 마지막 위대한 수학자인 라파엘 봄벨리(Rafael Bombelli, 1526~1572?)가 그의 ≪대수학(Algebra, 1572)≫에서 다루었다. 카르다노·타르탈리아 공식을 직접 적용하면 다음을 얻을 것이다.

$$x = \sqrt[3]{2 + \sqrt{-121}} + \sqrt[3]{2 - \sqrt{-121}}$$

그런데 봄벨리는 이 방정식에 세 개의 실근, 곧 4, $-2 + \sqrt{3}$, $-2 - \sqrt{3}$가 있음을 알고 있었다. 여기서 공식이 대부분의 목적에서 쓸모없는 결과를 만들어내지만 다른 방법으로 세 개의 완벽하게 훌륭한 근을 찾을 수 있는 역설적인 상황에 처한다. 세 개의 근이 모두 실수이고 0이 아닐 때 나타나는 이런 곤란한 상황을 삼차 방정식의 '줄일 수 없는 경우(irreducible case)'라고 한다.9)

■ 봄벨리와 삼차 방정식의 허수 근

봄벨리는 대담하게 허수의 존재를 받아들인 최초의 수학자로, 이에 따라 줄일 수 없는 삼차 방정식에 관한 수수께끼에 어느 정도 실마리를 제공했다. 볼로냐에서 태어난 그는 수

---

9) [옮긴이] [폴 나힌 지음/ 허민 옮김, ≪허수 이야기≫, 경문사, 2004, pp. 23~24] $\sqrt[3]{2 + \sqrt{-121}} = u + \sqrt{-v}$라 놓고, u와 $v\,(v > 0)$를 찾아보자. 양변을 세제곱하면 다음과 같다.

$$2 + \sqrt{-121} = u^3 + 3u^2\sqrt{-v} - 3uv - v\sqrt{-v}$$

양변의 실수 부분과 허수 부분을 각각 같게 놓으면, 다음을 얻는다.

$$u^3 - 3uv = 2, \quad 3u^2\sqrt{-v} - v\sqrt{-v} = \sqrt{-121}$$

두 식을 각각 제곱하면, 다음을 얻는다.

$$u^6 - 6u^4v + 9u^2v^2 = 4, \quad -9u^4v + 6u^2v^2 - v^3 = -121$$

그리고 첫째 식에서 둘째 식을 빼면 다음을 얻는다.

$$u^6 + 3u^4v + 3u^2v^2 + v^3 = 125, \quad (u^2 + v)^3 = 5^3, \quad u^2 + v = 5$$

이제 $v = 5 - u^2$을 $u^3 - 3uv = 2$에 다시 대입하면 $4u^3 = 15u + 2$, 곧 $u^3 = (15/4)u + (1/2)$이 된다. $p = 15/4$와 $q = 1/2$을 위의 공식을 이용하면, 다음을 얻는다.

$$\frac{q^2}{4} - \frac{p^3}{27} = \frac{1}{16} - \frac{3375}{27 \cdot 64} < 0$$

곧, $4u^3 = 15u + 2$는 줄일 수 없는 삼차 방정식이다. 카르다노의 공식으로 '풀면' 복소수의 세제곱근을 셈해야 하는 결과를 얻을 것이다. 그래서 처음에 출발했던 곳으로 되돌아가며, 그런 것을 계산하는 문제에 직면하게 된다. 이 문제는 순환 고리 안에서 꼼짝 못하게 된 것처럼 보인다. 카르다노가 이런 상황을 '줄일 수 없는'이라고 부른 것은 당연하다.

HIERONYMI CAR
DANI, PRÆSTANTISSIMI MATHE
MATICI, PHILOSOPHI, AC MEDICI,
ARTIS MAGNÆ,
SIVE DE REGVLIS ALGEBRAICIS,
Lib. unus. Qui & totius operis de Arithmetica, quod
OPVS PERFECTVM
inſcripſit, eſt in ordine Decimus.

HAbes in hoc libro, ſtudioſe Lector, Regulas Algebraicas (Itali, de la Coſ ſa uocant) nouis adinuentionibus, ac demonſtrationibus ab Authore ita locupletatas, ut pro pauculis antea uulgò tritis, iam ſeptuaginta euaſerint. Neq; ſolum, ubi unus numerus alteri, aut duo uni, uerum etiam, ubi duo duobus, aut tres uni æquales fuerint, nodum explicant. Hunc aũt librum ideo ſeorſim edere placuit, ut hoc abſtruſiſsimo, & plane inexhauſto totius Arithmeticæ theſauro in lucem eruto, & quaſi in theatro quodam omnibus ad ſpectandum expoſito, Lectores incitaretur, ut reliquos Operis Perfecti libros, qui per Tomos edentur, tanto auidius amplectantur, ac minore faſtidio perdiſcant.

카르다노의 ≪위대한 셈법, 1545≫ 표지. (*Source: M.I.T. Press*)

학 교육을 공식적으로 받은 적이 없고 대학에서 수학을 가르친 적도 없다. 그는 양털 상인의 아들로, 직업은 건축 기사였다. 봄벨리는 그의 전임자 중에서 카르다노만이 대수학을 심도 있게 탐구했지만 카르다노는 명확하게 설명하지 못했다고 생각했다. 이에 따라 그는 카르다노의 ≪위대한 셈법≫을 이어받을 대수학에 대한 체계적인 해설서를 쓰겠다고 결심했다. 봄벨리는 1560년경에 이에 대한 초고를 완성했지만, 그가 죽기 직전인 1572년까지도

원고 상태로 있었다. 봄벨리는 ≪대수학≫을 준비하는 데 자신의 예상보다 상당히 더 긴 시간이 걸렸는데, 이유는 그가 이 책에 쓴 대로 다음과 같기 때문이다.

> 이 분야에 관한 그리스의 원고가 바티칸 도서관에서 발견됐는데, 디오판토스가 쓴 것이다. … 우리는 이를 번역하기 시작했는데, 현존하는 일곱 권 중에서 이미 다섯 권을 번역했다. 나머지는 다른 일이 있어서 끝마칠 수 없었다.

≪산수론≫의 복구에 엄청난 열정을 쏟은 봄벨리는 이 책의 처음 4권에서 143개의 문제와 풀이를 취해서 자신의 ≪대수학≫에 수록했는데, 이것들을 자신이 스스로 만든 문제 사이에 끼워 넣었다. 봄벨리는 문제들을 구별하지는 않았지만, 디오판토스의 책에서 자유롭게 인용했다고 인정했다. (≪대수학≫의 원고가 1923년에 발견됐다. 이 원고에는 ≪산수론≫에서 인용한 143개의 문제가 없는데, 이는 봄벨리가 처음에 이 책을 쓸 때 바티칸 판본을 보지 못했다는 사실을 알려준다.) 파촐리와 카르다노의 책에는 응용 산술 문제가 많이 수록되어 있지만, 봄벨리의 문제는 모두 추상적이다. 다른 사람들은 과학적인 목적보다는 실용적인 목적으로 책을 썼지만 자신은 "고대의 저자들을 본받아서 산술의 효율성을 부활시켰다."고 그는 주장했다. 봄벨리의 ≪대수학≫의 출판은, 피보나치가 ≪산반의 책≫에서 대수학의 법칙들을 도입한 1200년경에 이탈리아에서 시작된 운동을 완성했다.

봄벨리는 허수를 다루는 기법을 이용해서 카르다노의 공식을 활용할 수 있었는데, 삼차방정식의 줄일 수 없는 경우(모든 근이 실수인 경우)에도 활용했다. 그는 복소수가 셈에서 다른 수들과 같이 행동한다고 가정해서, 복소수의 영역으로 들어갔다가 나오는 에둘러 가는 길을 만들었고 방정식 $x^3 = 15x + 4$의 근에 대한 분명히 허수적인 표현이 실수 값을 나타낸다는 사실을 보여줬다. 봄벨리는 다음 거듭제곱근들의 복소수 값들이 거듭제곱근들 자체와 같이 관련될 수 있다고 독창적인 발상을 가졌다.

$$\sqrt[3]{2+\sqrt{-121}}, \quad \sqrt[3]{2-\sqrt{-121}}$$

곧, 이것들이 부호만 다를 수 있다고 생각했다. 이에 따라 다음과 같이 놓았다.

$$\sqrt[3]{2+\sqrt{-121}} = a + b\sqrt{-1}, \quad \sqrt[3]{2-\sqrt{-121}} = a - b\sqrt{-1}$$

여기서 $a > 0$와 $b > 0$를 결정해야 한다. 봄벨리가 말한 대로,

> 이것은 어떻게 판단해도 거친 판단이었고, 나는 너무 오랫동안 똑같은 생각뿐이었다. 모든 문제는 진실이 아니라 오히려 궤변에 근거한 것으로 보였다. 그러나 나는 이것이 옳음을 실제로 증명할 때까지 아주 오랫동안 노력했다.

이제 관계 $\sqrt[3]{2+\sqrt{-121}} = a + b\sqrt{-1}$ 로부터 다음을 얻는다.

$$\begin{aligned} 2+\sqrt{-121} &= (a+b\sqrt{-1})^3 \\ &= a^3+3a^2b\sqrt{-1}+3ab^2(\sqrt{-1})^2+b^3(\sqrt{-1})^3 \\ &= a(a^2-3b^2)+b(3a^2-b^2)\sqrt{-1} \end{aligned}$$

이 등식은 다음과 같을 때 성립할 것이다.

$$a(a^2-3b^2)=2, \quad b(3a^2-b^2)=11$$

해를 옹근 수에서 찾으면, 첫째 조건에서 a는 반드시 1 또는 2이어야 하고, 둘째 조건에서 b의 값은 1 또는 11이다. $a=2$와 $b=1$만이 모든 조건을 만족시킨다. 따라서 다음을 얻는다.

$$2+\sqrt{-121}=(2+\sqrt{-1})^3, \quad 2-\sqrt{-121}=(2-\sqrt{-1})^3$$

봄벨리는 삼차 방정식 $x^3=15x+4$의 한 해는 다음과 같다고 결론지었다.

$$\begin{aligned} x &= \sqrt[3]{2+\sqrt{-121}}+\sqrt[3]{2-\sqrt{-121}} \\ &= \sqrt[3]{(2+\sqrt{-1})^3}+\sqrt[3]{(2-\sqrt{-1})^3} \\ &= (2+\sqrt{-1})+(2-\sqrt{-1})=4 \end{aligned}$$

그는 삼차 방정식 $x^3=15x+4$의 근들이 실수임을 증명하면서, 실수를 허수들로 만들 수 있다는 놀라운 사실을 밝혔다. 이때부터 허수는 일부 신비로운 성격을 잃었다. 그렇지만 1800년대에 이루러서야 허수는 진정한 수로 완전히 받아들여졌다.

문제 7.3

1. 다음 삼차 방정식을 먼저 x^2에 관한 항이 없는 것으로 줄여서, 세 근을 모두 찾아라.

(a) $x^3+11x=6x^2+6$

(b) $x^3+6x^2+3x=2$

(c) $x^3+6x^2=20x+56$

(d) $x^3+64=6x^2+24x$

2. $p>0$이고 $q>0$인 삼차 방정식 $x^3=px+q$를 푸는 다음 카르다노의 공식을 유도하라.

$$x=\sqrt[3]{\frac{q}{2}+\sqrt{\frac{q^2}{4}-\frac{p^3}{27}}}+\sqrt[3]{\frac{q}{2}-\sqrt{\frac{q^2}{4}-\frac{p^3}{27}}}$$

3. 카르다노의 공식을 이용해서, 다음 삼차 방정식의 한 근을 찾아라.

(a) $x^3+24x=16$

(b) $x^3+15x=6x^2+18$

(c) $x^3+27x=6x^2+58$

(d) $x^3=9x+12$

(e) $x^3=6x^2+15x+8$

(f) $x^3=3x^2+27x+41$

4. 삼차 방정식 $x^3+6x^2+x=14$를 풀어라.

※ 다음 문제 5~11은 카르다노의 ≪위대한 셈법≫에 나타난다.

5. 제 5 장, 문제 2. 두 명의 지도자가 있는데, 각자 48아우레우스(aureus, 고대 로마의 금화)를 그의 병사들에게 나누어줬다. 이 중에서 한 지도자는 다른 지도자보다 병사가 두 명 더 있다. 병사가 두 명 적은 지도자는 각 병사에서 4아우레우스를 더 줬다. 각 지도자의 병사는 몇 명인가?

6. 제 37 장, 문제 1. 프란시스 부인의 지참금은 프란시스 자신의 재산보다 100아우레우스 더 많다. 그리고 지참금의 제곱은 재산의 제곱보다 400만큼 더 많다. 지참금과 재산을 찾아라.

7. 제 31 장, 문제 1. 8을 두 부분으로 나누어, 그것들의 세제곱의 합이 16이 되도록 하라. [**귀띔**: 두 부분을 $4+x$ 와 $4-x$ 라 하면, $(4+x)(4-x)=\sqrt[3]{16}$ 이다.]

8. 제 5 장, 문제 4. 어떤 수의 제곱근의 두 배와 그 수의 합을 찾자. 이 합의 제곱근의 두 배에 그 합을 더하면 10이다. 그 수는 얼마인가? [**귀띔**: 수를 x^2이라 하자. $y^2=x^2+2x$ 이면, $y^2+2y=10$ 이다.]

9. 제 17 장, 문제 3. 어떤 신탁은 군주에게 신성한 건물을 지으라고 명령했다. 공간은 400세제곱 완척인데, 길이는 너비에 비해 6완척 더 길고 너비는 높이보다 3완척 더 길어야 한다. 각 길이를 찾아라. [**귀띔**: x 가 높이이면, $x(x+3)(x+9)=400$ 이다.]

10. 제 32 장, 문제 3. 6을 두 부분으로 나누는데, 제곱의 합이 세제곱의 차와 같도록 하라. [**귀띔**: 두 부분 $3+x$ 와 $3-x$ 는 방정식 $x^3+27x=x^2+9$를 만족시켜야 한다.]

11. 제 38 장, 문제 1. 두 수의 차가 8이고 두 수 중 하나의 세제곱과 다른 수의 제곱의 합이 100일 때, 그 두 수를 찾아라. [**귀띔**: 두 수를 $x+2$와 $x-6$ 으로 놓으면, $(x+2)^3+(x-6)^2=100$ 이다.]

12. 비에타(1540~1603)의 다음 방법은 줄인 삼차 방정식 $x^3+ax=b$ 를 푸는 데 쓸모 있다. 치환 $x=a/3y-y$ 를 이용하면, 주어진 방정식은 $y^6+by^3-a^3/27=0$ 인데, 이는 y^3에 관한 이차 방정식이다. 근의 공식에 따라 다음을 얻는다.

$$y^3=\frac{1}{2}\left(-b\pm\sqrt{b^2+\frac{4a^3}{27}}\right)$$

이것으로부터 y 를 찾고 x 를 결정할 수 있다. 이 방법을 이용해서 두 삼차 방정식 $x^3+81x=702$ 와 $x^3+6x^2+18x+13=0$ 의 근을 찾아라. [**귀띔**: $\sqrt{142884}=378$]

13. 치환 $x=y+5/y$ 를 이용해서, 삼차 방정식 $x^3=15x+126$ 의 근을 찾아라.

14. 삼차 방정식에서 줄일 수 없는 경우에 대한 카르다노의 공식을 사용해서 다음 방정식의 한 근을 찾아라.

(a) $x^3=63x+162$

[**귀띔**: $81\pm30\sqrt{-3}=(-3\pm2\sqrt{-3}\,)^3$]

(b) $x^3=7x+6$

[**귀띔**: $3\pm\frac{10}{9}\sqrt{-3}=\left(\frac{3}{2}\pm\frac{1}{6}\sqrt{-3}\right)^3$]

(c) $x^3+6=2x^2+5x$

[**귀띔**: $-\frac{28}{27}-\frac{5}{3}\sqrt{-3}$

$=\left(\frac{1}{6}+\frac{5}{6}\sqrt{-3}\right)^3$]

15. 페르시아의 위대한 시인 오마르 카얌(1050?~1130)은 삼차 방정식 $x^3+a^2x=b$

의 일반적인 해법을 교차하는 한 쌍의 원뿔 곡선을 이용해서 찾았다. 현대적인 표기법으로 나타내면, 그는 먼저 포물선 $x^2 = ay$를 작도한다. 다음에 x축에 지름이 $AC = b/a^2$인 반원을 그리고, P를 반원과 포물선의 교점이라고 하자. (그림을 보라.) P에서 x축에 내린 수선의 발을 Q라 하자.

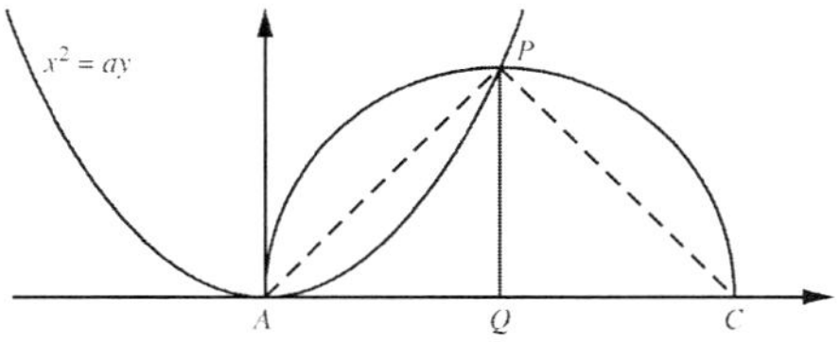

P의 x좌표, 곧 선분 AQ의 길이가 주어진 삼차 방정식이라는 다음 증명을 완성하라.

(a) $AQ^2 = a(PQ)$

(b) 두 삼각형 AQP와 PQC는 서로 닮은 도형이므로, 다음이 성립한다.

$$\frac{AQ}{PQ} = \frac{PQ}{QC},\ \text{곧}\ PQ^2 = AQ\left(\frac{b}{a^2} - AQ\right)$$

(c) 치환하면 $AQ^3 + a^2AQ = b$이다.

16. 포물선 $y = x^2$을 이용하면 모서리의 길이가 a인 정육면체의 배적 문제, 곧 부피가 두 배인 정육면체의 한 모서리를 작도할 수 있다. 중심이 $(a/2,\ 1/2)$이고 원점 $(0,\ 0)$을 지나는 원을 그리자. 그러면 이 원과 포물선 $y = x^2$의 교점의 x좌표는 부피가 주어진 정육면체의 두 배인 정육면체의 한 모서리의 길이로 이용할 수 있다. 이 결론을 증명하라.

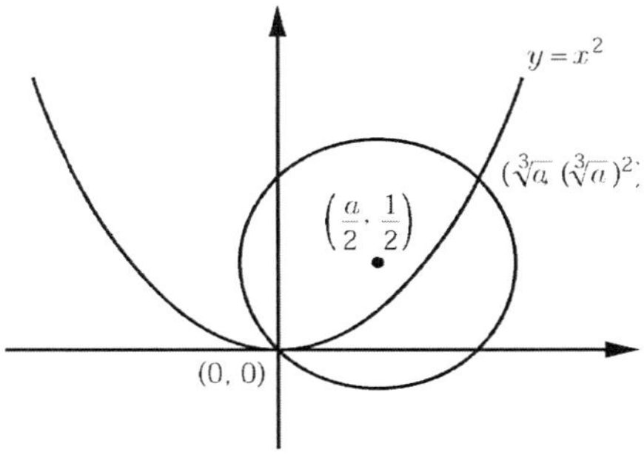

7.4 페라리의 사차 방정식 해법

■ 분해 삼차 방정식

삼차 방정식이 풀린 뒤에, 자연스럽게 수학자들은 사차 방정식을 공략했다. 그 해법은 1540년에 카르다노에게 제시된 다음과 같은 문제를 연구하던 중에 발견됐다. "10을 세 개의 비례하는 부분으로 나누는데, 첫째와 둘째 부분의 곱은 6이 되도록 하라." 세 수를 $6/x$, x, $x^3/6$이라 하면, 주어진 조건을 분명히 성립한다. 이제, 또 다른 조건에 따라 다음이 성립해야 한다.

$$\frac{6}{x} + x + \frac{x^3}{6} = 10$$

그런데 이것은 다음 사차 방정식과 동치이다.

$$x^4 + 6x^2 + 36 = 60x$$

이 방정식을 성공적으로 풀지 못한 카르다노는 이것을 제자 루도비코 페라리(Ludovicco Ferrari, 1522~1565)에게 넘겼다. 페라리는 삼차 방정식을 푸는 규칙을 이용해서 스승이 실패한 문제를 해결하는 데 결국 성공했다. 적어도 카르다노는 이 결과를 ≪위대한 셈법≫에 페라리의 이름으로 넣는 즐거움을 얻었다.

가난한 부모의 아들인 페라리는 14세의 나이에 머슴애로 카르다노의 집에 들어갔다. 페라리는 공식적인 교육을 전혀 받지 못했지만 특출한 재능을 갖고 태어났는데, 이에 카르다노는 그에게 라틴 말, 그리스 말, 수학을 가르치기로 했다. 카르다노는 곧 그를 자신의 개인 비서로 만들었고, 페라리는 4년 동안 일한 뒤에 떠나서 밀라노 대학교에서 수학을 공개 강의하는 강사가 됐다. 그는 1565년에 볼로냐 대학교의 수학 교수가 됐는데, 같은 해에 죽었다. 소문에 따르면 그의 여형제가 흰 비소로 독살했다고 한다.

페라리는 자신이 카르다노와 타르탈리아 사이의 운명적인 만남에 참석했었고 이에 관한 비밀 맹세는 없었다고 선서함으로써 삼차 방정식의 해법과 관련된 싸움에 개입했다. 페라리는 옛 스승을 방어하는 데 언제나 열심이었는데, 그 뒤 널리 유포된 "당신은 카르다노님을 왜곡하고 하찮게 비방하는 글을 썼지만, 당신은 그에 비하면 거의 거론할 가치도 없다."와 같은 편지를 써서 타르탈리아에게 수학 및 이와 관련된 학문에 대한 공개적인 논쟁을 하자고 도전했다. 이에 대해 타르탈리아는 페라리에게 카르다노가 자신과 직접 대결하거나 그가 카르다노를 대신할 수 있다고 응수했다. 이 도전은 카르다노가 페라리의 편지에 확인을 위해 연서하고 (타르탈리아는 어떤 종류의 속임수를 두려워했기 때문에) ≪위대한 셈법≫에 있는 주제를 배제한다는 조건으로 받아들여졌다. 또 다른 험악한 논쟁이 비난과 모욕적인 말로 가득 찬 12통의 편지를 주고받으면서 벌어졌는데, 양쪽은 서로 자신의 입장을 정당화하려고 시도했다. 이런 반박 편지 중 하나에서 페라리는 자신을 카르다노의 창작품이라고 부르는 실수를 저질렀고, 그 뒤 타르탈리아는 그를 '카르다노의 창조물'이라고 언급하는 만족감을 맛보았다.

드디어 시합은 1548년 페라리의 고향 밀라노에서 유명한 사람이 많이 모인 자리에서 이루어졌다. 카르다노는 어쩌면 자신의 한계를 알아서인지 며칠 동안 밀라노를 떠나는 신중함을 보였다. 그 시합의 진행 과정에 대한 기록은 없지만, 그 만남은 곧 타르탈리아가 해결할 수 없었던 페라리의 문제 때문에 아귀다툼으로 악화됐다는 취지의 말이 있었다. 논쟁은 저녁 식사 시간까지 이어졌는데, 이 시간에 이르러 모든 사람은 떠나야한다고 생각했다. 타르탈리아는 다음 날 아침에 떠나면서 논쟁에서 자신이 더 잘 했다고 주장했지만, 이는 오히려 페라리가 승자라고 선언하는 것처럼 보였다. 이 결과를 가장 잘 보여주는 증거를 들면, 타르탈리아는 브레시아 대학교의 교수직을 잃었고 페라리는 어깨를 으쓱하게 하는 제안을 많이 받았는데, 이에는 타르탈리아의 활동 무대인 베네치아에서 강의해달라는 초청도 포함되어 있었다는 사실이다.

일반적인 사차 방정식을 푸는 페라리의 방법은 현대적인 표기법으로 아래와 같이 요약할 수 있다. 다음과 같은 방정식을 생각하자.

$$x^4 + ax^3 + bx^2 + cx + d = 0$$

먼저 $x = y - a/4$를 대입해서 다음과 같이 y^3에 관한 항이 빠진 특수한 꼴로 줄이자.

$$y^4 + py^2 + qy + r = 0$$

그러면 $y^4 + py^2 = -qy - r$의 좌변에는 $y^2 + p$의 제곱 중에서 두 개의 항을 포함하고 있다. 이의 양변에 $py^2 + p^2$을 더해서 완전 제곱식으로 만들어서 다음을 얻자.

$$(y^2 + p)^2 = y^4 + 2py^2 + p^2 = py^2 + p^2 - qy - r$$

이제 새로운 미지수 z를 도입해서 이 방정식의 좌변을 $(y^2 + p + z)^2$으로 바꾸자. 양변에 $2(y^2 + p)z + z^2$을 더하면 되는데, 그러면 다음을 얻는다.

$$\begin{aligned}(y^2 + p + z)^2 &= py^2 + p^2 - qy - r + 2(y^2 + p)z + z^2 \\ &= (p + 2z)y^2 - qy + (p^2 - r + 2pz + z^2)\end{aligned}$$

이제 주어진 문제는 y에 관한 이차식인 우변을 완전 제곱식으로 만드는 z의 값을 찾는 문제로 바뀐다. 이런 경우는 이차 방정식의 판별식이 영일 때이다. 곧, 다음과 같을 때이다.

$$4(p + 2z)(p^2 - r + 2pz + z^2) = q^2$$

이것은 z에 관한 삼차 방정식이다. 곧, 다음과 같다.

$$8z^3 + 20pz^2 + (16p^2 - 8r)z + (4p^3 - 4pr - q^2) = 0$$

이 마지막 방정식을 주어진 사차 방정식의 '분해 삼차 방정식(resolvent cubic)'이라 하는데, 이는 통상적인 방식으로 풀 수 있다. 일반적으로 분해 삼차 방정식의 세 개의 근이 존재하고, y는 제곱근 풀이를 통해 이 중에서 임의의 하나로부터 결정할 수 있다. y의 한 값이 주어지면, 원래의 사차 방정식은 쉽게 해결할 수 있다.

이런 과정이 복잡해 보이지만, ≪위대한 셈법≫의 예를 이용하면 풀이 단계를 명확하게 할 수 있을 것이다. 카르다노는 (제 39 장 문제 9에서) 사차 방정식 $x^4 + 4x + 8 = 10x^2$을 고려했다. 곧, 이와 동치로 다음을 생각했다.

$$x^4 - 10x^2 = -4x - 8$$

좌변을 완전 제곱식으로 만들면 다음을 얻는다.

$$(x^2 - 10)^2 = -10x^2 - 4x + 92$$

양변에 $2z(x^2-10)^2+z^2$을 더하면, 이 방정식은 다음으로 바뀐다.

$$(x^2-10+z)^2=(2z-10)x^2-4x+(92-20z+z^2) \tag{1}$$

여기서 z는 새로운 미지수이다. z를 다음 조건을 만족시키도록 선택하면, 우변은 완전 제곱식이 된다.

$$4(2z-10)(92-20z+z^2)=16$$

이것을 다음과 같이 간단히 할 수 있다.

$$z^3-25z^2+192z=462$$

이것은 삼차 방정식이고, 이것으로부터 z를 찾을 수 있다. 먼저 $z=u+\frac{25}{3}$로 놓자. 그러면 위의 삼차 방정식은 다음과 같은 꼴이 된다.

$$u^3=\frac{49}{3}u+\frac{524}{27}$$

이의 해는 $u=-\frac{4}{3}$이므로, $z=7$이다. z의 이 값에 대해 방정식 (1)의 양변은 모두 제곱이 되어야 한다. $z=7$를 대입한 결과는 다음과 같다.

$$(x^2-3)^2=4x^2-4x+1=(2x-1)^2$$

그러므로 $x^2-3=\pm(2x-1)$이다. 양의 부호로부터 다음을 얻는다.

$$x^2-2x-2=0$$

음의 부호로부터는 다음을 얻는다.

$$x^2+2x-4=0$$

이차 방정식의 근의 공식으로 이 방정식들을 풀면, 원래의 사차 방정식의 네 개의 근을 다음과 같이 얻는다.

$$1+\sqrt{3},\quad 1-\sqrt{3},\quad -1+\sqrt{5},\quad -1-\sqrt{5}$$

■ 오차 방정식 이야기 : 루피니, 아벨, 갈루아

우리의 이야기에는 편지의 추신과 같은 뒷이야기가 있다. 이차, 삼차, 사차 방정식의 경우에는 방정식의 곁수들에 산술의 사칙 연산(덧셈, 뺄셈, 곱셈, 나눗셈)과 여러 가지 거듭제곱근 풀이를 적용시켜 근을 찾는 명확한 공식을 얻었다. 자연스러운 다음 단계는 더 높은 차수의 방정식에 대한 비슷한 해법을 찾는 것이었다. 이때 n차 방정식은 거듭제곱근들을 이용해서 그리고 가능하면 어깨 수[지수]가 n보다 크지 않은 거듭제곱근들로 형식적으로 풀 수 있다는 가정이 있었다. 거의 300년 동안, 대수학자들은 일반적인 오차 방정식과 씨름했는데, 거의 아무런 진전이 없었다. 그러나 이런 반복된 실패는 처음에는 깜짝 놀랄 일이었지만 오차 방정식을 이런 방식으로는 풀 수 없다는 가능성을 암시하는 효과가 적어도 있었다.

모데나(Modena) 대학교에서 수학과 함께 의학을 가르쳤던 이탈리아 의사 파올로 루피니(Paolo Ruffini, 1765~1822)는 일반적인 오차 방정식에 대한 대수적 해법을 찾는 것이 불가능하다는 의혹을 확신했다. 루피니가 1799년에 발간한 두 권으로 이루어진 그의 책 ≪일반 방정식 이론(Teorie generale delle equazioni)≫에 그의 증명이 나타나는데, 일반적인 개요에서는 타당했지만 구체적인 사항에서 몇 가지 결함이 있었다. 노르웨이의 천재 닐스 아벨(Niels Henrik Abel, 1802~1829)은 약 19세였을 때 똑같은 문제를 연구했다. 처음에 그는 일반적인 오차 방정식의 근을 거듭제곱근들로 찾았다고 생각했지만, 나중에 루피니보다 더 엄밀한 논증으로 오차 방정식을 풀 수 없다는 사실을 증명했다. 아벨은 자신의 발견의 중요성을 완전히 인식했고, 이 결과를 자신의 비용으로 1824년에 소책자로 출판했다. 그 제목은 ≪일반 오차 방정식을 풀 수 없음을 증명한 대수 방정식에 관한 논문(Memoire sur les equations algébriques où on démontre l'impossibilité de la résolution de l'equation generale du cinquième degré)≫이었다. 많은 비용을 줄이기 위해서, 실제로 인쇄할 때는 전체 논문을 6쪽으로 압축해야 했는데, 이에 따라 논리를 따라가기가 어려워졌다. 이에 따라 아벨의 걸작의 중요성을 같은 시대의 학자들을 주목하지 않았다. 유럽의 지도적인 수학자인 카를 가우스(Carl Friedrich Gauss, 1777~1855)는 적절한 때에 이 논문을 받았는데, "여기에 또 다른 괴물이 있군!"이라고 역겨운 소리를 치면서 읽지 않고 옆으로 던져버렸다.

아벨은 도이칠란트의 토목 기사이자 열정적인 수학 아마추어인 아우구스트 크렐레(August Leopold Crelle, 1780~1855)와 친해지는 대단히 큰 행운을 얻을 기회를 얻었다. 당시에 크렐레는 새로운 잡지를 출간할 계획을 세우고 있었는데, 그것은 수학 연구만을 배타적으로 게재하는 최초의 잡지였다. 아벨은 논문 게재해달라는 요청을 기꺼이 받아들였고, ≪순수 및 응용 수학 잡지(Journal für die reine und angewandte mathematik)≫ 또는 통상적으로 불리는 대로 ≪크렐레의 접지≫ 처음 세 권에는 아벨의 논문 22편이 실렸다. 창간호(1826년)에서 그는 오늘날 아벨·루피니의 정리, 곧 "근에 대한 공식을 산술 연산과 거듭제곱근 풀이만을 사용하면, 오차 또는 그 이상의 다항 방정식의 근에 대한 일반적인 공식을 찾을 수 없다."라는 정리에 대한 자신의 초기의 연구 결과를 자세히 설명했다. 아벨이 이 논문을 작성하고 있을 때, 이의 선구자가 있었다는 사실은 모르고 있었다. 그렇지만 나중에 그는 (1828년에 썼지만 그가 죽은 뒤에 발표된) 논문 <방정식의 대수적 해법에 대해(Sur la résolution algébraique des equations)>에 다음과 같이 썼다. "내가 잘못이 아니라면 나보다 앞서 일반적인 방정식의 대수적 해법의 불가능성을 증명하려고 시도했던 유일한 수학자는 루피니이다. 그러나 그의 논문은 매우 복잡해서 그의 주장이 정확함을 판정하기 어렵다."

고차 방정식을 풀 수 없다는 아벨의 정리는 일반적인 방정식에만 적용된다. 거듭제곱근으로 풀 수 있는 특별한 방정식이 많이 있다. 이런 방정식의 특성화는 미해결 문제로 남았다. 주어진 차수의 어떤 특별한 방정식에 대수적 해법이 있는지에 대한 명확한 대답은 또 다른 젊은 수학자 에바리스트 갈루아(Evariste Galois, 1811~1832)에게 남겨졌다. 갈루아가 죽은 뒤인 1846년에 조제프 리우빌의 ≪수학 잡지≫에 실린 논문은 아벨의 연구와 (현대 수학에서 가장 중요한 분야의 하나인) 군 이론의 기초를 완벽하게 보여줬다. 갈루아의 발견의 중요성을 생각하면, 그가 죽고 14년이 지난 뒤에야 그의 연구의 본질적인 요소를 인쇄물로 접할 수 있게 된 이유를 자연스럽게 묻게 된다. 이유는 완전한 불운과 무관심의 결합이었다. 원래의 논문은 이를 검토하겠다고 약속한 편집자가 잘못 두고 잊어버렸으며, 둘째 편집자는 그 내용을 이해할 수 없다고 판정해서 반환했다.

일련의 사건을 다음과 같은 것으로 보인다. 갈루아는 겨우 17세였던 1829년 5월에 처음으로 방정식의 대수적 해법에 관한 자신의 결과를 과학원에 제출했다. 과학원 회원이자 에콜 폴리테크니크의 교수였던 오귀스탱 루이 코시(Augustin-Louis Cauchy, 1789~1857)가 심사 위원으로 지명됐다. 코시는 이를 잊었거나 연락이 두절됐고, 게다가 다른 사람은 일주일 늦게 제출했다. 그 뒤(1830년 2월) 갈루아는 자신의 고찰 결과에 대한 새로운 형태의 논문을 과학원에 제출했고, 수학에서 최고의 명예였던 수학 대상을 위한 경쟁 후보로 들어갈 수 있기를 희망했다. 이번에 이 논문은 종신 비서인 조제프 푸리에(Joseph Fourier, 1768~1830)에게 맡겨졌는데, 그는 그 뒤 이 논문을 검토하기도 전에 곧 죽었다. 그 논문은 그의 논문들 사이에서 결코 다시 찾아낼 수 없었다. 갈루아는 또다시 실망해야 했다. 1831년 1월에 그는 자신의 논문을 세 번째로 <거듭제곱근으로 방정식을 풀기 위한 조건에 관한 논문(Une mémoire sur les conditions de résolubilité des equations par radicaux)>이라는 제목으로 제출했다. 약 6개월이 지체된 뒤에 갈루아는 과학원 원장에게 어떻게 된 일인지를 묻는 편지를 보냈는데, 그 논문은 심사 위원 시메옹 드니 푸아송(Siméon-Denis Poisson, 1781~1840)에 의해 거부당했다. 푸아송은 보고서의 결론에서 다음과 같이 지적했다.

> 우리에게 그의 추론은 그것의 정당성을 판정할 수 있을 정도로 충분히 명백하지도 않고 충분히 전개되지도 않았다. … 우리는 저자가 자신의 명확한 주장을 펴기 위해서는 연구 결과 전체를 제출해 줄 것을 제안하고 싶다.

1832년 5월에 갈루아는 불명확한 상황에서 결투에 빠져들었다. (도전자는 경찰이 고용했다는 설이 있었는데, 경찰은 위험한 급진주의자로 생각되는 갈루아를 제거하기 위해 이 결투를 모의했다는 것이다.) 죽음을 분명히 예감한 갈루아는 결투 전 날 밤에, 푸아송이 거부한 논문의 내용을 설명하는 편지를 친구에게 썼다. 허둥지둥 써내려간 이 7쪽짜리 글에는 그가 발견했지만 전개할 수 없었던 사실들을 요약한 내용이 포함되어 있다. 그 편지는 다음과 같은 기도로 끝을 맺었다.

> 언제가 이 난잡한 글을 판독해서 유익한 점을 찾아낼 어떤 사람이 나타날 것이라고 나는 희망한다.

갈루아는 남은 밤을 그 논문의 잘못된 점을 수정하고 주석을 달면서 보냈다. 한 정리 뒤에 그는 다음과 같이 휘갈겨 썼다.

> 이 증명을 완성하기 위해서는 몇 가지가 더 남았다. 시간이 없다.

결투는 1832년 5월 30일 이른 아침에 벌어졌다. 갈루아는 배에 총을 맞고 심각한 부상을 입었고 쓰러진 채 누워 있다가, 지나가던 농부가 발견해서 병원으로 옮겼다. 그는 다음 날 아침에 복막염으로 죽었는데, 그의 남동생이 임종을 지켰다. 갈루아는 다음과 같이 말하면서 동생을 위로하려고 했다. “울지 마라. 나는 20살에 죽을 용기가 필요하다.” 그는 몽파르나스(Montparnasse)의 묘지에 있는 공동 참호에 묻혔다. 정확한 위치는 알 수 없다.

1844년에 갈루아의 원고는 조제프 리우빌(Joseph Liouville, 1809~1882)의 손에 들어갔다. 리우빌은 여러 달을 보내면서 그것을 이해하려고 노력했는데, 그 중요성을 확신하게 됐다. 그는 1843년 7월 4일에 과학원에서 강연했는데, 다음과 말로 시작했다.

> 내가 갈루아의 논문들 속에서 이것[일반적인 오차 방정식]이 거듭제곱근으로 풀 수 있는지 없는지를 결정하는 이 아름다운 문제에 대한 정확할 뿐만 아니라 심오한 해법을 발견했다는 사실을 공포하는 데 과학원이 관심을 갖기를 바랍니다.

리우빌은 자신이 최근에 창간한 정기 간행물 ≪순수 및 응용 수학 잡지(Journal de Mathématiques Pures et Appliquées)≫ 1843년 12월호에 갈루아의 논문들을 게재하겠다고 발표했다. 그러나 어떤 이유에선지 그 유명한 1831년 논문은 심하게 편집된 상태로 1846년 10-11월호에야 출판됐다.

갈루아의 무덤을 추적할 방법이 없지만, 그의 영구적인 기념비는 그의 발상 속에 놓여있다. 1800년대 말에 갈루아의 이론과 이것이 생명을 불어넣은 새로운 주제인 군 이론은 수학에서 인정받은 필수적인 분야가 됐다. 갈루아 이론은 리하르트 데데킨트(Richard Dedekind, 1831~1916)가 처음으로 도이칠란트 대학교에서 가르쳤던 것으로 보인다. 데데킨트는 이 주제를 1856-1857년 겨울에 괴팅겐에서 가르쳤다. 단 두 학생이 그의 강의를 들었다는 말이 있다. 갈루아 이론은 카미유 조르당(Camille Jordan, 1838~1922)이 그의 책 ≪대입과 대수 방정식 이론(Traité des substitutions et des equations algébraiques, 1870)≫에서 처음으로 완벽하고 명확하게 제시했다.

문제 7.4

1. 페라리의 방법으로 다음 사차 방정식을 풀어라.

(a) $x^4+3=12x$

(b) $x^4+6x^2+8x+21=0$ [**귀띔**: 분해 삼차 방정식의 줄인 꼴은 $u^3-24u+32=0$이고, $u=4$는 이의 해이다.]

(c) $x^4+9x+4=4x^2$ [**귀띔**: 분해 삼차 방정식 $z^3-10z^2+28z-\frac{273}{8}=0$의 한 해로 $z=\frac{13}{2}$이 있다.]

2. 사차 방정식 $x^4+4x^3+8x^2+7x+4=0$을 풀어라. [**귀띔**: 먼저 주어진 방정식을 $y^4+2y^2-y+2=0$으로 대체하자. 이 마지막 방정식의 분해 삼차 방정식은 $z^3+5z^2+6z+\frac{15}{8}=0$이고, $z=-\frac{1}{2}$은 이의 해이다.]

3. 사차 방정식 $x^4+8x^3+15x^2=8x+16$을 풀어라. [**귀띔**: 먼저 주어진 방정식을 $y^4-9y^2-4y+12=0$으로 대체하자. 이 마지막 방정식의 분해 삼차 방정식의 줄인 꼴은 $u^3=\frac{75}{4}u+\frac{125}{4}$이고, $u=5$는 이의 해이다.]

4. 페라리의 방법을 이용해서 사차 방정식 $x^9+9=4x^2+6x^2+12x$의 네 근이 $3+\sqrt{6}$, $3-\sqrt{6}$, $-1+\sqrt{-2}$, $-1-\sqrt{-2}$임을 보여라.

5. ≪위대한 셈법≫에 있는 다음 문제를 풀어라.

제26장 문제 1. 네 사람이 단체를 만들었다. 첫째는 주어진 양의 아우레우스(고대 로마의 금화)를 예치했다. 둘째는 첫째의 10분의 1의 네제곱을 예치했다. 셋째는 첫째의 10분의 1의 제곱의 다섯 배를 예치했다. 다섯째는 5를 예치했다. 첫째와 둘째의 합은 셋째와 넷째의 합과 같다. 각자의 예치금은 얼마씩인가? [**귀띔**: 첫째가 $10x$를 예금했다면, 조건은 $x^4+10x=5x^2+5$를 뜻한다.]

6. 다음 비에타의 방법은 사차 방정식 $y^4+py^2+qy+r=0$을 푸는 페라리의 방법을 두드러지게 개선했다. 이 방정식의 양변에 $y^2z^2+\frac{1}{4}z^4$을 더하는데, 여기서 z는 새로운 미지수이다. 그러면 다음을 얻는다.

$$\begin{aligned}(y^2+\tfrac{1}{2}z^2)^2 &= y^2z^2+\tfrac{1}{4}z^4-r-qy-py^2\\ &= y^2(z^2-p)-qy+(\tfrac{1}{4}z^4-r)\end{aligned}$$

z가 다음을 만족시키도록 선택하면 위의 우변은 완전 제곱식이 된다.

$$\begin{aligned}q^2 &= 4(z^2-p)(\tfrac{1}{4}z^4-r)\\ &= z^6-pz^4-4rz^2+4rp\end{aligned}$$

이것은 z^2에 관한 삼차 방정식이고 이에 따라 풀 수 있다. 비에타의 과정을 이용해서 다음 사차 방정식의 근 한 개를 찾아라.

$$y^4-y^3+y^2-y=10$$

참고문헌

Bidwell, James, and Lange, Bernard. "Girolamo Cardano: A Depense of His Character." *Mathematics Teacher* 64 (1971): 25-31.

Boas, Marie. *The Scientific Renaissance*. New

York: Harper, 1962.

Cardano, Girolamo. *The Great Art, or the Rules of Algebra.* Translated by Richard Witmer. Cambridge, Mass.: M.I.T. Press, 1968. (Dover reprint, 1993).

Clarke, Frances. "New Light on Robert Recorde." *Isis* 8 (1926): 515-532.

Crombie, A. C. *Medieval and Early Modern Science.* 2 vols. Cambridge, Mass.: Harvard University Press, 1963.

Dales, Richard. *The Scientific Achievement of the Middle Ages.* Philadelphia: University of Pennsylvania Press, 1973.

Easton, Joy. "The Early Editions of Robert Recorde's *Ground of Arts.*" *Isis* 58 (1967): 515-532.

Feldman, Richard, Jr. "The Cardano-Tartaglia Dispute." *Mathematics Teacher* 54 (1961): 160-163.

Grant, Edward, ed. *A Source Book in Medieval Science.* Cambridge, Mass.: Harvard University Press, 1974.

Haskins, Charles. *Studies in the History of Medieval Science.* Cambridge, Mass.: Harvard University Press, 1924.

Hay, Cynthia, ed. *Mathematics from Manuscript to Print: 1300-1600.* Oxford: Clarendon Press, 1988.

Kearney, Hugh. *Science and Change 1500-1700.* New York: World University Library, 1971.

La Nave, Federica, and Mazur, Barry. "Reading Bombelli." *Mathematical Intelligencer* 24, no. 1 (2002): 12-21.

Lindberg, David. *The Beginnings of Western Science: 600 B.C. to 1450 A.D.* Chicago: University of Chicago Press, 1992.

Ore, Oystein. *Niels Henrik Abel: Mathematician Extraordinary.* Minneapolis, Minn.: University of Minnesota Press, 1957.

____. *Cardano, the Gambling Scholar.* Princeton, N.J.: Princeton University Press, 1953. (Dover reprint, 1965).

Pesic, Peter. *Abel's Proof.* Cambridge, Mass.: M.I.T. Press, 2003.

Randall, John. *The School of Padua, and the Emergence of Modern Science.* Padua: Editrice Antenore, 1961.

Rigatelle, Laura. *Evariste Galois (1811-1832).* Translated by John Denton. Boston: Birkhauser, 1996.

Rose, Paul. *The Italian Renaissance of Mathematics.* Geneva: Librairie Droz, 1975.

Rothman, Tony. "Genius and Biographers: The Fictionalization of Evariste Galois." *American Mathematical Monthly* 89 (1982): 84-106.

Sanford, Vera. "Robert Recorde's *Whetstone of Witte*, 1557." *Mathematics Teacher* 50 (1957): 258-266.

Sarton, George. *Six Wings: Men of Science in the Renaissance.* Bloomington: Indiana University Press, 1957.

Schrader, Dorothy. "The Arithmetic of Medieval Universities." *Mathematics Teacher* 60 (1967): 264-275.

Smith, David E. "The First Printed Arithmetic (Treviso, 1478)." *Isis* 6 (1924): 311-313.

Stubhaug, Arild. *Niels Henrik Abel and His Times.* Translated by R. Daly. New York: Springer-Verlag, 2000.

Swetz, Frank. *Capitalism and Arithmetic: The New Math of the 15th Century.* La Salle, Ill.: Open Court, 1987.

Taton, René. "Evariste Galois and his Contemporaries." *Bulletin of the London Mathematical Society* 15 (1983): 107-118.

Thorndike, Lynn. *Scientific Thought in the Fifteenth Century.* New York: Columbia University Press, 1929.

Wightman, W. P. D. *Science and the Renaissance.* Vol. 1. Edinburgh: Oliver and Boyd, 1962.

Zinner, Ernst. *Regiomontanus: His Life and Work.* Translated by E. Brown. New York: North-Holland/Elsevier, 1990.

제 8 장

기계적인 세계: 데카르트와 뉴턴

8.1 현대 수학의 여명
8.2 데카르트: ≪방법 서설≫
8.3 뉴턴: ≪수학적 원리≫
8.4 라이프니츠: 미분 적분학 논쟁

뉴턴의 발견이 잉글랜드와 인류를 위해 한 것은 잉글랜드 군주 전체가 한 것보다 더 크다.
–토머스 힐(Thomas Hill)

8.1 현대 수학의 여명

■ 17세기 지식의 보급

이탈리아에서 16세기까지 잘 진행된 르네상스는 곧 북쪽과 서쪽으로 퍼졌는데, 먼저 도이칠란트로 다음에 프랑스와 북해 연안의 낮은 지대[1])로 그리고 마지막으로 잉글랜드로 퍼져나갔다. 1600년대 말까지 과학적, 기술적, 경제적 지도력은 잉글랜드 해협에 중심을 두게 됐는데, 이 주변의 나라들은 대 항해 시대의 발견에서 발생한 무역으로 갑자기 활기를 띠게 됐다. 초기에는 주로 문학에서 부흥이 나타났지만, 점진적으로 학자들은 고대의 책에 기록된 내용에 관심을 덜 주기 시작했고 자신들의 관찰 결과를 더 신뢰하기 시작했다. 이 시대는 실험에 대한 열정과 특히 어떤 현상이 나타나는 방법을 결정하려는 열망으로 특징지어진다. 17세기 과학은 1600년 윌리엄 길버트(William Gilbert, 1544~1603)의 ≪자석에 대해(De Magnete)≫의 출현과 함께 시작됐다고 말할 수 있다. 이 책은 완전히 실험에만 근거한 내용으로 이루어진 자연 과학에 관한 최초의 전문 서적이다. 그 정점은 1704년 아이작 뉴턴(Isaac Newton, 1642~1727)의 ≪광학(Opticks)≫일 것이다.

≪자석에 대해≫와 ≪광학≫ 사이에 요하네스 케플러(Johannes Kepler, 1571~1630)의 공헌이 있었다. 그는 행성들이 아리스토텔레스의 '이상적인 원'이 아니라 타원 궤도를 그리며 움직인다고 확신했고 이에 따라 행성의 운동 법칙을 공식화했다. 또 윌리엄 하비(William Harvey, 1578~1657)는 1628년에 피가 심장으로부터 동맥과 정맥을 통해 허파를 지나서 순환한다는 사실을 증명했다. 로버트 보일(Robert Boyle, 1627~1691)은 ≪회의적 화학자(Sceptical Chymist, 1661)≫에서 현대 화학의 원리들을 설정했다. 현미경을 이용해서 세포 구조를 관찰한 초기의 광범위한 연구인 로버트 훅(Robert Hooke, 1635~1703)의 ≪미크로그라피아(Micrographia, 1665)≫가 출판됐다. 그런데 이렇게 간단한 요약으로는 대단히 많은 새로운 발견과 대단히 많은 과학적 방법의 진보가 나타난 시기의 성과를 제대로 다룰 수는 없다.

르네상스는 고전적인 개념으로의 회귀를 뜻했지만, 17세기는 수학을 완전히 새로운 기초 위에 세웠다. 변화가 대단히 광범위하고 급진적이었기 때문에, 역사가들은 1637년부터 1687년까지의 반세기를 현대 수학의 원천으로 간주해야 했다. 첫째 연도는 르네 데카르트(René Descartes, 1596~1650)의 ≪기하학(La Géométrie)≫이 출판된 해이고 둘째 연도는 뉴턴의 ≪수학적 원리(Principia Mathematica≫가 출판된 해를 암시한다.

르네상스 수학은 고대 그리스의 기하학에 보탠 것이 거의 없지만, 1600년대 수학은 이 과목을 갑작스럽게 부활시키는 안내 역할을 했다. 1637년에 프랑스 수학계는 신기한 우연

1) [옮긴이] 지금의 벨기에, 네덜란드, 룩셈부르크.

의 일치를 목격했는데, 한때는 드물게 느껴졌지만 과학사에는 종종 나타나는 현상이었다. 피에르 드 페르마(Pierre de Fermat, 1601~1665)와 르네 데카르트 두 사람은 대수학을 기하학에 결합시켜 놀라운 혁신을 일으킨 해석 기하학을 동시에 창안했다. 페르마와 데카르트가 좌표 기하학의 기초를 다지고 있을 즈음에, 마찬가지로 독창적인 두 수학자 파스칼과 데자르그는 종합 사영 기하학 분야에서 비슷한 역할을 하고 있었다. 그런데 수학의 역사에서 17세기가 유명하게 된 이유는 기하학에서 큰 영향을 끼친 발달만이 아니었는데, 이 시기의 수학자들의 활동 영역은 많은 새로운 분야와 오래된 분야에 걸쳐 있었기 때문이다. 디오판토스 방정식에 대한 페르마의 분석에서, 수 신비주의는 수 이론으로 바뀌었다. 카르다노가 그의 책 ≪우연의 놀이에 관한 책≫에서 고려한 주제인 수학적 확률 이론은 파스칼과 페르마 사이의 확률의 셈에 관한 서신 왕래를 통해 처음으로 확실한 발전을 이루었다. 논리적인 논의를 체계적인 형식으로 바꾸려는 고트프리트 라이프니츠(Gottfried Leibniz, 1646~1716)의 시도는 현대적인 기호 논리학의 효시였다. 그러나 이것은 시대를 너무 앞선 시도였기 때문에, 잉글랜드 수학자 조지 불(George Boole, 1815~1864)의 연구를 통해 실현되기까지는 200년이 더 지나야 했다. 갈릴레오, 데카르트, 토리첼리, 뉴턴의 연구도 마찬가지로 중요했는데, 이들의 연구는 그 뒤 두 세기 동안 역학을 정밀 과학으로 만들었다.

르네상스 중기에 삼각법은 천문학에 보조적인 역할을 하던 위치에서 그 자체로 수학의 한 체계적인 분야가 됐다. 복잡한 삼각표를 손쉽게 이용할 수 있는 방안에 대한 모색은 산술에서 셈 능력을 가장 크게 향상시킨 도구의 하나인 로그의 발견을 이끌었다. 로그를 발견한 존 네이피어(John Napier, 1550~1617)는 이 이론에 적어도 20년을 공을 들였는데, 이것을 그의 책 ≪놀라운 로그 법칙 설명(Mirifici Logarithmorum Canonis Descriptio, 1614)≫에서 설명했다. 새로운 발견 중에서 로그만큼 보편적으로 받아들여지고 칭찬을 받은 것은 거의 없었다. 로그를 이용하면 곱셈과 나눗셈을 덧셈과 뺄셈으로 바꿀 수 있고, 이에 따라 셈 과정을 엄청나게 줄일 수 있다. 특히 큰 수가 관련되면 더욱 그렇다. 천문학은 시간이 많이 걸리는 셈으로 악명이 높았다. 프랑스 수학자 피에르 드 라플라스(Pierre de Laplace, 1749~1827)는 로그의 발견은 "작업량을 줄임으로써, 천문학자의 수명을 두 배로 만들었다."고 나중에 주장했다.

수학에서 17세기는 무엇보다도 미분 적분학이 등장한 세기였다. 미분 적분학의 발견을 당대의 뛰어난 두 학자 아이작 뉴턴과 고트프리트 라이프니츠의 업적으로 돌리지만, 수학에서의 큰 진전이 한 개인의 업적이 거의 될 가능성은 거의 없다. 카발리에리, 토리첼리, 배로, 데카르트, 페르마, 월리스는 문턱까지 길을 닦았지만, 문지방을 넘지 못하고 머뭇거렸다. 17세기 후반기에 이르러, 미분 적분학이 출현할 수 있는 원 자료들이 가까이에 널려 있었다. 남은 것은 라이프니츠나 뉴턴이 그런 발상들은 융합시켜서 엄청난 통합으로 이끌어내는 일만 남아 있었다. 뉴턴이 훅에게 건넨 유명한 말 "만약 내가 다른 사람보다 더 멀리 봤다면, 그것은 내개 거인들의 어깨 위에 서 있었기 때문이다."는 이렇게 수학이 누적되고 점진적으로 발전하는 과정을 그가 올바르게 인식했음을 보여준다.

■ 갈릴레오의 망원경 관찰

1600년대의 인물 중에서 수학자 · 물리학자 · 천문학자 갈릴레오 갈릴레이(Galileo Galilei, 1564 ~1642)만큼 유명한 사람은 없을 것이다. 그의 이름은 현대 과학의 탄생, 코페르니쿠스의 혁명, 학계 최고 권위였던 아리스토텔레스의 퇴위, 과학 연구에 외부에서 가해진 압력에 대항한 투쟁 등과 같이 심오한 의미를 지닌 사건들과 관련된다. 갈릴레오는 수입이 좋은 의사가 되는 것이 원래의 꿈이었고, 이에 따라 1581년에 피사 대학교에 의학도로 입학했다. 갈릴레오는 피사 대학교 재학 중에 최초의 독자적인 발견인 흔들이의 등시 운동을 관찰했다고 한다. 전하는 이야기에 따르면, 대성당의 움직이는 샹들리에는 불이 켜져 있는 동안에 점점 더 진폭이 줄어들지만 앞뒤 또는 좌우로 한 번 움직이는 데 걸리는 시간은 같았다고 한다.

갈릴레오가 공식적으로 수학에 입문한 것은 그 뒤의 일이었다, 이야기에 따르면, 갈릴레오는 (이탈리아의 유명한 수학자 타르탈리아의 제자인) 오스틸리오 리치(Ostilio Ricci)의 유클리드의 기하학에 관한 강의를 교실의 문틈을 통해 들은 뒤에 수학에 대단히 매료되어 의사가 되겠다는 계획을 포기했다고 한다. 사실, 그는 의학에 거의 흥미를 느끼지 못한 것으로 보이는데, 1585년에 학위 없이 대학을 떠났다. 갈릴레오는 리치의 지도로 유클리드의 기하학을 배우면서 그 다음 해를 보냈다. 그 뒤에 그는 그리스의 다른 기하학자들의 연구를 배웠고, 아르키메데스의 역학적인 연구로 끝을 맺었다. 그는 1585년부터 1589년까지 수학 개인 지도를 하면서 돈을 벌었다. 그리고 갈릴레오는 25세의 나이로 피사 대학교의 강사직을 얻는 데 성공했다. 임용 기간은 3년에 불과했고 봉급은 턱없이 부족했지만, 그는 학자로서의 평판을 얻었다.

갈릴레오는 피사에 머무를 때, 그 사탑에서 무게가 다르지만 재질이 같은 물체들이 같은 속도로 떨어진다는 사실을 보여주는 공개적인 실험을 시행했다고 한다. 이것은 당시에 지배적인 아리스토텔레스 물리학에 대한 공공연한 도전이었는데, 그 물리학에 따르면 "금이나 납 또는 무게를 지닌 임의의 물체는 그 크기에 비례해서 아래로 더 빨리 운동한다." 곧, 물체가 무거울수록 더 빨리 떨어진다. 아리스토텔레스 추종자들은 (실험이 실제로 시행됐더라도) 두 물체가 동시에 도착한 것은 마법의 효과이지 아리스토텔레스에 대한 반증이 아니라고 주장했다. 그들은 젊은 교수의 강의를 봉쇄하고 그의 말을 제지했다. 갈릴레오는 교수단의 적대감을 불러일으켰기 때문에, 피사 대학교에서 3년 계약 기간이 끝난 뒤에 다시 임용될 가능성이 거의 없었다. 그는 1592년에 피사를 떠나서 유명한 파도바 대학교의 수학 교수가 됐으며, 그 뒤 18년 동안 그 자리를 지켰다.

갈릴레오 갈릴레이
(Galileo Galilei, 1564~1642)

(*From* A Short History of Astronomy *by Arthur Berry, 1961, Dover Publications, Inc., N.Y.*)

1609년에 갈릴레오는 네덜란드 안경 제조인이 먼 거리에 있는 물체를 아주 가까이에 보이게 만드는 놀라운 장치를 고안했다는 소문을 들었다. 그는 '망원경'이라 부르는 그 장치가 어떻게 구성됐는지를 추정해서, 그것을 직접 제작하는 연구를 시작했다. (네덜란드의 장치는 갈릴레오가 설계한 것과 완전히 다른 형태였다는 사실은 주목할 만하다.) 갈릴레오는 결코 망원경을 발명하지는 않았지만, 그는 최초로 망원경으로 하늘을 체계적으로 관찰했고 그렇게 해서 찾아낸 사실을 발표했다.

갈릴레오는 1610년에 이루어진 일련의 관찰을 통해 목성 주위를 공전하는 네 개의 위성을 확인할 수 있었다. 아마도 이것은 지구가 천체 운동의 중심에 있다는 아리스토텔레스의 견해에 대한 가장 극적인 반증일 것이다. 그는 한 달도 지나지 않았을 때 세상이 깜짝 놀랄 만한 이 소식을 29쪽짜리 소책자 ≪별의 소식을 전하는 사람(Sidereus Nuncius)≫를 통해 발표했는데, 알려지지 않았던 별들의 존재와 미리내(은하수)의 본질 및 달의 거친 표면 등과 같이 "놀랍고 경이로운 광경을 공개했다." 이런 발상이 대단히 불온했기 때문에, 파도바 대학교의 교수들은 갈릴레오의 발견을 인정하지 않았고 그의 망원경을 통해 보려고도 하지 않았다. 그들은 아리스토텔레스와 프톨레마이오스의 절대 확실성과 심지어 교회의 무류성을 불신할 수 있는 현상을 망원경을 통해 보는 것을 두려워했기 때문이다. 갈릴레오가 코페르니쿠스의 견해를 공개적으로 발표했기 때문에, 아라스토텔레스 철학의 요새인 파도바 대학교에서 교수의 지위를 지킬 수 없었다. 이 해 말에 그는 피사 대학교의 '일급 수학자'로 임명 받았고, 토스카니 대공의 궁정 수학자의 자리도 얻었다.

16세기 초에 대부분의 사람들은 여전히 고대의 우주관을 믿고 있었다. 아리스토텔레스가 생각해내고 프톨레마이오스가 정교하게 만든 그 체계는 지구를 중심에 위치시켰다. 그리고

니콜라우스 코페르니쿠스
(Nicolaus Copernicus, 1473~1543)

(*From* A Short History of Astronomy *by Arthur Berry, 1961, Dover Publications, Inc., N.Y.*)

지구로부터 멀어짐에 따라 아홉 개의 투명하고 중심이 같은 구면이 나타난다. 처음 일곱 개의 구면에는 각각 태양과 달 및 당시에 알려진 다섯 개의 행성이 포함되고, 항성들은 통상 '하늘(창공)'이라 부르는 여덟 째 구면에 붙어있다. 주전원, 대원, 동시심, 이심원 등을 포함한 정교한 이론은 각 행성의 운동을 그것의 구면 안에서 설명한다. 이 모든 것의 밖에는 아홉째 구면이 있는데, 원동력(primum mobile)이라 하며 처음으로 움직이는 존재(Prime Mover) 또는 신(God)을 뜻한다. 이것은 어떤 불가사의한 방식으로 다른 모든 구면에 동력을 제공한다. 이 마지막 구면을 벗어나면 아무것도 없다. 아무런 물질도 없고 아무런 공간도 없다. 아리스토텔레스의 우주는 원동력 안에 포함된 유한한 우주이다.

아리스토텔레스의 관점에서, 지구는 우주의 몸통이고 나머지 모든 것은 그 자체와 지구의 거주자를 위해 존재한다. 니콜라우스 코페르니쿠스(Nicolaus Copernicus, 1473~1543)가 제시한 새로운 우주론에서는 태양이 지구와 입장을 바꾼다. 태양이 유일한 중심 몸통이고 지구는 고정된 태양 둘레를 공전하는 여러 개의 행성 중 하나에 불과하다. 지구를 중심에 위치시킨 고대의 우주론을 지구 중심설(geocentric theory)이라 하고, 태양을 중심으로 다루는 코페르니쿠스 우주론을 태양 중심설(heliocentric theory)이라 한다. (그리스 말에서 지구와 태양에 대한 단어가 각각 'ge'와 'helios'이다.) 태양 중심설이 제기될 때부터 신교와 구교 모두의 신학자들은 지구가 천지 창조에서 상대적으로 시시한 부분이 되는 이론을 극히 혐오했다. 신은 사람들을 즐겁게 하기 위해 우주를 창조하지 않았던가? 그리고 이를 증명하기 위해 지구를 그 중심에 놓지 않았던가? 실제로 시편 작가는 <시편> 93장에서 "세상을 흔들리지 않게 든든히 세우셨고"라고 단언했다. 지구를 움직이는 것은 신의 자리를 빼앗는 것과 같다.

코페르니쿠스가 주장한 천체 운동의 양식이 물리적으로 옳은지에 관한 근원적인 논쟁점은 권위의 문제였다. 태양 중심설은 성경의 다양한 구절에 대한 전통적인 해석과 거의 양립할 수 없기 때문에, 그것이 우세해지면 성경은 권위를 잃고 그리스도교는 시련을 겪을 것으로 보였다. 게다가, 판단의 자유를 발휘에서 대립적인 천문학 이론 중에서 어느 것을 결정할 정도가 된다면, 권위 자체를 의심하는 것은 잔걸음에 불과했다.

그 뒤 몇 년 동안 갈릴레오는 자신의 천문학적 견해와 성경 사이의 관계에 관한 논쟁에 휘말려 있었다. 태양 중심설 지지자들을 난처하게 만들었던 자주 제기된 질문은 '여호수아의 기적'을 설명하는 방법이었다. <여호수아서> 제10장은 여호수아의 기도에 따라 이스라엘 사람들이 적을 쫓아낼 수 있도록 신이 태양을 움직이지 않게 세우고 낮의 길이를 늘였다고 말하고 있다. 만약 태양이 넘어갔다면, 승리는 완전할 수 없었을 것이다. (1613년에) 널리 유포된 몇 통의 편지에서 갈릴레오는 "이 구절은 아리스토텔레스와 프톨레마이오스의 세계관이 불가능한 반면에 코페르니쿠스의 우주론과 매우 잘 어울린다는 사실을 명백하게 보여준다."고 주장했다. 갈릴레오는 멋진 변증법적 전환으로, 아리스토텔레스의 전통적인 우주론을 받아들이는 사람은 태양을 멈춘 여호수아 이야기를 사실상 이해할 수 없을 것이라고 지적했다. 왜냐하면 행성과 별들의 운동과 마찬가지로 태양 운동의 원천은 원동력임을 받아들였기 때문이다. 이에 따라 천체 전체의 운동을 혼란시키지 않으려면 여호수아는 태양이 아니라 가장 먼 곳에 있는 천구를 멈추어야 한다. 반면에, 코페르니쿠스의 이론을 받아들이면, 이 이야기를 글자 뜻대로 이해할 수 있다. 왜냐하면 행성의 공전이 우주의 중심에 있는 태양에 의해 이루어진다고 가정하면, 여호수아는 태양을 멈춤으로써 태양계 전체를 멈출 수 있기 때문이다. 이때 다른 천체는 혼란에 빠지지 않는다. 아주 단순하게, 성서의 언어를 그것의 엄밀한 의미에서 해석한다면, 이 경우에는 코페르니쿠스의 이론을 지지하는 것이 더 좋다.

갈릴레오는 계속해서 성서는 과학을 가르치려는 목적으로 쓰인 것이 아니고 성서의 말을 글자 뜻대로 해석해서는 안 된다고 말했다. 태양이 지구 주위를 도는 것으로 묘사됐다면, 이것은 그 당시의 불완전한 지식의 반영이었다. 분명히 이것은 어떤 이론에 대한 승인을 의미하지 않았다. 그는 "성령의 의도는 하늘이 움직이는 방법을 우리에게 가르치려는 것이 아니고 하늘로 가는 방법을 가르치려는 것이다."라고 말한 '대단히 유명한 어떤 성직자'의 말을 인용했다. 더욱 나아가서 그는 "물리적 명제를 비난하기 전에, 그것이 엄밀하게 입증되지 않았음을 보여야 한다."고 덧붙였다. 갈릴레오가 잘못을 저질렀다면 마땅히 교회가 과학적 증명을 제공해야 한다는 말에 따라, 그는 그의 적들이 원하는 기회를 정확하게 제공했다. 그들은 모든 곳에서 갈릴레오가 특권적인 지식의 원천인 성서의 권위를 공박했고 문외한이 종교 문제에 간섭하려고 했다고 선언했다. 성직자들은 수학을 극악 무도한 기술이라고 비난했고, 모든 수학자를 참된 종교의 적이라고 헐뜯었다.

1616년 초에 이르러, 교황은 종교 재판소에 다음 두 가지 명제를 조사하라고 지시했다. (1) "태양은 이 세상의 중심이고 공간 운동에 관해서는 전혀 움직이지 않는다." (2) "지구는 이 세상의 중심이 아니고 움직이지 않는 것이 아니지만, 자신에 관해 하루 운동에 따라 움직이다." 신학자들의 특별 위원회는 하루 동안 숙고한 끝에 첫째 명제가 "성경의 원리와 많은 구절에서 분명히 모순되므로, 이것은 어리석고 터무니없으며 철학적으로 우매하고 종교적으로 이단이다."라고 배제했다. 둘째 명제에 대해 말하면, 이것은 "철학적으로 똑같이 지탄받을 수 있으며, 신앙에서도 적어도 그만큼 잘못되었다."

지구가 움직인다고 인정하고 주창한 갈릴레오는 징계도 받아야 했다. 그는 추기경 로베르토 벨라르미노(Robert Bellarmine, 1542~1621)의 관저로 소환되어, 증인 앞에서 "이런 의견이나 학설을 가르치거나 옹호하는 것을 전적으로 삼가할 것이며 이에 대해 논의하지도 말라."는 경고를 받았다. 이에 순순히 따르지 않으면, 그는 구금되어야 했다. 갈릴레오는 따르겠다고 선언했다. 그 뒤 곧바로 종교 재판소는 코페르니쿠스의 저술들을 고소했다. 천체에 대한 생각에 혼란을 일으킨 책인 ≪천체의 회전에 대해≫와 지구가 움직인다고 주장한 다른 모든 책은 여러 구절을 '수정하는 동안' 금서 목록에 올랐다.

갈릴레오는 1623년까지 어느 정도 조용히 지냈는데, 이 해에 그가 오랫동안 존경했던 사람이 새로운 교황으로 선출됐고 우르바누스 8세(Urban VIII, 1568~1644)로 명명됐다. 우르바누스는 몇 번의 우호적인 접견 뒤에 갈릴레오에게 코페르니쿠스 이론에 관해 글을 쓸 수 있도록 허락했는데, 그 이론을 실제가 아니라 편리한 과학적 가정으로 제시하며 프톨레마이오스의 관점에 대한 논의를 똑같이 공평하게 제시한다는 조건을 붙였다. 갈릴레오는 이런 지침에 부합될 것이라고 믿는 책을 쓰기 시작했다. 갈릴레오는 건강이 좋지 않았기 때문에 저술 작업이 지연됐지만, 1630년에 드디어 천문학 연구서 ≪두 가지 주요한 우주 체계에 관한 대화(Dialogo Sopra Due Massimi Systemi del Mondo)≫를 탈고했다. 이것이 바로 그 유명한 재판에 이르게 한 책이다. 갈릴레오는 이를 출판하기 위해 필요한 허가를 받기 위한 여러 번의 논쟁과 유예 끝에 교회 당국으로부터 인정을 받았고 드디어 1632년에 피렌체에서 발간했다.

갈릴레오는 ≪대화≫를 가능한 한 많은 독자가 읽을 수 있도록 대학교의 학술 언어인 라틴 말이 아니라 이탈리아 말로 저술했다. 그는 이 책을 '통찰력 있는 독자'를 겨냥해서 썼는데, 이런 사람들이 자신의 주장을 지지해줄 것을 원했다. 대중의 즉각적인 반응이 엄청났는데, 출판된 책은 곧바로 팔려나갔다. 한 가지 이유는 ≪대화≫가 당대의 천문학 문헌을 대표하는 세 개의 위대한 걸작 중에서 읽기가 가장 쉬웠기 때문이다. 나머지 두 개는 코페르니쿠스의 ≪회전에 대해≫와 뉴턴의 ≪원리≫였다. 이것은 다른 책들과 같이 진지한 전문

갈릴레오의 ≪대화(1632)≫ 표지 : (왼쪽부터) 아리스토텔레스, 프톨레마이오스, 코페르니쿠스가 우주의 구조에 대해 논쟁한다. (*By courtesy Editions Culture et Civilisation*)

적인 연구서가 아니라(수학은 이에 포함되는 것이 부적절했을 것이다), 종교 조직에서 일어난 재기 넘치는 대화 형식이다. 이 책 자체에 관한 한 ≪대화≫는 나흘간 연속해서 이어진 활발한 대화로 이루어져 있는데, 세 사람이 태양 중심설을 반대하거나 옹호하는 논의를 하고 있다. 그렇지만 명확한 결론에 도달하지 않는다. 논의에 참여한 세 명은 갈릴레오를 대표하는 코페르니쿠스 학자인 살뷔아티(Salviati), 권위를 상징하는 더듬거리는 아리스토텔레스 철학자 심플리키오(Simplicio), 사회자의 역할을 하는 지적이고 교양 있는 일반인 사그레도(Sagredo)이다. 세 사람 사이의 대화 형식은 부분적으로 문학적인 이유에서 선택했지만, 더 큰 이유는 표출된 특정한 견해가 실제로 자신의 것이 아니라 상상의 인물의 것이라고 갈릴레오가 주장할 수 있었기 때문으로 보인다. 말할 필요도 없이, 아리스토텔레스의 주장은 가엽게도 차선책으로 나오는데, 심플리키오는 바보스럽게 보이고 대화에서 물러나야 했다.

≪대화≫가 출판되자, 과학계와 함께 교회의 갈릴레오의 적들은 그에 대한 맹렬한 공격을 배가했다. 이 책을 조사한 교회 위원회는 그가 태양 중심설을 가정이 아니라 사실로 다루어서 명령을 어겼다고 보고했다. 게다가, 1616년 종교 재판소의 기록을 조사해서, 갈릴레오가 태양 중심설을 말이나 글 등 어떠한 방식으로도 가르쳐서는 안 된다는 명령을 개인적으로 받았다는 취지의 (서명이 없는) 공증인의 진술을 폭로했다. 이런 명령을 전혀 모르고 있던 교황은 갈릴레오에게 속아서 이 주제에 관해 글을 쓸 수 있도록 허락했다고 느꼈다. 무엇보다도 나쁜 것은, 우르바누스는 갈릴레오가 자신을 어설픈 지구 중심설 옹호자인 심플리키오라는 인물로 조롱했다고 확신하게 됐다는 사실이다. 우르바누스는 자신의 주장이 심플리키오의 입으로 한 마디 바뀌지 않고 반복되고 있음을 분명히 확인할 수 있었다. (새로운 이론에 대한 심플리키오의 반대 중 하나를 들은 뒤에, 살뷔아티는 비꼬는 투로 '훌륭하고 참으로 천사 같은 주장'이라고 지적했다.) 자존심이 몹시 상한 교황은 ≪대화≫에서 설명한 가르침이 루터와 칼뱅을 포함한 모든 이단보다 그리스도교에 잠재적으로 더 위험하다는 예수회의 입장을 지지하게 됐다.

≪대화≫의 저자는 70세의 나이에 심각한 병에 걸렸지만, 로마로 소환되어 두려운 종교 재판소에서 재판을 받았다. 심문 과정은 갈릴레오가 1616년에 발부된 명령을 지키겠다는 약속을 어겼다고 스스로 시인하게 만들도록 짜여졌다. 그는 태양 중심설을 옹호해서 명령을 어긴 것이 아니고 이에 대한 논거들이 '근거 없고 결정적이지 않음'을 보여주기 위해 ≪대화≫를 썼다고 방어했다. 둘째 심문에서 갈릴레오는 자신의 책을 3년 만에 처음으로 방금 다시 읽었다고 말했고, 많은 구절에서 태양 중심설을 극단적으로 선호하는 방향으로 제시했다는 사실을 인정했다. 갈릴레오는 감옥에 머무르는 동안 실제로 고문을 당하지는 않았지만, 자신의 '잘못'을 고백하고 천문학 문제에서 교회의 권위를 인정하도록 유도하는 심문의 위협은 항상 존재했다. (갈릴레오가 공개적으로 포기 선언을 하고 "그래도 지구는 돈다."고 스스로에게 중얼거렸다는 취지의 이야기가 집요하게 계속되고 있다.) 취소 전문은 모든 성직자가 읽었고 모든 대학생에게는 교수가 읽어주었다. 코페르니쿠스의 발상을 차단하기 위한 추가적인 보호 수단으로 ≪대화≫를 금서 목록에 등재했는데, 1822년까지 남아 있었다. 1744년에 처음으로 교회는 이 책의 인쇄를 허용했는데, 갈릴레오에 대한 판결문과 그의 취소 전문을 같은 책에 포함시킨다는 조건이 붙었다. 갈릴레오의 재판은 17세기 초에 과학자들이 직면해야 했던 심각한 문제의 하나를 예시한다. 과학자들은 실험할 수 있는 허

DISCORSI
E
DIMOSTRAZIONI
MATEMATICHE,
intorno à due nuoue ſcienze
Attenenti alla
MECANICA & I MOVIMENTI LOCALI,
del Signor
GALILEO GALILEI LINCEO,
Filoſofo e Matematico primario del Sereniſſimo
Grand Duca di Toſcana.
Con vna Appendice del centro di grauità d'alcuni Solidi.

IN LEIDA,
Appreſſo gli Elſevirii. M. D. C. XXXVIII.

갈릴레오의 ≪담화(1638)≫ 표지. (*By courtesy Editions Culture et Civilisation*)

락은 받았지만, 그 결과를 자신의 품속에서 지켜야 했다. 갈릴레오의 기소자들은 그가 자신의 견해를 갖고 있었기 때문이 아니라 그것을 공개적으로 선언했기 때문에 고발했었다.

정신적으로 무너진 갈릴레오는 종교 재판소 관리의 감독을 받으면서 영구적인 자택 연금에 처해졌다. 그렇지만 과학 연구에 대한 그의 열정은 줄어들지 않았다. 그는 새롭게 고안한 망원경으로 얻은 천문학적 발견 때문에 세계적으로 유명해지기 전에, 역학에 관한 훌륭한 연구서를 거의 출판할 상황에 있었었다. 갈릴레오는 사반세기 전의 이 과제에 다시 몰두했다. 거의 눈이 멀었지만 그의 가장 중요한 연구서인 ≪두 가지 새로운 과학에 관한 담화와 수학적 증명(Discorsi e Dimostrzioni Matematiche Introrno a Due Nuove Scienze)≫을 써내려갔다. 이것은 투사체의 운동과 중력 가속도를 분석한 연구서였다. 이 책에서 동력학이 비롯됐다고 말할 수 있다. 종교 재판소는 갈릴레오가 이탈리아에서 어떠한 책도 출판하지 못하도록 했기 때문에, 그는 이 원고를 이탈리아에서 몰래 빼돌려서 네덜란드에서 1638년에 출판했다.

시간이 흐름에 따라, 교회는 "회피하고 저주하며 혐오하는" 코페르니쿠스의 태양 중심 체계에 대한 견해를 점차로 누그러뜨렸다. 그렇지만 갈릴레오의 이단 문제는 1992년까지도 아물지 않은 채로 남아 있었다. 3세기가 지난 뒤에야 교황 요한 바오로 2세(1920~2005)는 갈릴레오가 부당하게 유죄 판결을 받았고, 그의 재판관들이 고집스럽게 성서를 자연 세계를 이해하는 방법으로 글자 그대로 읽는 잘못을 저질렀다고 공식적으로 인정했다.

갈릴레오는 또 다른 플라톤이었다고 말하고 싶을 것이다. 곧, 그는 수학 논문을 썼다기보다는 수학자들을 만들었다고 말하고 싶을 것이다. 갈릴레오는 특출한 수학적 능력을 지녔지만, 그 능력은 삽화적으로 드러났고 수학의 어떤 분야에 관한 대작으로는 나타나지 않았다. (그의 제자 카발리에리와 토리첼리는 어느 정도 명성을 얻었다.) 그의 위대한 공헌은 수학이 과학적인 설명 수단이라는 또는 그의 말에 따라 "자연은 수학적 언어로 쓰여 있다."라는 혁명적인 발상이다. 이에 따라 자연은 수학적이라는 피타고라스의 관점에서 자연은 그 자체로 수학화에 적합하다는 관점으로 강조점이 바뀌었다. 이런 "새로운 피타고라스주의"의 기초를 이루는 원리는 우주는 논리적인 방법으로 행동하는데, 이런 원리는 직접적인 관찰과 수학적 추론을 결합시켜 이해할 수 있다는 것이었다.

■ 현대적인 표기법의 시작 : 프랑수아 비에타

이 특별한 시기에 이런 극적인 수학적 성취가 이루어진 이유를 정확하게 말하기 어렵지만, 수학적 표현 방법의 개선은 고대의 개념을 현대의 개념으로 이행시키는 데 필요했다. 표현 방식이 달라야만 가능해졌던 새로운 결과들이 종종 있었다. 분명히, 1600년을 지나면서 새로운 수학적 표기법이 봄에 꽃이 피듯이 만개했다. 두 기호 +와 −는 인쇄물로는 최초로 요하네스 비트만(Johannes Widmann, 1462?~1498)의 ≪상업 산술(Mercantile Arithmetic)≫에 나타났는데, 여기에서 이것들은 덧셈과 뺄셈 또는 양수와 음수가 아니라 상업 문제에서 흑자와 적자를 지시했다. 이것들을 대수적 표현으로 최초로 사용한 사람은 네덜란드 수학자 반더 호이케(Vander Hoecke, 1514년 활동)였다. 로버트 레코드는 ≪지혜의 숫돌(1557)≫이라는 매혹적인 제목의 영어로 쓰인 대수학에 관한 초기의 책에서 '같음'을 나타내는 기호 =를 (더 긴 선분으로) 도입했다. 레코드는 이 기호를 선택한 이유를 두 평행선보다 "어느 두 개도 더 같은 것은 없다."고 말했다. 그런데 이 기호는 즉각적으로 인기를 끌지는 못했다. 크실란더(Xylander, 1575)는 연직으로 세운 평행선을 선호했고, '같음'을 나타내는 기호 ∝가 (어쩌면 단어 'aequalis'의 처음 두 글자의 변형일 수 있는데) 1700년대까지도 계속해서 사용됐다. 곱셈 기호는 덧셈과 뺄셈 기호보다 훨씬 더 느리게 발달했다. 토머스 해리엇(Thomas Harriot, 1560~1621)은 ≪해석술 연습(Artis Analyticae Praxis, 1631)≫에서 점(dot)으로 곱셈을 나타냈지만, 잉글랜드의 또 다른 대수학자인 윌리엄 오트레드(William Oughtred, 1574~1660)는 ≪수학의 열쇠(Clavis Mathematicae)≫에서 가위표 ×를 사용했다. 해리엇은 '더 크다'와 '더 작다'를 나타내는 기호 >와 <를 고안했는데, 이것은 같은 목적으로 오트레드가 같은 시기에 고안한 기호 ⊏와 ⊐를 개선한 것이었다. (오트레드의 표기법은 대칭적이지 않아서 기억하기가 쉽지 않았다.) 1659년에 출판된 요한 란(Johann Heinrich Rahn, 1510~1588)의 ≪도이치 대수학(Teutsche Algebra)≫에 처음으로 인쇄된 나눗셈 기호 ÷가 등장했다. 제곱근 기호 $\sqrt{\ }$의 유래는 크리스토프 루돌프(Christoff Rudolff)의 ≪미지수(Die Coss, 1525)≫까지 거슬러 올라갈 수 있는데, 이 책에서는 단지 두 획에 불과했다. 루돌프가 √를 선택한 이유는 이것이 단어 'radix'의 머리글자인 소문자 r을 닮았기 때문이라는 말을 흔히 한다. 식자공들은 이런 기호들을 임시변통하는 경향이 있는데, 근호 $\sqrt{\ }$를 돌려서 '더 큰'을 나타내는 자리 ⋋와 '더 작은'을 나타내는 자리 ⋌에 사용했다.

1500년대에, 대수학의 우월한 지위가 이탈리아에서 유럽 대륙의 다른 국가, 특히 도이칠란트와 프랑스로 넘어갔다. 미하엘 슈티펠(Michael Stifel, 1486~1567)은 이 분야에서 도이칠란트의 가장 유명한 저자였다. 원래 아우구스티누스회 수도사였던 그는 마르틴 루터(Martin Luther, 1483~1546)에 의해 전향됐고, 순회 전도사로 오랜 시간을 보냈다. 슈티펠은 재미 삼아 수 신비주의에 탐닉하는 버릇이 있었는데, <요한 계시록>에 등장하는 악의적인 짐승의 수 666이 당시의 교황 레오 10세(Leo X, 1475~1521)를 나타낸다고 밝혔다. 또, 성경의 특정한 구절들에 대한 연구를 통해 이 세계가 1533년 10월 3일 8시 정각에 멸망할 것이라고 확신했고 이를 세상에 알렸다. 그의 충실한 교구 사람들은 예고된 날을 고대하면서 광분해서 흥청거리며 재산을 탕진했고 저축했던 돈을 써버렸다. 예언이 실현되지 않자 분개한 농부들은 슈티펠을 체포해서 감옥에 처넣었다. 그 뒤에 루터의 직접적인 중재를 통해 겨우 풀려날 수 있었다.

슈티펠은 의미 없는 수를 버리고, 정통 수학 연구로 관심을 돌렸다. 그는 비텐베르트(Wittenberg) 대학교에서 석사 학위를 취득하고, 그 뒤에 쾨니히스베르크(Königberg)와 예나(Jena) 대학교에서 가르쳤다. 그의 주요한 연구 업적인 실용적인 교과서 ≪산술 백과(Arithmetica integra)≫는 그가 거의 60세였던 1544년에 발간됐다. 그 다음 해에는 도이치 말로 ≪도이치 산술(Deutsche Arithmetica)≫을 출판했고, 1553년에는 루돌프의 ≪미지수≫에 대한 광범위한 주석서를 발간했다. 슈티펠이 대수적 기호를 개선한 것은 미지수의 거듭제곱을 똑같은 문자를 필요한 만큼 반복시켜 나타낸 것이었다. 그의 $1AAA$는 현재의 A^3을 뜻한다. 그는 방정식에서 음의 결수[계수]를 허용했지만, 음수 근의 정당성을 인정하지는 않았다. 슈티펠은 여전히 등호를 말로 나타내는 관행을 유지했다. 예를 들면, ≪산술 백과≫에 다음과 같이 썼다.

$$85B - 1BB \text{ aequatur } 1156$$

프랑스에서는 앙리 4세(Henry IV)의 궁정 고문관이며 당대의 지도적인 수학자인 프랑수아 비에타(François Vièta, 1540~1603)가 대수적 표기법을 개선하는 결정적인 단계를 밟았다. 유클리드 시대 이래로, 문자는 방정식에 들어갈 양을 나타내는 데 사용됐다. 그러나 찾아야 할 미지의 양과 알고 있다고 가정된 양을 구별하는 방법은 없었다. 비에타는 알파벳의 대문자를 기지의 양과 미지의 양을 모두 나타내는 기호로 사용하자고 제안했는데, 모음은 현재 변수라 부르는 미지의 양을 나타내고 자음은 주어진 것으로 가정된 기지의 양을 나타냈다. 간단하지만, 이런 관례는 결수가 지정된 수인 특정한 예를 다루어야만 했던 대수학을 해방시키는 엄청난 결과를 초래했다. 비에타의 문자 표기법(곧, 문자로 숫자를 대신하는 표기법)이 도입되기 전에는, 특정한 방정식에만 관심을 두어야 했다. $3x+2=0$ 또는 $6x^2+5x+1=0$과 같은 개별적인 방정식은 그 자체의 특성을 지니고, 개별적으로 다루어야 했다. 문자 표기법은 일반적인 방정식 이론을 세울 수 있게 했는데, $6x^2+5x+1=0$과 같은 방정식이 아니라 이차 방정식 $ax^2+bx+c=0$을 연구할 수 있게 했다. 결수는 어떤 부호이어야 하며 각각은 그 앞과 독립적이어야 한다와 같은, 방정식에 관한 그 이전의 개념은 완전히 사라졌다.

비에타의 모음·자음 표기법은 생존 기간이 짧았다. 비에타가 죽고 반세기도 지나지 않아서 데카르트의 ≪기하학≫이 등장했다. 이 책에서 알파벳의 처음에 있는 문자들이 기지의 양으로 사용됐고, 끝에 있는 문자들이 (특히 x가) 미지의 양으로 사용됐다. 이 규칙은 17세기의 관행으로 급속히 퍼졌고, 현대까지 살아남았다.

비에타는 수량 A의 서로 다른 거듭제곱을 A quadratus, A cubus 등과 같이 써서 대수학을 말로 나타냈던 흔적을 마지막으로 간직했다. 어깨 수[지수]를 이용해서 거듭제곱할 양을 나타내자는 대단히 편리한 발상은 데카르트의 또 다른 공헌이었는데, 1637년에 출판된 그의 ≪방법 서설(Discours de la Méthode)≫에 처음으로 등장했다. x의 잇따른 거듭제곱은 (여전히 많이 볼 수 있듯이) x, xx, x^3, x^4 등으로 나타냈다. 그렇지만 어떤 이상한 이유에서 데카르트는 x^2 대신에 표현 xx를 변함없이 사용했다. 둘째 거듭제곱을 문자를 반복시켜 나타내는 방법은 오랫동안 계속됐는데, 어떤 저자들은 xx가 x^2보다 더 많은 공간을 차지하지 않는다는 비수학적인 근거에서 xx를 선호했다.

디오판토스의 축약된 표기법과 데카르트의 표기법 사이의 주요한 차이점은 디오판토스가 덧셈 기호를 사용하지 않았고 대신에 이 연산을 병렬로 나타냈다는 사실이다. 게다가, x^2과 x 사이의 관계와 같이 Δ^{Υ}와 기호 ς 사이의 관계는 명확하게 드러나지 않았다. 디오판토스가 다음과 같이 나타낸 식을 생각하자.

$$\mathrm{K}^{\Upsilon}4 \pitchfork \Delta^{\Upsilon}6\iota\varsigma 2\mathrm{M}3$$

이것은 데카르트의 표기법에서는 다음과 같다.

$$4x^3 - 6xx \propto 2x + 3$$

(이것들은 모두 현재의 $4x^3 - 6x^2 = 2x + 3$와 같다.) 한 세기 전에 이탈리아의 대수학자 봄벨리는 똑같은 식을 다음과 같이 나타냈을 것이다.

4Cm. 6Q aeqtur 2R p. 3

여기서 덧셈(piu)과 뺄셈(meno)에 대한 축약으로 문자 p와 m을 사용했고, 미지수는 R, 이의 제곱은 Q, 이의 세제곱은 C와 같이 각 거듭제곱을 고유의 기호로 나타내는 축약된 대수학을 볼 수 있다. 봄벨리는 이 식을 다음과 같이 또 다른 꼴로 나타냈다.

$$4\overset{3}{\smile}\ \text{m. } 6\overset{2}{\smile}\quad \text{aeqtur } 2\overset{1}{\smile}\quad \text{p. } 3$$

여기서 모르는 양의 거듭제곱은 짧은 원호 위에 있는 숫자로 나타냈다. 반면에, 음의 결수를 허용하지 않은 카르다노는 위의 방정식을 다음과 같이 나타냈을 것이다.

4 cubus aequantur 6 quadratus & 2 res & 3

(현재의 식으로는 $4x^3 = 6x^2 + 2x + 3$이다.) '모르는 양'에 대해 카르다노는 '물건'을 나타내는 라틴 용어 res.를 사용했고, 덧셈은 연결어 & 또는 단어 et로 나타냈다.

이에 따라 대수학이 세 단계를 거쳤음을 알아봤다. 곧, 모든 명제와 방정식이 통상적인 말로 쓰인 수사적 대수학, 친숙한 용어가 생략된 축약된 대수학, 표현의 모든 부분이 특별한 기호로 특성화되는 기호 대수학이다.

■ 스테빈의 십진법 소수

인도·아라비아 수 체계가 전면적으로 도입된 이래, (십진법) 소수는 산술에서 가장 중요한 혁신이었다. 소수의 출현은 이것을 나타내는 어느 정도 편리한 표기법과 함께 필연적이었다. 이 '훌륭한 발명'이 매우 늦게 나타난 것이 오히려 놀라운 일이다. 서유럽에서 새로운 수 체계가 1500년까지는 지배적이었지만, 육십진 기수법이 깨진 수[2])를 나타내는 데 계속해서 사용됐다. 십진법과 육십진법이 개별적인 수를 나타낼 때 함께 사용됐다. 수의 옹근 부분은 십진법으로 나타내고 깨진 부분은 육십진법으로 나타냈다. 이런 이중적인 진법의 사용은 제곱과 세제곱 및 거듭제곱근 수표의 셈으로 예시된다. 예를 들면, 존(John of Meurs, 1343년경)은 다음과 같은 방법으로 $\sqrt{2}$를 찾았다.

$$\sqrt{2} = \frac{1}{1000}\sqrt{200'0000} \approx \frac{1}{1000}1414 = 1 + \frac{414}{1000}$$

이것은 분명히 십진법을 사용해서 이루어졌다. 그렇지만 이 결과를 $1°\ 24'\ 50''\ 24'''$와 같이

2) [옮긴이] 여기서는 정수를 '옹근 수'로 나타내고, 옹근 수가 아닌 분수와 소수를 통틀어 '깨진 수'로 나타낸다.

육십진법으로 표현했다. 이런 방식으로 혼합된 기수법을 사용하는 것이 현재는 이상하게 보인다면, 삼각 함수표가 여전히 이런 형식으로 나타난다는 사실을 상기하자.

여러 수학자의 연구에서 (십진법) 소수에 관한 발상이 무르익었지만, 특히 프랑스의 비에타의 경우에 상당히 근접했지만, (십진법) 소수의 연산 규칙을 체계적으로 설명한 최초의 인물은 브뤼즈(Bruges) 출신의 시몬 스테빈(Simon Stevin, 1548~1620)이었다. 스테빈은 젊은 시절에 안트베르펜(Antwerp)에서 회계 장부 담당자로 일했는데, 에스파냐의 통치에 대항한 네덜란드의 반란이 일어나기 전의 불안한 시기에 낮은 지대를 떠났다. 프로이센, 폴란드, 노르웨이를 10년 동안 여행한 뒤에 드디어 네덜란드 북부 지역에 정착했다. 당시 이 지역은 에스파냐의 지배를 벗어나 있었다. 1582년에 스테빈은 신설된 라이덴(Leiden) 대학교에 입학했다. 그는 당시 35세로 매우 늦은 나이에 학생이 됐지만, 학업이 매우 우수해서 몇 년 뒤 그 대학에서 수학을 가르쳤다. 나중에 그는 그의 제자였던 나사우의 마우리츠 왕자[3]의 추천으로 네덜란드 육군의 병참감 및 제방과 운하 감독관으로 임명받았다. 이런 힘 있는 자리를 죽을 때까지 지켰다.

스테빈은 자신의 견해를 널리 펴고 싶은 간절한 마음으로 넓고 다양한 주제에 관한 글을 썼다. 그의 최초의 출판물 ≪이자율표(1582)≫는 일반 독자에게 단리와 복리를 셈하는 규칙을 알려줬다. 또, 그 이전에는 은행원들이 비밀로 간직했던 할인과 연금을 빠르게 셈하기 위한 표들도 제공했다. ≪축성술(1586)≫은 그 뒤 두 세기 동안 전쟁 중에 공병들이 실용적으로 사용했다. 스테빈은 수학 책으로는 ≪산술(1585)≫을 발간했는데, 그 이전의 산술과 대수학 저술 중에서 최고를 정교하게 다듬었다. 그는 또한 디오판토스의 ≪산수론≫ 중 처음 네 권을 프랑스 말로 출판했는데, 이는 디오판토스의 책을 유럽의 제 나라말로 번역한 최초의 책인데 크실란더의 라틴 말 판본을 이용한 것으로 보인다. 과학사에서 스테빈의 명성은 주로 ≪유체 정력학의 원리(1586)≫에 근거하는데, 이 책은 이 주제에 관한 아르키메데스의 연구를 뛰어 넘은 최초의 중요한 진전이었다.

십진법 소수 셈은 스테빈의 인기 있던 소책자 ≪십분의 일(De Thiende)≫의 주제였는데, 1585년에 플라망[4]에서 출판됐다. ≪La Disme≫라는 제목의 프랑스 말 번역본이 같은 해에 인쇄됐다. 1608년의 영어 번역본은 영어에 단어 'decimal[십진법(의), 소수(의)]'을 도입했다. 29쪽의 이 소책자의 부제는 <상업에서 마주치는 모든 셈을 깨진 수의 도움 없이 옹근 수만으로 시행하는 방법을 가르치기>였다. 곧, 깨진 수를 십진법 소수 꼴로 바꾸면 그것을 곧바로 옹근 수와 같이 다룰 수 있다. 통상적인 산술 연산은 옹근 수에 대해서와 똑같은 방식으로 이루어지는데, 마지막 결과에 소수점을 정확한 위치에 넣기만 하면 된다. 현재 소수점을 사용하는 것과 같이, 스테빈은 단 한 개의 기호로 수를 두 부분으로 나눌 수 있다고 생각하

3) [옮긴이] Prince Maurice of Nassau, 나중에 오라냐 공이 됨.

4) [옮긴이] Flemish, 벨기에 북부 지역.

지는 않았다. 대신에, 그는 10의 거듭제곱을 나타내는 원에 둘러싸인 수를 사용하는 성가신 기수법을 제안했다. 수의 깨진 부분에 있는 잇따른 각 자리의 숫자는 분모에서 10의 대응하는 거듭제곱을 나타내는 원으로 둘러싸인 수가 뒤따랐다. 수의 옹근 부분은 원으로 둘러싸인 영이 뒤따른다. 예를 들면, 현재 34.567로 나타내는 수를 스테빈은 요구되는 상황에 따라 다음과 같이 두 가지 방식으로 나타냈다.

$$34\;\textcircled{0}\;5\;\textcircled{1}\;6\;\textcircled{2}\;7\;\textcircled{3},\qquad \overset{\textcircled{0}}{34}\quad \overset{\textcircled{1}}{5}\quad \overset{\textcircled{2}}{6}\quad \overset{\textcircled{3}}{7}$$

곱할 때는 이를테면 0.000378 × 0.54는 다음과 같이 셈을 배열했다.

$$\begin{array}{ccccc|c}
 & & \textcircled{4} & \textcircled{5} & \textcircled{6} & \\
 & & 3 & 7 & 8 & \\
 & & & 5 & 4 & \textcircled{2} \\
\hline
 & 1 & 5 & 1 & 2 & \\
1 & 8 & 9 & 0 & & \\
\hline
2 & 0 & 4 & 1 & 2 & \\
\textcircled{4} & \textcircled{5} & \textcircled{6} & \textcircled{7} & \textcircled{8} &
\end{array}$$

≪십분의 일≫은 빠르게 그리고 널리 유포됐다. 그러나 봄벨리의 ≪대수학≫에서 본뜬 스테빈의 꼴사나운 원 표기법은 단명했다. 마침표를 수의 옹근 부분과 깨진 부분 사이의 분리 기호로 사용한 최초의 작가는 로마 교황청 천문대장인 크리스토프 클라비우스로 보인다. 이 장치는 1593년 그의 ≪아스트롤라븀[5)]≫에 나타난다. 실제의 셈에 소수점을 도입한 주요한 인물은 스코틀랜드 귀족 존 네이피어였다. 네이피어의 새로운 수학적 도구인 상용로그는 십진법 소수를 전달하는 자연스러운 수단이었다. 네이피어는 로그에 대한 영향력 있는 연구서의 머리말에서 "한가운데에 있는 마침표로 구분된 수에서 마침표 뒤에 쓰인 것은 깨진 수이다."라고 밝혔다. 스테빈의 소책자가 발간되고 50년이 되지 않아서 십진법 소수는 유럽 전체에서 널리 채택됐다.

알베르 지라르(Albert Girard, 1595~1632)는 스테빈의 수학 연구 모음집을 플라망 말[6)]에서 프랑스 말로 번역했으며, 많은 주석을 붙여 확대했다. 지라르는 로렌 공국(Duchy of Lorraine)에서 태어났지만, 개신교였던 그는 모든 신앙이 허용된 네덜란드 북부에 정착했다. 그곳에서 그는 번역가와 공병으로 일하면서 가족의 생계를 꾸렸다. 지라르 자신의 뛰어난 연구서인 ≪대수학에서 새로운 발견에 대해(L'Invention Nouvelle en l'Algèbre)≫는

5) [옮긴이] Astrolabium, 천체의 높이나 각거리를 재는 기구.

6) [옮긴이] Flemish, 벨기에 북부 지역에서 사용되는 네덜란드 말.

1629년에 암스테르담에서 출판됐다. 방정식론에서 그는 다항 방정식의 근을 깨진 어깨 수[지수]로 나타내는 스테빈의 표기법을 따랐지만, 때때로 $\sqrt[3]{\ }$ 및 $\sqrt[4]{\ }$과 같은 현대적인 기호를 사용했다. 처음에 지라르는 허수를 방정식의 근으로 인정하지 않았고, '불가능한 해'라고 불렀다. 그렇지만 나중에 그는 자신의 수 개념을 확장해서 복소수를 포함시켰다. 그는 최초로 음수 근을 기하학적으로 나타낸, 곧 양수 근에 대응하는 선분과 방향이 반대인 선분으로 나타낸 사람이라는 말을 들었다. 이에 따라 그는 수 직선의 개념을 예견했다.

■ 네이피어의 로그 발견

16세기와 17세기에 수학을 연구한 사람들은 모든 신분과 직업군으로부터 나왔다. 존 네이피어(John Napier, 1550~1617)는 스코틀랜드에 있는 머치스턴의 8대 남작이었다. 그는 13세 때까지 집에서 배웠고 스코틀랜드에서 가장 오래된 대학교인 세인트앤드루스(St. Andrews)에 정상적인 나이에 입학했다. 그가 세인트앤드루스 대학교에서 학위를 받았다는 기록은 없다. 십중팔구 네이피어는 해외로 유학했을 것으로 보이는데, 이는 당시 젊은 귀족 사이의 관례였다. 분명한 사실은 1571년까지 그는 스코틀랜드로 돌아갔고, 곧 결혼했으며 지방의 대지주로서의 삶을 택했다. 네이피어는 1603년 아버지가 죽은 뒤에 에든버러 근처의 머치스턴 성으로 이사 갔으며, 그곳에서 남은 삶을 보냈다.

16세기가 끝나는 시기에 스코틀랜드에서는 끊임없는 종교 투쟁의 하나가 발생했는데, 칼뱅파 신교의 국교 수립과 이에 뒤이어 가톨릭 나라 에스파냐 무적 함대의 침략에 대한 공포에 의해 발생했다. 신교 신앙을 소리 높여 옹호한 네이피어는 <계시록>에 대한 주석서 ≪성 요한 계시록 전체에서의 명백한 발견(A Plaine Discovery of the Whole Revelation of Saint John, 1954)≫을 출판했다. 이 책에서 그는 가톨릭 교회를 맹렬히 비난했고, 로마의 교황이 적그리스도라고 주장했다. 이 주석서에는 또한 창조주가 1688년과 1700년 사이의 어느 해에 세상을 멸망시킬 것이라는 '발견'도 기록되어 있다. 논쟁을 일으킨 이 소책자는 널리 읽혔으며, 여러 나라 말로 21판까지 발간됐다. 적어도 10판까지는 저자가 살아있던 동안에 인쇄됐다. 네이피어는 이 연구가 인류에 대한 자신의 커다란 공헌이라고 생각했는데, 분명히 이 책은 그를 당대에 수학에 대한 연구보다 훨씬 더 유명하게 만들었다.

네이피어는 신학과 관련된 인기 있던 저술 이외에도, 발명가로서 상당한 명성을 쌓았다. 그의 실용적인 고안 중 하나는 탄광에서 물을 뽑아내는 장치가 있는데, 수압 스크루와 회전축을 갖추고 있었다. 아르키메데스와 매우 비슷하게, 네이피어는 자신의 조국과 신앙을 방어하기 위한 다양한 전쟁 병기에 대한 설계도를 그렸다. 이런 파괴적인 병기 중에는 "임의로 정해진 거리에 있는" 적의 배를 불살라버리는 두 가지 형태의 거울, "4마일 주변의 벌판에 있는 키가 1피트보다 큰 모든 생명체를 제거하는" 한 문의 대포, "모든 방향을 파괴해서 흩날려 버릴 수 있는 혈기 왕성한 입을 가진" 철갑 전차, "물 밑을 항해하는 장치"가 있었다.

이런 전쟁 병기 중에서 설계도보다 더 진전된 경우가 있는지는 알려지지 않았지만, 미래에 대한 네이피어의 통찰력은 궁극적으로 기관총과 탱크 및 잠수함의 형태로 실현됐다.

놀랍지 않게, 네이피어와 관련된 여러 가지 전설은 그의 독창력과 상상력을 강조했다. 한 이야기에 따르면, 그는 자신의 물건을 훔친 하인을 새까만 수탉을 이용해서 찾아냈다고 한다. 네이피어는 깜깜한 방에 하인을 한 명씩 들여보내면서 그 닭의 등을 쓰다듬게 했다. 그는 하인들에게 그 닭이 소리를 쳐서 범인을 가려낼 것이라고 주지시켰다. 네이피어는 하인들 몰래 닭의 등에 고의로 남포 그을음을 묻혀 놓았었다. 닭을 만지려고 하지 않은 도둑은 손이 깨끗한 채로 나온 유일한 하인이었다.

수학에서 네이피어의 저술은 실용적인 셈에 관한 것이었다. ≪막대 셈(Rabdologiae, 그리스 말 rabdos(막대)와 logia(셈, 수집))≫이라 이름이 붙은 작은 책은 라틴 말로 쓰였고 그가 죽은 해에 출판됐는데, 막대를 사용해서 두 수를 기계적으로 곱할 수 있는 방법을 소개했다. 네이피어의 고안물은 흔히 네이피어의 '뼈'라고 언급하는데, 이 책의 1667년 영어판의 제목이 ≪통상 네이피어의 뼈라 불리는 말하는 막대를 이용한 셈 기술(The Art of Numbering by Speaking-Rods : Vulgarly termed Nepeirs Bones)≫이었기 때문이다. 번역가는 원래 제목의 마지막 부분을 부정확하게 번역했는데, 이것이 logos(말)를 뜻한다고 생각했다.

네이피어의 막대는 직사각형 모양의 나무 또는 뼈 조각 10개로 이루어지는데, 일종의 곱셈표를 형성하도록 지정됐다. 각 막대의 면은 아홉 개의 정사각형으로 나누어진다. 특정한 숫자가 꼭대기 정사각형에 새겨 있고, 아래에 있는 정사각형에는 이에 2부터 9까지를 곱한 값이 포함되어 있다. 곱이 두 자리 자연수이면, 각 자리의 숫자를 맞모금으로 분리해서 십

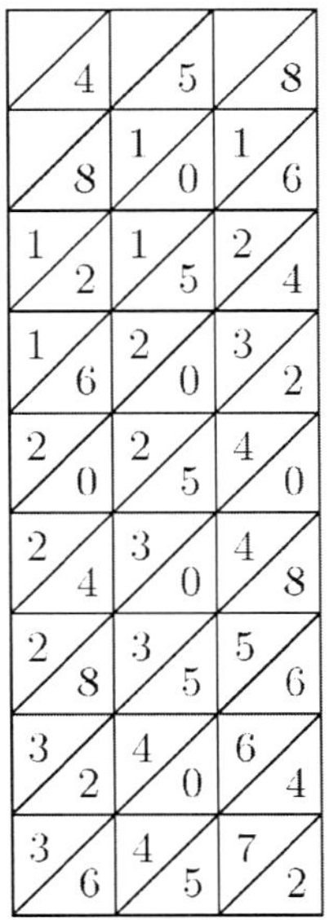

III $3 \times 458 = 1374$

VI $6 \times 458 = 2748$

의 자리의 숫자는 위에 새기고 일의 자리의 숫자는 아래에 새긴다. 행을 표시하는 표식기 막대에는 I부터 IX까지의 로마 숫자가 쓰여 있다. 예를 들어, 458에 36을 곱한다고 하자. 꼭대기에 4, 5, 8이 있는 막대를 표식기 막대와 함께 나란히 위치시킨다. III으로 지시된 선을 가로질러 보면서, 셋째 배수들에 주목한다. 각 정사각형에서 십의 자리의 숫자는 맞모금을 따라 아래로 옮겨서 왼쪽에 있는 그 다음 정사각형에 있는 일의 자리의 숫자에 더한다. 곱수 3에 대응해서 4, 2+5, 1+2, 1을 얻는다. 이렇게 얻은 4, 7, 3, 1은 곱 458×3의 자리의 숫자를 역순으로 늘어놓은 것이다. 정확한 곱은 1374이다. 6을 곱하면 똑같은 방법으로 시행해서 2748을 얻는다.

부분 곱들을 이제 서로 더하는데, 자릿값을 고려하면 다음을 얻는다.

$$\begin{array}{rrrrr} & 2 & 7 & 4 & 8 \\ 1 & 3 & 7 & 4 & \\ \hline 1 & 6 & 4 & 8 & 8 \end{array}$$

부분 곱들을 빠르게 얻음으로써, 네이피어의 수 막대들은 곱셈 과정을 덧셈 과정으로 바꿨다. 현재는 역사적인 호기심에 불과하지만 이 도구는 당시에 높게 평가받았었다.

수치 셈을 용이하게 하려는 새로운 움직임은 네이피어의 로그의 고안으로 절정에 달했다. '수의 셈'을 뜻하는 용어 'logarithm'은 네이피어가 명명했다. 그의 고안품은 다른 사람들의 연구 또는 이전의 어떠한 사고의 흐름으로 예견되지 않은 "맑은 하늘에 날벼락과 같이" 세상에 등장했다는 말이 있었다. 네이피어는 20년 동안 끊임없는 노력을 기울여 자신의 로그 표 또는 그가 부른 대로 '규범(canon)'을 편집했다. 1594년에 이미 천문학자 티코 브라헤(Tycho Brahe)는 자신을 방문한 스코틀랜드 사람으로부터 셈 방법을 대단히 단순화시켰다는 첫 소식을 들었다. 이런 기념비적인 노력은 드디어 1614년에 147쪽짜리의 작은 라틴 책으로 나타났다. 이중에서 90쪽은 표로 채워졌는데, ≪놀라운 로그 규범 설명(Mirifici Logarithmorum Canonis Descriptio)≫이라는 제목을 붙였다. 곧바로 이 책을 영어로 ≪A Description of the Admirable Table of Logarithms(1616)≫과 같이 번역했다. 이상하게도, 용어 '로그(logarithm)'가 표지에 등장하지만, 본문 자체에는 문구 '인공적인 수(artificial number)'가 사용됐다. ≪설명≫이 나오고 3년 뒤에 또 다른 책이 나왔는데, 어쩌면 그 이전에 쓰였을 것이다. ≪놀라운 로그 규범 구성(Mirifici Logarithmorum Canonis Constructio)≫은 그가 죽은 뒤에 출판됐는데, 로그 표를 구성하는 방법을 설명했다.

네이피어가 로그를 고안한 목적은 아주 큰 수들을 지루하게 셈하는 수고를 덜어주기 위함이었다. 그는 슈티펠의 ≪산술 백과(1544)≫에 친숙했는데, 이 책에서 슈티펠은 다음과 같이 2의 연속적인 거듭제곱들과 이에 대응하는 어깨 수[지수]들을 나란히 적었다.

0	1	2	3	4	5	6	7	8
1	2	4	8	16	32	64	128	258

그리고 (위의) 등차 수열에서 두 항의 합이 (아래의) 등비 수열에 있는 대응하는 두 항의 곱과 관련이 있다는 사실을 지적했다. 아마도 이것이 네이피어에게 곱셈과 나눗셈을 덧셈과 뺄셈으로 대체할 수 있는 과정을 전개하는 발상의 발단을 제공했을 것이다. 이것이 바로 로그의 고안으로 성취했던 것이다.

네이피어의 '놀라운 규범'은 삼각 함수에 응용하기 위해 만들어졌는데, 30°부터 90°까지 1분 간격의 각의 사인에 대한 로그 값을 제시했다. 당시와 그 뒤 얼마동안, 각 α 의 사인을 비율이 아니라 반지름 R 이 적절히 큰 원에서 중심각 2α 에 대한 현의 반의 길이로 생각하는 것이 관례였다. 기호로 나타내면 $\sin\alpha = \frac{1}{2}\,\text{chord}\,2\alpha$ 이다. $R = 10^7$ 으로 택함으로써, 깨진 수를 도입하기 전에 일곱 개의 정확한 유효 숫자를 얻을 수 있다고 판정했다. 특히, $\sin 90° = 10^7$ 인데, 그는 사인이 취할 수 있는 최댓값이기 때문에 '옹근 사인(whole sine)'이라 불렀다.

의심할 바 없이 슈티펠의 지적에 영향을 받아서, 네이피어는 등비 수열의 항들을 등차 수열의 항들과 짝을 짓는 것으로 시작했다. 등비 수열의 잇따른 항들이 서로 가깝기 위해서는 그 공비가 거의 1이어야 한다. 네이피어는 공비로 0.9999999, 곧 현대적인 어깨 수 표시법으로 $1-10^{-7}$ 을 사용하기로 선택했다. 그리고 성가신 깨진 수를 피하기 위해서 이에 10^7 을 곱했다. 그 뒤 단계는 다음과 같은 일련의 값들을 셈하는 것이었다.

$$10^7(1-10^{-7})^n \quad (n = 0,\ 1,\ 2,\ \cdots,\ 100)$$

먼저 문구 '인공적인 수'를 사용한 뒤에, 네이피어는 나중에 어깨 수 n 을 수 $10^7(1-10^{-7})^n$ 의 '로그(logarithm)'라고 불렀다. 이런 용어는 "10^7 에 공비 $1-10^{-7}$ 을 n 번 잇따라 곱해서 $10^7(1-10^{-7})^n$ 을 얻는다."는 의미에서 선택됐다. 그러므로 로그 값인 n 은 'logos'의 번역에 따라 '비율 수' 또는 '셈 수'로 부를 수 있을 것이다. 그리스 말인 'logos'는 영어와 관련된 여러 가지 뜻이 있다.

$N = 10^7(1-10^{-7})^n$ 일 때, N 의 네이피어 로그로 $\text{Nap.}\log N = n$ 과 같이 나타내자. 그러므로 $\text{Nap.}\log 10^7 = 0$ 이다. 곧, $\text{Nap.}\log \sin 90° = 0$ 또는 네이피어의 말대로 "반지름의 로그는 영이다." 또, 다음을 얻는다.

$$\begin{aligned}
&\text{Nap.}\log 10^7(1-10^{-7}) = \text{Nap.}\log 9999999 = 1,\\
&\text{Nap.}\log 10^7(1-10^{-7})^2 = \text{Nap.}\log 9999998.0000001 = 2,\\
&\vdots
\end{aligned}$$

여기에 몇 가지 흥미로운 점이 있다. 먼저, 수 N(사인 값)이 감소함에 따라 $\text{Nap.}\log N$

의 값은 증가하는데, 이는 현대적인 로그의 행동과 반대이다. 로그가 0인 수로서 1 대신에 10^7을 선택했기 때문에, 로그 셈에 관한 친숙한 법칙들이 네이피어 로그에는 적용되지 않는다. 특히, Nap.log MN은 Nap.log M + Nap.log N과 같지 않다. 실제로, $M = 10^7(1-10^{-7})^m$, $N = 10^7(1-10^{-7})^n$, $1 = 10^7(1-10^{-7})^k$이라 하면 다음과 같다.

$$\begin{aligned} MN &= 10^7(1-10^{-7})^{m+n}10^7 \\ &= 10^7(1-10^{-7})^{m+n}(1-10^{-7})^{-k} = 10^7(1-10^{-7})^{m+n-k} \end{aligned}$$

그러므로 다음 결과를 얻는다.

$$\text{Nap.log}\, MN = m+n-k = \text{Nap.log}\, M + \text{Nap.log}\, N - \text{Nap.log}\, 1$$

그러나 네이피어에게 명예롭게도 그는 (Nap.log 1 = 1611809를 고려해서) 큰 수들을 곱하는 문제를 로그들을 더하는 문제로 바꿨다.

네이피어는 자신에게 도움이 되는 어깨 수를 사용하지 않았기 때문에(이런 표기법은 여전히 진기했는데), 등비 수열을 흥미로운 순차적인 추론으로 셈했다. 이것은 $N_n = 10^7(1-10^{-7})^n$으로 놓고 현대적인 표기법으로 예시할 수 있다. 다음 단계를 보이는 것은 쉽다.

$$N_n = N_{n-1}(1-10^{-7}) = N_{n-1} - 10^{-7}N_{n-1}$$

그런데 $10^{-7}N_{n-1}$은 단순히 소수점을 이동한 것에 불과하므로, N_n의 값은 N_{n-1}의 값으로부터 거의 힘들이지 않고 얻을 수 있다. 네이피어는 다음과 같이 새롭게 얻은 항으로부터 단순히 그것의 10^7분의 1을 빼서 다음 항을 만들었다.

$$\begin{array}{r} 10000000.0000000 \\ -\ 1.0000000 \\ \hline 9999999.0000000 \\ -\ 0.9999999 \\ \hline 9999998.0000001 \\ -\ 0.9999998 \\ \hline 9999997.0000003 \end{array}$$

이렇게 잇따라 뺄셈을 계속해서 등비 급수의 100째 항인 $N_{100} = 9999900.0004950$에 도달했다. 그러므로 100은 마지막에 쓴 이 수의 로그이다.

주요한 수들의 로그를 확보했지만 그 사이에 있는 다른 모든 수들의 로그를 얻는 것은 여전히 훨씬 더 어려웠다. 여기서 자세한 내용을 설명할 수 없지만, 네이피어는 정교하고 교묘한 보간법을 사용했다는 말만 하겠다.

주목할 만한 사항을 한 가지 더 지적하면, $(1-10^{-7})^{10^7}$의 수치적 값은 거의 $1/e =$

$\lim_{n \to \infty}(1-n^{-1})^n$과 같다. 그러므로 네이피어의 로그는 본질적으로 밑이 $1/e$인 로그이다. 그렇지만 그는 결코 이런 식으로 생각하지 않았다.

네이피어의 ≪설명≫은 대단히 열광적인 환영을 받았는데, 특히 헨리 브리그스(Henry Briggs, 1561~1631)가 그랬다. 브리그스는 "나를 더 즐겁게 만들거나 더 놀라게 만든 책은 결코 없었다."고 썼다. 당시에 그는 런던에 신설된 그레셤 칼리지(Gresham College)의 기하학 교수였고, 그 뒤 1620년에는 헨리 새빌(Henry Savile, 1549~1622)의 기금으로 옥스퍼드에 만든 새빌 천문학 교수직을 최초로 차지했다. 브리그스는 로그가 대단히 새롭고 독창적으로 보였기 때문에, 서둘러 에든버러로 가서 머치스턴 성을 한 달 동안 방문했다. 네이피어가 친구에게 "브리그스 씨가 오지 않을 것 같네."라고 말하는 순간, 브리그스의 도착을 알리는 문을 두드리는 소리가 들렸다는 이야기가 있다. 두 수학자는 기쁨 속에 말없이 15분 동안 서로 뚫어지게 바라봤다. 그들은 그 뒤에 논의하는 과정에서, 브리그스는 1의 로그가 1이고 10의 로그가 1인 새로운 체계가 훨씬 더 편리할 것이라고 제안했는데, 이런 개선 방법은 네이피어도 이미 고려했었다. 이렇게 하면 1보다 큰 수의 로그는 양수가 된다. 네이피어는 건강 때문에 이런 과제를 수행할 수 없었으므로, 브리그스가 밑이 10인 상용 로그, 곧 브리그스 로그 표를 처음으로 준비하는 지루한 과제를 떠맡았다. 1624년에 출판된 그의 ≪로그 산술(Arithmetica Logarithmica)≫에는 2'0000 이하의 자연수와 9'0000부터 10'0000까지의 자연수에 대한 14자리 로그를 포함하고 있다. 2'0000과 9'0000 사이의 수에 대한 로그는 네덜란드와 서적상이자 출판인인 아드리안 블락(Adrian Vlacq, 1600~1666)이 10자리 로그로 셈했다. 이것은 브리그스의 결과와 함께 1628년에 나타났는데, 대단히 부지런한 블락은 겸손하게 이 연구를 ≪로그 산술≫ 제 2 판이라고 묘사했다.

발견의 우선권에 관한 논쟁에 관심이 있는 사람을 위해, 스위스의 기계 제작자 뷔르기(Jobst Bürgi, 1552~1632)가 네이피어와 독립적으로 1580년대 말에 로그의 개념을 생각했었다는 사실을 언급해야 한다. 그렇지만 뷔르기의 표는 ≪등차 · 등비 수열 표(Arithmetische und Geometrische Progress-Tabulen)≫라는 제목으로 프라하에서 1620년에야 등장했는데, 네이피어의 ≪설명≫보다 6년 뒤이기 때문에 발표의 우선권은 해결됐다. ≪수열 표≫는 불리한 상황에서 인쇄됐는데, 이 당시에 삼십년 전쟁의 첫 교전(프라하의 벽 바로 위에 있는 화이트 산 전투)이 발발했다. 뷔르기의 책 중에서 적은 수만이 보존됐으며, 거의 알려지지 않았다.

■ 브라헤와 케플러의 천문학 발견

네이피어의 놀라운 발견만큼 당시의 수학자들에게 쓸모 있다고 판명된 새로운 방법은 드물었다. 초기의 한 가지 결과는 윌리엄 오트레드가 1622년에 발명한 로그에 근거한 기계적인 셈 도구인 로그 자였다. 천문학자가 사용하기에는 충분히 정밀하지 않은 이 도구는 17세기에는 널리 사용되지 않았다. 유럽 대륙에서 로그가 거의 즉각적으로 받아들여진 이유는 주로 케플러의 열의와 명성에 기인하는데, 그는 행성 운동의 셈에서 이의 가치를 파악했고 자신의 표를 편집하기 시작했다. 케플러는 자신의 존경심을 높이 표출하기 위해 (1620년에) 머치스턴의 남작을 칭송하는 연설을 했다. 그는 이를 공개적인 칭찬으로 생각했지만, 네이피어가 3년 전에 죽은 사실은 몰랐다.

코페르니쿠스 이후 반세기 동안, 태양을 우주의 명예로운 중심에서 밀어내려는 이론을 옹호할 정도로 대범한 저명한 과학자는 거의 없었다. 그 뒤 1600년대에, 자연의 수학적 단순성을 확신한, 젊은 케플러는 코페르니쿠스의 체계를 강화하고 정제할 수 있는 일련의 대담한 결론을 발표했다. 케플러는 행성들의 운동에 관한 세 가지 중요한 법칙의 발견으로 주로 기억하고 있지만, 순수 수학에서 그의 업적도 영원히 인정받기에 충분하다. 그는 연속성의 원리(수학적 실체의 한 상태에서 다른 상태로의 연속적인 변화)를 최초로 명확하게 진술했는데, 포물선을 타원 또는 쌍곡선에서 두 초점 중 하나가 무한대로 멀어질 때의 이런 곡선의 극한적인 경우로 다루었다. [그는 용어 'focus(초점)'를 도입했다.] 케플러는 원을 공동 꼭짓점이 원의 중심에 있고 한없이 작은 밑변이 원의 둘레에 있는 무수히 많은 작은 삼각형으로 이루어진 것으로 생각해서 그 넓이를 찾았다. 마찬가지로 그는 구를 공동 꼭짓점이 구의 중심에 있고 밑면이 구면에 있는 무수히 많은 작은 뿔로 이루어진 것으로 생각해서 구의 부피가 반지름과 겉면의 넓이의 곱의 3분의 1임을 보였다. 곡선으로 둘러싸인 도형의 넓이와 곡면으로 둘러싸인 입체의 부피를 같은 차원의 무수히 많은 무한소 요소들의 합과 동일시하는 것은 나중에 적분학에서 찾은 결과를 예견한 놀라운 통찰력이었다. 이런 개념을 케플러는 원뿔 곡선들을 그 지름 또는 현 또는 접선에 대해 회전시켜 얻은 약 92개의 입체의 부피에 적용했다. 부피 문제에 대한 그의 관심은 분명히 당시에 세금을 부과하기 위해 포도주 통의 용량을 어림하는 데 사용한 방법이 부정확함을 지적한 뒤에 나왔다.

요하네스 케플러(Johannes Kepler, 1571~1630)는 도이칠란트 남부 슈투트가르트 근처의 도시인 바일(Weil)에서 가난한 부모의 아들로 태어났다. 그의 아버지는 낮은 지대 나라에서 용병으로 싸우기 위해 여러 차례 떠났던 술고래였는데, 나중에 선술집 관리인으로 정착했다. 그의 어머니도 마찬가지로 엉뚱했다. 난폭한 성격의 무지한 여인으로 마법에 심취했는데, 결국 요술을 부렸다는 이유로 고발당해 투옥됐다. 케플러 자신은 병약한 어린이로 학교를 규칙적으로 다닐 수 없었다. 네 살 때 수두에 걸려서 거의 죽을 뻔 했는데, 이에 따라 손이 무력하게 됐고 시력이 약화됐다. 뷔르템베르크(Württemberg) 공작의 너그러운 후원에 힘입어 젊은 케플러는 신교도 신앙의 중심지의 하나인 튀빙겐(Tübingen) 대학교에 등록할 수 있었고, 1591년에 인문학 석사 학위를 받았다. 그는 다행스럽게도 수학 교수인 미하엘 마스틀린(Michael Mastlin)의 지도를 받을 수 있었는데, 이 교수는 그에게 코페르니쿠스의 연구를 남몰래 가르쳤다. 이런 내용은 그의 정규 강의에서는 감히 공개적으로는 인

요하네스 케플러
(Johannes Kepler, 1571~1630)

(*From* A Short History of Astronomy *by Arthur Berry, 1961, Dover Publications, Inc., N.Y.*)

정할 수 없는 내용이었다. 1593년 22세의 나이에 케플러는 코페르니쿠스의 태양 중심 우주론을 열정적으로 지지하는 논문을 준비했지만, 결코 발표하지는 못했다. 이유는 튀빙겐 대학교에서 이런 학술 행사를 담당하는 교수는 대단히 완고하게 태양 중심설에 반대했고 이에 따라 그런 논문이 남에게 알려지는 것을 허락하지 않았기 때문이었다. 케플러는 당시에 지배적이었던 견해와 자신의 관점이 양립할 수 없다고 생각하고, 루터교 목사가 되겠다는 계획을 포기했으며, 대신에 그라츠[Graz, 오스트리아 슈타이어마르크(Steiermark) 주의 주도]에 있는 신교도 학교에서 '지방 수학자' 자리를 받아들였다.

케플러가 이런 소박한 교육직에서 성공적이었다고는 결코 말할 수 없다. 그는 학생들의 능력을 벗어나는 강의로 대부분의 학생을 내쫓아버리는 결과를 초래했다. 첫째 해에 그의 수학 강의에는 겨우 12명의 학생이 수강했는데, 둘째 해에는 한 명도 없었다. 봉급이 허비되는 것을 막기 위해서, 케플러에게 연간 책력(일출 시각 · 월령 · 조석 등의 기록)을 마련하는 업무가 배정됐는데, 이에는 통상적인 기상 예보뿐만 아니라 다음 해의 주목할 만한 사건에 대한 예측도 포함되는 것이 기대됐다. 1595년에 심각한 한파와 농민 봉기 및 터키에 의한 침략 예측이 모두 실현됐을 때, 케플러는 예언자와 점성가로서 상당한 명성을 얻었다.

케플러는 연구를 시작한 초기부터 우주의 단순성과 조화로운 통일성에 대해 거의 피타고라스 학파와 같은 믿음을 지녔다. 그는 천체가 어떤 간단한 기하학적 법칙에 따라 배열되어 있다고 확신했다. [그는 ≪우주의 조화(Harmonices Mundi)≫에서 "기하학은 신에게 천지 창조의 본보기를 제공했고 인간에게 주입됐는데, 눈만이 아니라 마음을 통해 전달됐다."고 단언했다.] 그는 그라츠에 있을 때, 태양계에 묻혀 있는 숨겨진 수학적 규칙성을 찾아내려고 최초로 시도했다. 당시에 여섯 개의 행성인 수성, 금성, 지구, 화성, 목성, 토성이 알려져 있었는데, 이것들이 태양으로부터 잇따라 더 먼 거리에 있다고 알려졌다. 창조주가 이용했을 천지 창조의 양식을 찾아내려고 궁리한 케플러는 행성 궤도들 사이의 거리를 정다면체로 알려진 다섯 개의 기하학적 입체(정육면체, 정사면체, 정십이면체, 정이십면체, 정팔면체)와 연관시키는 생각에 도달했다. 그는 행성들의 가상적인 구면이 그것들 사이에 잇따라 적절하게 분포되어 있는 다섯 개의 정다면체에 내접하고 외접할 수 있다는 이론을 세웠다. 케플러는 우주의 기본적인 비밀의 하나, 곧 우주는 반드시 여섯 개의 행성만이 존재하도록 만들어졌다는 비밀을 밝혀낸 이 결과에 만족했다. 그 뒤에 곧 쓴 편지에서, 그는 자신의 엄청난 환희를 다음과 같이 써서 기록했다. “이 발견이 나에게 준 기쁨은 결코 말로 표현할 수 없다. 나는 시간을 허비한 것을 더 이상 후회하지 않는다.” 이런 지적인 사색의 결과들은 1596년에 제목을 ≪우주의 신비(Mysterium Cosmographicum)≫라고 요약할 수 있는 책을 통해 발표했다. 이 책은 상당한 관심을 끌었는데, 발상이 참신했을 뿐만 아니라 이것이 프톨레마이오스의 행성 체계와 대조적인 코페르니쿠스의 행성 체계를 열렬히 옹호했기 때문이다. 물론, 새로운 행성들의 발견은 ≪우주의 신비≫의 기초를 이루는 가정을 완전히 뒤엎었다.

루터 신봉자로서 케플러는 가톨릭 도시인 그라츠에서 온갖 종류의 징계를 받을 대상이었지만, 그의 명성이 (갈릴레오가 자신의 지식의 결과로 당했던 것과 같은) 박해로부터 그를 거의 자유롭게 지켜주었다. 그런데 1598년의 어느 날 갑자기 모든 신교도 성직자와 교사는 해가 지기 전까지 도시를 떠나라는 명령을 받았다. 케플러는 한 달 내에 되돌아올 수 있다는 허락을 받았지만, 훨씬 더 오랫동안 평화롭게 머물 수 있을 것이라는 희망을 버렸다. 과학을 위해서는 다행스럽게도 ≪우주의 신비≫가 덴마크 천문학자 티코 브라헤의 눈길을 끌었다. 브라헤는 자신의 천문 연구를 위한 나이 어린 협력자가 필요했고 이에 따라 케플러에게 자신의 수석 조수의 자리를 제공했다.

티코 브라헤(Tycho Brahe, 1546~1601)는 정확한 천문 관찰의 선구자였다. 1576년에 그는 덴마크 왕의 도움을 받아서 코펜하겐 근처에 있는 2000 에이커의 섬에 훌륭한 천문대를 세웠다. 그는 가능한 한 가장 정밀한 계기를 설치했는데, 고도를 측정하는 37피트의 사분의(quadrant)도 있었다. 이런 계기 중에 렌즈가 달린 것은 없었는데, 1600년경까지는 망원경이 발명되지 않았기 때문이다. 그는 엄청난 인내와 기술로 약 20년 동안 노력해서 (어느 전임자가 소유한 것보다) 훨씬 더 방대하고 비길 데 없이 더 정확한 기록을 수집했다. 그 왕이 죽자 그의 후계자는 후원을 중단했고, 이에 따라 티코는 1599년에 프라하로 이주했는데, 휴대할 수 있는 대부분의 계기도 함께 가져갔다. 그곳에서 그는 괴팍한 루돌프 2세(Rudolf II, 1552~1612)의 궁정에 일했는데, 루돌프 2세는 신성 로마 제국의 황제로 유럽에

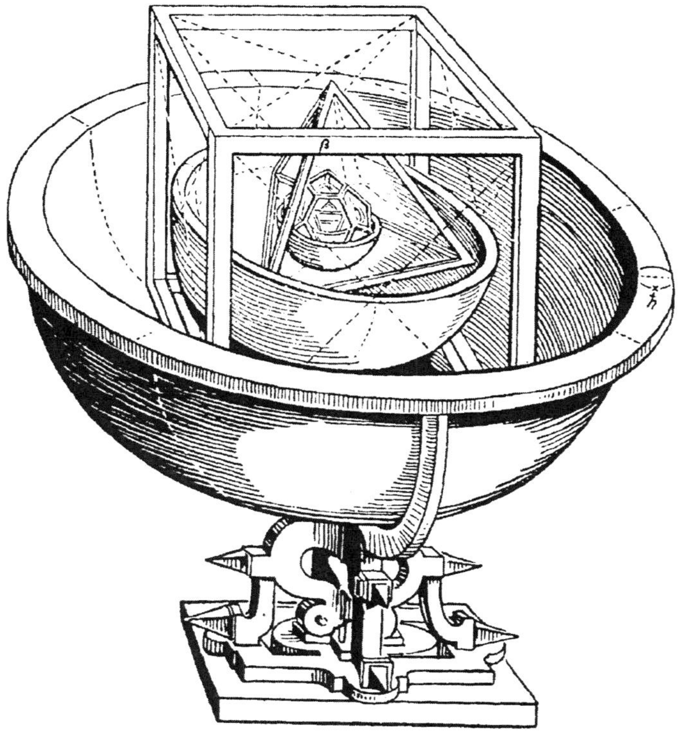

≪우주의 신비(1596)≫에 있는 행성의 구면들과 정다면체들 사이의 관계를 보여주는 케플러의 모형. (*Extract taken from* A History of Science, Technology and Philosophy in the 16th and 17th Centuries, *by A. Wolf. Reproduced by kind permission of Unwin Hyman Ltd.*)

서 점성가와 연금술사를 가장 크게 후원했다. 케플러는 합류하자는 티코의 초청을 받아들였고, 그 다음 해 초에 프라하에 도착했다. 이것은 다행스러운 동맹이었다. 티코는 뛰어난 관찰자였지만 서투른 수학자였다. 반면에 케플러는 훌륭한 수학자였지만 서투른 관찰자였다.

1601년 말에 만찬에서 술을 많이 마신 티코는 방광 파열로 갑자기 쓰러졌다. 당시의 엄격한 예의범절을 고수한 그는 식사가 끝날 때까지 자리를 지켰고 다른 손님이 떠나기 전까지는 떠나려고 하지 않았다. 그는 11일 동안 격렬한 고통을 겪은 뒤에 죽었다. 그는 죽음의 자리에서 케플러에게 간절히 도움을 청하면서 행성의 운동에 관한 자신의 수표 중 일부를 가능한 한 빨리 완성시켜 달라고 애원했다. 티코는 죽음에 임박해서 정신이 없는 중에도 "나는 헛된 죽음으로 사라지지 않기를 바란다."는 말을 여러 번 반복했다고 한다. 케플러는 티코의 계기들을 손에 넣지 못했는데, 그것들은 부주의로 불타버렸다. 케플러는 약한 시력으로 서투르게 관측했기 때문에, 이런 소실로 인한 실질적인 악영향은 거의 없었다. 티코가

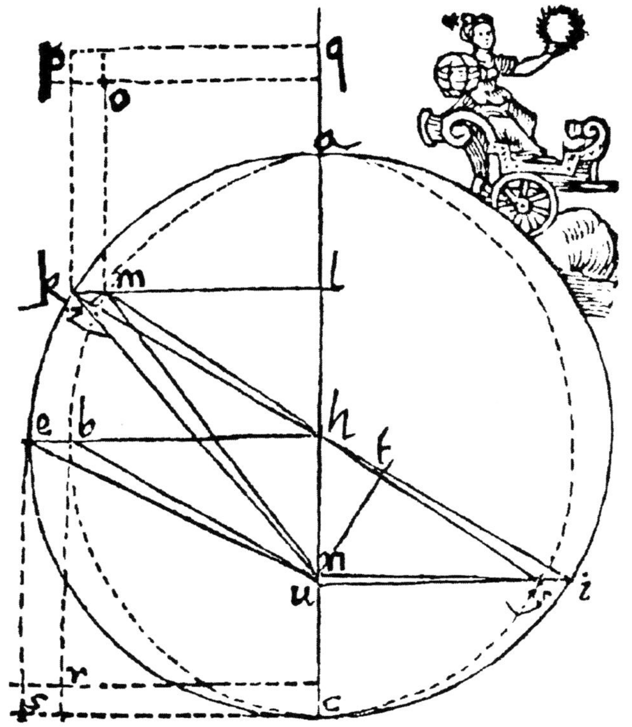

케플러의 ≪새로운 천문학(1609)≫에 있는 화성의 타원 궤도를 설명하기 위해 그가 사용한 도해.
(*From* A Short History of Astronomy *by Arthur Berry, 1961, Dover Publications, Inc., N.Y.*)

그에게 남긴 가장 중요한 과학적 유산은 비할 바 없이 정확하고 방대하며 풍부한 천문 관측 기록이었다. 케플러의 손에 들어간 이 풍부한 정보는 그 다음에 수리 천문학에서 뛰어난 진전을 이루게 됐다.

티코가 죽은 뒤 곧, 케플러는 루돌프 황제로부터 제국 수학자의 칭호를 받았다. 그리고 이제 그는 황제의 공식 천문학자로서 티코의 자리를 이어받았다. 그런데 고용주인 황제는 그에게 봉급을 드문드문 주거나 일부만 주는 버릇이 있었기 때문에, 케플러는 저명한 사람들의 별점을 쳐서 수입을 늘려야만 했다. "딸인 점성술이 빵을 벌지 못하면, 어머니인 천문학은 분명히 굶어 죽을 것이다."라고 그가 말했다고 한다.

화성의 궤도에 대한 수수께끼는 그 뒤 8년 동안 케플러의 관심을 집중시켰다. 티코가 태양에 대한 화성의 위치를 관측한 매우 정확한 자료는 케플러로 하여금 여러 가지 가설을 실험하고, 관측된 운동과 양립할 수 없다고 판정된 가설은 폐기할 수 있게 했다. 피타고라스 학파와 같이 단순성에 대한 열망을 가진 그는 궤도가 원이라고 확신했었다. 자료를 원형 궤도에 맞추는 데 여러 번 실패한 뒤에야 그는 궤도가 다른 어떤 닫힌 경로일 것이라고 생각하기 시작했다. 오랫동안 케플러는 궤도가 달걀과 같은 모양일 것이라고 믿었다. 그는 다양한 종류의 달걀 모양을 시도했지만, 어느 것도 자신의 가설과 티코의 관측 사이의 불일치를 없애지 못했다. 여러 해 동안의 연구와 실패 끝에 드디어 그는 태양이 두 초점 중에서 하나를 차지하는 타원 궤도만이 티코의 자료를 만족시킨다는 결론에 도달했다. 똑같은 사실이 다른 모든 행성에 대해서도 참이어야 했는데, 자연의 조화는 모두 "비슷한 버릇을 가질 것"을 요구했기 때문이다. 이것이 바로 케플러의 유명한 첫째 법칙이었다. 그가 천문 관측 자료로부터 이끌어낸 또 다른 결론은 행성이 그 타원 궤도를 따라 공전하는 속력이 규칙적인 양식에 따라 변한다는 사실이었다. 곧, 태양에 가까워질 때 가속하고 태양으로부터 멀어질 때 감속한다. 이것으로부터 그는 천체 역학의 또 다른 핵심인 케플러의 둘째 법칙 "태양과 행성을 이은 선분은 같은 시간에 같은 넓이의 영역을 지나간다."는 사실을 유도했다.

화성을 고찰한 전체의 기록과 함께 방금 서술한 법칙들을 ≪새로운 천문학(Astronomia Nova)≫이라 부르는 긴 책을 통해 1609년에 발표했다. 또다시 10년을 더 노력해서 케플러는 행성 운동에 관한 그의 셋째이자 마지막인 탁월한 법칙에 도달했는데, 이것은 임의의 두 행성의 공전 주기와 지구로부터의 상대적인 거리를 연결시키는 관계이다. 이에 따라 나중에 뉴턴이 성취할 결과에 대한 근거가 마련됐다. 뉴턴은 케플러가 묵시적으로 모든 행성으로 확장한 행동이 관측과 일치할 뿐만 아니라 다른 어떠한 행동도 불가능하다는 사실을 수학적으로 증명할 수 있었다.

케플러의 유명한 결과들을 다음과 같이 서술할 수 있다.

1. 행성들은 태양 주위를 태양이 하나의 초점인 타원 궤도를 따라 회전한다.
2. 각 행성은 궤도를 따라 행성과 태양을 연결한 선분이 같은 시간에 휩쓸고 지나가는 부분의 넓이가 서로 같은 방식으로 고르지 않게 움직인다.
3. 임의의 두 행성이 태양 둘레를 한 번 공전하는 데 걸리는 시간의 제곱은 태양으로부터 이것들의 평균 거리의 세제곱에 비례한다.

아르키메데스는 "나에게 서 있을 장소만 주면, 지구도 움직일 수 있다."고 큰소리쳤다는 말이 있다. 티코 브라헤가 모은 관측 자료는 케플러에게 서 있을 자리가 됐고 그가 세상을 움직일 수 있도록 했다. 행성 역학에 관한 최초의 정확한 원리들을 확립한 그의 세 가지 법칙은 중세의 우주론과 아리스토텔레스의 많은 물리학을 뒤집었다. 고대부터 코페르니쿠스와 티코 시대까지 행성의 궤도가 틀림없는 원이라는 생각은 도전을 받지 않았었다. 실제로, 원은 완벽한 기하학적 도형으로 인정받았고, 완벽성은 천체 현상의 정상적인 상태로 받아들여졌다. 행성의 실제 궤도가 타원이라는 사실은, 종교적 가르침과 독립적으로 연구한 서구 과학자들의 권한과 새로운 천문학의 승리였다.

한 가지 기본적인 질문에는 여전히 답할 수 없었다. 무엇이 행성을 그 경로를 유지하게 하는가? 곧 알아보겠지만, 데카르트의 소용돌이 이론과 뉴턴의 보편 중력 이론이 이런 도전에 대한 응답이었다.

문제 8.1

1. ≪트레비소 산술≫에 있는 다음 문제를 풀어라.
   (a) 한 사람이 개수를 알 수 없는 은화가 들어있는 지갑을 찾았다. 전체의 1/4, 1/5, 1/6을 소비한 뒤에 은화 9개가 남았다. 지갑에 얼마의 은화가 있었는지 찾아내기 바란다.
   (b) 산토끼가 자신을 쫓고 있는 사냥개보다 150보 앞서 있다. 매번 산토끼는 6보씩 뛰고 사냥개는 10보씩 뛴다. 사냥개가 산토끼를 따라 잡을 때까지 사냥개는 몇 보를 뛰었는지 알아내기를 바란다.
   (c) 교황은 특사를 로마에서 베네치아로 보내면서, 베네치아에 7일만에 도착해야 한다고 명령했다. 베네치아의 가장 빛나는 시뇨리아(참주, Signoria)도 또 다른 특사를 로마로 보냈는데, 그는 로마에 9일만에 도착해야 한다. 로마와 베네치아 사이의 거리는 250마일이다. 두 군주의 명령에 의해 두 특사는 같은 시각에 여행을 시작했다. 두 특사가 며칠 뒤에 만나는지 알아내기를 바란다.

2. 니콜라 쉬케(Nicolas Chuquet, 1445?~1500)의 ≪세 부분(1484)≫에 있는 다음 문제에 답하라. 나는 어떤 사람으로부터 빚 3240플로린을 되돌려 받는데, 그 빚진 사람은 나에게 첫째 날에 1플로린, 둘째 날에 2플로린, 셋째 날에 3플로린과 같이 빚을 갚는다. 그 빚을 모두 갚는 데 며칠이 걸리는가?

3. 로버트 레코드의 ≪지혜의 숫돌(1557)≫에 있는 다음 문제에 답하라. 한 장군이 자신의 군대를 방진[정사각형]으로 정렬시켰다. 이때, 284명이 남았다. 한 변에 한 명씩 더 있는 방진으로 정렬시키자 이번에는 25명이 부족했다. 얼마나 많은 군인이 있는가?

4. 크리스토프 클라비우스의 ≪대수학(1608)≫에 있는 다음 문제에 답하라. 나는 우리 집에 찾아온 거지들에게 각각 7리라씩 주면, 24리라가 남을 것이다. 그런데 9리라씩 주면 32리라가 부족할 것이다. 몇 명의 거지가 우리 집에 찾아왔으며, 나는 몇 리라가 있었는가?

5. 아담 리제의 ≪산술, 1552≫에서 찾은 다음 두 문제를 풀어라.
   (a) 아들이 아버지에게 자신의 나이를 물었다. 아버지는 다음과 같이 답했다. 네가 현재보다 네 나이만큼과 네 나이의 반만큼과 네 나이의 사분의 1만큼 더 나이가 들면, 너는 100세가 될 것이다. 아들은 현재 몇 살인가?
   (b) 파도바에 7플로린은 베네치아에서 5플로린과 바꿀 수 있고, 베네치아에서 10

플로린은 뉘른베르크에서 6플로린의 가치가 있다. 또, 뉘른베르크에서 100플로린은 쾰른에서 73플로린의 가치가 있다. 파도바에서 100플로린은 쾰른에서 얼마의 가치가 있는가?

6. 네이피어 막대를 사용해서, 458에 79를 곱하라.

7. 네이피어 로그의 정의로부터 다음 공식을 유도하라.

(a) $\text{Nap.log}(M/N) = \text{Nap.log}\,M - \text{Nap.log}\,N + \text{Nap.log}\,1$

(b) $\text{Nap.log}\,M^r = r\,\text{Nap.log}\,M + (1-r)\,\text{Nap.log}\,1$

8. $N = 10^7(1-10^{-7})^n$일 때, N의 네이피어 로그를 N의 자연 로그와 관련짓는 다음 등식이 정당함을 밝혀라.

$$\begin{aligned}\text{Nap.log}\,N &= \log_{1-10^{-7}}(10^{-7}N)\\ &= 10^7\log_{(1-10^{-7})^{10^7}}(10^{-7}N)\\ &= 10^7\log_{1/e}(10^{-7}N)\\ &= 10^7\log_e(10^7/N)\end{aligned}$$

9. 다음을 만족시키는 수 N의 어림값을 찾아라.

$$\text{Nap.log}\,N = 6$$

10. 다음 변환은 네이피어 로그를 브리그스 로그로 바꾼다.

$$\log x = \frac{\text{Nap.log}\,1 - \text{Nap.log}\,x}{\text{Nap.log}\,1 - \text{Nap.log}\,10}$$

다음을 보여라.

(a) $\log 1 = 0,\ \log 10 = 1$

(b) $\log xy = \log x + \log y$,
$\log(x/y) = \log x - \log y$

(c) $\log x^r = r\log x$

(d) $\log 10^n x = n + \log x$

11. 프랑수아 비에타는 삼각법 기술을 이용해서 제곱근에 관한 식으로 π에 대한 무한곱 전개를 얻었다. 다음 그의 유도 과정에서 빠진 부분을 채워라.

(a)
$$\begin{aligned}1 = \sin\frac{\pi}{2} &= 2\sin\frac{\pi}{4}\cos\frac{\pi}{4}\\ &= 2^2\left(\sin\frac{\pi}{8}\cos\frac{\pi}{8}\right)\cos\frac{\pi}{4}\\ &= 2^3\left(\sin\frac{\pi}{16}\cos\frac{\pi}{16}\right)\cos\frac{\pi}{4}\cos\frac{\pi}{8}\\ &= 2^{n-1}\sin\frac{\pi}{2^n}\cos\frac{\pi}{4}\cos\frac{\pi}{8}\\ &\qquad\cos\frac{\pi}{16}\cdots\cos\frac{\pi}{2^n}\end{aligned}$$

(b)
$$\begin{aligned}\frac{2}{\pi} &= \frac{2}{\pi}\cdot\lim_{n\to\infty}\left(\frac{\pi/2^n}{\sin\pi/2^n}\right)\\ &= \lim_{n\to\infty}\left(\frac{1}{2^{n-1}\sin\pi/2^n}\right)\end{aligned}$$

(c)
$$\begin{aligned}\frac{2}{\pi} &= \cos\frac{\pi}{4}\cos\frac{\pi}{8}\cos\frac{\pi}{16}\cdots\\ &= \left(\frac{\sqrt{2+2\cos\pi/2}}{2}\right)\left(\frac{\sqrt{2+2\cos\pi/4}}{2}\right)\left(\frac{\sqrt{2+2\cos\pi/16}}{2}\right)\cdots\\ &= \frac{\sqrt{2}}{2}\cdot\frac{\sqrt{2+\sqrt{2}}}{2}\cdot\frac{\sqrt{2+\sqrt{2+\sqrt{2}}}}{2}\cdots\end{aligned}$$

12. 비에타는 이차 방정식 $x^2+ax=b$를 $x=y-a/2$로 치환해서 풀었다. 이렇게 해서 얻은 y에 관한 이차 방정식에는 일차항이 사라진다. 비에타의 방법을 사용해서 다음 이차 방정식을 풀어라.

(a) $x^2+8x=9$

(b) $x^2+10x=144$

(c) $x^2+12x=64$

(d) $3x^2+10x=32$
[**귀띔**: 양변에 3을 곱하고 $z=3x$ 로 놓자.]

13. 방정식 $x^2+ax=b^2$을 기하학적으로 풀기 위해서, 데카르트는 아래에 설명한 방법으로 풀었다. 길이가 b인 선분 AB를 그리고 길이가 $a/2$인 수선 AC를 올린다. 중심이 C이고 반지름이 $a/2$인 원을 작도한다. B와 C를 지나는 직선을 그리고, 이 원과 두 점 D와 E에서 만난다고 하자. 선분 BE의 길이가 $x^2+ax=b^2$을 만족시키는 x의 값임을 증명하라.

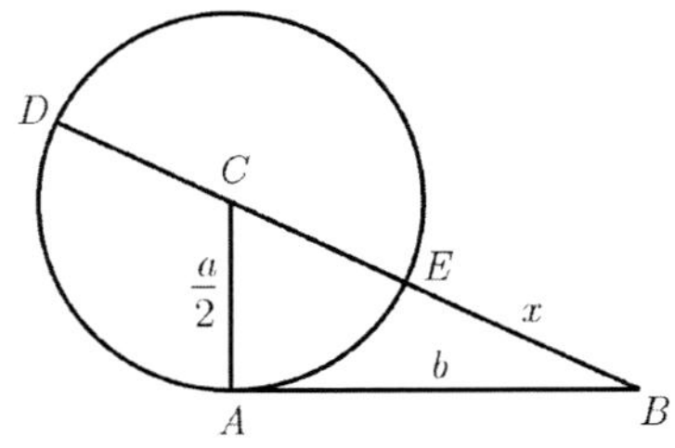

8.2 데카르트: ≪방법 서설≫

■ 데카르트의 저술

17세기 과학 혁명을 이끈 주요한 인물 중에는 르네 데카르트가 반드시 포함돼야 한다. 그는 당대의 사람들에게 해석 기하학을 알려준 ≪기하학(La Géométrie)≫의 출판을 통해 현대에 수학이 성장하기 위한 기초를 다졌다고 일반적으로 인정받고 있다. 고대에 알려진 기법을 넘어선 진정으로 뛰어난 최초의 진전을 통해 수학의 겉모양을 바꿨고 한 세대 안에 뉴턴과 라이프니츠가 미분 적분학을 발전시키도록 만들었다. 데카르트의 연구가 중세 수학과 현대 수학 사이의 전환점이었다고 말해도 지나치지 않다.

르네 데카르트(René Descartes, 1596~1650)는 파리 남서쪽으로 약 200마일 떨어진 투렌(Touraine) 지방의 작은 마을인 라에(La Haye)에서 태어났다. 그의 아버지는 낮은 귀족 계급에 속했는데, 브르타뉴 의회에서 평의원, 사실상 지방 법관이었다. 데카르트는 당시 귀족의 전형적인 교육을 받았다. 그는 여덟 살 때 당시에 설립된 라플레슈(La Flèche)에서 예수회가 운영하는 학교에 입학했는데, 학생들이 입학할 수 있었던 가장 유명한 학교였을 것이다. 그곳에서 그는 마랭 메르센(Marin Mersenne, 1588~1648)을 알게 됐는데, 그보다 7, 8세 더 나이가 많았다. 라플레슈에서 처음 5년 동안의 교육 과정은 언어와 인문학의 전통적인 과목으로 채워졌다. 마지막 3년 과정에는 논리학, 철학, 물리학, 수학이 포함된다. 수학은 이런 어린 나이의 데카르트를 매우 만족시킨 유일한 과목이었는데, 증명의 확실성 때문이었다.

데카르트는 젖먹이 때도 어릴 때도 허약했으며, 오래 살지 못할 것으로 예상됐다. 이런 신체적 약점을 알게 된 라플레슈의 교사들은 그를 예외로 간주했다. 그에게 규칙적인 수업 참석을 요구하지 않았고, 아침에는 원하는 만큼 늦게까지 침대에 누워 있어도 된다고 허락

르네 데카르트
(René Descartes, 1596~1650)

(*Smithsonian Institution*)

했다. 그는 이 습관을 결코 버리지 않았다. 데카르트는 (그의 죽음을 당연히 재촉한 한 가지 불행한 사건을 제외하면) 여생 동안 늦게 일어나고 침대에서 명상하고 글을 쓰면서 몇 시간을 보내는 여유를 즐겼다. 실제로 그는 1647년에 파스칼을 방문했을 때, 수학에서 좋은 결과를 얻고 건강을 유지할 수 있는 유일한 방법은 아침에 스스로 일어나고 싶은 마음이 들 때까지 누구도 깨우지 못하게 하는 것이라고 말했다.

데카르트는 1612년에 학교를 졸업하고는 프랑스에서 부유한 집안의 통상적인 젊은이와 같이 파리로 가서 사교 생활의 즐거움을 맛보았다. 이런 시기는 오래가지 않았는데, 뛰어난 신부 메르센과 지칠 줄 모르는 학구적인 대화로 학창 시절의 우정을 새롭게 했기 때문이다. 메르센은 곧 데카르트가 다시 진지한 연구에 흥미를 갖도록 일깨웠는데, 그들은 수도원에 거의 은거하다시피 하면서 2년 동안 수학 연구에 몰두했다. 젊은 데카르트는 아버지의 직업을 물려받을 마음이 크지 않았지만, 프와티에(Poitiers) 대학교에 입학했고 1616년에 법학에서 학위를 취득했다.

1617년에 당시 21세였던 데카르트는 교과서에 싫증을 냈고, 직접 세상을 더 배우기로 결심했다. 그는 귀족 자원자로서 입대했는데, 먼저 네덜란드에서 나사우 대공 마우리츠의 군대에 가입했고, 그 뒤에는 바이에른 공작의 군대에서 근무했다. 데카르트의 실제 군대 생활에 대한 명확한 증거는 없지만, 자신이 좋아하는 연구를 할 수 있는 시간은 있었다. 바이에른 군대가 다뉴브 강을 따라 설치한 동계 야영지에 주둔하고 있던 1619년 11월 10일 밤은 데카르트의 삶에서 결정적이었다. 그는 추위를 피해 (난로를 뜻하고 실제로 과열된 방인) 'poêle'에 틀어박혀 있었다. 열에 지친 그는 세 가지 생생한 꿈을 꾸었는데, 이 꿈에서 '놀라운 과학의 기초'를 발견했다. 동시에 수학자와 철학자로서 자신의 소명을 계시 받았다. [데카르트가 말한 대로 마지막 꿈이 끝날 무렵에 그는 라틴 시인 아우소니우스(Decimus Magnus Ausonius, 310?~395)의 한 구절이 펼쳐진 책을 봤는데, 거기에 "나는 어느 길을 가야 하는가?"라는 말이 포함되어 있었다. 꿈이 계속됨에 따라, 모른 사람이 그에게 "존재하고 존재하지 않는가"로 시작하는 시의 일부를 건네줬는데, 그는 이것을 인간 지식에서 진리와 허위를 표현하는 것으로 이해했다.] 데카르트는 기억할 만한 그 날에 기초를 찾은 그 놀라운 과학의 정확한 본질을 상술하지는 않았다. 일부 전문가는 그가 해석 기하학의 원리를 체계화했다고 믿으려고 한다. 어떤 사람들은 데카르트가 수학의 방법에 근거해서 철학을 완전히 개혁하는 생각을 품었다고 확신한다. 버트런드 러셀(Bertrand Russell, 1872~1970)이 말한 대로, "소크라테스는 눈 속에서도 하루 종일 명상하곤 했지만, 데카르트의 정신은 그가 따뜻할 때만 작동했다."

데카르트는 1628년까지 네덜란드, 도이칠란트, 헝가리, 이탈리아를 목표 없이 방황했다. 이에 지친 그는 정착했는데, 그 뒤 그의 인생의 생산적인 시기라고 부를 만한 시간을 보냈다. 당시 에스파냐와의 오랜 투쟁을 끝내고 독립을 얻은 네덜란드는 데카르트가 자신의 연구를 추구하기 위해 필요한 아량과 평온을 제공하기에 최적의 나라로 보였다. 그곳에서 그는 (집안 일을 돌보기 위해 프랑스를 세 번 짧게 방문한 경우를 제외하고) 철저히 은둔한 가운데 20년 동안 명상하고 글을 썼다. 그 때까지는 아무것도 출판하지 않았다. 이에 따라 데카르트는 물리학에 대한 거의 백과사전과 같은 연구서 집필을 생각했는데, 이를 ≪우주론(Le Monde)≫이라 불렀다. 1629년부터 1633년까지는 모든 자연 현상을 설명하기 위한 소용돌이 우주론을 확립하는 데 몰두했다. ≪우주론≫을 완성하기 전날 밤에 그는 그 전해에 출판된 갈릴레오의 ≪두 가지 주요한 우주 체계에 관한 대화≫가 교회의 불신임을 받았다는 사실을 알게 됐다. 이에 따라 태양계의 확고한 중심으로서 지구의 지위를 즉시 물리칠 수 없다는 사실이 분명했다. 태양 중심설을 확고하게 하는 자신의 연구는 갈릴레오와 똑같이 유죄가 될 것이기 때문에, 데카르트는 자신의 계획을 신중하게 포기했다. ≪우주론≫의 출판은 그가 죽고 상당한 시간이 지난 뒤인 1664년까지 연기됐다.

데카르트가 ≪우주론≫의 출판을 연기했던 것은 정신적으로 유약했기 때문이 아니라, 오히려 자신이 성실하고 헌신적인 로마 가톨릭교도라는 생각을 결코 중단한 적이 없었기 때문이다. 그는 메르센에게 다음과 같이 슬프게 썼다. "그 사건은 나에게 대단히 큰 영향을 주었기 때문에 나는 모든 원고를 불태워버리겠다고 거의 결심했었는데, 적어도 누구에게도 보여주지 않겠다고 다짐했다. 그러나 교회를 불쾌하게 만들 수 있는 말이 하나라도 포함된 것은 결코 출판하지 않을 것이다." 그의 노력의 결실은 세상에서 사라지지 않았는데, 데카르트가 처음에 생각한 것과 달리 원고를 없애지 않았기 때문이다. 그것에 담긴 (포기하지는 않았지만 수정된) 개념들은 그의 최초의 주요한 출판물인 ≪방법 서설(Discours de la Méthode, 1637)≫을 통해 일반 대중에게 알려졌다. ≪방법 서설≫에 ≪우주론≫을 요약한 내용이 포함되어 있지만, 데카르트는 태양 중심설에 관한 논란에서 상당히 빗겨나 있었기 때문에 이 책에서 우주론에 관한 그의 생각을 거의 알아볼 수 없다. 특히, 소용돌이에 관한 어떠한 언급도 신중하게 피했다. 드디어 1644년에 ≪철학의 원리(Principia Philosophiae)≫가 발간됐는데, 여기서 그는 물질과 운동으로부터 '점진적이고 자연스러운 방법'으로 자연 세계가 형성되는 과정을 약간 길게 설명했다. 데카르트의 새로운 '기계론(기계론적 세계관, mechanical philosophy)'은 학술계의 논의에서 크게 유행했고 지배적인 양상이 됐다.

1649년에 이르러 데카르트의 명성은 유럽 전체에서 확고해졌는데, 이때 스웨던 여왕 크리스티나(Christina, 1626~1689)의 초정을 받았다. 구스타부스 아돌푸스(Gustavus Adolphus)의 딸인 이 여왕은 자신의 궁정을 방문해서 자신에게 철학을 개인 지도해달라고 부탁했다. 그녀는 또한 유럽에서 최고와 겨룰 수 있는 과학원을 세우려는 자신을 도와달라고 제안했다. 데카르트가 '돌과 얼음으로 둘러싸인 곰의 땅'에 사는 데 불안을 느꼈을 때, (당시 약 22세였던) 이 젊은 여왕은 그를 구슬리려고 해군 제독을 급파했고 그를 데려오려고 스웨덴 군함을 보냈다. 이 초청 수락은 데카르트에서는 치명적인 결정이었다. 그가 여행을 준비할 때, 그에게 죽음의 예감이 불길하게 닥쳤다는 말마저 있었다.

데카르트는 모든 명예를 얻었으며, 여왕에게 개인 교습을 시작하기 위한 시간이 가까워지기 전까지는 불평할 이유가 전혀 없었다. 크리스티나는 어린 시절부터 밤에 다섯 시간 이상을 자지 않았고, 더위와 추위에 개의치 않았다. 그녀는 데카르트에게 일주일에 세 번 만나자고 제안했는데, 자신의 정신이 지치지 않고 가장 활기에 찬 시각인 새벽 다섯 시에 언제나 만나자고 했다. 두 달 동안 데카르트는 왕족 학생의 시간표에 따라서, 겨울 새벽에 자신의 방에서 얼음같이 찬 도서관으로 걸어갔다. 자신이 평생 지킨 습관을 급격히 바꿨다. 루터교파 궁정에서 외국인 가톨릭교도로서의 고립감을 느꼈고 향수병에 걸렸다. 한 친구(Compte de Brégy)에게 보낸 편지에서 "겨울에 물이 얼듯이 여기서는 사람의 사고도 얼어버린 것으로 보인다."고 썼다. 결코 튼튼해보지 못했던 데카르트의 체질로는 가장 혹독한 겨울의 하나로 기억되는 날씨를 도저히 견뎌낼 수 없었다. 그는 1650년 2월 1일에 감기에 걸렸고 급속히 폐렴으로 발전했는데, 10일 동안 고통에 시달리며 헛소리를 하다가 죽었다. 그는 가톨릭교도가 통상적으로 묻히는 곳에 매장됐는데, 공동묘지에서 세례를 받기 전에 죽은 갓난아이들을 위한 묘지 옆에 묻혔다. 15년 뒤에 그의 유골은 (이 업무를 맡은 관리가 기념물로 간직한 오른손을 제외하고) 프랑스로 송환됐다. 프랑스에서는 생 제네비에브(Saint Geneviece) 교회에 그를 기리기 위해 웅장한 기념탑을 세웠다. 데카르트의 학설은 당시에 교회와 대학으로부터 금지되어 있었기 때문에, 장례식이 진행되고 있을 때 도착한 법원 명령에 의해 추도사는 금지됐다.

1637년에는 데카르트의 저술 중에서 가장 중요하게 생각하는 책 ≪학문에서 진리를 찾기 위해 이성을 올바르게 이끄는 방법 서설(Discours de la Méthode pour bien conduire sa Raison et chercher la Vérité dans les Sciences)≫이 과학에 관한 세 가지 부록 ≪굴절 광학(La Dioptrique)≫, ≪기상학(Les Météores)≫, ≪기하학(La Géométrie)≫과 함께 등장했다. ≪방법 서설≫은 일반적으로 알려진 바와 같이 공식적인 철학 전문 서적이 아니라 데카르트가 자신의 방법에 도달한 과정에 대한 자서전식의 간략한 개요이다. 첫째 판은 78쪽이었는데, 이는 책 전체의 약 6분의 1이다. 학문적인 주제에 대한 논의에는 전통적으로 라틴 말이 사용됐지만, 이 책은 저자의 제 나라말로 쓰였고, 매우 복잡한 철학적・과학적 사고를 표현하는 도구로서 토착 말의 힘과 정확성을 함께 보여줬다. (≪철학의 원리≫에서 데카르트는 라틴 말로 되돌아갔는데, 이 책이 교회와 대학에서 더 잘 받아들여지게 하기 위함이었다.) 데카르트는 프랑스 말을 사용했기 때문에 자신의 생각을 더 빨리 확산시킬 수 있었다. 이 책은 널리 읽혔다. 그런데 ≪방법 서설≫이 저자의 명성을 높였지만, 돈은 출판업자에게 돌아갔다. 데카르트는 인세 대신에 자신의 친구들에게 나누어줄 200권의 책만을 달라고 요구했다.

≪방법 서설≫에서 상세히 설명한 대로, '체계적인 의혹'에 대한 데카르트의 철학 전체는 그가 추구한 확실성의 의해 지배된다. 그가 아주 즐겁게 되풀이해서 강조한 수학의 확실성은 체계적인 의혹으로 이루어지는데, 수학은 진리로 인정받은 가장 간단한 원론에서 시작하고 명백한 명제에서 다른 명제로 연역적인 과정을 통해 진행한다. 이에 따라 수학은 다른 학문 분야에 대한 본보기여야 한다. 데카르트는 스스로 다음과 같이 말했다.

> 기하학자가 가장 어려운 증명의 결론에 도달하는 데 익숙하게 활용하는 방법에 의한 단순하고 쉬운 추론의 긴 사슬은 나로 하여금, 참 대신에 거짓을 용납하지 않고 다른 참인 것으로부터 참인 것을 추론하는 데 필요한 순서를 우리의 생각 속에 언제나 보존하기만 한다면, 인간이 감당할 수 있는 모든 것에 대한 지식은 이와 똑같은 방식으로 서로 연결되어 있다고 생각하게 했으며, 우리로부터 대단히 멀리 떨어져 있어서 우리가 도달할 수 없고 아주 깊이 숨겨져 있어서 우리가 찾아낼 수 없는 것은 아무것도 없다고 생각하게 했다.

데카르트를 대단히 감동시킨 것은 수학의 결과보다는 수학적 추론의 성격이었다. 그리고 그는 수학적인 방식으로 논증해서 가장 보편적인 원리들로부터 이성적으로 알 수 있는 모든 것을 유도할 수 있는지를 알고 싶어 했다.

데카르트의 사고의 출발점은, 의혹을 가질 수 없는 가장 단순한 개념 또는 원리들을 찾아내는 것이었다. 데카르트는 전통적인 가르침을 전혀 신뢰하지 않았기 때문에, 과학과 철학에 관해서는 모든 권위를 완전히 깨뜨리는 것으로 시작했고, 기존의 모든 주장과 학설을 일부러 거부했다. 다음은 ≪방법 서설≫에 있는 그의 말이다.

L A

GEOMETRIE.

LIVRE PREMIER.

Des probleſmes qu'on peut conſtruire ſans y employer que des cercles & des lignes droites.

TOus les Problesmes de Geometrie ſe peuuent facilement reduire a tels termes, qu'il n'eſt beſoin par aprés que de connoiſtre la longeur de quelques lignes droites, pour les conſtruire.

Et comme toute l'Arithmetique n'eſt compoſée, que de quatre ou cinq operations, qui ſont l'Addition, la Souſtraction, la Multiplication, la Diuiſion, & l'Extraction des racines, qu'on peut prendre pour vne eſpece de Diuiſion : Ainſi n'at'on autre choſe a faire en Geometrie touchant les lignes qu'on cherche, pour les preparer a eſtre connuës, que leur en adiouſter d'autres, ou en oſter, Oubien en ayant vne, que ie nommeray l'vnité pour la rapporter d'autant mieux aux nombres , & qui peut ordinairement eſtre priſe a diſcretion, puis en ayant encore deux autres, en trouuer vne quatrieſme, qui ſoit à l'vne de ces deux, comme l'autre eſt a l'vnité, ce qui eſt le meſme que la Multiplication ; oubien en trouuer vne quatrieſme, qui ſoit a l'vne de ces deux, comme l'vnité

Commēt le calcul d'Arithmetique ſe rapporte aux operations de Geometrie.

데카르트의 ≪기하학, 1637≫ 1쪽. *(Reprinted by permission of Open Court Publishing Company, La Salle, Illinois, from* The Geometry of René Descartes, *translated by David Eugene Smith and Marcia L. Latham.)*

> 의심할 최소한의 이유가 있다고 추정할 수 있는 것에 대해서는, 그 뒤에 전적으로 명백하다고 확신할 수는 것만 남았다고 확인하기 위해서, 나는 모든 견해를 전적으로 거짓인 것으로 거부해야 한다고 생각했다.

그래서 데카르트는 매우 확실하기 때문에 의심할 수 없는 하나의 명제에 이르게 됐는데, 그것은 자기 자신의 존재에 대한 확실성이었다. 왜냐하면 의심 자체는 사고 행동이고 사고는 생각하는 사람 없이 이루어지지 않기 때문이다. 그는 이를 철학에서 가장 유명한 문장으로 밝혔는데, 수많은 논평의 주제가 된 문장 "나는 생각한다. 따라서 나는 존재한다(Je pense, donc je suis)."이다. 생각하는 사람으로서의 존재에 만족한 데카르트는 계속해서 마찬가지로 자명하고 반박할 수 없을 것으로 보이는 다른 명제들을 조사했다. 그에게는 자신의 독립적인 비판을 통한 대단히 세밀하고 철저한 검토도 견뎌내야한다는 것보다 명제의 진실성을 더 보장할 수 있는 것은 아무것도 없었다. "우리의 이성에 근거하지 않은 것은 어느 것이고 그 진실성을 확신했다고 우리 스스로 허락해서는 절대 안 된다."라고 데카르트는 썼다. 인간 이성의 능력에 대한 끝없는 신뢰는, 다가오는 세기에 대부분의 서유럽 사람들을 몰두하게 만든 믿음과 이성 사이의 대 논쟁(Great Debate)을 시작하게 했다.

■ 데카르트 기하학의 발견

≪방법 서설≫의 세 가지 부록은 과학적 진리를 찾는 데카르트의 새로운 방법을 구체적으로 보여주는 실례였다. ≪방법 서설≫은 ≪굴절 광학≫, ≪기상학≫, ≪기하학≫의 머리말로 의도됐지만, 역사는 이 순서를 완전히 뒤집었다. 그리고 오늘날 ≪방법 서설≫은 현대철학을 전공하는 사람들이 연구하지만, 과학에 관한 연구는 사실상 무시되고 있다. ≪굴절 광학≫은 빛의 본질과 특성을 다루는데, 굴절 법칙과 인간 눈의 해부 및 새롭게 발명된 망원경에 가장 적합한 렌즈의 모양에 대한 설명이 포함되어 있다. ≪기상학≫은 대기 현상에 대한 과학적 설명을 목표로 하는데, 눈의 결정이 형성되는 방법, 빗방울의 크기, 천둥과 번개의 원인, 무지개의 형성 등과 같은 주제를 고려하고 있다. ≪방법 서설≫에 동반된 세 가지 시론 중에서 셋째 ≪기하학≫은 데카르트가 순수 수학에 공헌한 탁월하고 영속적인 업적이다. ≪기하학≫에서 그는 대수학과 기하학의 방법들을 결합시켜 해석 기하학이라는 새로운 분야를 만들었다. 잉글랜드 철학자 존 스튜어트 밀(John Stuart Mill, 1806~1873)은 이것을 "정밀 과학의 발전 과정에서 이루어진 가장 큰 단 한 걸음"이라고 불렀다. 해석 기하학의 발상은 데카르트가 그의 방 천장의 구석 근처에서 기어가는 파리를 관찰할 때 나타났다는 전설적인 이야기가 있다. 그는 즉시 파리의 경로를 인접한 벽들로부터의 거리로 표현하는 문제를 생각했다. 이 이야기는 사실보다는 우화에 가깝다.

≪기하학≫의 세 부분 중에서 처음 두 부분에서는 주로 대수학을 기하학에 적용하고, 셋째 부분은 방정식 이론을 다루고 있다. 제 1 부는 <원과 직선만을 이용해서 작도할 수 있는 문제>라는 제목이 붙어 있다. 시작 부분에서 데카르트는 오늘날에도 여전히 사용되고 있는 대수적 표기법을 도입했다. 알파벳의 마지막 글자들 x, y, z는 미지의 수량을 가리키고, 알파벳의 처음 글자들은 상수를 나타낸다. 데카르트는 아마도 처음으로 양의 수량과 음의 수량을 모두 나타내는 데 같은 문자를 사용했을 것이다. 이곳에서 거듭제곱에 대한 현대적인 어깨 수[지수] 표기법도 찾아볼 수 있다. 더욱 근본적인 조치로 데카르트는 수들을 물리적인 양과 관련시키는 그리스의 전통과 단절했다. 그는 a^2(또는 그가 쓴 대로 aa)과 a^3을 이를테면 넓이와 부피로 해석하지 않고, 직선과 같이 취급했다. 데카르트에게 a^2은 비례식 $1 : a = a : a^2$에서 넷째 항에 불과했고, a가 주어지면 직선으로 표현할 수 있는 것이었다. 그는 비례식 $1 : a = a : a^2$에 대응하는 작도를 고안하기 위해서, 단위 길이 1을 임의로 선택했

고 이것을 다른 모든 길이에 적용했다. 다음으로 변의 길이가 1과 a인 삼각형을 그렸는데, 닮은 삼각형에서 길이가 1인 변에 대응하는 변의 길이가 a이면, 나머지 길이는 a^2일 것이다.

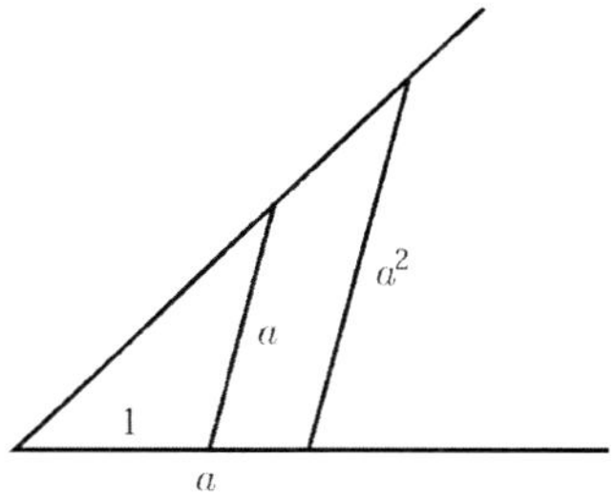

≪기하학≫에서 핵심적인 주제를 형성하는 문제는, 파포스가 아폴로니오스의 ≪원뿔 곡선≫에 대한 주석서에서 제기했던 세 선과 네 선 궤적 문제의 일반화였다. 파포스의 문제는 원래 다음과 같다. "한 평면에 주어진 네 직선에 대해 (방향이 지정되고) 고정된 두 직선까지의 거리의 곱이 셋째 직선까지의 거리의 제곱에 비례하면서 움직이는 점의 궤적으로 찾거나[세 선 궤적 문제] 나머지 두 직선까지의 거리의 곱에 비례하면서 움직이는 점의 궤적으로 찾아라[네 선 궤적 문제]." 파포스는 찾는 궤적이 원뿔 곡선 중 하나라고 증명 없이 서술했지만, 데카르트는 이를 대수적으로 밝혔다. 그 뒤에 뉴턴은 ≪원리(1687)≫에서 이 문제를 기하학적으로 풀었다.

데카르트는 이 문제의 풀이를 주어진 선 중에서 하나, 이를테면 AB와 이에 놓여있는 고정된 점, 이를테면 A를 선택함으로써 시작했다. (그는 나중에 좌표축과 원점이라 부른 것을 선택했다.) 찾는 궤적에 있는 임의의 점 C로부터 직선 CB를 AB까지 그리는데, 주어진 각으로 만난다. 그러면 두 선분 AB와 BC는 C의 위치를 결정할 수량들인데, 그는 이를 x와 y라고 불렀다.

> 주어진 선 중에서 하나와 그려야 할 선 중 하나를 (예를 들면 AB와 BC를) 고려해서 문제를 간단히 하겠다. 직선 AB에서 A와 B 사이의 선분은 x라 부르고 BC를 y라 부르자.

다른 선분들의 길이는 x와 y 및 문제의 조건으로 표현했다. 데카르트는 이것들을 결합해서, C가 놓여 있어야 하는 곡선의 방정식에 도달했다.

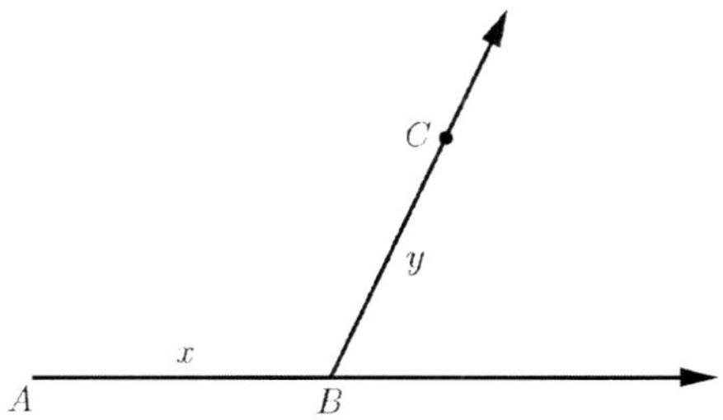

여기에는 평면에서 점의 위치를 고정된 두 축으로부터의 거리인 x와 y로 정의하는 좌표 체계에 대한 발상이 싹트고 있음을 알 수 있다. 데카르트는 둘째 축인 y축을 공식적으로 도입하지는 않았지만, 현재의 용어로 사교 좌표 체계를 선택했었다. ≪기하학≫에는 현대적인 직교 좌표 체계가 전혀 나타나지 않는다. 데카르트의 설명은 x와 y의 양수 값만을 사용해서, 곧 곡선을 제1사분면으로 제한했기 때문에 현재와 차이가 난다. 용어 'coordinate(좌표)'는 데카르트의 책에 나타나지 않는다. 이 용어는 라이프니츠의 몫인데, 'abscissa(가로 좌표)'와 'ordinate(세로 좌표)'도 그렇다(1692).

≪기하학≫ 제2부의 제목은 <곡선의 성질에 대해>인데, 데카르트는 여기서 기하학적 곡선과 기계적인 곡선이라는 두 종류의 곡선을 분류했다. (나중에 라이프니츠는 이것들은 대수적 곡선과 초월적 곡선으로 불렀다.) 직선과 원 및 원뿔 곡선보다 더 복잡한 곡선은 확실히 정의된다면 적절한 기하학적 고찰 대상이라고 주장했다. 데카르트가 곡선으로 받아들일 수 있는 기준은 곡선의 점이 두 직선의 교점으로 결정되어야 하는데, 각 직선은 한 좌표축에 평행으로 '같은 단위로 잴 수 있는' 속도로 움직여야 한다. 이런 곡선은 그 안에 있는 모든 점을 정의하는 변수가 두 개인 방정식이 있는 기하학적 곡선이다. 데카르트가 말한 대로,

> '기하학적'이라고 부를 수 있는 곡선, 곧 명확하고 정확한 측정이 가능한 곡선에 있는 모든 점은 한 직선에 있는 모든 점과 확고한 관계를 맺어야 하고, 이런 관계는 단 한 개의 방정식으로 표현할 수 있어야 한다.

반면에, "그 관계를 명확하게 결정할 수 없는 동시에 이루어지는 두 개의 운동"으로부터 나타나는 구적 곡선[7]이나 소용돌이선과 같은 곡선은 기하학에서 거부당했고, 기계적인 곡선으로 분류됐다. 이런 곡선은 본질적으로 그것에 있는 점들에 의한 직접적인 작도만 가능하다. 이런 방식으로 그 전에는 배제됐던 많은 곡선에 완전한 기하학적 지위를 부여함으로써 데카르트는 초등 기하학의 범위를 확장했는데, 당시까지 초등 기하학은 자와 컴퍼스에 의한 작도로 제한되어 있었다.

데카르트는 제2부에서 방정식이 알려진 곡선에 있는 주어진 점에서 법선을 찾는 순수하게 대수적인 방법을 고안했다. 접선은 그 점을 지나면서 이 법선에 수직인 직선으로 택할 수 있다. 예전에 아르키메데스가 그의 소용돌이선에 접선을 그렸던 경우를 제외하면, 곡선에 대한 접선의 작도는 1600년대 초까지 진지하게 연구되지 않았는데, 이때에 이르러 가장 유능한 일부 수학자의 마음을 움직였다. 광학 문제에서 '접선 문제'에 이르게 된 데카르트는 제2부에서 다음과 같은 말과 함께 이에 대한 관심을 표명했다. "이것은 기하학에서 내가 알고 있는 가장 쓸모 있고 가장 일반적인 문제일 뿐만 아니라 내가 알아보려고 원했던

7) [옮긴이] quadratrix, 세로 좌표가 다른 곡선의 넓이의 측정인 곡선.

394 LA GEOMETRIE.

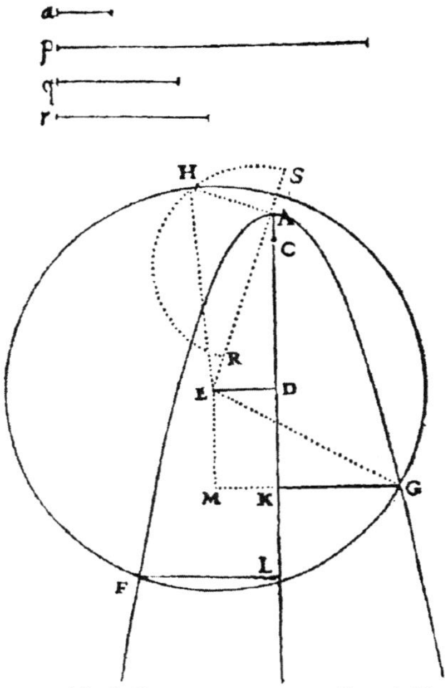

pour le quarré de la ligne G E, a cauſe qu'elle eſt la baze du triangle rectangle E M G.

Mais a cauſe que cete meſme ligne G E eſt le demi-diametre du cercle F G, elle ſe peut encore expliquer en d'autres termes, a ſçauoir E D eſtant $\frac{1}{2}q$, & A D eſtant $\frac{1}{2}p + \frac{1}{2}$, E A eſt $\sqrt{\frac{1}{4}qq + \frac{1}{4}pp + \frac{1}{2}p + \frac{1}{4}}$ a cauſe de l'angle droit A D E, puis H A eſtant moyene proportionelle entre A S qui eſt 1 & A R qui eſt r, elle eſt $\sqrt{r}$. & à cauſe de l'angle droit E A H, le quarré de H E, ou E G eſt $\frac{1}{4}qq + \frac{1}{4}pp + \frac{1}{2}p + \frac{1}{4} + r$: ſibienque il y a Equation entre

데카르트의 ≪기하학, 1637≫ 초록. (*Reprinted by permission of Open Court Publishing Company, La Salle, Illinois, from* The Geometry of René Descartes, *translated by David Eugene Smith and Marcia L. Latham.*)

문제라고 감히 말한다."

곡선에 있는 임의의 특정한 점 P를 지나는 법선(이에 따라 간접적으로 접선)을 작도하는 데 데카르트가 사용한 접근 방법은 법선과 x축의 교점을 모르는 수량(미지수)으로 택하는 것이었다. 달리 말하면, 데카르트에 따라 $f(x, y)=0$이 곡선의 방정식이고 (x_0, y_0)이 점 P의 좌표라고 하자. P에서의 법선을 이미 그렸고 좌표가 $(x_1, 0)$인 Q가 법선이 x축과 만나는 점이라고 하자. 그러면 중심이 Q이고 P를 지나는 원의 방정식은 다음과 같다.

$$(x-x_1)^2+y^2=(x_0-x_1)^2+y_0^2$$

이 방정식과 곡선의 방정식 $f(x,\ y)=0$ 사이에서 변수 중 하나, 이를테면 y를 제거한 결과는 $g(x,\ x_1)=0$ 꼴의 새로운 관계이다. 일반적으로 중심이 Q이고 반지름이 PQ인 원은 곡선과 두 점에서 만난다. 그런데 PQ가 찾는 법선이면, 그 두 점은 서로 일치하고 원은 점 P에서 곡선에 접할 것이다. 따라서 원이 곡선과 만나는 점의 x 좌표를 알려주는 방정식 $g(x,\ x_1)=0$에서 한 쌍의 같은 근[중근]을 얻게 하는 조건을 부과한다. 이런 조건은 법선이 x축과 만나는 점인 Q에 대한 x_1의 정확한 값을 줄 것이다. 그러므로 문제는 대수적 방정식의 중근을 결정하는 문제가 된다.

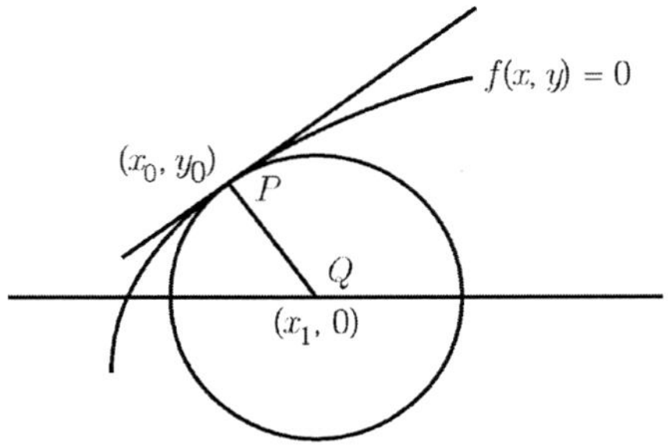

데카르트는 ≪기하학≫에서 자신의 접선 방법을 다른 많은 곡선에 사용했는데, 선택된 각 곡선은 이 과정을 가장 잘 보여준다. 예시를 위해, 점 $(a,\ a)$에서 포물선 $y^2=ax$의 접선을 작도해보자. 중심이 x축에 있고 $(a,\ a)$를 지나는 원의 방정식은 다음과 같다.

$$(x-x_1)^2+y^2=(a-x_1)^2+a^2$$

y^2에 ax를 대입해서 y를 소거하면, 다음을 얻는다.

$$(x-x_1)^2+ax=(a-x_1)^2+a^2,$$

곧

$$x^2+(a-2x_1)x+2a(x_1-a)=0$$

이 방정식의 두 근이 같아야 하므로, 데카르트는 이를 $(x-r)^2=0$과 비교했을 것이다. 다음에서 대응하는 결수[계수]끼리 같게 놓자.

$$x^2+(a-2x_1)x+2a(x_1-a)=x^2-2rx+r^2$$

그러면 $a-2x_1=-2r$과 $2a(x_1-a)=r^2$을 얻으므로, 다음이 성립한다.

$$(a-2x_1)^2=4r^2=8a(x_1-a)$$

곧, $x_1=3a/2$이다. 그러므로 $(a,\ a)$에서 포물선의 법선이 x축을 지나는 점은 $(3a/2,\ 0)$

이다. 따라서 찾는 접선은 $(a,\ a)$를 지나고 이 법선에 수직인 직선이다.

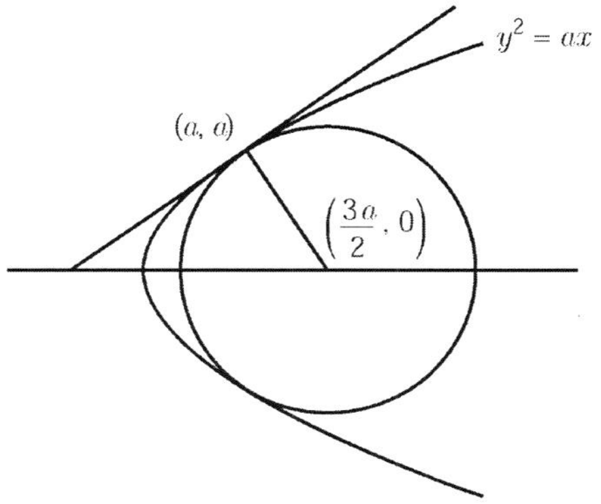

데카르트의 설명에는 다음과 같은 다항 방정식에 중근 r이 존재하는 조건을 결정하는 일반적인 방법이 빠졌다.

$$a_0x^n + a_1x^{n-1} + \cdots + a_{n-1}x + a_n = 0$$

≪기하학≫에서 이용한 예에서 그는 통상 항별로 나타낸 다항식을 다음 다항식과 같게 놓아서 원하는 조건을 찾았다.

$$(x-r)^2(b_2x^{n-2} + b_3x^{n-3} + \cdots + b_{n-1}x + b_n)$$

이 과정은 종종 지루했는데, 나중에 셈 과정에서 스스로 소거되는 같게 놓는 다항식에서 결수 b_k들을 셈하는 데 많은 시간이 걸렸기 때문이다. 그래서 데카르트의 접선 방법은 곧 페르마의 방법으로 대체됐다.

■ ≪기하학≫의 대수학적 측면

≪기하학≫의 마지막인 제 3 부는 기하학보다는 더 적절하게 대수학으로 분류되는데, 방정식의 속성과 그 해의 기초를 이루는 원리를 고려했다. 이 부분의 앞에서 방정식의 주요한 성질들을 요약하면서, 데카르트는 모든 항을 한 쪽으로 이동하고 영(0)과 같게 놓을 것을 권했다. 그가 이런 방식을 처음으로 제안하지는 않았지만, 그는 이렇게 해서 얻는 장점을 인식한 초기의 저자였다. 그는 다항식 $f(x)$가 $(x-a)$로 나누어떨어지기 위한 필요 충분 조건은 a는 $f(x)$의 근이라는 사실을 지적했다. 또, n차 방정식에는 n개의 근이 있다는 정리에 대한 직관적인 증명을 찾아볼 수 있다. 데카르트의 말에 따르면, "모든 방정식에는 그 방정식에 있는 미지수의 차원만큼 많은 서로 다른 근(미지수의 값)이 존재할 수 있다." 그의 증명은 모든 근 a가 $f(x)$의 대응하는 인자 $(x-a)$로 반드시 나타나고 $f(x)$에서 x의 가장 높은 거듭제곱인 x^n을 얻기 위해서는 이런 인자 n개가 필요하다는 원리에 근거했다.

이 책의 이 부분을 현대적으로 보이게 하는 표기법의 개혁 이외에도, 그의 영속적인 공헌은 음수 근과 허수 근의 체계적인 사용(데카르트는 허수라는 용어를 사용한 최초의 인물에 속한다)과 여전히 데카르트의 부호 법칙(Descartes's rule of signs)으로 불리는 결과이다. 이 놀라운 법칙은 카르다노와 해리엇을 포함한 몇 명의 저자의 연구에 이미 내재되어 있었지만 데카르트가 처음으로 명확하게 사용했는데, 이 법칙을 이용하면 주어진 방정식을 보기만 해도 그것의 양수 근의 개수에 대한 상계를 알 수 있다.

방정식에서 잇따른 두 항의 결수의 부호가 다를 때, 두 항에는 '부호 변동이 있다'고 하자. 예를 들면, 방정식 $x^3+x^2-x+2=0$에는 두 번의 부호 변동이 있다. 이런 개념을 이용하면, 데카르트의 부호 법칙을 다음과 같이 서술할 수 있다.

> 결수가 실수인 다음 방정식을 생각하자.
>
> $$f(x)=a_0x^n+a_1x^{n-1}+\cdots+a_{n-1}x+a_n=0 \quad (a_0>0) \tag{1}$$
>
> 이 방정식의 양수 근의 개수는 (각 근을 중복된 횟수만큼 세면) 결수에서 부호 변동의 개수와 같거나 이 개수보다 양의 짝수만큼 작은 수이다.

예를 들면, 방정식 $x^3+x^2-x+2=0$의 양수 근은 두 개 또는 0개이다. 데카르트의 법칙으로 정확한 개수를 찾을 수는 없다. 두 근이 일치해서 중근일 수 있지만, 서로 다르면 어느 것도 중근일 수 없다.

데카르트가 원래 공식화한 법칙에 따르면, 방정식에는 잇따른 항들이 보여주는 부호 변동과 같은 수만큼 많은 '진짜 근'(양수의 실수 근)이 존재할 수 있다. 존 월리스(John Wallis, 1616~1703)는 ≪대수학(Algebra, 1685)≫에서 허수 근이 있는 경우에는 이 법칙이 적용되지 않는다는 사실을 데카르트가 알아채지 못했다고 주장했으며, "이 법칙은 잘못되거나 틀린데, 근들은 실수이고 허수가 아니라는 경고가 반드시 있어야 하기 때문이다."라고 말했다. 그런데 데카르트는 방정식에는 언제나 그렇게 많은 근이 있다고 말하지 않고 그만큼 있을 수 있다고만 말했다. 방정식에 허수 근이 있으면 이 법칙이 적용되지 않는다는 사실을 그가 알고 있었다는 충분한 증거가 있는데, 불행하게도 그는 이 사실을 좀 더 명확하게 표현하지 않았다. 뉴턴은 ≪보편 산술(Arithmetica Universalis, 1707)≫에서 이를 좀 더 명확하게 공식화했다.

$f(x)=0$의 음수 근은 단순히 $f(-x)=0$의 양수 근이므로, 데카르트는 음수 근의 개수에 대한 다음과 같은 부호 법칙도 제시했다. "다항식 $f(-x)$의 결수에서 부호 변동의 개수보다 더 많은 음수 근이 있는 방정식은 없다." 이를테면 $x^6-10x^2-x+1=0$에 두 번의 부호 변동이 있으므로, $x^6-10x^2+x+1=0$에는 두 개의 음수 근이 있거나 전혀 없다.

가능성 있는 양수 근의 최대 개수와 음수 근의 최대 개수의 합이 방정식의 차수보다 작으면, 데카르트는 개수를 채우기 위해 허수 근이 존재한다는 사실을 인식할 수 있었다. 예를 들어 방정식 $x^6+3x^3+x-1=0$을 생각하자. 단 한 번의 부호 변동이 있으므로 이 방정식에는 많아야 한 개의 양수 근이 존재할 수 있다. x를 $-x$로 바꾸면, $x^6-3x^3-x-1=0$을 얻는다. 부호 변동이 한 번 있으므로, 원래의 방정식에는 많아야 한 개의 음수 근이 존재할 수 있다. 그러므로 많아야 두 개의 실수 근이 있을 수 있다. 주어진 방정식은 육차이므로, 적어도 네 개의 허수 근이 존재한다.

이 책에서, 데카르트는 삼차 및 그 이상의 고차 방정식을 푸는 문제를 신중하게 고려했고, 사차 방정식을 간단하게 푸는 데 성공했다. 일반적인 사차 방정식 $x^4+ax^3+bx^2+cx+d=0$에서 출발해서 그는 x를 $z-a/4$로 바꾸면 다음과 같이 z^3에 관한 항이 없는 다음과 같이 줄인 사차 방정식을 얻는다.

$$z^4+pz^2+qz+r=0$$

다음과 같이 좌변을 두 개의 이차 인자의 곱으로 표현하자.

$$(z^2+kz+m)(z^2-kz+n)=z^4+(m+n-k^2)z^2+k(n-m)z+mn$$

두 가지 꼴의 방정식에서 결수들을 비교하면 다음 관계에 도달한다.

$$p=m+n-k^2,\quad q=k(n-m),\quad r=mn$$

$k\neq 0$이면 처음 두 식으로부터 다음을 얻는다.

$$2n=p+k^2+q/k,\quad 2m=p+k^2-q/k$$

이 두 식을 $mn=r$에 대입하면, 다음 방정식을 얻는다.

$$k^6+2pk^4+(p^2-4r)k^2-q^2=0$$

k^2에 관한 삼차 방정식인 이 마지막 방정식은 이미 얻은 방법으로 풀 수 있다. 임의의 근 $k^2\neq 0$은 다음과 같은 한 쌍의 이차 방정식을 만든다.

$$z^2+kz+\frac{1}{2}\left(p+k^2-\frac{q}{k}\right)=0,$$

$$z^2-kz+\frac{1}{2}\left(p+k^2+\frac{q}{k}\right)=0$$

이것들의 네 근이 줄인 사차 방정식의 근이다.

데카르트는 이 기법의 예로 다음 방정식을 고려했다.

$$x^4-17x^2-20x-6=0$$

이것으로부터 다음 삼차 방정식을 얻었다.

$$k^6-34k^4+313k^2-400=0$$

$k^2=16$이 근이므로, 주어진 사차 방정식의 풀이는 다음과 같은 두 이차 방정식의 풀이로 바뀐다.

$$z^2+4z+\frac{1}{2}\left(16-17+\frac{20}{4}\right)=0,$$

$$z^2-4z+\frac{1}{2}\left(16-17-\frac{20}{4}\right)=0$$

이것들은 각각 다음과 같다.

$$z^2+4z+2=0, \quad z^2-4z-3=0$$

데카르트는 이 방정식들을 풀어서 다음과 같은 근을 얻었다.

$$-2+\sqrt{2}, \quad -2-\sqrt{2}, \quad 2+\sqrt{7}, \quad 2-\sqrt{7}$$

이것들은 원래 사차 방정식의 근이다.

≪기하학≫에 있는 데카르트의 설명은 결코 명확하지 않기 때문에, 이 책은 그 자체로 초고처럼 보인다. 그는 내용을 정연하고 체계적인 방식으로 배열하지 않았고, 통상 증명을 암시할 뿐이었으며 자세한 내용은 독자에게 남기는 것으로 만족했다. "나는 모든 것을 말하지 않겠다." 또는 "이에 대해 매우 많이 써서 나는 이미 지쳤다."와 같은 문장이 그 책에 흔히 나타난다. 책을 마무리하면서 데카르트는 "다른 사람에게 스스로 [이를] 찾아내는 즐거움을 주기 위해서" 많은 것을 일부러 생략했다는 지적으로 생략과 모호함을 정당화했다.

이런 수학적인 태만은, 라이덴 대학의 수학 교수 프란스 판 스코텐(Frans Van Schooten, 1615?~1660)이 ≪기하학≫을 라틴 말로 번역하고 설명적인 주석을 붙여 출판했을 때 제거됐다. 라틴 판은 모두 네 번 간행됐는데, 첫째는 1649년, 다음은 1659-1661년, 1683년, 1693년에 나타났다. 이런 간행본들이 서유럽의 대학교 수학 과정에서 좌표 기하학의 지위를 확고히 했다고 분명히 말할 수 있다. 왜냐하면 이런 간행본들이 데카르트의 연구를 당시의 학술 언어로 접근할 수 있도록 했을 뿐만 아니라, 보완적인 내용을 많이 포함하고 있어서 독자들이 이해하는 데 어려움을 겪었던 처음의 설명을 명확하게 해주었기 때문이었다. 엄청나게 확장되어 두 권으로 출판된 1659~1661년 판에서 판 스코텐의 주석은 ≪기하학≫ 자체의 길이의 두 배보다도 더 길다. 그 다음 세대의 수학자는 모두 ≪기하학≫의 어떤 판본으로 배웠는데, 월리스는 1649년 판, 뉴턴은 1649년과 1659-1661년 판, 하위헌스는 데카르트의 원래 프랑스 판을 사용했다.

≪기하학≫의 1659~1661년 판에는 중근을 결정하는 간편한 방법이 포함되어 있는데, 이것은 데카르트의 접선 방법이 필요로 했었던 것이다. 이 방법은 네덜란드 수학자 요한 후데(Johann van Waveren Hudde, 1628~1704)가 고안했는데, 이 사람은 판 스코텐의 가장 유능한 제자의 한 사람으로 약 30년 동안 암스테르담의 시장을 지냈다. 그 뒤에 불린 대로 후데

의 법칙은 다음을 주장했다.

r이 다음 다항 방정식의 중근이라고 하자.

$$a_0x^n + a_1x^{n-1} + \cdots + a_{n-1}x + a_n = 0$$

그러면 b_0, b_1, $\cdots$, b_n이 n개의 수로 이루어진 임의의 등차 수열일 때 r은 또한 다음 방정식의 근이다.

$$a_0b_0x^n + a_1b_1x^{n-1} + \cdots + a_{n-1}b_{n-1}x + a_nb_n = 0$$

이 법칙은 방정식 $x^3 - 5x^2 + 8x - 4 = 0$으로 예시할 수 있다. (가장 큰 항이 방정식의 차수와 같은) 등차 수열 3, 2, 1, 0을 택하고, 방정식의 각 결수에 이 등차 수열의 대응하는 항을 곱하면 $3x^3 - 10x^2 + 8x = 0$, 곧 $3x^2 - 10x + 8 = 0$을 얻는다. 2는 이 방정식의 근이고, 2는 또다시 원래 방정식의 근이므로, 이것은 중근이다. 이런 공동된 근이 없었다면, 원래 방정식에는 중근이 없었을 것이다.

■ 데카르트의 ≪철학의 원리≫

데카르트는 수학적 사고 방법을 자연 과학에 전이하려는 시도에 덧붙여, (아리스토텔레스의 물리학과 프톨레마이오스의 천문학이 혼합되어 있는) 중세의 세계관을 (모든 물리적 설명을 찾을 수 있는) 과학 체계로 바꾸려고 대단한 노력을 기울였다. 그는 자연의 주요한 현상들을 수학적 법칙과 기계적 법칙만을 이용해서 설명할 수 있다고 믿었고, 이런 법칙들은 절대 확신할 수 있다고 믿었다. 그는 "기계적인[역학의] 법칙은 …… 자연의 법칙과 똑같다."고 말했다. 한 부분에 있는 물리적 대상 또는 사건이 다른 모든 것에 영향을 발휘하는 기계적인 우주에 대한 그의 개념은 매우 인기를 끌어서 태양계를 거대한 시계 장치의 일부로 언급하는 것이 아주 흔한 일이 됐다.

1644년에 암스테르담에서 출판한 ≪철학의 원리(Principia Philosophiae)≫에서 데카르트는 소용돌이(vortex)의 개념을 우주의 기원과 현재의 상태를 설명하는 독창적인 장치로 사용했다. 완전히 비거나 사실상 진공이라는 개념을 거부한 그는 태양계가 차지하고 있는 공간을 모호하게 정의된 원초적인 물질인 이른바 플리넘(plenum) 또는 에테르로 가득 차 있다고 가정했다. 태초에 고정되고 유한한 양의 운동으로 신이 직접 부여했던 이 충만한 물질은 그 뒤에 방해를 받지 않고 역학의 법칙에 따라 전개됐다. 태양이 중심에 있는 별 집단의 운동은 엄청난 와동 또는 소용돌이를 일으킨다. 이런 거대한 에테르 소용돌이 안에는 비누거품 덩어리와 같이 더 작은 소용돌이들이 서로 맞물려 있다. 이것들은 국지적인 영향을 미치는데, 마치 물의 소용돌이가 물의 흐름 속에서 만들어지고 흐름을 따라 이동하는 것과 비슷하다. 지구의 움직임과 관련된 문제로 교회의 검열을 피하기 위해서, 데카르트는 지구는 이런 소용돌이 속에서 정지해 있고 이에 따라 소용돌이에 대해 상대적으로 고정되어 있다고 주장했다. 이와 동시에, 바다 가운데 정지해 있는 배가 조류에 의해 감지할 수 없는 상태로 이동하듯이, 지구는 태양 주변에 이것을 둘러싸고 있는 천체 물질에 의해 밀려간다. 그러므로 상상력을 발휘해서 데카르트는 지구를 움직이지 않는다고 고려할 수 있다고 공식적으로 단언할 수 있었다. 한 비평가는 둘러싸고 있는 에테르를 따라 이동하는 부동의 지구에 대한 이 이론은 암스테르담에서 바타비아(Batavia)까지 보낸 네덜란드 치즈에 있는 벌레와 같다고 주장했다. 그 벌레는 위치를 바꾸지 않고 6000마일을 이동했다.

움직이는 천체를 물의 소용돌이에 잡혀 있는 지상의 물체와 비교해서, 데카르트는 태양계의 활동을 쉽게 이해할 수 있는 말로 매우 그럴듯하게 설명할 수 있었다. 누구나 강의 흐름에서 일어나는 소용돌이를 봤고 이에 빠져서 이동하는 나뭇잎을 봤으며 이에 따라 머릿속으로 이를 확신했다. 천지 창조에 대한 데카르트의 생각을 말하지 않을 수 없는데, 로버트 플루드(Robert Fludd, 1574~1637)의 우주론에 대해 "불명확한 문체는 모순된 문제와 비견된다."와 같이 썼다.

소용돌이 이론은 독창적인 체계이지만, 실험적인 증거로 지지받지는 못했다. 그리고 행성이 원이 아니라 타원을 따라 운동한다는 케플러의 법칙을 포함해서 이미 알려진 많은 천체 현상과 상충됐다. 데카르트의 새로운 학설에 결함이 내재되어 있었지만, 당대의 지적 갈망을 만족시키는 어떤 것이 있었다. 이것은 다수의 열광적인 추종자를 끌어 모았는데, 그들은 이것을 완전히 이해할 수 있다고 생각했다. 그리고 이 이론을 내쫓아버리려는 온갖 시도를 반세기 동안 (어쩌면 실질적인 경쟁자가 없었기 때문에) 버텨냈다. 그런데 그 뒤에 뉴턴의 중력이 수학적 증명과 함께 등장했는데, 이것은 소용돌이 이론으로 설명할 수 없었다. 기이한 우연의 일치로, 데카르트의 ≪철학의 원리≫는 뉴턴의 탄생과 거의 같은 시기에 출판됐다. 뉴턴은 머지않아 에테르의 소용돌이에 대한 데카르트의 개념을 뒤집고 자신의 탁월한 보편 중력(또는 만유인력) 이론을 위한 길을 닦았다. 데카르트의 견해는 이 유명한 대안으로 쉽게 대체되지 않았는데, 특히 프랑스에서는 국가적인 긍지가 커서 뉴턴의 물리학을 기꺼이 받아들이지 않았다. 뉴턴의 ≪수학적 원리≫가 출판되고 한 세대 정도 지나서, 데카르트의 정신적 후계자들은 원래 이론에 있던 명백한 오점 중 일부를 제거하려고 시도했다. 18세기의 전반기가 지나기 전에, 데카르트의 과학적 개념은 모두 힘을 잃었다. 데카르트는 모든 상상력을 발휘해서 신학으로부터 자연에 대한 과학 지식을 해방시키려고, 곧 우주의 구조를 신의 개입 또는 초자연적인 힘에 의지하지 않고 기계적인 원리로 설명하려고 최초로 진지하게 시도했었다.

교회의 일반적인 정책은 새로운 과학적 견해를 가설로 서술하는 것은 허락했다. 단, 그런 견해는 진리를 밝히는 신에 대한 교회의 해석에 따른다는 공식적인 조건으로 선언해야 했다. (갈릴레오가 비난 받은 것은 주로 그의 대화의 신랄한 조롱이 그의 공식적인 선언과

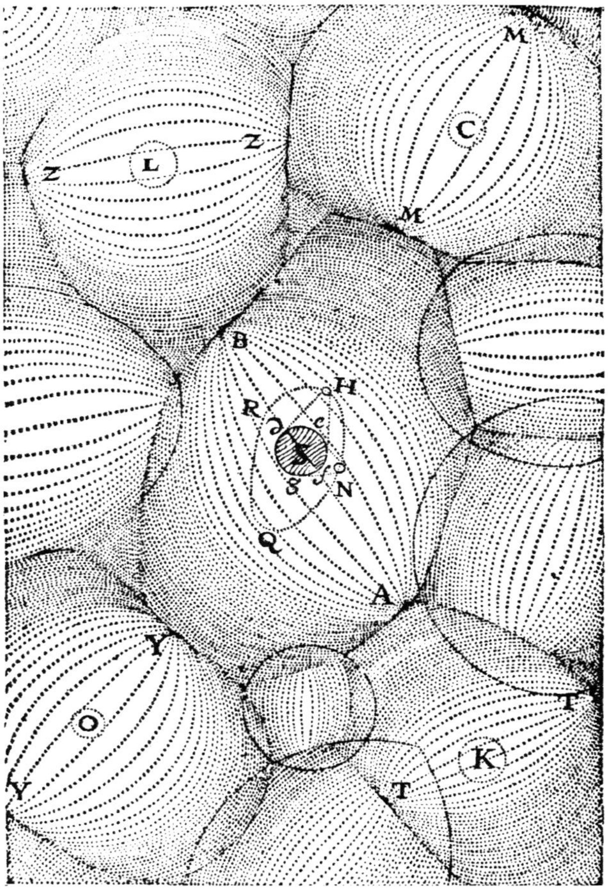

데카르트의 ≪철학의 원리(1644)≫에 있는 천체 소용돌이 체계의 그림. (*Extract taken from* A History of Science. Technology and Philosophy in the 16th and 17th Centuries, *by a Wolf. Reproduced by kind permission of Unwin Hyman, Ltd.*)

너무 명백하게 모순되기 때문이었다.) 교회의 비난을 피하기 위해 데카르트는 소용돌이 이론을 사색적인 것이라고 명확하게 주장했다. 그는 ≪철학의 원리≫에서 "내가 쓴 내용은 진리에서 아주 벗어날 수 있는 가설로 단순히 받아들이기를 나는 원한다."고 썼다. 데카르트는 주저하지 않고 자신의 이론이 세세한 점에서 틀릴 수 있지만 그런데도 중력, 빛, 자기 및 지금까지 세계에 '고유하다'고 간주된 다른 물리적 성질을 그럴 듯하게 설명하는 큰 장점이 있다고 말했다. 이런 약삭빠른 책략도 종교 재판소의 훈련받은 검열관들을 결코 속일 수 없었는데, 데카르트의 책들은 1663년에 금서 목록에 들어갔다. 그렇지만 커지는 인기를 줄이지는 못했다. 그래도 그에 대한 추도사는 충분히 막을 수 있었다. 1740년에 이르러 그의 책들은 파리 목록에서 삭제됐는데, 뉴턴 체계에 대안을 제공하기 위한 것이었다. 당시에 뉴턴의 체계는 프랑스에서 점진적으로 받아들여졌다.

데카르트가 수학, 철학, 광학, 기상학, 과학에서 이룬 업적은 의심할 바 없이 그를 1600년대의 가장 유력한 사상가로 만들었다. 데카르트는 우연한 수학자에 불과했고, 그의 해석 기하학은 또는 볼테르(Voltaire, 1694~1778)[8]가 묘사한 대로 "곡선에 대수적 방정식을 부여하는 방법"은 그가 이룩한 많은 혁신 가운데 한 가지에 불과했다. 프랑스에 큰 영광을 가져다준 이 사람은 신기하게도 거의 모든 생산적인 시기를 프랑스 경계 밖에서 보냈고 프랑스 학교에서는 가르친 적이 없으며 프랑스의 외국과의 전쟁에서는 군인으로 싸운 적이 없었다.

■ 원근 기하학 : 데자르그와 퐁슬레

데카르트가 기하학을 대수화하려고 시도하고 있던 것과 거의 같은 시기에, 리옹(Lyons)에서 독학한 건축가이자 공학자인 지라르 데자르그(Girard Desargues, 1593~1662)는 원근법에 대한 순수하게 기하학적인 연구로 새로운 분야를 개척하고 있었다. 그의 계획은 삼차원 세계를 평평한 캔버스 위에 가능한 한 정확하게 표현하려는 르네상스 화가들의 노력에 근거했다. 데자르그가 파리에서 1626년과 1630년 사이에 일련의 공개적인 강연을 했다는 사실 이외에 그의 인생에 대해 알려진 바는 거의 없다. 그는 1628년에 라로셸(La Rochelle) 위그노 요새의 유명한 포위 공격에 공학자로 종군했는데, 그곳에서 데카르트를 알게 됐다. (사영에 의해 변하지 않는 도형의 성질에 대한 연구인) 사영 기하학에 대한 데자르그의 연구 대부분은 1639년에 겨우 50권이 출판된 간략한 소책자에 수록되어 있다. 이 책의 제목 ≪Brouillon project d'une atteinte aux événemens des recontres d'un cone avec un plan≫은 ≪평면과 원뿔의 교차 결과에 대한 연구 계획 초안≫으로 번역할 수 있다.

데자르그가 과거와 크게 단절한 것은 '한없이 먼' 특정한 점들을 추가함으로써 유클리드 평면을 확장한 것이었다. 그는 두 개 이상의 평행선을 단 한 점에서 만나는 것으로 생각했는데, 화가들의 새로운 원근법을 자연스럽고 직접적으로 발전시킨 발상이었다. '무한 원점(point at infinity)'이라 부르는 이 점의 추가는 유클리드 기하학에 모순되는 것이 아니라, 오히려 이의 확장을 표현했다. 고유의 방향을 지닌 평행선들의 모음이 많이 있기 때문에, 무한 원점도 많이 있다. 이런 새로운 점들이 모두 하나의 새로운 직선에 있다고 생각하는데, 나중에 '무한 원선(line at infinity)'이라 부른 이 직선에는 통상적인 점들은 포함되지 않는다. 무한 원선이 있는 평면을 '사영 평면(projective plane)'이라고 한다.

관례에 따라 무한 원선을 받아들이면 평행의 개념으로 야기된 성가신 특별한 경우를 제거하는 효과가 있다. 예를 들면, 서로 다른 임의의 두 직선은 단 한 점에서 만난다고 주장할 수 있다.

---

8) [옮긴이] 프랑수아 마리 아루에(François-Marie Arouet)의 필명.

데자르그는 쌍곡선의 점근선을 이의 접선으로 다루었는데, 접점은 쌍곡선의 중심으로부터 한없이 먼 거리에 놓여 있다. 그는 또한 직선을 반지름이 무한대인 원의 일부로 생각했다.

≪계획 초안≫에는 중요한 결과가 많이 포함되어 있는데, 이 중에는 데자르그의 이름이 붙은 것도 있다. 짧게 말하면, 데자르그의 정리에 따르면 두 삼각형의 대응하는 꼭짓점들을 연결한 세 직선이 한 점을 지나면 대응하는 변들(의 연장선들)의 교점 세 개는 한 직선에 놓인다. 그림을 참조하면, 두 삼각형 ABC와 $A'B'C'$가 대응하는 꼭짓점들을 연결한 세 직선 AA', BB', CC'이 똑같은 점 P를 지난다고 가정하자. 그러면 결론은 변들의 세 쌍 BC와 $B'C'$, CA와 $C'A'$, AB와 $A'B'$이 (적절하게 연장했을 때) 각각 만나는 세 점 R, S, T가 한 직선에 놓여 있다는 것이다. 데자르그의 새로운 기하학에는 평행선이 없으므로, R, S, T는 언제나 존재한다. 무한 원점은 통상적인 점과 지위가 서로 같다.

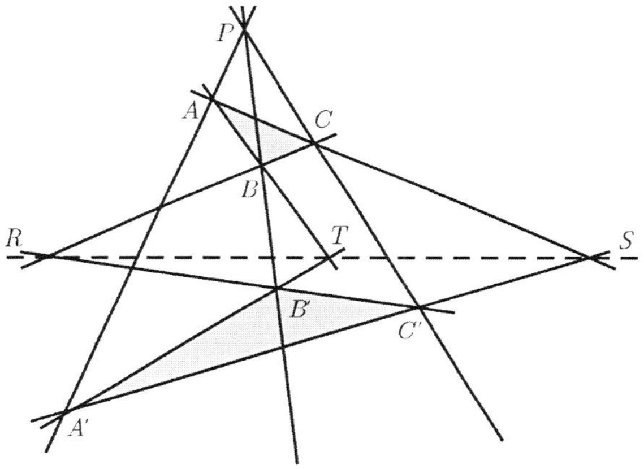

≪계획 초안≫은 데자르그와 같은 시대 또는 바로 다음 세대로부터 제대로 환영받지 못했는데, 중요한 예외는 젊은 블레즈 파스칼(Blaise Pascal, 1623~1662)이었다. 그는 <원뿔곡선 시론(Essay pour les Coniques)>에서 "나는 이 주제에서 논의했던 약간을 그의 글에 신세졌음을 인정하고 싶다."라고 썼다. 데자르그의 소책자가 전반적으로 무시 받은 것은 놀랍지 않다. 이 책은 그보다 2년 전 데카르트가 출판한 ≪기하학≫이 재빠르게 인기를 끌었기 때문에 의심할 바 없이 그늘에 가려졌었다. 그리고 거의 읽을 수 없을 정도로 매우 이상한 문체와 용어로 저술되었기 때문에 불리한 점이 추가됐다. 전문 수학자가 아니었던 데자르그는 여러 개의 전문 용어를 새롭게 고안해야 했다. 그는 많은 용어를 식물학에서 빌려왔다. 독자들은 'brin(작은 가지, 새싹)'이 선분을 언급하고 'noeud(매듭)'은 그 끝점이라는 사실을 추측하는 데 어려움을 겪었다. 원뿔 곡선을 'coupes de rouleau,' 곧 원뿔을 얇게 썬 조각으로 도입했다. 데카르트가 사용한 약 70개의 별난 용어 중에서 단 한 개 '대합'(involution)만이 살아남았다.

데카르트는 곧 데자르그에게 "자네의 용어들은 자네의 증명을 더 어렵게 만드는 효과만 있고 그것을 읽는 사람들을 낙담시킬 뿐이다."라고 지적했다. 실제로, 대부분의 수학자들은 술어가 모호하고 기호가 없어서 당혹스러워하거나 싫증을 냈다. 결국 출판업자는 팔리지 않은 ≪계획 초안≫을 폐기했다. 17세기 말까지는 모든 책이 사라졌다. 사영적 방법에 대한 데자르그의 발상은 거의 두 세기 동안 세상에서 잊혀졌다. 다행스럽게도, ≪계획 초안≫의 필사본이 1845년에 파리의 한 책 가게에서 우연히 발견됐는데, 이에 따라 새로운 기하학에 대한 그의 공헌이 살아남을 수 있었다.

데자르그가 죽고 250년이 지나는 동안 사영 기하학에 의미 있는 발전은 없었다. 이 주제는 프랑스의 젊은 공병 장교 장 빅토르 퐁슬레(Jean Victor Poncelet, 1788~1867)가 극적으로 망각 속에서 구출했다. 그는 나폴레옹의 대군에 장교로 임관되기 전에, 에콜 폴리테크니크에서 가르파르 몽주(Gaspard Monge, 1746~1818)의 제자였다. 퐁슬레는 모스크바에서 비참하게 후퇴할 때 전장에 전사자로 버려졌고, 러시아의 포로로 1813~1814년을 보냈다. 그는 사기를 잃지 않으려고 책도 없는 가운데 몽주로부터 배운 평면 기하학과 해석 기하학을 재구성했다. 그리고 그는 사영 기하학에 대한 자신의 연구 결과와 함께 그 내용을 역시 에콜 폴리테크니크를 다닌 동료 포로들에게 발표했다. 1814년 말에 프랑스로 되돌아간 퐁슬레는 포로로 있던 시기에 연구한 결과를 출판에 적합한 꼴로 바꾸기 시작했다. 1822년에 출판된 기념비적인 책 ≪도형의 사영적 성질 개론(Traité des Propriétés Projectives des Figures)≫은 새로운 기하학을 별도의 수학적 분야로서 최초로 완전하게 제시했다.

퐁슬레는 나중에 프랑스 정부에서 다양한 직책에서 근무했는데, 이에 따라 수학을 연구하는 시간을 흔히 빼앗겼다. 그는 1837년에 파리 대학교의 응용 역학 교수가 됐고, 그 뒤(1848년) 에콜 폴리테크니크에서 학장의 자리에 임명됐다.

퐁슬레는 ≪개론≫에서 논쟁의 여지가 있는 기하학적 연속성의 원리를 광범위하게 사용했다. 이 원리는 한 도형이 사영 또는 임의의 점진적인 변형에 의해 다른 도형으로 변환될 때 기하학적 성질의 영속성을 주장했다. 그는 이 원리로 중요한 결과들을 얻었지만, 이 원리는 위험할 정도로 모호하고 매우 조심스럽게 다루어야 했다. 왜냐하면 코시가 지적한 대로 이것은 "명백히 오류를 나타낼 수 있기" 때문이었다. 퐁슬레는 또한 사영 평면에서 쌍대성의 원리를 활용했는데, 이것을 다음과 같이 표현할 수 있다. "점과 직선 사이의 관계에 관한 정당한 명제에서 두 단어 '점'과 '직선'을 바꾸어서 만든 둘째 명제도 역시 정당하다." 이 놀라운 성질은 두 쌍대 명제 중에서 하나가 참이면 나머지도 필연적으로 참이기 때문에 하나만을 증명하면 충분하다는 사실을 뜻한다. 예를 들면, 데자르그의 정리의 쌍대는 두 삼각형이 대응하는 변들의 (연장선의) 쌍의 교점 세 개가 한 직선에 놓여 있으면 대응하는 꼭짓점들을 연결한 직선 세 개는 모두 같은 점을 지난다는 사실을 말할 것이다. 사영 기하학을 독립된 수학적 분야로 창시한 주요한 공헌자로서 퐁슬레는 '현대 기하학의 아버지'라고 정당하게 불릴 수 있다.

문제 8.2

1. 두 수를 기하학적으로 곱하는 방법에 대해서 데카르트는 다음과 같이 말했다.

> AB를 단위로 택하고, BD에 BC를 곱한다고 하자. 두 점 A와 C를 연결하고 CA에 평행인 DE를 그리기만 하면 되는데, BE가 BD와 BC의 곱이다.

BE의 길이가 BD와 BC의 길이의 곱임을 보여라.

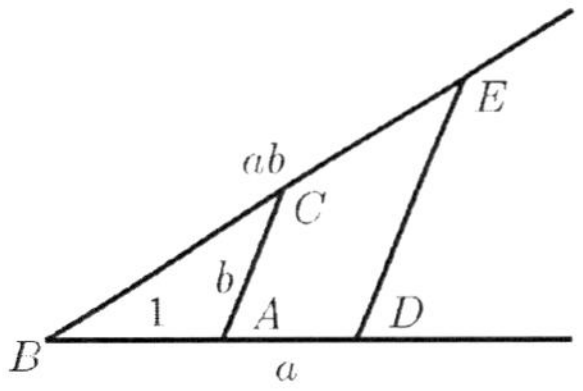

2. 데카르트는 ≪기하학≫에서 $b < a/2$일 때 이차 방정식 $x^2 = ax - b^2$의 양수 근을 작도했다. 반지름이 $NL = a/2$인 주어진 원에 점 L에서 접선을 그리고 이 접점으로부터 길이 $LM = b$를 표시하자. 그리고 M을 지나고 NL에 평행인 직선을 그리자.

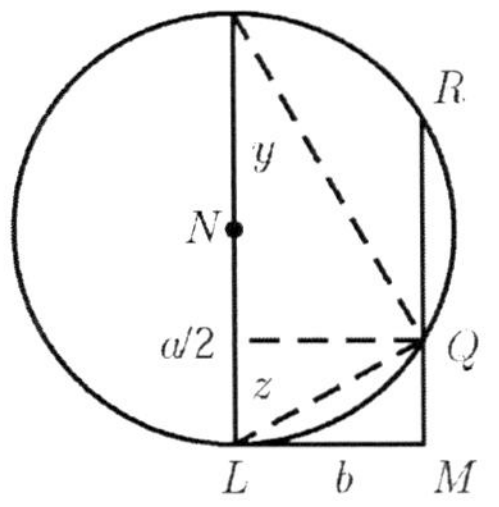

이 직선이 원과 두 점 Q와 R에서 만난다고 하자. 두 길이 MQ와 MR은 $x^2 = ax - b^2$의 두 양수 근을 표현함을 증명하라. [**귀띔**: Q를 지나고 LM에 평행인 직선이 지름을 길이가 y와 z인 두 선분으로 나누면, $y + z = a$이고 $yz = b^2$이다.]

3. 파포스의 다섯 직선 문제에서 네 직선 l_1, l_2, l_3, l_4는 서로 평행이고 같은 거리만큼 떨어져 있으며 다섯째 직선 l_5는 나머지들과 수직이다. l_5와 l_2를 각각 x축과 y축으로 택하자. 그리고 p_k를 점 $P = (x, y)$와 직선 l_k 사이의 거리를 나타내면, $p_1 p_3 p_4 = a p_2 p_5$를 만족시키는 점 전체의 자취는 다음과 같이 주어짐을 증명하라.

$$(a + x)(a - x)(2a - x) = axy$$

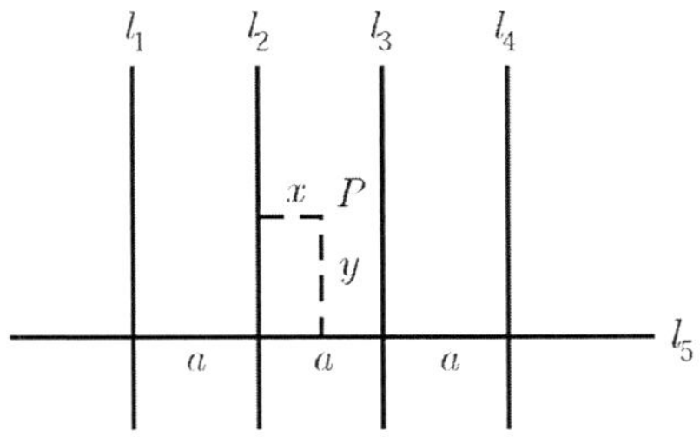

≪기하학≫에 나타나는 이 자취는 나중에 뉴턴이 데카르트 포물선 또는 삼지창 곡선(trident)이라 불렀다.

4. 방정식 $x^3 - x^2 + 2x + 1 = 0$에 양수 근이 존재하지 않음을 보여라. [**귀띔**: $x + 1$을 곱하는데, 이에 따라 양수 근의 개수가 바뀌지 않는다.]

5. 방정식 $x^5 + 2x^3 - x^2 + x - 1 = 0$의 양수 근의 개수를 찾아라.

6. 데카르트의 부호 법칙을 이용해서, 방정식

$x^{2n}-1=0$에 $2n-2$개의 허수 근이 존재한다는 결론을 얻어라.

7. 근을 구체적으로 찾지 말고, 다음 방정식에 허수 근이 존재함을 보여라.

(a) $x^3+3x+7=0$

(b) $x^6-5x^5-7x^2+8x+20=0$

8. 다음 명제를 밝혀라.

(a) 방정식의 곁수가 모두 양수이고 x의 홀수 거듭제곱이 없으면, 근은 모두 허수이다.

(b) 방정식의 곁수가 모두 양수이고 모든 항이 x의 홀수 거듭제곱이면, 0이 이 방정식의 유일한 근이다.

(c) 모든 곁수가 양수인 방정식의 근은 양수일 수 없다.

9. 다음을 증명하라.

(a) $b\neq 0$일 때 방정식 $x^3+a^2x+b^2=0$에는 한 개의 음수 근과 두 개의 허수 근이 있다.

(b) 방정식 $x^3-a^2x+b^2=0$에는 한 개의 음수 근이 있고, 나머지 두 근은 허수이거나 모두 양수이다.

(c) $c\neq 0$일 때 방정식 $x^4+a^2x^2+b^2x-c^2=0$에는 단 두 개의 허수 근이 있다.

10. 데카르트의 방법을 이용해서 다음 사차 방정식의 해를 찾아라.

(a) $x^4-3x^2+6x-2=0$ [**귀띔** : $k^2=4$는 육차 방정식 $k^6-6x^4+17k^2-36=0$의 해이다.]

(b) $x^4-2x^2-8x-3=0$

11. 로그 소용돌이선의 방정식은 극 좌표로 $r=ae^{c\theta}$인데, 여기서 $-\infty<\theta<\infty$, $a>0$, $b>0$이다. 이것은 데카르트가 1638년에 고안했다. $P=(r_1,\ \theta_1)$이 이 소용돌이선에 있는 원점이 아닌 임의의 점이면, 소용돌이선에서 원점부터 P까지의 부분은 길이가 유한인 끝이 없는 곡선임을 증명하라.

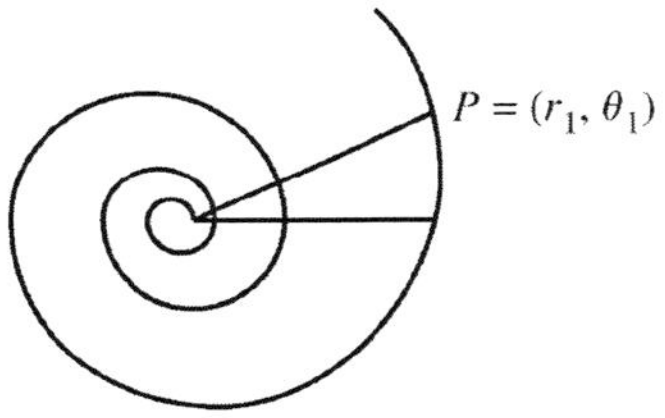

[**귀띔**: 문제에 있는 호의 길이는 다음과 같다.

$$\int_{-\infty}^{\theta_1}\sqrt{r^2+\left(\frac{dr}{d\theta}\right)^2}\,d\theta$$]

8.3 뉴턴 : ≪수학적 원리≫

■ 오트레드와 해리엇의 교과서들

잉글랜드의 경우에 17세기는 대단한 문화적 성취의 시대로 셰익스피어(Shakespeare)와 밀턴(Milton)의 시대였고, 국내적으로 심각한 격변기였다. 유럽의 다른 곳에서와 같이 잉글랜드에서는 신의 뜻에 따라 다스린다고 주장하는 왕과 국민의 뜻에 따라 지배한다고 주장하는 대표 집단이 충돌했다. 찰스 1세(Charles I, 1600~1649)와 의회 사이의 사무치는 적개

심은 최악의 충돌인 큰 내전(Great Civil War, 1642~1646, 흔히 청교도 혁명으로 불림)으로 발전했다. 1650년까지 잉글랜드는 군주를 '폭군, 역적, 공화국의 적'으로 참수하고, 올리버 크롬웰(Oliver Cromwell, 1599~1658)의 지휘 아래 공화정 형태의 정부를 실험하고 있었다. 1658년 크롬웰의 죽음으로 공화국(Commonwealth)은 매우 약화되어 1660년에 찰스 2세(Charles II, 1630~1685)의 왕정복고가 이루어졌다. 그 뒤, 잉글랜드는 진정됐다. 17세기 말에 이르러 이 나라는 유럽에 입헌 군주제, 입헌 정부, 신중한 종교적 관용의 본보기를 보여 줄 수 있었다.

이 시기는 수학과 현대 과학의 경우에 극히 창조적인 시기였다. 과학 문제에 대해 커지는 지적 호기심은, 실험적인 지식을 추구하는 데 몰두한 학술원과 학회의 급증으로 확인할 수 있다. 이런 비공식적인 공동 집단들은 흔히 정부와 간접적으로만 연결되어 있었는데, 줄곧 왕의 후원을 희망했다. 이런 집단의 출현은 부분적으로 대학교들의 무관심에 대한 반작용이었다. 당시 대학교들은 여전히 전통을 좇아 중세에 머물러 있었고 과학 발달의 주류에서 뒤처져 있었다. 이 시기의 대부분의 학자는 자연 과학과 수학 사이를 거의 구별하지 않았다. 한 개인이 흔히 최고의 과학적 업적과 가장 심오한 수학적 업적을 동시에 실현했다. 잉글랜드의 비옥한 토양은 빛나는 사상가를 매우 많이 배출했는데, 이 중에는 로버트 훅(Robert Hooke), 제임스 그레고리(James Gregory), 에드먼드 핼리(Edmund Halley), 아이작 뉴턴(Isaac Newton) 등이 포함된다. 뉴턴의 최고 업적인 미분학은 행성 운동에 대한 불합리한 개념을 재정립했을 뿐만 아니라 자연 철학 전체에 대한 합리적인 기초를 제공했다. 로버트 보일(Robert Boyle)의 "자연은 수학자의 역할을 한다."는 선언은 수학적 추론의 힘이 과학적 진리를 획득하기 위한 가장 효과적인 도구라는 그의 믿음을 확언했다.

1660년경에 이르러, 잉글랜드는 유럽에서 조직된 과학 활동의 주요한 중심지가 됐다고 주장할 수 있다. 그러나 17세기 전반기에 수학에 대한 잉글랜드의 공헌은 별로 대단치 않았으며, 흔히 전문 수학자가 아닌 사람으로부터 나왔다. 교구 목사 윌리엄 오트레드(William Oughtred, 1574~1660)는 이런 인물의 전형이었다. 그의 ≪수학의 열쇠(Clavis Mathematicae, 1631)≫는 당시 잉글랜드에서 출판된 몇 안 되는 교과서 중 하나였는데, 글씨가 작고 갑갑해서 읽기 어려운 88쪽의 이 책은 산술과 대수학의 입문서로 사용됐다. 이 책의 영향력은 다섯 번의 라틴 말 개정판과 두 번의 영어 번역 증보판으로 짐작할 수 있다. 첫 영어 번역판은 1647년에 출판됐다. 비에타의 기호적 추론 형식이 여전히 거의 알려지지 않았을 때, ≪수학의 열쇠≫는 150개 이상의 기호와 약어를 사용해서 추론을 시행했다. 이런 기호와 약어 중 일부는 기이하고 잘못 선정됐다. 오트레드는 일부 기호는 '장황한 표현'을 제거하고 수학적 상황을 좀 더 명확하게 파악할 수 있게 한다고 설명했다. 오늘날에도 여전히 널리 사용되는 그의 기호는 곱셈을 나타내는 가위표 ×와 양 또는 음의 기호 ±뿐이다. 오트레드는 성직자의 임무를 게을리 하고 사제관에서 수학에 흥미를 가진 학생들에게 무료 개인 교습을 하면서 시간을 보냈다는 비판을 종종 받기도 했다. 그런데 이런 제자 중에는 크리스토퍼 렌(Christopher Wren, 1632~1723)이 있었는데, 그는 나중에 세인트 폴 대성당(St. Paul's Cathedral)을 설계했다. 충실한 왕당파인 오트레드는 86세의 나이에 하원이 찰스 2세의 복위를 통과시켰다는 소식을 듣고 '기뻐서 어쩔 줄 모르는 상태'에서 죽었다고 한다.

1631년에는 오트레드의 ≪수학의 열쇠≫가 출판됐을 뿐만 아니라 토머스 해리엇(Thomas Harriot, 1560~1621)의 ≪해석술 연습(Artis Analyticae Praxis)≫이 출판되기도 했다. 이 제목은 비에타가 40년 전에 사용한 책의 제목을 본보기로 삼았다. 어쩌면 1610년에 썼을 것으로 보이는 이 책은 더 크지만 대수학을 낮은 수준에서 취급했는데, 저자가 죽고 10년이 지난 뒤에야 인쇄되어 발간됐다. 해리엇은 1621년에 죽을 때 수학 연구가 아니라 단 한 권의 책 ≪새로 발견된 땅 버지니아에 대한 간략하고 정확한 보고서(A briefe and true report of the new found land of Virginia, 1588)≫의 출판으로 유럽 전체에서 유명했다.

해리엇은 그의 후원자인 월터 롤리(Walter Raleigh) 경의 선장에게 항해술을 가르치기 위해 고용됐는데, 1585년에 식민지 개척 원정을 위해 아메리카의 버지니아로 파견됐다. 그는 1년 뒤에 신세계에서 되돌아갔는데, 그 동안 현재의 노스캐롤라이나(North Carolina) 지역의 지도를 만들고 담배 연기에 중독됐다. 그는 말년에 코에 종양이 발생했다. 해리엇은 유언 집행인에게 자신의 수학적 저술을 검토해서 적절하면 모두 출판하라고 지시했지만, ≪해석술 연습≫만이 나타났다.

새로운 '해석술(analytic art)'을 열정적으로 받아들인 해리엇의 ≪해석술 연습≫에는 아마도 다른 어떠한 대수학 책보다 기호가 더 많을 것이다. 여러 쪽이 기호로 가득 차서 문장이 거의 없을 정도이다. 이런 형식 때문에 이런 새로운 언어의 커지는 능력을 이해할 수 없는 일부 사람들은 대수학을 '기호들의 딱지로 뒤덮였다'고 묘사했다.

≪해석술 연습)≫은 '…보다 크다'와 '…보다 작다'에 대한 두 기호 $>$와 $<$를 처음으로 도입한 책이다. 해리엇은 전임자인 비에타를 따라서 미지수는 모음으로 기지수는 자음으로 나타냈다. 그러나 비에타가 사용한 대문자를 해리엇은 소문자로 대체했다. a^4을 $aaaa$와 같이 기호를 반복한 그의 표기법은 같은 목적으로 사용된 오트레드의 aqq보다 우수했다. 수와 관련해서 해리엇은 'affirmative(긍정적인)'와 'negative(긍정적인)'란 말을 사용했고, 후자를 나타내는 데 음의 기호를 사용했다. 반면에, 방정식의 음수 해는 쓸모없다고 거부했다. 또 다른 주목할 만한 혁신은 근호의 영향을 받는 모든 항을 덮는 긴 수평 선분의 사용이다. 해리엇의 명성에는 불행하게도, ≪해석술 연습≫의 출현은 국가적인 자존심이 걸린 두 가지 논쟁을 야기했다. 첫째는 그의 연구가 비에타로부터 얼마나 많이 그리고 얼마나 직접적으로 영향을 받았느냐? 이고, 둘째는 데카르트의 대수학은 어느 정도로 해리엇의 영향을 받았느냐? 였다.

당시 수학적 관심사에 주요하게 초점을 맞춘 곳은 옥스퍼드도 케임브리지도 아니고 런던에 있던 작은 그레셤 칼리지(Gresham College)였다. 이 대학은 부유한 상인 토머스 그레셤(Thomas Gresham, 1519~1579)의 유언에 따라 1596년에 설립됐고, 160년 동안 존재했다. 이 대학은 기하학, 삼각법, 천문학의 실용적인 교육 과정을 제공했는데, 당시의 고객인 항해사와 측량가들이 요구하는 과목이었다. 대체로 그레셤 교수진이 이 나라의 두 대학교에서 찾아볼 수 있는 교수진보다 훨씬 더 유능하고 더 현대적이었다. 오래된 두 기관은 모두 여전히 학구적 직업(의학, 법학, 신학)을 준비시키는 전통적인 교육 양식을 보존했다. 수학 연구는 교육 과정에서 매우 주변적인 위치를 차지했으며, 공식적인 대학 과정으로 인식되지 않았다. 명문화된 교재는 여전히 고대의 저자인 유클리드, 프톨레마이오스, 아폴로니오스, 아리스토텔레스의 책이었다. 좀 더 현대적인 연구를 탐구할 기회는 거의 없었다. 그렇지만 16세기의 중반 무렵에 ≪원론≫에 대한 헨리 빌링슬리(Henry Billingsley, 1606년에 죽음)의 1570년 번역본, 피터 라무스(Peter Ramus, Petrus Ramus)의 ≪두 권의 대수학(Algebra Libri Duo, 1586)≫, 오트레드의 ≪수학의 열쇠≫가 때때로 배정됐다. (상인인 빌링슬리는 옥스퍼드와 케임브리지 대학교를 다녔지만, 결코 학위는 취득하지 못했다.) 수학적으로 좀 더 모험적인 학생들은 대학교의 벽을 넘어 이런 과목의 지식을 스스로의 노력과 재능으로 습득했다. 놀라운 일은 이런 수학의 불모지에서 월리스, 배로, 뉴턴이 등장했다는 사실이다.

▪ 월리스의 ≪무한 산술≫

데카르트와 뉴턴 사이의 기간에 나타난 가장 유능한 수학자는 아마도 잉글랜드의 존 월리스(John Wallis, 1616~1703)일 것이다. 그는 케임브리지 대학교에 1632년에 들어가서 신학을 배웠고, 1640년에 석사 학위를 취득했으며 같은 해에 신부가 됐다. 월리스는 케임브리지에서 약 1년 동안 특별 연구원(Fellowship, 준 교수 지위에 대한 이 대학의 호칭)으로 있었지만, 결혼하기로 결심하고는 누구나 몹시 탐내는 그 자리를 물러났다. 그는 런던에 사는 동안 과학적 논의와 실험에 흥미를 가진 '학자' 집단의 주별 모임에 참석했다. 몇 년 뒤에 이 비공식적인 모임은 런던의 왕립 학회(Royal Society of London)로 발전했는데, 월리스는 창립 회원이었다. 그는 32세의 나이에 옥스퍼드 대학교에서 기하학의 새빌 교수(Savilian Professor of Geometry)로 임명받았는데, 그 뒤 이 자리를 죽을 때까지 반세기 이상을 지켰다. 많은 사람이 월리스의 임명을 놀랍게 생각했는데, 그의 수학적 장래성에 대한 증거가 그때까지 거의 없었기 때문이다.

월리스는 종종 잉글랜드 암호학의 아버지로 불리는데, 내전 기간에 그의 활동 때문에 이런 호칭이 붙었다. 충돌 초기에 월리스는 암호로 쓰인 왕의 편지를 보게 됐는데, 그는 이를 두 시간 안에 해독할 수 있었다. 이런 공적은 오랫동안 암호학 전문가로서의 경력을 쌓게 만들었다. 그는 의회의 간청으로 청교도가 입수한 찰스 1세의 비밀 급송 공문서를 해독함으로써 자신의 특별한 재능을 발휘했다. 월리스는 그 뒤 런던에서 한 교구의 성직록(성직자의 생활비)을 확보했으며, 그의 노고에 대한 보상으로 매우 중요한 새빌 교수직을 획득했다. 왕정이 복고될 때 월리스의 암호학 기술은 대단히 가치 있는 것으로 간주됐기 때문에 찰스 2세는 매우 최근에 왕업에 대항해서 일한 이 사람의 고용을 꺼리지 않았다. 찰스 2세는 옥스퍼드 대학교의 자리를 승인했고 월리스를 궁정 목사로 고용했다. 월리스는 찰스 1세의 처형에 반대하는 (Remonstrance라고 부른) 청원서에 서명하는 용기를 가짐으로써 군주제와 꽤 좋은 관계를 유지했었다.

잉글랜드 수학의 역사에 대단히 중요하게 등장한 인물로서, 월리스는 놀랍도록 늦게야 수학을 진지하게 배우기 시작했다. 그는 30세경에 오트레드의 ≪수학의 열쇠≫를 우연히 봤는데, 그에게 '기호의 마술'을 거는 것으로 보였다. 이것을 빠르게 통달한 그는 토리첼리, 카발리에리, 해리엇의 책들을 읽는 것으로 문헌을 통해 수학을 익히려는 계획을 세웠다. 새빌 교수직의 규정에 따라 월리스는 실용적인 수학과 이론적인 수학에 관한 입문 과정을 가르쳐야 했다. 이런 초등적인 소재는 그의 최초의 공헌인 ≪원뿔 곡선론(Tractatus de Sectionibus Conicis, 1656)≫과 ≪보편 수학(Mathesis Universalis, 1657)≫의 기초가 됐다. ≪원뿔 곡선론≫은 데카르트의 좌표 기하학을 사용해서 타원과 포물선 및 쌍곡선을 (원뿔의 단면으로 생성된 곡선으로 다루지 않고) 특정한 이차 방정식과 동일시해서 주목을 받았다. 1655년에 월리스는 ≪무한 산술(Arithmetica Infinitorum)≫을 출판했는데, 이 주요한 책이 그에게 수학적 명성을 얻게 했다. 다른 어떠한 책보다 더 이 책은 십년 뒤에 뉴턴이 미분법에 관한 결과를 얻는 도약대로서의 역할을 했다. 여기서 '무한대'를 위한 친숙한 매듭 기호 ∞가 인쇄물로는 처음 등장한다.

월리스의 마지막이자 가장 널리 읽힌 책인 ≪대수학 개론: 역사와 실제(A Treatise of Algebra: Both Historical and Practical)≫는 1676년에 탈고했지만 그가 70세인 1685년에야 출판됐다. 당시에 여전히 보편적으로 사용된 라틴 말 대신에 제 나라말로 쓰인 이 책은 잉글랜드에서 수학사를 기록한 최초의 진지한 시도였다. ≪대수학 개론≫의 여러 쪽은 이 분야의 역사적 발달에 할당했다. 월리스는 이탈리아 대수학자들인 파촐리와 카르다노 및 봄벨리의 연구에 대해 논평했고, 비에트와 데카르트 및 해리엇의 연구와 비교했다. ≪대수학 개론≫은 음수와 허수의 도입을 옹호했다는 점에서 오트레드와 해리엇의 도입과 차이가 났다. 이런 수들을 의미 있게 정의할 수는 없더라도 이것들은 수학적으로 유용하고 자연 세계에서 해석할 수 있다고 월리스는 주장했다. 이런 점을 강화하기 위해서 그는 바다로부터 얻은 땅을 나타내는 양의 옹근 수와 바다에 잃은 땅을 나타내는 음의 옹근 수의 예를 들었다.

월리스는 결코 음수 어깨 수[지수]와 분수 어깨 수를 드러내어 사용하지 않았지만, "$\frac{1}{a^2}$의 어깨 수는 -2"이고 "$\sqrt{2}$의 어깨 수는 $\frac{1}{2}$"이라고 써서 이런 용도를 위한 기반을 닦았다.

≪대수학 개론≫을 라틴 말로 확장해서 펴낸 ≪De Algebra Tractatus≫는 1693년에 발간됐다. 이 책에 추가된 내용 중에는 뉴턴의 유율 방법에 대한 간략한 설명이 있다. 여기서 월리스는 "뉴턴 씨 자신이 머지않아 발표할 것이다."라고 희망했다. 뉴턴의 개척적인 원고 ≪Methodus Fluxionum≫은 뉴턴이 죽은 뒤에 영어 번역본 ≪유율 방법(Method of Fluxions, 1736)≫으로 나타났다.

월리스는 ≪무한 산술≫을 자신에게 수학의 흥미를 최초로 일깨워준 오트레드에게 바쳤다. 이 책에서 그는 자연수 k에 대해 $y=x^k$ 꼴의 곡선 아래의 넓이를 결정하는 보나벤투라 카발리에리(Bonaventura Cavalieri, 1598~1647, 갈릴레오의 제자)의 기하학적 방법을 산술화했다. 이 접근 방법에는 처음 n 개의 자연수의 k 째 거듭제곱의 합의 극한에 대한 고찰이 포함된다. 예시로서, 포물선 $y=x^2$을 고려할 수 있다. 월리스는 다음에 대한 관찰로 시작한다.

$$\frac{0^2+1^2}{1^2+1^2}=\frac{1}{2}=\frac{1}{3}+\frac{1}{6},$$

$$\frac{0^2+1^2+2^2}{2^2+2^2+2^2}=\frac{5}{12}=\frac{1}{3}+\frac{1}{12},$$

$$\frac{0^2+1^2+2^2+3^2}{3^2+3^2+3^2+3^2}=\frac{7}{18}=\frac{1}{3}+\frac{1}{18},$$

$$\frac{0^2+1^2+2^2+3^2+4^2}{4^2+4^2+4^2+4^2+4^2}=\frac{3}{8}=\frac{1}{3}+\frac{1}{24}$$

유추에 의해 또는 그가 선호한 호칭인 'modus inductus'에 의해 월리스는 다음과 같이 가정했다.

$$\frac{0^2+1^2+2^2+3^2+\cdots+n^2}{n^2+n^2+n^2+n^2+\cdots+n^2}=\frac{1}{3}+\frac{1}{6n}$$

(월리스는 자연수들의 제곱의 합에 대한 고대의 피타고라스의 관계 $1^2+2^2+3^2+\cdots+n^2=\frac{n(n+1)(2n+1)}{6}$을 이용했을 수도 있다.) 항의 개수가 더 커질수록, 좌변의 비율은 $\frac{1}{3}$에 더 가까워지므로 이를 극한 값으로 택했다.

$x=0$부터 $x=a$까지 포물선 $y=x^2$ 아래의 넓이를 찾기 위해서 월리스는 이 영역을 너비가 $\frac{a}{n}$인 한없이 좁은 연직 직사각형 n개로 이루어졌다고 상상했다.

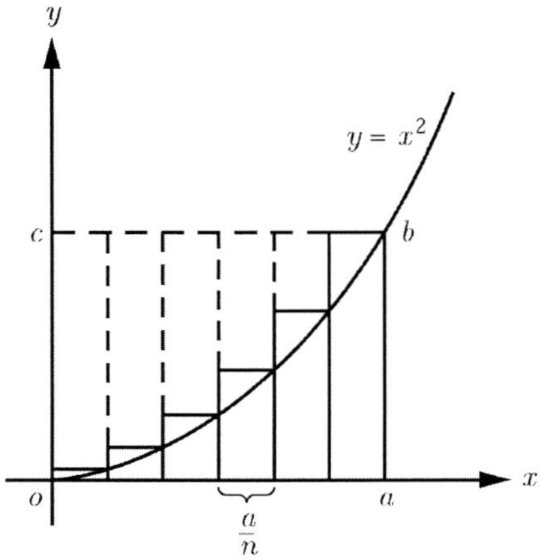

이런 직사각형들의 넓이의 합의 외접하는 직사각형의 넓이에 대한 비율은 다음과 같이 행동한다.

$$\frac{\left(\frac{0a}{n}\right)^2+\left(\frac{1a}{n}\right)^2+\left(\frac{2a}{n}\right)^2+\cdots+\left(\frac{na}{n}\right)^2}{a^2+a^2+a^2+\cdots+a^2}=\frac{0^2+1^2+2^2+\cdots+n^2}{n^2+n^2+n^2+\cdots+n^2}$$

그래서 월리스는 다음과 같이 결론을 내렸다.

$$\frac{OaB\text{의 넓이}}{OaBC\text{의 넓이}}=\lim_{n\to\infty}\frac{0^2+1^2+2^2+\cdots+n^2}{n^2+n^2+n^2+\cdots+n^2}=\frac{1}{3}$$

이 결과는 현대적인 기호로 다음 식과 동치이다.

$$\frac{\int_0^a x^2\,dx}{a^3}=\frac{1}{3}$$

월리스는 여러 가지 특별한 경우에 만족한 뒤에 다음과 같은 일반적인 공식을 추론했다.

$$\int_0^a x^k\,dx=\frac{a^{k+1}}{k+1}$$

여기서 k는 자연수이다. 그는 의심의 여지가 있는 연속성의 원리 또는 '형식의 영속성'에 근거해서, 더욱 나아가서 똑같은 결과가 k는 음수($k\neq-1$)이거나 분수이어도 성립한다고 주장했다.

월리스는 전임자들의 거의 순수하게 기하학적 방법을 매우 산술적인 형식으로 피함으로써, 오늘날 적분법으로 얻는 결과에 도달했다. 그는 분명히 자신의 공헌 중 많은 것이 전혀 새롭지 않고 단지 다른 관점으로 접근했다는 사실을 몰랐다. 어쨌든 ≪무한 산술≫은 잉글랜드에서 당시까지 생산된 가장 고무적인 수학적 연구의 하나였으며, 잘 알려지고 널리 읽혔는데 그 중에는 뉴턴도 포함됐다. 이 책의 서투른 귀납적 증명은 수십 년 내에 뉴턴과 라이프니츠 미분 적분학의 좀 더 효율적인 형식주의로 새로운 모습을 갖추었다.

■ 루카스 교수직 : 배로와 뉴턴

기계론적인 용어로 행성의 운동을 일반적으로 설명하는 데카르트의 소용돌이 이론은 물리적 자연을 기계로 여기고 인간은 이를 이해할 수 있는 논증적인 정신이 있다고 상정했다. 데카르트는 과학적 합리주의라는 설계도로 시작했다. 그는 메르센에게 "나의 물리학에는 기하학에 속하지 않은 것이 없다."고 썼다. 그러나 하위헌스가 철학적 허구라고 부른 것의 구성으로 끝을 맺었다. 소용돌이 운동과 케플러의 법칙 사이의 불일치는 결국 하늘의 기본 구조에 대한 다른 종류의 과학적 설명을 찾아내도록 유도했다. 학문 세계에 이것이 갈망하는 통합된 설명을 제공하는 과제는 훨씬 더 위대한 정신을 지닌 뉴턴에게 남겨졌다. 뉴턴의 ≪자연 철학의 수학적 원리(Philosophiae Naturalis Principia Mathematica, 1687)≫는 '천재의 세기' 17세기를 특징지은 치솟은 지적 사고의 절정이었다. 아마도 그동안 출판된 과학 전문 서적 중에서 가장 중요할 이 책의 목적은 뉴턴의 말에 따라 "자연 현상을 수학의 법칙에 종속시키는 것"이었다. 이런 목적을 실현함으로써 ≪원리≫는 현대 천체 역학의 기초를 닦았으며, 이것의 원리들은 18세기와 19세기의 수리 물리학을 지배했다.

아이작 뉴턴(Isaac Newton)은 갈릴레오가 죽은 해인 1642년 성탄절에 케임브리지와 가까운 링컨셔(Lincolnshire) 주의 울즈소프(Woolsthorpe)에서 태어났다. 그의 아버지는 중산층의 농부로 뉴턴이 태어나기 몇 달 전에 죽었고, 이에 따라 이 소년의 양육 책임은 어머니가 맡았다. 뉴턴은 미숙아로 태어났고, 태어날 때 매우 작고 허약해서 며칠 이상을 살지 못할 것이라고 모두 생각했다. 이 갓난아이는 아주 작아서 어머니는 1쿼트($\frac{1}{4}$갤런)짜리 단지에도 들어갈 수 있을 것이라고 말했지만, '조기 사망 증상'을 곧 벗어났는데, 85세까지 살았기 때문이다.

뉴턴의 삶을 편의에 따라 세 시기로 나눌 수 있는데, 각 시기는 특정한 지역에 거의 제한된다. 첫째 시기(1643~1669)는 링컨셔에서 보낸 소년기와 학부 시절이고, 둘째 시기(1669~1687)는 케임브리지 대학교 루카스 교수로 보낸 기간으로 그의 연구 대부분은 수학에서 이루어졌으며, 셋째 시기(1687~1727)는 처음 두 기간을 합친 것만큼 긴데, 런던에서 높은 보수를 받는 공무원으로서의 경력을 쌓았다.

뉴턴은 처음 18년 동안 고향에서 불안하고 괴로운 시간을 보냈다. 그가 태어난 해에 찰스 1세와 의회 사이에 큰 내전이 발발했다. 뉴턴은 크롬웰이 죽은 날 잉글랜드를 휩쓴 엄청난 폭풍에 대해 즐겨 말했다. 폭풍의 힘이 매우 강력해서, 그는 먼저 바람과 같은 방향으로 뛰고 다음에 반대 방향으로 뛰어서 가장 멀리 뛴 거리 사이의 차를 비교하려고 시도했다. 그 뒤에 그는 이를 자신의 최초의 실험이라고 즐겨 말했다.

아이작 뉴턴
(Isaac Newton, 1642~1727)

(*From* A Short History of Astronomy *by Arthur Berry, 1961, Dover Publications, Inc., N.Y.*)

대단히 위대한 인물이 된 뉴턴은 과학적 사고의 흐름을 바꿀 만한 엄청난 재능을 발휘할 징조를 어릴 적에 거의 보여주지 않았다. 12세 때 그는 이웃 동네인 그랜샘(Grantham)의 공립학교에 들어갔다. 그의 학업 성적은 비교적 주목을 받지 못한 것으로 보이는데, 성적표에는 '게으르다'와 '부주위하다'라고 쓰여 있었다. 어린 뉴턴은 정해진 학습을 등한시하고 대부분의 시간을 해시계, 물레바퀴, 수제 시계와 같은 기계적인 장치를 만들면서 보내는 경향이 있었다. 그랜샘에서 2년을 보낸 그는 계부의 죽음으로 집으로 돌아가서 농장 일을 도와야 했지만, 그는 조상들의 생업인 농업에 소질도 흥미도 보이지 않았다. 다행히 한 삼촌이 뉴턴의 기민함을 인식했고, 그를 다시 그랜샘의 학교로 보냈으며, 자신이 다닌 대학에 들어갈 수 있도록 도와주었다. 그것은 케임브리지 대학교 트리니티 칼리지였다. 뉴턴은 케임브리지에 1661년에 도착했는데, 여러 가지 미천한 임무를 수행한 대가로 지불한 학비 중 일부를 되돌려 받는 학생인 서브사이저(subsizar)였다.

케임브리지 대학교는 법학 학위를 취득하려는 사람에게 아주 훌륭한 장소였는데, 뉴턴도 그런 의도로 입학한 것으로 보인다. 17세기는 중세 시대에 매우 가까워서 중세풍의 사고가 교육에 끈질기게 계속됐다. 교육 과정은 여전히 예전의 인문학의 전통을 띠고 있었는데, 고대 작가와 그 주석자들의 글을 읽는 것만으로 한정되어 있었다. 학부생을 위한 주요 과정은 논리학, 수사학(문학적인 작문 기법), 윤리학이었다. 라틴 말과 그리스 말은 그 자체를 위해 연구됐다기보다는 다른 과목에 보조적인 것으로 더 연구됐다. 영어가 교육과 시험을 위한 지배적인 말이 됐지만, 그럼에도 불구하고 교육받은 사람은 저술과 의례적인 연설을 위해 라틴 말이 필요했다. 학술 행사는 화려한 라틴 말투로 꾸며졌다. 그리스 말은 학자 사이에서는 필수적인 지식이었는데, 신약 성서에 이 말이 사용됐을 뿐만 아니라 철학에서 고대의 권위자들의 말이었기 때문이었다. 과학과 수학의 경우에, 가장 의미 있는 발전은 대학교 밖에서 일어났는데, 대학교 교육 과정에는 거의 영향을 끼치지 않았다. 헨리 루카스(Henry Lucas, 1610?~1663)의 유언에 따라 그의 기금으로 루카스 교수직(Lucasian professorship)이 설립되기(1663년) 전까지 케임브리지 대학교 학부생은 그 대학교에서 공식적인 수학 교육을 전혀 받지 못했다. 왕 찰스 2세는 성직자가 아닌 사람도 루카스 교수직을 차지할 수 있다는 특면장을 교부했고, 이에 덧붙여 2학년을 수료한 학부생은 그런 교수의 강의를 들으라고 명령했다.

뉴턴의 수학적 천재성은 뜻밖에 갑자기 피어났다. 아마도 그는 케임브리지 대학교에 들어갈 때 대부분의 다른 학부생보다 더 뒤진 상태였을 것이고, 당시에 초등 산술을 통해 배운 매우 초보적인 셈법 이상은 거의 알지 못했을 것이다. 그가 고급 수학을 처음으로 접한 시기와 과정은 분명하지 않다. 의심스러운 이야기가 있다. 뉴턴은 동네 축제에서 천문학에 관한 책을 샀는데, 삼각법을 몰랐기 때문에 그 안에 있던 도식을 이해할 수 없음을 알게 된 1663년에 수학에 눈뜨게 됐다고 한다. 삼각법을 어느 정도 알게 된 그는 유클리드 ≪원론≫의 영어 번역본을 확보했지만, 그것을 '시시한 책'으로 생각해서 버렸다고 하며 좀 더 고급 지식으로 눈을 돌렸다고 한다. 그러자 곧 그는 데카르트의 ≪기하학≫에 풍부하게 주석을 붙인 판 스코텐의 라틴 말 책을 스스로 통달할 수 있었다. (이 책의 크기는 원서 크기의 거의 여덟 배였다.) 그 다음에 월리스의 (1656년에 출판된) ≪무한 산술≫을 세심하게 학습했다. 젊은이로서 뉴턴의 수학적 취향이 무엇이든지, 유클리드와 데카르트의 책들을 탐독했고, 데카르트의 ≪기하학≫으로부터 계속해서 영감을 얻었다는 충분한 증거가 있다. 그는 "유클리드는 대단히 탁월한 저자이기 때문에 마땅히 그의 ≪원론≫을 관심을 기울여 고려해야 했었는데, 그 전에 데카르트와 다른 대수적 저자들의 책들에 전념했었다."는 점을 언제나 후회했다는 말이 있다. 뉴턴이 수학에서 '대기 만성형'이지만, 1664년까지 그는 독서를 통해 당시 수학 지식의 최고 수준까지 올라갔다. 그는 조숙하지는 않았지만, 일단 자극을 받으면 엄청난 재능을 발휘해서 급속하게 나아가서 균형을 이루었다.

1663년에 최초의 루카스 교수로 부임한 배로(Isaac Barrow, 1630~1677)는 뉴턴의 수학적 역량이 성장하도록 자극했으며 이와 함께 학자로서의 경력을 쌓도록 그를 유도한 것으로 보인다. 배로는 당시 33세였고 왕립 학회의 초기 회원으로 이미 당대의 으뜸가는 수학자의 한 명으로 간주됐다. 그는 곡선에 접선을 그리며 곡선 아래의 넓이를 결정하는 연구를 통해 미분 적분학의 발견에 매우 가까이 접근했었다. 배로도 또한 에두른 길을 통해 수학자가 됐다. 배로는 어린 시절에 선생님들을 몹시 괴롭혔고 집에서도 매우 반항적이었다. 그의 아버지가 신이 자신의 자녀 중 하나를 데려가기로 한다면 아이작(Isaac)을 최우선으로 내놓겠다고 기도하는 소리를 들을 정도였다. 그는 1644년에 트리니티 칼리지에 입학해서 1648년에 학사 학위를 받았고, 특별 연구원으로 그 대학에 남았다. 배로는 그리스 말, 신학, 물리학, 천문학에 뛰어난 학자였는데, 유클리드, 아르키메데스, 아폴로니오스의 다양한 책들을 편집했다. 그는 전임 교수에 의해 케임브리지 대학교 그리스 말 교수로 추천받았지만, 충실한 왕당파 성향 때문에 임명이 거부당했다. 청교도의 추방에 따라 1655년에 케임브리지 대학교에서 쫓겨난 그는 개인 도서관을 팔고 동유럽을 4년 동안 모험적으로 여행을 했는데, 이탈리아에서 터키로 항해하는 동안 해적의 공격에 맞서 격퇴하기도 했다.

콘스탄티노플에 머물던 배로는 초기 교회 교부들의 저작에 흥미를 갖게 됐다. 그는 1660년에 잉글랜드로 되돌아가서(공교롭게도 찰스 2세의 왕위복귀와 일치했는데), 사제가 됐고 그 전에 거부당했던 그리스 말 교수직을 보상으로 받았다. 이 교수직의 봉급은 적었는데, 2년 뒤에는 런던의 그레셤 칼리지의 기하학 교수로 임명받아서 봉급을 늘렸다. 그는 이 자리를 루카스 교수직으로 옮기기 전까지 짧은 기간만 차지했었다. 그가 설명한 대로, 그리스 말 교수직을 훌륭히 맡을 수 있는 학자는 많았고, 이에 따라 '문법 제작소'에서 은퇴하고 자신이 좋아하는 일을 추구하지 않을 이유가 없었다.

새로운 수학 교수직에 부과된 의무는 거의 없었다. 한 학년 중에서 한 학기 동안만 일하면 됐는데, 일주일에 한 번 강의하고 일주일에 두 번 학생들과 상담하면 됐다. 그렇지만 배로는 루카스 교수로 재직하는 동안 일련의 일반적인 개론 강좌를 규칙적으로 실시했다. 참석자 중에는 뉴턴이 있었는데, 잉글랜드 역사상 가장 뛰어난 수학자가 될 운명의 학생이었다. 배로의 1664~1666년 강의는 그가 죽은 뒤인 1683년에 ≪수학 강의(Lectiones Mathematicae)≫로 출판됐다. 그렇지만 그의 ≪광학 강의(Lectiones Opticae, 1669)≫와 ≪기하학 강의(Lectiones Geometricae, 1670≫는 출판 준비를 뉴턴이 도왔기 때문에 거의 곧바로 인쇄됐다.

13번의 강의로 이루어진 배로의 ≪기하학 강의≫는 곡선의 접선을 그리고 곡선의 길이를 찾으며 곡선으로 둘러싸인 넓이를 찾는 것과 관련된 일련의 정리들을 제시했다. 다항 방정식 $f(x, y)=0$으로 정의된 곡선에 있는 점 P에서의 접선을 결정하는 그의 방법은 현대의 미분 적분학 교과서에서 사용하는 방법과 매우 닮았다. 그는 접선을 그 선에 있는 다른 점, 이를테면 원하는 접선이 x축과 만나는 점 T를 알면 얻을 수 있음을 관찰했다. 이를 위해, 첫째 점 P와 가까이 있는 그 곡선에 있는 점 Q를 택하고 각 좌표축에 평행인 두 직선을 그려서 (그가 미분 삼각형이라 부른) 작은 직각 삼각형 PQR을 작도하자. 점 Q가 점 P에 가까울수록, 두 삼각형 PQR과 PTM은 더욱 닮아간다. 배로는 곡선에서 이 부분이 '한없이 작다'는 근거에서 이것들을 닮은 도형으로 생각하는 것이 합당하다고 생각했고, 이에 따라 다음이 성립한다고 놓았다.

$$\frac{TM}{MP}=\frac{QR}{RP}$$

아이작 배로
(Isaac Barrow, 1630~1677)

(*Extract taken from* A History of Science, Technology and Philosophy in the 16th and 17th Centuries, *by A. Wolf. Reproduced by kind permission of Unwin Hyman Ltd.*)

$QR = e$ 와 $RP = a$ 로 놓으면, 점 P 의 좌표가 $(x,\ y)$ 일 때 Q 의 좌표는 $(x-e,\ y-a)$ 이다. 이제 이런 좌표를 방정식 $f(x,\ y) = 0$ 에 대입하고, 배로 자신의 말에 따라

> a 또는 e 가 없는 항들을 버린다. (왜냐하면 곡선의 속성에 의해 서로 다른 것을 없애기 때문이다.) 그리고 a 와 e 의 이차 이상의 거듭제곱이 있거나 이것들이 서로 곱해져 있는 모든 항을 버린다. (왜냐하면 이것들은 한없이 작기 때문에 나머지에 비해 값이 없기 때문이다.)

그러면 비 a/e 를 찾을 수 있다. 마지막으로 T 는 다음과 같이 선분 TM 의 길이를 이용해서 결정할 수 있다.

$$OT = OM - TM = OM - MP\left(\frac{QR}{RP}\right) = x - y\left(\frac{e}{a}\right)$$

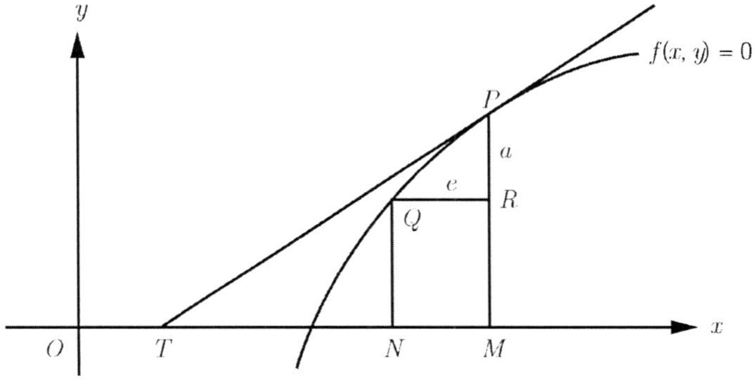

배로는 이런 미분 삼각형의 방법에 대한 다섯 개의 예를 제시했는데, 이 중에는 다음이 포함된다.

$$\text{(i)}\ x^3+y^3=r^3,\quad \text{(ii)}\ x^3+y^3=rxy,\quad \text{(iii)}\ y=(r-x)\tan\frac{\pi x}{2r}$$

이 과정을 명확하게 알아보기 위해서는, $x^3+y^3=r^3$인 경우를 고려하면 충분할 것이다. Q가 그 곡선에 있는 것으로 택했기 때문에, 이 점의 좌표는 주어진 방정식을 만족시키므로 다음이 성립한다.

$$(x-e)^3+(y-a)^3=r^3,$$

곧 $$x^3-3x^2e+3xe^2-e^3+y^3-3y^2a+3ya^2-a^3=r^3$$

$x^3+y^3=r^3$이므로, 마지막에 쓴 방정식은 다음과 같이 된다.

$$-3x^2e+3xe^2-e^3-3y^2a+3ya^2-a^3=0$$

a와 e의 이차 이상의 거듭제곱을 포함한 항들을 버리면 다음을 얻는다.

$$3x^2e+3y^2a=0$$

그러면 다음을 얻는다.

$$\frac{a}{e}=-\frac{x^2}{y^2}$$

≪기하학 강의≫는 미분 적분학을 향해 진행된 17세기 연구의 정점이었다. 배로의 접선 방법은 미분 과정과 닮았지만, 그는 더 깊은 의미를 명확하게 인식하지 못했다. 게다가 그는 a와 e의 이차 이상의 거듭제곱을 셈에서 무시해야 하는 이유를 정당화할 수 없었다. 이런 셈의 엄밀한 기초는 극한을 이용해서만 설명할 수 있다. 그래서 배로는 미분법에 동기를 부여한 선구자이고 뉴턴은 이의 첫째 발견자라고 말하는 것이 적절하다.

중세 전체를 통해 그리고 17세기 후반기에 들어서도 선 페스트는 잉글랜드의 삶에서 재발하는 양상을 보였다. 1665~1666년은 런던 대 역병으로 가장 잘 기억된다. 이 병은 콩나물 시루와 같던 런던을 휩쓸었는데, 최소 6'8500명이 죽었다. 이는 전체 인구의 약 4분의 1이었다. 1665년 6월에 일기 작가 새뮤얼 피프스(Samuel Pepys, 1633~1703)는 다음과 같이 썼다.

> 이 날, 나의 의지에 많이 반해서 나는 드루어리레인(Drury Lane)에서 현관에 붉은 십자 표시가 되어 있고 "주여, 우리를 불쌍히 여기소서."라는 글이 쓰인 두세 집을 봤다. 슬픈 장면이었는데, 내 기억으로는 내가 본 것 중 최악이었다.

그 뒤 9월에 피프스는 그의 ≪일기(Diary≫에 다음과 같이 기록했다. "나는 이 도시에 한 주에 약 7400명이 죽었는데 이 중에서 약 6000명이 페스트로 죽었고, 밤이고 낮이고 종소리

이외에는 다른 소리가 거의 들리지 않을 때까지 머물렀다." 예방 조치로, 케임브리지 대학교는 2년 대부분 동안 문을 닫았고, 뉴턴은 울즈소프의 외딴 가족 농장으로 피신했다. 페스트에 시달리던 잉글랜드는 1666년에 또 다른 재앙인 런던 대 화재로 흔들렸다. 런던의 거의 절반에 이르는 약 436 에이커가 연기 속에 폐허가 됐다. 이 화재는 약 1'3200채의 가옥과 90개의 교회를 파괴했지만, 그래도 페스트는 누그러뜨렸다.

뉴턴은 집 안에 틀어박혀 살아야 하는 동안에, 그가 이름을 남긴 분야인 순수 수학, 광학, 천문학에서 미래에 성취할 업적을 위한 기초를 닦기 시작했다. 울즈소프에서 이런 2년 동안의 '황금기(golden years)'에 뉴턴은 세 가지를 발견했는데, 각각은 그 자체로 그를 현대 과학의 역사에서 뛰어난 인물로 만들었다. 첫째는 그가 유율이라 불렀지만 오늘날 미분학이라 부르는 수학적 방법의 발견이었다. 둘째는 백색광(햇빛)을 서로 다른 색의 빛들로의 분해였는데, 서로 다른 굴절률에 따라 가시 스펙트럼에서 분리된다. 셋째 발견은 보편 중력(만유 인력)의 법칙의 개념이었다. 그는 25세가 되기 전에 이 세 가지를 발견했다. 뉴턴은 이렇게 여유롭고 조용한 시기를 언급하면서 다음과 같이 썼다. "이 모든 것은 역병이 돈 1665년과 1666년에 이루어졌는데, 이 시기에 나는 발견을 위한 최상의 나이에 있었고, 그 뒤 어느 시기보다도 더 수학과 철학[물리학]에 매진했다."

뉴턴은 1667년 초에 케임브리지로 돌아갔는데, 이때 페스트의 독성이 가라앉았다. 1668년에 그는 트리니티 칼리지의 특별 연구원으로 선임됐고, 몇 달 뒤에 문학 석사 학위를 받았다. 그 뒤 1년이 지나서 과학계에서 가장 큰 명예의 하나인 루카스 교수직을 차지했는데, 이때 배로는 찰스 2세의 전속 사제로 런던으로 불려갔고 수학 교수직을 사임했다. 배로는 그의 비길 데 없는 제자인 아이작 뉴턴을 자신의 후계자로 제안했다. 배로가 뉴턴의 월등한 능력을 인식하고 그에게 길을 터주었는지 아니면 단순히 신학 연구에 모든 시간을 쓰고 싶은 욕망에서 그랬는지는 여전히 의문으로 남아 있지만, 어쨌든 결과는 같았다. 뉴턴은 그 자리를 받아들였고, 1696년까지 그 자리에서 활동적으로 연구했다. (뉴턴은 유니테리언[9]으로 삼위일체의 교리를 부인했기 때문에, 대학에서 더 이상 승진할 수 없었다.) 배로의 경우에는 더 이상 수학 연구를 하지 않았다. 배로가 신학 박사가 된 뒤에, 왕은 그를 트리니티 칼리지의 학장(1672년)으로 다음에는 부총장으로 임명했는데, 그는 잉글랜드에서 최고의 학자라는 지위를 얻었다는 말이 있었다.

■ 뉴턴의 황금기

루카스 교수직에 오른 뉴턴은 취임 기념 강좌로 광학을 선택했는데, 의식적으로 배로의 ≪광학 강의≫를 주제와 방법론 모두에서 능가하려고 했다. 강의 주제의 진기함과 이에 대한 그의 엄밀한 취급 때문에, 뉴턴은 많은 청중을 끌어 모으지 못했다. 찰스 2세가 법령에

9) [옮긴이] Unitarian. 유일 신격을 주장하여 그리스도의 신성을 부인.

의한 참석 요구를 확인하는 공문을 보냈지만 한 명도 참석하지 않는 경우가 흔했다. 그러면 뉴턴은 강의실을 떠나서 개인 연구에 몰두했다. 1669년 말에 여러 가지로 이뤄진 백색광의 특성에 대한 그의 발견을 자세하게 기록했다. 그렇지만 이런 내용이 ≪광학(Opticks, 1704)≫이란 제목의 책으로 출판된 것은 여러 해가 지난 뒤였다.

뉴턴은 당시 렌즈 망원경의 결함 때문에 광학을 연구하게 됐는데, 당시 망원경에서는 색이 다른 빛들이 상 주변에서 약간씩 퍼지는 색수차 현상이 발생했다. 이에 따라 1668년에 그는 반사 망원경을 설계하고 제작했는데, 이것은 갈릴레오의 굴절 망원경의 볼록 렌즈 대신에 오목 거울을 사용해서 관찰한 물체에서 온 빛을 모았다. 망원경에 대한 뉴턴의 지식은 케임브리지의 제한된 범위의 친구들만 알고 있었다. 결국 왕립 학회까지 이 사실이 알려졌고, 호기심이 생긴 그 학회의 회원들은 조사를 위해 뉴턴에게 그 기구를 보내달라고 요청했다. 그것이 1672년 1월의 모임에 등장하자 세상이 떠들썩했고, 뉴턴은 갑자기 저명 인사가 됐다. 이 망원경을 조사한 사람 중에는 왕 찰스 2세, 로버트 훅(Robert Hooke), 크리스토퍼 렌(Christopher Wren, 런던 세인트 폴 성당의 설계자, 당시 옥스퍼드 대학교 새빌 천문학 교수)이 있었다. 바로 그 모임에서 뉴턴은 왕립 학회의 회원으로 선출됐다. 그는 즉시 광학에 관한 자신의 강의 결과들을 포함한 글을 왕립 학회로 보내서 이에 화답했다. 왕립 학회의 ≪철학 회보(Philosophical Transactions)≫에 <빛과 색에 관한 새로운 이론(New Theory about Light and Color)>이라 제목으로 게재된 그 논문은 뉴턴이 발표한 최초의 과학 논문이었다. 이 논문에는 백색광이 다양한 스펙트럼의 색들로 이루어졌음을 증명하는 1666년의 독창적인 실험 결과를 그의 케임브리지 강의실 밖에서는 최초로 공식적으로 발표하는 내용도 포함됐다. 셔터(shutter)에 있는 작은 구멍으로 들어온 빛을 유리로 만든 삼각 프리즘으로 통과시켰다. 뉴턴은 벽에 비친 굴절된 색들을 관찰해서 다음과 같이 썼다. "나는 긴 직사각형으로 나타난 색들을 보고 놀랐는데, 인정받은 굴절 법칙에 따라서 원형일 것이라고 예상했었기 때문이다." 빛의 띠는 바닥에 있는 빨강부터 주황, 노랑, 녹색, 파랑을 거쳐 꼭대기에 있는 보라까지 색이 무지개에 있는 색들의 순서에 따라 바뀌었다. 뉴턴은 햇빛 및 일반적으로 백색광은 모든 색의 광선으로 이루어져 있고 어떤 색 광선은 다른 색 광선보다 더 날카롭게 휘거나 굴절한다고 결론지었다. 이것은 백색광이 기본이고 다른 색은 빛과 '어둠'이 다양하게 혼합된 것이라는 당시의 이론과 정반대였다.

빛의 본질에 관한 뉴턴의 논문은 이미 확고한 명성을 쌓은 사람들로부터 큰 비판을 받았는데, 특히 로버트 훅이 심했다. 그는 뉴턴에는 뒤졌지만 그를 능가할 사람은 거의 없었다. 훅은 나이가 뉴턴보다 7살 더 많았고 왕립 학회 최초의 회원 중 한 명이었는데, 스스로 실험 물리학 분야에서 왕립 학회의 권위 있는 대표자라고 생각했다. 훅은 그의 뛰어난 연구서 ≪미크로그라피아(Micrographia, 1665)≫에 프리즘을 이용해서 시행한 뉴턴과 비슷한 실험에 대해 기록했다. 그는 뉴턴이 자신이 먼저 시행한 실험을 무시한 사실에 모욕감을 느꼈는데, 뉴턴은 자신이 설명한 실험으로부터 필연적으로 유도되지 않는 결과들을 주장하고 있다고 그를 비난한 왕립 학회의 다른 회원들과 합류했다. 훅은 뉴턴이 굴절되기 전의 광선에 모든 색깔이 실제로 있음을 증명하지 않았다고 주장했다.

또 다른 논쟁점은 빛이 통과하는 매체에 관한 것이었다. 빛과 소리 사이의 유사성을 인식한 훅은 '빛을 내는 에테르(lumeniferous ether)'라 부르는 무게가 없고 보이지 않는 매체의 파동을 따라 빛이 이동한다는 가설을 선호했고, 이 원리는 당시에 알려진 대부분의 광학 현상을 설명한다고 주장했다. 한편, 뉴턴은 그런 이론은 빛이 직선으로 이동한다는 사실과 양립할 수 없다고 주장했다. 그는 빛이 서로 다른 속력으로 움직이는 서로 다른 크기(색깔에 대응하는 크기)의 미립자들의 흐름으로 이루어진다고 제안했다. 더욱더 신랄해지는 논쟁이 4년 동안 계속됐다. 훅과의 마찰은 뉴턴의 은둔하고 고립하려는 경향을 더욱 강화했고 왕립 학회에 대한 초기의 열의를 약화시켰다. 그는 "나는 나의 빛의 이론으로부터 발생한 논쟁으로 대단히 괴롭힘을 당했기 때문에, 그것을 공개한 나의 경솔함을 저주한다. 뜬구름을 쫓아다닌 것을 아주 비난한다."라고 썼다. 논쟁에 관여할 시간도 없고 의욕도 없던 뉴턴은 공적인 과학계를 벗어났다. 그는 광학에 관한 전반적인 설명을 훅이 1703년에 죽기 전까지는 발표하지 않기로 결정했다. 수학에 관한 뉴턴의 글들은 이것보다도 훨씬 더 늦게야 발표됐는데, 그가 자발적으로 세상에 알린 것은 거의 없었다.

그 뒤 몇 년 동안 뉴턴은 대부분의 시간을 광학과 수학 연구에 쏟았다. 그는 1664~1665년 겨울에 월리스의 ≪무한 산술≫에 대한 연구 결과로 일반적인 이항 정리, 곧 어깨 수[지수] n 이 음수이거나 분수일 수 있는 $(a+b)^n$ 의 전개를 발견했다. (n 이 자연수가 아닐 때, 이 결과로 얻은 전개는 무한 급수이다.) 그는 여러 나라 말을 구사했던 왕립 학회의 비서 헨리 올덴부르크(Henry Oldenburg, 1618?~1677)에게 12년 뒤(1676년)에 보낸 두 통의 편지에서 이 공식을 최초로 공개했고, 이를 얻었을 때의 원래의 사고의 흐름을 되새기려고 노력했다. 이 편지들은 라틴 말로 변역되어 라이프니츠에게 보내졌는데, 라이프니츠는 자신의 미분 적분학에 대해 초기에 고심하고 있었을 때 무한 급수에 대한 뉴턴의 연구에 관한 정보를 요청했었다. 뉴턴이 올덴부르크에게 보낸 첫째 편지[1676년 6월의 사전 편지(Epistola Prior)]에 제시한 대로, 뉴턴이 일컬은 그 공식 또는 법칙은 다음과 같은 꼴로 표현됐다.

$$(P+PQ)^{m/n} = P^{m/n} + \frac{m}{n}AQ + \frac{m-n}{2n}BQ + \frac{m-2n}{3n}CQ + \frac{m-3n}{4n}DQ + \cdots$$

여기서 A, B, C, D는 각각 바로 앞에 있는 항을 나타낸다. 곧, A는 $P^{m/n}$, B는 $(m/n)AQ$ 등을 나타낸다. 뉴턴의 편지와 그의 일반적인 셈은 어깨 수로 음수와 분수를 사용했는데, 그 뒤에 보편적인 관례가 됐다. 그는 다음과 같이 썼다. "해석학자들이 aa, aaa 등 대신에 a^2, a^3 등으로 쓰는 데 익숙해졌듯이, 나는 $\sqrt{a}$, $\sqrt{a^3}$, $\sqrt{c:a^5}$ 등 대신에

$a^{1/2}$, $a^{3/2}$, $a^{5/3}$ 등으로 쓰고, $1/a$, $1/aa$, $1/a^3$ 등 대신에 a^{-1}, a^{-2}, a^{-3} 등으로 쓰겠다."

뉴턴보다 앞서 월리스는 오늘날의 표기로 특정한 자연수 n에 대한 $\int_0^1 (1-x^2)^n\,dx$의 값들로 표를 만들었지만, $\int_0^1 (1-x^2)^{1/2}\,dx$의 값은 찾지 못했다. 그런데도 그는 매우 정교하고 어려운 분석을 통해 무한 곱의 꼴로 $4/\pi$에 대한 다음과 같이 놀라운 식에 도달했다.

$$\frac{4}{\pi} = \frac{1}{\int_0^1 (1-x^2)^{1/2}\,dx} = \frac{3\cdot 3\cdot 5\cdot 5\cdot 7\cdot 7\cdots}{2\cdot 4\cdot 4\cdot 6\cdot 6\cdot 8\cdots}$$

뉴턴은 통찰력을 발휘해서 월리스의 적분에서 고정된 위끝을 자유 변수 x로 바꿨다. (그는 적분에 대한 기호가 없었지만, 적분을 합의 수열의 극한으로 정의했다.) 그리고 특별한 경우들의 모음에 적용할 것으로 보이는 일반적인 규칙성을 찾았다. 현대적인 표기로 다음과 같은 전개를 고려했다.

$$\int_0^x (1-t^2)\,dx = x - \frac{1}{3}x^3,$$

$$\int_0^x (1-t^2)^2\,dx = x - \frac{2}{3}x^3 + \frac{1}{5}x^5,$$

$$\int_0^x (1-t^2)^3\,dx = x - \frac{3}{3}x^3 + \frac{3}{5}x^5 - \frac{1}{7}x^7,$$

$$\int_0^x (1-t^2)^4\,dx = x - \frac{4}{3}x^3 + \frac{6}{5}x^5 - \frac{4}{7}x^7 + \frac{1}{9}x^9$$

뉴턴은 각 식의 첫째 항은 x이고 x의 차수가 홀수로 증가하며 항의 부호가 교대로 바뀌고 둘째 항들 $\frac{1}{3}x^3$, $\frac{2}{3}x^3$, $\frac{3}{3}x^3$, $\frac{4}{3}x^3$은 등차 수열을 이룬다는 사실을 관찰했다. 그는 유추를 통해 추론해서 $\int_0^x (1-t^2)^{1/2}\,dx$의 처음 두 항은 다음과 같아야 한다고 가정했다.

$$x - \frac{\frac{1}{2}}{3}x^3$$

그는 삽입을 통해 특별한 경우들에서 규칙성을 찾아내려고 시도해서 다음을 얻었다.

$$\int_0^x (1-t^2)^{1/2}\,dx = x - \frac{\frac{1}{2}}{3}x^3 - \frac{\frac{1}{8}}{5}x^5 - \frac{\frac{1}{16}}{7}x^7 - \frac{\frac{5}{128}}{9}x^9 - \cdots$$

x의 잇따른 거듭제곱들은 곁수[계수]들의 열에 있는 이항 전개의 속성을 처음으로 드러냈다. 분자들 $\frac{1}{2}$, $-\frac{1}{8}$, $\frac{1}{16}$, $-\frac{5}{128}$는 바로 다음과 같은 일반적인 공식에서 특별한 경우 $n=\frac{1}{2}$에 대한 $\binom{n}{1}$, $\binom{n}{2}$, $\binom{n}{3}$, $\binom{n}{4}$이다.

$$\int_0^x (1-t^2)^n \, dx = x - \binom{n}{1}\frac{1}{3}x^3 + \binom{n}{2}\frac{1}{5}x^5 - \binom{n}{3}\frac{1}{7}x^7 + \binom{n}{4}\frac{1}{9}x^9 - \cdots$$

여기서 $\binom{n}{k}$는 다음과 같다.

$$\binom{n}{k} = \frac{n(n-1)(n-2)\cdots(n-k+1)}{1\cdot 2\cdot 3\cdots k}$$

바꿔 말하면, 뉴턴은 이항 결수[계수] 공식이 옹근 수가 아닌 값에 대해서도 성립한다는 사실을 발견했고, 특히 다음 결수를 사용했다.

$$\binom{\frac{1}{2}}{k} = \frac{\frac{1}{2}(\frac{1}{2}-1)(\frac{1}{2}-2)\cdots(\frac{1}{2}-k+1)}{1\cdot 2\cdot 3\cdots k}$$

뉴턴은 이것에서 계속 나아가서 식을 미분해서 다음을 유도했다.

$$(1-x^2)^{1/2} = 1 - \frac{1}{2}x^2 - \frac{1}{8}x^4 - \frac{1}{16}x^6 - \frac{5}{128}x^8 - \cdots$$

그리고 이 급수를 자기 자신과 항별로 곱해서 $1-x^2$을 얻어서 그 정확성을 확인했다.

뉴턴이 $\int_0^x (1-x^2)^{1/2} dx$ 에 대한 식에서 분모 1, 3, 5, 7, 9, ⋯를 없애고 각 어깨 수를 1씩 줄이면 똑같은 형식이 $(1-x^2)^{1/2}$에 보존된다는 사실을 인식하기 전에, 이항 전개를 적분 형식, 곧 $\int_0^x (1-t^2)^{1/2} dx$ 에서 유도했다는 사실이 신기하다.

뉴턴은 일람표에서 구조적인 규칙성을 관찰해서 이항 정리를 유도하는 것이 엄밀한 추론 방법이 아니라는 사실을 알고 있었다. 이에 따라 그는 자신의 공식에서 나타나는 $(1-x^2)^{-1}$의 특별한 전개가 '무자비한' 긴 나눗셈으로 얻은 전개와 항별로 같다는 사실을 확인했다. 뉴턴은 이항 정리를 발표한 적이 없고, 이를 일반적으로 증명한 적도 없다. 이것은 사적으로 유통된 그의 소책자 ≪분석에 대해(De Analysi, 1669≫을 통해 널리 알려졌지만, 뉴턴이 올덴부르크에게 보낸 편지를 발췌해서 인용한 월리스의 ≪대수학 개론≫이 발간된 1685년까지는 인쇄된 책을 통해서는 결코 등장하지 않았었다.

울즈소프에 있는 과수원에서 익은 사과를 통해 뉴턴이 중력 문제를 깨닫게 됐다는 잘 알려진 일화는 확실한 정보에 근거한 것으로 보인다. 뉴턴의 친구로 왕립 학회의 회원이었던 윌리엄 스터클리(William Stukeley, 1687~1765)는 다음과 같이 말했다.

> 다른 이야기를 하던 중에 그는 나에게 예전에 중력의 개념이 떠올랐던 때와 똑같은 상황[어떤 사과나무의 그늘 아래]에 있었다고 말했다. 그가 명상에 잠겨 앉아 있었을 때 우연히 사과가 떨어졌다. 그는 사과가 언제나 지면에 수직으로 떨어지는 이유를 자문했다. 왜 비스듬히 떨어지거나 위로 올라가지 않고, 항상 지구의 중심을 향할까? 틀림없이, 이유는 지구가 사과를 끌어당기기 때문이다.

뉴턴은 중력이 얼마나 높은 곳까지 뻗어 가는지 호기심을 가지기 시작했다. 하늘을 향해 달까지 뻗어 갈 수 있을까? 그렇다면 지면으로 사과를 끌어당기는 것과 똑같은 힘이 달을 곡선 궤도에 계속 있게 하는 힘일 수 있을까? 이 질문을 해결하기 위해서는 중력이 지구로부터의 거리에 따라 줄어드는 비율을 알 필요가 있었다. 이런 점에서, 케플러의 유명한 행성의 운동에 관한 셋째 법칙이 귀중한 정보를 제공했는데, 그 법칙은 (지구를 포함해서) 임의의 두 행성이 태양 둘레를 한 번 공전하는 데 걸리는 시간의 제곱은 태양으로부터 이것들의 평균 거리의 세제곱에 비례한다고 주장한다.

뉴턴 및 (유명한 하위헌스, 핼리, 렌을 포함해서) 당대의 몇 명의 물리학자가 독자적으로 밝힌 대로, 케플러의 셋째 법칙이 참이라면(이것이 참이라고 아주 확신하지는 못했지만) 중력의 끄는 힘은 거리의 제곱에 비례해서 줄어든다. 논증은 다음과 같이 진행했을 것이다. 반지름이 r 인 원형 궤도에서 속도 v 로 움직이는 질량이 m 인 행성의 원심력은 다음과 같다.

$$F = \frac{mv^2}{r}$$

그런데 T가 공전 주기이면, 속도는 다음과 같다.

$$v = \frac{2\pi r}{T}$$

v 의 이 값을 대입하면, 원형 궤도에 있는 행성을 잡아두기 위해 필요한 일정한 힘으로 다음을 얻는다.

$$F = \frac{4\pi^2 mr}{T^2}$$

그러므로 케플러의 셋째 법칙 $T^2/r^3 = c$ 에 의해(c 는 상수) 다음이 성립한다.

$$F = \left(\frac{4\pi^2 m}{c}\right)\frac{1}{r^2}$$

그러므로 지구의 중력이 달을 그 궤도에 유지하는 힘을 제공한다면 이 힘은 떨어져 있는 거리의 제곱에 반비례할 것이다.

페스트가 발생하고 있는 동안 뉴턴은 두 물체 사이의 거리의 역 제곱으로(곧, 제곱에 반비례하면서) 변하는 끌어당기는 힘이 지구 주위를 도는 달의 운동을 설명할 수 있는지를 알아보기 위한 셈을 시행했다. 불행하게도, 운명의 신은 뉴턴의 이런 계획에 훼방을 놓았는데, 그의 실험은 처음에 실망스러웠다. 낙하하는 물체에 대한 갈릴레오의 실험과 그 뒤에 다른 사람들에 의해 반복된 더욱 정확한 실험을 통해, 지구 표면에서 낙하 속력은 분속 $16 \cdot 60^2$ 피트라는 사실이 널리 알려졌다. 지구에서 달까지의 거리에 대한 인정된 거리는 지구의 지름 r 에 대해 $60r$ 이었다. 그러므로 역 제곱 법칙이 성립한다면, 지구가 달에 가하는 중력은 지구 표면에 있는 물체에 가하는 지구의 중력의 $1/60^2$일 것이다. 이에 따라 달은 지구의 중심을 행해 1분에 16피트의 거리만큼 떨어질 것이다.

뉴턴의 다음 단계의 셈은 달이 지구의 중심을 향해 실제로 1분 동안 떨어지는 거리를 결정하는 것인데, 이를 위해 지구의 반지름과 지구를 도는 달의 평균 공전 주기의 정확한 값이 필요했다. 달의 평균 주기는 거의 27일 7시간 43분, 곧 3'9343분이다. 당시 "책과 멀리 있었던" 뉴턴은 셈을 위해 항해사와 과거의 지리학자가 사용했던 표준적인 지방 어림값을 택했는데, 지구의 적도를 따라 1도의 위도가 60마일로 되어 있었다. 이것으로부터 그는 지구의 둘레를 $60 \cdot 360$마일로 추론했는데, 이에 따라 지구의 반지름은 $60 \cdot 360/2\pi$ 또는 3438마일일 것이다. 이것이 법정 마일이면 1593년에 5280피트로 정의됐는데, 달의 궤도의 길이는 $60^2 \cdot 360 \cdot 5280$피트일 것이다. (일부 역사학자는 뉴턴이 십중팔구 1마일을 5000피트로 놓았을 것이라고 주장한다.) 그러므로 P와 같은 임의의 점에서 달의 속도는 다음과 같을 것이다.

$$\frac{60^2 \cdot 360 \cdot 5280 \text{ 피트}}{3'9343 \text{ 분}} = 17'3930 \text{ (피트/분)}$$

달은 굽은 경로를 따르도록 속박되어 있으므로, 1분에 P부터 Q까지 17'3930피트의 호를 이동할 것이다. 게다가, 이 시간에 지구를 향해 거리 $PS = RQ$만큼 '떨어져야' 한다. 두 삼각형 PSQ와 QSP'은 서로 닮았으므로, 다음이 성립한다.

$$PS \cdot SP' = (SQ)^2$$

PP'을 SP'에 대한 어림값으로 사용하고 호 PQ를 SQ에 대한 어림값으로 사용하면, 마지막 관계는 다음과 같이 된다.

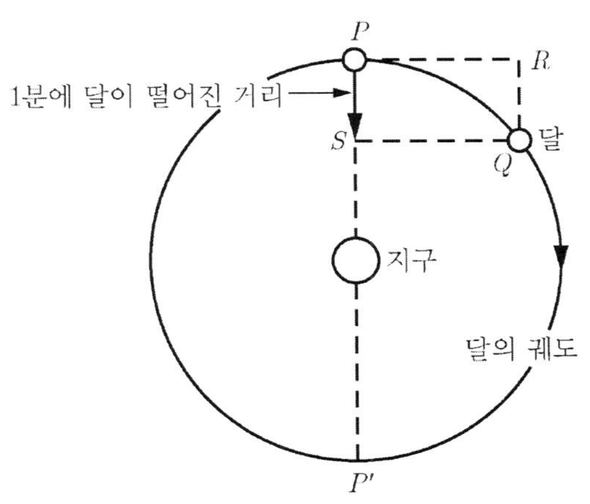

$$PS = \frac{(\text{호 } PQ)^2}{PP'} = \frac{(17'3930)^2\pi}{60 \cdot 60 \cdot 360 \cdot 5280} \text{ (피트)}$$

곧, $PS = RQ = 13.89$(피트)를 얻는다. (1마일이 5000피트이면 14.67피트를 얻는다.) 이에 따라 달이 떨어지는 두 값 사이에 심각한 편차가 났는데, 중력의 역 제곱 법칙에 따라서는 1분에 16피트를 얻었고, 달의 평균 주기와 궤도의 길이로부터는 1분에 13.89피트를 유도했다. 뉴턴은 자신의 셈으로 '꽤 가까운 답'을 찾았다고 말했지만, 확신하기에 충분할 만큼 이것들이 일치하지는 않았다. 이런 결과가 예상과 일치하지 않는다는 사실에 다소 실망한 그는 중력 문제에 관한 모든 연구를 포기했는데, 이에 대해 어느 정도 발표하는 것도 전혀 신경 쓰지 않았다.

1667년부터 1679년까지 12년 동안 뉴턴이 중력의 개념을 마음속 깊이 숨겨두고 있을 때, 다른 사람들이 그의 처음 연구와 같은 결과를 많이 다시 찾아내기 시작했다. 1673년에 네덜란드의 뛰어난 과학자 크리스티안 하위헌스(Christiaan Huygens, 1629~1695)는 흔들이[진자]의 운동에 관한 그의 수학적 분석인 ≪흔들이 시계의 이론과 설계(Horologium Oscillatorium sive de Motu Pendulorum)≫를 발표했는데, 여기에서 그는 고른 원 운동에 대한 원심력의 법칙을 유도했다. 이에 따라 중력에 대한 역 제곱 법칙은 다재다능하지만 질투심이 많은 물리학자 로버트 훅, 천문학자 에드먼드 핼리, 건축가 · 천문학자 크리스토퍼 렌, 하위헌스에 의해 독립적으로 공식화됐다. 모두 신설된 왕립 학회의 빛나는 젊은 회원들인 훅과 핼리 및 렌은 원이 아닌 궤도에 대한 중력 문제에 대단히 큰 흥미를 가졌지만, 그와 관련된 수학을 처리할 수 없었다. 왕립 학회의 비서라는 새로운 자격으로 공식적으로 활동한 훅은 뉴턴에게 회유하기 위한 편지를 썼는데(1679년), 과학 문제에 대해 학회의 회원들과 서신 왕래를 다시 하자고 간청했다. 행성 운동의 역학에 관한 훅의 견해에 자극을 받은 뉴턴은 12년 동안 무시해서 방치했던 달에 관한 자신의 셈에 관심을 가졌다.

뉴턴의 원래 셈에서의 오차는 지구의 위도에서 1도의 길이를 잘못 택해서 나타났는데, 이에 따라 지구의 반지름에 대한 부정확한 값을 얻었다. 뉴턴이 정확하지 않은 값을 경솔하게 채택한 이유는 통상 그가 당시에 시골에 있었고 쉽게 확보할 수 있었던 유일한 책인 선원을 위한 안내서에 찾은 수치를 사용했기 때문이라는 사실을 든다. 몇 년 뒤에 장 피카르(Jean Picard, 1620~1682)는 지구의 자오선에서 1도의 길이에 대한 매우 정확한 값을 얻었다. 그가 얻은 값 69.1마일은 뉴턴이 사용했던 60마일과는 차이가 크게 난다. 피카르는 1669년에 지구의 크기를 측정했고, 1671년에 그의 ≪지구의 측정(Measure de la Terre)≫을 통해 발표됐다. 이 수치는 왕립 학회에 1672년에 알려졌지만, 뉴턴은 분명히 이에 관심을 기울이지 않았다.

마침내 뉴턴이 피카르의 결과를 알게 됐을 때(이것은 1684년에 가능했을 것으로, 어쩌면 거의 확실할 것으로 보이는데), 그는 새로운 자료에 따라서 달이 1분 동안 지구를 향해 떨어지는 거리를 또다시 셈하기 시작했다. 그의 전기 작가가 알려준 바에 따르면, 그는 마지막 셈을 하면서, 격한 감정을 이기지 못했고 그 결과를 예견했을 때 손은 굳어졌다고 한다. 그는 조수에게 크게 소리쳤다. "나 대신 셈해 봐요. 나는 이것을 끝마칠 수 없어. 얼마를 얻었어?" 답은 "1분에 16피트"였다. 간절히 고대했던 대로 이렇게 수치들이 일치한 사실은 지구의 중력이 실제로 달을 그 궤도에 유지하는 힘을 제공한다는 뉴턴의 가설을 확증했다.

이 시점에서 뉴턴 자신의 설명에 따르면, 역 제곱 법칙에 따라 변하는 중력이 어떤 행성에 가해지면 그 행성은 타원 궤도를 그려야 하는데, 중력은 그 타원의 초점 중 하나에 위치해야 한다는 사실을 발견하게 됐다고 한다. 이런 엄청난 성취에도 불구하고 그는 "다른 문제 때문에" 자신의 발견에 대해 침묵했다. 어떠한 종류의 비판과 의혹에 대해서도 그것이 아무리 작더라도 병적으로 민감했던 뉴턴은 의심할 바 없이 평판에 대해 조심했을 것이다. 그런데 정말로 꺼림칙한 점은 구형 입체의 중력이 그 구 전체의 질량이 그 중심에 있다고 생각할 때와 같다는 사실을 증명하는 데 어려움이 있었기 때문으로 보인다. (이것은 중력의 역 제곱 법칙이 성립하는 모든 체계에서 참이다.) 그의 추론 과정에서 필수적인 고리가 빠져 있었고, 분명히 뉴턴은 이것을 1685년까지는 찾아내지 못했다.

■ 운동의 법칙

드라마의 마지막 장은 크리스토퍼 렌이 운동가다운 기질과 익살로 훅 및 핼리와 함께 신사적인 내기를 하고 몇 년이 지난 뒤에 시작됐다. 1684년 1월에 렌은 두 친구 훅과 핼리 중에서 두 달 안에 힘의 역 제곱 법칙이 작용하는 행성의 궤도를 유도하는 사람에게 40실링에 달하는 책을 상으로 제시했다. 핼리는 이를 유도하는 데 실패했다. 훅은 "그 원리[역 제곱 법칙]에 따라 모든 천체의 운동 법칙을 증명해야 한다."고 말했고 그렇게 했다고 주장했다. 그러나 그는 자신이 주장한 증명을 제시하지 못한 것에 대해 사과했는데, 결코 밝혀내지 못했다. 그해 8월에 젊고 열정적인 핼리는 뉴턴이 어떤 의견을 제시할지 알아보려고 케임브리지로 갔다. (또는 그의 말 대로 "뉴턴을 방문하는 영광을 누렸다.") 핼리가 그 문제, 곧 "행성이 거리의 제곱에 반비례하면서 변하는 힘을 받으면서 태양의 둘레를 공전할 때 그리는 경로는 무엇인가?"라는 문제를 그에게 제시했다. 뉴턴은 즉시 "타원"이라고 대답했다. 놀라고 기쁨에 넘친 핼리는 그에게 어떻게 알아냈는지 물었다. 뉴턴이 대답했다. "왜냐고? 내가 셈했다." 뉴턴의 성격으로 어느 정도 짐작하겠지만, 그는 몇 년 전에 증명했던 기록을 찾아낼 수 없었다. 그렇지만 그 증명을 다시 해서 핼리에게 보내주겠다고 약속했다. 그것은 실제로 1684년 11월에 핼리에게 전달됐다.

뉴턴은 옛날 문제를 다시 풀면서 행성 운동의 문제 전체에 대해 다시 흥미를 갖게 된 것으로 보인다. 그는 자신의 셈이 독립된 주제가 거의 될 수 없음을 인식했고, 이에 따라 새로운 내용을 충분히 연구해서 천체 과학에 관한 아홉 번의 강의 과정으로 만들었다. 이 강의는 <물체의 운동에 대해(De Motu Corporum)>라는 이름으로 케임브리지에서 가을에 개설됐다. 뉴턴이 약속한 증명을 받은 핼리는 대단히 흥분해서 케임브리지를 또다시 방문했고 뉴턴에게 그 연구 결과를 공개하자고 설득했다. 이 방문에서 그는 뉴턴의 강의 원고를 살펴봤고, 그것의 엄청난 중요성을 알게 됐다. 핼리는 그 결과들을 출판하자고 간청했다. 그러나 그 결과들을 왕립 학회로 보내어 우선권을 확보하겠다는 약속에 만족해야 했다. 그 뒤 핼리는 자신이 최근에 케임브리지에서 뉴턴을 만났고 그곳에서 뉴턴이 자신에게 호기심을 끄는 연구서 <운동에 대해>를 보여줬으며 이를 왕립 학회로 보내어 등록하겠다고 약속했다는 사실을 그 기관에 보고했다. 왕립 학회는 ≪철학 회보≫를 발간하고 있었을 뿐만 아니라 이따금 가치 있는 과학적 연구 결과를 발표했다. 이에 따라 왕립 학회는 <물체의 운동에 대해>의 출판을 정식으로 허가했으며, 핼리에게 "뉴턴이 자신의 약속을 지키게 하도록"하라고 지시했다.

뉴턴은 온힘을 다해 행성 운동의 체계 전체를 수학적으로 엄밀하게 공식화하는 작업에 몰두했는데, 그 공식화는 자신의 만유 인력[보편 중력]의 법칙에만 근거하는 것이었다. 1685년 초에 드디어 그는 밀도가 중심으로부터의 거리에 따라서만 변하는 구형 입체가 가하는 중력 인력은 그 구의 질량이 그 중심에 모여 있는 것과 같이 작용한다는 사실을 증명할 수 있었다. 추론에서의 필수적인 고리가 완성되자, 뉴턴은 이전에 수수께끼와 같던 일련의 우주의 운동 전체를 명확히 밝힐 수 있게 됐다. 핼리는 이 연구가 진척되는 과정을 부단히 지켜보면서 개인적으로 격려했는데, <물체의 운동에 대해>는 확장되어 두꺼운 ≪자연 철학의 수학적 원리(Philosophiae Naturalis Principia Mathematica)≫가 됐다. ≪원리≫가 출판될 때, '자연 철학'은 일반적으로 과학을 뜻했으며 특별히 물리학과 천문학을 뜻했다.

뉴턴은 이 책의 집필 작업을 거의 광적인 속력으로 진행했는데, 그 자신의 증언에 따르면 "≪원리≫ 책은 약 17 내지 18개월 만에 썼다." 1686년 3월에, 그는 때를 맞춰 ≪원리≫ 제 1 권 <물체의 운동에 대해> 원고를 왕립 학회에 제출했다. 훅은 즉시 자신이 중력의 역제곱 법칙을 처음으로 발견했고 ≪원리≫에 있는 일련의 결과 전체를 발견하는 데 견인차 역할을 했다는 주장을 폈다. 훅은 분명히 행성의 운동이 역 제곱 법칙을 필연적으로 내포한다고 추정했지만, 그런 법칙에 따라 타원 궤도가 설명된다는 사실을 밝힐 수는 없었기 때문에 그는 과학적 발견이라고 주장할 것이 거의 없었다. 핼리는 중재자 역할을 했는데, 적당히 인정하는 글을 주석에 넣어서 훅을 달래야 한다고 뉴턴을 설득했다. 그 주석에는 역 제곱 법칙은 "크리스토퍼 렌 경과 훅 박사 및 핼리 박사가 각자 관찰한 대로 천체에 존재한다."고 써야 한다고 했다.

뉴턴은 훅의 짜증나게 하는 우선권 주장에 대단히 분개해서, 제 2 권이 완성됐다고 핼리에게 말할 때(1687년 6월) 계획 중인 셋째 책을 중지할 예정이라고 덧붙였다.

> 나는 이제 셋째 책을 발표하지 않으려고 합니다. [자연] 철학은 터무니없이 소송을 일삼는 여자와 같아서, 그녀와 관계가 있기만 한 남자는 소송에 휘말리게 됩니다. 나는 그녀를 아주 오래 전에 찾았는데, 지금은 그녀에게 다시 가까이 가기만 하면, 그녀는 나에게 경고를 합니다.

과학계에게는 다행스럽게도, 핼리는 이 분개한 저자를 설득해서 계속 집필하도록 만들었다.

왕립 학회는 출판한 책 중 하나인 프랜시스 윌러비(Francis Willoughby, 1635~1672)의 책 ≪물고기의 역사(History of Fishes)≫가 예상한 만큼 팔리지 않았기 때문에 거의 파산 상태였다. 그리고 왕립 학회는 ≪원리≫를 출판하고 싶었지만, 새로운 인쇄 비용을 감당할 수 없었다. 핼리는 그 원고가 출판되지 않은 상태로 남겨두기보다는, (그리고 가난한 사람에게 조금의 부담도 주지 않기 위해서) 자신의 돈으로 그 비용을 갚아 주겠다고 약속했다. (왕립 학회는 이에 대한 보상으로 핼리에게 팔지 못한 ≪물고기의 역사≫ 책 50권을 주겠다고 제의했다.) 1687년 9월에, 완전한 ≪원리≫가 왕립 학회와 당시의 회장 새뮤얼 피프스의 발행 허가를 받고 라틴 말로 출판됐다. 그렇지만 이 화려한 산문체의 일기 작가가 이 책의 단 한 문장이라도 이해할 수 있었는지는 의심스러웠다.

핼리가 없었다면, ≪원리≫를 결코 볼 수 없었을 것이다. 그는 이 책이 지체 없이 발간되도록 비용을 부담했고 뉴턴과 왕립 학회 사이의 조정자의 역할을 했을 뿐만 아니라 자신의 연구는 제쳐두고 모든 시대에서 가장 뛰어난 과학 연구로 간주되는 이 책을 편집자의 눈으로 지켜봤다. 핼리는 필요한 천문 관측 자료를 모으고 문맥상의 모호한 점을 수정했으며 삽화와 인쇄를 감독했다. 수학자 오거스터스 드모르간(Augustus De Morgan, 106~1871)은 ≪브리튼의 주요 인물 화랑(Gallery of British Worthies)≫에서 핼리의 노력에 대해 다음과 같이 썼다. “그가 없었더라면, 십중팔구 그 책이 언제 쓰여질지도 언제 출판될지도 결코 생각하지 못했을 것이다.” 뉴턴은 ≪원리≫의 머리말에서 이 주제를 다루어달라고 자신을 설득하고 자신의 연구 결과를 왕립 학회에 전달한 사람이 바로 핼리였다고 아낌없는 고마움을 표시했다. 핼리는 ≪원리≫ 안에 있는 새롭게 발견된 사실들을 칭송한 48줄의 시를 그 앞에 붙였다. 뉴턴을 적절하게 칭송한 다음 구절은 거듭해서 인용됐다.

> 이제 천국의 넥타[신주]를 마신 그대들은 Then ye who now on heavenly nectar fare,
> 나와 함께 찬양하고 그의 이름을 노래하자 Come celebrate with me in song the name
> 뉴턴을, 존경하는 뮤즈의 신들에게. 그는 of Newton, to the Muses dear; for he
> 숨겨진 진리의 보물 상자를 열었다. Unlocked the hidden treasures of the Truth:
> 그의 정신을 통해 태양신은 아주 넉넉하게 던졌다 So richly through his mind had Phoebus cast
> 그 자신의 신성한 힘의 빛을. The radiance of his own divinity.
> 누구도 신들에게 이렇게 가까이 다가갈 수 없다. Nearer the gods no mortal may approach.

뉴턴의 뛰어난 책은 바로 제목이 보여주듯이, 데카르트의 소용돌이 이론을 반박하려는 의도가 있었다. 뉴턴이 전적으로 신뢰할 수 없었던 원리인 데카르트의 ≪철학의 원리≫와 대

에드먼드 핼리
(Edmund Halley, 1656~1742)

(*Extract taken from* A History of Science, Technology and Philosophy in the 16th and 17th Centuries, *by A. Wolf. Reproduced by kind permission of Unwin Hyman Ltd.*)

비되게 제목을 ≪자연 철학의 수학적 원리≫로 달았다. 뉴턴은 데카르트의 책의 여백에 연필로 '오류'라고 되풀이해서 썼다는 이야기가 있다. 그리고 똑같은 말을 되풀이해서 또다시 쓰는 데 지친 그는 그 책을 던져 버리고 다시는 읽지 않았다고 한다.

뉴턴의 ≪원리≫는 천체의 모든 운동을 보편 중력의 법칙에 따라 설명하려고 시도했다. 중력 인력의 개념은 뉴턴의 시대보다 훨씬 이전에 도입됐다. 지구가 우주의 중심에 특별한 위치를 차지하고 있다고 생각하는 지구 중심설을 택한 사람들은 자연스럽게 중력이 지구에 대해서만 관련된다고 믿었다. 이런 생각이 코페르니쿠스의 우주론에서 의미가 통하지 않게 되자, 중력을 한없이 큰 물체의 속성으로 간주하게 됐고 여러 천체들이 결합하고 합쳐지는 경향으로 이야기하게 됐다. 뉴턴의 탁월한 솜씨는 이를 보편 중력의 법칙으로 일반화하는 데 놓여 있는데, 여기서 모든 물질 입자는 아무리 작더라도 다른 모든 입자를 끌어당긴다. 현대적인 꼴로 이 원리는 다음과 같다.

> 임의의 두 물질 입자는 그 질량들의 곱에 정비례하고 그 사이의 거리의 제곱에 반비례하는 힘으로 서로 끌어당긴다.

≪원리≫의 어느 곳에서도 이렇게 표현된 법칙을 찾아볼 수 없지만, 이 법칙의 서로 다른 부분들이 서로 다른 구절에 존재한다. 뉴턴은 한 곳에서 "모든 물체에 작용하는 중력이라는 힘이 있는데, 그것들이 포함하는 물질의 몇 가지 양에 정비례한다."라고 썼다. 그리고 다른 곳에서는 "중력은 … 그것들이 포함하는 고체의 양에 따라서 … 언제나 거리의 역 제곱에 따라 줄어들면서 … 작용한다."라고 서술했다. 이 모든 것은 기호로 나타내면 이해하기가 더

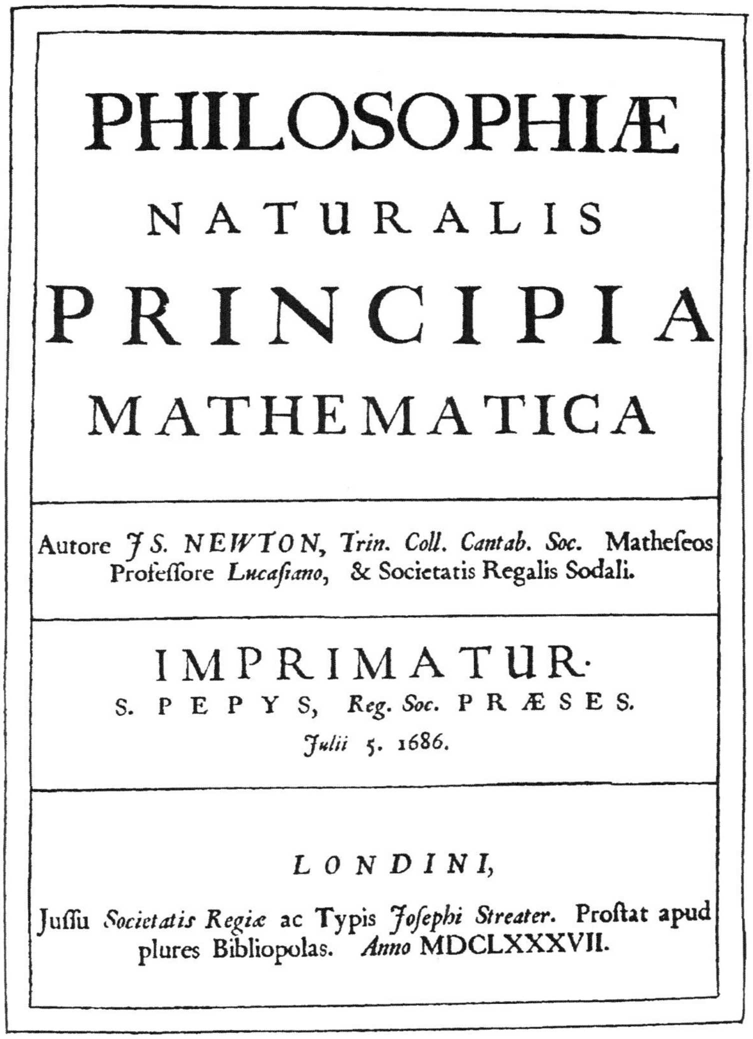

PHILOSOPHIÆ
NATURALIS
PRINCIPIA
MATHEMATICA

Autore *J S.* NEWTON, *Trin. Coll. Cantab. Soc.* Matheſeos Profeſſore *Lucaſiano*, & Societatis Regalis Sodali.

IMPRIMATUR·
S. PEPYS, *Reg. Soc.* PRÆSES.
Julii 5. 1686.

LONDINI,

Juſſu *Societatis Regiæ* ac Typis *Joſephi Streater*. Proſtat apud plures Bibliopolas. *Anno* MDCLXXXVII.

뉴턴의 ≪자연 철학의 수학적 원리(1687)≫ 표지. (*By courtesy Editions Culture et Civilisation*)

쉬울 것이다. 뉴턴이 추측한 사실은 두 입자가 다음과 같은 공식으로 주어진 힘으로 서로 끌어당긴다는 것이다.

$$F = G\frac{Mm}{d^2}$$

여기서 M과 m은 입자들의 질량이고 d는 그 사이의 거리이며 G는 중력 상수라고 부르는 상수이다.

뉴턴은 이런 결과들을 새로운 유율 셈법(fluxional calculus)을 통해 처음에 발견했지만, ≪원리≫에서는 해석적인 셈 과정을 거의 완벽하게 제거하고 모든 증명을 고대 그리스의 기하학의 형식으로 다시 구성했다. 아마도 그는 전통적인 접근 방법이 다른 수학자와 천문학자가 이해하는 수단을 통해 설득력 있는 논거를 제공한다고 생각했을 것이다. 당시에 유율 셈법은 발표되지 않았는데, 뉴턴이 이 방법을 사용해서 당시에 널리 퍼져 있던 (우주에 관한 데카르트의 소용돌이 이론과 같은) 많은 이론에 반대되는 결과들을 유도했다면, 자신이 발견한 사실의 진실성에 대한 논쟁이 그런 방법의 타당성에 대한 논박으로 복잡해졌을 것이다. 인쇄된 ≪원리≫의 각 쪽에는 그리스의 기하학이 나타나 있기 때문에, 뉴턴이 그 명제들을 발견할 때 사용했다고 주장하는 '새로운 분석' 방법에 대한 언급이 거의 없을 것으로 예상된다. 실제로, 용어 '유율'은 하나의 보조 정리를 제외하고는 이 책의 어느 곳에서도 나타나지 않는다. 그 보조 정리는 뉴턴이 깜빡 잊고 원래의 분석 방법을 기하학적인 표현 형식으로 바꾸지 않았던 것으로 보인다.

≪원리≫는 (각각 53, 42, 48개의 명제로 이루어진) 세 권과 함께 예비적인 내용을 담은 25쪽으로 이루어져 있다. 뉴턴은 머리말 역할을 하는 부분에서 질량, 관성, 운동량, 구심력 등의 개념을 정의했다. 그리고 수학적인 명제에 앞서 제시해야 했던, 세 개의 유명한 '운동의 법칙 또는 공리'를 내세웠다. 그 자신의 말로 나타내면 이 법칙들은 다음과 같다.

1. 모든 물체는, 외부에서 가해진 힘에 의해 그 상태를 바꿔야 하지 않는다면, 계속해서 정지해 있거나 아니면 직선에서 고르게 운동한다.
2. 운동의 변화는 [운동량의 변화율은] 가해진 힘에 정비례하고, 힘이 가해진 직선 방향으로 나타난다.
3. 모든 작용에는 항상 크기가 같고 방향이 반대인 반작용이 있다.

처음 두 법칙은 갈릴레이의 역사적인 실험으로 유도되지만, 셋째 법칙으로 표현된 원리는 뉴턴 자신이 도입한 것이다.[10)]

논문 <물체의 운동에 대해>의 두 부분 중에서 첫째를 포함하는 제 1 권은 (저항하는 매체가 없을 때, 곧 마찰이 없을 때) 가해진 힘의 영향을 받는 운동의 법칙을 수학적으로 다룬다. 이것은 오늘날 이론 역학이라 부르는 것으로 이루어져 있다. 이 책은 일반론으로 쓰였으며, 앞부분에 있는 명제들에서는 기하학적인 질점이 물체의 역할을 한다. 뉴턴의 분명한 목적은 이 주제를 제 3 권에서 혜성이나 행성이나 위성의 운동에 적용할 수 있는 방식으로 전개하는 것이었다. 제 1 권의 뛰어난 결과는, 물체가 한 초점에 있는 인력의 영향을 받으면서 타원 경로를 그리면(이 문제의 경우에는 원뿔 곡선인 임의의 경로를 그리면) 그 힘은

10) [옮긴이] 위의 제1, 2, 3법칙은 차례로 관성의 법칙, 가속도의 법칙, 작용과 반작용의 법칙으로 불린다.

초점과 물체 사이의 거리의 제곱에 반비례한다는 사실에 대한 증명이었다. 그리고 역으로, 그 인력이 거리의 제곱에 반비례하면서 변하면 그 궤도는 원뿔 곡선을 그리며 인력의 중심은 그 원뿔 곡선의 초점에 있다는 사실에 대한 증명이었다. 구의 인력에 관한 결과로 돌아가서 뉴턴은 모든 입자가 다른 입자를 역 제곱 법칙에 따라 끌어당기면 밀도가 고른 구형 물체의 전체 질량은 그 중심에 모여 있다고 생각할 수 있다는 사실을 밝혔다.

≪원리≫의 둘째 책인 <물체의 운동에 대해 제 2 권>은 공기 또는 물과 같은 매체의 저항을 받는 물체(특히 흔들이)의 운동을 다룬다. 저항의 효과는 물체의 속도 또는 물체의 속도의 제곱 또는 결합된 둘 모두에 정비례한다고 간주됐다. 이 책에는 넓은 의미에서 유체역학에 관한 수학이 포함되어 있는데, 밀도 및 기체와 액체의 압축에 관한 셈, 유체에서의 파동에 대한 최초의 인쇄된 분석, 구멍을 통한 유체의 흐름에 대한 조사 등이 포함되어 있다. 뉴턴이 이 책을 쓰게 된 동기의 하나는, 데카르트의 소용돌이 이론과 함께 각 행성이 묶여있다는 소용돌이들의 모음이 역학적으로 부적절하고 이에 따라 천체 운동을 제대로 설명할 수 없다는 사실을 수학적으로 보이는 것이었다. 그는 소용돌이가 행성에게 케플러의 법칙과 어울리지 않는 운동을 일으킨다는 사실을 증명했다. ("행성이 물질적인 소용돌이 속에서 이리저리 옮겨 다니지 않는다는 사실은 분명하다.")

제 3 권은 <우주 체계에 대해(De Systemate Mundi)>라는 특별한 제목이 붙었는데, 뉴턴의 최고의 연구 업적이었다. 이것에는 제 1 권에서 전개한 일반론을 태양계에 응용한 내용이 들어있다. 지구와 천체의 많은 중요한 운동 현상을 보편 중력의 법칙으로 설명하고 있다. 중력의 원리들을 참조해서 뉴턴은 태양과 지구 및 위성이 있는 임의의 행성의 질량과 평균 밀도의 비율을 비교할 수 있었다. 그리고 그는 놀랍게도 태양의 평균 밀도가 물의 5 내지 6배라고 추정했다. (현재의 셈에서 이 수치는 5.517이다.) 그는 지구가 고대부터 생각하고 있던 것과 같이 정확한 구형이 아니라는 사실을 보였고, 극점에서의 편평도, 곧 납작한 정도를 셈했다. 그는 상하 양극이 편평한 회전 타원체로서 지구의 타원율을 $\frac{1}{230}$로 어림했다. (오늘날의 수치는 약 $\frac{1}{297}$이다.) 뉴턴은 밀물과 썰물을 태양과 달이 바다를 끌어당기는 것으로 설명했고, 최고조는 태양과 달의 중력 인력이 합쳐지는 초승달과 보름달에 나타나고 간조(썰물)는 인력이 서로 상쇄되는 상현과 하현(달의 공전 주기 4분의 1에 해당하는 기간)에 나타난다는 사실을 밝혔다. 마지막으로 그는 꽤 길게 혜성들의 행동을 고찰했다. 케플러는 혜성이 직선을 따라 공간을 가로질러 간다고 추측했지만, 뉴턴은 혜성을 궤도가 매우 편심적인 행성으로 봤고 혜성이 태양이 한 초점인 원뿔 곡선을 그린다는 사실을 유도했다. 이것은 어떤 혜성은 단 한 번만 볼 수 있는 것이 아니라 긴 타원 궤도를 따라 공전한다는 사실을 암시하는데, 뉴턴의 친구 핼리는 이 암시를 마음속에 새겼다.

예측할 수 없는 혜성은 언제나 그들에게 불가사의의 대상이었다. 고대의 연대기 편자들은 혜성의 맹렬한 돌진을 재난, 곧 전쟁, 돌림병, 지진 등의 조짐으로 봤는데 이는 자연스러운 견해였다. 왜냐하면 혜성이 나타났을 때 어떤 나라에서는 재앙을 초래하는 어떤 사건이 반드시 발생했기 때문이다. 혜성에 대한 이런 미신적인 믿음에 핼리가 마지막 타격을 가했는데, 그는 혜성의 갑작스러운 출현과 사라짐은 중력의 법칙에 따른 것이라는 사실을 밝혔다. 핼리는 뉴턴의 방법을 사용해서 1682년의 거대한 혜성(Great Comet)의 궤도를 셈했는데, 이것이 1607년에 케플러의 관심을 끈 혜성의 궤도 및 1531년에 페테르 아피안(Peter Apian, 1495~1552)이 관찰했던 빛나는 혜성의 궤도와 거의 일치한다는 사실을 알아냈다. 그는 정확하게 이것들이 모두 단 하나의 혜성이 나타난 것이라는 결론을 내렸다. 이 혜성은 주기가 약 75.5년이고 태양 주위를 매우 납작한 타원 궤도를 그리며 공전한다고 결론지었다. 이런 결론을 통해 핼리는 그 혜성을 1759년에 또다시 볼 수 있을 것이라고 대담하게 예측했는데, 이것은 그가 죽은 뒤에야 실현될 수 있었다. 예측한 대로 정확하게 이것이 돌아온 것은 뉴턴의 수리 천문학을 확증한 독립적인 사례였다. '핼리의 혜성'은 그 뒤에 똑같은 주기로 1835년, 1910년, 1986년에 우리의 하늘에 되돌아왔는데, 이것이 이전에 방문한 기록을 기원전까지 거슬러 올라가면서 찾을 수 있다. 한 가지 유명한 출현은 1066년 헤이스팅스 전투(Battle of Hastings)가 있기 전이었는데, 해럴드(Harold, 1022?~1066) 왕은 이것을 정복왕 윌리엄(William the Conqueror, 1028?~1087)에 의해 자신이 패배할 조짐으로 해석했다. 바이외 태피스트리(Bayeux Tapestry)[11]에는 그 혜성이 한쪽 구석에 "여기에 그들은 별에 경탄한다."라는 글과 함께 나타나 있다.

≪원리≫의 첫째 판은 매우 적게 발간됐는데, 아마도 300부를 넘지 않았을 것이다. 이것들은 판매와 선물을 통해 꽤 빨리 소진됐다. 1691년에는 이 책을 구할 수 없었고, 새로운 판에 대한 이야기가 이미 있었는데, 어떤 젊은 수학자가 감독할 것으로 보였다. 그러나 1709년에 이르러서야 뉴턴은 어떤 사람의 협조를 얻을 수 있었다. 그 사람이 바로 코츠(Roger Cotes, 1682~1716)였는데, 케임브리지의 뛰어난 수학자로 자신 있게 ≪원리≫를 비판하고 수정할 수 있었다. 둘째 판은 1713년에 750부가 인쇄되어 발간됐다. 자연 과학의 기초적인 연구서 중에서 ≪원리≫만큼 수요가 많았던 것은 없다. 딱딱한 표지를 두른 이 책을 스스로 확보할 수 없었던 한 사람은 이 책 전체를 손으로 써서 복제했다는 이야기가 있다. 이 이야기를 사회의 보편적인 열정을 나타내는 것 또는 이의 내용을 이해하는 사람이 잉글랜드에 많이 있었다는 것으로 해석해서는 안 된다. 뉴턴은 한 친구에게 "수학을 수박 겉핥기식으로 아는 하찮은 사람이 미끼에 걸려들지 않게 하기 위해서" ≪원리≫를 의도적으로 난해하게 썼다고 말했다. 그는 유능한 수학자들이 자신의 간결한 추론을 이해하고 자신의 결론을 받아들일 것이라고 확신했다. 그러나 ≪원리≫에 흥미를 가진 일반인이 많이

11) [옮긴이] 프랑스 바스노르망디의 역사 도시 바이외에서 발견된 중세 직물 벽걸이이다. 11세기 만들어진 작품으로 정복왕 윌리엄 1세의 업적과 중세 신화 등이 상세히 기록되어 있다.

있었고, 이에 따라 제 나라말로 번역되어 대중화의 홍수를 이루었다. 그 다음 세기 안에 영어로 40판, 프랑스 말로는 17판, 라틴 말로는 11판, 도이치 말로는 3판, 이탈리아 말과 포르투갈 갈로 각각 1판이 각각 발간됐다. 1789년에 ≪원리≫는 18판이 출판됐다.

뉴턴의 자연 철학의 원리가 유럽 대륙에서 즉각적으로 수용되는 정도는 잉글랜드에서의 찬양 정도에는 미치지는 않았다. ≪원리≫의 초판이 희귀했기 때문에 자연스럽게 뉴턴의 발상이 널리 보급되는 데 도움이 안 됐다. 게다가, 프랑스에서는 행성의 운동을 설명하는 데카르트의 소용돌이 개념이 무비판적으로 받아들여지고 있었다. 이에 따라 우주에 대한 뉴턴의 설정이 물질적인 실체가 사이에 끼어 있지 않은 상태에서 '원격 작용'의 가정에 근거하고 있다는 이유에서 이를 묵살했다. 곧, 이런 '원격 작용'은 매우 이해할 수 없고 심지어 신비스러운 종류의 양으로 자연 과학에서 매우 쉽게 거부됐다. 하위헌스와 같이 능력 있는 사람마저도 중력의 개념을 '터무니없다'고 생각했고, 라이프니츠는 "나는 그가[뉴턴이] 중력이나 인력을 어떻게 생각해냈는지 이해할 수 없다."고 썼다. 뉴턴은 기계적으로 설명하기를 매우 좋아했지만, 먼 곳까지 미치는 힘인 중력은 그에게도 신비였다. 뉴턴은 신비스러운 양을 도입했다는 비판을 반박하기 위해서 ≪원리≫ 제 2 판에 덧붙인 유명한 '일반 주해(General Scholium)'에서 마지못해 다음과 같이 받아들였다. "나는 아직도 현상으로부터 이런 중력의 성질이 나타나는 근거를 유도할 수 없지만, 나는 가설을 설정하지 않는다." (이것은 과학에서 모든 가설에 대한 비난을 뜻하지는 않지만, 수학적으로 다룬 실험으로 증명할 수 없거나 반증할 수 없는 사변적인 성격의 가설만을 비난한 것이다.) 그는 확실한 오만으로 덧붙였다. "중력은 실제로 존재하고 우리가 설명한 법칙에 따라 행동한다고 말하면 충분하다."

뉴턴은 행성의 운동이 변덕스러운 것이 아니라 정밀하게 셈할 수 있다는 사실을 밝혔다. 우주의 현상은 '자연의 법칙'을 따르는데, 교회가 아니라 이성으로 해석해야 했다. 이런 느낌은 알렉산더 포프[12]의 다음과 같은 시에 요약되어 있다.

> Nature and Nature's laws lay hid in night;
> God said, "Let Newton be," and all was light.
> (자연과 자연의 법칙들은 밤의 어둠 속에 묻혀 있었다.
> 신이 '뉴턴아 있어라' 하고 말하자, 모든 것이 밝아졌다.)

신은 다른 사람들도 존재하게 했지만, 명성은 뉴턴이 거두어들였다. 왜냐하면 다가오는 과학 시대를 '뉴턴의 시대'라고 불렀기 때문이다.

12) [옮긴이] Alexander Pope, 1688～1744, 영국의 시인

SECT. III.

De motu Corporum in Conicis Sectionibus excentricis.

Prop. XI. Prob. VI.

Revolvatur corpus in Ellipſi: Requiritur lex vis centripetæ tendentis ad umbilicum Ellipſeos.

Eſto Ellipſeos ſuperioris umbilicus S. Agatur *SP* ſecans Ellipſeos tum diametrum *DK* in *E*, tum ordinatim applicatam *Qv* in *x*, & compleatur parallelogrammum *Qx* P *R*. Patet *E* P æqualem eſſe ſemiaxi majori *AC*, eo quod acta ab altero Ellipſeos umbilico H linea *H I* ipſi *EC* parallela, (ob æquales *CS*, *CH*) æquentur *ES*, *EI*, adeo ut *E*P ſemiſumma ſit ipſarum PS, P*I*, id eſt (ob parallelas *HI*, P*R* & angulos æquales *I*P*R*, HP*Z*) ipſorum PS, P*H*, quæ conjunctim axem totum 2*AC* adæquant. Ad SP demittatur perpendicularis *QT*, & Ellipſeos latere recto principali (ſeu $\frac{2\,BC\ quad.}{AC}$) dicto *L*, erit *L*x*QR* ad *L*xP*v* ut *QR* ad P*v*; id eſt ut P*E* (ſeu *AC*) ad P*C*: & *L*xP*v* ad *Gv*P ut *L* ad *Gv*;

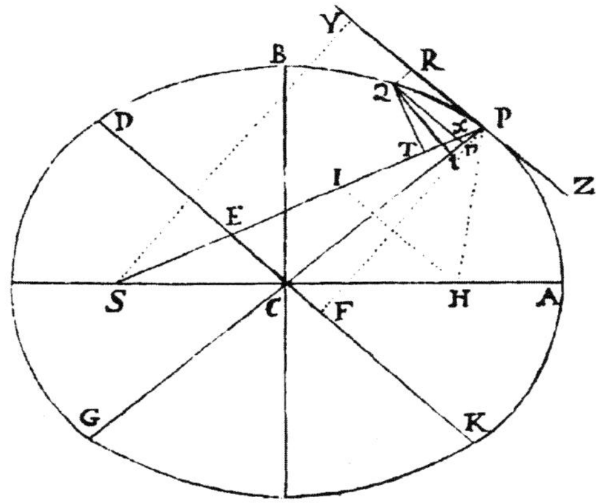

뉴턴의 ≪자연 철학의 수학적 원리, 1687≫ 발췌. (*By courtesy Editions Culture et Civilisation*)

■ 말년 : 조폐국에 임명

뉴턴의 물리학 법칙들 때문에 일부 사람들은 우주를 자급자족할 수 있는 기계 장치로 그리고 시계 장치의 거대한 조각으로 보게 됐지만, 뉴턴 자신은 태양계를 신의 존재를 부인하는 창조물이 아니라고 주장했다. 이런 우주의 감탄스러운 질서는 뉴턴으로 하여금 거룩한 조정자에 대한 믿음을 더욱 강화시켜주었다. 그는 자신이 신의 창조물에 관한 궁극적인 진리를 밝혀내야 하는 운명에 있다고 생각했기 때문에, 스스로 신학과 성서 연구를 시도했다. 그는 말년에 미래의 사건에 대해 예언과 예측을 상세히 기록했다. 종교에 관한 뉴턴의 주요한 원고 ≪다니엘 예언서와 요한 묵시록에 관한 관찰(Observations Upon the Prophecies of Daniel, and the Apocalypse of John)≫은 그가 죽은 뒤에 (1733년에) 출판됐다. 자신의 신비로운 몽상이라고 부른 이것에 아마도 그는 ≪원리≫에 쏟은 시간과 노력만큼 쏟았을 것이다.

뉴턴이 죽은 1727년까지도 뉴턴의 인력은 여전히 모호하고 인정받을 수 없는 것으로 간주됐지만, 행성의 운동을 세세하게 설명한 데카르트의 시도에 대한 도전도 증가했다. 볼테르가 <잉글랜드 나라에 관한 편지(Letters Concerning the English Nation)>에서 뉴턴을 흠모하며 방어한 1730년이 되자, 우주 체계에 관한 뉴턴의 중력적인 관점이 프랑스에서 지지받기 시작했다. 볼테르는 유능한 과학자이자 수학자인 연인 에밀리 브르퇴유(Emilie Breteuil) 샤틀레 후작 부인을 설득시켜서 ≪원리≫를 프랑스 말로 번역하게 하고 그 연구에 관한 설명을 추가해서 풍요롭게 만들었다. 1759년에야 인쇄물로 나타난 이 설명서는 뉴턴의 걸작에 대한 유일한 프랑스 말 번역서로 남았다. 반세기가 지나자 뉴턴의 견해에 대한 반대는 허물어지기 시작했고, 유럽의 지도적인 수학자는 뉴턴의 통합 구조를 완벽하게 하는 과제를 떠맡았다.

뉴턴이 ≪원리≫를 출판할 때, 그의 천재성은 절정에 도달했다. 그가 다른 어떠한 것을 하더라도 정신을 비할 바 없이 집중했던 1680년대 중반에 성취할 수 있었던 것과 비교해서는 뒤처졌다. 뉴턴은 40년을 더 살았지만, 그는 활동 시간 중에서 더욱더 많은 부분을 이런 저런 종류의 공적인 업무에 종사했는데, 과학 연구와는 거의 관계가 없었다. ≪원리≫를 집필하기 위해 쏟은 극심한 정신적 노력은 대가를 치르게 했다. 뉴턴은 불면증에 시달렸고 식욕을 잃기 시작했는데, 1692년에 그의 정신 건강은 일종의 신경병으로 괴롭힘을 당하는 지경까지 악화됐다.

뉴턴에게 일어난 회복과 같이 과학자의 에너지가 극적으로 다시 쏟아져 나온 예는 거의 없었다. 뉴턴은 왕의 임명으로 잉글랜드 조폐국의 감사가 됐고(1696년) 나중에 그 기관의 장관이 됐는데, 이에 따라 그는 사실상 케임브리지와의 학술적 관계를 끊고 남은 삶을 런던에서 보냈다. 조폐국에서의 자리는 한직이 아니었지만, 왕의 의도에 따라 좌우됐다. 뉴턴이 조폐국 장관이 됐을 때, 통화의 전반적인 가치 하락이 국가적인 재난이었다. 주화의 위조와 불량품이 매우 만연해서 제 값어치를 하는 것이 희귀했다. 뉴턴은 새로운 주화의 주조 과정을 감독했는데, 자신의 수많은 합금 실험으로부터 얻은 지식을 활용해서 순도와 무게의 새로운 표준을 확립했다. 그의 임무 중에서 중요한 부분은 주화 위조범과 이를 깎는 사람들에 대항해서 조직적인 전쟁을 벌이는 것이었는데, 그런 사람들을 찾아내는 정보원들의 네트워크를 수립하고 주요 범법자들을 심문했다. 위조는 돋을새김 디자인을 도입해서 중지시켰는데, 돋을새김이 매우 높아서 대단히 강력한 압축 기계가 아니면 주화를 제조할 수 없게 했고, 테두리에 판 홈은 아무도 모르게 깎아내는 짓을 방지했다.

뉴턴이 정신적 위기에 처했다는 소식은 일부 사람들이 그의 지적 능력이 영원히 소멸됐을 것이라고 추측하게 했다. ≪원리≫에 쏟은 노력은 그의 정신을 지나치게 긴장시켰고 과학 연구에 대한 그의 열정을 약화시켰지만, 수학 문제를 믿을 수 없는 속력으로 빠르게 해결하는 그의 특별한 재능은 결코 손상시키지 못했다. 이런 사실은 유럽 대륙의 수학자들이 감히 그를 시험했을 때 확인할 수 있었다. 예를 들면, 1697년에 요한 베르누이는 물체가 한 점에서 그와 같은 연직선에 있지 않고 그 아래에 있는 점까지 가장 짧은 시간에 미끄러져 내려갈 때 따르는 곡선[최속 강하 곡선]을 찾는 문제를 제시했다. 뉴턴은 하루 안에 해법을 찾았는데, 이를 익명으로 발표하도록 허락했을 때 베르누이는 그 풀이의 빛나는 힘과 독창성으로부터 그 저자를 알아챘고 "사자는 그 발톱만 보고도 알 수 있다."고 감탄하며 소리쳤다. 다른 경우로(1716년), 라이프니츠는 뉴턴의 친구들로부터의 표절 시비로 비난받아서 기분 상했을 때 "잉글랜드 해석학자들의 고동치는 맥박을 느끼기 위한 목적의" 문제를 보냈다. 초점이 같은 쌍곡선족의 직교 절선을 찾는 것과 관련된 그 도전 문제는 경험이 매우 풍부한 수학자들에게도 가혹한 시험인 것으로 생각됐다. 64세의 뉴턴은 조폐국에서의 하루 일과를 마치고 지쳐서 집으로 돌아간 뒤인 오후 다섯 시경에 이 문제를 받았는데, 침대에 들기 전에 해결했다고 한다.

뉴턴은 말년에 왕립 학회에 더 큰 관심을 갖기 시작했다. 그는 반대 없이 1703년에 회장으로 선출됐고, 해마다 다시 선출되어 그 뒤 삶을 마감할 때까지 24년 이상 그 자리를 지켰다. 뉴턴은 국가적인 인물이 됐고, 런던을 방문하는 외국의 모든 지식인이 찾는 주요한 인물이었다. 앤(Anne, 1665~1714) 여왕은 1705년 케임브리지에서의 한 의식에서 농부의 아들인 그에게 기사 작위를 내렸다. 이런 명예를 얻은 최초의 과학자였다.

뉴턴은 80을 넘기면서 심한 노환을 겪기 시작했다. 그는 왕립 학회의 모임에서 좌장을 하고 있던 중에 나쁜 증상이 나타났고, 그로부터 2주일도 지나지 않는 1727년 3월 20일에 85세의 나이로 죽었다. 뉴턴의 죽음은 잉글랜드 사람들에게 그렇게 대단한 과학자가 자신들과 같은 나라 사람이었다는 국가적인 자각을 불러일으킨 것으로 보였다. 그의 시신은 웨스트민스터 사원에 안장됐는데, 이곳에는 잉글랜드의 위대한 사람들이 묻혀있다. 공작과 백작 및 왕립 학회의 모든 동료가 그의 관은 운송했다. 대단한 행사였다. 그 장례식에 참석한 볼테르는 감동해서 말했다. "나는 수학 교수가 단지 그의 재능에서 뛰어났을 뿐인데, 신하들에게 잘한 왕과 같이 묻히는 모습을 지켜봤다." 뉴턴의 웅대한 기념비에는 라틴 말로 다음과 같이 적혀 있다. "사람들아, 인류에게 이렇게 큰 광채를 더해 주는 사람이 있었음에 크게 기뻐하라."

뉴턴의 천재성에 대한 찬사는 그 뒤에 거의 터무니없는 높이까지 올라갔다. 프로이센 왕비가 라이프니츠에게 뉴턴을 어떻게 생각하고 있느냐고 던진 질문에, 그는 "태초부터 뉴턴이 살았던 시기까지 발견된 수학 중에서 절반이 훨씬 더 넘는 것을 뉴턴이 발견했다."고 대답했다. 합리적인 비평가들은 뉴턴의 명성이 주로 의존하고 있는 ≪원리≫는 영향력과 독창성에서 다른 모든 과학적 연구를 능가하다는 데 동의한다. 한 세기 뒤에, 라그랑주는 ≪원리≫를 인간 정신의 최고의 작품이라 불렀고, 그와 같은 시대의 라플라스는 인류가 낳은 천재의 다른 모든 작품을 능가해서 더 탁월하다고 생각했다. 적지 않은 부러움으로, 라그랑주는 단 한 개의 태양계가 있기 때문에 이의 기본적인 법칙을 단 한 사람만이 발견할 수 있다고 지적했다. "뉴턴은 역사상 가장 위대한 천재이고 최상의 행운아인데, 우주 체계는 단 한 번만 입증할 수 있기 때문이다."

감명 깊은 찬사 이외에, 뉴턴의 자신에 대한 평가를 생각하는 것도 즐겁다. 그는 죽기 얼마 전에 어떤 친구들에게 다음과 같이 말했다.

> 나는 내가 세상에 어떻게 비쳤는지 모른다. 그러나 내 자신에게 나는 바닷가에서 장난치며 때로는 보통 것보다 더 부드러운 조약돌과 더 예쁜 조개를 찾으며 스스로 즐기는 어린이와 같았다고 생각한다. 그렇지만 진리의 큰 바다는 모두 발견되지 않은 채로 내 앞에 놓여 있었다.

뉴턴은 다른 사람들이 자신을 위해 깔아놓은 넓은 고속 도로를 따라 여행했음을 알고 있었다. 그의 잘 알려진 "만약 내가 다른 사람들보다 더 멀리 볼 수 있었다면, 그것은 내가 거인들의 어깨 위에 서 있었기 때문이다."라는 말은 누적되고 점진적으로 발전하는 과학에 대한 그의 공감을 보여준다. 그런데 뉴턴은 천재성을 발휘해서 그 열쇠를 찾았고 최종적으로 자연이 어떻게 수학 법칙에 의해 질서 정연하게 정리되어 있는지를 보여줬다. ≪원리≫와 함께 모든 수수께끼가 갑자기 풀렸고, 모든 모호함이 분명해졌다.

문제 8.3

1. (a) 1671년에 스코틀랜드의 수학자 제임스 그레고리(James Gregory)는 역탄젠트 급수와 동치인 것을 발견했다. 현대적으로 표현하면 다음과 같다.

$$\arctan x = x - \frac{x^3}{3} + \frac{x^5}{5} - \frac{x^7}{7} + \frac{x^9}{9} - \cdots \qquad (|x| \le 1)$$

이 급수를 이용해서, 분명히 그레고리가 간과한 사실인, 라이프니츠의 $\pi/4$에 대한 유명한 다음 교대 급수를 얻어라.

$$\frac{\pi}{4} = 1 - \frac{1}{3} + \frac{1}{5} - \frac{1}{7} + \frac{1}{9} - \cdots$$

(b) $\pi/4$는 다음 급수로도 표현할 수 있음을 보여라.

$$\frac{\pi}{4} = \frac{1}{2} + \frac{1}{1\cdot 3} - \frac{1}{3\cdot 5} + \frac{1}{5\cdot 7} - \frac{1}{7\cdot 9} + \cdots$$

[**귀띔**: 다음을 확인해서, (a)에 있는 급수의 항들을 다시 무리 지어라.

$$\frac{1}{(2n+1)(2n+3)} = \frac{1}{2}\left(\frac{1}{2n+1} - \frac{1}{2n+3}\right)]$$

(c) (b)에 있는 급수에서 처음 10개의 항을 셈해서, π의 값을 오차 0.01의 범위에서 어림하라. 라이프니츠의 급수는 느리게 수렴하기 때문에, 이와 같이 정확한 어림값을 얻으려면 수백 개의 항이 요구된다.

2. 그레셤 칼리지의 교수 존 마친(John Machin, 1680~1751)은 1706년에 소수 100째 자리까지 정확하게 π를 셈했다. 그는 다음 항등식을 사용했다.

$$\frac{\pi}{4} = 4\arctan\left(\frac{1}{5}\right) - \arctan\left(\frac{1}{239}\right)$$

마친의 항등식을 유도하라. [**귀띔**: $\alpha = \arctan\left(\frac{1}{5}\right)$로 놓자. 관계식 $\tan(x+y) = \frac{\tan x + \tan y}{1 - \tan x \tan y}$로부터 $\tan 2\alpha = \frac{5}{12}$와 $\tan\left(4\alpha - \frac{\pi}{4}\right) = \frac{1}{239}$을 얻어라.]

3. (a) 다음이 성립한다.

$$\frac{0^3+1^3}{1^3+1^3} = \frac{1}{2},$$

$$\frac{0^3+1^3+2^3}{2^3+2^3+2^3} = \frac{9}{24},$$

$$\frac{0^3+1^3+2^3+3^3}{3^3+3^3+3^3+3^3} = \frac{36}{108},$$

$$\frac{0^3+1^3+2^3+3^3+4^3}{4^3+4^3+4^3+4^3+4^3} = \frac{100}{320},$$

$$\vdots$$

월리스와 같은 방식으로, 위의 값에 근거해서 다음 극한 값을 유도하라.

$$L = \lim_{n\to\infty} \frac{1^3+2^3+3^3+\cdots+n^3}{n^3+n^3+n^3+\cdots+n^3}$$

(b) 월리스의 '한없이 작은 직사각형'으로 분할하는 방법을 이용해서 구간 $[0, a]$ 위에서 곡선 $y=x^3$ 아래의 넓이를 찾아라.

4. $\int_0^{\sqrt{a}} x^2\,dx$에 대한 월리스의 값과 아래 그림을 이용해서, $\int_0^a \sqrt{x}\,dx$의 값을 찾아라.

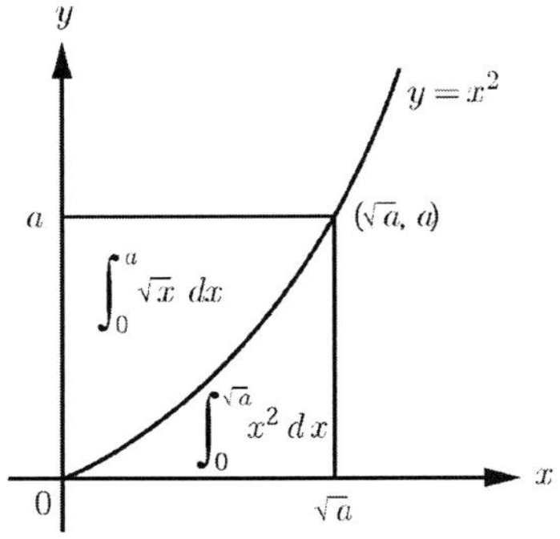

5. 월리스의 기하학적 기법을 적용해서 $0 \le x \le a$인 x축 위와 곡선 $y=x^2$ 아래의 영역을 회전시켜서 생성한 입체의 부피를 얻어라. [**귀띔**: 이 입체를 너비가 $\frac{a}{n}$이고 반지름이 $\left(\frac{a}{n}\right)^2, \left(\frac{2a}{n}\right)^2, \cdots, \left(\frac{na}{n}\right)^2$인 n개의 원판을 이루어졌다고 생각하자. 이것들의 부피를 더하고 n의 값이 한없이 커질 때의 극한을 취하자. 다음과 같은 공식이 있다.

$$1^4+2^4+3^4+\cdots+n^4 = \frac{n(n+1)(2n+1)(3n^2+3n-1)}{30}$$

위와 같이 하고 이것으로부터 다음을 찾아라.

$$L = \lim_{n\to\infty} \frac{0^4+1^4+2^4+3^4+\cdots+n^4}{n^4+n^4+n^4+\cdots+n^4}$$

8.4 라이프니츠 : 미분 적분학 논쟁

■ 라이프니츠의 초기 연구

미분 적분학의 발견은 1600년대의 위대한 지적 성취의 하나였다. 단 한 사람이 아니라 두 사람이 이 개념을 거의 동시에 고안한 것은 수학의 역사에서 기이한 우연의 일치 중 하나였다. 잉글랜드의 뉴턴과 유럽 대륙의 라이프니츠가 고안한 미분 적분학의 방법들은 매우 비슷해서, 라이프니츠가 결정적인 개념들을 뉴턴으로부터 무단 차용한 것인지 아니면 독자적으로 발견한 것인지에 관한 의문이 길고도 치열한 논란을 야기했다. 주요한 참여자들의 전략은 두 거인에게는 전혀 어울리지 않고 격렬한 비난과 이에 대한 비난이 대단히 모욕적이어서 어느 누구도 명성이 더럽혀지지 않고는 벗어날 수 없었다. 표절에 함축된 의미가 사회적으로 성가신 문제가 됐을 때, 왕립 학회의 한 위원회가 이 대단히 악명 높은 과학 논쟁을 판결하기 위해서 소집됐는데 놀랍지 않게 그 학회의 가장 오래된 외국 회원에 비해 그 학회의 회장에게 유리한 판정을 내렸다.

고트프리트 라이프니츠(Gottfried Wilhelm Leibniz, 1646~1716)는 대학 도시 라이프치히에서 삼십년 전쟁이 베스트팔렌 평화 조약(Peace of Westphalia)으로 끝나기 2년 전에 태어났다. 법률가이자 그 대학교의 도덕 철학 교수였던 그의 아버지는 그가 6세 때 죽었다. 이에 따라 어린 라이프니츠는 학습 방향에 대한 지도를 거의 받지 못했다. 이 어린이의 세계는 책의 세계였다. 조숙한 이 어린이는 8세 무렵에 리비우스(Livy)[13]의 로마의 역사에 관한 삽화가 그려진 책을 통해 라틴 말을 스스로 배웠고, 12세 때는 그리스 말을 배우기 시작했다. 이때부터 그는 아버지의 도서관을 아무런 방해 없이 이용할 수 있었는데, 그 도서관은 그 전에는 자물쇠로 잠겨 있었다. 여기서 그 자신의 증언에 따르면, 그는 넓은 범위의 고대 작가들과 친해질 수 있었다. 라이프니츠는 나중에 다음과 같이 썼다. “나는 아주 어릴 때부터 생각하기 시작했는데, 15세가 되기 전에 숲 속을 혼자 오랫동안 거닐면서 아리스토텔레스와 데모크리토스의 원리들을 비교하고 차이점을 찾았다.”

뉴턴이 케임브리지 대학에 들어간 시기와 같은 1661년 가을에, 라이프니츠는 고향 도시인 라이프치히의 대학교에서 배우기 시작했다. 당시 겨우 15세였던 그는 신동으로 간주됐고, 곧 모든 동기생들을 앞질렀다. 라이프니츠가 라이프치히에서 받은 교육은 종교(정통 루터 교리)와 철학을 강조하는 전통적이고 보수적인 과정을 따랐다. 산술은 초등 수준으로 가르쳤는데, 도이치 예수회 회원인 크리스토프 클라비우스(Christoph Clavius, 1537~ 1612)의 교과서를 사용했다. 그리고 유클리드의 ≪원론≫에 관한 강좌가 있었지만, 라이프니츠는 이에 충분히 관심을 두지 않았다. 라이프니츠는 데카르트의 ≪기하학≫을 판 스코텐이

13) [옮긴이] Titus Livius, 기원전 59~서기 17, 로마의 역사가.

라틴 말로 번역한 책을 혼자 읽으려고 시도했지만, 그에게는 너무 복잡해 보였다. 19세도 채 되지 못한 라이프니츠는 철학의 의미에 관한 논문을 방어하고 1663년에 라이프치히 대학교를 졸업했다. 그는 예나(Jena) 대학교에서 여름 학기를 보냈는데, 이곳에서 수학 과목을 수강했다. 그 뒤 라이프치히로 돌아가서 법률 연구에 몰두했다. 그는 그 다음 해에 석사 학위를 받았다. 라이프니츠는 라이프치히 대학교 철학 학부에서 가르치는 자격을 얻었는데, 이 자격은 논문 <복잡한 산술 논의(Disputatio Arithmetica de Complexionibus)>을 써서 얻었다. 이 논문을 ≪조합 셈법(Ars Combinatoria, 1666)≫으로 확장했는데, 논리적 추론을 하기 위한 순열과 조합 이론을 광범위하게 전개했다. 라이프니츠는 수학 문헌을 몰랐기 때문에, ≪조합 셈법≫에는 새로운 것이 거의 없었다. 라이프니츠는 나중에 이것을 학교를 갓 졸업한 젊은이의 연구라고 불렀다. 그럼에도 불구하고 이것은 대단히 흥미로운 연구로, 추론을 위한 수학과 같은 새로운 언어(보편 기호, characteristica universalis)의 확립을 논의했는데, 이 언어에서 모든 과학적 개념은 '인간 사고의 기초적인 알파벳'의 조합으로 형성할 수 있었다. 게다가, 라이프니츠는 자신의 과학적 언어로 표현할 수 있는 모든 문제에 대해 자동적인 해법을 제공할 수 있는 추론의 셈법을 고안할 수 있다고 말했다.

1666년에 라이프니츠는 법학 박사 학위를 신청했지만, 너무 어리다는 빈약한 근거로 라이프치히 교수단으로부터 거절당했다. 그들이 라이프니츠의 능력을 질투했다는 것이 좀 더 그럴듯한 설명이다. 혐오감을 느낀 라이프니츠는 고향 도시를 떠났고(지나치는 경우를 제외하고는 결코 다시 돌아가지 않았는데), 곧바로 뉘른베르크 외곽에 있는 알트도르프(Altdorf) 대학교에 등록했다. 그 다음 해에 그는 알트도르프 대학교에서 법학 박사 학위를 받았는데, 아마도 라이프치히 대학교에서 이미 완성했던 논문을 이용했을 것으로 보인다. 그의 논문은 매우 우호적인 인상을 줬고 이에 힘입어 교수직을 제안 받았다. 그러나 라이프니츠는 이를 거부했는데, 그가 말한 대로 그는 '아주 다른 계획을 마음속에' 품고 있었다. 그 대신에 그는 정치적 힘의 중심에 가까이 있기를 원했다. 그가 쓴 법학 연구에 관한 글 때문에 그는 마인츠(Mainz)의 대주교 선제후[14]를 위해 봉직하는 자리를 얻었다(1667년). 마인츠에서 그는 당시의 법령들을 개정하는 임무를 맡았다. 라이프니츠는 4년 동안의 파리 체류를 제외하면 남은 삶을 마인츠와 하노버의 궁정에서 보냈는데, 마인츠에서는 1672년까지, 하노버에서는 1676년부터 1716년에 죽을 때까지는 지냈다.

라이프니츠의 첫째 문제는 도이치 공국들의 얼기설기 얽힌 법적 지위와 정치적 지위를 숙지하는 것이었다. 17세기 전체를 통해 유럽은 과학 혁명만큼 의미 있는 정치 혁명을 겪었다. 잉글랜드는 청교도 혁명과 내전을 겪었고, 유럽 대륙은 끔찍한 삼십년 전쟁으로 산산이 부서졌다. 보헤미아의 신교 귀족 일단의 합스부르크가에 대한 반란으로 1618년에 시작되어

14) [옮긴이] 신성 로마 제국의 제후 중 황제 선거권을 가졌던 제후

고트프리트 라이프니츠
(Gottfried Wilhelm Leibniz, 1646~1716)

(Smithsonian Institution)

격렬한 보복 전쟁으로 이어졌는데, 도이칠란트 전체로 급속히 퍼졌고 그 뒤 여러 상황에서 스칸디나비아, 네덜란드, 프랑스, 에스파냐, 헝가리, 이탈리아, 폴란드, 러시아, 잉글랜드가 연루됐다. 30년 동안 잇따라 도이칠란트는 유럽의 전쟁터가 됐고, 베스트팔렌 평화 조약(1648년)으로 드디어 20세기 전까지 가장 파괴적이었던 전쟁은 중단됐다. 1648년 뒤로, 중세의 신성 로마 제국은 의례적인 관습에 불과했다. 빈에 있던 단순한 그림자에 불과한 황제에 의해 명목상으로 유지된 작위와 예복 및 360개의 공국(또는 모든 제국 기사[15]와 그들의 사유지를 포함하면 거의 2000개의 고립 영토)의 느슨하게 짜인 연합체만이 남았다. 베스트팔렌 평화 조약은 여러 도이치 공국에 자체의 군대를 보유하고 자신들의 안녕과 방어를 위한 독자적인 동맹을 체결할 수 있는 유해한 특권을 부여했다. 당시에 외교술에서 중요했던 것은 이런 협상 능력이었다.

신성 로마 제국이 분열되자, 당시 통일되어 있던 프랑스는 유럽 권력의 중심이자 유럽 문화의 상징이 됐다. 이제 프랑스 말은 모든 곳에서 상류 사회와 외교에서 사용되는 말이 됐다. 1661년에 왕위를 계승한 태양왕 루이 14세(Louis XIV, 1638~1715)는 진정한 '유럽의 조정자'였다. 라이프니츠는 마인츠의 법률 고문으로 임명받았을 때, 도이칠란트와 네덜란드는 모두 프랑스의 공격적인 정책으로 위협을 받고 있었다. 이 젊은 법률가는 루이 14세의 관심을 도이칠란트에서 다른 데로 돌리려는 생각을 갖고 있었는데(1670년), 유명한 제안서 이집트 원정 계획(Consilium Aegyptiacum)을 통해 그 왕에게 그리스도교 왕의 더 가치 있는 목표는 이집트를 터키로부터 빼앗는 것이라고 제안했다. 당시에 터키는 유럽의 동쪽 입

15) [옮긴이] imperial knight, 신성 로마 제국의 자유로운 귀족으로, 황제의 감독만 받는다.

구에 군사력을 집중시키고 있었다. 그 선거후는 이 제안서의 저자를 직접 파리로 보내서 그 계획을 상세하게 설명하도록 하는 데 동의했다. (이것은 나폴레옹이 128년 뒤에 고안한 계획과 신기하게도 닮았는데, 그가 라이프니츠의 제안서를 읽었다는 말이 예전에 있었다.) 1672년 3월에 라이프니츠는 마인츠를 떠나 파리로 갔지만, 너무 늦게 도착했다. 루이 14세는 자신이 '말과 행동이 거친 여자들과 소매 상인들의 나라'라고 부른 네덜란드를 이미 침공하기로 결심했었다. 이 왕의 각료 중 한 사람은 십자군은 시대에 뒤졌다고 말했다.

라이프니츠의 파리 방문은 장기 체류로 바뀌었고, 1672년부터 1676까지 지속됐다. 처음에 계획한 정치적인 목적은 실현하지 못했지만, 이것은 미래의 수학자의 삶에서 가장 중요한 사건이었을 것이다. 파리는 유럽 지식의 수도였고, 라이프니츠는 많은 학자를 접촉하게 됐다. 가장 중요한 사람은 네덜란드의 뛰어난 과학자 크리스티안 하위헌스였는데, 그는 파리에 1666년부터 1681년까지 살았다. 뉴턴은 케임브리지 대학교에 갔을 때 당시 최고의 수학자의 한 사람인 배로로부터 배웠다. 그러나 라이프니츠가 라이프치히 대학교에서 받은 수학 교육은 전혀 적절하지 않았다. 라이프니츠는 파리로 가기 전에 자신이 '수학의 초보자도 아니었다.'고 말했다. 라이프니츠를 누구의 수학 제자라고 부를 수 있다면, 그는 하위헌스의 제자였다. 하위헌스는 학구적이고 젊은 이 도이치 사람의 뛰어난 재기를 알아챘고, 그가 수학 훈련이 부족함을 인식하고는 그의 최초의 연구를 지도하기 시작했다.

하위헌스와 만났던 초기의 어떤 경우에, 라이프니츠는 임의의 급수의 항들을 어떤 규칙에 따라 만들었다면 (그 급수가 수렴하는 경우에) 그 급수의 합을 찾을 수 있다고 주장했다. 이 젊은이를 즉시 시험해보고 싶던 하위헌스는 다음과 같이 삼각수들의 역수로 이루어진 급수의 합을 찾아보게 했다.

$$\frac{1}{1}+\frac{1}{3}+\frac{1}{6}+\frac{1}{10}+\frac{1}{15}+\cdots+\frac{2}{n(n+1)}+\cdots$$

라이프니츠는 각 항을 다음과 같이 두 분수의 합으로 나타냈다.

$$\frac{2}{n(n+1)}=2\left(\frac{1}{n}-\frac{1}{n+1}\right)$$

라이프니츠는 이런 영리한 장치를 이용해서 하위헌스가 요구한 합을 찾을 수 있었다.

$$\begin{aligned}\frac{1}{1}+\frac{1}{3}+\frac{1}{6}+\frac{1}{10}+\frac{1}{15}+\cdots &= \frac{2}{1\cdot 2}+\frac{2}{2\cdot 3}+\frac{2}{3\cdot 4}+\frac{2}{4\cdot 5}+\cdots\\ &=2\left(1-\frac{1}{2}\right)+2\left(\frac{1}{2}-\frac{1}{3}\right)+2\left(\frac{1}{3}-\frac{1}{4}\right)+\cdots\\ &=2\end{aligned}$$

또 이때 라이프니츠는 실제로 작동하는 새로운 셈 기계의 모형을 만들었는데, 이는 파스칼이 이미 발명한 기계를 개선한 것이었다. 파스칼의 장치는 덧셈과 뺄셈만 시행할 수 있었지만, 라이프니츠의 기계는 덧셈과 뺄셈을 거듭해서 곱셈과 나눗셈을 시행했다. 라이프니츠는 "셈하는 노동에 노예와 같이 시간을 허비하는 것은 탁월한 사람에게 어울리지 않는다." 라고 썼다.

라이프니츠는 당시에 수학 연구에 많은 시간을 할애할 수 없었다. 그는 1673년에 해협을 건너 잉글랜드로 갔는데, 프랑스와 네덜란드 사이의 평화 협상을 촉구하라는 마인츠 선제후를 위한 외교 임무를 띠고 있었다. 그는 런던에 있을 때 같은 도이치 사람인 헨리 올덴부르크(Henry Oldenburg)와 친하게 지냈는데, 왕립 학회의 종신 비서였던 올덴부르크는 그에게 왕립 학회와 관련된 펠, 콜린스, 보일, 훅 등 많은 수학자와 과학자를 소개시켜줬다. 라이프니츠는 이 빛나는 단체의 회원으로 만장일치로 선출됐는데, 부분적으로는 그 학회의 한 모임에서 자신의 셈 기계를 전시한 덕분이고 부분적으로는 올덴부르크의 호의적인 알선에 힘입었기 때문이다.

마인츠의 외교 임무는 거의 성공을 거두지 못했다. 라이프니츠는 런던에 두 달 동안 머문 뒤에 파리로 되돌아갔는데, 그곳에서 방해 받지 않고 수학 연구를 할 시간을 찾을 수 있었다. 하위헌스는 뛰어난 연구서 ≪흔들이 시계≫를 출판하려고 준비 중에 있었는데, 이 책은 흔들이 운동으로부터 나타나는 수많은 기계적인 문제를 다루었다. 그는 라이프니츠에게 이 책 한 권을 선물로 줬지만, 이 젊음이의 수학 지식은 그 책의 내용을 이해할 수 있는 수준에는 충분히 도달하지 못했었다. 그 내용을 모르는 것에 수치심을 느낀 라이프니츠는 최고의 열정으로 당시의 표준적인 수학 연구서들을 애써서 읽어 나갔다. 그는 (이전에는 읽을 수 없었던) 데카르트의 ≪기하학≫을 판 스코텐이 라틴 말로 번역한 두 권의 책에 몰두했는데, 이에 대해 그는 이것을 "기하학이라는 집을 말하자면 뒷문으로 들어가는 것"이라고 말했다. 하위헌스의 친절한 조언을 받으면서 그는 또한 파스칼의 원고에도 친숙해졌다. 몇 번의 경우에 라이프니츠는 다른 어떠한 것보다도 파스칼의 글을 연구해서 미분 적분학의 발견에 더 다가갔다고 분명히 말했다. 파리에 체류한 이런 몇 년은 라이프니츠의 삶에서 가장 집약적으로 창조적인 시기였는데, 이때 그는 초보자로부터 원숙한 수학자로 성장했다.

라이프니츠는 이런 연구를 통해 얻은 최초의 성과 중에는 그의 이름이 붙은 다음과 같은 유명한 교대 급수가 있었다.

$$\frac{\pi}{4} = 1 - \frac{1}{3} + \frac{1}{5} - \frac{1}{7} + \frac{1}{9} - \frac{1}{11} + \cdots$$

라이프니츠는 이 급수를 1673년에 찾은 것으로 보인다. 그렇지만 이 공식은 스코틀랜드의 젊은 수학자 제임스 그레고리(James Gregory, 1638~1675)가 1671년에 찾아냈었다. 이 급수는 π에 대한 훌륭한 공식이지만, 셈을 통해 π의 어림값을 찾는 목적에서는 너무 느리게 수렴한다. 뉴턴은 이런 사실을 (올덴부르크를 통해) 라이프니츠에게 다음과 같이 변형된 식을 보낼 때 지적했는데 간결하지만 강력한 반발이었다.

$$\frac{\pi}{2\sqrt{2}} = 1 + \frac{1}{3} - \frac{1}{5} - \frac{1}{7} + \frac{1}{9} + \frac{1}{11} - \frac{1}{13} - \frac{1}{15} + \cdots$$

런던에서 협상하고 있던 중에, 라이프니츠의 후원자인 마인츠의 선제후가 갑자기 죽었다. 라이프니츠는 파리에서 영구적인 근거지를 얻으려고 희망했고 프랑스 과학원에서 왕의 연금을 타려고 시도했지만 모든 노력이 수포로 돌아갔다. (라이프니츠는 1700년에야 그 학술원에 들어갔는데, 뉴턴이 들어간 해와 같았다.) 라이프니츠는 마지못해 새로운 정치적인 업무를 찾아 나섰다. 그는 결국 하노버 공작의 변호사이자 사서의 자리에 정착했고, 남은 삶을 그 자리에서 보냈다.

■ 라이프니츠의 미분 적분학 발견

라이프니츠가 1672년부터 1676년까지 파리에 체류하는 동안, 그의 수학적 천재성은 서서히 피어났고 원숙해졌다. (이렇게 창조력이 집중된 시기는 울즈소프에 있던 뉴턴의 '황금기' 1664~1666년을 연상시킨다.) 그는 이 시기에 자신의 미분 적분학에 관한 주요한 특징과 표기법을 개발했다. 특정한 부류의 곡선에 대한 접선을 결정하기 위한 여러 가지 방법이 고안됐었지만, 그때까지 역 문제, 곧 곡선의 방정식을 그 접선의 성질로부터 유도하는 문제를 풀기 위한 비슷한 과정은 어느 누구도 알아내지 못했다. 라이프니츠는 이런 역 접선 문제를 "접선영을 결정하는 궤적이 알려졌을 때 함수의 궤적을 찾기"라고 서술했다. 그는 1673년 중반에 이 문제에 대한 탐구에 착수했는데, "접선의 역 방법에 관한 이론 전체는 거의 구적[적분] 문제로 바꿀 수 있다."고 확실하게 인식했다.

라이프니츠는 자신의 미분 적분학을 위한 표기법으로 여전히 허우적거렸기 때문에, 이런 초기의 셈이 어설픈 것은 놀랍지 않다. 그는 자신이 얻는 결과들을 수사적인 형태로 표현하거나 아니면 '합'을 표현하기 위해 ('모든'을 뜻하는) 라틴 말 'omnia'를 줄인 'omn.'와 같은 축약형을 사용했다. 문자 l을 사용해서 우리가 dy로 쓰는 이웃한 두 세로 좌표의 '차분'을 나타냈다. 1675년 10월 29일이 적힌 주목할 만한 원고에서 (결코 발표하지는 않았지만) 라이프니츠는 접선 문제의 순 방향과 역 방향을 기호로 연결했다. 이 원고에서 라이프니츠는 다음과 같은 기하학적 논법으로 얻은 한 정리에 대해 썼다.

> 나는 감탄할 만한 정리를 얻었는데, 새로운 셈법[미분 적분학]에서 엄청나게 중요한 역할을 할 이것은 다음과 같다.
>
> $$\frac{\overline{\text{omn.}\,l^2}}{2} = \text{omn.}\,\overline{\overline{\text{omn.}\,l}\,\frac{l}{a}} \quad (\text{단, } l\text{은 임의})$$

위에 놓인 수평 선분은 현재의 괄호 대신에 사용한 것이었고, (dx일 수 있는) 상수 a는 1로 택했다. 라이프니츠는 "이것은 매우 훌륭한 정리인데, 결코 자명하지 않다."고 지적했다. 곧바로 뒤에서 그는 다음과 같은 똑같은 종류의 또 다른 정리를 서술했다.

$$\text{omn.}\, xl = x\ \text{omn.}\, l - \text{omn.}\ \text{omn.}\, l$$

이런 방정식들은 역사적으로 중요한데, 라이프니츠가 '합'을 나타내기 위해 문자 S를 길게 늘인 꼴인 기호 $\int$을 처음으로 도입한 곳이 바로 여기이기 때문이다. 원고의 가운데에서 그는 다음과 같이 말했다.

> omn.을 위해 $\int$을 사용해서 $\int l = \text{omn.}\, l$, 곧 l들의 합을 나타내면 쓸모 있다. 이를테면 다음과 같다.
>
> $$\frac{\int \bar{l}^{2}}{2} = \iint \bar{l}\, \frac{l}{a}, \qquad \int \overline{xl} = x \int \bar{l} - \iint l$$

이것은 현재의 미분 적분학의 표기법으로 그는 다음을 밝힌 것이었다.

$$\frac{1}{2}\Big(\int dy\Big)^2 = \int\Big(\int dy\Big)dy, \qquad \int x\,dy = xy - \int y\,dx$$

라이프니츠는 여전히 적분 기호 아래 미분을 사용하지 않았다. 그로부터 몇 주 뒤(11월 21일)에 쓴 또 다른 원고가 있는데, 여기에서 그는 현대적인 꼴의 직접적인 전신인 기호 $\int f(x)\,dx$로 써서 자신의 표기법을 개선했다.

그 뒤에 10월 29일의 똑같은 원고에서 라이프니츠는 다음과 같이 반대 방향의 셈법을 탐구했는데, 적분과 미분 과정의 쌍대적인 속성을 알아냈다.

> l과 이것의 x에 대한 관계가 주어졌을 때, $\int l$을 찾아라. 이것은 반대 방향의 셈법으로 얻을 수 있다. 곧, $\int l = ya$라고 가정하자. $l = ya/d$라 하자. 그러면 $\int$이 커질 것과 마찬가지로, 이에 따라 d는 크기가 줄어들 것이다. 그런데 $\int$는 합을 뜻하고, d는 차분을 뜻한다. 주어진 y로부터 언제나 y/d 또는 l, 곧 y들의 차분을 찾을 수 있다. 그러므로 한 방정식은 다른 방정식으로 바꿀 수 있다.

라이프니츠는 처음에 기호 d를 분모에 위치시켰는데, 아마도 나눗셈 과정과 비슷하게 나타냈을 것이다. 3일 뒤인 11월 1일에 쓴 글에서 그는 y/d를 친숙한 dy로 바꾸었는데, 이것이 그에게 더 적절하게 보였고 그 뒤의 모든 글에서 이 표기법을 유지했다.

다음으로 라이프니츠는 미분 적분학의 기초적인 알고리즘을 고찰했는데, 특히 $d(xy)$가 $dx\,dy$와 같은지 그리고 $d(x/y)$가 dx/dy와 같은지에 관한 문제를 고려했다. 11월 11일의 원고에서 그는 이런 식들이 서로 같지 않다고 결론을 내렸지만, 각각에 대한 정확한 값을 제시할 수는 없었다. 열흘 뒤에 그는 곱의 미분법을 정확하게 결정했고, 1677년 7월에 몫의 미분법에 관한 명제를 제시했다. 곱의 경우에 라이프니츠는 $(x+dx)(y+dy)$로부터 xy를 뺐고 항 $dx\,dy$를 버렸는데, "dx와 dy가 한없이 작기 때문에, 나머지에 비해 한없이 작은

$dx\,dy$를 버리면 $x\,dy + y\,dx$가 남을 것이다."라고 지적했다. 물론, 이 모든 것에 대한 타당한 정당화는 없었다. 몫 $z = x/y$의 미분을 찾기 위해서, 라이프니츠는 $x = zy$로 놓고 곱의 미분법을 사용했다. $dx = z\,dy + y\,dz$에서 다음을 얻는다.

$$dz = \frac{dx - z\,dy}{y} = \frac{dx - (x/y)\,dy}{y} = \frac{y\,dx - x\,dy}{y^2}$$

1676년 11월에 그는 n의 옹근 값과 깨진 값에 대해 멱의 미분법 $d(x^n) = nx^{n-1}$도 명시할 수 있었다.

미분 적분학에 대한 라이프니츠의 고찰은 그가 '특성 삼각형'이라고 부른 것에 근거했다. 배로가 잉글랜드에서 특성 삼각형을 사용했었지만, 라이프니츠 자신은 파스칼의 책을 읽고 특성 삼각형을 사용할 발상을 하게 됐다고 말했다. 자신을 제 3 자로 언급하면서, 라이프니츠는 파스칼의 글에서 우연히 어떤 그림을 봤을 때 '갑자기 그에게 빛이 비쳤다.'고 썼다. 곡선 $y = f(x)$에 대해 특성 삼각형은 직각 삼각형으로 그 변은 $PQ\,(= dx)$, $QR\,(= dy)$, PR로 이루어지는데, 여기서 PR은 전형적인 점 P에서 이 곡선에 대한 접선의 일부이다. 라이프니츠는 이 특성 삼각형이 법선 n과 차법선(subnormal) σ 및 접점에서의 세로 좌표 y로 형성된 삼각형 PVW와 닮은꼴이고, 접선 t와 접선영 s 및 세로 좌표 y로 형성된 삼각형과도 닮은꼴임을 지적했다. 특성 삼각형과 삼각형 PVW가 닮은꼴이므로, 다음을 얻는다.

$$\frac{dy}{\sigma} = \frac{dx}{y}, \text{ 곧 } \sigma\,dx = y\,dy$$

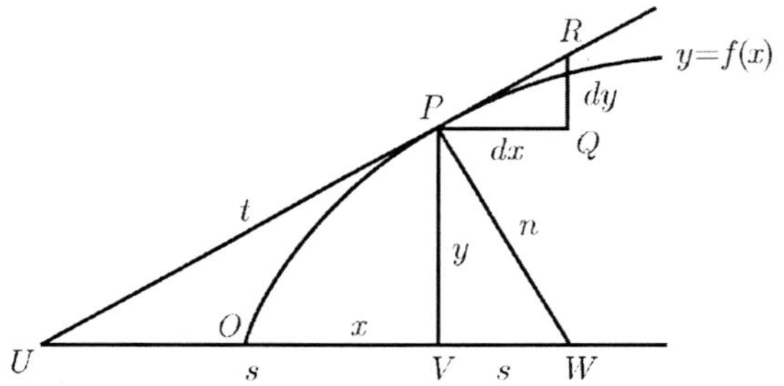

dx와 dy를 한없이 작은 것으로 간주하고 더해서, 라이프니츠는 다음 결과에 도달했다.

$$\int \sigma\,dx = \int y\,dy$$

명확한 문제를 풀기 위해서(11월 11일), 그는 차법선이 세로 좌표의 제곱에 반비례한다고, 곧 $\sigma = a^2/y$이라 가정했고, $y^3/3 = a^2 x$을 찾았다. 그래서 주어진 성질을 만족시키는 곡선을 삼차 포물선이었다.

또 다른 응용을 위해 라이프니츠는 특성 삼각형이 매우 작을 때 현 PR의 길이를 곡선의 길이 ds와 같다고 생각할 수 있다는 사실을 사용했다. 특성 삼각형과 삼각형 PVW가 닮은꼴이므로, 다음을 얻는다.

$$\frac{n}{ds} = \frac{y}{dx}, \quad \text{곧} \quad y\,ds = n\,dx$$

라이프니츠는 다음에 이것들을 더해서 다음을 얻었다.

$$\int y\,ds = \int n\,dx$$

이것은 원래의 곡선을 x축을 축으로 회전시켜서 얻은 회전면에 대한 공식이다.

이런 일련의 주목할 만한 원고에서 라이프니츠 미분 적분학의 (처음에 x/d였던) 기호 dx와 $\int f(x)\,dx$가 태어났다. 여기서 새로운 발견은 거의 없다. 뉴턴은 이에 대해 "이전에 풀지 못한 문제 중에서 어느 하나도 푼 것이 없다."고 험담했다. 그러나 형식주의는 발달해서 예전의 여러 가지 기하학적 결과들을 체계화하고 일반화하는 데 도움을 주었다. 그가 새롭게 고안한 표기법은 기하학에 속박된 미분 적분학을 해방시켰고, 라이프니츠로 하여금 거의 노력도 하지 않고 많은 결과를 성취하게 했다.

라이프니츠는 점진적으로 자신의 미분 적분학을 정교하게 만들었지만, 결코 극한 개념에 근거해서 이를 확립하지는 못했다. 그의 미분의 비 dy/dx는 언제나 '차분'들의 몫으로 생각했고 그의 적분은 단순히 합으로 생각했다. 극한 이론이 미분 적분학에서 기초적이라고 생각한 최초의 저명한 수학자는 장 달랑베르(Jean d'Alembert, 1717~ 1783)였다. 달랑베르는 계몽주의 시대의 가장 중요한 문헌인 ≪백과전서(Encyclopédie, 28권, 1751~1772)≫에 나타나는 대부분의 수학 관련 조항을 썼는데, '미분(Différential)'(제 4 권, 1754)이라는 제목이 붙은 조항에서 "방정식을 미분하기는 단순히 방정식에 두 변수의 유한 차분들의 비의 극한을 찾는 것으로 이루어진다."라고 썼다. 바꿔 말하면, 그는 증분들의 몫의 극한으로 도함수의 식에 도달했다. 곧, 현재 다음과 같이 나타내는 것에 도달했다.

$$\frac{dy}{dx} = \lim_{\Delta x \to 0} \frac{\Delta y}{\Delta x}$$

불행하게도, 달랑베르가 고심하여 만든 극한 개념 자체에는 정밀성이 부족했다. 이에 따라 1700년대의 세심한 수학자들은 현재 도함수에 대한 해석으로 통용되는 것과 다름없는 이 정의에 결코 만족할 수 없었다.

■ 뉴턴의 유율 셈법

라이프니츠는 1676년 가을에 파리를 떠나기 전에 자신의 미분 적분학에 대한 법칙들과 표기법을 지니고 있었다. 그는 확신할 수는 없었지만 뉴턴이 동치이지만 훨씬 더 기하학적인 접근 방법을 전개했다고 짐작했다. 이것은 정확하게 옳았다. 그런 전개는 뉴턴이 이십대였던 1665~1666년에 이미 이루어졌었다. 그와 같은 시기에 그는 이항 정리도 발견했었다. 미분 적분학에 대한 뉴턴의 초기의 연구 결과 대부분은 약 30쪽의 작은 논문 속에 빽빽하게 압축시켜 써놓았는데, 접선, 곡률, 무게 중심, 넓이 등과 같은 주제를 다루었다. 뉴턴이 결코 명확한 제목을 붙이지 않은 것으로 보이는 이 논문은 학술 문헌에 '1666년 10월 소책자'로 알려져 있다. $\int_0^x (1+t)^{-1}\,dt$의 값들의 표로부터 규칙성을 찾던 그는 직교 쌍곡선 $(x+1)y=1$ 아래의 넓이가 다음과 같음을 그때 보일 수 있었다.

$$z = x - \frac{x^2}{2} + \frac{x^3}{3} - \frac{x^4}{4} + \frac{x^5}{5} - \cdots$$

이것은 $1+x$의 자연 로그의 급수 전개이다. 사내아이 같은 열의로 뉴턴은 x의 특별한 값들에 대해 이 식을 (x^{25}이 관련된 항까지의 이 급수를 사용해서 무려 소수 68자리까지) 소수점 아래의 터무니없이 많은 자리까지 셈해서 자신이 새롭게 찾아낸 수치적 재능을 입증했다.

뉴턴은 1669년 중반에 니콜라스 메르카토르(Nicholas Mercator, 1619?~1687)의 ≪로그 기법(Logarithmotechnia, 1668)≫을 우연히 보게 됐다. 그 책의 처음 두 부분은 상용 로그표에 충당됐다. 셋째 부분에는 로그에 대한 여러 가지 어림 공식이 포함되어 있는데, 그 중에서 하나는 뉴턴이 $\log(1+x)$를 다음 무한 급수로 바꾼 것이었다.

$$\log(1+x) = x - \frac{x^2}{2} + \frac{x^3}{3} - \frac{x^4}{4} + \frac{x^5}{5} - \cdots$$

메르카토르가 자신보다 먼저 발표했다는 사실에 의시소침해진 뉴턴은 개별적인 주제들에 대한 자신의 우선권을 지키겠다는 욕구가 솟아나서 자신이 이전에 연구해서 얻은 급수 전개에 관한 결과들을 기록하는 작업에 서둘러 착수했다. 이렇게 해서 얻은 개요서를 당시 루카스 수학 교수로 있던 배로에게 승인을 위해 제출했다. 그 해 여름에 배로는 수학자 존 콜린스(John Collins)에게 다음과 같이 열광적으로 털어놨다. "그런 것에 아주 탁월한 재능을 갖고 있는 여기 내 친구 중 하나가 어느 날 어떤 논문을 가지고 나에게 왔는데, 그 논문에서 그는 쌍곡선에 관한 메르카토르 씨의 방법과 비슷하게 크기를 셈하는 방법을 세웠다. 그런데 매우 일반적이다." 그 '논문'은 소책자 ≪항이 무수히 많은 방정식에 의한 분석에 대해(De Analysi per Aequationes Numero Terminorum Infinitas))≫로 밝혀졌다. 이 연구서를 받은 배로는 '견줄 나위 없는 천재'인 뉴턴을 자신의 루카스 교수 후임자로 추천하도록 확신하게 됐다.

≪분석에 대해≫는 곡선 $y = ax^{m/n}$ 아래의 넓이를 셈하는 법칙들로 시작하는데, 다음과 같이 증명 없이 서술했다.

어떤 곡선 AD의 밑변 AB에 세로 좌표가 BD인 수선을 세우고, AB를 x, BD를 y라 하자. a, b, c, …를 주어진 양들이라 하고 m과 n은 옹근 수라고 하자. 그러면

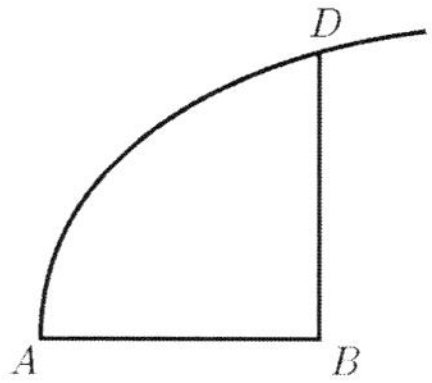

법칙 1. $ax^{m/n}=y$ 이면, $\frac{na}{m+n}x^{(m+n)/n}$은 ABD의 넓이이다.

A의 x좌표는 0이므로, 뉴턴은 적분 $\int_0^x at^{m/n}\,dt$의 값을 정확하게 셈했다. 나중에 ≪분석에 대해≫에서 그는 법칙 1을 정밀하게 다루었다. 뉴턴은 곡선이 있고 그 아래의 넓이가 다음과 같이 주어졌다고 가정했다.

$$z=\left(\frac{n}{m+n}\right)ax^{(m+n)/n} \tag{1}$$

o가 x의 무한소 증분이면, 새로운 가로 좌표는 $x+o$일 것이고 (주어진 곡선과 x축 및 $x+o$에서의 연직선으로 둘러싸인 영역의) 넓이의 증분은 다음과 같을 것이다.

$$z+oy=\left(\frac{n}{m+n}\right)a(x+o)^{(m+n)/n} \tag{2}$$

여기서 oy는 넓이가 증가하는 증분이다. 다음에 뉴턴은 이 방정식의 우변에 이항 전개를 적용하고 (2)에서 (1)을 뺀 다음에 모든 항을 o로 나누고 여전히 o를 포함하고 있는 항들을 버려서 다음 결과에 도달했다.

$$y=ax^{m/n}$$

그는 역으로 곡선이 $y=ax^{m/n}$이라면 그 아래의 넓이는 다음과 같을 것이라고 말했다.

$$z=\left(\frac{n}{m+n}\right)ax^{(m+n)/n}$$

뉴턴은 미분과 적분 사이의 관계를 파악한 것으로 보이지만, 모호하게 말했다. o의 거듭제곱이 포함된 항을 셈에서 무시할 수 있다는 논리를 설명하려고 시도하지 않았다.

배로는 많이 설득시켜서 그의 '제자'가 콜린스에게 ≪분석에 대해≫를 보여주어야 한다는 점을 확신시켰다. 콜린스는 즉시 자신이 잘 알고 있는 저명한 수학자들에게 이의 복제본을 유포시켰고, 뉴턴에게 원본을 돌려주기 전에 이것의 필사본을 스스로 만들어 보유했다. 이 소책자를 가능한 한 빨리 인쇄하자고 제안한 것은 콜린스의 바람이었지만, 뉴턴은 이미 ≪분석에 대해≫를 확장해서 자신의 유율 방법, 곧 미분 적분학에 대한 포괄적인 설명서로 만

OF

ANALYSIS

BY

Equations of an infinite Number of Terms.

1. *THE General Method, which I had devised some considerable Time ago, for measuring the Quantity of Curves, by Means of Series, infinite in the Number of Terms, is rather shortly explained, than accurately demonstrated in what follows.*

2. Let the Base AB of any Curve AD have BD for it's perpendicular Ordinate; and call AB=*x*, BD=*y*, and let *a*, *b*, *c*, &c. be given Quantities, and *m* and *n* whole Numbers. Then

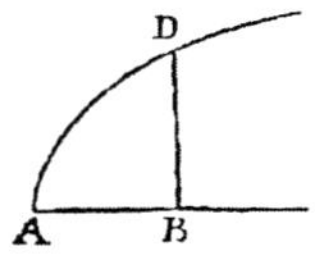

The Quadrature of Simple Curves,

RULE I.

3. If $ax^{\frac{m}{n}} = y$; it shall be $\frac{an}{m+n} x^{\frac{m+n}{n}}$ = Area ABD.

The thing will be evident by an Example.

1. If $x^2 \ (= 1x^{\frac{2}{1}}) = y$, that is $a = 1 = n$, and $m = 2$; it shall be $\frac{1}{3}x^3$ = ABD.

T t 2. Suppose

뉴턴 ≪분석에 대해≫의 영어 번역판(1745년) 제1쪽. (*Printed by permission of the Johnson Reprint Corporation*)

들려는 더 대담한 계획을 생각하고 있었다. 1671년까지 그 계획은 ≪급수와 유율 방법에 대해(De Methodis Serierum et Fluxionum)≫로 완성됐다. 1671년과 1676년 사이에 뉴턴은 이 중요한 연구 결과를 그 자체로 완전한 연구서 또는 그의 루카스 강의록의 부록으로 출판하려고 시도했다. 그러나 이런 모든 시도는 실패했는데, 서적상들은 순전히 수학적인 출판물의 수요가 거의 없다고 생각했기 때문이었다. 이 책은 65년 뒤인 1736년에 존 콜슨(John Colson, 1680~1760)의 영어 번역본 ≪유율 방법과 무한 급수(The Method of Fluxions and Infinite Series)≫로 처음 등장했다. 이것은 1744년에 라틴 말로 ≪유율 방법과 무한 급수(Methodus Fluxionum et Serierum Infinitarum)≫라는 제목으로 다시 번역됐다. 그 동안, 이 원고의 핵심은 이에 관심을 가진 사람들에게 은밀히 전달됐고, ≪곡선의 구적에 대해(De Quadratum Curvarum, 1691~1693년에 준비)≫로 새롭게 개편되어 뉴턴의 ≪광학(Opticks)≫ 1704년 판에 부록으로 첨가됐다.

뉴턴은 ≪유율 방법에 대해≫에서 유율을 위해 무한소의 사용을 포기했다. 뉴턴은 점의 연속적인 운동으로 곡선을 그리는 것과 비슷하게 연속적인 운동으로 생성되는 수학적인 양을 생각했다. 이렇게 물 흐르는 듯한 양(변수, 변량) 각각을 '유량(fluent)'이라 불렀고, 이것이 생성되는 속력을 '유량의 유율(fluxion)'이라 했으며 이것을 문자 위에 점을 찍어 나타냈다. 그래서 유량을 x로 나타내면 뉴턴은 이의 유율을 $\dot{x}$로 나타냈고, $\dot{x}$의 유율인 제 2 유율을 $\ddot{x}$으로 나타냈으며, 이와 같이 계속했다. (현대적인 용어로, 독립 시간 변수 t에 관한 변수 x의 유율은 이의 속도 dx/dt일 것이다.) o로 나타내는 작은 시간 구간에서 유량이 증가하는 한없이 작은 부분을 유량의 모멘트라 불렀고 유율 표기법으로 $\dot{x}o$와 같이 나타냈다. 뉴턴은 1691년까지는 유율을 나타내는 친숙한 표기법인 점을 실제로는 도입하지 않았었다. 그 이전에는 x, y, z의 유율을 문자 기호 p, q, r로 나타냈다.

뉴턴은 ≪유율 방법에 대해≫에서 미분 적분학의 기본적인 과제를 "주어진 유량들 사이의 관계에서 그것들의 유율 사이의 관계를 찾기[그리고 그 역]"이라고 서술했다. 그리고 그는 이것을 몇 가지 보기로 예시했다. 다음의 발췌 내용은 뉴턴이 택한 접근 방법과 현대적으로 함수를 미분하는 방법 사이의 유사성을 보여준다.

> 그래서 임의의 방정식 $x^3-ax^2+axy-y^3=0$이 주어졌다고 하고, x에 $x+\dot{x}o$, y에 $y+\dot{y}o$를 대입하면 다음을 얻을 것이다.
>
> $$x^3+3x^2\dot{x}o+3x\dot{x}o\dot{x}o+\dot{x}^3o^3-ax^2-2ax\dot{x}o-a\dot{x}o\dot{x}o+axy+ax\dot{y}o$$
> $$+ay\dot{x}o+a\dot{x}o\dot{y}o-y^3-3y^2\dot{y}o-3y\dot{y}o\dot{y}o-\dot{y}^3=0$$
>
> 이제 가정 $x^3-ax^2+axy-y^3=0$에 따라 이런 항들을 줄이고 나머지 항들을 o로 나누면 다음이 남을 것이다.
>
> $$3x^2\dot{x}-2ax\dot{x}+ay\dot{x}+ax\dot{y}-3y^2\dot{y}+3x\dot{x}\dot{x}o-a\dot{x}\dot{x}o+a\dot{x}\dot{y}o-3y\dot{y}\dot{y}o$$
> $$+\dot{x}^3oo-\dot{y}^3oo=0$$
>
> 그런데 o는 한없이 작다고 가정하고 이것이 양의 모멘트를 나타낼 수 있으므로, 이것이 곱해져 있는 항들은 나머지에 비해 아무것도 아니다. 따라서 나는 이것들을 버리는데, 이에 따라 다음이 남는다.
>
> $$3x^2\dot{x}-2ax\dot{x}+ay\dot{x}+ax\dot{y}-3y^2\dot{y}=0$$

이것으로부터, 유율 방법이 ≪분석에 대해≫에서 사용한 방법과 본질적으로 다르지 않고, 그 이전의 연구에 있던 모호함이 제거되지 않았다는 사실은 분명하다. 뉴턴은 여전히 o로 나눈 다음에 o를 포함하는 모든 항을 제거했다. 그러나 o를 영으로 다룰 수 없었는데, 나눗셈을 불법적으로 만들기 때문이었다. 실질적인 진전은 시간에 따라 변하는 모멘트 $\dot{x}o$와 $\dot{y}o$를 다루는 것에 있었는데, 이전에 모멘트 o는 x와 y의 고정된 작은 조각이었다.

뉴턴이 고안한 내용을 이해하기가 어려운 이유 중 하나는 미분 적분학에 대한 그의 세 가지 연구서 각각에서 접근하는 방법에 변화가 있었기 때문이다. ≪분석에 대해≫에서는 무한소를 강조했지만, ≪유율 방법에 대해≫에서는 유율 이론을 위해 무한소를 버렸다. 그리고 더 나중에 이 이론은 ≪곡선의 구적에 대해≫에서 기본적이고 궁극적인 비에 근거하게 됐다. 뉴턴의 세 책 중에서 마지막으로 썼지만 가장 먼저 발표된 ≪곡선의 구적에 대해≫는 미분 적분학을 견실한 기초 위에 확립하려는 노력의 절정이었다. 그 이전의 연구에서 뉴턴은 양 o가 포함된 항들을 다른 항과 비교해서 한없이 작다는 의심스러운 정당화로 무시했다. 그러나 o가 수량인 한, 아무리 작더라도 결과에 영향을 끼치지 않고 무시할 수는 없다. 뉴턴은 이것을 알고 있었던 것으로 보이는데, ≪곡선의 구적에 대해≫에서 그는 "수학에서는 극히 작은 오차도 무시해서는 안 된다."고 단언했기 때문이다. 이에 따라 그는 한없이 작은 양들의 흔적을 모두 제거했고("유율 방법에서 한없이 작은 수치를 도입할 필요가 없다."), 이를 새로운 궁극적인 비의 원리로 대체했다. 뉴턴에 따르면, "사라지는 양의 궁극적인 비는 양들의 비인데, 그것이 사라지기 전도 아니고 후도 아니며 바로 사라지는 그 순간의 비이다." 뉴턴은 극한 개념에 접근할 수 있었지만, 그의 정의는 결코 명확하지 않았다. 그의 가장 유능한 숭배자들마저도 '사라지다'라는 말에 큰 혼란을 느꼈고 통렬하게 비판했다.

라이프니츠는 1673년에 파리로 돌아갔지만, 올덴부르크와 서신 왕래를 활발하게 유지했다. 이를 통해 그는 잉글랜드 수학자들의 최신 연구 결과에 대한 정보를 얻었다. 올덴부르크 자신은 결코 수학을 진지하게 연구하지 않았다. 이에 따라 그는 수학적인 질문에 대해서는 모두 존 콜린스(John Collins, 1625~1683)의 조언을 받았다. 콜린스는 독학한 사람으로 당대의 지도적인 학자들과 폭넓게 편지를 주고받았다. 올덴부르크가 라이프니츠에게 보낸 한 편지(1676년 7월)에는, 콜린스의 초고에 근거했는데, 뉴턴이 이미 대수적 곡선의 접선을 찾는 규칙을 개발했다는 사실이 언급되어 있다. 아마도 이런 서신 때문에 라이프니츠는 1676년 10월 중순에 하노버로 돌아가는 길에 일정을 바꾸어 런던과 암스테르담을 거쳐 갔을 것이다. 그가 일주일 동안 런던에 머물 때, 콜린스는 뉴턴의 소책자 ≪분석에 대해≫를 검토할 수 있도록 허락했다. 이에 그는 이 소책자로부터 방대한 양을 발췌했고 콜린스가 모은 여러 가지 편지도 발췌했다. 뉴턴과 라이프니츠의 열렬한 지지자들 사이에 ≪분석에 대해≫에 간략하게 노출된 유율 방법이 라이프니츠의 눈을 사로잡았는지 아니면 그의 관심이 무한 급수에 의한 문제 풀이에 제한됐는지에 대한 의견이 크게 차이가 난다. 그러나 그는 콜린스에게 맡긴 원고의 부분들을 옮기면서 그가 뉴턴이 발견한 사실들은 불법적으로 도용했다는 의심을 받을 짓을 했다.

그 해 내내 라이프니츠는 뉴턴의 수학적 저술에 강력한 흥미를 갖게 됐고, 올덴부르크에게 그에 관한 또 다른 정보를 탐문했다. 올덴부르크와 콜린스가 함께 설득한 결과, 뉴턴은 올덴부르크에게 그 라틴 판을 라이프니츠에게 전달하자는 요구에 대해 자신의 현재 연구 상태를 알려주는 두 통의 편지를 썼다. 현재 1676년 6월 13일의 <사전 편지(Epistola Prior)>와 1676년 10월 24일의 <사후 편지(Epistola Posterior>로 알려진 이 유명한 편지들은 뉴턴의 수학 저장고에 있는 수많은 결과들에 대한 우선권을 공고히 했다. 첫째 편지에는 이항정리와 함께 급수에 관한 뉴턴의 더욱 중요한 연구의 요약이 포함되어 있다. 유율에 관한 그의 비밀스러운 발견에 대해서는 아무것도 말하지 않았지만, 뉴턴이 마음속에 중요한 방법을 간직하고 있음을 어렴풋하게 귀띔했다. 라이프니츠는 뉴턴의 방법이 근본적으로 자신의 방법과 비슷하다는 사실을 틀림없이 짐작했는데, 올덴부르크에게 뉴턴이 좀 더 결정적인 사항들을 더 자세히 편지에 서술할 것을 요청해달라고 답신했기 때문이다.

뉴턴은 라이프니츠에게 그가 원하는 정보를 제공하자는 올덴부르크의 요청을 거절할 수 없었지만, 자신의 비밀을 알려주는 데 마음이 내키지 않았다. 라이프니츠의 간청에 대한 응답은 올덴부르크를 통해 보낸 빽빽하게 적은 15쪽짜리 편지였는데, 무한 급수의 구성과 응용에 관한 실질적인 논문이었다. 그 편지에서 유율 방법에 대한 설명이 논리적으로 따라나올 지점에 이르자 그는 기초적인 원리를 다음과 같이 철자 순서를 바꾼 라틴 말로 조심스럽게 감췄다.

$$6accd\text{æ}13eff i3l9n4o4qrr4s8t12vx$$

이렇게 마구 뒤섞인 여섯 개의 a, 두 개의 c, 한 개의 d 등의 순서를 바로 맞추어 문장을 만들 수 있는 사람은 다음에 도달할 수 있을 것이다. “Data æquatione quotcunque fluentes quantitates involvent fluxiones invenire et vice versa.” 자유롭게 해석하면 이것은 다음을 뜻한다. “임의 개수의 유량들과 관련된 주어진 방정식에 대해 유율들을 찾고, 그 역을 찾기.” 철자 순서를 바꾼 말을 통해 뉴턴은 자신의 방법을 드러내지 않고 나중에 미분 적분학의 발견에서 우선권 주장을 확고히 할 수 있었다.

철자 순서를 바꾼 말은 뉴턴의 시대와 그보다 오래 전부터 흔히 사용됐는데, 발견의 우선권을 그 발견 내용을 드러내지 않고 확립하는 수단으로 이용됐다. 그렇게 함으로써 저자는 여유를 갖고 출판할 시간을 벌었다. 유명한 예가 1610년에 나타났는데, 이때 갈릴레오는 이런 방법을 이용해서 토성의 양쪽 가까운 곳에 그것의 위성들이 있다는 소식을 케플러에게 전했다. (실제로 그의 망원경은 너무 약했는데, 더 좋았다면 갈릴레오가 부른 대로 ‘손잡이들’이 토성의 고리(환)임을 밝혔을 것이다.) 토성의 삼중 속성이 글자들이 마구 뒤섞인 문장으로 발표됐는데, 적절하게 풀면 “나는 가장 먼 행성이 삼중임을 관찰했다.”였다. 토성의 신비는 갈릴레오가 처음으로 관찰하고 거의 반세기가 지난 뒤에 하위헌스가 해결했다. 이 행성의 기이한 특징은 얇은 판 모양의 고리로 에워싸였기 때문에 나타난다는 사실을 알게 된 하위헌스는 자신의 발견을 수수께끼 같은 꼴의 문장 $a^7c^5d^1e^5g^1h^1i^7l^4m^2n^9o^4p^2q^1r^2s^1t^5u^5$으로 발표했는데(1656년), 이것은 “이것은 얇은 판 모양의 고리로 에워싸였는데, 어느 곳에서도 접촉하지 않고 황도에 기울어져 있다."를 뜻한다.

<사후 편지>는 나중에 미분 적분학 우선권 논쟁에서 왕립 학회의 보고서를 위한 기초 자료의 일부가 됐을 때 그 중요성이 드러났다. 현재 뉴턴이 글자들을 뒤바꾼 문장이 미분 적분학의 발견에 대한 많은 단서를 라이프니츠에게 줄 수 없었다는 사실에 일반적으로 동의하고 있다. 그곳에 명확한 진술이 포함되어 있더라도 매우 간단하고 모호해서 실질적으로 쓸모없었다. 수학자 오거스터스 드모르간은 다음과 같이 썼다. "만약 라이프니츠가 [철자 순서를 바꾼 문장에] 알파벳 순서로 나열된 또는 그가 알고 있던 대로 의미 있게 배열된 앞에 있는 문자들로부터 어떤 귀띔을 얻을 수 있었더라도, 그는 그가 독자적으로 발견한 것과 같은 정도로 큰 믿음을 얻었을 것이다." 어쨌든, <사후 편지>의 발송은 몇 달 동안 지연됐는데, 라이프니츠에게는 1677년 6월에야 전달됐다. 라이프니츠는 이 문자 뭉치에 즉시 답변했는데, 서신 왕래를 활발하게 유지할 것으로 희망했다. 올덴부르크에게 보낸 답장에는 자신이 연구한 미분 방법의 원리들을 모두 완전히 서술한 내용이 첨가됐다. 표기법을 제외하면 뉴턴의 유율 방법과 거의 일치했다. 라이프니츠의 '고상한 솔직함'은 자신의 생각에 대한 논의를 기본적으로 꺼린 뉴턴과 눈에 띄게 대비됐지만, 라이프니츠는 ≪분석에 대해≫에 대한 콜린스의 복제본을 최근에 검토하면서 보낸 일주일에 대해서는 뉴턴에게 알려주지 않았다. 그렇지만 뉴턴에게 이 문제는 끝이었다. 그는 자신의 시간을 빼앗고 자신이 또 다른 논쟁에 빠져들게 할 수 있는 서신 교환을 계속하는 데 더 이상 관심이 없었다. 그는 올덴부르크에게 이미 다음과 같은 편지를 보냈다.

> 나는 이것이 어느 정도 라이프니츠 씨를 만족시켜서 이 문제에 대해 더 이상 쓸 필요가 없기를 희망한다. 나의 머릿속에는 다른 것들이 있어서, 현 시점에서 이런 것들을 고려하는 것은 달갑지 않은 방해거리로 생각된다.

그 뒤 몇 년 동안 상황은 이런 상태로 있었다. 1684년에 라이프니츠는 새로 창간된 과학 월간지 ≪학술 기요(Acta Eruditorum)≫에 자신의 미분학에 관한 상세한 내용을 발표했다. ("학자들의 보고서"를 뜻하는 ≪학술 기요≫는 라이프치히에서 1682년에 창간됐는데, 이 잡지는 ≪르 주르날 데 사방≫[16]이 1665년부터 프랑스에서 했던 것과 같은 역할을 도이칠란트에서 했다.) 제목이 <접선 및 최댓값과 최솟값을 찾는 새로운 방법 …(Nova Methodus pro Maxims et Minimis, itemque Tangentibus …)>인 이 논문에는 거듭제곱, 곱, 몫에 대한 라이프니츠가 차분이라 부른 미분을 셈하기 위한 기계적인 법칙들을 (증명 없이) 포함하고 있다. 여기에는 미분을 나타내는 친숙한 d 표기법도 포함되어 있다. 미분 적분학에 대해 최초로 발표된 이 설명은 너무 초라하고 모호해서 이 주제를 일반적으로 이해할 수 없다.

16) [옮긴이] Le Journal des Savants, 세계 최초의 잡지로, 극히 초보적인 단계에서 서적상들이 책을 팔기 위한 수단으로 만든 것으로 오늘날의 도서 목록 정도에 불과했다.

I.

NOVA METHODUS PRO MAXIMIS ET MINIMIS, ITEMQUE TANGENTIBUS, QUAE NEC FRACTAS NEC IRRATIONALES QUANTITATES MORATUR, ET SINGULARE PRO ILLIS CALCULI GENUS*).

Sit (fig. 111) axis AX, et curvae plures, ut VV, WW, YY, ZZ, quarum ordinatae ad axem normales, VX, WX, YX, ZX, quae vocentur respective v, w, y, x, et ipsa AX, abscissa ab axe, vocetur x. Tangentes sint VB, WC, YD, ZE, axi occurrentes respective in punctis B, C, D, E. Jam recta aliqua pro arbitrio assumta vocetur dx, et recta, quae sit ad dx, ut v (vel w, vel y, vel z) est ad XB (vel XC, vel XD, vel XE) vocetur dv (vel dw, vel dy, vel dz) sive differentia ipsarum v (vel ipsarum w, vel y, vel z). His positis, calculi regulae erunt tales.

Sit a quantitas data constans, erit da aequalis 0, et $d\overline{ax}$ erit aequalis adx. Si sit y aequ. v (seu ordinata quaevis curvae YY aequalis cuivis ordinatae respondenti curvae VV) erit dy aequ. dv. Jam *Additio et Subtractio*: si sit z — y + w + x aequ. v, erit $d\overline{z-y+w+x}$ seu dv aequ. dz — dy + dw + dx. *Multiplicatio*: $d\overline{xv}$ aequ. xdv + vdx, seu posito y aequ. xv, fiet dy aequ. xdv + vdx. In arbitrio enim est vel formulam, ut xv, vel compendio pro ea literam, ut y, adhibere. Notandum, et x et dx eodem modo in hoc calculo tractari, ut y et dy, vel aliam literam indeterminatam cum sua differentiali. Notandum etiam, non dari semper regressum a differentiali Aequatione, nisi cum quadam cautione, de quo alibi. Porro *Divisio*: $d\frac{v}{y}$ vel (posito z aequ. $\frac{v}{y}$) dz aequ. $\frac{\pm vdy \mp ydv}{yy}$.

Quoad *Signa* hoc probe notandum, cum in calculo pro litera substituitur simpliciter ejus differentialis, servari quidem eadem signa, et pro + z scribi + dz, pro — z scribi — dz, ut ex addi-

*) Act. Erud. Lips. an. 1684.

≪학술 기요(1684)≫에 출판된 미분법에 관한 라이프니츠의 논문 첫째 쪽. (*From* A Concise History of Mathematics *by Dirk Struik, 1967, Dover Publications, Inc., N.Y.*)

이 논문에는 이해를 돕는 내용이 너무 적어서 베르누이 형제는 이것을 설명이라기보다는 수수께끼라고 불렀다. 2년 뒤에 라이프니츠는 ≪학술 기요≫에 게재한 또 다른 논문에서 적분학을 간략하게 다뤘다. 이 논문에는 합하기를 위한 적분 기호 $\int x$[나중에 $\int x\,dx$]가 인쇄물로는 최초로 등장한다.

이에 따라 뉴턴이 유율 방법을 라이프니츠가 그에 필적하는 ‘차분’의 방법을 고안했던 것보다 여러 해 전에 고안했지만, 라이프니츠는 뉴턴보다 앞서 그 결과를 발표하고 학계에 알렸다. 뉴턴이 ≪유율 방법에 대해≫를 1671년에 처음으로 썼을 때 발표할 수 있었다면, 그는 경쟁 상대가 없었을 것이고, 수학의 역사는 당연히 다른 길을 택했을 것이다.

이때, 같은 시대를 산 두 위대한 사람 사이는 좋았고, 적대감은 분명히 찾아볼 수 없었다. ≪원리≫ 제 1 판(1687년)에도 뉴턴 쪽에서의 비판은 포함되지 않았고 애매하지만 이 분야에서 라이프니츠의 성취에 대해 인정했다. 제 2 권에는 다음과 같은 주석이 있다.

> 10년 전에 나는 대단히 탁월한 기하학자 라이프니츠와 주고받은 편지들에서 최대와 최소를 판정하고 접선을 그리는 것과 같은 방법을 알고 있다고 알려줬고, 이를 글자들을 뒤섞어서 숨겼을 때 … 이 대단히 뛰어난 사람은 자신도 같은 종류의 방법을 공략했다면서 그의 방법을 알려주는 답장을 보냈는데, 그것은 용어와 기호를 제외하면 나의 방법과 거의 차이가 나지 않았다.

1713년에 ≪원리≫ 제 2 판이 발간됐을 때, 미분 적분학의 발견에 대한 우선권 논쟁은 절정에 있었다. 제 1 판의 그 주석은 그대로 있었지만 "그리고 양들의 생성 개념"이라는 구절이 덧붙어서, 마지막 절은 "그것은 용어와 기호 그리고 양들의 생성 개념을 제외하면 나의 방법과 거의 차이가 나지 않았다."와 같이 됐다. 그 뒤 곧 뉴턴은 "그[라이프니츠]가 나와 독립적으로 미분법을 발견하게 허용했다."는 주석이 사실이 아니라고 말했다. 1726년에 ≪원리≫ 제 3 판이 발간됐을 때, 방금 인용한 주석이 있던 자리에 새로운 주석이 나타났는데, 라이프니츠의 이름도 그의 연구도 언급되지 않았다. 드모르간은 둘째 또는 동시 발견자로서 라이프니츠의 권리에 대한 주석에서의 인정에 관해 뉴턴은 아주 설득력이 없었는데 "≪원리≫ 제 3 판에서 처음으로 단순하고 분명한 의미를 부정했고 다음에는 이것을 완전히 빼버렸다."고 지적했다.

1677년 올덴부르크의 죽음은 라이프니츠와 잉글랜드 수학자들 사이의 미약한 고리를 단절시켰는데, 서신 왕래에 큰 관심을 가진 다른 중재자가 없었기 때문이다. 이때, 라이프니츠는 하노버에 도착했는데, 이곳에서 그는 세 명의 공작, 곧 요한 프리드리히, 에른스트 아우구스트, 게오르크 루트비히[17]를 여러 가지 공식 자격으로 잇따라 보좌했다. 라이프니츠에게 [베르사유의 축소판으로 한델(Handel)이 실내악 연주회를 지휘하는] 하노버 궁정에서의 삶은 지적 고립을 의미했고, 그의 수학적 열망의 종말을 뜻했다. 그의 첫째 주군 요한 프리드리히는 그를 외교관, 상담역, 사서 등 모든 종류의 공직에 활용했다. 공학에도 재능이 있던 라이프니츠는 많은 기술적인 사업 계획에 자문역을 맡기도 했다. 이를테면 풍력 펌프를 이용해서 갱도의 삼출수를 없애서 하르츠(Harz) 산지 은광의 생산을 늘리는 계획도 있었다. 그러나 라이프니츠의 기능과 임무는 점점 더 사소해졌고, 많은 시간을 영구적인 가치가 없는 일에 쏟았다. 공작직이 1679년에 그의 형제인 에른스트 아우구스트로 승계됐을 때, 라이프니츠는 궁정 역사가로 임명받았고 브라운슈바이크 가문의 역사를 쓰는 과제

17) [옮긴이] Johann Friedrich(1625~1679), Ernst August(1629~1698), Georg Ludwig(1660~1727).

를 맡았다. 그에게 유익한 흥미를 불러일으키지 않는 것은 없었다. 가계도를 추적하기 위해 그는 도이칠란트 공국들과 이탈리아 전역을 답사하는 일련의 여행(1687~1690)을 했는데, 원 자료를 찾기 위해 기록 보관서들을 뒤졌다. 라이프니츠는 이탈리아에 머무는 동안 바티칸 사서직을 제의받았지만 거절했는데, 이를 수락하면 자신의 종교를 바꾸어야 했기 때문이었다.

에른스트 아우구스트가 1698년에 죽었을 때 라이프니츠의 삶에서 가장 빛나던 시기는 끝이 났다. 죽은 공작의 아들인 게오르크 루트비히는 라이프니츠를 재촉해서 하노버 왕가의 역사를 완성하게 하는 것 이외에 그에게 다른 업무를 거의 주지 않았다. (게오르크 루트비히는 나중에 잉글랜드의 왕 조지 1세가 됐다.) 1700년에 라이프니츠는 브란덴부르크 선제후를 설득해서 베를린 과학원을 창설하는 데 성공했고, 초대 회장으로 이름을 올렸다. 그렇지만 그 자체로 만남의 장이 되고 적절하게 작동하는 학술 단체를 만들기 위해서는 10년을 더 노력해야 했다. [나중에 프리드리히 대왕(Frederick the Great, 1712~1786)은 라이프니츠의 다방면의 활동을 "라이프니츠 자신이 과학원 전체를 차지한다."라고 지적했다.] 라이프니츠는 가끔 베를린(과 비슷한 과학원을 설립하려고 시도한 빈)을 방문하는 것 이외에 점점 더 은둔 상태에 빠졌는데, 개인적인 성향이라기보다는 그의 주군이 관심을 주지 않았기 때문이었다. 그의 말년에 하노버는 그의 감옥이 됐고 그곳에서 그의 삶은 고통이었다.

■ 우선권 논쟁

뉴턴은 1693년까지 미분 적분학에 대한 자신의 접근 방법을 세 가지로 설명했다는 사실을 알아봤다. 그는 이 주제와 관한 원고들을 잉글랜드에 있는 친구들에게 돌렸지만, 1670년대 초의 한 번을 제외하면 자신의 발견을 공개하려고 하는 어떠한 의욕도 결코 분명히 드러내지 않았다. 이렇게 발표하는 것을 극도로 꺼리고 많은 사람의 인정에 명백하게 무심한 것은 겸손함의 표시가 아니었고, 어느 것이고 논쟁에 시달리는 것을 극히 싫어했기 때문이다. 뉴턴이 발견의 우선권을 확보하는 데 머뭇거렸기 때문에 만만찮은 상대를 키웠다는 사실은 역설적으로 불행이었는데, 그 상대는 출판을 보류해서 피하려고 했던 어떠한 괴로움보다도 더 큰 고통을 주었다.

뉴턴이 오랫동안 숨긴 보석에 대한 설명이 최초로 인쇄된 것은 존 월리스의 저작물이었다. 그는 옥스퍼드 대학의 덕망 있는 새빌 기하학 교수였다. 월리스는 자신의 ≪대수학≫을 라틴 말로 번역하고 확장한 책 ≪수학 오페라(Opera Mathematica, 1693)≫ 제2권에 뉴턴의 유율 방법에 대한 직접적인 표현을 포함했는데, 점을 '찍어서 표시한 문자' $\dot{x}$, $\ddot{x}$, … 을 속도 또는 유율에 대해 사용했다. 1695년에 월리스는 다음과 같이 케임브리지에 있는 젊은 동료들에게 그의 발상을 진척시키는 데 지체하지 말라고 경고했다.

존 월리스
(John Wallis, 1616~1703)

(*Extract taken from* A History of Science, Technology and Philosophy in the 16th and 17th Centuries, *by A. Wolf. Reproduced by kind permission of Unwin Hyman Ltd.*)

> 유율의 개념은 라이프니츠의 미분 방법이라는 이름으로 대단한 환영을 받으면서 그곳[유럽 대륙]으로 넘어갔다. … 당연히 당신의 명예이어야 할 것을 다른 사람들이 가져가버릴 때까지 당신 곁에 가치 있는 것들을 오랫동안 그냥 놔두는 것은, 그럴 수도 있는데, 당신의 명예와 나라의 명성에 그렇게 유익하지 않다.

월리스가 행한 '정의'는 그의 논문집 ≪수학 오페라≫ 제 1 권(제 2 권이 나오고 2년 뒤인 1695년에야 출판됨)의 머리말에서 뉴턴의 유율 방법은 라이프니츠의 미분 방법과 비슷하고 뉴턴의 방법이 1676년에 올덴부르크에게 보내져서 라이프니츠에게 전달됐다고 서술한 것이었다. 이와 따라 미분 적분학의 발견에 관한 엄청난 논쟁의 씨앗이 이미 뿌려졌다.

라이프니츠와 뉴턴 및 이들 각자의 지지자들 사이의 전투에서 최초의 신랄한 공세는 런던에 살고 있던 스위스의 잘 알려져 있지 않은 신비주의자이자 수학자인 니콜라스 파티오(Nicolas Fatio de Duiller, 1664~1753)라는 사람이 취했다. 파티오는 라이프니츠가 작성한 요한 베르누이의 최속 강하 곡선 문제를 풀 수 있는 수학자들의 목록에서 자신이 빠진 것을 무시당했다고 생각했다. 그는 보복하기로 결심했다. 그는 1687년에 런던으로 이주했을 때, 곧 뉴턴과 그 지지자들의 핵심 세력의 환심을 샀는데, ≪원리≫의 새로운 판을 편집할 사람으로 고려될 정도였다. (파티오는 뉴턴의 무덤에 있는 경구 "인류의 이렇게 대단히 위대한 훈장이 존재했었음에 사람들은 크게 기뻐하라."를 지었다.) 1699년에 파티오가 ≪저항이 최소인 입체에 대한 기하학적 고찰(Geometrical Investigation of the Solid of Least Resistance)≫에 관한 소책자를 준비할 때, 다음과 같이 라이프니츠의 발상은 그의 우상 뉴턴으로부터 얻은 것이라고 아주 은근하게 비난했다.

> 뉴턴이 여러 해 앞서 가장 빨리 미분 적분학을 최초로 발견했다는 사실을 이 주제 자체의 증거로 나는 이제 완전히 확신한다. 이의 둘째 발견자 라이프니츠가 그로부터 어느 것을 빌렸는지는 뉴턴의 편지들과 그의 원래의 원고를 봤던 사람의 판정에 맡기고 싶다.

라이프니츠는 분개했지만, 자신이 ≪원리≫ 제 1 판에 미분 적분학의 독립적인 발견자로 인정됐으므로 뉴턴은 의심할 여지없이 자신의 정당성을 입증한 것이라고 친구들에게 지적했다. 뉴턴이 도도하게 침묵을 지킬 때, 라이프니츠는 ≪학술 기요≫에서 자신을 방어했는데, 이의 편집자는 그 뒤 파티오가 쓴 답변서의 출판을 거부했다.

뉴턴의 ≪광학≫이 1704년에 등장할 때까지, 거의 5년 동안은 아무 일도 벌어지지 않았다. 이 책의 주요 부분은 두 개의 수학적인 소논문과 함께 출판됐는데, 하나는 그의 유율 방법을 다룬 <곡선의 구적에 대한 논고(Tractatus de Quadratura Curvarum)>였다. 뉴턴은 이의 머리말에서 이런 소논문을 포함시킨 이유를 다음과 같이 밝혔다.

> 1676년에 라이프니츠 씨에게 쓴 편지에서 그리고 월리스 박사가 [≪오페라≫의 제 3 권에서] 발표한 대로 나는 곡선으로 둘러싸인 도형의 넓이에 관한 어떤 일반적인 정리들을 찾는 방법을 언급했다. … 그리고 몇 년 전에 나는 그런 정리들이 포함된 원고를 빌려줬다. 그 뒤 이것이 복제되는 일이 벌어졌으므로, 나는 이번 기회에 이를 공개한다.

그 원고에서 훔쳐낸 내용에 관한 언급은 라이프니츠의 둘째 런던 방문과 관련된다. 뉴턴은 라이프니츠가 ≪분석에 대해≫와 콜린스에게 맡긴 다른 논문들을 세세히 읽어서 미분 적분학에 대한 열쇠를 어떻게 해서든 얻었다고 확신하게 됐다.

다음 해 1월에 라이프니츠는 ≪학술 기요≫에서 뉴턴의 두 소논문에 대한 익명의 논평으로 대항했다. 라이프니츠는 수학적 내용을 비판한 뒤에 다음과 같이 뉴턴의 유율 방법은 자신의 미분 적분학을 약간 다른 표기법으로 단순히 이름을 바꾼 것이라는 주장을 폈다.

> 미분 적분학의 원론은 이의 발견자 빌헬름 라이프니츠 씨가 ≪학술 기요≫에서 공개했다. … 라이프니츠의 차분 대신에 그 뒤 뉴턴 씨는 유율을 언제나 채택했는데, 이것은 최소의 시간에 생성된 유량의 변화와 매우 유사하다. 그는 이런 유율을 ≪자연 철학의 수학적 원리≫와 그 뒤의 다른 출판물에서 명쾌하게 사용했는데, 이는 마치 파브리가 ≪기하학 개요(Synopsis of Geometry))≫에서 전진 운동으로 카발리에리의 방법을 대신한 것과 같았다.

악의 없이 보이는 이 글은 잉글랜드에서 엄청난 분노가 빗발치게 했다. 왜냐하면 파브리(Honoratus Fabri, 1607~1688)는 악명 높은 표절자로, ≪기하학 개요≫에서 카발리에리의 연구 결과를 자신의 것으로 발표해서 명예에 큰 상처를 입었었기 때문이다. 뉴턴을 파브리에 비유한 것은 너무도 충격적인 모욕이었고, 이 구절의 나머지와 함께 이것은 표절에 대한 단도직입적인 비난이라고 여겨졌다.

존 케일(John Keill, 1671~1721)은 1708년에 라이프니츠에게 표절에 대한 비난을 퍼부었는데, 스코틀랜드 수학자인 케일은 곧 옥스퍼드 대학교 천문학 교수가 됐다. 핼리에게 보낸 편지의 형식으로 쓴 논문 <구심력 법칙(The Laws of Centripetal Force)>에서 뉴턴의 '헌신적인 투사'는 다음과 같이 끼워 넣었다.

> 의심할 것 없이 뉴턴 박사가 처음 고안한 유율 산술로부터 이런 모든 법칙이 유도된다. 이런 모든 법칙은 월리스가 발표한 이에 관한 편지들을 읽은 사람은 누구나 쉽게 증명할 수 있다. 그런데 똑같은 산술을 그 뒤에 라이프니츠 박사가 이름을 바꾸고 표기 방법을 바꾸어 ≪학술 기요≫에 발표했다.

이 논문은 1710년의 ≪철학 회보≫에 발표됐고, 그 한 부가 지연되어 1711년에야 라이프니츠에게 전달됐다. 라이프니츠는 "그런 헛되고 요란스런 소리"의 발표를 억제하고 케일의 공개적인 사과를 받아달라고 요구하면서 왕립 학회가 중재해줄 것을 요청했다.

1712년 이른 봄에 왕립 학회는 그 학회가 소장한 이 문제와 관련된 모든 기록을 조사하기 위해 11명의 위원을 임명함으로써 라이프니츠의 항의에 응답했다. 과장되게 "여러 나라의 저명한 사람들로 이루어진 거대한 위원회"라고 불렀는데, 이 위원회에는 외국인이 단 두 명 있었고, 그 두 명 중에서 드무아브르만이 수학자였다. 이 위원회의 여섯 위원은 수학자였고, 적어도 일곱 명은 뉴턴과 개인적인 친밀한 친구였는데, 뉴턴은 1703년부터 이 학회의 회장이었다. 핼리는 이 위원회의 한 위원이었는데, 나이가 가장 많은 사람으로 아마도 이 위원회에서 비서의 역할을 했을 것이다. 잉글랜드 주재 프로이센 공사가 표면적으로 독립적인 이 조직에 참여했지만, 공식적으로 라이프니츠를 대표하는 사람은 없었다.

이 위원회는 이 문제에 대해 한 달 동안 조사한 뒤에 왕립 학회에 보고서를 제출했다. 그 보고서는 뉴턴의 요청에 의한 성명서였는데, 마치 공정한 조사 결과인 것처럼 제출됐다. 그 보고서는 라이프니츠가 의도적으로 표절했는지에 대한 문제는 완전히 해결하지 않은 채로 남겼고, 뉴턴이 미분 적분학의 최초의 발견자라고 근거 없이 주장했다. 그 위원회의 결론은 다음과 같다.

> 미분 방법은 유율 방법과 이름과 표기 방식을 제외하면 완전히 똑같다. 라이프니츠 씨가 차분이라 부른 양은 뉴턴 씨가 모멘트 또는 유율이라고 부른다. 그리고 문자 d로 이것을 표시하는데, 뉴턴 씨는 그런 표시를 하지 않는다. 그래서 이에 따라 우리는 이것 또는 이 방법을 누가 발견했는지가 아니라 이 방법을 누가 최초로 발견했는지가 적절한 질문이라고 생각한다. 그리고 라이프니츠 씨가 최초의 발견자라고 여기는 사람들은 오래 전에 콜린스 씨 또는 올덴부르크 씨와 그의 서신 왕래를 거의 모르거나 전혀 모르고 있었다고 우리는 믿는다. 그리고 라이프니츠 씨가 라이프치히의 ≪학술 기요≫에 그 방법을 발표하기 시작한 것보다 15년 이상 전에 뉴턴 씨가 그것을 지니고 있었다는 사실도 모르고 있었다고 우리는 믿는다.
>
> 이런 이유에서 우리는 뉴턴 씨가 최초의 발견자라고 생각한다. 그리고 똑같이 주장한 케일 씨는 라이프니츠 씨에 결코 모욕적이 아니었다고 믿는다.

라이프니츠는 뉴턴이 유율 방법을 발견했다는 사실을 결코 심각하게 문제시하지 않았다. 그렇지만 자신이 미분 적분학을 독립적으로 발견했다고 주장했다. 그는 왕립 학회에 뉴턴으로부터 그 발상을 훔쳤다는 혐의와 이에 대한 또 다른 표기법을 단순히 꾸며냈다는 혐의를 벗겨달라고 요청했다. 그렇지만 그 보고서는 뉴턴이 (미분 적분학의 최초의 발견자라고 선고했기 때문에) 표절자가 아니라고 단언했지만, 라이프니츠의 독창성에 대해 판단을 내리지 않았고 이에 따라 케일 비난의 진실성에 대해서도 판정하지 않았다. 케일이 그의 모욕적인 공격으로 라이프니츠의 명예를 해치지 않았다는 전적으로 비논리적인 결론으로 그 논쟁은 끝날 수도 없었고 끝나지도 않았다.

편향된 조사관들은 이용할 수 있는 증거에 대한 피상적인 조사에 근거해서 판결을 내렸다. 그들은 "유율 방법이 지적인 모든 사람에게 충분히 설명되어 있다."는 뉴턴이 과학적 중개인 콜린스에게 1672년 12월에 보낸 편지를 라이프니츠가 봤다고 추정했다. 뉴턴은 라이프니츠가 이 편지를 읽어서 자신의 미분 방법을 발견하게 됐다는 의견을 항상 고수했다. 올덴부르크가 라이프니츠에게 전달한 라틴 말로 된 형태는 그 편지의 본질적인 내용을 정확하게 번역하지 못했고 단지 요약에 불과했다는 사실이 밝혀졌었다. 뉴턴이 자신의 접선 방법을 예를 통해 설명한 부분 전체는 라이프니츠에게 보낸 사본에는 빠져있었다. 라이프니츠가 1676년 가을에 런던을 짧게 방문하는 동안에 원전을 조사했을 것이라는 가능성을 허용하더라도, 이것은 라이프니츠가 뉴턴의 앞선 고찰과 독립적으로 자신의 미분 적분학 형태를 고안하고 6개월이 지난 뒤였다.

마무리된 그 보고서는 1712년 4월에 열린 왕립 학회의 한 모임에서 만장일치로 승인됐고, 인쇄를 명받았다. 어느 누구도 그 판결 결과를 라이프니츠에게 알리는 데 신경 쓰지 않았다. 회원으로 핼리를 포함한 세 명의 소위원회가 이의 인쇄 과정을 지켜보도록 임명됐다. 그 보고서는 다음 해 1월에 출판됐고, 유럽 대륙의 독자들을 위해 라틴 말로도 나타났다. 이것의 제목은 ≪Commercium Epistolicum D. Johanns Collinsii et Aliorum de Analysi Promota≫인데, 이의 처음 두 단어로 짧게 ≪Commercium Epistolicum(서신 왕래)≫로 불리고 있다. 적은 수의 복제본이 인쇄됐는데, 판매용이 아니었으며 중요한 인물과 기관에 선물로 주어졌다.

라이프니츠는 유럽 대륙의 수학자 중에서 지지자를 확보했지만, 그를 위해 기꺼이 자신의 명예를 위태롭게 만들려는 사람은 거의 없었다. 주목할 만한 예외로 호전적인 요한 베르누이는 감히 라이프니츠를 위해 개입했다. ≪서신 왕래≫ 한 부를 얻은 베르누이는 라이프니츠에게 다음과 같은 편지를 썼다. "처음에 당신은 고소인들과 그들의 증인들로 이루어진 조사 위원회의 고소를 당했다. … 당신은 법의 제제를 받았고, 유죄 판결을 받았다." 그는 "뉴턴은 이계 미분을 택하는 올바른 방법을 우리가 안 뒤에도 오랫동안 모르고 있었다."라고 공격함으로써 그 증거를 약화시키려고 간접적으로 시도했다. 라이프니츠는 자신의 주장을 공개하는 것 이외에 다른 선택의 여지가 거의 없었는데, 공정하다고 하는 단체인 왕립 학회가 자신의 증언을 전혀 듣지 않았기 때문이었다. ≪서신 왕래≫를 보려고 기다리지도 않고 그는 익명으로 <Charta Volans>라 부르는 큰 종이로 출판해서 응답했다. 이에 베르누이의 편지를 인쇄했는데, 이름을 내세우지 않고 "매우 저명한 수학자"의 견해라고만 표시했다. <Charta Volans>는 잉글랜드 사람들의 분노를 샀다. 뉴턴의 최고 검투사인 케일은 "그들은 어느 것도 증명하지 않고 그들이 버릴 수 있는 모든 더러운 것과 수치스러운 것을 내던졌다."고 외쳤고, 라이프니츠와 그의 동료들을 "라이프치히의 악당들"이라고 언급했다.

뉴턴은 자신의 명예가 손상당하면 사정없이 분개했기 때문에, 논쟁은 더욱 가열됐다. ≪서신 왕래≫가 인쇄된 뒤에, 이에 대한 [<Recensio(후기)>라는 이름으로 역사의 일부가 된] 논평이 익명으로 1715년의 ≪철학 회보≫에 게재됐다. 이것도 또한 뉴턴의 소행이었지만, 케일의 논문과 같이 기만적으로 떠넘기고 있다. 논평 <서신 왕래라는 제목이 붙은 책의 설명>은 의도적으로 널리 발간된 불완전한 요약을 수정하려고 했다. 입증되지 않는 빈정대는 말로 가득 찬 이것은 라이프니츠에 대한 격렬한 비판이었는데, 뉴턴이 적을 파괴하려고 어떤 짓이라도 할 것임을 드러냈다. 뉴턴은 "라이프니츠에 대한 응답으로 그의 가슴을 파괴했다."고 언젠가 한 친구에게 "유쾌하게" 말했다.

뉴턴은 거의 30년을 기다린 뒤에 자신의 주장을 펴서, 자신의 경쟁자인 라이프니츠가 대비할 수 없는 불리한 입장에 놓이게 했다. 전투가 벌어졌을 때 라이프니츠는 자신이 미분적분학의 발견에서 뒤처지지 않았음을 증명해줄 만한 증거로 사용할 문헌이 부족했다. (왕립 학회는 그곳에 소장된 자료를 그가 접근하는 것을 거부했다.) 뉴턴은 협력자가 셀 수 없이 많았다. 그는 노년에 국가적인 영웅이 됐고 기관지 ≪철학 회보≫가 있는 왕립 학회의 회원들로부터 전폭적인 지지를 받았다. 라이프니츠는 그런 지원을 받을 수 없었다. 시간이 흘러감에 따라 궁정에서 그의 영향력은 점점 더 줄었고, 말년에 이르러서는 거의 존경을 받지 못했으며 결국 하노버의 공작으로부터 무시당하는 처지가 됐다. 그의 고용주가 하노버를 떠나(1714년) 잉글랜드의 왕위에 올라 조지 1세가 됐을 때, 라이프니츠는 왕가의 역사가로 임명되기를 희망했다. 그렇지만 그는 브라운슈바이크 가문의 역사를 완성할 때까지 게으른 학생처럼 그곳에 머물러 있으라는 명령을 받았다.

라이프니츠는 삶의 마지막 몇 십 년을 철학적 사색으로 보냈는데, 자신의 생각을 이따금씩 대부분 짧은 글로 발표했다. 그의 철학 사고의 절정인 ≪신정론(Theodicy)≫은 그의 생애에 출판된 유일하게 가장 긴 연구서였다. 이성주의 주장이 그리스도교의 교리와 상충되는지에 관한 질문을 다루는 이 책은 18세기 계몽주의 시대에 가장 인기 있는 책의 하나가 됐다. 라이프니츠의 견해는, 창조된 세계는 어느 것이고 불완전하지 않을 수 없지만 우리 주변에서 보는 악은 가능한 한 가장 적은 양의 악이라는 것이었다. 이런 "모든 가능한 세계 중에서 최선"이라는 낙관론은 나중에 볼테르의 소설 ≪캉디드(Candide, 1759)≫에 등장하는 인물 팡그로스(Pangloss)로 조롱을 당했다.

라이프니츠는 1716년에 통풍이 생겼을 때 먹은 유해한 물약 때문에 죽었다. 뉴턴이 저명한 사람들이 참여한 화려한 장례식을 통해 웨스트민스터 사원에 묻힌 것과 달리, 라이프니츠는 근처의 외진 곳에 묻혔다. 그의 장례식에는 하노버 궁정의 대표가 단 한 명도 참석하지 않았다. 그 무덤 옆에 문상한 사람은 그의 충실한 비서뿐이었다. 한 친구는 그의 회고록에 라이프니츠는 "그 나라를 빛냈던 실제의 그가 아니라 노상강도와 같이 묻혔다."고 썼다. 17세기에 도이칠란트가 낳은 가장 위대한 수학자의 죽음은 베를린이나 런던에서 거의 알려지지 않았고, 파리에서만 그를 회상하는 적절한 추도사가 과학원 앞에 공표됐다. 대단한 ≪백과전서(Encyclopédie)≫의 편집자인 디드로는 라이프니츠에 대해 그리스에 플라톤과 아리스토텔레스 및 아르키메데스가 함께 가져다 준 명성을 그가 도이칠란트에 가져다 주었다고 말했다. 그러나 50년이 지나지 않아서 그의 무덤은 하노버의 궁정 교회에 적절한 비문과 함께 안장됐다.

앙갚음을 하고 있던 뉴턴은 무덤 속에 있던 라이프니츠를 계속해서 뒤쫓았다. 그는 1722년에 ≪서신 왕래≫ 제 2 판을 감독했는데, <후기>는 일종의 머리말로 (뉴턴이 직접 쓴) 새로운 서문 <독자에게(To the Reader)>와 함께 그 앞에 붙었다. 표지에는 1712년이라는 옛 날짜가 적혀 있었는데, 이 판은 예전 판을 그대로 다시 인쇄한 것이라는 선언과 같았다. 그러나 이 판을 원래의 판본과 비교해보면 많은 것이 추가되고 누락됐음을 분명히 알 수 있다. 이 중에서 가장 유명한 변화는 "이 ≪모음집(Collectio)≫은 1676년 6월 26일에 라이프니츠 씨에게 전달됐다."라는 문장의 추가였다. 이 문장이 중요한 이유는 (급수 전개 발달의 역사를 제시하는 50쪽짜리의 메모와 편지의 발췌들의 모인인) 콜린스의 ≪모음집≫에는 뉴턴의 유명한 1672년 12월 편지 본문 전체가 포함되어 있다는 사실인데, 그 편지는 ≪서신 왕래≫가 "유율 방법이 지적인 사람 누구에게나 충분히 설명되어 있다."고 서술하고 있다. ≪모음집≫은 전달해 주기에는 너무 방대했기 때문에 올덴부르크는 라이프니츠에게 이것을 과감하게 줄인 개관만을 보냈다는 사실을 현재는 알고 있다. 이것은 그런 아부에 의한 부주의가 라이프니츠에게 거짓 증거로 표절의 누명을 뒤집어씌우는 또 다른 예이다.

신랄했던 미분 적분학 발견의 우선권 논쟁 때문에 서유럽에서 수학의 역사는 실제로 큰 영향을 받았다. 잉글랜드에서 이것은 버릇없는 외국인들이 자기 나라의 가장 탁월한 뉴턴을 속여서 그 천재의 과실들을 빼앗으려는 시도로 간주했다. 자연스러운 반발로 해석적인 방법에 비해 뉴턴이 선호했던 기하학적 방법만을 연구하고 사용했다. 잉글랜드 수학자들은 뉴턴의 (미분 연산을 나타내기 위해 점을 붙인 문자를 사용하는) 'dottage'보다 라이프니츠의 d 표기법의 명백한 장점도 또한 못 본 체했다. 한 세기 이상, 그 위대한 사람의 명성에 과도하게 충성하다가 유럽 대륙에서 이루어진 발전에 접하지 못했다. 협력하지 않았기 때문에 잉글랜드와 유럽 대륙 모두 손해를 봤는데, 잉글랜드 학파에게는 특히 심각한 타격이었다. 잉글랜드는 18세기 '뉴턴의 시대'에 창조적인 수학자를 거의 배출하지 못했고, 위대하다고 부를 만한 사람이 없었다.

■ 마리아 아그네시와 에밀리 뒤 샤틀레

뉴턴의 ≪원리≫와 라이프니츠가 쓴 ≪학술 기요≫ 논문에 포함된 새로운 미분 적분학의 원리를 이해하는 독자는 거의 없었다. 이런 것은 어느 것도 이 주제에 관한 적절한 교과서가 아니었다. 미분학에 제한된 이런 교과서는 1696년에 로피탈(Marquis de L'Hospital, 1661~1704)이 자신의 개인 교사 요한 베르누이의 강의록을 ≪무한소 해석(Analyse des Infiniment Petits, 1661~1704)≫이라는 제목으로 출판했을 때에야 나타났다. 로피탈의 ≪무한소 해석≫은 여러 판이 출판되고 널리 유포되면서 50년 이상 이 분야를 지배했다. 이것에 상응하는 경쟁자는 18세기 중반에 나타난 아녜시의 ≪해석학(Instituzioni analitiche)≫이었다.

마리아 아녜시(Maria Gaetana Agnesi, 1718~1799)는 훌륭한 언어학자 · 철학자 · 수학자였는데, 볼로냐 대학교의 한 수학 교수의 21명의 자녀 중에서 첫째였다. 개인 교사의 지도를 받은 그녀는 어렸을 때 언어에 비범한 재능을 보였다. 열한 살 때 그녀는 모국어인 이탈리아 말과 함께 라틴 · 그리스 · 히브리 · 프랑스 · 에스파냐 · 도이치 말을 유창하게 했다. 그의 아버지는 집으로 이탈리아와 외국으로부터 가장 탁월한 지식인들을 초청했는데, 어린 딸은 여주인의 역할을 했다. 그녀는 이런 학자들과 여러 가지 과학적이고 철학적인 주제에 대해 통상 라틴 말로 학구적인 논쟁에 빠져들곤 했다. 그리고 외국 방문객과의 일상적인 대화는 그 나라 말로 대응했다. 그녀의 ≪철학의 명제(Propositions Philosophicae)≫는 이런 집안에서의 논의에 근거했는데, 그녀가 20세였을 때 출판됐다.

그 뒤 10년 동안 처음에는 그녀 자신의 관심사를 나중에는 남동생의 교육을 위해 집중적으로 연구했는데, 그 결과가 ≪해석학(Institizione Analitiche, 1748)≫이었다. 이것은 현재까지 보존된 여자가 쓴 최초의 수학 책이다. 1000쪽 이상을 포함하는 거대한 두 권으로 이루어진 ≪해석학≫은 대수학과 해석학을 통합적으로 그리고 완벽하게 다루려고 시도했는데, 이 책은 미분 적분학의 가장 최근의 발전 내용까지 독자에게 알려주려고 했다. 명확성과 상세한 설명의 본보기로 널리 환영을 받은 이 책은 이탈리아 말에서 프랑스 말(1775년)과 영어(1801년)로 번역됐는데, 오일러가 1768~1770년과 1775년에 출판한 미분 적분학에 관한 고전적인 교과서들로 곧 대체됐다. 아녜시의 책을 영어로 번역한 사람은 존 콜슨이었는데, 이 사람은 케임브리지 대학교 루카스 수학 교수로 그 전에는 (1736년에) 뉴턴의 ≪원리≫를 라틴 말에서 영어로 번역하기도 했다. 존 콜슨은 특별히 ≪해석학≫을 번역하기 위해서 말년에 이탈리아 말을 배우는 어려움을 감수했는데, "브리튼의 젊은이들도 이탈리아의 젊은이들과 마찬가지로 이 책의 혜택을 얻을 수 있도록" 하기 위함이었다.

≪해석학≫에서 고찰한 많은 곡선 중에서 아녜시의 이름은 직교 방정식이 $yx^2 = a^2(a-y)$

인 ('돌다'를 뜻하는 라틴 말 'vertere'로부터) '베르시에라(versiera)' 또는 정시 곡선과 가장 흔하게 관련된다. '악마의 부인' 또는 '마녀'를 뜻하는 이탈리아 말 'avversiera'와 혼동해서 이 삼차 곡선은 그 뒤에 '아녜시의 마녀'로 알려지게 됐다.

아녜시는 흔히 대학교에서 최초의 여성 수학 교수라는 말을 들었다. 교황 베네딕투스 14세(Benedict XIV, 1675~1758)는 그녀의 탁월한 성과를 인정해서 그녀를 볼로냐 대학교 수학 및 자연 철학 교수 자리에 (1750년에) 임명했지만, 그녀가 그 자리를 실제로 차지했었는지에 대해서는 다른 의견이 있다. 일부 저자는 그녀의 아버지가 심각하게 아팠을 때 그녀가 볼로냐 대학교에서 1750년부터 1752년까지 가르쳤다고 믿지만, 다른 정보원은 아녜시가 공적 생활에 의욕이 없고 자신의 재능을 그렇게 과시하는 것을 불쾌하게 생각해서 교황의 제의를 거부했다고 주장한다. 그녀의 아버지가 1752년에 죽었을 때, 그녀는 모든 수학 활동을 중단하고, 긴 여생을 자선 사업과 종교적인 명상에 바쳤다. 1771년에 아녜시는 가난하고 병약한 사람들을 위한 집의 책임자가 됐고, 81세의 나이로 죽을 때까지 그 자리를 지켰다.

아녜시의 ≪해석학≫이 출판된 다음 해에 에밀리 브르퇴유(Emilie Breteuil) 샤틀레 후작 부인(Marquise du Châtelet, 1706~1749)이 슬프게도 너무 빨리 죽었다. 그녀는 당시에 수학과 과학에서 만만찮은 재능을 키운 프랑스의 유일한 여성이었다. 이탈리아 밖에서, 런던의 왕립 학회와 파리의 프랑스 과학원과 같이 국가에서 공인한 과학 학회는 과학 활동에서 여자들의 참여를 촉진하기보다는 방해했다. 여자들은 공식적으로 이런 단체의 회원이 될 수 없었다. 지위가 높은 특권 계층의 여성은 과학적 논의에 참여하는 좀 더 미묘한 방법을 이용했다. 지식인으로서의 평판이 좋은 사람으로부터 개인적으로 지도를 받거나, 전기와 기계적인 실연이 크게 유행했던 비형식적인 사교 모임에 접근할 수 있었다.

에밀리 브르퇴유는 귀족 집안에서 태어나 또 다른 귀족과 결혼해서 인척 관계가 좋았다. 당시 귀족 집안의 많은 여자와 같이 그녀는 문학과 시 및 외국 말을 많이 배웠다. 12살 때 그녀는 라틴 · 잉글랜드 · 도이치 · 이탈리아 · 에스파냐 말에 유창했다. 그런데 그녀가 집요하게 흥미를 가진 분야는 수학이었다. 그녀는 신분 덕분에 왕립 아카데미(Académie Royale)에서 힘이 가장 센 피에르 루이 드 모페르튀이(Pierre-Louis de Maupertuis, 1698~1759)와 그의 제자 알렉시스클로드 클레로(Alexis-Claude Clairaut, 1713~1765)의 지도를 받으면서 이 과목에 대한 진지한 연구를 시작할 수 있었다. 모페르튀이는 1736년에 클레로와 함께 호의 1°의 길이, 곧 지구의 중심에서 중심각이 1°인 호의 길이를 라플란드(Lapland, 유럽 최북부의 지역)에 있는 북극권 한계선(북위 66도 33분) 위에서 측정하는 원정대를 지휘해서 유명했다. 그들의 측정은 지구의 극 지름이 적도 지름보다 약 17마일만큼 작다는 사실을 보였고, 지구는 극 부분이 평평하다는 뉴턴의 추측을 확인했다. 클레로는 귀국해서 지구의 모습에 대한 고전적인 책 ≪지구 형상론(Théorie de la Figure de la Terre, 1743)≫을 출판했다.

에밀리 브르퇴유의 이름은 그녀의 오랜 동반자이자 한때 연인이었던 문학 철학자 볼테르의 이름과 가장 자주 관련된다. 볼테르가 뉴턴의 태양계 구조설을 대중화한 ≪뉴턴 철학의 원론(Elements de la Philosophie de Newton, 1738)≫을 쓸 때, 에밀리 브르퇴유는 그가 부족한 수학적 전문 지식을 제공할 수 있었다. 그 머리말은 실제로 그녀의 협력을 대단히 칭찬했는데, 그녀의 공헌이 둘 중에서 더 큼을 넌지시 비췄다. 1738년에 둘은 모두 (그녀는 그에게 알리지 않고) 불의 본질과 확산에 관한 최고의 논문에 상을 주는 과학원의 경쟁 시합에 참가했다. 그들은 누구도 이 경쟁에서 성공하지 못했지만(그 상은 오일러와 두 명의 덜 알려진 전문가에 돌아갔는데). 과학원은 어쨌든 그들 각자의 논문을 수상자들의 논문과 함께 인쇄하기로 결정했다.

에밀리 브르퇴유는 나중에 자신의 아들을 위해 물리학 입문 교과서를 썼다. 당시에 입수할 수 있었던 시대에 뒤떨어진 데카르트의 책들을 대체하기 위해 집필한 ≪물리학 입문(Institutiones de Physique, 1740)≫은 뉴턴의 관점과 함께 프랑스 독자들에게 라이프니츠의 원리들을 도입했다.

1745년에 에밀리 브르퇴유는 그녀를 가장 잘 기억하게 만든 과제를 시작했는데, 바로 뉴턴의 ≪원리≫를 자세한 주석과 함께 프랑스 말로 번역하는 것이었다. 이 번역 과제는 완성하는 데 여러 해가 걸렸는데, 실제로 이것은 그녀의 때 이른 죽음 때문에 완성되지 않은 채로 남았다.

에밀리 브르퇴유가 거의 44세가 됐을 때, 당시에 이 나이의 여자는 할머니였는데, 뜻밖에 임신하게 됐다. 출산한 뒤에 살아남을 수 없다고 예상한 그녀는 뉴턴의 책 번역을 완성하는 데 몰두했다. 실제로 그녀는 딸을 낳을 때 한 친구의 시골 영지에 있는 책상에서 연구하고 있었다. 그녀는 하녀를 부를 수 있을 때까지 아기를 4절판 기하학 책 위에 올려놓았다고 볼테르는 친구들에게 보낸 편지에 썼다. 처음에 모든 상황이 좋게 보였고 에밀리 브르퇴유의 공간은 방문객으로 채워졌지만, 며칠 뒤에 그녀는 병에 걸렸고, 감염되어 일주일 안에 죽었다. 그녀의 죽음 소식은 유럽의 학계를 깜짝 놀라게 만들었고, 그녀의 장례식은 마치 여왕의 장례식과 같았다. 누구도 그녀의 아이를 더 이상 생각하지 않은 것으로 보이는데, 그녀를 따라 곧 죽었다. 에밀리 브르퇴유의 오랜 친구인 클레로가 ≪원리≫에 대한 그녀의 연구를 출판하는 일을 맡았는데, 1759년에야 두 권의 책으로 인쇄됐다.

에밀리 브르퇴유는 과학의 독창적인 발견자라기보다는 다른 사람들의 업적에 대한 해석자였다고 말할 수 있다. 그러나 프랑스 과학계가 브리튼 수입품인 뉴턴의 보편 중력의 법칙이 태양계의 행동을 설명한다고 확신하게 만든 것은 그녀의 뛰어난 공헌이었다.

클레로는 핼리 혜성이 다음에 올 시기를 결정함으로써 천체 역학에서 대단히 큰 명성을 얻었다. 핼리는 1758년 후반이나 1759년 초에 그 혜성을 다시 볼 수 있을 것이라고 대담하게 예측했었다. 실제로 그 혜성이 돌아올 시기를 예측하기는 어려운데, 그것이 가까이에서 통과하는 큰 행성인 목성과 토성의 중력 인력으로 혜성의 움직임이 지연될 수 있기 때문이다. 클레로는 1758년 11월 14일 과학원 앞에서 그 혜성이 그 다음에 4월 13일에 그 궤도에서 태양에 가장 가까운 곳, 곧 그 궤도의 근일점에 도달할 것이라고 공표했다. 그렇지만 그는 목성과 토성의 질량에 대한 정확한 값이 없기 때문에 제시된 날짜는 앞뒤로 한 달의 오차가 있을 수 있다고 강조했다. 그 혜성이 근일점에 클레로가 예측한 날짜보다 정확하게 한 달 일찍 도달했을 때, 그의 눈부신 위업은 프랑스 전체에서 칭송받았다. 동시에 이것은 천체 역학에 대한 뉴턴의 연구를 가시적으로 확인시켜 줬다.

문제 8.4

1. 다음 라이프니츠의 급수가 성립한다고 가정하자.

$$\frac{\pi}{4}=1-\frac{1}{3}+\frac{1}{5}-\frac{1}{7}+\cdots$$

이를 이용해서 다음이 성립함을 증명하라.

$$\frac{\pi}{8}=\frac{1}{1\cdot 3}+\frac{1}{5\cdot 7}+\frac{1}{9\cdot 11}+\cdots$$
$$=\frac{1}{2^2-1}+\frac{1}{6^2-1}+\frac{1}{10^2-1}+\cdots$$

2. $P_n=n!$이 n개의 대상의 순열의 수를 나타낸다고 하고, 라이프니츠의 ≪조합 셈법≫에 있는 다음 등식을 증명하라.

$$2P_n-(n-1)P_{n-1}=P_n+P_{n-1},$$
$$P_n^2=P_{n-1}(P_{n+1}-P_n)$$

3. 실수 $\sqrt{6}$을 허수의 합으로 표현하는 다음과 같은 라이프니츠의 유명한 등식을 밝혀라.

$$\sqrt{6}=\sqrt{1+\sqrt{-3}}+\sqrt{1-\sqrt{-3}}$$

4. 먼저 긴 나눗셈으로 다음 급수를 얻어라.

$$\frac{1}{1+x}=1-x+x^2-x^3+\cdots$$

그리고 0과 x 사이에서 항별로 적분해서 $-1<x\le 1$에 대해 다음과 같은 메르카토르의 로그 급수를 얻어라.

$$\log(1+x)=x-\frac{x^2}{2}+\frac{x^3}{3}-\frac{x^4}{4}+\cdots$$

5. $-1<x<1$에 대해 다음을 증명하라.

$$\log\left(\frac{1+x}{1-x}\right)=2\left(x+\frac{x^3}{3}+\frac{x^5}{5}+\frac{x^7}{7}+\cdots\right)$$

그리고 다음을 얻어라.

$$\log 2=2\left(\frac{1}{3}+\frac{1}{3}\cdot\frac{1}{3^3}+\frac{1}{5}\cdot\frac{1}{3^5}+\cdots\right)$$

6. $\log(1+x)$에 대한 무한 급수를 오일러가 유도한 다음 과정을 자세히 보완하라.

(a) $\log(1+x)$를 다음과 같은 극한으로 나타낼 수 있음을 보여라.

$$\log(1+x)=\lim_{n\to\infty}n\{(1+x)^{1/n}-1\}$$

[**귀띔**: 다음이 성립한다.

$$\frac{d}{du}(1+x)^u=\frac{d}{du}\{e^{u\log(1+x)}\}$$

$$= (1+x)^u \log(1+x)$$

위의 극한은 $u=0$에서 $(1+x)^u$의 도함수의 값이다.]

(b) 다음으로 $(1+x)^{1/n}$의 이항 급수 전개를 이용해서 다음을 얻어라.

$$\log(1+x) = \lim_{n\to\infty}\left\{x + \frac{(1/n-1)}{2!}x^2 + \frac{(1/n-1)(1/n-2)}{3!}x^3 + \frac{(1/n-1)(1/n-2)(1/n-3)}{4!}x^4 + \cdots\right\}$$

(c) $\lim_{n\to\infty}\left(\frac{1}{n}-k\right) = -k$라는 사실로부터 다음과 같은 결론을 내려라.

$$\log(1+x) = x - \frac{x^2}{2} + \frac{x^3}{3} - \frac{x^4}{4} + \cdots$$

7. 뉴턴이 올덴부르크에게 보낸 편지에서 서술한 대로, 이항 정리가 좀 더 친숙한 다음과 같은 꼴과 동치임을 보여라.

$$(1+x)^r = 1 + rx + \frac{r(r-1)}{2!}x^2 + \frac{r(r-1)(r-2)}{3!}x^3 + \cdots$$

여기서 어깨 수 r은 임의의 옹근 수 또는 깨진 수이다. 수렴하기 위한 필요 조건 $|x|<1$은 뉴턴이 서술하지 않았다.

8. 이항 정리를 사용해서 다음 급수 전개를 얻어라.

(a) $(1+x)^{-1} = 1 - x + x^2 - x^3 + \cdots + (-1)^n x^n + \cdots$

(b) $(1-x)^{-2} = 1 + 2x + 3x^2 + \cdots + (n+1)x^n + \cdots$

(c) $(1+x)^{1/2} = 1 + \frac{1}{2}x - \frac{1}{2\cdot 4}x^2 + \frac{1\cdot 3}{2\cdot 4\cdot 6}x^3 + \cdots + (-1)^{n+1}\frac{1\cdot 3\cdot 5\cdots(2n-3)}{2\cdot 4\cdot 6\cdots(2n)}x^n + \cdots$

(d) $(1+x)^{-1/2} = 1 - \frac{1}{2}x + \frac{1\cdot 3}{2\cdot 4}x^2 + \cdots + (-1)^n\frac{1\cdot 3\cdot 5\cdots(2n-1)}{2\cdot 4\cdot 6\cdots(2n)}x^n + \cdots$

9. 모든 자연수 n에 대해 부등식 $2<(1+1/n)^n<3$이 성립함을 증명하라. [**귀띔**: 이항 정리에 의해 다음이 성립한다.

$$\left(1+\frac{1}{n}\right)^n < 1 + 1 + \frac{1}{2} + \frac{1}{2\cdot 3} + \cdots + \frac{1}{2\cdot 3\cdot 4\cdots n} < 1 + 1 + \frac{1}{2} + \frac{1}{2^2} + \cdots + \frac{1}{2^{n-1}}$$]

10. 아래 뉴턴의 급수를 유도하는 다음 과정을 자세히 보완하라.

$$\frac{\pi}{2\sqrt{2}} = 1 + \frac{1}{3} - \frac{1}{5} - \frac{1}{7} + \frac{1}{9} + \frac{1}{11} + \cdots$$

(a) 다음 급수를 생각하자.

$$\frac{1}{1+x^4} = 1 - x^4 + x^8 - x^{12} + x^{16} + \cdots$$

이것을 항별로 적분해서 다음이 성립함을 보여라.

$$\int_0^1\left(\frac{1+x^2}{1+x^4}\right)dx = 1 + \frac{1}{3} - \frac{1}{5} - \frac{1}{7} + \frac{1}{9} + \frac{1}{11} - \cdots$$

(b) 다음이 성립함을 밝혀라.

$$\int_0^1\left(\frac{1+x^2}{1+x^4}\right)dx = \int_0^1\left(\frac{1}{1+\sqrt{2}x+x^2} + \frac{1}{1-\sqrt{2}x+x^2}\right)dx = \frac{1}{2}\int_{-1}^1\frac{dx}{1+\sqrt{2}x+x^2}$$

(c) 다음 적분 공식을 생각하자.

$$\int\frac{dx}{a^2+x^2} = \frac{1}{a}\arctan\frac{x}{a}$$

이 공식을 이용해서 다음을 얻어라.

$$\frac{1}{2}\int_{-1}^{1}\frac{dx}{1+\sqrt{2}x+x^2}$$
$$=\frac{1}{\sqrt{2}}\{\arctan(1+\sqrt{2})$$
$$-\arctan(1-\sqrt{2})\}$$
$$=\frac{1}{\sqrt{2}}\left\{\frac{3\pi}{8}-\left(-\frac{\pi}{8}\right)\right\}$$
$$=\frac{\pi}{2\sqrt{2}}$$

11. 방정식 $y=f(x)$의 실수 근을 어림하는 뉴턴의 방법은 어림값 x_1에서 출발하고, 이 곡선이 있는 평면에서 점 $(x_1, f(x_1))$에서 이 곡선에 접하는 직선 $y-f(x_1)=f'(x_1)(x-x_1)$을 이용한다. 이 접선의 x절편 x_2는 다음과 같다.

$$x_2=x_1-\frac{f(x_1)}{f'(x_1)}$$

이것은 원하는 근에 대한 둘째 어림값이다. 뉴턴은 이런 접선의 방법을 $x^3-2x-5=0$에 (1669년에) 적용했다. 2와 3 사이에 있는 이 삼차 방정식의 근을 소수 다섯째 자리까지 찾아라.

12. (a) 뉴턴의 반복 방법을 자연수 n에 대해 다항 함수 $f(x)=x^n-a$에 적용해서 x_1이 $\sqrt[n]{a}$에 대한 어림값이면 다음이 더 좋은 어림값임을 보여라.

$$x_2=\frac{(n-1)x_1+a/x_1^{n-1}}{n}$$

(b) $\sqrt[3]{2}$를 소수 다섯째 자리까지 정확하게 찾아라. [**귀띔**: 첫째 어림값을 $x_1=1$로 택하고, (a)를 이용하자.]

13. 아녜시의 마녀는 다음과 같이 구성할 수 있다. 지름이 $OA=a$인 원을 평행인 두 접선 사이에 위치시키자. 아래 접점 O를 지나는 할선이 위의 접선과 점 B에서 만나고 이 원과 점 C에서 만난다고 하자. 점 C를 지나고 아래 접선과 평행인 직선과 점 B를 지나고 아래 접선과 수직인 직선이 점 P에서 만난다고 하자.

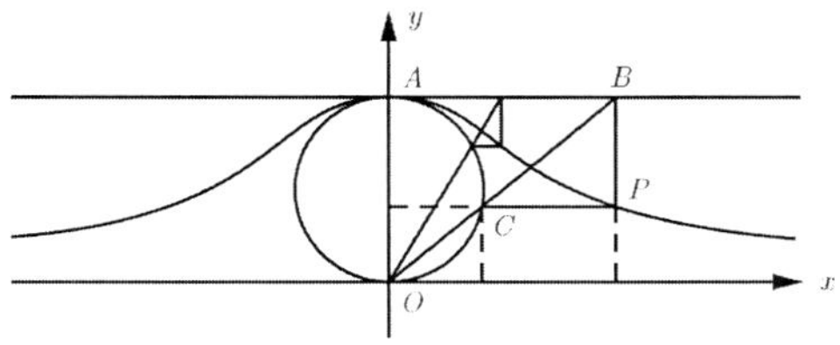

할선이 변함에 따라 점 P가 그리는 궤적이 원하는 곡선임을 확인하기 위해서 다음을 보여라.

(a) 두 삼각형 BPC와 OAB는 서로 닮았다. 그러므로 $(BP)(AB)=(OA)(PC)$이 성립한다.

(b) O는 직교 좌표 평면의 원점이고 P의 좌표가 (x, y)이며 C의 좌표가 (u, v)이면, $(a-y)x=a(x-u)$이고 이에 따라 $u=(xy)/a$이다. 반면에 $v=y$이다.

(c) 다음 방정식에 u와 v의 값을 대입하자.

$$u^2+\left(v-\frac{a}{2}\right)^2=\left(\frac{a}{2}\right)^2$$

그래서 $y(x^2+a^2)=a^3$을 얻어라.

참고 문헌

Adamczewski, Jan. *Nicolaus Copernicus and His Epoch.* Philadelphia: Copernicus Society of America, 1973.

Aiton, E. J. *The Vortex Theory of Planetary Motions.* New York: American Elsevier, 1972.

Ayoub, Raymond. "What Is a Naperian Logarithm?" *American Mathematical Monthly* 100 (1993): 351-364.

Baron, Margaret. *The Origins of the Infinitesimal Calculus*. London: Pergamon, 1969. (Dover reprint, 1993).

Basalla, George, ed. *The Rise of Modern Science*. Lexington, Mass.: D. C. Heath, 1968.

Bashimakova, I., and Smirnova, G. "The Literal Calculus of Vièta and Descartes." *American Mathematical Monthly* 106 (1999): 260-263.

Bell, E. T. "Newton After Three Centuries." *American Mathematical Monthly* 49 (1942): 533-575.

Berlinski, David. Newton's *Gift: How Sir Isaac Newton Unlocked the Sytem of the World*. New York: The Free Press, 2000.

Bissell, Christopher. "Cartesian Geometry: The Dutch Contribution." *Mathematical Intelligencer* 9 no. 4 (1987): 39-44.

Boyer, Carl. "Analytic Geometry: The Discovery of Fermat and Descartes." *Mathematics Teacher* 37 (1944): 99-105.

____. "The Invention of Analytic Geometry." *Scientific American* 180 (Jan. 1949): 40-45.

____. *The History of Calculus and Its Conceptual Development*. New York: Dover, 1959.

____. "Galileo's Place in the History of Mathematics." In *Galileo: Man of Science*, ed. Ernan McMullin. New York: Basic Books, 1967.

____. "The Making of a Mathematician. Essay Review of *The Mathematical Papers of Isaac Newton*." *History of Science* 6 (1967): 97-106.

Broad, William. "Priority War: Discord in the Pursuit of Glory." *Science* 211 (1981): 465-467.

Bullough, Vern, ed. *The Scientific Revolution*. New York: Holt, Rinehart & Winston, 1970.

Burt, Edwin. *The Metaphysical Foundations of Modern Physical Science*. New York: Harcourt Brace, 1925.

Cajori, Florian. "History of the Exponential and Logarithmic Concepts I: From Napier to Leibniz to John Bernoulli, 1614-1710." *American Mathematical Monthly* 20 (1913): 5-14.

____. "Discussion of Fluxions: From Berkeley to Woodhouse." *American Mathematical Monthly* 24 (1917): 145-154.

____. "Grafting of the Theory of Limits on the Calculus of Leibniz." *American Mathematical Monthly* 30 (1923): 223-234.

____. "The History of the Notations of Calculus." *Annals of Mathematics* (2) 25 (1924): 1-46.

____. "Leibniz the Master Builder of Notations." *Isis* 7 (1925): 412-429.

____. "A Revolution of Harriot's *Artis Praxis Analyticae*." *Isis* 11 (1928): 316-324.

Charon, Jean. *Cosmology*. Translated by Patrick Moore. New York: World University Library, 1970.

Child, J. M. *The Early Mathematical Manuscripts of Leibniz*. Chicago: Open Court, 1920.

Christianson, Gale. *In the Presence of the Creator: Isaac Newton and His Times*. New York: The Free Press, 1984.

Clarke, Desmond. *Descartes: A Biography*. Cambridge: Cambridge University Press, 2006.

Clarke, M. L. *Classical Education in Britain 1500–1900*. Cambridge: Cambridge University Press, 1959.

Cohen, I. Bernard. "Newton and the Modern World." *American Scholar* 11 (1941-42): 328-338.

____. "Newton in the Light of Recent Scholarship." *Isis* 51 (1960): 489-514.

____. *Introduction to Newton's "Principia."* Cambridge, Mass.: Harvard University Press, 1971.

Coolidge, Julian. "The Rise and Fall of Projective Geometry." *American Mathematical Monthly* 41 (1934): 217-228.

Crombie, A. C. "Descartes." *Scientific American* 201 (Oct. 1959): 160-166.

Crowther, J. G. *Founders of British Science.* London: Cresset Press, 1960.

De Santillana, Giorgio. *The Crime of Galileo.* Chicago: University of Chicago Press, 1955.

Descartes, René. *The Geometry of René Descartes.* Translated by D. E. Smith and Marcia Latham. New York: Dover, 1954.

Dijksterhuis, E. J. *The Merchanization of the World Picture.* Oxford: Oxford University Press, 1961.

Drake, Stillman. *Galileo at Work, His Scientific Biography.* Chicago: University of Chicago Press, 1978.

Dreyer, J. L. E. *Tycho Brahe: A Picture of the Scientific Life and Work in the Sixteenth Century.* New York: Dover, 1963.

Edwards, C. H. Jr. *The Historical Development of the Calculus.* New York: Springer-Verlag, 1979.

Fauvel, John, ed. *Let Newton Be!* Oxford: Oxford University Press, 1988.

Feingold, Mordechai. "Newton, Leibniz and Barrow Too: An Attempt at a Reinterpretation." *Isis* 84 (1993): 310-338.

Feingold, Mordechi, ed. *Before Newton: The Life and Times of Isaac Barrow.* Cambridge: Cambridge University Press, 1990.

Fermi, Laura, and Fermi, Bernardini. *Galileo and the Scientific Revolution.* New York: Basic Books, 1961.

Field, J. V. "A Lutheran Astronomer: Johannes Kepler." *Archive for the History of Exact Sciences* 31 (1985): 189-272.

Frank, Robert. "Science, Medicine, and the University of Early Modern England." *History of Science* 11 (1973): 194-216, 239-269.

Gade, John Allyne. *The Life and Times Tycho Brahe.* Princeton, N.J.: Princeton University Press, 1970.

Galilei, Galileo. *Dialogue Concerning Two New Sciences.* Translated by Henry Crew and Alfonso de Salvio. New York: Macmillan, 1914.

____. *Discourses on the Two Chief World Systems.* Translated by Stillman Drake. Berkeley: University of California Press, 1967.

Gleich, James. *Isaac Newton.* New York: Pantheon Books, 2003.

Grabiner, Judith. "Descartes and Problem-Solving." *Mathematics Magazine* 68 (1995): 84-97.

Gray, S., and Malakyan, Tagui. "The Witch of Agnesi." *College Mathematical Journal* 30 (1999): 258-268.

Gunther, R, T. *Early Science in Cambridge.* London: Dawsons of Pall Mall, 1969.

Haldane, Elizabeth. *Descartes: His Life and Times.* New York: American Scholar Publicarions, 1966.

Hall, A. Rupert. *The Scientific Revolution 1500-1800.* Boston: Beacon Press, 1956.

____. *From Galileo to Newton 1630-1720.* New York: Harper & Row, 1963.

____. *Philosophers at War: The Quarrel Between Newton and Leibniz.* Cambridge: Cambridge University Press, 1980.

____. *Isaac Newton: Adventures in Thought.*

Cambridge: Cambridge University Press, 1996.

Hall, A. Rupert, and Hall, Marie Boas. *Unpublished Scientific Papers of Newton.* Cambridge: Cambridge University Press, 1962.

Harre, R., ed. *Early Seventeenth Century Scientists.* Oxford: Pergamon, 1965.

Herival, John. *The Background to Newton's Principia,* Oxford: Oxford University Press, 1965.

Hoffman, Joseph E. *Leibniz in Paris 1672-1676.* Cambridge: Cambridge University Press, 1964.

Hutchings, Donald, ed. *Late Seventeenth Century Scientists.* Oxford: Pergamon, 1969.

Jones, Philip. "Tangible Arithmetic: Napier's and Genaille's Rods." *Mathematics Teacher* 47 (1954): 482-487.

____. "Sir Isaac Newton: 1642-1727." *Mathematics Teacher* 51 (1958): 124-127.

Kitcher, Philip. "Fluxions, Limits and Infinite Littleness - A Study of Newton's Presentation of the Calculus." *Isis* 64 (1973): 33-49.

Kreiling, Frederick. "Leibniz." *Scientific American* 218 (May 1968): 94-100.

Langer, R. E. "René Descartes." *American Mathematical Monthly* 44 (1937): 495-512.

MacPike, Eugene. *Hevellius, Flamsteed and Halley: Three Contemporary Astronomers and Their Mutual Relations.* London: Taylor and Francis, 1937.

Mancuso, Paulo. *Philosophy of Mathematics and the Mathematical Practices in the Seventeenth Century.* Oxford: Oxford University Press, 1996.

Manuel, Frank E. A *Portrait of Isaac Newton.* Cambridge, Mass.: Harvard University Press, 1968.

____. "Newton as Autocrat of Science." *Daedalus* 97 (1968): 969-1001.

Mazzotti, Masimo. *The World of Maria Gaetana Agnesi: Mathematician of God.* Baltimore: John Hopkins University Press, 2007.

Mellone, S. H. *The Dawn of Modern Thought - Descartes, Spinoza, and Newton.* London: Oxford University Press, 1930.

Merz, John. *Leibniz.* New York: Hacker Press, 1948.

Meyer, R. W. *Leibniz and the Seventeenth Century Revolution.* Translated by J. P. Stern. Cambridge: Bowes and Bowes, 1952.

Mitford, Nancy. *Voltaire in Love.* London: Hamish Hamilton, 1957.

Molland, A. G. "Shifting the Foundations: Descartes' Transformation of Ancient Geometry." *Historia Mathematica* 3 (1976): 21-49.

Moore, Louis Trenchard. *Isaac Newton: A Biography.* New York: Charles Scribner's Sons, 1934.

Newton, Isaac. *Mathematical Principles of Natural Philosophy.* Translated by Andrew Motte. Edited by Florian Cajori. 2 vols. Berkeley: University of California Press, 1934.

____. *Mathematical Works.* Edited by D. T. Whiteside. 2 vols. New York: Johnson Reprint, 1964-67.

____. *Mathematical Papers.* Edited by D. T. Whiteside. 7 vols. Cambridge: Cambridge University Press, 1967-76.

Pycior, Helena. *Symbols, Impossible Numbers and Geometric Entanglements.* Cambridge: Cambridge University Press, 1997.

Read, C. B. "John Napier and His Logarithms." *Mathematics Teacher* 53 (1960): 381-385.

Rickey, Frederick. "Isaac Newton: Man, Myth and Mathematics." *College Mathematics Journal* 18 (1987): 362-389.

Ronan, Collin A. *Edmund Halley, Genius in*

Eclipse. Garden City, N.Y.: Doubleday, 1969.

____. *Galileo.* New York: C. P. Putnam's Sons, 1974.

Rosenfeld, L. "Newton and the Law of Gravitation." *Archive for History of Exact Sciences* 2 (1965): 365-386.

____. "Newton's Views on Aether and Gravitation." *Archive for History of Exact Sciences* 6 (1969): 29-37.

Rosenthal, Arthur. "The History of Calculus." *American Mathematical Monthly* 58 (1951): 75-86.

Sabra, A. I. *Theories of Light, from Descartes to Newton.* London: Oldburne Book Company, 1967.

Sanford, Vera. "The Decimal Point." *Mathematics Teacher* 45 (1952): 71, 73.

Sarton, George. "Simon Stevin of Bruges (1548-1620)." *Isis* 21 (1934): 241-290.

____. "The First Explanation of Decimal Fractions and Measures." *Isis* 23 (1935): 153-218.

Schrader, Dorothy. "The Newton-Leibniz Controversy Concerning the Discovery of the Calculus." *Mathematics Teacher* 55 (1962): 385-396.

Scott, J. F. *The Mathematical Works of John Wallis, D. D., F. R. S. (1616-1703).* London: Taylor and Francis, 1938.

____. *The Scientific Works of René Descartes.* London: Taylor and Francis, 1952.

Scriba, C. J. "The Inverse Method of Tangents: A Dialogue Between Leibniz and Newton (1675-1677)." *Archive for History of Exact Sciences* 2 (1965): 113-137.

Seltman, Mucriel, and Mizzi, Eddie. "Thomas Harriot: Father of English Algebra?" *Mathematical Intelligencer* 19 no. 1 (1997): 46-49.

Shea, William. *The Magic of Numbers and Motion: The Scientific Career of René Descartes.* Canton, Mass.: Science History Publications, 1991.

Slichter, C. S. "The Principia and the Modern Age." *American Mathematical Monthly* 44 (1937): 433-444.

Stedall, Jacqueline. *A Discourse Concerning Algebra: English Algebra to 1685.* Oxford: Oxford University Press, 2002.

____. "Rob'd of Glories: The Posthumous Misfortunes of Robert Harriot and His Algebra." *Archive for History of Exact Sciences* 54 (1999): 455-497.

____. "The Life and Time of Oughtred's *Clavis.*" *Annals of Science* 57 (2000): 27-60.

____. "Of Our Nation: John Wallis's Account of Mathematical Learning in Medieval England." *Historia Mathematica* 28 (2001): 73-122.

Stimson, Dorothy. *Scientists and Amateurs: A History of the Royal Society.* New York: Henry Schman, 1948.

____. *The Gradual Acceptance of the Copernican Theory of the Universe.* Gloucester, Mass.: Peter Smith, 1972.

Struik, Dirk. "Simon Stevin and Decimal Fractions." *Mathematics Teacher* 52 (1959): 474-478.

Sullivan, J. W. N. *Isaac Newton 1642-1727.* New York: Macmillan, 1938.

Terral, Mary. "Émilie du Châtelet and the Gendering of Science." *History of Science* 33 (1995): 283-310.

Thompson, A. J. "Henry Briggs and His Work on Logarithms." *American Mathematical Monthly* 32 (1925): 129-131.

Thomson, Thomas. *History of the Royal Society*

from Its Institution to the End of the 18th Century. Ann Arbor, Mich.: University Microfilms, 1967.

Toulmin, Stephen, and Goodfield, June. *The Fabric of the Heavens.* New York: Harper & Row, 1961.

Truesdell, C. "Marcia Gaetana Agnesi." *Archive for History of Exact Sciences* 40 (1989): 113-142.

Tuck, Bernard. "Life and Times of Johann Kepler." *Mathematics Teacher* 60 (1967): 58-65.

Turnbull, H. W., ed. *The Correspondence of Isaac Newton.* 7 vols. Cambridge: Cambridge University Press, 1959-77.

Veith, John. *The Method, Meditation and Philosophy of René Descartes,* New York: Tudor, 1901.

Vièta, François. *The Analytic Art.* Translated by T. Richard Witmer. Kent, Ohio: Kent State University Press, 1983.

Vrooman, Jack. *René Descartes, A Biography.* New York: C. P. Putnam's Sons, 1970.

Weld, Charles. *A History of the Royal Society.* Reprint edition. New York: Arno Press, 1975.

Wesfall, Richard. "The Achievement of Isaac Newton." *Mathematical Intelligencer* 9 no. 4 (1987): 45-49.

Whiteside, D. T. "Patterns of Mathematical Thought in the Late Seventeenth Century." *Archive for History of Exact Sciences* 1 (1961): 179-388.

Wilson, C. A. "From Kepler's Laws, So-Called, to Universal Gravitation: Empirical Factors." *Archive for History of Exact Sciences* 6 (1973): 33-49.

Wolf, A. *A History of Science, Technology and Philosophy in the 16th and 17th Centuries.* 2nd ed. 2 vols. New York: Harper, 1959.

Yoder, Joella. *Unrolling Time: Christiaan Huygens and the Mathematization of Nature.* Cambridge: Cambridge University Press, 1988.

부 록

- 그리스 알파벳
- 문제 풀이

그리스 알파벳

문자		이름	문자		이름	문자		이름
A	α	알파	I	ι	이오타	P	ρ	로
B	β	베타	K	κ	카파	Σ	σ	시그마
Γ	γ	감마	Λ	λ	람다	T	τ	타우
Δ	δ	델타	M	μ	뮤	Υ	υ	웁실론
E	ϵ	엡실론	N	ν	뉴	Φ	ϕ	파이(phi)
Z	ζ	제타	Ξ	ξ	크사이	X	χ	카이
H	η	에타	O	o	오미크론	Ψ	ψ	프사이
Θ	θ	세타	Π	π	파이(pi)	Ω	ω	오메가

문제 풀이

제1.2절

1. (a) 

(c) 

(e) 

2. (a) 648 (b) 14'0060

3. (a) 

(c) 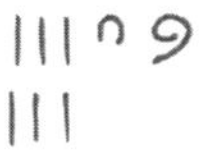

5. (a)  (c) 

(e) 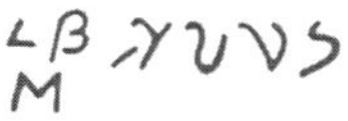

6. (a) 1234 (c) 5'5555

7. (a) $\chi\lambda$ (c) $\beta\omega\xi\gamma$

8. (a) 

(c) 

(e) 

9. (a) 2756 (b) 2977

10. (a) 

(c) 

11. (a) MCDXCII (c) MCMXCIX

(e) $\overline{\text{CXX}}$MMMCDLVI

12. (a) 124 (c) 1748 (e) 1'9000

13. (a) CMXIX (c) LXX (e) XCI

제1.3절

1. (d) 1234 = 20,34 = 

(e) 1'2345 = 3,25,45 =

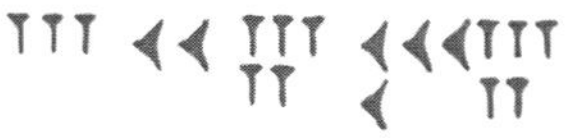

(f) 12'3456 = 34,17,36 =

2. (a) 가능한 다른 경우 중에서

 = 886

3. $\frac{1}{6}=0;10.$ $\frac{1}{9}=0;6,40.$ $\frac{1}{5}=0;12.$

$\frac{1}{24}=0;2.30.$ $\frac{1}{40}=0;1,30.$ $\frac{5}{12}=0;25$

4. (a) 5025 (b) $12\frac{1}{6}$ (c) $\frac{193}{960}$ (d) $83\frac{3}{4}$

5. 12,3,45;6

6. (c) 1066 = 

(d) 5'7942 = 

(e) 12'3456 = 

7. (a) 66'6666 (b) 7725 (c) 12'3321

(d) 962'3088

9. (a) 

(b) 

(c) 

10. (a) 236 = 二百三十六 (d) 1606 = 千六百六

11. (a) 83 (b) 470 (c) 2'9005 (d) 5634

12. 五萬二百四

13. (c) $1066 =$  (d) $5'7942 =$ 

(e) $12'3456 =$ 

14. (a) $9'3707$ (b) $108'6220$ (c) $583'2244$

15. (a)  (b) 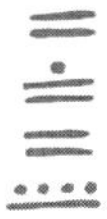 (c) 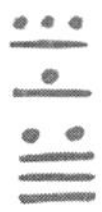

17. (a) 54 (b) 36 (c) 7 (d) 13 또는 19

(e) 6 (f) 11 (g) 5

제2.3절

1. (a) 23 (b) $2+\frac{1}{4}+\frac{1}{8}$ (c) $5+\frac{1}{6}+\frac{1}{18}$

(d) $88+\frac{1}{3}$ (e) $7+\frac{1}{2}+\frac{1}{8}$

3. (a) $430+\frac{1}{8}$ (b) $17+\frac{1}{16}$

(c) $3+\frac{1}{2}+\frac{1}{4}+\frac{1}{8}+\frac{1}{16}$

6. (b) $\frac{2}{25}=\frac{1}{15}+\frac{1}{75}$; $\frac{2}{65}=\frac{1}{39}+\frac{1}{195}$;

$\frac{2}{85}=\frac{1}{51}+\frac{1}{255}$

7. (b) $\frac{2}{21}=\frac{1}{14}+\frac{1}{42}$; $\frac{2}{75}=\frac{1}{50}+\frac{1}{150}$;

$\frac{2}{99}=\frac{1}{66}+\frac{1}{198}$

10. (a) $\frac{2}{n}=\frac{1}{4}\cdot\frac{1}{n}+\frac{7}{4}\cdot\frac{1}{n}$

11. $\frac{13}{15}=\frac{1}{15}+6\cdot\frac{2}{15}=\frac{1}{2}+\frac{1}{5}+\frac{1}{6}$;

$\frac{9}{49}=\frac{1}{49}+4\cdot\frac{2}{49}=\frac{1}{7}+\frac{1}{28}+\frac{1}{196}$;

$\frac{19}{35}=\frac{1}{35}+9\cdot\frac{2}{35}$

$=\frac{1}{5}+\frac{1}{7}+\frac{1}{10}+\frac{1}{14}+\frac{1}{35}$

12. (a) 가능한 답: $\frac{3}{7}=\frac{1}{4}+\frac{1}{7}+\frac{1}{28}$;

$\frac{4}{15}=\frac{1}{4}+\frac{1}{60}$; $\frac{7}{29}=\frac{1}{5}+\frac{1}{29}+\frac{1}{145}$

(b) $\frac{3}{7}=\frac{1}{3}+\frac{1}{11}+\frac{1}{231}$; $\frac{4}{15}=\frac{1}{4}+\frac{1}{60}$;

$\frac{7}{29}=\frac{1}{5}+\frac{1}{25}+\frac{1}{725}$

13. $m+1=nk$ 이면, $\frac{n}{m}=\frac{1}{k}+\frac{1}{km}$ 이다.

$\frac{2}{5}=\frac{1}{3}+\frac{1}{15}$

14. $\frac{9}{13}=\frac{2}{13}+7\cdot\frac{1}{13}=\frac{1}{2}+\frac{1}{7}+\frac{1}{26}+\frac{1}{91}$

15. $\frac{2}{5}=\frac{1}{5}+\left(\frac{1}{6}+\frac{1}{30}\right)$

$=\left(\frac{1}{6}+\frac{1}{30}\right)+\left(\frac{1}{7}+\frac{1}{42}\right)+\left(\frac{1}{31}+\frac{1}{930}\right)$

16. $\frac{2}{11}=\frac{1}{6}+\frac{1}{66}$; $\frac{2}{17}=\frac{1}{9}+\frac{1}{153}$

17. 합 $2+6=3+5=1+3+4=8$에 의해

$\frac{2}{15}=\frac{1}{10}+\frac{1}{30}=\frac{1}{12}+\frac{1}{20}=\frac{1}{15}+\frac{1}{20}+\frac{1}{60}$

이다. 반면에 $2+4+6+12=24$에 의해

$\frac{2}{43}=\frac{1}{43}+\frac{1}{86}+\frac{1}{129}+\frac{1}{258}$ 이다.

18. 합 $15+(6+3)=24=2\cdot 12$에 의해

$\frac{2}{15}=\frac{1}{12}+\frac{1}{30}+\frac{1}{60}$ 이다.

반면에 $43+(18+9+2)=72=2\cdot 36$에

의해 $\frac{2}{43}=\frac{1}{36}+\frac{1}{86}+\frac{1}{172}+\frac{1}{774}$ 이다.

19. $\frac{1}{2}+\frac{1}{10}$; $\frac{1}{2}+\frac{1}{5}$; $\frac{1}{2}+\frac{1}{5}+\frac{1}{10}$;

$\frac{1}{2}+\frac{1}{3}+\frac{1}{15}$

20. $10+\frac{2}{3}=10+\frac{1}{2}+\frac{1}{6}$; 12; $17+\frac{1}{2}$

22. $1+\frac{1}{4}+\frac{1}{76}$

23. $12+\frac{2}{3}+\frac{1}{42}+\frac{1}{126}$

24. (a) 다음 연립 방정식을 풀자.

$x+(x+d)+(x+2d)+(x+3d)+(x+4d)=100,$

$x+(x+d)=\frac{1}{7}\{(x+2d)+(x+3d)+(x+4d)\}$

그러면 $x=\frac{10}{6}$과 $d=\frac{55}{6}$를 얻는다.

(b) $1+\left(6+\frac{1}{2}\right)+12+\left(17+\frac{1}{2}\right)+23=60$ 이고 $60\left(1+\frac{2}{3}\right)=100$이므로, 1, $6+\frac{1}{2}$, 12, $17+\frac{1}{2}$, 23 각각에 $1+\frac{2}{3}$를 곱한다.

제2.4절

1. (a) 640세제곱 규빗

(b) 20제곱 케트. $\frac{1}{2}+\frac{1}{4}$

2. (b) $3\frac{1}{8}$

3. $\frac{\pi r^2}{(2r)^2}=\frac{11}{14}$이므로, $\pi=\frac{22}{7}$이다.

4. 아리아바타의 법칙은 정확한 넓이를 제공한다.

6. 바빌로니아의 공식에 따라 $V=180$을 얻는데, 정확한 값 $V=56\pi\approx176$과 비교된다.

7. $V=\frac{1188}{7}$

제2.5절

1. (a) $\frac{19}{15}=19(0;4)=1;16.$

$\frac{5}{3}=5(0;20)=1;40.$

$\frac{10}{9}=10(0;6,40)=1;6,40.$

(b) $\frac{10}{9}=\frac{10\cdot60}{9\cdot60}=\frac{10\cdot20}{3\cdot60}=\frac{10\cdot20\cdot20}{60^2}=1;6,40$

3. $x=\frac{35}{8}=4;22,30,\ y=\frac{33}{8}=4;7,30$

4. $x=8,\ y=2$

5. $x=18,\ y=6$

6. (a) $x=8,\ y=2$ (b) $x=7,\ y=3$

(c) $x=5,\ y=3$

7. $x=15,\ y=12$

8. $x=0;30,\ y=0;20,\ z=6$

9. $x=0;30$

10. $x=14$

11. 두 변의 길이는 30과 25이다.

12. $x=\frac{2}{3}=0;40$

13. 모든 문제의 해로 $x=30,\ y=20$이 있다.

제2.6절

1. 12 **2.** 768

3. $x=20,\ y=12$

4. $x=18,\ y=60,\ z=40$

5. $b_1=10,\ b_2=5,\ s_1=s_2=20$

6. $d^2\approx1782.7,\ d^2\approx1701.6$

7. $\sqrt{2}\approx\frac{17}{12},\ \sqrt{5}\approx\frac{9}{4},\ \sqrt{17}\approx\frac{33}{8}$

8. $\sqrt{720}\approx\frac{5'1841}{1932}\approx26.83,$

$\sqrt{63}\approx\frac{3'2257}{4064}\approx7.93$

제3.2절

1. $8t_n+1=s_{2n+1}$

2. $9t_n+1=t_{3n+1}$

4. (a) $56=55+1$ (b) $185=91+66+28$

6. $1225=t_{49}=s_{35},\ 4'1616=t_{288}=s_{204}$

7. (a) $o_n=n(n+1)=2(1+2+\cdots+n)$

(c) $o_n+n^2=n(n+1)+n^2=2n^2+n=\frac{2n(2n+1)}{2}=t_{2n}$

(e) $n^2+2o_n+(n+1)^2$

$$=n^2+2n(n+1)+(n+1)^2$$
$$=4n^2+4n+1=(2n+1)^2$$

8. $9=0^2+3+6=2^2+2^2+1$,
$81=0^2+3+78=5^2+1^2+55$

10. $\{n(n-1)+1\}+\{n(n-1)+3\}+\cdots+\{n(n-1)+(2n-1)\}$
$$=n\{n(n-1)\}+\{1+3+\cdots+(2n-1)\}$$
$$=n^2(n-1)+n^2$$
$$=n^3$$

11. (a) $\{1+2+3+\cdots+(n-1)+n\}+\{(n-1)+\cdots+3+2+1\}$
$$=\frac{n(n+1)}{2}+\frac{(n-1)n}{2}$$
$$=n^2$$

(c) $1\cdot 2+2\cdot 3+3\cdot 4+\cdots+n(n+1)$
$$=(1^2+1)+(2^2+2)+(3^2+3)+\cdots+(n^2+n)$$
$$=(1^2+2^2+3^2+\cdots+n^2)+(1+2+3+\cdots+n)$$
$$=\frac{n(n+1)(2n+1)}{6}+\frac{n(n+1)}{2}$$
$$=\frac{n(n+1)(n+2)}{3}$$

(e) $1^3+3^3+5^3+\cdots+(2n-1)^3$
$$=\left\{\frac{(2n)(2n+1)}{2}\right\}^2-\{2^3+4^3+\cdots+(2n)^3\}$$
$$=n^2(2n+1)^2-8(1^3+2^3+\cdots+n^3)$$
$$=n^2(2n+1)^2-8\left\{\frac{n(n+1)}{2}\right\}^2$$
$$=n^2(2n^2-1)$$

12. (a) $(a+d)+(a+2d)+(a+3d)+\cdots+(a+nd)$
$$=nd+(1+2+3+\cdots+n)d$$
$$=na+\frac{n(n+1)d}{2}$$
$$=n\left\{\frac{(a+d)+(a+nd)}{2}\right\}$$

14. n 이 홀수, 이를테면 $n=2m+1$이라 하면, 다음을 얻는다.
$$(t_1+t_2)+(t_3+t_4)+\cdots+(t_{n-2}+t_{n-1})+t_n$$
$$=2^2+4^2+\cdots+(2m)^2+\frac{(2m+1)(2m+2)}{2}$$
$$=4(1^2+2^2+\cdots+m^2)+(2m+1)(m+1)$$
$$=4\frac{m(m+1)(2m+1)}{6}+(2m+1)(m+1)$$
$$=\frac{n(n+1)(n+2)}{6}$$

16. $T_n=\dfrac{n(n+1)(n+2)}{6}$
$$=\frac{n+1}{6}\{n(n+2)\}$$
$$=\frac{n+1}{6}\{n(n+1)+n\}$$
$$=\frac{n+1}{6}(2t_n+n)$$

17. $t_n+2T_{n-1}=\dfrac{n(n+1)}{2}+2\left\{\dfrac{(n-1)n(n+1)}{6}\right\}$
$$=n(n+1)\left\{\frac{1}{2}+\frac{n-1}{3}\right\}$$
$$=\frac{n(n+1)(2n+1)}{6}$$
$$=1^2+2^2+3^2+\cdots+n^2$$

제3.3절

2. $(12, 5, 13)$, $(8, 6, 10)$

4. $x^2+(x+1)^2=(x+2)^2$이면 $(x-3)(x+1)=0$이다.

5. (b) $(3, 4, 5)$, $(20, 21, 29)$, $(119, 120, 169)$, $(696, 697, 985)$, $(4059, 4060, 5741)$

6. (a) $1<\frac{7}{5}<\frac{41}{29}$, $\frac{3}{2}>\frac{17}{12}>\frac{99}{70}$

(b) $2-\left(\frac{3}{2}\right)^2=-\frac{1}{4}$, $2=\left(\frac{7}{5}\right)^2=\frac{1}{25}$,

$2-\left(\frac{17}{12}\right)^2=-\frac{1}{144}$,

$$2=\left(\frac{41}{29}\right)^2=\frac{1}{841}$$

7. (a) $x_1=2,\ x_2=12,\ x_3=70,\ x_4=408,$
$x_5=2378,\ y_1=3,\ y_2=17,\ y_3=99,$
$y_4=577,\ y_5=3363$

(c) $y_n^2-2x_n^2=1$이므로

$\frac{y_n}{x_n}=\sqrt{2+\left(\frac{1}{x_n}\right)^2}$ 이다.

8. (a) 2, 1.5, 1.41666⋯, 1.41422⋯

10. (a) $x_1=3,\ x_2=8,\ x_3=22,\ x_4=60,$
$x_5=164,\ x_6=448,\ y_1=5,\ y_2=14,$
$y_3=38,\ y_4=104,\ y_5=284,\ y_6=776$

(b) $5^2-3\cdot3^2=-2,\ 7^2-3\cdot4^2=1$

(d) $\frac{5}{3},\ \frac{7}{4},\ \frac{19}{11},\ \frac{26}{15},\ \frac{71}{41}\cdot\frac{97}{56}$

11. (b) $\frac{265}{153}=\frac{1}{15}\left(26-\frac{1}{51}\right)$

$=\frac{1}{15}\sqrt{\left(26-\frac{1}{51}\right)^2}$

$<\frac{1}{15}\sqrt{26^2-1}=\sqrt{3}$

12. (a) $\frac{26}{15}$ (b) $\frac{1351}{780}$

13. (b) $\frac{106}{15}<\sqrt{50}<\frac{99}{14},$

$\frac{119}{15}<\sqrt{63}<\frac{127}{16},$

$\frac{147}{17}<\sqrt{75}<\frac{156}{18}$

15. (b) $\frac{a}{AD}=\frac{c}{a}$이고 $\frac{b}{BD}=\frac{c}{b}$이므로,

$a^2=c\cdot AD$이고 $b^2=c\cdot BD$이다.

16. (b) $\frac{1}{2}a\left(\frac{a^2}{b}\right)+\frac{1}{2}ab=\frac{1}{2}c\left(\frac{ac}{b}\right)$이므로

$a^2+b^2=c^2$이다.

17. $\frac{1}{2}(a+b)^2=\frac{1}{2}ab+\frac{1}{2}ab+\frac{1}{2}c^2$이므로

$a^2+b^2=c^2$이다.

19. $\frac{a}{b}=\frac{AE}{BC}=\frac{AE}{BD}=\frac{AH}{HB}=\frac{OH-a}{b-OH}$

22. (a) $(\sqrt{n})^2=\left(\frac{n+1}{2}\right)^2-\left(\frac{n-1}{2}\right)^2$

(b) $(2\sqrt{n})^2=(n+1)^2-(n-1)^2$

23. h가 n째 삼각형의 빗변이면,

$h^2=(\sqrt{n})^2+1^2$이다.

제3.4절

1. (a) $\frac{\text{넓이 I}}{\text{넓이 II}}=\frac{AB^2}{AC^2}=\frac{AB^2}{2AB^2}=\frac{1}{2}$이므로,

(달꼴 넓이)=(AC 위의 반원 넓이)−(넓이 II)

=(AC 위의 반원 넓이)−2(넓이 I)

=($\triangle ABC$의 넓이)

4. 방정식 $x^4=(ay)^2=a^2(2ax)$에 의해

$x^3=2a^3$이다.

제3.5절

1. $AK<AG$이면, 중심이 A이고 반지름이 AK인 사분원 KPL을 그린다. FK가 AD에 수직이고, 구적 곡선과 F에서 만난다. AF를 잇고 이의 연장선이 원주 BED와 E에서 만나고 원주 KPL과는 P에서 만난다. 앞에서와 같이 추론해서 $FK=$ 호 PK이다. 그러므로 $\frac{1}{2}AK\cdot FK=\frac{1}{2}AK\cdot$ 호 PK, 곧 삼각형 AKF의 넓이는 부채꼴 AKP의 넓이와 같은데, 이는 모순이다.

2. (a) 극 좌표에서 추적선의 $\frac{\angle BAD}{\angle EAD}=\frac{AB}{FH}$ 를 정의하는 성질은 $\frac{\pi/2}{\theta}=\frac{a}{r\sin\theta}$ 이다.

(b) $\lim_{\theta\to0}r=\lim_{\theta\to0}\left(\frac{2a}{\pi}\cdot\frac{1}{\frac{\sin\theta}{\theta}}\right)=\frac{2a}{\pi}\cdot1$

3. 두 삼각형 FBA와 FBE가 닮은 도형이므로,

$\frac{x}{b}=\frac{a}{x}$ 이다.

4. 먼저 넓이가 원과 같은 직각 삼각형을 얻는다. 다음에 넓이가 그 삼각형과 같은 직사각형을 작도한다. 이제 문제 3을 이용해서 넓이가 그 직사각형과 같은 정사각형을 작도한다.

6. 극 좌표에서 리마송(달팽이선)을 정의하는 성질은 $r-2\cos\theta=1$이다. $r=\sqrt{x^2+y^2}$이고 $\cos\theta=\dfrac{x}{r}$이므로, 이것은 $r^2-2x=r$ 또는 $(r^2-2x)^2=r^2$이 된다.

제4.2절

1. 두 삼각형 DAB와 CBA는 변-각-변 정리에 의해 서로 합동이다. 그러므로 $\angle DBA=\angle CAB=\angle CBA$가 성립하는데, 이는 일반 개념 5에 위배된다.

2. $\alpha+\beta=180°=\beta+\gamma$이므로 $\alpha=\gamma$이다.

3. 외각 정리에 의해 $\angle ABC<\angle ACD$이므로, 다음이 성립한다. $\angle ABC+\angle ACB<\angle ACD+\angle ACB=180°$

4. 삼각형 ABD는 이등변 삼각형이므로, $\angle ABD=\angle ADB$이다. 외각 정리를 적용하면 다음을 얻는다.
$\angle ABC>\angle ABD=\angle ADB>\angle ACB$

5. 두 삼각형 GBC와 DEF는 변-각-변 정리에 의해 서로 합동이다.
그러므로 $\angle C=\angle F=\angle BCG$가 성립하는데, 이는 일반 개념 5에 위배된다.

8. $\triangle ABE=\triangle DCF$이므로, 다음이 성립한다.
$\square ABCD=\square ABGD+\triangle BCG$
$=(\triangle ABE-\triangle DEG)+\triangle BCG$
$=(\triangle DCF-\triangle DEG)+\triangle BCG$
$=\square EGCF+\triangle BCG$
$=\square EBCF$

11. 문제 8에 의해 다음이 성립한다.
$\square ABDE=\square ABKH=\square BLSR$,
$\square ACFG=\square ACJH=\square RSMC$
그러므로 다음을 얻는다.
$\square ABDE+\square ACFG=\square BLSR+\square RSMC=\square BLMC$

제4.3절

1. (a) $a|b$이면, 적당한 r에 대해 $b=ar$이다, 그러므로 $bc=a(rc)$, 곧 $a|bc$이다.

(c) $ac|bc$이면, 적당한 r에 대해 $bc=arc$이다. 그러므로 $b=ar$, 곧 $a|b$이다.

(e) $a|b$이고 $c|d$이면, 적당한 r과 s에 대해 $b=ar$이고 $d=cs$이다, 그러므로 $bd=(ac)(rs)$, 곧 $ac|bd$이다.

3. $66=5+61=7+59=13+53=19+47=23+43=29+37$,
$96=7+89=13+83=17+79=23+73=29+67=37+59=43+53$

4. $51=47+2\cdot 2$, $53=47+2\cdot 3$, $55=41+2\cdot 7$, $57=53+2\cdot 2$, $59=53+2\cdot 3$, $\cdots$

5. 85

6. $n^3-1=(n-1)(n^2+n+1)$이 씨수이면, $n-1=1$이다.

7. 11, 13, 15, 17; 101, 103, 105, 107, 109

8. $6=17-11$, $12=23-11$, $18=29-11$, $24=31-7$, $30=37-7$, $36=43-7$, $\cdots$

9. $29=23+19+17-13-11-7-5+3+2+1$,
$37=31-29+23-19+17-13+11+7+5+3+2+1$

10. (a) $m=2k$이면 $m^2=4k^2$이다. 반면에 $m=2k-1$이면 $m^2=4(k^2+k)+1$이다.

(c) $m=6k+1$이면, $m^2=12(3k^2+k)+1$이다. 반면에 $m=6k+5$이면 $m^2=12(3k^2+5k+2)+1$이다.

11. $a=3k$이면, $3|a$이다. $a=3k+1$이면, $3|(a+2)$이다.
$a=3k+2$이면, $3|(a+1)$이다. 모든 경우

에 $3|a(a+1)(a+2)$이다.

12. $a=3k+1$이면, $a^2-1=3(3k^2+2k)$이다. 반면에 $a=3k+2$이면, $a^2-1=3(3k^2+4k+1)$이다.

13. $2|(a+1)^2-a^2$이면, $2|(2a+1)$이다. 그러므로 $2|(2a+1)-2a$, 곧 $2|1$인데, 이는 모순이다.

15. $\gcd(143,\ 227)=1$, $\gcd(136,\ 232)=8$, $\gcd(272,1479)=17$

16. (a) $\gcd(56,\ 72)=8=4\cdot 56+(-3)\cdot 72$
(b) $\gcd(119,\ 272)=17$
$=7\cdot 119+(-3)\cdot 272$

17. $d|a$이고 $d|(a+1)$이면, $d|(a+1)-a$이므로 $d|1$, 곧 $d=\pm 1$이다.

18. 3과 8이 모두 $a(a+1)(a+1)(a+2)$의 약수이고 $\gcd(3,\ 8)=1$이므로, $3\cdot 8$은 이 곱의 약수이다.

19. $p|a^n$이고 p는 씨수이므로, $p|a$이고 이에 따라 $p^n|a^n$이다.

20. (b) $1234=2\cdot 617$,
$1'0140=2^2\cdot 3\cdot 5\cdot 13^2$,
$3'6000=2^5\cdot 3^2\cdot 5^3$

21. (a) 17, 257 (b) 7, 31, 127, 8191

22. $3p=(a+1)(a-1)$이고 p는 씨수이므로, $3|(a+1)$이거나 $3|(a-1)$이다. 그런데 $3|(a+1)$이면 모순에 이른다. 적당한 k에 대해 $a-1=3k$이면, $3p=(3k+2)(3k)$, 곧 $p=(3k+2)k$이다. 따라서 $k=1$이고 $p=5$이다.

23. $6=13-7=19-13$
$=29-23=37-31=\cdots$

25. $\sqrt{p}$가 유비수, 곧 서로 소인 두 자연수 a와 b에 대해 $\sqrt{p}=a/b$라고 가정하자. 제곱하면 $a^2=pb^2$이므로, p는 a^2의 약수이다. p가 씨수이므로, 이러기 위해서는 반드시 p가 a의 약수이어야 한다. 그러면 p^2은 a^2의 약수이다. $b^2=a^2/p$이므로, p는 b^2의 약수이다. 이에 따라 p는 a뿐만 아니라 b의 약수이므로, 모순이다.

제4.4절

2. $AB=AD\sin\beta$, $AC=AD\sin\alpha$, $BD=AD\sin(90°-\beta)$, $CD=AD\sin(90°-\alpha)$이므로, 프톨레마이오스의 정리에 의해 다음을 얻는다.
$AD\sin\alpha\cdot AD\sin(90°-\beta)$
$=AD\sin\beta\cdot AD\sin(90°-\alpha)+BC\cdot AD$

3. 프톨레마이오스의 정리에 의해 $AB=BC=AC$일 때 다음이 성립한다.
$$AB\cdot PC=PA\cdot BC+PB\cdot AC$$

4. (b) $\pi\approx 3\frac{17}{120}=3.14166\cdots$
(c) $\sqrt{3}\approx 1.73205\cdots$

6. $d=0$으로 택하면, $k=\sqrt{s(s-a)(s-b)(s-c)}$를 얻는다.

8. $AX=XP=XD$

제4.5절

1. (a) 원기둥의 밑면의 반지름이 r이고 높이가 h이면, 겉넓이는 $s=2\pi rh=\pi x^2$인데, 여기서 $h/x=x/2r$가 성립한다.
(c) 원뿔의 밑면의 반지름이 r이고 기운 높이가 s이면, $\frac{\frac{1}{2}(2\pi r)s}{\pi r^2}=\frac{s}{r}$이다.
(e) 구의 반지름이 r이면, 부피는 다음과 같다. $V_S=\frac{4}{3}\pi r^3=4\frac{(\pi r^2)r}{3}=4V_C$

2. 구의 반지름이 r이면, 다음이 성립한다.
(a) $V_C=(\pi r^2)(2r)=\frac{3}{2}\left(\frac{4}{3}\pi r^3\right)=\frac{3}{2}V_S$
(b) $A_C=(2\pi r)(2r)+2(\pi r^2)$
$$=\frac{3}{2}(4\pi r^2)=\frac{3}{2}A_S$$

3. $AB+BF=DB+BF=DF=FC$

6. '구두장이의 칼'의 넓이는 다음과 같다.

$$A = \frac{\pi}{8}AB^2 - \frac{\pi}{8}AC^2 - \frac{\pi}{8}CB^2$$

$$= \frac{\pi}{8}(AB^2 - AC^2 - CB^2) = \frac{\pi}{4}PC^2$$

7. □$PRCS$는 평행 사변형이므로, 두 대각선 PC와 RC는 서로를 이등분한다.

8. CD는 O에서 이등분되므로, 다음이 성립한다. $AD^2 + AC^2 = 2(CO^2 + AO^2)$,
$PQ = AO + OD = AD$
따라서 다음을 얻는다.
$AB^2 + CD^2 = 4(AO^2 + CO^2)$
$= 2(AD^2 + AC^2) = 2(PQ^2 + AC^2)$ 이에 따라 '소금 저장실'의 넓이는 다음과 같다.

$$A = \frac{\pi}{8}AB^2 + \frac{\pi}{8}CD^2 - 2\left(\frac{\pi}{8}AC\right)^2$$

$$= \frac{\pi}{4}PQ^2$$

9. 다음을 참고하자.

$$a = \frac{1}{2}\int_0^{2\pi} r^2\,d\theta = \frac{1}{2}\int_0^{2\pi}(a\theta)^2\,d\theta = \frac{4a^2\pi^3}{3}$$

10. $\angle POA = \beta$라 하면 $P = (a\beta, \beta)$이고, $Q = \left(\frac{a\beta}{3}, \beta\right)$이며 $R = \left(\frac{2a\beta}{3}, \beta\right)$이다. 중심이 O이고 반지름이 각각 OQ와 OR인 두 원은 소용돌이선과 두 점 $V = \left(\frac{a\beta}{3}, \frac{\beta}{3}\right)$와 $U = \left(\frac{2a\beta}{3}, \frac{2\beta}{3}\right)$에서 만나다. 그러므로 $\angle VOA = \frac{\beta}{3}$이다.

11. 점 $P = \left(\frac{\pi a}{2}, \frac{\pi}{2}\right)$이고 $O = (0, 0)$이므로 $OP = \frac{\pi a}{2}$이다.

12. 극 좌표로 점 $A = (2\pi a, 2\pi)$에서 소용돌이선 $r = a\theta$에 대한 접선의 방정식은 $r(2\pi\cos\theta - \sin\theta) = 4\pi^2 a$이다. 이 접선은 직선 $\theta = \frac{3\pi}{2}$와 점 $B = \left(4\pi^2 a, \frac{3\pi}{2}\right)$에서 만난다.

제5.3절

1. 15, 5, 25

2. 30, 25, 35

5. $a = 3$이면, 두 정사각형의 넓이는 $\left(\frac{17}{2}\right)^2$과 $\left(\frac{23}{2}\right)^2$이다.

6. $12 + x^2 = (x-4)^2$이면, 그 수는 $\frac{35}{4}$이다.

7. $x^2 + 4x + 2 = (x-2)^2$이면, 그 두 수는 $\frac{1}{4}$과 $\frac{5}{4}$이다.

8. $10x + 54 = 64$이면, 그 세 수는 1, 7, 9이다.

9. $x + (4x+4)^2 = (4x-5)^2$이면, 그 세 수는 9, 328, 73이다.

10. 8, 2

11. $8x(x^2-1) + (x^2-1) = (2x-1)^3$이면, 그 두 수는 $\frac{112}{13}$와 $\frac{27}{169}$이다.

12. $(x^2+4) - 4x = 64 = 4^3$이면, 삼각형의 세 변의 길이는 40, 96, 104이다.

14. (a) $x = 20 + 9t$, $y = -15 - 7t$
(c) $x = 176 + 35t$, $y = -1111 - 221t$

15. (a) $x = 1$, $y = 6$ (c) 양수 해는 없음

17. 28조각이 하나의 답이다.

19. 하나의 답은 남자 1명, 여자 5명, 어린이 14명이다.

20. 56, 44

21. 59가 하나의 답이다.

22. 119가 하나의 답이다.

23. 1103이 하나의 답이다.

제5.4절

1. (a) $r(ar^2 + brs + cs^2) = -dx^3$이므로, $r|ds^3$이고 이에 따라 $r|d$이다.

2. (a) $-\frac{3}{2}$ (c) $-\frac{1}{3}$, $-\frac{1}{2}$, 1
(e) 유비수 해는 없다.

5. (a) 방정식 $8x^3-6x-1=0$의 유비수 해가 없으므로, $\cos 20°$는 작도 불가능한 실수이다. 따라서 $20°$의 각은 작도 불가능하다.

제5.5절

1. (a) $x^2+8x=9$이면 $x^2+8x+16=25$이다. 그러므로 $(x+4)^2=25$, 곧 $x+4=5$이고, 이에 따라 $x=1$이다.

(d) $3x^2+10x=32$이면 $9x^2+30x=96$이고, $y=3x$라 하면 $y^2+10y=96$이다. 그러므로 $y^2+10y+25=121$, 곧 $(y+5)^2=121$이다. 이에 따라 $y+5=11$이므로, $y=6$이고 $x=2$이다.

2. (a) 12 (b) 24 (c) 7, 3

3. (a) 7, 4 (b) 6, 4

4. $1'7296=2^4\cdot 23\cdot 47$; $1'8416=2^4\cdot 1151$

6. 한 가지 방법으로 세 개의 구석 삼각형과 넘치는 정사각형을 사용하라.

9. 두 사람

10. 16 **11.** 4, 6 **12.** 3 또는 $\frac{49}{3}$

13. 2, 8

15. (a) $666\frac{2}{3}$보 (b) 250보

16. (a) 9명, 70문

(b) $35\frac{3}{4}$온스의 금, $29\frac{1}{4}$온스의 은

18. 60일

19. (a) 변은 60보, 지름은 20보 (b) 두 변은 40과 50보, 지름은 100보

20. (c) 268 **21.** 123

제6.2절

1. (a) 18피트, 32피트 **2.** $10\frac{1}{2}$디나르

3. (a) 연립 방정식 $x+23=2y$, $y+23=3z$, $z+23=4x$의 해는 $x=9$, $y=16$, $z=13$디나르이다.

4. $(2n+5)^2=(2n+3)^2+\{(2n+3)^2-(2n+1)^2\}+8$

5. (a) $x=5$이고 y는 임의의 제곱수로 $x+y$와 $x-y$도 제곱수이다.

6. (a) 세 개의 제곱수 a^2, b^2, c^2은 공차가 d인 등차 수열을 이루면, $x=\frac{2b^2}{d}$이 해이다. (b) $3^2+4^2+12^2=13^2$

8. $481=15^2+16^2=20^2+9^2$

9. (a) $c^2+d^2=k^2$이면, $(a^2+b^2)(c^2+d^2)=u^2+v^2$일 때 $a^2+b^2=\left(\frac{u}{k}\right)^2+\left(\frac{v}{k}\right)^2$이다.

(b) $61=\left(\frac{39}{5}\right)^2+\left(\frac{2}{5}\right)^2$

10. $u=7$이면 $t=47$이다. 그러므로 수량은 33, 13, 1이다.

14. $x=\frac{1}{2}\left(a+\sqrt{a^2-4(ca)/b}\right)=8$, $y=\frac{1}{2}\left(a-\sqrt{a^2-4(ca)/b}\right)=2$

15. $x=\frac{1}{2}\left\{(a-1)+\sqrt{(2b+1)-a^2}\right\}=7$, $y=\frac{1}{2}\left\{(a+1)-\sqrt{(2b+1)-a^2}\right\}=3$

16. $x=(ab-c)/(b+1)=4$, $y=(a+c)/(b+1)=8$

17. $x=\sqrt{abc}=12$, $y=\sqrt{(ab)/c}=3$

제6.3절

1. $50=F_4+F_7+F_9$, $75=F_3+F_5+F_7+F_{10}$

2. (b) $F_2+F_4+\cdots+F_{2n}$
$=(F_1+F_2+F_3+\cdots+F_{2n})-(F_1+F_3+\cdots+F_{2n-1})$
$=(F_{2n+2}-F_{2n})-1=F_{2n+1}-1$

3. $7|F_8$, $11|F_{10}$

4. $d=\gcd(F_n, F_{n-1})$이면, $d|(F_{n+1}F_{n-1}-F_n^2)$ 또는 $d|(-1)^n$이다.

5. $\gcd(F_{15}, F_{20})=5$

6. $F_n | F_m$ 이면, $\gcd(F_n, F_m) = F_n$ 이다. 문제 5에 의해 $n = \gcd(n, m)$ 이고 이에 따라 $n|m$ 이다.

7. (a) $2|F_n$ 이면, $F_3|F_n$ 이고 이에 따라 $3|n$ 이다.

(c) $4|F_n$ 이면, $3|n$ 이다. $2|n$ 도 성립하므로, $6|n$ 이다.

제7.3절

1. (a) 1, 2, 3

(c) -2, $-2+4\sqrt{2}$, $-2-4\sqrt{2}$

3. (a) $2\sqrt[3]{4}-2\sqrt[3]{2}$ (c) $2+\sqrt[3]{25}-\sqrt[3]{5}$ (e) 8

4. -2, $-2+\sqrt{11}$, $-2-\sqrt{11}$

5. 6, 4 **6.** -48, 52

7. $4+\sqrt{16-\sqrt[3]{16}}$, $4-\sqrt{16-\sqrt[3]{16}}$

8. $14-2\sqrt{11}-2\sqrt{13-2\sqrt{11}}$

9. $x = -4+\sqrt[3]{190+\sqrt{35757}}$
$+\sqrt[3]{190-\sqrt{35757}}$

10. $x = \dfrac{1}{3}+\sqrt[3]{\sqrt{\dfrac{2107}{3}}+\dfrac{1}{27}}$
$-\sqrt[3]{\sqrt{\dfrac{2107}{3}}-\dfrac{1}{27}}$

11. $x = -\dfrac{7}{3}+\sqrt[3]{\dfrac{413}{27}+\dfrac{\sqrt{1960}}{27}}$
$+\sqrt[3]{\dfrac{413}{27}-\dfrac{\sqrt{1960}}{27}}$

12. $x = \dfrac{27}{y}-y$ 이면, $x^3+81x = 702$ 는 $y^6+702y^3 = 27^3$ 이 되고 하나의 해는 $y=3$ 이다.

$y = \dfrac{2}{z}-z$ 이면, $y^3+6y=7$ 는 $z^6+7z^3=8$ 이 되고 하나의 해는 $z=1$ 이다.

13. 6

14. (a) -6 (c) $y^3 = \dfrac{19}{13}y-\dfrac{56}{27}$ 의 한 해는 $y = -\dfrac{1}{3}$ 이다.

제7.4절

1. (a) $\sqrt{\dfrac{3}{2}} \pm \sqrt{\sqrt{6}-\dfrac{3}{2}}$,
$-\sqrt{\dfrac{3}{2}} \pm \sqrt{-\sqrt{6}-\dfrac{3}{2}}$

(b) $\dfrac{-3\pm\sqrt{5}}{2}$, $\dfrac{3\pm\sqrt{-7}}{2}$

2. $\dfrac{-1\pm\sqrt{-3}}{2}$, $\dfrac{-3\pm\sqrt{-7}}{2}$

3. 1, -1, -4, -4

4. $10\left(\sqrt{\sqrt{5}+\dfrac{5}{4}}-\sqrt{\dfrac{5}{4}}\right)$

6. 2

제8.1절

1. (a) $\dfrac{540}{23}$ 두카트 (b) 375보 (c) $3\dfrac{15}{16}$ 일

2. 80일 **3.** 2'4000명

4. 거지 28명, 220리라

5. (a) 36년 (b) $31\dfrac{2}{7}$ 플로린

9. 999'9995.1111

제8.2절

1. 두 삼각형 ABC와 DBE는 서로 닮았으므로, $\dfrac{BA}{BD} = \dfrac{BC}{BE}$ 또는 $\dfrac{1}{a} = \dfrac{b}{BE}$ 이다. 그러므로 $BE = ab$ 이다.

4. 방정식 $x^4+x^2+3x+1 = (x+1)\cdot(x^3-x^2+2x+1) = 0$ 의 양수 근은 없다. 그러므로 $x^3-x^2+2x+1=0$ 의 양수 근이 없다.

5. 방정식 $x^6+x^5+2x^4+x^3-1 = (x+1)(x^5+2x^3-x^2+x-1) = 0$ 의 단 한 개의 양수 근이 있다.

6. $f(x) = x^{2n}-1$ 의 부호가 한 번 바뀌고 $f(-x) = x^{2n}-1$ 의 부호도 한 번 바뀌므로, 방정식 $f(x)=0$ 의 양수 근이 두 개 이

상이 존재할 수 없고 음수 근이 두 개 이상 존재할 수 없다. 그런데 1과 -1이 분명히 근이므로, $2n-2$개의 복소수 근이 존재한다.

7. (a) $f(x)=x^3+3x+7$의 부호가 바뀌지 않으므로, $f(x)=0$의 양수는 없다. 그런데 $-f(-x)=x^3+3x-7$의 부호가 한 번 바뀌므로, $f(x)=0$의 음수 근이 한 개 존재할 수 있다. 따라서 두 개의 복소수 근이 반드시 존재한다.

8. (a) $f(x)$와 $f(-x)$의 부호가 모두 변하지 않으므로, $f(x)=0$의 실수 근은 없다.

10. (a) $x^4-3x^2+6x-2=(x^2+2x-1)\cdot(x^2-2x+2)$이므로, 사차 방정식의 근은 $-1\pm\sqrt{2}$, $1\pm\sqrt{-1}$이다.

(b) $x^4-2x^2-8x-3=(x^2-2x-1)\cdot(x^2+2x+3)$이므로, 사차 방정식의 근은 $1\pm\sqrt{2}$, $-1\pm\sqrt{-2}$이다.

제8.3절

1. (a) 주어진 급수에 $x=1$에 대입하고, $\tan(\pi/4)=1$임을 상기하자.

(c) 10개 항이 $\pi\approx 3.1471\cdots$을 제공한다.

3. (a) 비들의 값들을 다음과 같이 쓸 수 있다.

$$\frac{1}{4}+\frac{1}{4},\ \frac{1}{4}+\frac{1}{8},\ \frac{1}{4}+\frac{1}{12},\ \frac{1}{4}+\frac{1}{16},\ \cdots$$

이에 따라 다음을 얻는다.

$$L=\lim_{n\to\infty}\frac{1^3+2^3+3^3+\cdots+n^3}{n^3+n^3+n^3+\cdots+n^3}$$

$$=\lim_{n\to\infty}\left(\frac{1}{4}+\frac{1}{4n}\right)=\frac{1}{4}$$

(b) 구간 $[0,a]$를 n등분하면, 각 부분 구간의 길이는 $\frac{a}{n}$이고 다음을 얻는다.

$$\frac{\int_0^a x^3\,dx}{a^4}=$$

$$\lim_{n\to\infty}\frac{\left(\frac{0a}{n}\right)^3+\left(\frac{1a}{n}\right)^3+\left(\frac{2a}{n}\right)^3+\cdots+\left(\frac{na}{n}\right)^3}{a^3+a^3+a^3+\cdots+a^3}$$

$$=\lim_{n\to\infty}\frac{0^3+1^3+2^3+\cdots+n^3}{n^3+n^3+n^3+\cdots+n^3}=\frac{1}{4}$$

4. $\int_0^a\sqrt{x}\,dx=a\sqrt{a}-\int_0^{\sqrt{a}}x^2\,dx=\frac{2a\sqrt{a}}{3}$

5. 입체의 부피는 다음과 같다.

$$V=\lim_{n\to\infty}\left\{\pi\left(\frac{a}{n}\right)^4\left(\frac{a}{n}\right)+\pi\left(\frac{2a}{n}\right)^4\left(\frac{a}{n}\right)+\cdots+\pi\left(\frac{na}{n}\right)^4\left(\frac{a}{n}\right)\right\}$$

$$=(\pi a^5)\lim_{n\to\infty}\frac{1^4+2^4+\cdots+n^4}{n^4+n^4+\cdots+n^4}=\frac{\pi a^5}{5}$$

이는 다음 극한으로부터 유도된다.

$$\lim_{n\to\infty}\frac{n(n+1)(2n+1)(3n^2+3n-1)}{30(n+1)n^4}$$

$$=\lim_{n\to\infty}\frac{1}{30}\left(2+\frac{1}{n}\right)\left(3+\frac{3}{n}-\frac{1}{n^2}\right)=\frac{1}{5}$$

제8.4절

1.
$$\frac{\pi}{4}=\left(1-\frac{1}{3}\right)+\left(\frac{1}{5}-\frac{1}{7}\right)+\cdots+\left(\frac{1}{2n-1}-\frac{1}{2n+1}\right)+\cdots$$

$$=\frac{2}{1\cdot 3}+\frac{2}{5\cdot 7}+\cdots+\frac{2}{(2n-1)\cdot(2n+1)}+\cdots$$

$$=\frac{2}{(2-1)(2+1)}+\frac{2}{(6-1)(6+1)}+\cdots+\frac{2}{(4n-3)\cdot(4n-1)}+\cdots$$

$$=2\left\{\frac{1}{2^2-1}+\frac{1}{6^2-1}+\cdots+\frac{1}{((4n-2)^2-1)}+\cdots\right\}$$

2.
$$2P_n-(n-1)P_{n-1}=2n!-(n-1)(n-1)!$$
$$=(n-1)!\{2n-(n-1)\}$$
$$=(n-1)!(n+1)=n!+(n-1)!$$
$$=P_n+P_{n-1}$$

3.
$$6=1+2\cdot 2+1=(1+\sqrt{-3})+2\sqrt{(1+\sqrt{-3})(1-\sqrt{-3})}+(1-\sqrt{-3})$$
$$=\left(\sqrt{1+\sqrt{-3}}+\sqrt{1-\sqrt{-3}}\right)^2$$

5. $\log\left(\dfrac{1+x}{1-x}\right)=\log(1+x)-\log(1-x)$

$$=\left(x-\frac{x^2}{2}+\frac{x^3}{3}-\frac{x^4}{4}+\cdots\right)$$

$$-\left(-x-\frac{x^2}{2}-\frac{x^3}{3}-\frac{x^4}{4}-\cdots\right)$$

$$=2\left(x+\frac{x^3}{3}+\frac{x^5}{5}+\cdots\right)$$

8. (a) $(1+x)^{-1}=1+(-1)x$

$$+\frac{(-1)(-2)}{2!}x^2$$

$$+\frac{(-1)(-2)(-3)}{3!}x^3+\cdots$$

$$=1-x+\frac{(-1)^2 2!}{2!}x^2+\frac{(-1)^3 3!}{3!}x^3+\cdots$$

$$=1-x+x^2-x^3+\cdots$$

(c) $(1+x)^{1/2}=1+(\frac{1}{2})x+\dfrac{(\frac{1}{2})(-\frac{1}{2})}{2!}x^2$

$$+\frac{(\frac{1}{2})(-\frac{1}{2})(-3/2)}{3!}x^3+\cdots$$

$$=1+\frac{1}{2}x-\frac{1}{2!2^2}x^2+\frac{1\cdot 3}{3!2^3}x^3+\cdots$$

9. 다음에 주목하자.

$$1+\frac{1}{2}+\frac{1}{2^2}+\cdots+\frac{1}{2^{n-1}}$$

$$=\frac{1-(\frac{1}{2})^n}{1-\frac{1}{2}}=2\left(1-\frac{1}{2^n}\right)<2$$

11. $x_1=2,\ x_2=2.1,\ x_3=2.094568\cdots$

12. (b) $x_1=1,\ x_2=1.33333\cdots,$

$x_3=1.26388\cdots,\ x_4=1.25993\cdots$

찾아보기

역사적으로 중요한 사람, 날짜,* 사건

		수학			일반

고대(기원전 6세기 이전)

		수학			일반
기원전	30000	새긴 눈금이 있는 늑대 뼈	기원전	3300	메네스, 이집트 통일
	8000	이샹고 뼈		2600	기자의 제1 피라미드
	2500	니푸르의 수표 찰흙 판		2100	함무라비 법전
	1900	플림프턴 322		1500	페니키아 알파벳
	1850	모스크바 파피루스		1200	트로이 전쟁
	1650	린드 파피루스		700	호머의 ≪오디세이≫

고전 시대(기원전 6세기부터 5세기까지)

		수학			일반
기원전	622~547	탈레스(Thales of Miletus)	기원전	558~486	다리우스(Garius) 대왕
	585~500	피타고라스(Pythagoras of Samos)		485~430	헤로도토스(Herodotus)
	약 470	테오도로스(Theodorus of Cyrene)		480	테르모필레 전투
	460~380	히포크라테스(Hippocrates of Chios)		469~399	소크라테스
	약 420	히피아스(Hippias of Elis)		431	펠로폰네소스 전쟁
	408~355	에우독소스(Eudoxus of Cnidos)		388	플라톤, 아카데메이아 창립
	323~285	유클리드(Euclid)		356~323	알렉산드로스 대왕
	287~212	아르키메데스(Archimedes)		약 370	에우데모스(Eudemus of Rhodes)
	262~190	아폴로니우스(Apollonius of Perga)		331	알렉산드리아 시 건설
	약 240	니코메데스(Nicomedes)		213	분서갱유
	약 230	에라토스테네스(Eratosthenes of Cyrene)		212	시라쿠사, 로마에 함락
서기	약 75	헤론(Heron of Alexandria)		195	로제타 돌 세김
	약 100	니코마코스(Nicomachus of Gerasa)		106~43	키케로(Cicero)
	85~160	프톨레마이오스(Claudius Ptolemy)		44	카이사르의 암살
	약 250	디오판토스(Diophantus)		27	로마 제국의 시작
	약 260	유휘(劉徽)	서기	100	중국에서 종이 발명
	약 300	파포스(Pappus of Alexandria)		272~337	콘스탄티누스 대왕
	365~395	테온(Theon of Alexandria)		286	로마 제국의 분리
	?~415	히파티아(Hypatia)		324	콘스탄티노플 시 건설
	410~485	프로클로스(Proclus)		455	반달족, 로마 약탈

*기원전 600년 이전의 대부분의 날짜는 어림값이다.

중세와 르네상스 시대(6세기부터 16세기까지)

수학		일반	
약 475~524	보이티우스(Boethius)	636	예언자 마호메트 사망
약 476~550	아리아바타(Aryabhata)	641	알렉산드리아 도서관 화재
약 625	브라마굽타(Brahmagupta)	732	아랍, 투르에서 패전
약 826~901	사비트 이븐 쿠라(Thâbit-ibn-Qurrah)	787	바이킹 침략 시작
735~804	앨퀸(Alcuin of York)	800	샤를마뉴, 황제 등극
약 850~930	아부 카밀(Abû Kâmil)	약1000	에릭슨(Leif Eriksson) 아메리카 항해
약 1050~1130	오마르 카얌(Omar Khayyam)	1066	헤이스팅스(Hastings) 전투
1114~1185	바스카라(Bhaskara)	1096~1099	제1차 십자군 전쟁
1114~1187	제라르도(Gerardo of Cremona)	1200	파리 대학교 설립 인가
약 1120	애덜라드(Adelhard of Bath)	1209	케임브리지 대학교 창립
약1175~1250	레오나르도(Leonardo of Pisa, 피보나치)	1215	<마그나 카르타> 승인
1436~1476	레기오몬타누스(Regiomontanus)	1258	옥스퍼드 대학교 창립
1445~1514	파촐리(Luca Pacioli)	1271~1295	마르코 폴로의 여행
1473~1543	코페르니쿠스(Nicolas Copernicus)	1293	볼로냐에서 종이 생산
1494~1575	마우롤리코(Francesco Maurolico)	1337~1453	백년 전쟁
1495~1552	아피안(Peter Apian)	1348	유럽의 흑사병
1500~1557	타르탈리아(Niccolo Tartaglia)	1440	인쇄술 발명
1501~1576	카르다노(Girolamo Cardan)	1447	바티칸 도서관 창건
1510~1558	레코드(Robert Recorde)	1451	잔 다르크의 죽음
1522~1565	페라리(Ludovico Ferrari)	1453	터키, 콘스탄티노플 점령
1526~1572	봄벨리(Raphael Bombelli)	1472~1514	레오나르도 다 빈치
1540~1603	비에타(François Vièta)	1478	≪트레비소 산술≫
1546~1601	브라헤(Tycho Brache)	1492	콜럼버스, 서인도 도착
1548~1626	카탈디(Pietro Cataldi)	1513	발보아, 태평양 발견
1550~1617	네이피어(John Napier)	1517	마르틴 루터의 <95개조의 의견서>
1564~1642	갈릴레이(Galileo Galilei)	1564~1616	윌리엄 셰익스피어
1571~1630	케플러(Johannes Kepler)	1588	스페인 무적 함대 패전

근세(17세기와 18세기)

수학		일반	
1588~1648	메르센(Marin Mersenne)	1607	제임스타운 시 건립
1591~1661	데자르그(Gérard Desargues)	1608	망원경 발명
1596~1650	데카르트(René Descartes)	1611	흠정영역성서(King James Bible)
1601~1665	페르마(Pierre de Fermat)	1618~1648	삼십년 전쟁
1608~1647	토리첼리(Evangelista Torricelli)	1619	새빌 교수직(옥스퍼드)
1616~1703	월리스(John Wallis)	1620	청교도 아메리카 상륙
1623~1662	파스칼(Blaise Pascal)	1632~1723	렌(Christopher Wren)
1629~1695	호이겐스(Chistian Huygens)	1636	하버드 칼리지 창립
1630~1677	배로(Isaac Barrow)	1642~1649	잉글랜드 내전
1635~1703	훅(Robert Hooke)	1658	크롬웰(Cromwell) 사망
1642~1727	뉴턴(Isaac Newton)	1662	런던 왕립 학회
1646~1716	라이프니츠(Gottfried Leibniz)	1663	루카스 교수직(케임브리지)
1654~1704	야코프 베르누이(James Bernoulli)	1666	프랑스 과학원
1656~1742	핼리(Edmond Halley)	1682	≪학술 기요≫
1661~1704	로피탈(Marquis de l'Hospital)	1683	터키, 빈에서 패전
1667~1733	사케리(Girolamo Saccheri)	1687	뉴턴의 ≪원리≫
1667~1748	요한 베르누이(John Bernoulli)	1694~1778	볼테르(Voltaire)
1667~1754	드무아부르(Abraham DeMoivre)	1712~1786	프리드리히 대왕
1685~1731	테일러(Brook Taylor)	1737~1794	기번(Edward Gibbon)
1690~1764	골드바흐(Christian Goldbach)	1751	디드로의 ≪백과전서≫
1707~1783	오일러(Leonhard Euler)	1769	와트(James Watt)의 증기 기관
1717~1783	달랑베르(Jean le Rond d'Alembert)	1769~1821	나폴레옹
1718~1799	아녜시(Maria Agnesi)	1770~1827	베토벤
1728~1777	람베르트(Johann Lambert)	1776~1783	아메리카 독립 혁명
1736~1813	라그랑주(Joseph Louis Lagrange)	1789	워싱턴 대통령
1749~1827	라플라스(Pierre Simon Laplace)	1789	프랑스 대혁명
1752~1833	르장드르(Adrien-Marie Legendre)	1798	휘트니(Eli Whitney)의 조면기
1768~1830	푸리에(Joseph Fourier)	1798	에콜 노르말 창립
1777~1855	가우스(Carl Friedrich Gauss)	1798	나폴레옹 이집트 원정
1781~1848	볼차노(Bernhard Bolzano)	1799	로제타 돌

역자 소개

허 민

현재 광운대학교 수학과 교수로 『해석학 입문 [제4판]』, 『복소 해석학과 활용』을 번역하였다.

수학의 역사-입문 상

The History of Mathematics: An Introduction, 7th Edition.

2013년 5월 20일 초판 1쇄 발행
2023년 7월 10일 초판 3쇄 발행

저 자 / David M. Burton
역 자 / 허 민
발행자 / 오판근
발행처 / 교우사

주 소 / 서울 동대문구 제기2동 148-19
전 화 / 925-2861(代), 편집부 / 925-2825
팩 스 / 925-2860

E-mail / kyowoo@kyowoo.co.kr
http://www.kyowoo.co.kr

등록 / 1994. 3. 24 제6-0256호

ISBN 978-89-8172-961-5 (94410)
978-89-8172-960-8 (세트)

값 45,000 원